高等院校微电子专业丛书

CMOS 模拟集成电路与系统设计

王 阳 编著

北京大学出版社
PEKING UNIVERSITY PRESS

内 容 简 介

本书较系统、详细地讲解了CMOS模拟集成电路的有关基本概念、原理及设计方法。全书内容共七章，主要介绍CMOS电路的基本问题。具体包括：基本器件，基本模块电路，放大器，连续时间滤波器，开关电容电路，过采样数据转换器。本书可作为高等院校相关专业师生的教学用书，也可供相关科研、设计人员参阅。

图书在版编目(CIP)数据

CMOS模拟集成电路与系统设计/王阳编著. —北京：北京大学出版社，2012.1
(高等院校微电子专业丛书)
ISBN 978-7-301-20074-2

Ⅰ. ①C… Ⅱ. ①王… Ⅲ. ①CMOS电路—模拟集成电路—电路设计：系统设计—高等学校—教材 Ⅳ. ①TN432

中国版本图书馆CIP数据核字(2012)第004610号

书　　名：CMOS模拟集成电路与系统设计
著作责任者：王　阳　编著
责 任 编 辑：王　华
标 准 书 号：ISBN 978-7-301-20074-2/TN·0081
出 版 发 行：北京大学出版社
地　　址：北京市海淀区成府路205号　100871
网　　址：http://www.pup.cn　电子信箱：zpup@pup.pku.edu.cn
电　　话：邮购部62752015　发行部62750672　编辑部62765014　出版部62754962
印 刷 者：河北滦县鑫华书刊印刷厂
经 销 者：新华书店
787mm×980mm　16开本　28印张　600千字
2012年1月第1版　2012年1月第1次印刷
定　　价：50.00元

前　言

芯片作为信息化社会的基础产业，在国民经济发展中起着举足轻重的作用。历经多年发展，芯片已复杂到系统级芯片，系统已缩小到芯片级系统。芯片系统所处理的信号已从电学信号扩展到非电学信号。在这个发展过程中，与数字集成电路工艺兼容的CMOS模拟集成电路变得越发重要。另外，芯片行业是典型的知识型产业，知识积累的规律决定了芯片发展满足指数关系。芯片的发展主要取决于制作技术和设计技术两方面进步。在制作技术进步发展到一定程度后，面对微米器件向纳米器件发展，设计技术对于芯片发展变得更加重要。模拟电路作为电路设计的基础知识，对于设计技术提高和创新有着特别重要的作用。

近几十年微电子的迅速发展使每个人都深切感受到，电子产品在以惊人的速度更新换代，而在这种快速发展中技术进步起着巨大的推动作用。因此，这一领域知识更新速度非常快，电路设计人员需要不断用新知识充实自己。特别是与数字集成电路设计比较，模拟电路设计难度大、模块电路通用性小、自动化程度低，许多设计需要结合经验人工进行，需要更多的具有相关专业知识的从业人员。作为芯片研究和设计的重要基础知识，CMOS模拟电路是相关人员，特别是高级研究和设计人员所必须掌握的。自1995年起，为适应芯片设计发展需要，编者开设了与CMOS模拟电路相关的课程，并为此编写本书。

本书定名为《CMOS模拟集成电路与系统设计》主要基于以下几点考虑：(1) CMOS与双极型电路是实现集成电路的两种基本技术，本书主要集中在CMOS电路方面，兼带BiCMOS内容；(2) 模拟与数字电路是两种基本电路形式，本书集中于模拟电路，兼带采样数据电路和模数混合电路；(3) 与传统的分立模拟电路设计比较，本书重点研究适合集成化的模拟电路；(4) 芯片已从实现单一功能的模块电路发展到完成复杂信号处理任务的系统，电路与系统设计结合越来越紧密，因此本书同时涉及电路与系统设计两个层次问题；(5) 对于设计与分析问题，由于设计是创造性工作，本书将注重设计，而将分析作为设计基础对待。

本书特点主要是：(1) 内容讲解采用理论分析和计算机辅助分析相结合的方式，既给出清晰的理论概念又避免大量枯燥的手工计算，并防止大量计算公式和繁杂的计算过程掩盖基本原理和设计思想，尽量处理好模拟电路设计中公式多、计算繁杂、易使读者丧失兴趣等问题；(2) 将书中所及内容的深度和广度进行有机结合，对于典型问题进行深入细致的研究，以微见著，建立分析、处理、解决问题的一般方法，其他类似问题进行简单介绍，在有限篇幅内增大知识面，力求“博而能约，广而能深”；(3)采用基础和专门知识并重的原则，既考虑到与原有知识的衔接，又兼顾近年来发展的新内容，所述内容力争做到“持之有故，言之成理”；(4) 以具有创造性的电路设计工作为重点，既包括电学设计又包括物理设计，而把电路分析置于从属地位；(5) 同时并重电路设计和系统设计，内容涉及基本模块电路设计、基于模块的系统设计、敏感器/执行器和电路混合的微系统；(6) 以近年来模拟集成电路设计中的新问题作为本书的重点内容，尽可能多地采用适合芯片内部使用并适合 CAD 技术的典型模块电路作为例题，针对亚微米工艺进行设计；(7) 习题除巩固基本内容外，力争反映建立在基本原理之上、适合工艺技术发展需要的新型电路，以进一步拓宽读者视野、增强创新能力。

在晶体管密度和复杂度迅速提高的同时，芯片的其他资源（如：芯片功率、面积等）难以同步增加，芯片系统资源已逐渐成为芯片发展的重要限制因素之一。在设计方面解决这个问题，可以采用从整体出发充分利用器件特性的思想提高芯片资源利用率。作为这种设计思想的部分体现，本书内容从电学信号处理扩展到非电学信号转换和处理，从电压型电路扩展到电流型电路，从 CMOS 电路扩展到 BiCMOS 电路，从常规电路扩展到低压、低功耗和微功耗电路。

本书原稿共分十二章，具体内容包括应当掌握的基础部分和可以选择掌握的拓展部分。基础部分由第二到七章和第十二章组成，包括 CMOS 模拟电路中基本器件和基本单元电路、运算放大器和滤波器、开关电容电路和过采样数据转换电路、版图设计等内容。拓展部分由第八到十一章组成，包括 BiCMOS 模拟电路、低压低功率和微功率电路、电流型电路、集成敏感器和集成系统等内容。由于篇幅限制，此次只出版前七章，涵盖除版图以外的基础部分，诚不得已。如果教学需要更多内容，可自行酌情增添补充资料。

本书编写过程主参考以下几本书籍：1. Kenneth R. Laker 和 Willy M. C. Sansen, “Design of Analog Integrated Circuits and Systems”,(McGraw-Hill,1994)；2. Phillip E. Allen 和 Douglas R. Holberg,“CMOS Analog Circuit Design”, Second Edition,(Oxford University Press,2002)；3. “Design of Analog-Digital VLSI Circuits for Telecommunications and Signal Processing”,Jose E. Franca 和 Y. Tsividis, Second Edition,(Prentice-Hall, 1994)；4. “Analog VLSI: Signal and Information Processing”, Mohammed Ismail 和 Terri Fiez,(McGraw-Hill, 1994)；5. P. V. Ananda Mohan、V. Ramachandran 和 M. N. S. Swamy, “Switched-capacitor filters: theory, analysis, and design”,(Prentice Hall, 1993)；6. Frank Op’t Eynde 和 Willy Sansen,“Analog interfaces for digital signal processing systems”,(Kluwer Academic Pub., 1993)；7. Paul R. Gray、Paul J. Hurst、Stephen H. Lewis 和 Robert G. Meyer,“Analysis and Design of Analog Integrated Circuits”,4th Edition,(John Wiley & Sons, 2001)；8. David Johns 和 Ken Martin,“Analog Integrated Circuit Design”,(John Wiley & Sons,1997)。书籍 1 和 2 对模块电路和运算放大器作了系统介绍，本书第三、四章主要结构多参考于此书；书籍 1、3 和 4 包含有较详细的有源滤波器内容，是本书第五章的主要参考书目；书籍 1 和 5 以及 3 和 4 对开关电容电路有详细或部分的讨论，是本书第六章的主要参考书目；书籍 6 对过采样数据转换电路有较详细研究，是第七章的主要参考书目；书籍 7 是经典的模拟集成电路设计教材；书籍 8 深入浅出地讲解了许多模拟集成电路的基本概念，对本书撰写甚

有帮助。因为这些书籍是广泛流行的教材或参考教材,本书在涉及这些书籍内容时不再单独标明出处。

今天电子技术发展迅速,本书不可能总括模电重要内容,只要能写出特点、反映一点个人设计理念就是最大满足。虽经多年力作笔耕,书稿已现案头多年,历经多次修改和授课使用,并于 2010 年 6 月前将全部 12 章书稿交到出版社,2011 年 9 月底开始编辑出版,但由于水平有限,难免有遗漏、不妥,甚至错误之处,欢迎读者批评、指正。

王 阳
于中关园
2011 年 12 月

目　　录

第一章　绪论……………………………………………………………………… (1)
1.1　模拟电路与芯片级集成系统 ………………………………………………… (1)
1.1.1　CMOS 模拟电路缘起 ………………………………………………… (1)
1.1.2　模拟电路在芯片级集成系统中的作用……………………………… (3)
1.1.3　模拟集成电路与生物学……………………………………………… (5)
1.1.4　芯片学的未来………………………………………………………… (6)
1.2　模拟集成电路设计旨要 ……………………………………………………… (8)
1.2.1　模拟电路设计的科学性与工匠性…………………………………… (8)
1.2.2　电学设计……………………………………………………………… (9)
1.2.3　物理设计 …………………………………………………………… (10)
1.3　有关问题说明………………………………………………………………… (12)
1.3.1　热点问题与本书着重点 …………………………………………… (12)
1.3.2　内容安排 …………………………………………………………… (14)
1.3.3　字符、符号使用说明………………………………………………… (14)
第二章　CMOS 集成电路基本器件 ……………………………………………… (18)
2.1　CMOS 集成电路物理结构及制作过程 …………………………………… (18)
2.1.1　物理结构和基本制作过程 ………………………………………… (18)
2.1.2　制造工艺分类 ……………………………………………………… (19)
2.2　PN 结二极管 ………………………………………………………………… (21)
2.2.1　基本电流-电压特性………………………………………………… (22)
2.2.2　击穿特性 …………………………………………………………… (23)
2.2.3　PN 结二极管电容 …………………………………………………… (23)
2.2.4　PN 结二极管噪声 …………………………………………………… (24)
2.2.5　PN 结二极管温度特性 ……………………………………………… (26)
2.3　MOS 晶体管电流-电压特性………………………………………………… (27)
2.3.1　MOS 晶体管基本结构和工作原理………………………………… (27)
2.3.2　MOS 晶体管特性的数学描述……………………………………… (28)
2.3.3　沟道强反型模型 …………………………………………………… (28)
2.3.4　沟道弱反型模型 …………………………………………………… (32)
2.3.5　深亚微米 MOS 管特性 …………………………………………… (33)

2.3.6 等效电路和寄生电容 …… (35)
2.4 MOS晶体管小信号和噪声及温度特性 …… (36)
2.4.1 小信号模型 …… (36)
2.4.2 噪声特性 …… (39)
2.4.3 温度特性 …… (41)
2.5 CMOS电路中无源器件和寄生器件 …… (41)
2.5.1 电容 …… (41)
2.5.2 电阻 …… (45)
2.5.3 电感 …… (46)
2.5.4 CMOS电路的寄生器件 …… (50)
第三章 基本单元电路 …… (58)
3.1 单管共源放大电路 …… (58)
3.1.1 共源管的作用 …… (58)
3.1.2 单管放大器的偏置 …… (61)
3.1.3 小信号低频特性 …… (62)
3.1.4 小信号高频特性 …… (64)
3.1.5 放大器频率参数 …… (69)
3.1.6 噪声特性 …… (72)
3.2 单管阻抗变换电路 …… (74)
3.2.1 共漏管构成的源极电压跟随器 …… (74)
3.2.2 共栅管构成的电流跟随器 …… (81)
3.3 基本放大单元 …… (85)
3.3.1 直流分析 …… (85)
3.3.2 低频增益 …… (87)
3.3.3 高频特性 …… (88)
3.3.4 小信号近似误差 …… (90)
3.3.5 电流能力和压摆率 …… (91)
3.3.6 CMOS反相放大级设计 …… (93)
3.3.7 其他类型反相放大级 …… (94)
3.4 共源共栅级联放大单元 …… (97)
3.4.1 共源共栅级联电路形式 …… (97)
3.4.2 低阻负载共源共栅级联放大级(宽带放大级) …… (98)
3.4.3 恒流源负载共源共栅级联放大级(高增益放大级) …… (99)
3.4.4 噪声特性 …… (102)
3.4.5 增益提升技术 …… (102)

3.5　差模放大单元 …………………………………………………………… (103)
3.5.1　基本概念…………………………………………………………… (104)
3.5.2　电阻负载差分对放大级……………………………………………… (104)
3.5.3　电流源负载差分对放大级…………………………………………… (108)
3.5.4　噪声特性…………………………………………………………… (110)
3.6　输出级 …………………………………………………………………… (111)
3.6.1　甲类输出级………………………………………………………… (112)
3.6.2　甲乙类输出级……………………………………………………… (115)
3.6.3　丁类输出级………………………………………………………… (120)
3.7　电流镜 …………………………………………………………………… (125)
3.7.1　简单电流镜………………………………………………………… (125)
3.7.2　基本共源共栅电流镜……………………………………………… (128)
3.7.3　最小输出电压共源共栅电流镜…………………………………… (129)
3.7.4　共栅管自偏置共源共栅电流镜…………………………………… (131)
3.7.5　Wilson 电流镜 …………………………………………………… (132)
3.7.6　电流镜噪声特性…………………………………………………… (133)
3.8　基准电路 ………………………………………………………………… (133)
3.8.1　分压式简单基准电路……………………………………………… (134)
3.8.2　不受电源电压影响的基准电路…………………………………… (136)
第四章　运算放大器………………………………………………………… (150)
4.1　运算放大器和运算跨导放大器 ……………………………………… (150)
4.1.1　基本结构和理想模型……………………………………………… (150)
4.1.2　主要参数…………………………………………………………… (151)
4.2　简单运算跨导放大器 ………………………………………………… (153)
4.2.1　电路结构…………………………………………………………… (154)
4.2.2　低频特性…………………………………………………………… (155)
4.2.3　GBW 和 PM ………………………………………………………… (155)
4.2.4　GBW 优化 ………………………………………………………… (156)
4.2.5　失调电压…………………………………………………………… (158)
4.2.6　共模抑制比………………………………………………………… (158)
4.2.7　共模输入电压范围………………………………………………… (159)
4.2.8　差模信号线性输入范围…………………………………………… (159)
4.2.9　简单 OTA 设计 …………………………………………………… (160)
4.3　Miller 补偿两级 OTA ………………………………………………… (160)
4.3.1　电路结构和偏置…………………………………………………… (161)

4.3.2 共模输入电压范围和输出电压范围…………………………………(161)
4.3.3 低频增益……………………………………………………………………(163)
4.3.4 增益带宽积和相位裕度……………………………………………………(163)
4.3.5 压摆率………………………………………………………………………(165)
4.3.6 建立时间……………………………………………………………………(166)
4.3.7 输入、输出阻抗 …………………………………………………………(166)
4.3.8 失调电压和共模抑制比……………………………………………………(169)
4.3.9 电源抑制比(power-supply rejection ratio, PSRR) ………………(170)
4.3.10 噪声分析 …………………………………………………………………(172)
4.3.11 放大器设计 ………………………………………………………………(173)
4.3.12 SR/GBW的优化设计 ……………………………………………………(176)
4.3.13 正零点补偿 ………………………………………………………………(177)
4.3.14 失调电压消除技术 ………………………………………………………(179)
4.4 对称负载输入级OTA ……………………………………………………………(180)
4.4.1 简单对称OTA ……………………………………………………………(180)
4.4.2 共源共栅级联对称OTA …………………………………………………(184)
4.4.3 两级对称OTA ……………………………………………………………(186)
4.4.4 折式共源共栅级联OTA …………………………………………………(188)
4.5 全差模OTA ………………………………………………………………………(192)
4.5.1 简单全差模CMOS OTA …………………………………………………(194)
4.5.2 非饱和MOS管共模反馈全差模OTA ……………………………………(195)
4.5.3 具有独立共模误差放大器的全差模OTA ………………………………(197)
4.5.4 开关电容共模反馈的全差模OTA ………………………………………(201)
4.6 满摆幅放大器 ……………………………………………………………………(202)
4.6.1 互补差分对输入级…………………………………………………………(202)
4.6.2 满摆幅输出级………………………………………………………………(207)
4.6.3 满摆幅运放…………………………………………………………………(210)
第五章 连续时间滤波器……………………………………………………………(227)
5.1 连续时间滤波器基础 ……………………………………………………………(227)
5.1.1 线性滤波器…………………………………………………………………(228)
5.1.2 滤波器功能分类……………………………………………………………(228)
5.1.3 连续时间有源滤波器主要实现方法………………………………………(230)
5.1.4 对称差模结构………………………………………………………………(231)
5.1.5 高阶有源滤波器的级联设计………………………………………………(234)
5.1.6 梯形有源滤波器设计………………………………………………………(235)

5.2　有源 MOST-C 滤波器 …… (239)
5.2.1　MOS 管实现电压控制电阻 …… (239)
5.2.2　对称结构有源 MOST-C 滤波器 …… (240)
5.2.3　集成滤波器设计原则 …… (241)
5.2.4　一阶有源 RC 滤波器 …… (242)
5.2.5　二阶有源 RC 滤波器 …… (243)
5.2.6　梯形有源 MOST-C 滤波器 …… (249)
5.3　有源 G_m-C 滤波器 …… (251)
5.3.1　OTA-基电路 …… (251)
5.3.2　OTA-基滤波模块电路 …… (253)
5.3.3　高线性度 OTA 设计 …… (257)
5.4　芯片内部自动调谐 …… (264)
5.4.1　片内调谐的基本方法 …… (265)
5.4.2　用 PLL 的频率调谐 …… (269)
5.4.3　用 MLL 进行 Q 调谐 …… (270)
5.4.4　可编程数字量控制的宽范围调谐 …… (271)
第六章　开关电容电路 …… (286)
6.1　离散时间信号 …… (286)
6.1.1　离散信号频谱 …… (286)
6.1.2　z-域传递函数 …… (288)
6.1.3　s-域到 z-域变换 …… (288)
6.2　基本模块电路 …… (291)
6.2.1　MOS 开关 …… (293)
6.2.2　开关电容等效电阻 …… (295)
6.2.3　采样保持电路 …… (296)
6.2.4　零点电路 …… (298)
6.2.5　增益电路 …… (301)
6.3　开关电容积分器 …… (304)
6.3.1　反相积分器 …… (304)
6.3.2　同相积分器 …… (306)
6.3.3　差模积分器 …… (308)
6.3.4　大电容比积分器 …… (308)
6.3.5　双线性积分器 …… (309)
6.3.6　阻尼积分器 …… (311)
6.4　开关电容滤波器 …… (313)

6.4.1 一阶滤波器……(313)
6.4.2 二阶滤波器……(315)
6.4.3 梯形滤波器……(322)
6.5 非线性开关电容电路及电压转换电路……(329)
6.5.1 调制电路……(329)
6.5.2 峰值检测电路……(330)
6.5.3 振荡器……(332)
6.5.4 直流电压转换器(DC-DC 转换器)……(336)
第七章 过采样数据转换器……(348)
7.1 过采样数据转换原理……(348)
7.1.1 模拟与数字信号之间的转换……(348)
7.1.2 过采样数据转换器原理……(354)
7.1.3 噪声变形过采样数据转换原理……(356)
7.1.4 增量-总和调制与其他类型数据转换器比较……(358)
7.2 增量-总和调制器……(361)
7.2.1 Δ-Σ 调制器的信噪比……(361)
7.2.2 一位增量-总和调制器……(364)
7.2.3 量化噪声……(369)
7.2.4 稳定性……(371)
7.2.5 级联结构……(374)
7.3 过采样增量总和模数转换器设计……(379)
7.3.1 Δ-Σ 调制器电路设计考虑……(379)
7.3.2 Δ-Σ 调制器 ADC 设计……(387)
7.4 过采样增量-总和数模转换器……(392)
7.4.1 一位 Δ-Σ 调制器构成的 DAC……(393)
7.4.2 电压驱动一位 DAC……(394)
7.4.3 电流驱动一位 DAC……(399)
7.4.4 多位 Δ-Σ 调制器的 DAC……(401)
本书主要参考书目……(423)
参考文献……(424)
关键词索引……(428)

第一章 绪 论

天下万物生于有，有生于无。

李耳《老子·第四十章》

由于技术进步、市场需求增长和各种新兴应用出现，芯片近年来有了迅速发展，已经成为构建当代信息社会的物质基础。模拟集成电路作为芯片的重要组成部分，也相类相从得到迅速发展。芯片是人类智慧的非生物载体，具有创造性的设计工作非常重要，也已成为集成电路发展的核心任务之一。作为开篇，本章简单综论模拟电路与芯片级集成系统，结合具体例子抛砖引玉地阐述模拟集成电路设计旨要，针对当前模拟集成电路发展中的热点问题说明本书的侧重点，最后对本书特点以及字符和符号使用做扼要说明。

1.1 模拟电路与芯片级集成系统

1.1.1 CMOS 模拟电路缘起

物类之起，必有所始，互补金属—氧化物—半导体（complementary metal-oxide-semiconductor，CMOS）模拟集成电路也是如此。图 1.1 表示不同时期技术进步引起的集成电路创新量变化大致情况，通过这条曲线可以粗线条地回顾模拟电路和金属—氧化物—半导体（metal-oxide-semiconductor，MOS）模拟集成电路发展。20 世纪 60 年代前，电路主要由电子管实现，研究大多集中在半导体器件的特性，主要包括结型晶体管、结型二极管和隧道二极管等，这些结果已经成为今天双极晶体管应用的理论基础，而半导体放大和振荡等模拟电路还在探索和展示阶段[1]。

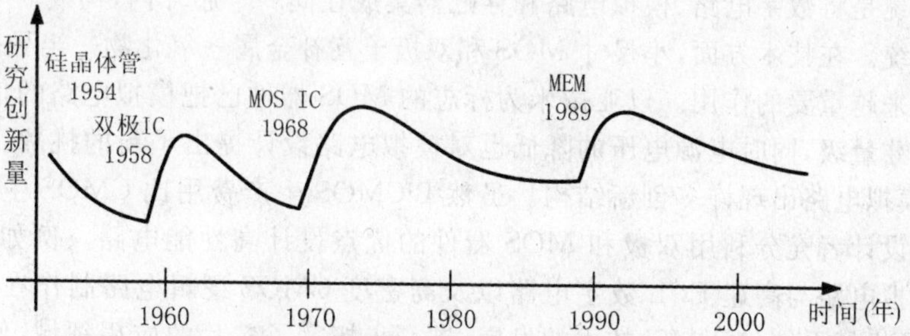

图 1.1 技术进步引发的研究创新量变化简单示意图

20 世纪 60 年代，随着模拟电路集成技术的发展，研究逐渐过渡到利用半导体器件构成电路方面，包括实现信号增益的运算放大器、对温度稳定的基准电路和锁相环等。建立在双极管指数电流电压关系之上的信号处理电路也初见端倪。在应用方面，20 世纪 70 年代以前电子系统几乎都是由分立器件模拟电路构成的。由于集成电路无法制造高精度电阻和电容，因此只能制作简单的放大器等，集成电路技术以双极型电路为主。

进入 20 世纪 70 年代，随着集成电路技术的进步，数字电路逐渐替代模拟电路成为许多电子系统的核心，而模拟集成电路因为设计复杂和制造工艺的限制发展缓慢。与此同时，由于数字信号处理器的壮大，产生了对模/数和数/模转换器的需求。正是这种要求驱动着模拟集成电路发展，包括晶体管、电路、结构各个层次。运算放大器得到逐步优化，并像电阻及电容一样成为模拟电路设计的通用器件。另外，开始探索和采用开关技术解决模拟信号处理问题，如用斩波原理稳定放大器，用开关电容实现滤波器等。开关电容技术的出现将时间常数精度从电阻电容积转换为电容比，从而促使 MOS 模拟集成电路走向实用化和大规模化。应用方面，这个时期的电子系统可以清楚地分成两大部分：以 MOS 技术实现存贮和逻辑运算的数字集成电路；以双极技术实现运算放大器的模拟集成电路。这一时期 MOS 模拟电路主要是 pMOS 电路和 E/D(增强/耗尽)nMOS 电路。

20 世纪 80 年代，MOS 集成电路已发展成为 CMOS 电路，数字集成电路设计已渐成熟。受成本和可靠性以及体积等因素影响，电子系统迫切需要将模拟电路与数字电路集成在一起。为便于与 MOS 数字电路集成，MOS 模拟集成电路得到迅速发展。在此过程中，CMOS 模拟集成电路，特别是开关电容电路的成熟，大幅提高了 MOS 模拟集成电路的动态范围，采用自动校准技术解决经典模拟电路的匹配问题，出现了总和—增量转换器等，集成电路进入了模数混合时代。在典型的模数混合系统中，模拟电路模块主要是用于完成信号从模拟量到数字量的转换或从数字量到模拟量的转换。

进入 20 世纪 90 年代，随着器件尺寸缩小和布线层数增加，数字电路工艺技术更易于与存贮器技术结合，加之集成电路计算机辅助设计(integrated circuit computer-aided design, ICCAD)工具的不断完善和市场的需求，超大规模集成(very large-scale integration, VLSI)向着更高集成度进一步发展，形成了初级的芯片级系统(system on a chip, SOC)。典型的初级芯片级系统是将数字电路、模拟电路和存贮器集成在同一个芯片内，构成一个较为完整的独立电学系统。在技术方面，小尺寸 MOS 和双极＋互补金属—氧化物—半导体(BiCMOS)技术发挥越来越重要的作用。以亚微米为标志的 MOS 器件已把模拟电路的信号处理频率提高到吉赫兹量级，同时电源电压的降低也对模拟电路设计提出了新的挑战。为适应工艺技术进步，模拟电路出现许多创新结构。虽然 BiCMOS 生产费用比 CMOS 生产费用稍高，但它可以使设计者充分利用双极和 MOS 器件的优点设计高性能电路。例如，BiCMOS 技术可以将模拟电路与高速 ECL 数字电路以及高密度 CMOS 逻辑电路制作在同一芯片内。另外，微电子机械系统(MEMS)技术的发展，进一步拓宽了芯片的应用领域，使芯片处理信号从传统的电学信号扩展到非电学信号[2]。出于优化电子产品成本和功耗的需要，用现代 CMOS 技术生产的初级 SOC 成为这一时期的特征。

进入 21 世纪，随着集成电路(IC)技术的进一步发展，特别是微加工技术的发展，最终在芯片上制造微系统愿望正在逐步实现。这种高级阶段的芯片级集成系统包含模拟和数字电路、存贮器、射频信号处理模块、非电学信号处理模块、将各种非电学量转换为电学量的敏感器件以及将电能转换为其他能量的执行器[3,4]。同时，随着器件尺寸不断缩小，工作频率不断提高，硅材料 CMOS 集成电路在射频(RF)应用领域正大显身手。在微系统制造方面，BiCMOS 已与微加工技术结合，可以制作出更高质量的具有敏感器和执行器的微系统。微加工技术制造的各种信号处理结构也使硅片在 RF 领域应用中展现出美好的前景[5]。在 CMOS 技术方面，器件特征尺寸已经进入深亚微米阶段，典型的数字电路工作频率已经在 1 GHz 以上。根据产品的需要，多种工艺技术的优化组合已经成为这一时期的技术特征。

1.1.2　模拟电路在芯片级集成系统中的作用

经过几十年发展，模拟电路在芯片级系统中所起的作用与传统模拟电路比较发生了明显变化。从处理信号的频带宽度和实现的功能以及对数字电路设计、分析的指导意义等方面可以清楚地看到这一点。

1. 处理信号的频率范围

目前模拟电路主要用于模拟信号处理方面，而用于模拟计算机方面发展很慢。在信号处理方面，图 1.2 表示常用信号带宽、目前技术水平、不同电路处理信号的频率范围以及相应的集成电路技术。对于低、中频信号，如生物和地震信号、音频和视频信号等，数字电路、模拟采样数据电路和模拟电路都可以处理，但在同样的技术水平和芯片面积下，数字电路或模拟采样数据电路一般能得到比传统连续时间模拟电路更好的性能，因此在这一频域数字电路或模拟采样数据电路已经取代传统的模拟电路。这个应用范围的电路主要由硅 MOS 和双极技术实现。对于高频信号，如移动通信和雷达等射频信号，数字电路现在还无法处理，仍需模拟电路或光学器件处理。高频模拟电路采用的技术主要是小尺寸 CMOS、硅双

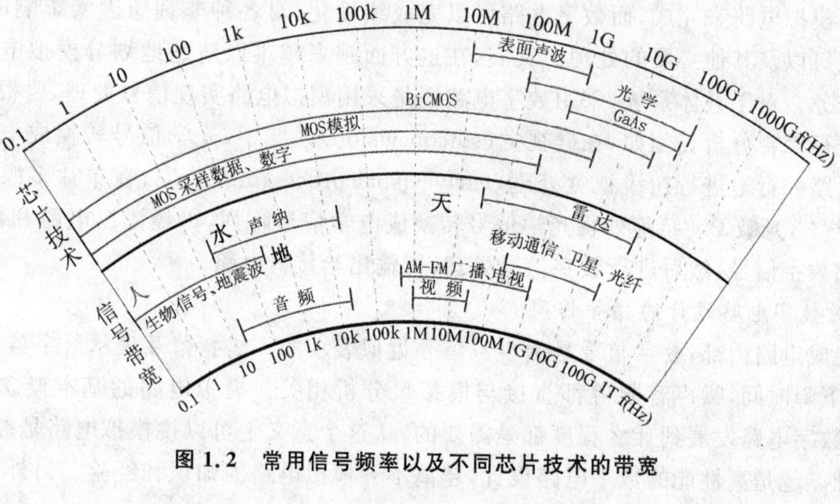

图 1.2　常用信号频率以及不同芯片技术的带宽

极或 BiCMOS 以及砷化镓电路等[6]。尽管随着工艺进步，芯片处理信号频率不断提高，但在电子与光子信息处理系统之间尚存在一个从 300 GHz 到 30 THz 的"太赫缺口(terahertz gap)"[7]，填补这个缺口仍需要电子信息处理系统提高频率，因此模拟电路的频率优势还将继续发挥作用。

2. 在芯片级系统中的作用

根据芯片级系统所处理信号的混合方式，芯片可以分为三大类：模拟和数字混合的模数混合系统芯片，数字和模拟混合的数模混合系统芯片，电路和敏感器/执行器混合的微系统芯片，如图 1.3 所示。在这三大类芯片级系统中，模拟电路所起的作用各有不同。在模拟与数字混合系统中，模拟电路通常作为外围电路，为核心的数字电路提供输入输出接口，如数据转换、信号放大、功率驱动、敏感器接口、保护电路和辅助运算等，这些电路的性能对于整个系统往往是非常关键的[8,9]。在数字与模拟混合系统中，数字电路为传统模拟电路提供可编程的控制信号和接口[10]或为新型的核心模拟电路提供与数字设备连接的输入输出接口。其中新型核心模拟电路具有类似于生物神经系统的结构和处理信息的机理[11]。它通过大量简单、低精度器件的充分互连形成整体计算能力，是一种更接近生物系统的新型集成电路，并在解决模式识别等方面具有很大潜力。在电路与敏感器/执行器混合的微系统中，大多数敏感器对外部测量信号的直接响应非常弱，需要进行放大并根据需要转换成不同的电学量形式，如电压、电流、频率、占空比、脉冲持续时间等，以及进行必要的预处理，这些工作都要由模拟电路来完成，而数字电路可以完成线性化、对各种非理想因素影响的补偿、输入输出接口以及其他必要的处理。其实，在这方面越来越难以清楚地划分模拟电路和数字电路的任务。对于具体系统，采用数字电路还是采用模拟电路实现信号处理，要根据系统具体情况进行综合分析。例如，在硅视觉(silicon vision)系统中，光学信号转换成电学信号后用模拟电路并行地进行初级视觉处理(early visual processing)[12,13]；在单片多媒体摄像机微系统中[14]，光敏 PN 结阵列将光学信号转换成电学信号阵列，再经读出电路和模/数转换器转换成数字信号，然后进行数字信号处理，再输出给接口电路。

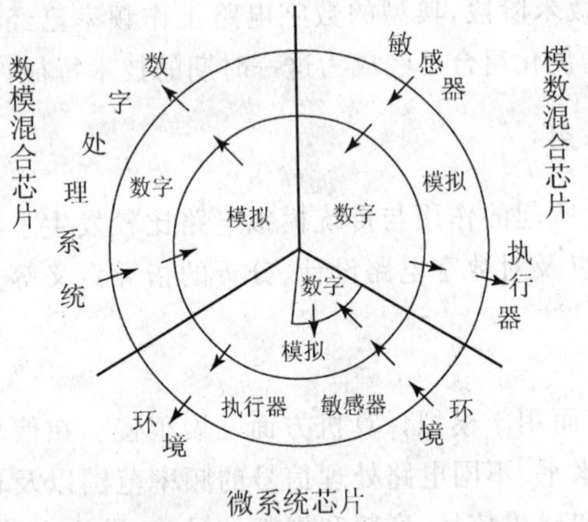

图 1.3 模拟电路在芯片级系统中的作用

3. 对数字电路设计的指导作用

在集成电路内部，数字信号是由模拟信号近似表示的。模拟信号表示数字信号的能力，如上升、下降时间，噪声容限等都直接与模拟量分析相关。模拟电路的基本概念和分析方法，无论数字电路发展到什么程度都是需要的，从这个意义上可以说模拟电路是数字电路实现的基础。越是高性能的数字电路设计，越离不开模拟电路的知识和经验。另外，在一些应用领域，如滤波器设计，模拟电路经常作为数字电路设计的原型机，只有深入了解、掌握模拟电路知识才能设计高水平的数字电路。

1.1.3 模拟集成电路与生物学

人造非生物体计算系统，在完成人造算法方面，能力已经远远高于生物计算系统，但是在完成非人造算法构成的各项任务方面，生物系统的能力远远大于非生物计算系统。例如，家蝇可以完成各种精确和复杂的飞行动作，用低速计算实现的控制胜过人造飞行器；在房间里嗡嗡穿梭飞行的家蝇，能够以两倍重力加速度加速到每小时 10 千米；圆圈飞行的家蝇，每秒可飞六圈，可在 2% 秒内达到最大角速度；家蝇可以直上直下飞行，反身停落在天花板上。按现在人们对控制信息处理系统的理解，最先进的战斗机尚无法以同样的资源消耗完成类似的任务[15]。在这方面主要困难不仅来自于如何实现这样系统，更主要来自于人们尚不知道生物体是怎样解决这样问题的。尽管如此，可以肯定在人造数字计算系统以外，还存在其他更高效的非数字化信息处理方法，只是目前人们还没有了解、掌握它。

生物体以非数字量形式处理信息的过程，使模拟电子学与生物学存在着天然的联系。生物学系统为人们研究更高效系统提供了范例。模拟电路，特别是超大规模集成微系统，可以为进一步认识生物系统提供更有效的手段。反过来，对生物系统认识的深化，也有利于进一步提高模拟超大规模系统的信息处理能力。目前，模拟电子学和生物学之间的关系可以分为三大类，如图 1.4 所示，① 生物学对模拟电子学影响，主要表现为生物启迪芯片(biologically inspired chip)的研究，目的是利用生物学的启发设计新型电路或系统[16]；② 模拟电子学和生物学相互影响，主要表现为可植入仿生芯片(implant bionic chip)的研究，主要目的是实现部分生物体功能，与生物体联合使用修复或提高生物体功能[17]；③ 模拟电子学对生物学的影响，主要表现为生物芯片(biochip)的研究，目的是利用芯片技术更有效地了解和利用生物系统[18,19]，利用电子学知识解析和构建生物系统信息处理过程[20]。

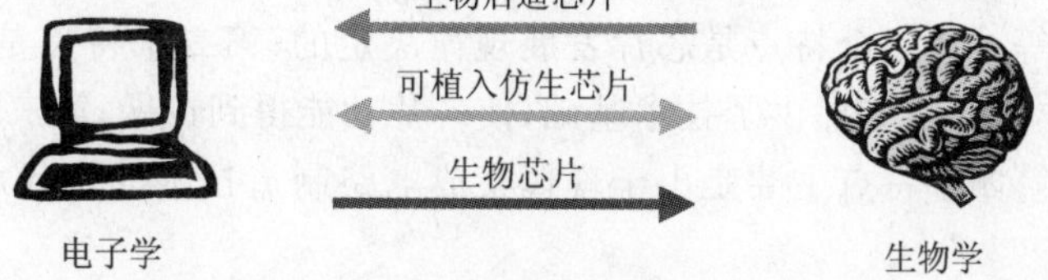

图 1.4 电子学与生物学的关系

生物学给人们什么启示呢？最大启示之一是没有理由完全相信生物体是以数字信号形式完成信息处理的，非数字电路存在实现更高效信息处理的可能性和潜力。传统的模拟量计算机被数字计算机发展所淹没，完全是因为采用的计算机工作原理所致，并不意味着模拟系统无法实现大规模计算任务。因此，模拟电路研究对于未来更高效仿生计算系统的认识和开发是必不可少的。

几百万年进化形成的人脑，具有强大的计算能力。尽管人们无法知道最终大脑是否能够通过大脑理解大脑，但可以就目前对大脑结构的认识与集成电路技术进行比较，寻找人造计算系统进一步发展的突破口。

大脑与芯片技术比较：大脑包含约 10^{12} 个神经元，10^{15} 个突触，芯片可以集成 $10^{9}\sim10^{10}$ 个晶体管，10 个互连层。晶体管的开关速度约为 10^{-11} 秒，而神经元的响应时间近似在 0.1 秒量级。芯片上金属连线以光速 10^{8} 米/秒传递信号，大脑中的神经脉冲在轴突中的传输速度约为 10 米/秒量级。神经元的平均功耗约在 10^{-12} 瓦数量级，逻辑运算芯片平均每门功耗约为 10^{-6} 瓦。大脑百分之几的细胞损失不会表现出明显的功能退化，芯片可能因一个晶体管失效而引起整个功能丧失[21]。

通过上述简单比较可见大脑与芯片各有所长，在某些方面电子学比生物学有更好的特性，但在另一些方面则不然。为什么计算机解决某些问题的能力远不如大脑呢？一个可能的原因是处理信号的形式不同。数字计算机中晶体管仅仅起到一个开关的作用，连线仅仅传输高和低两种电平，它们的效率都相当低。大脑中神经元至少同时起到增益和开关的作用，突触传输模拟信号并且具有记忆功能，它们的器件特性利用率更高。因此，图 1.3 左上部表示的以模拟电路为核心的数模混合电路具有实现更强计算能力的潜力。另外，目前超大规模集成技术发展水平已为仿制生物学系统在技术方面提供了一定的可能性。

1.1.4 芯片学的未来

芯片已成为支撑现代信息社会的物质基础，是非生物体的智慧载体，而且这个角色还会在相当长的时间内保持下去。人们要想从脑力劳动中解放出来，离不开芯片，因此芯片学充满发展活力和无限商机。芯片产业是典型的知识型产业，知识积累规律控制着这一产业以指数规律发展[22]。目前，芯片发展几个特点是：① 芯片正从集成电路向集成系统发展，从简单系统向复杂系统发展；② 处理的信号类型正从电学信号扩展到非电学信号；③ 信号工作方式从典型的模拟和数字向混合与深层次混合或其他形式发展；④ 芯片主要成本从制造逐渐转向设计；等等。第一个特点是芯片发展规律决定的；第二个特点是由于 MEMS 等技术的发展为处理非电学信号提供了技术基础，使芯片功能得到扩展；第三个特点主要是设计水平提高引起的；第四个特点主要是由于现代集成电路制造技术的换代成本急剧上升所造成的。

由于模拟电路无法随器件特征尺寸等比例减小保持特性不变，当器件减小到纳米尺度，基于传统理论设计的模拟信号处理电路将遇到巨大挑战。如果将芯片工作电压和功率以及面积等视为芯片资源，芯片发展中这种资源是有限的。在有限资源情况下，提高芯片性能的一种方法是充分利用器件特性设计高效系统[23]。例如，基于传统小信号近似理论设计电路，MOS 管工作主要限制在饱和区内，电压变化范围存在巨大浪费。如果设计电路让 MOS 管工作在整个非线性区（截止区、饱和区、非饱和区），则可充分利用电压资源。

目前研究的后 CMOS 时代电路所用器件，都是以完成开关功能为主，以实现逻辑运算为目的,很少考虑模拟信号处理的问题。用这种电路如何基于传统理论处理模拟信号也是亟待解决的问题。随着对信息处理原理认识的深化和设计水平的不断提高,传统的数字电路、模拟电路和数字加模拟电路,在模块级上简单混合不再是解决实际问题的最佳方案。受生物学等多方面启发,越来越多的电路功能为非模块级的深层次模拟与数字混合电路所取代,例如:比较器、锁相环、Σ-Δ 调制器等。

在芯片功能不断增长的同时,芯片所消耗的资源无法随之增长,因此芯片实现单位功能消耗的资源要不断减小或芯片单位功能的效率要不断提高。为了提高电路处理信号的效率,需要器件在整个工作范围运用;模拟信号与数字信号的结合不再是简单的功能模块之间的结合,而是在器件内部的结合,在模块内部通过很强的数字信号到模拟信号或模拟信号到数字信号反馈的结合;电路设计理念在更深层次上发生变革,不再局限于传统的数字电路和模拟电路概念。为清晰、方便、简洁地表述这种的变化,更加明确它与传统设计概念的区别,可以将基于这种理念运用的信号和设计的电路分别称为模信号和模电路,其中模(merging digital and analog,Medilog)表示传统的模拟信号与数字信号在深层次上结合,强调的是幅值限制在一定范围的随时间连续变化的信号,它由"数"字的左上半部分和"模"字的右半部分构成。

随着制造能力增强,制造问题不再是限制芯片发展的主要瓶颈,芯片成本逐渐从制造转向设计,其主要原因包括:① 芯片制造的标准化和应用的多样化使设计成本占总芯片成本的比重不断增加,因为制造标准化能使大批量生产芯片的成本下降,个性化的消费需求促使设计成本上升。② 由于现代集成电路制造设备已经相当昂贵和复杂,在此基础上进行更新换代的成本变得特别巨大,非技术的经济原因正在减缓技术升级的速度。③ 现代技术水平已经能够满足一些领域应用的要求,技术升级无法完全取代现有工艺,这将延长技术升级成本的回收时间,减弱技术升级的驱动力。④ 集成电路是知识型产业,产品的实用价值由知识含量决定,因此设计工作在芯片形成过程中起到越来越大的作用。正是这些原因促使人们不得不越来越重视设计工作,这也是人类社会转向知识型社会的具体表现之一。

在芯片的发展中,模拟电路除了以功能模块形式在芯片系统中发挥作用外,部分应用领域也以单独芯片形式存在,但是传统的连续时间模拟集成电路的集成度一般都很小,很难见到百万个晶体管以上的模拟集成电路,而离散时间模拟电路(开关电容电路)的规模可以很大,典型集成规模在几百万晶体管。限制模拟集成电路规模至少有以下几方面原因:① 与以往电子系统的发展过成(电子管→晶体管→集成电路→nMOS→CMOS)相同,功耗仍是提高模拟电路集成规模的限制因素之一。② 尺寸缩小、工作电压下降、电源电压与 MOS 器件的阈值电压比不断缩小,电压信号摆幅受到影响,维持一定动态范围的设计难度越来越大。③ 对于传统的模拟电路计算系统,虽然单个元件的计算精度可以足够高,但在完成一个计算任务中多次运算积累的误差无法消除,从而限制了传统模拟计算系统的发展。因此,对于高计算密度模拟电路,要提高集成规模必须探索新的计算机制。④ 由于集成电路的特点所定,对于复杂的模拟芯片系统设计必须具有更有效的 CAD 系统。

总之，在过去的几十年中，模拟集成电路和系统已得到不断发展并且逐渐成熟。在这期间，数字电路与模拟电路产生了激烈竞争，特别是数字集成电路的进步，已使微处理器和数字信号处理器承担起大量过去由模拟系统完成的任务。但是，今天至少存在以下几方面因素使数字电路无法完全取代模拟电路：第一，自然界是模拟量世界，因此数字信息系统解决自然界问题永远需要模拟量到数字量转换或数字量到模拟量转换；第二，目前仍有许多重要的应用领域不得不使用模/数混合系统，例如，频率特别高的应用领域；第三，要使数字系统表现出模拟电路的质量，就要很好地了解模拟集成电路设计技术，这对于数字系统设计和调试也是很重要的；第四，实际数字信号是由模拟电学量近似表示的，对数字信号的优劣的评价其实质仍是模拟量的分析问题，例如上升、下降时间，延迟时间，噪声容限，功耗等；第五，随着对生物系统认识的不断深化，实时的模拟量并行计算系统也将有新的发展。正是这些原因，模拟电路以不可替代的地位在芯片级系统中发挥着越来越重要的作用。

1.2 模拟集成电路设计旨要

1.2.1 模拟电路设计的科学性与工匠性

设计的科学性(scientific nature)表现为符合规律的、建立在数学描述基础之上的设计工作，而设计的工匠性(art nature)则表现为基于经验、技巧和熟练程度基础之上的设计工作。模拟电路与数字电路比较的突出特点之一是特性复杂，这是造成模拟电路设计工作表现出部分工匠性特点(即许多问题无法通过模型化方法解决)的根本原因。

第一，模拟电路中所使用的晶体管特性数学描述较复杂，难以完全用数学分析方法解决。即使在一些条件下可以分析，但为了抓住问题的本质，仍需要工程近似。这种近似是以实现技术中的各种约束为基础，其近似分析结果主要目的是用于指导实践，而不是理论探索。第二，考虑到计算机存贮能力和计算速度，仿真模型经常采用经验或半经验模型。同时，数值计算方法分析也可能产生误差，因此基于模型设计的准确性无法完全保证。第三，芯片制造技术的特点之一是存在很大工艺参数偏差。即使建模准确、分析无误，也无法保证分析与实际芯片的一致。因此，正确了解这些误差、巧妙回避或利用这些误差，要凭经验和技巧。第四，晶体管是非线性器件，如果不做线性化近似使用，由它构成的非线性系统在理论分析方面目前还存在许多没有解决的问题，非线性系统所具有某些特性还有待进一步认识。第五，半导体是一种敏感材料，环境变化对它的电学特性影响很大，在实际物理设计中存在多种因素无法用数学模型进行有效地描述。

由于模型分析的诸多限制因素影响，使得来自于经验总结的设计技巧和直觉对模拟电路的影响远大于数字电路设计，特别是物理设计。基于经验和技巧完成的工作，最大特点是在同样条件下，不同人可以得到差别很大的结果。模拟电路的设计过程比数字电路更加依赖于直觉和经验。因此，对于模拟电路，除需要掌握丰富的科学知识外，一个优秀的、巧夺天工的芯片设计更需要充分运用个人创造力、巧妙处理设计对象和熟练掌握工具。

1.2.2　电学设计

电子系统处理的电学信号根据时间和变量形式通常分为：模拟信号和数字信号。模拟信号是随时间连续变化的连续变量；数字信号是离散时间的量化变量。除这两种信号外，还可以有两种信号形式：采样数据（sampled-data）信号和连续时间数字信号。采样数据信号是一种集成电路经常采用的信号形式，主要是用于开关电容电路。这种信号是离散时间点上定义的幅值连续变化量。连续时间数字信号电路是目前研究比较少的领域，它是时间连续、幅值量化的信号，因为它不需要采样可以避免混叠问题[24]。模拟电路主要指处理模拟信号和采样数据信号的电路。实际上，随着设计水平的不断提高，现代集成电路设计已不仅仅局限于这些典型的信号形式了，有更多的适合集成电路要求的信号形式被采用，例如锁相环的相位和频率信号等。从更广泛意义上可以说，模拟电路是除典型数字电路以外的电路。

模拟集成电路的设计就是根据具体要求，设计出适合集成电路技术实现的电路和系统以及用于集成电路制造的掩模版图。一方面，与数字电路相同，模拟电路设计按设计层次可以分为器件、电路和系统三个层次。器件设计是设计的最低层次；系统设计是设计的最高层次，一般用功能模块表示。虽然这种划分方法已成功地用于数字集成电路，但对于实际的模拟电路设计有时难以按此方法进行明确划分。另一方面，按设计顺序模拟电路设计可分为两部分：电学设计和物理设计。

电学设计可以采用一般的模拟电路及系统分析和设计方法，确定适合集成电路工艺的具体方案，进行符合技术要求的电路及系统设计。但是，集成化的模拟电路及系统设计与分立器件的模拟电路及系统的设计有明显的区别。第一，用分立器件设计的电路，各器件都是独立和相互无关的，而集成电路中这些器件都制作在同一芯片上，它们几何形状、尺寸和位置的不同都将对电路性能产生影响。第二，集成电路中的器件必须是集成电路工艺能够制造的。第三，分立器件的电路可以测量和调节各个节点的参数，集成电路只能借助计算机仿真确认设计的正确性和性能，芯片制成后的电路参数通常无法调整。下面通过一个简单例子说明如何根据 CMOS 集成电路特点设计适合集成电路技术实现的模拟电路。

对于一个非常基本的积分器，如果用分立器件，积分器可以由运放、电容 C 和电阻 R 构成，如图 1.5(a)所示。如果用于音频信号处理，需要约 0.1 ms 的时间常数，即使采用 10 pF 电容值，仍需要 10 MΩ 的电阻。如果多晶硅电阻 10 Ω/□，这样大的无源电阻大约需要 10^6 个方块。对于 0.5 μm 工艺，如果方块电阻设计为 1 μm×1 μm，实现这个电阻占面积近 1 mm^2，约为芯片面积的 1%。可见，虽然原理上这个结构可以集成在芯片内，但由于无源 RC 器件需要占非常大的芯片面积，而且绝对精度很低、稳定性很差，因而制作出的集成电路一般无法用于解决实际问题。

解决面积、精度和稳定性的一种方法，是用有源电阻和片内自调谐技术设计 MOS 管电阻、电容和运放构成的积分器，如图 1.5(b)所示。它通过自动调整 V_C 改变 MOS 管沟道电阻提高精度和稳定性，是芯片可实现方案，详见 5.2 节。为更便于调谐、扩大调谐范围和用数字存贮

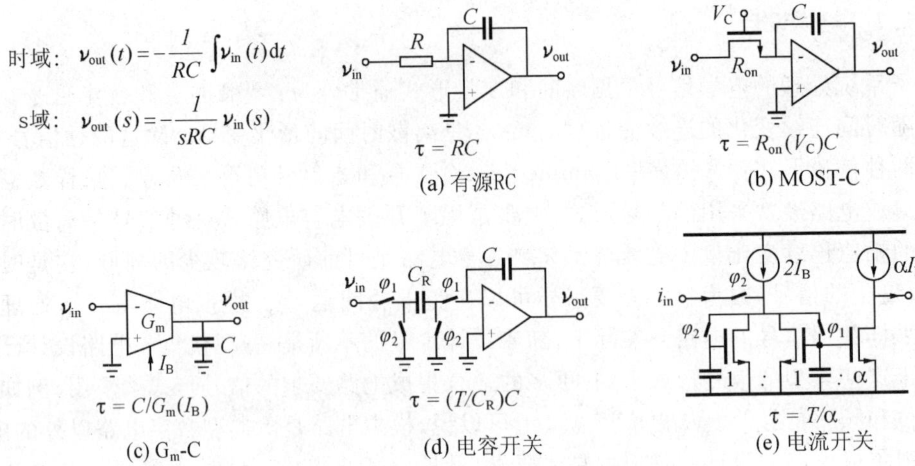

图 1.5 集成电路中积分器设计

器设定时间常数，可以采用跨导一电容电路实现积分器。它通过电流 I_B 控制跨导、实现调谐，如图 1.5(c)所示。这种电路的另一个好处是不需要两端都通过信号的浮置电容(floating capacitor)，因而降低了对电容质量的要求，使它更易于与数字电路技术兼容，详见 5.3 节。

对于一些频率不高的应用，解决面积与精度问题的一种有效办法是用开关和电容的组合替代电阻，如图 1.5(d)所示。四个开关由频率远大于输入信号(v_{in})频率的双相非重叠时钟(φ_1 和 φ_2)控制。等效电阻值是 $R_{eq}=T/C_R$，其中 T 是开关控制信号的时钟周期，详见 6.2 节。这种电路主要好处是原来不好控制的时间常数 RC 现在变为 TC/C_R。如果时钟 T 能够精确控制，那么时间常数精度取决于电容比 C/C_R。在集成电路制造中，电容比的精度可以控制在 0.05%左右。同时，这种方法也减小了无源器件需要的芯片面积。例如，对于 100 kHz 时钟频率，实现 10 MΩ 电阻的开关电容值为 $C_R=T/R_{eq}=1$ pF，大大减小了芯片面积。

为避免使用线性浮置电容、适合标准数字技术实现模拟电路以及更适合低电源电压工作，可以采用电流开关技术实现积分器，如图 1.5(e)所示。如果采样时钟周期是 T，电流镜放大倍数是 α，那么积分时间常数为 T/α，它由晶体管沟道宽长比之比和开关时钟周期决定。虽然这种积分器降低了对电容的要求，但是电路以开环形式工作，精度受到晶体管性能和失配等限制，因此这种电路一般只适合低精度模拟信号处理。

1.2.3 物理设计

物理设计是根据所用制造工艺和设计规则，将电路转换成制造所需要的、由各种几何图形组成的掩膜版图。版图的优化目标是最小化版图对电路性能的不良影响和最充分利用芯片面积。下面通过简单例子扼要说明如何根据制造工艺特点进行优化设计，减小版图对电路特性的影响。

如果用 4 个晶体管元实现电流比为 1：1 的电流镜，需要设计 2：2 的匹配晶体管元。面积和寄生电容最小的版图结构如图 1.6(a)所示，其中四个晶体管元两两共用有源区。这种结构的匹配性不好，如果多晶硅相对有源区发生变化，会导致沟道宽长比变化。图 1.6(b)是一种具有更好匹配性特性的结构，它采用完全相同的晶体管元结构以及质心对称的方式排列；为保证全同性，边缘采用陪衬结构；为保证器件具有良好的长沟特性，没有采用最小沟道长度。这种结构虽然采用了多种方法保证匹配特性，但它的面积大为增加、芯片上非随机的工艺参数变化会对它产生更大的影响、它在芯片上的位置变得更加重要。例如，考虑到功率器件的热学影响，应当将它放置在与等温线垂直的方向上，如图 1.6(c)所示；考虑到封装的力学影响，对于{111}晶面，应当将它放置在芯片中心、以〈211〉晶向为对称轴的位置上，如图 1.6(d)所示[25]。由此可见，要使实际物理结构能够接近设计结构，各种非理想因素的消除是一个重要问题。如何根据具体情况，巧妙的设计版图，是对设计者的考验。好的物理设计，应当结合具体情况最大程度消除版图对电路带来的不良影响。

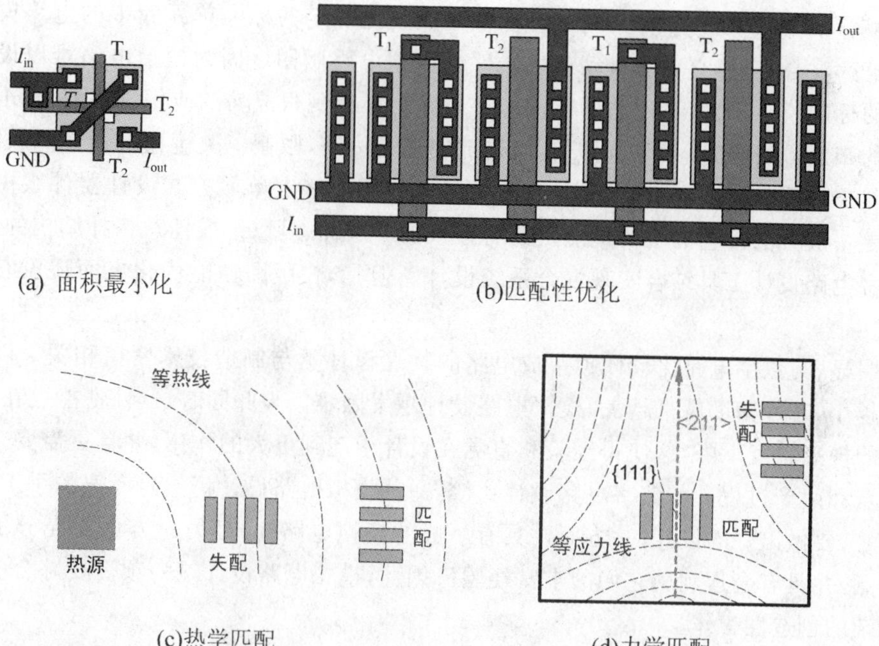

(a) 面积最小化　(b)匹配性优化

(c)热学匹配　(d)力学匹配

图 1.6　版图优化设计举例说明

对于模拟电路，版图自动设计方法远没有数字电路成熟。为了适合模数混合电路设计和利用数字电路计算机辅助设计平台，模拟电路版图设计基本采用与数字电路类似的方法，只是效果没有数字电路那样理想。

手工版图设计可以灵活处理各种具体问题、优化图形，从而达到性能和面积的要求。但是，这种方法设计周期长，容易产生错误。结构化设计虽然已成功地用于数字电路设计，但对模拟或模数混合集成电路难于取得同样的晶体管利用率，版图优化效果远不如手工设计。它的优点是设计周期短，不容易出错。

半定制版图设计(semi-custom layout design)技术可分为：模拟阵列、模拟单元编译器、模拟标准单元、模拟宏单元等。对于快速、低成本、小批量模拟专用集成电路(application-specific integrated circuit，ASIC)生产，模拟阵列(analog array)方法具有一定的优越性。由于MOS模拟集成电路设计不容易用少量固定尺寸器件实现，这种方法更适合于双极型集成电路。但是，无论什么器件构成的电路，这种方法都会降低芯片利用率。

模拟单元编译器(analog call compiler)是通过编译参数化单元产生版图，它是成熟的模拟电路自动设计技术。由于拓扑结构保持不变，基本版图可以手工优化，因此产生的版图具有相当高的质量。这种方法的缺点是开发编译器的成本很高，不能根据具体电路很方便地形成不同的编译器，只适合于结构相对固定而参数总需要变化的模拟电路设计，如运算放大器或开关电容滤波器设计等。

模拟标准单元(analog standard cell)法是用预先确定的标准单元库中的电路模块构成模拟或模数混合电路，它不能自动产生器件级模拟电路版图。因为模拟电路难以设计通用性很强的标准模块单元，这使它不能像数字电路一样得到很成功的应用。另外，标准单元固定结构的布局方法，如单元成行排列，互连放在通道内等，限制了关键模拟器件的版图优化。

模拟宏单元(analog macro cell)方法是用类似于数字宏单元方式设计器件级模拟电路版图的更一般方法。它的主要优点是具有很大的一般性、可以组成任意拓扑结构的版图、容易与数字电路设计工具结合实现混合系统设计。但是，在版图性能优化方面还没有手工版图好。

很明显，与数字电路比较模拟集成电路的物理设计更与制造技术紧密相关。随器件尺寸越来越小，芯片密度越来越大，模拟电路设计越发困难。与此同时，器件性能也在变化，描述器件的模型精度下降，这使得经验和直觉在设计中起到更大的作用，并且更需要全面了解工艺特点和生产过程。与数字电路设计比较，一些模拟电路设计仍然是专家的手工艺品。

总之，要做出好的设计，一方面要具有一般的模拟电路知识，另一方面要充分了解制造工艺特点，并具有合理利用它们的丰富经验。因此，模拟电路设计是一项需要综合多方面知识的复杂的创造性工作。

1.3 有关问题说明

1.3.1 热点问题与本书着重点

目前，有许多处于发展中的电路新技术，如：小尺寸CMOS、BiCMOS、浮栅、超导技术等。它们的目标是提高模拟电路的性能，以满足市场对电子系统的更高要求。对于模数混合电路，小尺寸CMOS和BiCMOS将成为主流工艺。浮栅技术可以实现高精度模拟集成电路[26],超导技术可以实现高速、低功耗模拟集成电路[27]。本书主要涉及小尺寸 CMOS 和 BiCMOS 模拟电路,对于后者将用一章专门介绍。

对于大尺寸 MOS 管,可以用比较简单的模型描述器件特性,基于这些模型进行的 MOS 模拟电路仿真分析可以较好地符合实际情况。但是,当沟道长度进入深亚微米($<0.25\ \mu m$)后,短沟效应起主要作用,MOS 管特性偏离传统的长沟特性。例如,漏电流与电压的关系将从平方关系向一次方关系变化,阈值电压随沟道长度减小而下降,等等。这些对于 MOS 管主要起开关作用的数字电路影响不大,但对于模拟电路将会导致设计结果与实际电路产生巨大差异,有时甚至可以使人工分析结果对实际电路设计丧失指导意义。对于电路计算机仿真分析,解决这个问题可以将器件认为是黑箱,输入偏置量和器件尺寸即可给出漏极电流值。但对于电路设计,经常需要根据漏极电流确定器件尺寸和偏置条件,简单的黑箱方法无法满足需要。目前,既能准确描述短沟 MOS 管特性又能适合理论分析的简单模型还在研究过程中,因此本书仍采用长沟 MOS 管模型作为模拟电路人工分析和设计基础,电路设计的准确特性只能借助计算机仿真和反复调整设计实现。

在集成电路中,模数混合电路是增长最快的领域,无论是通用电路还是专用电路设计都已将模拟电路和数字电路集成在同一芯片上。例如微控制器电路,典型的数字处理部分增加了模数转换和数模转换等功能[8]。为能设计这种芯片和预测产品性能,必须有良好的设计方法和工具。模数混合电路设计的主要问题有:① 模拟电路和数字电路的相互影响;② 设计适合 CAD 环境的模拟电路基本模块,这要求它更容易与周围电路匹配、可以灵活使用并具有小尺寸,越是这样,越像数字单元;③ 最优系统的划分问题。本书将尽可能多地以可模块化的模拟电路设计为例,并在物理设计中涉及数字电路对模拟电路影响的问题。

随着移动通讯系统和全球定位系统等应用不断扩大以及降低产品成本的需要,CMOS 模拟电路正向射频领域迅速发展。目前,CMOS 射频集成电路已成为研究热点问题之一。为降低 CMOS 射频集成电路功耗、减小噪声,适合芯片制造的电感器件成为人们关注的另一个重点。另外,射频系统计算机辅助设计工具开发也正在不断完善。对于这些问题,由于射频电路是建立在高频电路理论之上,加之相关电路结构随工艺技术发展变化很快,本书只在部分章节涉及基本无源电感的设计问题。

集成电路技术的发展促使特征尺寸逐步缩小,从而导致电路工作电压不断下降。当电压下降时数字电路变化不大,但模拟电路必须进行重新研究和设计,等比例缩小规则不适用。另外,植入式医疗产品、便携式电子产品等电源功率有限,因此需要低功耗电路。降低电源电压是减小功耗的一种直接方法,本书将专门用一章探讨低压、低功耗和微功耗电路。

电流型电路具有许多特点:它的动态范围受电源电压限制小,低压下可以得到大的动态范围;良好的频率响应可以形成更大的带宽;用电流更容易完成某些基本数学计算可以简化电路;适合对将非电学量转换成电流或电荷的敏感器信号进行处理。因此,近年来受到人们重视,本书用一章专门介绍电流型电路。

随着集成制造技术的发展和降低产品成本的需要，实现带有敏感和执行器件的微系统逐渐成为人们追求的目标[28]。同时，许多信号处理系统也需要廉价、可靠、能与模拟或数字电路相兼容的敏感器，将敏感器件和处理电路集成在一个芯片上的智能微敏感器可以满足这种要求。微系统是集成制造技术向非电学量处理的外延，本书也将特别开辟一章介绍。

随着对生物信息系统认识的不断增加，电子学与生物学的交融不断深化。受生物学系统启发的模拟电子系统研究也在蓬勃发展，各种新型电路不断涌现，并已经成为电路研究的一个重要而充满活力的分支[29]。考虑到这方面内容尚未完全成熟，本书暂不涉及。

由于模拟集成电路复杂度不断增加和模数混合系统的广泛应用，模拟和模数混合电路的可测性问题变得越来越重要。在数字电路中采用的一般方法，也在逐步用于模拟电路。由于篇幅限制，本书没有涉及这部分内容。

模拟及模数混合电路 CAD 工具的开发，如：混合模式仿真器、模拟电路版图工具、自动综合工具、模拟电路硬件描述语言，对于模拟电路设计非常重要。商业竞争和产品迅速变化，使模拟电路设计对灵活、可靠的 CAD 工具产生越来越强烈的依赖。由于这些内容在不断发展变化、一些标准还在规范中，因此本书没有这部分内容。

1.3.2　内容安排

本书原稿共分 12 章，如图 1.7 所示。由于篇幅限制，此次出版前七章：第一章，绪论；第二章，CMOS 集成电路基本器件；第三章，基本单元电路；第四章，运算放大器；第五章，连续时间滤波器；第六章，开关电容电路；第七章，过采样数据转换器。如若不足，可自行补充。

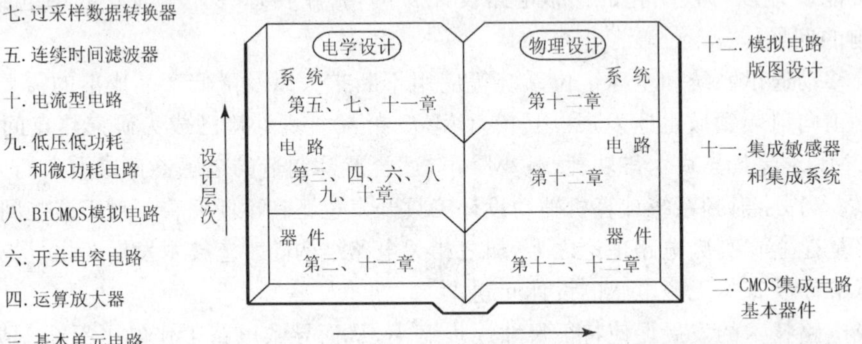

图 1.7　本书原稿内容安排

1.3.3　字符、符号使用说明

本书所采用的字符和符号将尽量与通用标准一致。除非另做说明，本书将使用如图 1.8 所示的不同字符形式表示各种电学量：偏置或直流量用大写字母和大写脚标表示，如漏极偏置电流 I_D，电源电压 V_{DD}；交流小信号量用小写字母和小写脚标表示，如晶体管漏电

流的变化量 i_d，跨导 g_m；表示偏置和小信号量之和的量用大写字母和小写下标表示，如漏电流 I_d。

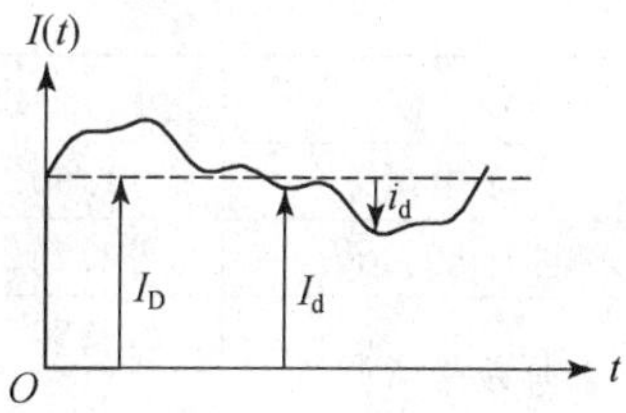

图 1.8　表示不同信号的字符用法

MOS 晶体管符号使用如图 1.9 所示。当 MOS 晶体管主要工作在饱和区与非饱和区（详见第二章）处理模拟信号时，采用图 1.9(a)所示符号。当 MOS 晶体管主要工作在截止区与非饱和区作为开关处理数字信号时，由于逻辑电平控制晶体管，所以采用图 1.9(b)符号表示。当 MOS 晶体管工作在整个特性区、处理传统模拟与数字混合的模信号时，采用图 1.9(c)符号表示。另外，在 CMOS 技术中，n 型或 p 型晶体管至少有一个类型可以位于独立的隔离区（阱区）内，在不同阱区内的晶体管可以有不同的衬底电压，但非阱区的晶体管则必须用统一的衬底电压。如果衬底电压，对于 pMOS 晶体管接最高电源电压，对于 nMOS 晶体管接最低电源电压，则晶体管符号中的衬底连接线将被省略。

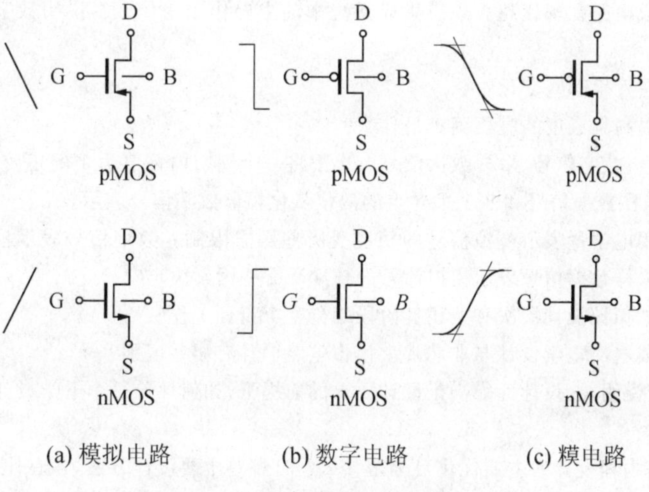

图 1.9　本书 MOS 管表示符号

本书所采用各种电源的表示符号如图 1.10 所示。其中，图(a)表示独立电压源和电流源，图(b)表示受控电压源和电流源。对于电压(V_c)控制电压源(VCVS)，$V=A_vV_c$，其中 A_v 是电压增益。对于电压(V_c)控制电流源(VCCS)，$I=G_mV_c$，其中 G_m 是跨导。对于电流(I_c)控制电压源(CCVS)，$V=R_mI_c$，其中 R_m 是电阻。对于电流(I_c)控制电流源(CCCS)，$I=A_iI_c$，其中 A_i 是电流增益。

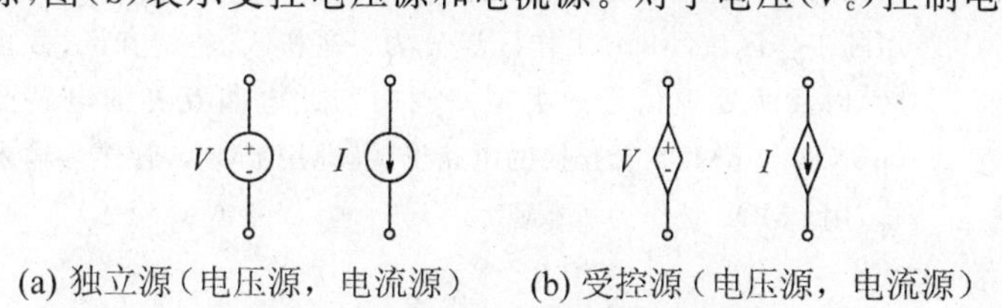

图 1.10　电压、电流源表示符号

本书常用基本物理常数表

名　称	数　值	名　称	数　值
电子电量 q	1.602×10^{-19} C	真空介电常数 ε_0	8.854×10^{-12} F/m
电子伏特 eV	1.602×10^{-19} J	真空磁导率 μ_0	$4\pi\times10^{-7}$ H/m
玻耳兹曼常数 k	1.380×10^{-23} J/K	绝对零度 0 K	−273.16℃
	8.614×10^{-5} eV/K	热电压 kT/q(T=300 K)	25.84 mV
硅的禁带宽度 E_g	1.21 eV(0 K)	SiO_2 相对介电常数 ε_{ox}	3.9
	1.12 eV(300 K)	Si 相对介电常数 ε_{si}	11.9

习　题　一

1.1　说明为什么 CMOS 模拟集成电路变得越来越重要？

1.2　各种常用信号的频率范围是多少？举例说明 CMOS 模拟集成电路目前可以处理哪些信号？

1.3　CMOS 模拟集成电路在现代超大规模集成系统中的主要作用是什么？说明数字电路无法完全取代模拟电路原因。

1.4　芯片上系统正在发生哪些变化？

1.5　模拟集成电路提高集成度的主要困难是什么？

1.6　什么是模拟信号、数字信号、采样数据信号？作图将一个周期内幅值为 1 的正弦波分别用模拟信号、8 个采样点的采样数据信号和 8 个采样点的两位量化幅值数字信号表示。

1.7　在实际电路中用电学量表示模拟信号的精度受哪些因素限制？数字信号表示模拟信号的精度由哪些因素决定？采样数据信号表示模拟信号的精度受哪些因素决定？

1.8　集成电路设计如何按设计层次和按设计阶段划分整个设计工作？

1.9　芯片上模拟集成电路电学设计与非芯片上模拟电路设计有哪些区别？

1.10　通过具体例子说明，在设计性能满足设计要求的前提下，如何评价一个电学设计方案对于 CMOS 技术实现的优劣？

1.11　模拟集成电路物理设计的主要优化目标是什么？有哪些主要设计方法，各有什么特点？

1.12　CMOS 模拟集成电路目前主要研究的热点问题有哪些？

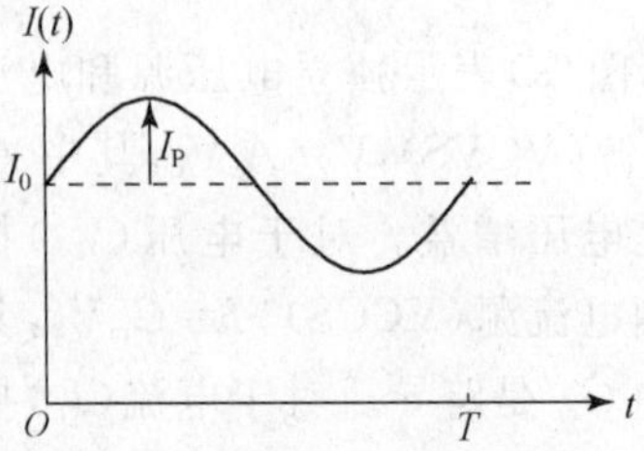

图 P1.1　正弦电流信号

1.13　根据书中字符使用约定，写出图 P1.1 所示正弦信号的数学表达式。

1.14　根据书中晶体管使用约定，说明图 P1.2 中 MOS 晶体管所使用的工作区域（MOS 工作区域分为：饱和区、非饱和区、截止区）以及所处理信号的类型并画出与此电路互补的电路图（pMOS 与 nMOS 管互换的电路形式，即用 pMOS 管作为输入管，用 nMOS 管作为负载管）。

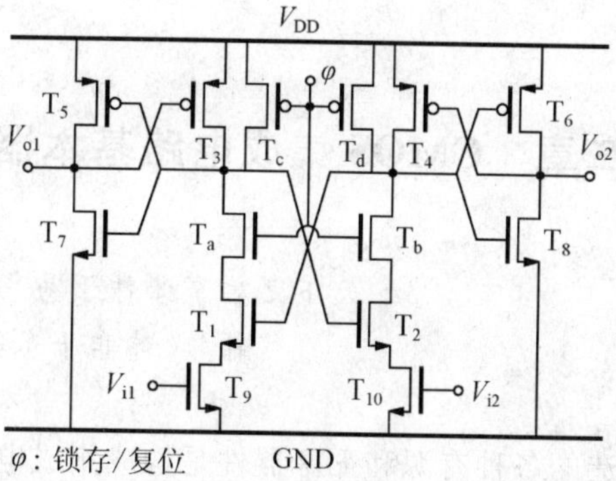

P1.2　锁存比较器

1.15　如果将 1.14 题视为对两个输入求最小电路，将它扩展成对三个输入量求最小值的电路。即：对于三个输入量，输入最小者对应的输出端为高电平，其他输出端为低电平。

1.16　根据书中电源表示符号使用约定，画出增益为 A、输入阻抗 r_{in}、输出阻抗 r_{out} 的电压和电流放大器电路模型。

第二章　CMOS集成电路基本器件

天下之难事必作于易，天下之大事必作于细。

韩非《韩非子卷第七·喻老第二十一》

集成电路工艺所能制造的各种有源和无源器件是构成集成电路的基本器件。它们与集成电路工艺紧密相关，它们的特性直接决定电路性能。因此，在研究电学设计和物理设计之前，首先简单介绍CMOS集成电路的基本物理结构及制作过程，然后介绍CMOS集成电路的基本器件结构和性能以及电路设计中常用的基本数学模型，最后分析集成电路中存在的各种寄生器件。本章主要目的是了解CMOS工艺和基本版图、各种器件基本结构和主要特性、简单数学分析模型以及典型数据，为后续设计奠定器件基础。

2.1　CMOS集成电路物理结构及制作过程

集成电路设计工作最终是对其物理结构进行设计，同时集成电路中所能使用的有源和无源器件都受到集成电路物理结构和制造工艺限制，因此了解CMOS集成电路的基本物理结构和CMOS基本工艺是研究基本器件的第一步。

2.1.1　物理结构和基本制作过程

基本硅平面CMOS集成电路的纵向物理结构如图2.1(d)所示，它由硅半导体、热氧化二氧化硅(绝缘介质层)、导电多晶硅、淀积二氧化硅、金属层(导电层)和保护层构成，集成电路就是通过适当设计这些材料层取舍形成的。CMOS电路需要在一种类型硅衬底上同时制作出n型和p型两种MOS晶体管。一般采用局部掺杂方法，通过杂质补偿作用在某种类型硅表面形成另一种类型的阱区。根据阱区类型的不同，硅片可以制成不同种类的CMOS集成电路。下面以n阱CMOS电路为例，扼要说明基本制作过程。

1. 不同类型器件区域的形成和器件间的隔离

根据n阱区掩模版，在p型单晶硅片上形成需要的n阱区，用以制造p沟MOS晶体管。按照有源区掩模版，对非有源区(非器件区)进行场氧化(FOX)，以将器件隔离。这个过程需要集成电路物理设计的n阱版和有源区版来实现，如图2.1(a)所示。

2. n型和p型器件的制作

在单晶硅表面通过热氧化生长一层新的薄氧化层作为栅氧化层，然后淀积多晶硅层。根据多晶硅掩模版，刻蚀出晶体管栅极和多晶硅连线。根据n^+注入掩模版，进行n^+杂质注入。因为注入是在多晶硅栅形成后进行的，所以多晶硅下面不能形成 n^+ 区，这样自然形成 n 管的沟道区。同样，在非 n^+ 掺杂区进行 p^+ 杂质注入，或根据 p^+ 区掩模版进行 p^+ 杂质注入，最后形成所有 p 沟和 n 沟晶体管。这些过程需要集成电路物理设计的多晶硅版和 n^+ 注入版或 p^+ 注入版来完成，如图 2.1(b)所示。

3. 器件的互连与保护

在整个硅片表面淀积上厚氧化层，根据接触孔掩模版，刻蚀出接触孔。然后，淀积金属层，根据金属掩模版，刻蚀出金属连线。为了保护硅片表面不受化学腐蚀和划伤，在表面上覆盖一层钝化膜，用钝化区掩模版，刻蚀出压焊区和划片槽等。这个过程需要集成电路物理设计的接触孔版、金属版和钝化区版来完成，如图 2.1(c)所示。

在这种基本工艺基础上可以形成各种高性能 CMOS 工艺，它可以包含多层多晶硅和金属等，以满足复杂连线、高质量电容和存贮器等的需要。

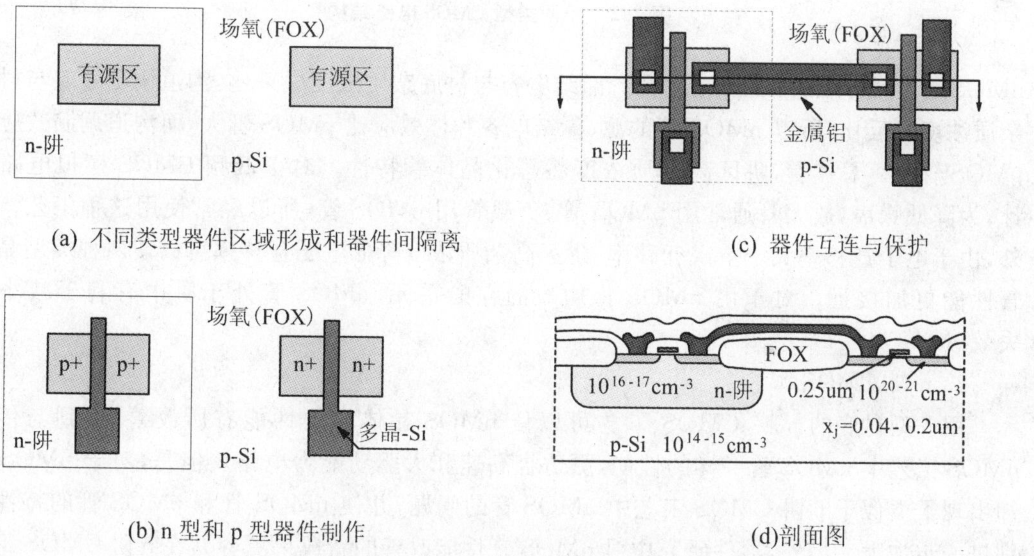

图 2.1　CMOS 集成电路基本制作工艺和纵向物理结构

2.1.2　制造工艺分类

根据所使用硅单晶材料的不同，在一种单晶硅片上同时制造 p 型和 n 型两种 MOS 晶体管的方法和器件特性各有不同，所需要的物理版图设计也有差别，因此 CMOS 工艺也可分为不同类型，见图 2.2。

1. p 阱 CMOS 工艺

这种工艺是从经典的 p 沟金属栅工艺发展起来的，是最早的 CMOS 工艺。在这种工艺中 nMOS 管制作在 p 阱中，pMOS 管制作在 n 型衬底材料上，pMOS 管衬底杂质浓度低于

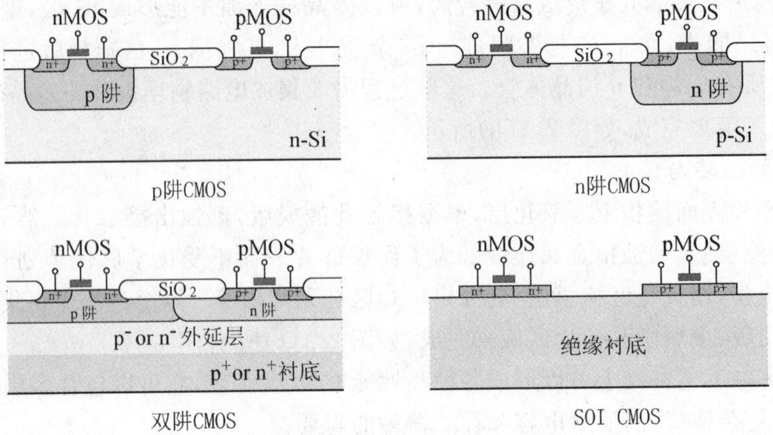

图 2.2　不同类型 CMOS 电路结构

nMOS 管。由于器件的体效应和源、漏结电容与衬底杂质浓度成正比，沟道调制效应与衬底杂质浓度成反比，所以 nMOS 管的源、漏结电容和体效应比 pMOS 管大，而沟道调制效应比 pMOS 管小。总体看，阱区高杂质浓度将恶化晶体管特性。对于低频 CMOS 模拟电路设计，为降低噪声，放大管通常用 pMOS 管、负载管用 nMOS 管，所以经常使用这种工艺。另外，由于电子迁移率大于空穴迁移率，阱区高杂质浓度降低电子迁移率可以使两种类型晶体管性能更加接近。对于用 nMOS 管构成的存贮单元，nMOS 管处于阱中有利于减小软失效。

2. n 阱 CMOS 工艺

用 p 型衬底的 n 阱 CMOS 工艺可以使 nMOS 晶体管的性能有所改善，得到与传统 nMOS 工艺中 nMOS 管一样的性能，更适合高速和大驱动能力电路。但是，对于 pMOS 管却出现了类似于 p 阱 CMOS 工艺中 nMOS 管的问题，并使 nMOS 管和 pMOS 管的特性差别进一步加大。另外，器件研究中对 nMOS 管性能改善的新成果更容易在 n 阱 CMOS 工艺中得到应用，而且早期设计的 nMOS 电路转换成 n 阱 CMOS 工艺比转换成 p 阱 CMOS 工艺更加容易。

很明显，pMOS 晶体管较差的性能使 n 阱 CMOS 工艺更适合由大量 nMOS 晶体管组成的电路。在典型传统 CMOS 电路中，nMOS 和 pMOS 晶体管的数目是基本相等的。但在现代大规模 CMOS 电路中，为充分发挥晶体管特性，主要部分往往采用 nMOS 晶体管，而 pMOS 晶体管只限于控制电路和周边电路。这种 nMOS 晶体管占多数的 CMOS 电路包括：微机、信号处理器、存储器等。甚至在纯逻辑电路中，现代设计技术也不再必须每个 nMOS 管都与一个 pMOS 管同时使用，而是 nMOS 晶体管数目大于 pMOS 晶体管的数目。

3. 双阱 CMOS 工艺

前面两种 CMOS 工艺中总有一种类型的晶体管要受到阱区高掺杂浓度的影响，为了同时制出两种性能较好的晶体管，人们开发出双阱 CMOS 工艺技术。这种工艺技术在 p^+ 或 n^+ 衬底的轻掺杂外延层中同时制作 n 阱和 p 阱。由于这种结构存在高掺杂的 n^+ 或 p^+ 衬底，因此也有助于防止闩锁效应(latch-up effect)。

双阱工艺中 n 阱和 p 阱掺杂浓度可以根据两种器件的性能来确定。例如，可以根据最小化源、漏结电容和体效应来选择掺杂浓度。双阱 CMOS 工艺的优点是：可以保证两种类型 MOS 管同时具有良好的电学特性；两个阱区基本互补的特点可以使它们共用一块掩膜版；有更好的等比例缩小的性能，可以方便地将一代产品转换成另一代产品。

4. 绝缘物上硅(silicon-on-insulator，SOI)衬底的 CMOS 工艺

在前述几种 CMOS 工艺中都需要相当深的 n 阱或 p 阱扩散以保证晶体管特性，结果产生相当大的横向扩散，这使 p 型和 n 型晶体管的间距加大，器件密度受到限制。SOI 衬底的 CMOS 工艺不存在阱扩散，可以更加节省芯片面积。由于 nMOS 和 pMOS 晶体管的完全隔离消除了闩锁效应产生的可能性，同时也可以减小衬底漏电流、降低功耗。后一个特点对于纳米尺度器件是非常重要的。

SOI 工艺中 nMOS 或 pMOS 晶体管不需要通过补偿掺杂形成，体效应和源、漏结电容可以非常小。另外，n^+ 和 p^+ 有源区不存在底部结，寄生电容也远小于前述几种工艺。这些使得 SOI CMOS 更适合于高速电路。但它也存在一些缺点，如绝缘衬底热导率低，导致电路内部热量增加，形成自加热效应。特别是对于模拟电路，自加热引起的失配将对电路性能产生严重影响[30]。此外，SOI 电路缺少有效的二极管结构，输入输出保护电路更加复杂。

除上述几种主要 CMOS 工艺外，还有一些将 CMOS 工艺与其他工艺结合的芯片制作技术。一种常用的工艺是将双极工艺与 CMOS 工艺结合的 BiCMOS 工艺技术[31]。这种技术可以在一个芯片上同时制作双极管和 MOS 管。如果将两种管有机结合、充分发挥各自特点，可以进一步提高电路特性。另一种常用的工艺是将双极工艺、CMOS 工艺与 DMOS (double-diffused MOS)工艺结合的 BCD(Bipolar-CMOS-DMOS)工艺技术[32]，它可以使芯片同时具有双极管的模拟信号处理能力、CMOS 的高逻辑密度能力、DMOS 管的功率能力，其产品有广泛的应用市场。

2.2　PN 结二极管

集成电路中最简单的有源器件是 PN 结二极管，它是构成其他器件和结构隔离的基本单元，其性能好坏直接影响集成电路的特性。由于本书是集成电路与系统设计，所以有关物理问题不作过多介绍，主要从使用角度集中研究它的基本电学特性和相关电学参数。从前一节介绍的物理结构可以看到，在 CMOS 集成电路结构中存在许多 PN 结，包括源、漏极有源区与衬底或阱区构成的浅 PN 结，阱区与衬底构成的深 PN 结，表面电场作用形成的感生 PN 结，p 和 n 有源区构成的重参杂 PN 结等，如图 2.3 所示。

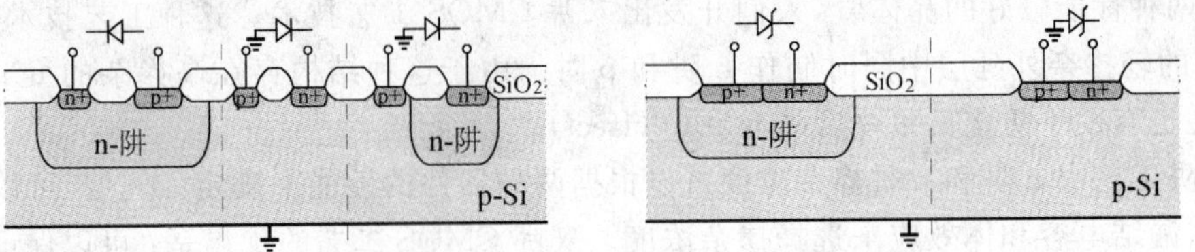

(a) 一端轻掺杂二极管　　　　(b) 重掺杂二极管

图 2.3　PN 结二极管结构

2.2.1　基本电流-电压特性

理想 PN 结二极管的电流-电压(I_d-V_d)关系是:

$$I_d = I_S(e^{qV_d/kT} - 1) \tag{2.2-1}$$

$$I_S = A\left(\frac{qD_p}{L_p N_D} + \frac{qD_n}{L_n N_A}\right)n_i^2 \tag{2.2-2}$$

其中:I_S 是反向饱和电流,A 是 PN 结面积,n_i 是本征载流子浓度,D_n 和 D_p 分别是电子和空穴扩散系数,L_n 和 L_p 分别是电子和空穴扩散长度,N_A 和 N_D 分别是受主和施主杂质浓度,q 是电子电量,k 是波尔兹曼常数,T 是绝对温度,kT/q 称做热电压,在室温(300 K)下近似为 25.9 mV,V_d 是二极管 p 区到 n 区的外加电压。

当 $V_d > 0$ 时,PN 结电流近似为:

$$I_d = I_S e^{qV_d/kT} \tag{2.2-3}$$

电流随二极管正向电压加大迅速增加。例如,当 $V_d = 10\ kT/q$ 时,$I_d = I_S e^{10}$,即:当 V_d 从 0.026 V 变到 0.26 V,增加一个数量级,I_d 从 2.7 变到 22026,增加 4 个数量级。假设电流不变,正向结压降随面积的变化率为:

$$\frac{dV_d}{dA} = \frac{kT/q}{A\log e} \tag{2.2-4}$$

如果 $A = 8\times 8\ \mu m^2$,$kT/q = 26$ mV,那么 $dV_d/dA = 0.9\ \mu V/\mu m^2$。可见,设计无法有效地通过面积改变结压降,因此通常近似认为正向结压降是常数。

当 $V_d < 0$ 时,PN 结电流近似为:

$$I_d(V_d \to -\infty) = -I_S \tag{2.2-5}$$

随二极管反向电压增加,在发生反向击穿前,反向电流趋于饱和值 I_S,电流随电压的变化率近似为 0。

例题 1　设 $N_A = 2\times 10^{15}/cm^3$,$N_D = 1\times 10^{20}/cm^3$,$D_n = 20\ cm^2/s$,$D_p = 10\ cm^2/s$,$L_n = 10\ \mu m$,$L_p = 5\ \mu m$,$A = 100\ \mu m^2$,$n_i = 1.5\times 10^{10}/cm^3$(300 K),计算 PN 结反向饱和电流。

解:根据反向饱和电流定义(2.2-2),可以算出室温下反向饱和电流:$I_s = 0.36\times 10^{-15}$ A 或 0.36 fA。

实际中，反向饱和电流由于其他非理想情况的影响，一般都要大于这个值，具体值与PN结制作工艺有关。

2.2.2　击穿特性

当PN结二极管所加反向电压超过某个值后，反向饱和电流会突然急剧增大，这时PN结发生反向击穿，对应的反向电压为PN结反向击穿电压(BV)。形成PN结反向击穿主要有两种机制：雪崩击穿和隧道击穿。雪崩击穿是由于载流子在PN结空间电荷区中受到强电场作用与晶格原子不断发生碰撞电离，从而以雪崩倍增效应激发出电子空穴对，使电流迅速增加；隧道击穿则是当势垒区比较窄时在电场作用下有部分电子能够穿过势能比电子动能高的势垒区，从p区的导带进入n区的导带形成PN反向电流。对于硅器件，当击穿电压BV<4 V时主要是隧道击穿。当BV>6 V时，主要是雪崩击穿。BV在4～6 V之间时，则由隧道效应和雪崩效应共同决定。

对于雪崩击穿，理想情况下突变结的击穿电压为：

$$BV=\frac{\varepsilon_{si}\varepsilon_0(N_A+N_D)}{2qN_AN_D}E_m^2 \tag{2.2-6}$$

其中：N_A是受主杂质浓度，N_D是施主杂质浓度，ε_{si}(=11.9)是硅的相对介电常数，ε_0(=8.854×10^{-14} F/cm)是真空介电系数。E_m是发生雪崩击穿的临界电场强度，对于硅材料这个值近似为3×10^5 V/cm。突变结轻掺杂一侧的杂质浓度越低，结雪崩击穿电压越高。例如，取：$N_A=2\times10^{16}\ \text{cm}^{-3}$，$N_D=1\times10^{20}\ \text{cm}^{-3}$，可求得击穿电压为14.8 V。由于实际PN结非平面的几何形状会引起电场集中以及存在其他非理想因素，实际击穿电压低于上述理论值。

考虑反向击穿现象后，PN结二极管的反向电流I_R可以表示为：

$$I_R=MI_S=\frac{1}{1-(V_R/BV)^n}I_S \tag{2.2-7}$$

其中：M为雪崩倍增因子，V_R是PN结外加反向电压，n是调整发生击穿时电流增加速度的参数，典型值在3～6之间。当V_R接近BV时，倍增因子M趋近无穷大。当V_R远小于BV时，也有碰撞电离发生，但倍增因子M比较小。

在CMOS集成电路中一般PN结都是雪崩击穿，击穿电压较高，可以保证电路能正常工作。但是，当PN结两边都是重掺杂时(如图2.3(b)所示)会产生隧道击穿。这种隧道击穿二极管(zener二极管)在模拟电路中有特殊的作用，如作稳压二极管。这种PN结可以用n^+和p^+区来形成，如图2.3(b)所示。

2.2.3　PN结二极管电容

PN结电容对电路性能，特别是模拟电路，有很大影响，是电路设计必须考虑的重要问题之一。另外，PN结电容随偏置电压变化，用它可以实现可变电容器。

当PN结处于零偏或反偏时，PN结耗尽区固定电荷随外加电压变化形成耗尽电容(或称势垒电容)，其值为：

$$C_j = \frac{C_{j0}}{[1-(V_D/V_J)]^m} \tag{2.2-8}$$

其中：$V_J=(kT/q)\ln(N_A N_D/n_i^2)$是PN结自建电势，$n_i$本征载流子浓度；$V_D<0.5\ V_J$；$m$为杂质浓度变化梯度因子，对于突变结为1/2，对于线性缓变结为1/3，对于一般情况，m在1/3～1/2之间；C_{j0}是PN结电压$V_D=0$时的耗尽电容，对于突变结：

$$C_{j0} = A\left[\frac{q\varepsilon_s\varepsilon_0 N_A N_D}{2(N_A+N_D)V_J}\right]^{1/2} \tag{2.2-9}$$

其中：A为PN结面积。可见杂质浓度(N_A，N_D)越高，电容C_{j0}越大。

例题2 设$N_A=2\times10^{15}\ \text{cm}^{-3}$，$N_D=10^{20}\ \text{cm}^{-3}$，结面积为$A=10\ \mu\text{m}\times10\ \mu\text{m}$，计算$V_D=0$和$V_D=-4$ V时的反相PN结电容。

解：在室温下有$V_J=0.892$ V，计算可得PN结外加电压为$V_D=0$ V时，$C_{j0}=13.7$ fF；对于突变结$m=1/2$，$V_D=-3$ V时，$C_j=6.56$ fF，减小约一倍。

在PN结加正向偏压时，由于少子注入，在扩散区内有一定量的少子和等量的多子积累，而且它们的浓度随正向偏压变化而变化，从而形成扩散电容。扩散电容是正向偏压下PN结的主要电容，可以表示为：

$$C_d = \tau \cdot g_d \tag{2.2-10}$$

其中：τ非平衡载流子寿命，$g_d(=dI_d/dV_d)$是PN结低频电导。这个结果是用杂质浓度稳态分布公式推导出来的，只能适合于低频情况。由于扩散电容随正向电压按指数关系增加，所以在大的正向偏压下扩散电容作用会更大。

考虑p区和n区寄生电阻R_s和电容C_d+C_j后，PN结二极管等效电路如图2.4所示。

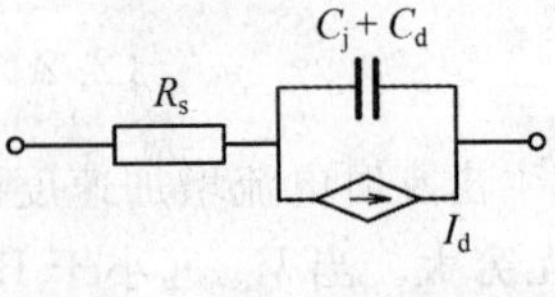

图2.4 二极管等效电路

2.2.4 PN结二极管噪声

对于完全随机噪声$x(t)$，时间平均值为零，噪声的强弱只能通过方均值表示。时域噪声方均值表达式为：

$$\overline{x^2} = \lim_{T\to\infty}\frac{1}{T}\int_{-T/2}^{T/2} x^2(t)\,dt \tag{2.2-11}$$

频域噪声方均值表达式为：

$$\overline{x^2} = \int_0^\infty S(f)\,df \tag{2.2-12}$$

其中：$S(f)$是噪声$x(t)$的功率频谱密度。

噪声电压方均值和噪声电流方均值可以理解为1 Ω电阻所消耗的平均噪声功率，即：

$$P_n = \overline{\nu_n^2}/1\ \Omega = \overline{i_n^2}\cdot 1\ \Omega(W) \tag{2.2-13}$$

如果Δf带宽内噪声电压方均值为$\overline{\nu_n^2}$，那么电压噪声功率谱密度为：

$$S_v(f) = \lim_{\Delta f\to 0}(\overline{\nu_n^2}/\Delta f)\ (\text{V}^2/\text{Hz}) \tag{2.2-14}$$

如果Δf带宽内噪声电流方均值为$\overline{i_n^2}$，那么电流噪声功率谱密度为：

$$S_i(f)=\lim_{\Delta f\to 0}(\overline{i_n^2}/\Delta f)\ (A^2/Hz) \tag{2.2-15}$$

如果噪声功率谱密度已知，根据(2.2-12)式即可得知噪声功率。因此，噪声功率谱密度是描述噪声特性的基本量。

噪声功率值可以通过与一个基准量比较用分贝(dB)单位表示，一般基准量采用1 W。例如0.1 W噪声功率，用分贝表示为−10 dB。如果用1 mW功率作基准量，分贝单位表示为dBm。它与功率单位瓦特(W)的关系是：功率[W]＝10 log(功率/1 mW)[dBm]。例如100 mW噪声功率，用dBm表示为10 log(100/1)＝20 dBm。

噪声电压也可以通过类似的方法用分贝表示。当用1 V电压作基准量时，分贝单位表示为dBV。它与电压单位伏特(V)的关系是：电压[V]＝20 log(电压/1 V)[dBV]。例如：1 μV的噪声电压，用dBV表示为20 log(1 μV/1 V)＝−120 dBV。

由p区和n区载流子随机热运动所产生的热噪声功率谱密度为：

$$S_i(f)=\lim_{\Delta f\to 0}\frac{\overline{i_n^2}}{\Delta f}=\frac{4kT}{R_s}\quad 或\quad S_\nu(f)=\lim_{\Delta f\to 0}\frac{\overline{\nu_n^2}}{\Delta f}=4kT\cdot R_s \tag{2.2-16}$$

其中：R_s是PN结寄生串联电阻，如图2.4所示。

PN结处于正向偏置状态时，注入载流子起伏形成的散粒噪声是：

$$S_i(f)=\lim_{\Delta f\to 0}\frac{\overline{i_n^2}}{\Delta f}=2qI_D\quad 或\quad S_\nu(f)=\lim_{\Delta f\to 0}\frac{\overline{\nu_n^2}}{\Delta f}=2kT\cdot r_d \tag{2.2-17}$$

其中：$r_d=kT/qI_D$是小信号电阻，I_D是结电流，q是电荷电量。

对于$1/f$噪声(闪烁噪声)，功率谱密度为：

$$S_i(f)=\lim_{\Delta f\to 0}\frac{\overline{i_n^2}}{\Delta f}=KF\cdot I_D^{AF}\cdot\frac{1}{f} \tag{2.2-18}$$

其中：KF是闪烁噪声系数，AF是闪烁噪声指数。

对于功率谱密度S_n不随频率变化的白噪声源，如果噪声源ν_n到输出端ν_o为一阶传递函数$H(f)=\nu_o/\nu_n=1/(1+jf/f_{-3dB})$，那么输出端的噪声功率谱密度$S_o$为：$|H(f)|^2S_n$。根据(2.2-12)式可知输出端噪声功率为：$\overline{\nu_o^2}=\int_0^\infty|H(f)|^2S_n\mathrm{d}f=S_nf_0$，其中$f_0=\pi f_{-3dB}/2$是从输出端看噪声源的等效噪声带宽，如图2.5所示。

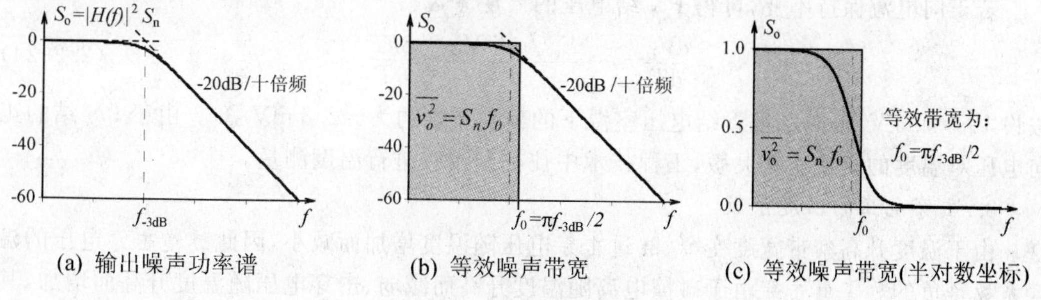

图2.5 等效噪声带宽

2.2.5 PN 结二极管温度特性

由于无法像屏蔽光一样屏蔽温度，集成电路只能在温度变化的环境中工作，器件的温度特性对电路特别重要。CMOS 集成电路能否在各种温度下稳定工作，主要取决于温度特性。当 PN 结加电压通电流时，功耗转变成为热量使结温升高，结温的变化又将引起电学特性的变化。特别是模拟电路，更需注意温度的影响。例如用 PN 结二极管作基准电压时，其温度稳定性就与 PN 结的温度特性有关。另外，也可以利用这一特点制成温度敏感器，控制芯片工作温度。

1. 反向偏置 PN 结的温度特性

理想二极管反向电流随温度的变化关系为：

$$I_S = I_{S0} T^3 e^{-E_{g0}/kT} \tag{2.2-19}$$

$$I_{S0} = AK'\left(\frac{qD_p}{L_p N_D} + \frac{qD_n}{L_n N_A}\right) \tag{2.2-20}$$

其中：T 是绝对温度，K' 是与温度无关的常数，E_{g0} 是硅在绝对温度零时的禁带宽度(1.21 eV)。由此可以得出反向饱和电流的相对温度系数：

$$\frac{1}{I_S}\frac{dI_S}{dT} = \frac{3}{T} + \frac{1}{T}\frac{E_{g0}}{kT} \tag{2.2-21}$$

在室温下，反偏二极管每增加 6℃反向电流增加一倍。实际上，温度每增加 8℃反向电流才增加 1 倍，这是因为其中有部分反向电流是漏电流和产生复合电流。

2. 正向偏置二极管的温度特性

在 $V_D \gg kT/q$ 时，电流近似为：

$$I_D \approx I_S \exp(qV_D/kT) \tag{2.2-22}$$

若保持二极管电压不变，可得 I_D 的相对温度系数为：

$$\frac{1}{I_D}\frac{dI_D}{dT} = \frac{3}{T} + \frac{E_{g0}/q - V_D}{TkT/q} \tag{2.2-23}$$

假如 $V_D = 0.6$ V，室温下温度系数为 0.0885/℃，即温度每增加约 11℃时二极管正向电流增加一倍。

若正向电流保持不变，可得 PN 结电压的温度系数：

$$\frac{dV_D}{dT} = -\frac{E_{g0}/q - V_D}{T} - \frac{3kT}{qT} \tag{2.2-24}$$

假设 $V_D = 0.6$ V，正向二极管结电压室温下的温度系数约为 −2.3 mV/℃。由于 PN 结的正向电压对温度的变化比较灵敏，工程技术中往往利用它进行温度测量。

3. 击穿电压的温度系数

由于温度升高禁带宽度变窄、隧道击穿电压随温度增加而减小，因此隧道击穿电压的温度系数是负的。雪崩击穿由于碰撞电离随温度升高而减弱、击穿电压随温度升高而增加，其温度系数为正。

2.3 MOS 晶体管电流-电压特性

MOS 晶体管是 MOS 集成电路中最基本的器件，是构成 MOS 集成电路的基础。本节介绍 MOS 晶体管基本结构、基本分析模型和等效电路。

2.3.1 MOS 晶体管基本结构和工作原理

n 沟 MOS 晶体管的基本结构如图 2.6 所示，它是半导体极板横向两端连有高导电区的纵向 MOS 电容。两个横向高导电区之间的导电能力，由纵向 MOS 电容半导体极板的表面沟道控制。当一个高导电区（漏极）加正电压时，电流通过受控沟道流到另一个高导电区（源极）。

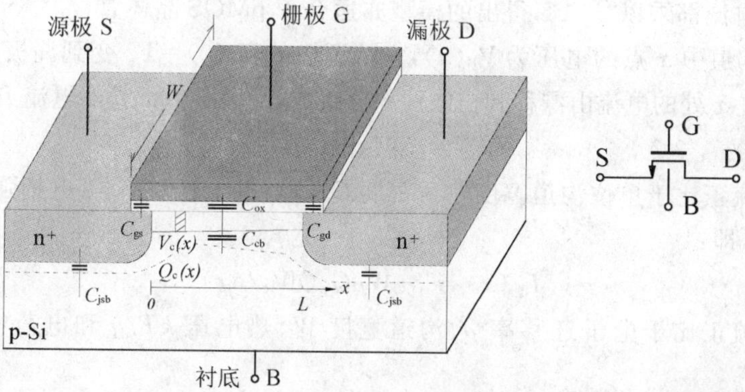

图 2.6 nMOS 管基本结构

在这种结构中，沟道夹在氧化物和耗尽层之间，与顶部导体（栅极）和底部半导体（衬底）分别形成氧化物电容 C_{gc} 和耗尽层电容 C_{cb}。其中，氧化物电容与所加电压无关，耗尽层电容受外加电压控制。

如果衬底电压相对于源极保持不变，那么沟道电流只由栅极电压控制。根据控制栅极电压的不同，沟道可以处于堆积、耗尽、弱反型、强反型等状态。当栅极加足够低的电压时，沟道产生多数载流子（空穴）堆积，在漏极和源极之间形成两个背靠背 PN 结二极管串联结构，流过的电流是 PN 结反向电流。随栅极控制电压增大，沟道中多子（空穴）逐渐耗尽，而后沟道开始反型，形成弱反型沟道。如果栅极电压进一步增大（大于某一个阈值电压 V_T），沟道内积累的少子浓度大于衬底体内的多子浓度，在漏极和源极之间形成强反型沟道。同样，当栅极和源极间电压保持不变时，衬底电压也可以控制沟道电流。由于 V_{gs} 和 V_{bs} 同时作用于同一个沟道，整个结构也可以看成是理想的栅控场效应晶体管和结型场效应晶体管的并联。

在半导体中除电子外，空穴也可以导电。把图2.6中所有n区都换成p区，p区换成n区就可以得到由空穴构成沟道电流的pMOS晶体管。CMOS集成电路就是同时包含nMOS和pMOS晶体管的电路。

MOS晶体管从物理结构来看是双向器件。具体确定哪一端是源极，哪一端是漏极带有随意性，但在实际电路中并非如此，因为n沟器件的源极总是接在电位较低的那一端，而p沟器件的源极总是位于电位较高的那一端。很明显随着加在晶体管各端上外电压的不同，源端和漏端也可能发生变化。例如，MOS管作开关使用时，随传输电平的不同，漏源极可能发生变化。

2.3.2 MOS晶体管特性的数学描述

这里仅以n沟MOS管为例进行分析，各点基本电流和电压方向如图2.6所示。如果将各端电压及电流都乘以“−1”，得出的模型亦适合于pMOS晶体管。

首先定义沟道中x点的电压为$V_c(x)$，它从源极的$V_c(0)=V_s$变到漏极的$V_c(L)=V_d$。在沟道任意位置x处的电流由漂移和扩散两部分组成，反型层中x处的电流$I(x)$可表示为：

$$I(x) = I_{漂}(x) + I_{扩}(x) \tag{2.3-1}$$

漂移产生的电流正比于单位沟道宽度电荷密度$Q_c(x)$、电子迁移率μ、电场强度$\mathrm{d}V_c(x)/\mathrm{d}x$和沟道宽度$W$，即：

$$I_{漂}(x) = -W\mu Q_c(\mathrm{d}V_c/\mathrm{d}x) \tag{2.3-2}$$

扩散产生的电流正比于电子迁移率μ、沟道宽度W、热电压kT/q和电荷密度梯度$(\mathrm{d}Q_c/\mathrm{d}x)$，即：

$$I_{扩}(x) = W\mu(kT/q)(\mathrm{d}Q_c/\mathrm{d}x) \tag{2.3-3}$$

由于电流不随沟道位置x变化，从源极到漏极积分得到如下方程：

$$I \cdot L = \int_0^L I(x)\mathrm{d}x = -W\int_0^L \mu\left[Q_c(x)\frac{\mathrm{d}V_c(x)}{\mathrm{d}x} - \frac{kT}{q}\frac{\mathrm{d}Q_c(x)}{\mathrm{d}x}\right]\mathrm{d}x \tag{2.3-4}$$

将积分变量换为沟道电压，可得漏极电流$(I_d=-I)$表达式：

$$I_d = \frac{W}{L}\int_{V_S}^{V_D} f(V_g, V_c)\mathrm{d}V_c \tag{2.3-5}$$

其中：$f(V_g, V_c) = \mu Q_c - \mu\frac{kT}{q}\frac{\mathrm{d}Q_c}{\mathrm{d}V_c}$[33]。这个表达式清楚地显示出MOS器件具有对称性，改变源极和漏极时电流大小相等，只是方向相反。同时，这个表达式也说明可以等比例缩小器件尺寸(W和L)而保持性能不变，这也是MOS管与双极管的主要区别之一。这个表达式对于强反型和弱反型都是有效的。

2.3.3 沟道强反型模型

在强反型条件下沟道电流主要是漂移电流，沟道电荷与V_g和V_c成线性关系：

$$Q_c(V_g, V_c) = (V_g - V_T - V_c)C_{OX} \tag{2.3-6}$$

其中：C_{OX}是单位面积栅电容。根据(2.3-5)式，考虑沟长调制效应和衬偏效应以及电流连续性后，nMOS 管电流-电压关系为：

$$I_d = \begin{cases} 0 & V_{gs} \leqslant V_T \\ KP\dfrac{W}{L}\left[(V_{gs} - V_T) - \dfrac{1}{2}V_{ds}\right]V_{ds}(1 + \lambda V_{ds}) & V_{ds} \leqslant V_{gs} - V_T \\ \dfrac{KP}{2}\dfrac{W}{L}(V_{gs} - V_T)^2(1 + \lambda V_{ds}) & V_{ds} > V_{gs} - V_T \end{cases} \tag{2.3-7}$$

其中：$KP = \mu_0 C_{OX}$为本征导电因子(理论分析结果)，对于实际情况它由具体 I-V 特性确定，一般小于理论值。为表达方便，通常定义 MOS 晶体管导电因子 $\beta = \mu_0 C_{OX}(W/L)$。$\mu_0$ 是沟道表面载流子迁移率，C_{OX}是单位面积栅—氧化物—半导体电容(F/m^2)。W 是有效沟道宽度，L 是有效沟道长度。$(V_{gs} - V_T)$根据分析问题的角度不同或称为过驱动电压，或称为有效栅源电压。$(1 + \lambda V_{ds})$项是对应沟道长度调制效应的修正因子，λ 是沟道长度调制系数，与沟道长度有关。对于数字电路，晶体管沟道长度通常取最小特征值，对于某一代制造技术，λ 可以视为常数。但对于模拟电路，沟道长度往往根据需要选用不同值，对于同一代技术，也需要知道 λ 随沟长变化的关系。描述 λ 随沟道长度增加而减小的简单方法是定义：

$$\lambda = \frac{1}{V_E}\frac{1}{L} \tag{2.3-8}$$

其中：L 是沟道长度，V_E 是单位沟长的 Early 电压。由于λ 与L 关系过于简单，它是一个近似程度很大的描述，只能反映沟道长度 L 对 λ 影响的变化趋势。当沟道长度在 1～5 μm 时，对于 n 阱 CMOS 工艺，近似值为 $V_{En} = 10$ V/μm，$V_{Ep} = 19$ V/μm；对于 p 阱 CMOS 工艺，近似值是 $V_{En} = 19$ V/μm，$V_{Ep} = 10$ V/μm。对于更小尺寸器件，可以通过厂家提供的器件模型，对不同沟道长度器件仿真提取 λ 近似值。(2.3-7)式中 V_T 是阈值电压，其表达式为：

$$V_T = V_{T0} + \gamma\left(\sqrt{2|\Phi_F| + V_{SB}} - \sqrt{2|\Phi_F|}\right) \tag{2.3-9}$$

其中：V_{T0}是 $V_{SB} = 0$ 时的阈值电压，γ 是体效应因子(V$^{1/2}$)，Φ_F 是平衡态费米势(V)。阈值电压 V_T 的物理意义是沟道出现强反型时所加的栅极电压，在实际测量中通常将饱和区下 $I_d/W = 1$ μA/1 μm 对应的栅极电压视为 V_T。由于 MOS 器件结构中源区和漏区都是靠 PN 结隔离的，所以 nMOS 管的 V_d 和 V_s 只能大于或等于 V_b，而 V_g 的最大值由栅氧化物击穿电压决定。(2.3-7)式是描述 MOS 管的简单方程，主要用于特性分析和手工计算。在通用电路模拟分析程序(SPICE)中，(2.3-7)式作为 MOS 管的一级模型。对于栅氧化物约 9.5 nm 厚的 0.5 μm 亚微米 CMOS 工艺，表 2.1 给出(2.3-7)式典型参数值。

表 2.1　简单模型参数值

参　数	nMOS	pMOS	单位
V_{T0}零偏阈值电压	0.7	−0.9	V
KP本征跨导参数	80×10^{-6}	30×10^{-6}	A/V^2
λ沟长调制系数	0.02	0.05	V^{-1}
γ体效应因子	0.6	0.5	$V^{1/2}$
$2\lvert\Phi_F\rvert$强反型时表面势	0.7	0.7	V

由基本模型(2.3-7)式描述的nMOS管，漏极电流I_d是电压V_{gs}和V_{ds}的二元分块函数，用几何图形表示漏极电流是一个曲面。图2.7(a)表示经电源电压V_{DD}归一化后的电流-电压关系曲面。根据(2.3-7)式，电流随电压变化分为三个区域。当$V_{gs}\leqslant V_T$时沟道没有强反型，$I_d=0$，晶体管处于截止状态，一般称为截止区；当$V_{gs}>V_T$，$V_{ds}>V_{GS}-V_T$时沟道处于强反型夹断状态，晶体管流过的电流I_d不随V_{ds}变化，称为饱和区；当$V_{gs}>V_T$，$V_{ds}\leqslant V_{GS}-V_T$时沟道处于强反型导通状态，晶体管流过的电流随$V_{ds}$变化，称为非饱和区。对于不同的电压，晶体管所处的工作区如图2.7(b)所示。饱和区与非饱和区的分界线由$V_{ds}=V_{gs}-V_T$决定。在非饱和区，I_d随V_{ds}变化的非线性项与线性项比是$0.5V_{ds}/(V_{gs}-V_T)$，它可以反映线性度。当V_{ds}很小时，输出电流I_d随V_{ds}变化近似成线性，这个区称为线性区。非线性项与线性项之比小于K的线性区，由$V_{ds}=2K(V_{gs}-V_T)$决定，如图2.7(b)虚线所示。在整个非饱和区，K最大值为0.5。

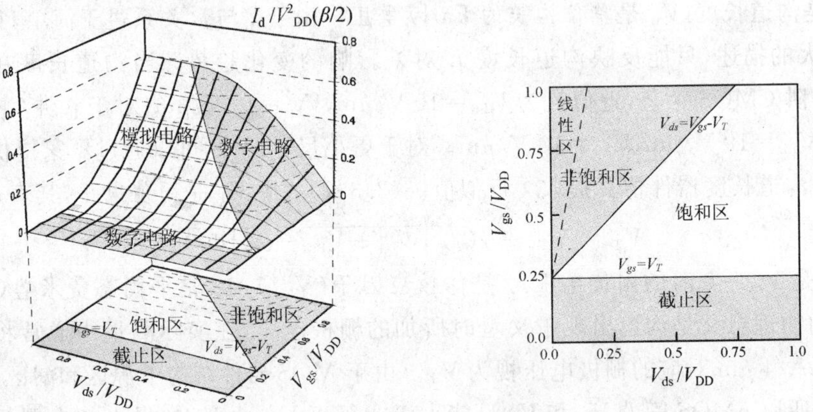

图 2.7　nMOS管I-V特性

在实际应用中，由于初期模拟量测试设备的限制，通常用两个平面图表示晶体管特性，即：输出特性曲线和转移特性曲线。根据(2.3-7)式和表2.1参数可以画出典型nMOS晶体管的输出特性曲线。图2.8(a)表示经电源电压V_{DD}归一化后的输出电流-电压特性曲线。

在饱和区虚线表示没有考虑沟道长度调制效应($\lambda=0$)的结果,实线表示 $\lambda V_{DD}=0.06$ 时的情况。在非饱和区漏极电流 I_d 与输出电压 V_{ds} 成非线性关系,非线性项与线性项之比 K 为 $V_{ds}/[2(V_{gs}-V_T)]$,最大值为 0.5。根据这个比值可以画出非线性项小于一定百分比的线性区,如图中画出 $K<0.1$ 的线性区。根据输出漏极电流与输入栅极电压的关系可以做出 nMOS 晶体管的转移特性曲线。图 2.8(b)表示对于不同漏源电压、经电源电压 V_{DD} 归一化的转移特性曲线。对于一定的漏源电压 V_{DS},随输入栅极电压增加,晶体管从截止区进入饱和区,再从饱和区进入非饱和区。

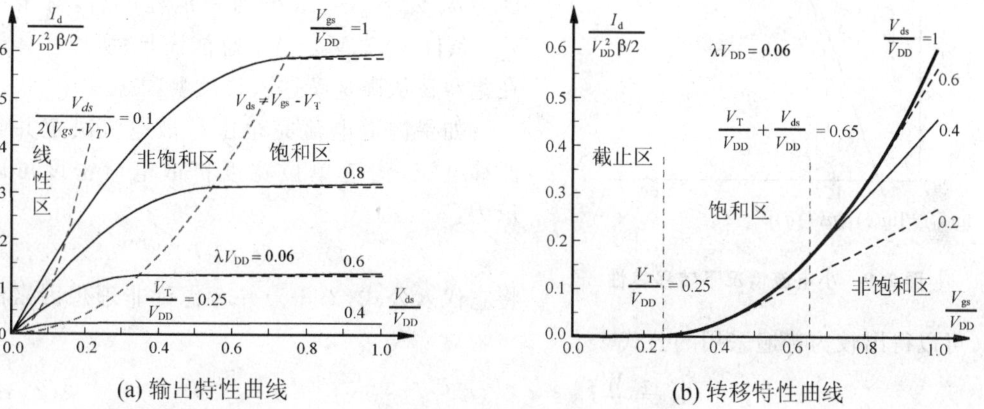

图 2.8　nMOS 管输出特性和转移特性

在典型数字电路中晶体管起开关作用,主要工作在截止区(电流 I_d 为 0 的开关切断状态)和非饱和区(电压近似为 0 的开关导通状态)。在典型的模拟电路中晶体管起放大作用,主要工作在饱和区。因此,在传统的电路设计中,无论是数字电路还是模拟电路,晶体管的电学特性都不能得到充分的利用。如果电路设计中在器件级进行模拟与数字信号结合、让晶体管工作在整个电学特性区,将使器件特性得到更充分利用,从而提高芯片资源利用率。有关问题已超出本书范围,不再赘述。

例题 3　假设晶体管的宽长比 W/L 为 1 μm/1 μm,模型参数由表 2.1 给出,(1) 如果 nMOS 晶体管的漏、栅、源及衬底电压分别为 3 V、2 V、0 V、0 V,求漏极电流 I_d。(2) 如果为 pMOS 晶体管而且漏、栅、源及衬底电压分别为 −3 V、−2 V、0 V、0 V,求其漏极电流。

解:(1) 因为 $V_{ds}>V_{gs}-V_T$,晶体管处于饱和区,根据(2.3-7)式中饱和电流公式可以算出 $I_d=71.66\ \mu A$。

(2) 对于 pMOS,因为 $|V_{ds}|>|V_{gs}|-|V_T|$,pMOS 管处于饱和区。nMOS 公式(2.3-7)中的所有电压和电流乘以 −1,计算得:$I_d=-208.7\ \mu A$

2.3.4 沟道弱反型模型

(2.3-7)式是假设沟道扩散电流为零的结果，这在 $V_{gs}-V_T$ 比较大时符合实际情况，但是当 V_{gs} 趋于或小于 V_T 时，沟道从强反型变成弱反型，沟道扩散电流不能再被忽略。实际器件的转移特性如图 2.9 所示，在 V_{gs} 小于 V_T 后，I-V 特性曲线由平方律关系变为指数关系，晶体管从强反型过渡到弱反型区（或亚阈值区）。因为当 $V_{gs}-V_T$ 减小到一定程度后，对于一定 V_{ds}，条件 $V_{ds}>V_{gs}-V_T$ 总能满足，所以晶体管是在饱和区从强反型进入弱反型区。

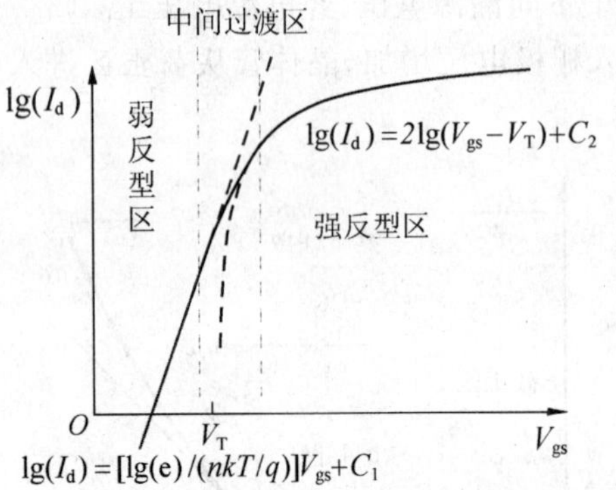

图 2.9 小电流情况下转移特性

如果沟道电流完全由扩散电流决定并忽略漂移电流，沟道单位宽度扩散电荷密度可以表示为：

$$Q_c = Q_{c0}\,e^{q(V_g-V_c)/kT} \tag{2.3-10}$$

将它代入公式(2.3-5)并考虑到非理想因素的影响，可以得出较为普遍采用的公式[34]：

$$I_d = \frac{W}{L}I_{D0}\,e^{qV_g/nkT}\left(e^{-qV_s/kT} - e^{-qV_d/kT}\right) \tag{2.3-11}$$

其中：n 是亚阈值斜率因子，I_{D0} 是由制造工艺决定的参数并与阈值电压有关，即：

$$I_{D0} \propto \mu C_{ox}\,e^{-\frac{qV_{T0}}{nkT}} \tag{2.3-12}$$

它可由试验确定，典型值是 $I_{D0}=15\sim20$ nA。(2.3-11)式中的 V_s、V_g、V_d 是相对于衬底的电压值。当 $V_d>kT/q$ 和 $V_s=0$ 时，同时考虑到沟长调制效应的影响，(2.3-11)可以简化为：

$$I_d = \frac{W}{L}I_{D0}\,e^{qV_{gs}/nkT}(1+\lambda V_{ds}) \tag{2.3-13}$$

它类似于双极管电流电压关系，I_{D0} 表示 $V_{gs}=0$、$W/L=1$、$\lambda=0$ 时的截止电流。

如果将(2.3-13)式两边同时取对数可以得到：

$$\lg I_d = \frac{1}{n(kT/q)(\lg e)^{-1}}V_{gs} + \lg\frac{W}{L}I_{D0}(1+\lambda V_{ds}) \tag{2.3-14}$$

通常将 V_{gs} 系数的倒数叫做亚阈值斜率 S：

$$S = (\lg e)^{-1}nkT/q \tag{2.3-15}$$

其中：n 是亚阈值斜率因子，它由试验测量决定，典型值在 1～3 之间。如果 $n=1.5$，在室温下($T=300$ K)，那么 $S=90$ mV。这意味着电压 V_{gs} 每下降 90 mV，漏极电流将减小 10 倍。为保证足够小的静态功耗，在 V_{gs} 小于 V_T 时彻底关断晶体管，S 应当尽可能小。

为判断 MOS 晶体管是否工作在弱反型状态，下面定义从弱反型到强反型转换电流：

$$I_{dws} = \frac{KP}{2}\frac{W}{L}\left(2n\frac{kT}{q}\right)^2 \tag{2.3-16}$$

这时对应的栅压为：

$$(V_{GS}-V_T)_{ws}=2nkT/q \tag{2.3-17}$$

它是用(2.3-7)和(2.3-13)式在保证电流和一阶导数从强反型到弱反型连续变化的条件下推导出来的。但是，对于实际情况这经常是不成立的，即用这两个简单模型很难同时保证电流及其一阶导数连续，因此它只能用作简单估计。一般为保证晶体管工作在弱反型区，晶体管的工作电流必须比 I_{dws} 低约一个数量级，而(2.3-7)式强反型模型只能在大于转换电流约一个数量级的工作条件下使用。例如，对于 nMOS 晶体管，如果 $n=1.49$，$W/L=1$，$KP_n=80\ \mu A/V^2$，根据(2.3-16)式计算的转换电流为 0.24 μA。当电流大于 2.4 μA 时，由(2.3-7)式描述，当电流小于 0.024 μA 时，由(2.3-13)式描述。

对于微功率电路，器件在亚阈值下工作是非常重要的。现在已研究出许多弱反型状态下工作的模拟电路。为能更准确地仿真这些电路的性能，需要用更复杂的器件模型，因为(2.3-7)和(2.3-13)式只反映了典型的漂移和扩散，而过渡区这两种模型不能很好的描述。

上面介绍的晶体管模型主要用于手工计算或电路简单分析。随着器件尺寸不断缩小，它与实际器件的偏差在不断加大，更精确的分析要借助计算机用复杂的数学模型进行。如果实际设计中 MOS 管工作在过渡区，最好首先做一条转移特性曲线，判断模型描述过渡区的参数选择是否合理。

2.3.5　深亚微米 MOS 管特性

上述讨论都是在长沟条件下进行的，随工艺技术进入深亚微米(<0.25 μm)，最小尺寸器件的特性主要由短沟效应决定。对于 MOS 管作为开关使用的数字电路，为得到高密度和高速度可以接受短沟效应而采用最小尺寸晶体管，但是对于模拟电路为保证电路特性不得不尽量避免或合理利用短沟效应。

深亚微米 MOS 管特性很难精确模型化，因为有许多未知的物理效应影响短沟行为。一种能够描述沟长影响的基本漏极饱和电流表达式[35]为：

$$I_d=v_{sat}\cdot W\cdot C_{OX}\left[\frac{(V_{gs}-V_T)^2}{2E_{sat}\cdot L+(V_{gs}-V_T)}\right] \tag{2.3-18}$$

其中：v_{sat}是载流子饱和速度，E_{sat}是载流子达到饱和速度时的横向电场强度。对于长沟极限情况，$E_{sat}\cdot L\gg V_{gs}-V_T$，(2.3-18)式简化为：

$$I_d=\frac{v_{sat}C_{OX}}{2E_{sat}}\frac{W}{L}(V_{gs}-V_T)^2 \tag{2.3-19}$$

这就是 $\lambda=0$ 时(2.3-7)式描述的饱和电流，I_d 正比于 $(V_{gs}-V_T)^2$，反比于 L。对于短沟极限情况，$E_{sat}\cdot L\ll V_{gs}-V_T$，(2.3-18)式简化为：

$$I_d=v_{sat}\cdot W\cdot C_{OX}(V_{gs}-V_T) \tag{2.3-20}$$

电流正比于 $(V_{gs}-V_T)$，而且与沟长无关。

一般情况，随沟长减小，短沟效应逐渐增强，饱和电流正比于 $(V_{gs}-V_T)^\alpha$，其中 α 介于 1

和 2 之间。因此，随短沟效应增强，栅极电压对沟道漏电流的控制能力下降、偏置电压对小信号特性的影响减弱。

比较(2.3-19)和(2.3-20)式可以看到，随沟长缩短，漏极电流受沟长的影响逐渐减弱。对于短沟极限情况，影响消失。但是，阈值电压随沟长缩短急剧下降，从而使深亚微米器件特性随沟长变化更加迅速。在长沟情况下，阈值电压相对稳定，如果设计中改变沟道长度，阈值电压可视为常数。在短沟情况下，如果设计中采用不同沟道长度，除考虑工艺引起的阈值电压误差外，还要考虑沟长不同引起的阈值电压变化。由于在长沟情况下器件特性随尺寸变化较为稳定，可预测的器件特性可以保证模拟电路所需的设计精度，所以模拟电路经常采用长沟器件，即 MOS 管沟道长度选择一般大于最小特征尺寸，尽量避免短沟效应。

对于亚微米器件，要很好地描述器件特性需要复杂的模型。工业界目前广泛采用的亚微米 MOS 管模型是 BSIM3v3 模型，它可以在较大的尺寸范围内较准确仿真亚微米器件特性，而且模型中许多参数与器件物理特性有关。例如，MOSIS 具有 3 层金属、1 层多晶、3.3 V 工作电压的 0.5 μm CMOS 工艺，用于 HSPICE 的典型 BSIM3 模型参数如下[36]：

```
N84A SPICE BSIM3 VERSION 3.1 (HSPICE Level 49)
.MODEL CMOSN NMOS
+LEVEL= 49 VERSION=3.1
+TNOM=27 TOX= 9.7E-9 XJ=1.5E-7 NCH=1.7E17 VTH0=0.6988524 K1=0.7581893
+K2=-0.0281145 K3=23.8952253 K3B=0.4310466 W0=5.965348E-6 NLX=1E-9 DVT0W=0
+DVT1W=5.3E6 DVT2W=-0.032 DVT0=4.2111284 DVT1=0.6719929 DVT2=-0.1739607
+U0=472.3849381 UA=4.293866E-10 UB=1.717886E-18 UC=4.882453E-11
+VSAT=1.183163E5
+A0=0.8471687 AGS=0.2239481 B0=2.812274E-7 B1=1E-6 KETA=-0.0109164 A1=0 A2=1
+RDSW=1.179942E3 PRWG=1.989824E-3 PRWB=-1E-3 WR=1 WINT= 2.301266E-7
+LINT= 1.159846E-7 DWG=-1.790035E-8 DWB=6.134146E-9 VOFF=-0.15
+NFACTOR= 0.6276284 CIT=0 CDSC=7.76775E-4 CDSCD=0 CDSCB=0 ETA0=1.698193E-3
+ETAB=-5.696546E-4 DSUB=0.032275 PCLM=0.7327028 PDIBLC1 = 0.1312385
+PDIBLC2=9.633238E-4 PDIBLCB=-1E-3 DROUT=0.5863296 PSCBE1=1.515941E10
+PSCBE2=7.131222E-9 PVAG=0.1093293 DELTA=0.01 MOBMOD=1 PRT=-114.8 UTE=-1.5
+KT1=-0.3059 KT1L=1.094E-9 KT2=-0.02846 UA1=2.151E-9 UB1=-3.961E-18
+UC1=-7.346E-11 AT=3.3E4 WL= 0 WLN=1 WW=0 WWN=1 WWL=0 LL=0 LLN=1 LW=0
+LWN=1 LWL=0 CAPMOD=2 CGDO=4.09E-10 CGSO=4.09E-10 CGBO=0 CJ=5.73791E-4
+PB=0.99 MJ=0.6487315 CJSW=2.726602E-10 PBSW=0.99 MJSW=0.1 PVTH0=6.838025E-3
+PRDSW=-104.4689854 PK2=5.64357E-3 WKETA=-1.97987E-3 LKETA =-7.902271E-3
*
.MODEL CMOSP PMOS
+LEVEL=49 VERSION=3.1
```

+TNOM=27 TOX=9.7E-9 XJ=1.5E-7 NCH=1.7E17 VTH0=-0.8717935 K1=0.3937194
+K2=0.0262262 K3=30.9150198 K3B=-0.1783539 W0=4.263929E-6 NLX=1E-9 DVT0W=0
+DVT1W=5.3E6 DVT2W=-0.032 DVT0=2.7294569 DVT1=0.5018 DVT2=-0.1281581
+U0=171.0182577 UA=1.021263E-9 UB=1.504334E-18 UC=-4.17925E-11 VSAT=1.45608E5
+A0=0.6957229 AGS=0.0851584 B0=8.177401E-7 B1=1E-6 KETA=-4.238016E-3 A1=0 A2=1
+RDSW=1.817312E3 PRWG=-9.720379E-5 PRWB=-1E-3 WR=1 WINT=2.20044E-7
+LINT=8.28401E-8 DWG=-2.36309E-8 DWB=1.14374E-8 VOFF=-0.1110136 NFACTOR=2
+CIT=0 CDSC=1.413317E-4 CDSCD=0 CDSCB=0 ETA0=0.0180982 ETAB=-3.889763E-3
+DSUB=0.1918391 PCLM=7.5691528 PDIBLC1=1.871837E-3 PDIBLC2=1E-5
+PDIBLCB=2.37525E-3 DROUT=0.1869034 PSCBE1=9.7015E9 PSCBE2=5E-9
+PVAG=1.2713108 DELTA=0.01 MOBMOD=1 PRT=-550.8 UTE=-1.5 KT1=-0.4576
+KT1L=2.98E-9 KT2=-0.02865 UA1=-9.244E-10 UB1=-1.619E-18
+UC1=8.138E-12 AT=3.3E4
+WL=0 WLN=1 WW=0 WWN=1 WWL=0 LL=0 LLN=1 LW=0 LWN=1 LWL=0 CAPMOD=2
+CGDO=4.09E-10 CGSO=4.09E-10 CGBO=0 CJ=9.4821E-4 PB=0.94012 MJ=0.48612
+CJSW=2.1445E-10 PBSW=0.94012 MJSW=0.19194 PVTH0=2.281853E-3
+PRDSW=-101.9225937 PK2=3.912953E-3 WKETA=2.674392E-3 LKETA=-8.308404E-3
*

总之,当进入深亚微米设计时,模拟电路面对大量挑战。因为功耗和热载流子对可靠性的限制,需要减小电源电压,而因为静态功耗限制,阈值电压又不能相应减小,因此模拟电路的电压和电流变化范围减小。还有,在深亚微米区,长沟平方率特性($I_d \propto (V_{gs}-V_T)^2$)变得不好,最终可到短沟极限 $I_d \propto (V_{gs}-V_T)$。这两方面因素将减小 MOS 管栅极电压对沟道电流控制的灵敏度。另一方面,深亚微米器件的特性更敏感于沟道长度变化,这进一步加重了工艺参数变化和器件失配的影响。这种不希望的灵敏度增加将导致电路特性恶化。因此,随着沟道长度缩小,希望的灵敏度减小,而不希望的灵敏度增加,这更加剧了模拟电路的设计困难。

2.3.6 等效电路和寄生电容

对于图 2.6 所示 MOS 晶体管结构,完整电学特性可以用图 2.10 等效电路表示。两个二极管分别表示源和漏区与衬底间的 PN 结,晶体管工作时它们必须处于反偏或 0 偏状态,电阻值很大可以忽略。电阻 R_d 和 R_s 分别代表漏极和源极的欧姆电阻,其典型值约为几欧姆,对信号处理用晶体管影响不大。电容 C_{db} 和 C_{sb} 分别是漏/衬底和源/衬底的反偏 PN 结耗尽层电容,如图 2.6 所示。因为源漏 PN 结是三维的,它除了与制作工艺和工作电压有

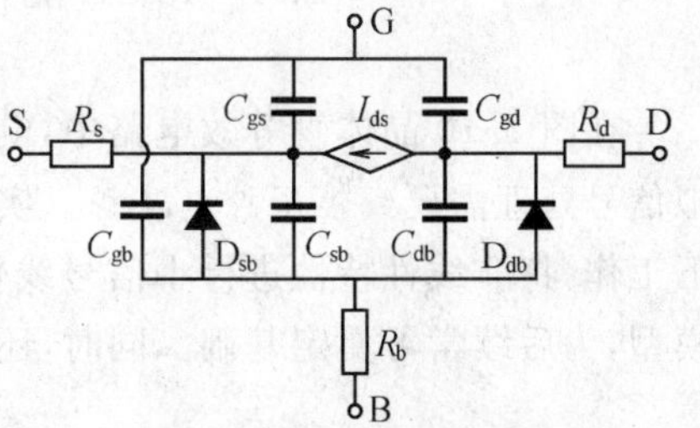

图 2.10 MOS 管等效电路

关外,还与源、漏有源区的面积及周长有关。电容 C_{gd}、C_{gs} 和 C_{gb} 是栅极和漏极、源极、衬底之间的电容,其数值与晶体管的工作条件、制作工艺和栅极尺寸等有关。表 2.2 列出不同偏置条件下的电容估计公式。

表 2.2 不同工作区 MOS 管电容值

	C_{gd}	C_{gs}	C_{gb}	C_{db}	C_{sb}
截 止	$C_{GDO}W$	$C_{GSO}W$	$(2C_{GBO}+C_{OX}W)L$	C_{jdb}	C_{jsb}
饱 和	$C_{GDO}W$	$(C_{GSO}+2C_{OX}L/3)W$	$2C_{GBO}L$	C_{jdb}	$C_{jsb}+2C_{jcb}/3$
非饱和	$(C_{GDO}+C_{OX}L/2)W$	$(C_{GSO}+C_{OX}L/2)W$	$2C_{GBO}L$	$C_{jdb}+C_{jcb}/2$	$C_{jsb}+C_{jcb}/2$

其中:$C_{jdb}=A_D\dfrac{C_J}{(1-V_{BD}/V_J)^{m_j}}+P_D\dfrac{C_{JSW}}{(1-V_{BD}/V_J)^{m_{jsw}}}$;$C_{jsb}=A_S\dfrac{C_J}{(1-V_{BD}/V_J)^{m_j}}+P_S\dfrac{C_{JSW}}{(1-V_{BD}/V_J)^{m_{jsw}}}$;$C_{jcb}$ 是沟道空间电荷区电容,V_J 是自建电场,A_D 和 A_S 分别是漏和源区面积,P_D 和 P_S 分别是漏源区周长,m_j 是杂质浓度变化梯度因子,m_{jsw} 是侧面梯度因子。$C_{ox}=\varepsilon_{ox}\varepsilon_0/\tau_{ox}$,$\varepsilon_0=8.854\times10^{-12}$ F/m 是真空介电常数,$\varepsilon_{ox}=3.9$ 是二氧化硅相对介电常数。C_{DGO}、C_{DSO} 和 C_{GBO} 是工艺决定的参数,一般由制造商提供。

例题 4 如果 $W/L=5\ \mu m/1\ \mu m$,$A_S=A_D=5\ \mu m\times5\ \mu m$,根据 0.5 μm CMOS 工艺 BSIM3v3 模型参数,求 nMOS 管饱和状态下 C_{gd},C_{gs},C_{gb},以及 0 偏时的 C_{db},C_{sb}。

解: 从前面给出模型参数中知:

$C_{GDO}=4.09\times10^{-10}$ F/m,$C_{GSO}=4.09\times10^{-10}$ F/m,$C_{GBO}=0$ F/m,$C_J=5.73791\times10^{-4}$ F/m²,$C_{JSW}=2.726602\times10^{-10}$ F/m。

根据表 2.2 公式有:$C_{ox}=\varepsilon_{ox}\varepsilon_0/T_{OX}=3.56\times10^{-3}$ F/m²,$C_{gd}=C_{GDO}W=2.0$ fF,$C_{gs}=C_{GSO}W+(2/3)C_{OX}WL=13.9$ fF,$C_{gb}=2C_{GBO}L=0$ fF,$C_{db}=A_DC_J+P_D(C_{JSW})=19.8$ fF,$C_{sb}=C_{db}=19.8$ fF。

2.4 MOS 晶体管小信号和噪声及温度特性

在图 2.10 晶体管等效电路中,电流源 I_d 与 V_{gs} 和 V_{ds} 以及 V_{bs} 是非线性关系,但典型模拟信号处理需要线性压控电流源。实现线性关系的简单方法是使非线性器件在小信号条件下工作,将非线性特性进行小信号线性化近似。本节研究 MOS 晶体管小信号线性化近似模型,为后续学习奠定基础。同时,还对 MOS 晶体管的噪声和温度特性进行研究。

2.4.1 小信号模型

小信号线性化近似只在非线性函数展开点(静态工作点)的小范围内有效或函数线性度较好情况下有效。将 MOS 晶体管漏极电流 $I_d(V_{gs},V_{ds},V_{bs})$ 在静态工作点(V_{GS},V_{DS},V_{BS})

进行 Taler 展开，得：

$$I_d(V_{gs},V_{ds},V_{bs}) = I_D(V_{GS},V_{DS},V_{BS}) + \left(\frac{\partial I_d}{\partial V_{gs}}\right)\Delta V_{gs} + \left(\frac{\partial I_d}{\partial V_{ds}}\right)\Delta V_{ds} + \left(\frac{\partial I_d}{\partial V_{bs}}\right)\Delta V_{bs} + \cdots \tag{2.4-1}$$

如果 ΔV_{gs}、ΔV_{ds}、ΔV_{bs} 比较小或高阶导数很小，取一阶线性化近似并用相应的交流量符号表示，上式变为：

$$i_d = g_m \nu_{gs} + g_{ds}\nu_{ds} + g_{mb}\nu_{bs} \tag{2.4-2}$$

其中：g_m 是 MOS 晶体管的跨导（或栅跨导），g_{mb} 是体跨导，g_{ds} 是漏源电导。对于强反型情况，根据(2.3-7)式可得：

$$g_m = \frac{\partial I_d}{\partial V_{gs}} = \begin{cases} 0 & V_{GS} \leqslant V_T \\ KP\dfrac{W}{L}V_{DS}(1+\lambda V_{DS}) & V_{DS} \leqslant V_{GS}-V_T \\ KP\dfrac{W}{L}(V_{GS}-V_T)(1+\lambda V_{DS}) & V_{DS} > V_{GS}-V_T \end{cases} \tag{2.4-3}$$

$$g_{ds} = \frac{\partial I_d}{\partial V_{ds}} = \begin{cases} 0 & V_{GS} \leqslant V_T \\ KP\dfrac{W}{L}(V_{GS}-V_T-V_{DS})(1+\lambda V_{DS}) + \dfrac{\lambda I_D}{1+\lambda V_{DS}} & V_{DS} \leqslant V_{GS}-V_T \\ \dfrac{\lambda I_D}{1+\lambda V_{DS}} & V_{DS} > V_{GS}-V_T \end{cases} \tag{2.4-4}$$

$$g_{mb} = \frac{\partial I_d}{\partial V_{bs}} = -\frac{\partial I_d}{\partial V_T}\frac{\partial V_T}{\partial V_{sb}} = \eta g_m \tag{2.4-5}$$

其中：$\eta = \gamma/[2\sqrt{(2|\Phi_F|+V_{SB})}]$。可见，小信号参数不但与工艺参数和几何尺寸有关，还与静态工作点（或称偏置点）有关。

例题 5　如果沟道宽长比为 1 μm/1 μm，静态漏极电流 50 μA，源衬极电压 1 V(nMOS)，−1 V(pMOS)，用表 2.1 模型参数求饱和区 nMOS 和 pMOS 管的小信号模型参数 g_m、g_{mb} 和 g_{ds} 值。

解：$g_{mn} = \sqrt{2KP(W/L)I_{DS}(1+\lambda V_{DS})} \approx \sqrt{2KP(W/L)I_{DS}} = 8.9\times10^{-5}$ A/V

$g_{mp} = 5.5\times10^{-5}$ A/V

$g_{mbn} = \dfrac{\gamma}{2\sqrt{2|\varphi_F|+V_{SB}}}g_{mn} = 0.23g_{mn} = 2\times10^{-5}$ A/V，$g_{mbp} = 1.1\times10^{-5}$ A/V

$g_{dsn} = \lambda_n I_{DS} = 1$ μA/V，$g_{dsp} = 2.5$ μA/V。

对于弱反型区工作的 MOS 晶体管，根据(2.3-13)式，跨导 g_m 是：

$$g_m = I_D/n(kT/q) \tag{2.4-6}$$

由此可见，弱反型区跨导与漏极电流成线性关系，而与器件尺寸无关。这与强反型区不同，

强反型区 g_m 与($V_{gs}-V_T$)成一次方关系，与 I_D 呈平方根关系，而且与器件尺寸有关。g_m/I_D 表示MOS管单位电流跨导值，通常称为功率效率(power efficiency)或电流效率(current efficiency)。实际上，弱反型区工作的MOS管，跨导与双极晶体管很相似。总结从弱反型到强反型的 I_d、g_m、g_m/I_d 表达式如表2.3所示。弱反型区的输出电导 g_{ds} 与强反型的输出电导 λI_D 相同。

表 2.3　弱反型和强反型公式

	弱反型	弱到强反型	强反型
I_{ds}	$\frac{W}{L}I_{Do}\exp\left(\frac{V_{gs}}{nkT/q}\right)$	$\xrightarrow{I_{ds}连续}$	$\frac{KP}{2}\frac{W}{L}(V_{GS}-V_T)^2$
g_m	$\frac{I_{Do}}{nkT/q}\frac{W}{L}\exp\left(\frac{V_{gs}}{nkT/q}\right)$	$\xrightarrow{g_m 连续}$	$KP\frac{W}{L}(V_{GS}-V_T)$
$g_m/I_{DS}=f(V_{GS}-V_T)$	$\frac{1}{nkT/q}$	$(V_{GS}-V_T)_{ws}=2n\frac{kT}{q}$	$\frac{2}{V_{GS}-V_T}$
$g_m/I_{DS}=f(I_{DS})$	$\frac{1}{nkT/q}$	$I_{dws}=\frac{KP}{2}\frac{W}{L}\left(2n\frac{kT}{q}\right)^2$	$\sqrt{2KP\frac{W}{L}\frac{1}{I_{DS}}}$

例题 6　如果nMOS管的 $W/L=1$，$nkT/q=40\ \text{mV}$，根据表2.1参数，求电流 $I_D=0.01\ \mu\text{A}$ 时的跨导 g_m。

解：首先根据(2.3-16)式，$I_{dws}=1.6\ \mu\text{A}$。它比 I_D 大10多倍，MOS管工作在弱反型区。根据(2.4-6)式求得 $g_m=0.25\ \mu\text{S}$，$g_m/I_D=25\ \text{S/A}$。

由于弱反型区MOS晶体管具有较高的功率效率(g_m/I)，因而受到人们的青睐。但是，在这个工作区域电流相当小，晶体管输出电阻 r_{ds} 很大，从而导致电压型电路高频特性很差，所以放大器工作点最好是位于接近弱反型区的强反型区。例如，设计取 $V_{GS}-V_T=0.2$，$g_m/I_{DS}=10\ \text{S/A}=2/(V_{GS}-V_T)$，这时的工作电流约在转换电流 I_{dws} 的6倍以上。

MOS晶体管的小信号模型如2.11图所示。小信号模型参数是信号在静态工作点下的微分量，它们不但与基本模型参数有关，还与直流偏置量有关。图2.11(a)是低频小信号模型，各参数都是从基本电流－电压关系中直接得到的。由于基本电流电压关系中没有考虑寄生电容的影响，所以它只适合于低频情况。即，在频率不高的情况下，MOS晶体管小信号特性可以等效为在漏到源极之间存在一个由输入电压 V_{gs} 控制的线性电流源 $i_{ds}=g_m\nu_{gs}$，它的输入阻抗无穷大，输出阻抗等于晶体管输出电导的倒数($r_{ds}=1/g_{ds}$)。如果源极和衬底之间的电压不为零，则电流源的电流为 $g_m\nu_{gs}+g_{mb}\nu_{bs}$。当晶体管工作在饱和区时，由(2.4-3)式知在强反型区 g_m 和 V_{GS} 成线性关系，由(2.4-6)式知在弱反型区 g_m 与 I_{DS} 成线性关系。以这种跨导与偏置量成正比的特性为基础，可以构成一类线性跨导电路(translinear circuit)。

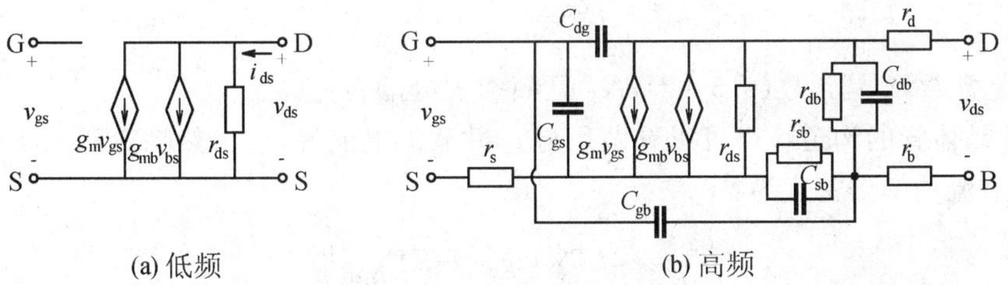

图 2.11　MOS 管小信号等效电路

在高频情况下，需要考虑各种寄生器件影响，完整的 MOS 晶体管小信号模型如图 2.11(b)所示。电阻 r_{db} 和 r_{sb} 是衬底－漏极和衬底－源极之间 PN 结的等效电阻。通常这些结处于反偏状态，电阻数值很大。r_d 和 r_s 分别是漏极和源极的电阻，其典型值为 50 到 100 欧姆，一般对晶体管处理非功率信号影响不大。C_{gs}、C_{dg} 和 C_{gb} 分别是栅极与源极、漏极、衬底之间的电容，电容 C_{db} 和 C_{sb} 是漏极－衬底和源极－衬底之间的 PN 结电容，它们与表 2.2 中的电容相同，数值与晶体管工作条件、制作工艺、器件尺寸等相关。

2.4.2　噪声特性

MOS 器件具有近似无穷大的输入阻抗、靠电荷控制输出电流源，与双极器件相比较噪声更大。特别是对于 MOS 模拟集成电路，噪声的存在限制着信号处理质量。

在工作频率范围内，MOS 器件的漏极电流噪声源可以分成两大类：与频率无关的热噪声和随频率增加而下降的低频(或 $1/f$，或闪烁)噪声。热噪声是由沟道电子随机热运动产生的，在绝对温度非零度下即使没有输入，这种电子随机运动也存在。热噪声在 Δf 带宽内产生的漏极噪声电流方均值为：

$$\overline{i_d^2} = 4kT\gamma g_{d0}\Delta f \tag{2.4-7}$$

其中：k 是玻尔兹曼常数；T 是绝对温度；γ 是沟道噪声系数，对于长沟器件 γ 值在 2/3(饱和区)与 1(非饱和区)之间，对于短沟器件 γ 值在 2 到 3 之间；g_{d0} 是漏源电压为 0 时的漏极与源极之间电导，即：

$$g_{d0} = \left.\frac{\mathrm{d}I_{d,\mathrm{nonsat}}}{\mathrm{d}V_{ds}}\right|_{V_{ds}=0} \tag{2.4-8}$$

漏极电流噪声功率对于饱和区 MOS 管也可用等效栅极输入电压噪声功率表示：

$$\overline{\nu_n^2} = 4kT(\gamma/g_m)\Delta f \tag{2.4-9}$$

例如，当 g_m＝1 mS，Δf＝1 Hz，γ＝1 时，在 290℃ 下长沟饱和 MOS 管产生的热噪声电压为 $4nV_{rms}/\sqrt{\mathrm{Hz}}$。

$1/f$ 噪声与栅极下 $Si\text{-}SiO_2$ 界面态有关。当沟道载流子被随机地俘获或释放时，便在沟道内形成低频噪声信号。低频噪声产生的漏极电流方均值为：

$$\overline{i_{\mathrm{d}}^{2}} = k_{\mathrm{f}}\left(\frac{I^{a}}{f}\right)\Delta f \tag{2.4-10}$$

其中：k_{f} 是常数，a 是常数(0.5～2)，Δf 是频率 f 处的带宽。

MOS晶体管的沟道噪声可以看做是与 i_{d} 并联的电流源，它由热噪声和 $1/f$ 噪声组成。噪声源的电流功率谱密度为：

$$\frac{\overline{i_{\mathrm{nd}}^{2}}}{\Delta f} = 4kT\gamma \cdot g_{\mathrm{d0}} + \mathrm{KF}\frac{I_{\mathrm{D}}^{\mathrm{AF}}}{C_{\mathrm{ox}}L^{2}f} \tag{2.4-11}$$

其中：KF为闪烁噪声系数(典型值约 1×10^{-28} F.A)；AF是闪烁噪声指数(典型值1.2)，它们是SPICE模型参数。沟长在0.23～10 μm范围内，KF变化小于一个数量级[37]。对于饱和区工作的MOS管，将上式除以 g_{m}^{2}，取 $\mathrm{AF}=1.0$，$\gamma=2/3$，得到等效输入电压噪声功率频谱密度为：

$$S_{v}(f) = \lim_{\Delta f\to 0}\frac{\overline{\nu_{n}^{2}}}{\Delta f} = \frac{8kT}{3g_{\mathrm{m}}} + \frac{K_{\mathrm{FV}}}{WLf} \tag{2.4-12}$$

其中：$K_{\mathrm{FV}}=KF/(2C_{\mathrm{OX}}\mathrm{KP})$，对于某一工艺的pMOS或nMOS管是常数。从3 μm CMOS工艺($t_{\mathrm{OX}}=42.5$ nm，$C_{\mathrm{OX}}=8.147\times10^{-4}$ F/m^2)得到的典型值近似为 $K_{\mathrm{FVn}}=9.8\times10^{-21}$ V^{2}m^2= 7.96×10^{-24} V^{2}F/C_{ox}(nMOS)，$K_{\mathrm{FVp}}=0.5\times10^{-21}$ V^{2}m^2 $=3.98\times10^{-25}$ V^{2}F/C_{ox}(pMOS)。在频率较低的情况下，一般 $1/f$ 噪声是主要噪声源，等效输入电压噪声功率谱主要由(2.4-12)式右端第二项确定。在相同尺寸情况下，nMOS管的等效输入噪声电压比pMOS晶体管大约4～5倍。当MOS晶体管面积增大时，器件的等效输入噪声电压将减小。对于 W/L 为20 μm/1 μm的nMOS和pMOS器件，如果0.5 μm CMOS工艺的 $C_{\mathrm{ox}}=3.56\times10^{-3}$ F/m^2，在 $f=1$ Hz时，$1/f$ 噪声对应的等效输入电压噪声功率谱分别为 1.1×10^{-10} V^2/Hz和 5.6×10^{-12} V^2/Hz。

在MOS管栅极电流不可忽略情况下，还应当考虑散粒噪声。这种噪声由栅极电流产生，它正比于栅极直流电流：

$$\overline{i_{\mathrm{g}}^{2}} = 2qI_{\mathrm{G}}\Delta f \tag{2.4-13}$$

通常情况栅极直流电流很小，典型值小于 1×10^{-15} A，因此这个噪声很小。但是，随着器件尺寸缩小，栅氧化层厚度下降，导致栅极直流电流增大，这会使这部分噪声增加。

栅极电流的另一个噪声源是与频率紧密相关的高频噪声源，在低、中频应用中通常将其忽略，但在射频电路中必须考虑它的影响。它由沟道载流子随机热运动通过栅源间电容耦合到栅极，它的功率频谱密度为：

$$\frac{\overline{i_{\mathrm{ng}}^{2}}}{\Delta f} = 4kT\delta \cdot g_{\mathrm{g}}，且\ g_{\mathrm{g}} = \frac{\omega^{2}C_{\mathrm{gs}}^{2}}{5g_{\mathrm{d0}}} \tag{2.4-14}$$

另一种表达形式为：

$$\frac{\overline{\nu_{ng}^{2}}}{\Delta f} = 4kT\delta \cdot r_{\mathrm{g}}，且\ r_{\mathrm{g}} = \frac{1}{5\cdot g_{\mathrm{d0}}} \tag{2.4-15}$$

其中：C_{gs} 是栅源电容，ω 是噪声频率。δ 是栅极噪声系数，对于长沟管为4/3，对于短沟管目前尚待确定。由于这个噪声也是由沟道热噪声产生的，因此它与漏极热噪声电流具有一定的相关性。

2.4.3　温度特性

MOS 管的温度特性主要受迁移率和阈值电压两个参数影响。载流子迁移率与温度的关系近似为：

$$\mu \propto T^{-1} \sim T^{-3/2} \tag{2.4-16}$$

迁移率的相对温度系数为：

$$\frac{1}{\mu}\frac{\mathrm{d}\mu}{\mathrm{d}T} = -\frac{1}{T} \sim -\frac{3}{2}\frac{1}{T} \tag{2.4-17}$$

阈值电压随温度变化的一阶近似关系为：

$$V_{\mathrm{T}}(T) = V_{\mathrm{T}}(T_0) - c(T - T_0) \tag{2.4-18}$$

c 是阈值电压温度系数，近似等于 2.3 mV/℃。这个表达式适用于 200～400 K 范围，c 与生产过程中衬底掺杂程度以及杂质注入剂量有关。

2.5　CMOS 电路中无源器件和寄生器件

前面几节集中介绍了 PN 结二极管和 MOS 晶体管，它们是构成 CMOS 集成电路的基础性有源器件，它们的性能决定整个电路的性能。但是，对于模拟电路只有这些有源器件是不够的，还需要无源器件：电容、电阻和电感。这些无源器件的实现方法和精度往往决定着模拟集成电路的电路形式和电路性能。由于主流集成电路工艺是为制造数字电路开发的，无源器件的特性不是工艺开发的优化目标，因此集成电路中无源器件的特性远不如分立器件。例如，10 nH 左右的电感器要占据非常大的芯片面积并且 Q 值相当不好（典型值低于 20）；虽然可以制造高 Q 值和低温度系数的电容器，但误差相当大（一般在 20％以上）而且电压系数也较大；寄生电容小和温度系数低的电阻很难制造，而且电阻的电压系数较高、精度低、阻值范围有限。另外，CMOS 集成电路是用平面工艺制造的，物理结构中除有我们希望制造的有源和无源器件外，还有一些寄生器件，了解它们对于模拟集成电路设计也很重要。如何在电路设计中正确使用和尽量减少它们对电路的不良影响，是保证实际电路设计成功的关键因素之一。

2.5.1　电容

在 CMOS 集成电路中，电容的作用比在双极电路中更重要，因为 MOS 晶体管具有近似无穷大的输入阻抗，电容上电荷所产生的电压可以直接用 MOS 放大器进行放大而不被释放。特别是对于开关电容电路，电路性能与所用电容直接相关，了解芯片上电容的基本特性（如：精度、比值精度、电压和温度系数、寄生电容等）变得更加重要。

通常，CMOS 技术中所有导电层都可以用作平板电容器的电极，如图 2.12 所示，但介质几乎都是二氧化硅。只是随着器件尺寸缩小，为保证晶体管特性，才研究高介电系数介质层。二氧化硅是已知最稳定的绝缘介质材料之一，它的相对介电常数为 $\varepsilon_{ox}=3.9$，击穿电场是 $E_b=8\times10^6$ V/cm。标准工艺为减小导电层之间的寄生电容，介质层都相当厚(在 0.5～1 μm 量级)，所以导电层之间单位面积电容值较小($C=\varepsilon_{ox}\varepsilon_0 A/d$，$\varepsilon_0=8.854\times10^{-14}$ F/cm，$\varepsilon_{ox}\varepsilon_0=3.453\times10^{-5}$ pF/μm，典型值是 0.05 fF/μm^2)。要实现较高质量的模拟电路，一般需要增加特殊的电容制造工艺，但对于低成本电路只能利用标准结构进行设计。

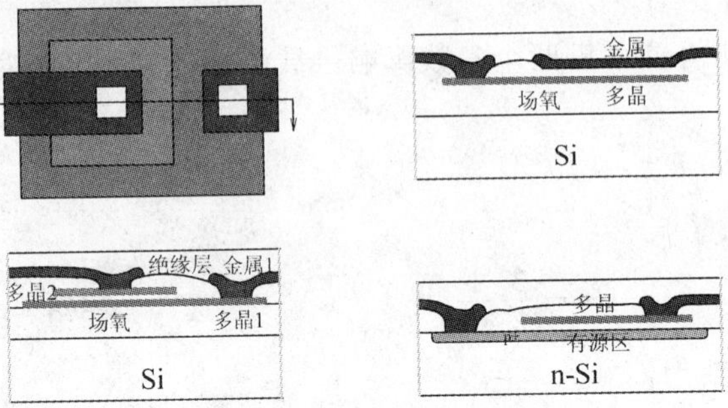

图 2.12　平板电容结构

1. 双多晶硅层电容器

在双层多晶硅 CMOS 工艺中，以两个多晶硅层为导电极板可制成较高质量的双多晶硅层电容器。这种电容器的单位面积电容量典型值在 0.1～1.0 fF/μm^2 范围。双多晶硅层电容器的电容值误差主要由氧化物厚度变化引起，一般相对误差约为 20%。但是，在同一芯片内结构全同的电容器，电容比值可以很准确，典型的电容比值相对误差约为 0.05～1%，这主要取决于图形加工精度。双多晶电容的寄生电容是上极板与金属连线间电容和下极板与硅衬底之间的电容。最大的寄生电容是下极板与衬底或阱区之间的电容。这个寄生电容的典型值是电容值的 10%～30%或更大。由于随着温度的变化极板面积和电介质材料厚度发生膨胀或收缩，极板的表面势和电介质的介电系数发生改变，所以电容值也发生变化。对于重掺杂多晶硅极板，电容的相对温度系数(1/C)(dC/dT) 通常在 0.02‰～+0.05‰/℃ 范围内。另外，这种电容器的电极是重掺杂的半导体而不是理想的导体，随着施加在电容器两端电压的变化，电极表面势相对于体内要发生一些变化。这类似于 MOS 晶体管栅极加电压后，沟道区表面电势要发生变化。一般情况下，极板中杂质浓度相当高，表面势变化比较小。表面势随电压的变化可以引起电容量随外加偏压的变化。极板掺杂越重，电容的电压系数越小。对于典型的多晶硅掺杂浓度，相对电压系数(1/C)(dC/dV)通常小于 0.05‰/V。

例题 7　如果室温 27℃下电容值 0.1 pF、相对温度系数 0.02‰/℃、相对电压系数 0.01‰/V，温度升高到 125℃时电容变为多少？电压从 0 变到 5 V 时电容变化多少？

解：已知 $(1/C)(\Delta C/\Delta T)=0.000\,02$/℃，$C+\Delta C=0.1002$ pF，$\Delta C/C=0.02\%$。由电压系数定义知：$\Delta C=0.000\,05$ pF。$C+\Delta C=0.100\,05$ pF，$\Delta C/C=0.05\%$。

2. 连线电容

增加电容量除减薄介质层厚度和扩大电极面积外，对于具有多个导电层的工艺可以采用多对互连线层之间电容并联的方法扩大单位面积电容量[38]。目前，一些工艺可以提供五个以上金属层，采用多层结构可以将标准结构电容值扩大约四倍。另外，由于金属线的最小间距已缩小到小于金属层厚度，所以连线横向寄生电容也相当大。通过利用同层内两相邻金属线的横向电容可进一步增加电容值。对于简单图形结构，横向电容加多层纵向电容可以使单位面积电容增大约 10 倍。例如，简单交织结构电容(woven structure capacitor)，如图 2.13 所示，纵向平板电容采用不同金属层实现，横向电容由同层金属实现，a 端和 b 端之间的总电容为：

$$C_{ab} = C_{a1} + C_{a2} + C_{b1} + C_{b2} + C_{1ab} + C_{2ab} + C_{3ab} \tag{2.5-1}$$

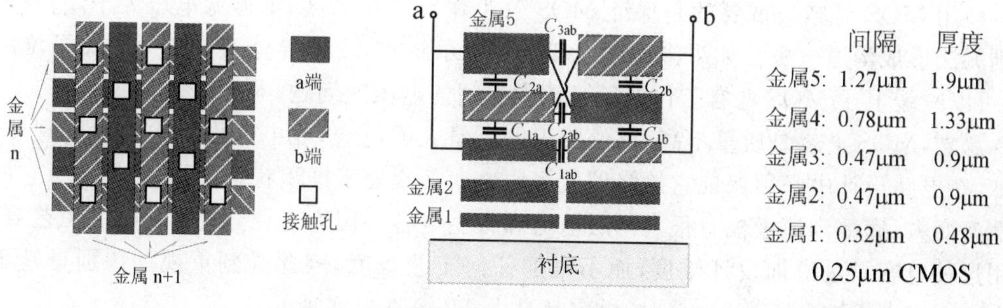

图 2.13　多层交织型连线电容结构

横向电容的电容量取决于极板总周长，通过最大化极板图形周长面积比可以最大化单位面积横向电容量。横向电容的缺点是寄生串联电阻和电感都很大，但通常横向电容的极板寄生电容小于纵向平板电容，因为对于一定的电容值，横向电容占用的面积可以更小。

目前连线电容的主要特性为：纵向电容 0.01～0.06 fF/μm^2，横向电容 0.03～0.08 fF/μm，典型电容值约 0.2 fF/μm^2，电容值相对误差约 20%(由介质层厚度变化和光刻精度决定)，电容比值相对误差约 1.5%(由光刻精度决定)，寄生电容约 5%(与体硅之间)，相对温度系数 0.03～0.05‰/℃(由介电系数随温度变化决定)。因为电容极板是金属，它的电压系数不大。对于专门开发的金属—绝缘体—金属电容工艺，用金属层可以实现高精度、高线性度平板电容，它的单位面积电容约为 0.7 fF/μm^2，相对电压系数小于 0.01‰/V。

3. MOS 电容

MOS 工艺中最薄的介质层是栅介质层，但是自对准工艺使有源区注入无法在栅极多晶硅下形成有源区电极，所以设计中常采用 MOS 管结构实现栅介质层电容，如图 2.14(a)所示。当 MOS 晶体管处于非饱和工作区时，沟道区作为体硅电极和多晶硅栅电极构成电容器。它的单位面积电容量取决于栅氧化层厚度，典型值在 1～5 fF/μm^2 范围。如厚 100Å 栅氧，电容是 3.45 fF/μm^2，比正常互连线电容器约大 20～100 倍。电容值的相对误差约 10%，电容比值相对误差 0.05%～1%。由于沟道感生 PN 结电容较大，MOS 电容的寄生电容约为50%。MOS电容随温度变化的原因是极板面积和介质层厚度随温度变化、半导体空间电荷区电容随温度变化和介电系数随温度变化。一般情况，MOS电容的温度系数约为0.03‰/℃。对于重掺杂的多晶硅栅极，MOS电容的电压系数约为0.02‰～0.07‰/V。

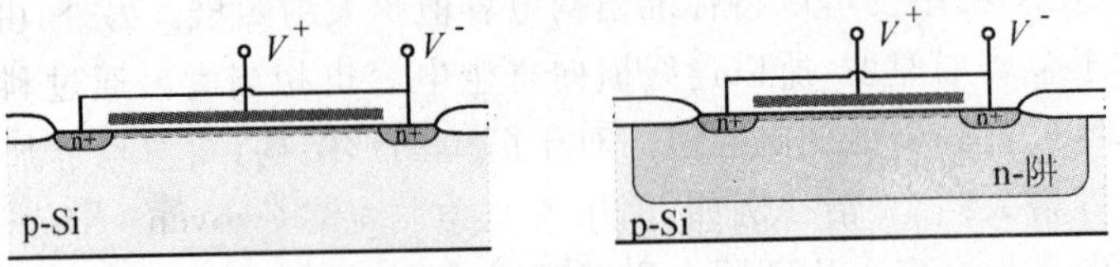

(a) 多晶-沟道电容　　(b) 多晶-阱电容

图 2.14　栅氧化物电容

使用MOS电容最重要的是保证MOS管工作在强反型区，即栅源电压大于阈值电压，否则无法形成沟道电极。如果采用图2.14(b)所示结构，使半导体表面处于载流子堆积状态，可以减缓上述MOS电容工作电压必须大于阈值电压的问题。

总之，MOS电容是质量不高、单位面积电容量大的电容，在电路设计中必须合理使用。例如，在电路设计中必须保证它始终偏置于非饱和区或处于堆积状态，同时必须注意它的非线性畸变大、底部沟道极板有很大薄层电阻和寄生电容。因为它百分之百与数字工艺兼容，使用这种电容只是增加设计难度，而不增加任何工艺难度，因此受到重视。特别是基于全MOS(MOS-only)理念设计电路时，电容都是由MOS电容实现的[39]。

4. PN结电容

MOS工艺中，另一种可用的电容是PN结电容，如n阱中p+区形成的结，见图2.15。由于结电容与偏置电压有关，这种电容器可以作为可变电容器用于实现电子调谐电路。当PN结工作在反偏状态或0偏状态时，结电容由(2.2-8)式决定。典型参数，单位面积电容：0.5～1 fF/μm²，单位边长电容：0.02～0.2 fF/μm，电容值的相对误差约10%，电容比值的误差0.05～1%，寄生电容约30%。如果这种电容器不用于实现电子调谐，只作为一般固定电容，它是特性较差、存在漏电流的电容。结电容器具有相当大的温度系数，可以从大反偏的0.2‰/℃变到0偏时的1‰/℃。由于结电容是非线性电容，所以电压系数也很大。

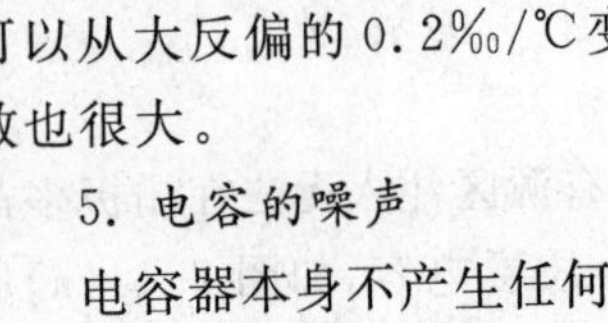

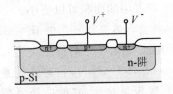

图 2.15　PN结电容

5. 电容的噪声

电容器本身不产生任何噪声，但是它可以积累其他噪声源产生的噪声。例如，对于热噪声，电容 C 通过电阻 R 进行充放电，根据(2.2-12)和(2.2-16)式，电容的电压噪声是：

$$\overline{v_{nC}^2} = \int_0^\infty S_C(f)\mathrm{d}f = \int_0^\infty |H(f)|^2 S_R(f)\mathrm{d}f = \int_0^\infty \frac{4kTR}{1+(2\pi RC)^2 f^2}\mathrm{d}f = kT/C \tag{2.5-2}$$

其中：$S_C(f)$是电容的噪声功率谱密度，$S_R(f)$是电阻的噪声功率谱密度，$H(f)$是电阻等效噪声源到电容的传递函数，参见习题2.41。电容噪声可以看成输入噪声源（电阻R）功率频谱密度$4kTR$乘以等效噪声带宽$1/(4RC)$。电容值越大，带宽越窄，总噪声越小。

2.5.2　电阻

模拟电路设计中需要的另一种重要无源器件是电阻。虽然离散时间的开关电容电路常用MOS晶体管和电容构成等效电阻，但在连续时间电路中仍需要真正电阻。在标准CMOS工艺中，制作好电阻的方法不多。

1. 多晶硅电阻

多晶硅的电阻率比金属高，利用多晶硅层制造电阻是一种重要方法。在标准MOS工艺中，多晶硅起着控制栅和部分连线的作用。由于工艺是根据所需高导电率对它进行优化的，所以多晶硅主要适合于制作小阻值电阻。多晶硅薄层电阻典型值在30～200 Ω/□范围内，主要取决于掺杂浓度。电阻值相对误差约20%，电阻比值的相对误差0.2%～0.4%。相对温度系数与掺杂浓度有关，典型值约1‰/℃。相对电压系数约0.1‰/V。随器件尺寸缩小，为减小电阻，今天大多数多晶硅层上都有硅化物，这种多晶电阻率一般在1～10 Ω/□，阻值相对误差60%～70%，电阻比值相对精度0.2%～0.4%。相对温度系数随工艺变化很大，约在2‰～4‰/℃范围内。多晶电阻的寄生电容较小，电压系数比标准CMOS工艺中的体硅电阻小，约0.5‰/V。如果在做源、漏区注入时对多晶硅电阻区进行遮挡，那么它的薄层电阻值将增加2～3倍。多晶硅电阻一个独特的优点是可以用电流或激光的方法烧断连接点，修正电阻值。

例题8　当温度从−55℃升高到125℃时，估算10 μm长、1 μm宽多晶硅电阻值从多少变化到多少？假设室温电阻率10 Ω/□，温度系数1‰/C。

解：室温电阻为100 Ω，−55℃下电阻为94.5 Ω，125℃下电阻为112.5 Ω。

2. 有源区电阻

用源/漏区的掺杂层作电阻是另一种制造电阻的简单方法。源、漏掺杂区在集成电路中主要作为导电层，用它较难实现大阻值电阻。源、漏区的薄层电阻值范围约为2～100 Ω/□，电阻值相对误差约50%，电阻比值的相对误差约2%，电阻与衬底之间的寄生电容大并且与电压有关。源、漏区电阻的相对温度系数约为0.5‰～2‰/℃，相对电压系数约为0.1‰～0.5‰/V。另外，使用时要避免起隔离作用的PN结处于正偏。

3. 阱区电阻

CMOS工艺中阱区是低掺杂浓度区域，可以用来制作高阻值的体硅电阻。阱区方块电阻约为1 kΩ～10 kΩ/□，电阻值相对误差50%～80%，电阻比值相对误差约2%，寄生电容大。相对温度系数约3‰/℃，相对电压系数约为10‰/V。与其他结构的电阻比较，它的误差、电压系数、温度系数都比较大。

4. MOS管电阻

另一种可以实现较大电阻值的方法是用非饱和MOS晶体管的沟道作为电阻。非饱和区有效沟道电阻是栅极电压和漏源电压的函数，如果忽略沟长调制效应，根据(2.3-7)式可得：

$$R_C \approx \frac{L}{W} \times \frac{1}{KP(V_{GS} - V_T - V_{DS})} \tag{2.5-3}$$

方程右端第一项对应于薄层电阻的方块数，第二项对应于薄层电阻率。例如：对于nMOS管，取$KP = 80\ \mu A/V^2$，$V_{GS} - V_T - V_{DS} = 1\ V$，$L/W = 1$，沟道电阻约为12.5 kΩ，相当于电阻率12.5 kΩ/□。可见阻值比多晶硅电阻和扩散电阻高许多，因此可在小面积内实现大阻值。从上式可以求出沟道电阻的电压系数：

$$\frac{1}{R_C}\frac{dR_C}{dV_{ds}} = \frac{1}{(V_{GS} - V_T - V_{DS})} \tag{2.5-4}$$

如果取$V_{GS} - V_T - V_{DS} = 1\ V$，电压系数为100%/V。MOS沟道电阻的主要缺点是精度低（沟道电阻与迁移率和阈值电压工艺参数有关）、温度系数大（由于迁移率和阈值电压随温度变化）和非线性度高。这些特性往往使它只能用于信号通路以外的非关键通路。但是，当栅极加可变控制电压后，可以调整工艺参数变化对沟道电阻值的影响。如果采用差模结构设计，可以消除电阻的偶次非线性项（见5.2节），从而使MOS电阻得到更广泛的应用。

5. 金属电阻

另一种不常使用的电阻是用金属导线制作的低阻值电阻。铝金属的薄层电阻约为50 mΩ/□，实际设计中电阻值可达到10Ω。它的温度系数约为3.9‰/℃，在−55 ～ 125℃范围内，基本可以认为电阻值是正比于绝对温度的。

6. 电阻的噪声

电阻噪声主要由热噪声和低频噪声组成：

$$\frac{\overline{i_n^2}}{\Delta f} = \frac{4kT}{R} + KF\frac{I_D^{AF}}{f} \tag{2.5-5}$$

其中：KF和AF是常系数。例如，在室温下(300 K)，对于扩散电阻$R = 1\ k\Omega$，$KF = 5 \times 10^{-16}$，$AF = 1$，$I = 10\ \mu A$，$f = 10\ Hz$，$k = 1.38 \times 10^{-23}\ W.s/K$，热噪声为：$1.656 \times 10^{-23}\ A^2/Hz$，低频噪声为：$5 \times 10^{-22}\ A^2/Hz$。

2.5.3 电感

硅射频集成电路的迅速发展，迫切需要可集成化的电感器。虽然有源电路可以实现等效电感，但它们的噪声、畸变和功耗一般比无源电感器大，并且使用频率较低。如果能在集成电路中实现无源电感器，则可提高射频电路的质量和降低功耗。特别是无源电感直流压降低，更适合集成电路工作电压逐步降低的发展趋势。集成电路实现无源电感主要有两种方法：封装焊线和平面螺旋电感。

1. 焊线电感器

用封装中芯片到底座的焊线制作电感器是一种经常使用的方法。因为标准焊线的直径是 25 μm，有较大的单位长度表面积(与下面介绍的平面线圈比较)，电阻损耗小，可以取得较高的质量因子 Q，典型值在 20～50 范围内。另外，焊线距离其他导体较远、寄生电容小，从而减小电场存贮能量、增加自谐振频率。如果忽略附近导体的影响，焊线的电感估计公式为[40]：

$$L \approx \left(\frac{\mu_0 l}{2\pi}\right)\left(\ln\frac{2l}{r}-0.75\right) \approx 2\times10^{-7} l\left(\ln\frac{2l}{r}-0.75\right) \tag{2.5-6}$$

对于 2 mm 的标准焊线长度，由公式可以推导出电感为 2.00 nH，焊线单位长度的典型电感量约为 1 nH/mm。对于一般的封装连线(2～10 mm)，电感可在 2～10 nH 范围内。可见尽管焊线电感有较高的质量因子，但是电感值很有限而且受封装影响大。

焊线电感器的温度系数主要由两个因素决定：一是温度对导线长度的影响，二是磁通量变化对总电感量的影响。长度随温度变化产生的温度系数近似为 0.025‰/℃。随温度增加电阻率增加，引起趋肤效应深度增加，增加内部磁通量，从而增加电感量。这种因素对温度系数的贡献约为 0.02‰～0.05‰/℃。焊线的总温度系数近似为 0.05‰～0.07‰/℃。

2. 平面电感

与焊线电感比较，平面螺旋电感器的电感量大(可达上百 nH)，受工艺影响小。如果平面螺旋结构可以成为有效的电感器件，电路则可在芯片上实现匹配网、无源滤波器、电感性负载、变压器等等。虽然这些技术在分立器件电路和 GaAs 单片微波集成电路设计中已使用了许多年，但它们应用于硅集成电路的时间还不长。这主要是因为：① 早期光刻精度有限使它占用太大的芯片面积；② 导电硅衬底使它的 Q 值太低。另外，硅电路工作频率相对较低(低于几百兆赫)，使这种电感器无法有效使用。近来，由于硅集成电路技术的进步，金属宽度和间距已进入深亚微米范围，可以在单位面积内做出圈数更多的电感器。采用多层金属工艺中的厚氧化物或微加工技术，可以更有效地将电感器与衬底隔离，提高 Q 值。现在，随硅芯片的工作频率不断提高，平面螺旋电感已广泛用于射频电路设计。平面螺旋电感典型值 1～150 nH，质量因子 1～20，自谐振频率约 10 GHz。它的精度高于焊线，但寄生电容较大。

典型平面螺旋结构如图 2.16 所示。它一般采用方形线圈，由多层金属 CMOS 工艺制造。电感器的方形螺旋线圈由顶层金属构成，螺旋线圈中心端由下一层金属引出，两层金属靠厚氧化层隔离，整个螺旋线圈通过场氧与衬底隔离，或通过接地的多晶屏蔽层与衬底隔离，或用微机械加工技术与衬底隔离。

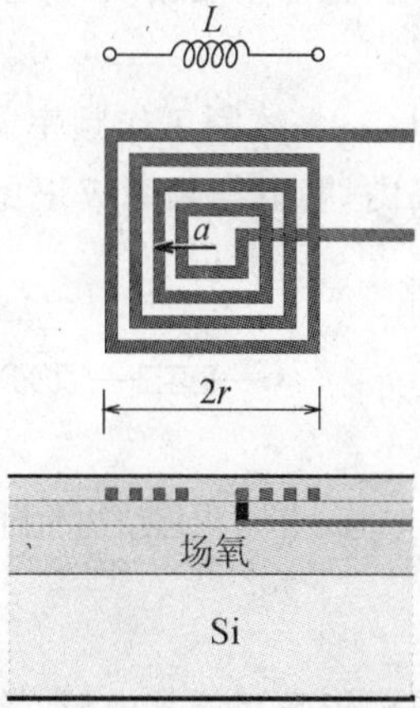

图 2.16　方形螺旋电感器结构

方形螺旋电感量是几何尺寸的复杂函数，精确计算一般需要借助计算机完成，适合快速手算的简单估计公式为[40]：

$$L \approx \frac{45\mu_0 n^2 a^2}{22r - 14a} \tag{2.5-7}$$

其中：μ_0（$=4\pi 10^{-7}$ H/m）是真空磁导率，n 是圈数，r 是螺旋的外圈半径（单位是米），a 方形螺旋线圈的平均半径，L 单位是亨(H)，用这个公式估计电感量误差一般小于5%。

对于实心螺旋线圈，$a=r/2$，电感量为：

$$L \approx \frac{3}{4}\mu_0 n^2 r = 9.425 \times 10^{-7} n^2 r \tag{2.5-8}$$

如果用每10微米1圈的线圈密度(n/r)设计10 nH的电感器，根据上式可计算出圈数应为10，对应的半径为100 μm，它占用的面积约为4个标准焊块。另外，平面螺旋线圈结构中心线圈对电感量的贡献远小于外边线圈。例如，取空心线圈的平均半径 $a=(3/4)r$，与实心线圈比较，对于同样的面积(r一定)，圈数减小一半(0.5倍)，电感量减小0.73倍。因此，实际电感器设计中为提高 Q 值，经常采用空心结构。

对于其他形状的螺旋体结构，可以用方形螺旋公式乘上面积比平方根估计电感量。面积修正因子为：

$$L_{\text{其他形状}} \approx \sqrt{\frac{S_{\text{其他形状}}}{S_{\text{方形}}}} L_{\text{方形}} \tag{2.5-9}$$

例如，对于圆形螺旋，$L_{\text{圆形}} \approx \sqrt{\frac{S_{\text{圆形}}}{S_{\text{方形}}}} L_{\text{方形}} = \sqrt{\frac{\pi}{4}} L_{\text{方形}} = 0.89 L_{\text{方形}}$，电感量近似为方形电感量乘以$\sqrt{\pi/4} \approx 0.89$。同理，对于八角螺旋体等于方形电感量乘以0.91。

平面螺旋电感线圈除具有所需要的电感 L 外，还具有一定的寄生电阻 R，如图2.17(a)所示。R 越大损耗功率就越大，电感作用就越低。对于交流信号，随频率增加，趋肤效应使电阻值增加，特别是在高频应用时无法简单用电阻值描述电感线圈的损耗。因此，在无线电技术中通常不直接使用等效电阻表示线圈的损耗性能，而是引入线圈的“质量因子”描述损耗。从这个角度出发，质量因子定义为线圈感抗与其串联损耗电阻之比：

$$Q_L = \omega L / R \tag{2.5-10}$$

其中：ω 是线圈工作频率。引入质量因子可以给实际问题处理带来方便，① 在一定的频率范围内，电阻与频率成正比，Q 值近似为与频率无关的常数；② 工程中 Q 值更容易测量。

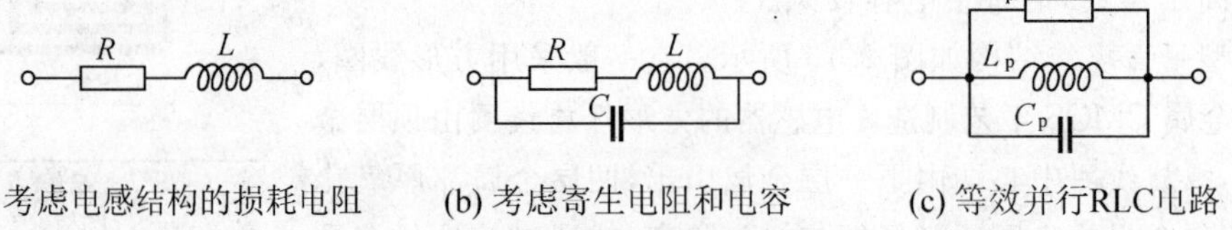

图 2.17　平面螺旋电感器等效电路

对于平面螺旋电感，除具有不可忽略的损耗电阻外，还有不可忽略的寄生分布电容，如图2.17(b)所示。为分析方便，可将平面螺旋结构电感器等效为并联RLC谐振电路，如图

2.17(c)所示。电感器的质量因子 Q_L 可由RLC并联电路阻抗的虚数与实数比求出：

$$Q_L = \frac{R_P}{\omega L_P}\left[1-\left(\frac{\omega}{\omega_0}\right)^2\right] \tag{2.5-11}$$

其中：ω_0 是自谐振频率，为：

$$\omega_0 = \frac{1}{\sqrt{L_P C_P}} \tag{2.5-12}$$

当 $\omega=\omega_0$ 时，$Q_L=0$。当 $\omega<\omega_0$ 时，$Q_L>0$，阻抗虚部为正，表现为电感。当 $\omega>\omega_0$ 时，$Q_L<0$，阻抗虚部为负，表现为电容。因此，ω_0 是螺旋结构表现出电感特性的上限频率。

另外，从存贮能量角度定义电感器的质量因子为：

$$Q = 2\pi\frac{E_s}{E_{loss}} \tag{2.5-13}$$

其中：E_s 存贮能量，E_{loss} 是一个谐振周期损失能量。由于实际电感器存在寄生电容，相应电场中存储的能量是寄生能量。净磁场存贮能量是峰值磁场能量和峰值电场能量之差。当峰值磁场与电场能量相同时，电感处于自谐振状态。对于电感 L、寄生电容 C、寄生电阻 R，并联RLC电路的磁场峰值能量 E_m、电场峰值能量 E_e 和一个谐振周期的损失能量 E_{loss} 分别为：

$$E_m = \frac{V_P^2}{2\omega^2 L_P},\ E_e = \frac{V_P^2 C_P}{2},\ E_{loss} = \frac{2\pi}{\omega}\frac{V_P^2}{2R_P}$$

其中：V_P 是电路两端的峰值电压。电感器的质量因子为：

$$Q_L = 2\pi\frac{E_m - E_e}{E_{loss}} = \frac{R_P}{\omega L_P}\left[1-\left(\frac{\omega}{\omega_0}\right)^2\right]$$

其中：自谐振频率 ω_0 如(2.5-12)式所示。当 $\omega=\omega_0$ 时，$Q_L=0$。当 $\omega>\omega_0$ 时，$Q_L<0$，从电感器到外电路没有有效的净磁场能量。电路阻抗在频率 ω 低于 ω_0 时为电感，在 $\omega>\omega_0$ 时为电容。

对于制作在硅衬底上的平面螺旋电感，硅衬底对电感的影响不可忽略，电感器的简单模型如图2.18所示。L_S 是线圈电感，可由(2.5-1)估算。R_S 是线圈电阻，在射频范围主要由趋肤效应控制，它决定线圈的损失能量。C_S 是线圈结构的电容，它主要由线圈和中心端引线之间的交叠电容决定。因为相邻线圈间的电压基本相等，线圈边缘电容效应一般比较小，所以可以忽略。但是，线圈和中心端引线之间存在较大的压降，交叠电容是线圈的主要电容。C_{OX} 表示线圈和衬底之间的寄生电容。硅衬底寄生电容和电阻由 C_{Si} 和 R_{Si} 表示。如果电感器使用中一端接地，从等效电路可得电感器质量因子为：

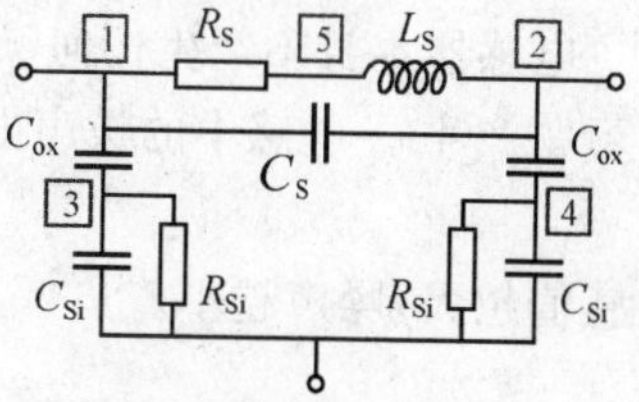

图2.18　芯片上平面螺旋电感器等效电路

$$Q_L = \frac{\omega L_S}{R_S}\frac{R_P}{R_P+[(\omega L_S/R_S)^2+1]R_S}\left[1-\frac{R_S^2(C_S+C_P)}{L_S}-\omega^2 L_S(C_S+C_P)\right] \tag{2.5-14}$$

其中：　$R_P = \frac{1}{\omega^2 C_{OX}^2 R_{Si}} + \frac{R_{Si}(C_{OX}+C_{Si})^2}{C_{OX}^2}$，$C_P = C_{OX}\frac{1+\omega^2(C_{OX}+C_{Si})C_{Si}R_{Si}^2}{1+\omega^2(C_{OX}+C_{Si})^2R_{Si}^2}$

(2.5-14)式第一项 $\omega L_S/R_S$ 代表存储磁场能量和串联电阻损失能量。第二项是衬底损耗因子，表示硅衬底消耗的能量。第三项是自谐振因子，表示随频率提高峰值电场能量引起的 Q_L 下降[41]。

要提高 Q 值必须尽量减小 R_S，所以线圈主体结构一般选择低阻的顶层金属实现。实验表明在 1～2 GHz 范围，衬底因子使 $\omega L_S/R_S$ 下降 10%～30%，影响比较大。从衬底损失因子表达式可知，在 R_{Si} 为无穷大或零时衬底损失因子为一，所以可以从减小衬底电阻和增大衬底电阻（腐蚀掉局部衬底）两方面减小衬底影响。减小衬底电阻的方法是采用重掺杂衬底材料或在线圈下面设计接地的屏蔽板(多晶，金属)结构。Q_L 值随频率变化开始由第一项决定逐渐上升，后来第二项逐渐发挥作用，使上升缓慢而后转为下降，产生一个峰值。由于第三项的影响随频率增加 Q_L 值从正变为负值，Q_L 下降为零时的频率为自谐振频率。因此，可以从第三项为零的条件中解出自谐振频率：

$$\omega_0 = \frac{1}{\sqrt{L_S(C_S+C_P)}}\sqrt{1-R_S^2\frac{C_S+C_P}{L_S}} \tag{2.5-15}$$

它随主体结构的寄生电容 C_S 减小而加大。

例如：方形线圈采用电阻率 12 mΩ/□，厚 2 μm 的第二金属层制作，中心端引线用 1 μm 厚第一金属层，线圈到硅衬底的氧化物厚度为 5.6 μm，硅衬底电阻率 11 Ωcm。方形电感线圈线宽 15 μm，间距 5 μm，外围边长 300 μm，共 6 圈。最大 Q 值对应的频率是 1.5 GHz，在 2 GHz 频率下测量得，L_S=7.5 nH；R_S=8.2Ω；C_S=18 fF；C_P=108.1 fF；R_P=1.2 kΩ；$\omega L_S/R_S$=11.5；Q_L=5.08；衬底因子 0.52；自谐振因子 0.85；自谐振频率 6.8 GHz。[41]

3. 电感器噪声

电感器本身不产生任何噪声，但是它们可以积累其他噪声源产生的噪声，类似于电容，见习题 2.43。电感中的噪声电流方均值是：

$$\overline{i_{nL}^2} = kT/L \tag{2.5-16}$$

电感值越大，噪声越小。

2.5.4 CMOS 电路的寄生器件

CMOS 工艺技术除了可以制造前面介绍的有源和无源器件外，还可以实现一些应用不广泛、性能不良好的器件。另外，在基本 CMOS 电路结构中也存在不可避免的寄生器件。了解和合理使用这些器件对于设计集成电路也是非常重要的。

1. 寄生二极管

如第二章所述，CMOS 电路中存在多种 PN 结二极管结构。合理利用这些结构可以实现一些特殊功能。例如，用有源区与阱区和有源区与衬底形成的 PN 结二极管可以实现简单输入端静电释放(electrostatic discharge，ESD)保护电路，如图 2.19 所示。

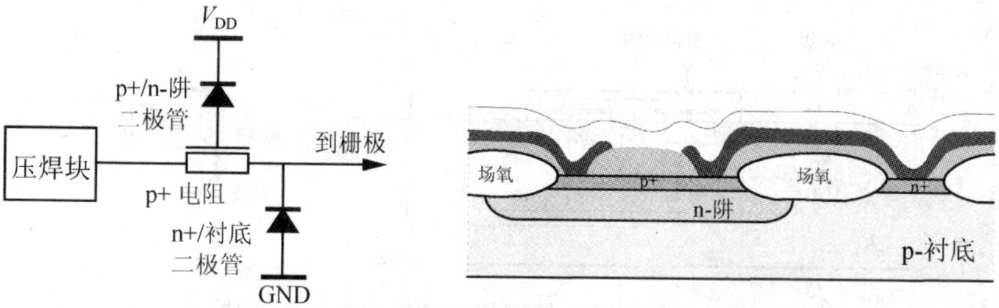

(a) 电路　　(b) 结构

图 2.19　利用寄生二极管实现简单输入保护电路

2. 低性能双极型晶体管

利用CMOS技术可以制造两种低性能双极型晶体管，纵向双极型晶体管和横向双极型晶体管，如图2.20所示。因为CMOS工艺主要是针对MOS管性能进行优化的，所以这两种寄生双极型晶体管的性能比用双极型工艺制造的双极型晶体管性能差很多。

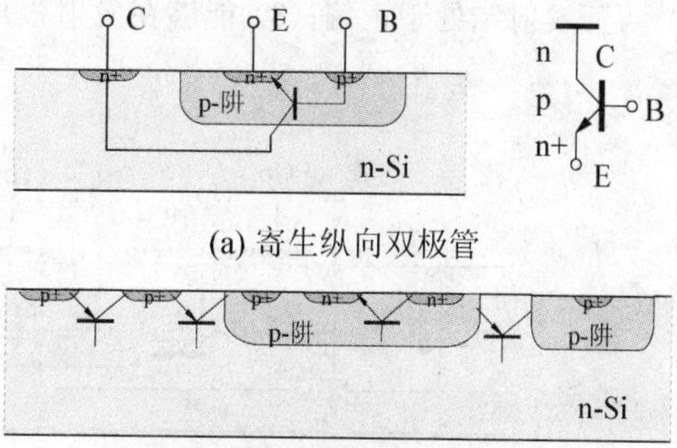

(a) 寄生纵向双极管

(b) 寄生横向双极管

图 2.20　CMOS结构中寄生双极管

纵向双极型晶体管由衬底、阱区和有源区组成，如图2.20(a)所示。对于p阱CMOS工艺，发射极是在nMOS源、漏扩散时形成的，基区是与阱同时形成的，基区宽度近似为阱深，n衬底是集电极。因为p阱和n衬底之间的PN结需要反向偏置，集电极只能接在最高正电源上，否则器件不能正常工作。即便集电极受到限制，这种双极型晶体管在MOS电路中仍有一些用途。另外，这种晶体管由于基区宽度较大并且没有得到很好控制，电流增益较小而且离散性很大。

横向双极型晶体管可以由有源区—衬底—阱区、源区—阱区—源区构成，或源区—衬底—源区、阱区—衬底—阱区等构成，如图2.20(b)所示。但是，由于掺杂浓度、结面积和使用条件等限制，晶体管特性较为明显的是第一种结构。如p阱CMOS中pMOS器件的p^+有源区可作为发射极，n衬底为基极，p阱为集电极。这种结构基极被限制在衬底电压上，但发射极和集电极可以取任意值。由于基区太宽和受表面的影响，晶体管性能很不好，但它与纵向晶体管相互作用，可以在CMOS电路中引起闩锁效应。另外，如果采用辅助控制栅结构，源区—阱区—源区结构也是较好的横向晶体管结构，而且它的基极电压不受衬底电压限制，如图2.21所示[34]。

3. 寄生可控硅器件

CMOS集成电路在受到某种激励后可以出现低压大电流状态，如不采取保护措施将损坏器件。研究表明，这是由于CMOS电路中pMOS和nMOS晶体管经常互补使用，它们距

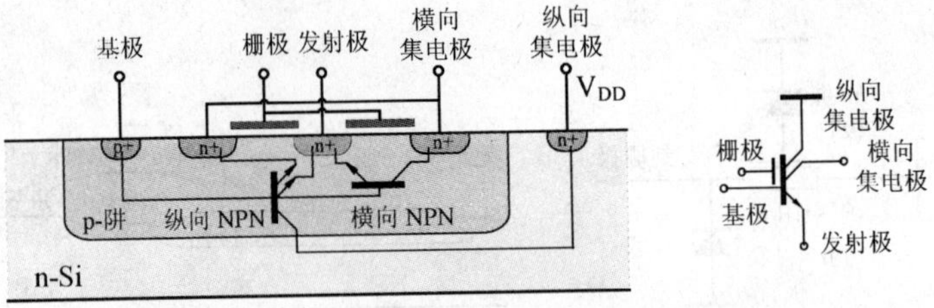

图 2.21　具有辅助控制栅极的横向双极管结构

离很近，可以形成寄生可控硅结构，一旦可控硅满足触发条件，将引发闩锁效应，导致低压大电流状态发生。

图 2.22 表示 CMOS 电路中形成寄生可控硅（PNPN）的典型结构。电阻 R_n 是横向 PNP(Q_1)管的基极到 V_{DD} 和纵向 NPN(Q_2)管的集电极到 V_{DD} 之间的电阻。电阻 R_p 是横向 PNP(Q_1)管的集电极到 GND 和纵向 NPN(Q_2)管的基极到 GND 之间的电阻。产生闩锁的条件是：(1) 环路增益大于 1，$\beta_{npn}\beta_{pnp}\geqslant 1$，其中 β_{npn} 和 β_{pnp} 是 Q_2 和 Q_1 管的共发射极电流增益；(2) 两管发射结处于正偏；(3) 能够在发射极形成一个比 PNPN 器件维持电流更大的电流。

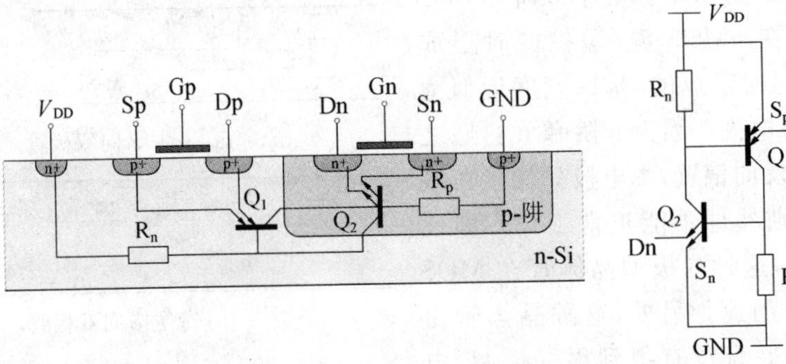

图 2.22　典型寄生可控硅结构

针对上述条件可以相应地采取防止闩锁的措施。从 CMOS 电路设计角度采取的主要预防措施有：① 使 p 沟管的源极和漏极远离 p 阱，这样可以增加横向管的基区宽度，从而减小 β_{pnp}，缺点是增大芯片面积；② 减小 R_n 和 R_p，使发射结反偏需要更大的电流。例如，用电压为 V_{DD} 的 n^+ 环将 pMOS 管围起来，用电压为 GND 的 p^+ 环将 p 阱围起来（假设 nMOS 管源极接 GND）；③ 在 p 阱外围设计一个 p 阱保护环，并与 GND 相接。这样可使 Q_1 的集电极对地短路，形成伪集电极，缺点是增大芯片面积；④ 增加与电源和地线的接触孔，加宽电源和地线，以减小电阻。

4．连线寄生器件

(1) 寄生场氧 MOS 晶体管。当一条金属线穿过两个相邻的扩散区时，可以形成以扩散区为源漏极、以金属为栅极、以场氧化层为栅介质的寄生场氧 MOS 晶体管，如图 2.23 所示。如果金属栅上的电压可以使两个扩散区间产生沟道，将导致两个独立有源区连通。为了避免这种现象产生，保证电路正常工作，制造中要采用提高场开启电压的工艺。例如，在 5 V 工作电压的电路中，一般要求场开启电压大于 15 V。另外，利用场氧晶体管高阈值电压的特点可以构成静电释放保护电路。

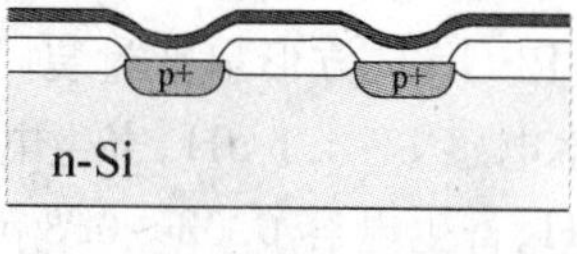

图 2.23 寄生场氧化层为栅介质的铝栅 MOS 晶体管

(2) 寄生电阻、电容和电感。由于器件尺寸不断缩小、连线尺寸不断增长和电路工作频率不断提高，连线的电阻、电容和电感对电路的影响日益严重，不能再被忽略。例如，0.5 μm 工艺[36]典型连线寄生电阻，约 2.2 Ω/□(有源区和多晶)，约 0.06 Ω/□(金属)；接触孔寄生电阻，约 2.0Ω(金属 1 到有源区或多晶)，约 0.47Ω(金属 1 到金属 2 或金属 3)；寄生电容，约 700 aF/μm^2(有源-衬底)，约 90 aF/μm^2(多晶-衬底)，约 30 aF/μm^2(金属 1-衬底)，约 90 aF/μm^2(阱-衬底)，约 60 aF/μm^2(多晶-金属 1)，约 40 aF/μm^2(金属 1-金属 2)，约 3400 aF/μm^2(多晶-有源区或阱)，约 200 aF/μm(有源区边缘)，约 340 aF/μm(多晶覆盖有源区)。

芯片内部连线寄生电容和电感对电路的影响之一是引起一条连线对另一条连线的干扰，产生串扰(cross-talk)现象。例如，当信号通过连线 a 时可以通过耦合电容 C_m 在无信号的连线 b 中引起电流变化，如图 2.24 所示。这种变化可以通过下式估计：

$$I_m = C_m \frac{d(V_a - V_b)}{dt} \tag{2.5-17}$$

其中：C_m 是连线间的互耦电容。I_m 是耦合电流，V_a 是信号线电压，V_b 是无信号线电压。

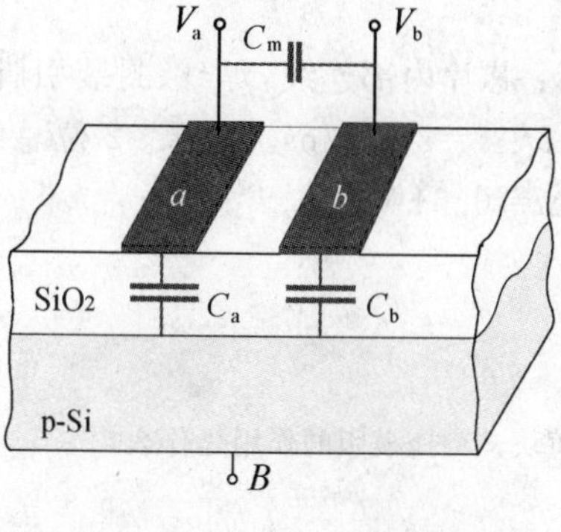

图 2.24 连线信号串扰

在一条连线上加阶跃电压信号，测量另一条连线的耦合电压，可以得出耦合电容。如果已知连线到衬底的电容，耦合电压 V_b 可写为：

$$V_b = V_a \frac{C_m}{C_m + C_b} \tag{2.5-18}$$

其中：C_b 是被耦合连线到衬底的寄生电容。

当电流 I_a 经过一条连线时可以通过互耦电感 L_m 在邻近连线中引起电压变化。这种诱生电压 V_m 可以表示为：

$$V_m = L_m \frac{dI_a}{dt} \tag{2.5-19}$$

很明显减小串扰的简单方法是增加连线间距或在信号线之间加屏蔽线。

5. 封装寄生器件

焊块与保护电路电容、封装引脚间电容、封装连线电感等，在一些情况下也不可忽略。如焊块电容约为 0.34 pF(100 μm×100 μm)，封装管壳到引脚的寄生电容约 0.3 pF，连线电感约为 1～10 nH。

另外,封装管壳也存在寄生电感和电容。例如,对于40引脚的双列直插(DIL)封装,不同管脚之间的寄生电容在0.7～2.5 pF之间,寄生电感在4～15 nH之间;40引脚的芯片载体(CC)封装,不同管脚之间的寄生电容在1.0～1.3 pF之间,寄生电感在3～6 nH之间。对于陶瓷栅阵列引脚(CPGA)、塑料栅阵列引脚(PPGA)、带散热塑料球形触点栅阵列(H-PBGA)、方形扁平封装(TQFP)几种不同封装形式,焊线和焊块寄生电阻70～188 mΩ、寄生电感1～4.6 nH、寄生电容0.1～0.6 pF,引脚和插座寄生电阻0～97 mΩ、寄生电感3～7 nH、寄生电容0.02～0.3 pF。

总的封装端口寄生电感、电阻和电容大约在2～15 nH、0.4～2Ω和0.1～5 pF。当通过引脚的电流变化时,可引起寄生电感两端电压跳动(LdI/dt)、形成电源线和地线电压跳动(voltage glitch)的现象,如图2.25所示。这是一种同步开关过程引起的噪声,它与电流变化速度有关,因此也称作同步开关噪声或ΔI噪声。在工作频率比较低和总线宽度比较小时,这不是严重问题,因为电源线单位时间内电流变化量不大。但是,当尺寸发展到深亚微米阶段后,由于工作频率不断提高、数据线和地址线越来越宽,更多的信号被同时开关,因而使电源线短时间内通过更大的电流,导致电感噪声变得越来越严重[42]。

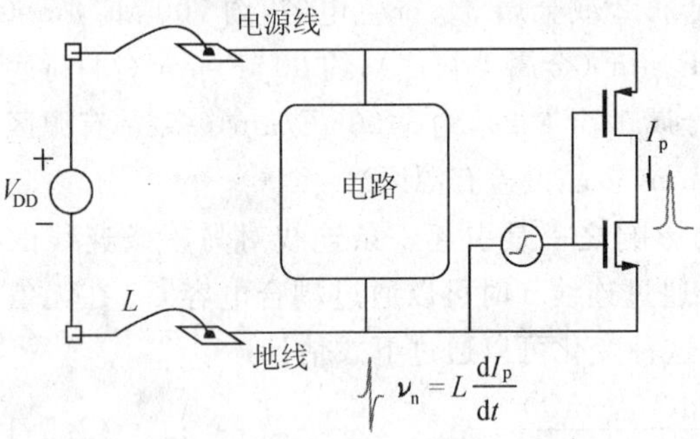

图2.25 跳地(ground bounce)现象

例如,芯片到电源连线的寄生电感为L=10 nH,包括:芯片内部连线,焊线、封装引脚、印刷电路板连线,每个I/O引脚开关电流的变化率为:$\Delta I/\Delta t$=2 mA/ns。如果32位总线同时驱动开关,在地线上产生的电压跳跃峰值为$32L\Delta I/\Delta t$=0.64 V。

习 题 二

2.1 说明基本CMOS集成电路的物理结构及纵向尺度参数。

2.2 基本CMOS集成电路制造工艺最少需要哪些光刻掩模版?每块光刻掩模版的作用是什么?

2.3 p阱CMOS和n阱CMOS集成电路的主要特点是什么?

2.4 试述SOI CMOS集成电路的主要优缺点?

2.5 在CMOS集成电路物理结构中存在哪些PN结结构?根据PN结基本电流-电压特性说明它们在芯片上所起的基本作用。

2.6 根据典型CMOS工艺参数,比较有源区PN结、阱中有源区PN结和阱区PN结的基本电学特性。

2.7 设$N_A=2\times10^{15}\ \text{cm}^{-3}$,$N_D=1\times10^{20}\ \text{cm}^{-3}$,$D_n=20\ \text{cm}^2/\text{s}$,$D_p=10\ \text{cm}^2/\text{s}$,$L_n=10\ \mu\text{m}$,$L_p=5\ \mu\text{m}$,$n_i=1.5\times10^{10}\ \text{cm}^{-3}$,当$I_d=0.1\ \mu\text{A}$时,如果面积$A=10\ \mu\text{m}\times10\ \mu\text{m}$,求正向压降$V_d$等于多少?如果面积扩大到$A=20\ \mu\text{m}\times20\ \mu\text{m}$,求$V_d$等于多少?讨论作为PN结设计参量(面积)对电学特性的影响。

2.8 如果芯片面积为10 mm×10 mm,假设阱区占芯片面积的1/3,如果10 μm×10 μm结面积室温下反向

饱和漏电流为 1×10^{-9} A,求 80℃下阱区的总漏电流是多少？如果电源电压为 3 V,阱区漏电流引起的功耗是多少？

2.9　二极管 SPICE 直流参数有：IS，N，Rs，BV，IBV,其中：IS是反向饱和电流(A),N是发射系数(1～2),Rs是寄生电阻(Ω),G_{MIN}是程序参数(典型值：10^{-15} A/V),BV是击穿电压(V)、正数,IBV是击穿电流(A)、正数,IBV=IS・BV/(kT/q)。二极管电流电压特性 SPICE 模型为：

$$I_d=\begin{cases} IS\left(e^{\frac{V_d}{NkT/q}}-1\right)+V_dG_{MIN} & V_d>-BV \\ -IBV & V_d=-BV \\ -IS\left(e^{-\frac{(BV+V_d)}{kT/q}}-1+\frac{BV}{kT/q}\right) & V_d<-BV \end{cases}$$

用 SPICE 程序仿真分析 PN 结 I-V 特性。

2.10　分析雪崩击穿、隧道击穿的异同点,并说明 PN 结反向击穿特性在 CMOS 集成电路中的应用。

2.11　已知：$V_{DD}=0.7$ V,$I_S=2\times10^{-15}$ A,$\tau=30\times10^{-9}$ S,求 PN 结扩散电容。

2.12　PN 结电容 SPICE 模型为：

$$C=C_j+C_d$$

$$C_j=CJO\left(1-\frac{V_D}{VJ}\right)^{-M},\ C_d=TT\frac{dI_D}{dV_d}$$

其中：CJO, VJ, M, TT 是 SPICE 参数。CJO 是零偏 PN 结电容(F),VJ 是结自建电压(0.65～1.25 V),M 是杂质分布梯度(1/3～1/2),TT 是非平衡载流子寿命(s)。用 SPICE 程序仿真正向 PN 结扩散电容。

2.13　根据 CMOS 典型工艺参数,计算不同 CMOS 工艺技术中各种 PN 结的零偏势垒电容,并用 SPICE 程序分析反向 PN 结势垒电容。

2.14　假设 $V_D=0.6$ V,计算 PN 结在 80℃下的正、反向电流的相对温度系数和正向电压温度系数。

2.15　如果二极管寄生电阻为 20Ω,求室温(300 K)下 $\Delta f=1$ Hz 带宽内的电流热噪声功率,分别用 W 和 dBm 单位表示。

2.16　求电流恒定情况下,正向 PN 结压降随温度的变化关系。

2.17　PN 结温度特性 SPICE 模型为：

$$I_s(T)=IS_{nom}\left(\frac{T}{T_{nom}}\right)^{XTI/N}\exp\left[-\frac{EG}{kT}\left(1-\frac{T}{T_{nom}}\right)\right]$$

$$VJ(T)\approx\frac{T}{T_{nom}}VJ_{nom}-2\frac{kT}{q}\ln\left(\frac{T}{T_{nom}}\right)^{1.5}$$

$$C_d(0,T)=CJO_{nom}\left\{1+M\left[400\times10^{-16}(T-T_{nom})-\frac{VJ(T)-VJ_{nom}}{VJ_{nom}}\right]\right\}$$

其中：EG, XTI, IS, VJ, CJO 是 SPICE 参数。EG 是能带宽度,硅 1.12(eV),XTI 饱和电流温度指数 (=3),用 SPICE 分析 PN 结温度特性。

2.18　说明 pMOS 电容结构中外加电压对半导体表面电荷的影响,在强反型和弱反型情况下沟道载流子运动的主要机制。

2.19　根据漏极电流 I_d 的积分表达式(2.3-5)和强反型沟道电荷密度表达式(2.3-6),推导忽略沟道长度调制效应情况下的电流-电压方程。

2.20　根据(2.3-7)式写出用电源电压 V_{DD} 归一化后的 nMOS 管电流-电压关系式。

2.21 给出 pMOS 管强反型情况下的基本电流-电压关系。分别对不同的 V_{ds} 和 V_{bs} 定性画出一组转移特性曲线和输出特性曲线。设 $V_{Tp}=-0.8\ V$, $KP_p=30\ \mu A/V^2$, $\lambda=0.05\ V^{-1}$, $\gamma=0.5\ V^{0.5}$, $2|\Phi_F|=0.7\ V$, $W=10\ \mu m$, $L=1\ \mu m$, 用 SPICE 直流分析验证：

1) DC Vgs 0 −3 −0.01 Vds −0.5 −3 −1；

2) DC Vgs 0 −3 −0.01 Vsb 0 −3 −0.5；

3) DC Vds 0 −3 −0.01 Vgs −0.5 −3 −0.5。

2.22 分析衬底偏置电压 V_B 对 pMOS 管阈值电压的影响。

2.23 为什么阱中 MOSFET 的 λ 小于非阱中的 λ，γ 大于非阱中的 γ？

2.24 当 MOS 管作电阻时，两个有源区的电势差由输入信号决定，可以改变符号。即应用中漏极 D 和源极 S 随输入信号而互换。用端电压 V_{gb}、V_{sb}、V_{db} 表示非饱和区漏极电流，说明 V_d 与 V_s 具有对称性。

2.25 用 SPICE 程序中厂家提供的 MOS 管模型，对宽长比为 2、沟道长度分别为 0.5 μ、1 μ、2 μ 和 4 μ 的晶体管输出特性进行仿真，观察沟道长度变化对饱和电流的影响，提取 λ 近似值。

2.26 对于一定的 V_{DS}，根据强反型和弱反型公式分别用半对数坐标定性画出转移特性曲线，分析两个模型在过渡区的衔接问题。在保证电流和一阶导数连续的情况下，如何连接两条曲线。

2.27 了解 SPICE 程序中与 MOS 管弱反型特性相关的参数，对于不同 MOS 晶体管模型调整参数，观察不同亚阈值斜率情况下的转移特性曲线。分析不同模型中弱反型到强反型过渡区的特性。观察阈值电压和衬底电压对转移特性的影响。

2.28 假设亚阈值斜率因子 n 为 3，$V_{gs}-V_T=0.7\ V$ 的单位沟道宽度漏极电流为 1 μA/μm，在室温情况下考虑弱反型电流后计算漏极电流下降到 1 nA/μm 时的 V_{gs}。如果 $V_T=0.5\ V$，$V_{gs}=0$ 时的单位沟道宽度的漏电流是多少？说明在 IC 设计等比例缩小原则中为什么阈值电压无法随工作电压减小而等比例减小，IC 制造中为什么要控制 MOS 管的亚阈值斜率。

2.29 如果 $L=0.25\ \mu m$，$E_{sat}=2\times10^4\ V/cm$，根据(2.3-18)式说明 MOS 管仍可保持平方率关系，可见除选用大 L 和 E_{sat} 保持平方率外，V_{gs}-V_T 越小越容易保持平方率关系，只要不进入弱反型区。

2.30 假设 $W/L=5\ \mu m/1\ \mu m$，$A_S=A_D=5\ \mu m\times5\ \mu m$，求 pMOS 管饱和状态下 C_{gd}、C_{gs}、C_{gb}，以及 0 偏时的 C_{db} 和 C_{sb}，并用 SPICE 程序验证。

2.31 画出 pMOS 管电流从 1 nA 到 1 mA 的 g_m 和 g_{ds} 以及 g_m/g_{ds} 变化曲线，并用 SPICE 仿真验证。

2.32 写出 pMOS 管小信号低频参数表达式，并画出小信号等效电路。

2.33 画出 MOS 管① $\nu_b=\nu_s$；② $\nu_g=\nu_b=0$ 情况下的小信号等效电路。

2.34 采用表 2.1 参数，根据式(2.4-5)计算 nMOS 体跨导 g_{mb} 大于栅跨导 g_m 所需要的衬源电压 V_{BS}。

2.35 为什么说在弱反型情况下 MOS 管尺寸对交流小信号特性影响不大？

2.36 分析 MOS 管的主要噪声源，已知 $I_{DS}=100\ \mu A$，$W/L=40\ \mu m/2\ \mu m$，对于 pMOS 和 nMOS 管画出室温下 1 Hz 带宽等效输入电压噪声随频率的变化关系。求 $1/f$ 噪声与热噪声相等时的频率，以及频率为 1 Hz 的等效输入电压噪声。

2.37 了解 SPICE 中与噪声特性有关的模型参数，模拟观察不同频率下的 MOS 管噪声功率谱密度。

2.38 用 SPICE 程序仿真不同温度下的 MOS 管转移特性，① 民品级(0～70℃)；② 工业品级(−25～85℃)；③ 军品级(−55～125℃)。

2.39 已知 $I_{DS}=100\ \mu A$，$W/L=10$，对于 pMOS 和 nMOS 管，通过 SPICE 程序(.OP)求小信号等效电路参数。

2.40　从反向PN结势垒电容表达式(2.2-8)出发，推导反向PN结势垒电容的相对电压系数$[(1/C_j)dC_j/dV_D]$达式。如果$V_J=0.9$，$m=0.5$，计算电压0 V和-3 V下的相对电压系数。

2.41　如图P2.1所示，假设一个0.5 pF电容C通过一个1 MΩ电阻充电，求室温下电容噪声电压。在室温300 K下，对于最大$1V_{rms}$的信号量要取得96 dB最大信噪比需要多大电容值？

2.42　假设阱区电阻相对电压系数为FVCR，电阻值随电压的变化可以近似表示为：

$$R(V)=R_{V0}[1+FVCR\times(V-V_0)]$$

其中：R_{V0}是电压等于V_0时的电阻值。如果电阻对地的寄生电容C，电阻一端加正弦输入信号$V_{in}=V_p\sin(\omega t)$，写出电阻另一端的输出信号表达式。

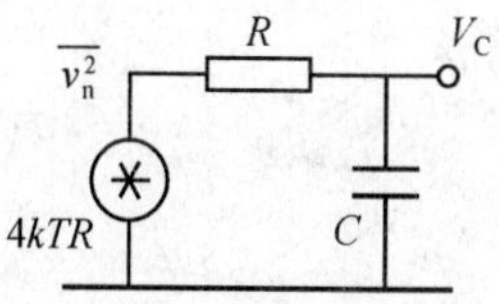

图P2.1　电容噪声

2.43　假设电感L与电阻R并联，如图P2.2所示，求传递函数$i_L/\sqrt{\overline{i_n^2}}$，证明通过电感的电流噪声方均值满足(2.5-16)式关系。在室温300 K下，对于最大10 mA_{rms}的信号量要在模拟电路中取得96 dB动态范围需要多大电感值？

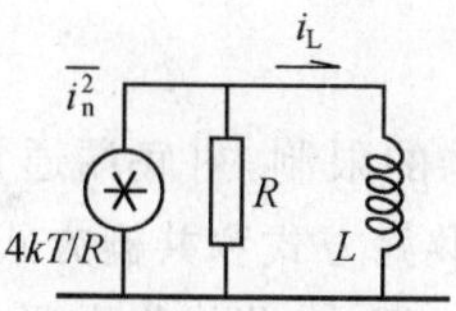

图P2.2　电感噪声

2.44　一个平面螺旋电感用图2.18所示简单π-模型描述，已知：$L_S=5.4$ nH，$R_S=7.75\Omega$，$C_S=22$ fF，$C_{OX1}=143$ fF，$C_{OX2}=154$ fF，$R_{Si1}=483\Omega$，$C_{Si1}=42$ fF，$R_{Si2}=667\Omega$，$C_{Si2}=38$ fF，在一端接地的情况下，用SPICE仿真观察阻抗随频率变化，① 读出最大阻抗值和对应的频率；② 估计出阻抗表现出电阻、电感和电容特性的频率范围。

2.45　一个芯片I/O引脚输出缓冲器尺寸为$(W/L)_n=100$，$(W/L)_p=250$，由尺寸为$(W/L)_n=40$，$(W/L)_p=100$的反相器驱动。I/O引脚驱动芯片外负载电容为5 pF，焊线和引脚等效为寄生电阻R和电感L构成的串联电路，并且$R=0.5$，$L=10$ nH。驱动信号的频率为150 MHz，上升下降时间为1 ns，电源电压3 V。如果16个输出缓冲器共用一个引脚提供电源，通过SPICE仿真观察电源线电压的跳变并给出跳变电压的峰值。对于1 kHz驱动信号，观察电源线寄生电阻产生的电压波动。

第三章　基本单元电路

合抱之木，生于毫末；九层之台，起于累土；千里之行，始于足下。

老聃《老子·第六十四章》

模拟集成电路中最小功能单元构成基本单元电路。它们是最简单的模拟电路，对它们的了解是设计模拟电路的基础。前一章介绍了 CMOS 技术所能制造的各种有源和无源器件以及基本特性，本章将研究以这些器件为基础构成的基本单元电路。

3.1　单管共源放大电路

由物理结构知，MOS 晶体管是一个四端器件。因为芯片物理结构的限制，衬底端通常不用作信号端，因此一个 MOS 管存在三种基本使用方式：共源方式、共漏方式和共栅方式。其中共源方式运用主要起放大作用，共漏和共栅方式主要起阻抗变换作用，本节将集中研究单个晶体管以共源方式(common-source configuration)运用构成的电路。

3.1.1　共源管的作用

共源方式运用的单晶体管电路在信号处理中主要用于实现跨导放大、电压放大和 MOS 二极管等。

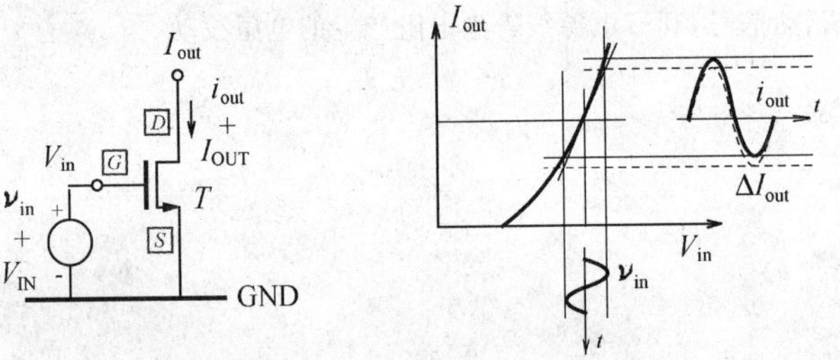

图 3.1　共源跨导放大器

1. 跨导放大

图 3.1 表示共源方式运用 nMOS 管构成的单管跨导放大器。在栅极加直流电压 V_{IN} 作为偏置电压，叠加其上的交流电压 ν_{in} 作为输入信号，漏极获得的交流电流 i_{out} 作为输出信号。输出与输入信号比(i_{out}/ν_{in})是跨导，所以这种放大器叫做跨导放大器。在小信号情况下，跨导值由(2.4-3)式表示，输出电导由(2.4-4)式表示。当晶体管工作在饱和区时，跨导和输出电阻分别是：$g_m=\sqrt{2KP(W/L)I_{DS}}$ 和 $r_{ds}=1/(\lambda I_{DS})$，它们都是偏置电流 I_{DS} 的函数。

当晶体管工作在饱和区而且忽略沟道长度调制效应时，I_{out} 只随 V_{in} 变化，交流小信号线性近似相对误差为：

$$\frac{\Delta I_{out} - g_m \Delta V_{gs}}{g_m \Delta V_{gs}} = \frac{1}{2g_m} \frac{\partial^2 I_{ds}}{\partial V_{gs}^2}(\Delta V_{gs}) = \frac{\Delta V_{in}}{2(V_{GS} - V_T)} = \frac{i_{out}}{4I_{DS}} \tag{3.1-1}$$

对于一定的输入信号 ΔV_{in}，过驱动电压($V_{GS}-V_T$)越大，线性近似误差越小。对于一定的输出电流 i_{out}，偏置电流 I_{DS}越大线性度越好，或功耗越大，动态范围越大，输出电流线性化相对误差越小。

例题 1　已知 nMOS 管参数：$V_{T0}=0.7$ V，$\lambda=0.02$ V^{-1}，KP＝80 $\mu A/V^2$，$n=1.49$，如果 $W/L=10$ μm/1 μm，$V_{bs}=0$ V，当输入小信号幅值 $\nu_{in}=14$ mV_P，输入直流电压 $V_{IN}=1.4$ V，求偏置电流、跨导和输出电阻是多少？

解：如果 nMOS 管工作在饱和区($V_{DS}>V_{GS}-V_T$)，根据(2.3-7)式，偏置漏电流 $I_{DS}=196$ μA。根据(2.3-16)式知转换电流为 $I_{dws}=0.5KPW/L(2nkT/q)^2=2.4$ μA，使用强反型公式是合理的。根据(2.4-3)和(2.4-4)式，跨导 $g_m=0.56$ mS，输出阻抗 $r_{ds}=1/(\lambda I_{DS})=255$ kΩ。

用小信号线性近似，输出信号峰值电流：$i_{out}=g_m\nu_{in}=7.84$ μA_p。输出电流相对偏置电流的最大变化量约为 4%。小信号线性近似最大误差为 $\Delta I_{out}-g_m\Delta V_{in}=(KP/2)(W/L)\Delta V_{in}^2=0.0784$ nA。小信号线性近似最大相对误差为 1%。可见在这种情况下对于相对误差小于 1%的应用，小信号近似是合理的。

如果 $V_{DS}=0.4$ V，nMOS 管工作在非饱和区，偏置电流 $I_{DS}=160$ μA，跨导 $g_m=0.32$ mS，输出阻抗 $r_{ds}=1/g_{ds}=4.1$ kΩ。输出电流峰值：$i_{out}=g_m\nu_{in}=4.5$ μA，电流最大相对变化量为 2.8%。由于在 V_{DS}不变的情况下非饱和区输出电流与输入电压成线性关系，因此线性近似误差为 0。

通过比较饱和区与非饱和区的跨导和输出阻抗可知，对于相同的 V_{GS}，为得到大的跨导放大能力和高输出阻抗，共源 MOS 管应偏置在饱和区。这时，跨导值可以通过偏置电流控制，V_{DS}对跨导值的影响很小。在非饱和区，虽然跨导值小、输出阻抗低，但是线性度好，并可以通过 V_{DS}控制跨导值。

在单管跨导器设计中，共有四个设计参数：V_{GS}、W/L、I_{DS}和 g_m，其中有两个是完全独立的。如果已知其中两个参数，根据(2.3-7)和(2.4-3)式可以推导出另外两个参数。例如，设计一个 $g_m=400$ μS 的跨导器，已知 $I_{DS}=100$ μA，$KP_n=80$ $\mu A/V^2$，$V_T=0.7$ V，可以求得 $W/L=g_m^2/(2I_{DS}\times KP_n)=10$，$V_{GS}=V_T+2I_{DS}/g_m=1.2$ V。

2. 电压放大

如果将跨导放大器输出电流用电阻转换成电压可以获得电压增益，构成共源电压放大器。用线性电阻负载和恒流源负载构成的电压放大器如图 3.2 所示。

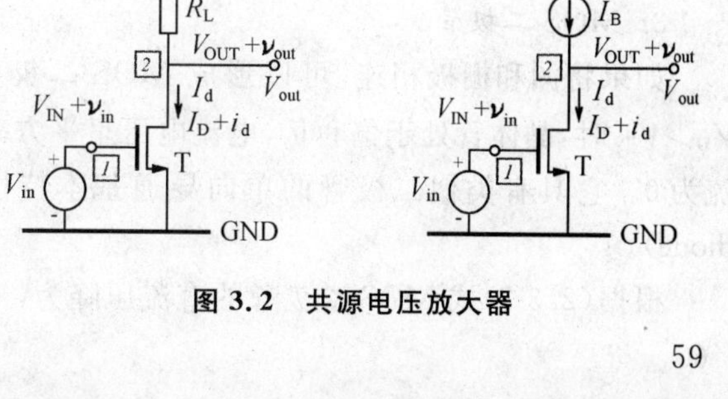

图 3.2　共源电压放大器

对于电阻负载放大器，输出直流电压为 $V_{OUT}=V_{DD}-I_{DS}R_L$，交流输出电压

$\nu_{out}=-R_L i_{ds}$。如果 $R_L<r_{ds}$，小信号低频增益为：

$$A_\nu=-g_m R_L=\frac{-2}{V_{GS}-V_T}(V_{DD}-V_{OUT}) \tag{3.1-2}$$

它由跨导 g_m 和负载电阻 R_L 决定。对于一定的输入偏置电压 V_{GS}，随电源电压 V_{DD} 下降，增益减小。对于 3 V 电源电压，如果 V_{OUT} 设计为 1 V，栅极过驱动电压 $V_{GS}-V_T$ 取 0.2 V，A_ν 是−20，增益很有限。另外，随着电源电压不断下降，为得到最大输出电压摆幅，输出直流电压 V_{OUT} 通常设计为电源电压的一半，这样增益还要进一步减小。因此，线性电阻负载共源放大器，在低压下无法实现高增益。

例题 2 已知 nMOS 管参数：$V_{T0}=0.7$ V，$\lambda=0.02(1/\text{V})$，$n=1.49$，$\text{KP}=80\ \mu\text{A/V}^2$，如果 $W/L=10\ \mu\text{m}/1\ \mu\text{m}$，$V_{bs}=0$ V，$V_{GS}=1.4$ V，$V_{DD}=3$ V，对于电阻负载电压放大器，求最大输出电压摆幅需要的负载电阻值、输出阻抗和低频增益。

解：保证 nMOS 管工作在饱和区的最小输出电压 $V_{DSsat}=V_{GS}-V_{T0}=0.7$ V。输出 $V_{OUT}=(V_{DD}+V_{DSsat})/2=1.85$ V 时，晶体管在饱和区保持输出信号对称摆幅。偏置电流为：$I_{DS}=0.196$ mA，负载电阻为：$R_L=V_{DD}-V_{OUT}/I_{DS}=5.87\ \text{k}\Omega$。输出电阻是 $R_L//r_{ds}=5.74\ \text{k}\Omega$，电压增益 $A_\nu=-g_m R_L'=-3.2$。

为在低压情况下获得高增益，通常用恒流源 I_B 替代线性电阻 R_L 作为有源负载。如果忽略负载恒流源内阻，有源负载放大器的增益为：

$$A_\nu=-\frac{2I_{DS}}{V_{GS}-V_T}\frac{1+\lambda V_{DS}}{\lambda I_{DS}}\approx-\frac{2/\lambda}{V_{GS}-V_T} \tag{3.1-3}$$

电压增益由 V_{GS}（或 g_m/I_{DS}）和 λ 决定，这是以后常用到的计算公式。

在单管电压放大器设计中，对于有源负载情况，共有五个设计参数：V_{GS}、W、L、I_{DS} 和 g_m，其中有三个是完全独立的。沟道长度越大，λ 越小，增益越高。在强反型情况下栅极过驱动电压（$V_{GS}-V_T$）越小，增益越大。在强反型区选择尽可能小的（$V_{GS}-V_T$）值（如 $V_{GS}-V_T=0.2$ V），采用足够长的沟道（如 $L=2\ \mu\text{m}$，取 $V_{En}=19\ \text{V}/\mu\text{m}$）使 $\lambda=1/38$，这样电压增益为 380（52 dB）。对于实际电路，MOS 单管共源电压放大器的最大增益一般不超过 60 dB。虽然沟道宽度 W 不影响增益，但它影响放大器其他特性。W 越大，电流 I_{DS} 越大，跨导 g_m 越大，输出阻抗 r_{ds} 越小。一般情况下，虽然不必选用很大电流，但在保证大信号特性时（如压摆率）需要大电流。如取 $W=6\ \mu\text{m}$，可得：$I_{DS}=4.8\ \mu\text{A}$，$g_m=48\ \mu\text{S}$，$r_{ds}=7.9\ \text{M}\Omega$。

3. MOS 二极管

如果将漏和栅极相连，可以形成 MOS 二极管，如图 3.3(a)所示。因为 $V_{gs}=V_{ds}$，当 $V_D>V_T$ 时，晶体管处于饱和区，电流电压呈平方率关系；当 $V_D<V_T$ 时晶体管处于截止区，电流为 0。它具有类似二极管的单向导通基本特性，因此称为 MOS 二极管（MOS-connected diode）。

根据(2.3-7)式 MOS 二极管的直流压降为：

$$V_D = V_{T0} + \sqrt{\frac{2I_D}{KP(W/L)}} \qquad (3.1\text{-}4)$$

它由 I_D 和 W/L 决定。这种 MOS 二极管形式可方便地用于设计直流电平，为其他 MOS 管提供适当的偏置电压。

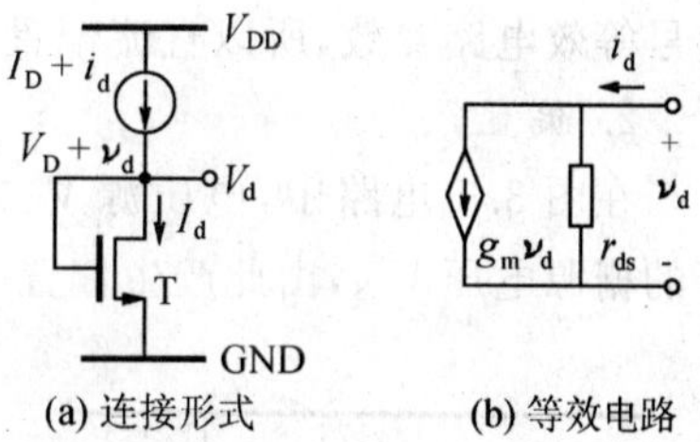

图 3.3　MOS 二极管

当输入交流电流 i_d 叠加在直流电流 I_D 上时，二极管两端产生交流电压 ν_d。通过如图 3.3(b)所示小信号等效电路分析，可知这个交流电压为：

$$\nu_d = \frac{r_{ds}}{1+g_m r_{ds}} i_d \approx \frac{1}{g_m} i_d \qquad (3.1\text{-}5)$$

如果 $r_{ds}=255\ \text{k}\Omega$，$g_m=0.56\ \text{mS}$，二极管交流小信号电阻为 1.8 kΩ。由于一般 $r_{ds}>1/g_m$，MOS 二极管的小信号电阻近似为 $1/g_m$，它通常在千欧姆数量级。这是 MOS 电路中用饱和 MOS 管实现低阻抗的主要方法之一。

如果 MOS 二极管的源极不接地而衬底接地，这样 $V_{BS}\neq 0$，阈值电压 V_T 和交流电阻受 V_{BS} 影响而增加。对于 p 阱工艺，nMOS 管在阱中衬底和源极可以相连，因而可以避免衬偏对直流压降和交流电阻的影响。

例题 3　已知 nMOS 管参数为：$W/L=10\ \mu\text{m}/1\ \mu\text{m}$，$V_{T0}=0.7\ \text{V}$，$\gamma=0.6\ \text{V}^{0.5}$，$KP=80\ \mu\text{A/V}^2$，$\lambda=0.02(1/\text{V})$，$2|\varphi_F|=0.7\ \text{V}$，当 $I_D=0.1\ \text{mA}$，$i_d=0.1I_D$，计算 MOS 二极管的 DC 和 AC 电压？当源极接 10 kΩ 电阻 R_E 时重复上述计算。

解：直流压降 $V_D=V_{GS}=1.2\ \text{V}$。$g_m=2I_D/(V_{GS}-V_T)=0.4\ \text{mS}$，$1/g_m=2.5\ \text{k}\Omega$。交流电压 $\nu_d=i_d/g_m=25\ \text{mV}$。$r_{ds}=1/\lambda I_D=500\ \text{k}\Omega$，$r_{ds}//(1/g_m)=2.49\ \text{k}\Omega$。

当 $V_S=1\ \text{V}$ 时，根据(2.3-9)式，$V_T=0.98\ \text{V}$，$V_{DS}=V_{GS}=1.48\ \text{V}$，$V_D=V_{DS}+V_S=2.48\ \text{V}$。根据(2.4-5)式，$\eta=\gamma/[2(2|\varphi_F|+V_{sb})^{0.5}]=0.23$；根据(2.4-2)式，$\nu_d/i_d\approx 1/g_m+R_E(1+\eta)=14.8\ \text{k}\Omega$，$\nu_d=148\ \text{mV}$。可见对于偏置电流 I_D，加入源极电阻 R_E 后，V_{GS} 和 ν 增加，小信号电阻增加。

3.1.2　单管放大器的偏置

1. 信号源

在前面讨论的共源电路中，采用理想电压源作为输入信号源，晶体管工作点由输入电压源直流分量 V_{IN} 设置。实际中，一个信号源总存在一定的内阻，它可以是电阻、电容或电感。例如，天线通常表现为感抗，电容式麦克风表现为容抗。输入信号源也可以是并联有电阻、电容和电感的电流源。例如，辐射检测计可以等效为并联有电容的电流源。但是，作为电压型电路，最常用的分析形式是采用内阻为 R_S 的电压源作为信号源。

输入信号源一般由直流量 V_{IN} 和交流量 ν_{in} 构成，其中交流量 ν_{in} 经过放大在漏极产生交流输出电压 ν_{out}，ν_{out} 和 ν_{in} 的幅值比是交流电压增益 A_v。如果输入、输出电压都是小信号，增益可通过小信号等效电路来计算。虽然交流特性是最重要的特性，但是直流量直接影响小信号等效电路参数，所以直流偏置是确定交流特性的前提。

2. 偏置

在图3.1电路中，电压源V_{in}的直流量V_{IN}为共源放大管提供偏置。这个值就是MOS管的栅源电压V_{GS}，由此产生偏置电流I_{DS}。两者的关系由(2.3-7)式决定。但是，在大多数情况下输入信号源往往不能直接提供所需要的偏置电压V_{IN}，而要用独立的偏置电路提供偏置。在这种情况下，信号量需要通过耦合电容C_C加到输入端，偏置电压V_{GS}与信号源直流分量V_{IN}完全隔离。图3.4表示电阻偏置的共源放大电路，栅极电压直流分量V_{GS}由R_1和R_2组成的电阻分压器决定。输出电压的直流分量由负载电阻R_L决定。

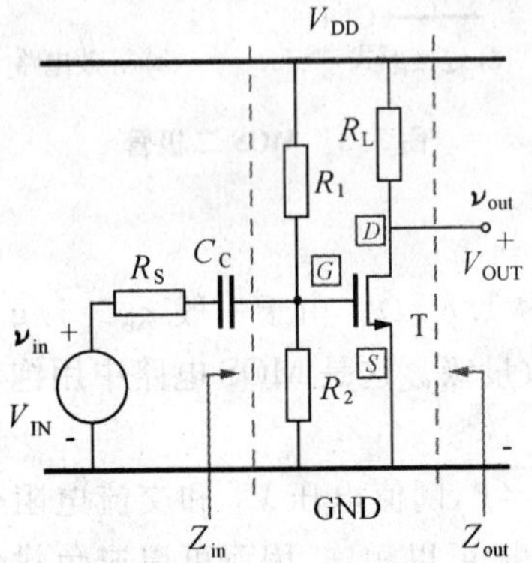

图3.4 电阻偏置单管共源放大器

在大多数情况下，输出电压的直流分量可能设置为电源电压的一半，也可能由下一级电路的输入直流电压决定，但必须保证MOS管对于全部输出信号始终工作在饱和区，即，$V_{ds}>V_{gs}-V_T$。如果不存在其他限制，较好的方法是将输出直流电压设为电源电压的一半，以获得最大输出信号摆幅。

例题4 对于图3.4电路，已知$V_T=0.7\ \text{V}$，$\text{KP}=80\ \mu\text{A/V}^2$，$W/L=40$，计算$I_{DS}=100\ \mu\text{A}$，$V_{DD}=3\ \text{V}$，$V_{OUT}=1\ \text{V}$时的偏置电阻和最大输出电压摆幅？

解： $R_L=(V_{DD}-V_{OUT})/I_{DS}=20\ \text{k}\Omega$。$V_{GS}=V_T+\sqrt{2I_{DS}/\text{KP}W/L}=0.95\ \text{V}$。$R_1/R_2=V_{DD}/V_{GS}-1=2.2$。假设偏置电阻的电流不超过晶体管电流的10%，$I_{R12}=0.1I_{DS}=0.01\ \text{mA}$，$R_1+R_2=V_{DD}/I_{R12}=300\ \text{k}\Omega$，$R_1=206\ \text{k}\Omega$，$R_2=94\ \text{k}\Omega$。

为计算最大输出电压摆幅，需要求出MOS管退出饱和区的最小输出电压$V_{DSmin}=V_{GS}-V_T=0.25\ \text{V}$。输出电压摆幅$2(V_{OUT}-V_{DSmin})=1.5V_{PP}$（峰到峰电压），与电源电压比为50%。如果设计$V_{OUT}=1.5\ \text{V}$，那么摆幅为$2.5V_{PP}$，与电源电压比为83%。

上面介绍的方法不是唯一偏置MOS管的方法。例如，对于开关电容电路，可以采用动态偏置方法等。对于多个晶体管的复杂电路，可以采用多种偏置方法。随着讨论的深入以后可以接触到这些问题。

3.1.3 小信号低频特性

1. 增益

V_{in}的交流量ν_{in}产生交流漏极电流i_{ds}，由此产生交流输出电压ν_{out}。如果交流电压比较小，可以用图3.5所示小信号等效电路计算电压增益。因为输入耦合电容C_c的作用是隔离直流量而保证交流量通过，所以在交流小信号等效电路中没有画出C_c。在低频情况下，忽略所有电容，根据基尔霍夫电流定律，对于节点 G，$(\nu_{in}-\nu_{gs})/R_S=\nu_{gs}/R_{12}$；对于节点 D，$\nu_{out}/R'_L=-g_m\nu_{gs}$，由此得电压增益：

$$A_{\nu 0}=\frac{\nu_{out}}{\nu_{in}}=-\left(\frac{R_{12}}{R_s+R_{12}}\right)(g_m R'_L) \tag{3.1-6}$$

其中：$R_{12}=R_1//R_2$，$R'_L=R_L//r_{ds}$。这个表达式包含两个乘积项和一个负号。负号表示从输入到输出是反相的。第一括号项表示由于偏置电阻引起的输入信号衰减，R_{12} 远大于 R_S 时衰减项为 1，信号没有衰减。第二括号项 $g_m R'_L$ 是晶体管的实际增益，它主要取决于 g_m 和 R'_L。如果 $R_L<r_{ds}$，$g_m R_L$ 由(3.1-2)式确定。对于给定的偏置电流，为得到较大的增益，MOS 管最好使用尽可能小的$(V_{GS}-V_T)$值或大的 W/L 值。

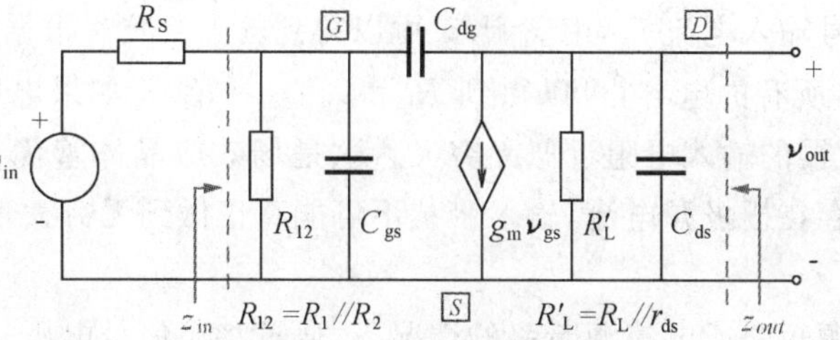

图 3.5　小信号等效电路

例题 5　晶体管参数如例题 4，信号源内阻 R_S 为 4 kΩ，$\lambda=0.02$/V，计算低频增益。在同样晶体管尺寸和输出直流电压的情况下重新设计增益为－10 的放大器。

解： 由上题知 $I_{DS}=0.1$ mA，$V_{GS}-V_T=0.25$ V，$g_m=2I_{DS}/(V_{GS}-V_T)=0.8$ mS。$r_{ds}=1/\lambda I_{DS}=500$ kΩ，$R_L=20$ kΩ，$R'_L=19.2$ kΩ。$R_{12}=R_1//R_2=65$ kΩ，总增益 $A_\nu=-(R_{12}/(R_S+R_{12}))(R'_L g_m)=-15$。

如果考虑所有影响重新设计－10 倍增益放大器较烦琐，因此这里采用一些工程近似。将总增益看成是理想增益$(g_m R_L)$与偏置衰减因子$(R_{12}/(R_S+R_{12})=94\%)$和 Early 电阻衰减因子$(R'_L/R_L=96\%)$的乘积，两项衰减因子共同作用使理想增益减小 9.8%。这样为得到 10 倍增益，$g_m R_L$ 应当为 11.1。求满足理想增益要求的偏置量，根据(3.1-2)式，$(V_{GS}-V_T)=g_m/\text{KP}W/L=2(V_{DD}-V_{OUT})/g_m R_L=0.36$ V，$V_{GS}=1.06$ V。$I_{DS}=(\text{KP}/2)(W/L)(V_{GS}-V_T)^2=0.207$ mA。求满足增益要求的负载电阻，$g_m=2I_{DS}/(V_{GS}-V_T)=1.15$ mS，$R_L=11.1/g_m=9.65$ kΩ。求满足偏置电压需要的偏置电阻，如果 IR_{12} 取 $I_{DS}/20$，$R_2=20V_{GS}/I_{DS}=102$ kΩ。$R_1=20\times V_{DD}/I_{DS}-R_2=188$ kΩ。验算 $r_{ds}=1/\lambda I_{DS}=242$ kΩ，$R_{12}=R_1//R_2=66$ kΩ，$R'_L=R_L//r_{ds}=9.28$ kΩ，$A_\nu=-[R_{12}/(R_{12}+R_S)]g_m R'_L=-10.03$。

从这个结果可以看到，设计不能很准确。其实，过于准确的设计也没有实际意义，因为工艺参数 KP、V_T 等离散性很大，它们也将引起增益的很大偏差。

当输出电压设计为 $V_{DD}/2$ 时，电流 $I_{DS}=V_{DD}/2R_L$。将这个值代入 $g_m=2I_{DS}/(V_{GS}-V_T)$

表达式，可以得到 $A_{vo}=g_m R_L=V_{DD}/(V_{GS}-V_T)$。对于很小的($V_{GS}-V_T$)值，如 0.2 V(保持强反型的最小值)，如果电源电压 3 伏，增益仅为 3/0.2=15。可见，用电阻负载共源管放大器难以取得高的电压增益。

要得到更高的增益，必须使用有源负载。在上例中如果用 $I_B=0.1$ mA 的理想电流源取代 20 kΩ 的负载电阻，如图 3.2 所示，R'_L 等于 r_{ds}，为 500 kΩ，增益变为 400，使增益增加一个数量级。由于在强反型区 g_m 与 I_{DS} 平方根成正比，r_{ds} 与 I_{DS} 成反比，低频增益与偏置电流 −1/2 次方成正比，在强反型区减小偏置电流可以提高增益。

2. 输入、输出阻抗

除增益以外，放大器的重要特性是输入阻抗和输出阻抗。将输入端加小信号电压 ν_{in}，计算所产生的小信号输入电流 i_{in}，用 ν_{in} 比 i_{in} 可以得到输入阻抗。根据图 3.5 所示小信号等效电路，低频时忽略所有的电容，可以得到 $R_{in}=\nu_{in}/i_{in}=R_{12}$。如果电路不用偏置电阻设置晶体管工作点，放大器的输入电阻近似无穷大。这是场效应晶体管优于双极型晶体管的主要特点之一。虽然存在栅极漏电流，输入阻抗不可能真正做到无穷大，但实际上它也是相当高的。

在输入端电压源短路或电流源断路的情况下，通过将小信号电压 ν_{out} 加在输出端并计算所产生的小信号电流，即可求出输出阻抗。从图 3.5 可以得到输出阻抗为 $R_{out}=\nu_{out}/i_{out}=R'_L=R_L//r_{ds}$。对于有源负载，$R_{out}=r_{ds}$，输出电阻相当高。由于增益与输出阻抗成正比，为得到高增益输出电阻不能太低。如果驱动负载需要低输出阻抗，就必须加反馈或其他低输出阻抗放大级，这将在以后讨论。

除了 nMOS 管以外，pMOS 管同样可以用作放大级。这时，小信号等效电路同样由图 3.5 给出。但是，pMOS 管放大级的增益比 nMOS 管放大级增益要小 2～3 倍，因为空穴迁移率比电子低。因此，nMOS 管更有利于实现高增益放大级，但 pMOS 管的低频噪声特性比 nMOS 管好。

3.1.4 小信号高频特性

图 3.5 小信号等效电路中所有晶体管寄生电容和其他电容都可以归结为 3 个电容：① 输入节点到地电容 C_{gs}；② 输出节点到地电容 C_{ds}；③ 输出到输入电容 C_{dg}。如果考虑这些电容的影响，放大器特性将随频率变化。例如，由于输入输出节点都有对地电容，随频率增加增益将从低频值下降到零。因为许多放大电路最终可以简化为这种等效电路，下面将仔细分析这个电路频率特性与设计参数之间的关系。这对掌握后续内容和设计频率特性是非常重要的。

1. 增益和输入、输出阻抗

考虑一般性，假设 $R_{12}\gg R_S$，忽略 R_{12}，根据等效电路可以得到增益和输入、输出阻抗的完整表达式：

$$A_v = A_{v0}\frac{1 - s(C_{dg}/g_m)}{1 + [R_S(C_{gs} + M'C_{dg}) + R'_L C_{ds}]s + R_S R'_L C^2 s^2} \tag{3.1-7}$$

$$Z_{in} = \frac{1 + R'_L(C_{ds} + C_{dg})s}{[C_{gs} + MC_{dg} + R'_L C^2 s]s} \tag{3.1-8}$$

$$Z_{out} = R_L\left\{\frac{1 + R_S(C_{gs} + C_{dg})s}{1 + [R_S(C_{gs} + M'C_{dg}) + R'_L C_{ds}]s + R_S R'_L C^2 s^2}\right\} \tag{3.1-9}$$

其中：$C^2 = C_{dg}C_{gs} + C_{dg}C_{ds} + C_{ds}C_{gs}$，$A_{v0} = -g_m R'_L$ 是低频增益，$M' = 1 + g_m R'_L + R'_L/R_S$。$M'$ 是与低频增益绝对值成正比的系数，它反映反馈电容对输入节点时间常数的影响程度。当低频增益 $|A_{v0}|$ 足够高时 M' 近似为 $M = 1 - A_{v0}$，其中 M 是 Miller 因子。因此，M' 是一个能够反映 Miller 效应的参数，是近似的 Miller 因子。从(3.1-7)到(3.1-9)式可见，增益和阻抗都是 g_m、C_{gs}、C_{ds}、C_{dg}、R_S、R'_L 的函数。由于电阻 R'_L 主要取决于直流工作点、低频增益或负载，R_S 取决于信号源，所以放大器的频率特性只能通过跨导和电容来设计。

如果增益的主极点、非主极点和零点频率分别用 f_d、f_{nd} 和 f_z 表示，(3.1-7)式可以重写为：

$$A_v(f) = A_{v0}\frac{1 - jf/f_z}{(1 + jf/f_d)(1 + jf/f_{nd})} \tag{3.1-10}$$

可见增益的频率特性取决于主极点 f_d、非主极点 f_{nd} 和零点 f_z。如果弄清了设计参数对 f_d、f_{nd} 和 f_z 的影响，也就了解了各个设计参数对增益频率特性的影响。

上述增益和阻抗是二阶系统，精确求解极点较为复杂。为简化频率响应特性分析，设计中通常采用主极点近似(dominant pole approximation)方法。

设一般的二次多项式为：

$$P(s) = 1 + as + bs^2 = \left(1 - \frac{s}{p_1}\right)\left(1 - \frac{s}{p_2}\right) = 1 - \left(\frac{1}{p_1} + \frac{1}{p_2}\right)s + \frac{1}{p_1 p_2}s^2 \tag{3.1-11}$$

其中：p_1 和 p_2 表示两个极点。假设 p_1 为主极点，且 $|p_1| \ll |p_2|$，则 $P(s) \approx 1 - s/p_1 + s^2/(p_1 p_2)$。因此，在作主极点近似的情况下，极点可以用系数 a 和 b 表示为：

$$p_1 = -\frac{1}{a},\ p_2 = -\frac{a}{b} \tag{3.1-12}$$

极点频率为：$f_d = -p_1/2\pi = 1/(2\pi a)$，$f_{nd} = -p_2/2\pi = a/(2\pi b)$。

应用主极点近似法时，首先假设主极点与非主极点相距很远，待求出极点近似位置后验证是否满足假设。如果满足假设，近似结果可以接受，否则误差过大将产生不合理结果。

采用主极点近似法，(3.1-7)式的极点和零点频率表达式为：

$$f_d = \frac{1}{2\pi[R_S(C_{gs} + M'C_{dg}) + R'_L C_{ds}]} \tag{3.1-13}$$

$$f_{nd} = \frac{R_s(C_{gs} + M'C_{dg}) + R'_L C_{ds}}{2\pi R_S R'_L C^2} \tag{3.1-14}$$

$$f_z = \frac{g_m}{2\pi C_{dg}} \tag{3.1-15}$$

从(3.1-13)式可见，主极点频率 f_d 由输入节点时间常数 $\tau_i = R_S(C_{gs} + M'C_{dg})$ 与输出节点时

间常数 $\tau_o = R'_L C_{ds}$之和决定,时间常数大的节点对主极点频率控制起主要作用。因此,在电路频率特性分析中,可以根据节点时间常数简单估计电路的极点频率。特别是多节点复杂电路,通过比较节点时间常数,忽略时间常数较小的节点,可以简化分析,以后电路频率特性初步估计将主要采用这种节点时间常数近似法。例如,从(3.1-13)和(3.1-14)式可以看到,在忽略反馈电容 C_{dg}的情况下,当输出节点时间常数 τ_o 大于输入节点时间常数 τ_i 时,主极点频率近似由 τ_o 决定,非主极点由 τ_i 决定,反之亦然。如果忽略输入 C_{gs}和输出电容 C_{ds},只考虑反馈电容,主极点时间常数为 $M'C_{dg}R_S$。反馈电容的作用等效于输入电容 $C'_{dg} = M'C_{dg}$ (Miller 电容)产生的极点,同时伴随有时间常数为 C_{dg}/g_m 的正零点。通常 $M'R_S > 1/g_m$,正零点频率大于极点频率。由于反馈电容 C_{dg}产生的极点不是由简单的 $C_{dg}R_S$ 乘积决定,而是由 $M'C_{dg}R_S$ 乘积决定,加之伴随有可以引起-90℃相移的正零点,因此反馈电容对频率特性的影响大于输入和输出电容,是频率特性设计中重点研究对象。如果同时考虑三个电容的影响,当 $R_S g_m R'_L C_{dg} < R'_L C_{ds}$时,输出节点时间常数决定主极点频率 $f_d = 1/2\pi C_{ds} R'_L$,非主极点近似为 $1/2\pi(C_{gs}+C_{dg})R_S$。由于在非主极点频率下增益很小,这时作为反馈电容对输入节点时间常数的影响没有被放大。当 $R_S g_m R'_L C_{dg} > R'_L C_{ds}$时,反馈电容项决定主极点频率 $f_d = 1/2\pi M'C_{dg}R_S$,非主极点近似为 $g_m/2\pi(C_{ds}+C_{gs})$。由于在非主极点频率下反馈电容已经使栅极与漏极短路,输出节点电阻近似为 $1/g_m$。

2. 电容对频率特性的影响

由于反馈电容 C_{dg}对频率特性的影响要放大 M'(近似等于低频增益)倍,用电容 C_{dg}调整放大器极点位置是有效的方法。为了得到所需要的频率特性,设计中可以外加反馈电容 C_{dg}。为分析三个电容同时存在情况下反馈电容对极点的影响,将极点频率表达式(3.1-13)重整理为:

$$f_d(C_{dg}) = f_{dc0}\frac{1}{1+C_{dg}/C_{DGt}} \tag{3.1-16}$$

其中:

$$f_{dc0} = \frac{1}{2\pi(R_S C_{gs} + R'_L C_{ds})},\ C_{DGt} = \frac{R_S C_{gs} + R'_L C_{ds}}{M'R_S} \tag{3.1-17}$$

C_{DGt}是 Miller 电容起作用的临界值。

$$f_{nd}(C_{dg}) = f_{ndc0}\frac{1+C_{dg}/C_{DGt}}{1+C_{dg}/C_{DGn}} \tag{3.1-18}$$

其中:

$$f_{ndc0} = \frac{R_S C_{gs} + R'_L C_{ds}}{2\pi R_S C_{gs} R'_L C_{ds}},\ C_{DGn} = \frac{C_{gs}C_{ds}}{C_{gs}+C_{ds}} \tag{3.1-19}$$

可见 C_{DGn}表示电容 C_{gs}和 C_{ds}串联值,在 M'比较大时 $C_{DGn} > C_{DGt}$。

用类似作 Bode 图的方法,可以根据(3.1-16)、(3.1-18)和(3.1-15)式作出的极、零点位置随 C_{dg}变化的渐近线关系图(asymptote diagram),如图 3.6(a)所示。反馈电容 C_{dg}较小($C_{dg} < C_{DGt}$)时,极点频率为 $f_d = f_{dc0}$ 和 $f_{nd} = f_{ndc0}$,不随 C_{dg}变化。反馈电容大($C_{dg} > C_{DGn}$)时,极点频率:

$$f_d \approx \frac{1}{2\pi R_S M' C_{dg}} \tag{3.1-20}$$

$$f_{nd} \approx f_{ndc1} = \frac{M'}{2\pi R'_L (C_{ds} + C_{gs})} \tag{3.1-21}$$

主极点频率 f_d 随 C_{dg} 增加在对数坐标中以 -1 斜率下降，非主极点频率 $f_{nd} \approx f_{ndc1}$，不在随 C_{dg} 变化。当 $C_{GDt} < C_{dg} < C_{DGn}$ 时，非主极点频率 $f_{nd} = f_{ndc0} C_{dg}/C_{DGt}$，随 C_{dg} 一次方增加。非主极点 f_{ndc1} 相对于主极点 f_{dc0} 移动的最大距离（对数坐标）为：

$$\frac{f_{ndc1}}{f_{dc0}} \approx A_{v0} \frac{C_{ds}}{C_{gs} + C_{ds}} \tag{3.1-22}$$

低频增益越高，随 C_{dg} 增加非主极点向高频端移动的越远，C_{dg} 补偿的作用越强。

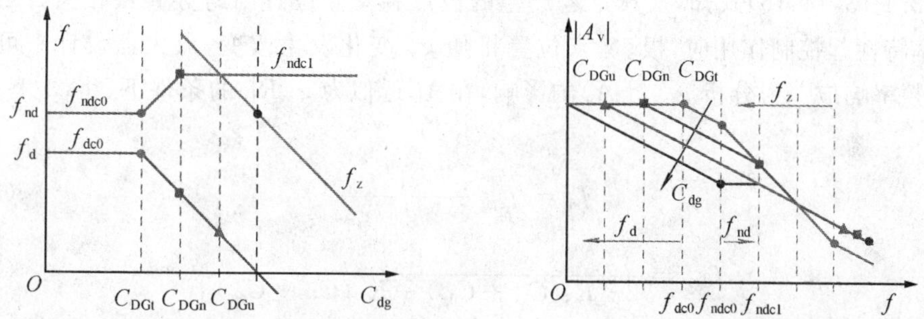

(a) 反馈电容 C_{dg} 对零、极点的影响　　(b) C_{dg} 对增益的影响

图 3.6　反馈电容对增益频率特性的影响

在实际应用中，C_{dg} 要起到频率补偿作用，重要的是要知道当 C_{dg} 多大时主极点与非主极点频率开始分离。(3.1-17)式的 C_{DGt} 表示引起极点频率变化的拐点电容（corner capacitor）。当电容 C_{dg} 大于 C_{DGt} 后发生极点分离（pole splitting），极点位置可以由 C_{dg} 控制。因此，C_{DGt} 可视为 C_{dg} 补偿电容起作用的阈值。

(3.1-19)式的 C_{DGn} 是对应于非主极点的第二个拐点电容值。当 $C_{dg} > C_{DGn}$ 后，随 C_{dg} 增加，f_{nd} 变化减弱，C_{dg} 对非主极点的影响能力减弱，再靠增加反馈电容增大非主极点频率意义不大，因此它近似表示反馈电容补偿能力结束的电容或非主极点达到最大值所需的最小反馈电容值。由(3.1-18)式得到：$C_{DGn}/C_{DGt} = f_{ndc1}/f_{ndc0}$。当 $C_{dg} > C_{DGt} f_{ndc1}/f_{ndc0}$ 后，非主极点 f_{nd} 达到最大值 f_{ndc1}。设计中可以从这个不等式出发，根据补偿后所要达到的非主极点位置 f_{ndc1} 和没有补尝时的 f_{ndc0} 估计补偿所需要的电容值。

对于零点，由(3.1-15)式知，随 C_{dg} 增加 f_z 向低频端移动。当 $f_z(C_{dg}) = f_{nd}(C_{dg})$ 时，$C_{dg} = C_{DGu}$

$$C_{DGu} = C_{gs} + C_{ds} \tag{3.1-23}$$

它是 C_{gs} 和 C_{ds} 的并联值，大于 C_{DGn}。这时零点与非主极点抵消，频率响应表现为单极点特性。如果进一步增大 C_{dg}，零点将出现在两个极点之间，且主极点和零点之比与反馈电容无关。因为正零对**相位裕度**的影响与负极点相同，再增加反馈电容值也不会改善相位裕度，要增加相位裕度只能采用正零点消除技术，所以此时 C_{dg} 的选取要在正零点减小与极点间距增加之间进行综合考虑。

A_v 幅频特性随 C_{dg} 值得变化如图 3.6(b)所示。当 $C_{dg}<C_{DGu}$ 时，$f_d<f_{nd}<f_z$；当 $C_{dg}=C_{DGu}$ 时，$f_d<f_{nd}=f_z$，系统变成一阶特性；当 $C_{dg}>C_{DGu}$ 时，$f_d<f_z<f_{nd}$，高频出现平台。

可以用类似的方法通过(3.1-8)式分析输入阻抗受 C_{dg} 的影响。输出阻抗与增益表达式有相同的分母，所以极点随 C_{dg} 的变化与增益相同。在 C_{dg} 足够大、频率足够高的情况下，输入和输出阻抗都表现为电阻，这时漏和栅极短路，形成具有电阻为 $1/g_m$ 的二极管连接。

3. 跨导对频率特性的影响

从(3.1-13,14,15)式知，反馈电容产生的极点和零点位置与跨导直接相关。当反馈电容对频率特性起控制作用时，极、零点位置将随 g_m 变化发生改变，放大器设计中可以通过 g_m 调整频率响应。为分析 g_m 对 A_v 的影响，在 M' 近似为 $g_mR'_L$ 的条件下，将(3.1-13)式重新写为：

$$f_d = f_{dg0}\frac{1}{1+g_m/g_{mt}} \tag{3.1-24}$$

其中：

$$f_{dg0} = \frac{1}{2\pi[R_S(C_{gs}+C_{dg})+R'_L(C_{ds}+C_{dg})]} \tag{3.1-25}$$

和

$$g_{mt} = \frac{R_S(C_{gs}+C_{dg})+R'_L(C_{ds}+C_{dg})}{R_SR'_LC_{dg}} \tag{3.1-26}$$

g_{mt} 是 Miller 电容起作用的临界跨导值。在 M' 近似为 $g_mR'_L$ 的条件下，将(3.1-14)式重新写为：

$$f_{nd} = f_{ndg0}(1+g_m/g_{mt}) \tag{3.1-27}$$

其中：

$$f_{ndg0} = \frac{R_S(C_{gs}+C_{dg})+R'_L(C_{ds}+C_{dg})}{2\pi R_SR'_LC^2} \tag{3.1-28}$$

当 $g_m<g_{mt}$ 时，$g_mR'_L$ 小，$M'C_{dg}$ 项作用可以忽略，主极点频率为 f_{dg0}，非主极点频率为 f_{ndg0}。当 $g_m>g_{mt}$ 时，主极点与 g_m 成反比，非主极点与 g_m 成正比。

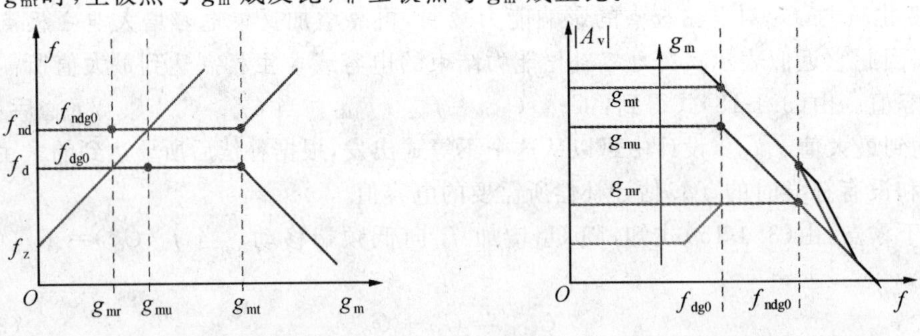

(a) 零、极点随g_m变化关系　　(b) g_m对增益特性的影响

图 3.7　跨导对增益频率特性的影响

极点和零点随跨导 g_m 变化的渐近线关系如图 3.7(a)所示。在 g_m 值比较小时，两个极点是 f_{dg0} 和 f_{ndg0}，不随 g_m 变化。当 $g_m > g_{mt}$ 时，两个极点开始分离，并随 g_m 增加间距加大。因此，设计中要使非主极点向更高频端移动，g_m 越大越好。

由(3.1-15)式知增益 A_v 的零点 f_z 随 g_m 增加而增加。当跨导 g_m 为：

$$g_{mu} = \frac{R_S(C_{gs}+C_{dg})+R'_L(C_{ds}+C_{dg})}{R_S R'_L C^2} C_{dg} = 2\pi f_{ndg0} C_{dg} \tag{3.1-29}$$

时，$f_z = f_{nd}$，零点与非主极点抵消，增益变为单极点响应。当跨导 g_m 等于：

$$g_{mr} = \frac{C_{dg}}{R_S(C_{gs}+C_{dg})+R'_L(C_{ds}+C_{dg})} = 2\pi f_{dg0} C_{dg} \tag{3.1-30}$$

时，$f_z = f_d$，零点与主极点抵消，增益变为单极点响应。设计中要得到良好的频率特性，g_m 可以取在 g_{mu} 和 g_{mr} 附近。当 $g_m = g_{mu}$ 时，零点与非主极点抵销，增益较大，主极点频率较低；当 $g_m = g_{mr}$ 时，零点与主极点抵销，增益较小，主极点频率较高。

对于不同的跨导，增益幅频特性如图 3.7(b)所示。在低频情况下，$|A_v| = g_m R'_L$，增益随 g_m 是线性增加的，其值由 g_m 和 R'_L 确定。在 $g_m > g_{mt}$ 情况下，增益随频率增加首先出现主极点决定的第一个拐点，幅频特性进入 −20 dB/十倍频一阶区；然后出现非主极点决定的第二个拐点，幅频特性进入 −40 dB/十倍频二阶区；最后出现零点决定的拐点，幅频特性返回到 −20 dB/十倍频区。当 $g_m = g_{mt}$ 时，非主极点达到最小值，−40 dB/十倍频区距主极点最近。因为这个区对于反馈运用放大器容易引起过冲或振荡，一般不希望在增益大于 0 dB 范围内存在 −40 dB/十倍频区。当 g_m 很小时，f_z 起主要作用，并导致在 f_{dg0} 和 f_{ndg0} 之间形成响应曲线的宽峰。对于小于 g_{mt} 的 g_m 值，在下面两点可以得到良好的一阶特性：(1) 在 $g_m = g_{mu}$ 处，零点和非主极点相等；(2) 在 $g_m = g_{mr}$ 处，零点和主极点相等。

由(3.1-7)式知增益的零点是正零点，因为每个负极点或正零点都引起相位 −90 度的变化，增益在高频时相位达到 −270 度。

通过上述分析知道有两种有效方法增加极点间距，即增加 C_{dg} 或 g_m。当 f_z 和 f_{nd} 相等时，零点和非主极点相互抵消。因为正零点随 g_m 增加而移向更高频率端，所以最好采用增加 g_m 的方法使 f_d 和 f_{nd} 有效分离。在放大器设计中，往往对于一定的 C_{dg} 希望有大的 g_m，所以这种地方最好采用双极晶体管(对于 BiCMOS 电路)。

3.1.5 放大器频率参数

1. 基本参数：截止频率、单位增益频率、单位增益带宽积、相位裕度

速度和精度是模拟电路的两个基本问题。OPA 的频率特性决定速度，增益确定精度。虽然极点、零点和低频增益足以描述频率响应曲线，但为方便、明确和直接描述放大器频率特性，实际中经常使用一些与放大特性紧密相关的频率参数。这些与频率有关的参数主要包括截止频率、单位增益频率、增益带宽积和相位裕度，它们完全由零点、极点和低频增益决定。

放大器增益随信号频率增加而下降，定义低频增益下降 3 dB 的频率（−3 dB 频率）为放大器的截止频率 f_c，即近似认为当频率小于截止频率时增益保持低频值，所以这个频率也称为放大器带宽，它等于主极点频率（$f_c=f_d$）。

另外，作为放大器只有增益大于 1 才具有放大能力。为说明放大器具有放大能力的频率范围，定义增益随频率增加下降到 1（0 dB）的频率为单位增益频率 f_u，即 $|A_v(f_u)|=1$。它是极点、零点和低频增益的函数。

为保证放大器在反馈应用中的稳定性和方便设计，要求增益和带宽乘积在截止频率与单位增益频率之间保持不变。图 3.8 是两极点放大器的渐近线 Bode 图，为了简单起见忽略了零点。从 Bode 图可知，当响应曲线以 −20 dB/十倍频斜率下降时，$\lg|A_v|\propto -\lg f$，即在这一区域低频增益和带宽乘积为常数。如果因某种原因（如反馈）增益从 A_{v0} 变到 A_{vx}，那么带宽从 f_d 变到 f_{dx}，但两者的乘积保持不变，即 $A_{vx}f_{dx}=A_{v0}f_d$。增益减小将增加带宽，增益和带宽可以相互转化，乘积不变。当响应曲线以 −40 dB/十倍频斜率下降时，这个乘积不是常数。因此，为保证增益和带宽乘积恒定的性质，增益值（$|A_v|$）处于 A_{v0} 和 1 之间要避免 −40 dB/十倍频区。在实际电路设计中，这可以通过将非主极点移到更高频率处或与零点抵消等方法来实现。定义在 f_d 到 f_u 频率范围内 $A_{v0}f_d$ 乘积保持不变情况下的 $A_{v0}f_d$ 为增益带宽积（gain-bandwidth product，GBW），它是反映放大器速度和精度综合能力的物理量。

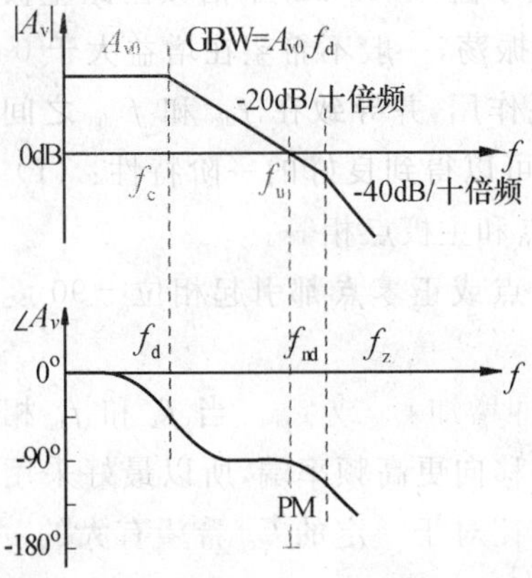

图 3.8　两极点情况的 f_u、GBW 和 PM

反映非主极点与 GBW 距离的最敏感参数是相位。一般定义增益为 −1 时相移与 −180°之差为相位裕度，用 PM（phase margin）表示，即 $\mathrm{PM}=\angle A_v(f_u)-(-180°)$。例如，反相放大器随频率增加如果产生 −180°附加相移，输入与输出信号同相，OPA-基电路低频的负反馈变成高频的正反馈。这时如果增益大于 1，将导致电路不稳定，所以这样定义的相位裕度反映了反相放大器相位距 −180°的余量。在放大器设计中为得到良好的频率特性，通常要求相位裕度大于 70°（或 45°，或 65°）。在忽略零点影响的情况下，这需要使非主极点在 GBW 的三倍以上。以后的设计将经常采用这个重要的设计规则，即非主极点应当大于或等于 3GBW，保证 70°相位裕度。使非主极点频率足够高的办法是采用极点分离技术。前面已经看到，增加 g_m 和电容 C_{dg} 可以引起极点分离。采用各种电路设计技术实现所需要的相位裕度叫做频率补偿。

2. 最大增益带宽积

在 $M'C_{dg}$ 决定主极点情况下，$A_{v0}f_d=1/2\pi R_S C_{dg}$，与 g_m 无关，GBW_{max} 不能超过：

$$\mathrm{GBW}_{max}=\frac{A_{v0}}{2\pi R_s M'C_{dg}}\approx\frac{1}{2\pi R_s C_{dg}} \tag{3.1-31}$$

可见在 g_m 值很大时，GBW_{max} 由反馈电容决定。减小反馈电容可以增益带宽积，但随反馈电容减小，$R_S C_{gs}$ 和 $R'_L C_{ds}$ 将逐渐起主要作用。

如果采用减小密勒效应设计技术，$M'C_{dg}$ 影响可以忽略。例如，采用共栅晶体管或使用反馈技术。在这种情况下，只需考虑 $R_S C_{gs}$ 和 $R'_L C_{ds}$ 两项影响，主极点频率变为 f_{dc0}。对应的最大增益带宽积为：

$$GBW_{max} = \frac{g_m R'_L}{2\pi(R_s C_{gs} + R'_L C_{ds})} = A_{v0} f_{dg0} \tag{3.1-32}$$

易见 GBW_{max} 取决于输入时间常数 $R_S C_{gs}$ 和输出时间常数 $R'_L C_{ds}$。为获得高电压增益，通常采用有源负载，这时输出时间常数起主要作用，增益带宽积近似为：

$$GBW_{max} \approx \frac{g_m}{2\pi C_{ds}} \tag{3.1-33}$$

如果通过增加偏置电流提高跨导值来扩大增益带宽积，由于晶体管输出电阻随之减小，将导致输出节点时间常数下降。另外，为获得高速度，通常采用较小负载电阻 R_L 值。在这些情况下输入时间常数变为决定因素，增益带宽积近似为：

$$GBW_{max} \approx \frac{R'_L}{R_S}\frac{g_m}{2\pi C_{gs}} = \frac{R'_L}{R_S} f_T \tag{3.1-34}$$

其中：$f_T = g_m / 2\pi C_{gs}$，它类似于双极晶体管的特征频率(transition frequency)f_T，等于漏极电流与栅极电流比下降到 0 dB 时对应的频率。用(2/3)WLC_{OX}代替 C_{gs}，用 $KPW/L(V_{GS} - V_T)$代替 g_m，可以得到：

$$f_T = \frac{g_m}{2\pi C_{gs}} = \frac{1}{2\pi}\frac{3KP}{2C_{OX}}\frac{1}{L^2}(V_{GS} - V_T) = \frac{1}{2\pi}\frac{3\mu_0}{2}\frac{1}{L^2}(V_{GS} - V_T) \tag{3.1-35}$$

它与晶体管沟道宽度 W 无关，随沟道长度 L 减小而增加，完全由晶体管本身固有的特性决定，所以 f_T 称为 MOS 管的特征频率。

从(3.1-32)式知 GBW_{max} 与 g_m 成正比，可以通过增加 g_m 而增大 GBW_{max}，但是 C_{gs}、C_{ds} 和 g_m 都与晶体管沟道宽度成正比，只能通过增加($V_{GS} - V_T$)，增加 g_m。从(3.1-34)式知单管共源放大器的增益带宽积最大值最终将由晶体管固有特性决定。

3. GBW_{max} 优化设计

GBW_{max} 是放大器一个重要参数，往往需要通过设计进行优化。对于单管共源放大电路，根据设计要求，待确定的电路参数是 W、L 和 R'_L，工作条件是($V_{GS} - V_T$)或 I_{DS}。例如，$L = 0.5\ \mu m$，$V_{GS} - V_T = 0.2$ V，假设晶体管参数 $KP = 80\ \mu A/V^2$，$C_{OX} = 3.56 \times 10^{-3}\ F/m^2$，可得 $f_T = 4.29$ GHz。通过选择 W 可以确定 I_{DS}、g_m 和 C_{gs}，这三个参数都与 W 成线性关系。R_L 可以根据输出直流电压或低频增益值确定。

一般情况，如果 L 取最小值，可以通过 $V_{GS} - V_T$ 和 W 确定电路主要参数。例如，对于一定的 W，可以通过调整 $V_{GS} - V_T$ 改变 f_T、I_{DS} 和 g_m 值。随 $V_{GS} - V_T$ 增加，f_T 线性增加，g_m 线性增加，而 I_{ds} 以平方关系增加，因而决定有源负载的电压增益的 g_m / I_{ds} 以反比关系下降。

例题 6 用 nMOS 晶体管设计 GBW>40 MHz(PM=70°)的共源放大器。信号源内阻 $R_S=4\ k\Omega$,采用有源负载以优化增益,设 $V_{GS}-V_T=0.25$ V,求工作电流和晶体管尺寸。已知晶体管参数为: $KP=80\ \mu A/V^2$, $\lambda=0.02/V$, $C_{gs}=2.8W/L(fF)$, $C_{ds}=4(W/L)fF$, $L=1\ \mu m$。

解:初步设计:有源负载共源放大低频增益比较大,C_{dg} 决定主极点。由 $GBW\approx 1/2\pi R_S C_{dg}$ 可得 $C_{dg}\approx 1/2\pi R_S GBW=1$ pF。由 $f_{nd}=C_{dg}g_m/2\pi C^2$,根据相位裕度要求,$f_{nd}>3GBW$,可得: $g_m>(2\pi C^2/C_{dg})3GBW\approx 5.13(W/L)\mu S$。如果取 $W/L=40$,则 $g_m>05\ \mu S$。另一方面,$g_m=KPW/L(V_{GS}-V_T)=0.8$ mS。设计取 $g_m=0.8$ mS,则 $I_{DS}=g_m(V_{GS}-V_T)/2=0.1$ mA,$r_{ds}=500\ k\Omega$,$A_{\nu 0}=-400$,$W/L=40$。

结果验证:根据(3.1-13)式有 $f_d=1/2\pi[R_S(C_{gs}+A_{\nu o}C_{dg})+r_{ds}C_{ds}]=99.5\times 10^3$ MHz,GBW=39.8 MHz。根据(3.1-14)式,$f_{nd}\approx g_m/2\pi(C_{ds}+C_{gs})=468$ MHz。根据(3.1-15)式,$f_z=g_m/2\pi C_{dg}=127$ MHz。$PM=90-\mathrm{arctg}(GBW/f_{nd})-\mathrm{arctg}(GBW/f_z)\approx 67$。

在这个例子中,需要设计参数是 GBW 和 PM,自由设计变量 $V_{GS}-V_T$ 不是由技术参数确定,设计参数小于设计自由度(可调整参数)。如果具体规定出更多的特性参数,如输出摆幅、噪声或增益,设计将变得困难。在大多数情况下,设计要求参数大于设计自由度,这时可以通过增加晶体管数引入更多的设计自由度缓解设计困难。

3.1.6 噪声特性

图 3.9(a)表示带有噪声源的小信号等效电路,它包含多个噪声源: $\overline{\nu_{ns}^2}$ 表示信号源内阻 R_S 电压噪声,$\overline{i_{nd}^2}$ 表示晶体管等效漏极电流噪声,$\overline{i_{nL}^2}$ 表示负载电阻 R_L 电流噪声,$\overline{i_{n12}^2}$ 表示偏置电阻 R_{12} 的电流噪声。

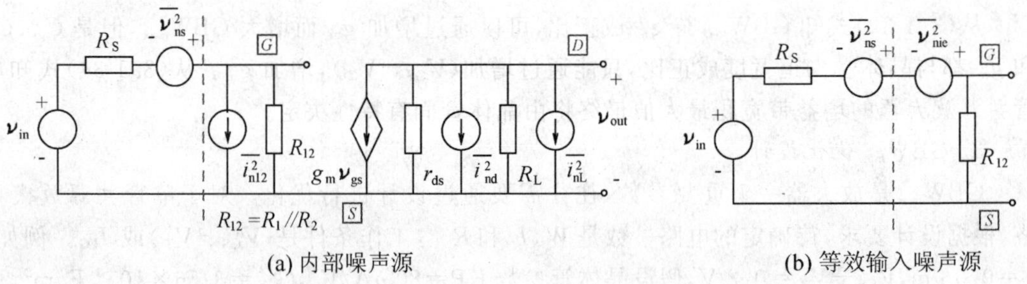

图 3.9 包含噪声源的低频小信号等效电路

对于两个噪声源产生的噪声 $x_1(t)+x_2(t)$,总噪声方均值为:

$$\overline{(x_1+x_2)^2}=\lim_{T\to\infty}\frac{1}{T}\int_{-T/2}^{T/2}[x_1(t)+x_2(t)]^2dt=\overline{x_1^2}+\overline{x_2^2}+\lim_{T\to\infty}\frac{1}{T}\int_{-T/2}^{T/2}2x_1(t)x_2(t)dt \tag{3.1-36}$$

其中：$\lim\limits_{T\to\infty}\frac{1}{T}\int_{-T/2}^{T/2}2x_1(t)x_2(t)\mathrm{d}t$是相关项。如果$x_1(t)$和$x_2(t)$是相互独立的，相关项积分等于零。因此，对于具有多个噪声源的电路，如果所有噪声源都是相互独立的，总的输出噪声功率等于每个噪声源单独存在时在输出端产生噪声功率的总和。

假设图3.9(a)所示小信号等效电路中噪声源是相互独立的，总输出电流噪声功率谱为：

$$S_{io}(f)=|H_{nL}(f)|^2S_{nL}+|H_{nd}(f)|^2S_{nd}+|H_{n12}(f)|^2S_{n12}+|H_{ns}(f)|^2S_{ns} \tag{3.1-37}$$

其中：$H_{ni}(f)$是第i个噪声源到输出端的传递函数，S_{ni}是第i个噪声源功率谱。如果不考虑信号源噪声S_{ns}，放大器的总输出电压噪声为：

$$\overline{\nu_{no}^2}=R'^2_L\int_0^\infty|H_{nL}(f)|^2S_{nL}\mathrm{d}f+R'^2_L\int_0^\infty|H_{nd}(f)|^2S_{nd}\mathrm{d}f+R'^2_L\int_0^\infty|H_{n12}(f)|^2S_{n12}\mathrm{d}f \tag{3.1-38}$$

如果将放大器中所有噪声源都等效为一个总的输入噪声源$\overline{\nu_{nie}^2}$，如3.9(b)图所示，用电压增益的平方除以总输出电压噪声，得到等效输入电压噪声：

$$\overline{\nu_{nie}^2}=\frac{\overline{\nu_{no}^2}}{A_{\nu0}^2}=\int_0^\infty\frac{R'^2_L}{A_{\nu0}^2}\left(|H_{nL}(f)|^2\frac{\overline{i_{nL}^2}}{\Delta f}+|H_{nd}(f)|^2\frac{\overline{i_{nd}^2}}{\Delta f}+|H_{n12}(f)|^2\frac{\overline{i_{n12}^2}}{\Delta f}\right)\mathrm{d}f \tag{3.1-39}$$

在低频情况下，$H_{nL}(0)=H_{nd}(0)=1$，$H_{n12}(0)=g_m(R_S//R_{12})$，利用(3.1-6)式，$\Delta f$带宽内总的等效输入噪声为：

$$\overline{\nu_{nie}^2}=\left(\frac{R_S+R_{12}}{R_{12}g_m}\right)^2\overline{i_{nL}^2}+\left(\frac{R_S+R_{12}}{R_{12}g_m}\right)^2\overline{i_{nd}^2}+R_S^2\overline{i_{n12}^2} \tag{3.1-40}$$

噪声系数F定义为输入信号信噪比$\overline{\nu_i^2}/\overline{\nu_{ni}^2}$与输出信号信噪比$\overline{\nu_o^2}/\overline{\nu_{no}^2}$之比：

$$F=\frac{\overline{\nu_{no}^2}/A_\nu^2}{\overline{\nu_{ni}^2}}=1+\frac{\overline{\nu_{nie}^2}}{\overline{\nu_{ni}^2}}=1+\frac{R_S^2\overline{i_{n12}^2}}{\overline{\nu_{ns}^2}}+\left(\frac{R_S+R_{12}}{R_{12}g_m}\right)^2\frac{\overline{i_{nd}^2}}{\overline{\nu_{ns}^2}}+\left(\frac{R_S+R_{12}}{R_{12}g_m}\right)^2\frac{\overline{i_{nL}^2}}{\overline{\nu_{ns}^2}} \tag{3.1-41}$$

可见，如果知道放大器的等效输入噪声，就可以简单地根据信号源噪声计算出噪声系数。因为噪声系数与信号源噪声有关，所以描述放大器本身噪声常采用等效输入噪声。

对于热噪声，用$8kTg_m\Delta f/3$代替$\overline{i_{nd}^2}$，用$4kTR_S\Delta f$代替$\overline{\nu_{ns}^2}$，用$4kT\Delta f/R_{12}$代替电阻噪声$\overline{i_{n12}^2}$，用$4kT\Delta f/R_L$代替电阻噪声$\overline{i_{nL}^2}$，噪声系数可以重写为：

$$F=1+\frac{R_S}{R_{12}}+\left(\frac{R_S+R_{12}}{R_{12}}\right)^2\frac{2}{3g_mR_S}+\left(\frac{R_S+R_{12}}{R_{12}}\right)^2\frac{1}{g_mR_Lg_mR_S} \tag{3.1-42}$$

由于热噪声与频率无关，假设$R_{12}\gg R_S$，上式可以近似为：

$$F=1+\frac{1}{g_mR_S}\left(\frac{2}{3}+\frac{1}{g_mR_L}\right) \tag{3.1-43}$$

为分析电路本身的噪声特性，除用等效输入噪声外，还经常定义噪声增加因子(noise excess factor)，它是电路总等效输入电压噪声与输入晶体管等效输入电压噪声$\overline{\nu_{ne}^2}$之比，用它描述电路相对于输入管的噪声增加量。即对于同样输入晶体管噪声构成的电路，噪声增加因子越小说明电路其他部分引入的噪声越小。在 $R_{12}>R_S$ 情况下，根据(3.1-40)式和 $\overline{\nu_{ne}^2}=\overline{i_{nd}^2}/g_m^2$，噪声增加因子($y$)为：

$$y=\frac{\overline{\nu_{nie}^2}}{\overline{\nu_{ne}^2}}\approx 1+g_m^2R_S^2\frac{\overline{i_{n12}^2}}{\overline{i_{nd}^2}}+\frac{\overline{i_{nL}^2}}{\overline{i_{nd}^2}} \tag{3.1-44}$$

对于热噪声，有：

$$y\approx 1+1.5g_mR_S\left(\frac{R_S}{R_{12}}\right)+\frac{1.5}{g_mR_L} \tag{3.1-45}$$

由此可见，放大器的等效输入噪声源主要取决于输入晶体管噪声和噪声增加因子。只有在信号源内阻 R_S 与放大器输入阻抗 R_{12} 比较足够大时，R_{12} 才能影响放大器的噪声特性。当增益 g_mR_L 大于 1.5 时，晶体管噪声大于负载电阻噪声。对于低噪声电路，晶体管的跨导应当设计的比较大，以减小晶体管噪声和负载电阻对噪声特性的影响。这与提高增益和极点分离对跨导的要求是一致的。

例题 7 对于图 3.4 所示电阻偏置单管共源放大电路，利用例题 4 和 5 的数据($R_L=20\ \text{k}\Omega$，$R_S=4\ \text{k}\Omega$，$g_m=0.8\ \text{mS}$，$R_{12}=65\ \text{k}\Omega$)，对于热噪声计算室温下放大器等效输入噪声功率谱密度和噪声系数以及噪声增加因子。

解： 根据(3.1-40)式，$\overline{\nu_{nie}^2}/\Delta f=21.1868\times10^{-18}\ \text{V}^2/\text{Hz}$。根据(3.1-42)式，$F=1.3183$。根据(3.1-45)式，$y=1.389\,15$。可见晶体管噪声对放大器噪声起重要作用。因为 $g_mR_L=16>1.5$，负载电阻噪声的影响远小于晶体管。因为信号源内阻 R_S 相对于偏置电阻 R_{12} 已经足够大，偏置电阻的噪声影响大于负载电阻。当 R_{12} 增大约 3 倍后，与偏置电阻有关的噪声可下降到负载电阻产生的噪声水平，因此可以在保持电阻比不变的情况下继续增加偏置电阻值，减小噪声。另外，R_{12} 对噪声的贡献正比于 R_S^2，降低 R_S 可以更有效的减小 R_{12} 的影响。例如，当信号源 $R_S=1\ \text{k}\Omega$ 时，R_{12} 对噪声因子的贡献为 0.0185，约比负载电阻贡献小一个数量级。在这种情况下，可以继续增加跨导，降低噪声。

3.2 单管阻抗变换电路

前一节介绍的共源电路主要实现电压增益，但在许多情况下电路设计还需要阻抗变换。共漏极方式(common-drain configuration)运用的 MOS 管具有电压跟随功能，共栅极方式(common-gate configuration)运用的 MOS 管具有电流跟随功能。两者主要起阻抗变换作用，可以构成阻抗变换单元电路。

3.2.1 共漏管构成的源极电压跟随器

1. 理想模型

电压跟随器是一种从高输入阻抗到低输出阻抗的转换器。它的理想模型如图 3.10(a)

所示，增益为1，输入阻抗无穷大，输出阻抗为零。它对电容负载的缓冲能力可以通过图3.10(b)所示一阶电路说明。原电路的截止频率由时间常数 R_SC_L 确定，如果在信号源与负载之间插入电压跟随器，见图3.10(c)，输出节点的时间常数变为零，截止频率无穷大。

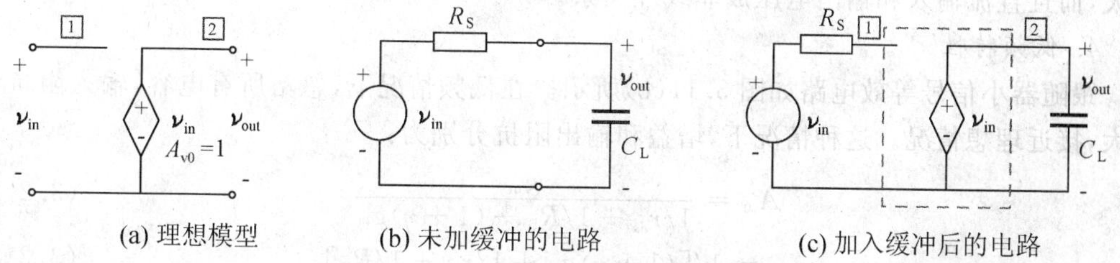

图3.10 理想电压缓冲器及其缓冲作用

2. 实现电路

图3.11(a)表示nMOS管构成的源极跟随器。其中漏极接正电源 V_{DD}，是交流信号地。栅极输入信号和源极输出信号都相对于漏极变化，所以称为共漏极方式。内阻为 R_B 的恒流源为共漏运用晶体管(共漏管)提供偏置电流 I_B，内阻为 R_S 的电压源提供输入信号 V_{in}，C_L 是负载电容。共漏管的衬底可以连到源极，也可以连到地，但衬底与源极相连只有位于阱中的MOS晶体管方可实现。

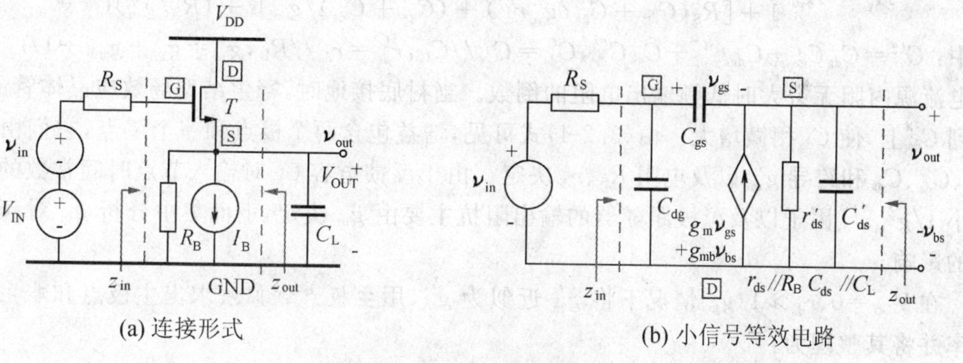

图3.11 单管共漏跟随电路

3. 直流特性

共漏管的漏源电流由偏置电流 I_B 确定，它的直流输入电压可以由前一级电路提供，也可以由本级偏置电阻提供，但是输出直流电压总小于输入直流电压。对于适当的输入直流电压和电源电压，晶体管工作在饱和区并忽略沟道长度调制效应，根据(2.3-7)和(2.3-9)式，可得输入与输出电压关系：

$$V_{IN}-V_{OUT}=V_{T0}+\gamma(\sqrt{2\Phi_F+V_{SB}}-\sqrt{2\Phi_F})+\sqrt{\frac{2I_B}{KP(W/L)}} \tag{3.2-1}$$

如果源衬相连，$V_{SB}=0$。在电流 I_B 选定后，输入和输出直流电压差是 W/L 的函数。利用这一特性，通过调整 W/L 可以实现大于 V_{T0} 的直流电压移动。正是这个原因使它在 BiCMOS 电路中起着非常重要的作用。如果衬底接地，源衬电压为 $V_{SB}=V_{OUT}$。这时直流电压移动增大，而且直流输入和输出电压成非线性关系。

4. 低频特性

跟随器小信号等效电路如图 3.11(b)所示。在低频情况下，忽略所有电容，输入阻抗无穷大，接近理想情况。这种情况下，增益和输出阻抗分别为：

$$A_{v0}=\frac{g_m}{1/r_{ds}+1/R_B+(1+\eta)g_m} \tag{3.2-2}$$

$$z_{out}=1/[(1+\eta)g_m+1/r_{ds}+1/R_B] \tag{3.2-3}$$

由此看到，小信号增益总小于1，但很接近于1。由于源极的输出电压跟随栅极输入电压，所以称这种电路为源极跟随器。当衬底接地时，寄生结型场效应晶体管开始起作用，增益大大低于1。输出阻抗近似为跨导的倒数，阻值较小。例如，$r_{ds}=400\ \text{K}\Omega$，$R_B=1\ \text{M}\Omega$，$g_m=1\ \text{mS}$，$g_{mb}=0.23\ \text{mS}$，则 $A_{v0}=0.81$，$R_{out}=0.81\ \text{k}\Omega$，因此实现了阻抗从无穷大到 $0.81\ \text{k}\Omega$ 的转换。如果衬源相接，增益增加到 0.9965，输出阻抗增加到 $1\ \text{k}\Omega$。

5. 高频特性

(1) 增益：考虑图 3.11(b)小信号等效电路的电容后，可得增益：

$$A_v=A_{v0}\frac{1+(C_{gs}/g_m)s}{1+[R_S(C_{dg}+C_{gs}/g'_m r'_{ds})+(C_{gs}+C'_{ds})/g'_m]s+(R_S/g'_m)C'^2 s^2} \tag{3.2-4}$$

其中：$C'^2=C_{dg}C_{gs}+C_{dg}C'_{ds}+C_{gs}C'_{ds}$，$C'_{ds}=C_{ds}//C_L$，$r'_{ds}=r_{ds}//R_B$，$g'_m=g_m+g_{mb}+1/r_{ds}$ 是偏置电流源内阻无穷大时低频输出电阻的倒数。当衬底接地时，寄生结型场效应晶体管的 C_{gs} 加到 C_{ds} 上，使 C_{ds} 稍微增大。由(3.2-4)式可见，增益包含两个极点和一个零点，它们由电容 C_{gs}、C'_{ds}、C_{dg} 和跨导 g'_m 以及电阻 R_S、r'_{ds} 决定。由于反馈电容 C_{gs} 对输入节点时间常数的影响减小 $1/g'_m r'_{ds}$ 因子以及源极跟随器的输出阻抗主要由 g_m 决定，下面集中分析 g_m 对频率特性的影响。

在 $V_{SB}=0$、$r_{ds}\gg 1/g_m$ 情况下将 g'_m 近似为 g_m，用主极点近似法求出主极点和非主极点频率并将其整理为：

$$f_d(g_m)\approx f_{d1}\frac{1}{1+(g_{mr}/g_m)} \tag{3.2-5}$$

其中：

$$f_{d1}=\frac{1}{2\pi R_S C_{dg}} \tag{3.2-6}$$

$$f_{nd}(g_m)\approx f_{nd0}\left(1+\frac{g_m}{g_{mr}}\right) \tag{3.2-7}$$

其中：

$$f_{nd0}=\frac{(1+R_S/r'_{ds})C_{gs}+C'_{ds}}{2\pi R_S C'^2} \tag{3.2-8}$$

$$g_{mr}=\frac{1}{R_S}\left(\frac{(1+R_S/r'_{ds})C_{gs}+C'_{ds}}{C_{dg}}\right) \tag{3.2-9}$$

由(3.2-9)式可见，g_{mr}是使 Miller 电容 $g_{mr}R_SC_{dg}$等于$(1+R_S/r'_{ds})C_{gs}+C'_{ds}$所需要的跨导。极点频率随跨导变化的渐近线关系如图 3.12(a)所示。从渐近线变化关系可以看到，由(3.2-5)和(3.2-7)式决定的主极点频率与非主极点频率相交，形成一个阴影区，两个相交点对应的跨导值分别是：

$$g_{ms}=(f_{ndo}/f_{d1})g_{mr} \tag{3.2-10}$$

$$g_{ml}=(f_{d1}/f_{nd0})g_{mr} \tag{3.2-11}$$

当 $g_{ms}<g_m<g_{ml}$(即跨导位于阴影区)时，由于主极点频率已经大于非主极点频率，主极点近似分析法所得结果无效。如果精确求解(3.2-4)式可知，在阴影区内增益是复数极点。因为复极点可引起增益高频响应峰，如图 3.12(b)所示，产生大的相移，所以设计中应当避免 g_m 选在阴影区。

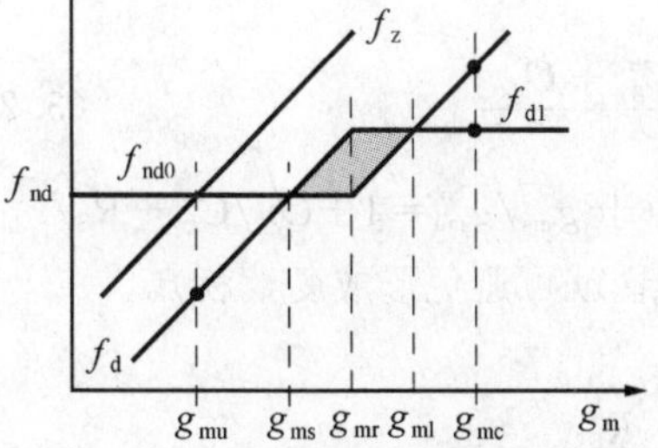

(a) 跨导对频率参数影响

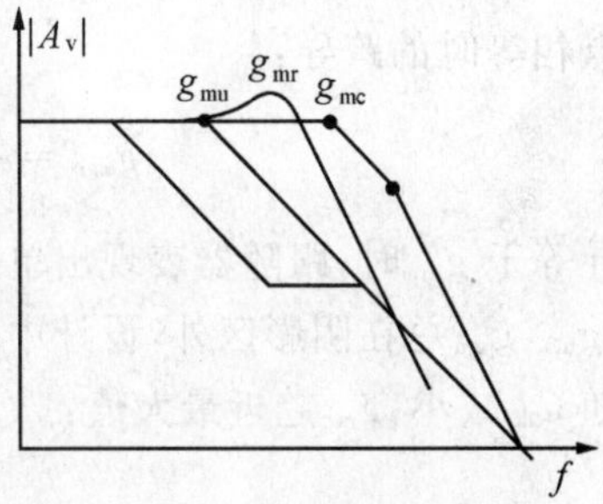

(b) 跨导对增益幅频特性影响

图 3.12　极点频率随跨导的变化关系和跨导对增益幅频特性的影响

图 3.12(a)中的阴影区大小决定于 g_{ml}/g_{mr}。由(3.2-10) 和(3.2-11)式可得：

$$\frac{g_{ml}}{g_{mr}}=\frac{g_{mr}}{g_{ms}}=\frac{f_{d1}}{f_{nd0}}=\frac{C_{gs}C_{dg}+C'_{ds}C_{dg}+C_{gs}C'_{ds}}{C_{gs}C_{dg}+C'_{ds}C_{dg}+C_{gs}C_{dg}R_s/r'_{ds}} \tag{3.2-12}$$

可见当 $C_{dg}R_S/r'_{ds}>C'_{ds}$时，$f_{d1}<f_{nd0}$，阴影区不存在，主极点与非主极点不相交，即不产生复极点。因此，加大输入电容使 $C_{dg}>(r'_{ds}/R_S)C'_{ds}$可以避免复数极点形成，稳定跟随器。实际上，$C_{dg}$是栅极到地的总电容，它在输入端形成时间常数为 R_SC_{dg}的低频滤波器，是它的作用消除了增益峰值。

当跟随器作为高输入阻抗到低输出阻抗的转换器时，如图 3.13(a)所示，一般 $R_S\gg r'_{ds}$，电容 C_{dg}容易满足条件：

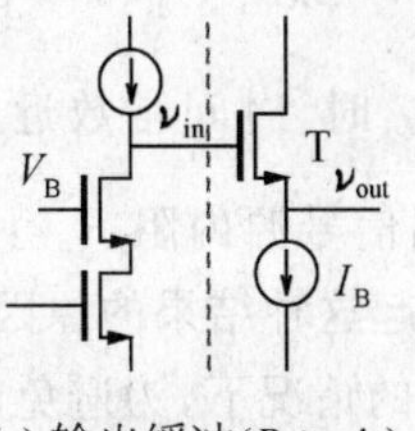

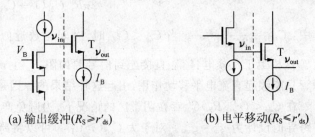

(a) 输出缓冲($R_S\geqslant r'_{ds}$)

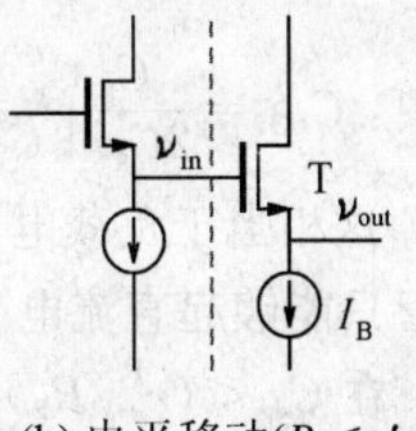

(b) 电平移动($R_S\leqslant r'_{ds}$)

图 3.13　不同信号源驱动跟随器

$$C_{dg}>(r'_{ds}/R_S)C'_{ds} \tag{3.2-13}$$

一般不存在阴影区。当用共漏管实现电平移动时，$R_S \approx r'_{ds}$，如图3.13(b)所示，电容C_{dg}容易满足条件：

$$C_{dg} < (r'_{ds}/R_S)C'_{ds} \tag{3.2-14}$$

这时，$f_{d1} > f_{nd0}$，阴影区存在，并由电容C'_{ds}、C_{gs}、C_{dg}和电阻R_S、r'_{ds}决定。设计中取$g_m > g_{ml} = \dfrac{C'^2}{R_S C_{dg}^2}$，或$g_m < g_{ms} = \dfrac{(C'_{ds} + C_{gs} + C_{gs}R_s/r'_{ds})^2}{R_S C'^2}$，都可避开阴影区。但是，当$R_S$和$C_{dg}$较小时，$g_{ml}$很大，应当采用$g_m < g_{ms}$方法使$g_m$避开阴影区。

跟随器增益除两个极点外，还存在一个与g_m成正比的负零点，其频率为：

$$f_z = \frac{g_m}{2\pi C_{gs}} \tag{3.2-15}$$

它等于(3.1-35)式所表示的MOS管特征频率f_T。根据(3.2-8)和(3.2-15)式可得零点与非主极点相等时的跨导：

$$g_{mu} = \frac{C_{gs}[(1 + R_S/r'_{ds})C_{gs} + C'_{ds}]}{R_S C'^2} \tag{3.2-16}$$

当跨导等于g_{mu}时，跟随器表现出单极点频率特性。由于$g_{ms}/g_{mu} = 1 + C'_{ds}/C_{gs} + R_S/r'_{ds} > 1$，$g_{mu} < g_{ms}$，$g_{mu}$总在阴影区外，设计中只要将跨导取为$g_{mu}$就可避免形成复数极点。

随C_{dg}减小，g_{mu}趋近最大值：

$$g_{mumax} = \frac{1}{R_S}\left(1 + \frac{C_{gs}}{C'_{ds}} + \frac{C_{gs}}{C'_{ds}}\frac{R_S}{r_{ds}}\right) \approx \frac{1}{R_S} \tag{3.2-17}$$

而g_{ml}和g_{mr}趋近无穷大，g_{ms}趋近$(1/R_S)(C_{gs} + C'_{ds} + C_{gs}R_S/r'_{ds})^2/(C'_{ds}C_{gs})^2$。

一般通过减小偏置电流可以使g_m达到g_{mu}，但当R_S大时，g_{mu}很小，这种方法不实用。例如，$R_S = 50\ \text{M}\Omega$，$g_m < 20\ \text{nS}$，取$V_{GS} - V_T = 0.2\ \text{V}$，$I_D < 2\ \text{nA}$，这样低的电流不足以对电容$C'_{ds}$进行充放电，因而将造成畸变。为在$R_S$大的情况下避免复数极点，必须增大$C_{dg}$，满足(3.2-17)式条件，使$C_{dg}$起到补偿或输入滤波作用。

在零点与非主极点抵消($f_z = f_{nd}$)情况下，主极点频率为：

$$f_d(g_{mu}) = \frac{1}{2\pi R_s}\frac{1}{C'_{ds}(1 + C_{dg}/C_{DGt})} \tag{3.2-18}$$

其中：$C_{DGt} = \dfrac{C_{gs}C'_{ds}}{2C_{gs} + C'_{ds}}$。当$C_{dg} < C_{DGt}$时，时间常数近似为$R_S C'_{ds}$，它含有很大的负载电容$C_L$。这相当于负载电容$C_L$直接连到信号源内阻$R_S$上，与没有插入跟随器的极点相同，共漏管只能够起直流电平移动作用，引起这种结果的原因是C_{gs}将输入与输出短路。

在$C_{dg} < (r'_{ds}/R_S)C'_{ds}$存在阴影区的情况下，为避免产生复极点，对于小$C_{dg}$($< C_{DGt}$)可以将跨导值设计为$g_m = g_{mu}$。对于大$C_{dg}$($> C_{DGt}$)可以将跨导值设计为$g_m > g_{ml}$。因为随$C_{dg}$增加，$g_{mr}$、$g_{ml}$、$g_{ms}$和$g_{mu}$趋近0，$g_{ml}/g_{ms}$趋近1。当$g_m$较大时，跟随器存在两个极点和一个高于极点频率的负零点，对于所有$g_m > g_{ml}$没有产生峰值的危险。因此，加入输入电容C_{dg}可以稳定跟随器，但要减小主极点频率。C_{dg}的最小值由C_{DGt}决定。

总之，跨导 g_m 的重要值是 g_{mr}，设计中最好消除阴影区或避免 g_m 在 g_{mr}附近。对于 r'_{ds}/R_S 较小的情况，只要采用足够大的 C_{dg}就可避免产生阴影区。对于 r'_{ds}/R_S 不小的情况，(3.2-13)式不相交条件难以满足，复极点区不可避免，设计中只能通过合理选择跨导值避免产生复数极点。在 R_S 不大于 r'_{ds}情况下，对于大的 C_{dg}，当 $g_m > g_{ml}$时跟随器存在两个极点和一个高于极点频率的零点，没有产生响应峰值(复数极点)的危险；对于较小的 C_{dg}，当 $g_m = g_{mu}$时非主极点与零点抵消，形成单极点响应。

如果 $g_m = 6$ mS，$C_{gs} = 0.22$ pF，$C_{ds} = 0.2$ pF，$R_S = 4$ kΩ，$C_{dg} = 0.06$ pF，$C_L = 1$ pF，可以得到 $C_{DGt} = 0.186$ pF，$g_{mr} = 5.9$ mS，$g_{ml} = 23.3$ mS，$g_{ms} = 1.5$ mS，$f_{d1} = 663$ MHz，$f_{nd0} = 168$ MHz。由于 $f_{d1} > f_{nd0}$，$g_{ms} < g_m < g_{ml}$，在这种条件下形成复数极点，因此应当避免。设计时可以使 $C_{dg} > C_{DGt}$或在 $C_{dg} < C_{DGt}$时使 $g_m > g_{ml}$或等于 g_{mu}。

例题 8　设计负载电容 $C_L = 1$ pF 的源极跟随器，求 W/L 和工作电流 I_{DS}以及带宽。为说明 W/L 对 C_{gs}和 C_{dg}的影响，设反馈电容 $C_{gs} = 2.8W/L$(fF)、输入电容 $C_{dg} = 2C_{gs}$，其他参数为 $C_{ds} = 0.2$ pF，$R_S = 400$ kΩ，$r'_{ds} = 200$ kΩ，KP=80 μA/V²，$V_{BS} = 0$ V。

解：假设 $C_{dg} < (r'_{ds}/R_S)C'_{ds}$关系成立，可能存在复数节点。如果采用较小的 C_{dg}，取$g_m = g_{m\mu max} = 1/R_S = 2.5$ μS 避免复极点，那么$(W/L)I_{DS} = g_m^2/2\text{KP} = 39$ nA。假设取 $W/L = 10$，$I_{DS} = 3.9$ nA，MOS 管已经进入弱反型，上述分析公式不适用。如果跟随器采用如此小的偏置电流，跟随器对负载电容充电时的电压变化率为：$I_{DS}/C_L = 3.9$ mV/μS，很小，$f_d = /2\pi R_S C'_{ds} = 332$ kHz。因此，通过减小偏置电流使 $g_m = g_{m\mu max}$，不是一个可以被实际应用所接受的方案，需要采用大 C_{dg}电容避免复极点区。根据已知条件，$C_{DGt} = C_{gs}C'_{ds}/(2C_{gs} + C'_{ds}) \approx C_{gs}$，$C_{DGt}/C_{dg} = 1/2$，$C_{dg} > C_{DGt}$。$g_m > g_{ml}\ C'^2/(R_s C_{dg}^2) = C'_{ds}(C_{gs} + C_{dg})/R_S C_{dg}^2 = 0.8L/W$ (mS)。如果取 $W/L = 20$，则 $g_{ml} = 0.04$ mS。设计取 $g_m = 20g_{ml} = 0.8$ mS，$I_{DS} = g_m^2/2\text{KP}(W/L) = 200$ μA。$C_{dg} = 5.6(W/L) = 112$ fF，$C_{gs} = 56$ fF，$f_d = 1/2\pi R_S C_{dg} = 3.55$ MHz。验证：$r'_{ds} = 1/\lambda Ids = 250$ kΩ，$(r'_{ds}/R_S)C'_{ds} = 0.75$ pF > 0.112 pF $= C_{dg}$，开始假设复数节点存在条件成立。

(2) 输入、输出阻抗：根据图 3.11 小信号等效电路，假设 $g_{mb} = 0$，$g_m \gg 1/r_{ds}$，源跟随器输入、输出阻抗为：

$$z_{in} = \frac{1}{\left(C_{dg} + \dfrac{C_{gs}}{g_m r_{ds}}\right)s}\left[\frac{1 + s(C_{gs} + C_{ds})/g_m}{1 + \dfrac{r_{ds}C^2 s}{C_{gs} + g_m r_{ds} C_{dg}}}\right] \tag{3.2-19}$$

$$z_{out} = \frac{1}{g_m}\left\{\frac{1 + R_S(C_{gs} + C_{ds})s}{1 + \left[\left(1 + \dfrac{R_S}{r_{ds}}\right)\left(\dfrac{C_{gs}}{g_m}\right) + \dfrac{C_{ds}}{g_m} + R_S C_{dg}\right]s + \left(\dfrac{R_S}{g_m}\right)C^2 s^2}\right\} \tag{3.2-20}$$

很明显，输入阻抗是电容性的，在低频时它约为 C_{dg}。因为 $g_m r_{ds}$很大，电容 C_{gs}被自举，所以 C_{gs}对输入阻抗的影响较小。如果需要高输入阻抗或小输入电容，C_{dg}必须减到低于 C_{gs}/

$g_m r_{ds}$。随着频率增加输入阻抗将出现一个极点和一个零点。C_{dg}大时,它们几乎可以抵消。对于输出阻抗,低频时简化为$1/g_m$,它的极点特性与增益相同。

6. 噪声特性

图3.14(a)表示含有噪声源的小信号等效电路。$\overline{i_{nd}^2}$表示晶体管等效漏极电流噪声,$\overline{i_{nB}^2}$是电流源内阻R_B的电流噪声,$\overline{\nu_{ns}^2}$表示R_S的电压噪声。除了R_S外,将所有噪声源产生的噪声都等效为一个总的输入噪声源$\overline{\nu_{nie}^2}$,如3.14(b)图所示。

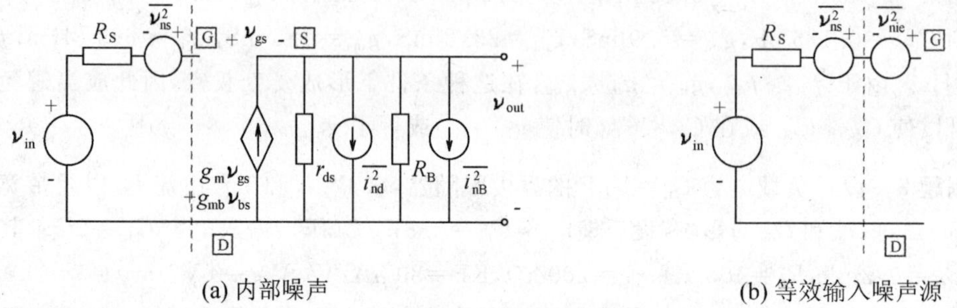

图3.14　含有噪声源的小信号等效电路

假设所有噪声源都是相互独立的,总的输出噪声功率等于每个噪声源单独存在时在输出端产生噪声功率的总和。即:

$$\overline{\nu_{no}^2} = \frac{\overline{i_{nd}^2} + \overline{i_{nB}^2}}{(g_m + g_{mb} + 1/r'_{ds})^2} \tag{3.2-21}$$

跟随器漏极噪声电流引起输出电压变化以负反馈方式作用于漏极电流,因此总的输出噪声电压一般较小。用跟随器增益的平方除以总输出噪声功率,得到总的等效输入噪声:

$$\overline{\nu_{nie}^2} = \left(1 + \frac{\overline{i_{nB}^2}}{\overline{i_{nd}^2}}\right)\frac{\overline{i_{nd}^2}}{g_m^2} \tag{3.2-22}$$

其中:$\overline{i_{nd}^2}/g_m^2$是共漏管等效输入电压噪声。表示共漏管构成跟随器后噪声增加的噪声增加因子为$y=(1+\overline{i_{nB}^2}/\overline{i_{nd}^2})$。对于热噪声,用$8kTg_m\Delta f/3$代替$\overline{i_{nd}^2}$,用$4kT\Delta f/R_B$代替电阻噪声$\overline{i_{nB}^2}$,可得噪声增加因子$y=1+3/(2g_mR_B)$。当$g_mR_B>3/2$时,$y$非常接近于1,恒流源噪声对跟随器影响很小。共漏管跟随器的噪声系数为:

$$F = 1 + \frac{\overline{\nu_{nie}^2}}{\overline{\nu_{ns}^2}} = 1 + \frac{1}{g_m^2}\frac{\overline{i_{nd}^2}}{\overline{\nu_{ns}^2}} + \frac{1}{g_m^2}\frac{\overline{i_{nB}^2}}{\overline{\nu_{ns}^2}} \tag{3.2-23}$$

对于热噪声,用$8kTg_m\Delta f/3$代替$\overline{i_{nd}^2}$,用$4kTR_S\Delta f$代替$\overline{\nu_{ns}^2}$,用$4kT\Delta f/R_B$代替电阻噪声$\overline{i_{nB}^2}$,噪声系数可以重写为:

$$F = 1 + \frac{1}{g_mR_S}\left(\frac{2}{3} + \frac{1}{g_mR_B}\right) \tag{3.2-24}$$

它类似于共源放大器的噪声系数，因为它们的漏极噪声电流都是通过负载电阻转换成输出电压。但作为从高阻向低阻的单管阻抗变换器，驱动跟随器的信号源一般内阻都比较大，因此跟随器的噪声系数较低。因为一般情况 $g_m R_B$ 远大于 3/2，跟随器的噪声系数主要取决于 g_m。对于低噪声电路，晶体管的跨导应当设计的比较大，以减小晶体管噪声和信号源内阻对噪声特性的影响。这与减小输出电阻和使增益接近 1 对跨导的要求一致。

例题 9　利用例题 8 设计数据，计算热噪声系数和输出噪声功率谱密度。已知：$R_S=400\ \text{k}\Omega$，$R_B=200\ \text{k}\Omega$，$\text{KP}=80\ \mu\text{A/V}^2$，$I_{DS}=200\ \mu\text{A}$，$W/L=20$，$g_m=0.8\ \text{mS}$。

解：根据(3.2-24)式，得噪声系数：$F=1.002\ 099\ 5$。$\overline{i^2_{nd}}/\Delta f=8kTg_m/3=0.088\ 75\times 10^{-22}\ \text{V}^2/\text{Hz}$；$\overline{i^2_{nB}}/\Delta f=4kT/R_B=0.000\ 832\times 10^{-22}\ \text{V}^2/\text{Hz}$；$\overline{i^2_{nie}}/\Delta f=(\overline{i^2_{nd}}+\overline{i^2_{nB}})/g^2_m=13.997\times 10^{-18}\ \text{V}^2/\text{Hz}$；$\overline{i^2_{no}}/\Delta f=(\overline{i^2_{nd}}/\Delta f+\overline{i^2_{nB}}/\Delta f)/(g_m+g_{mb}+1/R_B)^2=13.8238\times 10^{-18}\ \text{V}^2/\text{Hz}$。

3.2.2　共栅管构成的电流跟随器

1. 理想模型

共栅极方式运用晶体管可以实现低输入阻抗到高输出阻抗的转换。它经常与共源管联合使用，形成共源共栅级联结构。这种转换器的理想模型由短路输入节点和单位增益电流控制电流源组成，如图 3.15 所示。它的输入阻抗为 0，增益为 1，输出阻抗为无穷大。

2. 实现电路

图 3.16(a)电路是共栅应用晶体管实现的电流跟随器。电路输入 i_{in} 在源极，输出在漏极，栅极接偏置电压 V_B。输入、输出信号都相对于栅极变化，所以称晶体管为共栅方式。具有高内阻 R_B 的电流源为共栅管提供偏置电流 I_{in}。负载电阻为 R_L，负载电容为 C_L，衬底可以接源极或地。

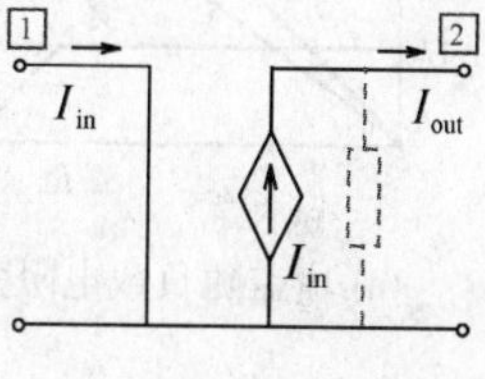

图 3.15　理想电流跟随器模型

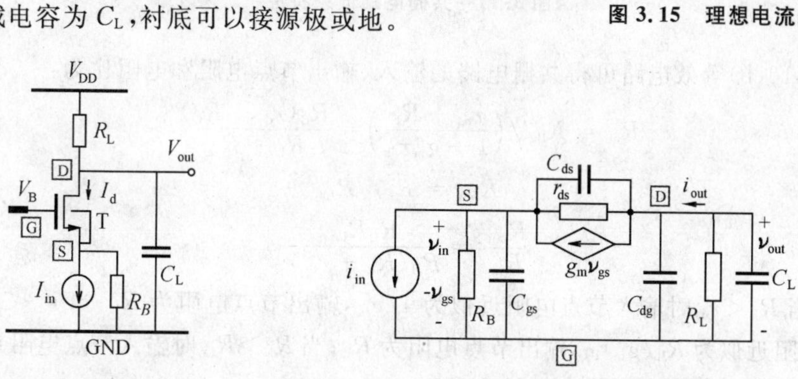

(a) 连接形式　　(b) 小信号等效电路

图 3.16　单管共栅电路

3. 直流特性

在输入信号等于零($i_{in}=0$)的情况下，晶体管的工作电流由I_{IN}确定。输出电压为$V_{OUT}=V_{DD}-R_L I_{IN}$。与源跟随器一样，源极直流电压跟随偏置电压$V_B$，在栅极和源极之间的直流电压降为：

$$V_B - V_S = V_T + \sqrt{\frac{2I_{IN}}{KP(W/L)}} \tag{3.2-25}$$

4. 低频特性

共栅管阻抗转换电路的小信号等效电路如图3.16(b)所示。在低频情况下，忽略所有电容，可以得到电流增益：

$$A_{i0} = \frac{i_{out}}{i_{in}} = \frac{R_B(1+g_m r_{ds})}{R_L + R_{Lc}} \tag{3.2-26}$$

其中R_{Lc}为：

$$R_{Lc} = R_B(1+g_m r_{ds}) + r_{ds} \tag{3.2-27}$$

R_{Lc}是很大的电阻。当R_L小于R_{Lc}时或R_B无穷大时，电流增益近似为1，所以称它为电流跟随器。当R_L大于R_{Lc}时，电流增益反比于R_L，见图3.17(a)。

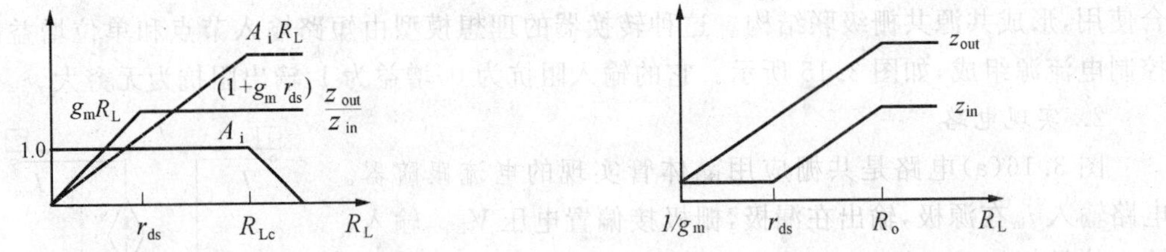

(a) 增益随负载电阻变化　　(b) 输入、输出节点阻抗随负载电阻变化

图3.17　共栅电路低频特性

从图3.16(b)等效电路可得共栅电路的输入、输出节点电阻和电阻比为：

$$R_{in} = R_B // \left(\frac{r_{ds}+R_L}{1+g_m r_{ds}}\right) = \frac{R_B(r_{ds}+R_L)}{R_L+R_{Lc}} \tag{3.2-28}$$

$$R_{out} = R_L // R_{Lc} \tag{3.2-29}$$

$$\frac{R_{out}}{R_{in}} = \frac{R_L R_{Lc}}{R_B(R_L + r_{ds})} \tag{3.2-30}$$

由此可见，当$R_L<r_{ds}$时输入节点电阻近似为$1/g_m$，输出节点电阻为R_L；当$r_{ds}<R_L<R_{Lc}$时输入节点电阻近似为$R_L/g_m r_{ds}$，输出节点电阻为R_L；当$R_L>R_{Lc}$时输入节点电阻近似为R_B，输出节点电阻为R_{Lc}，如图3.17(b)所示。

当$R_L>r_{ds}$时输出比输入节点电阻增加约$(1+g_m r_{ds})$倍，当$R_L<r_{ds}$时电阻增加约$g_m R_L$倍。尽管随负载电阻增加输入节点电阻可变得很大，但$R_L>1/g_m$时输出与输入节点电阻比是大于1的，即可实现从低阻到高阻的转换，见3.17(b)。另外，$g_m r_{ds}$是晶体管共源运用的放大倍数，一般很大。输入节点电阻是 R_B 和 $(r_{ds}+R_L)/(1+g_m r_{ds})$ 的并联，从共栅管源端看进去的电阻 $r_{ds}+R_L$ 被降低 $1+g_m r_{ds}$ 倍。输出节点电阻是 R_L 和 R_{Lc} 的并联，由(3.2-29)可知，R_{Lc} 代表从共栅管输出端向晶体管方向看的阻抗，从输出端看进去信号源的内阻 R_B 被放大 $1+g_m r_{ds}$ 倍。

例题 10　对于 nMOS 管，已知：$g_m=1\ \text{mS}(W/L=31, I_{DSn}=0.2\ \text{mA})$，$r_{ds}=250\ \text{k}\Omega$，$R_B=250\ \text{k}\Omega$，$R_L=10\ \text{k}\Omega$，求 A_{i0}、R_{in} 和 R_{out}？

解：R_L 的关键值是 R_{Lc}，根据(3.2-27)式，$R_{Lc}=R_B(g_m r_{ds}+1)+r_{ds}=62.75\ \text{M}\Omega$，远大于 $R_L=10\ \text{k}\Omega$，即：$R_L<r_{ds}<R_{Lc}$。在这种情况下，$A_{i0}=1$，$A_r=R_L i_l/i_{in}=R_L A_i=10\ \text{k}\Omega$，$R_{in}=1/g_m=1\ \text{k}\Omega$，$R_{out}=R_L=10\ \text{k}\Omega$。$R_{out}/R_{in}=g_m R_L=10$。

5. 高频特性

考虑图 3.16(b)等效电路中的所有电容，可得高频增益、输入、输出阻抗：

$$A_i=\frac{i_{out}}{i_{in}}=A_{i0}\frac{1+[C'_L R_L+C_{ds}r_{ds}/(1+r_{ds}g_m)]s+C'_L R_L C_{ds}r_{ds}/(1+r_{ds}g_m)s^2}{1+as+bs^2} \tag{3.2-31}$$

$$z_{in}=R_{in}\frac{1+s(C'_L+C_{ds})r_{ds}R_L/(r_{ds}+R_L)}{1+as+bs^2} \tag{3.2-32}$$

$$z_{out}=R_{out}\frac{1+s(C_{gs}+C_{ds})r_{ds}R_B/R_{Lc}}{1+as+bs^2} \tag{3.2-33}$$

系数 a 和 b 分别为：

$$a=C'_L R_L\frac{R_{Lc}}{R_L+R_{Lc}}+\left[C_{gs}+\frac{(R_L+R_B)r_{ds}}{(R_L+r_{ds})R_B}C_{ds}\right]R_B\frac{R_L+r_{ds}}{R_L+R_{Lc}} \tag{3.2-34}$$

$$b=\frac{C'^2 r_{ds}R_B R_L}{R_L+R_{Lc}} \tag{3.2-35}$$

其中：$C'^2=C'_L(C_{gs}+C_{ds})+C_{ds}C_{gs}$，$C'_L=C_L+C_{dg}$，$R_{in}$ 满足(3.2-28)式，R_{out} 满足(3.2-29)式。

从 A_i 表达式可见它是一个双二阶系统，包含两个极点和两个零点。从系数 a 和 b 表达式可以分析出电容对频率特性的影响。表达式(3.2-34)的第一项表示输出节点时间常数，第二项表示输入节点时间常数。当 r_{ds} 与 R_B 在同一个数量级或 R_L 小于 r_{ds} 和 R_B 时，输入端看到的反馈电容为 C_{ds}；当 R_L 大于 r_{ds} 和 R_B 时，输入端看到的反馈电容为 $(r_{ds}/R_B)C_{ds}$。因此，反馈电容 C_{ds} 对输入节点时间常数影响与 C_{gs} 在同一数量级。如上所述，一般情况下输出阻抗大于输入阻抗，在输出节点电容 C'_L 与输入节点电容比较基本相同或较大时，主极点频率由第一项输出节点时间常数 $(C_L+C_{dg})(R_{Lc}//R_L)$ 控制，非主极点近似由高频时输入节点时间常数 $(C_{gs}+C_{ds})/g_m$ 决定。

假设两个零点频率相差很大，两个负零点频率近似为：

$$f_{z1}\approx\frac{1}{2\pi C'_L R_L} \tag{3.2-36}$$

$$f_{z2} \approx \frac{1+g_m r_{ds}}{2\pi C_{ds} r_{ds}} \tag{3.2-37}$$

$f_{z2} \approx g_m/(2\pi C_{ds})$值很大，与非主极点相近。$f_{z1}$与$R_L$成反比，在输出节点决定的主极点附近。因此，在输出节点时间常数起主要作用时，主极点与零点作用近似抵消。

例题 11 对于 nMOS 管，已知 $g_m = 1$ mS($W/L=31$, $I_{DS}=0.2$ mA)，$r_{ds}=250$ kΩ，$R_B=250$ kΩ（$I_{DSn}=0.2$ mA)，$R_L=10$ kΩ，$C_{ds}=0.2$ pF，$C_{gs}=0.22$ pF，$C_{dg}=0.02$ pF，$C_L=1$ pF，求A_i的极点f_d和f_{nd}，零点f_{z1}和f_{z2}？

解：根据(3.2-27)，$R_{Lc}=R_B(g_m r_{ds}+1)+r_{ds}=62.75$ MΩ。采用主极点近似方法，根据(3.2-36,37)式，$f_d \approx 1/2\pi a = 14.98$ MHz，$f_{nd} \approx a/2\pi b = g_m/2\pi(C_{ds}+C_{gs}) = 345$ MHz。根据(3.2-36)式和(3.2-37)式，$f_{z1} \approx 1/2\pi C'_L R_L = 15.9$ MHz，$f_{z2} = g_m/2\pi C_{ds} = 796$ MHz。极点f_d与零f_{z1}近似抵消，极点f_{nd}对相位的影响由于附近的负零点f_{z2}作用的变得很小。

6. 噪声特性

如果只考虑晶体管沟道电流噪声，忽略负载电阻和偏置电流源噪声，共栅电路变为图 3.18(a)，其中$\overline{i_n^2}$是 MOS 晶体管等效沟道电流噪声。

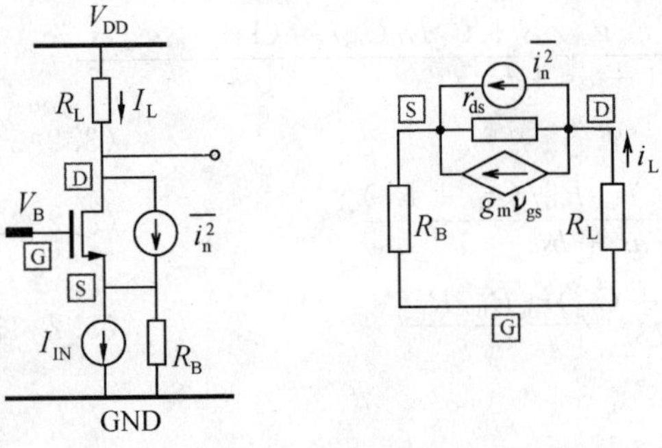

(a) 沟道电流噪声　　(b) 小信号等效电路

图 3.18　共栅管噪声

从图 3.18(b)小信号等效电路可以求出流过负载电阻的电流与沟道噪声电流的比值：

$$\frac{i_L}{\sqrt{\overline{i_n^2}}} = \frac{r_{ds}}{R_{Lc}+R_L} \tag{3.2-38}$$

共栅管噪声增益($A_{ni}=i_L/\sqrt{\overline{i_n^2}}$)随负载电阻的变化如图 3.19 所示。当负载电阻R_L小于R_{Lc}时，增益近似为$1/g_m R_B$。当负载电阻R_L大于R_{Lc}时，增益近似为$r_{ds}/R_L < 1/g_m R_B$。可见这个比值无论对于多大的负载电阻值至少小于$g_m R_B$倍，而作为电流跟随器，负载电阻电流与输入电流的比值约等于1，因此沟道噪声电流对输出电流的影响远小于输入电流的影响。即使在$i_{in}=\sqrt{\overline{i_n^2}}$情况下，$\sqrt{\overline{i_n^2}}$对$R_L$的影响也要至少小于$g_m R_B$倍。共栅管对输出噪声影响小是共栅管最重要的优点之一。共栅管噪声小的主要原因是当沟道噪声增加时使源极电压V_s上升、V_{gs}减小，导致沟道电流减小，从而降低沟道噪声对负载电流的影响能力。正是这种负反馈作用减小了沟道噪声电流对输出电流的影响。R_B越大，负反馈越强，$\sqrt{\overline{i_n^2}}$对输出电流的影响越小。

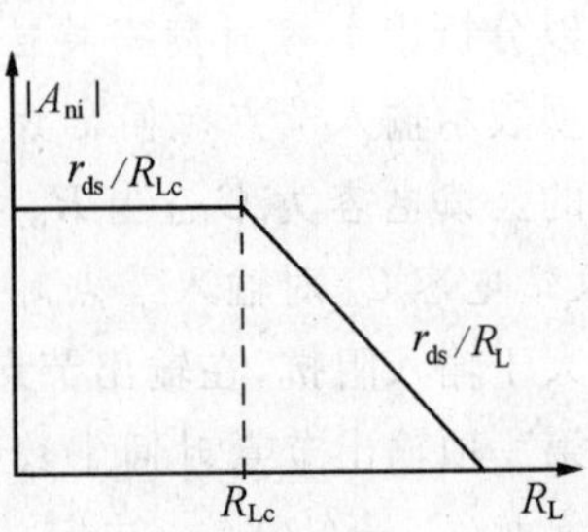

图 3.19　噪声增益随负载电阻变化

3.3　基本放大单元

正如 3.1 节分析，如果共源应用晶体管将输出电流通过负载电阻转换成电压，可以获得电压增益能力，因此基于这种结构可以构成基本反相放大级。由电阻负载构成的基本共源反相放大级在 3.1 节中已经分析过，本节集中研究 CMOS 技术构成的基本恒流源负载共源反相放大级。

随着电源电压下降，用线性电阻作为负载增益受到严重限制。为得到足够的增益，恒流源负载共源放大级变得越来越重要。简单的恒流源负载 CMOS 反相放大级如图 3.20(a)所示。pMOS 管作恒流源，偏置电压 V_{Bp} 可以设定在 V_{DD} 和 GND 之间。如果将作为恒流源的 pMOS 管栅极与输入相联，则构成另一种常用的并行输入 CMOS 反相放大级，如图 3.20(b)所示。分析中假设每个晶体管的衬底都与源极相连，忽略衬偏效应。

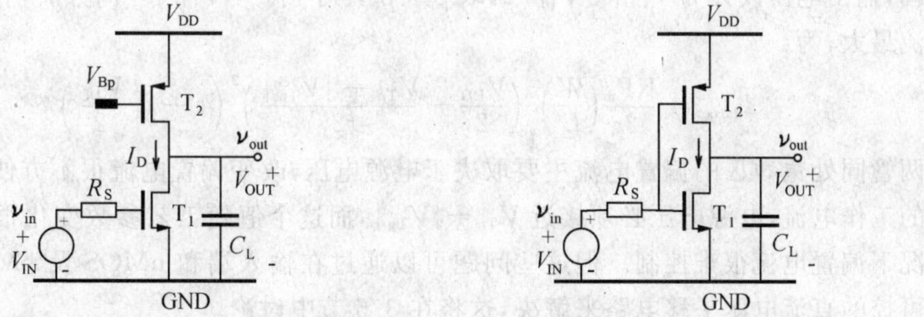

(a) 恒流源负载CMOS反相放大级　　(b) 并行输入CMOS反相放大级

图 3.20　共源反相放大级

3.3.1　直流分析

1. 并行输入 CMOS 反相放大级

在图 3.20(b)所示的并行输入 CMOS 反相放大级中，$I_{dsp}=-I_d$，$I_{dsn}=I_d$，$V_{dsp}=V_{dsn}-V_{DD}$，$V_{gsp}=V_{gsn}-V_{DD}$，$V_{in}=V_{gsn}$，$V_{out}=V_{dsn}$。输出电压 V_{out} 和晶体管电流 I_d 随输入电压 V_{in} 的变化如图 3.21 所示。当 $V_{in}<V_{Tn}$ 时，nMOS 管截止，$I_{dsn}=0$。如果 $V_{in}<V_{DD}-|V_{Tp}|$，pMOS 管导通，$V_{out}=V_{DD}$，pMOS 管非饱和。当 $V_{in1}>V_{in}>V_{Tn}$ 时，nMOS 管饱和，pMOS 管非饱和。随输入电压增加，I_d 开始增加，V_{out} 下降。当 $V_{in1}<V_{in}<V_{in2}$ 时，pMOS 和 nMOS 管都饱和，其中 $V_{in1}=V_{out1}-|V_{Tp}|$，

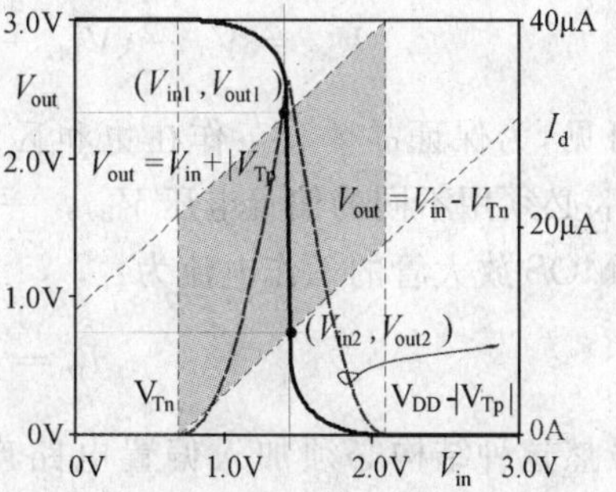

图 3.21　并行输入 CMOS 反相放大级输出电压和工作电流与输入电压的关系

$V_{in2}=V_{out2}+V_{Tn}$，输入与输出电压范围满足如下关系：

$$V_{in2}-V_{in1}=V_{Tn}+|V_{Tp}|-(V_{out1}-V_{out2}) \tag{3.3-1}$$

在这个区域放大倍数 A_{v0} 非常大，两管都处于饱和区的输出电压范围最近为 $V_{Tn}+|V_{Tp}|$，输入电压范围近似为0，电流 I_d 达到最大值。当 $V_{in2}<V_{in}<V_{DD}-|V_{Tp}|$ 时，pMOS管饱和，nMOS管非饱和。随输入电压增加，V_{out} 下降，I_d 下降。当 $V_{in}>V_{DD}-|V_{Tp}|$ 时，pMOS截止，$I_{dsp}=0$，$V_{out}=0$，nMOS非饱和。

当两管同处饱和区时，根据(2.3-7)式从 $I_{dsn}=I_{dsp}$ 条件可得到输入电压：

$$V_{IN}=\frac{V_{DD}-|V_{Tp}|+KV_{Tn}\sqrt{\beta_n/\beta_p}}{1+K\sqrt{\beta_n/\beta_p}} \tag{3.3-2}$$

其中：

$$K^2=\frac{1+\lambda_n V_{OUT}}{1+\lambda_p(V_{DD}-V_{OUT})} \tag{3.3-3}$$

因为 λ_p 和 λ_n 非常小，K 近似为1。当 $\lambda_p=\lambda_n$、$V_{OUT}=V_{DD}/2$ 时，$K=1$。如果保证最大对称输出摆幅，输出电压设计为 $V_{OUT}=V_{DD}/2$，取 $\beta_p=\beta_n$，则 $V_{IN}=(V_{DD}-|V_{Tp}|+V_{Tn})/2$。这时工作电流最大，为：

$$I_{dmax}=\frac{KP_n}{2}\left(\frac{W}{L}\right)_n\left(\frac{V_{DD}}{2}-\frac{V_{Tn}+|V_{Tp}|}{2}\right)^2\left(1+\lambda_n\frac{V_{DD}}{2}\right) \tag{3.3-4}$$

可见两管同处饱和区的偏置电流主要取决于电源电压，改变偏置电流很不方便。另外，要设置小的工作电流，电源电压必须接近 $V_{Tn}+|V_{Tp}|$，而这个值随工艺参数变化很大，所以在这种情况下偏置电流很难控制。但这些问题可以通过在输入端和nMOS及pMOS管栅极之间加可控的直流电压平移电路来解决，这将在3.6节中讨论。

2. 恒流源负载CMOS反相放大级

可以方便控制偏置电流的基本放大电路是恒流源负载共源放大级。这种结构采用pMOS管作为负载恒流源，偏置电流由独立的偏置电压 V_{Bp} 设定，nMOS管作为放大管，如图3.20(a)所示。

当两管同处饱和区时，根据(2.3-7)式从 $I_{dsn}=I_{dsp}$ 条件可得到输入、输出电压关系：

$$V_{IN}=V_T+(V_{DD}-V_{Bp}-|V_{Tp}|)\sqrt{\frac{\beta_p}{\beta_n}}\sqrt{\frac{1+\lambda_p(V_{DD}-V_{OUT})}{1+\lambda_n V_{OUT}}} \tag{3.3-5}$$

可见，为保证晶体管工作在饱和区以及输出电压为电源电压的一半，对于不同的输入电压 V_{IN} 必须用不同的偏置电压 V_{Bp}。一般可以根据 I_D 确定 V_{Bp}，然后由 V_{OUT} 定出 V_{IN} 或相反。nMOS放大管的工作电流为：

$$I_D=\frac{1}{2}\beta_p(V_{DD}-V_{Bp}-|V_{Tp}|)^2 \tag{3.3-6}$$

虽然这种结构必须加入偏置电路产生 V_{Bp}，但它的优点是 V_{Bp} 可以准确控制pMOS管电流 I_D。

3.3.2　低频增益

CMOS 反相放大级小信号等效电路如图 3.22 所示。对于恒流源负载情况，$g_m = g_{mn}$，$r_{ds} = r_{dsn} // r_{dsp}$，$C_{gs} = C_{gsn}$，$C_{dg} = C_{dgn}$，$C_{ds} = C_{dsn} + C_{dsp} + C_L + C_{dgp}$。对于并行输入，$g_m = g_{mn} + g_{mp}$，$r_{ds} = r_{dsn} // r_{dsp}$，$C_{gs} = C_{gsn} + C_{gsp}$，$C_{dg} = C_{dgn} + C_{dgp}$，$C_{ds} = C_{dsn} + C_{dsp} + C_L$。在低频情况下，忽略所有电容，增益为 $A_{v0} = -g_m r_{ds}$。跨导随电流平方根增加，电阻随电流负一次方减小，增益绝对值随电流 $-1/2$ 次方减小。g_m、r_{ds}、$|A_{v0}|$ 随电流 I_D 的变化如图 3.23 所示。

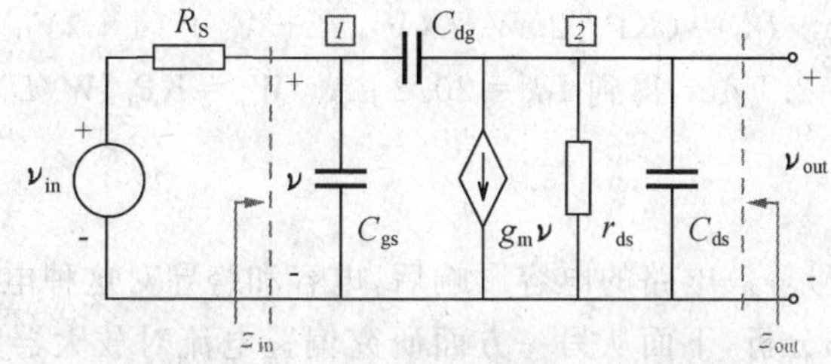

图 3.22　CMOS 反相放大级小信号等效电路

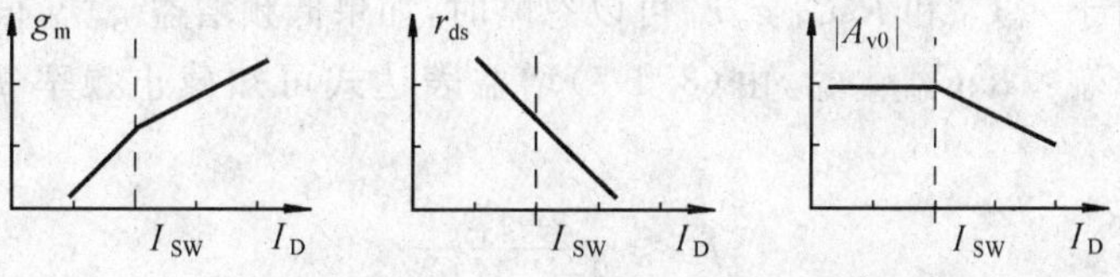

图 3.23　g_m、r_{ds} 和 $|A_{v0}|$ 随电流 I_D 的变化关系

对于恒流源负载情况，反相放大级的特性在共源放大级中已经全面分析过。对于并行输入 CMOS 反相放大级，假设 $KP_n(W/L)_n = KP_p(W/L)_p$，则有 $g_m = g_{mn} + g_{mp} = 2\sqrt{2KP_n(W/L)_n I_{Dm}}$，其中 I_{Dm} 是两管同处饱和区的电流。在偏置电流 I_{Dm} 下的增益为：

$$A_{v0m} = -(g_{mn} + g_{mp})(r_{dsn} // r_{dsp}) = -\frac{1}{\lambda}\sqrt{\frac{2KP_n(W/L)_n}{I_{Dm}}} = -\frac{2}{\lambda(V_{DD}/2 - V_T)} \tag{3.3-7}$$

其中：$\lambda = (\lambda_n + \lambda_p)/2$，$V_T = (|V_{Tp}| + V_{Tn})/2$。增益由电源电压和 λ 决定，在不退出饱和区的情况下随电源电压 V_{DD} 下降增益增大。例如，对于 $\lambda = 0.02\ V^{-1}$，$V_T = 0.7\ V$，$V_{DD} = 3\ V$，$A_{v0m} = 125$。如果 $(W/L)_n = 10$，$KP_n = 80\ \mu A/V^2$，$I_{Dm} = 0.256\ mA$。可见要得到高增益必须减小电流，但随电流减小（$I_D < I_{DSws}$）晶体管将进入弱反型区，(3.3-7)式不再成立。

当共源管处于弱反型区，电流与电压成为指数关系，跨导变为 $g_m = g_{mn} + g_{mp} = 2I_D/(nkT/q)$，增益为：

$$A_{v0m} = -1/(\lambda nkT/q) \tag{3.3-8}$$

在这种情况下增益相当高，而且不随电流变化，如图 3.23 所示。例如，对于 $\lambda=0.035\ \mathrm{V}^{-1}$，$n=1.5$（$n$MOS 和 pMOS），$A_{v0m}=733$。如果 $(W/L)_n=10$，$\mathrm{KP}_n=80\ \mu\mathrm{A/V}^2$，则 $I_{\mathrm{DSws}}=(\mathrm{KP}/2)(W/L)(2nkT/q)^2=2.43\ \mu\mathrm{A}$，这时电流相当低。

例题 12　设计电压增益 60，对称输出摆幅的并行输入 CMOS 反相放大级。设电源电压 3 V，$V_T=0.8$ V，$\mathrm{KP}_n=80\ \mu\mathrm{A/V}^2$，$\mathrm{KP}_p=30\ \mu\mathrm{A/V}^2$，$V_{En}=10\ \mathrm{V}/\mu\mathrm{m}$，$V_{Ep}=19\ \mathrm{V}/\mu\mathrm{m}$，计算所需电流和 W 以及 L。

解： 根据 $A_{v0m}=2/\lambda(V_{DD}/2-V_T)$，$\lambda=\lambda_n=\lambda_p=1/21(\mathrm{V}^{-1})$，$L_n=1/\lambda_n/V_{En}=2.1\ \mu$m，$L_p=1/\lambda_p/V_{Ep}=1.1\ \mu$m。$I_{Dm}=(\mathrm{KP}_n/2)W/L(V_{DD}/2-V_T)^2(1+\lambda V_{DD}/2)$，$I_{Dm}/(W/L)_n=20.2\ \mu$A。如果取 $W_n=2.1\ \mu$m，得到 $I_{Dm}=20.2\ \mu$A。$W_p=\mathrm{KP}_n(W/L)_n L_p/\mathrm{KP}_p=2.9\ \mu$m。

3.3.3　高频特性

考虑图 3.22 小信号等效电路的电容影响后，电容和跨导对这种电路频率响应的影响已在 3.1 节中进行过仔细分析，下面从另一方面研究偏置电流对放大器频率特性影响。由于放大器截止频率 f_c 由 f_d 决定、相位裕度 PM 由 f_{nd} 决定（忽略零点影响），所以偏置电流对频率特性可以通过 f_d、GBW 和 f_{nd} 偏置电流变化反映出来。

当 $R_S C_{gs}$ 相对于 $r_{ds}C_{ds}$ 和 $R_S C_{dg} g_m r_{ds}$ 可以忽略时，如果低频增益 $g_m r_{ds}$ 很大而且负载电容 C_L 较小，使得 $r_{ds}C_{ds}<R_S C_{dg} g_m r_{ds}$，由(3.1-7)增益表达式可知截止频率 f_d 由 Miller 电容决定：

$$f_d \approx \frac{1}{2\pi R_s M' C_{dg}} \tag{3.3-9}$$

其中：$M'\approx|A_{v0}|\approx g_m r_{ds}$。增益带宽积为：

$$\mathrm{GBW}=\frac{1}{2\pi R_S C_{dg}} \tag{3.3-10}$$

在频率比较高的情况下，反馈电容使漏极与栅极短路，输出阻抗变为 $1/g_m$，决定相位裕度的非主极点由输出时间常数决定。由(3.1-8)增益表达式知非主极点频率为：

$$f_{nd} \approx \frac{g_m r_{ds}}{2\pi r_{ds} C_{ds}} \tag{3.3-11}$$

它们随偏置电流的变化关系如图 3.24(a)所示。由于 f_d 与低频增益成反比，所以 f_d 正比于电流平方根。当 $I_D<I_{\mathrm{DSws}}$ 时进入弱反型区，增益不随电流变化，f_d 为常数。GBW 与电流无关，在强反型和弱反型区有相同的值。与相位裕度有关的非主极点频率与跨导成正比，它在强反型区与电流平方根成正比，在弱反型区与电流一次方成正比。例如，$C_{dsn}+C_{dsp}=0.2$ pF，$C_L=2.0$ pF，$C_{dg}=0.5$ pF，$g_m=4$ mS，$R_S=4\ \mathrm{k}\Omega$，$r_{ds}=4.4\ \mathrm{k}\Omega$，输出节点时间常数 $2.2\times10^{-12}\times r_{ds}$，输入节点时间常数 $8\times10^{-12}\times r_{ds}$，$r_{ds}C_{ds}\leqslant R_S C_{dg} g_m r_{ds}$ 而且 $r_{ds}C_{ds}$ 和 $R_S C_{dg} g_m r_{ds}$ 大于 $R_S C_{gs}=4\mathrm{k}\Omega\times0.22$ pF，根据(3.3-10)式得 GBW=79.6 MHz。

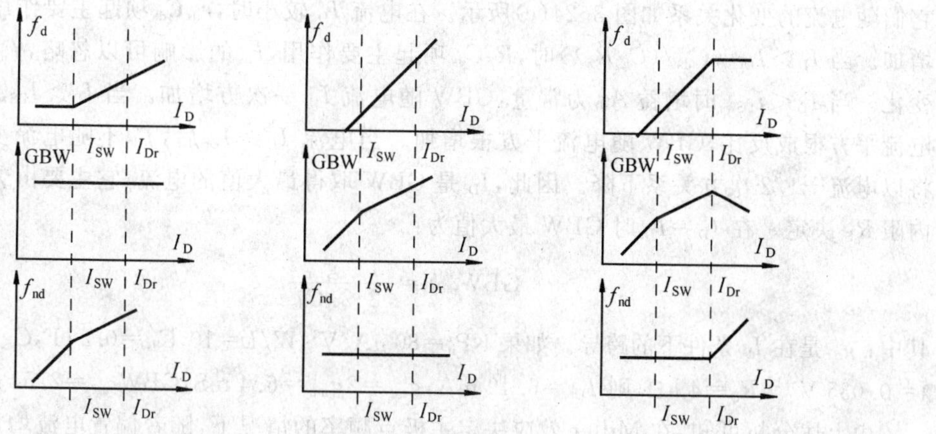

(a) 反馈电容器主要作用　　(b) 负载电容起主要作用　　(c) 忽略反馈电容的影响

图 3.24　频率特性随电流的变化关系

如果反馈电容 C_{dg} 或低频增益较小而且负载电容 C_L 较大，使得 $r_{ds}(C_L+C_{dsn}+C_{dsp})>R_S C_{dg} g_m r_{ds}$，带宽由负载电容决定：

$$f_d \approx \frac{1}{2\pi r_{ds} C_{ds}} \tag{3.3-12}$$

增益带宽积为：

$$\mathrm{GBW} = \frac{g_m}{2\pi C_{ds}} \tag{3.3-13}$$

非主极点由输入节点时间常数决定，频率为：

$$f_{nd} \approx \frac{1}{2\pi R_s (C_{gs}+C_{dg})} \tag{3.3-14}$$

它们随电流的变化关系如图 3.24(b)所示。由于 f_d 与 r_{ds} 成反比，所以 f_d 随电流一次方增加，并在强反型和弱反型区有相同的变化关系。非主极点频率与电流无关。GBW 与跨导成正比，以平方根关系随电流增加。当 $I_D<I_{DSws}$ 时进入弱反型区，GBW 与电流一次方成正比。例如，如果 $C_L=2$ pF，$C_{dsn}+C_{dsp}=0.2$ pF，$C_{dg}=0.06$ pF，$R_S=4$ kΩ，$g_m=4$ mS，那么 $r_{ds}C_{ds}>R_S C_{dg} g_m r_{ds}$，GBW＝289 MHz。

当反馈电容影响可以忽略时，即 $r_{ds}C_{ds}$ 和 $R_S C_{gs}>R_S C_{dg} g_m r_{ds}$ 时，带宽和增益带宽积以及非主极点频率近似为：

$$f_d = \frac{1}{2\pi(R_S C_{gs} + r_{ds} C_{ds})} \tag{3.3-15}$$

$$\mathrm{GBW} = \frac{g_m r_{ds}}{2\pi(C_{gs} R_S + C_{ds} r_{ds})} \tag{3.3-16}$$

$$f_{nd} = \frac{R_S C_{gs} + r_{ds} C_{ds}}{2\pi R_S r_{ds} C^2} \tag{3.3-17}$$

它们随电流的变化关系如图 3.24(c)所示。在电流 I_D 较小时，$r_{ds}C_{ds}$项起主要作用，f_d 随 I_D 增加。当 $I_D > I_{Dr} = C_{ds}/(C_{gs}R_S\lambda)$时，$R_SC_{gs}$ 项起主要作用，r_{ds}的影响可以忽略，f_d 不随电流变化。当 $I_D < I_{DSws}$时增益 A_{v0}为常量，GBW 随电流 I_D 一次方增加。当 $I_D > I_{DSws}$时增益与电流平方根成反比，GBW 随电流平方根增加。当电流 $I_D > I_{Dr}$后，f_d 不随电流变化，GBW 将以电流$-1/2$ 次方关系下降。因此，I_{Dr}是 GBW 取得最大值的电流，它主要由 λ 和信号源内阻R_S 决定。在 $I_D = I_{Dr}$时 GBW 最大值为：

$$\mathrm{GBW_{max}} = \frac{1}{2}\frac{g_{mr}}{2\pi C_{ds}} \tag{3.3-18}$$

其中：g_{mr}是在 I_{Dr}条件下的跨导。如果 $KP_n = 80\ \mu A/V^2$，$W/L = 10$，$C_{ds} = 0.2$ pF，$C_{gs} = 0.22$ pF，$\lambda = 0.035\ V^{-1}$，$R_S = 4\ k\Omega$，则 $I_{Dr} = 6.49$ mA，$g_{mr} = 2g_{mn} = 6.4$ mS，$\mathrm{GBW_{max}} = 2.54$ GHz。

由上述分析可知，在 Miller 效应决定主极点频率的情况下，随着偏置电流增加 GBW 不变、相位裕度增加，在弱反型区截止频率不变、在强反型区截止频率增加。在输出节点决定主极点频率的情况下，随着偏置电流增加 GBW 和截止频率增加、相位裕度减小。在 Miller 效应可以忽略的情况下，随着偏置电流增加 GBW 在 I_{dr}处达到最大值，截止频率先增加达到 I_{dr}后保持不变，相位裕度先减小达到 I_{dr}后增加。

3.3.4　小信号近似误差

从交流小信号分析来看，并行输入和恒流源负载 CMOS 反相放大级的频率特性基本相同，但是随着信号量 i_{out}相对偏置量 I_{OUT}增加，小信号近似引起的非线性误差将有很大不同。特别是在低压低功耗电路和功率输出电路中，信号量相对于偏置量往往不能忽略，因此需要研究小信号线性化产生的误差。在低频下，输出电压最大值要保证晶体管不退出饱和区，否则信号将不是饱和区小信号近似结果并导致畸变。为避免这种非饱和畸变影响，假设 MOS 工作在饱和区，对于并行输入反相放大级，最大输出电压幅值为：$(V_{Tn} + |V_{Tp}|)/2$。取 $\lambda_p = \lambda_n = 0$，根据(2.3-7)式，输出电流为：

$$I_{out} = I_{dn} - |I_{dp}| = a(V_{in} - V_{Tn})^2 + bV_{in} + c \tag{3.3-19}$$

其中：$a = (\beta_n - \beta_p)/2$，$b = \beta_p(V_{DD} - V_{Tn} - |V_{Tp}|)$，$c = -(\beta_p/2)(V_{DD} - V_{Tn} - |V_{Tp}|)^2$，$\beta_{n,p} = KP_{n,p}(W/L)_{n,p}$。如果 $\beta_n = \beta_p$，输出电流 I_{out}与输入电压是线性关系：

$$I_{out} = bV_{in} + c = \beta_n(V_{DD} - V_{Tn} - |V_{Tp}|)\left(V_{in} - \frac{V_{DD} + V_{Tn} - |V_{Tp}|}{2}\right) \tag{3.3-20}$$

只要保证 pMOS 和 nMOS 管都处于饱和区，线性假设结果总成立，不需要小信号假设成立。

对于恒流源负载反相放大级，输出电流为：

$$I_{out} = (1/2)\beta_n(V_{in} - V_{Tn})^2 - I_{dp} \tag{3.3-21}$$

输入和输出始终是抛物线关系。小信号线性近似误差为：

$$(I_{out} - I_{OUT}) - g_{mn}\nu_{in} = \beta_n\nu_{in}^2/2 \tag{3.3-22}$$

随 ν_{in}增加，误差加大。通常在电路设计中这种偶次方非线性项，可以通过采用对称差模结构来消除。例如，假设对称输入是 $V_{IN}+V_{id}/2$ 和 $V_{IN}-V_{id}/2$，则差模输出电流为：

$$I_1 - I_2 \propto (V_{IN}+V_{id}/2)^2 - (V_{IN}-V_{id}/2)^2 = 2V_{IN}V_{id} \tag{3.3-23}$$

差模输出电流与差模输入电压成线性关系。

3.3.5　电流能力和压摆率

当输出电流 i_{out} 远小于偏置电流时，偏置电流可以保证输出电压变化所需要的充、放电电流。但是，当输出电流 i_{out} 相对于偏置电流增大后，随频率增加放大器必须输出足够大的电流，以对负载电容进行快速充、放电，使输出电压摆幅快速达到低频值。因此，为增加输出电压上升速度，pMOS 晶体管要提供偏置电流以外的充电电流；为增加输出电压下降速度，nMOS 晶体管也要提供额外的放电电流。否则，由于输出电流能力的限制，高频时大输出电压信号的带宽要下降。为反映放大器对负载电容的充、放电能力，定义在输入端加大阶跃信号情况下输出电压随时间的最大变化率为压摆率(slew rate，SR)。即：

$$\mathrm{SR} = \left.\frac{\mathrm{d}V_o(t)}{\mathrm{d}t}\right|_{\max} \tag{3.3-24}$$

其中：$V_o(t)$是输入端加大信号阶跃电压时的输出电压。定义输出电压的最大上升率为正压摆率 SR^+；定义输出电压的最大下降率为负压摆率 SR^-。输出压摆率由两者中的小者决定，$\mathrm{SR}=\min\{\mathrm{SR}^+,\mathrm{SR}^-\}$。另外，由于影响节点电压变化速度的主要因素是节点电容，是电容限制了电流转换成电压的速度，从这个角度理解，Slew rate 也可以称为转换速率。

例如，对于图 3.25(a)所示跟随电路，设放大器传递函数为：

$$\frac{V_o(s)}{V_i(s)} = \frac{1}{1+s/2\pi f_d} \tag{3.3-25}$$

对于单位阶跃输入信号：

$$V_i(t) = \begin{cases} 0 & t < 0 \\ 3V & t \geqslant 0 \end{cases} \tag{3.3-26}$$

如图 3.25(b)所示，利用反拉氏变换可以得到时阈输出为：

$$V_o(t) = 3(1-\mathrm{e}^{-2\pi f_d t}) \tag{3.3-27}$$

但是，实际测量输出结果如图 3.24(b)的虚线所示。对于大信号输出，放大器输出电压随时间的最大变化率限制了输出的指数关系。如果小信号输出为正弦信号 $V_o(t)=V_p\sin(\omega t)$，要使输出电压不受 SR 影响产生畸变，要求：

$$\mathrm{SR} > \mathrm{d}V_o(t)/\mathrm{d}t\,|_{\max} = \omega V_p \tag{3.3-28}$$

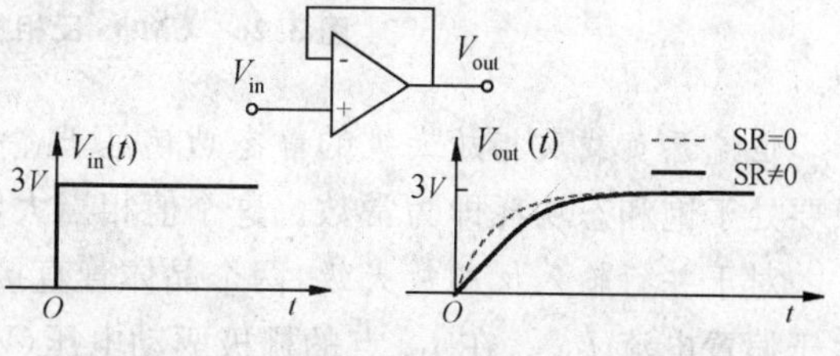

图 3.25　大阶跃输入信号时的放大器输出

即随输出信号频率或幅值增加，压摆率将逐渐影响输出。

对于恒流源负载反相放大级，I_{DSp}是由偏置电压 V_{Bp}确定的常量。对负载电容的最大充电速度，即正压摆率是：$SR^+=dV_{out}/dt=I_{DSp}/C_L$。当 V_{in}增加到 V_{DD}时 V_{gsn}很大，nMOS 管能够吸收更大的放电电流，如图 3.26(a)所示，因此对应放电的负 SR 很大，相对于正压摆率可以忽略，电路的 SR 由正 SR 决定。例如，对于 $I_{DSp}=0.1$ mA，$C_L=10$ pF，$V_{DD}=3$ V，$W/L=10$，$V_T=0.7$ V，$KP_n=80\ \mu A/V^2$，正压摆率 $SR^+=10\ V/\mu s$，最大吸收电流 $I_{DSn}=(1/2)KP(W/L)(V_{GS}-V_T)^2=2.9$ mA，负压摆率 $SR^-=290\ V/\mu s$，远大于正向压摆率。对于最大输出峰值电压$(V_{Tn}+|V_{Tp}|)/2=0.8$ V，需要 0.08 μs 充电时间。如果是正弦波，根据(3.3-28)式，不失真输出的最大频率是 $f_{max}=SR/2\pi V_P=2$ MHz。

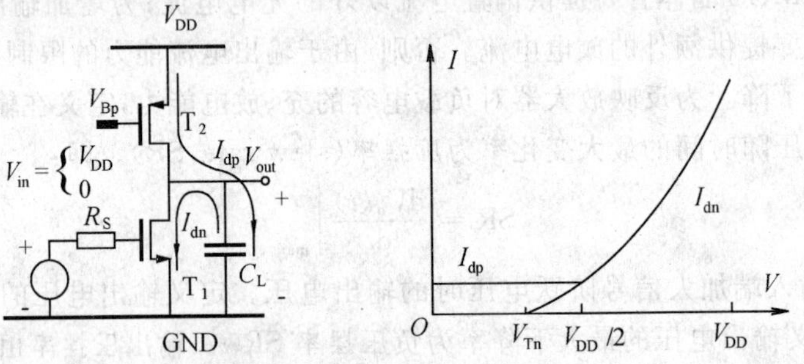

(a) 恒流源负载CMOS反相放大级

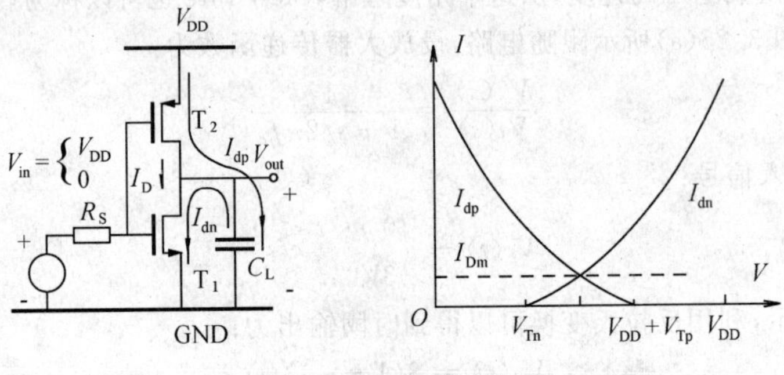

(b) 并行输入CMOS反相放大级

图 3.26　CMOS 反相放大级的输出电流

恒流源负载反相放大级的静态功耗是 $P_{DS}=V_{DD}I_{DSp}$，其中 I_{DSp}由 $V_{SGp}=V_{DD}-V_B$ 决定，只要处于饱和态功耗即为常数。这个值相当大，是典型的甲类工作状态。

对于并行输入反相放大级，两个晶体管直接由输入信号驱动，因此充放电最大电流都远大于偏置电流 I_{Dm}。在 I_{Dm}点的栅极驱动电压$(V_{GS}-V_T)$，对于 nMOS 只有$(0.5V_{DD}-V_{Tn})$。在 C_L 放电时，驱动电压是 $V_{DD}-V_{Tn}$。假设 $V_{DD}=3$ V，$V_T=0.8$ V，放电电流比 I_{Dm}约大 10 倍。如果 $KP_p(W/L)_p=KP_n(W/L)_n$，那么充、放电流都比 I_{Dm}约大 10 倍。电流随 V_{in}的变化如图 3.26(b)所示，它很清楚地表明 CMOS 反相放大级是甲乙类放大器。当输出摆幅大时，对负载电容的充、放电电流大于小信号的静态电流。因此与恒流源负载放大级比较，在相同的偏置电流条件下，并行输入电路具有更大的电流输出能力。

负载电容充、放电电流的存在将引起附加功耗。对于负载电容 C_L，如果输出电压是频率为 f 和幅值为 V_p 的正弦波，电源向负载提供动态功率为：

$$P_{DD} = fV_{DD}2V_pC_L \tag{3.3-29}$$

由于 $V_{Tn}+V_{Tp}$ 是最大信号摆幅，动态功耗是：

$$P_{DD} = fV_{DD}(V_{Tn} + |V_{Tp}|)C_L \tag{3.3-30}$$

总功耗是静态功耗与动态功耗之和：

$$P_{DT} = V_{DD}I_{Dm} + fV_{DD}(V_{Tn} + |V_{Tp}|)C_L \tag{3.3-31}$$

例如，$C_L=10$ pF，$V_{DD}=3$ V，$V_{Tn}+|V_{Tp}|=1.6$ V，$f=20$ MHz，$I_D=0.6$ mA，则 $P_{DS}=V_{DD}I_D=1.8$ mW，$P_{DD}=0.96$ mW，总功耗为 2.76 mW。可见模拟并行输入 COMS 反相放大级的静态功耗大于动态功耗。然而，CMOS 数字反相放大级在 0，1 两个静态点没有功耗，所有功耗都是动态的，而且具有接近于电源电压范围的输出摆幅。

3.3.6 CMOS 反相放大级设计

有源负载 CMOS 反相放大级设计在单管共源电路一节中已经介绍，下面主要讨论并行输入 CMOS 反相放大级设计。对于并行输入 CMOS 反相放大级，当 V_{DD}、C_L 和 R_S 由设计要求确定后，共有七个设计参数：W_n，L_n，W_p，L_p，A_{vm0}，GBW，I_D，而其余参数如：C_{ds}、C_{dg} 和 C_{gs} 由器件尺寸和制造技术决定，KP、V_{En}、V_{Ep} 和 λ 由制造技术决定，它们不是设计参量。

为保持对称性，并行输入 CMOS 反相放大级要求 $KP_p(W/L)_p=KP_n(W/L)_n$ 和 $\lambda_p=\lambda_n=\lambda$，两管同处于饱和区的最大工作电流由(3.3-4)决定。A_{v0} 与电源电压和 λ 有关，直接由(3.3-7)式决定。假设 C_L 很大，输出节点时间常数控制主极点频率，根据(3.3-13)式可以得到：

$$\mathrm{GBW} = \frac{2g_{mn}}{2\pi C_{ds}} = \frac{KP_n(W/L)_n(V_{DD}/2 - V_T)}{\pi(C_{dsn} + C_{dsp} + C_L)} \tag{3.3-32}$$

其中：$V_T=(V_{Tn}+V_{Tp})/2$。由于 C_L 很大，C_{dsn} 和 C_{dsp} 相对于 C_L 可以忽略，对于给定的 GBW 可以求出 g_{mn}。另外，为保证 70 度的相位裕度，必须保证 $f_{nd}>3$GBW。根据(3.3-14)和(3.3-32)，有：

$$\frac{C_{ds}}{C_{gs} + C_{dg}} \geqslant 6R_s KP_n \frac{W_n}{L_n}\left(\frac{V_{DD}}{2} - V_{Tn}\right) \tag{3.3-33}$$

根据这个条件可以确定出 nMOS 晶体管的 W_n/L_n。

为设计方便，现将设计公式整理于表 3.1 中，设计参数在最后一列。从表中看到，五个方程和一个不等式确定七个参数，这意味着有一个参数可以自由选择，一个参数可在一定范围内自由选取。通常自由选择的参数是 GBW 和 A_{vm0}，在这种情况下设计变的非常简单。先从表 3.1 中(4)和(2)式求出 L_n 和 L_p，从(5)式求出 $(W/L)_n$ 及 W_n，从(1)求出 W_p，验证

(6)式是否满足。如果不满足，减小 A_{v0} 设计要求，从而减小晶体管尺寸，已满足(6)式要求。最后，从(3)式求出 I_D。如果设计对 A_{v0} 没有明确要求，L_n 可以在(6)式要求范围内由工艺最小特征尺寸确定。

表 3.1　并行输入 CMOS 反相放大级设计公式

	方　程	参　数
(1)	$\frac{(W/L)_p}{(W/L)_n}=\frac{KP_n}{KP_p}$	$(W/L)_n,(W/L)_p$
(2)	$\lambda=1/V_{En}L_n=1/V_{Ep}L_p$	L_n,L_p
(3)	$I_{dmax}=\frac{KP_n}{2}\left(\frac{W}{L}\right)_n\left(\frac{V_{DD}}{2}-\frac{V_{Tn}+\lvert V_{Tp}\rvert}{2}\right)^2$	$I_D,(W/L)_n$
(4)	$A_{vm0}\approx-\frac{2/\lambda}{V_{DD}/2-V_T}$	A_{vm0},L_n
(5)	$GBW\approx\frac{2KP_n(W/L)_n(V_{DD}/2-V_T)}{2\pi(C_{ds}+C_L)}$	$GBW,I_D,(W/L)_n$
(6)	$\frac{C_{ds}+C_L}{C_{gs}+C_{dg}}\geqslant 6R_sKP_n\frac{W_n}{L_n}\left(\frac{V_{DD}}{2}-V_T\right)$	GBW,W_n

其中：$\lambda=(\lambda_n+\lambda_p)/2, V_T=(\lvert V_{Tp}\rvert+V_{Tn})/2$。

例题 13　设计并行输入 CMOS 反相放大级，已知 $C_L=2$ pF，$R_S=1$ kΩ，$V_{DD}=3$ V，要求 GBW＝50 MHz，$A_{v0}=30$。晶体管的参数是 $KP_n=80\ \mu A/V^2$，$V_{En}=10$ V/μm，$KP_p=30\ \mu A/V^2$，$V_{Ep}=19$ V/μm，$V_{Tn}=0.7$ V，$\lvert V_{Tp}\rvert=0.9$ V。

解：按照上述设计过程，根据(5)式得：$(W/L)_n\approx\pi C_L GBW/KP_n(V_{DD}/2-V_T)=5.6$，从(4)和(2)式得：$L_n=A_{v0}(V_{DD}/2-V_T)/(2V_{En})=1.05\ \mu m$，$L_p=V_{En}L_n/V_{Ep}=0.55\ \mu m$，$W_n=5.88\ \mu m$。根据(1)式得：$W_p=(KP_n/KP_p)(W/L)_nL_p=8.24\ \mu m$。根据(3)式得：$I_{Dm}=(KP_n/2)(W/L)_n(V_{DD}/2-V_T)^2=0.11$ mA。(6)式不等式近似为：$C_L/2C_{gs}>6R_S g_{mn}=1.88$，$g_{mn}=0.314$ mS。只要 $C_{gs}<C_L/(1.88\times2)=0.27C_L$，即可满足相位裕度要求。根据表 2.3-2 电容计算公式易知，对于设计中所采用的晶体管尺寸，式不等式(6)成立。$\lambda\approx0.095$，根据(3.3-2)式，$V_{IN}\approx1.4$ V。

在上述例子中，GBW 和 A_{v0} 是设计要求的参数。当然，对于其他要求，如 GBW 和 I_D，A_{v0} 和 I_D 等，也可以用同样的方法设计。

3.3.7　其他类型反相放大级

除并行输入和恒流源负载两种重要 CMOS 反相放大级外，还有一些其他类型反相放大级，但它们大部分性能都不能与前者相比。下面介绍两种比较有特点的其他类型反相放大级。

1. 饱和 MOS 管负载的反相放大级

为了掌握 pMOS 管分析方法，下面以 pMOS 管为共源放大管为例进行分析。根据 2.3 节分析可以推知，对于 pMOS 管，当 $V_{DS} \leqslant V_{GS} - V_T$ 或 $|V_{DS}| \geqslant |V_{GS}| - |V_T|$ 时，pMOS 管处于饱和区，漏源电流为：

$$-I_{dsp} = \frac{1}{2}KP_p\frac{W}{L}(-V_{gsp} + V_{Tp})^2(1-\lambda_p V_{dsp}) \tag{3.3-34}$$

其中：$V_{Tp} = V_{T0p} - \gamma(\sqrt{2|\Phi_F| - V_{SB}} - \sqrt{2|\Phi_F|})$。根据 2.4 节晶体管跨导和漏极电导定义，pMOS 管的跨导为：

$$\begin{aligned} g_{mp} &= \frac{\partial I_{dsp}}{\partial V_{gs}} = KP_p\frac{W}{L}(-V_{gsp} + V_{Tp})(1-\lambda_p V_{dsp}) \\ &= KP_p\frac{W}{L}(|V_{gsp}| - |V_{Tp}|)(1+\lambda_p|V_{dsp}|) \end{aligned} \tag{3.3-35}$$

漏极电导为：

$$g_{dsp} = \frac{\partial I_{dsp}}{\partial V_{ds}} = \frac{1}{2}KP_p\frac{W}{L}(-V_{gsp} + V_{Tp})^2\lambda_p = KP_p\frac{\lambda_p|I_{dsp}|}{1+\lambda_p|V_{dsp}|} \tag{3.3-36}$$

衬底跨导为：

$$g_{mbp} = \frac{\partial I_{dsp}}{\partial V_{bsp}} = -\frac{\partial I_{dsp}}{\partial V_{Tp}}\frac{\partial V_{Tp}}{\partial V_{sbp}} = \eta g_{mp} \tag{3.3-37}$$

其中：$\eta = \gamma/(2\sqrt{2|\Phi_F| + |V_{SB}|})$。

图 3.27(a)表示一个由 pMOS 管构成的饱和 MOS 管负载反相放大级。它采用 pMOS 管 T_1 作共源放大管，用衬底与源相接的 pMOS 管代替恒流源作负载，形成两个 pMOS 管构成的反相放大级。由于负载 pMOS 管 T_2 采用二极管连接形式，只要 $|I_{DS2}|>0$，它就处于饱和区，反相放大级输出最小电压是 $|V_{GS2}|$。为保证 T_1 管始终工作在饱和区，要求：

$$V_{DD} - |V_{GS2}| \geqslant |V_{GS1}| - |V_{T1}| \geqslant 0 \tag{3.3-38}$$

其中：$|V_{GS1}| = V_{DD} - V_{IN}$，$|V_{GS2}| = V_{OUT}$。保证 T_1 管和 T_2 管同处饱和区的输入电压范围是：

$$V_{DD} - |V_{T1}| \geqslant V_{in} \geqslant V_{DD} - |V_{T1}| - \frac{V_{DD} - |V_{T2}|}{1+\sqrt{\beta_1/\beta_2}} \tag{3.3-39}$$

输出电压范围是：

$$|V_{T2}| < V_{out} < V_{DD} - |V_{DSsat1}| \tag{3.3-40}$$

比电源电压范围小 $|V_{T2}| + |V_{DSsat1}|$。忽略 λ 影响，根据 T_1 和 T_2 管饱和电流相等，可得输出和输入电压关系：

$$V_{out} = -\sqrt{\frac{KP_1(W/L)_1}{KP_2(W/L)_2}}(V_{in} - V_{DD} + |V_{T1}|) + |V_{T2}| \tag{3.3-41}$$

因此可知，只要处于饱和区，饱和 MOS 管负载反相放大级的输入输出之间即成线性关系。

图 3.27(b)表示小信号等效电路，其中 $v_{gs1} = v_{in}$，$v_{gs2} = -v_{out}$。低频增益为：

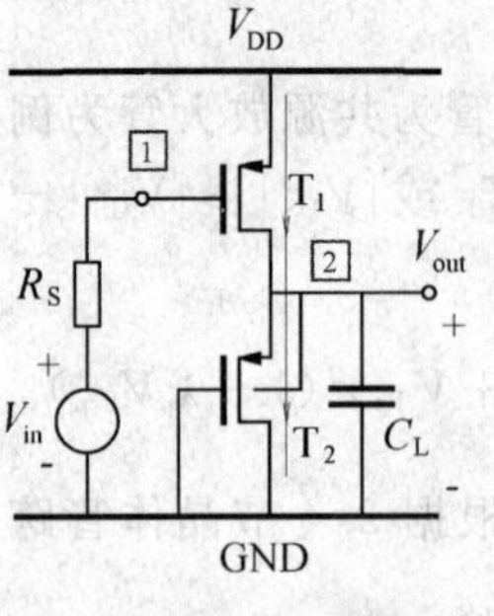

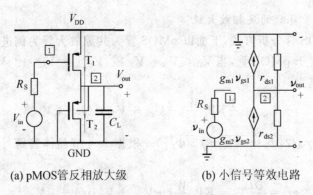

(a) pMOS管反相放大级

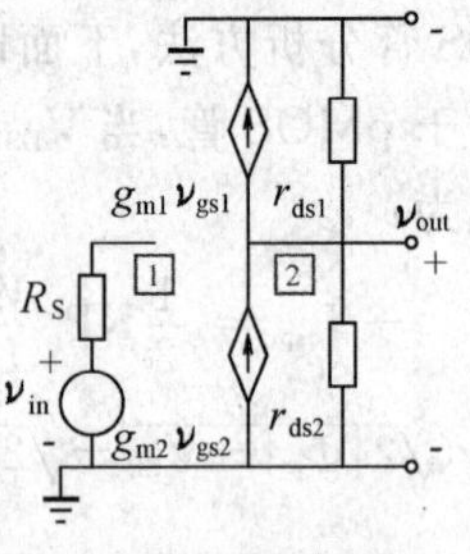

(b) 小信号等效电路

图 3.27　饱和 MOS 管负载的反相放大级

$$A_{v0}=-g_{m1}(r_{ds1}//r_{ds2}/1/g_{m2}) \tag{3.3-42}$$

在 $r_{ds}\gg 1/g_m$ 时，近似为：

$$A_{v0}=-\frac{g_{m1}}{g_{m2}}=-\sqrt{\frac{(W/L)_1}{(W/L)_2}} \tag{3.3-43}$$

因为二极管连接的负载 MOS 管交流阻抗小，所以小信号增益总是较小，并完全由晶体管相对尺寸决定，与导电因子等工艺参数无关。因此，这种反相放大级尽管放大倍数很低，但在负载管衬底接源极时可得到较精确的放大倍数。

由于输出节点总是低阻抗 $1/g_m$，主极点通常出现在输入节点。另外，由于放大倍数低，Miller 效应小，可以取得大带宽。

2. 饱和 MOS 管负载的折式反相放大级(folded inverting amplifier)

如果将二极管连接的负载管连接到输出端与 V_{DD}之间，而不是直流地之间，可得如图 3.28 所示电路，其中晶体管 T_3 起着与图 3.27(a)中 T_2 管相同的作用。一种简单的偏置方法是保证输入和输出电压基本相同，这样 T_1 和 T_3 管的电流比等于宽长比之比，电流之和等于 T_2 管的漏极电流。但是，T_3 管的交流电流 i_{ac}与输入管 T_1 中的交流电流幅值相同、符号相反，因此通过 T_1 管的交流电流经 T_3 管折回到 V_{DD}。这种结构的增益和带宽 GBW 都与饱和 MOS 管负载反相放大级相同，输入和输出直流电压可以相等并接近 GND(有利于电路工作点设计)，输出电压范围和 SR 等与 nMOS 管恒流源负载反相放大级不同。

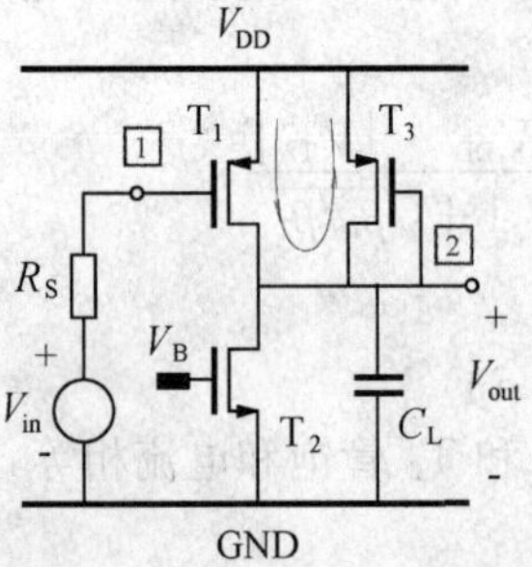

图 3.28　饱和 MOS 管负载折式反相放大级

3.4 共源共栅级联放大单元

基本 CMOS 反相放大级的低频增益与输出阻抗成正比，在不增加高阻节点的情况下，要进一步提高增益就要增加输出阻抗。特别是当沟道长度缩小（λ 增加）时晶体管输出电阻减小，更需要从电路结构方面提高输出阻抗。另外，当反馈电容限制增益带宽积时，需要通过减小 Miller 效应扩大频率响应范围。共源共栅级联结构就是可以解决这些问题的一种简单电路。由于它比前一节介绍的基本 CMOS 反相放大级更容易控制频率特性以及对于确定的增益带宽积能够设计出特别高的低频增益并且不增加功耗，所以它被广泛用于模拟集成电路设计。这种结构的一个主要弱点是需要较高的工作电压，不适合低压电路。

3.4.1 共源共栅级联电路形式

共源共栅（cascode）级联放大级由起放大作用的共源晶体管和起阻抗变化作用的共栅晶体管构成。最基本电路形式直接由两个晶体管串联构成，如图 3.29(a) 所示。晶体管 T_1 是共源放大晶体管，输出电流由输入电压决定，并作为下一级的输入。晶体管 T_2 是起阻抗变换作用的共栅管，由共源管的输出直流电流进行偏置，漏极是输出端。

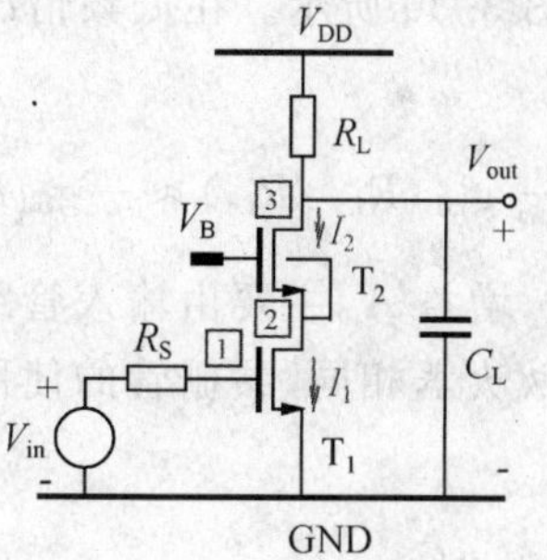

(a) 基本结构

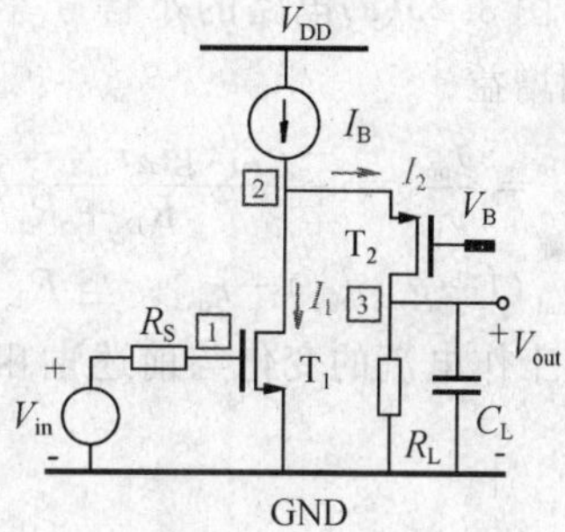

(b) 折式结构

图 3.29　共源共栅放大单元

在这个电路中，通过两个晶体管的电流相等。但从提高跨导角度讲，T_1 管希望有较大的偏置电流；从提高阻抗转换率角度讲，T_2 管希望有较小的偏置电流。因此，从最大化低频增益考虑，T_1 和 T_2 两管应当采用不同的偏置电流。实现两个管具有不同偏置电流可以采用多种方法。例如，在中间节点 2 接入一个到地或到正电源的恒流源，在保证交流量不变的情况下，调整通过两个晶体管的直流量。另外，还可以采用折式结构，如图 3.29(b) 所示，通过 T_1 管的电流 I_1 由直流输入电压确定，电流差 $I_B - I_1$ 流过晶体管 T_2，而 T_1 和 T_2 交流电流相同。

图 3.29(a) 电路中共源管和共栅管具有相同的交流电流，并通过两个晶体管从正电源

流到直流地。图3.29(b)电路中，两个接地晶体管构成交流环路，流过T_2的电流在幅值上等于T_1晶体管，但方向相反，交流电流没有能够流到正电源端，而是被折回地端，所以称这种结构为折式共源共栅(folded cascode)级联结构。这两种电路在负载电阻较小时小信号增益都是$-g_m R_L$，带宽取决于电路偏置和晶体管尺寸。虽然通过设计可以使带宽相同，但这两种电路的重要区别是过驱动特性和恢复特性不同。如果图3.29(b)电路的输入晶体管T_1处于$(V_{GS}-V_T)>V_{DS}$状态，T_1管进入非饱和区，电流I_B全部流过T_1管，T_2管关断而且源极下拉到GND。当T_2管从关断状态恢复到工作状态时，T_2管源极必须先充电到$V_B+|V_{GS2}|$，充电时间常数由该节点总电容和T_1管的漏极电阻r_{ds1}决定。由于r_{ds1}较高，造成较长的恢复时间。另一方面，如果T_1管关断，电流I_B的存在使T_2管必须维持在工作状态，T_1管漏极在电压$V_B+|V_{GS2}|$下保持低阻抗$(1/g_{m2})$，因此T_1管可以迅速从关断状态转换到工作状态。对于图3.29(a)电路没有这种问题。T_1管$(V_{GS}-V_T)>V_{DS}$，T_2进入非饱和区。T_1管截止，T_2截止。一旦T_1再导通，T_2管迅速跟随T_1管。

3.4.2 低阻负载共源共栅级联放大级(宽带放大级)

宽带放大器一般增益要求不高，但要求有很大的带宽。低负载电阻$(R_L<r_{ds})$的共源共栅电路就可以在保持电阻负载共源反相放大级的增益情况下扩大带宽，构成宽带共源共栅级联放大级。图3.29(a)电路的小信号等效电路如图3.30所示。在低频情况下忽略所有电容可以得到增益：

$$A_{v0}=\frac{v_{out}}{v_{in}}=\frac{-g_{m1}(g_{m2}r_{ds2}+1)r_{ds1}R_L}{R_L+R_{Lc}}\approx -g_{m1}(R_L//R_{Lc})\approx -g_{m1}R_L \qquad (3.4\text{-}1)$$

其中：$R_{Lc}=r_{ds1}(1+g_{m2}r_{ds2})+r_{ds2}$。当$R_L$小于$R_{Lc}$时，增益$A_{v0}$主要由输入管跨导和负载电阻决定，$A_{v0}$随工作电流的变化与前述电阻负载共源放大器相同，共栅管的使用并没有改变低频增益。

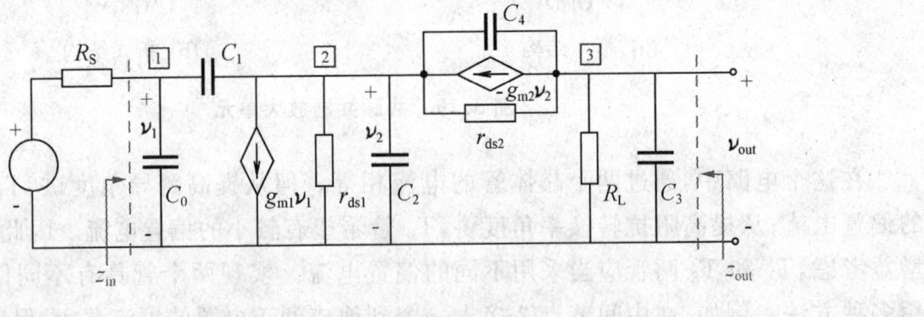

图3.30 小信号等效电路

从等效电路可以得到T_1管的增益：

$$\frac{v_2}{v_{in}}=\frac{-g_{m1}r_{ds1}(R_L+r_{ds2})}{R_L+R_{Lc}}=-g_{m1}\left(r_{ds1}//\frac{R_L+r_{ds2}}{1+g_{m2}r_{ds2}}\right) \qquad (3.4\text{-}2)$$

根据共源电路分析，从 T_1 管的漏极往里看输出电阻(r_{ds1})高。根据共栅管分析，从 T_2 管源极往里看输入电阻$[(R_L+r_{ds2})/(1+g_{m2}r_{ds2})\approx 1/g_{m2}]$很低，这样两级之间在这里得到很好耦合。小信号计算可以对两个晶体管分别进行。T_2 管的输入阻抗作为 T_1 管的负载，T_1 管的输出阻抗作为 T_2 管信号源的内阻。对于低负载电阻($R_L<R_{Lc}$)情况，增益近似为：

$$\frac{\nu_2}{\nu_{in}}\approx -\left(1+\frac{R_L}{r_{ds2}}\right)\frac{g_{m1}}{g_{m2}}\approx -\left(1+\frac{R_L}{r_{ds2}}\right)\sqrt{\frac{W_1L_2}{L_1W_2}} \tag{3.4-3}$$

如果 T_1 和 T_2 的 W/L 相同，R_L 近似为 r_{ds2}，则 $\nu_2/\nu_{in}=-2$。可见由于共栅管 T_2 的使用导致 T_1 管的放大能力非常低，这就是减小 Miller 效应的原因。

电路的输出节点电阻为：

$$r_{out}=R_L//R_{Lc}=\frac{R_LR_{Lc}}{R_L+R_{Lc}} \tag{3.4-4}$$

它等于从输出端向共栅晶体管看的电阻与负载电阻的并联。

高频情况下，考虑等效电路中所有电容后，从 ν_{in} 到 ν_{out} 的增益包含三个极点、两个零点。分母 s 三次多项式的一次项系数为：

$$a=R_S\left[C_0+C_1\left(1+g_{m1}r_2+\frac{r_2}{R_S}\right)\right]+r_2\left(C_2+C_4\frac{1+R_L/r_{ds1}}{1+R_L/r_{ds2}}\right)+r_{out}C_3 \tag{3.4-5}$$

其中：$r_2=r_{ds1}//(r_{ds2}+R_L)/(1+g_{m2}r_{ds2})=r_{ds1}(R_L+r_{ds2})/(R_L+R_{Lc})$。因为负载电阻和节点 2 电阻($1/g_m$)很小，输出节点和中间节点 2 的时间常数对主极点影响可以忽略。这种情况下，主极点频率近似为：

$$f_d\approx\frac{1}{2\pi R_S[C_0+(1+g_{m1}/g_{m2}+1/g_{m2}R_S)C_1]} \tag{3.4-6}$$

其中：$C_0=C_{gs1}$，$C_1=C_{dg1}$。正如前面分析，T_2 管的输入阻抗在小负载电阻 R_L 时近似为 $1/g_{m2}$，T_1 管的主极点形成在输入节点。由于 T_1 管的增益为 $g_{m1}/g_{m2}\approx 1$，C_{dg1} 的 Miller 因子比较小，Miller 效应可以忽略。这是共源共栅级联放大级的主要优点之一，即反馈电容 C_{dg1} 没有被放大成总增益的倍数，而只有约 1 到 3 倍(主要取决于实际的 g_m 值)。因此，与共源放大器比较，它的增益基本不变，共栅管提高了主极点频率、增加了放大器的增益带宽积。

3.4.3　恒流源负载共源共栅级联放大级(高增益放大级)

如果采用恒流源 I_B 负载，如图 3.31 所示，低频增益为：

$$A_{\nu 0}=-g_{m1}(r_{out1}//r_{out2}) \tag{3.4-7}$$

其中：$r_{out1}=r_{ds2}+r_{ds1}(1+g_{m2}r_{ds2})$，$r_{out2}=r_{ds4}+r_{ds3}(1+g_{m4}r_{ds4})$。

如果 $g_mr_{ds}\gg 1$，总输出电阻近似为：

$$r_{out}\approx(g_{m2}r_{ds1}r_{ds2})//(g_{m4}r_{ds3}r_{ds4}) \tag{3.4-8}$$

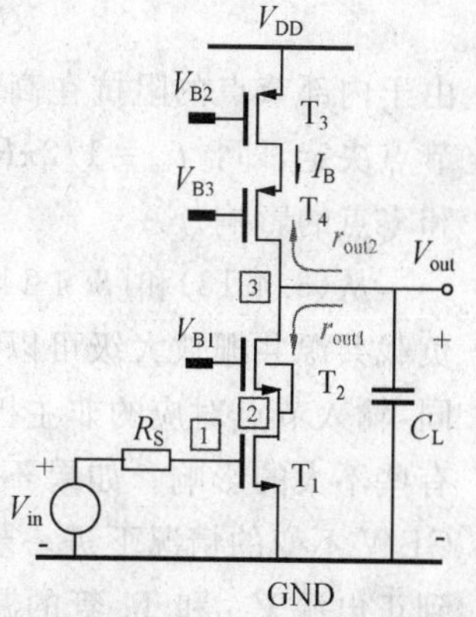

图 3.31　电流源负载共源共栅放大级

当 $r_{out1}=r_{out2}$ 时，增益 A_{v0} 可以简化为：

$$A_{V0} \approx -g_{m1} r_{ds1} g_{m2} r_{ds2}/2 \tag{3.4-9}$$

A_{v0} 的值大约是单管恒流源负载放大级增益的两倍(以 dB 为单位)，这主要取决于每个管的工作电流。在弱反型区，$g_m r_{ds}$ 不随工作电流变化，等于 $1/\lambda n(kT/q)$，在 50 dB 左右，因而共源共栅级联放大级可以实现约 100 dB 的增益。

如果将 g_m 和 r_{ds} 表达式代入(3.4-8)式，可得总输出电阻与工作电流 I_B 的关系：

$$r_{out} = \frac{I_B^{-3/2}}{\dfrac{\lambda_1\lambda_2}{\sqrt{2KP_2(W/L)_2}}+\dfrac{\lambda_3\lambda_4}{\sqrt{2KP_4(W/L)_4}}} \tag{3.4-10}$$

可见输出电阻与工作电流 $-3/2$ 次方成正比。在强反型区，根据(3.4-7)式，低频增益值为：

$$A_{v0} = -\frac{1}{I_B}\frac{\sqrt{2KP_1(W/L)_1}}{\dfrac{\lambda_1\lambda_2}{\sqrt{2KP_2(W/L)_2}}+\dfrac{\lambda_3\lambda_4}{\sqrt{2KP_4(W/L)_4}}} \tag{3.4-11}$$

增益随电流增大按 -1 次方关系减小。与共源放大级比较，电流的影响更大。

在高频情况下，由于负载电阻很大，主极点一般由输出节点决定，非主极点由输入节点和中间节点(输入管的漏极)共同决定。如果信号源内阻远小于中间节点电阻，第一非主极点由中间节点决定。分析假设信号源内阻为 0，主极点频率近似为：

$$f_d = 1/2\pi(r_{out1}//r_{out2})C_L \tag{3.4-12}$$

增益带宽积为：

$$GBW = g_{m1}/2\pi C_L \tag{3.4-13}$$

非主极点频率近似为：

$$f_{nd} = g_{m2}/2\pi(C_1+C_2+C_4) \tag{3.4-14}$$

在非主极点的频率下，内部节点 2 的电阻降为 $1/g_{m2}$。为保证 PM$>70°$，即 $f_{nd}>3$GBW，要求：

$$C_L/(C_{gs2}+C_{ds1}+C_{dg1}+C_{ds2}) > 3g_{m1}/g_{m2} \tag{3.4-15}$$

由于内部节点的阻抗在高频情况下很小，如果输入节点电阻较大，第一非主极点可能由输入节点决定，即：$f_{nd}=1/2\pi R_S C_0$。对于相位裕度更准确的估计，需要同时考虑两个非主极点和零点的影响。

从(3.4-13)和(3.4-11)式可以看到，GBW 与恒流源负载单管共源放大级相同，恒流源负载共源共栅放大级可以得到更高的低频增益。由于 T_1 管的增益与没加共栅管的情况相同，输入节点对应的非主极点频率不变，但是增加的内部节点产生的非主极点将对相位裕度有些不大的影响。如果不改变 T_1 管的直流电流，而减小其他管的直流电流，可以在保持 GBW 不变的情况下进一步增加低频小信号增益。对于图 3.31 电路，只要将一个电流源接到正电源 V_{DD} 和 T_1 管的漏极之间即可达到这一目的。

例题 14　设计一个有源负载共源共栅放大器，对于 $C_L=10$ pF，$R_S=1$ kΩ，要求 GBW$=$10 MHz，$A_{v0}=80$ dB，晶体管参数如表 2.1 所示。

解：根据(3.4-13)式，$g_{m1}=2\pi C_L \mathrm{GBW}=0.63\ \mathrm{mS}$。为使 pMOS 管和 nMOS 管电学对称性，取 $KP_n(W/L)_n=KP_p(W/L)_p$，设$(W/L)_2=\alpha(W/L)_1$，根据(3.4-11)式可得：

$$I_B=g_{m1}\sqrt{\frac{\sqrt{a}}{A_{v0}(\lambda_n^2+\lambda_p^2)}}$$

取 $\alpha=1$，$I_B=0.117\ \mathrm{mA}$，$r_{ds1}=427\ \mathrm{k\Omega}$。根据跨导求得：$(W/L)_1=21.2$。$(V_{GS1}-V_T)=0.37\ \mathrm{V}$，$V_{G1}=1.07\ \mathrm{V}$。保证 T_1 管工作在饱和区，取 $V_{G2}=1.44\ \mathrm{V}$。如果 L_1 和 L_2 取 1 μm，那么 $W_1=W_2=21.2\ \mu\mathrm{m}$。$(W/L)_p=KP_n(W/L)_n/KP_p=33.9\ \mu\mathrm{m}$，$L_4$ 取 1 μm，$W_4=33.9\ \mu\mathrm{m}$。如果 $L_3=1\ \mu\mathrm{m}$，$W_3=33.9\ \mu\mathrm{m}$，$|V_{GS3}|=|V_{Tp}|+(2I_B/KP_p(W/L)_3)^{0.5}=1.38\mathrm{V}$，$|V_{GS3}|=|V_{GS4}|$。如果 $V_{DD}=3\mathrm{V}$，$V_{G3}=1.62\mathrm{V}$，保证 T_3 管工作在饱和区，取 $V_{G4}=1.14\mathrm{V}$。$1/g_{m2}=1.59\ \mathrm{k\Omega}>R_S$，根据表(2.3-2)公式估计节点 2 总电容 C_2 易于满足 $3g_{m1}/g_{m2}=3<C_L/C_2$，可以保证相位裕度。

如果采用非共源共栅结构负载，取消 T_4 管，低频增益减小为 $A_{v0}=g_{m1}r_{ds3}=107=40.6\ \mathrm{dB}$，近似为共源共栅负载情况的一半。

通过上例可见共源共栅放大级因为晶体管数目较多，只由交流特性不能完全确定所有设计参数，设计自由度较大。例如，对于实际应用电路，L 和 α 可以根据其他要求确定这些参数。共源共栅放大级的一般设计问题可以总结为：根据(3.4-13)式、(3.4-15)式和(3.4-9)式，确定参数 I_1，W_1，L_1，W_2，L_2。同样，根据 $g_{m3}r_{ds3}g_{m4}r_{ds4}=2A_{v0}$，确定 T_3 和 T_4 管。

上面分析了小负载电阻和大负载电阻两种情况，对于一般情况负载电阻对增益的影响如图 3.32(a)所示，其中包括 v_2/v_{in} 和 v_{out}/v_{in} 两条随负载电阻变化曲线。根据(3.4-1)和(3.4-2)式，当 $R_L<r_{ds2}$ 时，$v_{out}/v_{in}=-g_{m1}R_L$，$v_2/v_{in}=-g_{m1}/g_{m2}$，Miller 效应可以忽略；当 $R_L>R_{Lc}$时，Miller 因子项很大，即：$-g_{m1}r_{ds1}=v_2/v_{in}$，因此电容 C_{dg} 也以同样的倍数被放大，电路总增益达到$(g_m r_{ds})^2$。对于大、小负载电阻的幅频特性如图 3.32(b)所示。小负载电阻情况，共源放大级插入共栅管构成共源共栅级联电路后，共栅管不影响低频增益值，只是减小共源管 Miller 效应、扩大主极点频率和增益带宽积。大负载电阻情况，与共源放大级比较，低频增益值增加，主极点频率下降，增益带宽积不变。

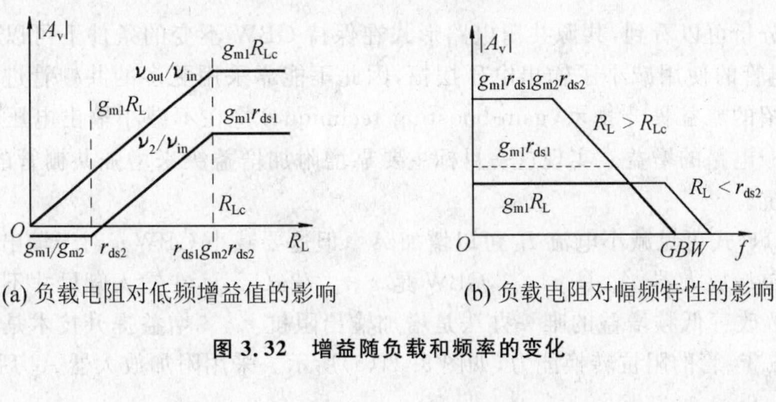

(a) 负载电阻对低频增益值的影响　　(b) 负载电阻对幅频特性的影响

图 3.32　增益随负载和频率的变化

3.4.4 噪声特性

1. 恒流源负载放大级噪声

加入噪声源后共源共栅放大电路如图 3.33 所示，根据(3.2-26)式和(3.2-38)式，总输出电流噪声为：

$$\overline{i_{\text{out}}^2}=\left[\frac{r_{\text{ds1}}(1+g_{\text{m2}}r_{\text{ds2}})}{r_{\text{out1}}+r_{\text{out2}}}\right]^2\overline{i_{\text{n1}}^2}+\left[\frac{r_{\text{ds2}}}{r_{\text{out1}}+r_{\text{out2}}}\right]^2\overline{i_{\text{n2}}^2}+\left[\frac{r_{\text{ds3}}(1+g_{\text{m4}}r_{\text{ds4}})}{r_{\text{out2}}+r_{\text{out1}}}\right]^2\overline{i_{\text{n3}}^2}+\left[\frac{r_{\text{ds4}}}{r_{\text{out2}}+r_{\text{out1}}}\right]^2\overline{i_{\text{n4}}^2}$$

$$\approx\overline{i_{\text{n1}}^2}+\overline{i_{\text{n3}}^2}+\left[\frac{1}{g_{\text{m2}}r_{\text{ds1}}}\right]^2\overline{i_{\text{n2}}^2}+\left[\frac{1}{g_{\text{m4}}r_{\text{ds3}}}\right]^2\overline{i_{\text{n4}}^2} \tag{3.4-16}$$

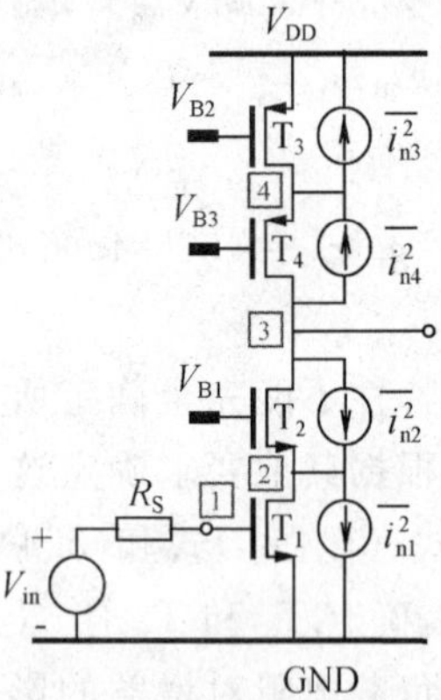

图 3.33 共源共栅放大级噪声

因为 $g_m r_{ds}$ 远大于 1，共栅管的噪声可以忽略。利用 $\overline{i_{\text{out}}^2}=g_{\text{m1}}^2\overline{\nu_{\text{nie}}^2}$ 关系，可以根据等效输出电流噪声求出等效输入电压噪声：

$$\overline{\nu_{\text{nie}}^2}=(\overline{i_{\text{n1}}^2}+\overline{i_{\text{n3}}^2})/g_{m1}^2=(1+\overline{i_{\text{n3}}^2}/\overline{i_{\text{n1}}^2})\overline{i_{\text{n1}}^2}/g_{\text{m1}}^2 \tag{3.4-17}$$

噪声因子为 $y=(1+\overline{i_{\text{n3}}^2}/\overline{i_{\text{n1}}^2})$。对于热噪声，用 $8kTg_{\text{mj}}\Delta f/3$ 代替 $\overline{i_{\text{nj}}^2}$，$(j=1,2,3,4)$，则有：

$$\overline{\nu_{\text{nie}}^2}=\frac{8}{3}\frac{kT}{g_{\text{m1}}}\Delta f\left(1+\frac{g_{\text{m3}}}{g_{\text{m1}}}\right) \tag{3.4-18}$$

噪声因子为 $y=(1+g_{\text{m3}}/g_{\text{m1}})$，与恒流源负载共源放大级的噪声近似相同。

2. 电阻负载放大级噪声

对于电阻负载，总输出电流噪声为：

$$\overline{i_{\text{out}}^2}=\left[\frac{r_{\text{ds1}}(1+g_{\text{m2}}r_{\text{ds2}})}{r_{\text{out1}}+R_{\text{L}}}\right]^2\overline{i_{\text{n1}}^2}+\left[\frac{r_{\text{ds2}}}{r_{\text{out1}}+R_{\text{L}}}\right]^2\overline{i_{\text{n2}}^2}+\overline{i_{\text{nL}}^2}\approx\overline{i_{\text{n1}}^2}+\overline{i_{\text{nL}}^2} \tag{3.4-19}$$

共栅管增加的噪声比共源管噪声小 $g_m r_{ds}$ 倍。在这种情况下，共源放大器加入共栅管起到增加带宽的作用，而增加的噪声可以忽略。

3.4.5 增益提升技术

从前面分析可以看到，共源共栅电路形式在保持 GBW 不变的条件下可以提高低频增益，但是共栅管的使用减小了输出电压摆幅，因此不能靠采用更多的共栅管进一步增加增益。下面介绍的增益提升技术(gain-boosting technique)将在不减小输出电压摆幅条件下改善共源共栅电路的增益。实现这一目标主要靠增附加增益级来增强共栅管的作用，从而增加输出阻抗。

从(3.4-11)式可见减小电流 I_D 可以增加 $A_{\nu0}$，但这要减小 GBW。对于输出节点时间决定主极点的单级放大器，$A_{\nu0}$ 是 $g_m r_{\text{out}}$，GBW 是 $g_m r_{\text{out}}/2\pi C_L r_{\text{out}}$，在输入管尺寸不变的情况下不减小 GBW 改善低频增益的唯一办法是增加输出阻抗 r_{out}。增益提升技术是通过附加放大器 A_F 增强 T_2 管的阻抗转换能力，如图 3.34(a)所示。采用附加放大器 A_F 后，T_2 管的栅

源电压从原来的 $\nu_{gs2}=-\nu_{s2}$ 变到 $\nu_{gs2}=-(A_F+1)\nu_{s2}$，等效为跨导从原来的 g_{m2} 增加到 $g_{m2}(A_F+1)$，进一步增加了输出到输入晶体管 T_1 漏极的负反馈，因此使电路的输出阻抗增加为：

$$r_{out}=[g_{m2}r_{ds2}(A_F+1)+1]r_{ds1}+r_{ds2} \tag{3.4-20}$$

总的低频电压增益变为：

$$A_{v0}=-g_{m1}r_{out}=-g_{m1}r_{ds1}[g_{m2}r_{ds2}(A_F+1)+1] \tag{3.4-21}$$

如果用共源共栅放大级作附加反馈放大器 A_F，增益提升技术可以再次用于附加放大器，因而这种结构增益提升技术可以重复使用，见图 3.34(b)。当重复次数过多时，功耗增加、反馈放大器产生的附加极点也会影高频特性。

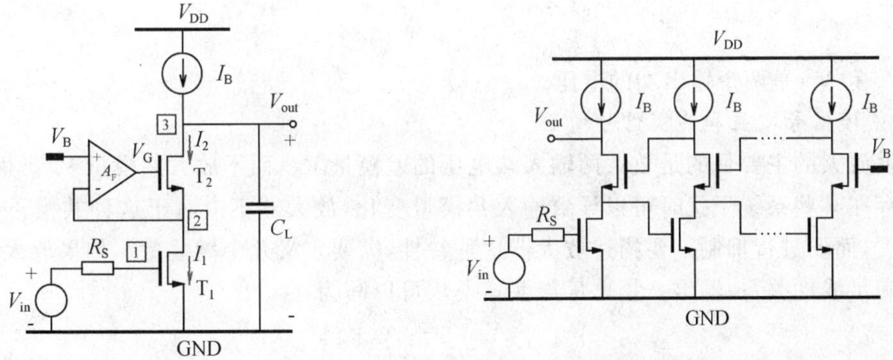

(a) 基本结构　　　　(b) 重复应用放大级结构

图 3.34　采用增益提升技术的共源共栅放大级

3.5　差模放大单元

在前面介绍的电路中，代表信号的节点电压都是相对于某一节点固定参考电平变化的单端信号。如果工作环境等变化引起的信号节点电平变化与参考节点电平变化不同，单端信号将随使用环境等发生变化。特别是半导体材料对温度非常敏感，而且芯片又不容易对温度进行屏蔽，当半导体器件作为输入级(如高增益放大)时会导致电路工作不稳定。另外，因为单端信号的节点电平与参考节点电平受各种非理想的影响不同，所以信号节点电压随电源电压和工艺参数等变化也非常大。在模拟集成电路中解决这类问题的有效方法是采用差模信号，即采用两个相对于参考电平变化的节点电压之差代表信号。差模放大单元就是只对两输入端的差模电压进行放大，而不对共模电压进行放大的基本放大电路。它经常作为放大器的输入级，是模拟电路最重要的模块电路之一。

3.5.1 基本概念

1. 差模电压和共模电压

对于两个输入端和两个输出端构成的全差模放大器，输入差模电压 V_{id} 和输入共模电压 V_{ic} 分别定义为：

$$\left.\begin{aligned} V_{id} &= V_{i1} - V_{i2} \\ V_{ic} &= (V_{i1} + V_{i2})/2 \end{aligned}\right\} \tag{3.5-1}$$

其中：V_{i1} 和 V_{i2} 是两个输入端的电压。与此类似，输出差模电压 V_{od} 和输出共模电压 V_{oc} 分别定义为：

$$\left.\begin{aligned} V_{od} &= V_{o1} - V_{o2} \\ V_{oc} &= (V_{o1} + V_{o2})/2 \end{aligned}\right\} \tag{3.5-2}$$

其中：V_{o1} 和 V_{o2} 是两个输出端的电压。

2. 差模信号增益和共模信号增益

差模放大的主要目的是放大两输入端电压的差模量 V_{id}，而不放大共模量 V_{ic}。例如，当输入端存在某些系统干扰时可以导致输入共模量变化，放大器不应对于这种共模干扰信号进行放大，而要进行抑制。要描述放大器这种特性，需要定义几个增益量。如果放大器输入与输出满足线性关系，输出差模电压与共模电压可以写为：

$$\left.\begin{aligned} V_{od} &= A_{dd} V_{id} + A_{dc} V_{ic} \\ V_{oc} &= A_{cd} V_{id} + A_{cc} V_{ic} \end{aligned}\right\} \tag{3.5-3}$$

其中：A_{dd} 表示差模输出随差模输入的变化率（差模增益），A_{dc} 表示差模输出随共模输入的变化率，A_{cd} 是共模输出随差模输入的变化率，A_{cc} 是共模输出随共模输入的变化率（共模增益）。由此可见差模输出 V_{od} 由 A_{dd} 和 A_{dc} 决定。很明显，A_{dd} 是真正的差模增益，它是实现这一电路所需要达到的目的。但是 V_{od} 也随共模输入信号 V_{ic} 变化。例如，实际电路中输入晶体管或负载电阻不对称，V_{ic} 将引起 V_{od} 变化，阈值电压 V_T 或 KP 值的微小差别将导致非零的 A_{dc} 值，等等。对于差模放大级，要求 V_{ic} 对 V_{od} 的影响越小越好。虽然共模量不被用作代表信号，研究和控制 V_{oc} 的目的是保证晶体管工作在饱和区，使放大级有稳定的工作点和线性范围。

3. 共模抑制比

为描述放大器对共模输入量的抑制能力，对于纯差模输出定义 A_{dd} 与 A_{dc} 之比为共模抑制比（common mode rejection ratio，CMRR）。在理想情况下，A_{dc} 应当为 0，它应为无限大。在非理想情况下，它主要受输入器件与负载电阻的非对称性等影响。对于实际 CMOS 电路，一般 CMRR 典型值约为 60 dB。

3.5.2 电阻负载差分对放大级

只对输入差模量放大，不对共模量放大的简单差模放大级如图 3.35 所示。它由两个匹配晶体管 T_1 和 T_2、一个偏置电流源 I_B 和两个匹配负载电阻 R_L 构成，其中晶体管 T_1 和 T_2

及电流源 I_B 组成的结构称为差分对，I_B 称为差分对的尾电流。输入管 T_1 和 T_2 由尾电流 I_B 偏置，R_L 作为输入管（即差分对）的负载，因此称为电阻负载差分对放大级。在输入差模信号为 0 时，T_1 和 T_2 管的偏置电流为 $I_B/2$。对于一定尺寸的输入管，如果适当选择负载电阻和偏置电流，在一定的输入电压范围内可以使两个输入晶体管同时处于饱和区。

1. 直流特性

(1) 差模信号的输入、输出关系式，对于图 3.35 所示基本差分对放大电路，输出差模电压为：

$$V_{od}=-R_L I_{od} \tag{3.5-4}$$

其中：$I_{od}=I_1-I_2$。因为 $I_B=I_1+I_2$，所以 $I_1=(I_B+I_{od})/2$，$I_2=(I_B-I_{od})/2$。如果 $(W/L)_1=(W/L)_2=(W/L)$，$V_{BS}=0$，忽略沟长调制效应影响，根据 MOS 管饱和区的 I-V 特性可以求得：

$$I_{od}=\begin{cases}\sqrt{KP\left(\dfrac{W}{L}\right)I_B}V_{id}\sqrt{1-\dfrac{KP(W/L)}{4I_B}V_{id}^2} & |V_{id}|\leqslant\sqrt{\dfrac{2I_B}{KP(W/L)}}\\ I_B\,\mathrm{sgn}(V_{id}) & |V_{id}|\geqslant\sqrt{\dfrac{2I_B}{KP(W/L)}}\end{cases} \tag{3.5-5}$$

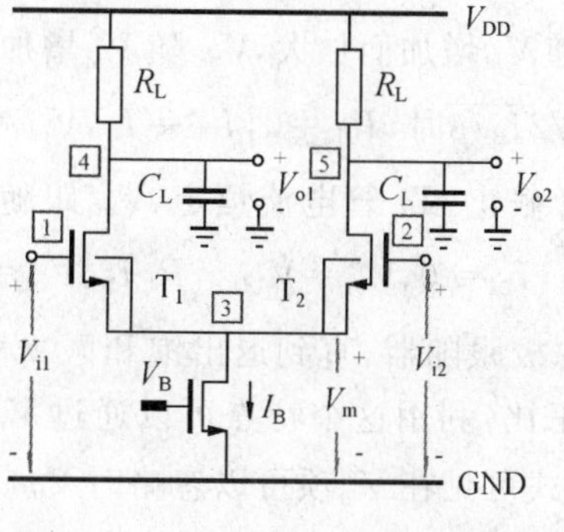

图 3.35　电阻负载 nMOS 差分对放大级

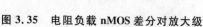

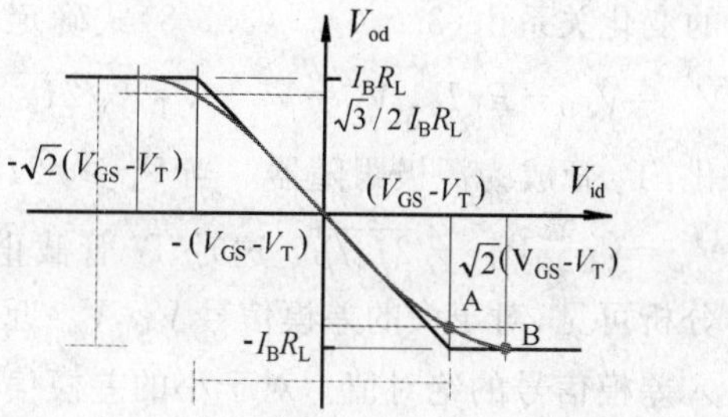

图 3.36　差分对放大级输入与输出差模电压关系

其中：$V_{id}=V_{i1}-V_{i2}$。当 $|V_{id}|<\sqrt{2I_B}/\sqrt{KP(W/L)}$ 或 $|V_{id}|<\sqrt{2}(V_{GS}-V_T)$ 时，$I_{od}<I_B$，差分对处于放大区；当 $V_{id}=\pm\sqrt{2I_B}/\sqrt{KP(W/L)}$ 时，$I_{od}=I_B$，电流 I_B 全部流过一个晶体管，另一个晶体管处于关断状态。如果进一步增加 $|V_{id}|$，即 $|V_{id}|>\sqrt{2I_B}/\sqrt{KP(W/L)}$，非关断晶体管作为源跟随器，使输入管的源极跟随输入电压变化，$I_{od}=I_B$ 保持不变。差模输出电压随输入电压的变化关系曲线如图 3.36 所示。

(2) 节点电压与输入差模和共模电压关系式，根据 $I_B=I_1+I_2$ 和(3.5-5)，可以求出输出电压 V_{o1} 和 V_{o2} 以及尾电压（T_1 和 T_2 管的源极电压）V_m 与输入差模和共模电压的关系式：

$$V_{o1}=\begin{cases}V_{DD}-\dfrac{1}{2}I_BR_L\left(1+\sqrt{\dfrac{\beta}{I_B}}V_{id}\sqrt{1-\dfrac{\beta}{4I_B}V_{id}^2}\right) & |V_{id}|<\sqrt{2I_B/\beta}\\ V_{DD}-\dfrac{1}{2}I_BR_L[1+\mathrm{sgn}(V_{id})] & |V_{id}|\geqslant\sqrt{2I_B/\beta}\end{cases}\tag{3.5-6}$$

$$V_{o2}=\begin{cases}V_{DD}-\dfrac{1}{2}I_BR_L\left(1-\sqrt{\dfrac{\beta}{I_B}}V_{id}\sqrt{1-\dfrac{\beta}{4I_B}V_{id}^2}\right) & |V_{id}|<\sqrt{2I_B/\beta}\\ V_{DD}-\dfrac{1}{2}I_BR_L[1-\mathrm{sgn}(V_{id})] & |V_{id}|\geqslant\sqrt{2I_B/\beta}\end{cases}\tag{3.5-7}$$

$$V_m=\begin{cases}\dfrac{V_{i1}+V_{i2}}{2}-V_T-\sqrt{\dfrac{I_B}{\beta}}\sqrt{1-\dfrac{\beta}{4I_B}V_{id}^2} & |V_{id}|<\sqrt{2I_B/\beta}\\ \dfrac{V_{i1}+V_{i2}}{2}-V_T-\sqrt{\dfrac{2I_B}{\beta}}+\dfrac{1}{2}|V_{id}| & |V_{id}|\geqslant\sqrt{2I_B/\beta}\end{cases}\tag{3.5-8}$$

其中：$(V_{i1}+V_{i2})/2=V_{ic}$是输入共模电压。可见输出节点电压只随输入差模信号变化，共模输出电压$(V_{o1}+V_{o2})/2$既不随V_{ic}变化，也不随V_{id}变化，是常量；尾电压V_m在差模信号很小时只随输入共模信号变化，在进行差模小信号分析时T_1和T_2的源极可近似为交流地。当$V_{ic}>V_T+\sqrt{I_B/\beta}$时，$T_1$和$T_2$管处于饱和区，各节点电压随$V_{id}=V_{i1}-V_{i2}$的变化如图3.37所示。当$|V_{id}|\leqslant\sqrt{2I_B/\beta}$时，$V_{o1}$随$V_{id}$增加而减小，$V_{o2}$随$V_{id}$增加而加大，$V_m$随$V_{id}^2$增加，具体的变化关系由(3.5-6)～(3.5-8)式确定。当$V_{id}\leqslant-\sqrt{2I_B/\beta}$时，$I_{D1}=0$，$I_{D2}=I_B$，$V_{o1}=V_{DD}$，$V_{o2}=V_{DD}-R_LI_B$，$V_m=V_{i2}-V_T-\sqrt{2I_B/\beta}$。由于$T_1$管截止、$T_2$管电流恒定，$V_m$跟随$V_{i2}$变化，$T_2$管成为源极跟随器。当$V_{id}\geqslant\sqrt{2I_B/\beta}$时，$I_{D1}=I_B$，$I_{D2}=0$，$V_{o1}=V_{DD}-R_LI_B$，$V_{o2}=V_{DD}$，$V_m=V_{i1}-V_T-\sqrt{2I_B/\beta}$。这时$T_2$管截止，$T_1$管成为源极跟随器，直到退出饱和区。从上述分析可见，对于大的差模信号V_{id}，V_m近似与$|V_{id}|$成正比，利用这个特点可以通过V_m求输入差模信号的绝对值。对于小的差模信号，由(3.5-8)式可见在V_{id}^2项可以忽略时V_m是个常量，T_1和T_2作近似为共源放大器。

(3) 匹配特性，MOS晶体管的重要参数有V_T、β、λ和γ，在集成电路加工中这些参数存在随机偏差，这将导致匹配晶体管的电学特性失配。两晶体管的阈值电压偏差ΔV_T由氧化厚度、衬底杂质浓度不同所引起，一般约在10 mV到25 mV。导电因子$\beta=\mathrm{KP}(W/L)$的偏差$\Delta\beta$与氧化厚度和迁移率有关，典型$\Delta\beta/\beta$值在0.1%～10%。体效应因子偏差$\Delta\gamma$由氧化厚度和杂质浓度变化所引起，典型$\Delta\gamma/\gamma$值是0.05%～5%。另外，由于$\lambda\neq0$，电学的非对称性，如$V_{DS1}\neq V_{DS2}$，也将引起失配。

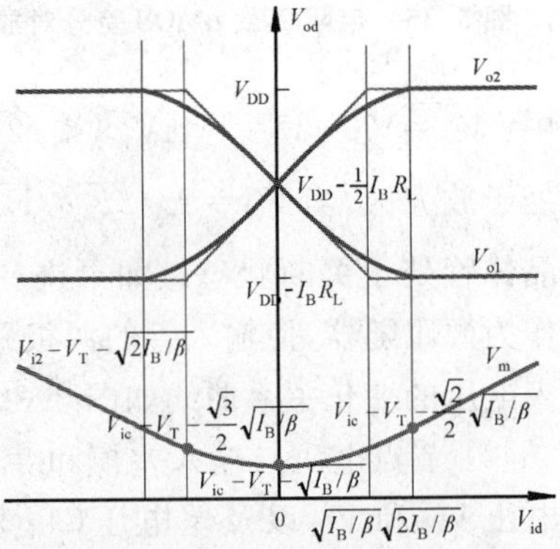

图3.37 差分对放大级各节点电压随输入电压变化

饱和区差分对两输入管的电流比为：

$$\frac{I_2}{I_1}=\left(\frac{\beta_2}{\beta_1}\right)\left(\frac{V_{gs2}-V_{T2}}{V_{gs1}-V_{T1}}\right)^2\left(\frac{1+\lambda_2 V_{ds2}}{1+\lambda_1 V_{ds1}}\right) \tag{3.5-9}$$

由此可以求出在输入差模电压($V_{gs1}-V_{gs2}$)为 0 时,两输入晶体管失配引起电流差为:

$$\Delta I_{12}=I_1-I_2=AI_{DS1} \tag{3.5-10}$$

失配系数 A 为:

$$A=\frac{|\Delta\beta_{12}|}{\beta_1}+\frac{2|\Delta V_{T12}|}{V_{GS1}-V_{T1}}+\frac{|\Delta(\lambda V_{DS})_{12}|}{1+\lambda_1 V_{DS1}} \tag{3.5-11}$$

其中:$\Delta\beta_{12}=\mathrm{KP}_1(W/L)_1-\mathrm{KP}_2(W/L)_2$,$\Delta V_{T12}=V_{T1}-V_{T2}$,$\Delta\lambda V_{DS}=\lambda_1 V_{DS1}-\lambda_2 V_{DS2}$。可见增加 $V_{GS1}-V_{T1}$ 可减小 V_T 失配的影响,使 V_{DS1} 等于 V_{DS2} 可减小 λ 失配的影响,合理的版图结构可以减小 β 失配的影响。

2. 小信号特性

当 V_{id} 值很小时,由(3.5-5)式可得电压增益:

$$\nu_{od}=-R_L i_{od}=-R_L\sqrt{\mathrm{KP}(W/L)I_B}\,\nu_{id} \tag{3.5-12}$$

它可以写成:

$$\nu_{od}=-g_m R_L \nu_{id} \tag{3.5-13}$$

其中:$g_m=g_{m1}=g_{m2}$ 是电流为 $I_B/2$ 时单个晶体管跨导。可见偏置电流为 I_B 的差分对放大级小信号增益与偏置电流为 $I_B/2$ 的单个共源管放大级相同。

由于尾恒流源的作用,流过两个输入晶体管的交流电流($g_m V_{id}/2$)大小相等、方向相反,因此两个管的栅源电压 ν_{gs} 交流小信号值也相等,但极性相反。这样,小信号值 ν_m 等于($\nu_{i1}+\nu_{i2}$)/2,类似的结果也可以从(3.5-8)式得到。对于对称差模小信号输入 $\nu_{i2}=-\nu_{i1}$,则有 $\nu_{id}=2\nu_{i1}$,$\nu_{ic}=0$,$\nu_m=0$,$\nu_{gs1}=-\nu_{gs2}$;对于共模小信号 $\nu_{i1}=\nu_{i2}$,则 $\nu_{id}=0$,$\nu_{ic}=\nu_{i1}$,$\nu_m=\nu_{i1}$,$\nu_{gs1}=\nu_{gs2}=0$,这时没有交流电流流过输入晶体管;如果 $\nu_{i2}=0$,则 $\nu_{id}=\nu_{i1}$,$\nu_{ic}=\nu_{i1}/2$,$\nu_m=\nu_{i1}/2$,$\nu_{gs1}=-\nu_{gs2}$,这时交流小信号是完全对称的,交流电流是第一种情况的一半,如图3.38 所示。在分析电路的交流小信号特性时,可以分别画出差模等效电路和共模等效电路研究其差模和共模特性。在完全对称的情况下,可用等效半电路分析。对于图 3.35 差分对放大级,差模信号等同于电阻负载单管共源放大器,共模信号等同于单管跟随器。前面对单管的分析结果同样适用于差分对放大级,因此不再赘述。

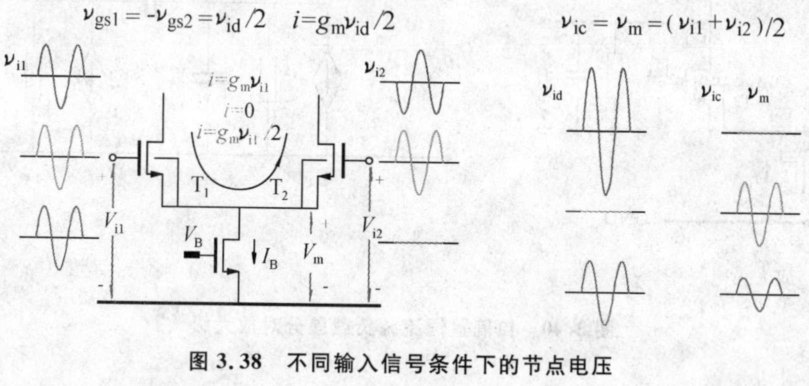

图 3.38　不同输入信号条件下的节点电压

3.5.3 电流源负载差分对放大级

1. 负载形式

(1) 恒流源负载差分对放大级。为得到高电压增益，差分对需要采用恒流源负载，这样可以得到与恒流源负载单管共源放大级完全相同的小信号增益。但是，使用恒流源负载存在偏置问题，即要求偏置保证负载电流之和精确地等于尾电流 I_B，实际实现时这是比较困难的。图 3.39 给出一种带偏置电路的简单恒流源负载差分对构成的差模放大电路。晶体管 T_5 和 T_6 连成二极管形式，它们与 R_B 一起设定基准电流 $I_R=(V_{DD}-GND-V_{SD5}-V_{DS6})/R_B$。由于 $T_{3,4}$ 和 T_5 管的宽长比和栅源电压相同，所以电流都为 I_R。又由于 T_6 和 T_7 管的栅源电压相同，但宽长比增加一倍，因此通过 T_7 管的电流为 $I_B=2I_R$，它等于 T_1 和 T_2 管电流之和。这种电路当晶体管失配和 V_{DS} 不同时都能引起误差，因而特性难以控制。在实际使用中，可行的方法是恒流源管的偏置电压由输出共模电压控制，在保证 T_3 和 T_4 管的电流和等于 I_B 的情况下获得稳定的输出共模量，相关内容将在 4.5 节全差模放大器中介绍。

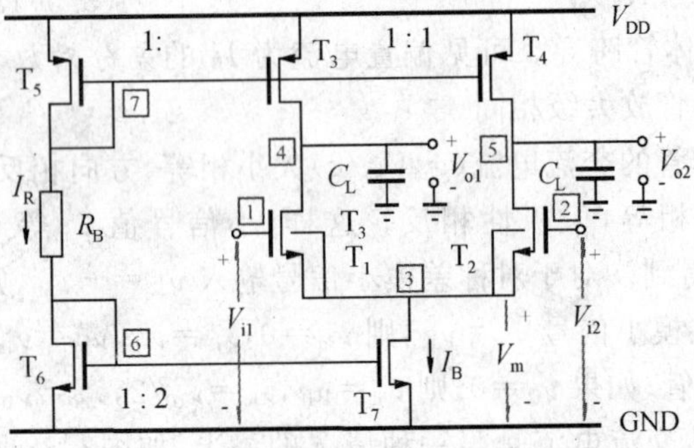

图 3.39 恒流源负载差分对放大级

(2) 自偏置恒流源负载差分对放大级：在图 3.40(a)中，作为 T_2 管负载的恒流源管 T_4 由二极管连接形式的 T_3 管驱动，构成自偏置恒流源负载差分对放大级。因为 $V_{GS4}=V_{GS3}$，如果 T_3 和 T_4 管尺寸相同并工作在饱和区，T_4 管的电流跟随 T_3 管电流 1∶1 变化，T_4 管的电流就是 T_3 管的镜象，因此 T_3 和 T_4 构成的这种形式通常称为电流镜，整个电路也称为电流镜负载差分对放大级。

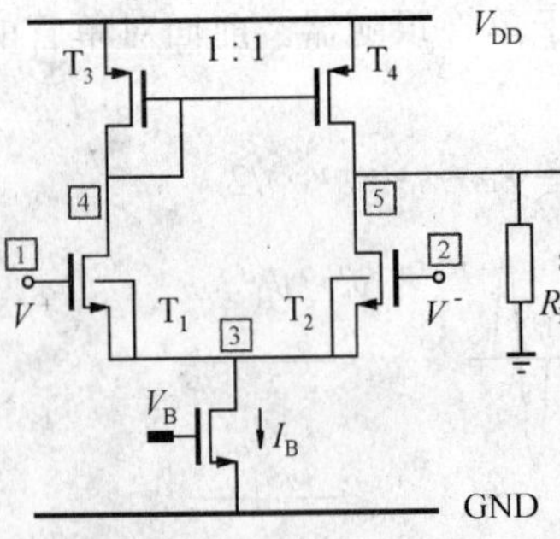

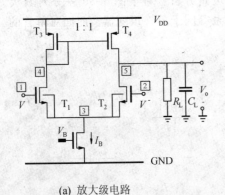

(a) 放大级电路

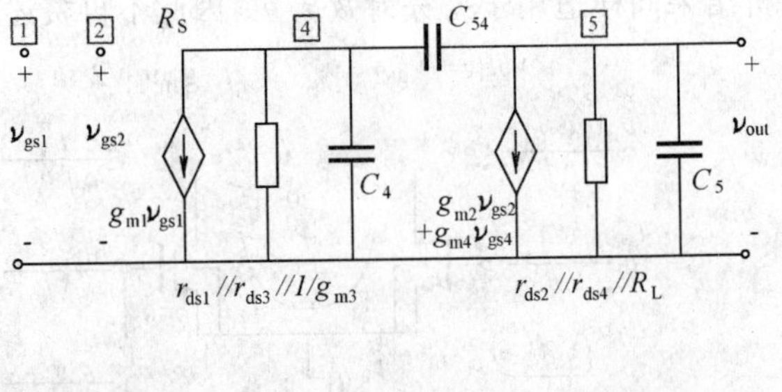

(b) 小信号等效电路

图 3.40 自偏置恒流源负载差分对放大级

如果 T_3 和 T_4 管匹配很好，那么在全部晶体管中的直流电流都相同，均为 $I_B/2$。由于 1∶1 电流镜负载的作用，T_1 管的交流电流 i_{ds1} 被镜像到 T_4 管，使得流过负载的电流成为 $2i_{ds1}=2g_{m1}\nu_{gs1}=g_m\nu_{id}$，因而完成双端输入差模信号到单端差模输出信号的转变。但是，这种负载结构破坏了电路的对称性。对于 T_1 管，T_3 管产生较大的压降（V_{sd3}）和较小的交流阻抗（在低频时 $1/g_{m3}$），而对于 T_2 管，T_4 管可以提供变化大的压降（V_{sd4}）和更高的交流阻抗（低频时 r_{ds4}）。这种非对称性将产生失调和其他一些不良影响。

2. 小信号特性

当图 3.40(a)电路的器件完全匹配时，差模等效电路如图 3.40(b)所示，T_1 和 T_2 管的源极是交流地。在低频情况下，忽略所有电容和 R_L，由等效电路可以求得增益近似结果：

$$A_{\nu0}=\frac{\nu_{out}}{\nu_{id}}\approx g_m(r_{ds2}//r_{ds4})=\frac{2}{\lambda_2+\lambda_4}\sqrt{\frac{KP_1W_1}{L_1I_B}} \tag{3.5-14}$$

（精确结果参见 4.2 节），由此看到电压增益与偏置电流的平方根成反比。

这种差模放大器在理想情况下共模输入电压对差模输出的影响为零，因为电流镜将共模量全部抵消。但是，当器件存在失配时，差模输出将会存在共模响应。

考虑电容作用后，由于 T_1 管漏极节点阻抗远低于输出节点阻抗，一般情况下主极点频率由输出节点时间常数决定，这时带宽近似为：

$$f_d=/2\pi r_{out}C_L \tag{3.5-15}$$

其中：r_{out}是输出节点 5 的电阻。增益带宽积为：

$$GBW=g_m/2\pi C_L \tag{3.5-16}$$

非主极点形成在 T_1 管漏极节点。另外，由于输入管源极交流电压不总为零，也可能引起第二非主极点。

3. 压摆率

对于高频大信号，输出将受到压摆率限制。当输入差模电压值达到 $\sqrt{2I_B}/\sqrt{KP_1(W/L)_1}$ 或$\sqrt{2}(V_{GS1}-V_{Tn})$时，所有的电流 I_B 只通过一个输入晶体管，而另一个输入管进入截止区，输出电压随时间变化达到最大值。如果在进一步增加 V_{id}，输入管尾电压跟随输入变化，输出电流保持恒定值 I_B，对应的压摆率为：

$$SR=I_B/C_L \tag{3.5-17}$$

反映大信号特性的 SR 与反映小信号特性的 GBW 之比为：

$$SR/2\pi GBW=I_B/g_m \tag{3.5-18}$$

在强反型时，$I_B/g_m=V_{GS}-V_T$。对于小偏置电流这个比值较小，即 SR 远小于 GBW，随输出信号幅值增加频率特性很快恶化。另外，由于 SR 与偏置电流一次方成正比，而低频增益与 I_B 的平方根成反比，I_B 增大 SR 增加，但是 $A_{\nu0}$ 将减小。

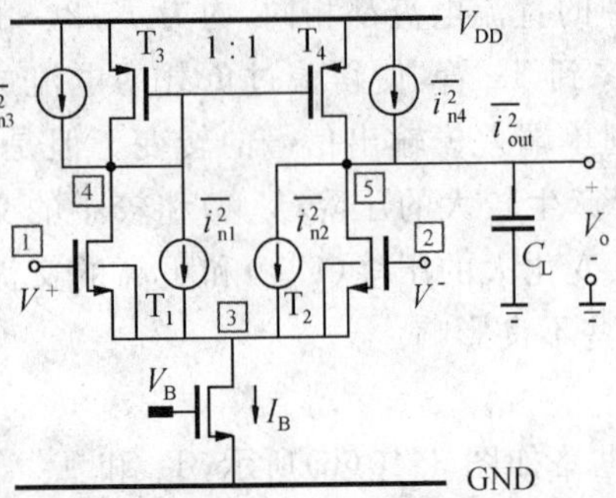

图 3.41　考虑噪声电流的差模放大级

3.5.4　噪声特性

1. 恒流源负载放大器噪声

考虑噪声源后差分对放大电路如图 3.41 所示。由于尾电流 I_B 的噪声以共模形式作用于输出端，与其他噪声源比较对输出影响较小，因此忽略了 I_B 的噪声。在这种情况下，总输出电流噪声为：

$$\overline{i^2_{out}} = \overline{i^2_{n1}} + \overline{i^2_{n2}} + \overline{i^2_{n3}} + \overline{i^2_{n4}} = g^2_{m1}\overline{\nu^2_{n1}} + g^2_{m2}\overline{\nu^2_{n2}} + g^2_{m3}\overline{\nu^2_{n3}} + g^2_{m4}\overline{\nu^2_{n4}} \tag{3.5-19}$$

如果等效输出电流噪声用等效输入电压噪声表示，可用$\overline{i^2_{out}} = g^2_{m1}\overline{i^2_{nie}}$关系求出：

$$\overline{\nu^2_{nie}} = \overline{\nu^2_{n1}} + \overline{\nu^2_{n2}} + \left(\frac{g_{m3}}{g_{m1}}\right)^2(\overline{\nu^2_{n3}} + \overline{\nu^2_{n4}}) \tag{3.5-20}$$

其中：$g_{m1} = g_{m2}$，$g_{m3} = g_{m4}$。如果$\overline{\nu^2_{n1}} = \overline{\nu^2_{n2}}$，$\overline{\nu^2_{n3}} = \overline{\nu^2_{n4}}$，则有：

$$\overline{\nu^2_{nie}} = 2\overline{\nu^2_{n1}}\left[1 + \left(\frac{g_{m3}}{g_{m1}}\right)^2\frac{\overline{\nu^2_{n3}}}{\overline{\nu^2_{n1}}}\right] \tag{3.5-21}$$

它比恒流源负载共源放大器噪声增加一倍。

在低频情况下，主要是 $1/f$ 噪声，将$\overline{\nu^2_{nj}} = \frac{K_{FV_j}}{f(WL)_j}\Delta f$ 代入(3.5-21)式有：

$$\overline{\nu^2_{nie}} = \frac{2K_{FV1}}{fW_1L_1}\left[1 + \frac{KP_3K_{FV_3}}{KP_1K_{FV_1}}\left(\frac{L_1}{L_3}\right)^2\right]\Delta f \tag{3.5-22}$$

其中：$K_{FVj} = K_{Fj}/(2C_{ox}KP_j)$，$K_{Fj}$ 为闪烁噪声系数。在高频情况下，以热噪声为主，$\overline{\nu^2_{nj}} = \frac{8kT}{3g_{mj}}\Delta f$，总噪声为：

$$\overline{\nu^2_{nie}} = 2\left(1 + \frac{g_{m3}}{g_{m1}}\right)\frac{8kT}{3g_{m1}}\Delta f = \frac{16kT}{3\sqrt{2KP_1I_1(W/L)_1}}\left(1 + \sqrt{\frac{KP_3(W/L)_3}{KP_1(W/L)_1}}\right)\Delta f \tag{3.5-23}$$

如果负载晶体管的沟道长度 L_3 远大于输入晶体管 L_1，那么与 $1/f$ 噪声相关的输出噪声主要由输入晶体管噪声决定。如果负载管的宽长比远小于输入晶体管，总热噪声主要由输入晶体管噪声决定。等效输入噪声电压功率是单管放大级的两倍。即差模放大比单管放大器的等效输入噪声电压大$\sqrt{2}$倍。对于 pMOS 电流镜负载的 nMOS 差分对放大级，KP_1/KP_3 约在 2～3 之间，进一步减小热噪声需要减小$(W/L)_3/(W/L)_1$。如果为得到大增益使 r_{ds2} 等于 r_{ds4}，那么要求 $L_3/L_1 = V_{En}/V_{Ep}$。对于 n 阱 CMOS 工艺，$V_{Ep} > V_{En}$，$L_3 < L_1$，所以减小噪声只有减小 W_3/W_1。根据(3.5-23)式，热噪声优化条件可以取为：

$$g_{m3} \leqslant g_{m1} \tag{3.5-24}$$

这时的等效噪声输入电压满足：

$$\overline{\nu_{\mathrm{nie}}^{2}} \leqslant 4\overline{\nu_{\mathrm{n1}}^{2}} \tag{3.5-25}$$

另外，I_B、V_{DD}和 GND 也都与噪声有关，但是它们都是共模信号，对输出影响不大。

2. 电阻负载放大器噪声

对于电阻负载差分对放大器，只考虑热噪声时，$\overline{\nu_{\mathrm{n3}}^{2}}=4kT\cdot R_L\Delta f$，噪声为：

$$\overline{\nu_{\mathrm{nie}}^{2}} = 2\overline{\nu_{\mathrm{in}}^{2}}\left[1+\left(\frac{1}{g_{\mathrm{m1}}R_L}\right)^2\frac{\overline{\nu_{\mathrm{n3}}^{2}}}{\overline{\nu_{\mathrm{n1}}^{2}}}\right]=2\frac{8kT}{3g_{\mathrm{m1}}}\left[1+\frac{3}{2g_{\mathrm{m1}}R_L}\right]\Delta f \tag{3.5-26}$$

只要 $g_m R_L$ 大丁 3/2，上式括号中第二项小于 1，负载噪声小于晶体管噪声。$g_m R_L$ 是共源管增益，一般远大于 3/2，它的噪声比恒流源负载小。因为噪声量是功率，没有极性，等效输入噪声电压可以串联在差模放大器的任何一端。

例题 15 假设电流镜负载 nMOS 差分对放大器的增益带宽积为 2MHz(C_L=10 pF，R_L=20 kΩ)，差模输入电压范围是±0.5 V，采用表 2.1 所示晶体管参数，求优化热噪声特性所需要的电流 I_B 和 W、L 值？

解：$g_{\mathrm{m1}}=2\pi C_L \mathrm{GBW}=126\ \mu\mathrm{S}$。差分对处于放大区的输入电压范围是：$|V_{id}|\leqslant\sqrt{2}(V_{GS}-V_T)$。$V_{id}=0.5$ V 时，$(V_{GS}-V_T)=0.35$ V。$(W/L)_1=g_{\mathrm{m1}}/\mathrm{KP}/(V_{GS1}-V_T)=4.49$，取 $L_n=1\ \mu\mathrm{m}$，则 $W_n=4.5\ \mu\mathrm{m}$。$I_{DS1}=0.5\mathrm{KP}_n(W/L)_1(V_{GS1}-V_T)^2=22\ \mu\mathrm{A}$，$I_B=2I_{DS1}=44\ \mu\mathrm{A}$。优化热噪声要求 $(W/L)_p\ll(W/L)_n$，取 $(W/L)_p=0.25$ 和 $L_p=4\ \mu\mathrm{m}$，则 $W_p=1\ \mu\mathrm{m}$。$g_{\mathrm{m3}}=\sqrt{2\mathrm{KP}_p(W/L)_3 I_{ds3}}=25.7\ \mu\mathrm{S}$。总输入等效噪声与输入晶体管噪声比为 $y=2(1+g_{\mathrm{m3}}/g_{\mathrm{m1}})=2.4$，接近最小值 2，负载管相对于输入管对总噪声的影响较小。在室温下，等效输入噪声电压为 $\sqrt{\frac{\overline{\nu_{\mathrm{nie}}^{2}}}{\Delta f}}=\sqrt{\frac{8kT}{3}\frac{y}{g_{\mathrm{m1}}}}=4.2\left(\frac{nV_{\mathrm{RMS}}}{\sqrt{Hz}}\right)$。

3.6 输 出 级

在小信号情况下，当驱动低阻抗负载时，电压放大器需要具有更小输出阻抗。当输出信号增大到一定程度后，小信号近似失去意义，要在小阻值电阻上取得较大的输出电压摆幅，要求放大器具有足够大的电流输出能力。对于大电容值负载，要满足实时响应，也要求具有很大的输出电流对电容进行充、放电。为了满足这些要求，放大器必须采用具有低输出阻抗和大电流输出能力的输出级。

CMOS 输出级的基本作用是实现电流转换，它具有高电流增益和低电压增益。对输出级的一般要求是：① 以电流、电压形式提供功率输出；② 防止信号失真；③ 高效率地将从电源获得的功率输出到负载；④ 大输出信号摆幅范围；⑤ 对异常状态（短路、过热等）进行保护。第一项是输出级的主要任务。由于随着信号幅值增加非线性失真增加以及 nMOS 和 pMOS 管的非对称性使某些电路产生交越失真，因此需要第二项要求。第三项要求说明在提供足够功率输出的同时，输出级本身的功耗越小越好，这对低功耗电路尤为重要。随着电源电压下降，为保证足够大的信号量，第四项要求变得越来越重要，特别是对于低压电路。对于第五项要求，由于MOS晶体管电流－电压和温度特性所定，CMOS输出级通常都可以满足。本节主要研究基本的甲类和甲乙类输出级电路以及丁类输出级。

3.6.1 甲类输出级

器件在 2π 相位范围内输出随输入变化构成的输出级是甲类输出级。典型的甲类输出电路有恒流源负载共源输出级和共漏源极跟随器输出级。

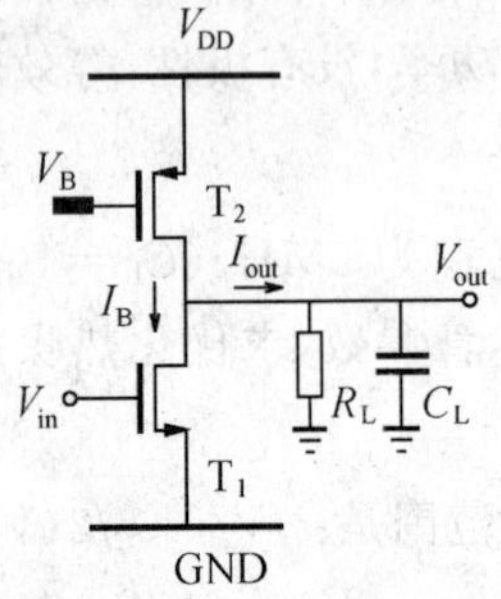

图3.42 恒流源负载共源输出级

1. 恒流源负载共源输出级

由nMOS共源管和pMOS恒流源管构成的甲类输出级如图3.42所示，它驱动的负载由电阻 R_L 和电容 C_L 组成。保证两个管处于饱和区，输出电压最大变化范围是 $V_{DD}\sim 2V_{ds}$。

输出级的驱动能力，小信号由交流输出电阻表示，大信号由决定电阻负载电压摆幅或电容负载充、放电能力的驱动电流表示。当输出电流相对偏置电流足够小时，输出阻抗为：

$$r_{out} = r_{ds1}//r_{ds2} = \frac{1}{(\lambda_p + \lambda_n)I_B} \tag{3.6-1}$$

它由 λ 和 I_B 决定。当输出电流相对偏置电流不小时，对于电阻负载 R_L，输出电压摆幅为：

$$V_{op} = R_L I_{out(max)} \tag{3.6-2}$$

当 $V_{in}=V_{DD}$ 时，最大吸收电流：

$$I_{out(max)} = I_{dsn} - |I_B| = \frac{KP_1}{2}\left(\frac{W}{L}\right)_1 (V_{DD} - V_{T1})^2 - \frac{KP_2}{2}\left(\frac{W}{L}\right)_2 (V_{DD} - V_B - |V_{T2}|)^2 \tag{3.6-3}$$

当 $V_{in}=$GND时，最大输出电流：

$$I_{out(max)} = |I_B| = \frac{KP_2}{2}\left(\frac{W}{L}\right)_2 (V_{DD} - V_B - |V_{T2}|)^2 \tag{3.6-4}$$

可见输出电压摆幅受到偏置电流 I_B 限制。对于电容负载 C_L，为满足压摆率SR的要求，输出电流最大值应满足：

$$|I_{out}|_{max} \geqslant C_L \cdot SR \tag{3.6-5}$$

如果并联负载电阻很大，通过负载电阻的电流可以忽略，输出电流最小可以等于 C_LSR。如果并联电阻较小，大部分输出电流要通过负载电阻，电容的充、放电电流会变得很小，这时要满足SR要求，输出电流 $|I_{out}|$ 必须远大于 C_LSR。通过上述分析可见，降低输出阻抗、增大电流驱动能力的简单办法是增加共源放大器的偏置电流。

输出级的转换效率是负载获得功率与电源提供功率之比。对于图3.42输出级，nMOS共源管电流在整个 2π 周期内跟随输入变化，输出级以甲类形式工作，效率 η_a 为：

$$\eta_a = \frac{V_{op} I_{op}/2}{I_B V_{DD}} \tag{3.6-6}$$

其中：V_{op}是输出电压幅值，I_{op}是输出电流幅值。当$V_{op}=V_{DD}/2, I_{op}=I_B$时，甲类输出级的最大效率仅为25%，效率很低是甲类输出电路的主要缺点。

放大器的失真一般用放大器对理想正弦输入信号产生的谐波畸变来描述。如果已知输入理想正弦信号为$\nu_{in}(\omega t)=V_P\cos(\omega t)$，放大器的输出可以表示为：

$$\nu_{out}(\omega t) = a_1\cos(\omega t) + a_2\cos(2\omega t) + \cdots + a_n\cos(n\omega t) \tag{3.6-7}$$

第i次谐波畸变系数(HD_i)定义为第i次谐波的幅值跟基波幅值之比。如第二次谐波畸变系数为：

$$HD_2 = |a_2|/|a_1| \tag{3.6-8}$$

将一次以上谐波幅值平方之和的根值与一次谐波幅值之比定义为"总谐波畸变(THD)"：

$$THD = \sqrt{\sum_{i=2}^{n} HD_i^2} = \frac{\sqrt{a_2^2 + a_3^2 + \cdots + a_n^2}}{|a_1|} \tag{3.6-9}$$

分析非线性失真的一种简单方法是用幂级数形式表示传递函数。在非线性度不大的情况下，这种方法分析低次谐波畸变是有效的。将输出电压作为输入电压的函数在直流工作点(V_{OUT}，V_{IN})处进行Taylor展开：

$$\Delta V_{out} = \frac{dV_{out}(V_{IN})}{dV_{in}}\Delta V_{in} + \frac{1}{2!}\frac{d^2V_{out}(V_{IN})}{dV_{in}^2}\Delta V_{in}^2 + \frac{1}{3!}\frac{d^3V_{out}(V_{IN})}{dV_{in}^3}\Delta V_{in}^3 + \cdots \tag{3.6-10}$$

用一般形式表示为：

$$\Delta V_{out} = b_1\Delta V_{in} + b_2\Delta V_{in}^2 + b_3\Delta V_{in}^3 + \cdots = \sum_{n=1}^{\infty} b_n\Delta V_{in}^n \tag{3.6-11}$$

其中：$b_1\Delta V_{in}$是希望的线性输出，其他高次项表示不需要的非线性项。设$\Delta V_{in}=V_P\cos(\omega t)$，将它代入(3.6-11)式得：

$$\begin{aligned}\Delta V_{out} &= b_1V_P\cos\omega t + b_2V_P^2\cos^2\omega t + b_3V_P^3\cos^3\omega t + \cdots \\ &= b_1V_P\cos\omega t + \frac{b_2V_P^2}{2}(1+\cos2\omega t) + \frac{b_3V_P^3}{4}(3\cos\omega t + \cos3\omega t) + \cdots\end{aligned} \tag{3.6-12}$$

根据谐波畸变定义从上式可以得到：

$$HD_2 \approx \frac{1}{2}\frac{b_2}{b_1}V_P \tag{3.6-13}$$

$$HD_3 \approx \frac{1}{4}\frac{b_3}{b_1}V_P^2 \tag{3.6-14}$$

对于线性负载，输出电压与电流成正比，谐波畸变相同。输出电流的变化量为：

$$\Delta I_{out} = \frac{KP_n}{2}\left(\frac{W}{L}\right)_n[2(V_{IN}-V_T)\Delta V_{in} + (\Delta V_{in})^2] \tag{3.6-15}$$

其中：$\Delta V_{in}=V_{in}-V_{IN}$，$\Delta I_{out}=I_{out}-I_{OUT}$。非线性引起的谐波畸变是：

$$HD_2 = \frac{1}{4}\frac{1}{V_{IN} - V_T}V_P \tag{3.6-16}$$

$$HD_i = 0\ (i > 2) \tag{3.6-17}$$

$$THD = HD_2 \tag{3.6-18}$$

其中 V_P 是输入信号幅值。可见只要处于饱和区,V_{IN}越大畸变越小。对于一定的畸变要求THD,可以确定出最大输入电压幅值 V_{Pmax}。

例题 16 对于负载 $R_L=10\ \text{k}\Omega$ 和 $C_L=1000\ \text{pF}$,设计输出电压摆幅±0.6 V,压摆率1 V/μS的恒流源负载共源输出级。假设 $V_{DD}=3\ \text{V}$,$V_B=1.1\ \text{V}$,沟道长度1 μm,晶体管参数为:$V_{Tn}=0.7\ \text{V}$,$V_{Tp}=-0.9\ \text{V}$,$K_{Pn}=80\ \mu\text{A/V}^2$,$K_{Pp}=30\ \mu\text{A/V}^2$。

解: 对于10 kΩ负载电阻,获得±0.6 V的输出电压摆幅所需的输出电流峰值为±60 μA。对于1000 pF负载电容,满足压摆率需要的输出电流至少为±1 mA。由于电容充、放电电流比电阻上电压摆幅需要的电流大的多,假设输出电流都用于对电容的充、放电,$I_{DS2}=I_B=1\ \text{mA}$,$(W/L)_p=2I_{DS2}/KP_p(V_{DD}-V_B-|V_{Tp}|)^2=67\ \mu\text{m}/1\ \mu\text{m}$。保证输出最小电压1.5−0.6=0.9 V nMOS管不退出饱和区,取 $V_{GS}-V_T=[2I_{DS2}/KP_n(W/L)_n]^{0.5}=0.8\ \text{V}$,$(W/L)_n=2I_{DS2}/KP_n(V_{GS}-V_T)^2=39\approx 40\ \mu\text{m}/1\ \mu\text{m}$,$I_{DS1max}=(KP_n/2)(W/L)_n(V_{DD}-V_{Tn})^2=8.464\ \text{mA}$。$I_{DS1max}$大于2 mA,可以满足负压摆率需要。忽略晶体管输出电阻影响,低频输入信号幅值 $V_P=V_{outp}/A_{v0}=V_{outp}/(R_L g_m)=0.03\ \text{V}$,$HD_2=0.93\%$。

2. 源极跟随器输出级

另一种甲类输出电路是跟随器。当MOS晶体管以共漏方式运用时,电流增益大、输出阻抗($1/g_m$)低。但是,源极作为输出节点由于受体效应影响,阈值电压随输出电压增大而增大,使得实际输出电压最大值远低于 V_{DD},因此不适合低压电路设计。另外,由于甲类工作,所以效率低。

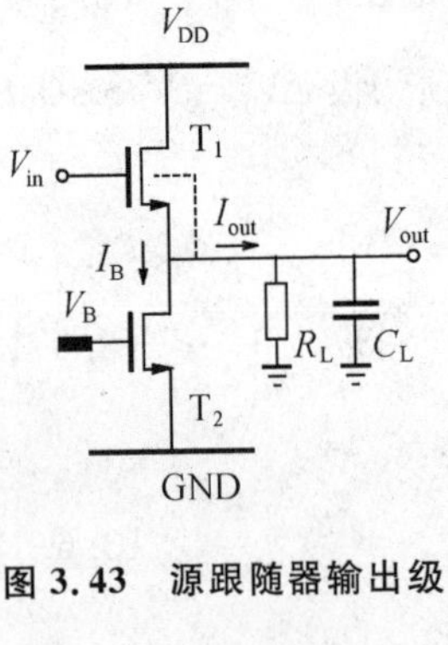

图 3.43 源跟随器输出级

简单的源跟随器可由两个nMOS晶体管组成,如图3.43所示。电路的输出电压最小值约为GND。因为 T_2 的 V_{GS}等于 V_B,$V_{in}=V_{DD}$时输出电压最大值为:

$$V_{outmax} = V_{DD} - V_{T1}(V_{outmax}) - \sqrt{\frac{KP_2(W/L)_2}{KP_1(W/L)_1}}(V_B - V_{T2}) \tag{3.6-19}$$

其中:V_{T1}是输出电压的函数。在 $V_{DD}=3\text{V}$ 的情况下,根据表2.1参数,V_{outmax}远小于 V_{DD}。如果将 T_1 管放在阱中,使衬底与源极相接,可以使 V_{T1}不随输出电压变化。它的小信号输出电阻近似为 $1/g_{m1}$,比共源输出级小。

当 $V_{in}=V_{DD}$时,最大输出电流为:

$$I_{out(max)} = I_{ds1} - I_{DS2} = \frac{KP_1}{2}\left(\frac{W}{L}\right)_1(V_{DD} - V_{out} - V_{T1})^2 - \frac{KP_2}{2}\left(\frac{W}{L}\right)_2(V_B - V_{T2})^2 \tag{3.6-20}$$

当 V_{in} = GND 时，最小输出电流为：

$$I_{out(min)}=-I_{DS2}=-\frac{KP_2}{2}\left(\frac{W}{L}\right)_2(V_B-V_{T2})^2 \tag{3.6-21}$$

可见最大输出电流与共源电路相同，受到偏置电流 $I_{DS2}=I_B$ 限制。

如果 T_1 和 T_2 管都在饱和区，忽略沟道长度调制效应，低频下从 $\Delta V_{out}=R_L\Delta I_{out}=R_L\Delta I_{ds1}$ 可以解得：

$$\begin{aligned}\Delta V_{out}&=\Delta V_{in}+\frac{1+A}{2B}\left(1-\sqrt{1+\frac{4B\Delta V_{in}}{(1+A)^2}}\right)\\&\approx\frac{A}{1+A}\Delta V_{in}+\frac{B}{(1+A)^3}\Delta V_{in}^2-\frac{2B^2}{(1+A)^5}\Delta V_{in}^3\end{aligned} \tag{3.6-22}$$

其中：$\Delta V_{in}=V_{in}-V_{IN}$，$\Delta V_{out}=V_{out}-V_{OUT}$，$A=R_L KP_1(W/L)_1(V_{IN}-V_{OUT}-V_{T1})=R_L g_{m1}$，$B=R_L KP_1(W/L)_1/2$。由上式可以求得：

$$\begin{aligned}HD_2&\approx\frac{B}{2A(1+A)^2}V_p\\&=\frac{V_p}{4(V_{IN}-V_{OUT}-V_{T1})}\frac{1}{[1+R_L KP_1(W/L)_1(V_{IN}-V_{OUT}-V_{T1})]^2}\end{aligned} \tag{3.6-23}$$

$HD_i\neq0(i>2)$，高次谐波畸变系数不为零。与共源输出级比较，在偏置电流、输入管尺寸基本相同时，HD_2 减小约 $1/(R_L g_{m1})^2$ 倍，这主要是由于源跟随器固有的负反馈特性使源跟随器的失真比共源反相器要小。即共漏电路在工作时 V_{GS} 基本保持不变，而共源反相器的 V_{GS} 随输入电压可在大范围变化。在同样的输出电压幅值 V_{op} 情况下，$V_p=V_{op}/A_{v0}$，源跟随器的 HD_2 与共源反相器比较减小约 $1/R_L g_m$ 因子。

例题 17　对于负载 $R_L=10\ \text{k}\Omega$ 和 $C_L=1000$ pF，设计输出电压摆幅 ±0.6 V，压摆率 1 V/μS 的nMOS 管漏极跟随器输出级。假设 $V_{DD}=3$ V，$V_{OUT}=1.2$ V，$V_B=1.2$ V，$V_{BS1}=0$ V，沟道长度 1 μm，晶体管参数为：$V_T=0.7$ V，KP = 80 μA/V²。

解：对于 1000 pF 负载电容，满足压摆率需要的输出电流至少为 ±1 mA。由于电容充、放电电流比电阻上电压摆幅需要的电流大的多，假设反相器电流都用于对电容的充、放电，$(W/L)_2=2I_{DS2}/KP_2(V_B-V_T)^2=100\ \mu m/1\ \mu m$，$(W/L)_1=2I_{DS1}/KP_1(V_{DD}-V_{OUT}-V_T)^2=41.3\approx42\ \mu m/1\ \mu m$，$V_{IN}=V_{OUT}+V_{T1}+[2I_{DS1}/KP_1(W/L)_1]^{0.5}=67$。根据(3.6-22)式，$A=R_L KP_1(W/L)_1(V_{IN}-V_{OUT}-V_{T1})=25.87$，$B=R_L KP_1(W/L)_1/2=16.8/\text{V}$，$HD_2=0.027\%$。

3.6.2　甲乙类输出级

器件输出随输入在 0～π 相位范围内变化构成的输出级是乙类输出级。当输出级的器件输出随输入变化范围大于 π、小于 2π 时，输出级为甲乙类输出级。由于乙类和甲乙类输出级中一个器件输出随输入变化相位范围小于 2π，所以这类输出级至少需要两个器件实现整个信号周期向负载提供输出。

1. 共源推挽输出级

甲乙类工作的推挽放大级因静态电流很小而输出效率高。将图 3.42 中 T_2 管的栅极接到 V_{in} 就构成共源推挽输出级(并行输入 CMOS 反相器)。假设乙类工作,信号负半周期 pMOS 工作,正周期半 nMOS,对于正弦输出信号,电源在 pMOS 管导通半周向输出级提供的电流输出平均值,即有效值为:

$$I_{\text{Supply}} = \frac{1}{T}\int_0^{T/2} I_{\text{sdp}}(t)\,\mathrm{d}t = \frac{1}{T}\int_0^{T/2} I_{\text{op}}\sin\left(\frac{2\pi}{T}t\right)\mathrm{d}t = \frac{1}{\pi}I_{\text{op}} \tag{3.6-24}$$

其中:I_{op}是输出电流峰值。电源提供的功率为:

$$P_{\text{Supply}} = V_{\text{DD}}I_{\text{Supply}} = \frac{1}{\pi}V_{\text{DD}}I_{\text{op}} \tag{3.6-25}$$

负载获得的平均功率为:

$$P_{\text{L}} = \frac{1}{2}V_{\text{op}}I_{\text{op}} \tag{3.6-26}$$

其中:V_{op}是输出电压峰值。乙类输出的转换效率为:

$$\eta_{\text{b}} = \frac{P_{\text{L}}}{P_{\text{Supply}}} = \frac{\pi}{2}\frac{V_{\text{op}}}{V_{\text{DD}}} \leqslant \frac{\pi}{4} = 78.5\% \tag{3.6-27}$$

当输出电压幅值为 $V_{DD}/2$ 时效率达到最大值。

在实际应用中,有许多因素限制转换效率,如保证线性度输出电压摆幅很难达到 $V_{DD}/2$ 等。为了避免小信号交越失真,通常输出级设计为甲乙类工作方式,静态工作电流不为零。由于放大器驱动的实际负载,往往不是纯电阻负载,这也要影响放大器效率。在理想情况下,设计甲乙类放大器只允许电源向负载提供能量,不允许反过程,因而没有能量从负载流回到电源。当负载是复阻抗时,因为输出信号的相位改变,可能导致能量从负载流回到电源,这不但增加了输出级的功耗,也增加输出功率器件被烧毁的可能性。另外,效率还与所处理信号的特点有关。例如,对于声音信号,幅值与效率关系特别重要。因为声音信号平均值远远低于它的峰值,当放大声音信号时平均效率远远低于上述分析的最大值(一般只有20%左右)。

当输出管共处饱和区时,输出电压为:

$$\Delta V_{\text{out}} = -R_{\text{L}}[\beta_{\text{p}}(V_{\text{DD}} - V_{\text{IN}} - |V_{\text{Tp}}|) + \beta_{\text{n}}(V_{\text{IN}} - V_{\text{Tn}})]\Delta V_{\text{in}} + R_{\text{L}}(\beta_{\text{p}} - \beta_{\text{n}})(\Delta V_{\text{in}})^2/2 \tag{3.6-28}$$

如果 β_p 近似等于 β_n,谐波畸变系数近似为 0。这种简单结构的输出电压范围最大可达电源电压范围。但是,它的缺点是当放大器工作在高增益区时,静态电流较大且不易调整。如果在栅极与 V_{in}之间插入恒压源 V_{Sn}和 V_{Sp}就可以解决这个问题,如图 3.44(a)所示。对于输入 V_{IN},V_{Sn}使 nMOS 管的栅源电压等于阈值电压,V_{Sp}使 pMOS 管处于临界导通状态。如果 V_{in}增加,pMOS 管截止而 nMOS 管流过全部负载电流。当 V_{in}减小时,全部负载电流都由 pMOS 管提供而 nMOS 管截止。因此,在整个工作过程中,电流全部流过负载,输出级本身始终没有电流通路，输出级以乙类形式工作。由于这种结构的电压转移曲线对称于中心点，故失真较小，但与恒流源负载共源放大器比较输出阻抗没有降低。

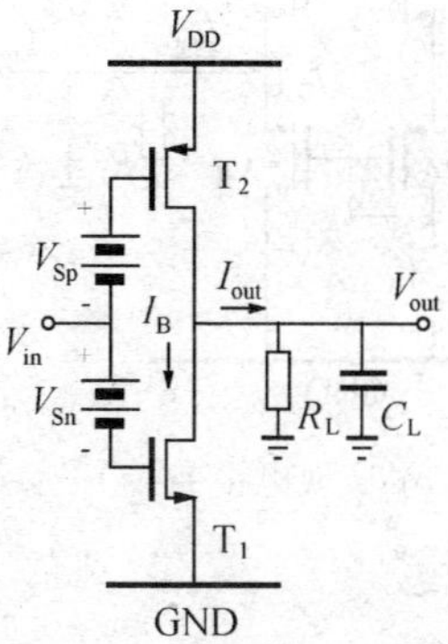

(a) 原理图

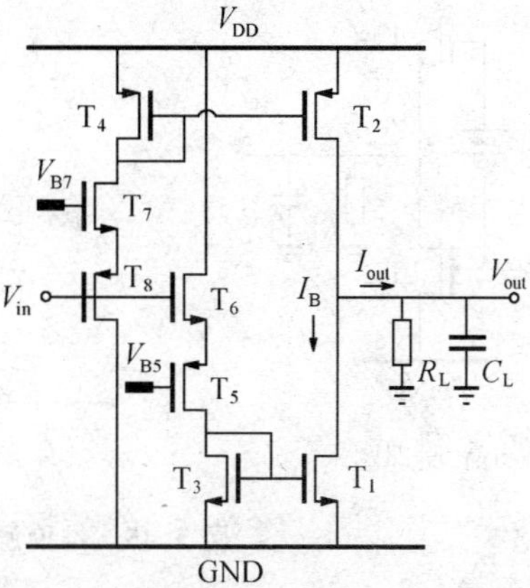

(b) 实现电路

图 3.44　共源推挽输出级

图 3.44(b)是根据这一原理实现的电路。T_1 管的偏置电流由 $V_{IN}-V_{B5}$ 决定，T_2 管的偏置电流由 $V_{B7}-V_{IN}$ 决定，电路工作状态(甲乙类或乙类)可以由 T_5 和 T_7 管栅极电压 V_{B5} 和 V_{B7} 确定。当 $V_{B7}-V_{IN}=V_{T7}+|V_{T8}|$，$V_{IN}-V_{B5}=V_{T6}+|V_{T5}|$ 时，输出管 T_1 和 T_2 的偏置电流 I_B 为 0，输出级工作在乙类状态。当输入增加时，T_6 电流增加，T_8 电流减小。对于在乙类状态，T_8 管关断。随着 T_6 管电流增加，镜象作用使得 T_1 管的电流也增加。当 V_{in} 减小时，T_2 管提供输出电流。这种工作电路的主要缺点是需要高电源电压，不适合低压电路要求。

由于共源推挽输出级的输出电压范围大(在 V_{DD} 和 GND 之间)、效率高(甲乙类)和线性度好，所以它是低压低功耗电路所采用的主要输出电路形式。有关方面问题将在低压低功耗电路中介绍。

2. 推挽跟随器输出级

共源推挽输出级的一个缺点是小信号输出阻抗大，为得到较小的输出电路，可以采用推挽源跟随器结构实现甲乙类输出级，图 3.45(a)所示。nMOS 共漏管 T_1 和 pMOS 共漏管 T_2 构成的推挽源跟随器，电压源 V_S 设置 T_1 和 T_2 的工作电流。因为推挽结构输出电流是两个共漏管电流之差，所以偶次谐波畸变可以抵消，只有畸次谐波畸变。一种具体实现电路如图 3.45(b)所示，T_4 和 T_5 采用二极管连接形式起电压平移作用，为输出管 T_1 和 T_2 提供偏置电压；作为恒流源的 T_6 管设置输出管的工作电流。这种电路的主要缺点是输出电压摆幅受输出晶体管的栅源电压限制。对于典型 CMOS 电路，阈值电压在 0.5～1.0 V，由($V_{GS}=V_T+V_{DSsat}$)引起的输出摆幅下降很大，但是其他方面都能较好地满足输出级要求。

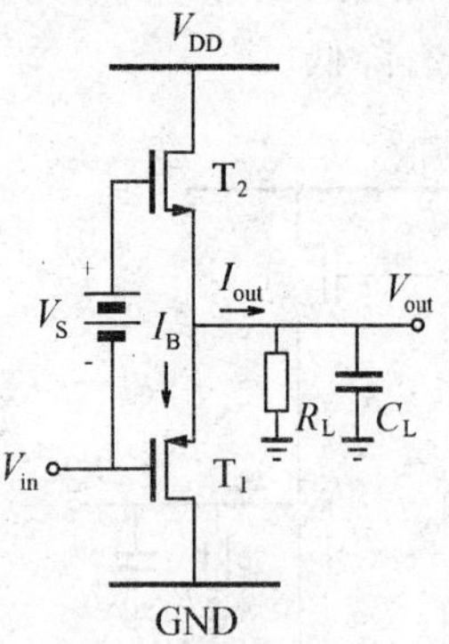

(a) 原理图

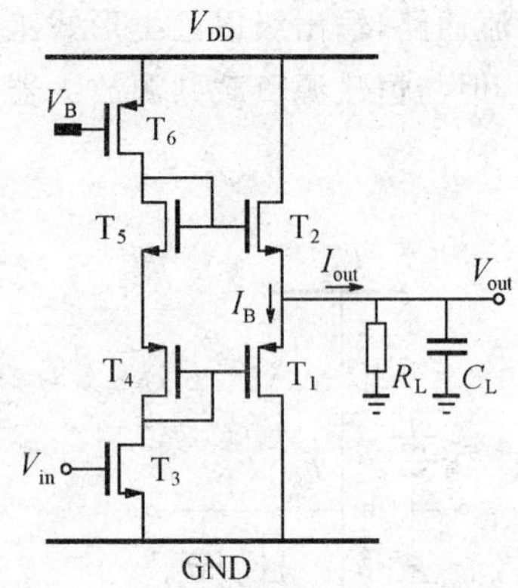

(b) 实现电路

图 3.45 推挽源跟随器输出级

为降低输出电阻和减小输出级占用的面积,可用CMOS技术中寄生垂直双极管代替一种输出MOS管,构成简单BiCMOS推挽源跟随器输出级,这样可以得到非常低的输出阻抗和良好的输出摆幅。例如采用p阱工艺时可以形成NPN纵向双极管,由于集电极必须连到V_{DD},所以它适合于推挽跟随器输出电路,如图3.46所示。这种电路的好处是输出电阻近似为$1/g_m$,对于双极管它可以低到100Ω。缺点是电压转移曲线正负不对称,故失真大。另外,当输出电流增大时,基极电流也要增大,驱动电路很难提供这样大的基极电流。

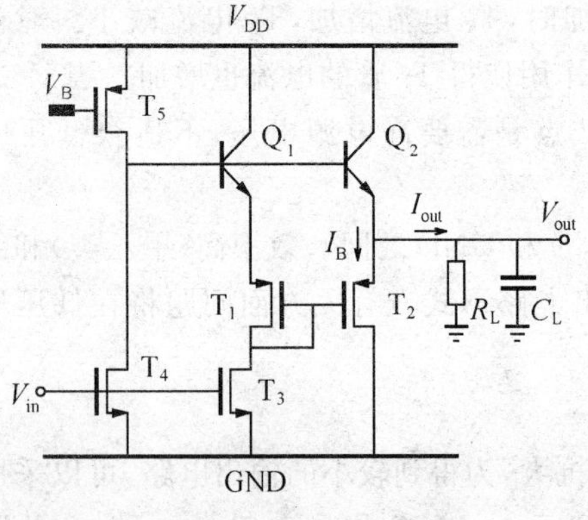

图 3.46 BiCMOS输出级

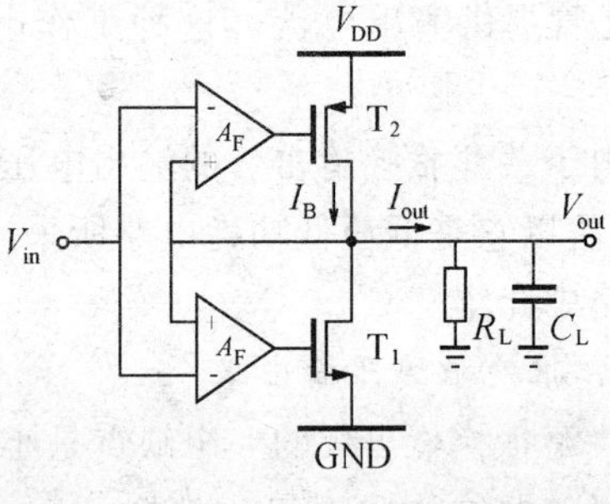

图 3.47 采用反馈技术的跟随器输出级

3. 采用反馈技术的伪跟随器(pseudo follower)输出级

共源推挽输出级除输出电阻外,其他方面都能较好地满足输出级要求。采用反馈技术可以降低共源推挽输出级的输出阻抗。图3.47示出一种由反馈放大器和共源管组成的推挽输出电路。反馈放大器将输出与输入之间的电压差放大,并驱动输出管的栅极。输出级的偏置电流由反馈放大器的直流输出电压决定。由于反馈放大器的作用,输出直流电压与输入直流电压相同。它的输出电阻为：

$$r_{out} = \frac{r_{ds12}}{1 + r_{ds12} g_{m12} A_F} \tag{3.6-29}$$

其中：$r_{ds12} = r_{ds1} // r_{ds2}$，$g_{m12} = g_{m1} + g_{m2}$，$A_F$ 是反馈放大器增益。可见近似为共源推挽输出级(见图 3.44)的输出电阻除以环路增益。它的增益为：

$$A_{v0} = \frac{A_F g_m R_L'}{1 + A_F g_m R_L'} \tag{3.6-30}$$

其中：R_L' 是输出节点总电阻,可见增益近似为 1。

采用这种结构的另一个好处是,对于大的输入信号推挽共源输出管的输出电压可达到电源电压值。在这种输出级设计中应使输入信号为 0 时 T_1 和 T_2 管都处于导通态,以避免交越失真。这种电路的主要问题是,两个运放的输入端相连导致 T_1 和 T_2 的栅极电压差与运放失调电压有关。如果不采用某种方式控制静态电流,那么静态电流将随失调电压发生很大变化。因此,为避免不同芯片上电路的静态电流发生过大变化,差模放大器增益必须较低(典型值小于 10)。这种输出级在高频下一般具有较大的相移,使用时需要限制整个放大器的带宽,以保证稳定性。所以,从保证稳定性考虑,必须认真设计差模放大器 A_F 的频率特性。另外,反馈放大器必须具有满电源电压范围(rail to rail)的输出摆幅和共模输入范围,以更好地驱动输出管 T_1 和 T_2。

一种可以部分改进上述不足的电路如图3.48 所示。它由互补跟随器和图 3.47 电路结合而成。通过对差模放大器的设计使 T_1 和 T_2 管在静态下处于关断状态,这样输出静态电流由 $T_{3\sim6}$ 管控制,差模放大器可以设计成大增益。静态输出电流正比于 T_3 和 T_4 的电流,并由 T_5 和 T_3 以及 T_6 和 T_4 管宽长比之比决定。当输入电压上升时 T_5 管源极电压下降,A_F 使 T_4 和 T_3 管的源极电压同时下降。

由于图 3.47 电路具有一定的增益,因此可用电阻代替差模放大器,如图 3.49 所示。电阻可用多晶硅或适当偏置的晶体管。这时的输出电阻为：

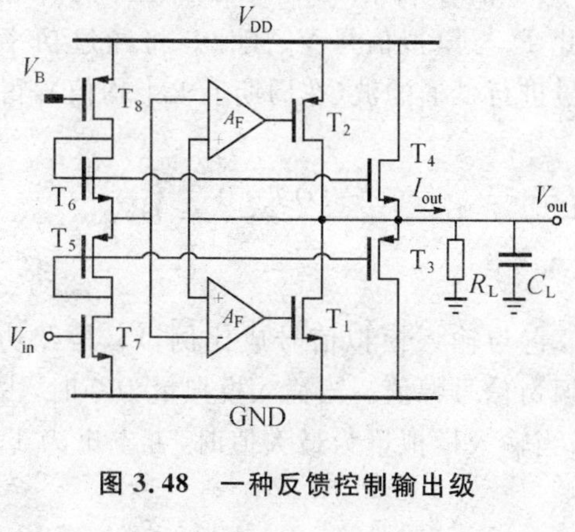

图 3.48　一种反馈控制输出级

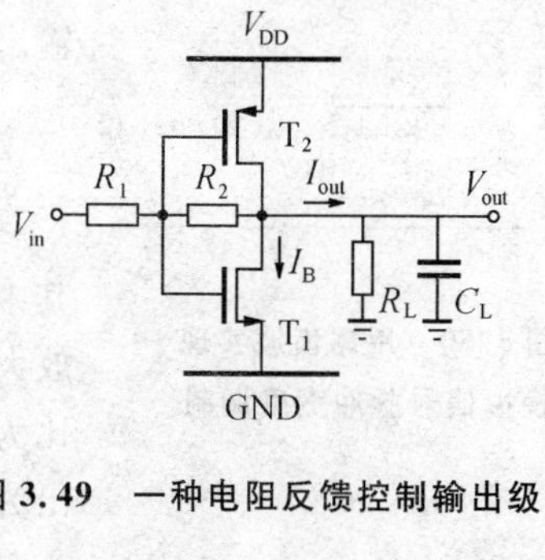

图 3.49　一种电阻反馈控制输出级

$$r_{out}=\frac{r_{ds12}}{1+\frac{r_{ds12}(1+g_{m12}R_1)}{R_1+R_2}} \tag{3.6-31}$$

其中：$r_{ds12}=r_{ds1}//r_{ds2}$，$g_{m12}=g_{m1}+g_{m2}$。在 $R_1=R_2$ 时输出电阻近似减小 $1/(r_{ds12}g_{m12}/2)$ 倍。增益为：

$$A_{v0}=-\frac{R_2g_{m12}-1}{R_1g_{m12}+(R_1+R_2)/R'_L+1} \tag{3.6-32}$$

其中：$R'_L=r_{ds1}//r_{ds2}//R_L$。由于 R_1g_{m12} 一般远大于 1，增益近似为 −1。虽然这种电路减小了输出电阻，但是输入电阻也被同时减小。

3.6.3 丁类输出级

由于甲、乙或甲乙类放大器为保证线性关系，效率不能达到最大值，从而限制了输出级性能。另一方面，由于音频信号化数字处理和存储技术的发展与成熟，人们已经能够用数字技术记录和处理高质量的音频信号，许多应用领域需要从数字音频信号直接还原成声音，因而高效率、更适合将数字音频信号转换成模拟信号的丁类放大器重新受到人们的重视。虽然甲乙类输出应用时外围电路简单，但是对于数字信号系统，需要先用 DAC 将数字信号转换成模拟信号，而作为开关放大器的丁类输出级可以直接输入脉冲信号，更适合数字信号系统驱动扬声器。与其他类型比较，丁类放大器具有更高效率和更小体积。尽管丁类输出级原理很早就被提出来了，但是开始应用还是近几年的事情。一般丁类放大器的实际效率大于 80%。高效率意味着：对于大功率放大器可以减小散热装置，减小体积、重量；对于便携仪器可以延长电池寿命，或减小电源成本、体积、重量。与甲乙类放大器比，它目前的主要弱点是处理信号质量低、电路复杂。

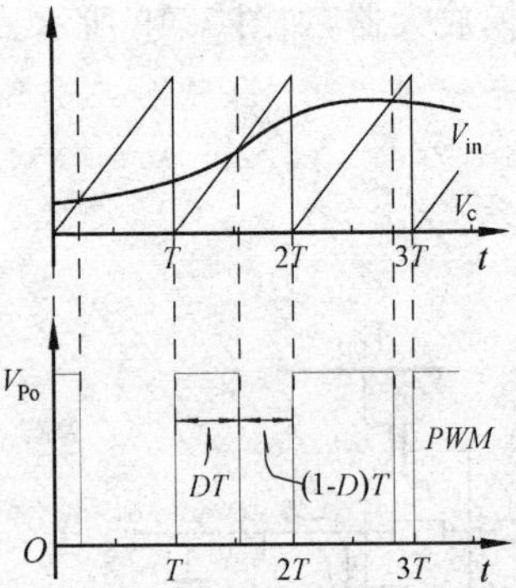

图 3.50 用锯齿波实现模拟信号脉冲宽度调制

1. 基本原理

一个模拟信号 V_{in} 被周期为 T 的锯齿波调制，生成一个脉冲宽度调制(PWM)信号，如图 3.50 所示。这个脉冲宽度调制信号的占空比 D 与模拟信号 V_{in} 成比。将经过功率放大后的 PWM 信号进行低通滤波(在周期上求平均值)，得到输出为：

$$V_{out}=\frac{DT\cdot V_{op}-(1-D)T\cdot 0}{T}=DV_{op} \tag{3.6-33}$$

其中 D 是占空比，它与输入模拟信号成比例；V_{op} 是经功率放大的脉冲宽度调制信号幅值。当输入模拟量为 0 时，占空比为 0，输出为 0；当输入模拟量为最大值时，占空比为 1，输出为 V_{op}。

2. 电路结构

丁类放大器(class D output stage)也称为开关放大器。

它先将模拟信号调制为脉冲宽度调制信号,然后经过功率开关进行放大,最后通过低通滤波器将模拟信号从脉冲宽度调制信号中恢复出来。丁类输出级基本结构如图 3.51 所示。它由调制电路、驱动电路、功率开关和低通滤波器几部分构成。

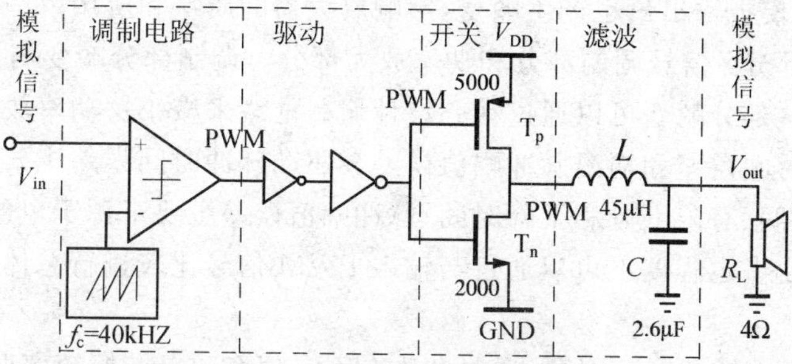

图 3.51 丁类输出级基本结构

调制电路任务是将模拟信号转换为控制功率输出管的脉冲信号,是丁类放大器较为复杂的部分。功率开关驱动电路主要是为功率开关提供驱动信号,因为满足效率要求的输出管尺寸非常大。功率开关任务是为负载提供功率输出,是保证放大器效率的关键部分。低通滤波器用于从放大后的脉冲宽度调制信号中还原出模拟信号。

3. 效率

在理想情况下,假设构成丁类放大器的器件都是理想的,晶体管开关以完全导通或关断工作,放大器没有信号损失,最大功率效率为 100%。当然在实际情况下,不存在绝对理想的器件,各种非理想因素将使放大器产生额外的功耗,达不到最大效率。功率开关部分引起的功耗主要分为三部分。

(1) 输出节点电容充放电引起的功耗 P_c:

$$P_C = f_c C_L V_{DD}^2 \tag{3.6-34}$$

其中:f_c 是平均开关频率,C_L 表示总输出节点电容,V_{DD}是电源电压。

(2) 输入信号变化时 pMOS 和 nMOS 管同时导通短路电流引起的功耗 P_s:

$$P_S = I_{avg} V_{DD} \tag{3.6-35}$$

其中 I_{avg} 短路电流的均值,V_{DD}是电源电压。

(3) 开关晶体管非零导通电阻引起的功耗 P_R:

$$P_R = \frac{1}{T}\int_0^T I_L^2(t) R_{on} \mathrm{d}t \tag{3.6-36}$$

其中:$I_L(t)$是负载电流,R_{on}是 MOS 管导通电阻。

在这三部分功耗中,非零导通电阻是最主要的功耗项,因为输出级驱动的负载电阻很小(一般小于 600Ω)。开关晶体管导通电阻通过与负载电阻分压作用限制输出电压摆幅,从而降低放大器效率。从上面表达式可以看到导通电阻引起的功率损失正比于电阻值和电流的平方值。对于良好的设计,开关过程的损失一般不是很大。这与数字电路中反相器的功耗完全不同,因为数字电路主要驱动电容负载,所以 P_C 和 P_S 是主要功耗项。

4. 畸变

丁类开关放大器的优点是高效率、低功耗和小体积,但是开关功率放大级输出的脉冲畸变,将使滤波后的模拟输出量也产生畸变,影响放大器的质量和应用范围。丁类放大器畸变主要来源于两个部分:信号调制部分和功率放大部分。调制部分畸变与调制方式和调制频率等因素有关。这部分畸变可以通过精心设计调制电路来减小。功率放大部分的畸变主要来源于驱动脉冲时间误差和输出脉冲幅值误差。驱动脉冲时间误差主要来源于开启和关断延迟时间、死区时间、有限上升和下降时间;脉冲幅值误差主要来源于电源波动、功率开关非零阻抗。这种畸变一定程度上可以通过与输入 PWM 信号比较进行总体的输出误差修正。

5. 设计

(1) 调制电路。按调制频率分,调制电路有固定频率和自谐振频率两种;从调制方法来看,主要有脉冲宽度调制和 Δ-Σ 调制等。典型的丁类放大器是固定采样频率的脉冲宽度调制(PWM),它可以简单地用锯齿波发生器和比较器实现,不需要较高的采样频率,因此更适合低压低功耗系统。从音频信号直接产生足够精确的脉冲宽度需要使用高速逻辑门和功率器件。例如,在 100 kHz 采样频率下如果需要 16 位精度,那么 10 μs 脉冲宽度需要的最小精度为 0.15 ns。现在,随着制造技术的进步和采样电路的不断改进,已经可以使脉冲宽度达到这样的精度。但功率输出管的开关速度也在几个纳秒数量级,这对脉冲宽度精度和脉冲频率产生严重限制。因此,必须在信号转换中综合考虑脉宽精度和功率谱畸变。一般情况是采用尽可能低的脉冲频率,已得到尽可能低的功率谱畸变。

Δ-Σ 调制基本是一个 ADC,详见第七章相关内容。它的有利方面是可以减小总谐波畸变,它的不利方面是结构复杂、占用芯片面积大,很高的工作频率不利于功率输出级减小功耗,但是随着器件工作频率的不断提高和工作电压的不断下降,这种不利因素变得越来越小。

(2) 功率开关驱动电路。丁类放大器为满足效率要求,输出管尺寸一般非常大,必须采用多级缓冲电路驱动。优化多级驱动电路延迟时间,经常采用数字电路等比例增大缓冲结构,如图 3.52 所示。用反相器晶体管尺寸等比例变化因子(transistor-size scale factor)S 优化多级缓冲电路的延迟时间,可以得到:

$$S = (C_L/C_{in})^{1/N} \tag{3.6-37}$$

其中:C_{in} 和 C_L 分别是多级缓冲电路的输入和负载电容(功率开关的输入电容),N 为反相器级数。优化 S 后,用反相器级数 N 优化延迟时间得到:

$$N = \log_e(C_L/C_{in}) \tag{3.6-38}$$

将它代入(3.6-37)式得到优化的 S 值近似在 2.7 附近。当 C_L 和 C_{in} 已知后,可以据此确定缓冲电路级数 N。

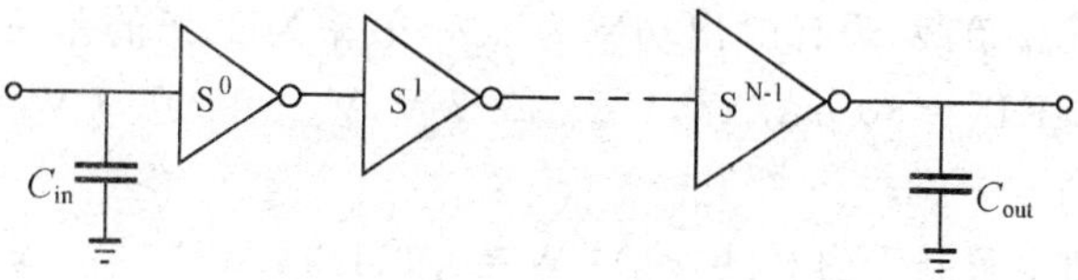

图 3.52　等比例增大缓冲结构

对于差模输出结构，驱动电路的设计关键是保证两路信号有相同的上升和下降时间，这样可以精确保证同一瞬间两路信号到达反相器开关阈值，从而保证输出一端升高时另一端下降。如果这个条件不能满足，在开关变化的某个瞬间输出两端将会出现同时高或低电平现象，因而导致交跃失真。另外，驱动电路希望上升和下降时间越短越好，这样有助于减小功率开关短路功耗。

为达到上述目的，在两路驱动电路之间插入交叉耦合反相器，如图 3.53 所示，其中最小反相器尺寸是 $W_p=13\ \mu m, W_n=5\ \mu m$[43]。交叉耦合电路有助于减小信号的扰动影响，保证两路信号匹配，同时也增加了驱动电路抵抗温度和工艺参数变化的能力。

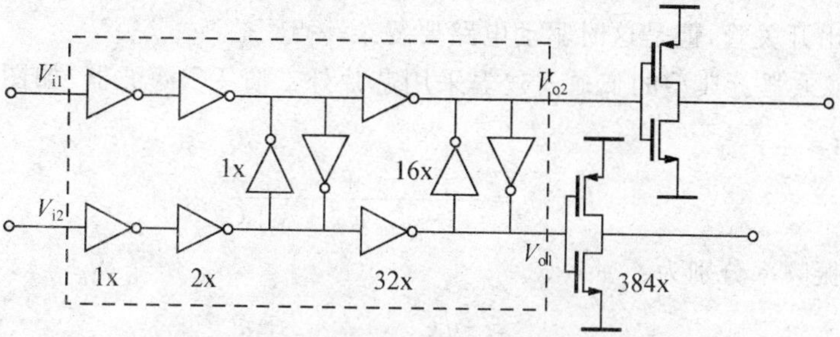

图 3.53　差模驱动电路

(3) 功率开关。功率开关电路通常由互补管构成，如图 3.51 所示。功率开关管的尺寸需要根据导通电阻确定，以满足效率要求。一般对于效率大于 80%的设计，输出管的宽长比都比较大。

对于一定输出功率 P_L，要使放大器满足效率 η 要求，放大器的功耗应当满足：

$$P_{Amp}=(1/\eta-1)P_L \tag{3.6-39}$$

根据放大器的功率限制可以估算出每个开关管的功耗。负载需要的电流由功率开关管提供，对于已知的负载电阻和输出功率可以估算出最大输出电流。通过晶体管功耗限制值和所需提供最大电流，可以计算出功率开关管导通时的最大电阻值。功率开关晶体管在导通状态处于非饱和区，沟道电阻为：

$$R_{on}=\frac{1}{KP(W/L)(V_{gs}-V_T)} \tag{3.6-40}$$

R_{on}典型值小于 30Ω。

例题 18 对于 8Ω 负载，设计输出功率为 1 W，效率为 90% 的差模输出丁类放大器。已知 $KP_n = 80\ \mu A/V^2$，$KP_p = 30\ \mu A/V^2$，$V_{Tn} = 0.7$ V，$V_{Tp} = -0.9$ V，$V_{DD} = 3$ V，求开关管尺寸。

解： 放大器的功率限制为(1/0.9－1)1 W＝0.111111 W，如果除功率开关电路以外的部分功耗为 0.01111 W，差模输出需要 4 个功率开关管，每个开关管的功耗限制为：0.025 W。对于 8Ω 负载，得到 1 W 输出功率需要的平均电流为 $0.125^{0.5}$。这个电流通过开关时产生功耗小于 0.025 W 所允许的开关导通电阻为：0.2Ω。根据(3.6-40)式，nMOS 管的 $(W/L)_n = 27\,174$，pMOS 管的 $(W/L)_p = 79\,365$。对于 $\eta = 75\%$，$P_T = 0.08$W，$R_{on} = 0.64\Omega$，$W/L = 8492$。$L = 1\ \mu$m 时，$W = 8500\ \mu$m。对于 $\eta = 80\%$，每管功耗 $P = 0.06$W，$R_{on} = 0.48\Omega$，$W/L = 11\,322$。$L = 1\ \mu$m 时，$W = 11\,322\ \mu$m。可见为保证高效率需要采用很大尺寸的开关管。

虽然只要晶体管宽长比尽可能大，总能获得满足要求的低阻抗，但是输出级效率除了与沟道宽度有关外，还与晶体管版图结构有关。在考虑到其他对功耗的限制因素后，对于叉指和网格栅极结构，并不一定是沟道越宽效率越高，还需要综合考虑。

对于大功率放大器，例如 200 W，为减小导通电阻、保持合理面积，可以采用两个 nMOS 管作为功率输出开关管，但是这时驱动电路要复杂一点[44]。

(4) 低通滤波器。典型的低通滤波器采用芯片外二阶 LC 滤波器，如图 3.51 所示。它的传递函数是：

$$H(s) = \frac{1}{1 + sL/R_L + s^2 LC} \tag{3.6-41}$$

质量因子和谐振频率分别为：

$$Q = R_L\sqrt{\frac{C}{L}},\ \omega_0 = \frac{1}{\sqrt{LC}}$$

为在低压下得到满足大的输出功率，在实际设计中经常需要采用差模输出结构，这样可以使输出电压范围扩大 1 倍，如图 3.54 所示。差模输出以增加硬件为代价，可以在一定电压下得到更大的输出功率。例如 $R_L = 4\Omega$，$V_{DD} = 5$ V，如果单端输出 $V_{pp} = 4$ V，输出功率 $P_L = 0.5$ W；对于差模 $V_{pp} = 8$ V，输出功率 $P = V_{rms}^2/R_L = V_P^2/2R_L = V_{pp}^2/8R_L = 2$ W。可见，对于一定的负载电阻，输出电压增加 1 倍，输出功率增加 4 倍。

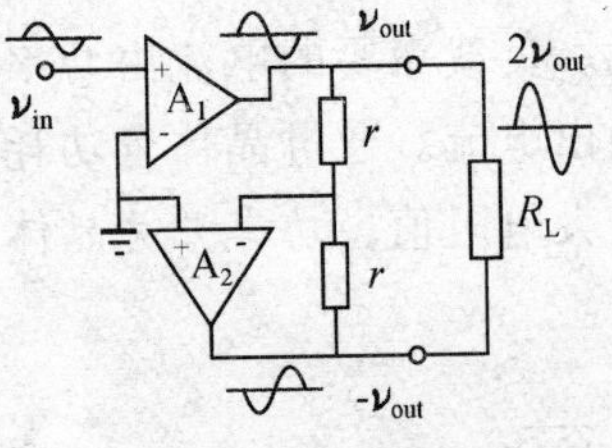

图 3.54　差模输出

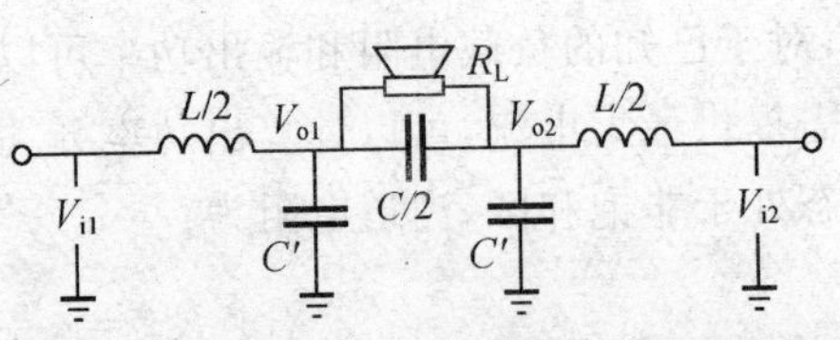

图 3.55　差模 H 桥型 LCR 二阶低通滤波器

一种H桥型差模输出构成的桥连负载(bridge tied load,BTL)低通滤波器如图3.55所示。它的传递函数形式与单端形式(3.6-41)式相同,只是其中C变为$C/2+C'/2$。实现Butterworth滤波器的电容和电感分别为:

$$C_{\text{BTL}}=\frac{1}{\sqrt{2}R_{\text{L}}\omega_0},L_{\text{BTL}}=\frac{\sqrt{2}R_{\text{L}}}{\omega_0}$$

对于一般质量的音频信号,滤波器的通带范围是20～20 kHz,根据这个条件对于负载$R_{\text{L}}=8\Omega$可以计算出$L_{\text{BTL}}=45\ \mu\text{H}$,$C_{\text{BTL}}=0.7\ \mu\text{F}$。$\omega_0=125.7\ \text{kHz}$,$f_0=20\ \text{kHz}$。

在低成本产品中可以用芯片内有源滤波器代替芯片外LC滤波器,实现不需要芯片外电感元器件的丁类放大器[45]。

3.7　电　流　镜

从前面分析的模块电路中可以看到,电流源是经常使用的模块。在实际电路设计中,多数电流源都是以电流镜形式将基准电流加到电路的各个部分。除此之外,电流镜在处理信号中也有重要的作用,例如,差分对的负载、电流型电路的电流放大器等。因此,电流镜是CMOS模拟电路设计中经常使用的模块电路之一,它的特性如何将影响整个模拟电路特性。电流镜理想模型如图3.56所示,它的输入阻抗为0,输出阻抗为无穷大,增益为A_{i}。它的主要功能是将输入电流以一定比例镜象到输出端并实现从低输入阻抗向高输出阻抗的转换。当比例大于1时成为电流放大器;当输入为基准电流时输出成为恒流源。

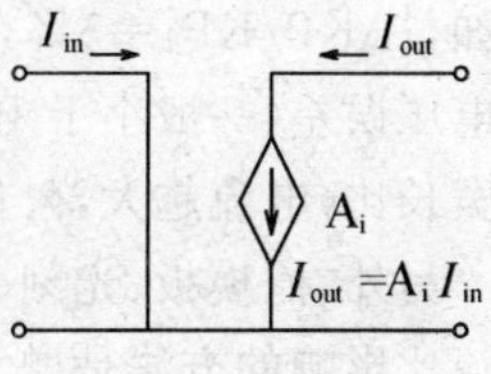

图3.56　理想模型

在CMOS模拟电路设计中,对于MOS电流镜的一般要求是:① 电流比完全由两个晶体管的W/L决定,不随温度变化;② 输出阻抗高;③ 输入阻抗低;④ 最小工作电压低。本节将从这些方面对不同类型电流镜进行分析。

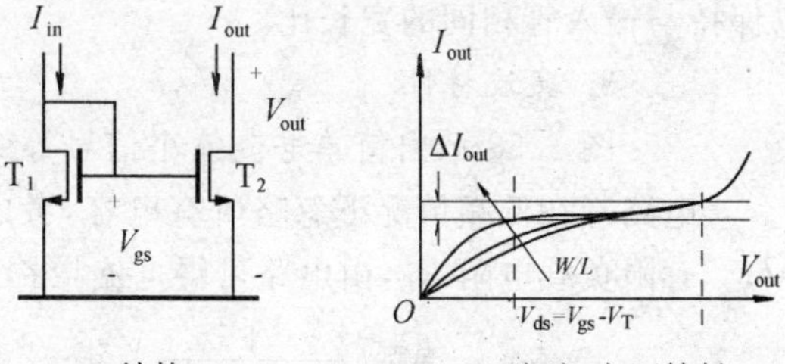

(a) 结构　　(b) 电流-电压特性

图3.57　简单电流镜

3.7.1　简单电流镜

1. 电路结构

图3.56所示理想电流镜可以用图3.57(a)所示简单电路实现。这种简单电流镜由两个栅极相连的晶体管构成,其中连接成二极管形式的输入晶体管将输入电流I_{in}转换成电压并控制输出晶体管的栅极,输出晶体管以高输出阻抗提供输出电流。简单电流镜的输出电流-电压特性如图3.57(b)所示,输出电阻在非饱和区(输出电

压小于最小工作电压)较小,在饱和区由于沟长调制效应的影响是一个非无穷大的有限值,随宽长比增加脱离饱和区的最小电压下降。

2. 直流特性

对于图 3.57(a)所示简单电流镜,由于 $V_{ds1}=V_{gs}$,T_1 管处于饱和态。假设 $V_{ds2}>V_{gs}-V_{T2}$,T_2 处于饱和态,这样输出电流与输入电流比为:

$$\frac{I_{out}}{I_{in}}=\left(\frac{KP_2}{KP_1}\right)\left(\frac{W_2/L_2}{W_1/L_1}\right)\left(\frac{V_{gs}-V_{T2}}{V_{gs}-V_{T1}}\right)^2\left(\frac{1+\lambda_2 V_{ds2}}{1+\lambda_1 V_{ds1}}\right) \tag{3.7-1}$$

在两个晶体管的 V_T 和 KP 相等时,如果 $\lambda_1 V_{ds1}=\lambda_2 V_{ds2}$ 或 $\lambda_1=\lambda_2=0$,那么

$$I_{out}/I_{in}=(W/L)_2/(W/L)_1 \tag{3.7-2}$$

输出与输入电流比完全由晶体管尺寸决定。对于实际电路,由于沟道调制效应、阈值电压误差和几何尺寸不匹配等非理想因素影响,将使电流比产生误差。

当 λ 不为零时,如果 $\lambda_1 V_{ds1}$ 与 $\lambda_2 V_{ds2}$ 相同,沟道调制效应将不影响电流比。如果 $\lambda_1 V_{ds1}$ 与 $\lambda_2 V_{ds2}$ 不相同,随 V_{ds2} 和 V_{ds1} 变化电流比也变化。当 λ 为零时,漏—源电压 V_{ds2} 和 V_{ds1} 对电流比没有影响。因此,一个好的电流镜或电流放大器应当有相同的漏—源电压和足够大的输出阻抗(即,足够小的 λ)。

在同时考虑 KP 和 V_T 误差影响的情况下,电流比的相对误差是:

$$\frac{\Delta(I_{out}/I_{in})}{I_{out}/I_{in}}=\left|\frac{\Delta KP}{KP}\right|+2\left|\frac{\Delta V_T}{V_{gs}-V_T}\right| \tag{3.7-3}$$

例如,$|\Delta KP/KP|=5\%$,$|\Delta V_T/(V_{gs}-V_T)|=5\%$,电流比相对误差为 15%。对于一定的阈值电压误差(一般小于 10 mV),随栅—源电压增加,阈值电压误差的影响减小,因此对于一定宽长比,电流越大,阈值电压失配对电流镜的影响越小。

另外,掩模板、光刻、腐蚀和侧向扩散等偏差将造成几何尺寸的误差。减小这种误差对电流比影响的方法是增大晶体管几何尺寸和采用合理的版图设计。例如,对于放大 n 倍的电流镜,输出管用 n 个与输入管相同的管构成比用一个增加 n 倍宽长比的管更好,因为这样可以在工艺偏差存在的情况下更准确地保证宽长比增加 n 倍。在实际图形加工中,如果这些管的宽度、长度误差都相同,n 个晶体管可以保持与输入管相同的宽长比。

3. 交流特性

图 3.58 示出简单电流镜小信号等效电路。在低频情况下忽略所有电容,考虑有限负载电阻 R_L,由电路可得电流增益:

$$\frac{i_{out}}{i_{in}}=\frac{g_{m2}}{g_{m1}}\left(\frac{1}{1+R_L/r_{ds2}}\right) \tag{3.7-4}$$

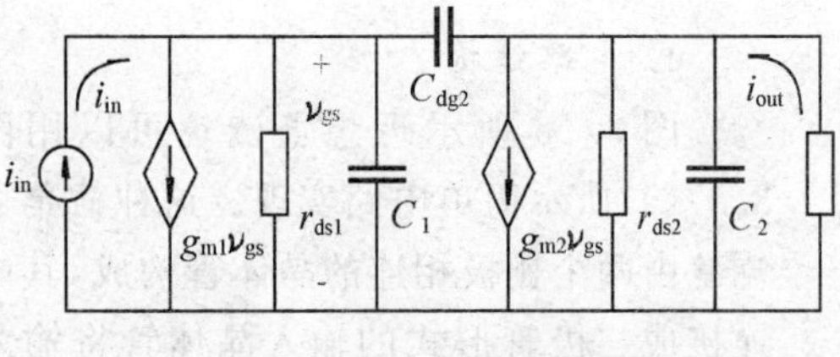

图 3.58 小信号等效电路

简单电流镜的输出阻抗为输出晶体管的输出电阻 r_{ds2},与输入电流源的内阻无关。虽然通过增加沟道长度可以提高输出电阻,但阻值增加有限,要得到更高的输出阻抗需采用其他形

式的电路。简单电流镜的输入阻抗近似为 $1/g_{m1}$，其值较低，因此可以方便地实现电流信号的前后级耦合。

与共栅管比较，简单电流镜也可以实现从低输出阻抗到高输出阻抗转换，阻抗增加量与共栅管近似相同，但电流镜可以实现电流反相与放大，而且两者的偏置条件也不同。因此，这两种阻抗转换电路各有不同的用途。

高频条件下考虑图 3.58 电路的电容后，可以得到输出与输入电流比的主极点频率：

$$f_d = \frac{1}{2\pi[(C_1 + C_{dg2})/g_{m1} + (R_L//r_{ds2})(C_2 + (1 + g_{m2}/g_{m1})C_{dg2})]} \tag{3.7-5}$$

其中：$C_1 = C_{gs1} + C_{gs2} + C_{ds1}$。由此可见，反馈电容 C_{dg2} 放大 $(1+g_{m2}/g_{m1})$ 倍后作用于输出节点，而从输入节点看没有放大。由于 $1/g_{m1}$ 比较小，当负载电阻小（对于电流型电路）时，主极点频率很高，所以低阻节点的电流型电路有良好的频率特性。另外，随着电流放大倍数的增加，反馈电容 C_{dg2} 的作用加大，极点频率下降。当负载电阻大时，极点频率由输出节点时间常数决定，并且随负载电阻增加而下降。

输入阻抗与电流增益有相同的极点频率。输出阻抗的主极点频率近似为：

$$f_d = 1/2\pi r_{ds2}[C_2 + (1 + g_{m2}/g_{m1})C_{dg2}] \tag{3.7-6}$$

主要由输出节点时间常数确定。输出电容由 C_2 和 C_{dg2} 构成，其中 C_2 起主要作用，它与漏极结电容有关，难以取得太小值，这将对高频特性产生限制。

4. 最小工作电压

为保持电流镜高输出阻值（T_2 管处于饱和区），输出电压必须大于某一最小电压，这个最小电压由输出管饱和所需的最小电压决定。如果输出电压低于这个值，输出管进入非饱和区，输出阻抗将会急剧下降。在强反型情况下，电流镜最小输出电压为：

$$V_{outmin} = V_{gs} - V_T = \sqrt{\frac{2I_{out}}{KP_2(W/L)_2}} \tag{3.7-7}$$

对于一定的电流，最小电压可以通过加大 W/L 而减小。

由于输入管 T_1 的栅极与漏极电压相等，当输入电压大于阈值电压 V_T 时处于饱和区，否则输入 T_1 管处于截止区，(3.7-1)式的电流比关系不成立。

例题 19　已知 1∶1 电流镜的晶体管宽长比为 1，电流镜最大输出电流为 10 μA，采用表 2.1 参数，求(1) 用 nMOS 管实现时，输出端最小工作电压、输出阻抗和输入端电压；(2) 用 pMOS 管实现时，输出端最大电压、输出阻抗和输入端电压；(3) 负载电阻为 100 kΩ 时 nMOS 和 pMOS 电流镜的低频小信号电流增益。

解：① 根据(3.7-7)式，保证输出管处于饱和区，nMOS 管电流镜的最小输出电压为：0.5 V，输出电阻 $r_{out} = 1/\lambda I = 5\ \text{M}\Omega$，输入端电压 1.2 V。② pMOS 管电流镜的输出电压为：$V_{DD} - 0.8V$，输出电阻为：$r_{out} = 2\ \text{M}\Omega$，输入端电压为 $V_{DD} - 1.7$ V。③ 根据(3.7-4)式，nMOS 电流镜低频小信号电流增益为：$1/(1+0.1/5) = 0.98$，pMOS 电流镜为：$1/(1+0.1/2) = 0.95$。

图 3.57(a)电流镜虽然因简单而经常使用，但它的输出阻抗受到沟道调制效应的限制，不能做的很大，因此对于高精度电路需要采用具有更高输出阻抗的电流镜。下面介绍几种具有更高输出阻抗的电流镜。

3.7.2 基本共源共栅电流镜

1. 电路结构

共源共栅电流镜由两个简单电流镜级联而成，如图 3.59 所示。如果所有晶体管完全相同，则 T_1 和 T_2 管漏极电压相同。如果输出电压增加，将引起 T_3 和 T_2 管电流增加。在 T_2 管栅极电压一定时，增加电流必然导致漏极电压上升，从而致使 T_3 管栅一源电压下降，减小 T_3 管电流。因此，共源共栅结构可以减小了输出电压变化对电流的影响，即增加输出阻抗。另外，由于 T_3 管的跨导远大于 $1/r_{ds3}$，V_{gs3} 的变化远小于 V_{ds3}，从而减小了输出电压变化对 V_{ds2} 的影响，使电流镜误差减小。

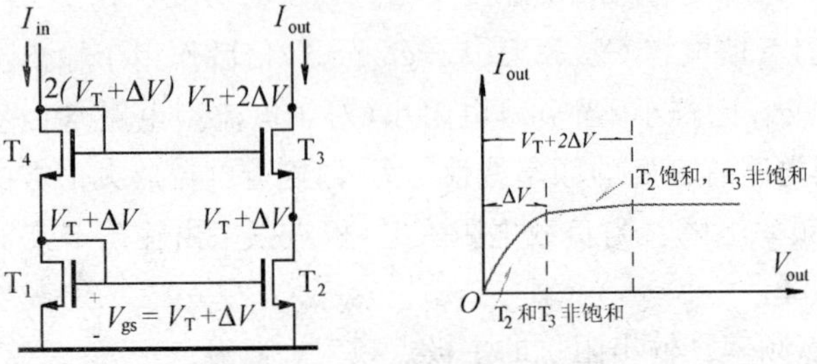

图 3.59 共源共栅电流镜

2. 小信号特性

分析图 3.60 小信号等效电路可以得到共源共栅电流镜的输出电阻为：

$$r_{out} = r_{ds2}[1 + (g_{m3} + g_{mb3})r_{ds3}] + r_{ds3} \tag{3.7-8}$$

由此可见体效应的作用可以增加输出阻抗。输入电阻为：

$$r_{in} = \frac{1}{g_{m1}}//r_{ds1} + \frac{1}{g_{m4}}//r_{ds4}\left[1 + g_{mb4}\left(\frac{1}{g_{m1}}//r_{ds1}\right)\right] \tag{3.7-9}$$

增加约 1 倍。

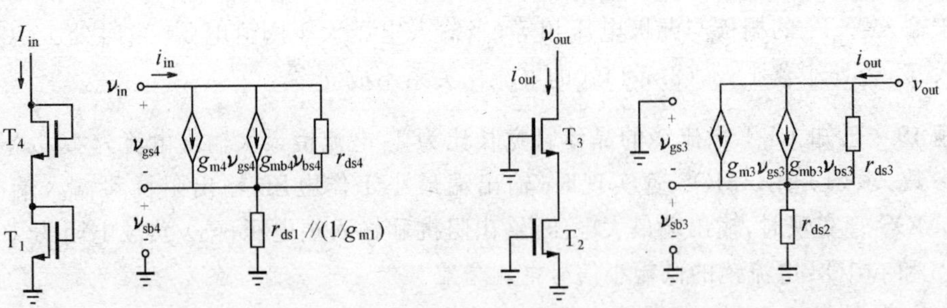

图 3.60 共源共栅电流镜小信号等效电路

3. 最小工作电压

假设图 3.59 电路中所有晶体管完全匹配，具有相同的 W/L，那么各晶体管的栅极电压分别为：$V_{g1}=V_T+\Delta V$，$V_{g3}=2V_{gs}$，其中：$\Delta V=\sqrt{2I/\beta}$是栅极过驱动电压。保证 T_2 和 T_3 晶体管同处于饱和区，要求 $V_{ds2}>V_{gs2}-V_T$ 和 $V_{ds3}>V_{gs3}-V_T$，即：$V_{d2}>\Delta V$，$V_{d3}>V_T+2\Delta V$。最小输出电压为：

$$V_{outmin}=V_T+2\Delta V \tag{3.7-10}$$

如果输出电压小于这个值，T_3 管将会首先退出饱和区。之后随 V_{ds3} 下降 V_{gs3} 增加、并使 V_{ds2} 下降，直到 T_2 退出饱和区、改变输出输入电流比。在这种电流镜结构中 T_3 管的漏源电压是 ΔV，T_2 管漏源电压是 $V_T+\Delta V$。这说明最小压降有可能再减小一个 V_T，而仍能维持 T_2 和 T_3 同处于饱和区。

在输入端，工作电压为：

$$V_{in}=2(V_T+\Delta V) \tag{3.7-11}$$

与简单电流镜比较增加 1 倍。

共源共栅电流镜的主要缺点是为保证共源共栅输出管同时工作在饱和区，输出节点最小工作电压要增加。正如图 3.59 所示，T_3 和 T_2 管同时处于饱和区，电流镜输出节点的最小电压应当大于 $V_T+2(V_{gs}-V_T)$。虽然过驱动电压（$V_{gs}-V_T$）可以通过加大 W 来减小或降低工作电流来减小，但 V_T 对最小电压的影响很大。例如，当电流镜作为差分对的负载时将会严重限制输入共模电压范围和输出电压范围。因此，这种共源共栅结构虽然可以通过增加级联共栅管的数目增加输出电阻，但是由于最小工作电压上升限制了这种方法的实际应用范围。

3.7.3　最小输出电压共源共栅电流镜

图 3.61(a)表示用跟随器减小最小输出电压的电流镜。假设除 T_4 管外所有晶体管都匹配并且忽略 T_3、T_4 和 T_6 管的体效应，T_6 和 T_5 构成的电压平移电路使 A 点到 B 点的电压平移 $V_{gs6}=V_T+\Delta V$。为得到 $2\Delta V$ 的最小工作电压，B 节点电压应为 $V_T+2\Delta V$，所以要求 A 节点电压为 $2V_T+3\Delta V$。如果将 T_3 晶体管的宽长比取为其他五个晶体管的 1/4，$V_{gs3}=V_T+2\Delta V$，可使节点 A 电压为 $V_T+2\Delta V$。因此，当 T_2 和 T_3 管都处于饱和区时，最小输出电压为：$V_{outmin}=2\Delta V$。虽然这种电流镜的输出最小电压有所减小，但输入电压增高。另外，由于需要 6 个管具有良好的匹配特性，这使得失配的影响增加。

图 3.61(b)表示采用恒流源 I_B 构成的低输出电压电流镜。它用二极管连接的 T_4 管和恒流源 I_B 为 T_3 管提供栅极电压 V_B。为得到最小输出电压 $2\Delta V$ 所需要的 V_B 电压 $V_T+2\Delta V$，对于固定的 I_B 可将 T_4 管的宽长比取为：

$$\frac{W}{L}=\frac{I_B}{2KP(\Delta V)^2} \tag{3.7-12}$$

这种电流镜的输入电压和输入电阻与简单电流镜相同、比共源共栅电流镜小，它的不足是 T_1 和 T_2 管的源漏电压不相等，这将减小电流镜精度。

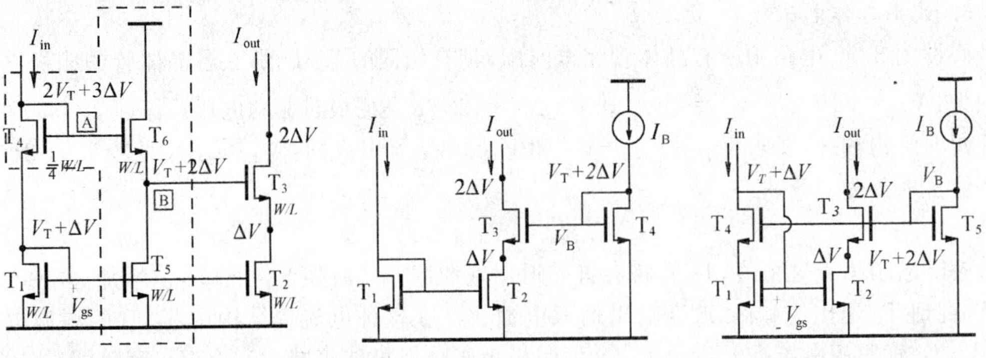

(a) 大输出摆幅电流镜　　(b) 低压电流镜　　(c) 高精度低压电流镜

图 3.61　具有改进最小工作电压的共源共栅电流镜

为解决这个问题，可以采用图 3.61(c)所示低压(或宽摆幅)电流镜结构。当偏置电压 $V_B=V_T+2\Delta V$ 时，T_3 管处于饱和区限制的最小输出电压为 $V_{outmin}=V_{g3}-V_{T3}=2\Delta V$，输入电压为 $V_{in}=V_T+\Delta V$。由于 $V_{ds1}=V_{ds2}=V_B-V_{gs4}$，所以受沟长调制效应影响小。但是，当 I_{in} 增大时 V_{gs4} 增加使 V_{ds1} 下降，可导致 T_1 管退出饱和区。保证 T_1 管处于饱和区的最大电流是：

$$I_{inmax}\leqslant\frac{\beta_4}{2}\frac{(V_B-V_{T4})^2}{(1+\sqrt{\beta_4/\beta_1})^2}\tag{3.7-13}$$

因此，对于一定的输入电流，$(W/L)_4$ 必须足够大。反之，对于一定的晶体管尺寸 $(W/L)_4$，输入电流变化范围将受到 $(W/L)_4$ 的限制。另一方面，当 I_{in} 减小时 V_{gs1} 和 V_{gs4} 下降，从而导致 V_{ds4} 减小，并可能使 T_4 管退出饱和区。保证 T_4 管处于饱和区 $(V_B-V_{T4}\leqslant V_{g1})$ 的最小电流是：

$$I_{inmin}\geqslant(\beta_1/2)(V_B-V_{T1}-V_{T4})\left|V_B-V_{T1}-V_{T4}\right|\tag{3.7-14}$$

可见，当使 V_B 小于 $V_{T1}+V_{T4}$ 时，在输入电流大于零范围内均可保证 T_4 管处于饱和区。

例题 20　采用图 3.61(c)电路设计一个最大输出电流为 100 μA、最小输出电压小于 0.5 V的 1∶1 nMOS 电流镜，已知 $V_T=0.7$ V，KP=80 μA/V²。

解：初步估算，设 $V_{outmin}=2\Delta V$，为满足这一要求取 T_1 和 T_2 的宽长比：$(W/L)_{1,2}=40$。当 T_3 源极电压为 $\Delta V=0.25$ V 时，$V_{T3}=0.78$ V。为保证最小输出电压值要求，共栅管偏值电压设计为 $V_B=V_{T3}+\Delta V_3+\Delta V_2=1.28$ V。因为 $V_B<V_{T3}+V_{T2}$，在输入电流大于 0 的范围内，T_4 管始终处于饱和区。对于最大电流，保证 T_1 和 T_2 处于饱和区，根据 $\Delta V_1=V_{g1}-V_{T1}\leqslant V_{s4}$ 和 $V_{s4}=V_B-V_{T4}-\sqrt{(2I_{inmax}/\beta_4)}$ 可得所需共栅管的最小宽长比：$(W/L)_{4,3}\geqslant 2I_{inmax}/(V_B-V_{T4}-\Delta V_1)^2/KP_4=40$。这样可以保证在 0～100 μA 电流范围内，所有晶体管都处于饱和区。

3.7.4　共栅管自偏置共源共栅电流镜

在图 3.61(c)中共栅管 T_3 需要额外的偏置电路进行偏置，这要增加电路的总功耗。为解决这个问题可以采用共栅管自偏置技术，如图 3.62 所示。在图 3.62(a)所示自偏置共源共栅电流镜中，通过串联电阻 R 来设置共栅管的栅极电压。这种结构虽然减小了功耗，但是将增大输入阻抗和输入电压。

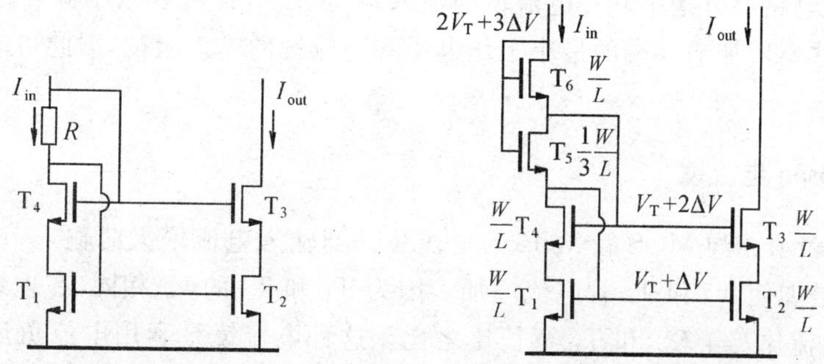

(a) 电阻自偏　　(b) 饱和MOS管自偏

图 3.62　自偏置共源共栅电流镜

为保证所有管都处于饱和区，需要限定自偏置电阻上的压降 RI_{in}。如果 R 过大，将导致 T_4 管漏极电压过低，从而使其退出饱和区。因为 $V_{g4}-V_{d4}=I_{in}R$，保证 T_4 管处于饱和区要求 $V_{d4}\geqslant V_{g4}-V_{T4}$，即：$R\leqslant V_{T4}/I_{inmax}$。因为体效应的影响，$V_{T4}>V_{T1}$。如果 R 过小，将使 T_1 管 V_{ds1} 过小，从而导致 T_1 管退出饱和区。保证 T_1 管处于饱和区的最小电阻为：$R\geqslant(V_{T4}-V_{T1})/I_{inmin}$。当然，因为 V_{ds1} 和 V_{ds2} 相同，即使 T_1 和 T_2 不在饱和区，输出与输入电流比也等于宽长比之比，只是输入输出电阻和失配等特性发生变化。

例题 21　设计一个最大输出电流为 100 μA、最小输出电压小于 0.5 V 的 1∶1 电阻自偏压 nMOS 电流镜，已知 $V_T=0.7$ V，KP=80 $\mu A/V^2$。

解：初步估算，设 $V_{outmin}=2\Delta V$，根据 $\Delta V=0.25$ V 可得晶体管 $T_{1\sim4}$ 的宽长比为：$(W/L)_{1,2}=40$。当 T_3 源极电压为 $\Delta V=0.25$ 时，$V_{T3}=0.78$ V。为保证最小输出电压值要求，共栅管偏置电压设计为 $V_{g3}=V_{T3}+\Delta V_3+\Delta V_2=1.28$ V。满足这个电压，要求电阻为 $R=(V_{g3}-V_{g1})/I_{in}=3.3\ k\Omega$。在这个偏置电阻下，保证 T_1 管处于饱和区的最小电流 $I_{inmin}=(V_{T4}-V_{T1})/R=24.2\ \mu A$。即，电流在 24～100 μA 范围内变化时，T_4 管 T_1 都工作在饱和区。如果电流小于 20 μA，虽然 $T_{1,2}$ 管退出饱和区，由于 V_{ds1} 和 V_{ds2} 相同也能保持电流比，但要改变节点阻抗。

在图 3.62(b)所示电流镜中，通过输入端串联 MOS 二极管来设置共栅管的栅极电压，T_5 和 T_6 管是栅极相同的串联 MOS 管结构。由于一般情况下 $V_{gs5}-V_{T5}>V_{gs5}-V_{gs6}$ 条件成立，T_5 管处于非饱和区；由于 T_6 管栅极与源极相连，电流不为零时总处于饱和区。如果除 T_5 以外其他晶体管尺寸都相同，根据 T_2 和 T_3 管对偏置电压 $V_T+\Delta V$ 和 $V_T+2\Delta V$ 的要求，可以确定出对 T_5 管端电压的要求：$V_{gs5}=V_T+2\Delta V, V_{ds5}=\Delta V$。假设 T_5 管宽长比是其他管的 N 倍，根据 T_6 和 T_5 管电流相同，有：

$$0.5KP(W/L)(\Delta V)^2 = KP\cdot N(W/L)(2\Delta V^2-0.5\Delta V^2) \tag{3.7-15}$$

由此可以求出 $N=1/3$。

由于自偏置电路部分是串联在电流镜的输入端，虽然这样可以减小额外偏置电路所需要的功耗，但是这要增加输入端的最小工作电压和电流镜的输入阻抗，因此可能会对某些应用产生不利影响。

3.7.5 Wilson 电流镜

图 3.63(a)表示 n 沟 MOS 管 Wilson 电流镜。当输入电流增大时输入节点电压上升，T_2 管栅极电压增加使 T_1 和 T_2 管电流增加。因为 T_1 和 T_2 的 V_{gs} 相同，在理想匹配的情况下输出与输入电流比等于 T_2 和 T_1 宽长比之比。这种电流镜是利用电流负反馈来增加输出电阻。如果 V_{out} 上升引起 I_{out} 增加，则通过 T_2 管的电流也增加，引起 T_1 管栅极电压增加。如果 I_{in} 不变，考虑沟道长度调制效应，那么 V_{ds1} 将减小，使 T_3 管 V_{gs3} 减小，因而抑制 I_{out} 的增加。从小信号等效电路分析可得输出电阻为：

$$r_{out} = r_{ds3} + r_{ds2}\frac{1+(g_{m3}+g_{mb})r_{ds3}+g_{m1}(r_{ds1}//R_B)g_{m3}r_{ds3}}{1+g_{m2}r_{ds2}} \tag{3.7-16}$$

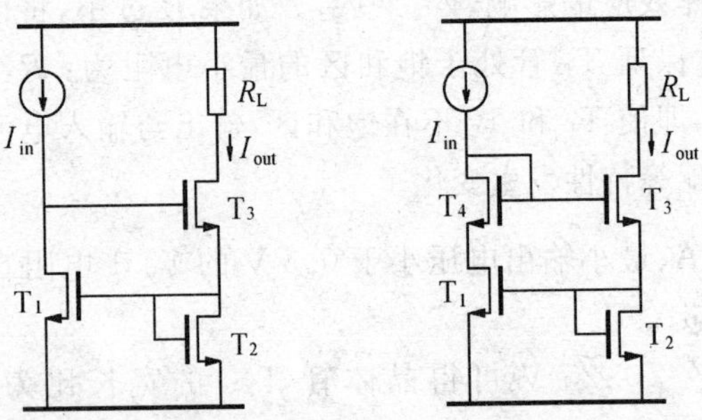

(a) 基本型　(b) 改进型

图 3.63　Wilson 电流镜

其中：R_B 是输入电流源 I_{in} 的内阻。它的主要项是 $g_m r_{ds}^2$，与共源共栅电流镜(3.7-8)式的主要项相同，但是与输入端阻抗有关。在 $g_{m1}r_{ds1}$ 和 $g_{m2}r_{ds2}\gg 1$ 的条件下，小信号输入阻抗近似为：

$$r_{in}\approx\frac{1}{g_{m1}}\left[1+\frac{g_{mb3}}{g_{m3}}+\frac{g_{m2}}{g_{m3}}\left(1+\frac{R_L}{r_{ds3}}\right)\right] \tag{3.7-17}$$

其中：R_L 是输出端的负载电阻。可见输入阻抗在 $1/g_{m1}$ 量级，并与输出负载电阻有关。

Wilson 电流镜 T_1 管的漏极电压($V_{gs1}+V_{gs3}$)大于栅极电压，T_2 管的漏极电压等于栅极电压，它们始终工作在饱和区。只要输出电压大于 $V_{gs2}+\Delta V$，T_3 管就处于饱和区，保持高输出阻抗。它的最小工作电压与基本共源共栅电流镜相同。但是，Wilson 电流镜 T_1 管的漏极电压比 T_2 管高，由于沟长调制效应，将导致 T_1 和 T_2 管的漏极电流失配。加入 T_4 管使 T_1 和 T_2 电流镜漏极电压相同，形成改进 Wilson 电流镜，如图 3.63(b)所示。

从(3.7-16)式可知,Wilson 电流镜只能用内阻远大于 r_{ds1} 的电流源驱动。如果用电压源或有限输出阻抗的电流源驱动,环路增益 $g_{m1}(r_{ds1}//R_B)$ 将会下降,这将减小电流镜输出阻抗。

3.7.6 电流镜噪声特性

简单电流镜中的噪声源如图 3.64 所示。对于 B 倍电流镜,以输入管为单元管,输出管由 B 个单元管并联构成。总输出噪声为:

$$\overline{i_{no}^2} = B^2(\overline{i_{nin}^2} + \overline{i_n^2}) + B\overline{i_n^2} \tag{3.7-18}$$

对于热噪声 $\overline{i_n^2} = 8kTg_m\Delta f/3$,它为:

$$\overline{i_{no}^2} = B^2\,\overline{i_{nin}^2} + \sqrt{B}(B+1)\,\frac{8kT}{3}\sqrt{2\mathrm{KP}\left(\frac{W}{L}\right)I_{out}}\,\Delta f \tag{3.7-19}$$

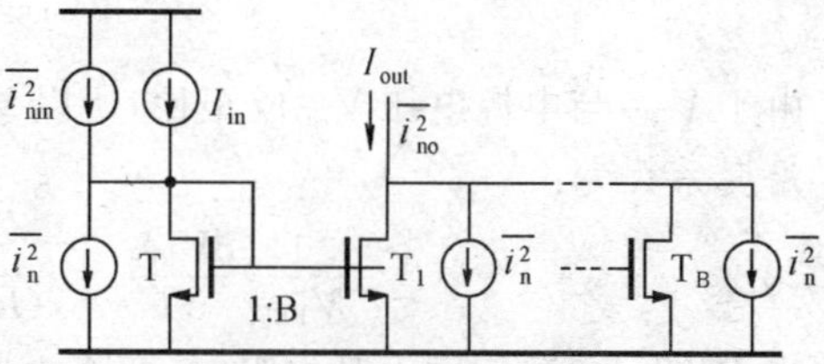

图 3.64 电流镜噪声

因此对于一定的输出电流,如果单元晶体管 W/L 减小,输出噪声电流亦减小。但是,如果 (W/L) 取的太小,对应的 $V_{gs}-V_T$ 要变大。虽然大的 $V_{gs}-V_T$ 更有利于减小匹配误差,但这将使最小输出电压升高,所以设计中应当进行综合考虑。

例题 22 设计一个低噪声简单电流镜,已知:$B=2$,$I_{OUT}=100\ \mu A$,$C_L=5\ pF$,$R_L=10\ k\Omega$,$\Delta f=1\ Hz$。为减小面积,晶体管设计成尽可能小尺寸。如果输出电流信号在 0 到 200 μA 之间变化,求输出电流的信噪比和最小输出电压。

解:不考虑输入电流源的噪声,电流镜的输出噪声为:$\overline{i_{no}^2}=\sqrt{B}(B+1)\frac{8kT}{3}\sqrt{2\mathrm{KP}\left(\frac{W}{L}\right)I_{out}}\,\Delta f$。为得到大的输出阻抗将单元管的 L 取为 2 μm,最小化面积取 W 为 1 μm,单位带宽输出噪声电流功率为:$\overline{i_{no}^2}=0.2\times10^{-24}\ A^2$。$SNR=2.5\times10^{16}=164\ dB$。$V_{outmin}=2.24\ V$。如果取 $W/L=1$,$\overline{i_{no}^2}=0.28\times10^{-24}\ A^2$,$SNR=1.77\times10^{16}=162.5\ dB$,$V_{omin}=1.6\ V$。

上面讨论的各种电流镜同样可以用 pMOS 晶体管实现。它们有与 nMOS 管同样的工作方式并有相同的输出电阻。

3.8 基准电路

随着集成度增加,模拟集成电路芯片内可以包含能够提供稳定电压或电流的基准电路。基准电路设计主要解决的是减小电源电压和温度等变化对基准电压或电流影响。描述基准量 Y(电压或电流)随工作条件参量 X(电源电压或温度等)的变化情况,通常采用基准 Y 对参量 X 的灵敏度:

$$S_X^Y = \frac{\partial Y/Y}{\partial X/X} = \frac{X}{Y}\frac{\partial Y}{\partial X} \tag{3.8-1}$$

它是基准量 Y 的相对变化率与参量 X 相对变化率的比。此外，也经常采用基准量 Y 随参量 X 的变化系数 $\mathrm{d}Y/\mathrm{d}X$ 和基准量 Y 随参量 X 的相对变化系数 $(\mathrm{d}Y/Y)/\mathrm{d}X$。

3.8.1 分压式简单基准电路

简单的基准电路可以由分压电路构成，几种基本形式如图 3.65 所示。图 3.65(a)表示电阻分压器，它产生的基准电压为：

$$V_{\mathrm{REF}} = \frac{R_2}{R_1+R_2}V_{\mathrm{DD}} \tag{3.8-2}$$

由于 V_{REF} 与电源电压 V_{DD} 成正比，所以 V_{REF} 对 V_{DD} 的灵敏度为 1，受电源电压影响大。相对温度系数为：

$$\frac{1}{V_{\mathrm{REF}}}\frac{\mathrm{d}V_{\mathrm{REF}}}{\mathrm{d}T} = \frac{R_1}{(R_1+R_2)}\left(\frac{1}{R_2}\frac{\mathrm{d}R_2}{\mathrm{d}T} - \frac{1}{R_1}\frac{\mathrm{d}R_1}{\mathrm{d}T}\right) \tag{3.8-3}$$

当 R_1 和 R_2 采用同一种电阻时，两个电阻具有同样的相对温度系数，因此基准量的相对温度系数为 0。另外，当电阻值不是特别大时，分压器的功耗也比较大。如果电阻很大，将占用很大面积。

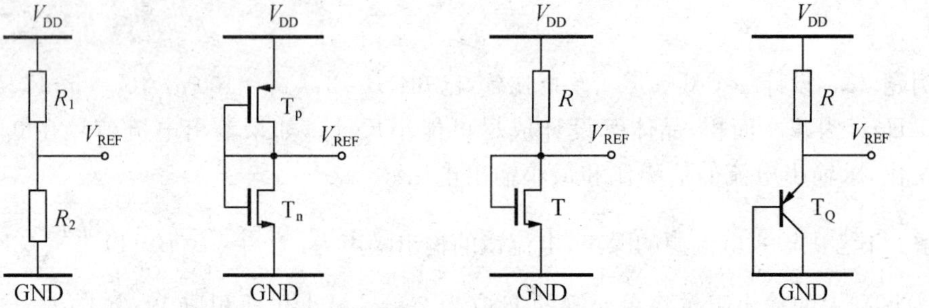

(a) 电阻分压器　(b) MOS管分压器　(c) 电阻-MOS管分压器　(d) 电阻-PN结分压器

图 3.65　简单分压式基准电路

为了节省面积，可以采用有源器件构成分压器。图 3.65(b)表示二极管连接 pMOS 管和 nMOS 管构成的基准电路。当 $V_{\mathrm{DD}} > V_{\mathrm{Tn}} + |V_{\mathrm{Tp}}|$ 时，它产生的基准电压为：

$$V_{\mathrm{REF}} = \frac{V_{\mathrm{DD}} + \sqrt{\beta_n/\beta_p}V_{\mathrm{Tn}} - |V_{\mathrm{Tp}}|}{1+\sqrt{\beta_n/\beta_p}} \tag{3.8-4}$$

对电源电压的灵敏度为：

$$S_{V_{\mathrm{DD}}}^{V_{\mathrm{REF}}} = \frac{V_{\mathrm{DD}}}{V_{\mathrm{DD}} + \sqrt{\beta_n/\beta_p}V_{\mathrm{Tn}} - |V_{\mathrm{Tp}}|} \tag{3.8-5}$$

当 $\beta_n = \beta_p$，$V_{\mathrm{Tn}} = |V_{\mathrm{Tp}}|$ 时，基准电压对电源电压的灵敏度为 1，受电源电压影响大。如果忽略 β_n 和 β_p 随温度的变化，温度系数：

$$\frac{\mathrm{d}V_{\mathrm{REF}}}{\mathrm{d}T}=\frac{1}{1+\sqrt{\beta_{\mathrm{n}}/\beta_{\mathrm{p}}}}\left(\sqrt{\beta_{\mathrm{n}}/\beta_{\mathrm{p}}}\,\frac{\mathrm{d}V_{\mathrm{Tn}}}{\mathrm{d}T}-\frac{\mathrm{d}|V_{\mathrm{Tp}}|}{\mathrm{d}T}\right) \tag{3.8-6}$$

当$\frac{\mathrm{d}|V_{\mathrm{Tp}}|}{\mathrm{d}T}\Big/\frac{\mathrm{d}V_{\mathrm{Tn}}}{\mathrm{d}T}=\sqrt{\beta_{\mathrm{n}}/\beta_{\mathrm{p}}}$时，温度系数为0。对于这种电路，如果设计晶体管沟道宽长比满足0温度系数要求，那么基准电压只能由电源电压唯一确定；如果设计晶体管满足基准电压要求，温度系数可能不为0。在实际应用中，根据基准电压的需要，这种电路可以由多个不同类型二极管连接MOS管串联而成。

为减小上述同类电阻所构成分压器的电源电压灵敏度，可以采用不同类型电阻构成分压器。图3.65(c)表示电阻R和nMOS管构成的基准电路。它产生的基准电压为：

$$V_{\mathrm{REF}}=V_{\mathrm{T}}+\sqrt{\frac{2(V_{\mathrm{DD}}-V_{\mathrm{REF}})}{\mathrm{KP}(W/L)R}}\approx V_{\mathrm{T}}+\sqrt{\frac{2(V_{\mathrm{DD}}-V_{\mathrm{T}})}{\mathrm{KP}(W/L)R}} \tag{3.8-7}$$

可见通过调整W/L可以改变基准电压。另外，V_{REF}与V_{T}成正比，V_{T}的精度决定V_{REF}的精度，所以受工艺影响大。根据上式近似结果，这种结构基准电压对电源电压的灵敏度为：

$$S_{V_{\mathrm{DD}}}^{V_{\mathrm{REF}}}\approx\frac{V_{\mathrm{DD}}}{2(V_{\mathrm{DD}}-V_{\mathrm{T}})}\frac{1}{1+V_{\mathrm{T}}\sqrt{\frac{\mathrm{KP}(W/L)R}{2(V_{\mathrm{DD}}-V_{\mathrm{T}})}}} \tag{3.8-8}$$

根据(2.4-17)、(2.4-18)和(3.8-7)式非近似结果，可以求出温度系数为：

$$\frac{\mathrm{d}V_{\mathrm{REF}}}{\mathrm{d}T}=\frac{-c+\sqrt{\frac{V_{\mathrm{DD}}-V_{\mathrm{REF}}}{2\beta R}}\left(\frac{3}{2T}-\frac{1}{R}\frac{\mathrm{d}R}{\mathrm{d}T}\right)}{1+\frac{1}{\sqrt{2\beta R(V_{\mathrm{DD}}-V_{\mathrm{REF}})}}} \tag{3.8-9}$$

其中：c是阈值电压随温度变化一次项系数。如果$V_{\mathrm{DD}}=3$ V，$W/L=10$，$R=100$ kΩ（温度系数1.5‰/℃），$\mathrm{KP_n}=80\ \mu\mathrm{A/V^2}$，$c=2.3$ mV/℃，$T=300$°K，$V_{\mathrm{T}}=0.7$ V，则$V_{\mathrm{REF}}=0.93$ V，$S_{V_{\mathrm{DD}}}^{V_{\mathrm{REF}}}=0.166$，$(1/V_{\mathrm{REF}})\mathrm{d}V_{\mathrm{REF}}/\mathrm{d}T=-1.939$‰ /℃。这种电路的电源电压灵敏度小于图3.65(a)和(b)电路。由于迁移率负温度系数可以与R正温度系数和V_{T}负温度系数抵消一部分，虽然温度系数比图3.65(a)和(b)结构大，但比下面介绍的图3.65(d)电路小。

为了减小阈值电压误差对基准电压的影响，可以采用电阻与双极管构成分压器。图3.65(d)表示由电阻和寄生纵向双极管构成的分压器型基准电路。它的基准电压为：

$$V_{\mathrm{REF}}=\frac{kT}{q}\ln\left(\frac{V_{\mathrm{DD}}-V_{\mathrm{REF}}}{RI_{\mathrm{S}}}\right)\approx\frac{kT}{q}\ln\left(\frac{V_{\mathrm{DD}}}{RI_{\mathrm{S}}}\right) \tag{3.8-10}$$

其中I_{S}是发射结反向饱和电流。从(3.8-10)式可以得到，它对电源电压灵敏度：

$$S_{V_{\mathrm{DD}}}^{V_{\mathrm{REF}}}=\frac{1}{\ln[(V_{\mathrm{DD}}-V_{\mathrm{REF}})/(RI_{\mathrm{S}})]}\frac{V_{\mathrm{DD}}}{V_{\mathrm{DD}}-V_{\mathrm{REF}}+kT/q} \tag{3.8-11}$$

由于电阻电流$(V_{\mathrm{DD}}-V_{\mathrm{REF}})/R$远大于$I_{\mathrm{S}}$，所以灵敏度远小于1。例如，$V_{\mathrm{DD}}=3$ V，$V_{\mathrm{REF}}=0.6$ V，$R=2.4$ kΩ，$I_{\mathrm{S}}=1\times10^{-14}$ A，电源灵敏度为0.0488。根据(2.2-21)和(3.8-10)近似式，相对温度系数：

$$TC_F=\frac{1}{V_{REF}}\frac{dV_{REF}}{dT}\approx\frac{V_{REF}-V_{G0}}{V_{REF}T}-\frac{3k}{qV_{REF}}-\frac{kT}{V_{REF}q}\left(\frac{1}{R}\frac{dR}{dT}\right)\qquad(3.8\text{-}12)$$

其中：V_{G0}是 $T=0$ 时的禁带电势差。如果 $V_{REF}=0.6$ V，$V_{G0}=1.205$ V，$T=300$ K，R 采用多晶电阻（相对温度系数 1.5‰/℃），基准电压的温度系数为－3.859‰/℃。它比前几种分压器都大。几种分压基准电压电路特性比较如表 3.2 所示。

表 3.2　几种分压基准电路电路特性比较

	电阻分压	MOS管分压	电阻-MOS二极管	电阻-PN结
V_{REF}	$\frac{R_2}{R_1+R_2}V_{DD}$	$\frac{V_{DD}+\sqrt{\beta_n/\beta_p}V_{Tn}-\|V_{Tp}\|}{1+\sqrt{\beta_n/\beta_p}}$	$V_T+\sqrt{\frac{2V_{DD}+V_T}{KP(W/L)R}}$	$\frac{kT}{q}\ln\left(\frac{V_{DD}}{RI_S}\right)$
$S_{V_{DD}}^{V_{REF}}$	1	～1	～0.1	～0.01
$S_T^{V_{REF}}$	小	小	较小	大
工艺影响	小	大	大	较小

3.8.2　不受电源电压影响的基准电路

为了使基准电路不受电源电压的影响，基准电路必须采用一个与电源电压无关的基准电平进行设计。在MOS电路中这种电平主要有：晶体管阈值电压 V_T、热电压（kT/q）、寄生双极管的发射结电压 V_{BE}和能带间隙电压 V_{G0}。另外，Zener 二极管也可以使用，但因击穿电压较高而不常在今天芯片上使用。

以阈值电压为基准的典型自偏置基准电路如图 3.66 所示。T_3 和 T_4 管构成的 1∶1 电流镜使流过 T_1 管和电阻 R 的电流相同，这样 T_1 管 V_{gs1} 产生的电流 I_1 通过电阻 R 形成自偏置电压控制 T_1 管栅极。T_2 管的作用是保证 T_1 管工作在饱和区，增加从 3 节点向下看的电阻。T_1、T_2 和 R 构成具有电流负反馈的 Wilson 电流镜，它与 T_3 和 T_4 电流镜形成反馈环，保证 I_1 等于 I_2。

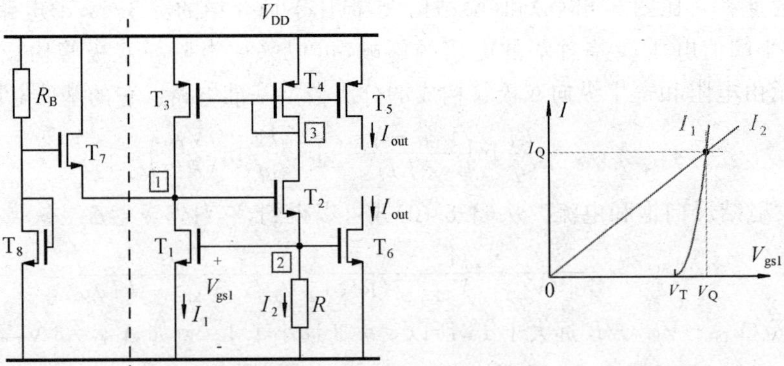

图 3.66　以 V_T 为基准的自偏置基准电路

T_1 管的电流 I_1 与 V_{GS1} 是平方关系，电阻 R 的电流 I_2 与电压 V_{gs1} 是线性关系，两条曲线形成交点 Q，如图 3.66 所示。在稳定工作点(I_Q,V_Q)附近，当电阻电压 V_{gs} 小于 V_Q 时，电阻的电流大于 T_1 管的电流，电流镜 $T_{4,3}$ 使 T_3 管的电流大于 T_1 管的电流，从而使节点 1 电压上升、T_2 管电流增加，导致电阻电压上升。当电阻电压 V_{gs} 大于 V_Q 时，电阻的电流小于 T_1 管的电流，电流镜 $T_{4,3}$ 作用使 T_3 管的电流小于 T_1 管的电流，从而使节点 1 电压下降、T_2 管电流减小，导致电阻电压下降。稳定时工作电流 I_Q 满足：

$$RI_Q = V_{T1} + \sqrt{\frac{2I_Q}{KP_1(W/L)_1}} \tag{3.8-13}$$

由此可见 I_Q 与电源电压无关。当电阻较大时，I_Q 很小，V_{gs1} 近似为 V_T，$I_Q \approx V_T/R$。这种电路叫做阈值电压基准源或自举 V_T 基准源。因为 I_Q 与电源电压无关，所以 I_Q 对 V_{DD} 的灵敏度理想情况下为零。稳定点的工作电流 I_Q 通过 T_5 和 T_6 镜象输出可作为基准电流。

这个电路除稳定点(I_Q,V_Q)外，零点也是一个稳定点。为防止电路停留在这个稳定点，一般需要一个启动电路。在图 3.66(a)电路中，$T_{7,8}$ 和 R_B 构成启动电路。如果电路处于零点，I_1 和 I_2 为 0，T_7 向 T_1 提供电流使节点 1 电压上升。当电压大于 T_2 管的阈值电压后电阻开始有电流通过，节点 2 电压上升。因为电阻电流大于晶体管 T_1 的电流，电流镜 $T_{3,4}$ 使 T_3 管电流大于 T_1，加上 T_7 管向节点 1 注入电流，导致节点 1 电压进一步上升，直到电路工作点从零点移动到工作点 Q。随着接近工作点 Q，T_7 管源极电压增加，使 T_7 管电流为 0，最终 T_1 管电流等于 T_3 管电流。

在考虑 $T_{1\sim4}$ 管沟道长度调制效应后，基准电路将受到电源电压的影响。如果进一步采用共源共栅电流镜技术可以减小基准量对电源电压的灵敏度。在 MOS 工艺中，阈值电压精度难以控制，所以这种基准源的精度受工艺影响大。另外，nMOS 管的阈值电压是负温度系数(约-2 mV/℃)，而扩散电阻是正温度系数，这样输出电流 $I_{out}=V_T/R$ 具有很大的负温度系数。解决 V_T 作为基准量存在的问题可以采用发射结电压替代 V_T。

一种以发射结电压 V_{EB} 为基准的电路如图 3.67 所示，其中 PNP 管是 n 阱 CMOS 中的寄生纵向双极管。如果某一初始态电流 I_1 和 I_2 小于平衡点工作电流 I_Q，电阻的电压小于发射结电压，T_2 管 V_{gs2} 大于 T_1 管 V_{gs1}，I_2 电流大于 I_1。在电流镜 $T_{3,4}$ 的作用下，提高 T_1 的栅极电压、增加电流并使其趋近平衡点。因此，$T_{1\sim4}$ 组成的反馈环保正通过 T_{Q1} 和 R 的电流相等。由于 T_1 和 T_2 管电流和栅极电压相同，所以两管源极电压相同。稳定状态下，工作点电流必须满足 $RI_Q=(kT/q)\ln(I_Q/I_S)=V_{EB1}$，因此基准电流为：

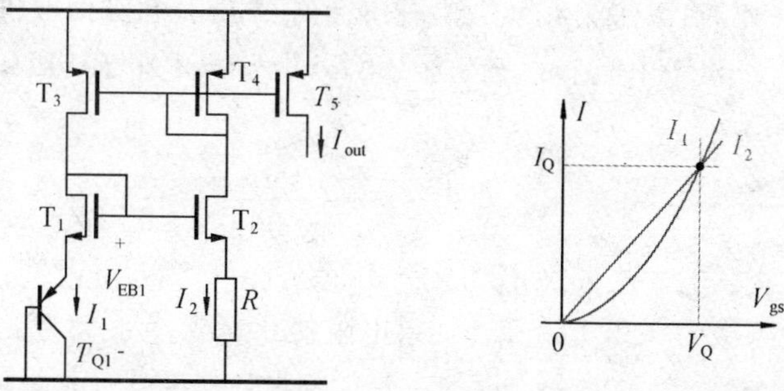

图 3.67　V_{EB} 基准电路

$$I_Q = \frac{V_{EB1}}{R} = I_S e^{\frac{qV_{EB1}}{kT}} \qquad (3.8\text{-}14)$$

如果发射结正向结压降为 0.6 V，取得 100 μA 基准电流需要 6 kΩ 电阻。室温下电流不变时对于 0.6 V 正向电压，正向 PN 结温度系数为 −2.3 mV/℃，相对温度系数 −3.833‰/℃。如果有源区电阻的温度系数为 2.0‰/℃，基准电流的相对温度系数为 −5.833‰/℃。发射结电压基准电路的优点是体内发射结决定的双极管 V_{EB} 比界面决定的 MOS 管 V_T 更很好控制，精度可在 5% 内。它的缺点是 V_{EB} 表现出负温度系数，当它与具有很大正温度系数的电阻作用时，使输出电流有很大的负温度系数。与阈值基准电路相同，考虑 MOS 管沟长调制效应后，基准量随电源电压的变化可以通过采用共源共栅电流镜得到进一步改善。

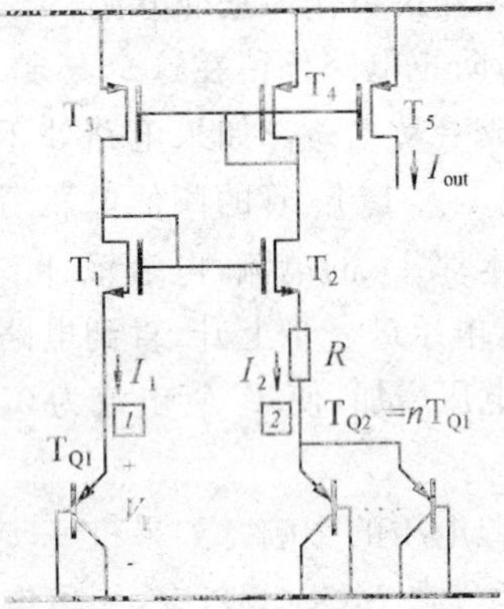

图 3.68 热电压基准电路

要改善基准源的温度特性，需要采用具有正温度系数的基准电压抵消电阻的正温度系数。热电压（kT/q）是一个具有正温度系数的基准量，以热电压为基准的典型基准电路如图 3.68 所示，其中电流 I_1 通过双级管 T_{Q1}，电流 I_2 流过 n 个 T_{Q1} 组成的双极管 T_{Q2}。I_1 和 I_2 电流分别为：

$$I_1 = I_S \exp(qV_1/kT) \qquad (3.8\text{-}15a)$$

$$I_2 = nI_S \exp(qV_2/kT) \qquad (3.8\text{-}15b)$$

稳定情况下反馈环使这两个电流相等，T_{Q1} 管和 T_{Q2} 管的发射结电压差为：

$$\Delta V_E = (kT/q)\ln(n) \qquad (3.8\text{-}16)$$

它与绝对温度成正比（PTAT），等于电阻 R 上的压降。基准电流为：

$$I_{REF} = (kT/q)\ln(n)/R \qquad (3.8\text{-}17)$$

它与阈值电压无关，只取决于热电压（kT/q）和纵向双极晶体管面积比（n）。例如，当 $n=47$ 时，室温下电阻上的压降为 100 mV。如果电阻为 1 kΩ，基准电流为 100 μA。基准电流的相对温度系数为：

$$\frac{1}{I_{REF}}\frac{dI_{REF}}{dT} = \frac{q}{kT}\frac{k}{q} - \frac{1}{R}\frac{dR}{dT} \qquad (3.8\text{-}18)$$

热电压的温度系数 $d(kT/q)/dT = k/q = 0.085$ mV/℃，室温下（$T=300$K）热电压的相对温度系数为 3.269‰/℃。如果电阻的相对温度系数为 2‰/℃，基准电流的相对温度系数为 1.269‰/℃。这种电路的主要优点是热电压具有正温度系数，可以与电阻正温度系数相抵销，从而减小输出电流随温度的变化。

由于这种电路电阻 R 的压降 ΔV_E 很小（$n=47$，100 mV），与 T_1 和 T_2 管失配或通过沟长调制效应（因漏极电压不同）引起的压差接近，所以实际设计中必须减小失配和沟长调制效应。一般 T_1 和 T_2 采用大尺寸，减小失配；采用共源共栅电流镜或 Wilson 电流镜减小沟道调制的影响。尽管增大 n 可以增加 ΔV_E，但因为它们是指数关系，效果不明显。例如，ΔV_E（100 mV）增加一倍（200 mV），需要 $n(=47)$ 变为 $n^2(=2209)$。一种简单增加 ΔV_E 的方法是采用级联二极管形式，如图 3.69 所示。两个射极跟随器级联有：

$$\Delta V_E = V_{EB1} + V_{EB3} - V_{EB2} - V_{EB4} \tag{3.8-19}$$

如果 $I_1 = I_3, I_2 = I_4$，可得：

$$\Delta V_E = 2(V_{EB1} - V_{EB2}) \tag{3.8-20}$$

因此级联两个全同的跟随器可以使 ΔV_E 增加一倍。

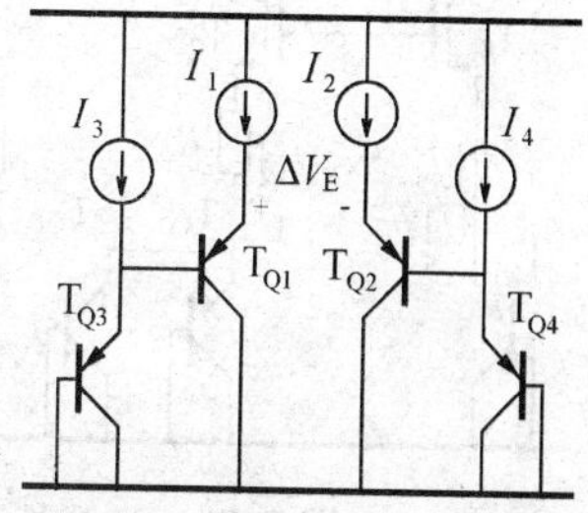

图 3.69　射随器级联加倍 ΔV_E

温度系数更小的基准电路是能带间隙电压基准电路。它的工作原理是将热电压 kT/q 放大 X 倍与发射结电压 V_{EB} 相加，构成基准电压 V_{REF}：

$$V_{REF}(T) = V_{EB}(T) + X\frac{kT}{q}\ln(n) \tag{3.8-21}$$

根据(2.2-19)和(2.2-22)式可知：

$$V_{EB}(T) = V_{G0} - 3\frac{kT}{q}\ln T + \frac{kT}{q}\ln\left(\frac{I}{I_{S0}}\right) \tag{3.8-22}$$

由于发射结电压室温下的温度系数约为 −2.3 mV/℃，热电压室温下的温度系数约为 0.085 mV/℃，所以通过适当调整放大倍数 X 可以使基准电压的温度系数为零。根据(3.8-21)式，可得：

$$\frac{dV_{REF}}{dT} = -\frac{V_{G0} - V_{EB}}{T} - 3\frac{kT}{qT} + X\frac{kT}{qT}\ln(n) = \frac{kT}{qT}\left(\ln\frac{I}{I_{S0}} - 3\ln T\right) - 3\frac{kT}{qT} + X\frac{kT}{qT}\ln(n) \tag{3.8-23}$$

如果在 T_0 温度下温度系数为 0，有：

$$X = \frac{V_{G0} - V_{EB}(T_0) + 3kT_0/q}{(kT_0/q)\ln(n)} \quad 或 \quad \ln(I/I_{S0}) + X\ln(n) = 3 + 3\ln(T_0) \tag{3.8-24}$$

将上式和(3.8-22)式代入(3.8-21)式，可以得到：

$$V_{REF}(T) = V_{G0} + 3\frac{kT}{q}\left[1 + \ln\left(\frac{T_0}{T}\right)\right] \tag{3.8-25}$$

在 T_0 温度下温度系数为 0 时的基准电压为：

$$V_{REF}\big|_{T=T_0} = V_{G0} + 3kT_0/q \tag{3.8-26}$$

其中：V_{G0} 是 T=0K 时的禁带电势差（1.21 V）。在室温下（300K），V_{REF}=1.286 V。由于基准电压主要由半导体材料的禁带宽度决定，所以称做能带间隙基准源。以这种原理工作的一个具体电路如图 3.70 所示，其中 X 值由 V_{REF} 温度系数为零条件决定。例如，室温下（300K），如果 n=47V，$V_{EB}(T_0)$=0.6V，那么 X=(1.21−0.6+3×0.026)/0.1=6.88。应当注意，在这种情况下输出电流 $I_{out}=V_{REF}/R_1$ 的温度系数并不为 0。

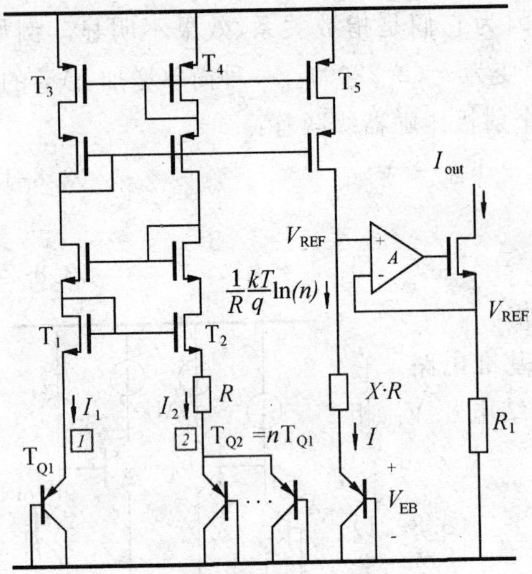

图 3.70 带隙基准电路

由(3.8-22)式可见发射结正向电压具有非线性温度特性，而实现(3.8-21)式的图 3.70 典型带隙基准源电路仅用线性温度系数项补偿，因此只能在某一个温度点附近使温度系数为零。要实现宽温度范围零温度系数，需要采用非线性的正温度系数项对发射结非线性温度特性进行曲线补偿(curvature compensation)[46]。

另外，数模混合电路中数字信号会在电源线中引入噪声，因此要求模拟电路应当有良好的抗电源噪声的能力。由于 MOS 管有限输出电阻等非理想因素的影响，电源电压变化将引起基准电压变化。为减小这种影响，常用需要引入多重反馈环提高抗电源噪声能力，即设计高电源抑制比基准源[47]。

习 题 三

3.1 证明强反型饱和区共源管，在忽略沟导长度调制效应情况下，电流电压变化量关系满足：$\Delta I_d = g_m\Delta V_{gs} + \frac{1}{2}\mathrm{KP}\frac{W}{L}\Delta V_{gs}^2$。

3.2 从基本 I-V 关系式出发，求图 P3.1(a)所示跨导放大器的跨导，分析源极串联电阻 R_d 对跨导值的影响。如果跨导器输出电流经电阻转换成电压，如图 P3.1(b)所示，实现电压放大，分析源极串联电阻 R_d 对电压放大器线性度的影响。

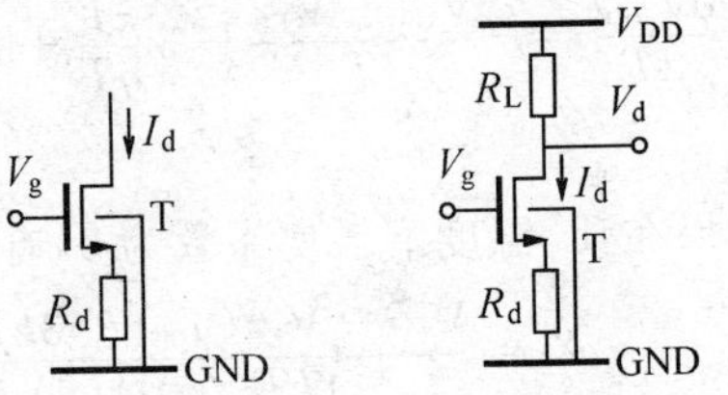

(a) 跨导器 (b) 电压放大器

图 P3.1 带源极电阻

3.3 如果 MOS 二极管的源极通过串联电阻 R_d 接地而衬底直接接地，如图 P3.2(a)所示，分析节点 1 和 2 的小信号电阻。如果漏极连入共栅管形成二极管，如图 P3.2(b)所示，求电路中节点 1 和 2 的小信号电阻。

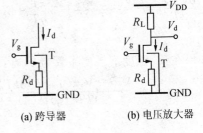

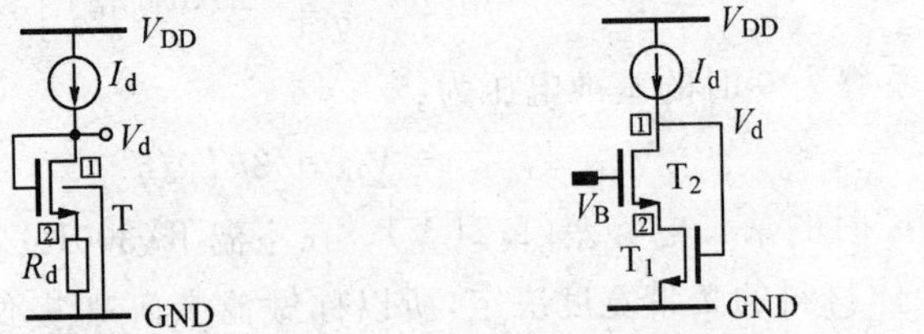

(a) 带源极电阻的MOS二极管 (b) 加入共栅管的MOS二极管

图 P3.2 MOS 二极管

3.4　对于图 P3.3 所示小信号等效电路，根据基尔霍夫节点电流定律，节点 1：$(\nu_1-\nu_{in})/R_S+Y_1\nu_1+Y_{21}(\nu_1-\nu_2)=0$；节点 2：$Y_{21}(\nu_2-\nu_1)+g_m\nu_1+Y_2\nu_2=0$，其中 $\nu_2=\nu_{out}$，求电压增益。如果用并联电阻 R_{12} 和电容 C_{gs} 代替 Y_1，用并联电阻 R'_L 和电容 C_{ds} 代替 Y_2，用电容 C_{dg} 代替 Y_{21}，求电压增益。

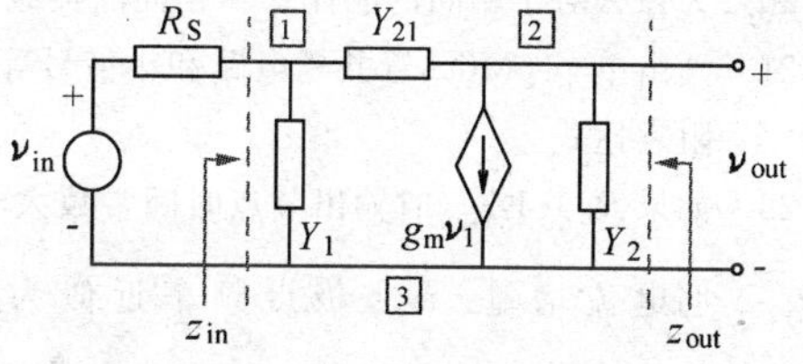

图 P3.3　一般化放大器模型

3.5　根据图 3.5 所示小信号等效电路，分别求出输入电容 C_{gs} 和输出电容 C_{ds} 单独存在时增益、输入和输出阻抗的表达式，并讨论输入和输出电容对频率特性的影响。

3.6　如果图 3.5 所示小信号等效电路参数取为：$g_m=1$ mS，$R_S=4$ kΩ，$R'_L=20$ kΩ，$C_{gs}=0.22$ pF，$C_{ds}=0.2$ pF，$C_{dg}=0.06$ pF，根据(3.1-7)式定量计算 A_{V0}、M' 和极、零点；根据(3.1-13)和(3.1-14)式，用主极点近似法计算增益的极点并与上述结果比较。

3.7　根据 3.6 题数据，计算：① $C_{dg}=0$ 时的主极点 f_{dc0}、非主极点频率 f_{ndc0}；② C_{dg} 无穷大时的非主极点频率 f_{ndc1}；③ C_{DGt}，C_{DGn}，C_{DGu}。

3.8　根据 3.6 题数据，计算：① g_{mt}，g_{mr} 和 g_{mu}；② 当 $g_m<g_{mt}$ 时的主极点 f_{dg0}、非主极点频率 f_{ndg0}。

3.9　用 SPICE 程序仿真图 3.5 所示单管共源放大器小信号等效电路中反馈电容 C_{dg}、跨导 g_m 对频率特性(增益)的影响。已知：$g_m=1$ mS，$R_S=4$ kΩ，$R'_L=20$ kΩ，$C_{gs}=0.22$ pF，$C_{ds}=0.2$ pF，$C_{dg}=0.06$ pF，忽略 R_{12}。

3.10　根据相位裕度定义，写出(3.1-7)式给出增益的相位裕度。如果增益用零、极点表示，忽略零点影响，证明(3.1-10)式当 $f_{nd}=3$GBW 时相位裕度近似为 70°。

3.11　证明(3.1-35)式定义的 f_T 是共源 MOS 管漏极电流与栅极电流比随频率增加下降为 1 时的频率。

3.12　根据 3.6 题数据，计算 f_u、f_T、GBW 和 PM。

3.13　用 nMOS 晶体管设计 GBW>20 dB(PM=70°)的共源放大器。信号源内阻 4 kΩ，采用有源负载优化增益。已知晶体管参数为：KP=80 μA/V²，λ=0.02/V，$C_{gs}=0.22$ pf，$C_{ds}=0.2$ pF，$L=1$ μm，$V_{GS}-V_T=0.25$ V。

3.14　设计一个电阻提供输入偏置电压、电阻负载单管 pMOS 共源放大器。已知：$V_{DD}=5$ V，$R_S=5$ kΩ，$V_T=0.8$ V，$KP_p=30$ μA/V²，要求低频增益大于 20 倍，具有对称输出电压摆幅，等效输入噪声电压小于 $2\times10^{-9}\nu_{rms}/\sqrt{Hz}$(只考虑热噪声)。

3.15　在图 3.11(b)共漏管小信号等效电路中，输出端与地之间是很大电阻 r'_{ds}，为什么跟随器的输出电阻却很小？利用反馈概念定性说明原因。

3.16　用 nMOS 管设计一个负载电容 $C_L=10$ pF 的源极跟随器，求 W/L 和工作电流 I_{DS} 以及带宽。为说明 W/L 对 C_{gs} 和 C_{dg} 的影响，设 $C_{gs}=2.8\,W/L$(fF)和 $C_{dg}=2C_{gs}$。其他参数为 $C_{ds}=0.2$ pF，$R_S=4$ kΩ，$r'_{ds}=200$ kΩ，KP=80 μA/V²，$V_{BS}=0$ V。

3.17　根据(3.2-19)和(3.2-20)式说明共漏源极跟随器输入 z_{in}、输出阻抗 z_{out} 的基本频率特性，分析极—零点位置随 g_m 的变化，作 z_{out} 的波特图。

3.18　对于图 3.11 共漏源极跟随器，已知：$V_{SB}=0$，$R_S=4$ kQ，$r'_{ds}=500$ kΩ，$C_{ds}=0.2$ pF，$C_{dg}=0.06$ pF，$C_{gs}=0.22$ pF，$KP_n=80$ μA/V²，$\lambda=0.02V^{-1}$，$W/L=40$，计算 g_{mr}，g_{mu}，g_{ms}，g_{ml}，并用 SPICE 程序仿真析小信号等效电路中跨导对频率特性的影响。

3.19 对于图3.11(b)所示共漏极小信号等效电路，分别分析在电容 C_{ds}、C_{gs} 和 C_{dg} 单独存在情况下的增益频率特性，低频和高频情况下的输入和输出阻抗，并讨论它们对频率特性的影响。

3.20 为什么对于相同的晶体管和相同的负载电阻，共源管的输出电压噪声大于共漏管的输出电压噪声？

3.21 画出单个pMOS管共栅电路和小信号等效电路，根据小信号等效电路推导电流增益和输入、输出电阻表达式。

3.22 如果 $R_L > 1/g_m$ 时输出节点时间常数大于输入节点时间常数，① 根据(3.2-31)式用主极点近似法证明电流增益：a 主极点频率近似为：$f_d \approx \dfrac{1}{2\pi C'_L R_{Lc}}\left(1+\dfrac{R_{Lc}}{R_L}\right)$，b 非主极点频率为：$f_{nd} \approx \dfrac{g_m}{2\pi(C_{gs}+C_{ds})}$，c 第一零点频率近似为：$f_{z1} \approx \dfrac{1}{2\pi C'_L R_L}$，d 第二零点频率为：$f_{z2} \approx \dfrac{g_m}{2\pi C_{ds}}$；② 画出极点和零点频率随负载电阻 R_L 变化的渐近线图。

3.23 对于nMOS管构成的共栅电流跟随器，已知：$g_m = 1$ mS，$r_{ds} = 250$ kΩ，$C_{ds} = 0.2$ pF，$C_{gs} = 0.22$ pF，$C'_{dg} = 0.02$ pF，$C_L = 1$ pF，输入电流源内阻 $R_B = 0.5$ MΩ，画出电流增益极点频率随负载电阻变化的渐近线关系，并用SPICE程序观察负载电阻对电流增益频率特性的影响。

3.24 如果共栅管的输出电流通过并联的负载电容和电阻转换成电压，证明跨阻增益为：

$$A_R = \frac{v_{out}}{i_{in}} = A_{i0} R_L \frac{1+[C'_L R_L + C_{ds} r_{ds}/(1+r_{ds} g_m)]s + C'_L R_L C_{ds} r_{ds}/(1+r_{ds} g_m)s^2}{(1+as+bs^2)(1+sC_L R_L)}$$

其中 A_{i0} 和系数 a,b,c 与(3.2-31)式相同。如果输出节点时间常数大于输入节点时间常数，求近似表达式。

3.25 如果 $R_L > 1/g_m$ 时输出节点时间常数大于输入节点时间常数，① 根据(3.2-32)式给出的输入节点阻抗，用主极点近似法证明：a 主极点频率近似为：$f_d \approx \dfrac{1}{2\pi C'_L(R_L//R_{Lc})}$，b 非主极点频率为：$f_{nd} \approx \dfrac{g_m}{2\pi C'_L}$，c 零点频率近似为：$f_z \approx \dfrac{1}{2\pi C'_L(R_L//r_{ds})}$；② 画出输入节点阻抗的幅频特性图。

3.26 对于共栅管电流跟随器，已知nMOS管 $W/L = 300$，输入电流源内阻为 $R_B = 500$ kΩ，电流为0.2 mA，对于100 kΩ负载电阻，求低频输出与输入电阻比和电流增益，并根据(3.2-38)式计算沟道噪声电流增益。

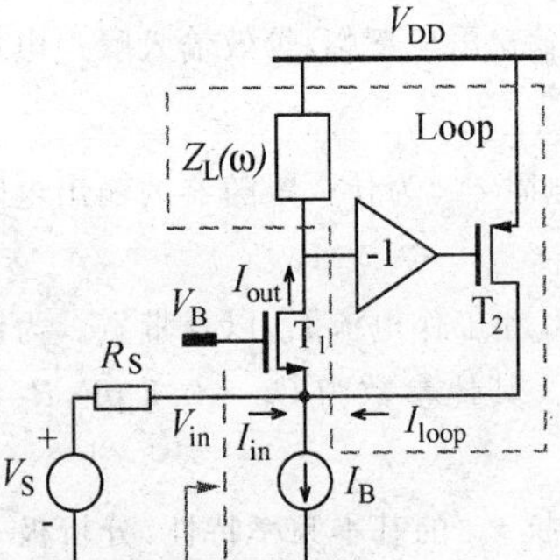

图P3.4 具有正反馈的RF低噪声放大器

3.27 一个利用共栅管实现的带有正反馈的RF低噪声放大器如图P3.4所示[48]，求证它的输入阻抗 v_{in}/i_{in} 为 $Z_{in}(\omega) = \dfrac{1}{g_{m1}(1-g_{m2}Z_L(\omega))}$，跨导 i_{out}/v_s 为：$G_m = \dfrac{g_{m1}}{1+g_{m1}R_S(1-Z_L(\omega)g_{m2})}$。提示：$Z_s(\omega) = v_s/i_s = R_s + Z_{in}$，$Z_{in} = v_{in}/i_{in}$。

3.28 设计并行输入CMOS反相放大级，已知：$C_L = 5$ pF，$R_S = 1$ kΩ，$V_{DD} = 3$ V，要求：GBW = 20 MHz，$A_{v0} = 100$。晶体管参数是：$KP_n = 80\ \mu A/V^2$，$V_{En} = 10\ V/\mu m$，$KP_p = 30\ \mu A/V^2$，$V_{Ep} = 19\ V/\mu m$，$V_{Tn} = 0.7$ V，$|V_{Tp}| = 0.9$ V。

3.29 求图3.20所示恒流源负载共源放大级的等效输入电压噪声功率，假设信号源内阻为 R_S，对于热噪声求放大器的噪声系数 F。

3.30 对于3伏电源电压，用两个MOS管设计增益精度仅由宽长比决定的两倍增益放大器，要求静态功耗小于0.3 mW。假设信

号源内阻 $R_S=100\Omega$ 很小,负载电容 $C_L=10$ pF,估算增益带宽积、相位裕度和输出电压范围。

3.31　已知恒流源负载 CMOS 反相放大级的 $C_{ds}=0.2$ pF,$C_L=0.4$ pF,$C_{dg}=0.06$ pF,$g_m=4$ mS,$R_S=4$ kΩ,$V_{GS}-V_T=0.2$V,估计输入、输出节点时间常数,分析偏置电流变化对 f_d、GBW 和 f_{nd}影响。如果 $C_{dg}=0$,最大 GBW 是多少?相应的 I_{DS}是多少?如果负载电容变为 10 pF,分析偏置电流变化对 f_d、f_{nd}和 GBW 影响。

3.32　已知 $I_{DSp}=0.2$ mA,$C_L=10$ pF,$V_{DD}=3$ V,$(W/L)_n=20$,$V_{Tn}=0.7$ V,$KP_n=80\ \mu A/V^2$,求电流源负载反相放大级的正、负压摆率。如果信号最大峰值为 0.8 V,求不受 SR 限制而产生失真的最大输出信号频率。

3.33　对于并行输入 CMOS 反相放大级,已知 $I_{dm}=0.2$ mA,$C_L=10$ pF,$V_{Tn}=0.7$ V,$V_{Tp}=-0.9$ V,$V_{IN}=V_{OUT}=1.5$ V,$V_{DD}=3$ V,求压摆率。如果输出 2 MHz 最大幅值信号,求动态功耗和静态功耗。

3.34　分别对于恒流源负载和低阻负载,比较共源放大级、共源共栅放大级和采用增益提升技术的共源共栅级联放大级的幅频特性。

3.35　图 P3.5(a)是一个 GPS 接收器用 CMOS 低噪声放大器,接收信号的中心频率是 1.575 42 GHz(对应于 $\omega_o=10$G 弧/秒)。将输入端简化成如图 P3.5(b)所示形式,推导输入阻抗表达式。如果 $C_{gs}=0.67$ pF, $L_s=1.4$ nH, $L_g=14$ nH, $g_m=28$ mS,求谐振频率和输入电阻。

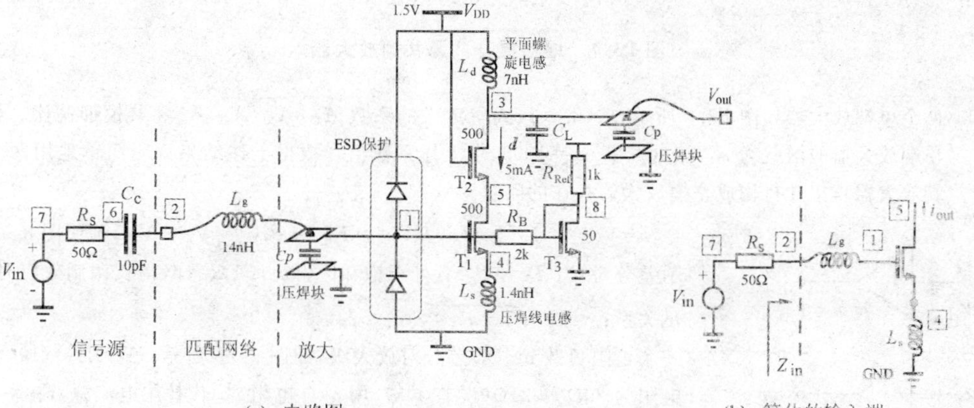

(a) 电路图　　(b) 简化的输入端

图 P3.5　单端共源共栅低噪声放大器

3.36　考虑电感寄生电阻后,将图 P3.5(a)放大器负载等效为图 P3.6,推导谐振情况下的负载电阻和谐振电容表达式。如果 $R_d=8\Omega$,$L_d=7$ nH,$W/L=500/0.5=1000$,$I_D=5$ mA, $KP=80\ \mu A/V^2$,$\omega_o=10$Grps,计算谐振频率下的电压增益。

3.37　对于图 P3.5(a)放大器,求负载谐振频率等于中心频率 $\omega_o=10$ Grps 时所需要的输出节点电容值;分析节点 5 的阻抗,说明 T_2 管的作用;用 SPICE 分析电压增益、输入阻抗、输出阻抗的频率特性。

3.38　对于 3.34(a)图所示增益提升电路,如果反馈放大器用同样的共源共栅放大器构成,求放大器的低频增益。

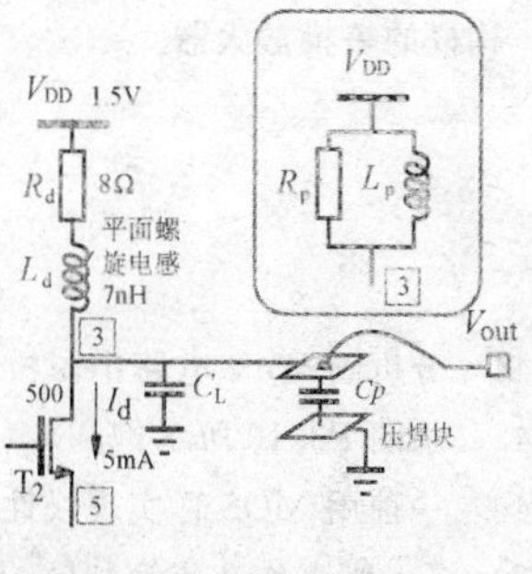

图 P3.6　输出端等效电路

3.39 对于图 P3.7(a)所示增益提升共源共栅电路，如果负载恒流源 I_B 用 pMOS 管构成的同样电路实现，$V_{DD}=1.8$ V，nMOS 和 pMOS 管 $V_{GS}=0.65$ V，$V_{DSsat}=0.15$ V，求输出电压摆幅。如果将增益提升技术中的反馈放大器进行如图 P3.7(b)(c)所示改进[49]，求两种改进电路的输出电压摆幅。这种改进方法虽然可以扩大输出电压摆幅，但由于引入更多极点，会恶化稳定性。

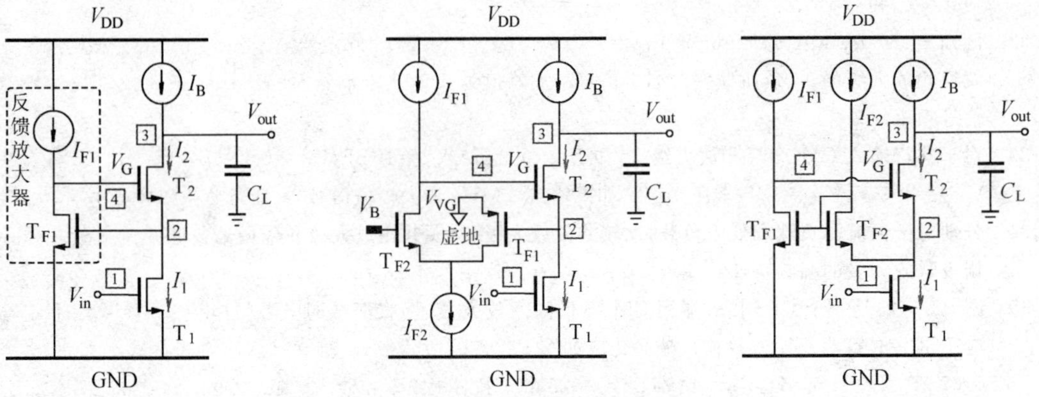

(a) 共源放大器反馈　　(b) 折式共源共栅放大器反馈　　(c) 具有电平移动的放大器反馈

图 P3.7　增益提升共源共栅放大器

3.40 两个单端放大器如图 P3.8 所示，求(3.5-3)式所定义的系数 A_{dd}、A_{dc}、A_{cd}、A_{cc} 和共模抑制比。如果单端放大器的增益为 $A_1=1004$ 和 $A_2=1000$，求上述系数值。根据上述结果说明简单地用两个单端放大器直接并行构成差模放大器存在的问题。

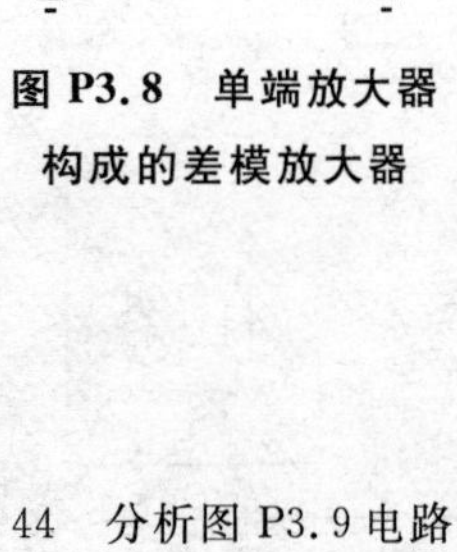

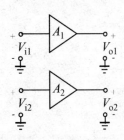

图 P3.8　单端放大器构成的差模放大器

3.41 令 $x=V_{id}\sqrt{\beta/I_B}$，$y=I_{od}/I_B$，$I_{od}=I_{o1}-I_{o2}$，$V_{id}=V_{g1}-V_{g2}$，证明图 3.35 所示差分对，当 T_1 和 T_2 管处于饱和区($|y|\leqslant 1$)、忽略沟长调制效应时，满足关系：$y=x\sqrt{1-x^2/4}$，$|x|\leqslant\sqrt{2}$。

3.42 一个电阻负载 nMOS 差分对放大级，如图 3.35 所示，$(W/L)_n=10$，负载电阻为 20Ω 和 21Ω(误差 5%)，用 5kΩ 电阻 R_B 代替尾电流源，$V_{DD}=5$V，晶体管参数如表 2.1 所示。如果输入电压为 $V_{i1}=2.5+0.11\sin(\omega t)$V 和 $V_{i2}=2.5$V，计算差模输出电压 V_{OUT}、A_{dd}、A_{dc} 和 CMRR。

3.43 如果图 3.35 所示放大器尾电流源 I_B 用电阻 R_B 替代、节点 3 对地电容为 C_3，证明共模增益为：$A_{cc}\approx-\dfrac{R_L}{2R_B}(1+sC_3R_B)$。如果作为单端放大器使用取：$V_o=V_{o2}$，$V_i=V_{i1}$，$V_{i2}=0$，在理想情况($A_{dc}=A_{cd}=0$)下，求增益、输出对输入差模信号的增益与对输入共模信号的增益之比(即共模抑制比)，定性画出幅频特性。

3.44 分析图 P3.9 电路中源极退化电阻 R_S 对增益和输入差模电压输入范围的影响。

3.45 求图 P3.10 所示饱和 MOS 管负载差模放大级的输出电阻和低频增益。

3.46 一种用 MOS 管实现线性电阻作差分对负载的差模放大器如图 P3.11 所示，$T_{3,4}$ 管工作在饱和区，$T_{5,6}$ 管工作在非饱和区，$T_{3,5}$ 和 $T_{4,6}$ 两组管构成两个负载电阻，求负载电阻的阻值。

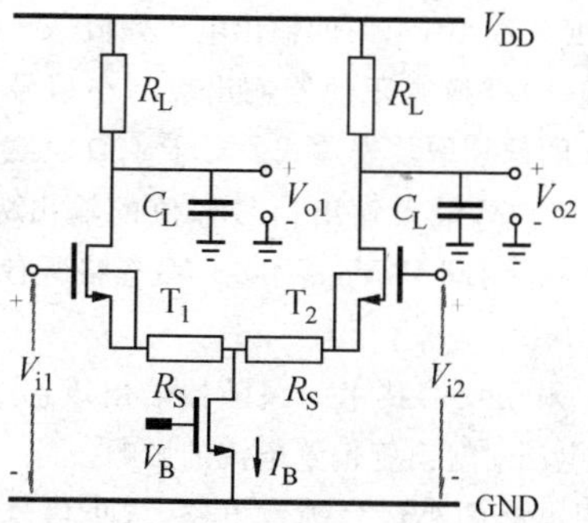

图 P3.9　大线性输入范围放大级

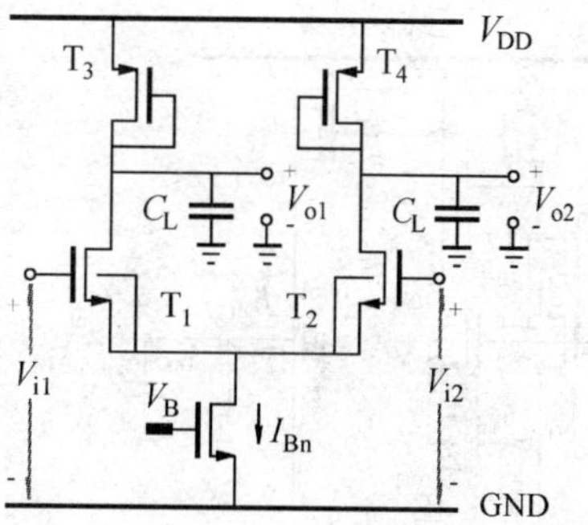

图 P3.10　饱和 MOS 管负载放大级

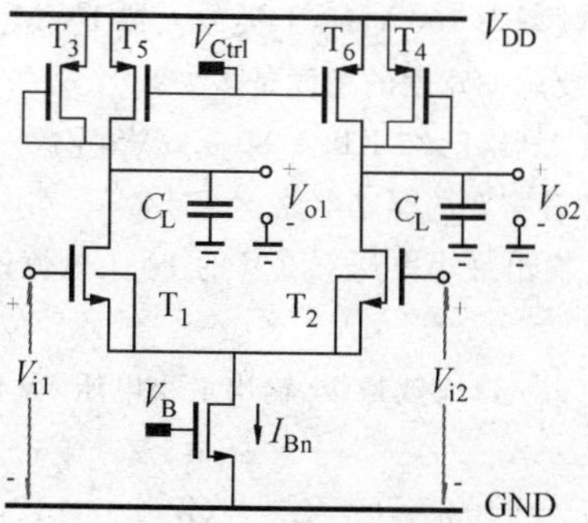

图 P3.11　线性化负载差分放大级

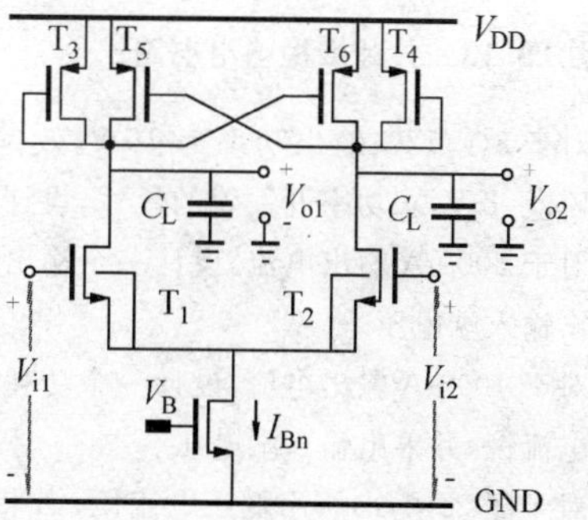

图 P3.12　一种增加输出电阻的差分放大级

3.47　对于图 P3.12 所示差模放大器，证明差模小信号增益为：$\dfrac{v_{o1}-v_{o2}}{v_{i1}-v_{i2}}\approx\dfrac{-g_{m1}}{g_{m3}-g_{m5}}\dfrac{1}{1+s\dfrac{C_L}{g_{m3}-g_{m5}}}$，分析 g_{m3} 和 g_{m5} 对增益的影响。

3.48　对于电流镜负载差分对放大级，如图 3.40(a)所示，已知 $I_B=200\ \mu A$，$(W/L)_p=80\ \mu m/1\ \mu m$，$(W/L)_n=30\ \mu m/1\ \mu m$，晶体管参数如表 2.1 所示，求输出阻抗、低频增益和等效输入噪声电压。

3.49　设计一个如图 3.40(a)所示电流镜负载差分对放大级，① 以最大增益和最大输出电压摆幅为优化目标；② 以最大增益和最小 $1/f$ 噪声为优化目标。

3.50　对于图 3.40(a)所示电流镜负载差分对放大级，已知 $(W/L)_n=100\ \mu m/1\ \mu m$，$(W/L)_p=100\ \mu m/20\ \mu m$，$I_B=100\ \mu A$，$KF_n=4\times10^{-28}$ FA，$KF_p=0.5\times10^{-28}$ FA，求：① 等效输入电压噪声，② $1/f$ 噪声等于热噪声时的频率 f_o，③ 频率在 $1\sim f_o$ 范围内的 $1/f$ 噪声。

3.51　对于图 3.43 所示源极跟随器输出级，已知 $I_B=1$ mA，$(W/L)_1=50$，根据表 2.1 参数，求最大输出电压。如果 T_1 管的衬底改接输出端，求最大输出电压。

3.52　对于共源反相器（包括电阻负载和恒流源负载）、CMOS 反相器、跟随器、差分对，推导谐波畸变系数的近似表达式，比较、分析它们的线性度，讨论改进差分对线性度的方法。

3.53　对于图 P3.13 所示共源推挽输出级，调整偏置电压 V_{B5} 和 V_{B7} 使输出管偏置电流为 10 μA，对于 1 kHz 频率不同幅值正弦波输入信号用 SPICE 程序(.FOUR 1k V(2))仿真分析谐波畸变系数，并

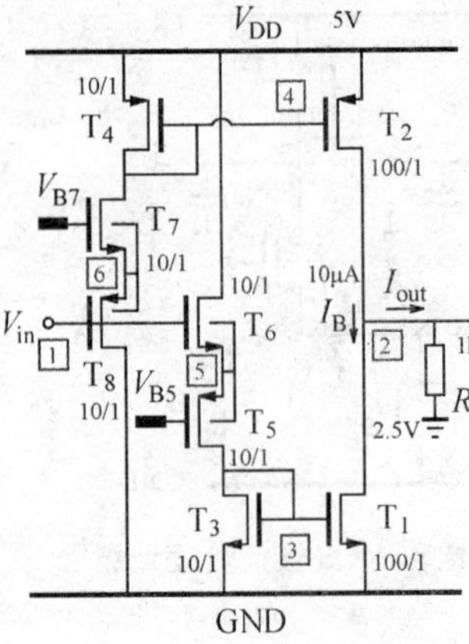

图 P3.13　共源推挽输出电路

求总谐波畸变系数小于1%的输出电压幅值。

3.54　画出图3.45(b)推挽源跟随器输出级的小信号等效电路，求输出级的低频增益表达式。对于40Ω负载用它设计一个产生0.6 V最大输出信号幅值的输出级，假设$V_{DD}=3$ V，$V_{OUT}=1.6$ V，$V_{DSsat}=0.1$ V，忽略所有管的体效应。

3.55　对于图3.47采用反馈技术的跟随器输出级，分析反馈放大器失调电压对输出管偏置电流的影响。

3.56　画出3.48图电路的小信号等效电路，求小信号低频输出电阻和增益。

3.57　分析图3.49输出电路的输入阻抗。

3.58　如果锯齿波频率为100 kHz，丁类放大器PWM码产生20位精度需要脉冲宽度的精度是多少？

3.59　对于8Ω负载、输出功率为10W、效率为80%的丁类放大器，已知$KP_n=80\ \mu A/V^2$，$V_T=0.7$ V，$V_{DD}=5$ V，求功率开关管的尺寸；设计一个能够满足功率管需要的驱动电路。

3.60　对于200 μA输出电流，设计一个输出电阻为r_{ds}数量级，输出最小电压0.5 V的1∶1电流镜，并求出输入端电压。

3.61　对于100 μA输出电流，设计一个功耗最小、输出电阻为$(g_m r_{ds})r_{ds}$数量级、输出最小电压1V的1∶1电流镜，并求出输入端电压。

3.62　对于图3.61(c)所示低压电流镜，如果输入最大电流是$I_{in}=100\ \mu A$，$(W/L)_1=(W/L)_2=10$，在保证最小输出电压情况下，求电流镜正常工作所需要的T_4管最小宽长比。

3.63　证明图3.62(a)电阻自偏置共源共栅电流镜的输入电阻近似为：$R+1/g_{m1}$。

3.64　假设晶体管宽长比为1、电流为10 μA、输入电流源内阻无穷大和负载电阻为零，计算Wilson电流镜和改进型Wilson电流镜的小信号输入、输出阻抗，分别求出输出端最小工作电压。

3.65　对于图3.63(a)所示Wilson电流镜，假设晶体管宽长比为5、电流为10 μA、输入电流源内阻无穷大和负载电阻为零，如果T_2管的栅极接一个偏置电压(等于V_{gs1})，计算Wilson电流镜的小信号输入、输出阻抗，分别求出输出端最小工作电压。

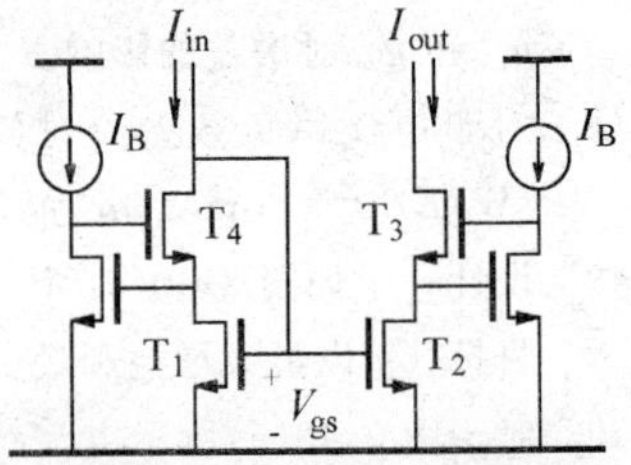

图 P3.14　自动调整栅极电压共源共栅电流镜

3.66　对于图P3.14所示MOS管可全工作区工作的电流镜，分析这种自动调整栅极电压共源共栅电流镜的小信号输出电阻，讨论当MOS管脱离饱和区时的电流比和输入、输出电阻。

3.67　简单电流镜输入电压为V_{GS}，最小输出电压为$V_{GS}-V_T$。当一个电流镜的输出作为另一个电流镜输入时，为降低节点电压，希望电流镜输入端电压能够低于V_{GS}。图P3.15给出一个输入电压可以小于V_{GS}的电流镜，分析它的小信号输入电阻。

3.68　图P3.16是一个具有大带宽的电流镜。它采用跟随器驱动电流镜管的栅极，因而减小了输入节点时间常数，扩大电流镜的带宽。分析输入输出节点的小信号电阻和输入端电压。讨论在电流镜管$T_{1,2}$比较小的情况下可以扩大带宽吗？

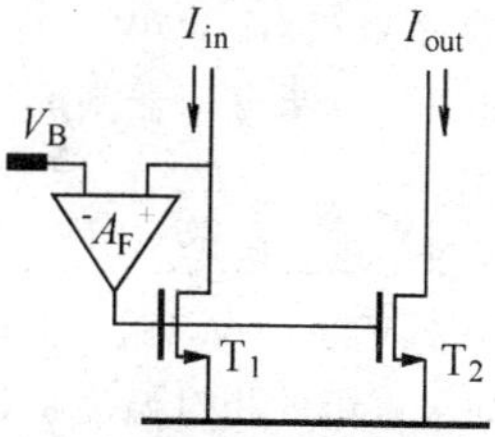

图 P3.15　低输入电压

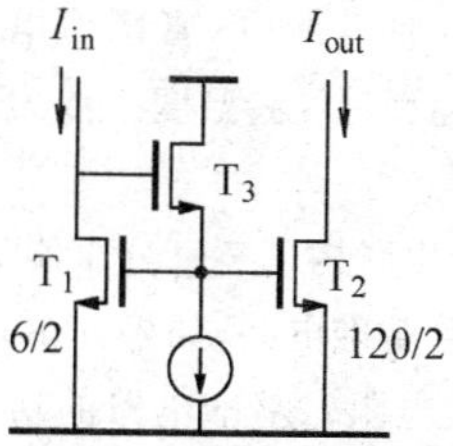

图 P3.16　高速

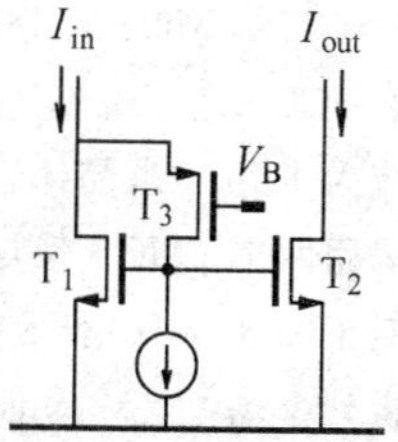

图 P3.17　低输入阻抗

3.69　为减小电流镜的输入阻抗，可以采用如图 P3.17 所示结构。证明输入阻抗近似为 $1/(g_{m1}g_{m3}r_{ds3})$。

3.70　一种 MOS 管体驱动大摆幅、高精度电流镜如图 P3.18 所示[50]。推导输出与输入电流比的表达式，分析输入和输出端的最小工作电压。如果已知晶体管尺寸为：$T_{1,2}=3\ \mu$m/0.2 μm、$T_3=20\ \mu$m/0.2 μm、$T_{4,5}=12\ \mu$m/0.6 μm、$T_{6,7}=3\ \mu$m/2 μm，对于输入电流 25 μA，125 μA，225 μA，用 SPICE 仿真输出电流随输出电压的变化关系，并与图 3.61(c)所示栅极驱动 MOS 管低压电流镜比较。

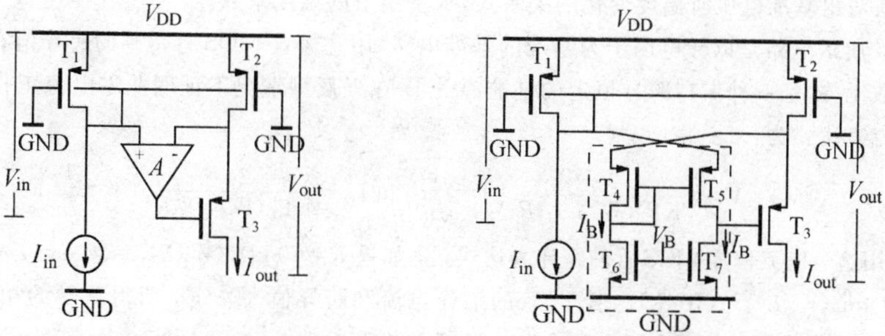

(a) 原理　　(b) 实现电路

图 P3.18　一种体驱动大摆幅、高精度电流镜

3.71　对于图 3.57 所示简单电流镜，输入电压为 V_{GS}，比较高。如果采用浮置电压源 V_{AB} 移动电平，如图 P3.19 所示，可以降低电流镜的输入电压，分析采用浮置电压源后的电流镜输入电压。

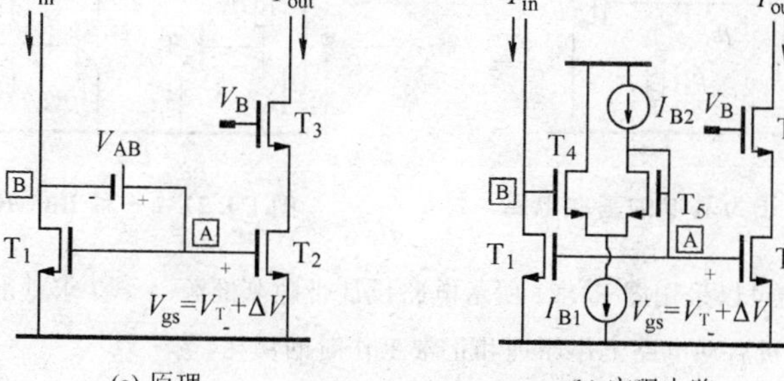

(a) 原理　　(b) 实现电路

图 P3.19　加入浮置电压源的简单电流镜

3.72 对于简单 MOS 管分压器基准电路，假设 MOS 管阈值电压的相对温度系数 $(1/V_T)(dV_T/dT)=3‰/℃$，$V_{Tn}=0.7$，$V_{Tp}=-0.9V$，$V_{DD}=3V$，求温度系数为 0 时的基准电压。如果分压器基准源电流为 $10\ \mu A$，求晶体管的宽长比。

3.73 采用两个 pMOS 管与一个 nMOS 管串联构成三管分压器基准电路，求基准电压表达式。

3.74 对于图 3.65(c)表示电阻 R-nMOS 管基准电路，如果 nMOS 管 $W/L=10/2$，$V_{DD}=3\ V$，$V_{Tn}=0.7\ V$，得到 $V_{REF}=1\ V$ 基准电压，需要多大电阻？基准电路的功耗是多少？如果电阻的相对温度系数为 $1.5‰/℃$，基准电压的相对温度系数是多少？对电源电压灵敏度是多少？

3.75 对于图 3.66 所示以 V_T 为基准的自偏置基准电路，如果晶体管宽长比为 10，$V_{DD}=3\ V$，$R=R_B=10\ k$，求工作点电流 I_Q。用 SPICE 程序(.DC TEMP LIST 0 10 20 30 40 50)仿真分析工作电流的温度特性，并求相对温度系数；用 SPICE 程序(.DC LIN VDD 1 5 0.1)仿真分析工作电流随电源电压 V_{DD} 的变化情况，并求最小工作电压和 I_Q 对 V_{DD} 的灵敏度温度系数。

3.76 一个带隙基准源设计成室温下(300°K) 零温度系数、基准电压 $V_{REF}=1.286\ V$，由于工艺参数等原因使实际室温下的基准电压变为 1.3 V，求基准电压实际温度系数为零的温度。用温度系数为 0 的温度重新写出基准电压所温度变化的关系式，求室温下的温度系数。

3.77 图 P3.20 所示电路是以导电因子为基准的基准电路，用它偏置 MOS 管得到的跨导值在理情况下与器件参数无关，是一种保持跨导恒定的基准源。① 在强反型情况下证明非零电流工作点的基准电压和电流表达式为：

$$V_Q=V_T+\frac{2}{KP_1(W/L)_1}\frac{1}{R}\left(1-\frac{1}{\sqrt{n}}\right) \text{和}\ I_Q=\frac{2}{KP_1(W/L)_1}\frac{1}{R^2}\left(1-\frac{1}{\sqrt{n}}\right)^2$$

② 推导用这个电流偏置 MOS 管的跨导表达式，③ 如果 $R=10\ k\Omega$，$(W/L)_1=20\ \mu m/1\ \mu m$，$(W/L)_2=80\ \mu m/1\ \mu m$，$(W/L)_3=(W/L)_4$，求 T_1 管的工作电流和跨导值，④ 分析所得跨导的相对温度系数，⑤ 推导弱反型情况下基准电压和基准电压温度系数表达式。

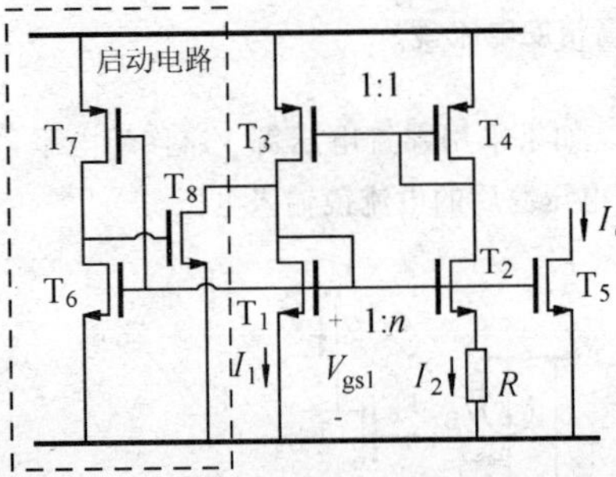

图 P3.20　以导电因子为基准的基准电路

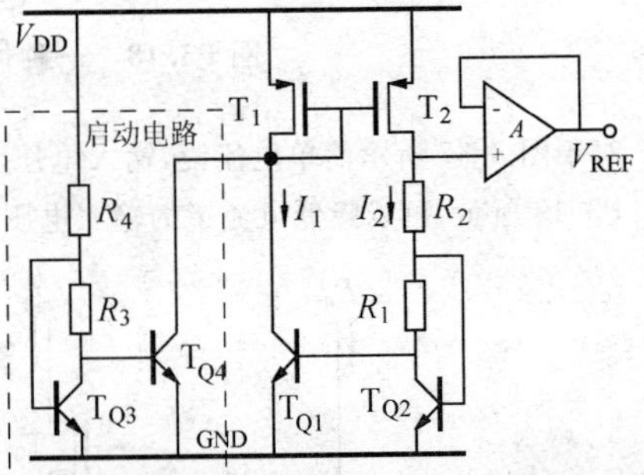

图 P3.21　一种 BiCMOS 带隙基准源

3.78 对于 BiCMOS 工艺可以采用图 P3.21 所示电路设计带隙基准源[51]，① 求基准电压和基准电压的相对温度系数，② 分析启动电路工作原理和正常工作时的功耗。

3.79 一种高电源抑制比带隙基源电路如图 P3.22 所示[47]，证明 $V_{BG}=V_{EB2}+N\frac{R_2}{R_1}\ln[M(N+1)]\frac{kT}{q}$。为提高电源抑制比，采用反馈环稳定基准电路的电压 V_{REF}，减小电源电压对基准电压的影响，求这个反馈环的环路增益。

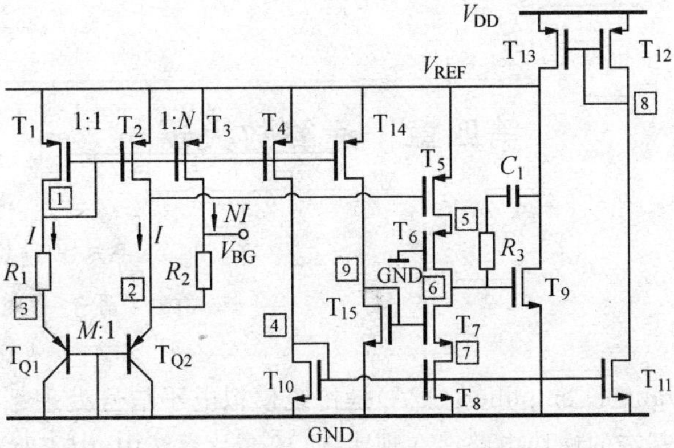

图 P3.22　高电源抑制比带隙基电路

3.80　一种曲线补偿带隙基准源电路如图 P3.23 所示[46]，其中电阻 $R_{1,2,4}$ 是高阻多晶电阻，R_3 是 p 扩散电阻。利用不同材料电阻的不同温度特性产生非线性正温度补偿项进行曲线补偿，求基准电压的表达式。

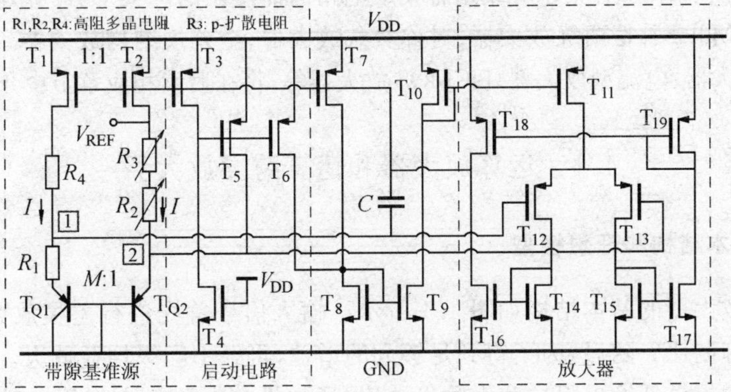

图 P3.23　曲线补偿带隙基准源电路

第四章　运算放大器

善学者尽其理，善行者究其难。

荀卿《荀子·大略篇第二十七》

运算放大器(operational amplifier，OPA)是传统模拟电子信号处理系统的核心器件，是模拟集成电路设计中最基本的模块电路。在现代 MOS 芯片系统中，由于驱动负载的特点不同于传统电路，芯片内运放模块电路往往不需要包含典型运放结构中的输出级。为说明这种不同，在结构方面没有输出级的运放通常称为运算跨导放大器(operational transconductance amplifier，OTA)，本章也沿用这种用法。另外，芯片系统中对于低阻负载，不含典型运放输出级的放大器也可作为狭义运算跨导放大器使用。本章在介绍运算放大器和运算跨导放大器基本概念、主要特性参数之后，集中介绍适合集成电路内部使用的广义 OTA 基本电路。其中包括简单放大器、Miller 补偿两级放大器、对称负载放大器、全差模结构放大器。其他特殊放大器，例如低压放大器、电流型放大器、BiCMOS 放大器等，将在后续相应章节中介绍。

4.1　运算放大器和运算跨导放大器

4.1.1　基本结构和理想模型

典型运算放大器的基本结构如图 4.1 所示。输入信号首先进行差模放大，以得到高输入阻抗和共模抑制比。随后，为了得到足够大的增益，再经中间级增益放大。输出缓冲级主要是为驱动负载提供低输出阻抗和大输出电流，通常没有电压放大作用。对于芯片内部用放大器经常可以省略这一级。偏置电路任务是为晶体管设置适当的静态工作点。通常从广义上讲，没有输出缓冲级的运算放大器可以看作是运算跨导放大器，它与典型 OPA 的主要区别是输出阻抗高。在芯片内部使用时，根据所驱动的负载不同，它可以起到不同的作用。当驱动低阻抗负载时，表现为狭义 OTA，主要提供电流输出；当驱动高阻抗负载时，表现为 OPA，向负载提供电压输出。例如，如果没有输出级的放大器驱动 MOS 管的栅极，尽管它的输出电阻在 MOS 管输出电阻 r_{ds} 量级或更大，但是与 MOS 栅极输入电阻比较还是小量，仍然可以

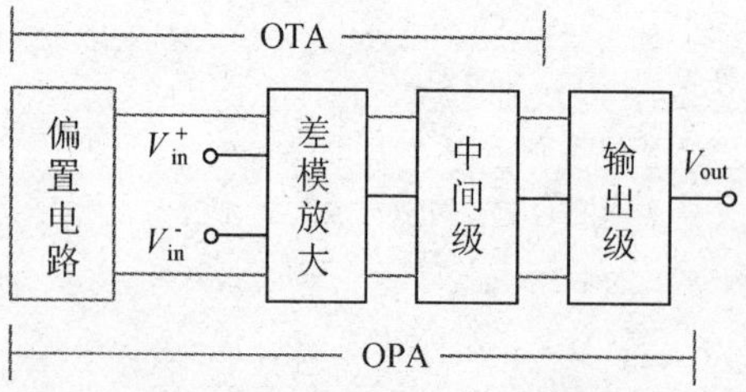

图 4.1　运放基本结构框图

作为 OPA 使用，提供电压信号输出；如果驱动栅漏相连的 MOS 管，它的输出电阻大于负载电阻 $1/g_m$，这时只能提供电流输出，作狭义 OTA 使用。

理想 OPA 是电压控制电压源，如图 4.2(a)所示。它的输入阻抗无限大，输出阻抗为零，增益为无穷大。它的输入端不吸收电流，输出电压由 $A_v(\nu^+ - \nu^-)$决定，与输出负载无关。理想 OTA 是电压控制电流源，如图 4.2(b)所示。输入和输出阻抗无限大，输出电流由 $g_m(\nu^+ - \nu^-)$决定。通常跨导值 g_m 由偏置电流 I_B 控制，并可在一定范围内调整。在低频情况下，实际 OPA 具有大的电压增益 A_0 和低输出阻抗，OTA 具有可控的跨导值 g_m 和高输出阻抗。从结构方面讲，OPA 可由 OTA 输出端加缓冲级构成，如图 4.2(c)所示。

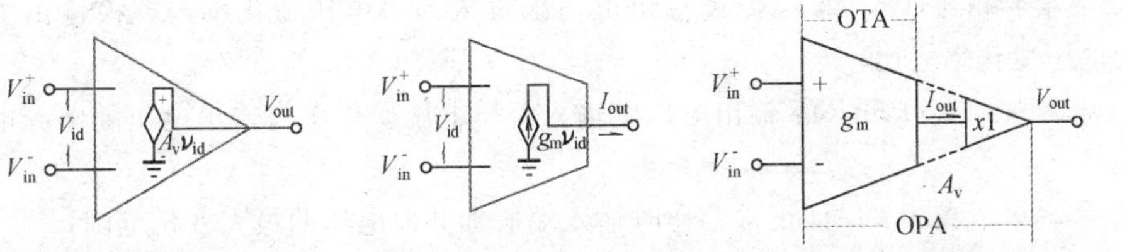

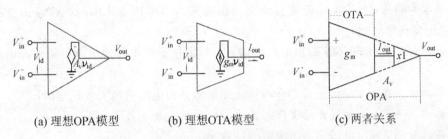

(a) 理想OPA模型　　(b) 理想OTA模型　　(c) 两者关系

图 4.2　放大器理想模型

借助图 4.3 所示 OPA-基积分器(OPA-based integrator)和 OTA-基积分器(OTA-based integrator)可以简单说明 OPA-基和 OTA-基电路的基本特点和对它们的要求。基于 OPA 设计的 OPA-基电路主要靠外围反馈电路完成各种运算，闭环特性受 OPA 本身特性影响小，所以 OPA 有较大的通用性，但需要用参数范围较大的精确线性无源器件。基于 OTA 设计的 OTA-基电路主要靠跨导 g_m 和电容以开环形式实现运算，电路特性紧密与 OTA 相关。因为基于 OTA 的电路没有采用局部反馈结构，往往需要在基本 OTA 结构上加入更多的电路以保证取得良好的特性。例如，为保证足够大的动态范围，OTA 需要采用大线性范围的输入级结构，而这对于外部采用反馈的 OPA-基电路是不需要的，因为反馈可以保证输入信号始终在很小的范围内变化。由于 OTA 的 g_m 容易受偏置电流 I_B 控制、基本结构简单，OTA 在模拟集成电路中起着重要作用，特别是在高频应用领域尤为如此。

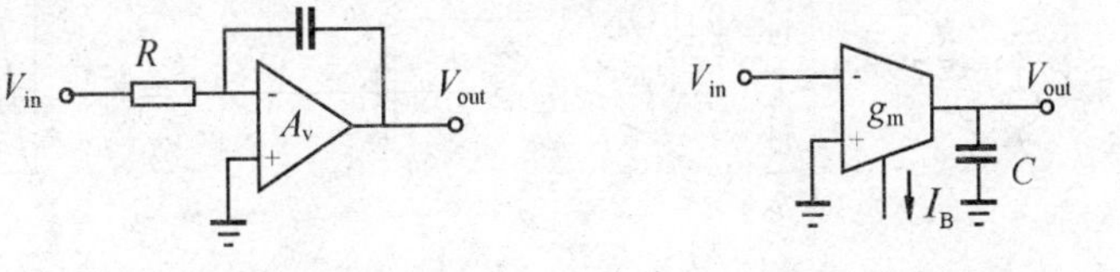

(a) OPA-基积分器，$\tau=1/RC$　　(b) OTA-基积分器，$\tau=g_m/C$

图 4.3　OPA-基和 OTA-基积分器

4.1.2　主要参数

实际运算放大器只是理想模型的近似，它的增益和输入阻抗有限、输出阻抗非零，因此信号从输入到输出要受到信号源内阻和负载电阻影响，开环增益不再是常数，将随频率、温度、电源电压等变化。为了描述这些非理想因素影响，实际运放通常采用图4.4所示模型。另外，实际运放还存在失调电压和内部产生的噪声。为了说明实际运放的基本特性、比较与理想运放的差距，需要定义一些描述运放特性的参数。对于CMOS运放，这些参数主要有

① 增益(A_v)：输出与输入电压比；

② 增益带宽积(GBW)：在足够的相位裕度情况下低频增益与截止频率乘积；

③ 压摆率(SR)：对于输入端大阶跃电压，输出电压随时间的最大变化率；

④ 建立时间：从输入大阶跃电压到输出电压$V_o(t)$达到最终值V_O的$\pm\varepsilon\%$所需的时间τ_s，其中ε是建立时间内输出达到终值的容差，定义为$\varepsilon=|V_o(t)-V_O|/V_O$，见图4.5；

⑤ 共模抑制比(CMRR)：差模输出电压随输入差模电压变化率与差模输出电压随输入共模电压变化率之比；

⑥ 电源抑制比(PSRR)：输出电压随输入差模电压变化率与输出电压随电源电压变化率之比；

⑦ 共模输入范围：保证正常工作时输入端所加共模电压的最大变化范围；

⑧ 输出电压摆幅：保证正常工作时输出电压的最大变化范围；

⑨ 输出阻抗：输出电压随输出电流的变化率；

⑩ 输入失调电压：使输出为零时所加的输入电压；

⑪ 噪声：通常用单位带宽等效输入噪声电压表示；

⑫ 面积：实现放大器所需要的芯片面积；

⑬ 功耗和电源电压：放大器工作所消耗的功率和所需要的电源电压。

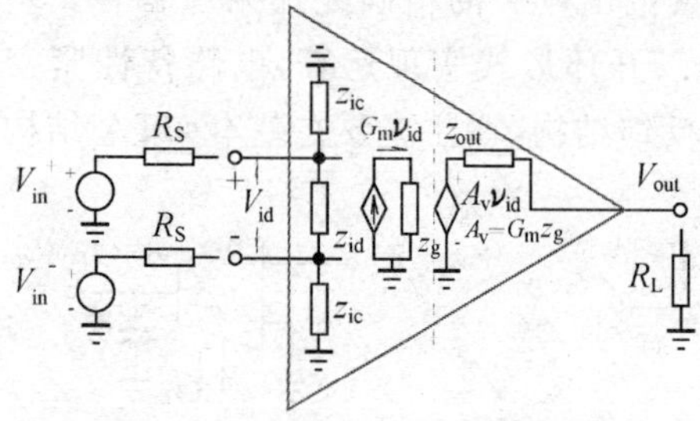

图4.4 非理想OPA基本模型图

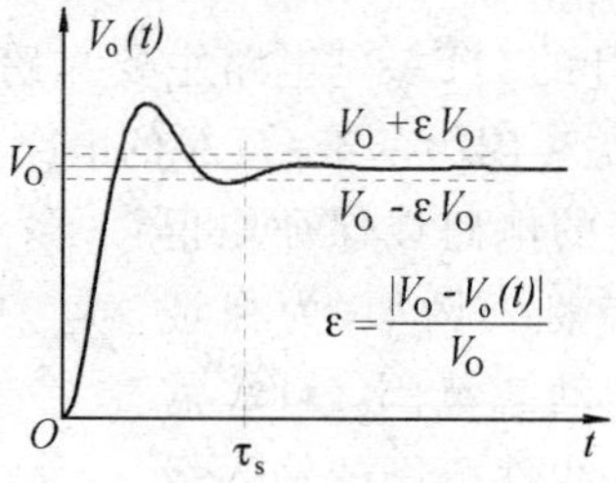

图4.5 放大器建立时间

不同用途的OPA，其参数重点要求也不一样。对于通用单片OPA，参数要求较全面，以适应各种用途。当设计片内用OPA时，不必全面要求，否则将增加芯片面积、功耗和工艺难度等等。一般片内OPA(无输出缓冲CMOS运放)的典型特性如表4.1所示。

当无输出缓冲级放大器以OTA形式应用时，它的输入和输出阻抗有限，实际模型如图4.6所示。由于OTA-基电路中OTA以开环形式工作、主极点频率与负载电容有关，所以描述OTA的主要参数也与OPA有所区别。例如，开环应用的OTA输入信号范围由放大器的差模输入电压范围决定，不需要设计中考虑放大器输出、输入之间反馈稳定性的问题

等等。描述 OTA 的主要参数有

① 跨导值(G_m)：输出电流与输入电压比；

② 跨导带宽(ω_g)：跨导值随频率增加下降 -3 dB 的频率；

③ 超相位(excess phase)(φ_E)：驱动电容负载 C_L 时单位电压增益频率 $\omega_0=G_{m0}/C_L$ 处跨导产生的相移 $\varphi_E=\mathrm{arctg}(\omega_0/\omega_g)\approx\omega_0/\omega_g$；

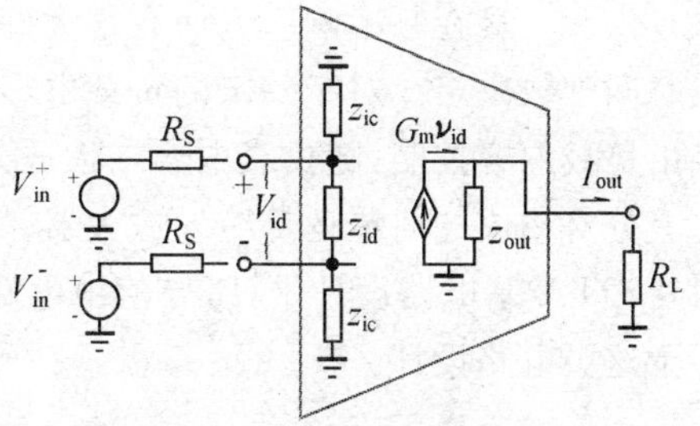

图 4.6　非理想 OTA 基本模型图

④ 共模抑制比：差模输出电流随输入差模电压变化率与差模输出电流随输入共模电压变化率之比；

⑤ 电源抑制比：输出电流随输入差模电压变化率与输出电流随电源电压变化率之比；

⑥ 差模输入范围：保证跨导值恒定时输入端所加差模电压的最大变化范围；

⑦ 输出阻抗：输出电压随输出电流的变化率；

⑧ 输入失调电压：使输出为零时所加的输入电压；

⑨ 噪声：通常用单位带宽等效输入噪声电压表示；

⑩ 面积：实现放大器所需要的芯片面积；

⑪ 功耗和电源电压：放大器工作所消耗的功率和所需要的电源电压。

一般片内 OTA 的典型特性如表 4.1 所示。

表 4.1　片内 OPA 和 OTA 主要特性

OPA		OTA	
增益	>80 dB	跨导值	0.1 μS～1000 μS
增益带宽积	>10 MHz	跨导带宽	>100 MHz
压摆率	>5 V/μs	超相位	<1°
建立时间	<0.1 μs	差模输入范围	>100 mV
CMRR	>60 dB	CMRR	>60 dB
PSRR	>60 dB	PSRR	>60 dB
输出电阻	<1 MHz	输出电阻	>1 MHz
输入失调电压	<±5 mV	输入失调电压	<±5 mV
噪声	<50 nV/$\sqrt{(\mathrm{Hz})}$(f=1 kHz)	噪声	<50 nV/$\sqrt{(\mathrm{Hz})}$(f=1 kHz)
版图面积	<10 000 μm	版图面积	<10 000 μm

4.2　简单运算跨导放大器

现代 CMOS 集成电路内部使用的放大器往往只驱动电容负载，不必采用缓冲级实现低输出阻抗，因此驱动电容负载的放大器经常设计成只有输出端是高阻节点，而其他内部节点都是低阻节点的 OTA，这类放大器从广义上也称作单极点放大器(single-pole amplifier)。

单极点放大器在频率响应方面有很大好处。由于内部节点时间常数小，频率特性由输出节点时间常数决定。对于一定的负载电容，电路速度可以得到最大化。另外，它的相位裕度直接由负载电容控制，随负载电容增大放大器会更稳定。本节从广义运算跨导放大器角度研究差分对构成的简单运算跨导放大器。虽然它的电压增益有限，用作 OPA-基电路误差大，但在 OTA-基电路设计中，跨导值由电路需要确定，不需要近似无穷大的电压增益，因此多用于这类电路设计。

4.2.1 电路结构

简单运算跨导放大器如图 4.7 所示，它是一个自偏置恒流源负载差模输入级（如图3.40所示）。匹配晶体管 T_1 和 T_2 构成差分对的输入管，宽长比同为 $(W/L)_1$；T_3 和 T_4 构成 1∶1 电流镜作为差分对负载，宽长比同为 $(W/L)_4$；偏置电流 I_B 作为差分对尾电流决定整个电路的工作电流，$T_{1\sim4}$ 管直流电流都为 $I_B/2$。节点 4 的直流电压由 T_3 管确定，节点 3 的直流电压由输入电压决定，节点 5 的电压理想情况等于节点 4。所有晶体管的衬底都与源极相接，不考虑体效应。

对于差模小信号，节点 4 电阻是 $r_{n4}=r_{ds1}//(1/g_{m3})//r_{ds3}$，近似为 $1/g_{m4}$；节点 5 电阻是 $r_{n5}=r_{ds2}//r_{ds4}//R_L$；节点 3 电压不变，是差模信号的地。对于共模信号，节点 3 电压跟随输入电压，节点电阻近似为 $r_{n3}\approx 1/2g_{m1}$；由于 $T_{3,4}$ 管电流不变，节点 4 和 5 电压不变，是共模信号的地。

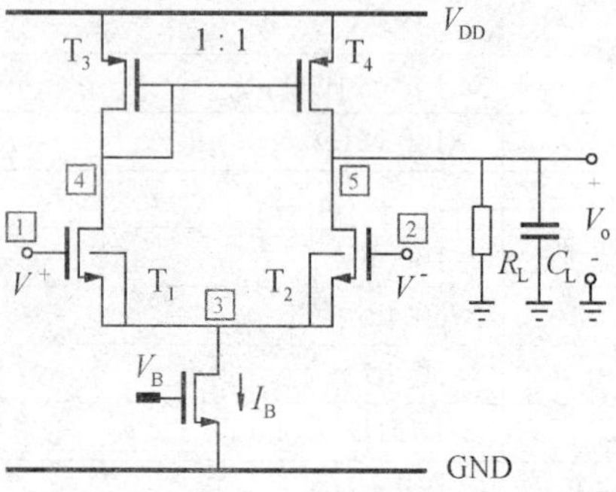

图 4.7 简单跨导运算放大器

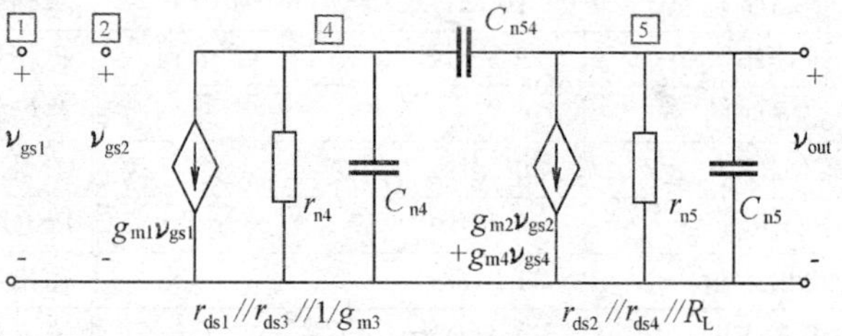

图 4.8 差模小信号等效电路

差模信号等效电路如图 4.8 所示，如果 $v_{gs1}=v_{id}/2$，$v_{gs2}=-v_{id}/2$，忽略反馈电容 C_{n54}，输入差模电压增益 (v_{out}/v_{id}) 为：

$$A_v(s)=\frac{g_{m1}r_{n5}(1+g_{m4}r_{n4})}{2}\frac{1+sC_{n4}r_{n4}/(1+g_{m4}r_{n4})}{(1+sC_{n5}r_{n5})(1+sC_{n4}r_{n4})} \tag{4.2-1}$$

其中：$r_{n5}=r_{ds2}//r_{ds4}//R_L$，$r_{n4}=r_{ds1}//r_{ds3}//(1/g_{m3})$，$C_{n4}$ 是节点 4 对地的总寄生电容，C_{n5} 是节点 5 总电容。如果考虑反馈电容 C_{n54}，根据 4.8 图小信号等效电路分析可知，它对非主极点和零点位置的影响可以忽略，见习题 4.10。

4.2.2　低频特性

假设 $r_{n4} \approx 1/g_{m3}$，由(4.2-1)式知，在低频情况下，简单 OTA 的电压增益为：

$$A_{v0} = g_{m1} r_{n5} \tag{4.2-2}$$

其中：g_{m1} 等于简单 OTA 的跨导 G_m，其值为：

$$G_m = \sqrt{KP_1 \left(\frac{W}{L}\right)_1 I_B} \tag{4.2-3}$$

它随偏置电流 I_B 二分之一次方增加。r_{n5} 是简单 OTA 的低频输出电阻 r_{out}，假设 $R_L \to \infty$，输出电阻由 r_{ds2} 和 r_{ds4} 并联构成，为：

$$r_{out} = \frac{2}{(\lambda_2 + \lambda_4) I_B} \tag{4.2-4}$$

将(4.2-3)式和(4.2-4)式代入(4.2-2)式可得：

$$A_{v0} = G_m r_{out} = \frac{2}{(\lambda_2 + \lambda_4)} \sqrt{\frac{KP_1 (W/L)_1}{I_B}} = \frac{1}{\frac{\lambda_2 + \lambda_4}{2}(V_{GS1} - V_T)} \tag{4.2-5}$$

其中：λ_2、λ_4 和 KP_1 是由工艺决定的器件参数；W_1、L_1、I_B 是设计参数，可以根据设计要求选择。简单 OTA 的增益 A_{v0} 随偏置电流 I_B 或过驱动电压$(V_{GS1} - V_{T1})$减小而增加，直到弱反型区。

例题 1　对于图 4.7 简单 OTA，已知 $L_1 = L_4 = W_4 = 1\ \mu m$，$W_1 = 10\ \mu m$，$I_B = 10\ \mu A$，MOS 管参数如表 2.1 所示，计算电压增益和节点 4 的电阻。

解：跨导为 $G_m = 89.44\ \mu s$，$r_{out} = 2.86\ M\Omega$，$A_v = 256$，$V_{GS3} - V_T = 0.58$，$r_{n4} = 57.7\ k\Omega$。

4.2.3　GBW 和 PM

如果忽略信号源内阻的影响，简单 OTA 对于差模信号只有 4、5 两个节点能够形成极点，这是一个两极点系统。由于 5 节点电阻 r_{out} 远大于 4 节点电阻 r_{n4}，当节点电容基本相同时，主极点形成在 5 节点。主极点频率为：

$$f_d = 1/2\pi r_{out} C_{n5} \tag{4.2-6}$$

其中：$C_{n5} = C_{ds4} + C_{db4} + C_{ds2} + C_{db2} + C_L$，$C_{ds4}$ 和 C_{db4} 是 T_4 管的漏端电容，C_{ds2} 和 C_{db2} 是 T_2 管的漏端电容。增益带宽积为：

$$GBW = g_{m1}/2\pi C_{n5} \tag{4.2-7}$$

它由跨导和输出节点电容决定。当 C_{n5} 主要由 C_L 确定后，可由 g_{m1} 决定 GBW，而 g_{m1} 可由 I_B 和(W/L)或 I_B 和$(V_{GS} - V_T)$决定。

由(4.2-1)式可知节点 4 产生一个非主极点和一个负零点，频率分别为：

$$f_{nd} = 1/2\pi r_{n4} C_{n4} \tag{4.2-8a}$$

$$f_z = 2 f_{nd} \tag{4.2-8b}$$

其中：$r_{n4} \approx 1/g_{m3}$，$C_{n4} = C_{ds1} + C_{db1} + C_{db3} + C_{gs3} + C_{gs4} + C_{gb3} + C_{gb4}$。因为在这样高的频率下增益已经相当小，所以没有考虑 C_{gd4} 的 Miller 效应。相位裕度为：

$$\mathrm{PM} = 90^\circ - \tan^{-1}\left(\frac{\mathrm{GBW}}{f_{nd}}\right) + \tan^{-1}\left(\frac{\mathrm{GBW}}{2f_{nd}}\right) = 90^\circ - \tan^{-1}\left(\frac{\mathrm{GBW}/f_{nd}}{2 + (\mathrm{GBW}/f_{nd})^2}\right) \tag{4.2-9}$$

由此可见，当 $\mathrm{GBW}/f_{nd} = 1.414$ 时相位裕度达到最小值 70.5°，由于负零点相移可以补偿非主极点相移，相位裕度总大于 70°。

由于节点 4 信号仅随输入 v_{gs1} 变化，只对差模信号的一半起作用，因此称为半信号节点(half signal node)。从上面分析可以看到，半信号节点时间常数对频率特性的影响其效果等效为：在这个时间常数确定的频率处形成一个全差模信号极点，在两倍频率处形成一个负零点，即半信号节点产生极零子(pole-zero doublet)或极零对(pole-zero pair)。由于极零对两倍频率关系所引起的相移小于 19.47°，半信号节点对相移的影响较小，在复杂电路分析中这种简单 OTA 可以近似认为单极点系统。

虽然节点 4 对相位裕度的影响可以忽略，但因为建立时间的要求和 $A_{v0} f_d$ 恒定的要求，一般不希望半信号节点产生的极零对存在于所使用的频率范围(GBW)内，所以作为设计规则通常将 f_{nd} 最小值取为 GBW，即：

$$g_{m3}/C_{n4} \leqslant g_{m1}/(C'_{n5} + C_L) \tag{4.2-10}$$

其中：C'_{n5} 是节点 5 除负载电容以外的寄生电容。当 $f_{nd} = \mathrm{GBW}$ 时，相位裕度 PM 为 71.57°。将 g_m 表达式代入上式，并取 $\mathrm{KP}_n = 2\mathrm{KP}_p$，得：

$$\left(\frac{W}{L}\right)_3 \geqslant \frac{\mathrm{KP}_n}{\mathrm{KP}_p}\left(\frac{W}{L}\right)_1 \left(\frac{C_{n4}}{C'_{n5} + C_L}\right)^2 \tag{4.2-11}$$

其中 $\mathrm{KP}_n/\mathrm{KP}_p$ 典型值在 2 到 3 之间。可见 C_{n4} 和 C'_{n5} 越大，上述不等式成立要求 C_L 越大。C_{n4} 和 C'_{n5} 可以通过优化设计使之最小化。这个表达式是保证 GBW 范围内没有极零对的必要条件。

4.2.4 GBW 优化

如果将(4.2-7)式的 GBW 可以重新写为：

$$\mathrm{GBW} = \frac{\sqrt{\mathrm{KP} I_B}}{2\pi} \frac{\sqrt{(W/L)_1}}{C'_{n5} + C_L} \tag{4.2-12}$$

易见对于一定的 C_L，GBW 与 $(W/L)_1$ 的平方根成正比，理论上讲 GBW 可以随 $(W/L)_1$ 增大任意增加。但实际并非如此，这主要是假设 C_{n4} 和 C'_{n5} 与晶体管尺寸无关的结果。如果考虑晶体管尺寸对节点电容的影响，那么随晶体管宽长比增加 GBW 存在一个优值。

当 MOS 管大到一定尺寸后，电容值随晶体管尺寸增加而增加。如果采用一级线性近似，节点电容可以表示为：

$$C_n = C_{n0} + k(W/L) \tag{4.2-13}$$

其中：C_{n0} 和 k 是常系数，它们可以从具有不同尺寸的晶体管中提取出来。例如，对于 3 μm 的 CMOS 技术，可以取 $C_{n0}=0.5$ pF，$k=0.1$ pF，这是相当大的值。对于 0.5 μm 技术，$C_{n0}=0$，$k=2\sim5$ fF。由于节点 4 的电容值与 T_1 和 T_3 管尺寸有关，所以计算模型可以写为

$$C_{n4}=C_{n0}+k_1(W/L)_1+k_3(W/L)_3 \tag{4.2-14}$$

如果取 $k=k_1=k_3$ 和 $C'_{n5}=C_{n4}$，定义 $b_1=(W/L)_1$ 和 $b_3=(W/L)_3$，将 C_{n4} 和 C'_{n5} 代入(4.2-11)和(4.2-12)式，可得：

$$\mathrm{GBW}=\frac{\sqrt{\mathrm{KP}_1 I_B}}{2\pi}\frac{\sqrt{b_1}}{C_L+C_{n0}+k(b_1+b_3)} \tag{4.2-15}$$

$$\sqrt{\frac{b_3}{2b_1}}=\frac{C_{n0}+k(b_1+b_3)}{C_L+C_{n0}+k(b_1+b_3)} \tag{4.2-16}$$

当 b_1 小时，b_3 也小，如果 $k(b_1+b_3)<C_L+C_{n0}$，这时有：

$$\mathrm{GBW}\approx\frac{\sqrt{\mathrm{KP}I_B}}{2\pi}\frac{\sqrt{b_1}}{C_L+C_{n0}} \tag{4.2-17}$$

$$b_3\approx 2b_1C_{n0}^2/(C_L+C_{n0})^2 \tag{4.2-18}$$

当 b_1 大时，得到：

$$\mathrm{GBW}\approx\frac{\sqrt{\mathrm{KP}I_B}}{2\pi}\frac{\sqrt{b_1}}{k(b_1+b_3)}=\frac{\sqrt{\mathrm{KP}I_B}}{2\pi}\frac{1}{3k\sqrt{b_1}} \tag{4.2-19}$$

$$b_3\approx 2b_1 \tag{4.2-20}$$

由此可见，当 b_1 小时 GBW 随 b_1 平方根增加，当 b_1 大时 GBW 随 b_1 平方根减小。如果(4.2-17)和(4.2-19)式相等，GBW 达到极大值：

$$\mathrm{GBW}_m=\frac{\sqrt{\mathrm{KP}I_B}}{2\pi}\frac{1}{\sqrt{3k(C_{n0}+C_L)}} \tag{4.2-21}$$

相应的输入管宽长比为：

$$b_{1m}=(C_L+C_{n0})/3k \tag{4.2-22}$$

假设 $C_L+C_{n0}=5.5$ pF，$k=0.1$ pF，那么 $(W/L)_{1m}=18.3$。实际上，GBW 随 b_1 增加开始下降的原因是 $k(b_1+b_3)$ 大于 C_L+C_{n0}，晶体管寄生电容开始控制输出节点电容，所以从(4.2-16)式知在最大 GBW 附近 $k(b_1+b_3)$ 约等于 C_L+C_{n0}，$b_1/(2b_3)$ 应近似为 1，从(4.2-15)式知 GBW 的最大值应是渐近线估计值(4.2-21)式的 1/2。GBW 最大值随 I_B 平方根增加，随 $(C_{n0}+C_L)$ 平方根减小。工艺上 k 做的越小，GBW_m 越大。增加 I_B 可以增加 GBW_m，但是 I_B 过大时，$V_{GS1}-V_T$ 增加可能导致 T_1 管退出饱和区和迁移率下降。因此，为得到最大的 GBW_m，$(W/L)_1$ 值应在(4.2-22)式所确定值附近，I_B 在 $V_{GS1}-V_T$ 允许的条件下应选择尽可能大的值，这两个值完全决定了 T_1 管的参数。例如，$\mathrm{KP}_n=80\ \mu\mathrm{A/V}^2$，$C_L+C_{n0}=5.5$ pF，$k=0.1$ pF，$I_B=5$ mA，将(4.2-21)式计算结果除 2 得 $\mathrm{GBW}_m=78$ MHz；根据(4.2-22)式 $(W/L)_1=18$；最大 GBW_m 对应的负载管宽长比为 $(W/L)_3=(W/L)_1/2=9$。

4.2.5 失调电压

对于简单 OTA,在理想情况下,输入差模电压为 0 时 T_4 和 T_2 的电流相等,输出电流为零,输出直流电压等于 $V_{DD}-|V_{GS3}|$。在非理想情况下,输入差模电压为 0 时 T_2 和 T_4 管的电流差可由差分对输入管 $T_{1,2}$ 和负载电流镜管 $T_{3,4}$ 的失配引起,也可由电学非对称性($V_{DS3}\neq V_{DS4}$)引起。由于所有晶体管衬底都接源端,所以体效应因子 γ 的失配不引起电流差。根据 4.1 节输入失调电压 V_{os} 定义,失调电压产生的电流差应当等于输入为 0 时差分对失配产生的电流差加上负载电流镜失配产生的电流差,即 $g_{m1}V_{os}=AI_{DS}$,其中 A 是 $T_{1\sim4}$ 的失配系数:

$$A=\frac{\Delta\beta_{12}}{\beta_1}-\frac{2\Delta V_{T12}}{V_{GS1}-V_{T1}}+\frac{\Delta(\lambda V_{DS})_{12}}{1+\lambda_1 V_{DS1}}+\frac{\Delta\beta_{34}}{\beta_3}-\frac{2\Delta|V_{T34}|}{|V_{GS3}|-|V_{T3}|}+\frac{\Delta(\lambda|V_{DS}|)_{34}}{1+\lambda_3|V_{DS3}|} \tag{4.2-23}$$

利用 $g_m=2I_{DS1}/(V_{GS1}-V_{T1})$,可以得到失调电压:

$$\begin{aligned}V_{OS}=&\frac{(V_{GS1}-V_{T1})}{2}\frac{\Delta\beta_{12}}{\beta_1}-\Delta V_{T12}+\frac{(V_{GS1}-V_{T1})}{2(1+\lambda_1 V_{DS1})}\Delta(\lambda V_{DS})_{12}\\&-\frac{(V_{GS1}-V_{T1})}{(|V_{GS3}|-|V_{T3}|)}\Delta|V_{T34}|+\frac{(V_{GS1}-V_{T1})}{2}\frac{\Delta\beta_{34}}{\beta_3}+\frac{(V_{GS1}-V_{T1})}{2(1+\lambda_3|V_{DS3}|)}\Delta(\lambda|V_{DS}|)_{34}\end{aligned} \tag{4.2-24}$$

其中:$\beta=\mathrm{KP}(W/L)$。由此可见减小失调的方法有:① 尽可能减小参数 β、V_T 和 λ 误差,并使 $V_{DS1}=V_{DS2}$;② 以尽可能低的($V_{GS1}-V_{T1}$)值偏置输入晶体管,这意味着对于一定的 I_B,W/L 要大;③ 取适中的 $|V_{GS3}-V_{T3}|$ 偏置负载电流镜,减小 ΔV_{T34} 的影响。如果 $|V_{GS3}-V_{T3}|$ 选择过大,将大大减小输入和输出电压范围。如果 $|V_{GS3}-V_{T3}|$ 选择过小,ΔV_{T34} 影响增大。

4.2.6 共模抑制比

如果简单 OTA 输入端加共模电压 ν_{ic},电路成为两个输入晶体管并联的源极跟随器,差分对尾电压 V_3 跟随 ν_{ic} 变化。对于理想恒流源 $I_B(R_B=\infty)$,ν_{ic} 不能使 I_B 发生变化(即 $i_c=0$),因此 ν_{od} 随 ν_{ic} 变化为 $0(A_{dc}=0)$。在这种情况下,共模抑制比($\mathrm{CMRR}=A_{dd}/A_{dc}$)为无穷大。但是,在非理想情况下恒流源 I_B 输出电阻为 R_B,输入共模电压 ν_{ic} 将引起输入管电流变化(即 $i_c/2=\nu_{ic}/2R_B$)。这时一旦存在失配,将会产生输出差模电压 V_{od}。输入管 $T_{1,2}$ 和电流镜 $T_{3,4}$ 失配引起的电流差为:

$$\Delta I=AI_{DS1} \tag{4.2-25}$$

其中:A 为 $T_{1\sim4}$ 的失配系数。这个电流差可以用失调电压表示为:

$$\Delta I=g_{m1}V_{os} \tag{4.2-26}$$

由于 $I_{DS1}=I_B/2$,输出差模电流 ΔI 的变化量为 $Ai_c/2$,输出差模电压:

$$\nu_{od}=r_{out}Ai_c/2=r_{out}A\nu_{ic}/2R_B \tag{4.2-27}$$

利用(4.2-2)式，共模抑制比为：

$$\text{CMRR} = A_{dd}/A_{dc} = 2g_{m1}R_B/A \tag{4.2-28}$$

根据(4.2-26)式，失调电压为：

$$V_{os} = A(I_B/2g_{m1}) \tag{4.2-29}$$

如果恒流源 I_B 由一个 MOS 管的漏源电流构成，那么：

$$\text{CMRR} \cdot V_{os} = I_B R_B = 1/\lambda \tag{4.2-30}$$

对于一定工艺，CMRR・V_{os}为常数，因此只有减小失调电压 V_{os}才能增加共模抑制比 CMRR，前面介绍减小 V_{os}的方法同样有利于提高 CMRR。从 CMRR 表达式(4.2-28)可见，增加输入管跨导 g_{m1}和恒流源输出电阻 R_B 可以增加 CMRR，同样这也有利于减小失调电压。为得到好的 CMRR，应采用具有对称负载差模输入电路，尽量减小失配电流。

4.2.7 共模输入电压范围

共模输入电压范围由保证所有晶体管都工作在饱和区的条件决定。如果两输入端电压同时增加，节点 4 电压不变，节点 3 电压上升，输入管 T_1 会从饱和区进入非饱和区。进入非饱和区对应的电压是共模输入电压的上限，即：

$$V_{icmmax} = V_{DD} - |V_{GS3}| + V_{T1} - V_{in,swing}/2 \tag{4.2-31}$$

其中：$V_{in,swing}$是输入信号摆幅。在以 OPA-基形式设计电路时，反馈网络的作用使 $V_{in,swing}$非常小，对共模范围的影响可以忽略。当以 OTA-基形式应用时，信号摆幅项则不可忽略。V_{icmmax}随 V_{DD}增加而增加。如果输入管阈值电压 V_{T1}大于负载管阈值电压$|V_{T3}|$，当 $V_{T1} = |V_{GS3}|$时，这种放大器可以在正电源电压附近工作。如果两输入电压同时降低，节点 3 电压下降，T_5 管将退出饱和区，对应退出饱和区的电压是共模输入电压下限，即：

$$V_{icmmin} = V_{GS1} + V_{GS5} - V_{T5} + V_{in,swing}/2 \tag{4.2-32}$$

为扩大共模输入范围对于一定的偏置电流，输入管和偏置电流源管应当尽量选择大宽长比。

4.2.8 差模信号线性输入范围

根据 3.5 节分析，差分对保持在放大区的输入电压范围为$|V_{id}| < \sqrt{2I_B}/\sqrt{KP_1(W/L)_1}$。在放大区内，随输入信号幅值增加，小信号线性近似误差增加，所以为保证一定的线性度，输入信号幅值要限制在一定范围内，即线性输入范围：

$$|V_{id}| < K\sqrt{\frac{2I_B}{KP_1(W/L)_1}} = K\sqrt{2}(V_{GS1} - V_{T1}) \tag{4.2-33}$$

其中线性范围系数 K 小于 1，由线性度决定，它表示线性范围占总放大区范围的比例。根据(3.5-5)式，在放大区内输出电流对差模输入电压的 Tolay 展开式为：

$$I_{od} = I_1 - I_2 = \sqrt{KP_1(W/L)_1 I_B}V_{id} + 0 - \frac{1}{8}\frac{[KP_1(W/L)_1]^{3/2}}{\sqrt{I_B}}V_{id}^3 + 0 - \cdots \tag{4.2-34}$$

由(3.6-9)、(3.6-13)和(3.6-14)式可得总谐波畸变为：

$$\mathrm{THD} \approx \mathrm{HD}_3 = \frac{\mathrm{KP}_1(W/L)_1}{32I_B}V_{\mathrm{idP}}^2 = \frac{V_{\mathrm{idP}}^2}{32(V_{\mathrm{GS}}-V_{\mathrm{T}})^2} \tag{4.2-35}$$

如果保证 THD 小于 1%，输入差模信号 V_{id} 的线性范围系数 $K=0.4$。根据(4.2-34)式，如果保证实际输出电流与理想线性值($g_m V_{\mathrm{id}}$)的相对误差小于 1%，线性范围系数 K 为 0.2。如果保证实际跨导与理想线性值($\sqrt{\mathrm{KP}_1(W/L)_1 I_B}$)的相对误差小于 1%，线性范围系数 K 为 0.115。可见对于上述常用的线性度条件，线性输入范围约占放大区范围的 11.5% 到 40%，简单差分对的线性输入范围较小。因此，作 OTA 应用时为进一步扩大线性输入范围，只能改进电路结构，详见 5.3 节。

4.2.9 简单 OTA 设计

设计任务是根据给定的参数，如 GBW、PM、A_{v0} 等，确定出晶体管尺寸(W/L)和 I_B。简单 OTA 有三个设计变量$(W/L)_1$、$(W/L)_4$ 和 I_B，在已知 C_L 和 GBW 时有 GBW 和 PM 两个约束方程，因此约束少于变量。这种情况下，当然可以先简单地选择一个设计量，如$(W/L)_4$，再求出另外两个设计量$(W/L)_1$ 和 I_B，但更好的方法是用其他优化条件作为第三个约束条件。总结前面分析，增益优化可以取 $V_{\mathrm{GS1}}-V_{\mathrm{T1}}=0.2\ \mathrm{V}$，使晶体管工作在靠近弱反型的强反型区，获得大增益值；匹配优化(最大化 CMRR 和最小化 V_{os})可以取$|V_{\mathrm{GS3}}|-|V_{\mathrm{T3}}|=0.5\ \mathrm{V}$，$V_{\mathrm{GS1}}-V_{\mathrm{T1}}=0.2$；热噪声优化可使 g_{m1} 尽量大，且使 $g_{m3}<g_{m1}$；面积优化可以取$(W/L)_1\approx 1$，$(W/L)_3\approx 1$ 等等。

例题 2 已知 $V_{\mathrm{DD}}=3\ \mathrm{V}$，$C_{n4}=0.1\ \mathrm{pF}$，$C'_{n5}\ll C_L$，设计 $C_L=10\ \mathrm{pF}$，$\mathrm{GBW}=2\ \mathrm{MHz}$ 的简单 OTA，并进行增益和匹配优化，MOS 管参数如表 2.1 所示。

解：根据已知条件和增益及匹配优化条件，从关系 $\mathrm{GBW}=g_{m1}/2\pi C_L$ 和 $g_{m1}=\mathrm{KP}_1(W/L)_1(V_{\mathrm{GS1}}-V_{\mathrm{T1}})$，得$(W/L)_1=7.8$，$I_B=\mathrm{KP}_1(W/L)_1(V_{\mathrm{GS1}}-V_{\mathrm{T}})^2=25\ \mu\mathrm{A}$，$(W/L)_3=I_B/\mathrm{KP}_3(|V_{\mathrm{GS3}}|-|V_{\mathrm{T}}|)^2=3.3$。如果取 $L_1=L_3=1\ \mu\mathrm{m}$，根据已求出的宽长比可得 $W_1=7.8\ \mu\mathrm{m}$，$W_3=3.3\ \mu\mathrm{m}$。因为 $f_{\mathrm{nd}}=g_{m3}/2\pi C_{n4}=\sqrt{(\mathrm{KP}_3(W/L)_3 \mathrm{I_B})}/2\pi C_{n4}=79\ \mathrm{MHz}>\mathrm{GBW}$，能够满足相位裕度要求。

根据上述设计值可得：$g_{m1}=2\pi C_L\mathrm{GBW}=125\ \mu\mathrm{S}$，$r_{\mathrm{out}}=2/((\lambda_n+\lambda_p)I_B)=1.14\ \mathrm{M\Omega}$，$A_{v0}=143$，$\mathrm{SR}=2.5\ \mathrm{V}/\mu\mathrm{S}$，$g_{m3}=49.7\ \mu\mathrm{S}$，噪声增加因子：$y=\overline{\nu_{\mathrm{neq}}^2}/\overline{\nu_{\mathrm{n1}}^2}=2(1+g_{m3}/g_{m1})=2.8$，$\sqrt{\frac{\overline{\nu_{\mathrm{neq}}^2}}{\Delta f}}=\sqrt{\frac{8kT}{3}\frac{y}{g_{m1}}}=15.7(nV_{\mathrm{rms}}/\sqrt{Hz})$。

由例题可见简单 OTA 的增益一般较小，如要更大增益必须采用第二级放大。

4.3 Miller 补偿两级 OTA

简单一级 OTA 的电压增益有限，用于 OPA-基电路误差很大，因此需要进一步提高增益。另外，简单一级 OTA（单极点 OTA）的 GBW 与负载电容 C_L 有关，频率响应特性随负载变化、通用性不强。通常提高增益和避免频率特性受负载影响的简单方法是采用两级放大结构。由于两级电压增益结构至少存在两个高阻节点，所以可能产生两个频率接近的低频极点。为保证放大器的稳定性，即保证两个低频极点具有足够大的距离，必须采用频率补偿。本节将析毫剖厘地研究 Miller 电容补偿两级 OTA。

4.3.1 电路结构和偏置

Miller 电容补偿两级 OTA 电路如图 4.9 所示。第一级是差分对构成的输入级，它由 pMOS 输入管 $T_{1,2}$ 和 nMOS 自偏置有源负载管 $T_{3,4}$ 组成。第二级是恒流源负载共源放大级，它由驱动管 T_6 和有源负载管 T_7 组成。在第二级输入和输出之间连接有补偿电容 C_c。由于补偿电容通过 Miller 效应发挥补偿作用，所以将这种 OTA 称为 Miller 补偿两级 OTA。另外，随频率增加 C_c 使 T_6 管源栅极短路，形成低输出阻抗，因此 Miller 补偿 OTA 可以在高频的很大范围内作为 OPA。

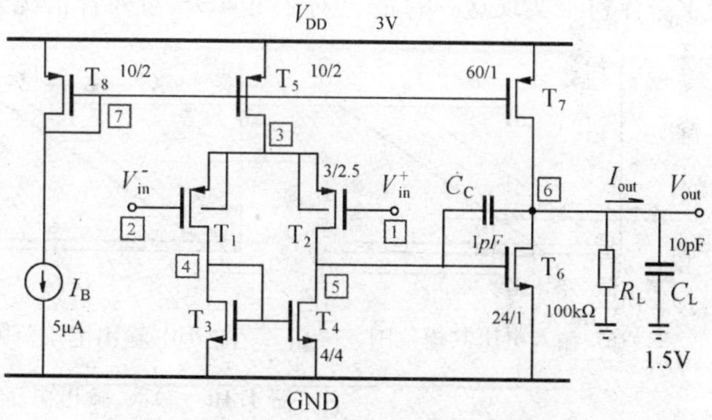

图 4.9 Miller 电容补偿两级 OTA 电路

在图 4.9 电路中，所有晶体管的源极都与衬底相连，没有体效应。实现 pMOS 输入管衬底与源极相连需要采用 n 阱工艺技术。当然，这个电路也可以反过来用 nMOS 晶体管作为输入器件，用 pMOS 管作负载，但 nMOS 输入管实现衬底与源极相连需要采用 p 阱工艺。无论采用哪种类型管作为输入器件，它的分析和设计过程是类似的。

Miller 补偿 OTA 通过恒流源 I_B 进行偏置。第一级的偏置电流由 T_5 和 T_8 管的宽长比之比决定。第二级的偏置电流由 T_7 和 T_8 的尺寸决定。在偏置电流确定后，每个管的工作状态由晶体管尺寸和输入、输出电压决定。节点 4 和 5 的直流电压由偏置电流和负载管宽长比决定；节点 3 电压由输入电压、输入管尺寸和偏置电流决定；节点 6 电压由偏置电流和节点 5 电压以及 $T_{7,6}$ 管尺寸决定；节点 7 电压由偏置电流 I_B 和 T_8 管尺寸决定。对于图 4.9 所示晶体管尺寸和偏置电流，当输入和输出端直流分量控制在适当范围时，所有晶体管都工作在饱和区，本节后面定量分析均以此数据为例。

4.3.2 共模输入电压范围和输出电压范围

共模输入电压范围由保证第一级所有管工作在饱和区的条件确定。如果输入节点 1 和 2 电压同时增加，节点 3 电压跟随增加，这将减小电流源 T_5 管的漏源电压 $|V_{DS5}|$。当 T_5 管

进入非饱和区时达到共模输入电压的上限,即:

$$V_{\mathrm{ICMmax}} = V_{\mathrm{DD}} - |V_{\mathrm{DSsat5}}| - |V_{\mathrm{GS1}}| \tag{4.3-1}$$

它随 V_{DD}变化。对于图 4.9 所示数据,其值为 $V_{\mathrm{ICMmax}}=1.469$ V。随两个输入电压同时减小,节点 3 电压减小,输入管进入非饱和区。这对应于共模输入电压的下限,即:

$$V_{\mathrm{ICMmin}} = V_{\mathrm{GS3}} + |V_{\mathrm{DSsat1}}| - |V_{\mathrm{GS1}}| \tag{4.3-2}$$

其值为 $V_{\mathrm{ICMmin}}=0.05$ V。

随电源电压 V_{DD}变化,共模输入电压变化如图 4.10(a)所示。输入管的阈值电压使共模输入最大电压远小于正电源电压。但是,共模输入最小电压,通过适当设计电路参数,可以达到最低电平 GND。这样即使当共模输入电压为零时 pMOS 输入管的放大级也能工作。要达到这一目的,需要使 $|V_{\mathrm{GS3}}| \leqslant |V_{\mathrm{T1}}|$。由于 $|V_{\mathrm{T1}}|$随衬源电压增大而增大,使输入管衬底接 V_{DD}有利于实现这一目的。对于 nMOS 输入管情况正好相反,如 4.2 节所分析。

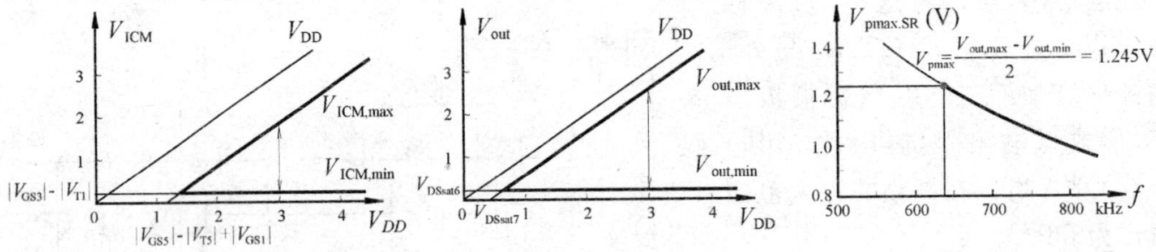

(a) 输入电压共模范围　　(b) 输出电压范围　　(c) SR对输出范围限制

图 4.10　输入、输出电压范围

输出电压的变化范围由两种因素决定,输出晶体管脱离饱和区;大负载时输出电流。对于最大输出电压的限制是:

$$V_{\mathrm{outmax}} = \min\{V_{\mathrm{DD}} - |V_{\mathrm{DSsat7}}|, V_{\mathrm{OUT}} + R_{\mathrm{L}} I_{\mathrm{D7}}\} \tag{4.3-3}$$

对于图 4.9 数据: $R_{\mathrm{L}}=100$ kΩ, $I_{\mathrm{D7}}=60$ μA, $V_{\mathrm{OUT}}=1.5$ V,可得 $V_{\mathrm{outmax}}=\min\{2.74, 7.5\}=2.74$ V。对最小输出电压的限制是:

$$V_{\mathrm{outmin}} = \max\{V_{\mathrm{DSsat6}}, V_{\mathrm{OUT}} - R_{\mathrm{L}}(I_{\mathrm{D6}} - I_{\mathrm{D7}})\} \tag{4.3-4}$$

对于图 4.9 数据 $I_{\mathrm{D6}}=120$ μA,有 $V_{\mathrm{outmin}}=\max\{0.25, -4.5\}=0.25$ V。因为 T_6 管总有足够大的驱动电流,所以 R_{L} 对最小输出电压起不到限制作用。图 4.10(b)示出输出电压随电源电压的变化关系。由于 T_7 管是恒流源,随电源电压 V_{DD}增加,开始由脱离饱和区决定输出电压范围,但随电源电压逐步增大,T_7 管脱离饱和区的电压大于最大输出电流在负载上产生的压降,输出电压最大值由最大电流决定,不再随电源电压增加。

在高频情况下,输出电压的摆幅将受到压摆率(SR)限制。如果输出信号为 $V_{\mathrm{p}}\sin(2\pi f t)$,为避免 SR 引起的畸变,输出信号应当小于 SR 限制的最大信号峰值 V_{pmaxSR}:

$$V_{\mathrm{pmaxSR}} = \mathrm{SR}/2\pi f \tag{4.3-5}$$

输出峰值电压与频率是双曲线关系。当 $V_{\mathrm{pmaxSR}}=(V_{\mathrm{outmax}}-V_{\mathrm{outmin}})/2$ 时对应于的频率经常

称为放大器的功率带宽(power bandwidth)。当信号频率大于功率带宽时，避免 SR 引起畸变要求信号摆幅随频率增加而下降，如图 4.10(c)所示。对于图 4.9 数据，$SR=SR_1=5\ V/\mu s$，$V_{pmaxSR}=1.245\ V$，功率带宽为 $SR/2\pi V_{pmaxSR}=639\ kHz$。

4.3.3　低频增益

在图 4.9 电路中，节点 7 是非信号节点，电压值由偏置量决定，不随输入变化；节点 1 到 6 是随输入变化的信号节点。假设信号源内阻非常低，输入节点 1、2 的时间常数可以忽略。在理想情况下，内部节点 4、5 和 6 是随输入差模信号变化的差模信号节点，内部节点 3 是只随输入共模信号变化的共模信号节点。在差模信号节点中，节点 4 是只随 V_{gs1} 变化的半信号节点。由于 T_3 管以 MOS 二极管形式使用，节点 4 是低阻节点，分析差模信号增益时可以只考虑节点 5 和 6。简化后的差模小信号等效电路如图 4.11 所示，其中：$g_{m1}=13.4\ \mu S$，$g_{m6}=480\ \mu S$，$r_{ds24}=r_{ds2}//r_{ds4}=8.7\ M\Omega$，$R'_L=r_{ds6}//r_{ds7}//R_L=52.2\ k\Omega$，$C_{n5}=20\ fF$，$C_{n6}=40\ fF$，$C_L=10\ pF$，$C_c=1\ pF$，下面将以此数据为例进行小信号定量分析。

第一级差模输入级的低频增益(ν_5/ν_{id})为：

$$A_{\nu_{10}}=-g_{m1}(r_{ds2}//r_{ds4})=-\frac{2g_{m1}}{I_{D5}(\lambda_2+\lambda_4)} \tag{4.3-6}$$

第二级有源负载共源放大级的低频增益(ν_6/ν_5)为：

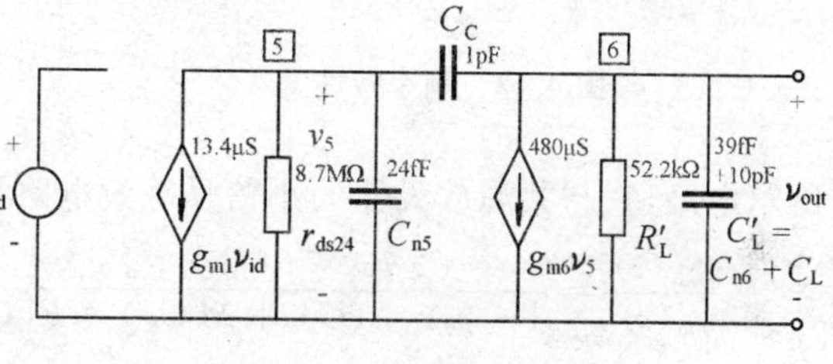

图 4.11　小信号等效电路

$$A_{\nu_{20}}=-g_{m6}R'_L=-\frac{g_{m6}}{I_{D7}(\lambda_6+\lambda_7)+1/R_L} \tag{4.3-7}$$

总低频增益为两者乘积：

$$A_{\nu0}=A_{\nu10}A_{\nu20}=g_{m1}r_{ds24}g_{m6}R'_L \tag{4.3-8}$$

对于图 4.11 数据，增益为：$A_{\nu10}=-116.6(41.3\ dB)$，$A_{\nu20}=-25(28\ dB)$，$A_{\nu0}=2915(69.3\ dB)$。

4.3.4　增益带宽积和相位裕度

假设信号源内阻非常低，输入节点 1 和 2 的时间常数可以忽略。只考虑差模信号作用，共模节点 3 可以忽略。这样只剩下 4、5 和 6 节点，因此它是三阶系统。

由于 Miller 效应的作用，高阻节点 5 最有可能成为主极点。运用节点时间常数近似分析方法，其极点频率近似为：

$$f_{p5}=1/[2\pi(r_{ds2}//r_{ds4})(C_{n5}+M'C_C)] \tag{4.3-9}$$

其中：$C_{n5}=C_{ds2}+C_{db2}+C_{ds4}+C_{db4}+C_{gs6}+C_{gb6}$，$M'=1+g_{m6}R'_L+R'_L/r_{ds24}\approx|A_{\nu20}|$。在没有外加补偿电容情况下，反馈电容 C_C 为寄生电容 C_{dg6}。假设 $C_{dg6}=10\ fF$，$f_{p5}\approx 68\ kHz$，由 Miller 效应决定。节点 6 是由负载电阻决定的高阻节点，有可能成为非主极点，相应的极点

频率为：

$$f_{p6} = g_{m6}/2\pi(C_L + C_{n6}) \tag{4.3-10}$$

其中：$C_{n6}=C_{ds7}+C_{db7}+C_{ds6}+C_{db6}$。因为主极点由 Miller 效应决定，非主极点频率下反馈电容 C_c 使 T_6 管输入输出短路，输出节点电阻降为 $1/g_{m6}$。代入定量分析数据得 $f_{p6}\approx$ 7.6 MHz。此外，节点 4 是一个低阻半信号节点，极点的频率为：

$$f_{p4} = g_{m3}/2\pi C_{n4} \tag{4.3-11}$$

其中：节点 4 的总电容 $C_{n4}=C_{ds3}+C_{db3}+C_{gs4}+C_{gb4}+C_{ds1}+C_{db1}$。如果 $C_{n4}=50$ fF，$f_{p4}\approx$64 MHz，对应的负零点频率为 $f_{z4}=2f_{p4}$。因为在这个频率下增益非常低，所以没有考虑 C_{gd4} 的 Miller 效应。这个极零对的频率比较高，影响通常可以忽略。正零点频率 $f_z=g_{m6}/2\pi C_c=7.6$ GHz。如果没有专门设计补偿电容，C_c 只是寄生电容、值很小，节点 5、6 的时间常数相差不大，加上节点 4 影响，相位裕度非常小，如图 4.12 虚线所示。因此，对于两级放大器，由于需要两个高阻节点获得增益，为保证足够的相位裕度(约 70°)必须专门设计补偿电路。

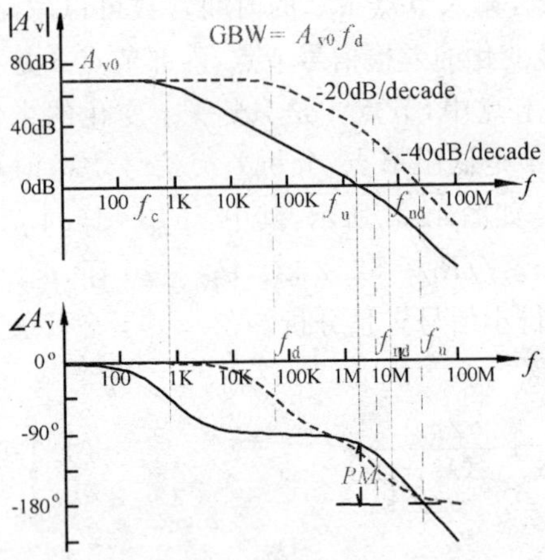

图 4.12 频率特性

如果补偿电路由反馈电容 C_c 实现，忽略半信号节点 4 的影响，小信号等效电路近似为图 4.12 所示电路，它与共源放大器的小信号等效电路相同，详细分析见 3.1 节，增益为：

$$\frac{\nu_{out}(s)}{\nu_{in}(s)} = \frac{g_{m1}g_{m6}r_{ds24}R'_L(1-sC_C/g_{m6})}{1+s[r_{ds24}(C_{n5}+M'C_C)+R'_LC'_L]+s^2r_{ds24}R'_L[C_{n5}C'_L+C_C(C_{n5}+C'_L)]} \tag{4.3-12}$$

其中：$r_{ds24}=r_{ds2}//r_{ds4}$，$R'_L=R_L//r_{ds5}//r_{ds6}$，$M'=1+g_{m6}R'_L+R'_L/r_{ds24}$，$C'_L=C_{n6}+C_L$。

主极点频率(即带宽 BW)近似表示为：

$$f_d \approx 1/2\pi|A_{v20}|C_C(r_{ds2}//r_{ds4}) \tag{4.3-13}$$

其数值为 $f_d\approx$0.73 kHz。增益带宽积近似为：

$$\text{GBW} \approx g_{m1}/2\pi C_C \tag{4.3-14}$$

数值为 GBW≈2.13 MHz。

非主极点仍在节点 6，频率为：

$$f_{nd} \approx g_{m6}C_C/2\pi(C_{n5}C'_L+C'_LC_C+C_{n5}C_C) \approx g_{m6}/2\pi C'_L \tag{4.3-15}$$

$f_{nd}\approx$7.6 MHz。当 $C_{n5}\ll C_C$ 和 C'_L，近似是准确的。如果选择足够大的 C_C，可以保证 $f_{nd}>$ 3 GBW，相位裕度大于 70°。除两个极点外，电路还有一个正零点频率为：

$$f_z = g_{m6}/2\pi C_C \tag{4.3-16}$$

$f_z=76.4$ MHz。它的频率比较高，可以忽略。另外，节点 4 也要产生极零对，频率比较高一般也可以忽略。在忽略节点 4 的作用后，相位裕度近似为：

$$PM = 90° - \mathrm{arctg}\left(\frac{GBW}{f_{nd}}\right) - \mathrm{arctg}\left(\frac{GBW}{f_z}\right) = 90° - \mathrm{arctg}\left(\frac{GBW/f_{nd} + GBW/f_z}{1 - GBW^2/(f_{nd} f_z)}\right) \tag{4.3-17}$$

其值为 PM=72.7°，如图 4.12 所示。由于加入补偿电容，在截止频率到单位增益频率范围内取得－20 dB/十倍频的幅频特性。要清楚地看到 C_C 对频率特性的影响，可用共源电路分析时的方法做极零点频率随 C_C 的变化曲线图，见图 3.6。补偿电容很小时，节点 5 和 6 是主要极点。当 C_C 增加到 $C_{Ct}=(r_{ds24}C_{n5}+R'_L C'_L)/M' r_{ds24}=3.1$ fF 时，极点发生分离。当 C_C 增到 $C_{Cn}=C_{n5}C'_L/(C_{n5}+C'_L)\approx 20$ fF 后，非主极点稳定在 $f_{nd}=g_{m6}/2\pi C'_L\approx 7.6$ MHz，零点产生在更高的频率处。如果 $C_C=C_L$，f_z 与 f_{nd} 重合，对频率特性的影响相互抵消。

由于两级放大器具有两个高阻节点 5 和 6，需要采用 Miller 电容 C_C 进行频率补偿，因此放大器的带宽（主极点频率）由 C_C 决定，对于一定的负载电容不能得到最大化的带宽。在实际电路设计中，为保证足够的相位裕度，C_C 一般比较大，所以带宽往往比较小。这是两个（或多个）高阻节点放大器与单高阻节点放大器比较的主要区别之一。

4.3.5　压摆率

当输入端加大信号时，输出信号的变化速度受到压摆率限制。当输入正的大阶跃信号时，T_5 管提供的电流 I_{D5} 全部流过 T_1 和 T_3 管，并且镜像到 T_4 管。由于 T_2 管截止，这个电流全部用于电容 C_C 的放电，节点 5 电压随时间的最大下降率为 I_{D5}/C_C。对于输入负的大阶跃信号，T_2 管处于充分导通状态，T_1 管完全截止。流过 T_2 管的电流为 I_{D5}，流过 T_1 管的电流为零，因此 T_3 和 T_4 管截止。给电容 C_C 充电的最大电流由 T_2 管提供，节点 5 电压随时间的最大上升率为 I_{D5}/C_C。这样，第一级的压摆率为：

$$SR_1 = I_{D5}/C_C \tag{4.3-18}$$

其值为 $SR_1=5\ \mathrm{V}/\mu\mathrm{s}$。

放大器除电容 C_C 需要充放电外，负载电容 C_L 也需要充放电。当 T_6 管过驱动时可以吸收很大电流，电容 C_L 的放电一般没有问题。但是，流过 T_7 管的电流是一定的，C_L 的充电要受到时间限制。对于正输入阶跃信号，节点 5 低时节点 6 电压升高，C_C 电容占用 I_{D5} 电流，总充电电流实际为 $I_{D7}-I_{D5}$，输出节点 6 的电压随时间最大上升率为 $(I_{D7}-I_{D5})/C_L$。这样，第二级的压摆率为：

$$SR_2 = (I_{D7}-I_{D5})/C_L \tag{4.3-19}$$

其值为 $SR_2=5.5\ \mathrm{V}/\mu\mathrm{s}$。

放大器的压摆率由第一级和第二级压摆率的最小者确定。由于第二级压摆率与负载电容有关，所以放大器压摆率与 C_L 有关，如图 4.13 所示。使 SR_1 和 SR_2 相等

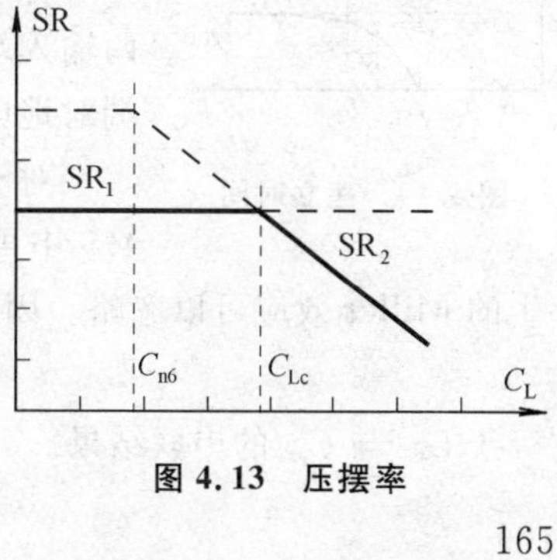

图 4.13　压摆率

的负载电容值为：

$$C_{LC} = C_C(I_{D7} - I_{D5})/I_{D5} - C_{n6} \tag{4.3-20}$$

其值为 11 pF。可见，对于大的负载电容 $C_L > C_{LC}$，第二级压摆率对输出电压起主要限制作用；对于小的 $C_L(< C_{LC})$第一级压摆率起主要限制作用。

4.3.6 建立时间

如果相位裕度大于 70°，OTA 可以近似为时间常数 $\tau_d(=1/2\pi f_d = 0.218\ \text{ms})$的一阶系统，系统传递函数为：

$$\frac{\nu_o(s)}{\nu_i(s)} = \frac{A_{\nu 0}}{1 + s\tau_d} \tag{4.3-21}$$

如果时间为零时输入端加阶跃电压 V_{IN}，利用反拉氏变换可以求出输出电压的时域表达式：

$$\nu_o(t) = V_{IN} A_{\nu 0}(1 - e^{-t/\tau_d}) \tag{4.3-22}$$

输出电压随时间指数增加，开始快，后来慢。如果忽略压摆率的影响，建立时间由时间常数 τ_d 决定，为：

$$t_s(\varepsilon) = \tau_d \ln\left(\frac{1}{\varepsilon}\right) = \frac{A_{\nu 0}}{2\pi \text{GBW}} \ln\left(\frac{1}{\varepsilon}\right) \tag{4.3-23}$$

其中：$\varepsilon = \dfrac{V_{IN} A_{\nu 0} - \nu_o(t)}{V_{IN} A_{\nu 0}}$，$\text{GBW} = A_{\nu 0} f_d$。如果通过外围反馈使 $A_\nu = 1$，对应 $\varepsilon = 1\%$ 的建立时间为 $t_s(0.01) = 0.34\ \mu\text{s}$。在压摆率影响不能忽略时，输出电压随时间变化开始由压摆率决定，线性变化。后期，由时间常数 τ_d 控制，按指数变化。假设放大器连接成跟随器，输入电压从 0V 变到 3V 时，压摆率决定的上升时间为 $t_{SR} = \Delta V/\text{SR} = (3 - 0.03)/5 = 0.594\ \mu\text{s}$。简单估计，可将压摆率决定的时间直接与 τ_d 决定的时间相加得到最坏的建立时间，如图 4.14 所示。

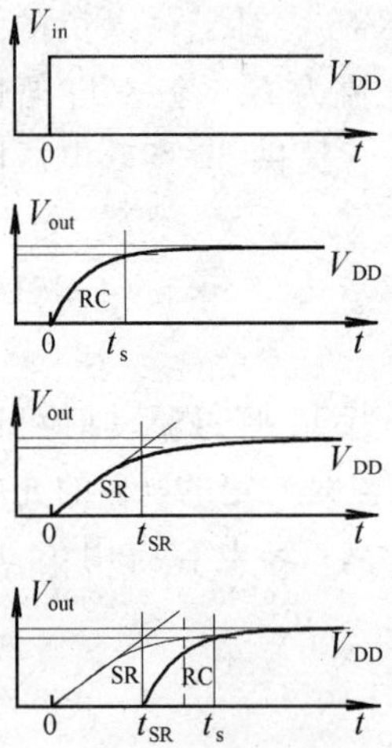

图 4.14 建立时间

4.3.7 输入、输出阻抗

1. 输入阻抗

Miller 补偿两级 OTA 的输入电阻近似无限大，可以忽略。与两输入端有关的电容定义为：C^+、C^- 和 C_d，它们分别是正、负输入端对地电容和两输入端间电容，如图 4.15(a)所示。

对于开环形式 OTA，正输入端接地时，$C_{in}^- = C_d + C^-$。从图 4.9 中可以看到：T_1 管的负载近似为 $1/g_{m3}$，T_1 管的增益小，C_{dg1} 产生的 Miller 效应可以忽略。因此，输入管 T_1 的输入电容近似为：

$$C_{in}^- = C_d + C^- = C_{gs1}/2 \tag{4.3-24}$$

它等于 C_{gs1} 与 C_{gs2} 的串联结果。

负输入端接地时，输入电容 $C_{in}^{+}=C_{d}+C^{+}$。从 T_2 管栅极向电路内部看，节点 5 的电阻是 r_{ds24}，电容是 $C_{gs6}+|A_{v2}|C_{C}$，低频时 T_2 管的增益是 A_{v10}。如图 4.15(b)所示，输入电容近似为：

$$C_{in}^{+}=C_{d}+C^{+}\approx C_{gs2}/2+|A_{v10}|C_{dg2} \tag{4.3-25}$$

从(4.3-24)和(4.3-25)式可知：

$$C_{d}=C_{gs1}/2, C^{-}=0, C^{+}\approx|A_{v10}|C_{dg2} \tag{4.3-26}$$

其值 $C_{d}=(C_{gs0}W_{1}+W_{1}L_{1}C_{ox}2/3)/2=9.6\ \mathrm{fF}$，$C^{+}=116.6\times1.2=0.143\ \mathrm{pF}$。

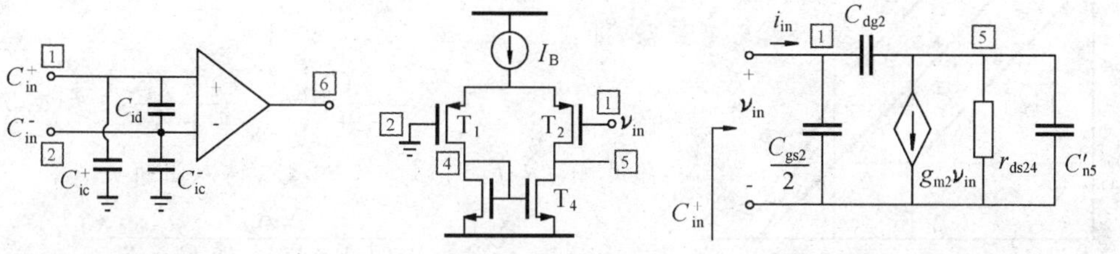

(a) 输入容抗　　(b) 输入级　　(c) 小信号等效电路

图 4.15　输入阻抗

根据图 4.15(c)的简化电路可以求得 C^{+} 随频率的变化关系：

$$C^{+}\approx|A_{v10}|C_{dg2}\frac{1+sC'_{n5}/g_{m2}}{1+sr_{ds24}(C_{dg2}+C'_{n5})} \tag{4.3-27}$$

其中：$C'_{n5}=C_{gs6}+(1+|A_{v2}|)C_{C}$ 是节点 5 对地的总电容，低频情况下，$C'_{n5}=C_{gs6}+(1+|A_{v20}|)C_{C}=26\ \mathrm{pF}$。$C^{+}$ 的带宽是 $f_{1}=1/2\pi r_{ds24}(C_{dg2}+C'_{n5})=0.704\ \mathrm{kHz}$，近似等于放大器的主极点频率 f_{d}。

放大器的输入阻抗：

$$z_{in}^{+}=\frac{1}{s(C^{+}+C_{gs1}/2)} \tag{4.3-28}$$

$$z_{in}^{-}=\frac{2}{sC_{gs1}} \tag{4.3-29}$$

当 $f<f_{1}\approx f_{d}$ 时，

$$C^{+}=|A_{v10}|C_{dg2} \tag{4.3-30}$$

$$z_{in}^{+}=\frac{1}{s(|A_{v10}|C_{dg2}+C_{gs1}/2)} \tag{4.3-31}$$

当 $f>f_{1}\approx f_{d}$ 后，由于 C_{gs6} 和 C_{C} 的作用使节点 5 阻抗下降，从而导致增益 $|A_{v2}|$ 下降到很小值，忽略 C'_{n5} 随频率变化，根据(4.3-27)式有：

$$C^{+}\approx\frac{g_{m2}}{s(1+C'_{n5}/C_{dg2})} \tag{4.3-32}$$

将上式代入(4.3-28)式得：

$$z_{in}^{+}=\frac{1}{g_{m2}/(1+C'_{n5}/C_{dg2})+sC_{gs1}/2}=\begin{cases}\frac{1}{g_{m2}}\left(1+\frac{C'_{n5}}{C_{dg2}}\right) & f<f_{in}^{+}\\ \frac{1}{sC_{gs1}/2} & f>f_{in}^{+}\end{cases}\tag{4.3-33}$$

其中：$f_{in}^{+}=g_{m2}/\pi C_{gs1'}(1+C'_{n5}/C_{dg2})$，如图 4.16 所示。当频率大于放大器主极点频率后，放大器增益随 f 增加而下降，C'_{n5} 要减小。假设在 f_{in}^{+} 附近 C'_{n5} 为 2.6 pF，则有 $f_{in}^{+}=99$ kHz。

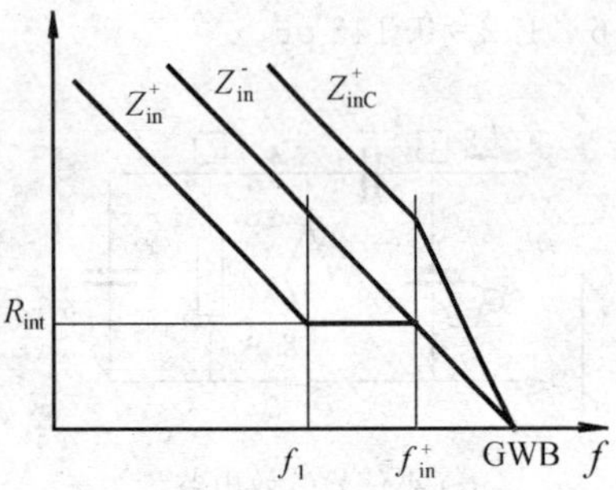

图 4.16　输入阻抗频率特性

当放大器通过反馈构成单位增益跟随器时，输入阻抗为 $z_{inc}^{+}=(1+A_v)z_{in}^{+}$，输入电容要除以环路增益，即：

$$C_{inc}^{+}=\frac{C_{in}^{+}}{1+A_v}=\frac{C_d+C^{+}}{1+A_v}\tag{4.3-34}$$

在低频 $f<f_d$ 时，$1+A_v\approx A_{v0}$，输入阻抗为：

$$z_{inc}^{+}=\frac{A_{v0}}{s(|A_{v10}|C_{dg2}+C_{gs1}/2)}\tag{4.3-35}$$

因此(4.3-34)式近似为：

$$C_{inc0}^{+}\approx\frac{C_{gs1}}{2}\frac{1}{A_{v0}}+C_{dg2}\frac{|A_{v10}|}{A_{v0}}\tag{4.3-36}$$

可见电容 C^{+} 和 C_d 都随环路增益增加而减小。由于 Miller 效应，C_{dg2} 影响起主要作用，而且 C_{dg2} 的影响只随第二级增益 A_{v20} 变化。当频率大于增益带宽 f_d 时，$1+A_v\approx A_{v0}2\pi f_d/s$，根据(4.3-32)式和(4.3-34)式，输入阻抗为：

$$z_{inc}^{+}=\frac{A_{v0}}{s/(2\pi f_d)}\frac{1}{\frac{g_{m2}}{1+C'_{n5}/C_{dg2}}+s\frac{C_{gs1}}{2}}\tag{4.3-37}$$

随频率上升，C_{gs1} 的影响开始增加，而 C_{dg2} 的影响不变。因此，在上式分母两项相等后，C_{gs1} 开始起主要作用，对应的频率也是 f_{in}^{+}。从这个频率开始，电容 C_{inc}^{+} 随频率增加，这样 z_{inc}^{+} 以两倍斜率（−40 dB/十倍频）减小，直到 GBW。对于更高频率，$1+A_v\approx 1$，$z_{inc}^{+}=z_{in}^{+}$，与开环值重合。

上述分析虽然是针对单位增益反馈，但对于其他强度的反馈，亦容易用同样的方法推导。但是，随环路增益减小，输入电容将增大。

总之，减小闭环增益可以增加输入阻抗，单位增益结构能得到最小输入电容，因此它是理想的缓冲级。另外，由于输入级非对称结构使 $z_{in}^{+}<z_{in}^{-}$，破坏了输入阻抗的对称性。

2. 输出阻抗

因为 OTA 没有输出缓冲级，所以输出阻抗是一个重要参数。开环输出阻抗由输出电阻和电容组成。通常计算放大器输出阻抗不考虑 R_L 和 C_L，但当 C_L 对稳定电路起主要作用时不能忽略。特别是集成电路内部用放大器，往往根据负载优化电路参数，更是如此。

从图 4.17(a)所示小信号电路可以推导输出阻抗表达式：

$$z_{\text{out}} = r_{\text{ds67}} \frac{1 + r_{\text{ds24}}(C_{\text{C}} + C_{\text{n5}})s}{1 + [C_{\text{n5}} r_{24} + C_{\text{C}}(r_{\text{ds24}} + r_{\text{ds67}} + r_{\text{ds24}} r_{\text{ds67}} g_{\text{m6}})]s + C_{\text{n5}} C_{\text{C}} r_{\text{ds24}} r_{\text{ds56}} s^2}$$

$$\approx r_{\text{ds67}} \frac{1 + r_{\text{ds24}}(C_{\text{C}} + C_{\text{n5}})s}{1 + r_{\text{ds24}} r_{\text{ds67}} g_{\text{m6}} C_{\text{C}} s(1 + sC_{\text{n5}}/g_{\text{m6}})} \quad (4.3\text{-}38)$$

低频阻抗 $z_{\text{out}} = r_{\text{ds67}}$(0.109 MΩ)，主极点频率 $f_{\text{d}} = 1/2\pi g_{\text{m6}} r_{\text{ds67}} C_{\text{C}} r_{\text{ds24}}$(350 Hz)，零点频率 $f_{\text{z}} = 1/2\pi C_{\text{C}} r_{\text{ds24}}$(18.3 kHz)，非主极点频率 $f_{\text{nd}} = g_{\text{m6}}/2\pi C_{\text{n5}}$(3.8 GHz)。其中零点是一个重要的拐点，当 $f > f_{\text{z}}$(18.3 KHz)时，输出阻抗是低阻值电阻，其值为 $r_{\text{out}} \approx (1 + C_{\text{n5}}/C_{\text{C}})/g_{\text{m6}} \approx 1/g_{\text{m6}}$。这时补偿电容使第二级输入输出短路，$T_6$ 管成为二极管连接。因为第二极点出现在更高频率处，在很宽频率范围内输出阻抗保持这个低阻值。只有对于 $f < f_{\text{d}}$ 情况，输出电阻表现为高阻值 r_{ds67}，如图 4.17(b)所示。

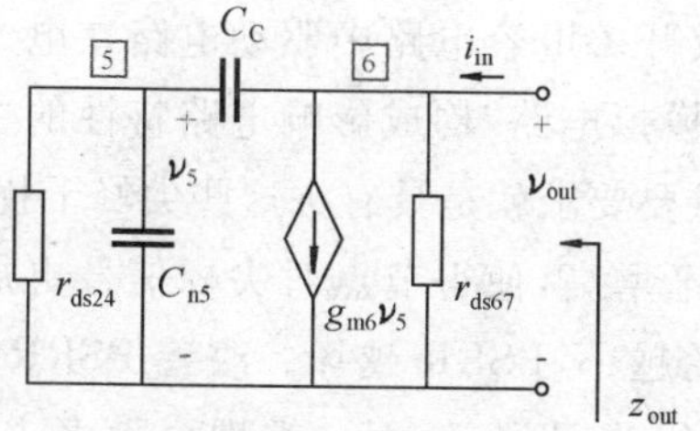

(a) 等效电路

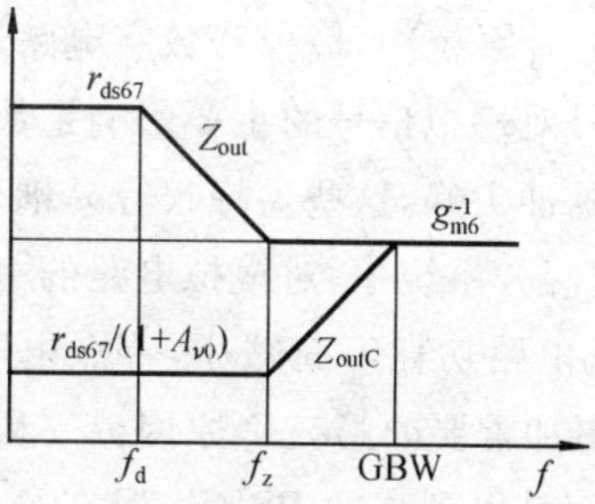

(b) 频率特性

图 4.17　输出阻抗

对于单位增益反馈环，输出电阻需要除以环路增益$(1+A_\nu)$。在 $f < f_{\text{d}}$ 时，近似有 $z_{\text{outc0}} = r_{\text{ds67}}/g_{\text{m1}} r_{\text{ds24}} g_{\text{m6}} r_{\text{sd67}} = 1/A_{\nu10} g_{\text{m6}}$。因为 z_{out} 主极点和 A_ν 主极点近似相等，所以当 $f_{\text{d}} < f < f_{\text{z}}$ 时，它不随频率变化。当频率大于零点频率 f_{z} 后，z_{out} 不随频率变化，A_ν 随频率一次方减小，所以 z_{outc} 随频率而增加，类似于电感。当频率大于 GBW 时，闭路增益为 1，开环增益和闭环增益重合在 $1/g_{\text{m6}}$ 处，如图 4.17(b)所示。C_{C} 作用除改善频率特性外，还降低高频输出阻抗。

4.3.8　失调电压和共模抑制比

如果将 Miller 补偿两级 OTA 简化成图 4.18 所示的两级运放电路，输出失调电压为：

$$V_{\text{outOS}} = A_{\nu1} V_{\text{os1}} A_{\nu2} + V_{\text{os2}} A_{\nu2} \quad (4.3\text{-}39)$$

其中：V_{os1} 是第一级输入失调电压，V_{os2} 是第二级输入失调电压。它主要由第一级失调电压 V_{os1} 决定，即由差模输入级的器件匹配性决定。失调电压与简单 OTA 的 V_{os} 类似表示，只是输入管和负载管类型有所改变，减小失调电压的方法亦相同。共模抑制比可以表示为：

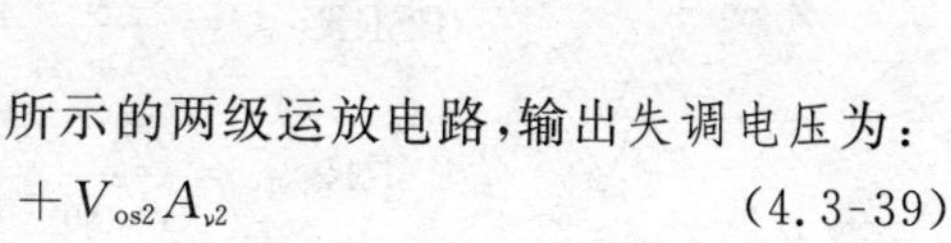

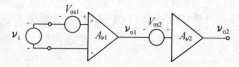

图 4.18　两级放大器的失调电压

$$\mathrm{CMRR}=\frac{A_{\nu d}}{A_{\nu c}}=\frac{(\nu_{o2}/\nu_{o1})(\nu_{o1}/\nu_{id})}{(\nu_{o2}/\nu_{o1})(\nu_{o1}/\nu_{ic})}=\frac{(\nu_{o1}/\nu_{id})}{(\nu_{o1}/\nu_{ic})}=\frac{A_{\nu d1}}{A_{\nu c1}} \tag{4.3-40}$$

它由输入差模放大级决定，分析方法类似简单 OTA。如果 T_5 管的输出电阻为 r_{ds5}，由(4.2-28)式知共模抑制比为：

$$\mathrm{CMRR}=2g_{m1}r_{ds5}/A \tag{4.3-41}$$

其中：A 是失配系数，类似于(4.2-23)式。从 CMRR 表达式可见，增加输入管跨导 g_{m1} 和尾电流源输出电阻 r_{ds5} 可以增加 CMRR。为得到好的 CMRR，应采用具有对称负载差模输入电路，以减小失配系数 A。

4.3.9 电源抑制比(power-supply rejection ratio，PSRR)

在现代芯片系统中，模拟和数字电路通常同处一个芯片上，因此不可避免地存在相互影响。数字信号对模拟信号的主要影响是数字或开关电容电路中驱动电路在电源线、地线和衬底中引起脉冲尖峰，这些尖峰很容易耦合到模拟电路，构成影响电路特性的主要噪声源。因此，在数模混合系统中，对模拟电路的一个重要要求就是具有抗这些尖峰干扰的能力。另外，随着集成电路功耗不断减小，节点电阻逐渐增高，使得节点对尖峰信号更加敏感，这是 PSRR 变得更加重要的第二个原因。一般功耗越小，PSRR 越坏。改善 PSRR 的主要困难是在低频下容易得到高的 PSRR，但在高频下很难得到，然而这类耦合噪声主要处于高频段，要减小干扰往往需要在高频段具有高的 PSRR。

因为电源线与许多晶体管相连，如果噪声叠加在电源上，可能通过多条路径影响最终输出。这相当于多输入放大器，分析起来更加复杂。对于一个单电源放大器，一般有两个输入端，一个输出端，一个正电源，一个地线，每一端都可以对输出端定义一个增益。对于输入端信号，增益是 $A_\nu=\nu_{out}/\nu_{in}$；对于正电源线噪声 ν_{dd}，增益是 $A_{VDD}=\nu_{out}/\nu_{dd}$；对于地线噪声 ν_{gnd}，电压增益是 $A_{GND}=\nu_{out}/\nu_{gnd}$。

减小干扰要求 A_ν 与 A_{VDD} 和 A_{GND} 比越大越好。类似于 CMRR，分别对 V_{DD} 和 GND 定义电源抑制比 PSRR_{VDD} 和 PSRR_{GND} 为：

$$\mathrm{PSRR}_{VDD}=\frac{A_\nu}{A_{VDD}}=\frac{\nu_{out}}{\nu_{in}}(\nu_{dd}=0)/\frac{\nu_{out}}{\nu_{dd}}(\nu_{in}=0) \tag{4.3-42}$$

$$\mathrm{PSRR}_{GND}=\frac{A_\nu}{A_{GND}}=\frac{\nu_{out}}{\nu_{in}}(\nu_{gnd}=0)/\frac{\nu_{out}}{\nu_{gnd}}(\nu_{in}=0) \tag{4.3-43}$$

如果将放大器输出接到负输入端，正输入端接地，干扰源接在电源与电源线之间，可以得到计算 PSRR_{VDD} 和 PSRR_{GND} 的简单方法。例如，对于 PSRR_{GND}，采用图 4.19(a)所示单位增益结构，从图 4.19(b)中可以得到：

$$\mathrm{PSRR}_{GND}=\nu_{gnd}/\nu_{out} \tag{4.3-44}$$

因此，如果将 OTA 接成单位增益的形式，输入为零，在地电平 GND 上串联接入交流信号 ν_{gnd}，那么 ν_{gnd}/ν_{out} 即等于 PSRR_{GND}。如果调整 ν_{gnd} 使输出 ν_{out} 为 1V，ν_{gnd} 即为 PSRR_{GND}。

如图 4.20(a)所示，将信号源 v_{gnd} 串入地线 GND，将输出节点 6 与负输入节点 2 相连，正输入节点 1 接地。对于差模信号，相当于节点 1 输入 $v_{out}/2$，节点 2 输入 $-v_{out}/2$，这样节点 3 近似为 0。小信号等效电路如图 4.20(b)所示，分析等效电路可得：

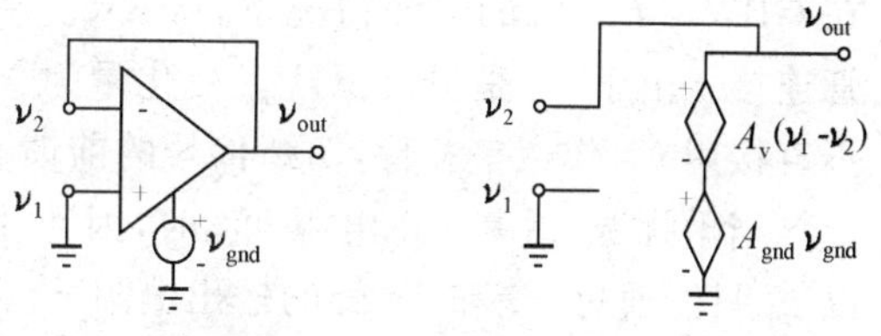

(a) 电路结构　　(b) 等效电路

图 4.19　电源抑制比

$$\frac{v_{gnd}}{v_{out}}=\frac{s^2C^2r_{ds24}r_{ds6}+s\left[(C_c+C_{n6})r_{ds6}+(C_c+C_{n5})r_{ds24}\dfrac{r_{ds6}}{r_{ds67}}+C_c(g_{m6}-g_{m1})r_{ds24}r_{ds6}\right]+g_{m1}r_{ds24}g_{m6}r_{ds6}+\dfrac{r_{ds6}}{r_{ds67}}}{s[C_{n5}r_{ds24}(1+g_{m6}r_{ds6})+C_c(r_{ds6}+r_{ds24}+g_{m6}r_{ds6}r_{ds24})]+1}\tag{4.3-45}$$

其中：$C^2=C_CC_{n5}+C_{n5}C_{n6}+C_CC_{n6}$。在 g_{m1} 和 g_{m2} 远大于 $1/r_{ds24}$ 和 $1/r_{ds67}$，$C_C>C_{n5}$，$C_{n6}>C_{n5}$，$g_{m6}>g_{m1}$ 的条件下，可以近似得到：

$$\mathrm{PSRR_{GND}}=\frac{v_{gnd}}{v_{out}}=A_{v0}\frac{(1+jf/\mathrm{GBW})(1+jf/f_{nd})}{1+jf/f_d}\tag{4.3-46}$$

其中：$A_{v0}\approx g_{m1}r_{ds24}g_{m6}r_{ds6}$，$f_d\approx 1/2\pi C_Cg_{m6}r_{ds6}r_{ds24}$，$\mathrm{GBW}\approx g_{m1}/2\pi C_C$，$f_{nd}\approx g_{m6}/2\pi C_{n6}$。此结果表明，低频时 $\mathrm{PSRR_{GND}}=A_{v0}$，这是因为输入差模信号为 0 时 $V_{gs6}=V_{gs3}$、T_3 和 T_6 管流过的电流不变，r_{ds6} 和 r_{ds7} 构成电阻分压器对 v_{gnd} 进行分压，即 $v_{out}/v_{gnd}=v_{s6}r_{ds67}/r_{ds6}\approx 1$。当 $f_d<f<\mathrm{GBW}$，$\mathrm{PSRR_{GND}}=g_{m1}/sC_C$，以 −20 dB/十倍频斜率下降，与 A_v 的频率特性基本相同。

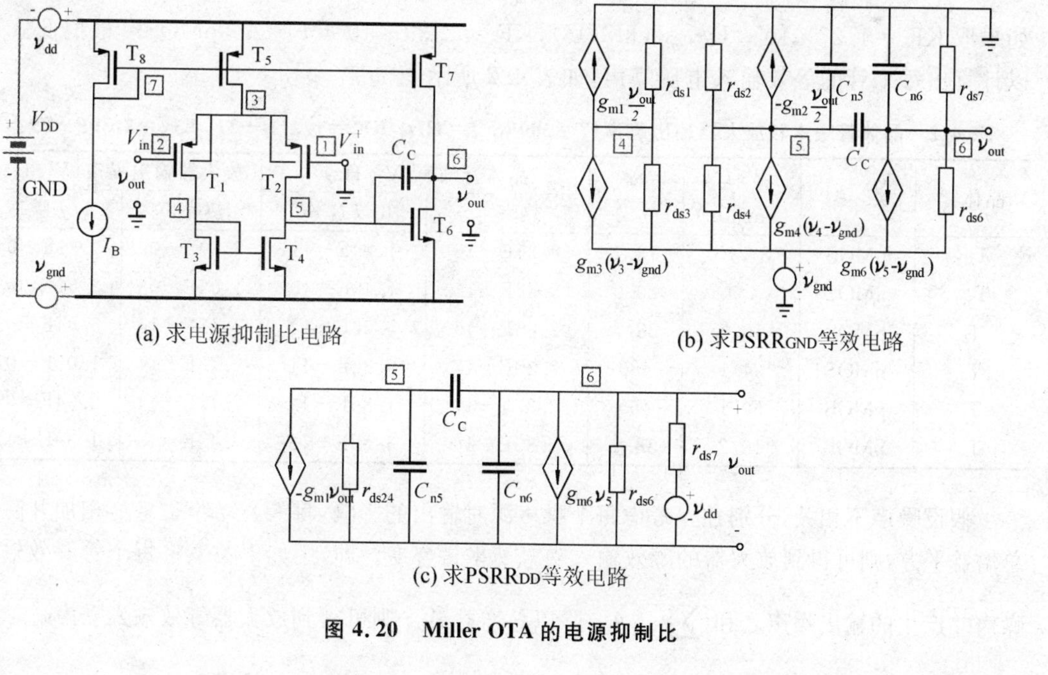

(a) 求电源抑制比电路　　(b) 求PSRRGND等效电路

(c) 求PSRRDD等效电路

图 4.20　Miller OTA 的电源抑制比

在 GBW≤f<f_{nd}的高频情况下，$PSRR_{GND}$≈1。这时 C_C 使 T_6 管栅漏极短路，T_6 变成二极管连接。由于 T_7 是恒流源，V_{gs6}变化量为 0，GND=V_{s6}的变化直接反映到输出端 V_{g6}。如果不直接用 C_C 作频率补偿，切断信号的前馈通路，可以增大高频 $PSRR_{GND}$。

当干扰源 ν_{dd}串入正电源 V_{DD}时，因为 T_8 管流过的电流不变、V_{gs8}不变、$\nu_{ds5}=\nu_{gs7}=0$，所以 ν_{dd}只能通过 T_5 和 T_7 管的输出电阻 r_{ds}对输出产生影响。由于 T_5 产生的是共模信号，可以忽略，T_7 管是影响输出的关键。在这种情况下，等效电路如图 4.20(c)所示，由此解得近似结果：

$$PSRR_{VDD}=\frac{\nu_{dd}}{\nu_{out}}=g_{m1}r_{ds24}g_{m6}r_{ds7}\frac{(1+sC_C/g_{m1})(1+sC_{n5}/g_{m6})}{1+sC_C r_{ds24}} \tag{4.3-47}$$

可见 $PSRR_{GND}$和 $PSRR_{VDD}$有基本相同的频率特性(一个极点和两个零点)，只是低频值和极点有所不同。$PSRR_{VDD}$的极点频率是 $PSRR_{GND}$极点频率的 $A_{\nu20}$ 倍。低频时 $PSRR_{VDD}\approx A_{\nu0}$，这是因为差模输入信号为 0 时，$V_{gs6}$ 和 V_{gs7} 不变，ν_{dd}通过 r_{ds7} 和 r_{ds6} 串联电阻分压，即 $\nu_{out}/\nu_{dd}=r_{ds67}/r_{ds7}\approx1$。当 f=GBW 时，$PSRR_{VDD}\approx g_{m6}r_{ds7}\approx|A_{\nu20}|$，$PSRR_{VDD}$的高频特性优于 $PSRR_{GND}$。这是因为频率等于 GBW 时信号增益近似为 1，输出节点电阻近似为 $1/g_{m6}$，ν_{dd}通过 r_{ds7}和 $1/g_{m6}$ 串联电阻分压，即 $\nu_{out}/\nu_{dd}\approx1/g_{m6}r_{ds7}$。

4.3.10 噪声分析

同时考虑热噪声和 $1/f$ 噪声后，MOS 晶体管的等效输入电压噪声功率谱为：

$$\frac{\overline{\nu_n^2}(f)}{\Delta f}=\frac{8kT}{3}\frac{1}{g_m}+\frac{KF}{2KPC_{OX}WL}\frac{1}{f} \tag{4.3-48}$$

如果取 $KF_n=1.27\times10^{-27}$F · A (nMOS)，$KF_p=2.39\times10^{-29}$F · A (pMOS)，根据此式可以计算出每个管的等效输入电压噪声，如表 4.2 所示。

表 4.2 晶体管噪声和放大器输出噪声(T=300K，f=1Hz，KF_n=1.27E−27，KF_p=2.39E−29)

晶体管	类 型	W/L (μm/μm)	g_m (μS)	晶体管噪声(V^2/Hz)		放大器输出噪声(V^2/Hz)	
				热噪声	$1/f$ 噪声	热噪声	$1/f$ 噪声
$T_{1,2}$	pMOS	3/2.5	13.4	8.24E−16	1.49E−11	7.30E−09	1.21E−04
$T_{3,4}$	nMOS	4/4	20.0	5.52E−16	1.40E−10	1.05E−08	2.52E−03
T_5	pMOS	10/2	38.7	2.85E−16	5.59E−12	3.12E−13	5.84E−09
T_6	nMOS	24/1	480	2.30E−17	9.32E−11	2.73E−14	1.05E−07
T_7	pMOS	60/1	465	2.37E−17	1.86E−12	2.73E−14	2.04E−09
T_8	pMOS	10/2	38.7	2.85E−16	5.59E−12	7.43E−16	1.39E−11

假设噪声不相关，分别独立考虑每个噪声源对输出的影响，将噪声功率谱密度相加并除以总增益平方，则可得到放大器的等效输入噪声功率谱密度。即，用如下关系将每个管等效输入噪声$\overline{\nu_{ni}^2}$产生的输出噪声之和 $\sum_{i=1}^{n}\overline{\nu_{ni}^2}A_{\nu ni}^2$ 除以总增益 A_ν^2，则可得到放大器等效输入噪声$\overline{\nu_{nie}^2}$：

$$\overline{\nu^2_{\text{nie}}} = \sum_{i=1}^{n} \overline{\nu^2_{\text{ni}}}(A_{\nu\text{ni}}/A_\nu)^2 \tag{4.3-49}$$

其中：$\overline{\nu^2_{\text{ni}}}$是 T_i 管的等效输入电压噪声，$A_{\nu\text{ni}}$是 T_i 管噪声到输出端的增益。

因为输入级的噪声要经过两级放大后到达输出端，所以它对总的输入等效噪声影响最大。但是，第一级恒流源管 T_5 的噪声漏电流等分成两部分流过输入管 T_1、T_2，以共模形式作用于输入级，所以对总噪声影响很小。另外，T_8 管的噪声有两个途径到输出端：一个经过 T_5 管，以放大倍数 $A_{\nu\text{n5}}$ 到输出端；另一个通过 T_7 管以放大倍数 $A_{\nu\text{n70}}=g_{\text{m7}}r_{67}$ 到输出端。在这两个途径中一个是以共模形式经过两级放大到输出端，另一个途径只经过第二级放大到输出端，所以 T_8 管的影响也很小。因此，总输入等效电压噪声可以近似为：

$$\overline{\nu^2_{\text{nie}}} \approx 2[\overline{\nu^2_{\text{n1}}} + \overline{\nu^2_{\text{n3}}}(g_{\text{m3}}/g_{\text{m1}})^2] \tag{4.3-50}$$

在整个中频段，热噪声起主要作用，将热噪声表达式代入上式可求得：

$$\frac{\overline{\nu^2_{\text{nieth}}}}{\Delta f} = 2\left[1+\frac{g_{\text{m3}}}{g_{\text{m1}}}\right]\frac{\overline{\nu^2_{\text{n1}}}}{\Delta f} = 2\left[1+\sqrt{\frac{\text{KP}_3(W/L)_3}{\text{KP}_1(W/L)_1}}\right]\frac{8kT}{3}\frac{1}{\sqrt{\text{KP}_1(W/L)_1 I_{\text{B}}}} \tag{4.3-51}$$

其值近似为：$2\times 2.49\times\overline{\nu^2_{\text{n1}}}/\Delta f(57.8\ \text{nV}/\sqrt{\text{Hz}})$。低频段 $1/f$ 噪声起主要作用，噪声为：

$$\frac{\overline{\nu^2_{\text{nief}}}}{\Delta f} = 2\left[1+\frac{\text{KF}_3}{\text{KF}_1}\frac{\text{KP}_1}{\text{KP}_3}\frac{(WL)_1}{(WL)_3}\left(\frac{g_{m3}}{g_{m1}}\right)^2\right]\frac{\overline{\nu^2_{\text{n1}}}}{\Delta f} = 2\left[1+\frac{\text{KF}_3}{\text{KF}_1}\left(\frac{\text{L}_1}{\text{L}_3}\right)^2\right]\frac{KF_1}{2\text{KP}_1 C_{\text{ox}}(WL)_1}\frac{1}{f} \tag{4.3-52}$$

其值近似为：$2\times 22\times\overline{\nu^2_{\text{n1}}}/\Delta f(25.4\ \mu\text{V}/\sqrt{\text{Hz}}@1\text{Hz})$。当$\overline{\nu^2_{\text{nieth}}}=\overline{\nu^2_{\text{nief}}}$时，热噪声与 $1/f$ 噪声相等，相应的转折频率为：

$$f_0 = \frac{\text{KF}_1}{2C_{\text{OX}}\text{KP}_1(WL)_1}\frac{3g_{m1}}{8kT}\left[1+\frac{\text{KF}_3}{\text{KF}_1}\left(\frac{L_1}{L_2}\right)^2\right]\Big/\left[1+\sqrt{\frac{\text{KP}_3(W/L)_3}{\text{KP}_1(W/L)_1}}\right] \tag{4.3-53}$$

其值近似为 $f_0=156$ kHz，当信号频率大于 156 kHz 时主要考虑热噪声。对于图 4.1 电路参数，SPICE 仿真各晶体管在放大器输出端产生的噪声如表 4.1 所示，可见对噪声影响最大的是 $T_{1\sim4}$ 管。

4.3.11 放大器设计

上面对放大器各项特性进行分析和给出简单计算公式的根本目的是为了设计放大器。即根据特性要求，利用上述计算公式，设计工作电流和晶体管尺寸。下面结合例子介绍具体设计方法。应当注意，放大器有多种设计方法，这里介绍的只是方法之一，仅供参考。

总结主要设计公式如表 4.3 所示。对于 $C_L=10$ p，$R_L=100$ kΩ，放大器参数要求如表 4.4 所示。已知晶体管主要特性为：$V_{\text{Tp}}=-0.9$ V，$V_{\text{Tn}}=0.7$ V，$\text{KP}_p=30\ \mu\text{A/V}^2$，$\text{KP}_n=80\ \mu\text{A/V}^2$，$V_{\text{Ep}}=19$ V/μm，$V_{\text{En}}=10$ V/μm。

表 4.3 主要设计公式

1	$A_{v_{10}}=-g_{m1}(r_{ds2}//r_{ds4})=-\dfrac{2g_{m1}}{I_{D5}(\lambda_2+\lambda_4)}$	(4.3-6)
2	$A_{v_{20}}=-g_{m6}R'_L=-\dfrac{g_{m6}}{I_{D7}(\lambda_6+\lambda_7)+1/R_L}$	(4.3-7)
3	$\text{GBW}\approx g_{m1}/2\pi C_C$	(4.3-4)
4	$\text{PM}=90°-tan^{-1}\left(\dfrac{\text{GBW}/f_{nd}+\text{GBW}/f_z}{1-\text{GBW}^2/(f_{nd}f_z)}\right)$	(4.3-17)
5	$f_{nd}=g_{m6}C_C/(C_{n5}C'_L+C'_LC_C+C_{n5}C_C)\approx g_{m6}/2\pi C'_L$	(4.3-15)
6	$f_z=g_{m6}/2\pi C_C$	(4.3-16)
7	$\text{SR}_1=I_{D5}/C_C$	(4.3-18)
8	$V_{ICMmax}=V_{DD}-\lvert V_{DSsat5}\rvert-\lvert V_{GS1}\rvert$	(4.3-11)
9	$V_{ICMmin}=V_{GS3}-\lvert V_{Tp1}\rvert$	(4.3-12)

表 4.4 主要参数

参 数	要 求	手 算	SPICE	单 位
GBW	2	2	2.1	MHz
SR	≥5	5	4.5	V/μs
A_{v0}	≥60	69.3	73.5	dB
PM	≥70	72.7	77	°
V_{outmax}	1.3±1		0.3～2.6	V
V_{ICM}	0.8±0.5			V
V_{DD}	3			V

设计步骤：

(1) 确定补偿电容。对于 10 pF 负载电容 C_L，GBW 和 PM 由 g_{m1}、g_{m6} 和 C_C 三个量确定，因此其中一个量是可以自由选择的。这个自由选择量可以根据不同优化目标进行选择，如：最小噪声，最大的 SR，最大输出摆幅，大 PSRR 和最小面积等。为保证稳定性，这里选择正零点频率 $f_z\geqslant 30\text{GBW}$ 作为约束条件，即：$g_{m6}\geqslant 30g_{m1}$。忽略零点影响后，保证 70°相位裕度要求 $f_{nd}\geqslant 3\text{GBW}$，即 $C_C\geqslant 3(g_{m1}/g_{m6})C_L$。为能在满足补偿要求情况下采用较小的 C_C，取 $g_{m6}=30g_{m1}$，这样补偿电容 C_C 值为 $C_C=C_L\times 3/30=1$ pF。

(2) 计算第一级偏置电流 I_{D5}。假设 $C_L<C_{Lc}$，总压摆率为 $\text{SR}=I_{D5}/C_C$，要求电流 $I_{D5}\geqslant C_C\text{SR}=5\ \mu\text{A}$，取 $I_{D5}=5\ \mu\text{A}$。

(3) 根据表 4.3 最小共模输入电压表达式(9)，求出 $(W/L)_3=1/4$。当设计取 $(W/L)_3=1$ 时，$V_{ICMmin}=0.05$ V，小于要求值(0.8－0.5)V。

(4) 验证由 C_{gs3} 和 C_{gs4} 确定的节点 4 不是重要极点。如果这个极点频率远大于 GBW，就不是重要极点，否则要重新调整设计。验算用公式 $C_{gs}=0.67W_3L_3C_{ox}$ 估计 $C_{n4}\approx 2\times$

$0.67C_{OX}W_3L_3=4.8\times10^{-3}W_3L_3$ pF。因为节点 4 是低阻节点，取电阻 100 kΩ，设 $W_3L_3=10\ \mu m^2$，节点 4 频率为 33 MHz，远大于 GBW。

(5) 根据 GBW 求 $(W/L)_1$ 值。根据 GBW $\approx g_{m1}/2\pi C_C$ 计算得 $(W/L)_1=1.05$。如果减小噪声需要增大 $(W/L)_1$，可以增大 C_C，保持 GBW 不变。

(6) 根据最大共模输入电压求 $(W/L)_5$。根据表 4.3 最大共模输入电压表达式(8)计算得 $(W/L)_5=1.5$，设计取 10 μm/2 μm。如果其他设计问题要求它增大，可以再加大。

(7) 根据相位裕度和输出电压范围要求确定 $(W/L)_6$。根据选择约束条件 $f_z\geqslant$ 30GBW，要求 $g_{m6}\geqslant30g_{m1}=30\text{GBW}2\pi C_C=377\ \mu S$。为满足最小输出电压要求，$(W/L)_6$ 要大于 16，设计取为 24 μm/1 μm。

(8) 确定第二级工作电流 I_{D6}。a 满足 g_{m6} 要求电流 $I_{D6}=g_{m6}^2/2KP_6(W/L)_6=37\ \mu A$；b 保证第一级输出与第二级输入直流电压匹配，需要 $V_{GS6}=V_{GS3}$，即 $I_6=I_1(W/L)_6/(W/L)_3=60\ \mu A$。由于直流匹配要求的电流大于跨导的要求，所以 I_6 选作 60 μA，这样跨导为 $g_{m6}=480\ \mu S$。否则，要重新加大 $(W/L)_6$，使直流匹配要求的电流大于满足 g_{m6} 要求的电流。另外，$SR_1=I_{D5}/C_C=5\ V/\mu s<SR_2=(I_{D6}-I_{D5})/C_L=5.5\ V/\mu s$，放大器 SR 由第一级 SR_1 决定，满足第 2 步假设。

(9) 计算 $(W/L)_7$。保证 $I_6=I_7$，要求 $(W/L)_7=I_6(W/L)_5/I_5$。计算得 $(W/L)_7=60$ μm/1 μm。

(10) 检验增益和功耗。若增益达不到要求，可以减小电流 I_5 或 I_6，或增大 $(W/L)_1$ 和 $(W/L)_6$。如果功耗过大，要降低 I_5 和 I_6。在保证增益带宽积不变的前提下，降低电流只能增加 W/L(强反型区)，但这要增加芯片面积。为满足设计增益要求，第一级增益设计为 >100，当 $\lambda_p=\lambda_n$ 时，要求 $\lambda=2\pi C_C\text{GBW}/A_{v10}I_5=0.025$。$V_{Ep}=19\ V/\mu m$，$L_1>2.1$，$L_3=4$。设计取 $L_1=2.5\ \mu m$，$W_1=3\ \mu m$，$L_3=4\ \mu m$，$W_3=4\ \mu m$。

(11) 对电路进行计算机仿真分析，验证是否满足参数要求。如果不满足，需重新调整设计。

在完成满足主要参数的初步设计后，还要考虑其他参数要求，如噪声和 PSRR 等问题。放大器的噪声基本上由输入级负载管和输入管决定，增加晶体管沟道的面积可以减小 $1/f$ 噪声；增加晶体管的跨导可以降低热噪声；降低 g_{m3}/g_{m1} 值可以减小负载管的噪声影响。为改善噪声特性而调整参数时，必须注意不能因此而影响其他重要参数。PSRR 主要由电路结构决定。增加 T_7 管的输出电阻可以改善 $PSRR_{VDD}$。通常可以在保持宽长比不变的情况下增加沟道的宽度和长度。这种方法除增大芯片面积外不会对其他主要参数产生严重影响。

基于理想公式的初步设计完成后，还需要借助 SPICE 用更符合实际晶体管特性的复杂模型验证放大器特性、调整设计。除满足电学参数外，还要考虑到版图设计。在保证电路特性的情况下，可以进一步调整晶体管尺寸以满足优化版图需要。

4.3.12 SR/GBW 的优化设计

上述设计主要对小信号频率特性进行优化，可以保证较好的小信号频率特性。但一些应用还需要有好的大信号频率特性，因此需要对 SR/GBW 进行优化设计。GBW 和 SR 是两个反映高频特性的参数。GBW 主要描述输出电流远小于偏置电流情况下的小信号频率特性，SR 主要反映输出电流接近或超过偏置电流的大信号频率特性。假设输出 $\nu_o(t)=V_P\sin(\omega t)$，那么 $d\nu_o(t)/dt|_{max}=\omega V_P$。对于一定的 SR，不失真最大输出电压幅值为：

$$V_{Pmax} = SR/2\pi f \tag{4.3-54}$$

当输出电压幅值大于 V_{Pmax}，由于输出电流的限制，波形将发生畸变。保证在 GBW 范围内 SR 限制不引起输出畸变，最大输出幅值为：

$$V_{Pmax} = SR/2\pi GBW \tag{4.3-55}$$

可见 SR/GBW 直接反映不产生畸变的最大输出电压，最大化输出电压设计就是 SR/GBW 的最大化设计。如 GBW＝2 MHz，SR＝5 V/μs，$V_{Pmax}=0.4$ V，输出最大幅值远小于输出管饱和限制的最大输出电压幅值(1.25 V)。如果保证最大输出电压不失真，信号带宽就要下降。例如，保证 $V_P=1$ V 输出不失真，$f\leqslant SR/2\pi V_P=5/2\pi=0.8$ MHz。解决这一问题只有增加压摆率与增益带宽积之比。

对于图 4.1 简单 OTA，$GBW=g_{m1}/2\pi C_L$，$SR=I_B/C_L$，压摆率与增益带宽积之比为：

$$SR/2\pi GBW = I_B/g_{m1} \tag{4.3-56}$$

可见减小 g_{m1} 能够增加最大输出电压幅值，但这与许多特性希望的大 g_{m1} 正好相反。由于 g_{m1} 与 I_B 有关，不必设计小的 g_{m1}，而要设计大 I_B/g_{m1}。对于 MOS 管 $I_B/g_{m1}=(V_{GS}-V_T)$，输入晶体管需要工作在强反型区的大 $V_{GS}-V_T$ 条件下，这与减小谐波畸变要求相同，但与提高增益和减小失配的要求相反，设计时需要综合考虑。

对于 Miller 补偿两级 OTA，如果第一级 SR_1 起主要作用，这时和简单 OTA 相同。如果第二级起主要作用，$SR/2\pi GBW=(I_{D7}-I_{D5})C_C/g_{m1}C_L$。因为 C_L 是给定的，g_{m1} 和 C_C 是确定 GBW 的，增加比值的最好办法是增加 I_{D7}。但是，随 I_{D7} 增加第二级作用下降。当 $I_{D7}>I_{D5}(1+C_L/C_C)$ 时第一级 SR_1 会再次起主要作用。

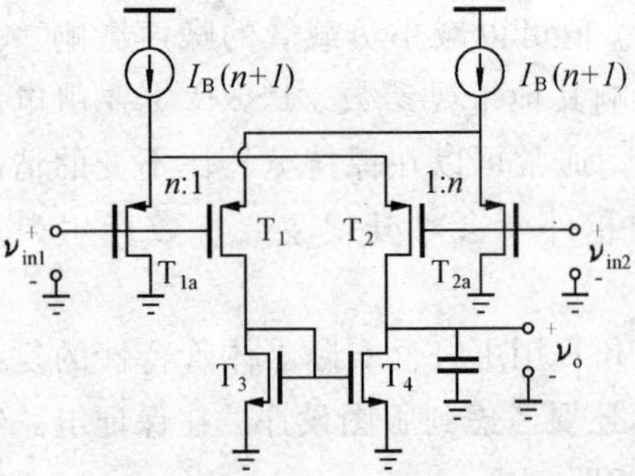

图 4.21 减小跨导技术

如果需要非常大的 SR/GBW 比值同时希望输入管栅极有效驱动电压($V_{GS}-V_T$)具有比较小的值，可以采用减小跨导技术，如图 4.21 所示。采用两对输入管，外部管 T_{1a} 和 T_{2a} 的宽长比是内部管 T_1 和 T_2 的 n 倍，采用两个电流为$(n+1)I_B$ 的偏置电流源。

对于小输入信号，内部晶体管的工作偏置电流为 I_B，这时输入器件($V_{GS}-V_T$)很小，nI_B 电流通过外部晶体管流到地。对于大输入信号，如在 T_1 和

T_{1a}栅极加大输入电压，T_1 和 T_{1a}管断。电流源的全部电流$(n+1)I_B$ 通过 T_2 管流到输出端，这样输出电流比小信号时增加$(n+1)$倍。虽然失配稍微限制了这种方法的效果，但在大 SR 的 OPA 中都以不同形式使用这种方法。这种结构是以增加静态功耗为代价换取大 SR 的。

4.3.13　正零点补偿

采用反馈电容 C_C 进行频率补偿将产生一个正零点，它对于放大器稳定性非常有害。当忽略零点影响时只要 $f_{nd}\geqslant 3GBW$ 就可以保证相位裕度大于 70°，但是存在正零点时情况会变得复杂。从前面分析结果中知道，C_C 的作用虽然可以使极点分裂，但也将减小正零点频率。如果通过增大 C_C 增加相位裕度，当 C_C 大到一定程度使零点小于非主极点后，相位裕度主要由正零点决定，而且零点和主极点间距与 C_C 无关。这时一定要考虑正零点的影响，特别是当零点在 GBW 附近。通常最好的方法是通过改变补偿电路消除这个正零点，设计中有许多技术可以达到这一目的。简化的两级 OTA 电路如图 4.22(a)所示，它由两个放大级、补偿电路和负载构成，小信号等效电路如图 4.22(b)所示。对于几种不同的补偿电路，主要频率特性列于表 4.5。

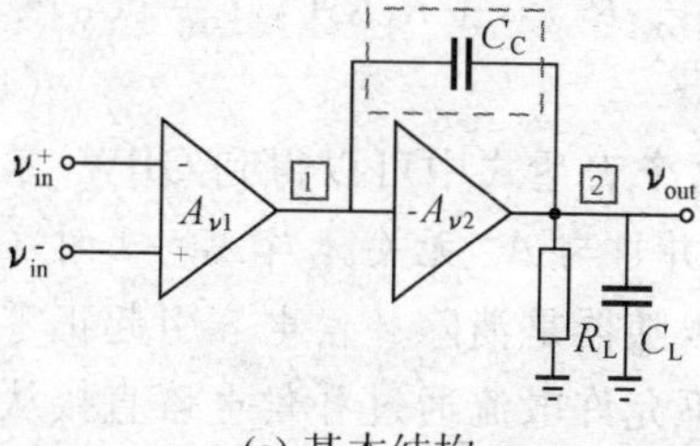

(a) 基本结构

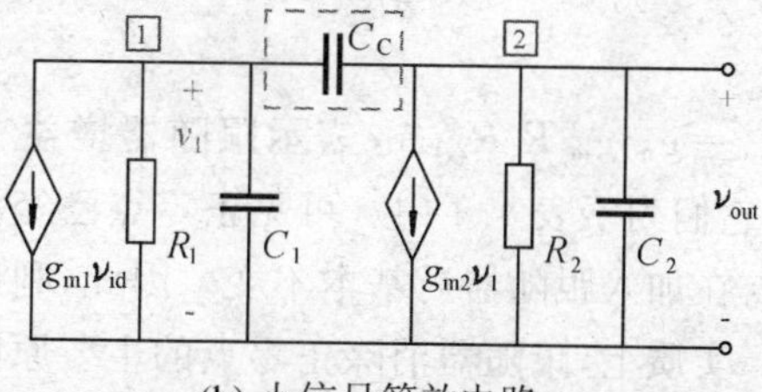

(b) 小信号等效电路

图 4.22　简化两级 OTA

表 4.5　几种补偿方法的频率特性

	C_c	A_c	$R_c=1/g_{m2}$	g_{m3}
GBW	$\frac{g_{m1}}{2\pi C_C}$	$\frac{g_{m1}}{2\pi A_C C_C}$	$\frac{g_{m1}}{2\pi C_C}$	$\frac{g_{m1}}{2\pi C_C}$
f_d	$\frac{1}{2\pi R_1 M C_C}$	$\frac{1}{2\pi A_C R_1 g_{m2} R_2 C_C}$	$\frac{1}{2\pi R_1 g_{m2} R_2 C_C}$	$\frac{1}{2\pi R_1 g_{m2} R_2 C_C}$
f_{nd}	$\frac{g_{m2}}{2\pi(C_1+C_2)}$	$\frac{A_C g_{m2}}{2\pi C_2}$	$\frac{g_{m2}}{2\pi(C_1+C_2)}$	$\frac{g_{m2}}{2\pi C_1(1+C_2/C_C)}$
f_z	$\frac{g_{m2}}{2\pi C_C}$	∞	∞	$\left\|-\frac{g_{m3}}{2\pi C_C}\right\|$
f_3	—	—	$\frac{g_{m2}}{2\pi C_1 C_2/(C_1+C_2)}$	$\frac{g_{m3}}{2\pi C_C C_2/(C_C+C_2)}$

Miller 电容补偿方法，零点位置取决于第二级的跨导 g_{m2}。如果用具有大跨导 g_{m2} 的 MOS 管，零点频率足够大不用补偿。在 BiCMOS 电路中第二级由双极管构成可以达到这一目的。除此之外，常用的正零点补偿方法是将补偿电容用一个补偿电路替代。典型补偿电路主要有三种形式：① 采用单位增益缓冲级；② 串联一个电阻；③ 串联共栅晶体管，如图 4.23 所示。

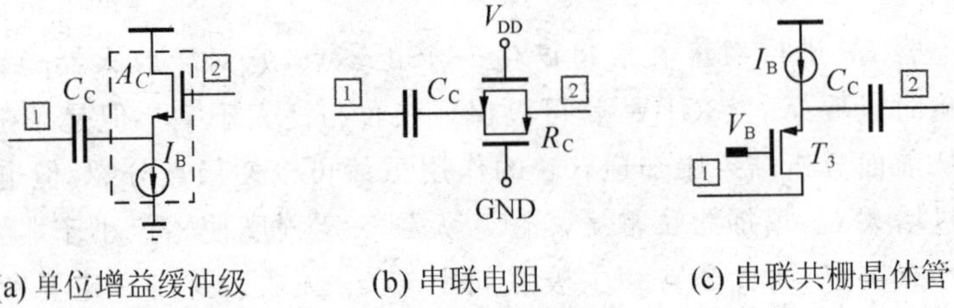

图 4.23　正零点补偿电路

对于第一种情况，可以用简单的跟随器构成缓冲级，如图 4.23(a)所示。将它放入图 4.22(a)电路中替代原来的 C_C，可以得到：

$$A_v = A_{v0}/\{1+[R_1C_1+R_2C_2+R_1C_C(1+A_Cg_{m2}R_2)]s+R_1R_2C_2(C_1+C_C)s^2\} \tag{4.3-57}$$

其中：$A_{v0}=g_{m1}g_{m2}R_1R_2$；$A_C$ 表示跟随器增益。从这个表达式中可以得到 GBW、零点和非主极点，它们列于表 4.4 中。可见正零点已经消失，并且与 A_C 无关。当 $A_C=1$ 时，GBW 和非主极点在加入跟随器后基本不变。因此，利用源跟随器是消除补偿电容引起正零点的有效方法。实质上，跟随器消除正零点的主要原因是不允许电流通过补偿电路直接从输入端流到输出端，这也有利于改善 $PSRR_{GND}$。但是，这种补偿电路在跟随器的源端存在附加节点，这将稍微使稳定性变坏。另外，输出到输入要损失一个 V_{GS} 的压降，这将影响它在低压电路中的应用。

如果用电阻代替单位增益缓冲器，也可以消除正零点。电阻可以用一个或两个工作在非饱和区的晶体管实现，如图 4.23(b)所示。将它用于图 4.22(a)电路，求得增益为：

$$A_v = A_{v0}\frac{1-(1/g_{m2}-R_C)C_Cs}{1+a_1s+a_2s^2+a_3s^3} \tag{4.3-58}$$

其中：$A_{v0}=g_{m1}g_{m2}R_1R_2$，$a_1=R_1C_1+R_2C_2+R_1C_C(1+R_2/R_1+g_{m2}R_2)+R_CC_C$，$a_2=R_1R_2C_1C_2[1+C_C(1/C_1+1/C_2)+R_CC_C(1/R_1C_1+1/R_2C_2)]$，$a_3=R_1R_2R_CC_1C_2C_C$。如果 $R_C=1/g_{m2}$，可以消除零点。相应的 GBW 和非主极点列于表 4.4。因为系数 a_1 和 a_2 中 R_CC_C 项可以忽略，所以它们不受 R_C 影响，但这时要出现第三极点 f_3。由 $C_1C_2/(C_1+C_2)$ 总小于(C_1+C_2)，f_3 出现在比 f_{nd} 更高的频率处。如果设计使 $R_C>1/g_{m2}$，可将正零点转换成负零点。因此，串联电阻的作用是消除零点或将正零点转换成具有更高频率的负零点。这种方法不能切断信号从输入流到输出的通路，因此不能改善 $PSRR_{GND}$。

如果采用如图 4.23(c)所示串联共栅晶体管也可以达到同样的目的。这时增益为：

$$A_v = A_{v0}\frac{1+sC_C/g_{m3}}{1+a_1s+a_2s^2+a_3s^3} \tag{4.3-59}$$

其中：$a_1=R_1C_1+R_1C_C(1/g_{m3}R_1+R_2/R_1+g_{m2}R_2)+R_2C_2$，$a_2=R_1R_2C_1C_2[1+C_C/C_2+(C_c/g_{m3})(1/R_1C_1+1/R_2C_2)]$，$a_3=R_1R_2C_1C_2C_C/g_{m3}$。可见这时产生的零点是负零点。因为共栅管阻止信号从输入直接通过补偿电容到输出，消除了正零点。如果共栅管的输入阻抗 $1/g_{m3}$ 小，零点可以移到很高频率处。近似频率特性如表 4.4 所示，具体实现电路后面将谈到。这个技术的优点是可以同时改善 $PSRR_{GND}$。

4.3.14　失调电压消除技术

对于 CMOS 运放，输入管的失配将引起很大的失调电压，典型值可在 ±5 mV 到 ±20 mV 之间。如果运放用于离散时间信号处理，自动置零技术是降低输入失调的常用方法。

一种开关电容自动置零设计技术如图 4.24(a)所示，其中 φ_1 和 φ_2 是双相非重叠控制时钟，见 6.2 节。在 φ_1 期间，测量的失调电压存贮在电容 C_z 上。在使用运放的 φ_2 时间内，将电容 C_z 所测量的失调电压加到输入端，与放大器输入失调电压抵消，如图 4.24(b)所示。自动置零设计在消除大输入失调方面很有用，但由于开关的时钟馈通作用会使失调消除不彻底。

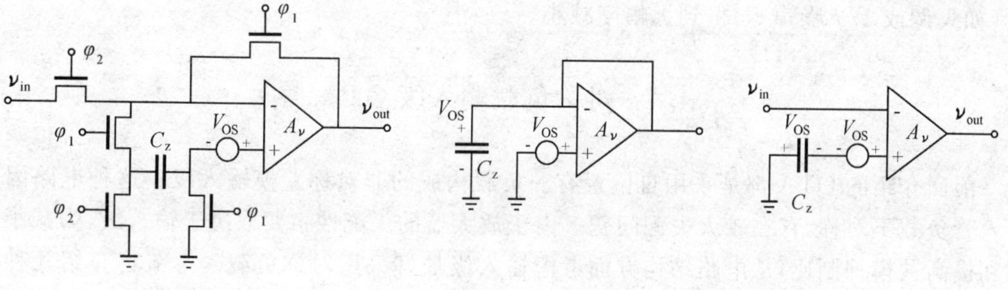

(a) 电路　　(b) 失调消除过程

图 4.24　消除失调的开关电容自动置零技术

另一种消除失调比较好的方法是斩波稳定技术。斩波稳定原理如图 4.25 所示，对于两级放大器，在第一级输入和输出端分别插入两个乘法器，乘以幅值为 ±1 的方波。输入信号经第一乘法器运算后，被调制到方波的奇次谐波频率上，而失调或噪声等不需要的信号 v_u 则不受调制。信号经第二乘法器解调还原，而不需要信号被调制到斩波频率的奇次谐波上。如果斩波频率远大于信号带宽，则在信

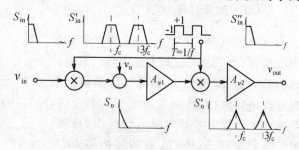

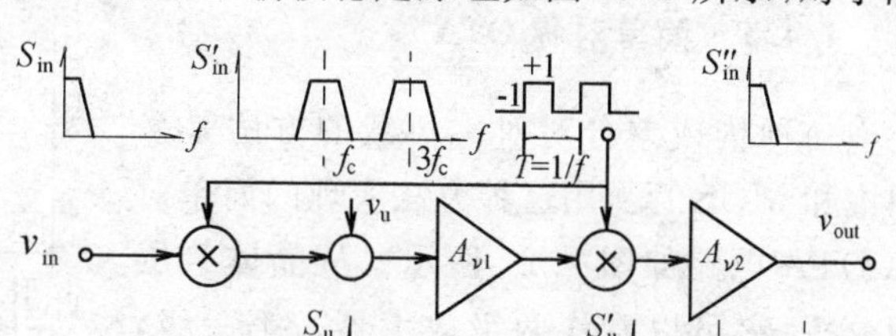

图 4.25　斩波稳定原理

号带宽内不需要的信号量将大大减小。

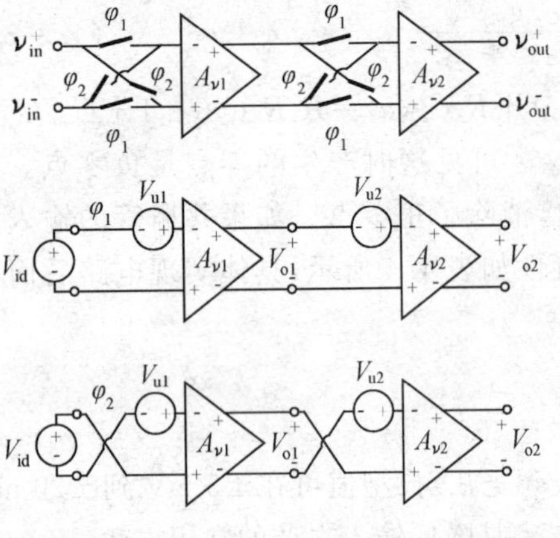

图 4.26　斩波稳定 CMOS 放大器原理说明

图 4.26 是斩波稳定 CMOS 放大器原理的时域说明。乘法器是两个非重叠时钟控制的交叉接通的开关。当 φ_1 接通、φ_2 断开时，第一级输出为 $(\nu_{u1}+\nu_{in})(-A_{\nu1})$，第二级输出为：

$$\nu_2(\varphi_1)=[(\nu_{u1}+\nu_{in})(-A_{\nu1})+\nu_{u2}](-A_{\nu2}) \tag{4.3-60}$$

当 φ_2 接通、φ_1 断开时，假设前一个时钟相不需要的等效输入 ν_{u1} 依然不变，则第一级输出为 $-(\nu_{u1}-\nu_{in})(-A_{\nu1})$，第二级输出为：

$$\nu_2(\varphi_2)=[-(\nu_{u1}-\nu_{in})(-A_{\nu1})+\nu_{u2}](-A_{\nu2}) \tag{4.3-61}$$

在整个周期内，输出信号平均值为：

$$\nu_{2均值}=[\nu_2(\varphi_1)+\nu_2(\varphi_2)]/2=\nu_{in}A_{\nu1}A_{\nu2}-\nu_{u2}A_{\nu2} \tag{4.3-62}$$

可见通过斩波，第一级不需要的等效输入 ν_{u1} 被抵消。如果第一级电压增益 $A_{\nu1}$ 足够高，第二级不需要的等效输入信号 ν_{u2} 影响可以忽略。因此，斩波稳定运放中不需要的等效输入信号 ν_{u1}（如失调或 $1/f$ 噪声等）得到大幅度减小。

4.4　对称负载输入级 OTA

前面介绍的 OTA 都是采用自偏置有源负载构成的非对称差模输入级。这种电路因为输入管负载不对称，存在较大失配问题。由于放大器的失配性主要取决于输入级，为减小失调和提高共模抑制比，从电路结构方面考虑输入级最好采用对称负载。本节将介绍几种典型的对称负载输入级 OTA，简称对称 OTA(symmetrical OTA)。由于前一节已经详细地分析了放大器的各种特性，所以本节只重点介绍对称 OTA 的特点和主要特性，其他特性如果需要可以按前一节方法自行分析。

4.4.1　简单对称 OTA

一种构成差分对对称负载的方法是采用饱和 MOS 管。用这种方法实现的简单对称 OTA 电路如图 4.27 所示。从晶体管层面分析，它可以看作两级放大器。第一级，T_1 和 T_2 管作为差分对输入管与作为负载的二极管连接 T_3 和 T_4 管构成饱和 MOS 管对称负载差分放大级。第二级，T_5 和 T_6

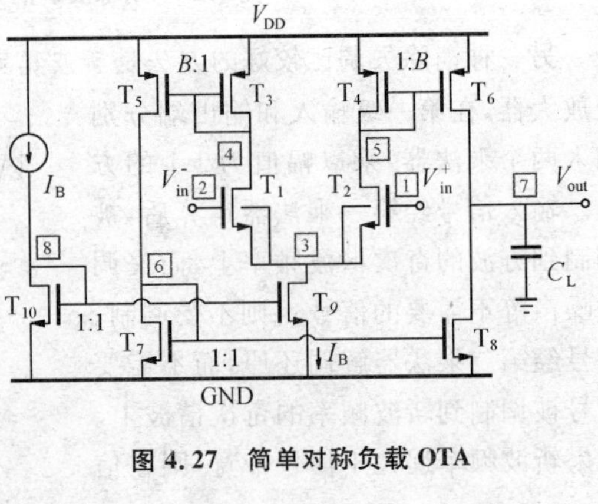

图 4.27　简单对称负载 OTA

管作为输入管与自偏置恒流源非对称负载构成没有尾电流源的非典型差分放大级。从功能模块层面分析，它可以视为差分对和电流镜构成的跨导器。$T_{1,2}$ 和 T_9 管构成差分对，将输入差模电压转换成差模电流。$T_{3,4}$ 和 $T_{5,6}$ 构成放大 B 倍电流镜，将差分对电流输出，典型的 B 值在 1 到 3 之间。T_5 管的输出电流通过 T_7 和 T_8 构成的电流镜传送到输出端，与 T_6 管电流求差后作为 OTA 的输出。从这个意义上讲，这种 OTA 也称为电流镜 OTA(current mirrored OTA)。根据对称性要求，T_1 与 T_2 管相同，T_3 与 T_4 管相同，T_5 与 T_6 管相同，T_7 与 T_8 管相同。如果采用 p 阱技术实现，输入管 $T_{1,2}$ 的衬底与源极相接，整个电路的晶体管分析中可以忽略衬偏效应影响。

1. 偏置

$T_{1\sim4}$ 管的偏置电流由流过 T_9 管的 I_B 设置，$T_{5\sim8}$ 管的偏置电流由 I_B 和 B 共同决定。节点 3 的电压由输入共模电压和 $T_{1,2}$ 输入管宽长比以及 I_B 决定。节点 4 和 5 的电压由负载管 T_3 和 T_4 尺寸以及 I_B 决定。节点 6 的电压由 T_7 管尺寸和 I_B 及 B 决定。节点 8 是非信号节点，电压由电流 I_B 和 T_{10} 管尺寸决定。

2. 低频增益

对于差模信号，节点 3(共模信号节点)电压不变。在低频情况下，MOS 二极管对称负载差分对输入级的差模电压增益值为：

$$A_{v1} = \frac{v_4 - v_5}{v_{id}} = \frac{g_{m1}}{g_{m3}} = \sqrt{\frac{KP_1}{KP_3}}\sqrt{\frac{(W/L)_1}{(W/L)_3}} \tag{4.4-1}$$

由 $T_{5\sim8}$ 构成的第二个非典差分放大级(pseudo differential amplifier)的增益为：

$$A_{v2} = \frac{v_{out}}{v_4 - v_5} = g_{m6} r_{out} \tag{4.4-2}$$

其中：$g_{m6} = Bg_{m3}$，$r_{out} = r_{ds6} // r_{ds8}$。总增益为：

$$A_{v0} = Bg_{m1} r_{out} = \frac{2}{\lambda_6 + \lambda_8}\sqrt{\frac{KP_1}{I_B}\left(\frac{W}{L}\right)_1} \tag{4.4-3}$$

另一方面，从电流角度来看，差模输入管的电流放大 B 倍后到达输出节点，OTA 的总跨导为：Bg_{m1}，输出电阻为：$r_{out} = r_{ds6} // r_{ds8}$，因此总增益为：$A_{v0} = Bg_{m1} r_{out}$。由于跨导放大 B 倍的同时输出电阻减小 B，电压增益与 B 因子无关，近似与 4.2 节简单 OTA 的低频增益相等。由于输出电阻与输入管无关，因此增加了设计自由度。与电流镜负载的简单 OTA 增益(4.2-5)式比较，只是沟长调制系数不同、增益没有明显提高，因此主要用于 OTA 基电路设计。

3. 增益带宽积

节点 4、5 和 6 连接有 MOS 二极管，小信号电阻近似为 $1/g_m$。节点 7 小信号电阻由晶体管源漏电阻 r_{ds} 构成。由于一般偏置情况下晶体管漏源电阻 r_{ds} 远大于 $1/g_m$，所以内部节点 4、5 和 6 为低阻节点，只有输出节点 7 为高阻节点。

用节点时间常数近似分析法，主极点应在节点 7，主极点频率近似为：

$$f_{\mathrm{d}} = 1/2\pi r_{\mathrm{out}}(C_{\mathrm{n7}} + C_{\mathrm{L}}) \tag{4.4-4}$$

其中：C_{n7}是节点7的寄生电容。增益带宽积为：

$$\mathrm{GBW} = \frac{Bg_{\mathrm{m1}}}{2\pi(C_{\mathrm{n7}} + C_{\mathrm{L}})} = B\frac{\sqrt{\mathrm{KP}_1 I_{\mathrm{B}}}}{2\pi}\frac{\sqrt{(W/L)_1}}{(C_{\mathrm{n7}} + C_{\mathrm{L}})} \tag{4.4-5}$$

与简单OTA相比较，GBW增加了B倍，同时总电流增加了(B+1)倍。可见GBW增加是以增加功耗为代价换来的。尽管随B增加GBW增加，但输出电阻减小会导致主极点与非主极点距离减小，使相位裕度减小，因此B不能设计的过大。

4. 相位裕度

这种对称负载OTA比简单OTA有更多的信号节点，从而导致存在更多非主极点。为保证足够的相位裕度，要求非主极点必须具有足够高的频率。具体的非主极点产生在4、5和6节点。在4和5节点信号幅值相同、相位相反，共同构成全差模信号(fully-differential signal)的非主极点，其极点频率 f_{nd5} 近似为：

$$f_{\mathrm{nd5}} \approx \frac{g_{\mathrm{m4}}}{2\pi C_{\mathrm{n5}}} = \frac{\sqrt{\mathrm{KP}_4 I_{\mathrm{B}}}}{2\pi}\frac{\sqrt{(W/L)_4}}{C_{\mathrm{n5}}} \tag{4.4-6}$$

另一个非主极点产生在节点6，它只对第一级输出信号的一半起作用，只有经过 $\mathrm{T}_{1,3,5,7,8}$ 管的电流受它影响。如4.2节所述，这样的半信号节点会产生极零对，零点的频率是极点频率的两倍。它的极点频率近似为：

$$f_{\mathrm{nd6}} \approx \frac{g_{\mathrm{m7}}}{2\pi C_{\mathrm{n6}}} = \frac{\sqrt{\mathrm{KP}_7 I_{\mathrm{B}}}}{2\pi}\frac{\sqrt{\mathrm{B}(W/L)_7}}{C_{\mathrm{n6}}} \tag{4.4-7}$$

零点频率为：

$$f_{\mathrm{z}} = 2f_{\mathrm{nd6}} \tag{4.4-8}$$

放大器的相位裕度为：

$$\mathrm{PM} = 90° - \varphi_{\mathrm{n5}} - \varphi_{\mathrm{n6}} \tag{4.4-9}$$

其中：$\varphi_{\mathrm{n5}} = \tan^{-1}\left(\frac{\mathrm{GBW}}{f_{\mathrm{nd5}}}\right) = \tan^{-1}\left(\mathrm{B}A_{\mathrm{v1}}\frac{C_{\mathrm{n5}}}{C_{\mathrm{L}} + C_{\mathrm{n7}}}\right)$，$\varphi_{\mathrm{n6}} = \tan^{-1}\left(\frac{\mathrm{GBW}}{f_{\mathrm{nd6}}}\right) - \tan^{-1}\left(\frac{\mathrm{GBW}}{2f_{\mathrm{nd6}}}\right) = \tan^{-1}\left(\sqrt{\frac{\mathrm{B}(W/L)_1}{(W/L)_7}}\frac{C_{\mathrm{n6}}}{C_{\mathrm{L}} + C_{\mathrm{n7}}}\right) - \tan^{-1}\left(\frac{1}{2}\sqrt{\frac{\mathrm{B}(W/L)_1}{(W/L)_7}}\frac{C_{\mathrm{n6}}}{C_{\mathrm{L}} + C_{\mathrm{n7}}}\right)$，$A_{\mathrm{v1}} = g_{\mathrm{m1}}/g_{\mathrm{m3}}$是对称负载差模输入级的增益。由此可以看到，相位裕度随节点电容 C_{n5}、C_{n6}和B减小而增加，随$(W/L)_7$增加而增加。为了满足压摆率要求，B因子不能减小过大，一般比较合适的值是3左右。对于一定的C_{L}，只能通过$(W/L)_7$调整相位裕度。由于节点6形成极零对，节点5对相位裕度(PM)的影响比节点6大，$(W/L)_7$对相位移动的影响能力有限，只能采用其他方法调整相位裕度。

5. 压摆率

在大信号下，简单对称OTA电路最大输出电流为$\mathrm{B}I_{\mathrm{B}}$，因此压摆率为：

$$\mathrm{SR} = \mathrm{B}I_{\mathrm{B}}/(C_{\mathrm{L}} + C_{\mathrm{n7}}) \tag{4.4-10}$$

它比简单 OTA 的压摆率大 B 倍，但这是以电流增加(B+1)为代价换来的好处。另外，当输出最大电流时有一个输出管截止，所以输出电压可达电源电压。因此，这种结构 OTA 也被称为宽输出电压范围放大器。

6. 功耗

图 4.27 电路，$(W/L)_5/(W/L)_3=(W/L)_6/(W/L)_4=\mathrm{B}$，$(W/L)_8/(W/L)_7=1$，静态功耗为：

$$P_\mathrm{S}=V_\mathrm{DD}(I_7+I_8+I_9)=V_\mathrm{DD}(1+\mathrm{B})I_\mathrm{B} \tag{4.4-11a}$$

如果设计$(W/L)_8/(W/L)_7=(W/L)_6/(W/L)_4=\mathrm{B}$，$(W/L)_5/(W/L)_3=1$，静态功耗为：

$$P_\mathrm{S}=V_\mathrm{DD}(3+\mathrm{B})I_\mathrm{B}/2 \tag{4.4-11b}$$

与(4.4-11a)式比较功耗减小了 $V_\mathrm{DD}(\mathrm{B}-1)I_\mathrm{B}/2$。但是，由于 T_7 管的电流减小，节点 6 的电阻升高，可能影响频率特性。另外，对称性遭到破坏，匹配性也将进一步恶化。

7. 噪声特性

总输出电压噪声功率$\overline{\nu_\mathrm{nout}^2}$是每个晶体管等效输入噪声源$\overline{\nu_\mathrm{ni}^2}$在输出端产生的噪声功率之和。电路总的等效输入电压噪声功率$\overline{\nu_\mathrm{nie}^2}$是总输出电压噪声功率除以总增益的平方，即：$\overline{\nu_\mathrm{nie}^2}=\sum_{i=1}^{8}\overline{\nu_\mathrm{ni}^2}\left(\frac{A_{\nu\mathrm{ni}}}{A_{\nu0}}\right)^2$。根据 4.27 图电路可得：

$$\overline{\nu_\mathrm{nie}^2}=2\,\overline{\nu_\mathrm{n1}^2}+2\left(\frac{g_\mathrm{m4}}{g_\mathrm{m1}}\right)^2\overline{\nu_\mathrm{n4}^2}+\frac{2}{B^2}\left[\left(\frac{g_\mathrm{m6}}{g_\mathrm{m1}}\right)^2\overline{\nu_\mathrm{n6}^2}+\left(\frac{g_\mathrm{m7}}{g_\mathrm{m1}}\right)^2\overline{\nu_\mathrm{n7}^2}\right] \tag{4.4-12}$$

考虑热噪声，用$\overline{\nu_\mathrm{ni}^2}=\frac{8kT\Delta f}{3g_\mathrm{mi}}$代入(4.4-12)式，可得：

$$\overline{\nu_\mathrm{nie}^2}=\left[2+2\,\frac{g_\mathrm{m4}}{g_\mathrm{m1}}+\frac{2}{B^2}\left(\frac{g_\mathrm{m6}}{g_\mathrm{m1}}+\frac{g_\mathrm{m7}}{g_\mathrm{m1}}\right)\right]\frac{8kT\Delta f}{3g_\mathrm{m1}}=y\,\frac{8kT\Delta f}{3g_\mathrm{m1}} \tag{4.4-13}$$

其中：y 是噪声增加因子。利用 $g_\mathrm{m1}/g_\mathrm{m4}=A_{\nu1}$ 和 $g_\mathrm{m6}/g_\mathrm{m4}=\mathrm{B}$，上式可以改写成：

$$\overline{\nu_\mathrm{nie}^2}=2\left\{1+\frac{1}{A_{\nu1}}\left[1+\frac{1}{B}\left(1+\sqrt{\frac{\mathrm{KP_n}(W/L)_7}{\mathrm{KP_p}(W/L)_6}}\right)\right]\right\}\frac{8kT\Delta f}{3\sqrt{\mathrm{KP_n}(W/L)_1 I_\mathrm{B}}} \tag{4.4-14}$$

如果第一级增益 $A_{\nu1}$ 无限大，可以使总的等效输入噪声减小到只有两个输入管的等效输入噪声。从相位裕度表达式(4.4-9)中可以看到，如果 $A_{\nu1}$ 增大将减小相位裕度、影响系统的稳定性，综合考虑 $A_{\nu1}$ 取 3 到 5 比较合适。另外，增加 B 也可以减小噪声，但这也要减小相位裕度，所以 B 的比较合适取值范围是 1 到 3。

8. 放大器设计

对于频率特性设计，可以由输出节点对应的主极点频率确定 GBW，然后由其他节点产生的非主极点和零点确定相位裕度。电路设计参数有：$(W/L)_1$、$(W/L)_3$、$(W/L)_7$、I_B、B。如果已知 C_L、I_B 和 GBW，可由 GBW 的表达式估计出$(W/L)_1$，相位裕度由参数$(W/L)_7$、$(W/L)_4$、$A_{\nu1}$ 和 B 来保证，所以满足频率特性的设计参数可以有多种选择。如，$(W/L)_4$ 可以由噪声特性要求的 $A_{\nu1}$ 值确定；$(W/L)_7$ 可以由输出电压范围决定。在综合考虑多种因素

影响确定 A_{v1} 和 B 后，假设已知 C_L，对于 4 个参数：GBW、SR、A_{v1} 和 B，有 4 个设计参数 I_B、$(W/L)_1$、$(W/L)_4$ 和 $(W/L)_7$，这样可以完全确定一组电路参数。

例题 3 对于 $C_L=10$ pF，设计一个 GBW 为 2 MHz、SR 等于 4.5 V/μs 的简单对称负载 OTA。晶体管参数如表 2.1 所示，设计中取 $A_{v1}=3$，$B=3$。

解： 由对称性知：$(W/L)_1=(W/L)_2$，$(W/L)_3=(W/L)_4$，$(W/L)_5=(W/L)_6$，$(W/L)_7=(W/L)_8$。根据(4.4-10)式求出 $I_B=15\ \mu$A，根据(4.4-5)求出 $g_{m1}=41.89\ \mu$S，从而求出 $(W/L)_1=1.46$，取 $(W/L)_1=2\ \mu$m/1 μm。根据 $A_{v1}=3$，可以求出 $(W/L)_4=0.59$，取 $(W/L)_4=1\ \mu$m/2 μm。根据 B 值要求取 $(W/L)_6=3\ \mu$m/2 μm。如果有输出范围要求，可据此确定 $(W/L)_8$，本例取 $(W/L)_8=1.5/1.5$。根据晶体管尺寸估算出寄生电容、用(4.4-9)式验证相位裕度大于 70°。输出电阻为 $r_{out}=r_{ds6}//r_{ds8}=0.64$ M，根据(4.4-3)式求出 $A_v=94=39$ dB。根据(4.4-14)式求出 $\overline{v_{nie}^2}/\Delta f=3.1\ \overline{v_{ni}^2}/\Delta f=(26\ \text{nV}/\sqrt{\text{Hz}})^2$。

通过上例可见，这种一个高阻节点的简单对称 OTA 增益较小。如果要进一步提高增益，可以在输出端插入共栅管，增加输出阻抗、提高增益。简单对称负载 OTA 与简单 OTA 相比，GBW 增加 B 倍、压摆率扩大 B 倍、输出电压范围加大、设计自由度增多，但缺点是电路更加复杂，功耗增加。另外，由于负载是 MOS 二极管，它的最小压降为 V_T，所以限制了这种电路的最小工作电压，使低压电路无法采用这种放大器。在频率特性方面，这种电路只有输出端为高阻节点，是负载电容起补偿作用的单极点系统，具有较良好的频率特性。

4.4.2 共源共栅级联对称 OTA

为了提高简单对称 OTA 的增益可以采用共源共栅级联技术，加入共栅晶体管的共源共栅级联对称 OTA 电路如图 4.28 所示。$T_{9\sim12}$ 是共栅级联晶体管，$T_{15\sim18}$ 组成的独立偏置电路为共栅级联管提供偏置电压，T_{14} 管和电流源 I_B 设置工作电流。整个电路用 n 阱 CMOS 工艺实现，pMOS 管 T_{10} 可以使衬底与源极相连，但 nMOS 管 T_{12} 不能。

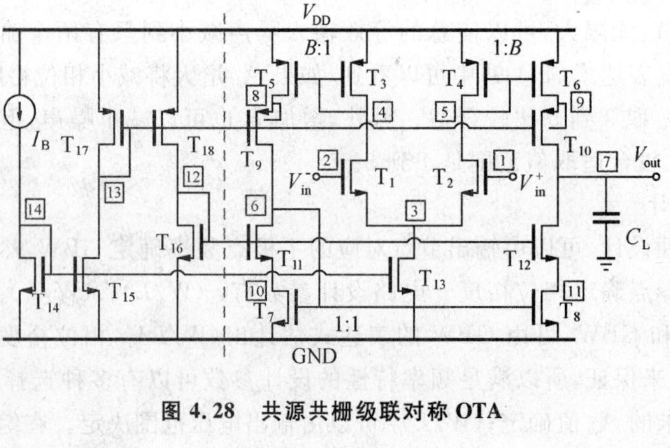

图 4.28 共源共栅级联对称 OTA

1. 增益

这个电路只有输出节点是高阻节点，其他节点都是低电阻节点。输出电阻由从 T_{10} 向上看的电阻 r_{out10} 和从 T_{12} 向下看的电阻 r_{out12} 并联构成，为：

$$r_{out} = r_{out10}//r_{out12} \tag{4.4-15}$$

其中：$r_{out10}=r_{ds10}g_{m10}r_{ds6}$，$r_{out12}=r_{ds12}(g_{m12}+g_{mb12})r_{ds8}$。由于 T_{12} 管衬底不接源极，所以在 r_{out12} 中出现了 g_{mb12}。对于差模小信号，输入管源极电压近似不变，衬偏效应可以忽略，增益为：

$$A_{v0} = Bg_{m1}r_{out} \tag{4.4-16}$$

可见采用共栅管 T_{10} 和 T_{12}，使 r_{out10} 和 r_{out12} 增大 $r_{ds}g_m$ 倍，因此可以产生更大的增益。

2. 增益带宽积和相位裕度

电路只有一个高阻节点 7，增益带宽积为：

$$\mathrm{GBW} = B\frac{g_{m1}}{2\pi(C_L+C_{n7})} \tag{4.4-17}$$

这与简单对称负载 OTA 是完全相同的。

非主极点产生在 4～6 和 8～11 节点处，其中 4～6 节点存在二极管连接形式的 MOS 管，是低阻节点；8～11 节点是共栅管的输入节点，因共栅管输出电阻大于输入电阻，是低阻节点。由于 4 和 5 节点信号幅值相同、相位相反，节点 4 和 5 产生一个全差模信号非主极点，频率近似为：

$$f_{nd5} = \frac{g_{m4}}{2\pi C_{n5}} \tag{4.4-18}$$

同样，节点 8 和 9 构成一个非主极点，频率近似为：

$$f_{nd9} = \frac{g_{m10}}{2\pi C_{n9}} \tag{4.4-19}$$

在节点 6、10 和 11 处的非主极点频率近似为：

$$f_{nd6} = \frac{g_{m7}}{2\pi C_{n6}} \tag{4.4-20}$$

$$f_{nd10} = \frac{(g_{m11}+g_{mb11})(1+g_{m7}r_{ds11})}{2\pi C_{n10}} \tag{4.4-21}$$

$$f_{nd11} = \frac{g_{m12}+g_{mb12}}{2\pi C_{n11}} \tag{4.4-22}$$

这三个节点是半信号节点，在两倍频率处存在三个负零点，它们对相位裕度的影响可以忽略。因此，相位裕度主要由极点频率 f_{nd5} 和 f_{nd9} 决定。

这种电路的 SR 与简单对称负载 OTA 相同。由于共栅管对噪声特性产生影响很小，它的噪声特性也与简单对称负载 OTA 基本相同。

3. 设计

首先由输入管跨导和输出节点时间常数确定出 GBW，然后由 5 和 9 节点的非主极点频率确定相位裕度，晶体管宽长比 $(W/L)_4$ 和 $(W/L)_{10}$ 必须保证相位裕度足够大。因此，假设

C_L 给定，需要用 6 个变量 I_B、$(W/L)_1$、$(W/L)_4$、$(W/L)_6$、$(W/L)_{10}$ 和 $(W/L)_{12}$ 满足 4 个技术参数 GBW、PM、A_{v1} 和 B。很明显变量多于约束条件，这样可以采用其他参数要求增加约束，如 $(V_{GS}-V_T)$ 值，压摆率 SR 和噪声等。

例题 4 对于 $C_L=10$ pF，设计共源共栅级联对称负载 OTA，要求：GBW＝2 MHz，SR＝4.5 V/μs，$A_{v0}>60$ dB。晶体管参数如表 2.1 所示，$B=3$。

解：由对称性知：$(W/L)_1=(W/L)_2$，$(W/L)_3=(W/L)_4$，$(W/L)_5=(W/L)_6$，$(W/L)_7=(W/L)_8$，$(W/L)_9=(W/L)_{10}$，$(W/L)_{11}=(W/L)_{12}$。根据(4.4-10)式求出差分对尾电流 $I_B=15\ \mu A$，根据(4.4-5)求出 $g_{m1}=41.89\ \mu S$，从而求出 $(W/L)_1=1.46$，取 $(W/L)_1=2\ \mu m/1\ \mu m$。为保证电流镜 $T_{4,6}$ 的精度，V_{ds4} 和 V_{ds6} 应近似相等，T_4 管栅源电压 $|V_{GS4}|$ 应近似等于输出直流电压 $V_{DD}/2-V_{DSsat10}$。假设 $V_{DD}=3V$，$(W/L)_4\approx I_B/KP_p(V_{DD}/2-|V_{Tp}|)^2=1.39$，设计中取 $(W/L)_4=2\ \mu m/1\ \mu m$。根据 B 值要求，取 $(W/L)_6=6\ \mu m/1\ \mu m$。级联共栅管取为 $(W/L)_{10}=4\ \mu m/1\ \mu m$，$(W/L)_{12}=2\ \mu m/1\ \mu m$，可以验证能够满足相位裕度要求。如果有输出范围要求，可据此确定 $(W/L)_8$，本例取 $(W/L)_8=2\ \mu m/1\ \mu m$。根据(4.4-15)式估算 $r_{out}=r_{ds6}g_{m10}r_{ds10}//r_{ds8}g_{m12}r_{ds12}=51M$，根据(4.4-16)式求出 $A_{v0}\approx7500=78$ dB。根据(4.4-1)式求出 $A_{v1}=g_{m1}/g_{m3}=1.63$。根据(4.4-14)式求出 $\overline{\nu_{nie}^2}/\Delta f=3.9\,\overline{\nu_{ni}^2}/\Delta f=(29.7\ nV/\sqrt{Hz})^2$。

与例题 3 简单对称 OTA 比较：级联共栅管使输出电阻增加一个数量级以上；低频增益提高 20 dB 以上；由于 A_{v1} 减小，噪声有所增加。

4.4.3 两级对称 OTA

当广义 OTA 作为 OPA 应用时，除需要高增益外，还不希望主极点频率受负载影响，因此对称负载 OTA 可以像两级 OTA 一样加入第二级放大，如图 4.29 所示。对于 p 阱 CMOS 工艺技术，采用 nMOS 管作为输入管。由于 p 阱工艺 $\lambda_p>\lambda_n$，p 管输出电阻小于 n 管输出电阻，所以加入 p 沟共栅管 T_9 和 T_{10}，以增强输出电阻、提高增益。第二级由 T_{11} 和 T_{12} 管构成，其中负载管 T_{12} 由第一级 T_3 管驱动。补偿电容 C_C 连接在高阻节点 10 与低阻节点 9 之间，第二级输出电压信号通过补偿电容 C_C 和共栅管 T_{10} 反馈到输入端节点 7。这样，不但可以消除 Miller 补偿两级放大器具有的正零点，而且可以增加 $PSRR_{GND}$。

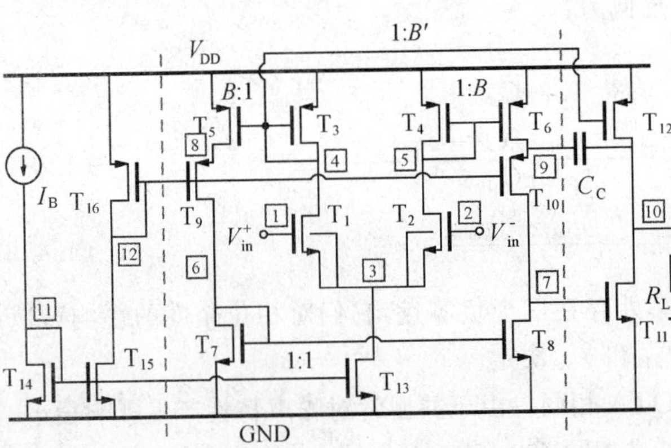

图 4.29 对称负载两级 OTA

两级对称 OTA 的 GBW、PM 和 SR 等可以用与前面相同的方法进行分析。忽略 r_{ds10}，小信号等效电路如图 4.30(a)所示，在低频情况下增益近似为：

$$A_{v0}=Bg_{m1}g_{m11}r_{ds8}\frac{r_{ds11}r_{ds12}}{r_{ds11}+r_{ds12}}\frac{1+\dfrac{g_{m10}r_{ds6}}{1+g_{m10}r_{ds6}}+\dfrac{B'}{Bg_{m11}r_{ds8}}}{2}\approx Bg_{m1}r_{ds8}g_{m11}(r_{ds11}//r_{ds12})\tag{4.4-23}$$

其中第一级增益 $A_{v10}=-Bg_{m1}r_{ds8}$，第二级增益 $A_{v20}=-g_{m11}(r_{ds11}//r_{ds12})$。主极点频率近似为：

$$f_d=\frac{1}{2\pi|A_{v20}|C_Cr_{ds8}}\tag{4.4-24}$$

增益带宽积近似为：

$$\mathrm{GBW}=\frac{Bg_{m1}}{2\pi C_C}\tag{4.4-25}$$

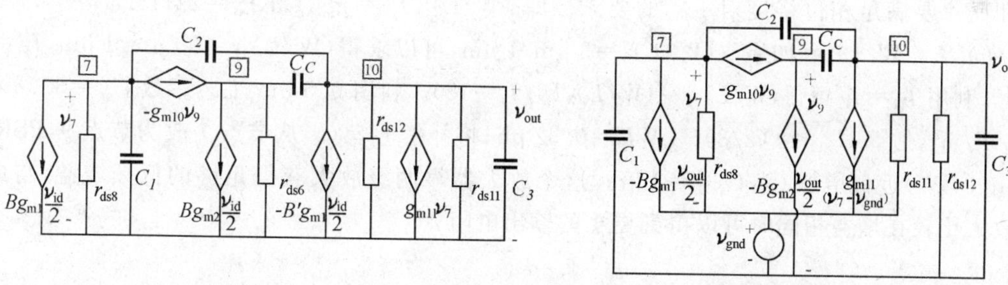

(a) 增益　　(b) 电源抑制比

图 4.30　小信号等效电路

为了抑制 GND 的变化量直接通过补偿电容到输出端，补偿电容没有连接在节点 10 和 7 之间，而是连接在节点 10 和 9 之间，这样补偿电路成为反馈电容 C_C 串联共栅管 T_{10} 结构。采用 4.3 节的简单方法计算 $\mathrm{PSRR_{GND}}$：将输出端与负输入端相连，正输入端接地，将信号源 v_{gnd} 串入地线。如果 $B'/B\ll g_{m11}r_{ds8}$（B' 是 T_{12} 管与 T_3 管的宽长比之比），将 T_{12} 管看作恒流源；忽略 T_6 管沟长调制效应，r_{ds6} 取为无穷大，小信号等效电路如图 4.30(b)所示。电源抑制比近似为：

$$\mathrm{PSRR_{GND}}\approx A_{v0}\frac{1+jf/\mathrm{GBW}}{1+jf/f_{dps}}\tag{4.4-26}$$

其中：$f_{dps}=1/2\pi(r_{ds11}//r_{ds12})g_{m11}(C_1+C_2)r_{ds8}$，$C_1$ 是节点 7 的总电容，C_2 是节点 10 和 7 之间的电容。低频时电源抑制比近似等于低频电压增益。当频率为 GBW 时，它为：

$$|\mathrm{PSRR_{GND,GBW}}|=\frac{\sqrt{2}A_{v0}}{\sqrt{1+A_{v0}^2(f_d/f_{dps})^2}}\tag{4.4-27}$$

如果共栅管 T_{10} 不存在，类似于(4.3-46)式，频率为 GBW 的 $|\mathrm{PSRR_{GND,GBW}}|_0=\sqrt{2}$，因此：

$$\frac{|\mathrm{PSRR_{GND,GBW}}|}{|\mathrm{PSRR_{GND,GBW}}|_0} \approx \frac{f_{\mathrm{dps}}}{f_{\mathrm{d}}} = \frac{C_{\mathrm{C}}}{C_1 + C_2} \tag{4.4-28}$$

因为 C_C 一般比较大，所以 $\mathrm{PSRR_{GND}}$ 也有所改善。

例题 5 对于 $C_L = 10$ pF，设计两级结构对称 OTA，要求：GBW＝10 MHz，SR＝30 V/μs，取 $B=3$。已知：$KP_n = 80\ \mu A/V^2$，$KP_p = 30\ \mu A/V^2$。

解：根据 SR 要求，取 $I_B = 10\ \mu A$。为保证相位裕度，设计 $f_z = 30$ GBW，$f_{nd} = 3$ GBW，则 $g_{m11} = 30Bg_{m1} = 1881\ \mu S$，$C_C \leqslant 3(Bg_{m1}/g_{m11})C_L$，取补偿电容 $C_C = 1$ pF。根据增益带宽积和补偿电容，用(4.4-25)式可以求出 $g_{m1} = 2\pi C c\mathrm{GBW}/B = 20.9\ \mu S$，从而求出 $(W/L)_1 = g_{m1}^2/I_B/KP_1 = 0.54$，取 $(W/L)_1 = 1\ \mu m/1\ \mu m$。保证负载电流镜 T_4 和 T_6 的源漏电压相同，取 $(W/L)_4 = 2\ \mu m/1\ \mu m$。$T_{13,14}$ 管影响共模输入电压范围，设计取 $(W/L)_{13,14} = 2\ \mu m/1\ \mu m$。根据 B 值可以求出 $(W/L)_6 = 6\ \mu m/1\ \mu m$。$T_{9,10}$ 管决定负零点和第二非主极点位置，取 $(W/L)_{9,10} = 4\ \mu m/1\ \mu m$。为保证第一级输出与第二级输入直流电压匹配，要求 $V_{GS8} = V_{GS11}$。另外，T_{11} 管电流和尺寸要满足相位裕度对 g_{m11} 的要求。即 $(W/L)_{11}I_{11} = g_{m11}^2/2KP_n = 22113.5\ \mu A$，$I_{11} = (W/L)_{11}I_8/(W/L)_8$。如果取 $(W/L)_8 = 3\ \mu m/1\ \mu m$，可以求得 $(W/L)_{11} = 90\ \mu m/1\ \mu m$，$I_{11} = 450$。利用 $I_{12} = I_{11}$ 可得 $(W/L)_{12} = (W/L)_3 I_{12}/I_3 = 180$。利用 0.5 μm 工艺参数 $C_{ox} = 3.56 \times 10^{-3}\ F/m^2$，估算 $C_{gs11} = (2/3)C_{OX}WL = 0.32$ pF，将补偿电容 C_C 从节点 7 改为节点 9，$\mathrm{PSRR_{GND}}$(GBW)近似增加 $C_C/C_{gs11} = 3$ 倍。这个放大器靠两级放大获得足够的低频增益，与单级放大比较在增益相同时可以得到更小的输出电阻。

4.4.4 折式共源共栅级联 OTA

除了上述用饱和 MOS 管作差分对负载构成对称输入级外，不增加功耗设计对称结构的更简单方法是采用共源共栅自偏置恒流源差模放大器，如图 4.31(a)所示。差分对管 $T_{1,2}$ 的漏源电压由 V_{Bn} 决定，漏极节点电阻由共栅管 $T_{5,6}$ 的输入电阻决定，具有对称性。它只有一个高阻节点，在输出端。这是一种叠式结构，只要电源电压允许，可以根据需要级联多个共栅管，提高低频增益值。但是，随芯片工作电压下降，这种结构应用受到严重限制。如果图 4.31(a)电路采用折式设计技术，可以得到折式共源共栅管级联 OTA，如图 4.31(b)所示。由于差分对采用恒流源负载，而不是 MOS 二极管形式负载，因而可以扩大共模输入电压范围，适合在较低电源电压下工作。

另外，对于一个高阻节点的单极点放大器，增益由跨导和输出节点电阻决定。提高增益可以从增加跨导和输出阻抗两方面入手。简单 OTA(图 4.7)的负载管和驱动管偏置电流相同，随偏置电流上升跨导增加、输出电阻下降，低频增益不增大。对称负载 OTA(图4.27)，虽然跨导增加 B 倍，但是输出电阻降低 B 倍，总增益与简单 OTA 基本相同。提高增益的一种方法是采用共栅管提高输出阻抗，如对称负载共源共栅级联 OTA 和图 4.31 电路。除此之外，还可以采用使输入管与输出管具有不同偏置电流的方法，或对输出共栅管采用 3.4 节的增益提升方法。折式共源共栅管级联结构 OTA 是一种典型输入管与输出管可以分别设置偏置电流的放大器。它可以在增加跨导的同时不减小输出电阻,因而提高低频增益。

1. 电路结构、偏置和增益

折式共源共栅 OTA 电路的基本结构如图 4.31(b)所示。它的基本思想是将类似于 3.3 节的反相放大级折式共源共栅结构用于差分放大级。差分对采用 n 沟管 T_1 和 T_2,p 沟管 T_3 和 T_4 作为恒流源,共栅管采用 p 沟管 T_5 和 T_6。这种结构易于使输出和输入采用相同的偏置电压。差模信号到单端输出信号的转换由低输入阻抗、高输出阻抗的电流镜 $T_{7\sim10}$ 完成。管 $T_{12\sim14}$ 和电流源 I_B 组成简单偏置电路,将差分对的尾电流设置为 I_{B2},T_3 和 T_4 管电流设置为 I_{B1}。采用 p 阱 CMOS 工艺,nMOS 管 $T_{1,2}$ 和 $T_{7,8}$ 的衬底与源极相连,消除它们的体效应影响。因为 $T_{3,4}$ 管作为恒流源变化量为 0, T_1 和 T_5 管电流变化量大小相等、方向相反,所以折式结构不改变原叠式结构的交流特性,只是直流偏置方式发生变化。

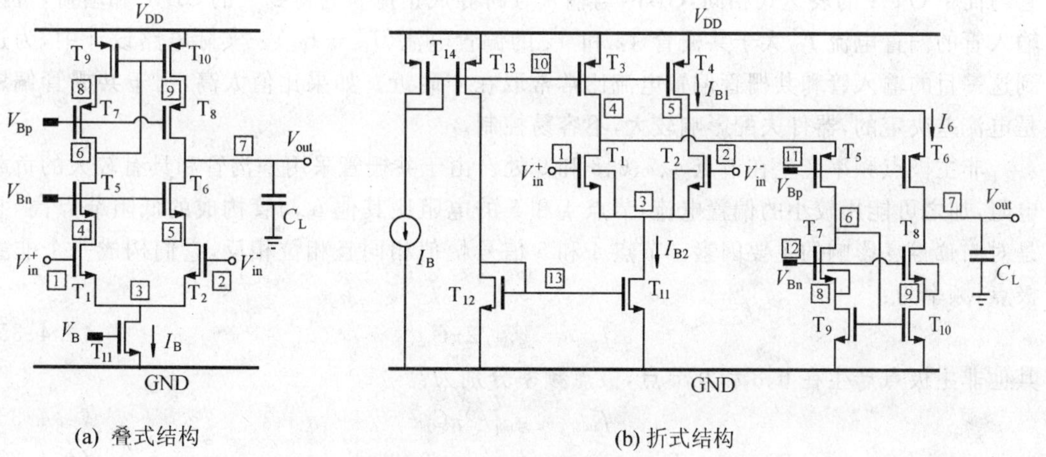

图 4.31　折式共源共栅 OTA

输入管的偏置电流是 $I_{B2}/2$,共栅管和电流镜的偏置电流等于电流源管 T_3 和 T_4 的漏极电流 I_{B1} 减去 $I_{B2}/2$。因为共栅管的偏置电流由电流差决定,为保证准确性经常由一个偏置电路同时给出 I_{B1} 和 I_{B2}。节点 4 和 5 的直流电压由偏置电压 V_{Bp} 决定,差分放大级具有良好的电学对称性。节点 8 和 9 的直流电压由偏置电压 V_{Bn} 决定,可以保证电流镜管 T_9 和 T_{10} 的电学对称性。这种电路应用中有两种典型的偏置电流设计方法:一是为保证良好的频率特性设计 $I_{B1}=I_{B2}$,二是为提高低频增益设计 $I_{B1}<I_{B2}$。

当输入端加差模信号时,因为 T_3 和 T_4 是恒流源,T_2 管的交流电流通过 T_6 管到输出端;T_1 管的电流通过 T_5 管,再经过电流镜 $T_{7\sim10}$ 到输出端。输出是高阻节点,从 T_6 管向里看的电阻是:

$$r_{out6}=(g_{m6}+g_{mb6})r_{ds6}(r_{ds2}//r_{ds4}) \tag{4.4-29}$$

T_8 从管向里看电阻是：

$$r_{out8} = g_{m8} r_{ds8} r_{ds10} \tag{4.4-30}$$

总输出电阻为：

$$r_{out} = (r_{out6} // r_{out8}) \tag{4.4-31}$$

低频增益为：

$$A_{v0} = g_{m1} r_{out} \tag{4.4-32}$$

2. GBW 和相位裕度

在这个电路中只有一个高阻输出节点 7，当负载电容足够大时可成为主极点，其频率为：

$$f_d = 1/2\pi r_{out}(C_{n7} + C_L) \tag{4.4-33}$$

增益带宽积为：

$$GBW = g_{m1}/2\pi\,(C_{n7} + C_L) \tag{4.4-34}$$

它与简单 OTA 的表达式相同，GBW 与输入管跨导成正比。为得到大的 GBW 和增益，可使输入管的偏置电流 I_{D2} 大于共栅管 T_5 和 T_6 的偏置电流（$I_{D4} - I_{D2}$）。实际电路设计中，为达到这一目的输入管和共栅管偏置电流比常常取在 4 附近。如果比值太高，由于共栅管偏置是电流差决定的，器件失配影响较大，不容易控制。

非主极点频率产生在节点 4、5、6、8 和 9 处。由于共栅管采用 p 沟管和具有较大的负载电阻，加之可能用较小的偏置电流，节点 4 和 5 的电阻比其他 n 沟管构成的低阻节点高，它是对相位裕度影响的主要因素。节点 4 和 5 信号幅值相同且相位相反，它们构成一个非主极点，频率为：

$$f_{nd4} = g_{m6}/2\pi C_{n5} \tag{4.4-35}$$

其他非主极点产生在 6、8 和 9 节点，极点频率分别为：

$$f_{nd6} = g_{m9}/2\pi C_{n6} \tag{4.4-36}$$

$$f_{nd8} = g_{m7}(1 + g_{m9} r_{ds7})/2\pi C_{n8} \tag{4.4-37}$$

$$f_{nd9} = g_{m8}/2\pi C_{n9} \tag{4.4-38}$$

可见 f_{nd8} 的频率很高，对相位的影响可以忽略。这三个节点只对输出信号的一半产生影响，因此在两倍频率处存在三个负零点，对相移影响比较小。

相位裕度近似为：

$$PM = 90° - \tan^{-1}\left(\frac{GBW}{f_{nd4}}\right) = 90° - \tan^{-1}\left(\frac{g_{m1}}{g_{m6}}\,\frac{C_{n4}}{(C_{n7} + C_L)}\right) \tag{4.4-39}$$

如果运放主要用于高频区，为得到良好的高频特性，可将输入管与共栅管的偏置电流比设计在 1 附近，以增加 f_{nd4}。另外，共栅管源极寄生电容主要由共栅管 T_5 栅源极电容和输入管 T_1、T_3 管栅漏极电容等决定，所以在这两个节点最小化结面积和周长是非常重要的。

3. 压摆率

当大的差模输入信号使一个输入管截止、另一个输入管导通时，输出或吸收的最大电流都为 I_{B1}，因此压摆率为：

$$SR = I_{B1}/C_L \tag{4.4-40}$$

这种电路为提高增益将电路设计为 $I_{B2} > I_{B1}$ 时，会导致建立时间增长。例如输入大差模电压导致 T_1 管导通和 T_2 截止，T_4 管的偏置电流全部通过共栅管 T_6 到达输出端，输出电压将以压摆率 $SR = I_{D4}/C_L$ 增加。但是，由于 I_{B2} 全部流过 T_1，在 I_{B2} 大于 I_{B1} 时，T_1 管和作为恒流源 I_{B2} 的晶体管 T_{11} 将退出饱和区使 I_{D11} 等于 I_{D3}，这样 T_1 管的漏极电压接近 GND。另一方面，共栅管 T_5 进入截止区只要节点 4 电压小于 $V_{Bp} + |V_{T5}|$。当共栅管重新恢复工作时，T_1 管漏极和 T_5 管源极电压要重新返回到 $V_{Bp} + |V_{T5}|$。这种额外增加的节点 4 电压上升时间将导致严重的畸变，并增加输出信号的下降时间。为了避免或抑制这种现象，一种方法是使 $I_{B2} \leqslant I_{B1}$，当然这将无法提高增益；另一种方法可在节点 10 和节点 4、5 之间分别接入一个二极管连接形式的 pMOS 管，通过钳制 T_1 和 T_2 管的漏电压，提高速度、减小畸变，增加 T_3 和 T_4 管的偏置电流，加大压摆率，见习题 4.32。

4. 噪声特性

总输出电压噪声是每个管的等效输入电压噪声乘以各自增益平方之和。因为共栅管引入噪声很小，分析中将其忽略，总输入等效噪声为：

$$\overline{\nu_{nie}^2} = 2\overline{\nu_{n1}^2} + 2\left(\frac{g_{m3}}{g_{m1}}\right)^2 \overline{\nu_{n3}^2} + 2\left(\frac{g_{m10}}{g_{m1}}\right)\overline{\nu_{n10}^2} \tag{4.4-41}$$

对于热噪声，用 $\overline{\nu_{ni}^2} = \frac{8kT}{3g_{mi}}\Delta f$ 代入上式，可以得到：

$$\overline{\nu_{nie}^2} = 2(1 + g_{m3}/g_{m1} + g_{m10}/g_{m1})\frac{8kT}{3g_{m1}}\Delta f \tag{4.4-42}$$

如果 g_{m3} 和 g_{m10} 都非常小或 g_{m1} 大，总输入噪声可以减小到只有两个输入管的输入等效噪声，这主要取决于这些晶体管的尺寸和过驱动电压$(V_{GS} - V_T)$。另外，对于折式共源共栅放大器，如果将输入管与共栅管的偏置电流比设计的比较大，可以得到较大的 g_{m1}，有利于减小热噪声。因此，与前述几种放大器比较，这种电路具有良好的热噪声特性。

5. 放大器设计

GBW 由输出节点 7 决定，相位裕度主要由节点 4 和 5 产生的非主极点确定。电路独立设计变量是 I_{B1}、I_{B2}、$(W/L)_1$、$(W/L)_3$、$(W/L)_5$、$(W/L)_7$、$(W/L)_9$，共栅管偏置电压是 V_{Bp} 和 V_{Bn}。如果已知 C_L 和 GBW，选择$(V_{GS1} - V_{T1})$约为 0.2V(因为它作为放大器件)，可以确定出$(W/L)_1$。对于一定的共栅管电流$(I_{B1} - I_{B2}/2)$，$(W/L)_5$ 由相位裕度决定。由于约束条件少于设计量，多余设计量要由其他设计要求决定。一般情况，输入管和共栅管偏置电流有两种典型选择情况：为得到较大的增益和较小的噪声，输入管与输出管偏置电流比选择在 4 附近；为得到较好的频率特性和较大压摆率，输入管与输出管偏置电流比选择在 1 附近。

例题 6　设计折式共源共栅 OTA，当 $C_L = 10$ pF 时，GBW $= 20$ MHz，已知 $KP_n = 80\ \mu A/V^2$，$KP_p = 30\ \mu A/V^2$。

解：$g_{m1}=GBW\times 2\pi C_L=1256.6\ \mu S$。如果 $V_{GS1}-V_{T1}=0.35$ V，得 $(W/L)_1=44.8$。取 $(W/L)_1=45\ \mu m/1\ \mu m$，输入管电流为 $I_1=220\ \mu A$。为得到较大的增益和较小的噪声，取 $I_1/I_5=4$，则 $I_5=55\ \mu A$，$I_4=275\ \mu A$。如果其他管尺寸取为：$T_{3,4}=50\ \mu m/1\ \mu m$，$T_{5,6}=20\ \mu m/1\ \mu m$，$T_{7,8}=4\ \mu m/1\ \mu m$，$T_{9,10}=4\ \mu m/1\ \mu m$，那么估算 $GBW=1259/2\pi C_L=20$ MHz，PM=84°，SR=25 V/μs，$A_{v0}=80$ dB，$r_{out}=8$ MΩ，$\sqrt{\nu_{ie}^2}$(@1 Hz)$=3\ \mu V/\sqrt{Hz}$。热噪声特性比对称电流镜放大器小一个数量级。

总结前述几种单极点 OTA 小信号特性，如表 4.6 所示。它们的增益为 $A_{v0}=G_m r_{out}$，主极点频率为 $f_d=1/2\pi r_{out}C_L$。简单对称负载 OTA 与简单 OTA 比较 GBW 和 SR 比大 B 倍，A_{v0} 相同。对称负载共源共栅 OTA 与简单对称负载 OTA 比较 GBW 和 SR 相同，A_{v0} 约增大 $g_m r_{ds}$ 倍。如果对称负载共源共栅 OTA 输出管与输入管偏置电流分别是 $BI_B/2$ 和 $I_B/2$，折式共源共栅 OTA 输出管与输入管偏置电流分别是 $I_B/2$ 和 $BI_B/2$，即功耗相同，前者跨导和 SR 分别为 $Bg_{m1}(I_B)$ 和 BI_B/C_L，后者跨导和 SR 分别为 $(\sqrt{B})g_{m1}(I_B)$ 和 $(1+B)I_B/C_L$。

表 4.6　几种放大器小信号特性比较

	G_m	R_{out}	GBW	SR
简单 OTA(图 4.7)	g_{m1}	$r_{ds2}//r_{ds4}\approx 2/(\lambda_n+\lambda_p)I_B$	$g_{m1}/2\pi C_L$	I_B/C_L
简单对称 OTA(图 4.27)	Bg_{m1}	$r_{ds6}//r_{ds8}\approx 2/(\lambda_n+\lambda_p)BI_B$	$Bg_{m1}/2\pi C_L$	BI_B/C_L
对称共栅 OTA(图 4.28)	Bg_{m1}	$g_{m10}r_{ds10}r_{ds6}//g_{m12}r_{ds12}r_{ds8}$	$Bg_{m1}/2\pi C_L$	BI_B/C_L
折式共栅 OTA(图 4.31)	g_{m1}	$g_{m6}r_{ds6}r_{ds3}//g_{m8}r_{ds8}r_{ds10}$	$g_{m1}/2\pi IC_L$	I_{B1}/C_L

4.5　全差模 OTA

全差模放大器是指输入和输出都是双端的差模信号放大器。如果差模放大器处理正负两路信号的结构完全对称，差模信号相对于公共地是完全对称的，即正反两路号大小相等、方向相反，双端的共模成分为零、全是差模成分，叫做对称全差模放大器(symmetrical fully-differential amplifier)或平衡式差模放大器(balanced differential amplifier)。本节提及的全差模放大器通常是指这种对称的全差模放大器。全差模结构具有很好的共模抑制比、电源抑制比和对噪声的抑制能力，同时全差模结构可使最大信号摆幅增加一倍。当 MOS 管作电阻时，对称差模结构可以消除平方项，使电阻线性化。对于开关电容电路，全差模结构可使时钟馈通效应大为减小。当运放以反馈形式构成模拟信号处理电路时，闭环增益远小于开环增益，各节点对共模干扰的敏感度都很大，全差模结构可以减小共模干扰对各节点的影响。因此，它是高质量模拟电路和模数混合电路经常采用的电路结构形式。但全差模对称结构可能使器件数增加一倍，噪声也相应增加。尽管如此，由于信号量增加四倍，噪声量增加两倍，所以全差模结构信噪比还是增加两倍(3 dB)。

虽然将两个全同单端放大器并行使用(如图 3.35 所示)可以得到与单端信号相同的差模信号增益,但共模信号的增益也与单端信号增益相同,这样导致共模量变化过大而无法应用。用一个双端输入、单端输出差模放大器和两个相同电阻构成−1 增益放大器,并将它连接到另一个同样放大器的输出端、提供反相输出,这样可以构成全差模放大器,如图 5.3 所示。由于这种结构正、反相信号所经过的路径不同,一个输出经过一个放大器,另一个输出经过两个放大器,是不对称的全差模放大器,因而在高频时不能保持频率特性的对称性、只能在低频下使用。要得到良好的高频放大特性必需专门设计具有对称结构的全差模放大器。

双端输入、单端输出运放的输出电压只代表差模量,是一个自由度系统。但是,全差模运放的输出电压,除受输入差模电压控制的差模输出电压外,还有共模输出电压,是两个自由度系统。虽然在全差模放大系统中只有差模量用于信号处理,共模量与信号无关,但共模量变化会影响电路的工作点。因此,为保证放大器差模量正常工作必须控制共模量。减小共模量变化需要放大器输出对共模信号有很小的阻抗,而获得差模信号增益需要对差模信号必需有较高的阻抗。另外,当将单端电路的负反馈形式应用于全差模运放时,往往所加反馈只能稳定差模电压、不能稳定共模电压,因而对称全差模运放需要加入共模控制电路,使共模电压保持稳定或维持在合适的范围。一个完整全差模运放需要由差模放大和共模控制两部分组成。共模控制电路可分为反馈控制和前馈控制两类。共模前馈控制虽然可以提高共模抑制比,但是没有能力调控直流共模输出电压。典型的共模控制电路形式是共模反馈(common-mode feedback,CMFB)控制电路,如图 4.32 所示。本节主要研究共模反馈控制电路构成的全差模放大器。

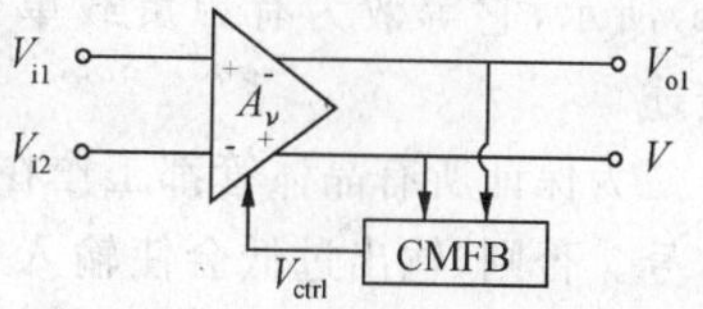

图 4.32　对称结构全差模放大器

在全差模放大器中,为了保证差模 OTA 正常工作,共模反馈电路一般应当满足以下要求

(1) 为保证差模放大器正常工作,在差模信号处理频率范围内共模反馈环应当保持对共模量的控制能力。即,共模反馈环的 GBW_{CMFB} 应当大于差模放大的 GBW_D、共模反馈环应当具有稳定性;

(2) 共模直流输出电压 V_{outCM} 必须很稳定,不随晶体管匹配性和工作温度等发生变化,并且可以根据基准量进行灵活设置;

(3) 不影响差模放大器原有的输入和输出电压范围。最好最大输出电压摆幅保持在整个电源电压范围。

共模控制电路是全差模运放设计的关键部分,因为差模放大电路需要用简单、快速电路测量和控制共模信号,同时又不影响差模信号处理或最小化对差模信号的影响。本节结合前面介绍的放大器,分别研究用连续时间和离散时间共模反馈电路构成全差模放大器。

4.5.1 简单全差模 CMOS OTA

简单全差模 OTA 由差模放大和共模反馈两部分组成，如图 4.33(a)所示。T_1 到 T_4 组成差模放大器，T_5 到 T_8 管组成共模反馈电路。共模反馈电路与 T_3、T_4 管构成的反馈环使共模输出电压稳定，也可以理解为降低输出端共模阻抗。

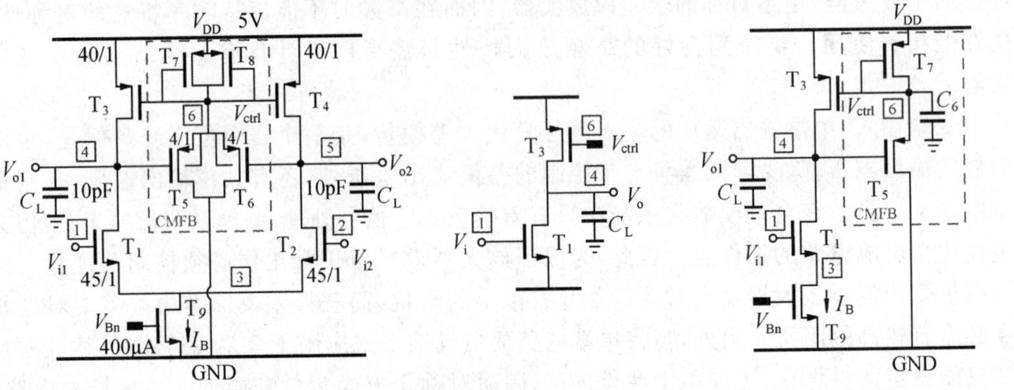

(a) 结构　　(b) 差模等效半电路　　(c) 共模等效半电路

图 4.33　简单全差模 OTA

差模放大器由恒流源负载和差分对构成，差模信号由输入管 T_1 和 T_2 的漏极输出。由于电路完全对称，电路特性分析可用半电路单端信号进行。差模信号等效半电路如图 4.33(b)所示，它等效为有源负载单管放大级，它的增益、GBW 等在 3.1 节分析过，这里不再赘述。

为保证所有晶体管都工作在饱和区，随着输入共模信号的变化，必须不断修改输出共模信号。否则，输出过低会使输入管进入非饱和区，或者过高会使负载管进入非饱和区。因此，需要采用共模反馈控制电路，以维持一定的共模输出电压 V_{OUTCM}。

共模反馈电路由 $T_{5\sim8}$ 管组成，T_5 和 T_6 管测量输出共模电压。当输出共模信号变化时，T_5 和 T_6 两管源极电流变化在节点 6 相加，因此节点 6 叫做共模求和点(common-mode summation point)。T_5 和 T_6 两管源极电流变化之和通过 T_7 和 T_8 管在节点 6 转换为电压信号反馈到差模放大负载管 T_3 和 T_4 管的栅极，控制差模放大级的共模输出。当输出对称差模信号时，T_5 和 T_6 两管源极电流和不变，节点 6 的电压不变，没有反馈作用。T_3 和 T_4 管的工作电流为 $I_B/2$，T_5 和 T_6 的电流是 $(I_B/2)(W/L)_7/(W/L)_3$，共模直流输出电压 V_{OUTCM} 是 $V_{DD}-|V_{GS7}|-|V_{GS5}|$。

共模等效半电路如图 4.33(c)所示。根据等效电路可知，如果节点 4 电压 V_4 上升，共模反馈环通过负反馈过程使 V_4 下降。用小信号分析这个共模反馈过程，增益为：

$$A_{vCMFB}=\frac{v_{d3}}{v_{g5}}\approx-\frac{g_{m3}r_{ds3}(g_{m5}/g_{m7})}{(1+g_{m5}/g_{m7})} \tag{4.5-1}$$

在共模反馈通路中，节点 4 是高阻节点，节点 6 是低阻节点，所以主极点频率由节点 4 时间常数决定，增益带宽积为：

$$\mathrm{GBW_{CMFB}} = \frac{g_{m3}(g_{m5}/g_{m7})}{2\pi C_L(1+g_{m5}/g_{m7})} \tag{4.5-2}$$

由于差模信号的增益带宽积 $\mathrm{GBW_D}$ 是 $g_{m1}/2\pi C_L$，满足 $\mathrm{GBW_{CMFB}}>\mathrm{GBW_D}$ 条件要求 g_{m3} 足够大。因为 T_1 和 T_3 管偏置电流相同，只能通过调整 (W/L) 来实现 $g_{m3}>g_{m1}$。但是 T_1 和 T_3 管的尺寸都与差模特性有很大关系，设计时要与差模信号特性同时考虑，即共模特性不能独立于差模信号进行设计。如果二极管连接 pMOS 管 T_7 用电流源 I_C 代替，T_5 管以共漏源极跟随器形式工作，见习题 4.34，共模反馈环的增益为：

$$A_{v\mathrm{CMFB}} = -g_{m3}r_{ds3} \tag{4.5-3}$$

比(4.5-1)式有所增加，因此对共模信号的控制能力有所增强。增益带宽积近似为：

$$\mathrm{GBW_{CMFB}} = \frac{g_{m3}}{2\pi C_L} \tag{4.5-4}$$

要使 $\mathrm{GBW_{CMFB}}>\mathrm{GBW_D}$，只要保证 $g_{m3}>g_{m1}$ 即可，在一定程度上可以化解对差模信号的影响。

直流共模输出电压 V_{OUTCM} 由晶体管 T_5 和 T_3 的栅源电压决定，为：

$$\begin{aligned} V_{\mathrm{OUTCM}} &= V_{\mathrm{DD}} - |V_{\mathrm{GS3}}| - |V_{\mathrm{GS5}}| \\ &= V_{\mathrm{DD}} - |V_{\mathrm{T3}}| - \sqrt{\frac{I_B}{\mathrm{KP}_3(W/L)_3}} - |V_{\mathrm{T5}}| - \sqrt{\frac{2I_{\mathrm{D5}}}{\mathrm{KP}_5(W/L)_5}} \end{aligned} \tag{4.5-5}$$

由于共模反馈环的作用使 $I_{\mathrm{D5}}=(I_B/2)(W/L)_7/(W/L)_3$，$I_{\mathrm{D5}}$ 的精度取决于电流镜 T_3 和 T_7。因为电压 V_{OUTCM} 与电流 I_{D5} 的平方根成正比，电流镜器件失配引起的误差对 V_{GS5} 影响比较小。由于 V_{OUTCM} 与 V_T 成正比，V_T 的误差对输出共模电压影响较大。

差模输出电压摆幅由共模求和管 T_5 和 T_6 的输入电压范围决定。从 3.5 节差分对的分析可知，共模求和管 T_5 和 T_6 对差模输入信号近似保持尾电压不变的最大电压范围为 $\sqrt{2}(|V_{\mathrm{GS5}}|-|V_T|)$，它一般远小于电源电压。减小 $(W/L)_5$ 和增大 I_{D5} 可以增加输出摆幅，但减小 $(W/L)_5$ 将减小 g_{m5}，增加 I_{D5} 将增加 g_{m7}，这将进一步减小共模反馈环的增益，所以设计中必须综合考虑。如果采用两个全同电阻替代 $T_{5\sim8}$ 管测量输出共模电压，可以解决输出差模电压受到限制的问题，见习题 4.35。

保证输入管不退出饱和区，要求输入最大共模电压小于 $V_{\mathrm{OUTCM}}+V_{\mathrm{T1}}$。由(4.5-5)式可知，共模输出电压 V_{OUTCM} 比电源电压低 $2|V_{\mathrm{GS}}|$，远小于最大输出电压 $V_{\mathrm{DD}}-|V_{\mathrm{DS}}|$，所以共模反馈控制电路使简单 OTA 的输入共模电压范围减小。

对于全差模放大器设计，共模反馈电路引入了 3 个附加约束。一般情况，这些要求较难同时满足，因此设计中要综合考虑。

4.5.2　非饱和 MOS 管共模反馈全差模 OTA

图 4.34(a)示出利用非饱和区工作 MOS 管实现共模电压控制的全差模共源共栅级联

对称 OTA 电路。I_B 和 $T_{17,18}$ 管构成偏置电路。对于一定的偏置电流 I_B，如果 T_{17} 管设计的宽长比和栅极所加的偏置电压 V_{CM} 足够大，那么可以使该管工作在非饱和区，由此形成的节点 14 电压作为 $T_{7,8,13}$ 管的栅极电压可使 $T_{14,15,16}$ 管工作在非饱和区。T_{14} 管的作用是保证 T_{13} 和 T_{18} 管有相同的栅源电压。

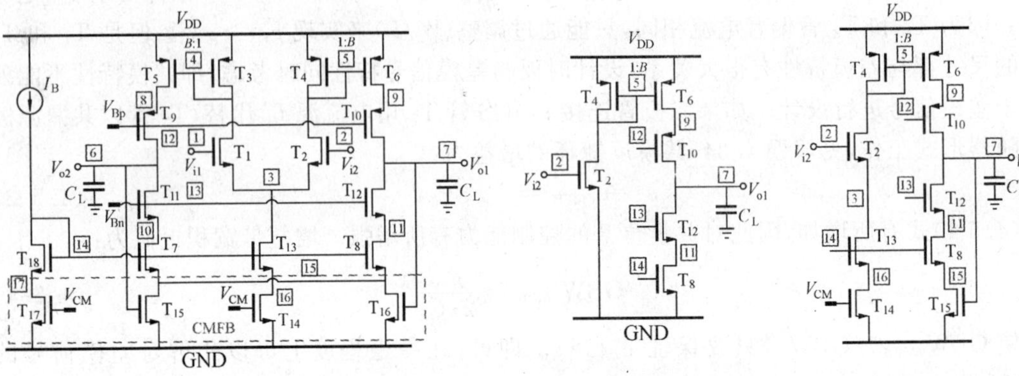

(a) 电路　　(b) 差模等效半电路　　(c) 共模等效半电路

图 4.34　非饱和 MOS 管共模反馈共源共栅级联对称负载 OTA

在差模 OTA 底部的非饱和区工作 T_{15} 和 T_{16} 管，漏极相连、栅极分别与输出端相连，构成非饱和 MOS 管共模反馈控制电路。对于差模信号，T_{15} 和 T_{16} 管电流和不变，所以节点 15 电压保持不变，等效半电路如图 4.34(b)所示。GBW_D 近似为 $Bg_{m1}/2\pi C_L$，输出电阻近似为 $r_{ds6}g_{m10}r_{ds10}/2$。对于共模信号，输入管 T_1 和 T_2 以跟随器形式改变节点 3 的电压，等效半电路如图 4.34(c)所示。当共模输出电压变化时，T_{15} 和 T_{16} 改变共模求和节点 15 的电压，从而改变 V_{GS7} 和 V_{GS8}，抑制输出节点共模电压变化。小信号分析共模等效电路可知输出电阻近似为 $1/g_{m15}$，放大器共模信号增益很低。共模反馈通路的增益近似为：

$$A_{vCMFB} = -g_{m15}r_{ds10}g_{m10}r_{ds6} \tag{4.5-6}$$

由于 T_{15} 管工作在非饱和区、跨导小，所以这种共模反馈电路对输出共模量控制能力不很强。共模反馈电路的增益带宽积为：

$$GBW_{CMFB} = g_{m15}/2\pi C_L \tag{4.5-7}$$

由于 T_{15} 管工作在非饱和区，对于相同的偏置电流 g_{m15} 小于饱和区的 g_{m1}，所以 GBW_{CMFB} 小于 GBW_D。这将导致高频段输出端的共模电阻增加，降低反馈对高频共模小信号的控制能力。在共模反馈最小延迟时间 $\tau_{GBWCMFB}=1/2\pi GBW_{CMFB}$ 内，共模大信号可能使电路中晶体管偏离工作点，造成高频差模信号畸变。

由共模等效电路可知，共模输出电压 V_{CM} 等于 $T_{15,16}$ 管的栅源电压 $V_{GS15,16}$。对于一定的偏置电流 $BI_B/2$，它由 T_{15} 管的尺寸和漏极电压决定。如果选择合适尺寸，在理想情况下 V_{gs15} 可以等于 V_{gs17}。当 V_{gs17} 上升时节点 14 电压下降，导致 T_7 管电流减小，从而引起 V_{gs15} 上升。V_{gs17} 和 V_{gs15} 的误差与阈值电压紧密相关。因为 T_{15} 和 T_{16} 管工作在非饱和区，电流与栅源电压成正比，阈值电压的误差和随温度的变化可能引起相当大的共模输出电压偏差和不稳定。另外，共模信号反馈环的增益较小，对共模量的控制能力和范围不很大。

一般非饱和区工作的 $T_{14\sim16}$ 管的 V_{DS} 非常小，差模输出电压范围与对称共源共栅级联 OTA 基本相同。设计中 GBW_{CMFB} 和输出电压范围需要综合考虑：增加 V_{DS15} 可增大 GBW_{CMFB}，但减小输出电压摆幅。共模输入电压范围 V_{INCM} 也类似于共源共栅级联对称负载 OTA。

图 4.35 表示用非饱和 MOS 管共模反馈构成的宽带折式共源共栅级联全差模 OTA。单极点放大器负载电容决定主极点频率，改变负载电容可以达到的最大 GBW 由限制相位裕度的非主极点频率决定。由于 pMOS 管跨导小，pMOS 共栅管形成主要非主极点。这个电路内部节点比图 4.34 电路少，所以频率特性更好。

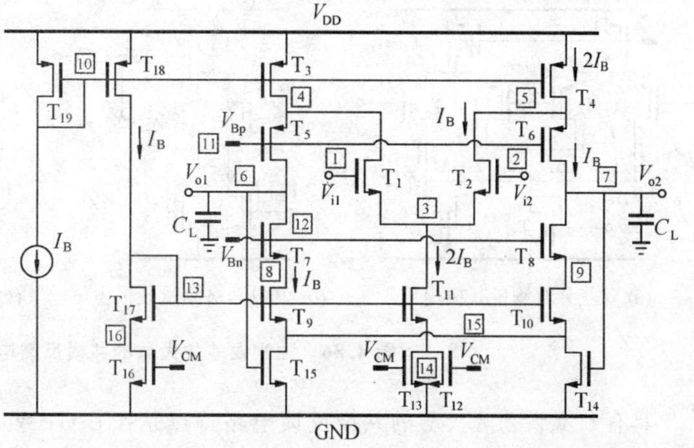

图 4.35　非饱和 MOS 管共模反馈折式共源共栅级联 OTA

总之，这种非饱和 MOS 管 CMFB 放大器可以保证宽输入输出电压范围，但高频特性不好，而且共模输出电压对失配很敏感。另外，这种共模反馈控制电路，没有根据基准量自动调整输出共模电压的机制。

4.5.3　具有独立共模误差放大器的全差模 OTA

如果共模反馈电路采用独立误差放大器，可以实现用基准量设置直流共模输出电压。图 4.36(a)表示一种具有独立误差放大器的连续时间共模反馈电路。它采用双差分对作为输出共模量测量以及与基准量 V_{REF} 比较的误差放大器。对于差模输入信号，T_1 和 T_3 电流变化量始终相同，T_2 与 T_4 管电流变化量始终相同，这不受大信号时差模输入级电流－电压的非线关系影响，包括进入截止区，退出饱和区。因此，只要输入对称差模电压，通过 T_5 和 T_6 管的电流就不变，始终等于 I_B。如果 T_5 管的压降用于控制差模运放输出级的共模电压，那么差模信号对它没有影响。对于共模信号，它相当于输入端分别在 V_{REF} 和 V_{OutCM} 的两个差分对并联。如果 $|V_{o1}-V_{REF}|$ 和 $|V_{o2}-V_{REF}|\leqslant\sqrt{2}(V_{GS}-V_T)$，随 $V_{OutCM}=(V_{o1}+V_{o2})/2$ 增大，T_1 管电流为 $I_{D1}=I_B/2-\Delta I_1$，T_4 管电流为 $I_{D4}=I_B/2-\Delta I_4$，其中 I_B 是偏置电流，那么 T_2 管电流为 $I_{D2}=I_B/2+\Delta I_1$，T_3 管电流为 $I_{D3}=I_B/2+\Delta I_4$，T_5 和 T_6 管电流为 $I_{D5}=I_{D2}+I_{D3}=I_B+\Delta I_1+\Delta I_4$ 和 $I_{D6}=I_{D1}+I_{D4}=I_B-\Delta I_1-\Delta I_4$。共模信号增益 ν_{ctrl}/ν_{co} 是 g_{m1}/g_{m5}，控制电压 V_{ctrl} 的直流量是 V_{GS5}。如果 $|V_{o1}-V_{REF}|$ 和 $|V_{o2}-V_{REF}|>\sqrt{2}(V_{GS}-V_T)$，随 $(V_{o1}+$

$V_{o2})/2$ 增大，T_1 和 T_4 管电流为 0，T_2 和 T_3 管电流为 $I_{D2}=I_B$ 和 $I_{D3}=I_B$，T_5 和 T_6 管电流为 $I_{D5}=2I_B$ 和 $I_{D6}=0$。共模信号增益 ν_{ctrl}/ν_{co} 为 0，反馈控制电压 V_{ctrl} 达到最大饱和值 $V_{GS5}(2I_B)$，控制电压相对于 $(V_{o1}+V_{o2})/2=V_{REF}$ 时增加 $V_{GS5}(2I_B)-V_{GS5}(I_B)$。因此，保证共模反馈控制电压 ν_{ctrl} 随输入共模量 ν_{co} 变化要求 $|V_{o1}-V_{REF}|$ 和 $|V_{o2}-V_{REF}|\leqslant\sqrt{2}(V_{GS}-V_T)$，否则虽然共模反馈电路可以提供控制电压，但控制强度不能随输入量变化。

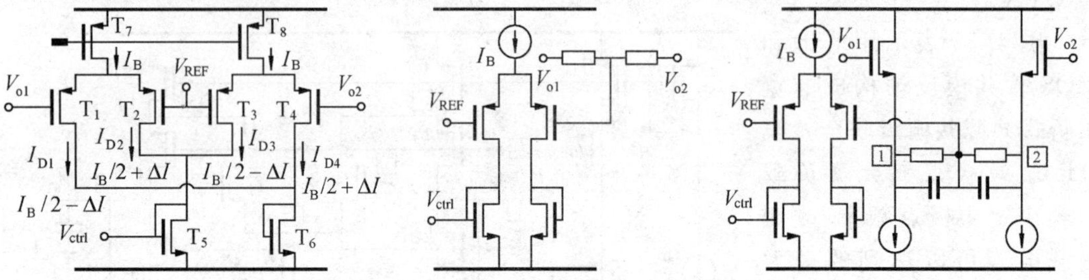

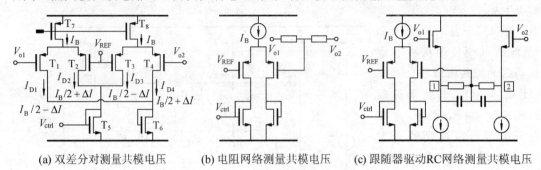

(a) 双差分对测量共模电压　　(b) 电阻网络测量共模电压　　(c) 跟随器驱动RC网络测量共模电压

图 4.36　独立误差放大器的共模反馈电路

具有独立误差放大器的共模反馈电路特点是：① GBW_{CMFB} 由 g_{m1} 单独确定，可以保证 $GBW_{CMFB}>GBW_D$；② 由于用双差分对测量输出共模电压，它只对双差分对的失配敏感。这种结构对主差模放大器中的其他失配很不敏感并且可以根据基准量控制共模量；③ 保证共模反馈控制电路具有误差放大能力，$T_{1,2}$ 和 $T_{3,4}$ 的输入范围将限制放大器的输出电压。要增大输出电压范围，$T_{1\sim4}$ 管必须取尽可能大的 V_{GS1}，但是这将减小 g_{m1}。如果不用大电流，GBW_{CMFB} 也将减小。输入共模电压范围不受共模反馈电路影响的条件很容易满足。可见除保证线性误差放大要限制放大器输出电压外，这种共模反馈电路可以满足其他设计要求。如果应用可以接受共模反馈控制电路非线性误差放大，这种电路可以满足共模反馈电路基本设计要求。

解决输出电压受共模反馈电路线性误差放大限制的问题，可以采用电阻测量输出共模电压，如图 4.36(b)所示。这种技术的主要问题是电阻 R 也使差模输出阻抗减小，需要差模放大器具有较大的驱动能力。为解决这个问题可以采用如图 4.36(c)所示的电路，其中与电阻并联的电容主要对共模反馈起稳定作用。输出电压通过跟随器驱动电阻，所以不会影响差模放大器的输出电阻。但它的问题是输出共模电压与 V_{REF} 不相等并与阈值电压有关，这将导致共模电压产生误差和随温度变化。如果用源极跟随器的源极作为输出，可以解决这个问题。

下面介绍几种采用具有独立误差放大器的共模反馈电路所构成的全差模 OTA。图 4.37 是全差模折式共源共栅级联 OTA，原图 4.31 中的电流镜由两个恒流源 T_9 和 T_{10} 管取代。这两个恒流源管的栅极由共模反馈电路输出电压 V_{ctrl} 控制。共模反馈电路的输入是差模运放的两个输出，共模反馈电路测出输入的平均值(即共模量)，并通过反馈使它稳定在给定值 V_{REF}。

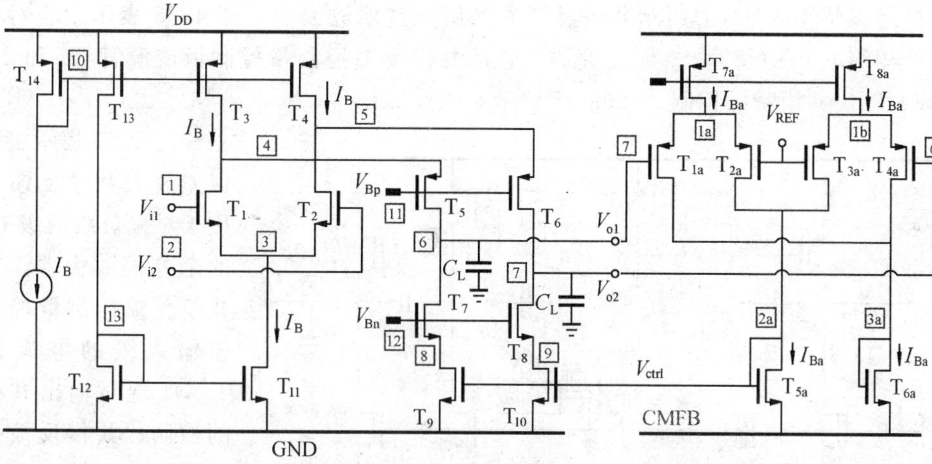

图 4.37　独立误差放大共模反馈全差模折式共源共栅 OTA

当采用共模反馈控制电路后，负压摆率所需最大有效电流受到 T_9 和 T_{10} 管偏置电流限制。为使正负压摆率近似相同，这种电路通常设计成共栅管 $T_{5,6}$ 的偏置电流等于输入管 $T_{1,2}$ 的偏置电流。

除输出节点外，差模信号通路还包含两对差模信号节点，即节点 4,5 和节点 8,9，它们决定非主极点的位置。由于节点 4,5 的电阻由 p 型共栅管的输入电阻决定，一般大于节点 8,9，这个节点对于最大化带宽非常重要。如果采用互补设计（即 n 沟和 p 沟管互换），将有利于最大化非主极点频率，因为这时节点 4 和 5 的电阻将由 n 沟管的跨导决定。但由于输入管采用 p 沟管，它的跨导和低频增益都将变小。另外，恒流源必须采用 p 沟管，共模信号反馈的速度可能比较慢。综合来看，对于高速全差模运放设计，这种互补设计是较合理的选择。

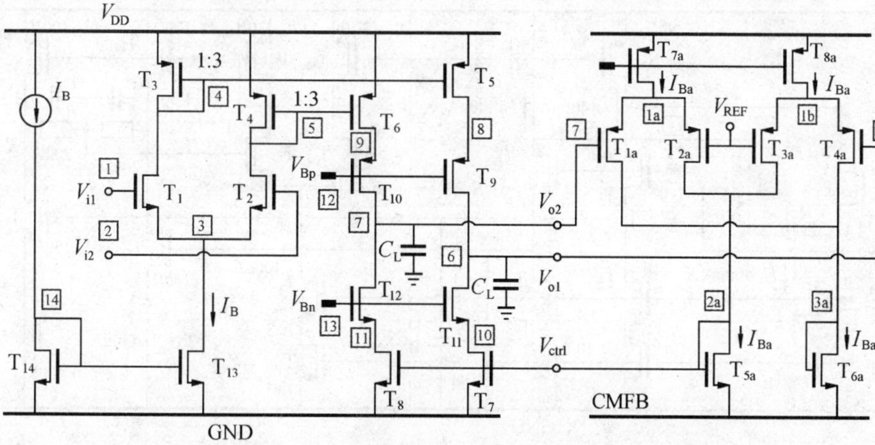

图 4.38　独立误差放大共模反馈全差模对称共源共栅 OTA

同样可以将图 4.36(a)所示共模反馈电路用于其他放大器。图 4.38 表示用于对称负载共源共栅级联 OTA 的全差模放大器。它用共模反馈控制量控制恒流源管 T_7 和 T_8 栅极,实现对输出共模量的控制。

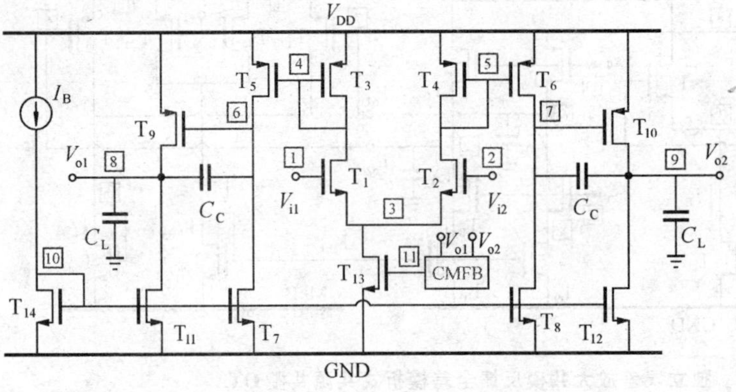

图 4.39　独立误差放大共模反馈全差模对称负载两级 OTA

图 4.39 表示将独立误差放大共模反馈电路用于对称负载两级 OTA 的全差模放大器。它用共模反馈控制量控制差模输入级的电流源管 T_{13},实现对输出共模量的控制。共模反馈控制量直接控制第一级而不是第二级,可以增加共模反馈的增益,提高控制精度,但是由于共模反馈环路增长会恶化频率特性。如果共模反馈电路控制第二级偏置量可以改善频率特性,但第一级输出要再增加一个共模反馈电路。

图 4.40 是另一种具有独立误差放大器的全差模折式共源共栅级联放大电路,它采用跟随器和差分对构成共模反馈电路。电路中差模放大器输出经过跟随器 T_{1a} 和 T_{2a} 缓冲,驱动 RC 网络。共模求和点位于 RC 网络的中间点,它的电压等于输出共模电压减去跟随器平移电压。这个电压与基准电压 V_{REF} 比较,误差经差分对(T_{5a} T_{6a})放大后成为共模控制电压,反馈到差模放大器、控制共模输出。由于输出共模电压测量采用 RC 网络,所以减缓了对放大器输出电压范围的影响。与双差分对共模反馈电路相同,它能够满足共模反馈电路的两项

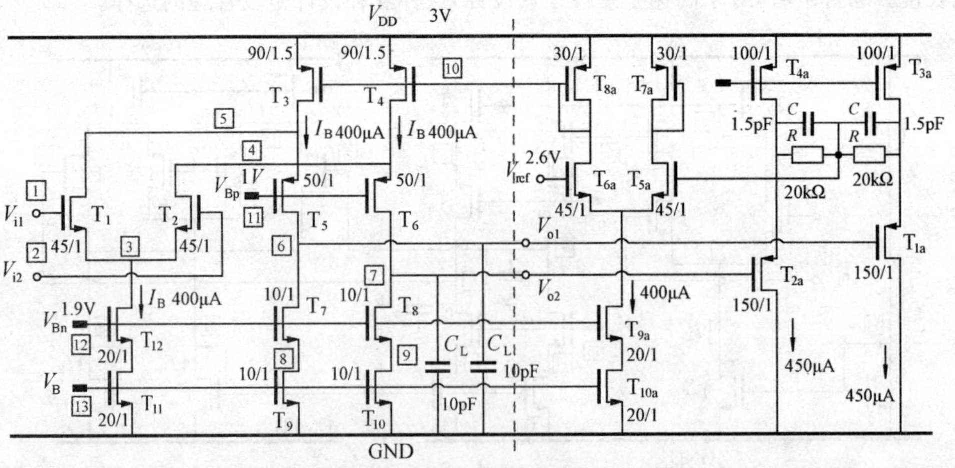

图 4.40　差分对误差放大共模反馈折叠级联 OTA

要求：GBW_{CMFB}由 g_{m6a}确定，共模放大采用差分对的好处是可以尽量避免与失配有关的过多问题。虽然输入共模电压的范围不受共模误差放大器的影响，但是对于低电源电压，除非采用低阈值晶体管，否则跟随器管 T_1 和 T_2 的平移电压仍将在一定程度上限制输出电压范围。

另外，这个放大器的输出也可以由跟随器 T_{1a}和 T_{2a}管源极给出，从而降低输出阻抗提高驱动能力。在这种情况下，输出电压范围由跟随管电流决定，看来可以解决共模反馈电路对输出电压的限制。但是，要在几十 kΩ 的共模求和电阻两端产生有效的输出电压摆幅，源跟随管必须设计的很大，这是以相当大的电流为代价换取大输出电压范围的。另外，共模反馈电路引入了更多的极点，使电路更加复杂，因而更加难以进行优化设计和补偿。

对于多级全差模放大器，可以采用类似的方法进行设计。但是，设计时一定要注意进行良好的频率补偿，否则共模信号可能引起环振或不希望的稳定点。通常，共模反馈环可以采用差模放大器的补偿电容来保证共模反馈的相位裕度。这种多功能补偿可以通过在输出端与地(或其他参考电平)之间连接两个补偿电容(负载电容)来实现。为保证速度，共模反馈电路通常用来控制差模放大输出级的电流源。高速共模反馈电路必须最小化高频共模噪声的影响，否则这种噪声可能被放大，引起差模放大器退出放大区。

4.5.4 开关电容共模反馈的全差模 OTA

上述放大器都是采用连续时间电路实现共模反馈控制，它的主要问题是差模输出电压要受到共模反馈电路限制。另一种实现共模反馈控制的方法是采用开关电容电路，它对输出电压范围没有限制。常用的开关电容共模反馈控制电路如图 4.41 所示，其中 V_{CM}是希望设置的共模电压，V_{CMB}是得到 V_{CM}所希望的共模控制电压。这种电路利用反馈电容 C_F 实现共模反馈，两个串联反馈电容 C_F 的中间点是共模控制电压，它由开关和采样电容 C_S 设置。由于两个串联反馈电容 C_F 并联在输出端，串联电容中间点的电压只随输出共模信号 1 比 1 变化，不随差模信号变化。对于差模信号，反馈电容的影响是使负载电容变为 C_L 并联 C_F(或 C_F+C_S)。在分析放大器差模信号时，只要将希望的反馈控制量 V_{CMB}直接加到放大器即可。对于共模信号，共模控制电压 V_{Ctrl}的交流量等于输出共模量的交流量。反馈电容 C_F 将共模电压平移一个反馈电容端电压作为共模控制电压 V_{Ctrl}的直流量。在 φ_1 期间，C_S 采样电压($V_{CM}-V_{BCM}$)。在 φ_2 期间，采样电容 C_S 通过电荷转移设置反馈电容 C_F 端电压。电容比 C_S/C_F 决定输出共模电压的调整时间，它一般在十分之一到四分之一之间。如果电容过大可能影响放大器的差模信号特性；如果电容过小，开关的时钟馈通效应将引起共模失调电压。

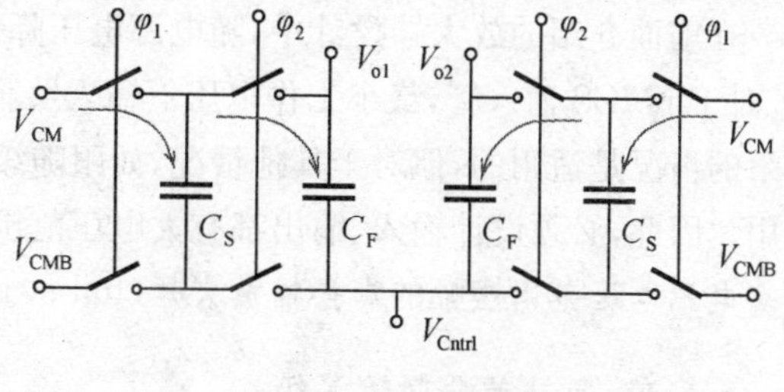

图 4.41 开关电容共模反馈电路

用开关电容共模反馈电路构成的简单全差模放大器如图 4.42 所示。差模信号增益带宽积是 $GBW_D = g_{m1}/2\pi C_L$，共模反馈环增益带宽积是 $GBW_{CMFB} = g_{m5}/2\pi C_L$。当放大器尾电流源管 T_5 尺寸大于或等于输入管尺寸时，由于尾电流大于输入管电流，共模反馈环的增益带宽积大于差模放大器的增益带宽积。T_5 管栅极电压等于输出共模电压减去电容 C_F 端电压。由于 T_5 管栅极输入电流为 0，输出共模电压变化时 C_F 的电荷不变，T_5 管栅极电压变化量等输出共模电压变化量，输出节点共模电阻等于 $1/g_{m5}$。C_F 的端电压通过开关电容电路工作设置为 $V_{CM} - V_{CMB}$。

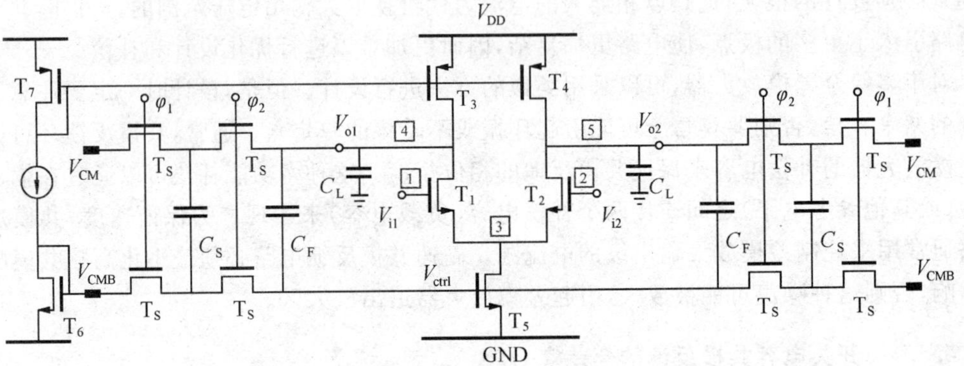

图 4.42　开关电容共模反馈电路简单全差模放大器

4.6　满摆幅放大器

在前面介绍的放大器设计中，随电源电压降低，输入与输出端共模电压不能保持相同。例如，对于 pMOS 输入管，最小工作电压下输入共模电压只能是 GND。这对于有很强外部反馈网络的情况是适用的，但对于其他情况，如跟随缓冲器，输入共模电压跟随输出电压变化，则不适用。因此，必须设计输入、输出都有大电压范围的放大器。本节将研究一种输入、输出都具有满电源电压范围摆幅的满摆幅放大器(full swing amplifier 或 rail to rail amplifier)。

4.6.1　互补差分对输入级

传统运放输入级通常由一个 n 沟或 p 沟差分对构成，如图 4.43 所示。为保证差模信号放大功能，输入共模信号(V_{CM})必须限制在一定范围内，即第四章运放设计中定义的共模范围。从图 4.43 中可以看到，p 沟差分对的共模范围是：

$$GND < V_{CM} < V_{DD} - |V_{GSp}| - |V_{ovp}| \tag{4.6-1}$$

其中：V_{GSp} 是 p 输入管的栅源电压，V_{ovp} 是偏置管的过驱动电压。n 沟差分对的共模范围是：

$$GND + V_{GSn} + V_{ovn} < V_{CM} < V_{DD} \tag{4.6-2}$$

其中：V_{GSn}是 n 输入管的栅源电压，V_{ovn}是偏置管最小饱和源漏电压。可见随工作电压下降，单个差分对输入级的共模输入范围变得很小，因此低压电路需要设计具有更大共模输入范围的输入级。

1. 简单互补差分对输入级

为增加共模范围，可以将 p 沟和 n 沟差分对并联，构成互补差分对输入级()，如图 4.44(a)所示。对于足够大的电源电压 $V_{DD}>2(|V_{GS}|+|V_{ov}|)$，互补差分对的共模输入范围等于电源电压范围($V_{DD}$)，所以称这种输入级为满电源电压范围摆幅的输入级，简称满摆幅输入级。互补差分对输入级保证满电源电压范围工作的最小电源电压是 $2V_{GS}+2V_{ov}$。对于 CMOS 电路，约为 1.8 V，这主要与制造工艺有关。当电源电压小于 $2V_{GS}+2V_{ov}$后，在电源电压中间值处将出现互补差分对同时处于截止状态的情况，共模输入范围被限制在 V_{DD}和 GND 附近。在电源电压降到 $V_{GS}+V_{ov}$(0.9 伏)时，共模输入电压缩小为 V_{DD}和 GND。

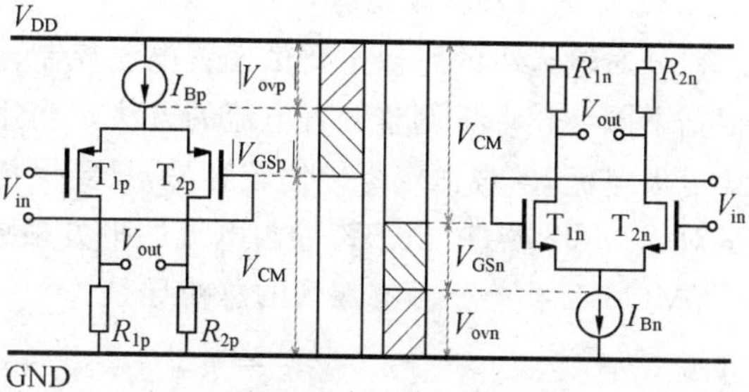

图 4.43　pMOS 管和 nMOS 管差分对输入级的共模输入电压

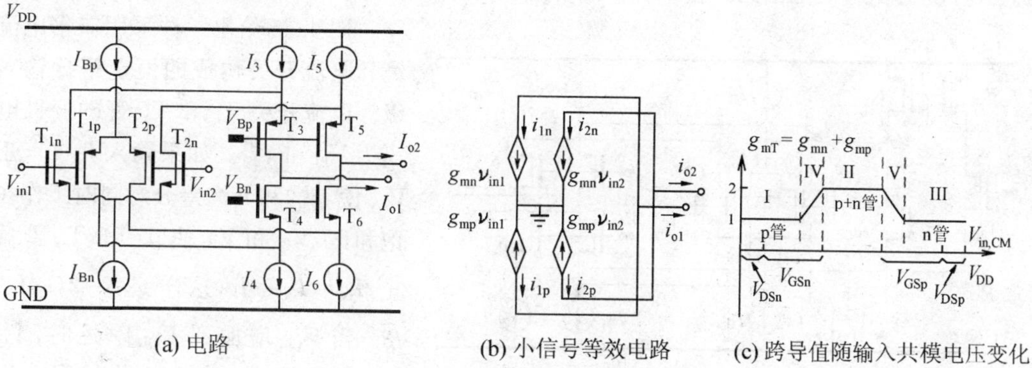

(a) 电路　(b) 小信号等效电路　(c) 跨导值随输入共模电压变化

图 4.44　互补差分对输入级

当电源电压大于 $2V_{GS}+2V_{ov}$时，互补差分对结构可分成三个基本工作区和两个过渡区：p 沟差分对工作区(I 区)，n 沟差分对工作区(III 区)，两个差分对同时工作区(II 区)和 p 沟差分对向两差分对工作的过渡区(IV 区)，两差分模对向 n 差分对工作的过渡区(V 区)，如图 4.44(c)所示。

互补差分对的小信号等效电路如图 4.44(b)所示，输出差模电流为：

$$i_{od}=i_{o2}-i_{o1}=g_{mT}(v_{in1}-v_{in2}) \tag{4.6-3}$$

其中：$g_{mT}=g_{mp}+g_{mn}$是互补差分对输入级总跨导。如果 g_{mp}等于 g_{mn}，II 区的跨导 g_{mT}比 I、III 区跨导 g_{mT}大一倍，g_{mT}变化率为 100%，如图 4.44(c)。这种简单互补差分对输入级的缺点是跨导随输入共模电压变化特别大。正如前面分析，运放的增益带宽积正比于输入级跨导，跨导如此大的变化有碍于优化频率补偿，这是简单互补差分对输入级的主要缺点。因此，满摆幅输入级的主要问题是减小跨导在整个共模范围内的变化，设计恒定跨导满摆幅输入级。

2. 三倍电流补偿恒定跨导输入级

差分对输入级的跨导主要由偏置电流控制，为得到恒定跨导互补差分对输入级，通常采用根据不同共模电压调整偏置电流的方法。当用双极晶体管构成输入级时，因为跨导正比于集电极电流，实现恒定跨导比较容易，只要保持互补差分对的偏置电流之和为常数即可。但是对于 MOS 器件，由于跨导与电流的平方根成正比，这就不那么简单了。

CMOS 互补差分对输入级的总跨导是：

$$g_{mT}=g_{mn}+g_{mp}=\sqrt{\beta_n I_{Bn}}+\sqrt{\beta_p I_{Bp}} \tag{4.6-4}$$

其中：$\beta=KP(W/L)$，I_{Bn} 和 I_{Bp} 是 n 和 p 沟差分对的尾电流。假设 n 沟和 p 沟晶体管完全匹配且 $\beta_n=\beta_p=\beta$，总跨导可重写为：

$$g_{mT}=\sqrt{\beta}(\sqrt{I_{Bn}}+\sqrt{I_{Bp}}) \tag{4.6-5}$$

为得到恒定输入跨导 g_{mT}，$\sqrt{I_{Bn}}+\sqrt{I_{Bp}}$ 在整个共模范围内必须保持常数。一种方法是用三倍尾电流补偿，即当互补差分对从两差分对同时工作区变到单个工作区时，尾电流从 I_B 变到 I_B+3I_B，使整个共模范围内 $\sqrt{I_{Bn}}+\sqrt{I_{Bp}}=2\sqrt{I_B}$。

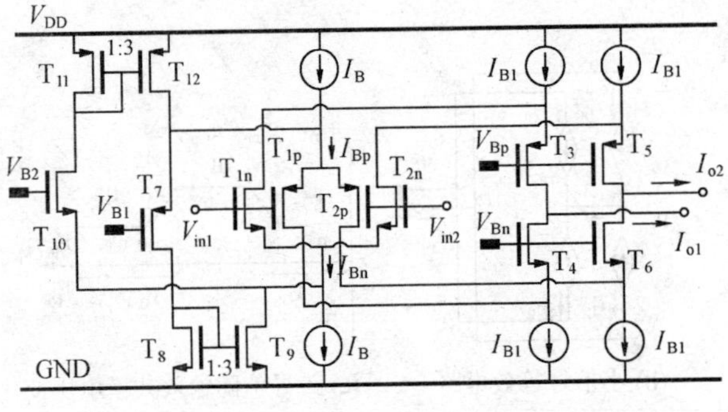

图 4.45　三倍电流镜补偿尾电流恒定跨导互补输入级

图 4.45 给出一种采用三倍电流镜和电流开关构成的恒定跨导输入级。电流开关 T_7 和 T_{10} 管的栅极电压为 V_{B1} 和 V_{B2}。如果输入共模电压 V_{CM} 使 p 沟和 n 沟差分对同时工作在饱和区，V_{B1} 和 V_{B2} 使 T_7 和 T_{10} 管截止，$I_{Bp}=I_{Bn}=I_B$，这样 $g_{mT}=2(\sqrt{I_B})\sqrt{\beta}$。当 V_{CM} 增加到 V_{DD} 附近时，T_{1p} 和 T_{2p} 管截止。p 沟差分对尾电压的增加引起 T_7 源栅电压增加，使 T_7 管导通。电流 I_B 全部流过 T_7，$I_{Bp}=0$。T_7 管电流通过三倍电流镜加到 n 沟差分对 T_{1n} 和 T_{2n} 管。另外，n 沟差分对尾电压的增加引起 T_{10} 管截止，这时 $I_{Bn}=4I_B$，因此有 $g_{mT}=g_{mn}=(\sqrt{4I_B})\sqrt{\beta}$。当 V_{CM} 减小到 GND 附近时，情况相反，$g_{mT}=g_{mp}=(\sqrt{4I_B})\sqrt{\beta}$，因而对于在全电源电压范围内的 V_{CM}，跨导 g_{mT} 基本保持不变。

这个电路在使用时必须认真设置电流开关管的偏置电压，不能使两个管同时处于导通状态，否则不能保证恒定 g_{mT} 所需的偏置电流。由于随 V_{CM} 变化晶体管 T_7 和 T_{10} 从开到关、关到开需要一个过渡区，在该过渡区 T_7 和 T_{10} 管同时导通，这将引起 g_{mT} 变化。这种方法的 g_{mT} 变化率可控制在 15%[52]。

图 4.46 表示另一种电流开关三倍尾电流补偿恒定跨导互补差分对输入级[53]。它在 p 差分对输入管的源极与 GND 之间加开关 T_{7p}，在 n 差分对输入管的源极与正电源电压之间加开关 T_{7n}，这两个开关的尺寸是输入管的 6 倍。当输入电压使 p 和 n 差分对同时工作时，开关 T_{7n} 和 T_{7p} 管导通，p 和 n 差分对的尾电流为 I_B。当共模输入足够高时，p 差分对不工作，T_{7n} 管关断，n 差分对的尾电流变为 $4I_B$，T_{7p} 管导通，p 差分对电流变为 0。这种方法可使跨导控制在 13%，但是这个输入级的总电流始终是 $4I_B$，大于图 4.45 电路。

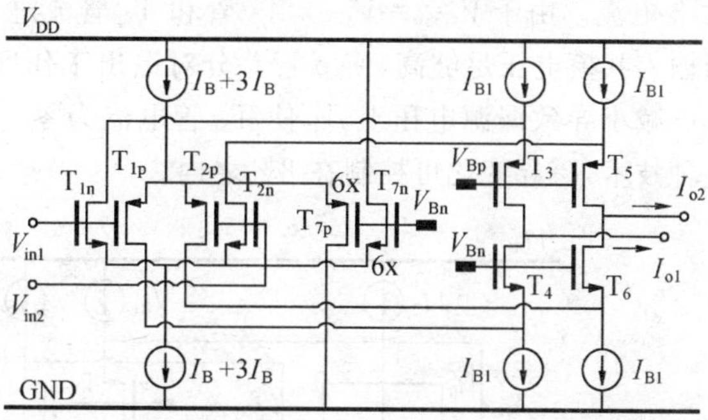

图 4.46　简单电流开关三倍尾电流补偿恒定跨导电路

图 4.47 表示用二极管连接 MOS 管构成的三倍电流补偿输入级[54]。T_{7p} 和 T_{7n} 管以串联二极管形式连接在两差分对尾之间，宽长比是输入管的六倍。当 V_{CM} 在 V_{DD} 附近时只有 n 沟差分对工作，两差分对尾之间电压小于 T_{7p} 和 T_{7n} 管阈值电压之和，所以通过 T_{7p} 和 T_{7n} 管的电流为 0，n 沟差分对的尾电流为 $4I_B$。当 V_{CM} 在 GND 附近时与此类似，p 沟差分对工作，尾电流为 $4I_B$。当 V_{CM} 在中间时，p 沟和 n 沟差分对同时工作，T_{7p} 和 T_{7n} 管导通，电流为 $3I_B$，差分对的尾电流为 I_B，因此 V_{CM} 在三个区的 g_{mT} 相等。但是，在三个区之间的过渡区，由于 T_{7n} 和 T_{7p} 管电流和电压的变化，引起 g_{mT} 变化。这个电路可将 g_{mT} 控制在 28%。

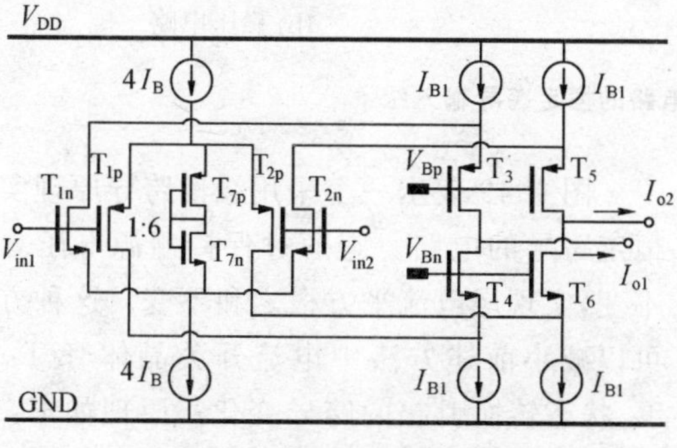

图 4.47　MOS 二极管构成的三倍电流补偿恒定跨导输入级

3. 保持栅源电压之和不变的恒定跨导输入级

三倍电流镜补偿虽然能够保证单差分对和双差分对有相同的总跨导，即工作区 I、II、III 有相同的跨导，但是在过渡区 IV 和 V 存在较大的跨导变化。减小过渡区跨导变化，可以采用 p 与 n 输入管栅源电压绝对值之和不变的方法。

图 4.48(a)表示用稳压电路保持栅源电压之和不变的互补差分对[54]。如果稳压电路的稳定电压 V_z 为：

$$V_z = |V_{Tp}| + V_{Tn} + 2\sqrt{(I_B/\beta)} \tag{4.6-6}$$

当一个差分对工作时互补差分对尾电压差小于 V_z 电压，稳压电路的电流为零，通过工作差分对的偏置电流为 $4I_B$。当两个差分对同时工作时，稳压电路使输入管栅源电压之和为 V_z，因此从偏置电流源吸收 $3I_B$ 电流，差分对的工作电流为 I_B。在整个工作电压范围内，跨导保

持 $g_{mT}=2\sqrt{(\beta I_B)}$。一种具体实现的稳压电路如图 4.48(b)所示，T_{7n} 和 T_{8n} 与输入 T_{1n} 管宽长比相同，T_{7p} 和 T_{8p} 管与输入 T_{1p} 管宽长比相同。当互补差分对同时工作时，T_{8n} 管通过 $I_B/2$ 电流。由于 $V_{GS8n}=V_{GS7n}$，T_{7n} 管和 T_{7p} 管流过 $I_B/2$ 电流，因而使输入管电流保持 $I_B/2$。当输入共模电压足够高，使 p 管差分对退出工作区后，T_{7p} 和 T_{7n} 电流为零。T_{8n} 管由于栅源电压减小导致漏源电压上升，使 T_{8p} 管电流为零，输入 n 管差分对的尾电流变为 $4I_B$。采用这种技术，跨导变化可控制在 8%之内。

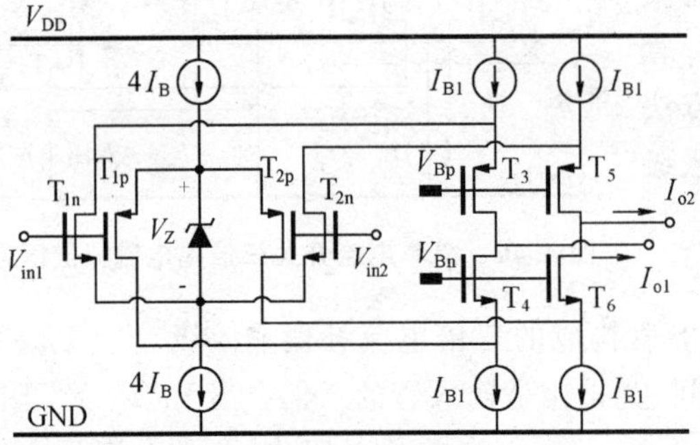

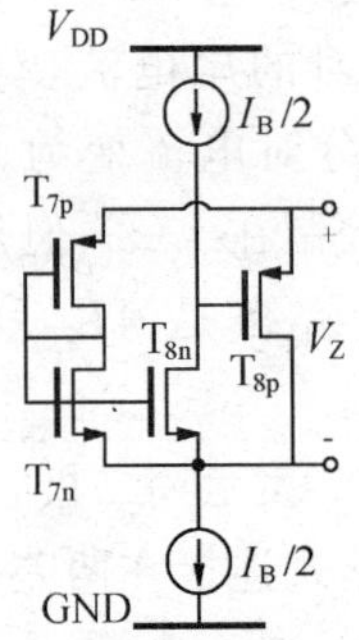

图 4.48 采用稳压电路的恒定跨导输入级

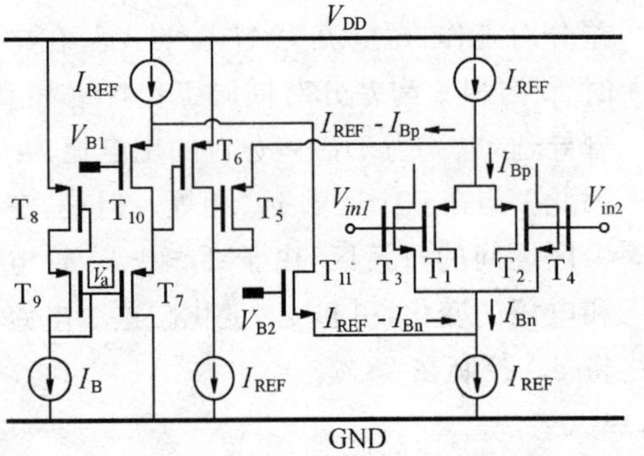

图 4.49 线性跨导电路保持栅源电压不变的恒定跨导输入级

图 4.49 表示一个采用线性跨导原理实现恒定跨导的电路。它通过保持栅源电压之和不变，实现尾电流平方根之和不变。这种方法可以减小前述方法中电流开关晶体管 T_{7p} 和 T_{7n} 状态转换引起的跨导变化。原理如下：利用一个电流源 I_B 偏值 T_8 和 T_9 管，T_9 管的漏极电压 V_a 是常数，为：

$$V_a = V_{DD} - 2|V_{Tp}| - 2\sqrt{2I_B/\beta_p} \tag{4.6-7}$$

T_6 和 T_7 管栅源电压之和为：

$$V_{SG6}+V_{SG7} = 2|V_{Tp}| + \sqrt{2I_6/\beta_p} + \sqrt{2I_7/\beta_p} = V_{DD} - V_a \tag{4.6-8}$$

其中：$I_6=I_{REF}-I_5=I_{REF}-(I_{REF}-I_{Bp})=I_{Bp}$，$I_7=I_{REF}-I_{11}=I_{REF}-(I_{REF}-I_{Bn})=I_{Bn}$。从(4.6-7)和(4.6-8)式可以得：

$$\sqrt{I_{Bn}}+\sqrt{I_{Bp}} = 2\sqrt{I_B} \tag{4.6-9}$$

其中：$0\leqslant I_{Bn}\leqslant 2\sqrt{I_B}$，$0\leqslant I_{Bp}\leqslant 2\sqrt{I_B}$。这个关系对于单差分对和双差分对工作区都成立，因此对于不同的共模电压可以保证 g_{mT} 不变。这种电路可以将 g_{mT} 的变化控制在 8%以内[55]。

以上恒定跨导都是基于 $\beta_n=\beta_p=\beta$ 的假设，但由于 β_n/β_p 正比于 μ_n/μ_p，受制造工艺影响存在约15%的偏差。这个比值的偏差将在整个共模范围内使 g_{mT} 变化7.5%。因此，为得到更好的输入级，要采用与 β_n 和 β_p 匹配性无关的更复杂电路[55]。

4.6.2 满摆幅输出级

输出电压可以在整个电源电压范围内变化的输出级称做满摆幅输出级。低压、低功耗电路的输出级应当满足以下三点要求：① 输出电压范围应当是满电源电压范围，以有效利用电源电压；② 偏置应当是甲乙类形式，以有效利用电源电流；③ 输出晶体管必须由前一级直接驱动，甲乙类偏置电路不产生延迟，以保证最大带宽。

从功率角度，推挽输出效率最高。这种电路用CMOS实现可分为两类：共漏和共源推挽输出。传统的共漏推挽电路，可由简单的前馈偏置使其工作在甲乙类状态（如3.6节所述），但是输出电压范围至少比电源电压范围小两个栅源电压 V_{GS} 和两个漏源饱和电压 V_{DSsat}，不适合在低电压下工作。共源推挽形式可以获得满摆幅输出，因此它是满摆幅输出级主要采用电路结构，控制它甲乙类工作的偏置电路成为低压、低功耗输出电路设计的主要问题。

高效甲乙类偏置电路必须满足：① 高最大电流和静态电流比，提高电源电流利用率；② 最小电流不能过小于静态电流，否则输出管从截止到导通的变化时间太长，引起高频畸变；③ 甲乙类转换平滑，消除交跃失真。能够满足这种要求的甲乙类输出特性如图4.50所示。实现这种特性的偏置电路可分为两类：前馈偏置和反馈偏置。

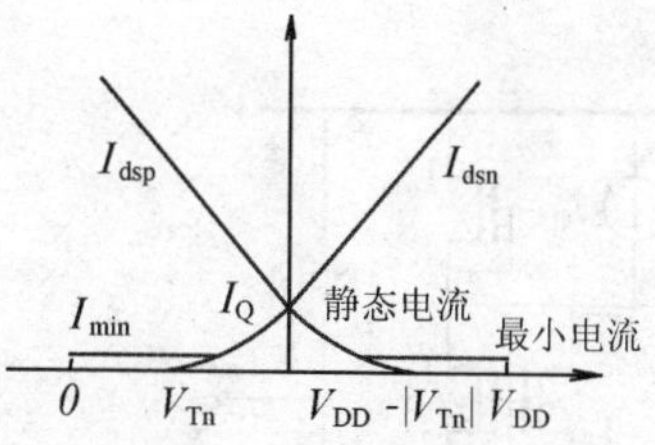

图4.50 甲乙类输出级输出电流随输入电压变化的理想特性

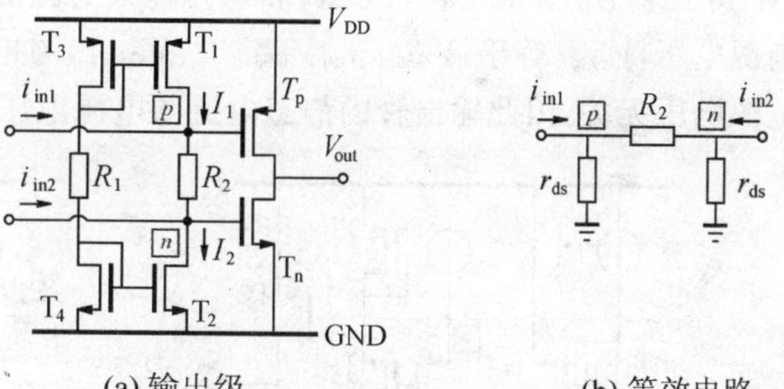

图4.51 前馈甲乙类电阻耦合满摆幅输出级

简单的共源推挽输出级是CMOS反相器。如3.6节所述，它的缺点是静态电流大并随电源变化。当电源电压小于 V_{GSp} 加 V_{GSn} 时静态电流为0，不能以甲乙类形式工作，因而不适合低压、低功耗电路。图4.51(a)给出静态电流小且受电源电压变化影响小的前馈偏置输出级。输出晶体管 T_p 和 T_n 由电阻 R_2 压降偏置。电流镜 $T_{3,1}$ 和 $T_{4,2}$ 使 R_2 电压正比于 R_1 电压，从而减小电源电压对静态电流的影响，并保持 T_p 和 T_n 管栅源电压之和为常数，以使 I_p 和 I_n 有图4.50所示的平方关系。

在静态情况下，输入信号 $i_{in1}=i_{in2}=0$，$I_1=I_2$，$I_Q=I_p=I_n$，有：

$$|V_{GSp}|+V_{GSn}=(1-R_2/R_1)(V_{DD})+(|V_{GS3}|+V_{GS4})R_2/R_1 \tag{4.6-10}$$

如果 $R_1=R_2$，上式变为：

$$|V_{GSp}|+V_{GSn}=(|V_{GS3}|+V_{GS4}) \tag{4.6-11}$$

静态电流为：

$$I_Q=\left(\frac{V_{GS4}+|V_{GS3}|-V_{Tn}-|V_{Tp}|}{\sqrt{2/\beta_n}+\sqrt{2/\beta_p}}\right)^2 \tag{4.6-12}$$

如果忽略 T_3 和 T_4 管栅源电压随电源电压变化，工作电流近似与电源电压无关。随着输入电流增大，节点 p 和 n 的电压上升，T_p 管逐渐退出饱和区，电流逐渐下降为零；T_n 管从饱和区进入到非饱和区，电流逐渐增加到最大值。

对于图 4.51(b)所示小信号等效电路，当 $R_2 \ll r_{ds}$ 时，

$$\nu_p \approx r_{ds}(i_{in1}+i_{in2})/2 \tag{4.6-13a}$$

$$\nu_n \approx r_{ds}(i_{in1}+i_{in2})/2 \tag{4.6-13b}$$

输出管的栅电压与输入电流之和成正比。当 i_{in1} 和 i_{in2} 为输入级互补差分对的输出（如图 4.44）时，可以保证在整个输入共模范围内正常工作。

这个电路的缺点是 R_1 和 R_2 产生很大的功耗。电路的最小工作电压由 R_2 电阻、T_p 管和 T_n 管串联电路的工作电压确定，约为 1.8V[52]。

用线性跨导原理控制输出晶体管的输出电路如图 4.52(a)所示。从电路可见 $|V_{GS6}|+|V_{GS5}|$ 等于 $|V_{GSp}|+|V_{GS4}|$，$|V_{GS6}|$ 和 $|V_{GS5}|$ 由电流源 I_{B4} 决定，$|V_{GS4}|$ 由电流源 I_{B3} 决定，T_p 的栅源电压 $|V_{GSp}|$ 等于 $|V_{GS6}|+|V_{GS5}|-|V_{GS4}|$，与电源电压无关。同理，$T_n$ 的栅源电压也与电源电压无关，因此输出管的静态电流与电源电压无关。

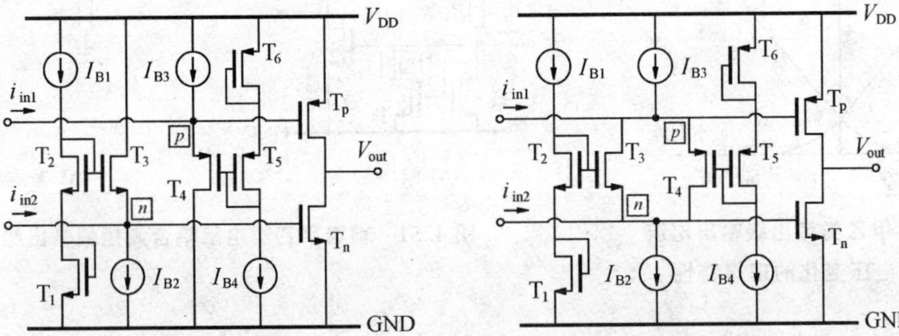

(a) 线性跨导原理控制输出管　　(b) T_3和T_4管并联

图 4.52　晶体管耦合前馈甲乙类控制输出级

为减小 T_3 和 T_4 管的电流损失，可以将 T_3 管的漏极与 T_4 的源极相接，将 T_4 管的漏极与 T_3 的源极相接，如图 4.52(b)所示。由于 T_3 和 T_4 管以共栅方式工作，小信号电流增益为 1，因此可以很好地保证 ν_p 和 ν_n 电压正比于输入电流之和，使电路工作在甲乙类状态。这

种电路的唯一缺点是电源电压受到两倍输出管栅压和一个饱和电压之和的限制，最低电源电压在 1.8～2.7 V 之间，这主要取决于最大输出电流和所用的制造技术。

要实现更低电源电压的甲乙类偏置，可以采用反馈控制的甲乙类偏置电路。一种具有反馈偏置电路的输出级如图 4.53 所示[55]。$T_{1\sim4}$ 管和 R_p 和 R_n 构成输出电流测量电路，T_5 和 T_6 管构成最小选择电路，T_7 和 T_8 构成反馈放大器，$T_{9\sim16}$ 构成电流求和电路。检测电路测量出输出管电流，通过电阻 R_p 和 R_n 转换成电压，作为最小选择电路的输入 V_{bp} 和 V_{bn}。最小选择电路的输出 V_c 由 V_{bp} 和 V_{bn} 的小者决定。V_c 输入到反馈放大器，使推挽输出的小电流管受反馈调整保持电流不变。

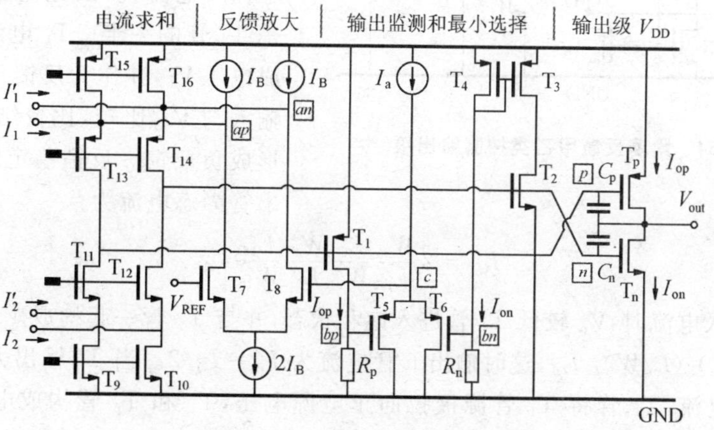

图 4.53 反馈甲乙类控制满摆幅 CMOS 输出级

例如，静态时 $I_{op}=I_{on}$，V_c 等于$(V_{bp}+V_{SG5}+V_{bn}+V_{SG6})/2$，它与电源电压无关。通过反馈放大器将 V_c 与 V_{ref} 比较放大，控制输出管偏置电压。当 $V_{ref}<V_c$ 时，$V_p>V_n$。当 $V_{ref}>V_c$ 时，$V_p<V_n$。为保证甲乙类偏置，当 $V_{DD}-GND<2V_{GS}$ 时，需要输出管的栅压 $V_p<V_n$。最小工作电压在 $V_{GS}+2V_{ov}$ 附近。

如果输出电流不为 0，T_1 和 T_2 分别通过输出管电流 I_{op} 和 I_{on}，最小选择差分对（T_5 和 T_6）的输入电压为：$V_{G5}=I_{op}R_p$，$V_{G6}=I_{on}R_n$。当 I_{on} 变得小于 I_{op} 时，V_{G6} 小于 V_{G5}，电流源 I_a 的电流大部分通过 T_6。随着 I_{on} 的进一步减小，所有 I_a 都流入 T_6，T_5 管截止，V_c 只受 I_{on} 控制。同理，当 I_{op} 减小到一定程度后，V_c 只受 I_{op} 控制。因此，无论 I_{on} 或 I_{op} 变小，都减小 V_c。V_c 作为反馈放大器的输入控制着输出。如果要增加输出电压 V_o，则需减小 V_p 和 V_n，从而引起 I_{on} 变小并使 V_c 相对于 V_{ref} 减小，因此 V_{an} 增加而 V_{ap} 减小。这种作用将增加 V_n 和减小 V_p，V_n 增加有助于 T_n 管维持工作电流。V_p 减小有助于 T_p 管向负载提供更大的电流。当 I_{op} 减小时，T_p 和 T_n 以类似的方式受到控制。在 0.9～1.8V 电源电压下，这个电路可工作在良好的甲乙类偏置状态，具体电源电压由最大输出电流确定。

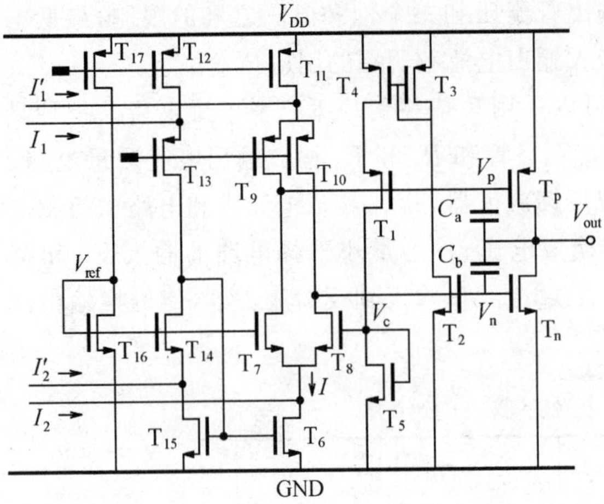

图 4.54　紧凑反馈甲乙类控制输出级

一种紧凑结构的反馈式甲乙类偏置输出级如图 4.54 所示。$T_{1\sim5}$ 管构成输出电流检测电路，$T_{6\sim5}$ 管构成输入电流求和与反馈信号放大电路。当输出电流为 0 时，流过 T_p 和 T_n 的电流相等。电路设计使这时的 T_1、T_3、T_4 管栅电压相同，T_1、T_4 管可以视为沟道长度增加一倍的单个 MOS 管，并与 T_3 管一起构成电流镜，因此流过 T_1 管的电流是 T_2 管的一半。T_1 电流经 T_5 管转换成电压 V_c，并作为反馈放大器 T_8 管的输入与 V_{ref} 比较，比较结果控制输出管形成负反馈。反馈稳定时，$V_c = V_{ref}$，输出管静态电流为：

$$I_Q = 2\frac{W_n}{L_n}\frac{L_2}{W_2}\frac{W_5}{L_5}\frac{L_{16}}{W_{16}}I_{ref} \tag{4.6-14}$$

当 T_p 管输出大电流时，V_p 较低 T_4 管进入饱和状态，并与 T_3 管一起构成 1 比 1 电流镜，使 $I_2 = I_5 = (W/L)_5(L/W)_{16}I_{ref}$，这时输出 n 管电流为 $I_{on} = I_Q/2$。当 T_n 输出大电流时，T_2 和 T_3 管通过大电流，T_4 管将 T_1 管源极拉向正电源电压，T_1 和 T_p 管构成电流镜，使 $I_{op} = (W/L)_p(L/W)_1 I_5$。当 $(W/L)_p/(W/L)_1 = (W/L)_n/(W/L)_2$，$I_{op} = I_Q/2$，从而实现精确的甲乙类控制[53]。

4.6.3　满摆幅运放

1. 简单互补输入折式级联 OTA

图 4.55 表示一种由互补差分对输入级和对称负载折式共源共栅级联构成的简单互补输入折式级联 OTA。$T_{1\sim4}$ 管构成互补输入差分对，$T_{11\sim14}$ 是两差分对的折式共栅级联管，$T_{5,6}$ 和 $T_{9,10}$ 作为共栅管和差分对的电流源，$T_{7,8}$ 和 $T_{13,14}$ 管构成级联电流镜，$T_{15\sim19}$ 构成偏置电路。

分析电路节点电阻知，这个 OTA 只有输出节点是高阻节点，负载电容决定带宽。增益为 $g_{mT}r_{out}$，增益带宽积 GBW 为 $g_{mT}/2\pi C_L$，它们都是跨导的函数。因为简单互补差分对输入级的跨导不是常数，所以它们随共模输入电压而变化。

如果将图 4.55 所示 OTA 的输出与负输入端相连，则构成互补输入缓冲级；如果去掉 T_3、T_4、T_9 管可以构成普通 p 沟管输入缓冲级。图 4.56 是互补输入缓冲级与普通 p 沟输入缓冲级的比较结果。可见互补缓冲级可以扩大 p 沟缓冲级的高端工作电压范围。由于以反馈形式工作，跨导的变化不影响低频跟随特性。OTA 的最小工作电压 $2(V_{GS}+V_{ov})$，约为 1.8 V，与制造工艺和输出电流等有关。

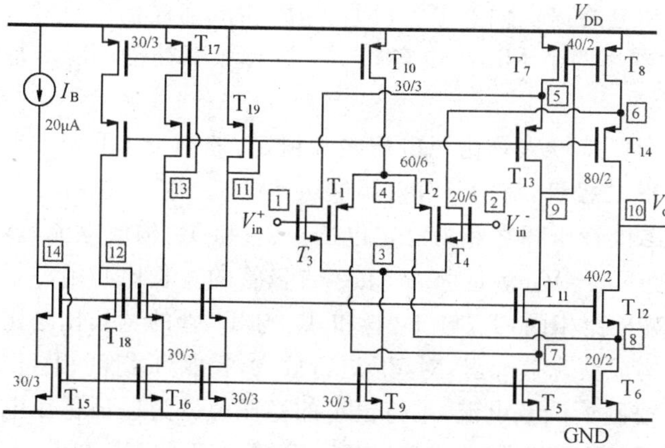

图 4.55　简单互补输入折式级联 OTA

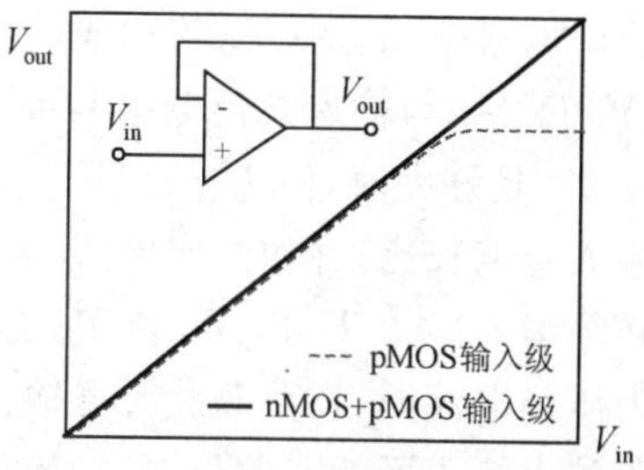

图 4.56　互补差分对输入级与 p 管差模输入级跟随器直流特性比较

2. 二级运放

在许多应用中，特别是作典型 OPA 使用时，单级放大的增益往往不能满足精度要求。即使用共源共栅级联结构可以得到足够的增益，但由于提供大输出电流将引起输出管漏极饱和电压上升，从而限制输出电压摆幅。解决这个问题的办法是加入输出缓冲级，构成两级运放。

图 4.57 表示一种由稳压电路恒定 g_{mT} 的二级满摆幅运放，它由互补差分对输入级和前馈甲乙类控制输出级构成。$T_{1\sim4}$、$T_{13,14}$ 管构成简单互补输入差分对。$T_{5\sim12}$ 管按要求计算

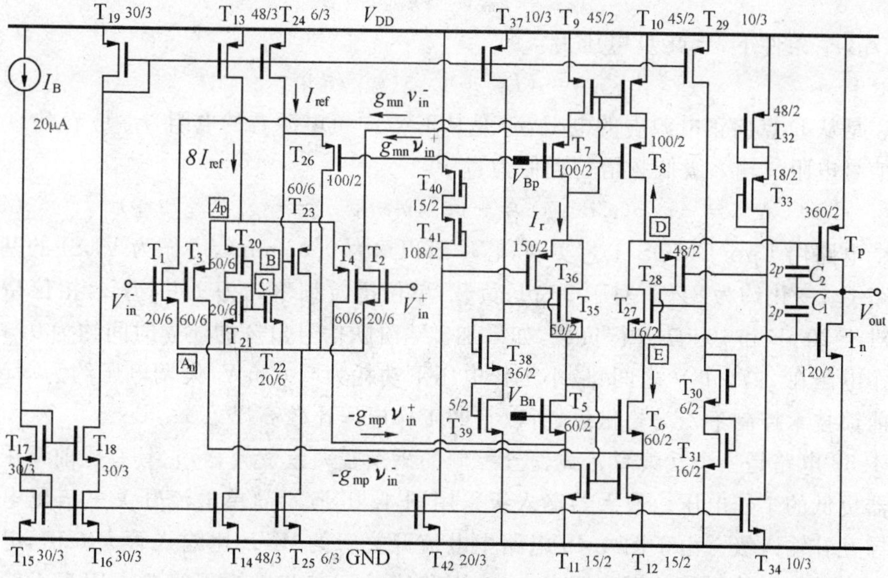

图 4.57　稳压电路恒定跨导的前馈甲乙类控制二级运放

差分对输出电流和，$T_{35\sim42}$管为这个求和电路提供偏置电流。$T_{27\sim34}$管构成前述输出管 T_p、T_n 甲乙类工作的前馈偏置电路。放大器用两个 Miller 电容 C_1、C_2 进行频率补偿，$T_{15\sim19}$是简单偏置电路。

运放输入级采用前述稳压电路原理保持输入管栅源电压之和恒定，控制 g_{mT}不变。在稳压电路中，T_{20}和 T_{21}管构成串联 MOS 二极管，对两差分对尾电压差($V_{Ap}-V_{An}$)进行分压(V_C)。V_C 与输入共模电压 V_{CM}相关，二极管压降之和为稳定电压。T_{21}和 T_{22}构成电流镜，在 V_C 足够大时，使 I_{D21}等于 I_{D22}。要使 $V_{Ap}-V_{An}$满足(4.6-9)式，二极管的宽长比必须等于输入管宽长比。同时，如果 T_{21}和 T_{22}宽长比相同，T_{13}与 T_{24}管和 T_{14}与 T_{25}管的宽长比之比必须为 8∶1。T_{22}以 T_{24}和 T_{26}为负载构成共源放大器，对 V_C 进行放大，控制 T_{23}管。T_{23}作为压控电流源，在共源放大器输出 V_B 控制下调节电流，维持恒定的稳压值。为保证稳压电路的电流不影响 n 差分对，加入 T_{25}和 T_{26}管。T_{25}管电流等于 T_{24}，T_{26}管使不同 V_C 下 T_{22}和 T_{26}管电流之和等于 T_{25}。

当输入共模电压在电源电压一半时，V_B 电压较低，T_{26}管电流为 0，T_{21}和 T_{22}的电流由 T_{24}确定，输入管 $T_{1\sim4}$的电流都为 I_{ref}。剩余尾电流 $6I_{ref}$，通过 T_{21}和 T_{23}管。当输入共模电压在 V_{DD}或 GND 附近时，$V_{Ap}-V_{An}$小于稳压值，V_C 较小，T_{21}和 T_{22}管电流非常小，V_B 电压高，T_{23}管电流为 0，T_{26}管电流等于 T_{24}管电流，输入管 $T_{1\sim4}$的电流为 $4I_{ref}$。因此，在整个共模输入范围内保持 $g_{mT}=2\sqrt{(2\beta I_{ref})}$基本不变。

互补差分对输入级的输出电流，即前馈甲乙类输出控制电路的输入电流，为：

$$I_{ds8}=g_{mn}\nu^{-}-g_{mn}\nu^{+}-I_r \tag{4.6-15}$$

$$I_{ds6}=g_{mp}\nu^{-}-g_{mp}\nu^{+}+I_r \tag{4.6-16}$$

在 $r_{DE}\ll r_D$，r_E 条件下，节点 D 电压为：

$$\nu_D=(I_{ds6}+I_{ds8})(r_D//r_E) \tag{4.6-17}$$

其中：r_D 是从 D 点向正电源看的电阻，r_E 是从 E 点向负电源看的电阻，r_{DE}是节点 D 和 E 之间的小信号电阻。输入级低频增益近似为：

$$A_{\nu o1}=-\nu_D/(\nu^{+}-\nu^{-})=-\nu_E/(\nu^{+}-\nu^{-})=-g_{mT}(r_D//r_E) \tag{4.6-18}$$

这个电路用 1 μm CMOS 工艺实现，芯片面积约为 0.06 mm^2，可作为 VLSI 的基本库单元。电路 g_{mT}变化约为 8%。对于 20 pF 负载，单位增益频率约为 1.9 MHz，相位裕度约为 80℃。对于 20 pF 和 10 kΩ 并行负载，如果加 1 V 阶跃信号，1%的建立时间约为 0.3 μs。电路的工作电压在 2.7～6 V 之间，最小工作电压下功耗为 0.6 mW，失调电压约为 3 mV。由于采用前馈技术控制甲乙类输出级，所以它的工作电压比较高[54]。

图 4.58 电路是一个反馈甲乙类偏置控制的满摆幅两级放大器，它具有比前馈甲乙类控制放大器更低的工作电压。放大器输入级采用图 4.46 所示简单电流开关三倍尾电流补偿恒定跨导互补输入级。由于图 4.46 电路中电流开关管的 W/L 比输入管大 6 倍，电流开关管的总面积比互补输入管总面积要大 3 倍，因此这种恒定跨导输入级要占用很大输入级面积。为减小开关管尺寸，保证输入共模电压为电源电压半值时开关管通过 3 倍的差分对电

流，可以采用增加开关管栅源电压的方法。在图 4.58 中，T'_{25} 和 T'_{26} 产生开关管 $T'_{21\sim24}$ 的栅极电压，使输入共模电压为电源电压半值时差分对尾电流（I'_{DS6} 和 I'_{DS5}）的 3/4 流过开关管。另外，图 4.58 输入级中原来的一个开关管现在分成两个管，并分别接到差分对输入管的漏极。采用这种结构可以使差分对输出电流不随输入共模电压发生变化，缺点是电流开关与输入晶体管并联将影响放大器的噪声特性。但是，由于开关管尺寸很小，噪声影响也相当小。

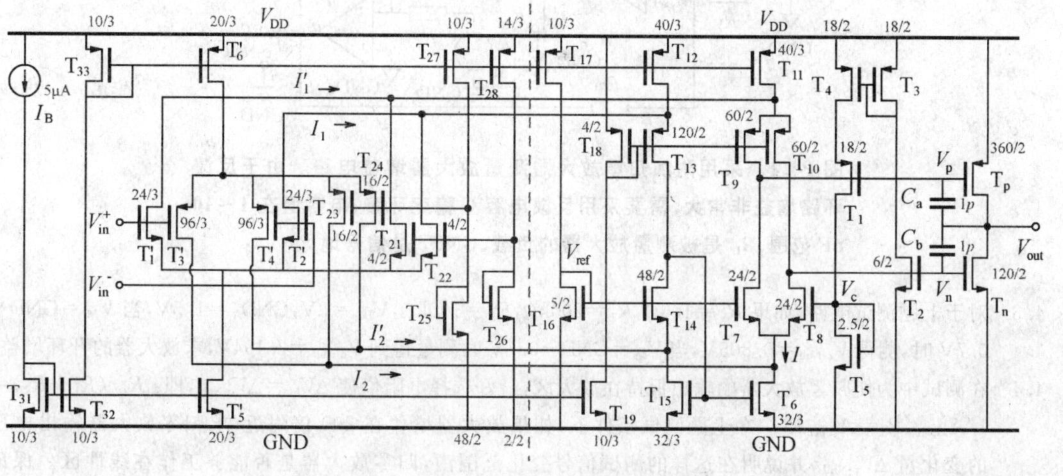

图 4.58　反馈甲乙类偏置控制输出级满摆幅两级放大电路

图 4.58 电路采用图 4.54 所示的紧凑反馈甲乙类控制输出级，两级放大结构采用 Miller 电容 C_a 和 C_b 进行频率补偿。用 1.6 μm 标准数字 CMOS 工艺制造，芯片面积为 0.1 mm^2，g_{mT} 和单位增益频率随输入共模电压的变化越为 18%。电源电压范围从 1.8～7.0 V，电源电流为 230 μA，输出电流峰值 1.2 mA。输入失调电压 6 mV，等效输入噪声电压 38 nV/$\sqrt{Hz}$（100 kHz）。当电源电压大于 2.5 V 时，共模输入范围为满电源电压范围。当电源电压小于 2.5 V 时，共模输入范围为 GND－0.5V 到 V_{DD}－1.3V 和 GND＋1.2V 到 V_{DD}＋0.5V。输出电压范围从 GND＋0.1V 到 V_{DD}－0.1V。THD 为－41dB(单位增益反馈环，f＝1 kHz，，1V)。在 5 pF 负载下，单位增益频率为 4 MHz，相位裕度为 67°。驱动 10 kΩ 负载电阻，直流增益为 86 dB。对于 1V 的阶跃输入信号，压摆率为 4.5 V/μs，建立时间 370 ns（1%，1V），465 ns（0.1%，1V）[53]。

习　题　四

4.1　在 5V 电源电压下，如果放大器负输入端接模拟信号地电平 1.5V，当正输入端加 1.45 和 1.55V 电压后，测量输出电压为 0.75 和 4.2V，求放大器增益。用分贝表示增益是多少？

4.2　运算放大器通常开环增益很大，测量中为了不使放大器输出进入不随输入变化的饱和状态，通常采用附加归零放大器，使测量放大器输出始终在放大区，如图 P4.1 所示。求证：① $V_o＝2GND_A－V_M$，

② $V_{in}=V_i^+-V_i^-=\frac{R_1}{R_1+R_3}(V_{o-Null}-GND_A)$，③ 被测放大器的开环增益为：$A_v=-\left(\frac{R_1+R_3}{R_1}\right)\frac{\Delta V_M}{\Delta V_{o-Null}}$。这种测量方法的精度取决于 R_1、R_2 和 R_3 电阻匹配精度[56]。

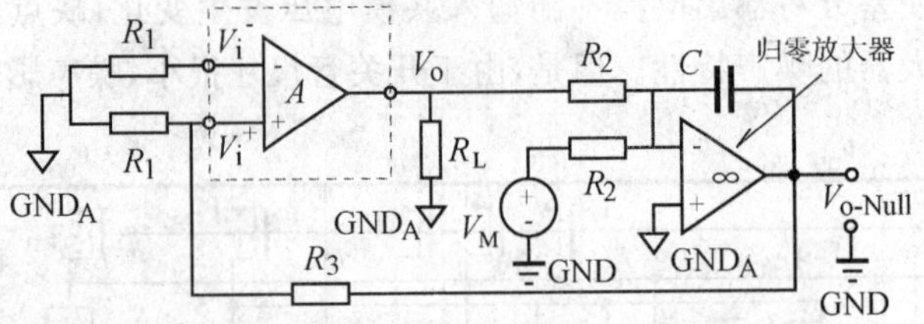

图 P4.1 采用附加归零放大器测量放大器增益电路。由于反馈环路增益非常大，需要采用反馈电容 C 稳定环路，电容值在 1～10 nF 范围，R_L 是被测量放大器的负载，GND_A 是信号地

4.3 对于上题测试电路，如果 $R_1=100\Omega$，$R_3=200\text{k}\Omega$，$R_2=100\text{k}\Omega$，$V_{DD}=3\text{V}$，$GND_A=1.5\text{V}$，当 $V_M=GND+0.7\text{V}$ 时，测得 $V_{o\text{-}Null}=0.805\text{V}$，当 $V_M=GND-0.7\text{V}$ 时测量得到 $V_{o\text{-}Null}=2.194\text{V}$，求放大器的开环增益。

4.4 在测试中为使归零放大器的输出保持在放大区，最好选择电阻值使 $\Delta V_M=\Delta V_{o\text{-}Null}$，即：$R_1/(R_1+R_3)=1/A_{vopen}$，$R_3=A_{vopen}R_1$。在上题测试条件下，如果放大器增益在 200 倍附近，求归零放大器输出电压的变化量 $\Delta V_{o\text{-}Null}$，并说明在这样的测试信号变化范围内，归零放大器是否能够工作在线性区。保证归零放大器工作在线性区应当如何重新选择电阻值？

4.5 如果放大器增益为 20，输入输出关系是 $V_{out}=20V_{in}-0.2$，求输入和输出失调电压。

4.6 对于一个增益为 20 的放大器，如果输入输出关系满足 $V_{out}=-0.04V_{in}^2-20V_{in}-0.2$，求输入、输出失调电压和总谐波畸变系数。

4.7 一种简单放大器 CMRR 检测电路如图 P4.2 所示。如果 GND_A 设置为 1.5V，$R_1=R_f$，当 V_{in} 加 2.5V 共模输入电压，测得输出电压 1.501V，然后输入变到 0.5V，输出电压变为 1.498V。求放大器的共模增益。

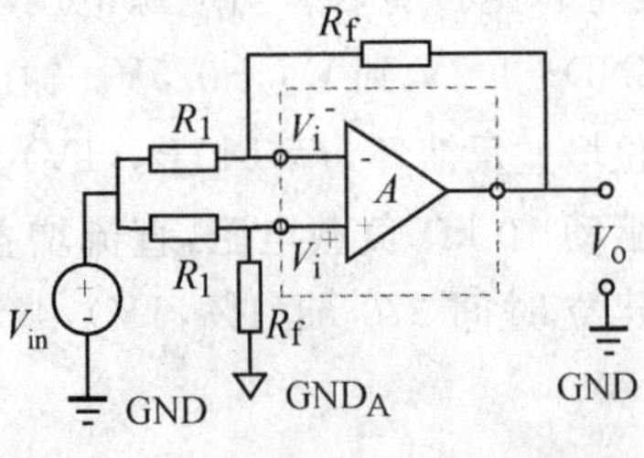

图 P4.2 简单共模抑制比测量电路

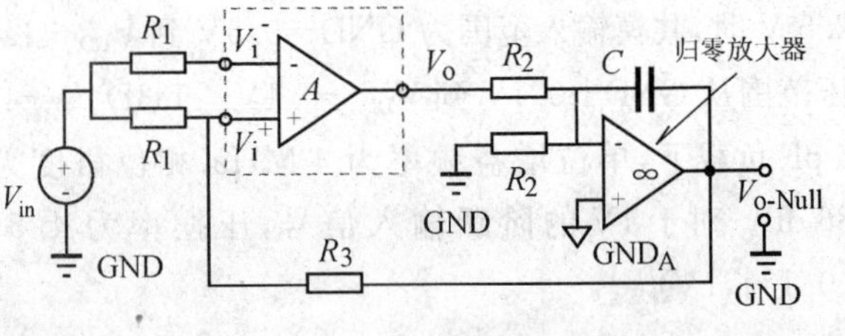

图 P4.3 采用归零放大器的共模抑制比测量电路

4.8 上题测量 CMRR 方法要求 R_1 和 R_f 精确相等，对于 100 dB 的 CMRR 要求匹配精度达 0.0001%，更好的测量电路如图 P4.3 所示。分析电阻匹配精度对测量精度的影响。

4.9 在忽略输出节点 C_{n5} 和内部节点反馈电容 C_{n54} 的情况下，证明简单 OTA 的增益表达式为：$A_v(s)=\frac{g_{m1}r_{n5}(1+g_{m4}r_{n4})}{2}\frac{1+sC_{n4}r_{n4}/(1+g_{m4}r_{n4})}{1+C_{n4}r_{n4}s}$，分析半信号节点对频率特性的影响。

4.10　证明图 4.8 差模小信号等效电路，在考虑反馈电容 C_{n54} 后的电压增益为：

$$A_v(s)=\frac{g_{m1}r_{n5}(1+g_{m4}r_{n4})}{2}\frac{1+sC_{n4}r_{n4}/(1+g_{m4}r_{n4})}{1+\{C_{n4}r_{n4}+[C_{n5}+C_{n54}(1+r_{n4}/r_{n5}+g_{m4}r_{n4})]r_{n5}\}s+C^2r_{n4}r_{n5}s^2}$$

其中：$C^2=C_{n4}C_{n5}+C_{n54}C_{n5}+C_{n4}C_{n54}$。据此说明反馈电容 C_{54} 约放大两倍对频率特性的影响。

4.11　对于电阻负载差分对构成的简单差模放大器，如图 3.35 所示，假设 nMOS 输入管完全对称，$KP_n=80\ \mu A/V^2$，$V_{Tn}=0.7V$，$(W/L)=10$，负载电阻分别为 $R_{L1}=10\ k\Omega$ 和 $R_{L2}=11\ k\Omega$，尾电流源 $I_B=100\ \mu A$，内阻 $R_B=500\ M\Omega$。对于 3V 电源电压，求 V_{OUT}、A_{dd}、A_{dc}、CMRR 和 V_{os}。

4.12　如果图 4.7 电路的输入管、负载管和尾电流源均采用共源共栅级联结构，分析小信号增益和增益带宽积、输入共模电压范围和输出电压范围和共模抑制比和失调电压。

4.13　已知 $V_{DD}=3V$，$KP_n=80\ \mu A/V^2$，$V_{En}=10\ V/\mu m$，$KP_p=30\ \mu A/V^2$，$V_{Ep}=19\ V/\mu m$，$C_{n4}=0.1\ pF$，C_{n5} 小于 C_L，设计 $C_L=10\ pF$、GBW=20 MHz 的简单 OTA，并进行噪声特性优化。

4.14　对于图 4.7 所示简单 OTA，已知负载电容为 C_L，当放大器用来实现时间常数为 RC_F 的 OPA-基积分器时，假设电路中其他电容为 0，① 求传递函数并讨论开环增益($g_m r_{out}$)趋近无穷大时的情况，② 用渐近线图画出零点和极点随 C_F 的变化曲线。

4.15　图 P4.4 是一个带有源极退化电阻的差分对，求跨导并分析源极退化电阻对频率特性的影响。

4.16　设计一个采用 nMOS 输入管的两级放大器，要求 GBW≥10 MHz，SR≥5 V/μs，$A_{v0}>60$ dB，PM≥70°，$V_{outmax}=1.7\pm1V$，$V_{incm}=2.2\pm0.5V$，已知：$KP_n=80\ \mu A/V^2$，$KP_p=30\ \mu A/V^2$，$V_{Tp}=-0.9V$，$V_{Tn}=0.7V$，$V_{En}=19\ V/\mu m$，$V_{Ep}=10\ V/\mu m$，单电源 $V_{DD}=3V$。分析那些晶体管是满足设计指标的关键晶体管。

4.17　根据表 4.3 主要参数要求，重新设计图 4.9 所示放大器，使低频噪声小于 $1\ \mu V/\sqrt{Hz@1Hz}$。

4.18　对于截止频率 100 kHz 的放大器，当压摆率足够大时，求输出相对误差 ε 小于 1%所需要的时间(建立时间)。

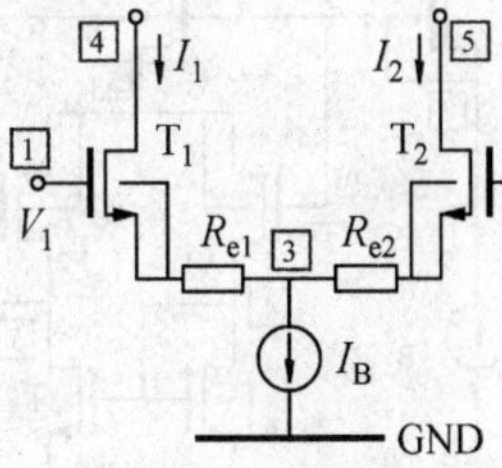

图 P4.4　带有源极退化电阻的差分对

4.19　如果两级放大器的输入级输出失调电压为 $V_{os,out1}$，输出级输出失调电压 $V_{os,out2}$ 为零，如图 P4.5 所示，求整个放大器的输出失调电压 $V_{os,out}$，分析 A_{v2} 对信噪比的影响。

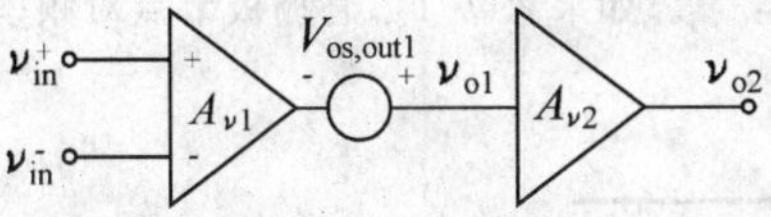

图 P4.5　失调电压

4.20　对于图 4.9 所示放大器，在输入差模信号为零的情况下，求从 GND 到输出端的低频增益和从 V_{DD} 到输出端得低频增益。根据电源抑制比定义求低频 $PSRR_{GND}$ 和 $PSRR_{VDD}$。

4.21　估算图 P4.6 所示两级放大器的基本特性，求抵消正零点所需要的 T_{Rn} 和 T_{Rp} 管尺寸，讨论 T_{Rp} 管对补偿电阻的贡献。

4.22　对于图 P4.7 所示 OPA-基反相积分器，假设放大器低频增益为 A_{v0}，$f_d<f_{nd}<f_z$，相位裕度大于 70°，① 推导 $V_{out}(f)/V_{in}(f)$，② 求 f=GBW 时输出与输入电压关系，③ 分析保证积分器相位误差小于 1%的 $R_{int}C_{int}$ 取值范围。

4.23　对于图 4.9 所示典型两级放大器略作改进，如图 P4.8 所示，可以实现推挽输出。分析该电路的增益带宽积和压摆率，并与图 4.9 所示放大器比较。

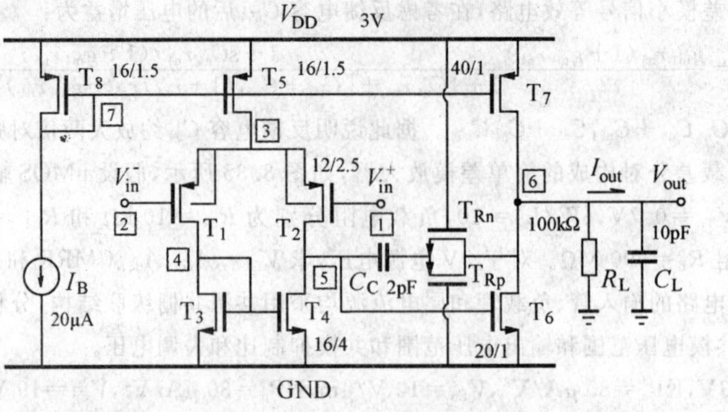

图 P4.6 采用 RC 串联补偿电路的两级放大器

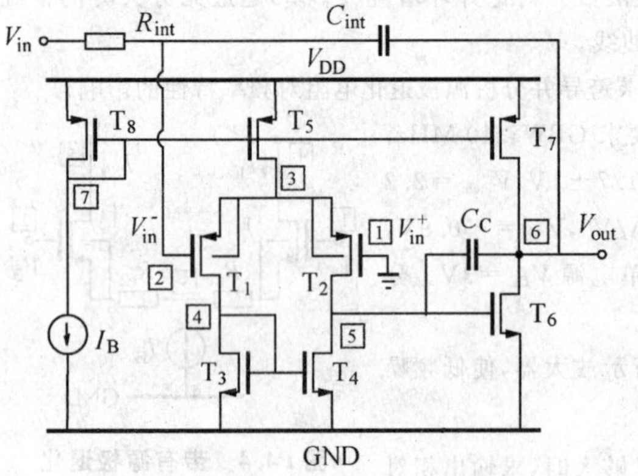

图 P4.7 两级放大器构成的反相积分器

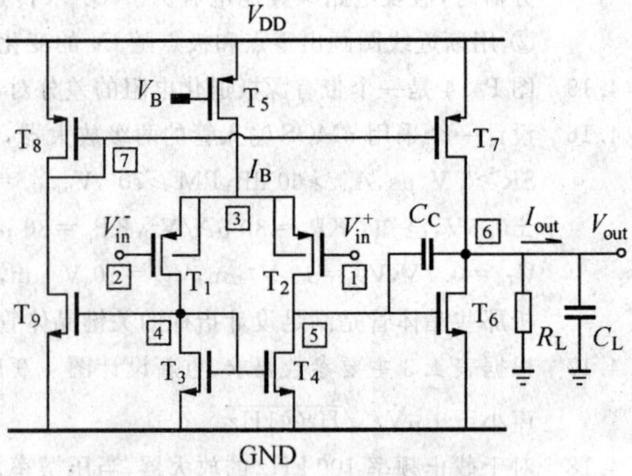

图 P4.8 推挽输出两级放大器

4.24 如果在图 4.9 所示 Miller 补偿两级放大器中再增加一级共源放级，可以构成如图 P4.9 所示的嵌套 Miller 补偿（nested Miller compensation，NMC）三级放大器[57]。如果忽略 $T_{3,8}$ 管栅极节点对频率特性的影响，求小信号电压增益。

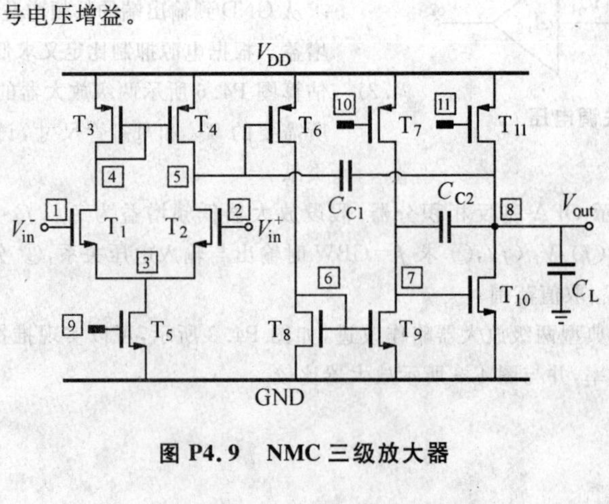

图 P4.9 NMC 三级放大器

4.25　一种对于负载电容大范围变化具有很好稳定性的嵌套 Miller 补偿三级放大器如图 P4.10 所示[58]。其中 G_{m3LF}，G_{m2} 和 G_{m1} 构成低频信号通路，G_{m3HF}，G_{m2} 和 G_{m1} 构成高频信号通路。假设高频通路增益带宽积 $GBW_H = G_{m3HF}/C_{M1}$ 等于低频通路增益带宽积 $GBW_L = G_{m3LF}/C_{M2}$，$G_{m3LH} = G_{m3LF} = G_{m3}$，$C_{M2} = C_{M1} = C_M$，寄生电容 C_{p2} 和 C_{p3} 远小于设计电容，求小信号电压增益和极点近似值。

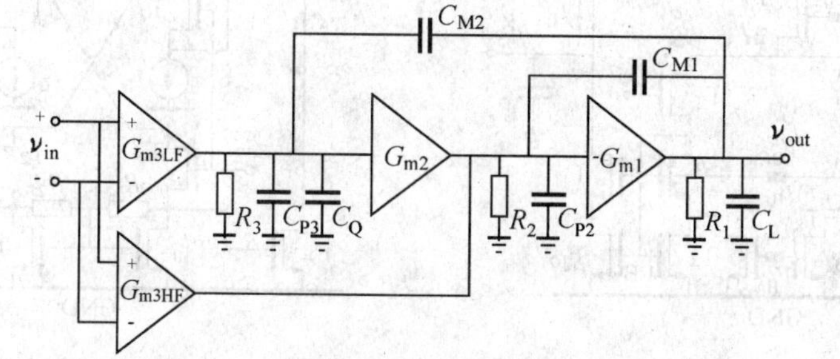

图 P4.10　三级嵌套 Miller 补偿放大器框图

4.26　图 4.27 所示简单对称 OTA 可以通过引入部分正反馈提高增益值，分析图 P4.11 所示 OTA 输入级工作在强反型和弱反型条件下的跨导值。

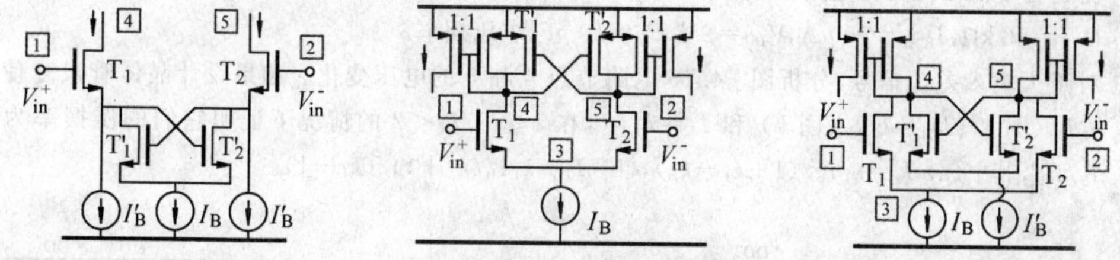

(a) 差分对引入部分正反馈　(b) 负载管引入部分正反馈　(c) 负载管引入部分正反馈

图 P4.11　三种简单差模 OTA

4.27　分析图 4.27 所示简单对称 OTA 的输入等效噪声，对于热噪声求放大器的噪声系数 F。

4.28　对于 $C_L = 10$ pF，设计 GBW≥10 MHz(PM≥70°)的共源共栅级联 CMOS 对称 OTA。要求等效输入热噪声不大于 $10\text{nV}_{rms}/\sqrt{\text{Hz}}$。为减小噪声，第一级增益取为 $A_{v1} = 3$，$B = 3$。输入晶体管的过驱动电压设为 $V_{GS1} - V_{T1} = 0.2$ V，节点电容设为 $C_{n5} = K(W/L)_5$，$C_{n9} = BK(W/L)_5$，$K = 10$ fF，$KP_n = 80\ \mu A/V^2$，$KP_p = 30\ \mu A/V^2$。

4.29　对于图 P4.12 所示放大器电路，推导放大器的增益带宽积和共模抑制比表达式，给出一种进一步改善共模抑制比的方案[59]。

4.30　一种简单变型电流镜 OTA 如图 P4.13 所示[60]，在功耗不变的情况下它可以通过“杠杆效应”改善低频增益和增益带宽积，分析增益带宽积和功耗并与图 4.27 电流镜 OTA 比较。

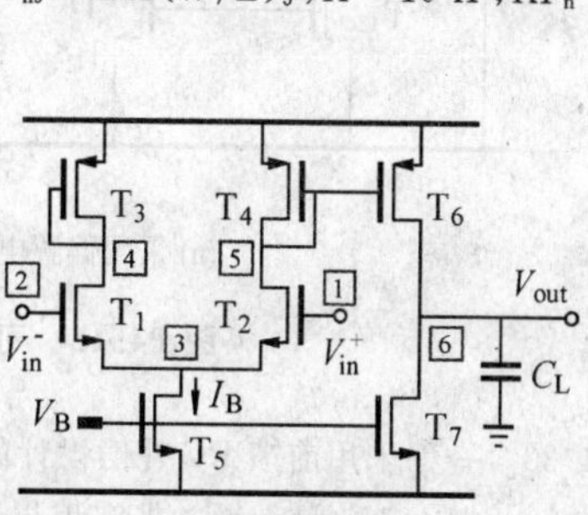

图 P4.12　一种简单对称负载 OTA

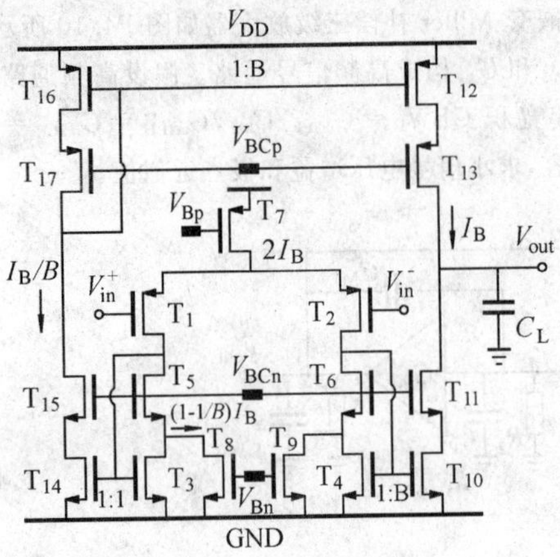

图 P4.13　一种变型共源共栅对称 OTA

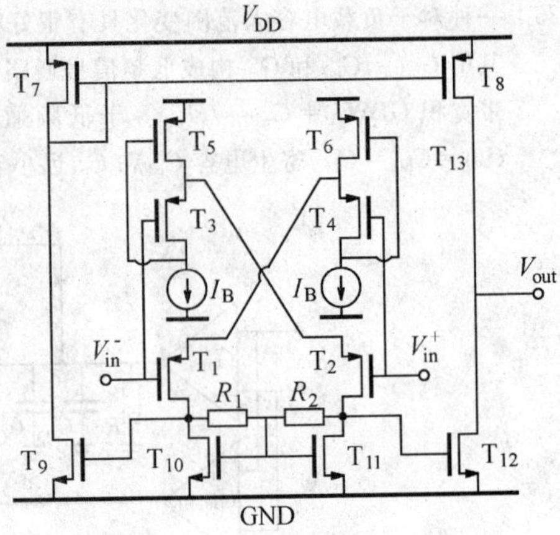

图 P4.14　一种甲乙类输出对称 OTA

4.31　一种输入级采用自适应偏置电流源的甲乙类输出 OTA 如图 P4.14 所示[61]。与一般甲乙类输出 OTA 比较，因为采用自适应偏置电流技术从而可以使静态工作电流更小、最大输出电流更大，所以更适合于低压低功耗电路。已知：$T_{1\sim4}=50\ \mu m/1\ \mu m$，$T_{5\sim8}=240\ \mu m/1\ \mu m$，$T_{9\sim12}=120\ \mu m/1\ \mu m$，$R_{1,2}=10\ k\Omega$，$I_{BIAS}=10\ \mu A$，$V_{DD}=2V$，$C_L=10\ pF$，求压摆率。

4.32　对于大输入差模信号，分析图 P4.15 电路节点 4 和 5 的电压变化。如果设计晶体管尺寸使 $I_{11}=k_2I_{13}$（图 a）、$I_{11}=k_2I_B$（图 b）和 $I_3=k_1I_{13}$，在 $1\leqslant k_2/k_1<2$ 的情况下证明它们的压摆率为 $SR=I_3/C_L$，其中(a) $I_3=k_1I_B/(1+k_1-k_2)$，(b) $I_3=k_1I_B(k_2+1)/(k_1+1)$。

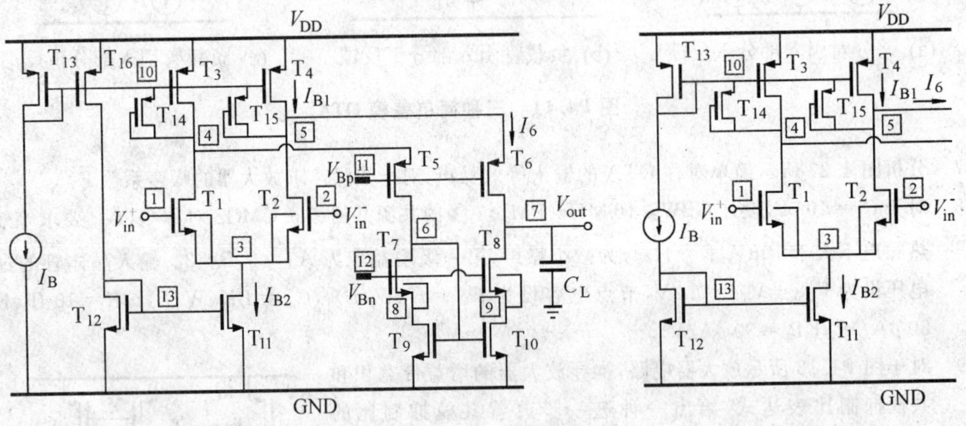

(a) 采用偏置电路1　　(b) 采用偏置电路2

图 P4.15　可以改进建立时间和压摆率的折式共源共栅 OTA

4.33　一种采用前馈 RC 补偿设计的高速折式放大器如图 P4.16 所示[62]。对于图 4.31 所示折式共源共栅 OTA，最大增益带宽积与最慢器件（共栅 PMOS 管 $T_{5,6}$）有关。解决这个问题的一种简单技术是

采用前馈电容 C_f，使高频信号绕过共栅 pMOS 管直接从 C_f 流过。这样对于高频信号，电路相当于采用全 nMOS 管设计，非主极点由电流镜的极点决定。求最大增益带宽积和相位裕度并与没有采用 C_f 的情况比较。

4.34　对于图 4.33(a)电路，如果 $T_{7,8}$ 管的栅极接偏置电压 V_{Bp}，$T_{5,6}$ 管和 $T_{7,8}$ 管构成电压跟随器，如图 P4.17(a)所示，求共模反馈通路的增益；如果共模反馈电路采用饱和 MOS 管共源放大器，如图 P4.17(b)所示，求共模反馈通路的增益。

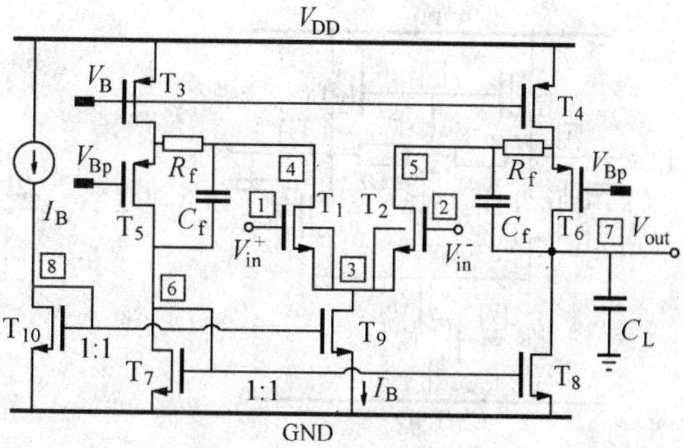

图 P4.16　采用前馈 RC 补偿设计的高速折式放大器

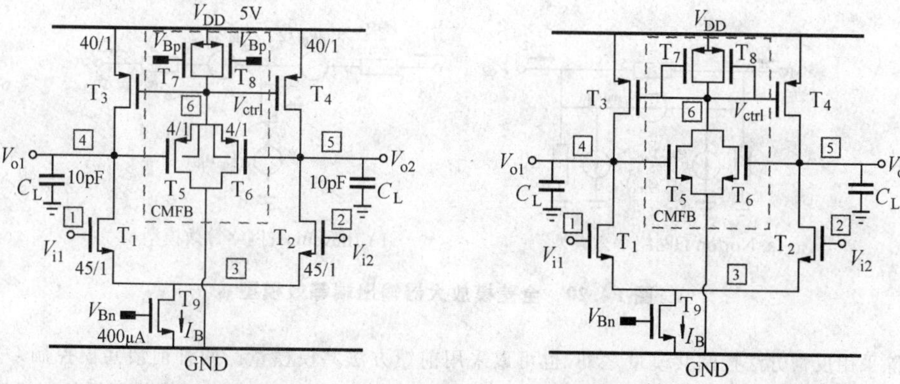

(a) 差分对尾电压测共模量

(b) 非典型差分对测共模量

图 P4.17　两种不同共模反馈电路的简单全差模放大器

4.35　对于图 4.33 所示简单全差模 OTA，最大输出差模电压摆幅范围是多大？如果输出共模反馈电路采用如图 P4.18 所示电阻结构，最大输出差模电压摆幅范围是多少？为得到最大输出电压摆幅，输出共模电压应当设计为多大？分别画出图 P4.18 电路差模等效半电路和共模等效半电路，求差模信号增益带宽积和共模反馈环的增益带宽积。

4.36　对于图 P4.19 所示全差模放大器输入阻抗 Π 网络和 T 网络等效模型，分别求差模输入阻抗和共模输入阻抗。

4.37　对于图 P4.20 所示全差模放大器输出端两种等效模型，分别求差模输出阻抗和共模输出阻抗。

4.38　对于图 P4.18 所示简单全差模 OTA，① 用 4.36 题输入端等效模型求输入阻抗，② 用 4.37 题输出端等效模型求输出阻抗。

4.39　为图 4.37 独立误差放大共模反馈全差模折式共源共栅 OTA 设计一个双差分对构成的共模反馈电路，分析差模输出电压范围。已知：$(W/L)_{1,2}=45\ \mu m/1\ \mu m$，$(W/L)_{3,4}=84\ \mu m/1.4\ \mu m$，$(W/L)_{5,6}=50\ \mu m/1\ \mu m$，$(W/L)_{7,8}=30\ \mu m/1\ \mu m$，$(W/L)_{9,10}=10\ \mu m/1\ \mu m$，$(W/L)_{11,12}=20\ \mu m/1\ \mu m$，$I_{D1}=200\ \mu A$，$I_{D3}=400\ \mu A$，$V_{DD}=3V$，$V_{OUT}=1.5V$。

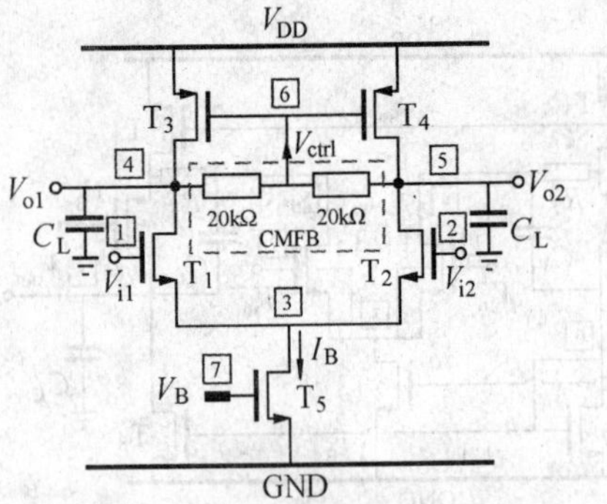

图 P4.18　由电阻构成共模反馈电路的简单全差模放大器

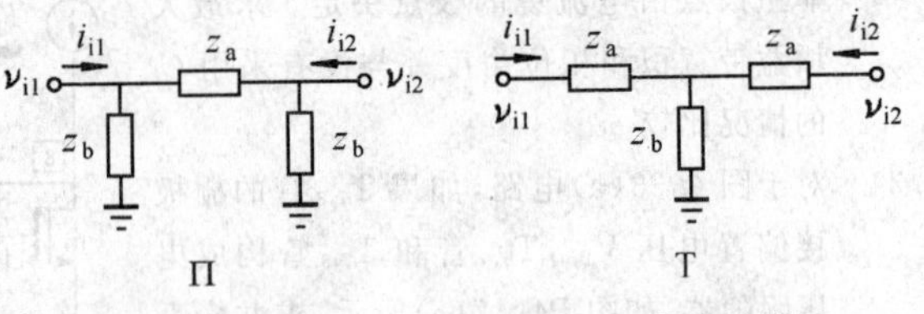

(a) Π网络等效模型　　(b) T网络等效模型

图 P4.19　全差模放大器输入阻抗等效模型

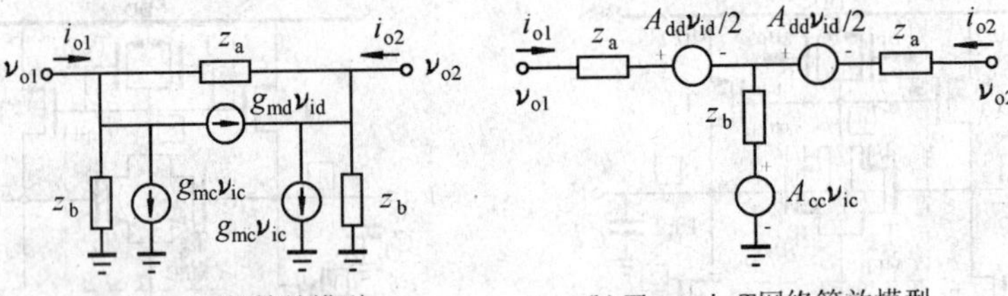

(a) Norton Π网络等效模型　　(b) Thevenin T网络等效模型

图 P4.20　全差模放大器输出端等效模型

4.40　除采用反馈方法控制共模量之外，也可以采用前馈方法共模模量。两种前馈共模控制 OTA 如图 P4.21 所示，分析这两种 OTA 的差模增益和共模增益以及 CMRR。虽然共模前馈控制可以提高共模抑制比，但是没有能力调控直流共模输出电压[63]。

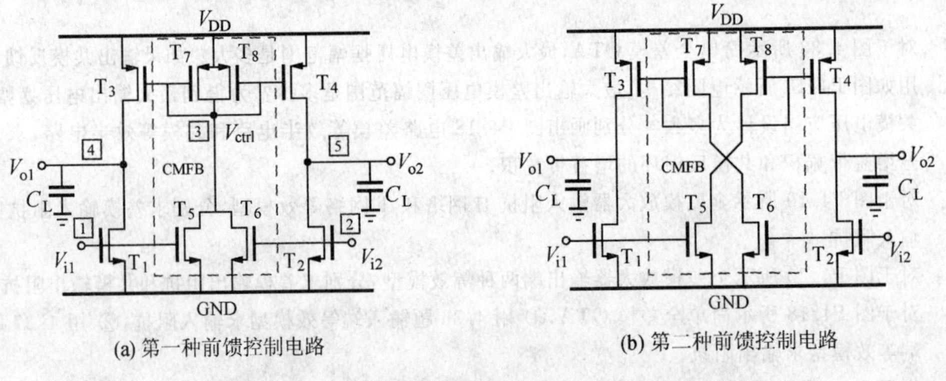

(a) 第一种前馈控制电路　　(b) 第二种前馈控制电路

图 P4.21　两种具有前馈共模控制的非典差模 OTA

4.41　对于图 P4.22 所示全差模放大器，① 分析当输入 $V_{i1}=V_{i2}=1.5\text{V}$ 时，流过个晶体管的电流以及各节点的电压，确定 I_{DB} 电流为 20 μA 所需要的 T_{12} 的宽度（$L=1.5\ \mu\text{m}$）和 T_{15} 管的宽度（$L=0.5\ \mu\text{m}$）；

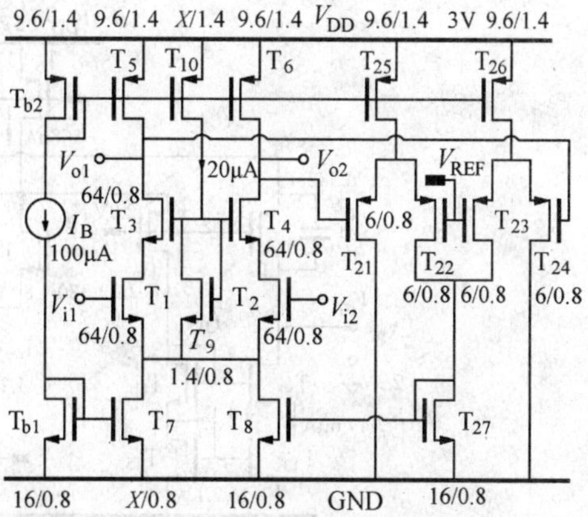

图 P4.22　一种全差模放大器

② 分别画出差模和共模小信号等效电路并分析各个节点的信号特点，例如：信号节点、非信号节点、差模信号节点和共模节点等等；③ 求差模信号增益和共模信号增益；④ 分析差模信号的增益带宽积；⑤ 对于 4pF 负载电容，求差模信号的压摆率；⑥ 分析差模输出电压范围；⑦ 分析共模输入电压范围并讨论 T_{13} 管源极接地时情况如何。

4.42　要使连续时间独立误差放大共模反馈电路不影响差模放大器输出范围，可以采用电阻网测量输出共模电压，但是电阻网会减小差模输出阻抗影响增益。解决这个问题的一种方法是在输出端引入正反馈提高差模输出阻抗，从而保持大的差模信号增益。一个具体实现电路如图 P4.23 所示[64]，① 分别画出差模与共模小信号等效电路，② 求差模和共模小信号低频增益，③ 分析差模和共模小信号增益的频率特性，④ 求差模与共模小信号低频输出电抗阻，⑤ 分析频率补偿特点，⑥ 初步设计放大器，要求低频增益 120 dB，增益带宽积 1.5 MHz，$V_{DD}=5$ V。

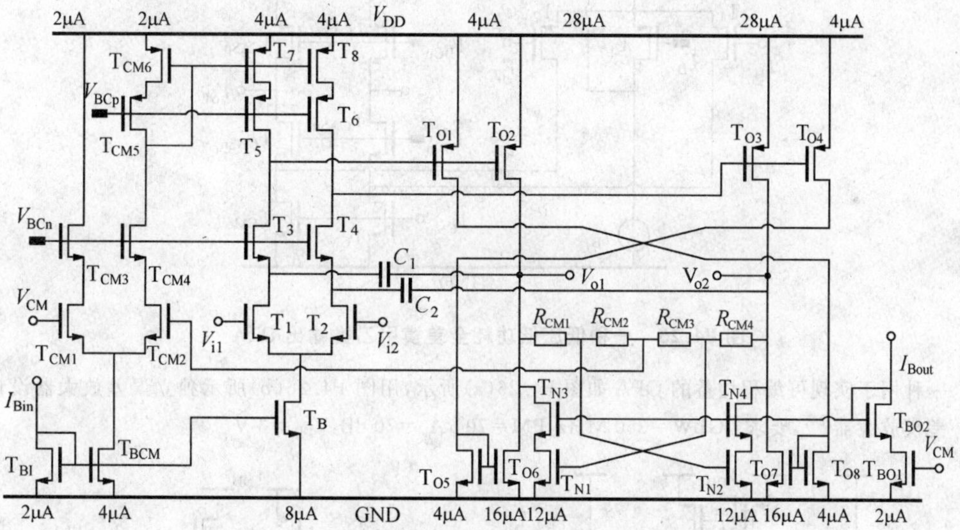

图 P4.23　一种具有独立误差放大器的全差模放大器

4.43　一种高压摆率全差模运放结构如图 P4.24 所示。如果负载电容 1.0 pF，求：增益带宽积、相位裕度、压摆率、输出电压摆幅、输入共模电压范围、功耗，并用 SPICE 验证。

4.44　一种用于开关电容电路的低压低功耗全差模甲乙类输出 OTA 如图 P4.25 所示[65]。已知：$T_{1\sim4}=90\ \mu m/1\ \mu m$，$T_{FVF}=45\ \mu m/1\ \mu m$，$T_{CASp}=45\ \mu m/1\ \mu m$，$T_{CASn}=10\ \mu m/1\ \mu m$，$T_{CMc}=10\ \mu m/1\ \mu m$，$V_{BCn}=0.8V$，$V_{BCp}=0.2V$，$V_{DD}=1.1V$，$V_B=(V_1^+ + V_2^-)/2$，$I_B=1.0\ \mu A$，$V_{inCM}=200$ mV，$V_{outCM}=550$ mV，$|V_{Tp}|=0.65$ V，求最大输出电流。

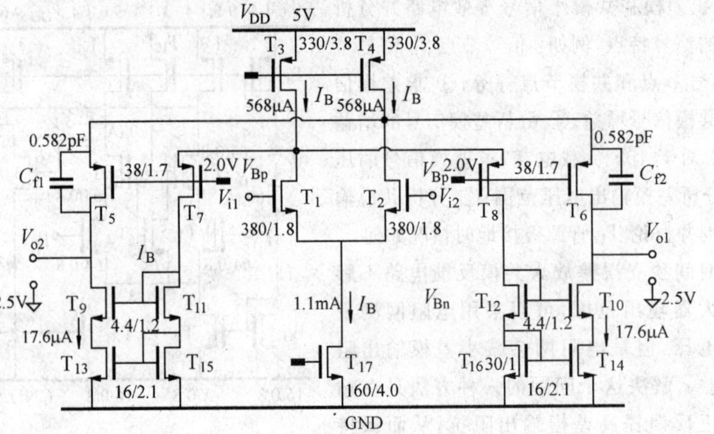

图 P4.24　一种高压摆率全差模运放

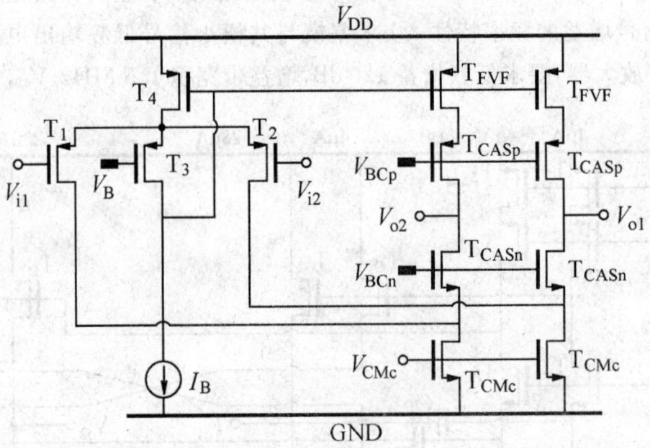

图 P4.25　一种低压低功耗全差模甲乙类输出 OTA

4.45　一种用于实现可编程增益的 OPA 如图 P4.26(a)所示，用图 P4.26(b)所示独立误差放大器设计全差模放大器[66]，要求：GBW＝350 MHz，PM＝70°，A_v＝70 dB，V_{DD}＝3 V。

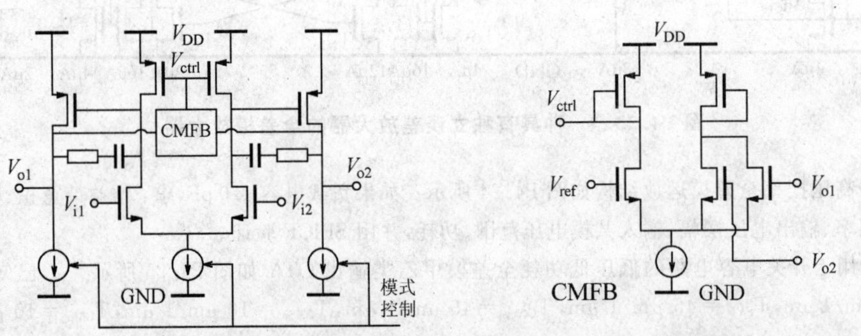

(a) 放大器　　　　(b) 共模反馈控制电路

图 P4.26　一种可编程增益 OPA

4.46　一种将共模控制电路与两级放大器有机结合的全差模对称放大器如图 P4.27 所示[67]。输入采用 pMOS 管以降低 $1/f$ 噪声。连续时间共模反馈控制电路输出电流调整第一级输出节点电压，控制放大器输出共模电压。共模电压测量电阻由 20 kΩ n-阱电阻构成，并联的 0.1 pF 电容在高频旁路电阻和寄生节电容以稳定反馈环。分析它的共模增益带宽积和差模增益带宽积。

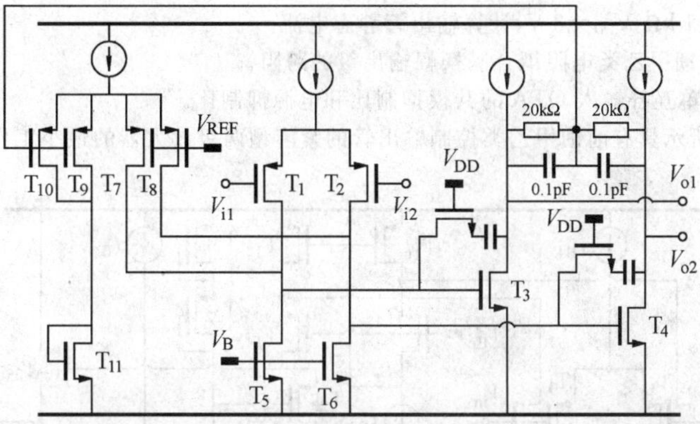

图 P4.27　一种两级全差模对称放大器

4.47　图 P4.28 表示一种用于实现开关电容积分的放大器电路[68]。由于开关电容电路存在控制时钟，所以共模控制采用开关电容构成的动态控制电路。用 SPICE 程序仿真观察输出共模电压初始随双相非重叠控制时钟增加的建立过程。

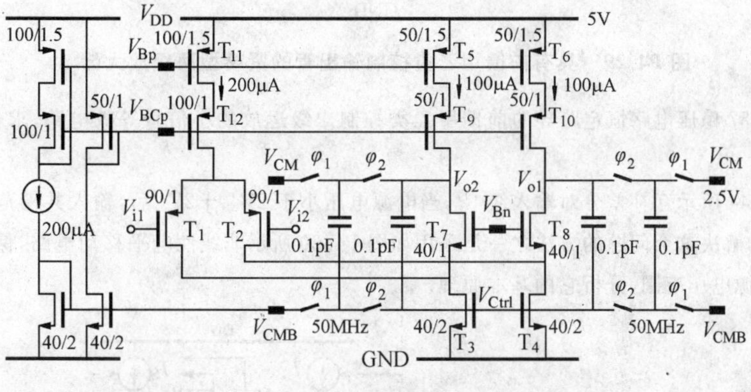

图 P4.28　一种开关电容实现共模控制的放大器

4.48　当输入共模电压在整个电源电压范围内变化时，求图 4.45 三倍电流镜补偿尾电流恒定跨导互补输入级的跨导表达式以及最大输出电流。

4.49　如果负载电容为 C_L，画出图 4.46 简单电流开关三倍尾电流补偿恒定跨导电路的小信号等效电路，求电压增益表达式，估计增益带宽积。

4.50　对于图 4.47 MOS 二极管构成的三倍电流补偿恒定跨导输入级，通过 SPICE 程序观察在整个电源电压范围内跨导和最大输出电流随共模输入电压的变化情况。

4.51　分析图 4.48 恒定跨导互补差分对输入级中 T_8 管的作用。

4.52 如果 $R_1=R_2$，$\beta_3=\beta_4$，$\beta_p=\beta_n$，$(W/L)_1=(W/L)_3$，$(W/L)_2=(W/L)_4$，证明图 4.50(a)前馈甲乙类电阻耦合满摆幅输出级的静态电流满足关系：

$$I_Q=\frac{\beta_p}{\beta_3}\left\{\frac{1}{R_1}\left[\sqrt{\frac{2}{\beta_3}+R_1(V_{DD}-V_{T4}-|V_{T3}|)}-\sqrt{\frac{2}{\beta_3}}\right]\right\}^2$$

如果 $(W/L)_{1,3}=25\ \mu m/2\ \mu m$，$(W/L)_{2,4}=10\ \mu m/2\ \mu m$，$(W/L)_p=100\ \mu m/2\ \mu m$，$(W/L)_n=40\ \mu m/2\ \mu m$，$R_1=R_2=1\ k\Omega$，$V_{DD}=3\ V$，计算输出管静态电流。

4.53 求图 4.51(a)前馈甲乙类电阻耦合满摆幅输出级的跨阻。

4.54 分析图 4.55 简单互补输入 OTA 的共模抑制比和电源抑制比。

4.55 分析图 P4.29 所示具有前馈甲乙类控制输出管的紧凑型两级放大器的最小工作电压。

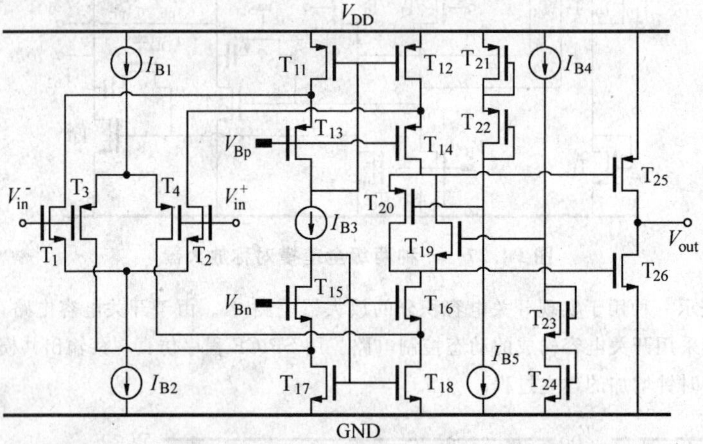

图 P4.29 具有前馈甲乙类控制输出管的紧凑型两级放大器

4.56 画出图 4.57 稳压电路恒定跨导的前馈甲乙类控制二级运放的小信号等效电路，求低频增益，分析频率特性。

4.57 对于图 4.44 所示互补差分对输入级[69]，当电源电压小于 $2V_{GS}+2V_{ov}$ 后，输入共模范围无法满电源电压范围，解决这个问题的方法之一是采用如图 P4.30 所示非线性电平移动电路，保证低压下输入共模满电源电压范围，分析它的基本原理。

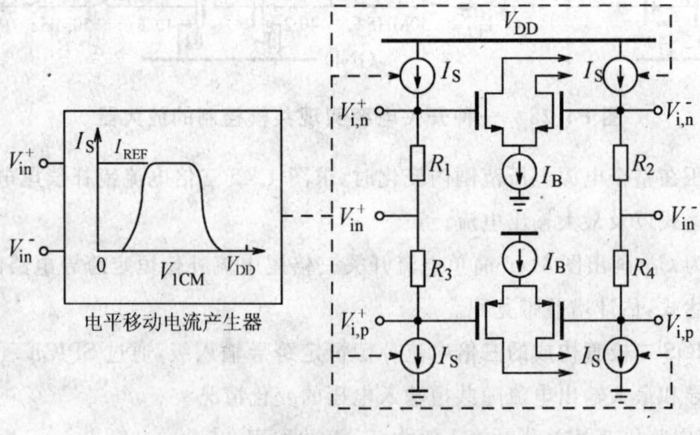

图 P4.30 低压互补差分对输入级

4.58 如果采用如图 P4.31 所示电路[69]实现电平移动，求① 电平移动电路输出 ($V_{i,n}^{+}$,$V_{i,n}^{-}$) 与($V_{i,p}^{+}$,$V_{i,n}^{-}$) 的共模和差模电压随输入 (V_i^{+},V_i^{-}) 的共模和差模电压变化关系，② 求输入阻抗。

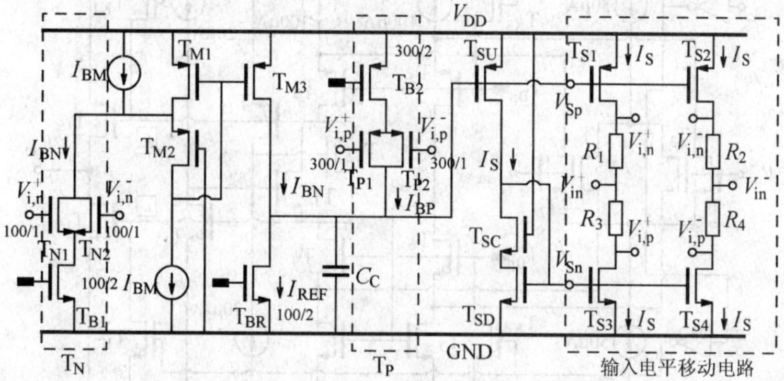

图 P4.31 电平移动电路

4.59 用上述电平移动电路构成的运放如图 P4.32 所示[69]，已知 $V_{DD}=1V$，$V_T=\pm0.8V$，多晶硅电阻 $R_{1\sim4}$ 为 30 kΩ，$I_B=10\ \mu A$，$I_{REF}=9\ \mu A$，$I_{BO}=70\ \mu A$，器件尺寸和无源器件参数如图中所示，用 SPICE 程序模拟：① 直流电压传输特性（将运放连接成单位增益跟随器），② 输入电流随输入电压的变化关系（将运放连接成单位增益跟随器），③ 跨导随输入共模电压变化关系，④ 共模抑制比。

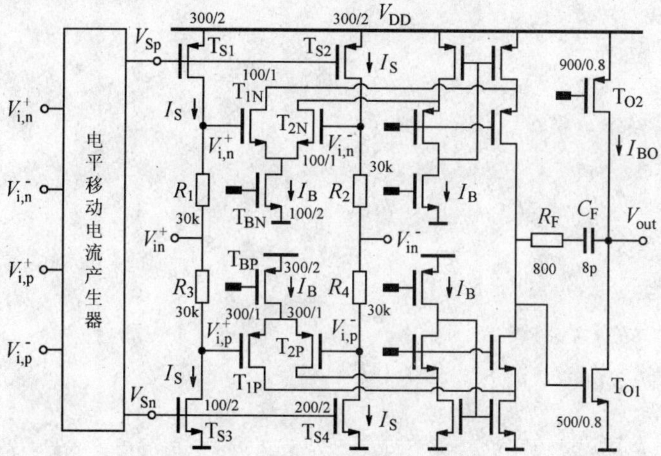

图 P4.32 低压满摆幅放大器

4.60 一种具有关闭功能的音频小功率满摆幅放大器(AD8591)如图 P4.33 所示[70]，其中 SD 是暂时关闭控制信号。假设电路中所有电流源内阻为 R_B，分析工作状态下增益和最小工作电压。

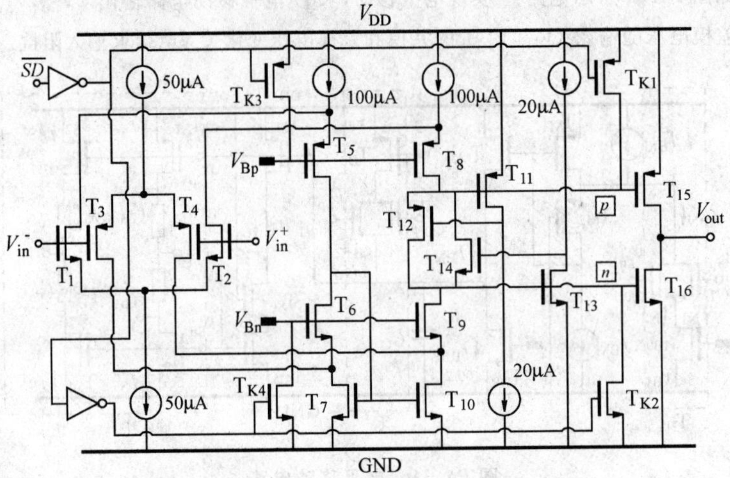

图 P4.33　一种音频小功率满摆幅放大器

第五章 连续时间滤波器

变化无穷，各有所归，或阴或阳，或柔或刚，或开或闭，或驰或张。

王诩《鬼谷子·序言》

在信号处理过程中，滤波是重要任务之一。根据处理信号的方式，滤波器可以分为模拟滤波器和数字滤波器。由于数字电路动态范围大、成本低并具有良好的数字存储功能，因此数字信号处理电路更适合于集成电路技术制造。同时，有效的设计工具已能将逻辑电路自动地转换成芯片版图，从而大大降低了设计成本和缩短了设计时间。虽然数字信号处理因有利于集成电路实现而得到广泛应用，但是在一些领域模拟滤波器仍是无法被替代的。例如，数字信号处理器必须面对来自现实世界的模拟信号，因此处理模拟信号的接口电路是必不可少的。从环境变量到数字处理器的典型接口电路结构如图 5.1 所示。在实现模拟到数字信号转换的采样之前，需要用高频、大动态范围连续时间模拟滤波器进行抗混叠滤波。在高速数据传送中，需要均衡滤波器修正相位畸变，保证数据传输正确率。在无线通讯系统中，需要信道滤波器消除来自其他信道的干扰。另外，由于数字信号处理器受到采样频率的限制，它处理信号的最大频率小于模拟电路，因此在高频段模拟滤波器也是无法由数字滤波器替代的。本章从简述滤波器基本知识开始，研究基本连续时间模拟滤波器设计，包括有源 MOSFET-C 滤波器、跨导电容滤波器和芯片内自动调谐技术，而低压低功耗和微功耗、BiCMOS、电流型等滤波器设计将在后面的相关章节介绍。

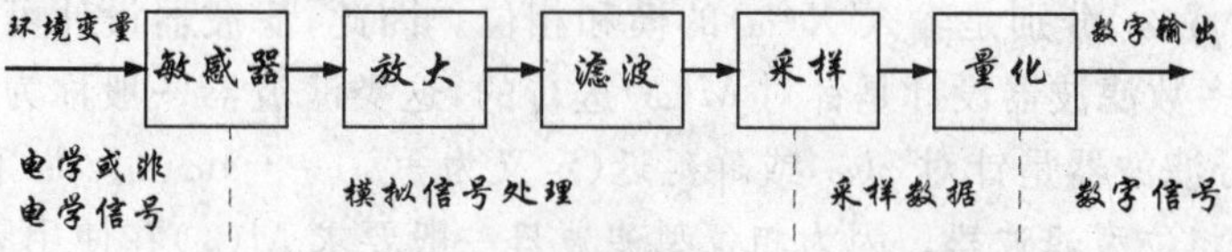

图 5.1 从环境模拟变量到数字量的一般转换过程

5.1 连续时间滤波器基础

电子滤波器是一种对电学信号进行按频率加权传输的电子网络系统。它由电阻、电容、电感和晶体管等电子器件组成。根据是否满足叠加原理，滤波器可以分为线性和非线性两种。虽然非线性滤波器是一类重要滤波器，但绝大多数应用中都使用线性滤波器，因此这里只考虑线性滤波器。

有源滤波器是电路中存在有源器件的滤波器。集成电路中采用有源器件的主要目的之一是替代 RLC 滤波器中的电感器 L，以适合集成电路制造技术。下面介绍连续时间线性有源模拟滤波器的相关基本问题。

5.1.1 线性滤波器

描述线性时不变集总器件构成的模拟滤波器可以采用时域或频域方法。在时域，当滤波器不包含独立电源且初始状态为 0 时，输出可以表示为：

$$y(t)=\int_0^{\infty}x(\tau)h(t-\tau)\mathrm{d}\tau \tag{5.1-1}$$

其中：$x(t)$、$y(t)$分别是输入和输出信号，$h(t)$是单位冲激响应。可见滤波器的作用完全由$h(t)$决定。在频域，对上式进行拉氏变换得：

$$Y(s)=H(s)X(s) \tag{5.1-2}$$

$H(s)$是表征滤波器特性的传递函数。如果将 $s=\mathrm{j}\omega$ 代入上式有：

$$Y(\omega)=H(\omega)X(\omega) \tag{5.1-3}$$

其中：$Y(\omega)$、$X(\omega)$和 $H(\omega)$分别是 $y(t)$、$x(t)$和 $h(t)$的傅立叶变换，这时滤波器的频率特性由频率特性 $H(\omega)$表示。为方便分析幅频特性和相频特性，$H(\omega)$可以重写为：

$$H(\omega)=M(\omega)\mathrm{e}^{\mathrm{j}\varphi(\omega)} \tag{5.1-4}$$

式中 $M(\omega)$和 $\varphi(\omega)$分别是滤波器的幅频响应和相频响应。通常 $M(\omega)$用分贝 dB 表示：

$$M(\omega)=20\log_{10}(|H(\omega)|) \tag{5.1-5}$$

$\varphi(\omega)$用角度表示：

$$\varphi(\omega)=(180°/\pi)\mathrm{arctg}(\mathrm{Im}[H]/\mathrm{Re}[H]) \tag{5.1-6}$$

由此看到，线性滤波器以 $M(\omega)$倍放大输入信号的幅值，以 $\varphi(\omega)$增加相位，即：

$$Y(\omega)=M_{\mathrm{Y}}(\omega)\mathrm{e}^{\mathrm{j}\varphi_{\mathrm{Y}}(\omega)}=M(\omega)M_{\mathrm{X}}(\omega)\mathrm{e}^{\mathrm{j}[\varphi(\omega)+\varphi_{\mathrm{X}}(\omega)]} \tag{5.1-7}$$

其中：$M_{\mathrm{X}}(\omega)$和 $\varphi_{\mathrm{X}}(\omega)$分别是输入 $X(\omega)$的模和相位。因此，滤波器设计可以分为两部分：$M(\omega)$和 $\varphi(\omega)$。多数滤波器设计是针对 $M(\omega)$进行的，这类滤波器一般称为增益型滤波器。但是，也有少部分滤波器是针对 $\varphi(\omega)$或群延迟(定义为 $\tau(\omega)=-\mathrm{d}\varphi(\omega)/\mathrm{d}\omega$ 秒)进行的，这类滤波器一般称为相位型滤波器。因为相位型滤波器一般要求 $M(\omega)$在使用频率范围内保持不变，因此称为全通滤波器。

对于理想的线性滤波器，输出所包含的频率分量与输入的频率分量相同，但在非线性滤波器中，输出将产生输入信号以外的频率分量。当线性滤波器中存在非线性误差时，将产生不需要的频率分量，这种现象通常叫做非线性谐波畸变。由于运放基有源滤波器中运放主要以反馈形式工作，所以可以减小非线性畸变。但是，在 OTA 基有源滤波器中，必须对每个开环形式工作的 OTA 进行良好的线性化设计。

5.1.2 滤波器功能分类

滤波器通常按功能可以分为：低通、高通、带通、带阻、全通(或延迟均衡器)等类型。滤波器对信号不衰减或以很小衰减让其通过的频段称为通带；对信号衰减超过某一规定值的频段称为阻带；位于通带和阻带之间的频段称为过度带。

滤波器的复杂性和成本直接与传递函数的零点数(m)和极点数(n)相关。虽然实际滤波器的 m 和 n 可能在很大范围内变化，但多种有源滤波器的基本设计模块是一阶和二阶滤波单元。一阶模块的传递函数一般形式为：

$$H(s)=\frac{a_1 s+a_0}{s+b_0} \tag{5.1-8}$$

当 $a_1=0$ 时实现低通滤波器；当 $a_0=0$ 时实现高通滤波器；当 $a_0/a_1=-b_0$ 时实现全通滤波器。连续时间二阶滤波器的一般传递函数形式为：

$$H(s)=\frac{a_2 s^2+a_1 s+a_0}{s^2+b_1 s+b_0} \tag{5.1-9}$$

用频率响应关键参数可以表示为：

$$H(s)=K\frac{s^2\pm s\omega_N/Q_Z+\omega_N^2}{s^2+s\omega_0/Q_P+\omega_0^2} \tag{5.1-10}$$

其中：ω_0 是谐振频率，Q_p 是极点质量因子，ω_N 是 Q_z 无穷大时的零点频率，Q_z 是零点质量因子。当 $Q_p\gg1$ 时，$\omega_0\approx\omega_p$，ω_p 是极点频率。K 是与增益相关的常数，增益 $|H(\omega)|$ 的最大值在 ω_0 附近，最小值在 ω_N 附近。极点 $p_{1,2}=-\frac{\omega_0}{2Q_p}\pm j\omega_0\sqrt{1-\frac{1}{4Q_p^2}}$。当 Q_p 很大时，极点近似为 $p_{1,2}=\pm j\omega_0$。(5.1-10)式实现各种滤波功能的传递函数为：

低通滤波器　$$H(s)=K\frac{\omega_0^2}{s^2+s\omega_0/Q_P+\omega_0^2} \tag{5.1-11a}$$

高通滤波器　$$H(s)=K\frac{s^2}{s^2+s\omega_0/Q_P+\omega_0^2} \tag{5.1-11b}$$

带通滤波器　$$H(s)=K\frac{s\omega_0/Q_p}{s^2+s\omega_0/Q_P+\omega_0^2} \tag{5.1-11c}$$

带阻滤波器　$$H(s)=K\frac{s^2+\omega_N^2}{s^2+s\omega_0/Q_P+\omega_0^2} \tag{5.1-11d}$$

全通滤波器　$$H(s)=K\frac{s^2-s\omega_0/Q_p+\omega_0^2}{s^2+s\omega_0/Q_P+\omega_0^2} \tag{5.1-11e}$$

相应的幅频、相频特性和 s-平面($s=\sigma+j\omega$)、z-平面($z=re^{j\theta}=e^{sT}$)的极零点位置如图 5.2 所示。

连续时间滤波器的传递函数一般形式可以表示为：

$$H(s)=\frac{V_{\text{out}}(s)}{V_{\text{in}}(s)}=\frac{\sum\limits_{i=0}^{M}a_i s^i}{s^N+\sum\limits_{i=0}^{N-1}b_i s^i}=K\frac{\prod\limits_{i=1}^{M}(s-\omega_{zi})}{\prod\limits_{i=1}^{N}(s-\omega_{pi})} \tag{5.1-12}$$

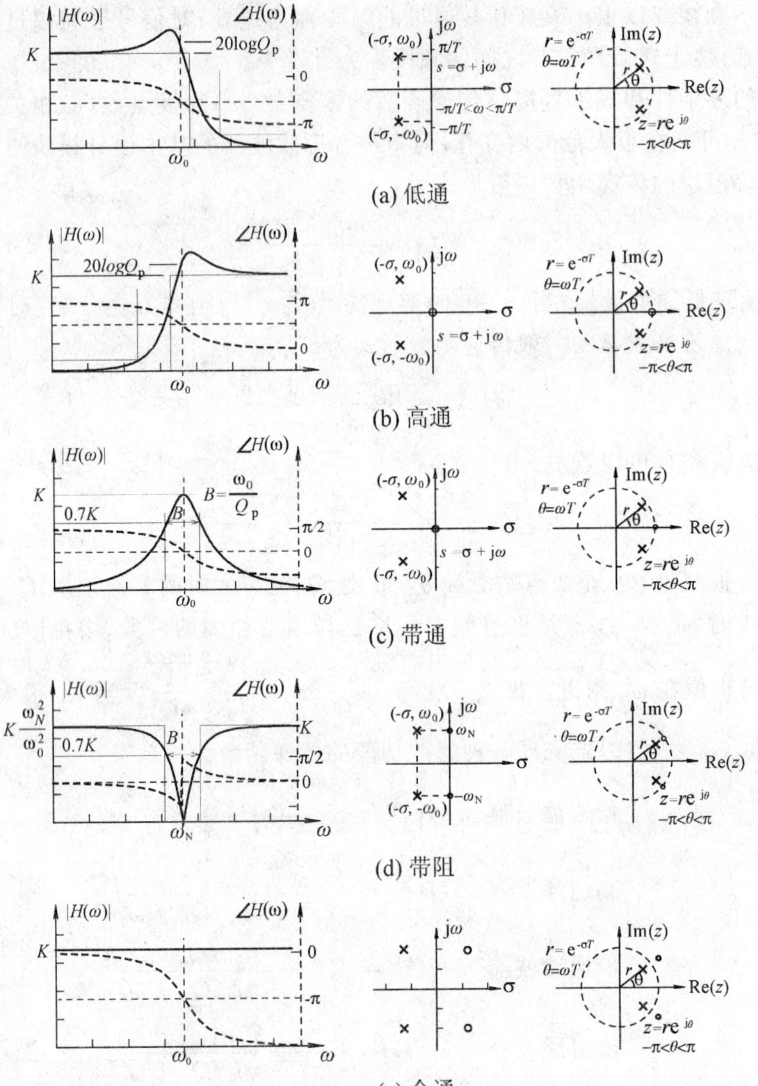

(a) 低通

(b) 高通

(c) 带通

(d) 带阻

(e) 全通

图 5.2　二阶滤波幅频、相频特性和 s 平面、z-平面极零点位置

其中：$M \leqslant N$，极点和零点对于 OPA 和 OTA-基滤波器分别是 $1/(R_j C_k)$ 和 G_{mj}/C_k 的函数。除几种典型滤波器结构外，高阶滤波器从设计自动化方面考虑，一般可以通过将传递函数(5.1-12)分解为一阶和二阶的乘积项，由一阶和二阶滤波模块级联构成。

5.1.3　连续时间有源滤波器主要实现方法

集成模拟滤波器主要实现电路可以分为三种：有源 MOS 管-电容(MOST-C)滤波器

(一种由 MOS 管沟道电阻和电容构成的有源 RC 滤波器);有源跨导-电容(G_m-C)滤波器;有源开关-电容(SC)滤波器。前面两种处理连续时间信号,属于连续时间模拟滤波器,是本章研究的内容;最后一种处理采样数据信号,属于离散时间模拟滤波器,是下一章研究的内容。每种滤波器都有各自的优缺点,设计者使用时要权衡利弊。虽然这些滤波器在发展中存在相互竞争,但它们同时用于一个系统,相互取长补短,共同完成所需要的系统功能。例如,将低通有源 RC 滤波器用于 SC 滤波器的前或后端,起到抗混叠或重建的作用。有源 RC 电路中的许多特点和设计经验已用到有源 SC 和有源 G_m-C 滤波器设计中,与此同时现在全集成有源滤波器的发展也借鉴了 VLSI 有源 SC 滤波器发展的丰富技术。

VLSI 有源滤波器的质量取决于实现方法。适合 CMOS、双极或 BiCMOS 技术的有源 RC 和有源 G_m-C 滤波器具有较宽的频率范围(50 Hz$\leqslant f<$1000 MHz)和连续时间处理方式,但是精度低、需要调谐电路。例如,时间常数的精度约为 30%,采用自动调谐技术后精度可以控制在 1%。有源滤波器的非线性畸变大,高频下信号噪声畸变比(SNDR)的典型值小于 60 dB,但幸运的是许多高速应用领域对 SNDR 要求不高,例如数字通讯、视频信号处理等领域。适合于 CMOS 或 BiCMOS 技术的有源 SC 滤波器,频率范围较小(50 Hz$\leqslant f<$10 MHz)。有源 SC 滤波器与其他两种滤波器相比较,优点是具有更高的精度(时间常数 0.1%)、更大的线性度,并且可能有更小的芯片面积和更小的功耗。在低频情况下,信号噪声畸变比可以大于 90 dB。对于这三种有源滤波器都可以与数字逻辑电路同处一个芯片内,完成各种类型的模拟数字混合信号处理。

有源 RC 滤波器兴起在 50 年代,它由电阻、电容和晶体管构成,是比电感、电容、电阻更适合芯片集成化的滤波器。由于滤波器中存在有源电路,可以实现增益,因此在选通频段内具有电压、电流(或功率)放大能力。基于 OTA 的有源 G_m-C 滤波器开始应用于八十年代后期,具有频带宽的优势,主要用于音频以上频率($f>$100 kHz)范围。OTA 实现电路简单,具有比运放更高的频带宽度,但是目前要以牺牲线性度为代价提高 OTA 滤波器的高频特性。

实现集成有源 RC 和 G_m-C 滤波器需要高质量的无源器件,如高线性度、低损耗、范围在 0.1 pF 到 100 pF 的电容,范围在 100 kΩ 到 100 MΩ 的线性电阻;需要高增益带宽积(GBW$\geqslant$1 MHz)的运算放大器,或需要高线性度、大带宽、跨导在 0.1 μs 到 1000 μs 范围的 OTA。有源器件设计的重要问题之一如何扩大线性化范围,以满足总谐波畸变和动态范围的要求。此外,OPA 必须有足够的相位裕度 PM$\geqslant$60°,OTA 必须有足够小的超相位,以保证系统稳定性。由于集成滤波器内部节点电阻往往比较高,所以 OPA 的输出阻抗可以增加(10 kΩ$<Z_{out}<$1000 kΩ),以减小功耗和面积。

5.1.4 对称差模结构

制作在芯片上的电路存在很大寄生量、系统的器件参数偏差以及温度变化和数字电路产生的干扰,如果不设法消除这些不利因素的影响,将导致动态范围严重损失。芯片上电路存在的这些特殊干扰具有一个共同特点就是系统性，因此可以通过采用两个信号节点的差模量代表信号构成的全差模系统来抑制。在差模结构中对系统干扰抑制效果最好的是全对称差模结构，即用完全对称的结构处理对称的正、反相两个通道信号，如图 5.3 所示。在理想情况下，系统干扰作为共模量可以完全被抵消。由于这种差模信号系统结构对称、处理的两路信号大小相等、方向相反，所以也称为平衡式差模结构。全对称差模结构中对称通路的共模成分为零、全是差模成分，可以最大程度减小共模量对差模量的影响。当然，笼统地讲通常获得这种结果的代价是硬件和功耗要增加约一倍左右。

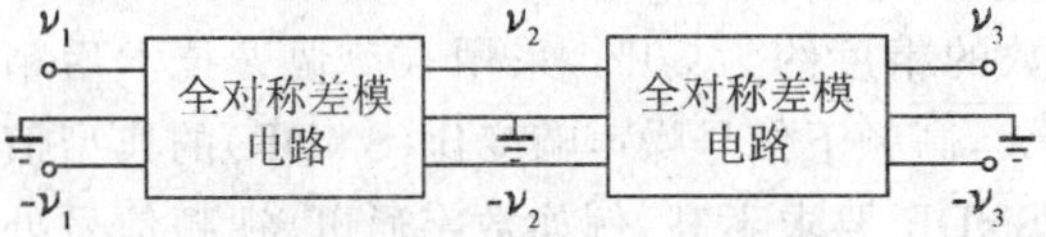

图 5.3　全对称差模系统

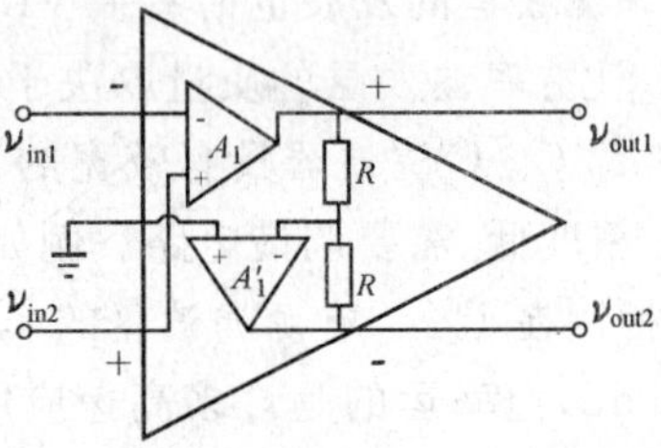

图 5.4　单端输出放大器构成的非对称全差模放大器

在全对称结构中放大器需要采用 4.5 节研究的输入输出都是差模信号的对称结构全差模放大器。为说明问题方便，下面直接用两个单端输出放大器构成全差模放大器，如图 5.4 所示。虽然这种结构没有对差模信号进行优化设计，但它实现方便、不需专用的共模控制电路并可满足一些应用的需要，所以也经常用于实际电路设计。这种结构的缺点是两个信号通路中的对称信号经过不同的硬件处理，一端经过一个单端放大器，另一端经过两个单端放大器。在高频情况下，第二个放大器引起的相移将破坏输出端的信号对称性。但对于音频信号处理，这种简单结构可以得到良好的效果。

当全对称差模电路受到相同的外部共模干扰 ν_n时，输入信号变为 $\nu_{in1}=\nu_{in}/2+\nu_n$和 $\nu_{in2}=-\nu_{in}/2+\nu_n$，输出信号变为 $\nu_{out1}+\nu_n$和 $\nu_{out2}+\nu_n$，如果输出取差模信号 $\nu_{out1}-\nu_{out2}$，那么有用信号相加、干扰信号相减，输出为：

$$\nu_{out}=\nu_{out1}-\nu_{out2}=-A_1(\nu_{in1}-\nu_{in2})-A_1(\nu_{in1}-\nu_{in2})=-2A_1\nu_{in} \tag{5.1-13}$$

其中 A_1 是单端放大器的增益。可见，差模信号的增益是单端放大器增益的一倍，差模输出使信号加倍、干扰相消。对于实际电路，由于对称结构器件匹配度的影响，干扰实际不能为0，但可以大为减小。假设电路受到非相关噪声干扰，输出噪声功率为两路输入噪声功率之和，输出等效噪声电压增加$\sqrt{2}$倍，因此全对称差模结构可以使信噪比改善 2 倍。

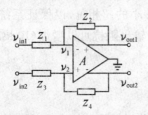

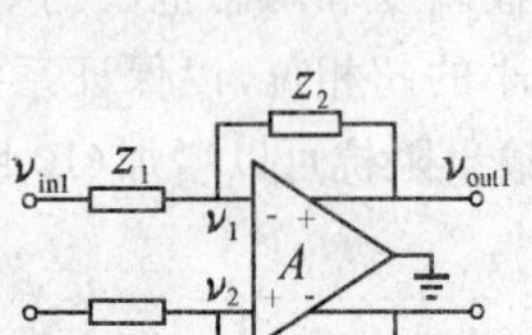

图 5.5　差模输入、输出增益电路

图 5.5 表示差模信号增益电路，连接在运放外围的阻抗 $Z_{1\sim4}$代表任意无源 RC 网络。由电路可以得到：

$$(\nu_{out1}-\nu_1)/z_2=(\nu_1-\nu_{in1})/z_1 \tag{5.1-14}$$

$$(\nu_{out2}-\nu_2)/z_4=(\nu_2-\nu_{in2})/z_3 \tag{5.1-15}$$

其中：$\nu_{out1}=-A_1(\nu_1-\nu_2)$，$\nu_{out2}=A_2(\nu_1-\nu_2)$。如果 A_1 和 A_2 远大于1，对称工作要求 $z_1=z_3$，$z_2=z_4$，$A_1=A_2$，而且 $\nu_{in1}=-\nu_{in2}$，可以得到：

$$\nu_{out1}=-\sqrt{\frac{A_1}{A_2}}\frac{\frac{z_2}{z_2+z_1}\nu_{in1}-\frac{z_4}{z_4+z_3}\nu_{in2}}{\frac{z_1}{z_2+z_1}\sqrt{\frac{A_1}{A_2}}+\frac{z_3}{z_4+z_3}\sqrt{\frac{A_2}{A_1}}+\frac{1}{\sqrt{A_1A_2}}}=-\frac{z_2}{z_1}\nu_{in1} \tag{5.1-16}$$

$$\nu_{out2}=\sqrt{\frac{A_2}{A_1}}\frac{\frac{z_2}{z_2+z_1}\nu_{in1}-\frac{z_4}{z_4+z_3}\nu_{in2}}{\frac{z_1}{z_2+z_1}\sqrt{\frac{A_1}{A_2}}+\frac{z_3}{z_4+z_3}\sqrt{\frac{A_2}{A_1}}+\frac{1}{\sqrt{A_1A_2}}}=-\frac{z_2}{z_1}\nu_{in2} \tag{5.1-17}$$

因此，对于全对称差模电路，一路信号具有端电压 ν_{in1} 和 ν_{out1}，另一路信号具有端电压 $-\nu_{in2}$ 和 $-\nu_{out2}$，两路信号完全对称，差模端电压关系 $\nu_{out1}-\nu_{out2}=-(z_2/z_1)(\nu_{in1}-\nu_{in2})$ 与单端结构电压关系相同。分析在这种条件下工作的全差模放大器，输入节点 ν_1 和 ν_2 也可以当作虚地点处理。

对称差模系统设计可以由典型的单端系统转换而成，具体方法如下：

① 画出单端电路，以地为镜做镜像，如图 5.6(a)所示。

② 将每一个单端放大器和它们的镜像合并成全对称差模放大器，如图 5.6(b)所示。

③ 对所得全差模电路进行简化处理，如图 5.6(c)所示。

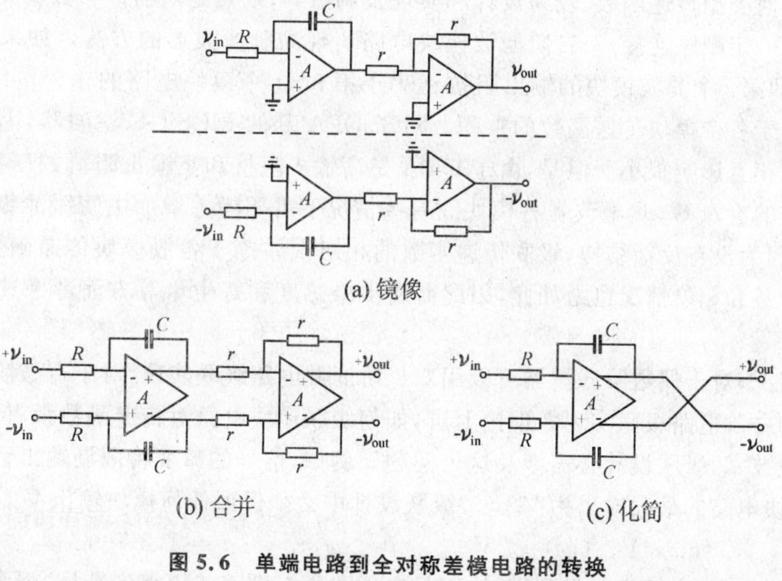

图 5.6　单端电路到全对称差模电路的转换

在对称差模结构中，随着差模信号极性的有效，反相可以通过简单地互换输入或输出端实现，如图 5.6(c)所示。因此，可以减少单端电路中所必须的反相放大器，从而减小对称差模结构带来的器件增加。但是应当注意，在一些电路中反相器不仅仅起反相作用，同时也可能用于限制信号单向传递。在这种情况下,不能简单地用交叉结构替代反相器,必须保留原来的反相器,例如图5.7电路就是这种情况。

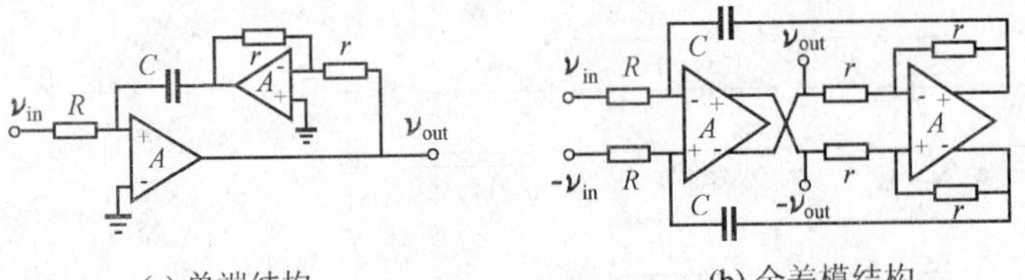

(a) 单端结构　　(b) 全差模结构

图5.7　相移补偿同相积分器

设计全对称差模电路采用单端电路向全对称差模电路转换的方法,主要原因是单端结构的工作过程易于理解。但是,全对称差模电路的双端输出不仅仅可以通过互换替代反相器,而且可能设计出更有用的结构,这些结构可能不具有相对应的单端电路形式。

简单总结全对称差模结构有如下优点:① 两个信号通路中的共模相关干扰可以通过差模输出消除;② 信号幅度加大一倍;③ 可以消除器件非线性偶次项的影响;④ 可以设计出功能更强的滤波器结构。它的缺点是电路面积和功耗增加近一倍,因此它不是解决问题的通用办法。实际上,对质量要求不高、对成本和功耗要求严格的电路经常使用单端结构。

5.1.5　高阶有源滤波器的级联设计

高阶滤波器可以用一阶和二阶电路级联实现。级联设计优点是具有高度模块化特点、可以实现任何类型传递函数、较易设计和实现及调谐等;缺点是对器件参数的灵敏度大。级联设计是按一定顺序连接一、二阶滤波模块电路实现高阶滤波器的方法。如果模块间相互影响很小,即第 i 个滤波模块的输出阻抗远小于第 $i+1$ 个模块电路的输入电阻,那么总的传递函数等于各个模块传递函数的乘积。对于OPA基的MOST-C滤波器,固有的反馈结构能够保证相互影响很小。但是,由于OTA是高输入阻抗和高输出阻抗的压控电流源,所以开环工作的有源 G_m-C 滤波器各模块间有些情况下需要考虑增加中间缓冲级。对于级联设计方法,因为没有反馈结构,级联传递函数的相对误差等于各级模块传递函数误差之和,对于总的增益和相位情况也是如此,因此需要从敏感度和寄生量等方面考虑选择基本模块电路。

典型情况,对于偶数阶滤波器可以用双二阶滤波电路级联实现,对于奇数阶滤波器可以用双二阶和一阶电路级联实现。理论上讲,如何级联模块电路对传递函数没有影响,但考虑到具体实现技术,级联设计必需涉及这个问题。例如,信号的畸变将限制输出信号的最大范围,如果模块电路的最大输出为 V_{outmax},级联设计中必须保证任何模块输出 V_{outi} 满足:

$$\max|V_{outi}(j\omega)| < V_{outmax} \quad 0 < \omega < \infty \quad i = 1,2,\cdots,N \tag{5.1-18}$$

这个条件不仅必须在通带内得到满足,而且必须在所有频率范围得到满足,因为非通带内的饱和畸变信号可以产生谐波影响后续通带信号。级联设计各级输出的最小信号由噪声量所限制,如果级联滤波器中信号在通带内被衰减,后面必须重新将信号放大到需要值。在这个过程中,衰减过程只对信号起作用,而放大过程对信号和噪声同时起作用。通带内信号被衰

减，信噪比也将同样被衰减。因此，任何模块输出的最小值 $\min|V_{\mathrm{outi}}(\mathrm{j}\omega)|$ 应当被最大化。这个条件只要求在通带内满足，而通带之外不必满足，因为我们不关心通带之外的信噪比。

当根据传递函数 $H(s)$ 进行级联设计时，如何将 $H(s)$ 分解为二阶和一阶函数的乘积是关键问题。通常在分解过程中将涉及到极-零对、级联顺序和增益分配等问题，要设计好的滤波器必须认真处理这些问题。

① 极点和零点的配对。经验规则是使高 Q 极点与最近的零点配对，这样可以使极点与零点的距离最小化，有利于最小输出信号的最大化。

② 级联顺序。通常希望从低通或带通开始级联，以消除不必要的高频分量。由于放大器压摆率的限制，高频分量容易引起后续模块输出信号畸变。如果在一些应用中存在很强的 50/60 Hz 工频干扰，它们可能引起后续电路信号畸变，这种情况也可以从高通开始级联。例如，带通滤波器开始经常用带通模块而不是带阻等模块，原因是这样可以首先衰减低频和高频信号。级联设计通常以高通或带通作为结束级，以消除直流失调和滤波器内的伪信号。

③ 增益分配。保守的做法是保证从输入端到任意输出的峰值增益在整个频率范围内为 1。如果选择更高的增益可能导致失真，而更低的内部节点增益将使后续部分必须采用高增益，并因此放大不必要的噪声。不保守的设计方法是对信号均方根而不是峰值进行增益设计，这样将以大信号输入偶然产生畸变为代价得到更高的输出信噪比。这种设计对已知频谱的信号很方便，如用于数据通讯。

级联设计广泛用于工业界，主要因为它具有通用性、数学分析简单，而且电容与极点(或零点)之间存在直接的对应关系。同时，由于级联结构设计易于对电路进行小范围调整，以满足版图的要求，因此这种结构受到设计者欢迎。

5.1.6 梯形有源滤波器设计

梯形滤波器(亦称跳蛙结构滤波器)因为内部存在许多负反馈环，使得它对器件参数变化的敏感度下降，是高质量集成滤波器设计采用的主要结构之一。有源梯形滤波器设计是从无源 LC 梯形滤波器出发，在保证信号流图不变的情况下将其转换成有源梯形滤波器。为说明这一过程，看图 5.8(a)所示浮置电感和并联电容的转换。对于这两个器件，电路方程为：

$$I = \frac{V_1 - V_2}{sL} \tag{5.1-19}$$

$$V = \frac{I_1 - I_2}{sC} \tag{5.1-20}$$

转换的目标模是用有源器件实现这个方程。如果用电阻将电流 I 转换成电压 $\hat{V} = IR$，根据(5.1-19) 和(5.1-20)式可得：

$$\hat{V} = IR = \frac{V_1 - V_2}{sL/R} \tag{5.1-21}$$

$$V=\frac{I_1R-I_3R}{sCR}=\frac{\hat{V}_1-\hat{V}_2}{sCR} \tag{5.1-22}$$

其中 R 是任意的，在实际设计中由实际器件参数范围决定。用信号流图表示上式如图 5.8(b)所示。这个信号流图可以由求和积分器实现，从而将 LC 结构转换成积分器基电路。

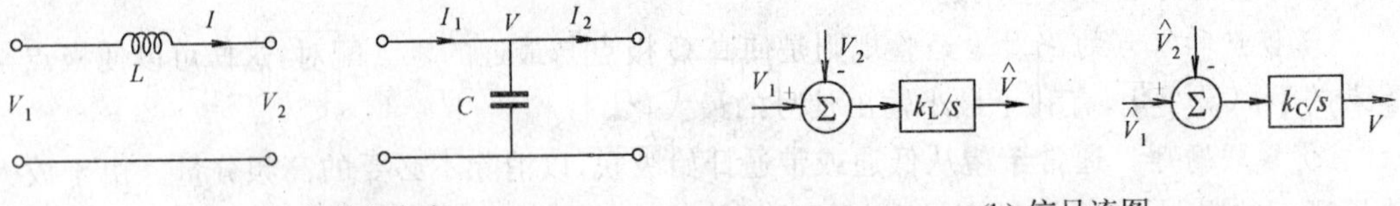

图 5.8　电感和电容的信号流图

对于具有一般性的无源 LC 梯形网络，如图 5.9(a)所示。它由 LC 串联导纳 Y_{ni} 和 LC 并联阻抗 Z_{ni} 构成，终端电阻没有画出，电路方程为：

$$V_{n-2}=Z_{n-2}(I_{n-3}-I_{n-1}) \tag{5.1-23}$$

$$I_{n-1}=Y_{n-1}(V_{n-2}-V_n) \tag{5.1-24}$$

$$V_n=Z_n(I_{n-1}-I_{n+1}) \tag{5.1-25}$$

$$I_{n+1}=Y_{n+1}(V_n-V_{n+2}) \tag{5.1-26}$$

$$V_{n+2}=Z_{n+2}(I_{n+1}-I_{n+3}) \tag{5.1-27}$$

其中：I_i 是支路电流，V_i 是节点电压。用电阻 R 乘以电流后得到：

$$V_{n-2}=\frac{Z_{n-2}}{R}(\hat{V}_{n-3}-\hat{V}_{n-1}) \tag{5.1-28}$$

$$\hat{V}_{n-1}=Y_{n-1}R(V_{n-2}-V_n) \tag{5.1-29}$$

$$V_n=\frac{Z_n}{R}(\hat{V}_{n-1}-\hat{V}_{n+1}) \tag{5.1-30}$$

$$\hat{V}_{n+1}=Y_{n+1}R(V_n-V_{n+2}) \tag{5.1-31}$$

$$V_{n+2}=\frac{Z_{n+2}}{R}(\hat{V}_{n+1}-\hat{V}_{n+3}) \tag{5.1-32}$$

实现这组方程的信号流图如图 5.9(b)所示。如果 LC 梯形并联阻抗是电容，串联电导是电感，即全极点低通 LC 梯形滤波结构，所有 $1/RC_is$ 和 R/L_is 都是 K_i/s 形式，可以直接用积分器实现。当 LC 梯形实现不是全极点低通滤波时，Z_i 和 Y_i 是 LC 子网络，有源实现不一定能简单进行。

例如，从图 5.10(a)所示五阶 LC 低通滤波器出发设计有源梯形滤波器，可用前述转换方法列出电路方程：

$$\hat{V}_{in}=\frac{R}{R_S}(V_{in}-V_1) \tag{5.1-33}$$

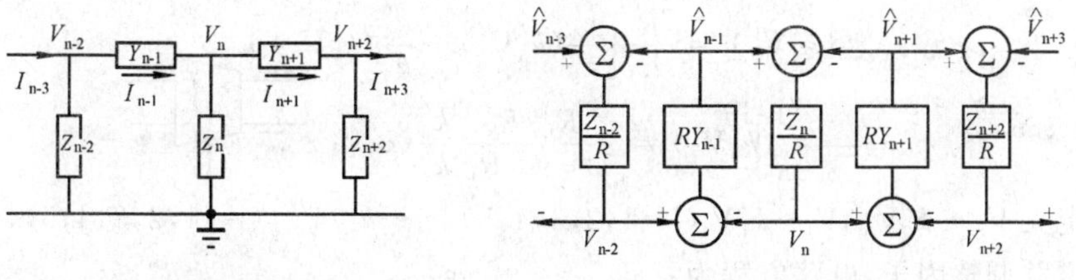

(a) LC梯形网络　　　　(b) 信号流图

图 5.9　无源 LC 梯形网络和信号流图

$$V_1 = \frac{1}{sC_1R}(\hat{V}_{\text{in}} - \hat{V}_2) \tag{5.1-34}$$

$$\hat{V}_2 = \frac{R}{sL_2}(V_1 - V_3) \tag{5.1-35}$$

$$V_3 = \frac{1}{sC_3R}(\hat{V}_2 - \hat{V}_4) \tag{5.1-36}$$

$$\hat{V}_4 = \frac{R}{sL_4}(V_3 - V_5) \tag{5.1-37}$$

$$V_5 = \frac{1}{sC_5R}(\hat{V}_4 - \hat{V}_6) \tag{5.1-38}$$

$$\hat{V}_6 = \frac{R}{R_L}V_5 \tag{5.1-39}$$

实现这组方程需要五个无损积分器和两个放大器。如果将(5.1-33)式代入(5.1-34)式，将(5.1-39)式代入(5.1-38)式，可以得到：

$$V_1 = \frac{R_S/R}{1 + sC_1R_S}\left(\frac{R}{R_S}V_{\text{in}} - \hat{V}_2\right) \tag{5.1-40}$$

$$V_5 = \frac{R_L/R}{1 + sC_5R_L}\hat{V}_4 \tag{5.1-41}$$

这样它可以由一个放大器和五个积分器组成，其中两个积分器是阻尼积分器，如图 5.10(b)所示。

与级联设计相同，为优化动态范围，构成各积分器的放大器输出范围也要合理设计。根据(5.1-40)，(5.1-35)，(5.1-36)，(5.1-37)和(5.1-41)式，设各节点电压的调整因子为 k_i' (i=0,1,2,3,4,5)，可得：

$$(k_1'V_1) = \frac{R_S/R}{1 + sC_1R_S}\left[\frac{R}{R_S}\frac{k_1'}{k_0'}(k_0'V_{\text{in}}) - \frac{k_1'}{k_2'}(k_2'\hat{V}_2)\right] \tag{5.1-42}$$

$$(k_2'\hat{V}_2) = \frac{R}{sL_2}\left[\frac{k_2'}{k_1'}(k_1'V_1) - \frac{k_2'}{k_3'}(k_3'V_3)\right] \tag{5.1-43}$$

$$(k_3'V_3) = \frac{1}{sC_3R}\left[\frac{k_3'}{k_2'}(k_2'\hat{V}_2) - \frac{k_3'}{k_4'}(k_4'\hat{V}_4)\right] \tag{5.1-44}$$

$$(k'_4\hat{V}_4) = \frac{R}{sL_4}\left[\frac{k'_4}{k'_3}(k'_3 V_3) - \frac{k'_4}{k'_5}(k'_5 V_5)\right] \tag{5.1-45}$$

$$(k'_5 V_5) = \frac{R_L/R}{1+sC_5R_L}\frac{k'_5}{k'_4}(k'_4\hat{V}_4) \tag{5.1-46}$$

如果重新定义 $V_{in} \leftarrow k'_0 V_{in}$，$V_i \leftarrow k'_i V_i$(i=1,2,3,4,5)，$k_i \leftarrow k'_i / k'_{i-1}$(i=1,2,3,4,5)，这时 k_i 代表积分器增益调整因子，电路方程为：

$$V_1 = \frac{k_1 R_S/R}{1+sC_1R_S}\left(\frac{R}{R_S}V_{in} - \frac{1}{k_1k_2}\hat{V}_2\right) \tag{5.1-47}$$

$$\hat{V}_2 = \frac{k_2 R}{sL_2}\left(V_1 - \frac{1}{k_2k_3}V_3\right) \tag{5.1-48}$$

$$V_3 = \frac{k_3}{sC_3R}\left(\hat{V}_2 - \frac{1}{k_3k_4}\hat{V}_4\right) \tag{5.1-49}$$

$$\hat{V}_4 = \frac{k_4 R}{sL_4}\left(V_3 - \frac{1}{k_4k_5}V_5\right) \tag{5.1-50}$$

$$V_5 = \frac{k_5 R_L/R}{1+sC_5R_L}\hat{V}_4 \tag{5.1-51}$$

在调整过程中，因为保证电路方程不变，从而保证整个滤波器的滤波特性不变。考虑输出信号范围调整以后，信号流图变为图 5.10(c)。

图 5.10(a)LC 网络的低频增益值为 $R_L/(R_S+R_L)$，保证低频增益不变，调整后需要 V_{in} 变为 $V_{in}/(k_1k_2k_3k_4k_5)$。

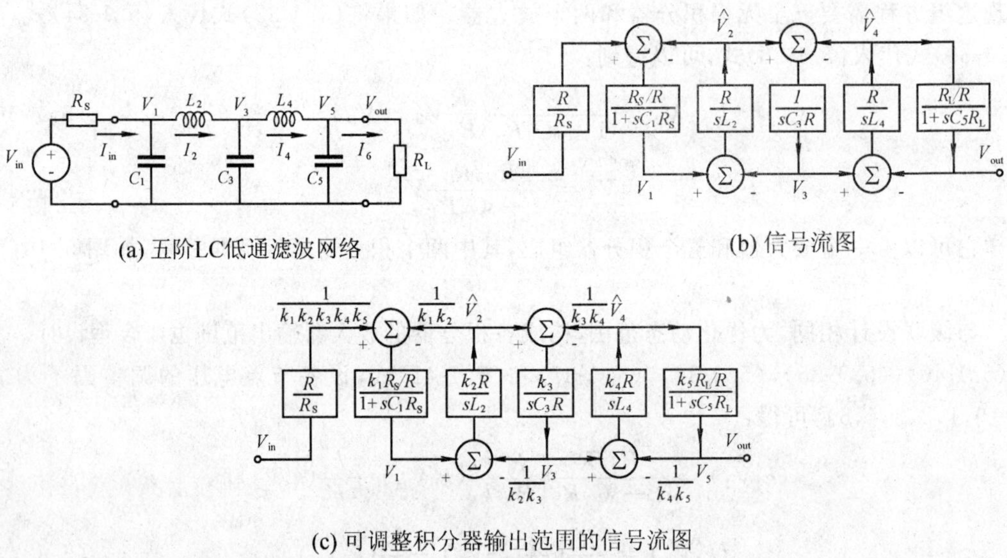

(a) 五阶LC低通滤波网络

(b) 信号流图

(c) 可调整积分器输出范围的信号流图

图 5.10　五阶低通滤波器

5.2　有源 MOST-C 滤波器

模拟有源滤波器在中或低动态范围内应用有许多优点，如功耗低、芯片面积小和频率高等。它最主要的用途是直接处理连续时间信号。在开关电容和数字滤波系统中，连续时间滤波器放在输入端用来消除输入信号不必要的高频分量，以防止采样过程频率混叠；放在输出端用来平滑开关电容滤波器的输出、抑制高频噪声。在高频应用中，由于处理信号的频率与采样频率相接近，这种滤波器的设计成为关键。另外，对于高质量信号处理芯片设计，具有片内自动调谐功能的较高精度连续时间滤波器是非常重要的。连续时间模拟滤波器在视频信号处理、磁盘驱动和计算机通讯网等方面都有成功的应用。在众多结构的滤波器中，本节集中介绍几种适合 CMOS 集成技术的有源 MOST-C 滤波器。

5.2.1　MOS 管实现电压控制电阻

由于时间常数(RC)随制作工艺和温度的变化相当大，模拟滤波器必须使用可调整阻值的电阻。MOS 晶体管可以作为电压控制电阻，由调谐系统自动调整阻值，保证希望的时间常数。

当 nMOS 晶体管作为可调电阻时，栅极加控制电压，衬底接统一的衬底电压，如图 5.11 所示。如果 nMOS 工作在非饱和区，根据(2.3-7)式忽略沟道调制效应可得：

$$I_d = \beta(V_C - V_T)(V_1 - V_2) - \beta\frac{1}{2}(V_1^2 - V_2^2) \tag{5.2-1}$$

其中：$\beta = KP(W/L)$。由此可见，一次项系数与二次项系数约在同一数量级，只有 V_1 和 V_2 比较小时电流 I_d 才与电压差$(V_1 - V_2)$近似成为线性关系。对于一般情况，MOS 管电阻可以等效为一个线性电阻 R 与一个非线性电流源 I_{NL} 并联。线性电阻为：

$$R = \frac{1}{\beta(V_C - V_T)} \tag{5.2-2}$$

它由 W/L 和 V_C 来确定。通常，设计电阻值由 W/L 确定，V_C 作调谐参量并在 10%范围内进行自适应调整。例如，$KP_n = 80\ \mu A/V^2$，$V_T = 0.7$ V，$W/L = 1$，当 $V_C = 1V$ 时 $R = 41.7\ k\Omega$；当 $0.95 < V_C < 1.05$ 时 $50\ k\Omega < R < 35.7\ k\Omega$。如果考虑衬底电压的影响，电阻值还要增加。非线性电流源为：

$$I_{NL}(V_1, V_2) = -\frac{\beta}{2}(V_1^2 - V_2^2) \tag{5.2-3}$$

如果能够消除或减小非线性项，MOS 管沟道电阻可以代替线性电阻保持电路线性特性不变。

图 5.12 表示几种能够消除非线性影响的线性化 MOS 管电阻结构。这些电阻结构大大扩展了线性工作区范围。对于 5.12(a)结构，由于 $V_2 = -V_1$，I_{NL} 中 V_1 和 V_2 的偶次项作用被消除，从而成为线性电阻。对于 5.12(b)结构，虽然每个晶体管的非线性电流部分不为

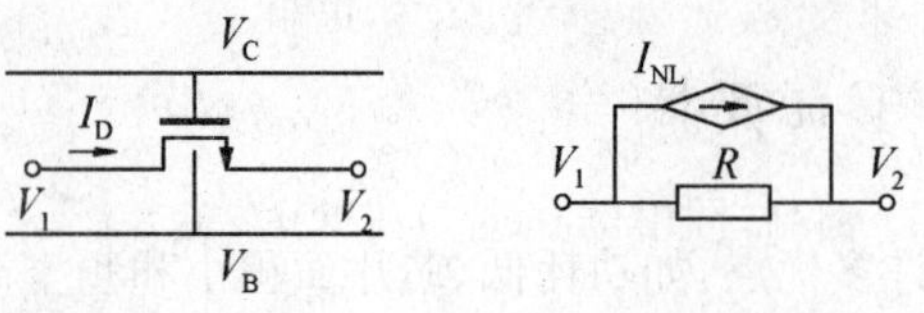

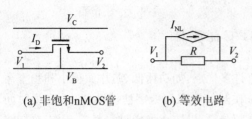

(a) 非饱和nMOS管　　(b) 等效电路

图 5.11　nMOS 管压控电阻

零，但两个相同晶体管差模输出形式可以消除非线性影响，保证了电阻的线性度。对于 5.12(c)结构，不能使 I_{NL} 中平方项完全抵消，它可以通过修改栅极电压或衬底电压而得到改进。5.12(d)结构是一种由控制电压差决定阻值的电阻结构。输出电流差与端电压的关系为 $I-I'=2\beta(V_{C1}-V_{C2})V_1$，电流差与 V_1 成线性关系。

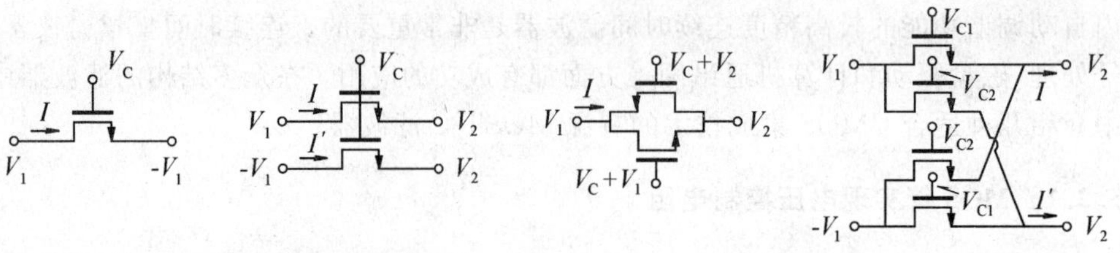

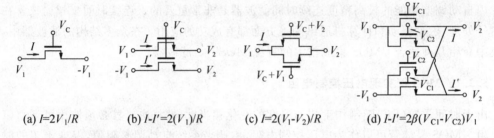

(a) $I=2V_1/R$　　(b) $I-I'=2(V_1)/R$　　(c) $I=2(V_1-V_2)/R$　　(d) $I-I'=2\beta(V_{C1}-V_{C2})V_1$

图 5.12　几种线性 MOS 管电阻结构，其中：*R* 由(5.2-2)式决定

5.2.2　对称结构有源 MOST-C 滤波器

从图 5.12 电阻结构分析中可见，对称结构可以消除 MOS 管电阻的非线性项，所以对称结构是有源 MOST-C 滤波器设计常采用的结构形式。图 5.13 是一个用 MOS 管电阻构成的对称结构有源 MOST-C 积分器。当 $k=1$ 时，对于正输出端：

$$V_{out1}(t)=V_1-\frac{1}{C}\int_{-\infty}^{t}I_1(\tau)\mathrm{d}\tau \tag{5.2-4}$$

其中：V_1 是运放负输入端的电压。对于负输出端：

$$V_{out2}(t)=V_2-\frac{1}{C}\int_{-\infty}^{t}I_2(\tau)\mathrm{d}\tau \tag{5.2-5}$$

其中：V_2 是运放正输入端的电压。当放大器差模增益很大时 $V_1-V_2=0$，两式相减得差模输出：

$$V_{out}(t)=-\frac{1}{C}\int_{-\infty}^{t}[I_1(\tau)-I_2(\tau)]\mathrm{d}\tau \tag{5.2-6}$$

如果 T_1 和 T_1' 管匹配，$V_1=V_2$，电流差值的非线性部分偶次方项抵消，即 $I_1-I_2=2V_{in1}/R_1$。这样输出为：

$$V_{out}=-\frac{2}{R_1C}\int_{-\infty}^{t}V_{in1}(\tau)\mathrm{d}\tau \tag{5.2-7}$$

即实现线性积分器。应当注意这个电路只在输入和输出之间保持线性积分关系。例如，晶体管 T_1 的端电压与电流不是线性关系。另外，运放输入端变化量 ν_1 和 ν_2 一般不为 0。它通过反馈网络不断调整，使 $\nu_1-\nu_{out1}$ 与 $\nu_2-\nu_{out2}$ 大小相等、相位相反，以满足对称反相放大器的自身需要。由于放大器差模增益比较大，ν_1 值较小，因此对于放大器输入差模范围要求不严。同理，当 $k>1$ 时，输出为：

$$V_{out}=-\frac{2}{R_1C}\int_{-\infty}^{t}V_{in1}(\tau)d\tau-\cdots-\frac{2}{R_kC}\int_{-\infty}^{t}V_{ink}(\tau)d\tau \tag{5.2-8}$$

虽然对称结构能减小共模噪声影响，但晶体管电阻值不是由差模信号决定，所以必须保证控制电压 V_C 和衬底电压 V_B 不受外来信号干扰，以防止电阻值变化。如果外来信号所包含的频率分量在滤波器频率响应范围内，这个问题更加需要注意，因为衬底电压 V_B 可以传送芯片内其他电路产生的大干扰信号，特别是对数模混合电路。为此，MOS 管电阻应放在阱内，并将阱接到没有干扰的 V_B。对于 n 阱 CMOS 工艺，要用 p 沟晶体管作电阻，以便施加独立的衬偏。因为 V_C 和 V_B 不传送电流，所以它们带来的干扰可以比较容易地通过滤波消除。

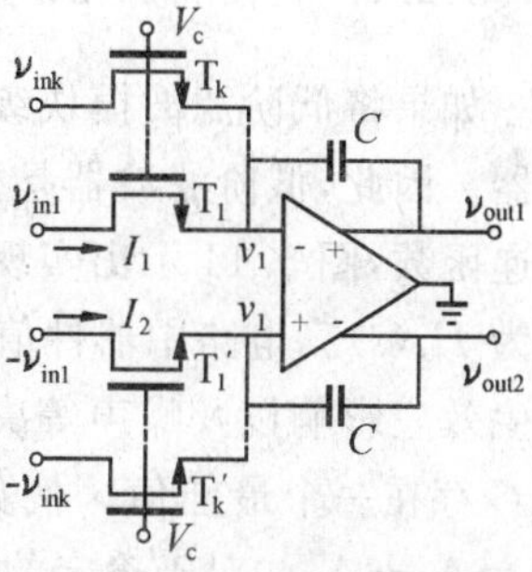

图 5.13　MOST-C 对称差模积分器

因为图 5.12(d)四管等效电阻结构不受 V_T 影响，如果用它代替图 5.13 中两管（T_1 和 T_1'）电阻将增加积分器对 V_B 中干扰量的抑制能力。虽然这种结构可以消除控制电压 V_{C1} 和 V_{C2} 中的共模干扰，但因为晶体管数目增加可能使内部产生很大噪声。虽然理想情况下这种结构可以消除非线性项影响，但因为晶体管数目增加使器件失配影响变得更大，从而使实际电路的非线性项影响并不能完全消除。另外，四管电阻需要大驱动电流，必须考虑运放的驱动能力和功耗。实际上，由于非理想因素的影响，这种四管电阻结构并不一定比两管电阻结构效果好。

5.2.3　集成滤波器设计原则

用芯片技术实现集成滤波器时，许多传统有源滤波器的设计原则要发生变化。第一个放弃的不成文规则是选择需要电容最少的有源滤波器电路，即：每个极点或极零对对应一个电容。采用尽可能少的电容符合分立和厚膜技术的成本要求，因为对于分立器件，精确电阻的成本低于精确电容的成本，而且阻值范围大并容易实现微调。对于集成电路，特别对于 CMOS 技术，电容是最适合集成工艺制作的无源器件。虽然在连续时间滤波器中，电阻和跨导是可以微调的，但在其他方面不理想，如线性度、噪声等。虽然在有源 SC 滤波器中，电阻可以用开关电容等效实现，但电容存在热噪声 kT/C 而且开关电容过程容易产生时钟馈通。因此，在集成滤波器中，受制造工艺影响最小的结构往往是最少化电阻、跨导或其他等效器件的数目。但是，对于连续时间滤波器，必须要有足够多的电阻或跨导以实现自动调谐。

第二个放弃的不成文规则是最少化运放数目。这个习惯来自于早期 IC 只集成有一两个运放时的分立电路滤波器设计。当时运放决定着滤波器的成本，减少运放可以明显降低成本。虽然集成滤波器中运放不是没有问题(如它们引入噪声、产生非线性和增加功耗等),但它们已被看成是与电阻、电容一样的基本器件。其实,对于有源 SC 滤波器,电容占据最大的芯片面积。由于运放可以起到隔离和抑制寄生参量的作用,因此最少运放原则对于实现集成滤波器已不再必要了。另外,运放能隔离参数可以方便实现片内调谐。

5.2.4 一阶有源 RC 滤波器

如果将低阶滤波模块级联起来或连接成多个反馈环结构,可以实现不同种类的高阶滤波器。因此,低阶滤波器是构成高阶滤波器的基本模块。对于(5.1-8)式所描述一阶滤波器传递函数,图 5.14 示出实现电路和设计公式,其中对应于传递函数 $H(s)$系数的设计公式表示为 $H_s(s)$。电路中器件值根据设计中选用的 C 值确定,C 值需要通过综合考虑芯片面积、寄生效应影响以及噪声等决定。一般情况,芯片面积随 C 值增加,保证芯片面积最小选择 R 和 C 存在一个最佳值。例如,R 和 C 的芯片面积分别是 A_R 和 A_C,总的 RC 芯片面积为 $A_T=A_R+A_C$。对于确定的时间常数 $\tau=RC$,在 R 和 C 与面积成正比情况下,如果 R 和 C 值的选择使 $A_R=A_C$,总芯片面积最小。

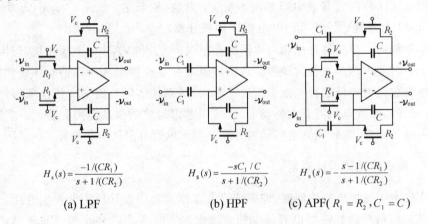

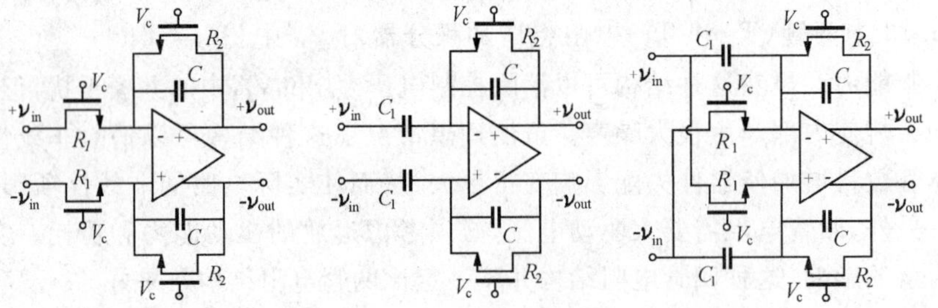

$$H_s(s)=\frac{-1/(CR_1)}{s+1/(CR_2)}$$

(a) LPF

$$H_s(s)=\frac{-sC_1/C}{s+1/(CR_2)}$$

(b) HPF

$$H_s(s)=-\frac{s-1/(CR_1)}{s+1/(CR_2)}$$

(c) APF($R_1=R_2, C_1=C$)

图 5.14 一阶滤波电路和设计公式

通常 $H_s(s)$的符号无关紧要,对于差模结构的 MOST-C 滤波器,可以通过互换输入或输出端改变符号。

由于实际电路中放大器非理想特性的影响,滤波器的增益和相移将偏离理想(运放增益无限大)的频率响应。例如,对于图 5.14(a)所示电路,如果开环差模信号增益为 $A(s)=-(\nu_{out1}-\nu_{out2})/(\nu_1-\nu_2)$,那么电路的闭环增益$(\nu_{out1}-\nu_{out2})/(\nu_{in1}-\nu_{in2})$为:

$$A_{CL}(s)=-\frac{z_2}{z_1}\frac{1}{1+\dfrac{1}{A(s)}\left(1+\dfrac{z_2}{z_1}\right)}=-\frac{z_2}{z_1}\left(\frac{1}{1+err(s)}\right)\approx-\frac{z_2}{z_1}[1-err(s)] \tag{5.2-9}$$

其中：$z_1=R_1, z_2=R_2//(1/sC)$。有限开环增益引起的误差为：

$$err(s)=\frac{1}{A(s)}\left(1+\frac{z_2}{z_1}\right) \tag{5.2-10}$$

可见，误差 $err(s)$ 与放大器开环特性(A)和所设计滤波器闭环理想增益($A_\infty=z_2/z_1, A\to\infty$)有关。随频率增加增益 A 减小，误差增大。可以证明 $err(s)$ 近似为闭环增益 A_{CL} 对开环增益 A 的灵敏度$[(A/A_{CL})(dA_{CL}/dA)]$；$err(s)$ 的实部近似为 A_{CL} 模的相对误差，$err(s)$ 的虚部近似为 A_{CL} 的相位误差。对于单极点频率响应的 OTA，采用图 5.7 有源补偿形式可以减小同相积分器的相位误差。

例题 1 设计一个有源 RC 一阶 AP 滤波器，在 10 kHz 时实现 $-90°$ 相移和 0 dB 增益。

解：对于图 5.14(c)电路，有限增益情况下的传递函数为：

$$H(s)=-\frac{C_1\left(s-\dfrac{1}{C_1R_1}\right)}{C\left(s+\dfrac{1}{CR_2}\right)}\frac{1}{1+\dfrac{s(C_1+C)+1/R_1+1/R_2}{A(s)(sC+1/R_2)}}$$

当 $C_1=C$ 和 $R_1=R_2$ 时，有：

$$H(s)=-\frac{\left(s-\dfrac{1}{C_1R_1}\right)}{\left(s+\dfrac{1}{C_1R_1}\right)}\frac{1}{1+\dfrac{2}{A(s)}}$$

当放大器增益近似无穷大时，根据 $-90°$ 相位和 0 dB 增益要求确定 $H(s)$ 为：

$$H(s)=-\frac{s-2\pi(10^4)}{s+2\pi(10^4)}$$

传递函数系数为 $-a_0=b_0=2\pi10^4, a_1=1$。设 $C=10$ pF，根据图 5.14 设计公式有：$C_1=C=10$ pF，$R_1=R_2=1/b_0C=1.5915$ MΩ。如果放大器低频增益 $A_0=100$，主极点频率远大于 10 kHz 时幅值误差近似为 1/50＝2%（精确 1.96%），相位误差为零。如果主极点频率等于 1 kHz，增益为 $A_0/(1+jf/f_d)$，$err=2/A=2(1+j_{10})/100$，幅值误差近似为 1/50＝2%（精确 3.9%），相位误差近似为 arctg(1/5)＝11.3°（12.6%）。可见放大器截止频率主要影响相位。

5.2.5 二阶有源 RC 滤波器

因为二阶滤波器结构简单并在高阶滤波器中起着重要作用，所以是研究最多的基本滤波模块电路。对于集成有源滤波电路，通常有一些基本要求：对无源器件参数变化不敏感，对有源器件非理想特性不敏感，不受寄生参数影响，噪声低，动态范围大，PSRR 高，面积小，功耗低，等等，因此在大多数二阶电路结构中只能有少数几种电路结构适合集成电路实现。

1. 单运放滤波器

图 5.15 是一个单运放二阶低通滤波器，它广泛用于实现芯片内的连续时间低通滤波，特别是在离散时间系统中经常作为抗混叠和平滑滤波器。在这类应用中，关键问题是放大

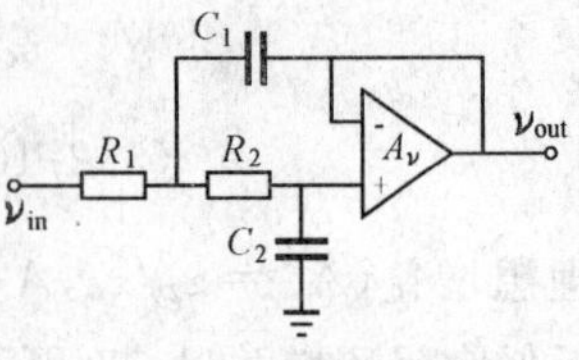

图 5.15　单运放二阶有源 RC 低通滤波器(Sallen-Key 滤波器)

器要有足够大的低频增益，以保证 LPF 的精度。如果系统采用很高的过采样率，在处理信号带宽 f_c 和系统采样频率 f_s 之间存在很大间距，那么对 RC 的精度要求不很严格，电阻不必用 MOS 电阻实现。对于 CMOS 技术，电阻 R 可由一个不可调整的 p 阱电阻实现，电容 C 可由双多晶层构成。

如果运放的开环增益表示为 $A(s)$，图 5.15 滤波器的传递函数为：

$$H_s(s)=\frac{\left(1-\frac{1}{A(s)}\right)\frac{1}{R_1C_1R_2C_2}}{s^2+s\left(\frac{1}{R_1C_1}+\frac{1}{R_2C_1}+\frac{1}{R_2C_2}\frac{1}{A(s)}\right)+\frac{1}{R_1C_1C_2R_2}} \tag{5.2-11}$$

$A(s)$ 只影响低频增益和 Q 值。谐振频率 $\omega_0=1/\sqrt{R_1C_1R_2C_2}$，取决于电阻和电容的精度。滤波器的低频增益为：

$$H_s(0)=1-1/A(0) \tag{5.2-12}$$

低频下滤波器成为输入端连接有串联电阻 R_1+R_2 的跟随器。如果忽略运放负输入端电流，电阻 R_1 和 R_2 的压降为零，所以低频增益与电阻无关。如果 OPA 的 $A(s)$ 补偿成单极点 f_d，这样 $A(f)=A_0/(1+jf/f_d)$。当 $f_d>f_0$，其中 f_0 是滤波器的谐振频率，滤波器低频增益变为：

$$H_s(0)=1-1/A_0 \tag{5.2-13}$$

当运放开环增益 A_0 足够大时，$H_s(0)\approx 1$，与 R 和 C 值无关。对于抗混叠和平滑滤波器，最重要的是 $H_s(s)$ 不在所处理信号的信带内引入误差。当 $f_s\gg f_N=2f_c$（f_N 是 Nyquist 频率，f_c 是信号带宽，f_s 是采样频率）时，滤波器谐振频率 f_0 可选为：$f_s/2\gg f_0\gg f_c$，允许谐振频率存在一定误差。信带内的最大平整度或 Butterworth 响应可以通过调整 Q_p 保证。在这种情况下，信号通过滤波器产生的误差主要是由抗混叠滤波器(anti-aliasing filter)低频增益变化 $\Delta H_s(0)$ 引起的。由于 $H_s(0)$ 与 R 和 C 无关，A_0 是唯一引起偏离理想情况 $H_s(0)=1$ 的因素。保守地分析，如果运放低频增益 A_0 为 60 dB，它所产生的误差为：$20\log(1-1/A_0)=-0.00869$ dB。

如果过采样引起的第一个混叠频率为：

$$f_a=f_s-f_c \tag{5.2-14}$$

其中滤波器带宽 $f_0\ll f_a$，那么抗混叠滤波器设计中的另一个重要要求是在频率 f_a 处的衰减 $H_s(f_a)$。$H_s(f_a)$ 值和对 f_0 变化的最坏情况估计决定对 f_s 最小值的限制。通常情况下，Sallen-key 二阶滤波器能够较好地满足开关电容电路对于抗混叠和重建滤波的需要。对于 $0\ll f\ll f_c\ll f_0$ 情况，滤波器的单位增益保证了低频下所需要的精度，即 $H_s(j\omega)=H_s(0)$。

例题 2　设计 Sallen-Key 有源 RC 低通滤波器，用于采样数据系统抗混叠滤波。已知信号带宽为 $f_c=80$ kHz，采样频率为 $f_s=16$ MHz，要求滤波器在频率 f_s-f_c 下衰减大于

50 dB，当频率 $f \leqslant f_c$ 时衰减小于 0.05 dB，① 求实现这种要求的谐振频率 f_0 和质量因子 Q_p；② 如果电阻取为 100 kΩ 求电容。

解：① 二阶低通滤波器传递函数的一般形式为：$H(\omega)=K\omega_0^2/(\omega^2+\omega\omega_0/Q_p+\omega_0^2)$，依题意 $K=1$，$|H(f_c)|=-0.05\ \text{dB}=0.99426$，$|H(f_s-f_c)|=-50\ \text{dB}=0.00316228$，由此可以解得满足等式关系的：$f_0=0.89627\ \text{MHz}$，$Q_p=0.5387$。

② 假设放大器的低频增益很大，带宽大于 f_0，由(5.2-11)可知谐振频率为：

$\omega_0^2=1/(R_1C_1R_2C_2)$，$Q_p=[1/(1+R_1/R_2)]\sqrt{(C_1R_1/C_2R_2)}$，$K=1$。

当 $R_1=R_2$ 时，$R_2C_2=1/(2\omega_0 Q_p)=0.164818\ \mu\text{s}$，$R_1C_1=2Q_p/(\omega_0^2)=0.0339734\ \mu\text{s}$。对于 $R_1=R_2=100\ \text{k}\Omega$，$C_2=1.648\ \text{pF}$，$C_1=0.3397\ \text{pF}$。

2. 双积分器环

双积分器环(two-integrator loop)是二阶滤波模块实现的基本结构之一。这种结构灵活性大、性能良好，并且对无源器件的灵敏度低。缺点是对非理想运放的相延迟非常敏感，不容易得到大带宽和高 Q 值。图 5.16(a)表示由反相和同相积分器构成的无阻尼双积分器环电路，即正交振荡器(quadrature oscillator)。这个环的谐振特性由下式决定：

$$s^2+K_{AB}K_{CD}=0 \tag{5.2-15}$$

其中：K_{AB}和 K_{CD}是同相和反相积分器的增益，谐振频率 $\omega_0^2=K_{AB}K_{CD}$。这种简单双积分器环的质量因子为无穷大，要想得到有限的质量因子，谐振环内要引入阻尼。

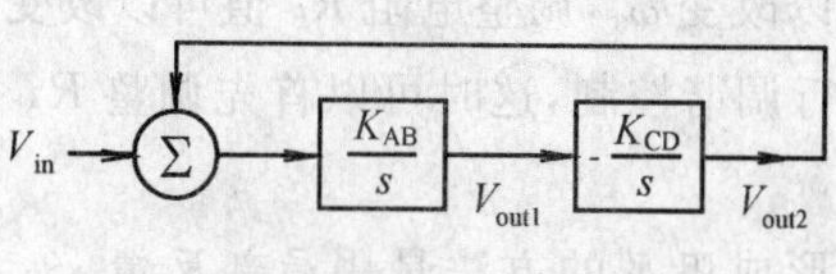

(a) 无阻尼双积分器环

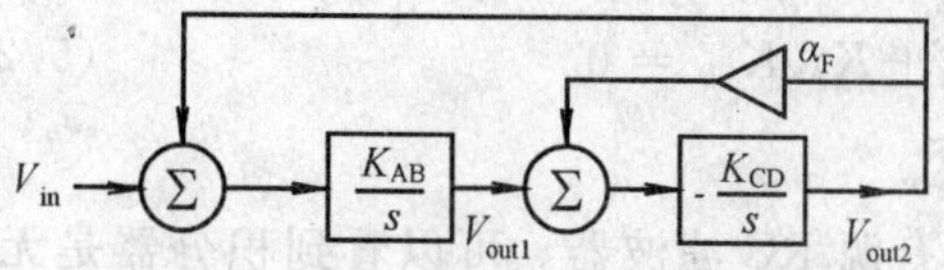

(b) 由局部反馈α_F阻尼谐振器构成的稳定环

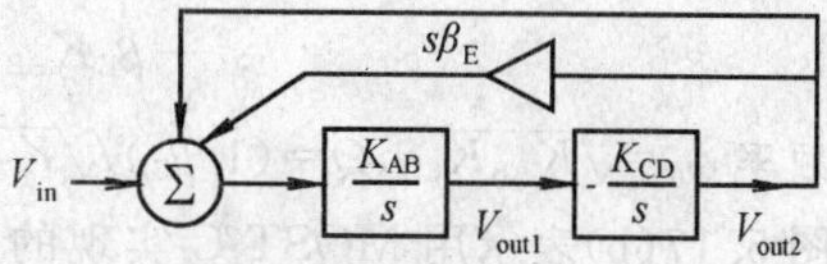

(c) 由反馈$s\beta_E$阻尼谐振器构成的稳定环

图 5.16　态变量双积分器谐振环

引入阻尼的一种方法是采用局部反馈 α_F 构成反相阻尼积分器，如图 5.16(b)所示。积分器环的谐振特性由下面方程决定：

$$s^2+\alpha_F K_{CD}s+K_{AB}K_{CD}=0 \tag{5.2-16}$$

谐振频率 $\omega_0^2=K_{AB}K_{CD}$，$Q=(1/\alpha_F)\sqrt{(K_{AB}/K_{CD})}$。

用 MOST-C 实现的局部反馈 α_F 电阻有源 RC 滤波器如图 5.17(a)所示，其中同相积分器由反相积分器交换输出端构成。这种电路是最小化电容数目的滤波器。对于一定的 V_C，电阻值可以通过选择 W/L 来设计。全对称差模结构可以方便实现线性化 MOS 管电阻，但每一路都采用两个电容。

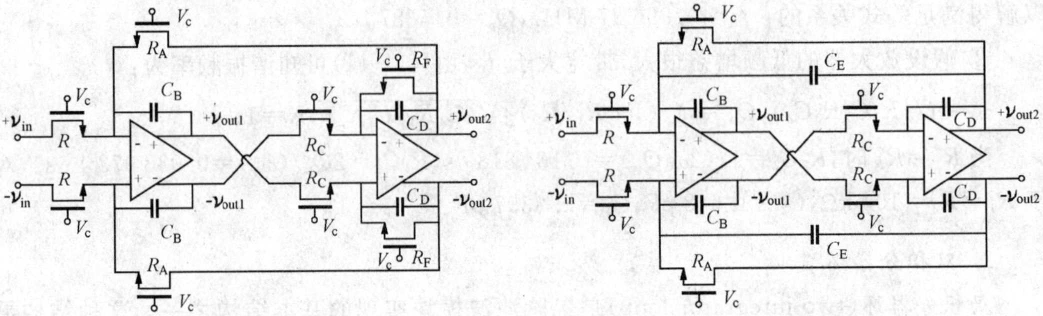

(a) α_F局部反馈阻尼环

(b) $s\beta_E$反馈阻尼环

图 5.17　对称差模 MOST-C 双积分器环

假设运放和无源器件是理想的，谐振环的特性由下述方程决定：

$$s^2+\frac{1}{R_F C_D}s+\frac{1}{R_C C_D R_A C_B}=0 \tag{5.2-17}$$

可见通过调整电阻 $R_{A,B}$ 值可以改变 ω_0，调整电阻 R_F 值可以改变 Q。例如，对于精度要求较高的连续时间滤波器需要进行调谐控制，这时可以首先调整 R_A 以调谐 ω_0，而后调整 R_F 以调谐 Q。

另一种在双积分器环内形成阻尼的方法是用局部反馈 $s\beta_E$ 产生阻尼，如图 5.16(c)所示。它的谐振特性由下面方程决定：

$$s^2+\beta_E K_{AB} K_{CD} s+K_{AB} K_{CD}=0 \tag{5.2-18}$$

谐振频率 $\omega_0=\sqrt{K_{AB}K_{CD}}$，$Q=(1/\beta_E)/\sqrt{K_{AB}K_{CD}}$。

图 5.17(b)表示用 MOST-C 实现的这种有源 RC 滤波器。可以看到积分器是无阻尼的，微分反馈 $s\beta_E$ 是由电容 C_E 实现的。这个谐振环满足下面的特征方程：

$$s^2+\frac{C_E}{C_B}\frac{1}{R_C C_D}s+\frac{1}{R_A C_B R_C C_D}=0 \tag{5.2-19}$$

在这种 $s\beta_E$ 反馈环中，增加了两个电容 C_E，但是在后面可以看到这种结构实现的高 Q 有源开关电容滤波模块能使总电容减小，因此节省芯片面积。另外，敏感性、寄生性和其他性能类似于 α_F 环结构滤波器。对于这种有源 RC 滤波器，一种简单的设计方法是使 $R_C=R_A$ 和 $C_D=C_B$，ω_0 和 Q 分别由 C_B 和 C_E 确定。用 MOS 管实现的电阻 R_A 和 R_C 可以较好匹配，而且电阻值可以进行微调。

3. 双积分器环构成的通用双二阶滤波器

基于双积分器环可以实现不同形式的双二阶滤波器。利用电阻局部反馈双积分器环构成的通用双二阶滤波器如图5.18(a)所示，其中同相阻尼积分器是由交叉连接和反相阻尼积分器构成的。输入到运放 A_2 输出端的传递函数为：

$$\frac{V_{\text{out2}}(s)}{V_{\text{in}}(s)}=-\frac{s^2\dfrac{C_2}{C_D}+s\dfrac{1}{R_2C_D}+\dfrac{1}{R_1C_BR_CC_D}}{s^2+s\dfrac{1}{R_FC_D}+\dfrac{1}{R_AC_BR_CC_D}} \tag{5.2-20}$$

运放 A_1 输出端的传递函数为：

$$\frac{V_{\text{out1}}(s)}{V_{\text{in}}(s)}=\frac{s\left(\dfrac{C_2}{R_AC_BC_D}-\dfrac{1}{R_1C_B}\right)+\dfrac{1}{R_2R_AC_BC_D}-\dfrac{1}{R_1R_FC_BC_D}}{s^2+s\dfrac{1}{R_FC_D}+\dfrac{1}{R_AC_BR_CC_D}} \tag{5.2-21}$$

谐振频率为：

$$\omega_0=\frac{1}{\sqrt{R_AC_BR_CC_D}} \tag{5.2-22}$$

质量因子为：

$$Q=\frac{R_F}{R_C}\sqrt{\frac{R_CC_D}{R_AC_B}} \tag{5.2-23}$$

如果保证两个积分器时间常数相等，设计中可取 $C_B=C_D=C, R_A=R_C=R$，于是 $CR=1/\omega_0$，阻尼电阻由 $R_F=QR_C$ 确定。如果保证得最大动态范围，设计需要以两个积分器的输出最大值相等为条件。对于二阶滤波器一般传递函数(5.1-9)式，假设 $|H(j\omega)|$ 的最大值为 $H_m(\omega_m)$，可以得到：

$$H_m^2=\frac{(a_0-a_2\omega_m^2)^2+(a_1\omega_m)^2}{(b_0-\omega_m^2)^2+(b_1\omega_m)^2} \tag{5.2-24}$$

或

$$\omega_m^4(a_2^2-H_m^2)+\omega_m^2(a_1^2-2a_2a_0+2H_m^2b_0-H_m^2b_1^2)+(a_0^2-H_m^2b_0^2)=0 \tag{5.2-25}$$

因为上式中 ω_m 对应于峰值，所以必须有相等的根或二次方程判别式为零，即：

$$(b_1^4-4b_0b_1^2)H_m^4+(4a_1^2b_0-2a_1^2b_1^2-8a_2a_0b_0+4a_2a_0b_1^2+4a_0^2+4a_2^2b_0^2)H_m^2+(a_1^4-4a_0a_2a_1^2)=0 \tag{5.2-26}$$

根据传递函数系数 a_2, a_1, a_0, b_1, b_0 可以求出最大值 H_m。用此关系可以在保证两个积分器最大输出电压相等的条件下设计电路。

滤波功能由 R_1, R_2, C_2 确定：当 $R_2\to\infty, C_2=0$ 时，V_{o2} 输出端实现低通滤波，低频增益 $-R_A/R_1$；当 $R_1\to\infty, R_2\to\infty$ 时，V_{o2} 输出端实现高通滤波，高频增益为 $-C_2/C_D$，V_{o1} 输出实现带通滤波，通带中心频率处的增益为 C_2R_F/C_BR_A；当 $R_1\to\infty, C_2=0$ 时，A_2 输出端实现带通滤波，通带中心频率处的增益为 $-R_F/R_2$，A_1 输出端实现低通滤波，低频增益为 $-R_C/R_2$。

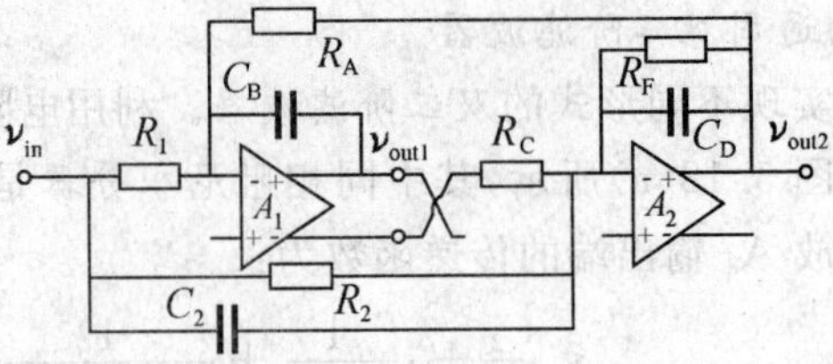

(a) 电阻阻尼双积分器环

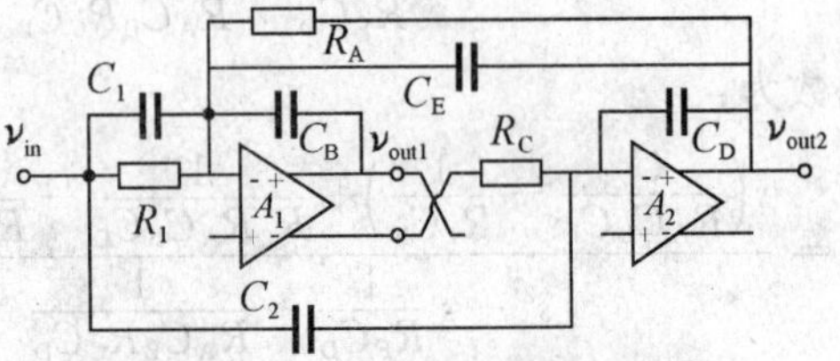

(b) 电容谐振双积分器环

图 5.18 基于双积分器环的双二阶滤波器

一种利用电容反馈积分器环实现的双二阶滤波器如图 5.18(b)所示。A_2 输出端的传递函数为：

$$\frac{V_{out2}(s)}{V_{in}(s)}=-\frac{s^2\frac{C_2}{C_D}+s\frac{C_1}{C_BR_CC_D}+\frac{1}{R_1C_BR_CC_D}}{s^2+s\frac{C_E}{C_BR_CC_D}+\frac{1}{R_AC_BR_CC_D}} \tag{5.2-27}$$

A_1 输出端的传递函数为：

$$\frac{V_{out1}(s)}{V_{in}(s)}=\frac{s^2\left(\frac{C_2C_E}{C_BC_D}-\frac{C_1}{C_B}\right)+s\left(\frac{C_2}{R_AC_BC_D}-\frac{1}{R_1C_B}\right)}{s^2+s\frac{C_E}{C_BR_CC_D}+\frac{1}{R_AC_BR_CC_D}} \tag{5.2-28}$$

谐振频率为：

$$\omega_0=\frac{1}{\sqrt{R_AC_BR_CC_D}} \tag{5.2-29}$$

质量因子为：

$$Q=\frac{C_B}{C_E}\sqrt{\frac{R_CC_D}{R_AC_B}} \tag{5.2-30}$$

通常为了使双积分器有相等的时间常数，保证两个积分器有相同的动态特性，设计中取 $C_B=C_D=C$，$R_A=R_C=R$，于是 $CR=1/\omega_0$，阻尼电阻由 $C_E=C_B/Q$ 确定。滤波功能由 R_1，C_1，C_2 确定：当 $R_1\to\infty$，$C_1=0$ 时，V_{o2} 输出端实现高通滤波；当 $R_1\to\infty$，$C_2=0$ 时，A_2 输出端实现带通滤波，中心频率处增益为 $G_0=-C_1/C_E$，V_{o1} 输出端实现高通滤波；当 $C_1=0$，

$C_2=0$ 时，A_2 输出端实现低通滤波，低频增益为 $-R_A/R_1$，A_1 输出端实现带通滤波，通带中心频率处的增益为：$G_0=-R_C C_D/R_1 C_E$，R_1 决定增益。

例题 3　利用电容阻尼双积分器环设计一个用于抗混叠滤波的二阶低通滤波器，要求 $2\pi f_0=10$ MHz，$Q=0.5$，低频增益 $K=2$。

解：对于电容阻尼双积分器环，当 $C_1=C_2=0$ 时 V_{o2} 输出实现低通滤波，V_{o1} 输出实现带通滤波。若取 $R_A=R_C$，$C_B=C_D$，则 $\omega_0=1/R_A C_B$，$Q=C_B/C_E$。如果根据最小信噪比要求的最大噪声适当选择电容 $C_B=C_D=0.5$ pF，那么 $R_A=R_C=1/2\pi f_0 C_B=200$ kΩ，$C_E=C_B/Q=1$ pF，$R_1=R_A/K=100$ kΩ。总电容值为 $C_B+C_D+C_E=2.0$ pF。

两个输出的传递函数分别为：

$$\frac{V_{out2}(s)}{V_{in}(s)}=-\frac{2*(10M)^2}{s^2+s(20M)+(10M)^2}\qquad \frac{V_{out1}(s)}{V_{in}(s)}=-\frac{s(20M)}{s^2+s(20M)+(10M)^2}$$

因为 $Q<0.707$，所以 $|V_{out2}/V_{in}|_{max}=K=2$。用谐振频率处响应或用(5.2-26)式计算 $|V_{out1}/V_{in}|_{max}=1$。可见在保证积分器时间常数相等的情况下不能保证两积分器输出最大值相同。

虽然 V_{out1} 最大值小于 V_{out2}，在保证 V_{out2} 处于线性区的情况下 V_{out1} 也处于线性区，不会引起非线性畸变，但是因为 V_{out1} 小将减小信噪比。为得到良好信噪比可以用积分器输出最大值相等为条件设计电路。即：$(R_C/R_1)(C_D/C_E)=R_A/R_1=K$。为了用电阻实现调谐设计，若取 $R_A=R_C$，则 $C_D=C_E$，$C_E=C_B/Q^2$。如果取 $C_B=0.25$ pF，$C_D=C_E=1$ pF，那么 $R_A=R_C=Q/C_B\omega_0=200$ kΩ，$R_1=R_A/K=100$ kΩ。这种情况下总电容值 $C_B+C_D+C_E=2.25$ pF 有所增加。

作为采样数据滤波器中的连续时间抗混叠和平滑滤波器，在高采样率($f_s/f_N>1$)情况下可以采用简单抗混叠和平滑滤波器结构，通常使用有源二阶或一阶或无源结构。常用的 Sallen-Key 滤波器特点是无论电阻和电容误差多大，低频增益 $H(0)=1$，因为低频时电容为开路，输入信号直接输入到单位增益缓冲器，见图 5.15。然而，双积分器环二阶低通滤波器的低频增益由电阻比决定，低频增益精度由电阻比精度决定，因此主要用于总增益可调节的系统(例如，编、译码器芯片中的开关电容滤波器)。双积分器环的优点是：运放输入端实际处于零电位，放宽了对运放共模输入范围的要求；双积分器环的谐振频率和 Q 值可以通过两个独立变量控制，便于调谐设计；如果用 MOS 管代替电阻，采用自调谐技术可以使它用于 f_s/f_N 较小的数据采样系统。

5.2.6　梯形有源 MOST-C 滤波器

由于梯形结构引入更多的反馈，在参数敏感度和信噪比方面优于级联设计，特别对高阶、高 Q 滤波电路更为明显，所以在高质量集成滤波器设计中得到广泛应用。根据 5.1 节分析，用图 5.13 MOST-C 对称差模积分器，图 5.10 所示五阶低通 LC 梯形滤波网络可由图 5.19 有源 MOST-C 实现。对应的端电压为：

$$\nu_1=\frac{-1}{1+sC_{11}R_{\mathrm{Sg}}}\left(\frac{R_{\mathrm{Sg}}}{R_{\mathrm{in}}}\nu_{\mathrm{in}}-\frac{R_{\mathrm{Sg}}}{R_{21}}\nu_2\right)\quad(5.2\text{-}31\mathrm{a}),\quad \nu_2=\frac{-1}{sC_{22}}\left(\frac{1}{R_{12}}\nu_1-\frac{1}{R_{32}}\nu_3\right)\quad(5.2\text{-}31\mathrm{b}),$$

$$\nu_3=\frac{-1}{sC_{33}}\left(\frac{1}{R_{23}}\nu_2-\frac{1}{R_{43}}\nu_4\right)\quad(5.2\text{-}31\mathrm{c}),\quad \nu_4=\frac{-1}{sC_{44}}\left(\frac{1}{R_{34}}\nu_3-\frac{1}{R_{54}}\nu_5\right)\quad(5.2\text{-}31\mathrm{d}),$$

$$\nu_5=\frac{-R_{\mathrm{Ld}}/R_{45}}{1+sC_{55}R_{\mathrm{Ld}}}\nu_4\quad(5.2\text{-}31\mathrm{e})。$$

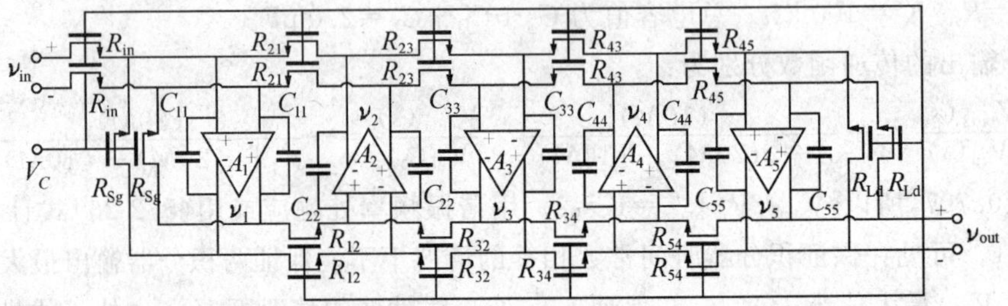

图 5.19　有源 MOST-C 实现图 5.10 所示梯形滤波网络

例题 4　用图 5.10(a) LC 滤波网络设计一个五阶 Chebyshev 低通滤波器，要求通带波纹 0.5 dB，通带边缘频率 10 MHz。

解：对于图 5.10(a)五阶 LC 低通滤波网络，0.5 dB 通带波纹 Chebyshev 低通滤波的归一化器件值为：$C_1=C_5=1.7091\mathrm{F}$，$L_2=L_4=1.2321\mathrm{H}$，$C_3=2.5458\mathrm{F}$，$R_{\mathrm{S}}=R_{\mathrm{L}}=1\Omega$。满足滤波器频率和端电阻要求，电容去归一化因子是 1/FSF/Z，电感的去归一化因子是 Z/FSF，电阻的去归一化因子 Z，其中：FSF(frequency-scaling factor)是频率比例变化因子(设计频率与已知频率之比)，Z 是阻抗去归一化因子(设计电阻值与已知电阻值之比)[71]。实现 10 MHz 通带边缘频率对应的频率去归一化器件值为：$C_1=C_5=1.7091\mathrm{F}/2\pi/(10\times10^6)=27.20\mathrm{nF}$，$L_2=L_4=1.2321\mathrm{H}/2\pi/(10\times10^6)=19.61\mathrm{nH}$，$C_3=40.52\mathrm{nF}$。$R_{\mathrm{S}}=R_{\mathrm{L}}=1\Omega$，低频增益值 0.5。如果图 5.19 中 MOS 管电阻取为 10kΩ，图 5.10(b)中 $R=1\Omega$，将电路方程组(5.2-31)与方程(5.1-40)(5.1-35)(5.1-36)(5.1-37)(5.1-41)比较可得：$C_{11}=C_1R_{\mathrm{S}}/R_{\mathrm{Sg}}=2.720\ \mathrm{pF}$，$C_{22}=L_2/R_{12}=1.961\ \mathrm{pF}$，$C_{33}=C_3/R_{23}=4.052\ \mathrm{pF}$，$C_{44}=L_4/R_{34}=1.961\ \mathrm{pF}$，$C_{55}=C_5R_{\mathrm{L}}/R_{\mathrm{Ld}}=2.720\ \mathrm{pF}$。

用 SPICE 模拟结果表明，对于 1V 输入电压，五个节点电压最大值分别为：$\nu_1=0.793\,073\mathrm{V}$，$\nu_2=1.1601\mathrm{V}$，$\nu_3=0.787\,311\mathrm{V}$，$\nu_4=0.972\,127\mathrm{V}$，$\nu_5=0.505\,966\mathrm{V}$。

如果使每个节点电压都用最大值归一，$V_{\mathrm{i}}\leftarrow k'_{\mathrm{i}}V_{\mathrm{i}}$，那么节点电压调整因子 $k'_5=1/0.51$，$k'_4=1/0.97$，$k'_3=1/0.79$，$k'_2=1/1.16$，$k'_1=1/0.79$。假设电容和 $R_{\mathrm{Ld}}=R_{\mathrm{Sg}}=10\ \mathrm{k\Omega}$ 不变，只设计其他互联电阻，根据式(5.1-42)～(5.1-46)和式(5.2-31)可得：$R_{45}=10\mathrm{k\Omega}(k'_4/k'_5=5.2\mathrm{k\Omega}$，$R_{34}=10\mathrm{k\Omega}(k'_3/k'_4=12.3\mathrm{k\Omega}$，$R_{54}=10\mathrm{k\Omega}(k'_5/k'_4=19.0\mathrm{k\Omega}$，$R_{23}=10\mathrm{k\Omega}(k'_2/k'_3=$

6.8kΩ，$R_{43}=10\text{k}\Omega(k_4'/k_3'=8.1\text{k}\Omega$，$R_{12}=(k_1'/k_2')(L_2/C_2)/R=14.7\text{k}\Omega$，$R_{32}=(k_3'/k_2')(L_2/C_2)/R=14.7\text{k}\Omega$，$R_{21}=R_{Sg}k_2'/k_1'=6.8\text{k}\Omega$，$R_{in}=R_{Sg}k_5/k_1=15.5\text{k}\Omega$，其中 R_{in} 值由保持低频增益不变条件确定。

5.3 有源 G_m-C 滤波器

用传统 CMOS 技术实现的 MOST-C 滤波器在高频下工作存在两个主要问题：① OPA 的增益带宽积有限；② 在高频时 OPA 的输出阻抗非零(有限非主极点频率)。这两个非理想特性影响着滤波器的频率响应，特别是通带的边缘。解决这些问题的一种方法是采用可以部分消除这些非理想影响的无源补偿电路。但是，当滤波器的工作频率超过几兆赫兹时，即使采用 100 MHz 增益带宽积的运放，这种技术也不再有效。这主要是因为：① 在高频时难以定量估计出非理想化的程度；② 补偿技术大多都是一阶修正技术，当非线性化很严重时它们变得无效。一种替代 MOST-C 技术的方法是用跨导电容(G_m-C)技术来实现高频滤波器。G_m-C 滤波器的主要优点是：OTA 作为压控电流源能够更有效地利用带宽，非常适合高频信号处理；适合 CMOS 和双极技术实现；如果采用调谐技术可以得到适中的精度。缺点是受 OTA 特性影响大、难以降低对寄生参数的敏感度、为得到一定的动态范围需要采用对称差模结构。

5.3.1 OTA-基电路

一组常用 OTA-基电路(OTA-based circuit)如图 5.20 所示。从 5.20(a)图反相电压放大器和 5.20(b)图同相电压放大器可见，同相积分器可以通过改变 5.20(f)图反相积分器中 OTA 输入端的极性而形成。如果将 5.20(e)图转换电路的 z_L 设为电容($z_L=1/sC$)，那么 $z_{in}=sC/G_{m1}G_{m2}$。它可作为 $L=C/G_{m1}G_{m2}$ 的电感器件。另外，当电路中多个 OTA 输出互连起来时，输出节点会存在负载问题。如果在 OTA 后面加上单位增益电流缓冲器，可以增加输出阻抗和提高驱动能力，但是缓冲器将影响 OTA 原有的高频特性。

与 OPA-基模块(OPA-based building block)进行比较，我们可以看到 OTA-基电路的特点。在 OPA-基电路中，为了减小开环 OPA 特性对电路特性的影响，往往在 OPA 周围采用大量的外部负反馈来实现所需要的功能。在理想情况下，这些电路的闭环特性不依赖于 OPA 开环的特性，只取决于外部反馈网中无源器件。换句话说，OPA 的开环增益对这些电路的影响是二级效应。尽管闭环结构使增益远低于 OPA 开环增益，但反馈增加了电路的线性范围。与此相比较，OTA-基模块电路没有采用外部反馈，它们的传递函数和阻抗直接取决于 OTA 的跨导 G_m。换句话说，OTA 的 G_m 对 OTA-基电路的影响是一级效应。这导致 OTA-基电路的设计会随具体要求发生很大变化，更强调定制设计、优化和控制 OTA 参数。

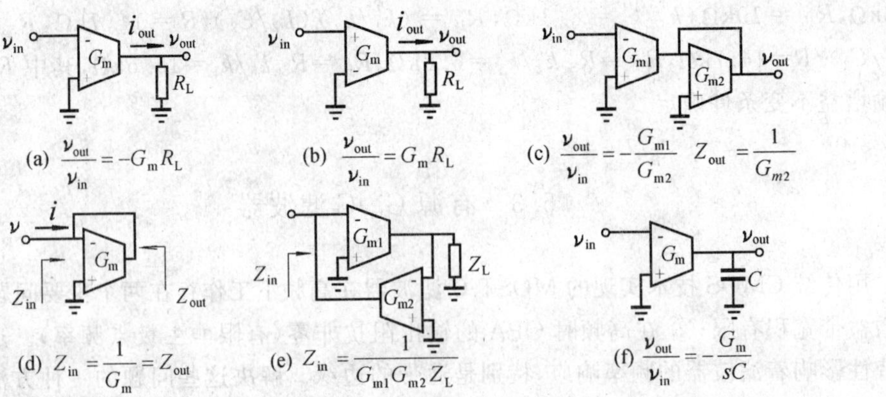

(a) 反相电压放大（负载R_L） (b) 具有负载R_L的同相放大 (c) 具有负载$1/G_{m2}$的反相电压放大

(d) 可控电阻 (e) 阻抗转换器 (f) 反相积分器

图 5.20 常用 OTA-基模块电路

在实际电路中限制 OTA 使用主要有三个非理想因素：① G_m 的非线性；② G_m 对工艺、温度的敏感性；③ 限制频率范围的寄生无源器件。OTA 的重要寄生器件如图 5.21 非理想模型所示，输入端存在非零电容 C_{in}，输出端存在非无穷大输出电阻 R_o。一般跨导放大器只有一个在输出端的高阻节点，这个高阻节点电阻 R_o 与输出节点电容 C_o 决定跨导放大器电压增益的主极点频率。即使跨导器内部没有非主极点，输入电容 C_{in} 和信号源内阻 R_s 构成的时间常数也将形成一个非主极点。在这种情况下，跨导放大器的跨导表示为：

$$G_m = i_{out}/v_{id} = G_{m0}/(1+s/\omega_{nd}) \approx G_{m0}(1-s/\omega_{nd}) \tag{5.3-1}$$

其中：G_{m0} 是低频跨导值，ω_{nd} 是跨导器的带宽、等于跨导放大器电压增益（v_{out}/v_{in}）的非主极点频率。有限的非主极点频率 ω_{nd} 将使跨导器产生附加相移 $\mathrm{arctg}(\omega/\omega_{nd})$。一般定义跨导器理想情况下单位电压增益频率 $\omega_u = G_{m0}/C_o$ 处的附加相移为跨导器的超相位：

$$\varphi_E = \mathrm{arctg}(\omega_u/\omega_{nd}) \approx \omega_u/\omega_{nd} \tag{5.3-2}$$

跨导器超相位与电压增益相位裕度的关系是 $PM = \pi/2 - \mathrm{arctg}(\omega_u/\omega_{nd}) = \pi/2 - \varphi_E$。

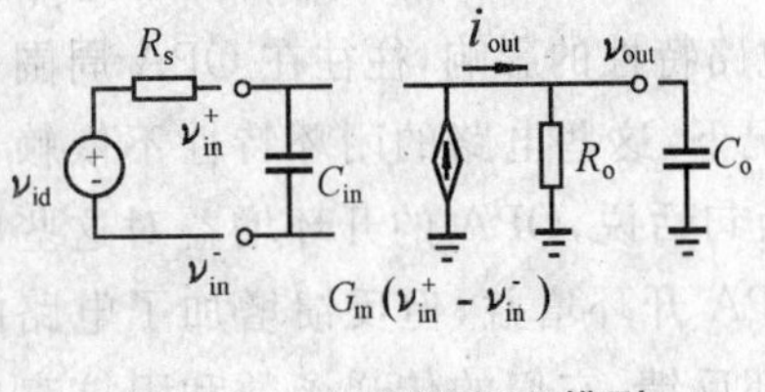

图 5.21 非理想 OTA 模型

由于 OTA 和 OPA 有类似的输入级、噪声、失调和电源抑制比，因此 OTA 与相同尺寸输入器件的 OPA 相类似，前面关于这些问题的讨论同样适用于 OTA。同样，采用对称 OTA 结构也可以扩大 OTA-基电路的动态范围。对于图 5.22(a)所示对称差模输入输出 OTA，从概念上可以认为是由两个全同的单端 OTA 构成，它们的跨导由公共偏置电流控制，如图 5.22(b)所示。

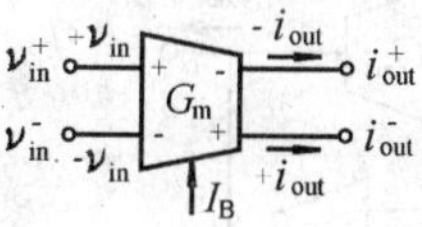

(a) 表示符号，$i_{out}^+ - i_{out}^- = -G_m(\nu_{in}^+ - \nu_{in}^-)$

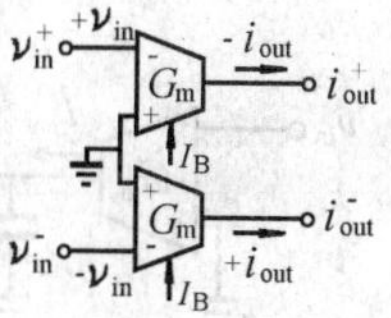

(b) 用两个单端 OTA 构成的原理性 OTA，$i_{out} = G_m\nu_{in}$

图 5.22 对称差模输入输出 OTA

对 OTA 使用限制最大的非理想因素是 G_m 的非线性和对工艺、温度的敏感性。由于 OTA-基电路中 OTA 以开环形式工作，G_m 作为一级效应影响电路特性，因此使 G_m 固有的非线性成为必须处理的最关键问题。正是这个原因，通常需要专门设计线性化的 OTA，以在实际输入信号范围内取得足够高的线性度。另外，不可避免的工艺参数和环境温度变化将引起 G_m 值非常大的变化，因此对于有源滤波器中的跨导器需要用 I_B 调整和控制 G_m 值，从而形成各种调谐方法。有关 OTA 线性化设计和对于 G_m 的控制技术将在后面进一步探讨。

5.3.2 OTA-基滤波模块电路

1. 基本计算电路模块

一般高频、高性能滤波器结构可以用积分器和求和器基本模块实现。典型的 G_m-C 积分器电路如图 5.23(a)所示。跨导为 G_m 的 OTA 输出电流为 $G_m(0-\nu_{in})$。在理想情况下，这个电流流入积分电容 C_i，传递函数是：

$$H(s)=\frac{\nu_{out}(s)}{\nu_{in}(s)}=-\frac{G_m}{sC_i}=-\frac{\omega_0}{s} \tag{5.3-3}$$

其中：C_i/G_m 是积分器时间常数，$\omega_0=G_m/C_i$ 是积分器单位增益频率。理想同相积分器的增益为 $|H(\omega)|=\omega_0/\omega$，相位为 $\arg[H(\omega)]=-\pi/2$。考虑非理想 OTA 的非无穷大输出电阻 R_o 和有限非主极点频率 ω_{nd} 后，传递函数为：

$$\begin{aligned}H(s)&=\frac{\nu_{out}(s)}{\nu_{in}(s)}=-\frac{G_{m0}R_0}{(1+sC_iR_0)(1+s/\omega_{nd})}\\&=-\frac{A_{\nu0}}{(1+s/\omega_d)(1+s/\omega_{nd})}\approx -A_{\nu0}\frac{1-s/\omega_{nd}}{1+s/\omega_d}\end{aligned} \tag{5.3-4}$$

其中：G_{m0} 是跨导器的低频跨导值，$1/C_iR_o$ 是传递函数的主极点频率 ω_d，$G_{m0}R_o=\omega_0/\omega_d$ 是跨导器的低频增益值 $A_{\nu0}$。

当 $\omega_{nd}\gg\omega$ 时，传递函数近似为：

$$H(s)=-\frac{G_{m0}R_0}{(1+sC_iR_0)}=-\frac{A_{\nu0}}{(1+s/\omega_d)} \tag{5.3-5}$$

非无穷大输出电阻 R_o 将限制积分器低频增益值，并产生相位误差。只有当 $\omega>1/C_iR_o=\omega_d$ 时，R_o 的影响才可忽略。例如，$C_i=10\ \text{pF}$，$R_o=1\ \text{M}\Omega$，$G_{m0}=100\ \mu\text{S}$，积分器的单位增益频率

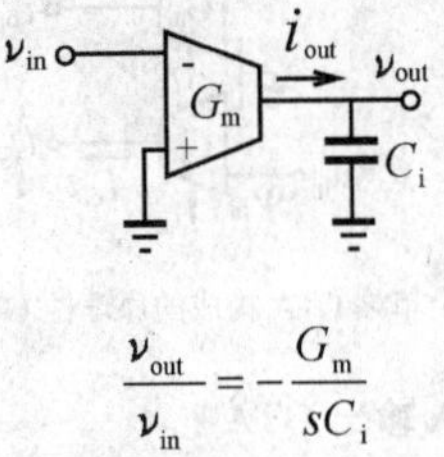

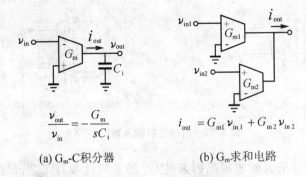

(a) G_m-C积分器

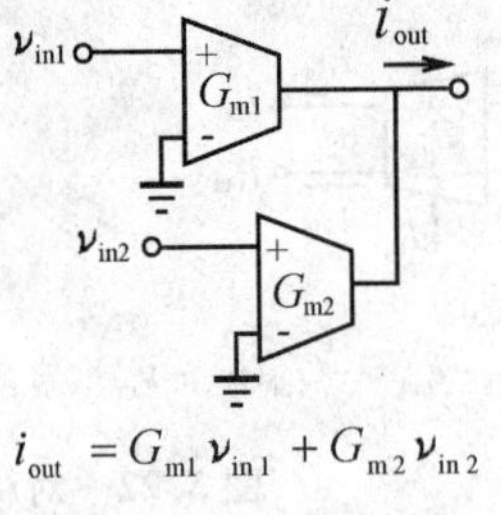

(b) G_m求和电路

图 5.23　G_m-C 滤波器基本模块电路

是 $f_0=G_{m0}/2\pi C_i=1590$ kHz。当信号频率大于 $1/2\pi C_iR_o=15.9$ kHz 时，可以忽略 R_o 影响。

在高频段 $\omega\gg1/C_iR_o=\omega_d$，传递函数近似为：

$$H(s)=-\frac{\omega_0}{s(1+s/\omega_{nd})} \tag{5.3-6}$$

可见跨导器的非主极点将引起积分器的相位误差$|\arg[H(\omega_0)]|-\pi/2$。因为作为积分器时跨导器输出节点电容 C_o 等于积分电容 C_i，所以积分器的相位误差等于跨导器的超相位 $\varphi_E=\omega_0/\omega_{nd}$。因此，在考虑跨导器的输出电阻和非主极点影响后，只有当 $\omega_{nd}\gg\omega\gg\omega_d$ 时，跨导—电容积分器才能近似为理想积分器。

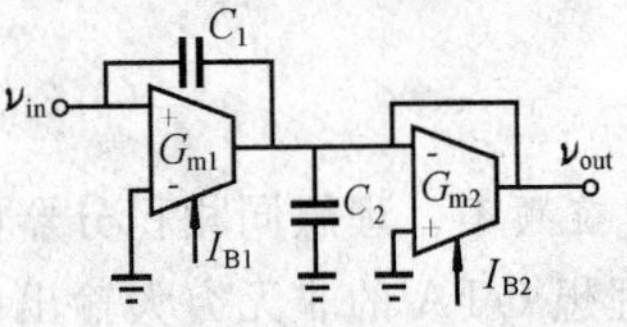

图 5.24　一阶 G_m-C 有源滤波器实现电路

由于 OTA 通常是单极点结构，积分器可以在很高频下工作。在大多数高频滤波器设计中，人们喜欢采用全差模 G_m-C 电路结构。虽然这种结构必须通过附加共模反馈电路控制共模量，但可大大改善电路的动态范围、电源抑制比以及减小芯片内耦合噪声的影响。

典型的 G_m 求和电路如图 5.23(b)所示，它通过直接并联跨导器输出实现。当多个 OTA 输出并联实现求和运算时，会降低节点电阻，影响计算精度。避免求和节点电阻降低可以在每个 OTA 输出端加电流缓冲器，但这样设计往往会影响 OTA 的速度。

2. 一阶滤波器

图 5.24 给出一个适合集成化的一阶有源 G_m-C 电路，它是单端 OTA-基的一阶滤波器，需要用具有大线性范围的 OTA 实现。根据前一节介绍的方法，可以将这种单端结构变成对称差模电路。它的传递函数为：

$$H_s(s)=\frac{sC_1+G_{m1}}{s(C_1+C_2)+G_{m2}} \tag{5.3-7}$$

根据(5.1-8)式一阶传递函数的系数可以推出器件参数：$C_1=C_2a_1/(1-a_1)$，$G_{m1}=$

$a_0(C_1+C_2)$，$G_{m2}=b_0(C_1+C_2)$。同样，$H_s(s)$的符号不很重要，改变跨导器的输入端极性即可改变跨导的符号。例如，在 C_1 为零的情况下，G_{m1} 的反相输入作为信号输入就可以使 $H_s(s)$改变符号。

例题 5　设计一个有源 G_m-C 一阶全通滤波器，在 100 kHz 时实现 $-90°$ 相移和 0.9 倍增益，设 $C_1=2$ pF。

解：满足设计要求的传递函数为：$H(s)=0.9[s-2\pi(10^5)]/[s+2\pi(10^5)]$，因此 $a_1=0.9$，$-a_0/a_1=b_0=2\pi f$。$C_2=C_1(1-a_1)/a_1=0.222$ pF，$G_{m1}=-2\pi f a_1(C_1+C_2)=-2\pi f C_1=-1.2566\ \mu$S，$G_{m2}=2\pi f(C_1+C_2)=2\pi f C_1/a_1=1.396\ \mu$s。

3. 二阶滤波器

图 5.25 表示一种以局部电阻阻尼双积分器环为基础构成的通用二阶有源 G_m-C 滤波器。假设 OTA 和无源器件是理想的，当 $C_2=0$ 时，双积分器环的谐振特性方程为：

$$s^2+\frac{G_{mF}}{C_D}s+\frac{G_{mC}G_{mA}}{C_BC_D}=0 \tag{5.3-8}$$

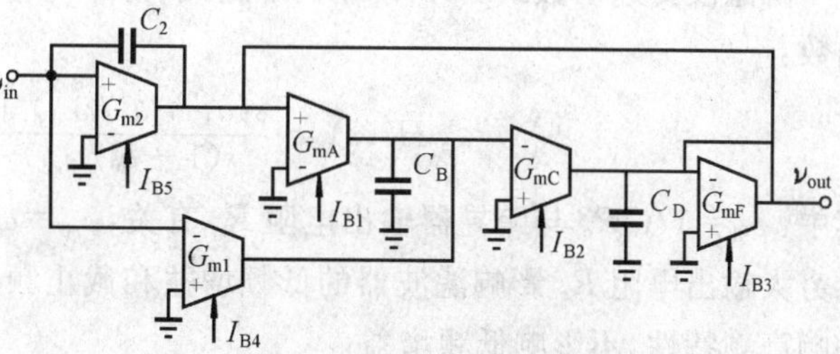

图 5.25　二阶 G_m-C 有源滤波器

相应的谐振频率为：$\omega_0=\sqrt{G_{mC}G_{mA}/(C_BC_D)}$，$Q$ 值为：$Q=\sqrt{G_{mC}G_{mA}C_D/C_B}/G_{mF}$。在实现低通和带通滤波功能时，积分器环只使用接地电容，因此减少了产生多余寄生极点和零点的可能。它的传递函数为：

$$H(s)=\frac{\nu_{out}}{\nu_{in}}=\frac{s^2\dfrac{C_2}{C_2+C_D}+\dfrac{G_{m2}}{C_2+C_D}s+\dfrac{G_{m1}}{G_{mA}}\dfrac{G_{mA}G_{mC}}{C_B(C_2+C_D)}}{s^2+\dfrac{G_{mF}}{(C_2+C_D)}s+\dfrac{G_{mA}G_{mC}}{C_B(C_2+C_D)}} \tag{5.3-9}$$

与(5.1-10)式二阶传递函数比较可知：$K=C_2/(C_2+C_D)$，$K\omega_N/Q_z=G_{m2}/(C_2+C_D)$，$K\omega_N^2=G_{m1}G_{mC}/C_B(C_2+C_D)$，$\omega_0^2=G_{mA}G_{mC}/C_B(C_2+C_D)$，$\omega_0/Q_p=G_{mF}/(C_2+C_D)$。设 $G_{mA}=\omega_0C_B$，由这些关系可以求出器件参数与滤波器参数的关系：$C_2=C_DK/(1-K)$，$G_{mA}=\omega_0C_B$，$G_{mC}=\omega_0(C_2+C_D)$，$G_{mF}=\omega_0(C_2+C_D)/Q_p$，$G_{m1}=K\omega_N^2C_B/\omega_0$，$G_{m2}=(C_2+C_D)K\omega_N/Q_z$。

例题 6　设计一个 G_m-C 二阶带通滤波器，要求中心频率 10 MHz，$Q=10$，$K=1$。假设 $C_B=C_D=2$ pF，求跨导和电容值。

解：带通滤波器的传递函数为：

$$H(s)=K\frac{s\omega_0/Q_p}{s^2+s\omega_0/Q_P+\omega_0^2}$$

由式(5.3-9)可知，实现带通滤波器要求 C_2 和 G_{m1} 为零，$\omega_N=\omega_0$，$Q_z=Q_p$。$G_{mA}=\omega_0 C_B=0.1256\ \text{mA/V}$，$G_{mC}=\omega_0 C_D=0.1256\ \text{mA/V}$，$G_{mF}=\omega_0 C_D/Q=G_{m2}=12.56\ \mu\text{A/V}$。

与有源 MOST-C 滤波器相同，高阶 G_m-C 滤波器芯片内通常采用级联方法或梯形滤波器结构设计，参见习题 5.34 和 5.35。

4. 积分器非理想特性对滤波器的影响

在非理想情况下，积分器的传递函数从式(5.3-3)变为式(5.3-4)，等效于

$$s \to \omega_d \frac{1+s/\omega_d}{1-s/\omega_{nd}} \tag{5.3-10}$$

将一阶滤波传递函数式(5.1-8)中的 s 用式(5.3-10)关系替代，整理得非理想情况下的传递函数：

$$H'(s)=\frac{s(a_1-a_0/\omega_{nd})+a_1\omega_d+a_0}{s(1-b_0/\omega_{nd})+\omega_d+b_0} \tag{5.3-11}$$

其中：$\omega_d=1/C_iR_o$ 与跨导器输出电阻 R_o 有关，$\omega_{nd}=\omega_0/\varphi_E$ 与跨导器的超相位有关。可见非无穷大输出电阻 R_o 影响滤波器的低频增益和截止频率，不影响高频增益。超相位 φ_E 主要影响高频特性，不影响低频增益。

假设不同积分器具有相同的非理想情况，用式(5.3-10)关系替代二阶传递函数(5.1-9)式的 s，整理得非理想情况下的传递函数：

$$H'(s)=\frac{s^2\left(a_2-\dfrac{a_1}{\omega_{nd}}+\dfrac{a_0}{\omega_{nd}^2}\right)+s\left(2a_2\omega_d+a_1-a_1\dfrac{\omega_d}{\omega_{nd}}-\dfrac{2a_0}{\omega_{nd}}\right)+a_2\omega_d^2+a_1\omega_d+a_0}{s^2\left(1-\dfrac{b_1}{\omega_{nd}}+\dfrac{b_0}{\omega_{nd}^2}\right)+s\left(2\omega_d+b_1-b_1\dfrac{\omega_d}{\omega_{nd}}-\dfrac{2b_0}{\omega_{nd}}\right)+\omega_d^2+b_1\omega_d+b_0} \tag{5.3-12}$$

理想情况下 $b_0=\omega_0^2$，$b_1=\omega_0/Q_p$，根据上式可以得到非理想情况下的谐振频率 ω_0' 和极点质量因子 Q_p' 为：

$$\omega_0'=\omega_0\sqrt{\left(1+\frac{1}{Q_pA_{v0}}+\frac{1}{A_{v0}^2}\right)\Big/\left(1-\frac{\varphi_E}{Q_p}+\varphi_E^2\right)}\approx\omega_0 \tag{5.3-13}$$

$$Q_p'=\frac{\sqrt{\left(1+\dfrac{1}{Q_pA_{v0}}+\dfrac{1}{A_{v0}^2}\right)\left(1-\dfrac{\varphi_E}{Q_p}+\varphi_E^2\right)}}{\dfrac{1}{Q_p}+\dfrac{2}{A_{v0}}-\left(2+\dfrac{1}{Q_pA_{v0}}\right)\varphi_E}\approx\frac{Q_p}{1+2\left(\dfrac{1}{A_{v0}}-\varphi_E\right)Q_p} \tag{5.3-14}$$

其中：$A_{v0}=G_{m0}R_o=\omega_0/\omega_d$ 是跨导器的低频增益值，跨导的超相位 $\varphi_E=\omega_0/\omega_{nd}$。可见非无穷大跨导器输出电阻 R_o 决定的有限跨导器电压增益 A_{v0} 和跨导器非无穷大非主极点频率 ω_{nd} 决定的超相位 φ_E，主要影响极点质量因子 Q_p，对谐振频率影响不大。同理可以分析跨导器非理想因素对增益的影响。例如：对于带通滤波，根据式(5.3-12)可得 $|H(\omega_0)|/|H'(\omega_0)|\approx1+2Q(1/A_{v0}-\varphi_E)$。

例题 7　对于一个二阶带通滤波模块，已知中心频率 $\omega_0=2\pi\times10$ 兆弧/秒，$Q=10$，求保证中心频率响应误差小于 0.5 dB 所需要的积分器精度。

解：对于带通滤波，公式(5.3-12)分子 s 一次项系数近似为 a_1，$|H(\omega_0)|/|H'(\omega_0)|\approx 1+2Q(1/A_{v0}-\varphi_E)$，$0.944=-0.5\ \text{dB}\leqslant|H(\omega_0)|/|H'(\omega_0)|\leqslant0.5\ \text{dB}=1.059\,25$，所以 $(1/A_{v0}-\varphi_E)=(|H(\omega_0)|/|H'(\omega_0)|-1)/2Q=(10^{\pm0.025}-1)/20=(+0.002\,96,-0.002\,796\,956)$。假设 $A_{v0}=1000$，且忽略 OTA 的增益误差，如果 $\varphi_E\leqslant1/A_{v0}$，$|H'(\omega_0)|\leqslant|H(\omega_0)|$，$(1/A_{v0}-\varphi_E)\leqslant(10^{-0.025}-1)/20=-0.002\,796\,956$，则要求跨导超相位 $\varphi_E<0.003\,796\,956=0.21755°$。根据(5.3-4)式，$G_m$-C 积分器的相位误差为 $\text{arctg}\omega_0/\omega_d+\text{arctg}\omega_0/\omega_{nd}-\pi/2=\text{arctg}1000+\text{arctg}0.0038-90°=0.16°$，主极点频率 $f_d\leqslant f_0/A_{v0}=10\ \text{kHz}$，非主极点频率 $f_{nd}\leqslant f_0/\varphi_E=10^7/0.0038=2.63\ \text{GHz}$。

5. MOST-C 和 G_m-C 比较

有源 MOST-C 方法的主要优点是简单。它通过使用 MOS 管电阻、电容和运放作为构成滤波器的基本模块，设计始终非常简单并可避免寄生电容的影响，同时还可以使用有源 MOST-C 滤波器的丰富设计经验。由于运放是一般化的基本器件，所以在各种应用中得到不断的改进，并成为典型设计环境中的模块。滤波器设计者不需要面对设计放大器的专业问题，并且可以缩短设计时间。另外，随着器件尺寸缩小和电源电压下降，这种主要由外围反馈网络决定运算精度而对运放要求不严的设计方法可以发挥更大的作用。G_m-C 滤波器使用的 OTA 不是一般性模块，对于大多数滤波器必须在晶体管基上进行设计，而且设计中需要考虑寄生电容影响。特别是随着器件尺寸缩小和电源电压下降，保证 G_m 的线性度变得越来越困难。然而，有源跨导电容滤波器开始受到喜欢是因为它可以在高频下工作，OTA 不需要驱动电阻，可以设计的比必须驱动电阻的 OPA 有更好的频率特性。尽管有源 G_m-C 电路中 OTA 的有限带宽跨导将引起增益和相位的误差，但是 OTA 比 OPA 结构简单，当 OTA 的 GBW 影响滤波器闭环特性时，有源 G_m-C 滤波器已处于很高频率。这种看法对于标准 CMOS 工艺是正确的，因为标准 CMOS 工艺限制了放大器的频率特性。但是，随着器件尺寸减小和 BiCMOS 的使用，OPA 的带宽增大，这种想法不再正确了。事实上，专用视频滤波器已采用 MOST-C 和 G_m-C 两种技术甚至开关电容电路设计。

5.3.3　高线性度 OTA 设计

在 G_m-C 滤波器中，OTA 用作线性压控电流源，即跨导器 G_m。由于 OTA 以局部开环形式工作，虽然这可以最大限度地利用它的固有带宽，但要牺牲局部反馈带来的好处，其中之一就是 G_m-C 滤波器的线性范围直接受到 OTA 线性范围的限制。因此，扩大 OTA 线性范围对于 G_m-C 滤波器是非常重要的。

1. 简单 OTA 的线性范围

对于偏置电流为 $2I_B$ 的简单 OTA(见图 5.26),由 3.5 节知输出差模电流 I_{od} 与输入差模电压 V_{id} 的关系为:

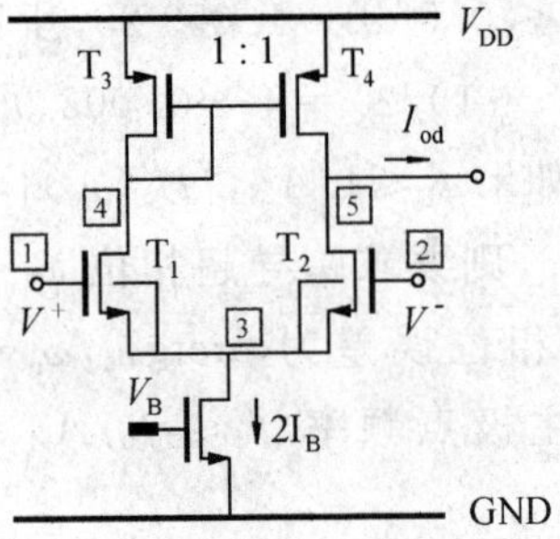

图 5.26　简单 OTA

$$I_{od}(V_{id}) = \sqrt{2\beta I_B}V_{id}\sqrt{1-\frac{\beta V_{id}^2}{8I_B}} \quad |V_{id}| \leqslant \sqrt{\frac{4I_B}{\beta}} \tag{5.3-15}$$

其中:导电因子 $\beta = \mathrm{KP}(W/L)$,尾电流是 $2I_B$。由上式可得跨导与 V_{id} 的关系:

$$g_m = \frac{\sqrt{2\beta I_B}\left(1-\frac{\beta}{4I_B}V_{id}^2\right)}{\sqrt{1-\frac{\beta}{8I_B}V_{id}^2}} \approx \sqrt{2\beta I_B}\left(1-\frac{3\beta}{16I_B}V_{id}^2\right) \tag{5.3-16}$$

只有当 $V_{id}^2 \ll 8I_B/\beta$ 时,i_{od} 与 ν_{id} 近似为线性关系,相应的跨导为:

$$G_{m0} = \sqrt{2\beta I_B} \tag{5.3-17}$$

这种 OTA 的跨导 G_m 可以用 I_B 进行调整,类似于 V_C 调整 MOST 电阻。保证线性 G_m 的差模输入电压范围正比于 I_B 的平方根,线性度只能通过增加芯片面积(减小 β)、功耗(增加 I_B)来增加。随 ν_{id} 增大跨导偏离(5.3-17)式线性值,相对误差近似为:

$$\frac{\Delta g_m}{G_{m0}} = \frac{3\beta}{16I_B}\nu_{id}^2 \tag{5.3-18}$$

例题 8　如果 nMOS 输入管的 $\beta = 80\ \mu\mathrm{A/V^2}$,偏置电流 $2I_B = 10\ \mu\mathrm{A}$,$\lambda_p = 0.05/\mathrm{V}$,$\lambda_n = 0.02/\mathrm{V}$,求 G_{m0}、输出电导 G_o 和跨导非线性相对误差 1%时的输入电压。

解: $G_{m0} = \sqrt{80\times 10} = 28.28\ \mu\mathrm{S}$,$G_o = (0.05+0.02)\times 5 = 0.35\ \mu\mathrm{S}$。由(5.3-18)式知跨导相对误差为 1%时的输入电压范围是 $|V_{idmax}(1\%)| = \sqrt{16e_{rr}I_B/3\beta} = 57.7\ \mathrm{mV}$,可见保证线性跨导的输入电压范围很小。保证输入管处于饱和区的最大输入电压范围 $|V_{id}| = \sqrt{4I_B/\beta} = 500\ \mathrm{mV}$。

2. 自适应偏置线性化 OTA

由(5.3-15)式可见,如果使偏置电流从 $2I_B$ 变为 $2I_B + KV_{id}^2$,受输入电压 V_{id} 控制,那么输出差模电流为:

$$I_{od} = \sqrt{\beta}V_{id}\sqrt{2I_B + KV_{id}^2 - \beta V_{id}^2/4} \tag{5.3-19}$$

当 $K = \beta/4$ 时,非线性项抵消,G_m 满足(5.3-17)式的线性关系。这种输入信号随时调整偏置电压的结构称为自适应偏置。由沟长调制效应 $(1+\lambda V_{DS})$ 引起的非线性用这种方法不能消除,只能通过增加沟道长度来减小。

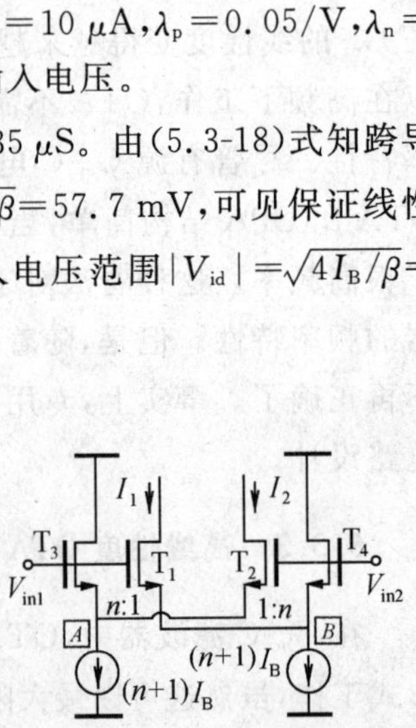

图 5.27　双非对称差分对

满足上述需要的电流可以由图 5.27 所示两个非对称差分对构成的电路产生。如果晶体管都工作在饱和区，T_1 和 T_2 管的电流分别是：

$$I_1=\begin{cases}(n+1)I_B & x\geqslant\sqrt{(n+1)}\\ I_B\left(1+\dfrac{n(n-1)}{(n+1)^2}x^2+\dfrac{2nx}{n+1}\sqrt{1-\dfrac{nx^2}{(n+1)^2}}\right) & -\sqrt{\dfrac{n+1}{n}}\leqslant x\leqslant\sqrt{(n+1)}\\ 0 & x\leqslant-\sqrt{(n+1)/n}\end{cases}\tag{5.3-20}$$

$$I_2=\begin{cases}(n+1)I_B & x\leqslant-\sqrt{(n+1)}\\ I_B\left(1+\dfrac{n(n-1)}{(n+1)^2}x^2-\dfrac{2nx}{n+1}\sqrt{1-\dfrac{nx^2}{(n+1)^2}}\right) & -\sqrt{(n+1)}\leqslant x\leqslant\sqrt{\dfrac{n+1}{n}}\\ 0 & x\geqslant\sqrt{(n+1)/n}\end{cases}\tag{5.3-21}$$

其中：$x=V_{id}/\sqrt{2I_B/\beta}$，$n$ 是非对称差分对输入管的尺寸比。如果将 T_1 和 T_2 相加，平方根项抵消。当输入电压满足下面方程时，

$$|V_{id}|\leqslant\sqrt{(n+1)/n}\sqrt{2I_B/\beta}\tag{5.3-22}$$

电流和为：

$$I_1+I_2=2I_B+\beta\frac{n(n-1)}{(n+1)^2}V_{id}^2\tag{5.3-23}$$

将这个电流和作为简单 OTA 的偏置电流，可以消除非线性项。一种具体实现电路如图 5.28 所示。简单 OTA 由输入管 $T_{1,2}$ 和负载电流镜 $T_{3,4}$ 构成。消除非线性所需要的电流由 nMOS 管 $T'_{1\sim4}$ 和电流源 $(n+1)I_B$ 产生。由于 $I_{T1}+I_{T2}+I_{Ta}=I_{T'1}+I_{T'2}+I_{Ta}$，OTA 输入管 $T_{1,2}$ 漏极电流和由 $T'_{1,2}$ 管漏极电流和决定，等于 I_1+I_2。nMOS 管 T_a 作用是产生电平移动并将电流 aI_B 从节点 A 传到节点 B。恰当选择 aI_B 偏置电流可使 T_a 管在整个输入电压范围内处于饱和区。$T_{1,2}$ 和 $T'_{1,2}$ 管取相同的沟道宽长比，$T'_{3,4}$ 管是 $T'_{1,2}$ 管的 n 倍。将 (5.3-23) 式电流代入 (5.3-15) 式，输出电流为：

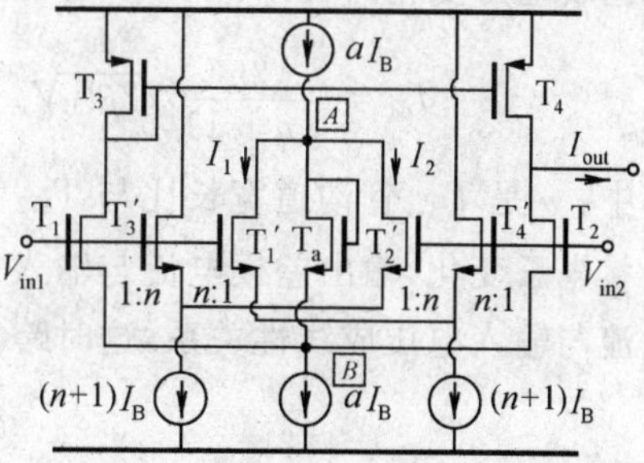

图 5.28　自适应偏置线性化 OTA

$$I_{od}=\sqrt{2\beta I_B}V_{id}\sqrt{1+\left[\frac{n(n-1)}{(n+1)^2}-\frac{1}{4}\right]\frac{\beta}{2I_B}V_{id}^2}\tag{5.3-24}$$

当 $n=2.155$ 时，非线性项消除，跨导 G_m 满足 (5.3-17) 式关系。输入电压的线性范围由 (5.3-22) 式确定。保证 OTA 处于放大区的最大输入电压范围为：

$$|V_{id}|\leqslant\sqrt{n+1}\sqrt{2I_B/\beta}\tag{5.3-25}$$

对于 nMOS 管，如果 $I_B=5/(n+1)=1.58\ \mu A$，$\beta=80\ \mu A/V^2$，(5.3-22)式决定的输入电压线性范围是 $|V_{id}|=241$ mV，(5.3-25)式决定的最大输入电压范围是 $|V_{id}|=353$ mV。与简单 OTA 比较(参见习题 3.20)在偏置电流相同的情况下线性输入电压范围扩大 4 倍多，但最大输入电压范围减小约三分之一。

3. 浮置电压源线性化 OTA

另一种利用饱和 MOS 管设计大线性范围 OTA 的简单方法是采用浮置电压源(floating voltage source)，如图 5.29(a)所示。对于图中所示电压源，输出电流为：

$$I_{od}=I_1-I_2=2\beta V_x(V_{in1}-V_{in2}) \tag{5.3-26}$$

跨导可以通过 V_x 进行调整。

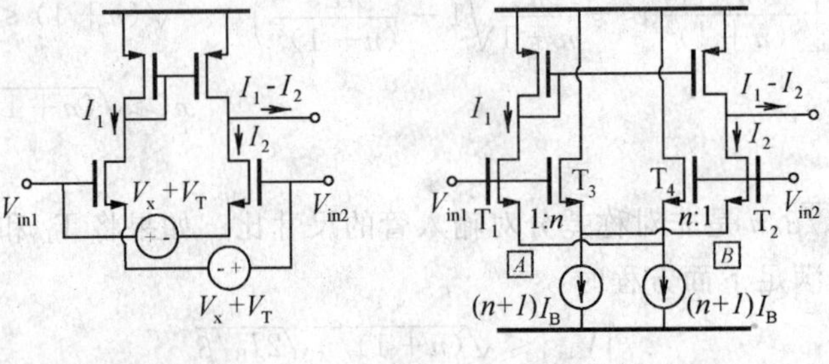

图 5.29　利用浮置电压源实现线性化的 OTA 结构

具体实现电路示于 5.29(b)图，电压源用跟随器实现。跟随管 $T_{3,4}$ 比输入管 $T_{1,2}$ 大 n 倍，跨导可以通过调整 I_B 来改变。根据(5.3-20)和(5.3-21)式可以得到输出差模电流随输入差模电压变化的关系：

$$I_{od}=\frac{2n}{(n+1)}\sqrt{2\beta I_B}V_{id}\sqrt{1-\frac{n\beta V_{id}^2}{(n+1)^2 2I_B}}\qquad |V_{id}|\leqslant\sqrt{\frac{n+1}{n}}\sqrt{\frac{2I_B}{\beta}} \tag{5.3-27}$$

其中：n 是 $T_{3,4}$ 管沟道宽长比与 $T_{1,2}$ 管沟道宽长比之比。如果 $n\to\infty$，$T_{3,4}$ 管的 V_{gs} 不随输入差模电压变化，输出差模电流与输入差模电压成线性关系。当 $\nu_{id}^2\ll(n+1)^2 2I_B/n\beta$ 时，输出电流与输入电压成线性关系，这时跨导为：

$$G_{m0}=\frac{2n}{n+1}\sqrt{2\beta I_B} \tag{5.3-28}$$

当 n 从 1 到无限大时，它从 $\sqrt{2\beta I_B}$ 变到 $2\sqrt{2\beta I_B}$。

随着 ν_{id} 的增加输出电流偏离线性值，跨导的相对误差近似为：

$$\frac{\Delta G_m(n)}{G_{m0}(n)}\approx\frac{n\beta\nu_{id}^2}{4(n+1)^2 I_B} \tag{5.3-29}$$

它随 n 的增加而减小。即对于一定的线性度要求，随 n 增加线性范围增加。例如，对于一定线性度要求的 $\Delta G_m/G_{m0}$，当 $n=1$ 时由(5.3-29)式决定的线性输入电压范围是 $\nu_{id}\leqslant$

$4\sqrt{\frac{I_B}{\beta}\frac{\Delta G_m}{G_{m0}}}$；$n=10$ 时 $\nu_{id}\leqslant 6.96\sqrt{\frac{I_B}{\beta}\frac{\Delta G_m}{G_{m0}}}$。如果 $n=1$，$2I_B=5\ \mu A$，$\beta=80\ \mu A/V^2$，$\Delta g_m/G_{m0}=1\%$，输入电压线性范围是 71 mV，与简单 OTA 比较在总偏置电流不变情况下线性范围有所增加。这种电路结构简单，很适合于高频下工作，但缺点是需要通过改变偏置电流来控制跨导并增加功耗。

4. 非饱和 MOS 管线性化 OTA

图 5.30(a)是一种利用非饱和 MOS 管实现线性化 OTA 的基本结构。两个 MOS 管 T_1 和 T_2 偏置在非饱和区，对于所加电压，输出差模电流为：

$$I_{od} = \beta V_{DS} V_{id} \tag{5.3-30}$$

可见漏极电流差是输入电压差的线性函数。前面几种电路都是直接利用 MOS 管的跨导，而这个电路是利用 MOS 管的漏源电压作为跨导。

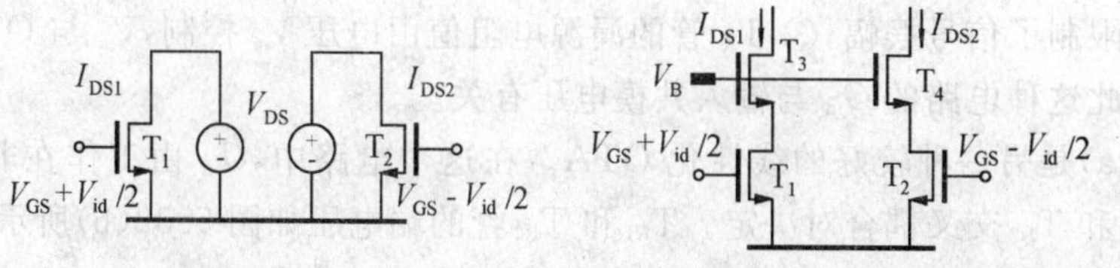

(a) 原理　　　　(b) 共源共栅结构实现

图 5.30 利用非饱和 MOS 管特性线性化的 OTA

图 5.30(b)是一种实现这种跨导结构的简单电路。T_1 到 T_4 管作为两个共源共栅放大级，当共栅管栅极电压 V_B 足够低时共源管工作在非饱和区。输出差模电流与输入差模电压满足(5.3-30)关系。差模量的跨导为：

$$G_m = I_{od}/V_{id} = \beta V_{DS} \tag{5.3-31}$$

另一种利用非饱和 MOS 管特性线性化 OTA 的方法如图 5.31(a)所示。T_1 和 T_2 管构成源跟随器，驱动工作在非饱和区的 T_R 管，输出电流等于流过 T_R 管的电流二倍。假设 OTA 用对称电压驱动，T_R 管漏和源端的电压分别是 $V_{IN}-V_{GS}+V_{in}/2$ 和 $V_{IN}-V_{GS}-V_{in}/2$。如果 T_1 和 T_2 管的 W/L 相当大，即使对于大的 V_{id}，V_{GS} 也基本保持不变。这样 T_R 管的端电压如图 5.31(b)所示，将 T_R 管端电压都向下移动 $V_{IN}-V_{GS}$（忽略体效应），它与 5.2 节研究的线性 MOST 电阻形式相同，通过 T_R 管的电流是 V_{id} 的线性函数。这个电路的跨导为：

$$G_{m0} = \frac{I_1 - I_2}{V_{id}} = 2KP_R\left(\frac{W}{L}\right)_R (V_C - V_{IN} + V_{GS2} - V_T) \tag{5.3-32}$$

其值由电压 V_C 控制。如果流过 T_R 管相对于 I_B 不可忽略，T_R 管可以看成是输入管的源极退化电阻，也可以减小跨导，扩大输入电压线性范围，见习题 5.36。

这种线性化 OTA 的简单电路结构可以保证电路在高频下很好工作。由于跨导通过 V_C 控制，不改变偏置电流源，可以使它在整个调整范围内保持大摆幅，特别是对于有限电源

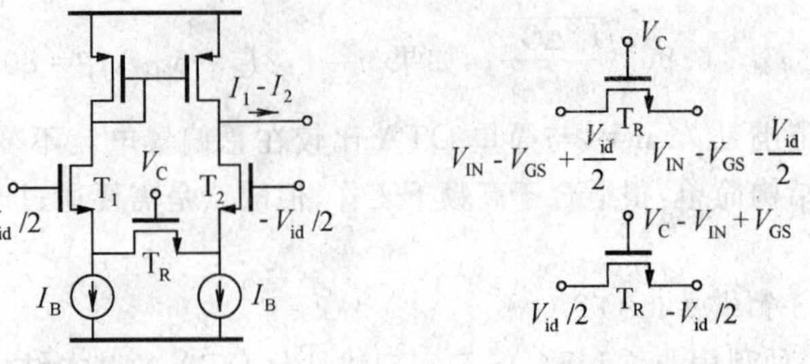

(a) 电路 (b) T_R端电压

图 5.31 利用一个 MOS 管电阻构成的线性化 OTA

电压。另外，虽然 T_1 和 T_2 管沟道宽度很大，寄生漏栅重叠电容不影响电路性能。这种电路的主要缺点是：① 由于 T_1 和 T_2 管电流大，跨导器输出阻抗相当低；② 由于奇数阶非线性项的影响，限制了信号摆幅；③ T_R 管的漏源电阻值由电压 V_c 控制，V_c 与 OTA 共模输入电压有关，因此这种电路的 G_m 与输入共模电压有关。

图 5.32(a)是另一种较好的线性化 OTA。在这个电路中，G_m 由工作在非饱和区的相同晶体管 T_{R1} 和 T_{R2} 交叉耦合对决定。T_{R1} 和 T_{R2} 管的端电压如图 5.32(b)所示，非线性特性以 5.2 节介绍的线性化 MOST 电阻方式消除。根据(5.2-1)式，$I_{R2} = -\beta(V_{C2} - V_{IN} + V_{GS} - V_T)V_{id}$，$I_{R1} = \beta(V_{C1} - V_{IN} + V_{GS} - V_T)V_{id}$，输出电流为：

$$I_{od} = 2(I_{R1} + I_{R2}) = 2\beta(V_{C2} - V_{C1})V_{id} \tag{5.3-33}$$

在这个结构中，跨导为：

$$G_m = 2KP(W/L)(V_{C2} - V_{C1}) \tag{5.3-34}$$

它由栅压 V_{C1} 和 V_{C2} 之差控制，而不是偏置电流，并且不受 V_T 影响。因此，输入管偏置电流和有源负载不受 G_m 调整的影响。另外，G_m 由电压差控制，可以消除控制信号中的共模干扰。

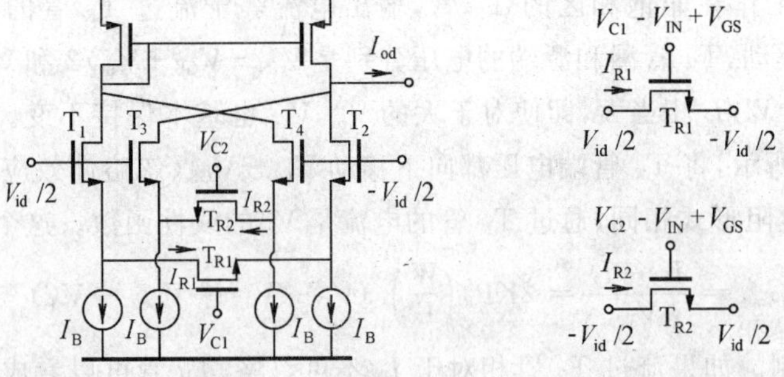

(a) 电路 (b) T_{R1} 和 T_{R2} 端电压

图 5.32 利用两个交叉 MOS 管电阻实现的线性化 OTA

如果用前一节研究的两管线性电阻代替单管源极退化电阻，可以得如图 5.33(a)所示电路。晶体管 T_{R1} 和 T_{R2} 工作在非饱和区，端电压如图 5.33(b)上所示。与前面分析相同，所有电压都向下移动 $V_{IN}-V_{GS}$，两个晶体管变成图 5.33(b)下工作形式的电阻。根据(5.2-1)式，通过两管 T_{R1} 和 T_{R2} 的电流与输入电压成线性关系 $I_R=2\beta_R(V_{GS}-V_{IN}-V_T)V_{id}$，其中 β_R 是 T_R 管的导电因子，V_{GS} 是 T_1 管的栅源电压。输出电流为 $I_{od}=I_1-I_2=2I_R=4\beta_R(V_{GS}-V_{IN}-V_T)V_{id}=4(\beta_R/\beta_1)(\sqrt{2\beta_1 I_B})V_{id}$，这种电路的优点是 G_m 不受输入共模电压的影响，缺点是调整跨导必须通过 I_B 改变电路中所有器件的偏置点。

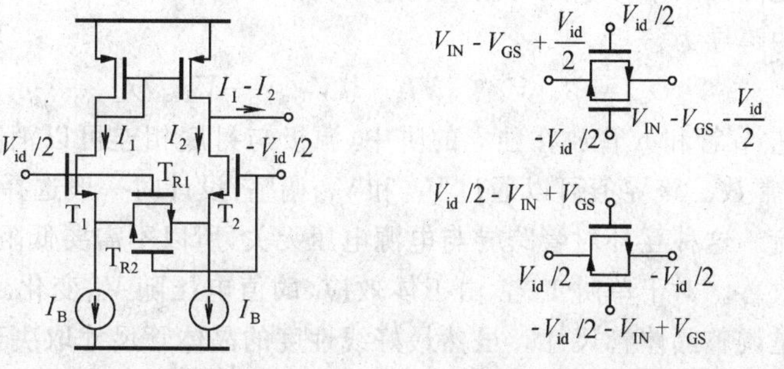

(a) 电路　　　　(b) T_{R1} 和 T_{R2} 端电压

图 5.33　利用并联 MOS 管电阻实现的线性化 OTA

5. 互补对管代替单个晶体管的线性化方法

图 5.34 表示用互补对管替代单个晶体管实现线性化的可调 G_m 简单电路。从 3.3 节知，理想情况下并行输入 CMOS 反相器的输出电流与输入电压成线性关系，因此可以作为跨导器使用。它的缺点是工作电流由电源电压决定，调整很不方便，如果采用图 5.34(a)所示互补对管构成反相器可以解决这个问题。

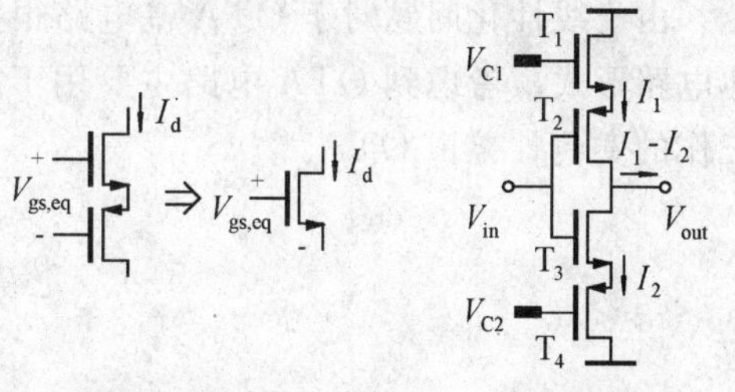

(a) 互补对管　　　　(b) 反相器

图 5.34　CMOS 互补对管构成的线性化 OTA

如果 MOS 工作在饱和区，互补对管的电流为：

$$I_d=\frac{\beta_{eq}}{2}(V_{gseq}-V_{Teq})^2 \qquad (5.3\text{-}35)$$

其中：$V_{gseq}=V_{gsn}+|V_{gsp}|$，$V_{Teq}=V_{Tn}+|V_{Tp}|$，$\beta_{eq}=\beta_n\beta_p/(\sqrt{\beta_n}+\sqrt{\beta_p})^2$。

用互补对管构成跨导器，如图 5.34(b)所示，输出电流为：

$$I_o=-\beta_{eq}[V_{C1}-V_{C2}-(V_{Teq12}+V_{Teq34})]V_{in}+\frac{\beta_{eq}}{2}[(V_{C1}-V_{Teq12})^2-(V_{C2}+V_{Teq34})^2] \qquad (5.3\text{-}36)$$

可见，利用 MOS 管的“平方律”关系，通过电流差使输出电流与输入电压变成线性关系。输出电流由输入电压控制项和直流项组成，调整 V_C 可以控制偏置电流、改变跨导值。因此，用它可以实现跨导值可以调整的线性跨导器。

保证所有管处于饱和区要求输入电压满足：

$$V_{C2}+V_{T3}+|V_{Tp4}|\leqslant V_{in}\leqslant V_{C1}-V_{Tn1}-|V_{Tp2}| \tag{5.3-37}$$

$$V_{out}-|V_{Tp2}|\leqslant V_{in}\leqslant V_{out}+V_{Tn3} \tag{5.3-38}$$

可见线性范围受到控制电压、输出电压和阈值电压限制。当电源电压足够大时，V_{C1} 足够大，V_{C2} 足够小。线性范围由(5.3-38)式决定，增加 $|V_{T2}|$ 和 V_{T3} 可以扩大线性范围。在输入端与 T_2 和 T_3 管栅极之间加入平移电压可以达到这个目的。

这种跨导器的跨导为：

$$G_m=\beta_{eq}[V_{C1}-V_{C2}-(V_{Teq12}+V_{Teq34})] \tag{5.3-39}$$

如果采用双阱工艺，p 管和 n 管放在独立的阱中，源极与衬底相连可以消除体效应对 V_T 的影响，因此跨导为常数。跨导值可以通过 V_{C1} 和 V_{C2} 调整，设计时一般选择 V_{C1} 控制跨导，V_{C2} 控制输出直流电流。这种互补对管跨导与电源电压无关，所以不需要低阻抗可调电源，电源抑制比得到明显改善。对于单阱工艺，由于体效应，阈值电压随 V_{in} 变化。减小体效应影响的一种简单方法是调整晶体管尺寸。虽然最好线性度的晶体管尺寸取决于体效应系数和偏置情况，但较佳的导电因子比 β_p/β_n 约为 0.5 到 1。如果 $\mu_n=3\mu_p$，则 $(W/L)_p=1.5\sim3(W/L)_n$。由于互补对管增加了 pMOS 管，频率特性没有 nMOS 管电路好，分析表明当 $W_pL_p=W_nL_n$ 时有最佳频率相应。如果为减小体效应取 $(W/L)_p=3(W/L)_n$，较好线性度和频率响应的尺寸是 $W_p/W_n=\sqrt{3}$，$L_n/L_p=\sqrt{3}$。这种电路的弱点是需要足够高的工作电压，所以低压下无法使用。

由于线性化问题对于 OTA 基电路很重要，所以除上述介绍的电路形式外，还有许多其他电路形式。考虑到 OTA 电路主要用于高频电路，上面只介绍几种有代表性、适合高频下工作的宽线性范围 OTA。

5.4 芯片内部自动调谐

由于集成电路的时间常数 RC 和 C/G_m 精度很低，连续时间滤波器的一些参数为满足滤波器特性往往需要进行调整。实现对不精确量的准确控制，调谐是一种基本方法。使用芯片内自调谐(on-chip automatic tuning)一般要求调谐过程必须足够快，以免影响滤波器的正常工作。

考虑参数变化和调整影响的滤波器传递函数可以表示为 $H(s,X,Y)$，其中 X 是需要保持的电路参数矢量(如，RC 或 Q 等)，Y 是可调整参数矢量(如 R 或 G_m 等)。由于 X 和 Y 受工艺和环境影响存在误差，所以将其表示为 $X=X_0+\Delta X$，$Y=Y_0+\Delta Y+\Delta Y_t$，其中 X_0 和 Y_0 是设计值，ΔX 和 ΔY 是误差量，ΔY_t 是调谐量。调谐的目标是通过调整 ΔY_t，使 $H(s, X_0+\Delta x, Y_0+\Delta Y+\Delta Y_t)=H(s,X_0,Y_0)$。

例如：对于 G_m-C 通用二阶滤波器，如果跨导器设计采用相同的结构，各跨导值可写为：$G_{mi}=K_{mi}G_{mA}$，其中 $K_{mi}(i=1,2,C,F)$是由器件参数比决定的常数。假设 $C_2+C_D=K_cC_B$，(5.3-5)式传递函数可以重写为：

$$H(s)=\frac{s^2\dfrac{C_2}{C_2+C_D}+\dfrac{K_{m2}}{K_c}\dfrac{G_{mA}}{C_B}s+\dfrac{K_{m1}K_{mC}}{K_c}\left(\dfrac{G_{mA}}{C_B}\right)^2}{s^2+\dfrac{K_{mF}}{K_c}\dfrac{G_{mA}}{C_B}s+\dfrac{K_{mC}}{K_c}\left(\dfrac{G_{mA}}{C_B}\right)^2} \tag{5.4-1}$$

由于芯片上电容比的精度比较高(0.1%)，一般可以满足需要，因此可调整电路参数 Y 是 G_m，需要保持的电路参数 X 是时间常数 G_{mA}/C_B。

5.4.1　片内调谐的基本方法

简单的时间常数调谐方法是设计一个类似于滤波器的参考电路，通过片内可修改电阻或外部电阻产生调谐控制量，并用这个控制量间接调谐主滤波器。例如，对于时间常数 C/G_m，芯片实现误差约在 30%，其中电容的误差约为 10%。在一些应用中，如抗混叠滤波器，可以允许 10%误差，这样可以简单地通过外部电阻调整跨导值满足要求。在这种情况下，$X=G_m/C$，调谐量 Y 是 G_m。当 X 存在误差时，可以通过改变 G_m 消除误差。

图 5.35 给出两个通过精确电阻 R_{ex} 控制跨导值 G_m 具体电路，其中假设跨导值随控制量增加而增加。对于图 5.35(a)电路，如果跨导小于希望值，跨导器的输出电流小于电阻流过的电流，这个电流差经放大器和电容构成的积分器积分，使控制电压 V_c 上升。如果 V_c 与 G_m 成正比，将使 G_m 增加，直到跨导值等于电阻倒数 $G_m=1/R_{ex}$ 为止。对于图 5.35(b)电路，当跨导小于希望值时，电阻电压下降低于 V_B，电压电流转换电路的输出控制电流增加。如果控制电流与跨导值成正比，达到稳定状态后跨导输出的电流与电阻流过的电流相同，从而使 $G_m=1/R_{ex}$。

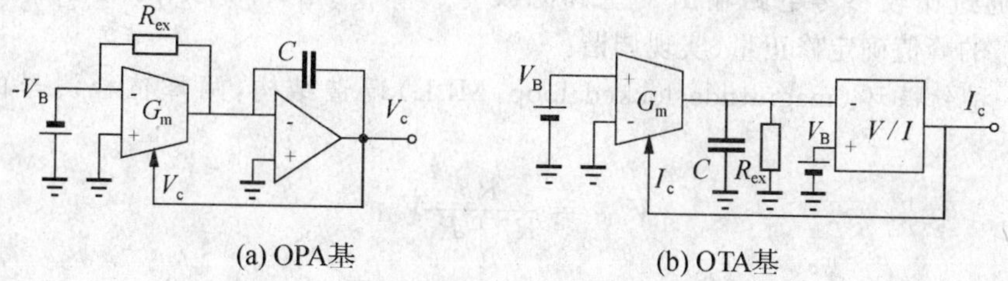

图 5.35　跨导值等于精确电阻倒数的反馈环

在要求时间常数误差小于 10%的情况下，必须对时间常数整体进行调整。更一般的调谐方法是将连续时间滤波器与反馈控制系统结合起来，通过反馈环将滤波器锁定在稳定基准点上。主要步骤是：① 测量实际滤波器的性能(如，$H(s,X,Y)$)；② 将测得实际性能与参考标准比较(如，$H(s,X_0,Y_0)$)；③ 确定误差，即 1 和 2 步结果的差；④ 计算修正量 ΔY_t，并将它反馈到滤波器，以减小误差。不断重复 1～4 步骤，直到误差减小到希望值。

借用图5.34所示一阶无源 RC 滤波器可以简单说明这种自动调谐原理。首先考虑图5.34(a)所示无源 RC 滤波器，它的极点是 $s_p=-1/RC$。假设电阻 R 用MOS晶体管沟道电阻 $R(\beta,V_C)$ 实现，阻值由控制电压 V_C 调整，滤波器的传递函数是：

$$H(\omega,C,R(V_C))=\frac{V_{out}}{V_{in}}=\frac{1}{1+j\omega CR}=\frac{1}{1+j\omega\dfrac{C}{\beta(V_C-V_T)}} \tag{5.4-2}$$

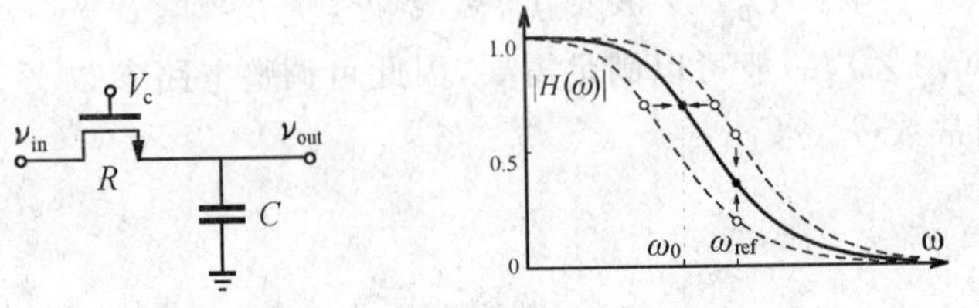

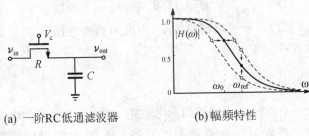

(a) 一阶RC低通滤波器　　(b) 幅频特性

图5.36　调谐原理说明

如果电阻和电容误差（ΔR 和 ΔC）引起 RC 乘积偏离设计值 R_0C_0，那么可以通过 V_C 调整 RC 使误差减小到0。具体过程是，将频率为 ω_{ref}、幅值 V_{ref} 的参考信号加到滤波器输入端和增益为 k 的参考电路输入端，比较滤波器输出和参考电路输出，确定出调整量 V_C，然后将 V_C 反馈到滤波器，使输出在频率 ω_{ref} 处等于电压 kV_{ref}，如图5.36(b)所示。电压 kV_{ref} 是设计值 R_0C_0 决定的频率 ω_{ref} 下的滤波器输出。

图5.37是一个实现这种调谐方法的具体电路。参考电路是MOS电阻 R_1 和 R_2 构成的分压器，为得到良好的匹配性通常采用 $R_1=R_2=R$。控制电路由峰值检测器[72]和比较器构成：比较器采用增益为A的差模放大器，输出 V_A 反馈到滤波器；调谐电阻控制电压 V_C 由直流偏压 V_B 和调谐电压 V_A 相加而成，即 $V_C=V_B+V_A$。通过比较参考电路输出 V_{out1} 和滤波器输出 V_{out2} 的峰值确定修正量、实现调谐。

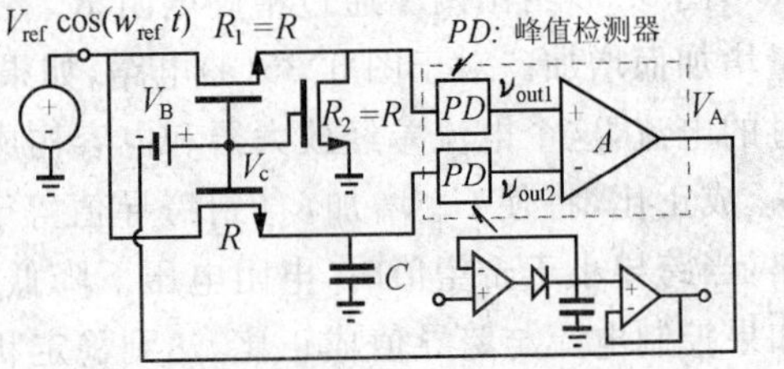

图5.37　具体调谐电路

这是一种锁幅环（magnitude locked loop，MLL）调谐结构，两峰值检测器的输出分别为：

$$V_{out1}=\frac{R_2}{R_2+R_1}V_{ref} \tag{5.4-3a}$$

$$V_{out2}=\frac{1}{\sqrt{(\omega_{ref}CR)^2+1}}V_{ref} \tag{5.4-3b}$$

控制电路的调谐电压为：

$$V_A=A\{V_{out1}(\omega_{ref})-V_{out2}(\omega_{ref})\}=A\left\{\frac{1}{K}-\frac{1}{\sqrt{(\omega_{ref}CR)^2+1}}\right\}V_{ref} \tag{5.4-4}$$

其中：$K=1+R_1/R_2$。当A非常大时，可以得到：

$$\frac{1}{K}-\frac{1}{\sqrt{(\omega_{ref}CR)^2+1}}=\frac{1}{A}\frac{V_A}{V_{ref}}\bigg|_{A\to\infty}\to 0 \tag{5.4-5}$$

即：V_{out1} 等于 V_{out2}。这样迫使 $K\approx\sqrt{(\omega_{ref}CR)^2+1}$，也就是两个幅值检测器输出被锁定。从上式可得：

$$RC\approx\frac{1}{\omega_{ref}}\sqrt{\left(1+\frac{R_1}{R_2}\right)^2-1} \tag{5.4-6}$$

可见调谐 RC 的精度由参考信号频率和两匹配电阻比决定，与参考信号的幅值 V_{ref} 无关。

为使调谐不影响滤波器正常工作，选择 ω_{ref} 满足 $\omega_{ref}RC>1$，从而使 ω_{ref} 位于滤波器的通带之外。如果 $\omega_{ref}RC>1$，根据(5.4-4)式，控制电压近似为：

$$V_A\approx A\left\{\frac{1}{K}-\frac{P_{RC}}{\omega_{ref}}\right\}V_{ref} \tag{5.4-7}$$

其中：$P_{RC}=1/RC$，$K=1+R_1/R_2$。如果 R 和 C 误差引起 P_{RC} 偏离希望值 $(P_{RC})_0=\omega_{ref}/K$，那么调谐将使 $P_{RC}\to(P_{RC})_0$。

根据 MOS 电阻与控制电压的关系可得：

$$P_{RC}=\frac{1}{RC}=\frac{\beta}{C}(V_C-V_T)=\frac{\beta}{C}(V_B+V_A-V_T)=(P_{RC})_0+\Delta P_{RC}+(\varepsilon_{RC})_T \tag{5.4-8}$$

其中：$(P_{RC})_0=(\beta/C)(V_B-V_T)=\omega_{ref}/K$ 是希望值，$\Delta P_{RC}=(\beta/C)V_A$ 是由调谐引起的变化量，$(\varepsilon_{RC})_T=(\beta/C)\Delta V_T$ 是阈值电压变化引起的误差。将(5.4-8)式代入(5.4-7)式可得反馈控制电压：

$$V_A=A\left\{\frac{1}{K}-\frac{1}{\omega_{ref}}\left[(P_{RC})_0+(\varepsilon_{RC})_T+\frac{\beta}{C}V_A\right]\right\}V_{ref} \tag{5.4-9}$$

即：

$$V_A=\left.\frac{-A((\varepsilon_{RC})_T/\omega_{ref})V_{ref}}{1+A(\beta/C\omega_{ref})V_{ref}}\right|_{A\to\infty}\approx-\frac{C(\varepsilon_{RC})_T}{\beta} \tag{5.4-10}$$

在调谐环使 V_A 收敛到 $-C(\varepsilon_{RC})_T/\beta$ 时，V_{out1} 等于 V_{out2}，被控制参数的误差 $(\varepsilon_{RC})_T+V_A\beta/C$ 也减小到 0。例如，通常选择 $R_1=R_2$，根据(5.4-6)式 $RC=\sqrt{3}/\omega_{ref}$，调谐频率 ω_{ref} 比 RC 时间常数决定的频率大$\sqrt{3}$倍。

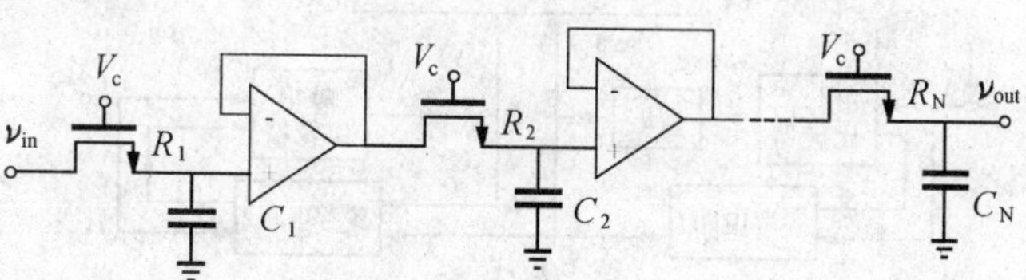

图 5.38　N 阶滤波系统

上述方法可以推广到 N 阶系统。如果 RC 滤波器由 N 个实数极点($P_i=1/R_iC_i$，$i=1$，…，N)构成，如图 5.38 所示，调谐这个滤波器的一种方法是用 N 个图 5.37 调谐电路分别对 N 个极点进行调谐。可见这种方法需要多个调谐电路，这不但占用芯片面积大，调谐电路本身的误差也会降低调谐精度。另一种方法是选定 N 个极点中的一个作为基准极点对整个电路极点进行调谐。例如,首先选择基准点 $P_0=1/R_0C_0$,剩下的极点可以通过关系 $P_i=K_iP_0$ 确定,其中 $K_i=(R_0/R_i)(C_0/C_i)$是匹配器件的比。然后,用图 5.37 所示电路调谐基准极点 P_0,并将稳定的控制电压 V_A 加到所有的 R_i 上。对于实际电路,P_0 由 ω_{ref}所确定,$K_i=C_0R_0/C_iR_i$,所以 P_i 的精度由匹配电阻比和电容比所确定。这种方法通常将所有电阻取为相同值 $R_i=R_0$,通过选取 $C_i(=1/P_iR_0)$满足极点 P_i 要求,$K_i=C_0/C_i$,并用公共电压 V_A 控制所有电阻 R_i,因此可以用统一的 V_A 实现不同的 R_iC_i 值。

在一般情况下,大多数实用滤波器传递函数的极零点是由复数共轭对组成,图 5.37 电路只能调谐这些极点和零点所确定传递函数的模。另外,滤波器的特性主要由谐振、谐波频率(ω_0、ω_N)和质量因子(Q_p、Q_z)描述,需要调整的量不直接是极点或零点,而是这些间接量,因此需要间接调谐(indirectly tuning)。在实现这种调谐时需要采用具有独立 R 或 G_m 确定 $\omega_{O,N}$及 $Q_{p,z}$的滤波器结构。可调谐性和敏感性、动态范围、芯片面积、功耗等一起构成选择有源滤波器结构的重要判据。图 5.39 表示间接调谐系统框图,它可以弥补工艺误差和环境变化引起的 $\omega_{O,N}$和 $Q_{p,z}$偏差。一般情况可以选用某一个极点决定 $\omega_{o,i}$和 $Q_{p,j}$作为调谐基准点,其中 i 和 j 不需要相等,其他零、极点的 $\omega_{O,N}$和 $Q_{p,z}$可以由这个基准点通过匹配器件的比值确定。

ω_0 和 Q_p 的调谐一般需要独立的基准信号(X_{rf}和 X_{rQ})和独立的参考电路。对于 $\omega_{0,N}$调谐,图 5.39 中控制电路采用相位比较器,它检测 X_{rf}和 X_{of}的相位差,调谐环是锁相环(phase-locked loop,PLL)。对于 $Q_{p,z}$的调谐,控制电路采用幅值比较器,它检测 X_{rQ}和 X_{oQ}的峰值差,参考电路 2 是二阶滤波器,它是一个类似于 5.37 图的锁幅环基控制系统。通常,频率调谐环中的参考电路 1 是压控振荡器或压控滤波器。压控振荡器可由双积分器环实现,主要优点输入基准信号可以是方波。压控滤波器可由二阶低通滤波器实现,在谐振频率下滤波器产生 90 度相移。弱点为保证相移的有效性要求输入基准信号为正弦波或高次谐波较少的三角波,频率容易受锁相环增益、直流失调分等影响。

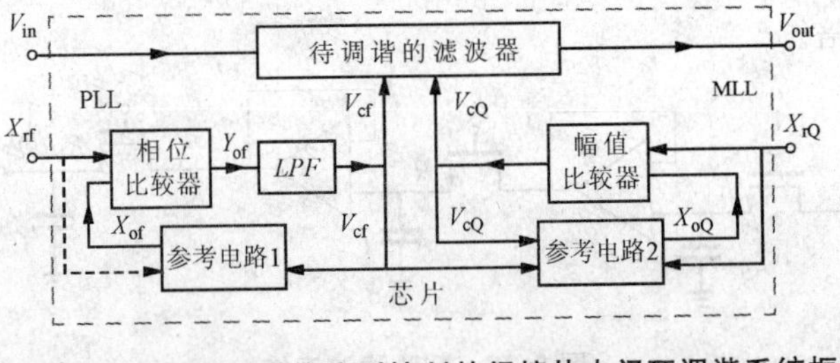

图 5.39　基于频率和 Q 值分别控制的间接片内闭环调谐系统框图

频率和质量因子调谐电路产生独立的控制信号 V_{cf}和 V_{cQ},但 V_{cf}必须馈送到 Q_p 调谐电路,以免使频率误差干扰调谐 Q_p。由于 VCO 中 $Q_p\to\infty$,V_{cQ}不必馈送到参考电路 1。稳定的控制信号 V_{cf}和 V_{cQ}直接加到待调谐滤波器中控制 $\omega_{0,N}$和 $Q_{p,z}$的电阻或 G_m 上。

5.4.2　用 PLL 的频率调谐

图 5.40(a)表示 PLL 型调谐结构框图，它由鉴相器(PhD)、低通滤波器(LPF)、压控震荡器(VCO)组成。鉴相器通过运放使输入正弦信号变成方波(见图 5.40(b))，用异或门实现相位检测。锁相环(PLL)调谐过程如下：① 鉴相器比较基准信号 $X_{rf}[V_{rf}\cos(\omega_{rf}t)]$ 和 VCO 输出 $X_{of}[V_{of}\sin(\omega_{rf}t-\varphi_{\varepsilon}(t))]$，产生与相位差有关的信号 Y_0；② 环路滤波器 LPF 滤除 Y_0 的高频分量，输出与相位误差 φ_{ε} 成正比的直流电压 V_{cf}；③ 将误差控制信号 V_{cf} 输出到 VCO，使 VCO 的输出 X_{of} 频率向基准频率接近，直到消除频率差。

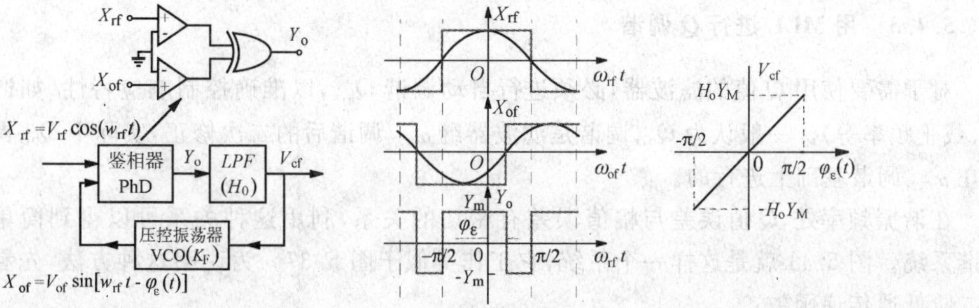

(a) 框图　　(b)异或门输出　　(c)控制电压与相位误差关系

图 5.40　PLL 型调谐原理

鉴相器输出为：

$$Y_0 = X_{rf} \oplus X_{of} \tag{5.4-11}$$

工作情况如图 5.40(b)所示。假设低通滤波器的低频增益为 H_0、带宽小于 Y_0 的频率 $(2\omega_{rf})$，LPF 的输出 V_{cf} 为 Y_0 的直流分量，即：

$$V_{cf} = H_0 \frac{\left(\frac{\pi}{2}+\varphi_{\varepsilon}\right)Y_m - \left(\frac{\pi}{2}-\varphi_{\varepsilon}\right)Y_m}{\pi} = \frac{2}{\pi}Y_m H_0 \varphi_{\varepsilon} \tag{5.4-12}$$

其中：φ_{ε} 是 X_{rf} 与 X_{of} 的相位误差$(-\pi/2<\varphi_{\varepsilon}<\pi/2)$。输出电压 V_{cf} 与相位误差呈线性关系，如图 5.40(c)表示。当相位误差 φ_{ε} 为零时，$V_{cf}=0$。

假设 VCO 的输出频率与输入电压呈线性关系 $\omega(V_{cf})=K_F V_{cf}+\omega(0)$，相位是：

$$\varphi(t) = \omega(0)t + \int_0^t K_F V_{cf} d\tau + \varphi_0 \tag{5.4-13}$$

其中：$\omega(0)$是 VCO 输入电压为零时的输出频率。刚开始调谐时 X_{rf} 与 X_{of} 的初始相位差是：

$$\varphi_{\varepsilon} = \varphi_{rf}(t) - \varphi_{of}(t) = \omega_{rf}t - \omega(0)t - \int_0^t K_F V_{cf} d\tau - \varphi_0 \tag{5.4-14}$$

将(5.4-14)式对时间微分并将(5.4-12)式代入，可以得到：

$$\frac{d\varphi_{\varepsilon}}{dt} + K\varphi_{\varepsilon}(t) = \Delta\omega_F \tag{5.4-15}$$

其中：$\Delta\omega_F=\omega_{rf}-\omega(0)$，$K=K_FK_N$，$K_N=(2/\pi)H_0Y_m$。$K$ 是环路增益，K 越大收敛速度越快。当稳态时 $d\varphi_\varepsilon(t)/dt=0$，$\omega_{of}=\omega_{rf}$，相位误差：

$$\varphi_\varepsilon = \Delta\omega_F/K \tag{5.4-16}$$

一般闭环增益 K 远大于$|\Delta\omega_F|$。低通滤波器输出的误差控制信号为：

$$V_{cf} = K_N\varphi_\varepsilon = \Delta\omega_F/K_F \tag{5.4-17}$$

VCO 的输出是：

$$X_{of}(t) = V_{of}\sin(\omega_{rf}t - \Delta\omega_F/K) \tag{5.4-18}$$

可见通过误差调整，VCO 的输出锁定在基准频率 ω_{rf}上，并有一个小的剩余相位误差。

5.4.3 用 MLL 进行 Q 调谐

对于需要使用 Q 值的滤波器，必须进行自动调谐 $Q_{p,z}$，以准确控制响应特性（如通带波纹、截止频率等）。一般认为 $Q_{p,z}$ 调谐是滤波器继 $\omega_{0,N}$ 调谐后的二次修正，实际中 $Q_{p,z}$ 调谐总是在 $\omega_{0,N}$ 调谐基础上进行的。

在谐振频率处，Q 值误差与幅值误差有密切的关系，利用这种关系可以得到简单的 Q 调谐系统。图 5.41 就是这样一个系统，它工作类似于图 5.37。为说明这种方法，先看简单的二阶低通传递函数：

$$H(s) = \frac{k\omega_0^2}{s^2 + s\omega_0/Q_P + \omega_0^2} \tag{5.4-19}$$

假设 ω_0 已被调谐到准确值，那么幅值为：

$$M_p = |H(j\omega_0)| = kQ_p \tag{5.4-20}$$

其中 Q_p 是未调谐的质量因子，它等于 $Q_{p0}+\Delta Q_p$。因为 k 通常是由匹配器件的比值决定，可以认为比较精确，所以 Q_p 误差 ΔQ_p 直接表现为 ΔM_p，即：

$$\Delta M_p = k\Delta Q_p \tag{5.4-21}$$

这个关系是图 5.41 调 Q 系统的基础。

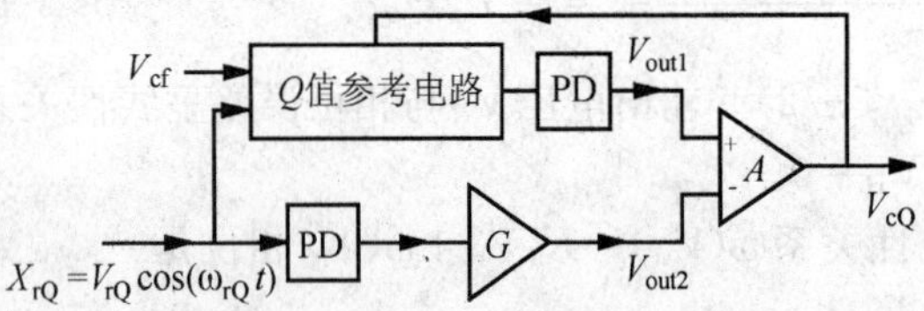

图 5.41 基于 MLL 的调 Q 系统

调 Q 系统工作原理为：① 用峰值检测器确定 M_p；② 将 M_p 与已知的基准值进行比较，确定 ΔM_p；③ 根据 ΔM_p 求出 ΔQ_p 并产生调谐电压。在图 5.41 所示系统，假设滤波器和参考电路中所有频率参数都用 PLL 调谐到希望值，两个峰值检测器 PD 完全相同，G 和 A 代表放大器和比较器的增益，调 Q 控制信号 V_{cQ}同时输出到待调谐滤波器和参考电路，调谐那些用于调整 Q 的电阻 R 或电导 G_m。如果 Q 值参考电路与待调谐滤波器有相同的 Q 值误差，当参考电路 Q 值误差调整到零后，待调谐滤波器的 Q 值误差也应为零。

在调 Q 系统中，峰值检测器的输出为：

$$V_{\text{out1}} = M(\omega_{\text{rQ}})V_{\text{rQ}} \tag{5.4-22}$$

$$V_{\text{out2}} = GV_{\text{rQ}} \tag{5.4-23}$$

其中 V_{rQ} 是一个适当的基准信号幅值。Q 值控制电压 V_{cQ} 是：

$$V_{\text{cQ}} = A(V_{\text{out1}} - V_{\text{out2}}) = A[M(\omega_{\text{rQ}}) - G]V_{\text{rQ}} \tag{5.4-24}$$

其中 $\omega_{\text{rQ}} = \omega_0$ 是基准频率。由上式可得：

$$M(\omega_{\text{rQ}}) - G = \frac{1}{A}\left[\frac{V_{\text{cQ}}}{V_{\text{rQ}}}\right]\Bigg|_{A\to\infty} \approx 0 \tag{5.4-25}$$

因此，反馈控制稳定时使 $M(\omega_{\text{rQ}}) \approx G$，保持 V_{out1} 与 V_{out2} 相等。假设 Q 参考电路是二阶低通滤波器，将幅值 $M_{\text{p}} = kQ_{\text{p}}$ 调整到放大器增益 G 时有：

$$k(Q_{\text{p}} + \Delta Q_{\text{p}}) \to G \tag{5.4-26}$$

由此看到 Q_{p} 的精度取决于参考电路匹配器件比 k 和放大器 G 的精度。

如果控制电压 V_{cQ} 与参考电路的 Q_{p} 成反比，即：$\Delta Q_{\text{p}} = -K_{\text{Q}}V_{\text{cQ}}$，代入(5.4-24)式得：

$$V_{\text{cQ}} = A(kQ_{\text{P}} - kK_{\text{Q}}V_{\text{cQ}} - G)V_{\text{rQ}} \tag{5.4-27}$$

由此式可以解得：

$$V_{\text{cQ}} = \frac{-A(kQ_{\text{p}} - G)V_{\text{rQ}}}{1 + AkK_{\text{Q}}V_{\text{rQ}}}\Bigg|_{A\to\infty} \approx -\frac{kQ_{\text{p}} - G}{kK_{\text{Q}}} \tag{5.4-28}$$

当反馈环稳定后，保持稳定的控制电压 V_{cQ} 等于 $-\Delta Q_{\text{p}}/K_{\text{Q}}$。

例如，对于图 5.17(a)所示电阻阻尼双积分器环，$Q = R_{\text{F}}/R_{\text{C}}$，$Q$ 值与 MOS 管栅极控制电压 V_{c} 成反比，即 $\Delta Q \propto -\Delta V_{\text{c}}$。用调谐控制量 V_{cQ} 直接控制沟道电阻 R_{F} 即可实现 Q 值自动调谐。

5.4.4　可编程数字量控制的宽范围调谐

模拟量调谐方法受到器件参数范围的限制，调谐范围很有限。为满足大调谐范围滤波器的需要，调谐可以采用数字量与模拟量相结合的方法。连续时间滤波器一般通过控制时间常数实现频率调谐。时间常数控制有两种方法：保持电容不变改变跨导值 G_{m} 和保持跨导不变改变电容值 C。对于恒定跨导调谐，为得到更大时间常数必须增大电容值。特别在低噪声应用中，滤波器电容值一般很大，改变电容将受到芯片面积限制。实际上，就一定的设计噪声要求，试图通过调谐增大电容，降低噪声也是不切合实际的。如果低频时满足噪声要求，高频时电容减小，将无法满足噪声要求；如果高频时满足噪声要求，低频时增加电容，再减小噪声也没有意义。相反，恒定电容调谐技术不需要改变电容值，噪声量对于不同频率都相同。因此，恒定电容调谐方法是从某种意义上讲可能更好。

实现恒定电容调谐需要设计可变跨导值的 CMOS 跨导器，调谐范围由跨导器的跨导值调整范围决定。实现宽调谐范围，必须设计跨导值可以大范围调整的跨导器。一种带源极退化电阻的宽调谐范围差模输入跨导器如图 5.42 所示[73]。

如果非饱和 MOS 管 T_3 的沟道电阻 R_3，它的跨导为 $G_{\text{m}} = g_{\text{m1}}/(1 + g_{\text{m1}}R_3/2)$，三次谐波

畸变系数为 $HD_3 = HD_{3,R3=0}/(1+g_{m1}R_3/2)^3$，见习题 5.38，功率效率 $G_m/I_B = g_{m1}/I_{DS1}(1+g_{m1}R_3/2)$，其中 $R_3 = 1/\beta_3(V_{GS3}-V_{T3})$，$HD_{3,R3=0} = (1/32)(V_p/(V_{GS1}-V_{T1}))^2$，$V_p$ 是输入信号幅值。可见这种结构与 $R_3=0$ 的标准差分对比较，跨导和功率效率减小一个退化因子 $(1+g_{m1}R_3/2)$，谐波畸变减小 $(1+g_{m1}R_3/2)^3$，保持同样谐波畸变（$THD \approx HD_3$）输入电压 V_p 范围扩大 $(1+g_{m1}R_3/2)^{3/2}$ 因子。它是以跨导和功率效率下降为代价换来线性范围扩大的，因此至少从功率效率角度来看这不是一个好的结构。作为可变跨导器时，典型调整跨导方法是保持输入管偏置电流不变，直接通过 T_3 管栅极电压改变沟道电阻 R_3。在这种情况下为保证有效调整跨导值，要求 $g_{m1}R_3$ 大于 $1(G_m \approx 2/R_3)$，因此 G_m 小于 g_{m1}。如果保证跨导与 $R_3=0$ 时相同，设计中 g_{m1} 要远大于 G_m。假设偏置电流不变，增加 g_{m1} 只能靠增加输入管尺寸，这会恶化频率特性和输入线性范围。缓解这些问题的一种方法是采用图 5.42 调整跨导结构。由于 $\Delta V_3 = \Delta V_1 + (\beta_1/\beta_4)\beta_x R_x \Delta V_1^2/2$，其中 $\Delta V_1 = V_{GS1} - V_{T1}$，$\Delta V_3 = V_{GS3} - V_{T3}$，退化因子为 $(1+g_{m1}R_3/2) = (1+\beta_1\Delta V_1/2\beta_3\Delta V_3)$，随 ΔV_1 增加而下降。在 G_m 较大时 ΔV_1 较大，退化因子可以较小，因为这时固有的畸变较小，减小退化因子有利于提高功率效率。在 G_m 较小时 ΔV_1 和功耗较小，退化因子比较大，可以改善线性度，同时不恶化功率特性。

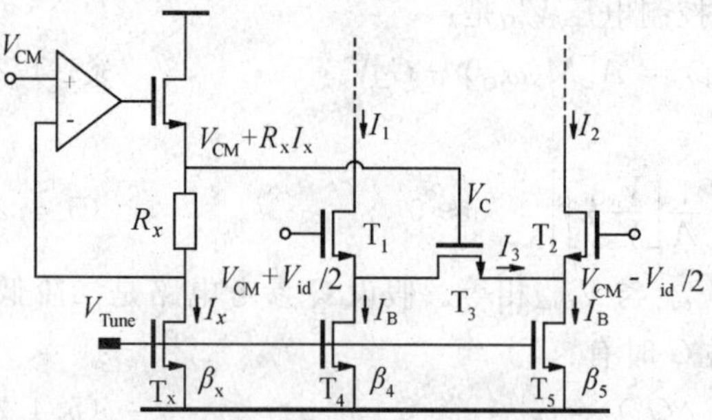

图 5.42　一种带源极电阻的宽调谐范围差模输入跨导器

根据图 5.42，在 I_{ds3} 相对于 I_{ds1} 不可忽略的情况下可以求得跨导：

$$G_m = \frac{\beta_1 \Delta V_1}{1+\dfrac{\beta_1}{2\beta_3}\dfrac{1}{1+(\beta_1/\beta_4)\beta_x R_x \Delta V_1/2}} \tag{5.4-29}$$

当 T_3 管过驱动电压 ΔV_3 与输入管 ΔV_1 相同（即 $R_x=0$）时，这种跨导器变为普通带源极退化电阻的差分对跨导器，跨导值为：

$$G_m = \frac{\beta_1 \Delta V_1}{1+\dfrac{\beta_1}{2\beta_3}} = \frac{g_{m1}}{1+\dfrac{g_{m1}R_3}{2}} \tag{5.4-30}$$

跨导 G_m 与调谐量 ΔV_1 呈线性关系，对于同样的调谐量 ΔV_1 变化范围跨导 G_m 变化范围小于(5.4-29)式。当 T_3 管沟道电阻 R_3 为 0 时，跨导值简化为一般差分对跨导器的结果 g_{m1}。

根据(4.2-35)式，一般差分对跨导器的总谐波畸变系数近似为：

$$THD_{R_3=0} = \frac{1}{32}\left(\frac{V_p}{\Delta V_1}\right)^2 \tag{5.4-31}$$

带源极退化电阻差分对跨导器的总谐波畸变系数为：

$$\mathrm{THD}_{R_x=0} = \mathrm{THD}_{R_3=0}\frac{1}{\left(1+\dfrac{\beta_1}{2\beta_3}\right)^3} \qquad (5.4\text{-}32)$$

见习题 5.38。由于源极退化电阻减小了总谐波畸变系数，对于同样的 THD 要求，可以降低调谐量 ΔV_1 最小值，从而增大调谐范围。对于图 5.42 所示宽调谐范围差模输入跨导器，总谐波畸变系数为：

$$\mathrm{THD} = \mathrm{THD}_{R_3=0}\frac{1}{\left(1+\dfrac{\beta_1}{2\beta_3}\dfrac{1}{1+(\beta_1/\beta_4)\beta_x R_x\Delta V_1/2}\right)^3} \qquad (5.4\text{-}33)$$

在 ΔV_1 较小时，$\mathrm{THD}\approx\mathrm{THD}_{Rx=0}$；$\Delta V_1$ 较大时，$\mathrm{THD}_{R3=0}$ 已经较小，ΔV_1 增加可以改善功率效率。可见 $R_x\neq 0$ 时不能改善谐波畸变，只能改善 ΔV_1 较大时的功率效率。

对于一些大调谐范围应用，这种扩大仍不能满足要求。这时需要引入数字信号编程控制源极退化电阻，形成模数信号混合控制的调谐方法。一种模数混合控制调谐的跨导器结构如图 5.43 所示，跨导为：

$$G_m = \frac{\beta_1\Delta V_1}{1+\dfrac{\beta_1}{2K_D\beta_3}\dfrac{1}{1+(\beta_1/\beta_2)\beta_x R_x\Delta V_1/2}} \qquad (5.4\text{-}34)$$

其中：K_D 是开关状态设置决定的参数。它除了改变调谐量 I_{tune} 外，还可以通过设置开关状态，在大范围内对跨导进行分段调整跨导值。

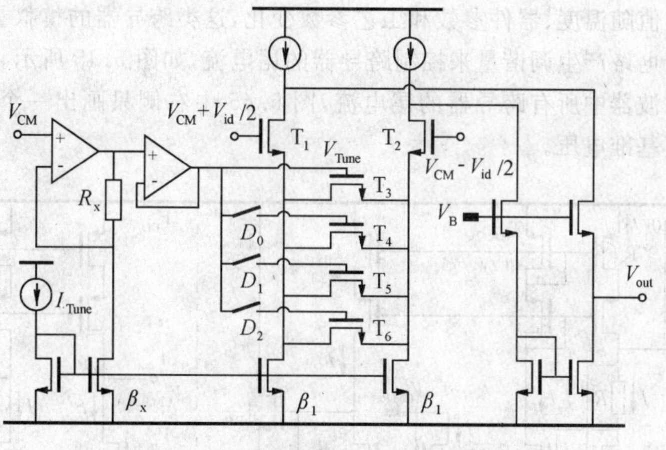

图 5.43　一种模数混合控制调谐的跨导器

另外，对于数字量调谐方法，实现可编程跨导器设计的最直接方法是用数字量控制并联跨导器的数目。基于这种思想实现的一种恒定电容可编程跨导器如图 5.44(a)所示。只要将并联跨导器组中的单元跨导器进行优化设计，例如使单元跨导器的线性范围满足要求，跨导器组就不会因为并联单元跨导器的多少恶化线性范围。但单元跨导器的寄生电容是设计跨导器组应当考虑的问题，因为用一般的跨导器结构，寄生电容会随着并联单元跨导器的多少而变化。一种能够满足这种要求的单元跨导器结构如图 5.44(b)所示[74]。T_1 到 T_5 管构成普通的简单 OTA,其中 T_5 管在提供尾电流的同时还受调谐数字量的控制,T_6 和 T_7 是受数字调谐量控制的开关。$T_{8\sim10}$ 构成附加差分对,在跨导器关断的情况下它被连到输入端,这样可以保证在跨导值变化时不改变寄生电容。

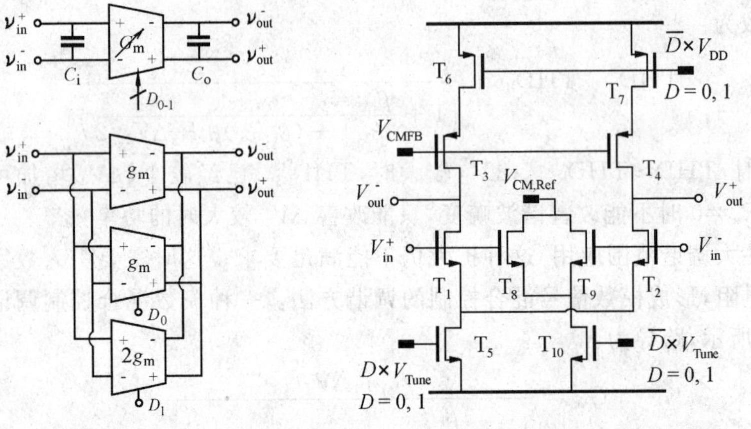

(a) 总体结构　　(b) 单元跨导结构

图 5.44　数字量直接控制跨导值的跨导器

为减小跨导值随温度、器件参数和工艺参数变化,这类跨导器的模拟量调谐部分可以通过恒定跨导偏置电路产生调谐量来控制跨导器的尾电流,如图 5.45 所示。这个基准电路产生的电流控制滤波器中所有跨导器的尾电流,图 5.45 中右侧只画出一个跨导器,$V_{CM,Ref}$ 是芯片电路的共模基准电压。

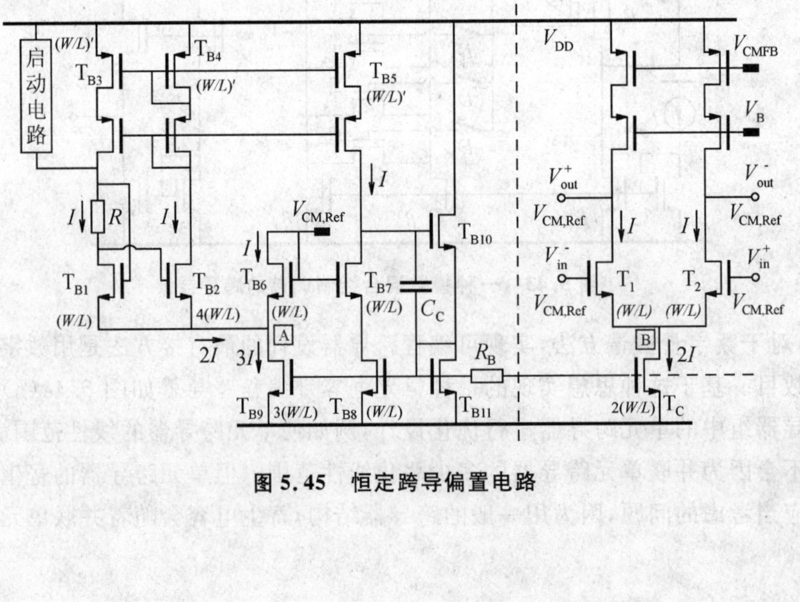

图 5.45　恒定跨导偏置电路

电路的工作原理如下：T_{B3} 和 T_{B4} 管构成的电流镜使流过 T_{B1} 和 T_{B2} 管的电流相同，$I=I_{B1}=I_{B2}$，因此：

$$V_{GSB1}-V_{GSB2}=RI \tag{5.4-35}$$

如果 T_{B1} 和 T_{B2} 工作在饱和区，$(W/L)_2=n(W/L)_1$，忽略沟长调制效应，则有：

$$V_{GSB1}-V_T=(\sqrt{n})(V_{GSB2}-V_T) \tag{5.4-36}$$

从上两式可得：

$$\frac{2I}{V_{GS,B1}-V_T}=\frac{2}{R}\left(1-\frac{1}{\sqrt{n}}\right)=g_{m,B1} \tag{5.4-37}$$

可见当 $n=4$ 时电路最终稳定到使输入管跨导等于 $1/R$ 的状态，这样可以消除 V_T 和 KP 等对跨导的影响，使跨导的温度系数等于电阻倒数的温度系数。如果滤波器中跨导器的输入管与 T_{B1} 有相同的工作条件，在这样偏置电流下跨导器也会保持只由 $1/R$ 决定的跨导值，不受 V_T 和 KP 等误差影响。

为保证跨导器输入管 T_1 与 T_{B1} 有相同的工作环境，电路增加 T_{B5} 到 T_{B11} 管。流过 T_{B5} 的电流等于 T_{B3} 的电流 I，T_{B10}、T_{B11}、T_{B7} 和 T_{B8} 构成的负反馈环，保证 T_{B8} 管的电流为 I。由于 T_{B9} 管宽长比是 T_{B8} 管的三倍，T_{B9} 管的电流为 $3I$，T_{B6} 管电流为 I，这样提供给 T_{B1} 和 T_{B2} 管的电流和为 $2I$。当 T_{B6} 管栅漏极电压为 $V_{CM,Ref}$ 时，跨导器输入管 T_1 和 T_2 的工作条件与 T_{B6} 管相同，衬偏效应对它们的影响都相同，从而保证了在非理想情况下跨导器的跨导值等于 $1/R$。

习　题　五

5.1　证明低通传递函数(5.1-11a)：

(a) 极点为：$s_{1,2}=-\frac{\omega_0}{2Q_p}\pm j\omega_0\sqrt{1-\frac{1}{4Q_p^2}}$；

(b) 谐振频率 ω_0 处 $|H(j\omega_0)|=KQ_p$；

(c) 传递函数模的最大值 $|H(j\omega_m)|$ 和对应的频率 ω_m 为：

$$|H(j\omega_m)|=\frac{KQ_p}{\sqrt{1-\frac{1}{4Q_p^2}}},\quad \omega_m=\omega_0\sqrt{1-\frac{1}{2Q_p^2}};$$

(d) 传递函数模下降 3 dB 的频率为：$\omega_{-3dB}=\omega_0\sqrt{1-\frac{1}{2Q_p^2}+\sqrt{1-\left(1-\frac{1}{2Q_p^2}\right)^2}}$。

5.2　画出二阶全通传递函数(5.1-11e)的相频特性，已知：$K=1,\omega_0=1,Q_p=0.4,0.7,1.4,2.8$。

5.3　对于级联结构滤波器，如果器件参数变化引起模块传递函数变化为 $\Delta H_i(j\omega)/H_i(j\omega)$，证明在 $H_i(j\omega)\neq 0,\Delta H_i(j\omega)/H_i(j\omega)\ll 1$ 条件下，整个传递函数的变化为：

$$\frac{\Delta H(j\omega)}{H(j\omega)}=\sum_{i=1}^{N}\frac{\Delta H_i(j\omega)}{H_i(j\omega)}$$

5.4　将四阶传递函数 $H(s)=\left(\frac{\omega_0}{Q_p}s\right)^2\Big/\left(s^2+\frac{\omega_0}{Q_p}s+\omega_0^2\right)^2$ 分解为两个二阶函数乘积：① 低通与高通传递函数乘积，② 两个带通函数乘积。已知：$Q_p=10,\omega_p=10$ rad/s，求每个二阶传递函数幅频响应的最大值。

5.5 如果用三个二阶低通滤波器级联构成一个六阶 Butterworth 低通滤波器，已知传递函数为：

$$H_1(s)=\frac{1}{(s^2+0.5176s+1)},H_2(s)=\frac{1}{(s^2+1.4142s+1)},H_3(s)=\frac{1}{(s^2+1.9319s+1)}$$

从所有可能六种级联结构中选择一种级联顺序设计滤波器并说明理由。

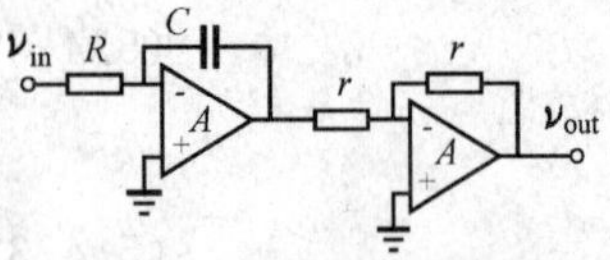

图 P5.1　同相积分器

5.6 假设放大器的增益近似为 $A_v(s)=A_0\omega_d/s=\omega_u/s$，① 求图 P5.1 同相积分器的传递函数，证明模和相位误差近似为 $m_{rr}(\omega)\approx 1/(\omega_u CR)$ 和 $\varphi_{rr}(\omega)\approx 3\omega/\omega_u$；② 求图 5.7 相位补偿同相积分器的传递函数，证明模和相位误差近似为 $m_{rr}(\omega)\approx 1/(\omega_u CR)$ 和 $\varphi_{rr}(\omega)\approx -\omega/\omega_u$，说明反相器补偿作用。

5.7 对于图 5.10(a)所示 LC 梯形滤波网络，重新定义 $V'_{in}=-V_{in}$，$I'_{in}=-I_{in}$，$V'_1=V_1$，$I'_2=I_2$，$V'_3=-V_3$，$I'_4=-I_4$，$V'_5=V_5$，将其转换成由同号求和积分器构成的信号流图[75]。

5.8 证明图 5.10(c)所示梯形滤波器，低频增益值为 $R_L/(R_S+R_L)$，与图 5.10(a)所示 LC 网络相同。

5.9 证明式(5.2-9)闭环增益中误差项[由式(5.2-10)定义]等于闭环增益对开环增益的灵敏度 $S^{A_{cl}}_{A_o}=(A_o/A_{CL})(dA_{CL}/dA_o)$，实际测量中可以通过 err 测量灵敏度。

5.10 证明在 $err(j\omega)$ 很小的情况下，它的实部 Re(err) 近似代表(5.2-9)式闭环增益模的相对误差，它的虚部 lm(err) 近似代表闭环增益相位的误差。

5.11 对于 P5.2 所示两个有源 RC 积分器，假设 $A_v=A_0\omega_d/s=\omega_u/s$，证明它们的幅值误差和相位误差分别为：(a) $m_{rr}(\omega)\approx 1/(\omega_u \mathrm{RC})$ 和 $\varphi_{rr}(\omega)=\omega/\omega_u$，(b) $m_{rr}(\omega)\approx 1/(\omega_u \mathrm{RC})$ 和 $\varphi_{rr}(\omega)\approx(\omega/\omega_u)^3$。

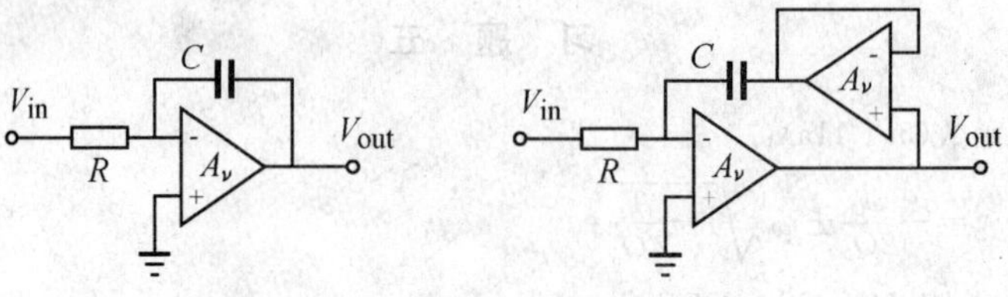

(a) 传统反相积分器　　(b) 有源补偿反相积分器

图 P5.2　有源 RC 积分器

5.12 如果放大器低频增益为 A_{v0}、极点频率为 ω_d，对于 P5.3 图电路分析放大器引起的相位误差。

5.13 用 nMOS 管沟道电阻和双多晶层电容设计一个图 5.14(a)所示一阶低通滤波器。要求极点频率为 30 MHz，低频增益为 −1，C 取 1.7 pF。如果共模直流电平 2.3 V，$V_{DD}=3.3$ V，$(W/L)=1$，当 V_c 范围在 4.4～5 V 时，求极点频率调谐范围。如果相位误差小于 0.1°，放大器的极点频率最小应当多少？

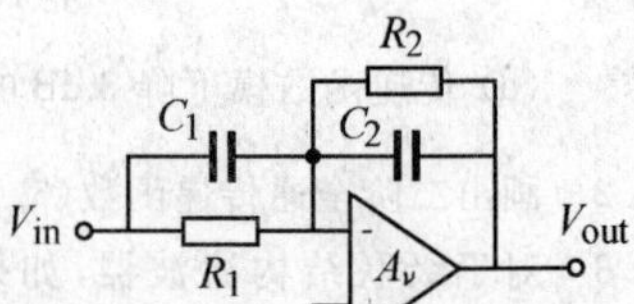

图 P5.3　RC 反馈网络构成的增益电路

5.14 用 p 阱电阻和双多晶层电容设计简单 CMOS 反相有源 RC 积分器。对于积分器增益 $K=1/RC=2\pi f(f=20\text{ kHz})$，① 在 RC 面积最小的条件下确定 R 和 C 关系；② 当 CMOS 工艺 p 阱方块电阻为 2.5 kΩ、最小尺寸为 4 μm×4 μm，单位面积双多晶层电容 0.2fF/μm² 时，求 R、C 值和面积。

5.15　对于上题电阻 R 和电容 C，① 如果芯片电源电压为 3.3 V、积分器的信号地电平为 2.3 V，求 p 阱电阻的寄生电容；② 如果将 p 阱电阻的分布 RC 等效为如图 P5.4 所示微元 RC 模型，求传递函数；③ 讨论寄生电容极点对滤波器极点的影响。

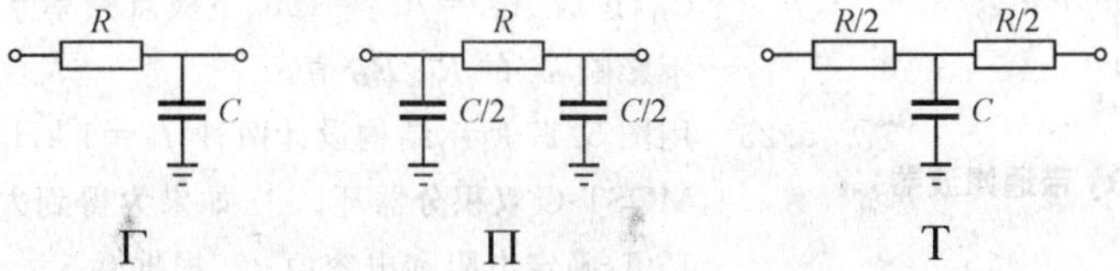

图 P5.4　分布 RC 等效微元 RC 模型

5.16　用 nMOS 管替代电阻 R，重新做 5.2-6 题。晶体管工作条件如 5.13 题，设 $V_c=5$ V。

5.17　求如图 P5.5 所示有缓冲级和无缓冲级 OTA 构成的积分器传递函数，分析近似为理想积分器的条件。

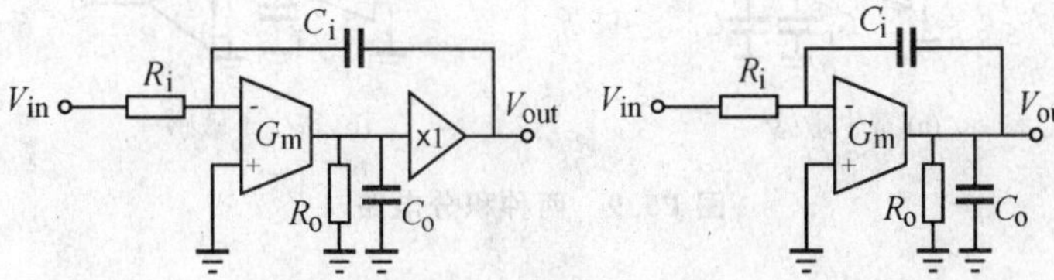

图 P5.5　有缓冲和无缓冲级 OTA 构成的积分器

5.18　一个差模输入、单端输出的低通滤波器如图 P5.6 所示，求传递函数和截止频率。

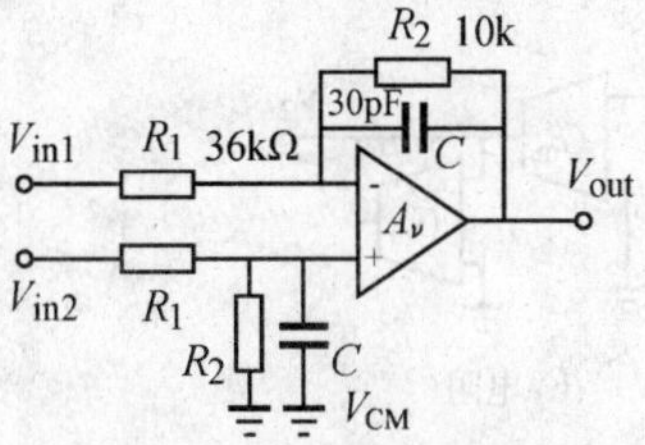

图 P5.6　一阶低通滤波器

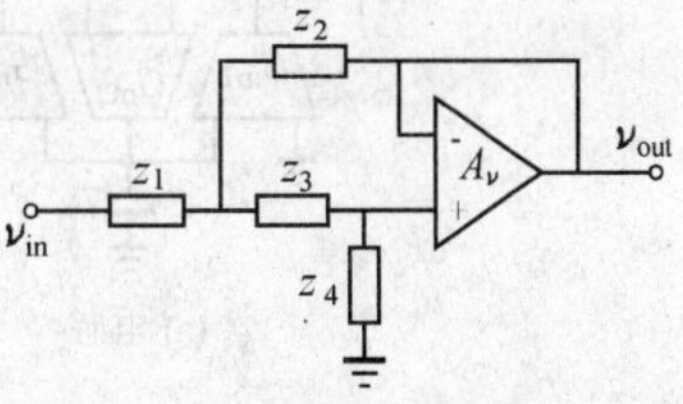

图 P5.7　单运放二阶滤波器

5.19　假设放大器增益无穷大，求图 P5.7 所示单运放二阶滤波器传递函数，证明 $Z_1=1/sC_1$，$Z_2=R_2$，$Z_3=1/sC_2$，$Z_4=R_4$ 时实现高通滤波。

5.20　设计单运放 Sallen-Key 有源 RC 低通滤波器，用于采样数据系统抗混叠滤波。已知信号带宽为 $f_c=3.5$ kHz，采样频率为 $f_s=256$ kHz，要求滤波器在频率 f_s-f_c 下衰减大于 30 dB，当频率小于 f_c 时衰减小于 0.05 dB。① 求实现这种要求的谐振频率 f_0 和质量因子 Q_p。② 如果电阻 R 用 p 阱扩散 (2.5 kΩ/□) 实现，电容 C 用双多晶层 (0.2 fF/μm^2) 实现，确定在电阻和电容总面积最小条件下的电阻和电容值。③ 求电阻和电容尺寸，假设最小阱面积为 2 μm×2 μm。

5.21　图 P5.8 是一个 Sallen-Key 带通滤波器，① 推导传递函数、谐振频率和 Q 表达式；② 求 Q 和增益对无源器件和跟随器增益的灵敏度；③ 如果 $R_1=R_4=30$ kΩ，$R_2=133.3$ Ω，$C_3=C_5=7.958$ pF，求谐

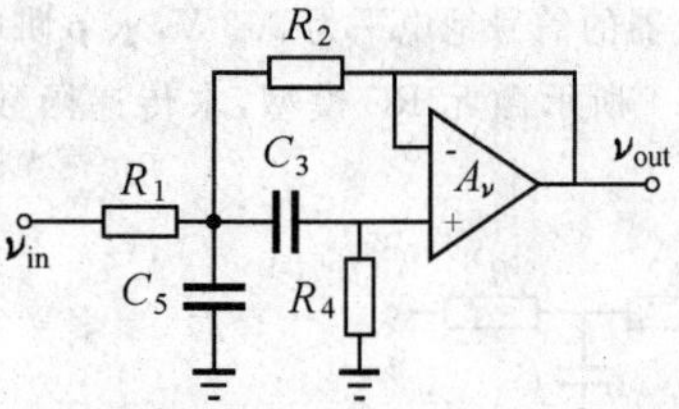

图 P5.8 Sallen-Key 带通滤波器

振频率、Q 和增益。

5.22 假设运放开环增益为 $A_1(s)$ 和 $A_2(s)$，分析开环增益对图 5.17(a)所示双积分器环谐振频率影响。如果 $R_A=R_C=R$，$C_B=C_D$，运放 $A_{v01}=A_{v02}=100$，主极点频率 f_d 远大于 ω_0，求 $A(s)$ 不影响 ω_0 的 R_F/R_C 值。

5.23 用图 5.17 所示结构设计两种 $f_0=1$ kHz、$Q=30$ 的对称差模 MOST-C 双积分器环。① 如果为得到大的动态范围取 $C_{min}=1$ pF，确定电阻和电容值；② 根据 0.5 μm 工艺参数，以最小化 MOST-R 和 C 面积为条件，确定电阻和电容的尺寸。

5.24 图 P5.9(a)和(b)分别是 G_m-C 对寄生参数敏感和对寄生参数不敏感积分器，其中 C_p 是跨器输出节点寄生电容，推导它们的传递函数。

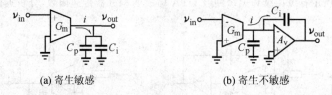

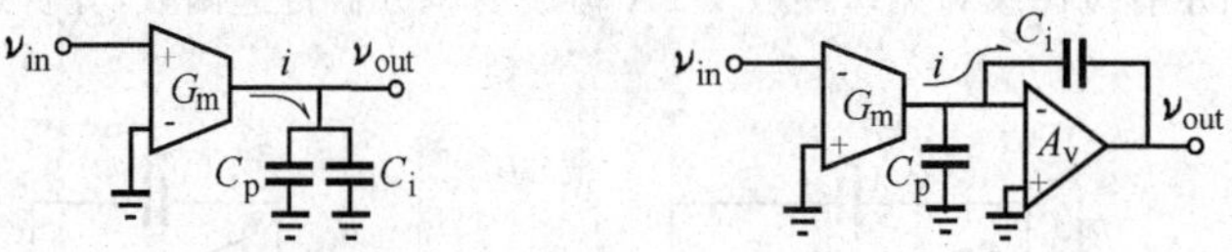

(a) 寄生敏感　　(b) 寄生不敏感

图 P5.9 两种积分电路

5.25 图 P5.10(a)和(b)所示 OTA-基模块电路可以分别等效为浮置电感和电阻器件，证明模块(a)电流和电压关系为：$\frac{v_1-v_2}{i}=s\frac{C}{G_{m1}G_{m2}}$；模块(b)电流和电压关系为：$\frac{v_1-v_2}{i}=\frac{1}{G_m}$

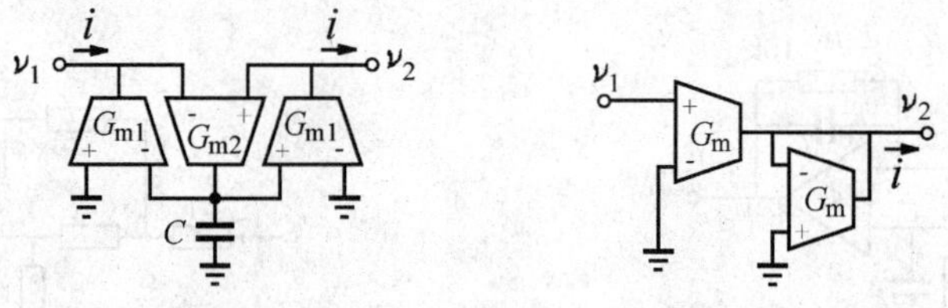

(a) 电感　　(b) 电阻

图 P5.10 OTA-基浮置电感和电阻模块

5.26 求图 P5.11 所示模块电路的传递函数，分析实现这三种模块电路对放大器特性的要求。

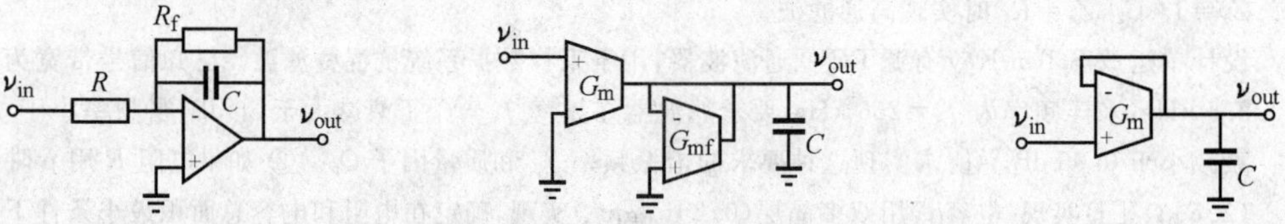

(a) OPA-基　　(b) OTA-基　　(c) 混合

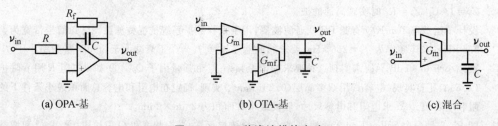

图 P5.11 三种滤波模块电路

5.27　对于图 5.24 所示一阶 G_m-C 有源滤波器，如果跨导器的输出电导为 G_o，① 写出传递函数；② 分析增益误差和相位误差。

5.28　在有限低频增益的情况下为得到理想积分器的相移，经常采用图 P5.12 所示超相位消除积分器，求它的传递函数并与习题 5.17比较。

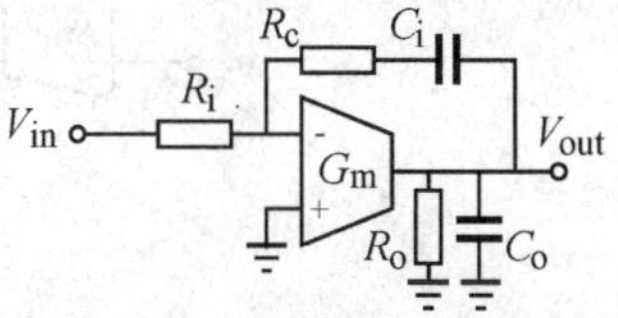

图 P5.12　可消除超相位的积分电路

5.29　具有对节点寄生电容不敏感和积分器超相移消除功能的一阶滤波结构如图 P5.13 所示，如果 OPA 采用两级放大设计(图 a)，主极点频率与负载无关，增益 $A=A_0/(1+s/\omega_d)$，求传递函数以及零点与非主极点抵消所需的 R。如果 OTA 采用单级放大设计(图 b)[76]，跨导为 G_{mA}，主极点频率与负载有关，求传递函数以及零点与非主极点抵消所需的 R。

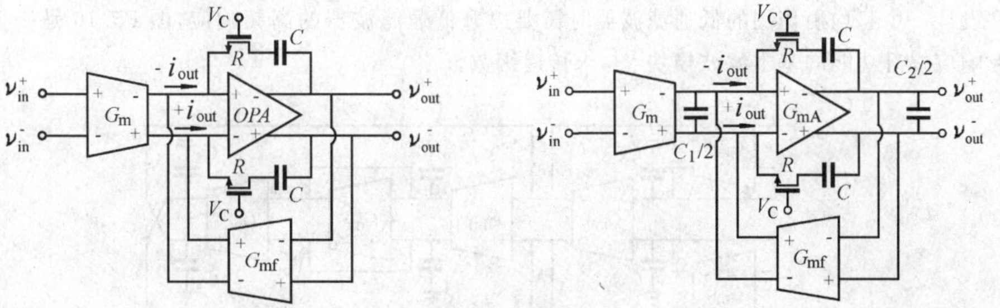

(a) 采用两级放大器　　(b) 采用单级放大器

图 P5.13　一阶滤波电路

5.30　定义 $\nu_{in}=\nu_{inI}+j\nu_{inQ}$ 和 $\nu_{out}=\nu_{outI}+j\nu_{outQ}$，在理想情况下，$G_{mI}=G_{mQ}$，$G_{fI}=G_{fQ}$，$G_{ma}=G_{mb}$，$C_I=C_Q$，求图 P5.14 所示复数低通滤波器的传递函数、极点和零点。如果 $G_{ma}/C_I>G_{fI}/C_I$，画出传递函数幅频特性和相频特性。在存在失配的非理想下，$G_{mI}\neq G_{mQ}$，$G_{fI}\neq G_{fQ}$，$G_{ma}\neq G_{mb}$，$C_I\neq C_Q$，求输出电压[$\nu_{out}=H_{cm}(s)\nu_{in}(s)+H_{df}(s)\nu_{in}^*(s)$]。如果 $\nu_{in}=A\cos(\omega t)+jA\sin(\omega t)$，分析非理想情况下镜像频率[$\nu_{in}^*(\omega)=\nu_{in}(-\omega)$]对信号频率的影响[77]。

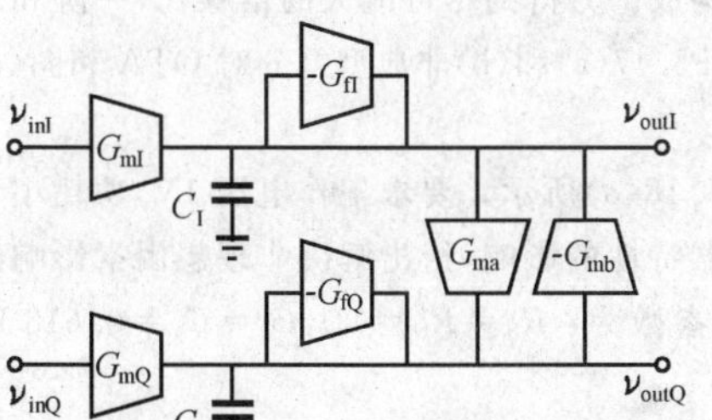

图 P5.14　复数低通滤波器

5.31　对于图 5.25 所示局部电阻阻尼双积分器环二阶有源 G_m-C 滤波器电路，① 将它转化成全差模结构形式；② 如果利用它实现一个低通滤波器，要求谐振频率 $f_0=10$ MHz，质量因子 $Q_p=1$，通带增益 $K=5$，设 $G_{mA}=G_{mC}$，$C_B=C_D=1$ pF，求跨导值；③ 如果利用它实现带通滤波，要求谐振频率 $f_0=20$ MHz，质量因子 $Q_p=5$，中心频率增益 $K=1$，设 $G_{mA}=G_{mC}$，$C_B=C_D=1$ pF，求跨导值。

5.32　具有对节点寄生电容不敏感和积分器超相移消除功能的双积分器环二阶滤波器如图 P5.15 所示[76]。假设运放增益 $A=A_0/(1+s/w_d)$，求传递函数，分析 R_1 和 R_2 对谐振频率和 Q 值的影响。

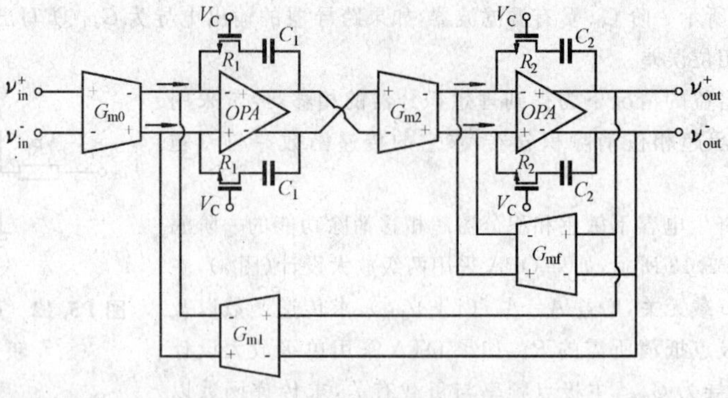

图 P5.15　双积分器环二阶滤波器

5.33　在设计一个起均衡作用的低通滤波器时需要提升低通滤波器的高频响应，图 P5.16 是一个具有高频响应提升功能的基本滤波模块[73]，求传递函数。

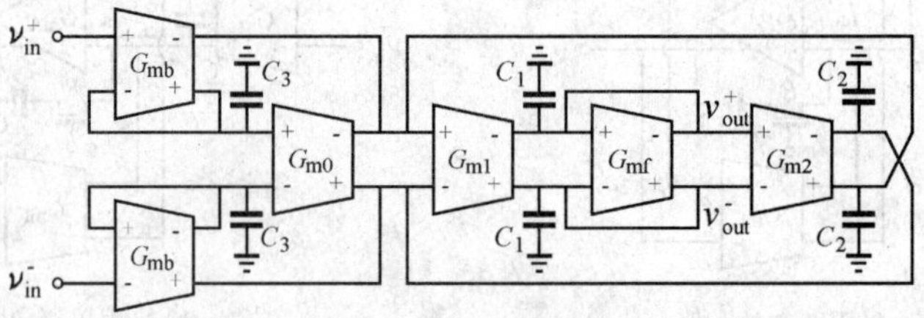

图 P5.16　滤波电路

5.34　Bessel 滤波器是相位与频率保持线性关系的滤波器，即群延迟速度恒定 $\tau=-d\theta(\omega)/d\omega$、线性相位特性，它可使信号通过滤波器不会产生相位 $\theta(\omega)$ 失真。用全差模级联结构设计一个用于 DVD 信号读出通道的截止(−3 dB)频率 8.25 MHz 的低通七阶 Bessel 跨导电容滤波器。七阶 Bessel 滤波器由一个一阶($f_p=13.91775$ MHz)滤波器和三个二阶滤波器[$(f_0, Q)=(16.973$ MHz, 1.13), (14.18175 MHz, 0.53)和(15.05625 MHz, 0.66)]级联构成。为得到尽可能大的信噪比，一阶和二阶滤波器增益均设计为 1，所有电容取为 1 pF。采用图 P5.17(a)和(b)非典型差分对 OTA 和图(c)二阶模块电路设计全差模滤波器[78]。

5.35　设计一个 G_m-C 五阶低通梯形巴特沃斯滤波器，如图 P5.18(a)所示。要求工作电压 1V，功耗小于 0.5 mW，带宽 250 Hz。分析跨导器非理想因素对滤波器特性的影响，给出解决非理想因素影响的可能方案[79]。LC 梯形滤波器 RLC 原型电路的归一化参数为：$R_S=R_L=1\Omega$，$C_1=C_5=0.618$ F，$C_3=2.0$ F，$L_2=L_4=1.618$ H，如图 P5.17(b)所示。

5.36　对于图 P5.19 用 MOS 电阻构成的线性化 OTA，为提高跨导器的功率效率(g_m/I_{DS})，设计不能保证 I_B 远大于流过 $T_{3,4}$ 管的电流。当考虑输入管 V_{GS} 随差模电压变化($I_{1,2}$ 不是远大于 $I_{3,4}$)后，根据小信号等效电路证明跨导表达式为：

$$G_{m0}=\frac{i_{o1}}{\nu_{i1}-\nu_{i2}}=\frac{1}{R+2/g_{m1}}$$

其中：R 是 $T_{3,4}$ 管沟道电阻并联值，$g_{m2}=g_{m1}$ 是输入管跨导。

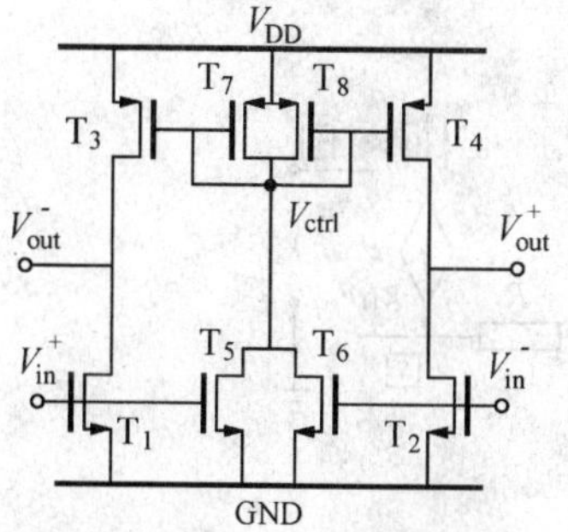

(a) 具有CMFF控制电路的OTA

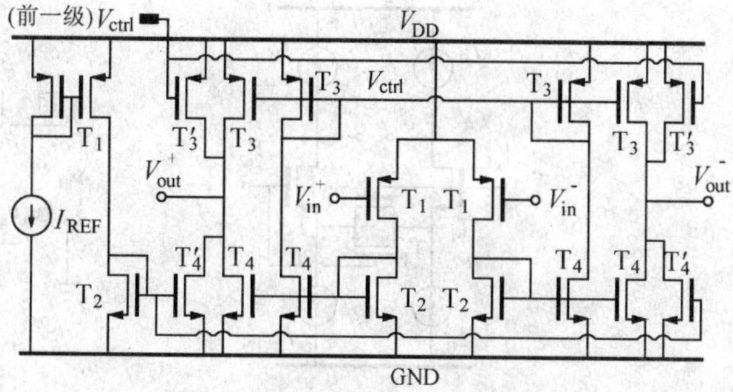

(b) 具有CMFF和CMFB控制电路的OTA

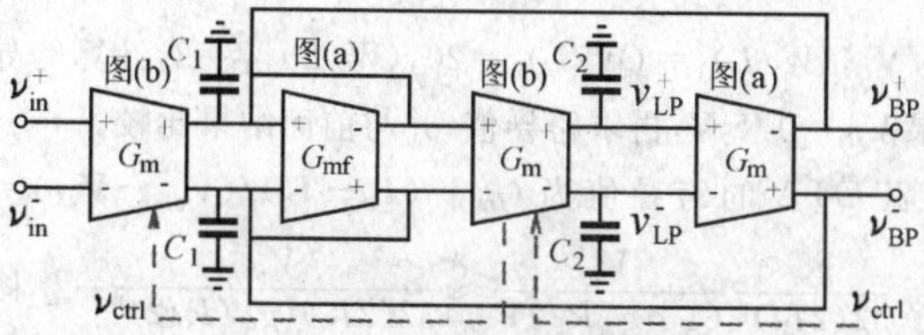

(c) 二阶模块电路

图 P5.17　G_m-C 全差模滤波器

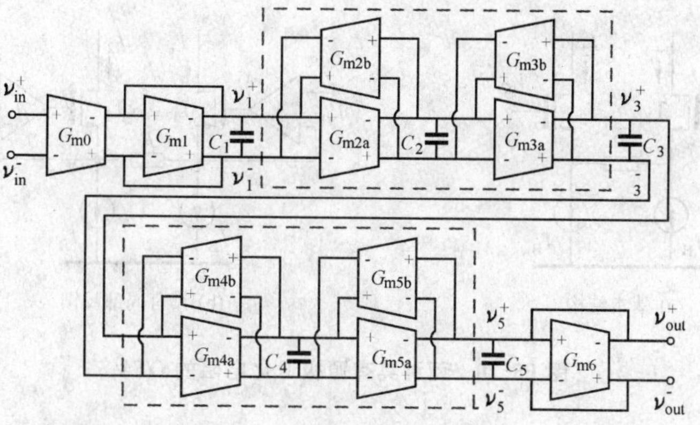

(a) G_m-C电路

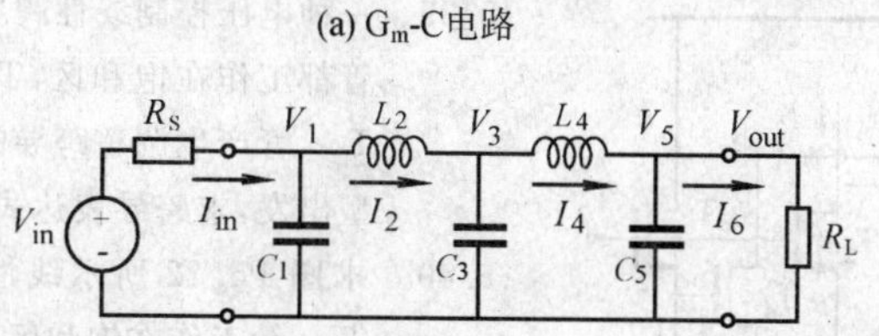

(b) RLC原型电路

图 P5.18　五阶低通滤波器

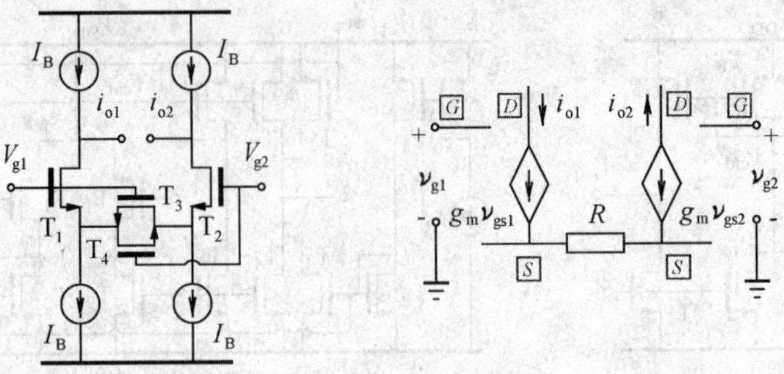

图 P5.19　用 MOS 管电阻构成的线性化 OTA

5.37　对于上题电路，如果 $I_B=100\ \mu A$，$KP_n=80\ \mu A/V^2$，$(W/L)_1=(W/L)_2=20$，$(W/L)_{3,4}=2$，计算跨导值。将 T_3 和 T_4 管的栅极接于 $V_{DD}=3$ V，如果 $V_{IN}=1.5$ V，再求跨导值，并与前面结果比较。

5.38　证明：① 图 P5.20(a)所示具有源极退化电阻 OTA 的跨导值为 $G_m=(I_1-I_2)/(V_{g1}-V_{g2})=g_m/(1+g_mR/2)$，三次谐波畸变系数为 $HD_3=\dfrac{g_m^2}{32(2I_B)^2}\dfrac{V_p^2}{(1+g_mR/2)^3}\approx\dfrac{V_p^2}{32(2I_B)^2g_m(R/2)^3}$；② 图 P5.19(b)所示具有源极退化电阻 OTA 的跨导值为 $G_m=A_\nu g_m/(1+A_\nu g_mR/2)$，三次谐波畸变系数近似为 $HD_3\approx\dfrac{V_p^2}{32(2I_B)^2A_\nu g_m(R/2)^3}$；③ 图(b)输入管带局部反馈 OTA 的 HD_3 比图(a)的 HD_3 减小 $20\log A_\nu$(dB)。

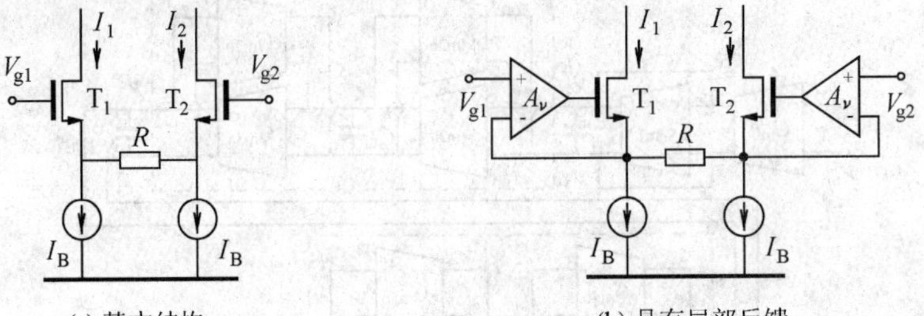

(a) 基本结构　　(b) 具有局部反馈

图 P5.20　两种具有源极退化电阻的 OTA

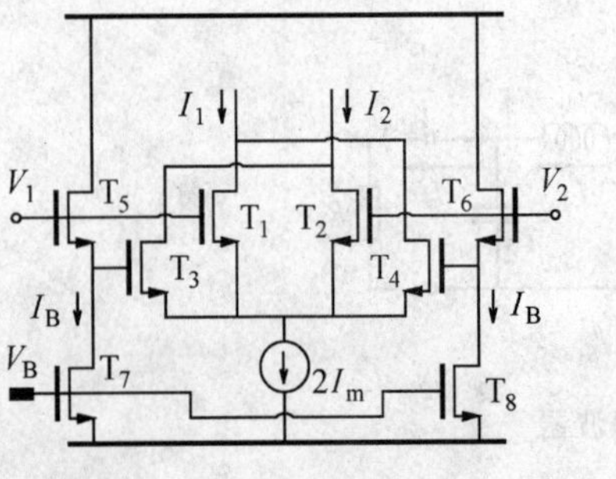

图 P5.21　一种电压控制跨导值的 OTA

5.39　一种电压控制线性跨导器如图 P5.21 所示[80]。所有管都工作在饱和区，$T_{1\sim4}$ 管实现大范围可调整跨导，$T_{5\sim8}$ 管产生调整跨导的控制电压。从 MOS 管基本模型出发，求跨导表达式。

5.40　求图 P5.22 所示线性跨导器的跨导表达式：① 当 $T_{5\sim8}$ 管工作在饱和区；② 当 $T_{5\sim8}$ 管工作在非饱和区。分析线性输入范围和共模输入电压范围。如果 $T_{1\sim4}$ 管栅极加偏置电压，$T_{5\sim8}$ 管作为输入管，求跨导值。

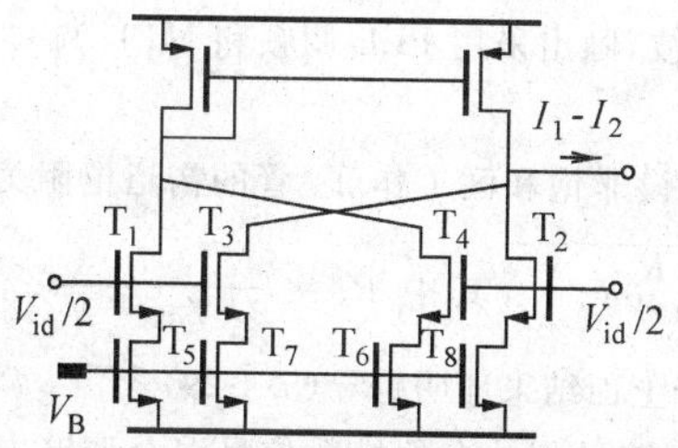

图 P5.22　一种扩大线性范围的 OTA

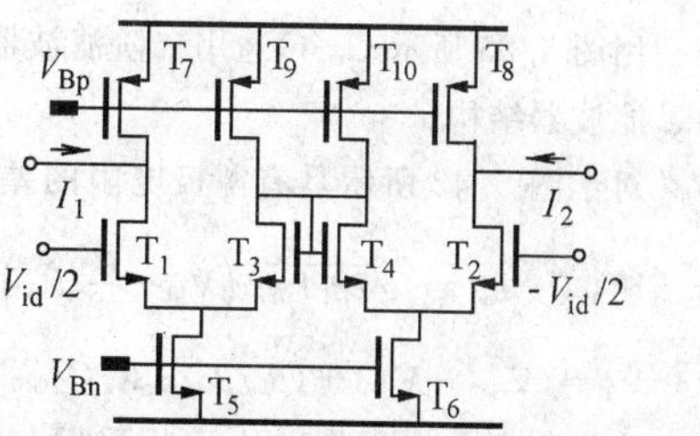

图 P5.23　一种大差模输入电压范围的 OTA

5.41　一种通过减小跨导值扩大线性范围的 OTA 如图 P5.23 所示，求这种线性跨导器的跨导表达式和线性输入范围。

5.42　高输出阻抗、大带宽线性跨导如图 P5.24 所示[81]，T_{1a} 和 T_{1b} 工作在非饱和区，推导输出差模电流与输入差模电压的关系。已知 $V_{DD}=1.5$ V，$I_B=30\ \mu$A，$n=6$，$R_L=100\Omega$，$(W/L)_{4a,4b}=100/1$，$(W/L)_{3a,3b}=16/1$，$(W/L)_{2a,2b}=240/1$，$(W/L)_{1a,1b}=200/1$，$(W/L)_{6a,6b,B1}=15/1$，$(W/L)_{5a,5b}=90/1$，如果 V_C 以 0.025 V 步长从 0.8 V 变化到 1 V，用 SPICE 程序模拟跨导值、输出线性范围。

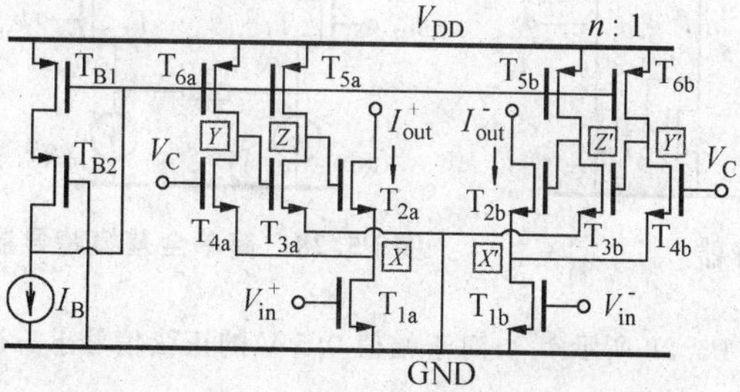

图 P5.24　一种高输出阻抗线性跨导器

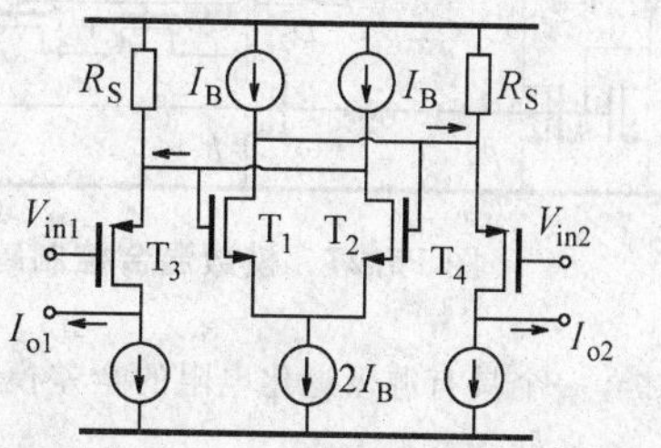

图 P5.25　一种采用负源极电阻的跨导器

5.43　图 P5.25 是一个具有负源极退化电阻的跨导器[82]，求它的小信号跨导值。

5.44　通常芯片内的时间常数误差约在±30%，其中约±20%误差是电阻产生的($\pm\Delta R/R_0=\pm20\%$)，约±10%误差是电容产生的($\Delta C/C_0=\pm10\%$)。如果时间常数精度要求 10%，对于 1 pF 电容最大误差约范围为 0.9～1.1 pF，求对于 10 kΩ 电阻所要求的阻值调谐范围。

5.45　对于数模混合电路，可以采用开关和电容构成的等效电阻替代外部调谐电阻，实现没有芯片外元件的芯片上自动调谐。图 P5.26 是用开关电容替代图 5.35 外部电阻、控制跨导值的电路。为减小高频电压波动的影响，V_c 经 R_0C_0 低通滤波后控制跨导器 G_m。如果开关电容构成的等效电阻时钟频率为 f_c，证明稳定情况下跨导值为 $G_m=f_cC_R$。如果滤波器设计需要时间常数 G_m/C 控制在 $2\pi\times100$ MHz 附近，已知 $C=1$ pF 求跨导 G_m 值。如果开关电容等效电阻的电容 C_R 为 1 pF，求开关时钟频率 f_c。

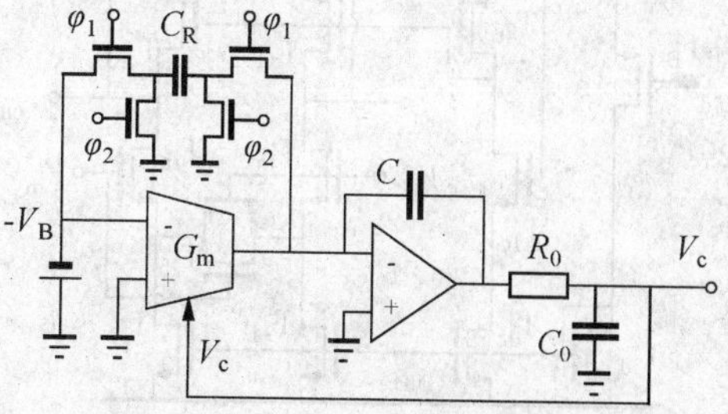

图 P5.26　开关电容控制跨导反馈环

5.46 用图5.25所示G_m-C通用二阶滤波器结构实现带通滤波，画出采用PLL调频和MLL调Q的完整滤波器结构。

5.47 对于图5.42所示具有源极电阻的差模输入跨导器，假设非饱和区工作T_3管的沟道电阻为R_3，证明：① $I_{od}=\sqrt{2\beta_1 I_{DS1}}\left(V_{id}-\frac{R_3}{2}I_{od}\right)\sqrt{1-\frac{\beta_1}{8I_{DS1}}\left(V_{id}-\frac{R_3}{2}I_{od}\right)^2}$，其中$R_3=\frac{1}{\beta_3(V_{GS3}-V_T)}$，$V_{GS3}-V_T=(V_{GS1}-V_T)+(\beta_1/\beta_4)\beta_x R_x(V_{GS1}-V_T)^2/2$；② 基于上面结果证明跨导(5.4-29)式。

5.48 为得到更大的调谐范围，可以采用与数字信号编程控制跨导相结合的模数信号混合调谐方法。对于图P5.27所示模数信号混合控制跨导值的跨导器，求它的跨导值。

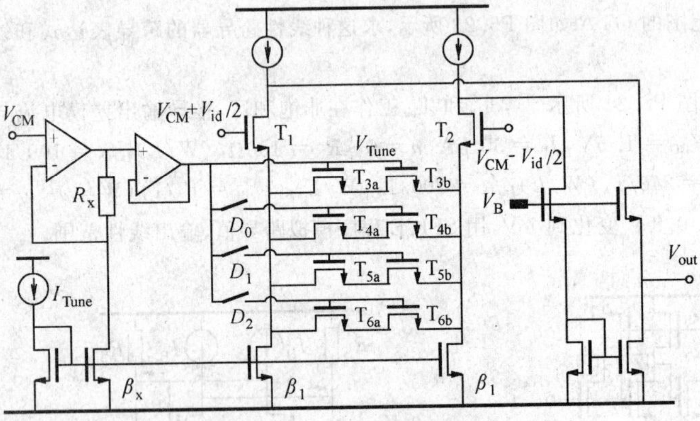

图P5.27 模数混合控制跨导值的跨导器

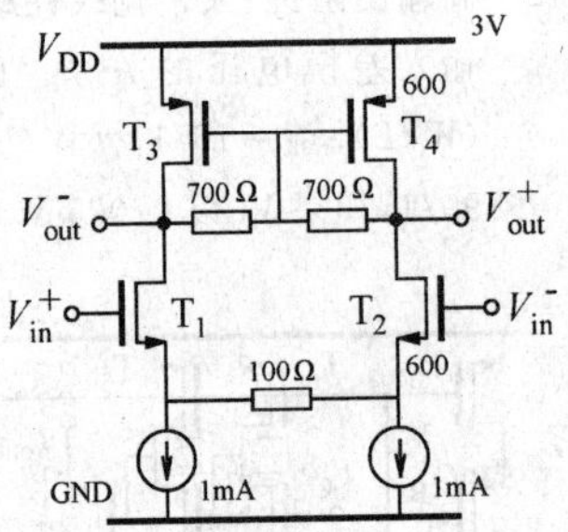

图P5.28 简单全差模跨导器

5.49 一个具有源极退化电阻的全差模放大器如图P5.28所示[83]。对于幅值0.5V的正弦信号求三次谐波畸变系数。

5.50 用图P5.29(a)所示具有共模控制的线性化跨导器构成图(b)所示具有部分正反馈的全差模G_m-C双积分器环(单端结构如图5.25所示)，将两个双积分器环级联起来构成四阶带通滤波器。用间接调谐方法为这个滤波器设计一个调谐电路[84]。

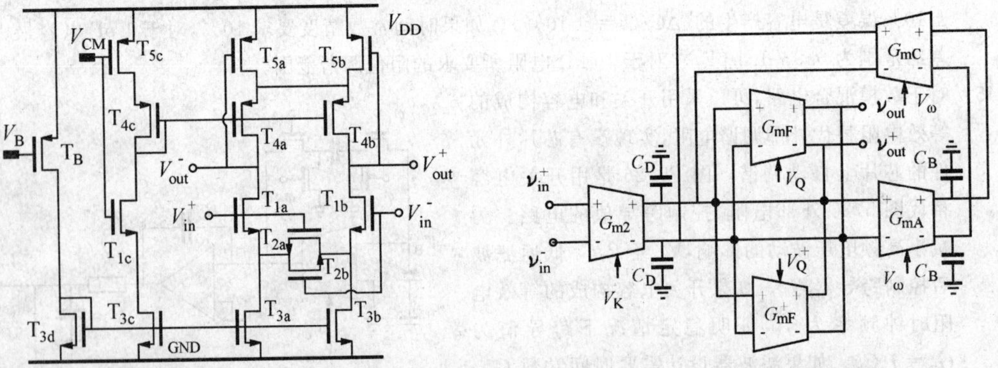

(a) OTA (b) 积分器环

图P5.29 G_m-C双积分器环

5.51 图 P5.30(a)是一个 G_m-C 四阶带通滤波器[85]，写出滤波器的传递函数。如果 OTA 采用如图(b)所示结构，用间接调谐方法为滤波器设计一个调谐电路。

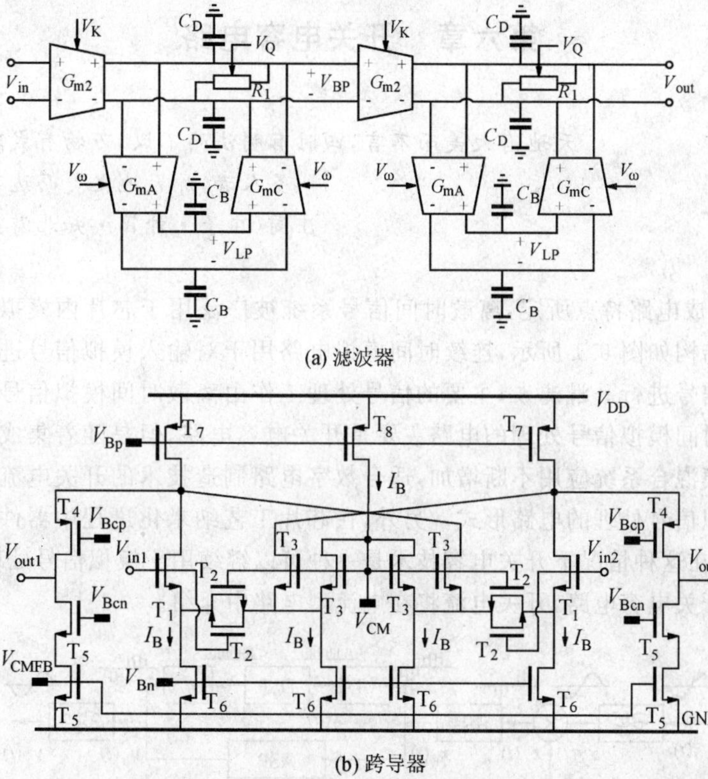

图 P5.30 G_m-C 四阶滤波器和所用跨导器

第六章　开关电容电路

天地有大美而不言，四时有明法而不议，万物有成理而不说。

圣人者，原天地之美而达万物之理。

庄周《庄子·外篇·知北游第二十二》

由 MOS 集成电路特点所定，离散时间信号系统被广泛用于芯片内模拟信号处理。这种系统的一般结构如图 6.1 所示，连续时间模拟电路用于对输入模拟信号进行抗混叠滤波和对输出模拟信号进行平滑滤波，主要的信号处理工作由离散时间模拟信号或数字信号完成。实现离散时间模拟信号处理的电路主要是开关电容电路，但是随着集成电路工作电压不断下降和数模混合系统应用不断增加，适合数字电路制造技术的开关电流电路也逐渐成为离散时间模拟信号处理的电路形式。另外，在芯片工艺纳米化进程中器件只追求保持器件的开关特性，在这种情况下开关电容技术是一种可以继续用于模拟信号处理的重要方法。本章集中讨论开关电容电路，开关电流将在电流型电路中介绍。

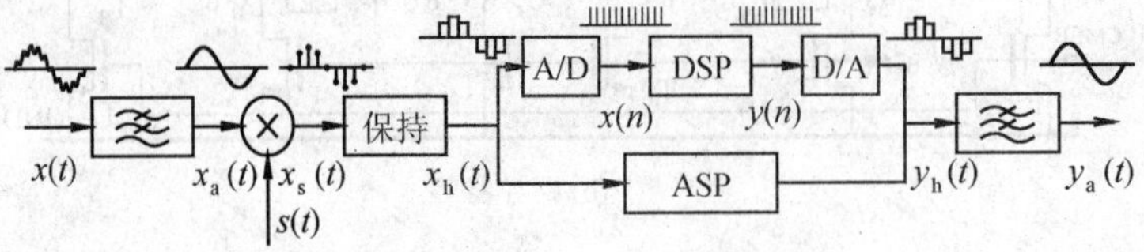

图 6.1　离散时间模拟信号处理系统框图，其中：DSP 是数字信号处理器，ASP 是模拟信号处理器。

6.1　离散时间信号

离散时间信号处理是设计芯片上信号处理系统的重要基础之一。例如，开关电容滤波器、过采样 A/D 和 D/A 转换器设计等。开关电容电路因为电压信号幅值是连续变化的，虽然分析采用离散时间方法，但不需要 A/D 或 D/A 对信号幅值进行转换。本节将简单介绍有关离散信号的基础知识。

6.1.1　离散信号频谱

在图 6.1 所示模拟信号处理系统中，$x_a(t)$是连续时间信号，它的带宽由抗混叠滤波器限定；$x_s(t)$是被 $s(t)$采样的采样信号；$x_h(t)$是保持信号；离散时间信号处理可以由模拟电路或数字电路实现。各阶段的信号和频谱如图 6.2 所示。

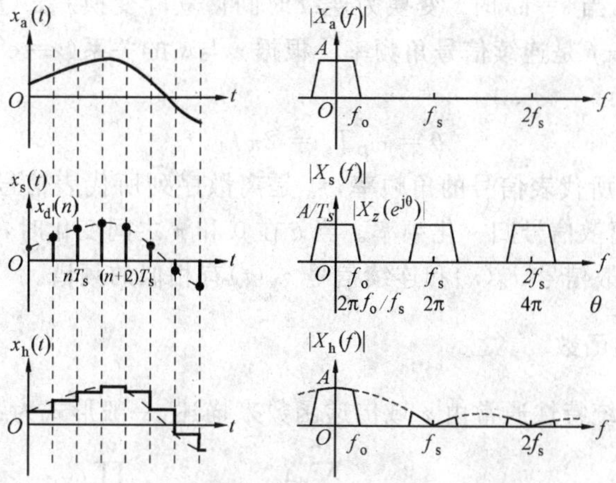

图 6.2　连续信号、采样数据信号和采样保持信号以及相应的频谱

如果信号 $x_a(t)$ 的频谱为 $X_a(f)$，对于理想采样 $s(t)=\sum\limits_{k=-\infty}^{\infty}\delta(t-nT_s)$，有：

$$x_s(t)=x_a(t)\sum_{n=-\infty}^{\infty}\delta(t-nT_s) \tag{6.1-1}$$

其中：T_s 是采样周期。经傅立叶变换后得采样信号频谱：

$$X_s(f)=\frac{1}{T_s}\sum_{n=-\infty}^{\infty}X_a(f-nf_s) \tag{6.1-2}$$

采样信号 $x_s(t)$ 频谱 $X_s(f)$ 的基带（$n=0$）等于信号 $x_a(t)$ 的频谱 $X_a(f)$，同时采样过程在采样频率 $f_s(=1/T_s)$ 的整数倍处产生边带。当信号带宽大于时钟频率一半时，基带将被最近一个边带干扰，形成频率混叠。为避免混叠发生，一般要用低通滤波器限制输入信号带宽，使采样频率大于信号带宽的两倍。通常将限制输入信号带宽、避免采样导致边带混叠的低通滤波器称为抗混叠滤波器。

经保持电路得到的采样保持信号为：

$$x_h(t)=\sum_{n=-\infty}^{\infty}x_a(nT_s)[u(t-nT_s)-u(t-nT_s-T_s)] \tag{6.1-3}$$

其中：$u(t)$ 是单位阶跃函数。它的频谱 $X_h(f)$ 为：

$$X_h(f)=\frac{1}{f_s}\frac{\sin(\pi f/f_s)}{\pi f/f_s}e^{-j\omega T_s/2}X_s(f)=\frac{\sin(\pi f/f_s)}{\pi f/f_s}e^{-j\omega T_s/2}\sum_{n=-\infty}^{\infty}X_a(f-nf_s) \tag{6.1-4}$$

高频分量得到部分消除，同时基带频谱由于 $\sin x/x$ 小于 $1(x\neq 0)$ 而发生衰减。

模拟信号 $x_a(t)$ 对应的离散信号为：

$$x_d(n)=x_a(nT_s)=x_s(nT_s) \tag{6.1-5}$$

它的 z 变换用 $X_z(z)$ 表示。当 $z=e^{j\theta}$ 时 z 变换成为离散傅立叶变换，离散信号 $x_d(n)$ 的频谱为 $X_z(e^{j\theta})$，其中 θ 表示离散信号的归一化频率，$X_z(e^{j\theta})$ 以 2π 为周期变化。对于模拟信号

$x_a(t)$的 s 变换 $X_a(s)$，当 $s=j\omega$ 时 s 变换为连续时间傅立叶变换。$x_a(t)$的频谱为 $X_a(j\omega)=X_a(j2\pi f)$，其中 $\omega=2\pi f$ 是连续信号角频率。根据 z 与 s 的关系($z=e^{sT_s}$)可得离散信号频率与归一化频率的关系：

$$\theta = \omega_D T_s = 2\pi f_d / f_s \tag{6.1-6}$$

其中：ω_D 是离散序列所代表信号的角频率，f_d 是离散序列所代表信号的频率。θ 表示被采样频率 f_s 归一化的离散信号归一化频率。当 θ 在 0 和 π 之间变化时，离散信号频率 f_d 在 0 到 $f_s/2$ 之间变化，离散信号 $x_d(n)$和连续信号 $x_a(t)$有相似的频谱。

6.1.2 z-域传递函数

离散时间信号系统特性通常由 z 域传递函数来描述，一般形式为：

$$H(z)=\frac{V_{\text{out}}(z)}{V_{\text{in}}(z)}=\frac{\sum_{i=0}^{M}A_i z^i}{z^N+\sum_{i=0}^{N-1}B_i z^i}=K\frac{\prod_{i=1}^{M}(z-z_{zi})}{\prod_{i=1}^{N}(z-z_{pi})} \tag{6.1-7}$$

其中：$M\leqslant N$，z_{pi} 和 z_{zi} 分别是极点和零点。离散系统的频率特性是 $H(e^{j\omega_D T_s})$，$|H(e^{j\omega_D T_s})|$为幅频特性，$\arg[H(e^{j\omega_D T_s})]$为相频特性。当用开关电容电路实现这个传递函数时，极点 z_{pi}和零点 z_{zi}通常由电容比决定，滤波器的复杂性和成本通常直接与传递函数的零点数和极点数有关。虽然实际滤波器的零点和极点数根据需要可以在较大范围内变化，但有源滤波器的基本模块通常是一阶和二阶单元，它们的传递函数一般表达形式为：

$$H(z)=\frac{A_1 z+A_0}{z+B_0} \tag{6.1-8}$$

$$H(z)=\frac{A_2 z^2+A_1 z+A_0}{z^2+B_1 z+B_0} \tag{6.1-9}$$

z 域传递函数的系数没有像 s 域传递函数(5.1-8)式系数一样的明确滤波特性意义，因此难以简单地根据 z 域传递函数直接设计滤波器响应。常用的传统 z 域滤波器设计方法是以 s 域滤波器为原型，通过一定的映射关系转换成 z 域传递函数。

6.1.3 s-域到 z-域变换

s 到 z 域的变换是连接连续域和离散域的桥梁。根据 z 的定义，s 和 z 有关系：

$$s=(1/T_s)\ln z \tag{6.1-10}$$

其中 T_s 是采样周期。可见即使一阶连续系统 $H(s)$，无损映射也将产生无穷阶 $H(z)$，因此转换问题是如何用有限阶 $H(z)$适当近似 $H(s)$。更具体地说，目标就是用一个近似成度较好的变换将 N 阶 $H(s)$转换为等效的 N 阶 $H(z)$。因为是近似变换，所以变换方法很多，各种变换方法的近似程度也不尽相同。通常采用的传统方法可以分成两类：① 将滤波器基本功能模块从 s 域映射到 z 域，如积分器；② 将传递函数的极-零点从 s 域映射到 z 域。s 域到 z 域变换应满足两项要求：① s 平面的虚轴应映射为 z 平面中心在原点的单位圆；② s 左

平面映射到 z 平面单位圆内。第一项要求可以使变换保持与连续域相仿的频率特性，第二项要求保证将稳定的连续系统映射为稳定的离散系统。

常用的保持积分不变性的 s 域到 z 域变换关系如表 6.1 所示，包括向后 Euler 积分(backward euler integration,BEI)变换、向前 Euler 积分(Forward Euler integration,FEI)变换、无损离散积分(lossless discrete integration,LDI)变换、双线性(bilinear,BL)变换，表中：$s=\sigma+j\omega$，$z=re^{j\theta}$，ω 是连续域频率，θ 是离散域归一化频率。例如，对于 BEI 变换 $z=1/(1-sT_s)$，$re^{j\theta}=1/[1-(\sigma+j\omega)T_s]$，由此可得：$\theta=\text{arctg}(\omega T_s/(1-\sigma T_s))$，$r=1/\sqrt{[(1-\sigma T_s)^2+(\omega T_s)^2]}$。这些变换都是以保持积分不变为条件推导出来的。除此之外，还有其他变换方法，如以保持冲击响应不变为条件的变换等，这些不在此赘述。

表 6.1 保持积分不变的 s 域到 z 域变换关系

		$\sigma=0$	$\sigma=0$	$\sigma<0$
	$s=\frac{1}{T_s}\ln(z)$	$\omega=\theta/T_s$ $\theta=\omega T_s$	$r=1$	$r=e^{\sigma T_s}<1$
BEI	$s=\frac{1}{T_s}(1-z^{-1})$	$\omega=\text{tg}(\theta)/T_s$ $\theta=\text{arctg}(\omega T_s)$	$r=\frac{1}{\sqrt{1+(\omega T_s)^2}}$	$r=\frac{1}{\sqrt{(1-\sigma T_s)^2+(\omega T_s)^2}}<1$
FEI	$s=\frac{1}{T_s}\frac{1-z^{-1}}{z^{-1}}$	$\omega=\text{tg}(\theta)/T_s$ $\theta=\text{arctg}(\omega T_s)$	$r=\sqrt{1+(\omega T_s)^2}$	$r=\sqrt{(1+\sigma T_s)^2+(\omega T_s)^2}$
LDI	$s=\frac{1}{T_s}(z^{1/2}-z^{-1/2})$	$\omega=(2/T_s)\sin(\theta/2)$ $\theta=2\arcsin(\omega T_s/2)$	$r=1$	$\sigma T_s=(\sqrt{r}-1/\sqrt{r})\cos(\theta/2)$ $\lvert\theta\rvert<\pi$， $r<1$
BL	$s=\frac{2}{T_s}\frac{1-z^{-1}}{1+z^{-1}}$	$\omega=(2/T_s)\text{tg}(\theta/2)$ $\theta=2\text{arctg}(\omega T_s/2)$	$r=1$	$r=\frac{\sqrt{(1+\sigma T_s)^2+(\omega T_s)^2}}{\sqrt{(1-\sigma T_s)^2+(\omega T_s)^2}}<1$

从表中可以看到，BEI 变换只有在 $\omega T_s\approx0$ 时近似满足变换的第一项要求，$r\approx1$。用 f_0 和 f_s 分别表示信号带宽和采样频率，则有 $\omega T_s<2\pi f_0/f_s\approx0$，即：$f_s\gg f_0$。这说明 BEI 变换只有当采样频率远大于信号频率时，才能保证连续域响应和离散域近似相同。在 $\sigma<0$ 时 $r<1$，满足变换的第二项要求，即：BEI 变换能保证 SC 滤波器具有与原型电路相同的稳定性。对于 FEI 变换，两项变换条件均不满足。只有在 $\omega T_s\approx0$ 的条件下 $r\approx1$，故只有在高采样率情况下可以勉强使用。

对于无损离散积分变换，$\sigma=0$ 时 $r=1$，$\sigma<0$ 和 $|\theta|\leqslant\pi$ 时 $r<1$，满足两项变换条件。从 ω 和 θ 的关系可以看到，这种变换存在频率畸变。只有在 $\omega<2/T_s(f_s>\pi f_0)$ 时，$\theta\approx\omega T_s$，这一要求与 BEI 变换相似。可见 LDI 变换在采样率远大于信号频率($f_s\gg f_0$)的条件下也是完善的。但 LDI 变换还有另一些好处，其中主要是实现电路易于消除寄生参量影响，因此也被广泛使用。

对于双线性变换，两个变换要求均能满足，因此被广泛采用。这种变换是靠频率非线性映射来保证 s 平面虚轴与 z 平面单位圆一一对应关系的。当 $\omega T_s\approx0$ 时 $\theta\approx\omega T_s$，离散频率与连续域频率近似为线性关系，但是随 ωT_s 增大非线性关系加重，这将使两种滤波器频率响应 $H(\theta)$ 和 $H(s)$ 的对应关系发生很大畸变。

图 6.3 表示上述几种变换的频率关系。由于频率从 s 域映射到 z 域都要发生弯曲，在根据 s 域传递函数设计 z 域传递函数时，需要首先根据所用变换将希望设计的关键频率值从 z 域转换到 s 域，这个过程在滤波器设计中一般称为频率预变换(frequency prewarping)。

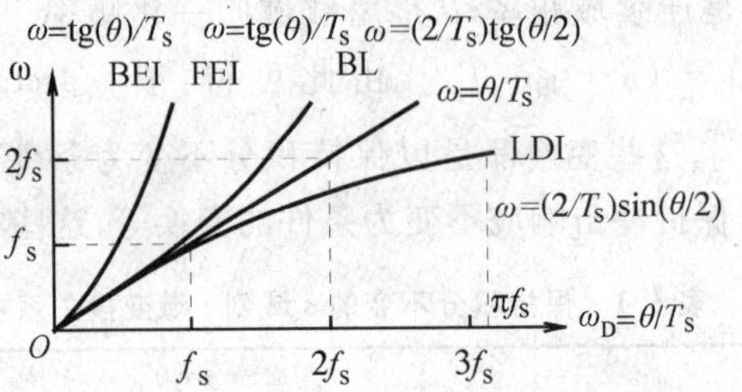

图 6.3　几种积分变换引起的频率弯曲

例题 1　用离散时间系统实现二阶 Butterworth 低通滤波器，要求 −3 dB 频率为 1 MHz，采样率为 10 MHz，采用双线性变换。

解：第一步频率预变换。所设计滤波器的关键频率是 −3 db 频率，对于双线性变换，离散域 −3 db 角频率 ω_D 对应的连续域 −3 dB 角频率 ω_0 为：$\omega_0=(2/T_s)\mathrm{tg}(\omega_D T_s/2)=6\,498\,393.9$ rad/s，因此要保证离散域 −3 dB 频率为 1 MHz 需要 s 域 −3 dB 频率为 1 034 251.5 Hz，这是双线性变换频率映射弯曲的结果。

第二步确定 s 域传递函数。二阶 Butterworth 滤波器传递函数为：

$$H(s)=\frac{\omega_0^2}{s^2+\sqrt{2}\omega_0 s+\omega_0^2}=\frac{(6\,498\,393.9)^2}{s^2+\sqrt{2}\times 6\,498\,393.9s+(6\,498\,393.9)^2}$$

第三步求 z 域传递函数。用双线性变换 $s=(2/T_s)(z-1)/(z+1)$ 代如上式，整理得

$$H(z)=\frac{0.067\,455\,273(z+1)^2}{z^2-1.142\,980\,6z+0.412\,801\,6}$$

这样就得到满足滤波特性要求的离散域传递函数。

例题 2　用 LDI 变换设计 −3 dB 频率 1 MHz 的离散时间二阶低通 Butterworth 滤波器，已知采样频率 10 MHz。

解：第一步频率预变换。由于所设计滤波器的关键频率是 −3 dB 频率，对于 LDI 变换，离散域 −3 dB 角频率 ω_D 对应的连续域 −3 dB 角频率 ω_0 为：$\omega_0=(2/T_s)\sin(\omega_D T_s/2)=6\,180\,339.9$ rad/s，因此 s 域 −3 dB 频率为 983 631.6 Hz。

第二步确定 s 域传递函数。二阶 Butterworth 滤波器传递函数为：

$$H_a(s)=\frac{\omega_0^2}{s^2+\sqrt{2}\omega_0 s+\omega_0^2}=\frac{(6\,180\,339.9)^2}{s^2+\sqrt{2}(6\,180\,339.9)s+(6\,180\,339.9)^2}$$

第三步求 z 域传递函数。用 LDI 变换 $s=(1/T_s)(z-1)/z^{1/2}$ 代如上式，整理得：

$$H_d(z)=\frac{(6\,180\,339.9)^2 z}{\frac{1}{T_s^2}(z-1)^2+\sqrt{2}(6\,180\,339.9)\frac{1}{T_s}(z-1)z^{1/2}+(6\,180\,339.9)^2 z}$$

由此可见，它不像双线性变换，s 域有理式可以变换成 z 域有理式。虽然它是关于 $\sin(\omega_D T_s/2)$ 的有理式，但不是关于 z 的有理式。换一个角度，它可以看成关于 $z^{1/2}$ 的 4 阶有理式传递函数。这是 LDI 变换关系 $s=(z^{1/2}-z^{-1/2})/T_s$ 基本特性决定的，也给电路设计带来一些困难。

为利用 LDI 转换关系实现 s 和 z 域之间同阶有理式转换，重新考虑 LDI 转换关系，并写为：

$$z-sT_s z^{1/2}-1=0 \tag{6.1-11}$$

可见这种转换 s 域的一个点对应于 z 域两个点，而且两个根的乘积为 -1，其中一个在单位圆内，另一个在单位圆外。保证 z 域稳定性，s 域的极点要转换到单位圆内。利用这个条件可以得到基于 LDI 转换实现的 z 域传递函数，并保证 s 和 z 域之间实现有理式转换。

例题 3　通过 LDI 变换设计离散时间二阶低通 Butterworth 滤波器，要求 -3 dB 频率 1 MHz，采样频率 10 MHz。

解：二阶 Butterworth 滤波器传递函数：

$$H_a(s)=\frac{\omega_0^2}{s^2+\sqrt{2}\omega_0 s+\omega_0^2}=\frac{\mathrm{j}\omega_0/\sqrt{2}}{s+(1+\mathrm{j})\omega_0/\sqrt{2}}-\frac{\mathrm{j}\omega_0/\sqrt{2}}{s+(1-\mathrm{j})\omega_0/\sqrt{2}}$$

根据例题 2 频率预变换后的 $\omega_0=(2/T_s)\sin(\omega_D T_s/2)=6180339.9$ rad/s，得到极点为：

$$s_{1,2}=-\frac{\sqrt{2}}{2}\omega_0(1\pm\mathrm{j})$$

通过(6.1-11)式可以得到 z 域单位圆内的极点为：

$$z_{1,2}=0.583\,327\pm\mathrm{j}0.267\,370\,6$$

根据极点和低频增益 1，可得 z 域传递函数：

$$H_d(z)=\frac{\mathrm{j}K}{1-z_1 z^{-1}}-\frac{\mathrm{j}K}{1-z_2 z^{-1}}=\frac{0.245\,103 z^{-1}}{1-1.166\,654 z^{-1}+0.411\,757 z^{-2}}$$

因为这是同阶映射，保证 -3 dB 频率映射相同就是零极点映射相同。可以验证 1 MHz 频率($z=e^{j0.2\pi}$)处，增益 $|H_d(z=e^{j0.2\pi})|$ 为 0.7071，$\angle H_d(z=e^{j0.2\pi})=-94°$。

6.2　基本模块电路

开关电容电路通过开关控制电容上电荷转移，改变节点电压，实现信号处理。开关电容电路由开关、电容、运放和控制时钟构成，以采样数据方式处理信号。这种电路对于开关电学特性的基本要求是：关闭状态电阻足够高，以减小漏电流；开态电阻足够小，以使信号建立时间小于半个时钟周期。单个 MOS 晶体管构成的开关，典型关态电阻在 10^9 Ω 数量级，开态电阻在 100 Ω 到 5 kΩ 范围内(主要取决于晶体管尺寸)。开态与关态的电阻变化大于 10^5，一般可以满足开关要求。除对开态电阻要求外，MOS 管作为开关还要求栅源电容 C_{GS} 和栅漏电容 C_{GD} 要尽可能小，以减小时钟馈通效应。

开关电容电路中，开关通常在周期为 T 的非重叠双相时钟(nonoverlapping two-phase clock)信号(φ_1 和 φ_2)控制下工作，如图 6.4 所示。虽然在一些电路中还引入其他附加时钟，以减小直流失调、运放 $1/f$ 噪声和低频寄生信号等，但基本信号处理电路主要采用双相时钟控制。电路以前一个时钟相结束时的节点电压为初始条件，在当前时钟相通过控制开关改变电路结构，并通过电荷转移达到新的平衡，得到稳定节点电压，实现电压信号处理。为保证开关电容电路正常工作，双相时钟控制的开关导通相不能重叠。例如，对于开关电容等效电阻电路，如图 6.12 所示，如果 φ_1 和 φ_2 同时使开关导通，将严重破坏节点存贮电荷，导致开关电容电路失效。与此相反，φ_1 和 φ_2 控制的开关在很短时间内同时关断，不会影响电路正确工作。因此，为了避免有限上升和下降时间变化引起的重迭，实际电路的时钟信号一般采用 35%到 40%的占空比。另外，为保证开关控制下的电容间电荷转移达到稳定，控制时钟周期 T 要远大于开关导通电阻 R_{on} 和充电电容 C 所构成的时间常数。

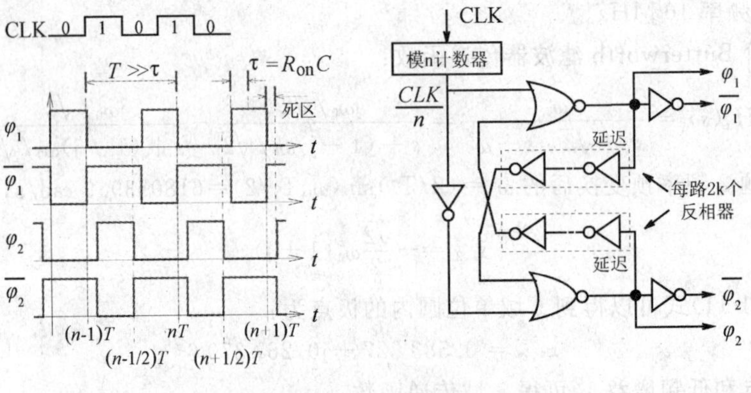

图 6.4 开关电容电路的双相时钟控制信号

开关电容电路通常需要电容以浮置形式工作，即两端都作为信号节点，因此对电容质量要求较高。集成电路中典型的高质量线性电容是纵向双层多晶硅电容，这种电容在两端存在很大的对地寄生电容，下极板约是设计电容的 20%，上极板约是 5%，设计电路时必须考虑它们对开关电容电路特性的影响。另外，电容值与极板面积和形状有关，虽然电容值精度有限，但电容比精度可以较高。为保证参数精度，在开关电容电路设计中一般用电容比决定电路主要特性。

实际运放存在的非理想特性，如：有限低频增益、有限增益带宽积、有限压摆率和直流失调等，将在不同程度上影响开关电容电路。开关电容电路具有采样数据的特点，运放的开环低频增益和建立时间是很重要的参数。对于实现开关电容电路的 MOS 工艺，运放的典型增益在 40 dB 到 80 dB 之间，较低的低频增益将影响开关电容电路的运算精度。运放的增益带宽积和相位裕度可以描述小信号特性。在相位裕度大于 70°而且压摆率限制较弱的情况下，作为一般经验，开关电容电路的时钟频率至少比 GBW 小 5 倍。如果开关电容电路采用高频、高输出阻抗的单级运放，虽然纯电容负载不影响运放的低频增益，但是它将影响 GBW 和 PM。例如，负载电容增加一倍，GBW 将减小一倍并在一定程度上改善 PM。另外，开关电容电路依靠电荷从一个电容快速转移到另一个电容来工作，运放的有限压摆率将限制时钟频率和上下沿斜率。直流失调对于一些电路可能产生大的输出直流失调，但采用相关双采样技术可以大大减小这种输出失调，并减小放大器低频输入噪声。

基于运放、电容和开关可以进一步构成信号处理的基本功能模块。电容和运放已在前面讲过，本节首先研究 MOS 开关，然后研究基本功能模块，包括等效电阻、采样保持电路、零点电路、增益电路。

6.2.1　MOS 开关

1. 模拟开关基本模型

电压控制开关模型如图 6.5 所示。加在 c 点的电压 V_c 控制着 a 和 b 点之间的连接状态。图中 R_{on} 表示开关导通电阻，R_{off} 表示关断电阻。在理想情况下，R_{on} 为 0，R_{off} 为无穷大。如果 R_{on} 非 0，一般要求它不随电压和电流变化。I_{off} 表示关断状态开关流过的漏电流。电容 C_a 和 C_b 是 a 和 b 点对地电容，C_{ab} 是 a、b 点之间的电容，C_{ac} 和 C_{bc} 是控制端 C 与 a 和 b 点的寄生电容。R_a 和 R_b 是 a 和 b 点对地电阻。

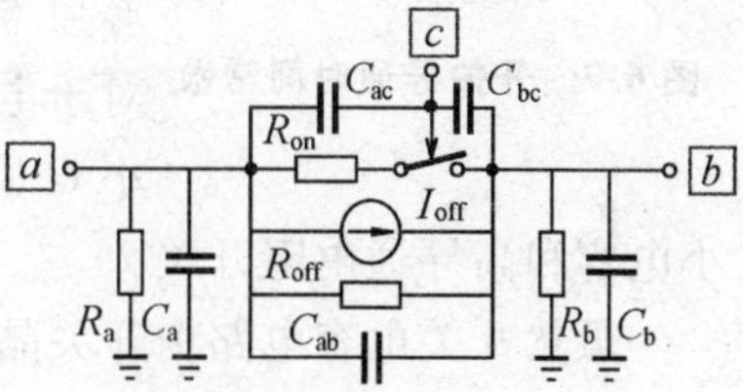

图 6.5　模拟开关模型

2. 单 MOS 管开关

MOS 管具有良好的开关特性，最简单的开关可由一个 nMOS 晶体管构成，如图 6.6 所示。当栅极加高电压($V_c - V_T > V_a$ 和 V_b)使 nMOS 晶体管处于非饱和区时，开关处于导通状态。如果忽略 V_{ds} 的二次方项，导通电阻近似为：

$$R_{on} = \frac{1}{\partial I_d / \partial V_{ds}} = \frac{L/W}{KP(V_{GS} - V_T)} \tag{6.2-1}$$

要得到较小的 R_{on} 需较大的 W/L。例如，对于 $V_{GS} - V_T = 1$ V，KP=80 μA/V^2，$W/L=10$，导通电阻为 $R_{on} = 1.25$ kΩ。

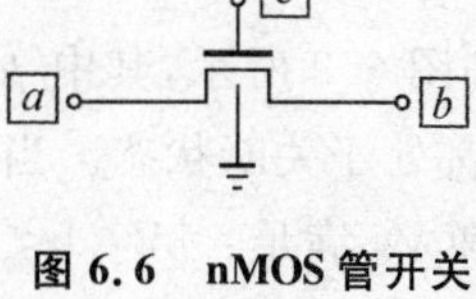

图 6.6　nMOS 管开关

当栅极加低电压使 $V_{gs} < V_T$ 时，晶体管处于截止区，即开关处于关断状态，R_{off} 约为 10^{12} Ω。由亚阈值电流和表面漏电流等构成的关断漏电流室温下约为 10 pA，温度每增加 8 度它增大一倍。另外，源和漏极到衬底的 PN 结漏电流使 R_a 和 R_b 在 10^{10} Ω 数量级，因而关断电阻还要进一步下降。

单 MOS 晶体管导通特性除受栅极电压控制，还与开关两端电压（源漏电压）有关。假设 nMOS 管衬底接地，栅极加正电源电压 V_{DD}。如果开关两端电压差 V_{DS}大于 $V_{GS}-V_T$，开关管处于饱和区，由于漏源电流与漏源电压无关，动态电阻为无穷大，开关对于信号处于关断状态。当开关两端电压差 V_{DS}小于 $V_{GS}-V_T$ 时，开关处于导通状态。可见导通电阻与开关两端电压差有关，这使得通过开关的信号产生非线性失真。在 V_{DD}较小的情况下，为减小这种失真可使栅极控制电压大于 V_{DD}或采用 CMOS 开关结构。

单 MOS 管开关的寄生电容为 $C_a=C_{bs}$，$C_b=C_{bd}$，$C_{ac}=C_{gs}$，$C_{bc}=C_{gd}$。MOS 晶体管的源漏极之间电容 C_{ab}很小，可以忽略。

在开关电容电路中，开关的作用是控制电容间的电荷转移，因此开关导通电阻非常重要。例如，开关管加控制导通电压 $V_c=V_{on}$后，开关管 T 将电容C 连接到V_i，如图 6.7 所示。如果开关管导通电阻为 R_{on}，电容 C 充电的时间常数为 $R_{on}C$。为能正常工作，要求 $R_{on}C<T_{on}$，其中 T_{on}是开关导通时间。可见对于一定的 T_{on}，如果电容 C 小，开关导通电阻 R_{on}就可以大。例如，根据时钟频率得到的开关导通时间为 1 μs，假设电荷转移在 5 个时间常数内完成，对于电容 $C=10$ pF，导通电阻 R_{on}应小于 20 kΩ；对于电容 $C=2$ pF，导通电阻 R_{on}应小于 100 kΩ。由于高 R_{on}值和小 C 值可以减小晶体管和电容的面积，因此在集成电路中常选用小电容和高导通电阻开关。

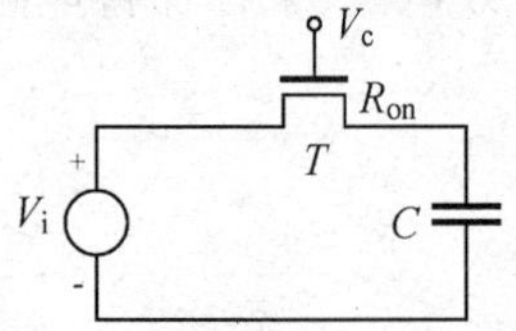

图 6.7　开关导通时间常数

虽然开关电容电路中开关晶体管选用最小尺寸可以减小面积和寄生电容，但在实际电路设计中，电容 C 的最小值要受到开关关断漏电流和噪声等非理想限制。例如：在采样保持电路中，如果 C 不够大，当电路处于保持状态时关断漏电流继续对 C 充电，这将改变保持电压，如图 6.8(a)所示。在积分电路中，漏电流会使关断态电路继续积分。如果没有反馈，这将导致很大的直流失调，如图 6.8(b)所示。

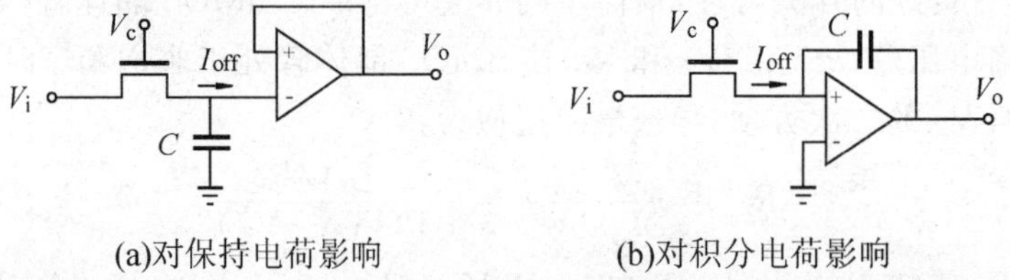

图 6.8　开关漏电流影响

3. CMOS 开关

在 CMOS 电路中，可以用 p 沟和 n 沟 MOS 管构成 CMOS 开关，如图 6.9 所示，其中 p 沟和 n 沟衬底分别接最高和最低电压。当 V_c 为低电平时，两个晶体管都处于关断状态。当 V_c 为 V_{DD}时，形成低阻导通状态。在这种情况下，如果开关端电压 V_a 和 V_b 满足：$|V_{Tp}|<V_{a,b}<V_{DD}-V_{Tn}$，两个晶体管同时导通，否则至少有一个管导通。CMOS 开关的导通电阻可低于 1 kΩ，而关断电流约 10 pA。

CMOS开关与单管MOS开关相比导通状态通过的模拟信号变化范围大，同时由于开关由互补信号控制有利于减小时钟馈通效应。

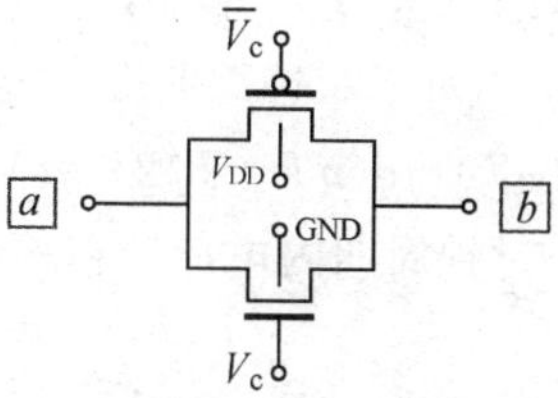

图 6.9　CMOS 开关

4. 时钟馈通效应

由于MOS晶体管存在寄生电容，单管开关当栅极加大阶跃时钟信号时，很容易通过 C_{gs} 和 C_{gd} 使栅压耦合到源极或漏极，形成时钟馈通效应。例如，对于图 6.10 所示开关电容结构，假设$V_i > V_o$，在栅压 V_c 从零变到高电平的过程中，当栅压小于 $V_o + V_T$ 时晶体管关断，栅压通过电容 C_2 和 C 耦合到输出端；当晶体管导通后，V_i 对 C 进行充电。因为导通后输入控制电容 C 的电压，所以时钟上升过程对电容电压影响不大。在开关关断过程中，当栅极电压从高于 $V_o + V_T$ 变到 0 时，又发生一次馈通效应，这将严重影响电容 C 的存贮电荷量，因此设计中应当尽量减小时钟下降过程产生的馈通效应。

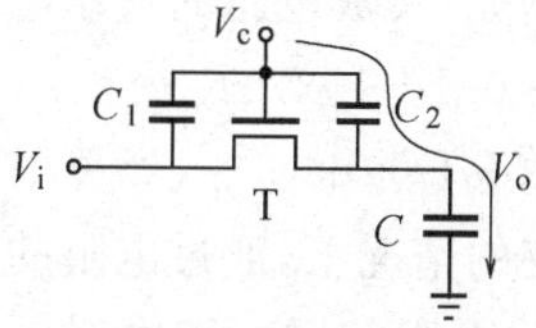

图 6.10　时钟馈通效应

通常馈通效应与开关结构和电容有关，用图 6.11 所示陪衬开关(dummy switch)T_D 可以部分消除馈通效应。受互补时钟信号控制的陪衬开关管 T_D 可以产生一个与 T 管相反的时钟馈通，从而消除时钟对电容 C 上的电荷影响。设计时可以调整 T_D 管的面积得到最小馈通效应，但由于器件失配的影响这个办法不能完全消除馈通。另外，还需要一个反相时钟加到陪衬开关的栅极。

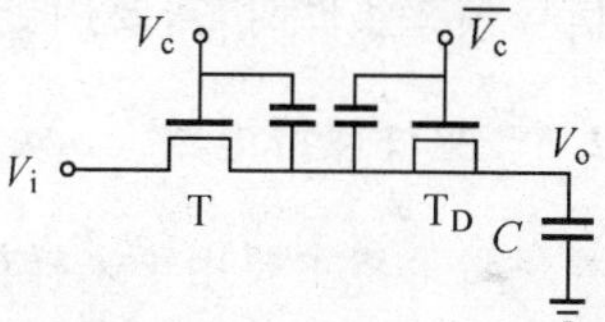

图 6.11　采用陪衬开关技术消除馈通效应

除陪衬开关外，还可用尽可能大的电容、最小尺寸的晶体管减小馈通，但这些方法同时会产生其他一些问题，因此设计中需综合考虑。关于低压电路的开关设计问题，将在低压电路一章介绍。

6.2.2　开关电容等效电阻

开关电路的最基本技术特点是用开关电容代替电阻。一种由双相时钟信号(φ_1 和 φ_2)控制的开关电容等效电阻如图 6.12 所示，它具有受寄生电容影响小的特点。信号传输开关 $S_{1,2}$ 需要传递高和低电平，由CMOS开关构成；接地开关 $S_{3,4}$ 只传送低电平，由nMOS管构成。

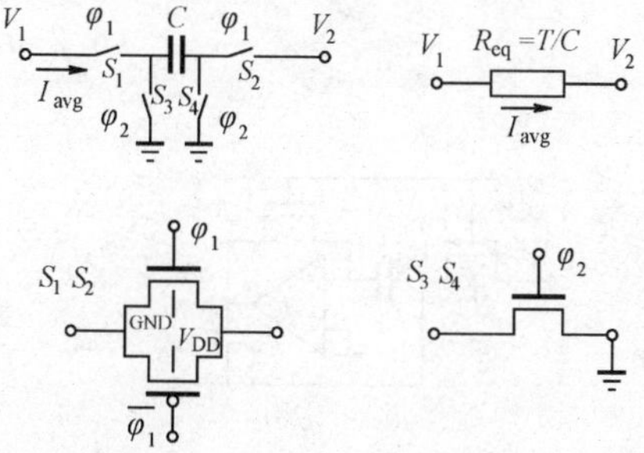

图 6.12　一种开关电容等效电阻

在第 $n-1$ 个时钟周期的 φ_2 相，$S_{3,4}$ 开关导通，电容 C 两端接地，φ_2 相结束 $t=(n-1/2)T$ 时电容 C 的电荷 Q 放电为 0。在第 n 个时钟周期的 φ_1 相，电容 C

两端电压为 V_1 和 V_2，φ_1 相结束 $t=nT$ 时电容 C 的电荷 Q 充电为 $(V_1-V_2)C$。如果 V_1 和 V_2 相对于时钟周期 T 来说变化比较慢，一个时钟周期从节点 V_1 到 V_2 转移的电荷为 $\Delta q=q(nT)-q(nT-T/2)=(V_1-V_2)C$。由于这种电荷转移过程以时钟周期不断重复进行，一个时钟周期内电荷转移等效的平均电流为：

$$I_{\mathrm{avg}}=\Delta q/T=(V_1-V_2)C/T \tag{6.2-2}$$

因此开关电容的等效电阻是：

$$R_{\mathrm{eq}}=T/C \tag{6.2-3}$$

对于一定的电容值，时钟频率 $(1/T)$ 越高，单位时间传递的电荷越多，等效电阻越小。对于一定的时钟频率，电容越大，电荷转移越多，等效电阻越小。例如，集成电路的典型电容值在 1 pF 到 100 pF，如果典型时钟频率为 100 kHz，等效电阻值在 0.1～10 MΩ。

实际电阻的电流电压关系是 $V_1(nT)-V_2(nT)=RI(nT)=R\mathrm{d}q(t)/\mathrm{d}t|_{t=nT}$，开关电容等效电阻是 $V_1(nT)-V_2(nT)=(T/C)\Delta q(nT)/T$。在端电压不变的情况下，通过电阻的电荷时间变化率为常量，$\mathrm{d}q(t)/\mathrm{d}t|_{t=nT}=\Delta q(nT)/T$，等效电阻与实际电阻相同。即在时钟与信号频率比无穷大的情况下，V_1 和 V_2 在电容 C 充电过程保持不变，等效电阻与真实电阻相等。换言之，频率比越高，等效电阻越趋近于实际电阻。因此，这种简单的等效电阻分析方法主要用于开关控制时钟频率远高于处理信号频率的开关电容电路。当时钟频率不能满足远高于信号频率条件时，需要用更准确的离散时间方法进行分析。

6.2.3 采样保持电路

采样保持电路主要用于采样模拟信号并将其保持一定时间。许多电路采用它可以减小因电路内部延迟时间不同而引起的误差，实现高质量信号处理。MOS电路实现的简单采样保持电路如图 6.13(a)所示。对于图 6.4 所示双相时钟控制系统，在第 n 个时钟周期的 φ_1 相，电容电压 V_c 跟随 φ_1 时钟相输入电压 $V_{i1}(t)$；在 φ_2 相，φ_2 时钟相输出电压 $V_{o2}(t)$ 保持第 n 个时钟周期 φ_1 时钟相输入电压 $V_{i1}(nT)$ 值。实现的功能是：

$$V_{o2}(nT+T/2)=V_{i1}(nT) \tag{6.2-4}$$

z 变换为：

$$V_{o2}(z)=V_{i1}(z)\,z^{-1/2} \tag{6.2-5}$$

即输入采样信号产生半个时钟周期的延迟。

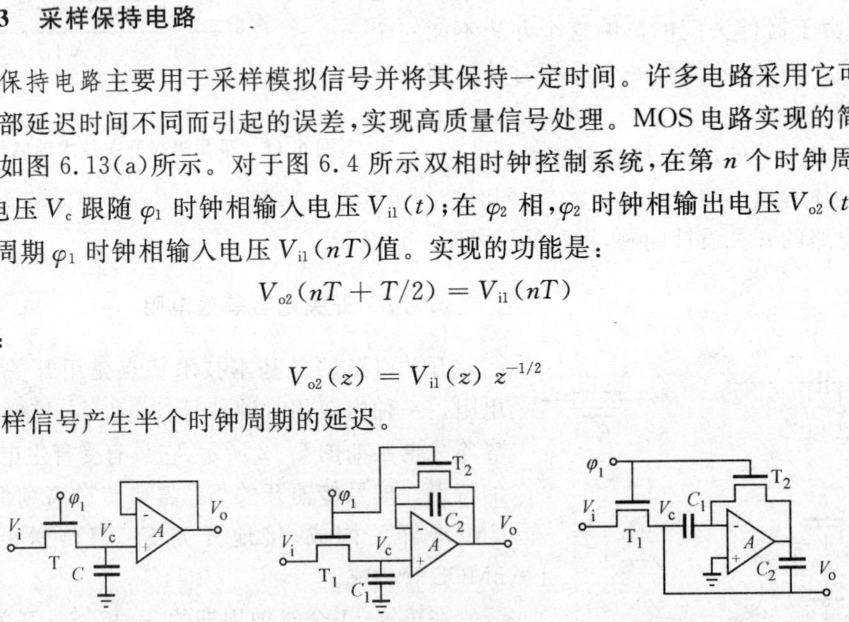

(a) 基本电路　(b) 减小时钟馈通效应电路　(c) 等效大保持电容电路

图 6.13　简单采样保持电路

这种简单采样保持电路，当用 nMOS 实现的开关关断时需要 φ_1 从高变到低电平，通过开关管 T 栅源寄生电容的耦合，将在 V_c 端引入耦合电荷影响电容所保持的电荷值。减小这种时钟馈通效应的简单方法是用 CMOS 开关代替 nMOS 开关。如果 nMOS 和 pMOS 管尺寸相同，栅源寄生电容相等，由于互补时钟控制开关，关断时寄生电容的耦合作用可以抵消。另一种减小时钟馈通的方法是采用陪衬开关技术。陪衬开关是一个源极和漏极连接在电压存贮节点、栅极由互补时钟控制的 MOS 管，如图 6.11 所示。如果陪衬开关管的尺寸是开关尺寸的一半，由于陪衬开关是互补时钟控制，开关管寄生电容的耦合理想情况下可以完全抵消。但是，如果时钟不能精确互补和器件不能完全匹配，这两种方法的耦合影响都不能完全抵消。另外，这种保持电路要求放大器有足够大的共模输入电压范围，不适合简单地转换成全差模结构。

一种可以提高采样精度的采样保持电路如图 6.13(b)所示。在采样状态，放大器成为单位增益跟随器，输入端与输入电压 V_i 相接。当进入保持状态时，由于开关 T_1 关断，输入信号存贮在 C_1 电容上，与此同时开关 T_2 也关断。理想情况下，因为两个开关管具有相同的端电压和控制时钟，时钟馈通效应在放大器正负输入端产生的耦合电荷相同，不影响输出电压。

另一种采样保持结构如图 6.13(c)所示。在采样状态，放大器输入、输出端都归 0，两个电容连在输入信号和放大器虚地输入端之间，采样电容值是 C_1+C_2。在保持状态，由于 Miller 效应的作用，放大器负输入端的等效保持电容为：

$$C=(A+1)C_1C_2/(C_1+C_2) \tag{6.2-6}$$

它比采样电容大很多，所以设计可以采用比其他电路更小的电容和开关。这种电路放大器输出端电压变化很小，更容易设计高速工作的放大器。另外，Miller 效应产生的大存贮电容也可以减小时钟馈通和开关关态电流对保持电压的影响。

除时钟馈通外，影响采样精度另一个原因是时钟信号的有限上升、下降沿斜率。因为开关关断要求 $V_{CLK}-V_i<V_T$，对于不同的输入电压，关断点控制电压不同。当控制时钟电压斜率有限时，不同的关断电压将影响采样时间，引起采样抖动，从而影响采样精度，如图6.14所示。

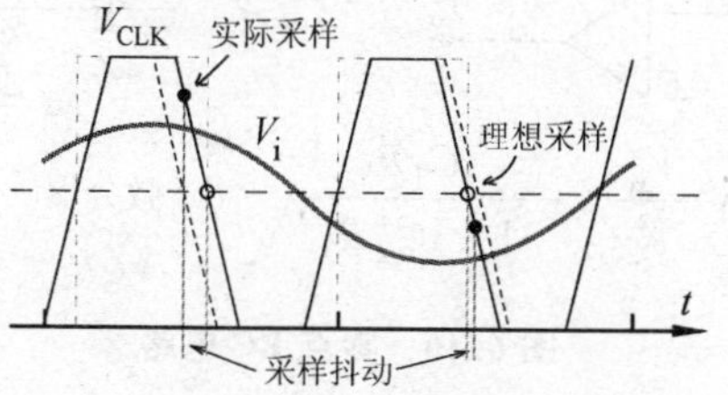

图 6.14　有限时钟斜率引起采样时间抖动

另外，对于图 6.13 所示采样保持电路，输入信号必需直接提供采样电容的充放电电流，因此需要输入信号具有驱动能力。解决这个问题可以采用反馈环结构，提高采样保持电路的输入阻抗，如图 6.15(a)所示。当开关导通时，相当于单位增益反馈放大器。当开关 S 关断时输入电压存贮在 C 上，类似于简单采样保持电路。由于采用放大器反馈环结构，输入阻抗大大增加。另一个优点是输出失调电压等于输出缓冲器失调电压除以放大倍数，因此可以用简单跟随器作为输出缓冲器。

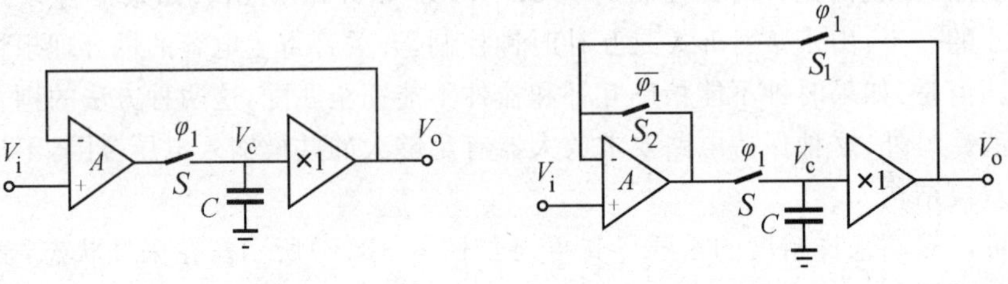

(a) 简单结构　　(b) 高速结构

图 6.15　高输入阻抗闭环采样保持电路

这种结构的缺点是为保证闭环稳定性，工作速度较低。另外，保持电压时放大器 A 处于开环状态，输出电压接近电源电压，在进入下一个跟踪采样状态时必须花一定时间返回输入电压。这个问题可以通过增加两个开关来解决，如图 6.15(b)所示。在保持电压期间，S_2 使放大器输出电压跟随输入电压，因此可以减小上述返回时间。这种电路与开环采样保持电路相同，存在时钟馈通效应和时钟上下沿引起的采样误差。

6.2.4　零点电路

零点电路是实现传递函数零点的电路，它是 SC 电路中很重要的模块电路，主要用于实现理想微分器、一阶高通和全通滤波器等。这类 SC 电路的设计一般都源于图 6.16(a)所示的一阶有源 RC 电路。它的最简单形式是微分器，如图 6.16(b)所示。

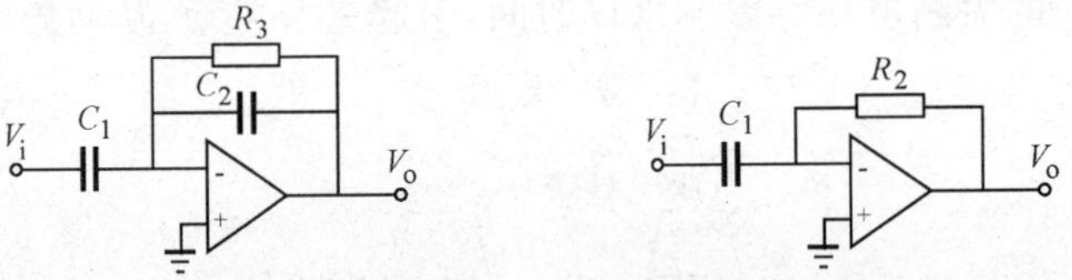

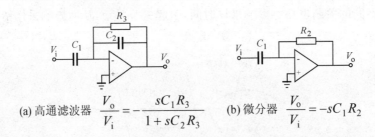

(a) 高通滤波器 $\dfrac{V_o}{V_i}=-\dfrac{sC_1R_3}{1+sC_2R_3}$　　(b) 微分器 $\dfrac{V_o}{V_i}=-sC_1R_2$

图 6.16　零点 RC 电路

图 6.17(a)表示以图 6.16(a)为原型建立的对寄生不敏感的一阶零点 SC 电路，它在双相非重叠时钟(φ_1、φ_2)控制下工作。开关电容电路通过开关控制下电容电荷转移改变节点电压实现电压信号处理。对于双相时钟(φ_1、φ_2)控制下工作的开关电容电路，一个时钟周期

有两个时钟相 φ_1 和 φ_2 实现电荷转移。因此，分析第 n 个时钟周期中两个时钟相电容电荷重新分布对节点电压的影响，首先需要求出各电容在三个时间点($t=nT-T/2$，$t=nT$，$t=nT+T/2$)的电荷量，然后分析 φ_1 和 φ_2 两个时钟相内影响节点电压的电荷转移情况。具体分析：电容 C_1、C_2 和 C_3 电荷在 $t=nT-T/2$ 时为：$q_1=C_1V_{i2}(nT-T/2)$，$q_2=C_2V_{o2}(nT-T/2)$，$q_3=C_3V_{o2}(nT-T/2)$；在 $t=nT$ 时为：$q_1=C_1V_{i2}(nT-T/2)$，$q_2=C_2V_{o1}(nT)$，$q_3=0$；在 $t=nT+T/2$ 时为：$q_1=C_1V_{i2}(nT+T/2)$，$q_2=C_2V_{o2}(nT+T/2)$，$q_3=C_3V_{o2}(nT+T/2)$，其中：V_{o1} 是 φ_1 相的输出电压，V_{i2} 和 V_{o2} 是 φ_2 相的输入和输出电压。根据 φ_1 时钟相 C_2 电荷变化量为零可得：

$$V_{o1}(nT)=V_{o2}(nT-T/2) \tag{6.2-7}$$

输出电压在 φ_1 时钟相保持前一个 φ_2 结束时的电压值不变。在 φ_2 相，C_1、C_2 和 C_3 的电荷变化量分别为：$\Delta q_1=C_1V_{i2}(nT+T/2)-C_1V_{i2}(nT-T/2)$，$\Delta q_2=C_2V_{o2}(nT+T/2)-C_2V_{o1}(nT)$，$\Delta q_3=C_3V_{o2}(nT+T/2)$。根据 φ_2 相放大器负输入端总电荷变化量为0，有电压关系：

$$C_1V_{i2}(nT+T/2)-C_1V_{i2}(nT-T/2)+C_2V_{o2}(nT+T/2)-C_2V_{o1}(nT)+C_3V_{o2}(nT+T/2)=0 \tag{6.2-8}$$

对(6.2-8)和(6.2-7)两个方程进行 z 变换，整理得：

$$\frac{V_{o2}(z)}{V_{i2}(z)}=-\frac{C_1(1-z^{-1})}{C_3+C_2(1-z^{-1})} \tag{6.2-9}$$

和 $V_{o1}=V_{o2}z^{-1/2}$。将 $z=e^{j\theta}$ 代入(6.2-9)式分析频率特性可知，它是零频率零点的一阶 SC 电路，见习题 6.19。

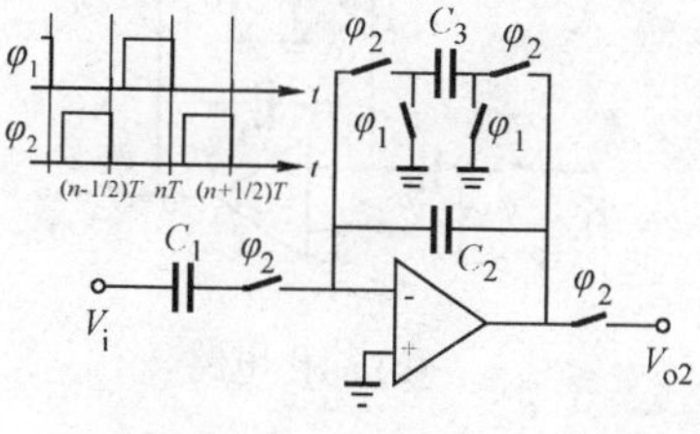

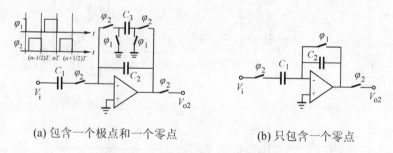

(a) 包含一个极点和一个零点

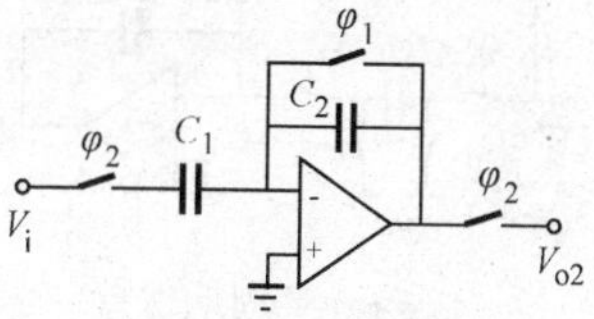

(b) 只包含一个零点

图 6.17　对应于图 6.16 的 SC 电路

对应图 6.16(b)所示结构的 SC 微分器如图 6.17(b)所示。在 φ_1 为高电平期间，C_2 放电到零电平，C_1 保持原有电荷不变。在 φ_2 为高电平期间，C_1 两端分别与输入电压 V_i 和 OPA 负输入端相连，C_1 充电并向 C_2 转移电荷。具体分析，电容 C_1 和 C_2 电荷在 $t=nT-T/2$ 时为：$q_1=C_1V_{i2}(nT-T/2)$，$q_2=C_2V_{o2}(nT-T/2)$；在 $t=nT$ 时为：$q_1=C_1V_{i2}(nT-T/2)$，$q_2=0$；在 $t=nT+T/2$ 时为：$q_1=C_1V_{i2}(nT+T/2)$，$q_2=C_2V_{o2}(nT+T/2)$。在 φ_1 相，$V_{o1}(nT)=0$。在 φ_2 相，根据电荷守恒原理：

$$C_1V_{i2}(nT+T/2)-C_1V_{i2}(nT-T/2)+C_2V_{o2}(nT+T/2)=0 \tag{6.2-10}$$

对上式进行 z 域变换得：

$$C_1V_{i2}(z)z^{1/2}-C_1V_{i2}(z)z^{-1/2}+C_2V_{o2}(z)z^{1/2}=0 \tag{6.2-11}$$

由此式整理得传递函数：

$$\frac{V_{o2}(z)}{V_{i2}(z)}=-\frac{C_1}{C_2}(1-z^{-1}) \tag{6.2-12a}$$

这种微分电路中放大器的反馈开关电容不能采用6.12图对寄生不敏感等效电阻形式，因为它会在双相时钟系统中的某一相内使运放处于开路状态，引起运放输出停留在电源电压。

将 $z=e^{j\theta}$ 代入(6.2-12a)式，在 $\theta=\omega T<1$ 条件下有：

$$\frac{V_{o2}(z)}{V_{i2}(z)}=-\frac{C_1}{C_2}(1-z^{-1})\mid_{z=e^{j\theta}}=-\frac{C_1}{C_2}(1-\cos\theta+j\sin\theta)\approx-\frac{C_1}{C_2}j\theta=-j\omega C_1\frac{T}{C_2} \tag{6.2-12b}$$

在这种条件下，与图6.16(b)电路有相同的传递函数，其中 $T/C_2=R_2$。

上面两个电路都是实现 $z=1$ 的零频率零点电路，在滤波器设计中还经常需要非零频率的零点，即有限值零点。图6.18(a)表示一种SC有限值零点电路，它的传递函数为：

$$\frac{V_{o2}(z)}{V_{i2}(z)}=-\frac{C_4-C_1z^{-1}}{C_3+C_2(1-z^{-1})} \tag{6.2-13}$$

很明显，$C_1=C_4$ 时成为0频率零点，可以实现高通传递函数，并且可简化为图6.18(b)形式。图6.18(a)和(b)两个电路输出信号 φ_1 时钟相都不具有保持能力。

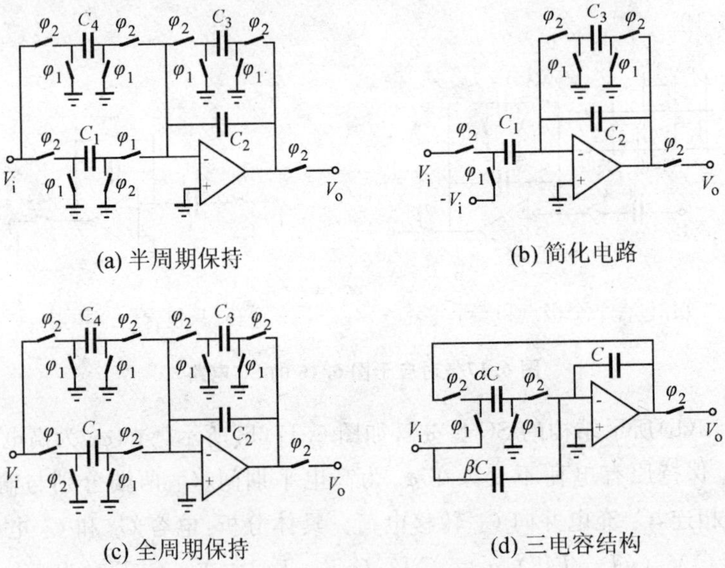

(a) 半周期保持　(b) 简化电路

(c) 全周期保持　(d) 三电容结构

图6.18　非零零点SC电路

输出在 φ_1 时钟相内保持不变并能实现非零零点的电路如图6.18(c)所示。当 $V_{i1}=V_{i2}z^{-1/2}$ 时，它的传递函数为：

$$\frac{V_{o2}(z)}{V_{i2}(z)} = -\frac{C_4 - C_1 z^{-1}}{C_3 + C_2(1 - z^{-1})} \tag{6.2-14}$$

且 $V_{o1}=V_{o2}z^{-1/2}$。这种电路主要用于实现一阶全通传递函数。当 $C_2/(C_2+C_3)=C_4/C_1$ 时，图 6.18(a)和(c)结构都可以实现全通传递函数。

图 6.18(d)是能够实现非零点的三电容一阶 SC 电路。当 $V_{i1}=V_{i2}z^{-1/2}$ 时，它的传递函数为：

$$\frac{V_{o2}(z)}{V_{i2}(z)} = \frac{(\alpha+\beta)z^{-1} - \beta}{(1+\alpha) - z^{-1}} \tag{6.2-15}$$

且 $V_{o1}=V_{o2}z^{-1/2}$。它的低频增益为 1，且与 α 和 β 无关，是不可变的。当 $\beta=1$ 时，$|V_{o1}(e^{j\theta})/V_{i1}(e^{j\theta})|=1$，实现全通传递函数。

例题 4 设计一个一阶开关电容全通滤波器，在 10 kHz 的处实现 $-90°$ 相移，时钟频率 100 kHz，增益为 0 dB。

解： 满足此滤波条件的 s 域传递函数为：

$$H(s) = -\frac{s - 2\pi(10^4)}{s + 2\pi(10^4)}$$

根据 $z=e^{sT}$ 关系，用保持零极点不变的 z 变换方法将传递函数 $H(s)$ 影射到 z 域，即

$$H(s) = \frac{\prod_{i=1}^{M}(s-\omega_{zi})}{\prod_{i=1}^{N}(s-\omega_{pi})} \to H(z) = K\frac{\prod_{i=1}^{M}(1-e^{\omega_{zi}T}z^{-1})}{\prod_{i=1}^{N}(1-e^{\omega_{pi}T}z^{-1})}$$

因为 $\omega_z=-\omega_p=2\pi(10^4)$，满足滤波要求的传递函数为：

$$H(z) = -\frac{0.533\,488\,1 - z^{-1}}{1 - 0.533\,488\,1z^{-1}}$$

用图 6.18(c)电路实现，与(6.2-14)式比较系数有：$C_4/C_1=0.533\,488\,1$，$C_3/C_2=(1/0.533\,488\,1)-1$，$C_4/C_2=1$。据此可得：$C_1=1.874\,456\,1C_2$，$C_3=0.874\,456\,1C_2$，$C_4=C_2$。

6.2.5 增益电路

图 6.19(a)是一种每个时钟周期都对积分电容 C_2 复位的开关电容增益电路。在运放输入失调电压为 V_{os} 情况下，放大器的负输入端电压不为零，φ_1 时钟相电容 C_1 和 C_2 的端电压为 $V_{c1}(nT)=V_{c2}(nT)=-V_{os}$，如图 6.19(b)所示。$\varphi_2$ 时钟相电路如图 6.19(c)所示，电容 C_1 和 C_2 的电压分别为：

$$V_{c1}(nT+T/2) = V_{i2}(nT+T/2) - V_{os} \tag{6.2-16a}$$

$$V_{c2}(nT+T/2) = V_{o2}(nT+T/2) - V_{os} \tag{6.2-16b}$$

电荷变化量分别为：

$$\Delta q_{c1} = C_1[V_{c1}(nT+T/2) - V_{c1}(nT)] = C_1V_{i2}(nT+T/2) \tag{6.2-17a}$$

$$\Delta q_{c2} = C_2[V_{c2}(nT+T/2) - V_{c1}(nT)] = C_2V_{o2}(nT+T/2) \tag{6.2-17b}$$

根据电荷守恒条件 $\Delta q_1 + \Delta q_2 = 0$，得输出电压为：

$$V_{o2}(nT + T/2) = -(C_1/C_2)V_{i2}(nT + T/2) \tag{6.2-18}$$

由此可见，在 φ_1 时钟相电路复位，输入和反馈电容两端保留的运放失调电压在后续的 φ_2 采样期间消除，因此这是一个不受运放输入失调电压影响的增益电路。这一点很重要，如果失调电压不消除，输入信号放大时它也被放大。另外，失调电压消除的同时频率苑小于时钟频率的 $1/f$ 噪声也将消除。

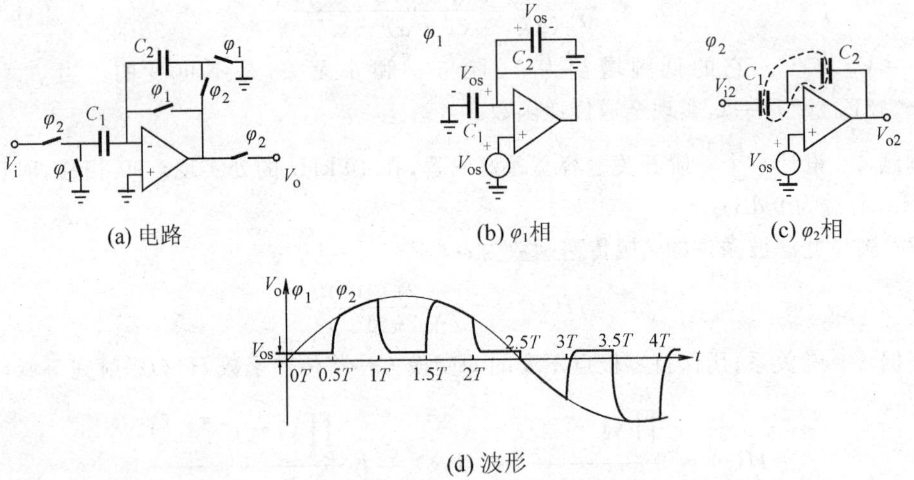

图 6.19　消除失调影响的可设置增益 SC 电路

这个电路的输出波形如图 6.19(d)所示，输出电压只在 φ_2 期间有效，φ_1 期间输出为 V_{os}。从这个波形中看到随时钟变化，运放输出电压 V_{o2} 要在 $-(C_1/C_2)V_{i2}$ 和近似 0 的 V_{os} 之间变化，因此要求运放有很高的压摆率，这是该电路的缺点。如果电容 C_1 采用可编程电容阵列，它的电容量由数字信号决定，这样可实现可编程增益电路。

要减小运放输出电压跃变并消除失调电压影响，可以采用电容保持方法。这种方法的基本思想是复位期间用充电到输出电压的电容将输出电压耦合到反相输入端，使时钟变化之间的输出电压变化只有失调电压 V_{os} 大小。在这种情况下，运放可以采用只有一级放大的高速运放。

图 6.20(a)表示一种具有电压保持能力的增益电路。对于非重叠时钟系统，电容 C_4 的作用是当所有开关都断开时提供连续时间反馈通路，这样可以保证电路良好运行。这个电容一般比较小，约为 0.5 pF 或更小。这种方法也可以用于其他在某一瞬间运放没有反馈连接的开关电容电路。

这种结构如果改变输入级时钟信号极性，可以实现反相和同相增益之间的变化。对于反相增益，输入开关时钟如图 6.20(a)所示；同相增益，输入开关时钟如图 6.20(a)括号中所示。实现反相增益时输出和输入之间没有延迟，实现同相增益时输出比输入落后半个采样周期。

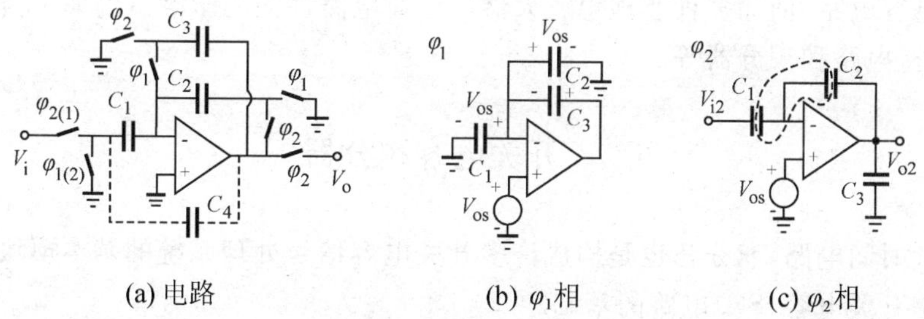

图 6.20　电容复位增益电路

在 φ_1 校准相期间，增益电路如图 6.20(b)所示。C_1 和 C_2 的初始电荷分别为 $C_1[V_{i2}(nT-T/2)-V_{os}]$ 和 $C_2[V_{o2}(nT-T/2)-V_{os}]$，电容 C_3 的初始电荷 $C_3V_{o2}(nT-T/2)$。在 φ_1 校准相结束时电容 C_1 和 C_2 的电荷分别为 $-C_1V_{os}$ 和 $-C_2V_{os}$，电容 C_3 的电荷为 $C_3[V_{o1}(nT-T/2)-V_{os}]$。在接下来的 φ_2 放大相期间，电路如图 6.20(c)所示。结束时电容 C_1 和 C_2 的电荷分别为 $C_1[V_{i2}(nT+T/2)-V_{os}]$ 和 $C_2[V_{o2}(nT+T/2)-V_{os}]$，电容 C_3 的电荷为 $C_3V_{o2}(nT+T/2)$。根据运放负输入端电荷守恒条件可以得到：

$$V_{o2}(nT+T/2)=-(C_1/C_2)V_{i2}(nT+T/2) \tag{6.2-19}$$

与前面分析相同，输出电压与运放输入失调电压无关。根据 φ_1 时钟相运放负输入端电荷守恒条件可以得到 $V_{o1}(nT)=V_{o2}(nT-T/2)+V_{os}$。在 φ_1 时钟相放大器的输出电压保持不变，并有失调电压产生的误差。

图 6.21 是另一种宽带 SC 放大器，它类似于图 6.19，但有更高的工作频率。在 φ_1 校准相，C_1 和 C_2 采样校准误差，包括失调、$1/f$ 噪声和有限增益等，输出电压通过电容 C_1' 和 C_2' 确定的增益跟随输入变化。用类似前述分析方法可得 $V_{o1}(nT)=-(C_1'/C_2')V_{i1}(nT)+(1+C_1'/C_2')V_{os}$。在 φ_2 工作相，校准误差与输入信号相减。如果放大器等效输入误差在 φ_1 和 φ_2 相不变，则可以大大减小误差。用类似前述分析方法可得 $V_{o2}(nT+T/2)=-(C_1/C_2)V_{i2}(nT+T/2)$。

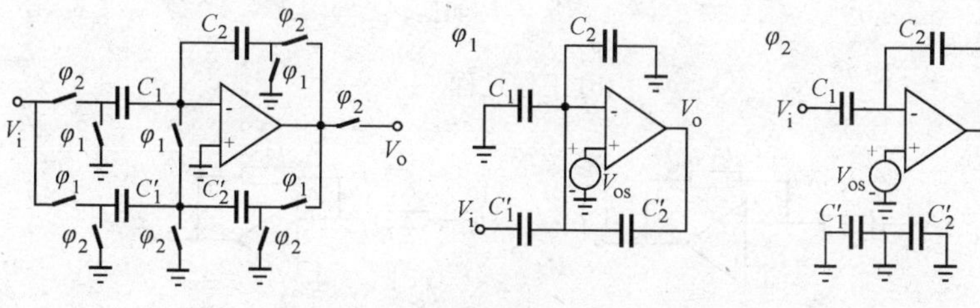

图 6.21　相关双采样 SC 放大器

上面的开关电容增益电路利用非工作相 φ_1 采样失调电压，在工作相 φ_2 消除它对信号的影响，这就是相关双采样技术应用的具体例子。这样一种基本技术可以应用于多种不同类型的开关电容电路，消除多种非理想放大器特性对电路性能的影响。例如，高精度增益放大器，采样保持电路和积分器等。

6.3 开关电容积分器

如同连续时间电路，积分器也是构成许多开关电容信号处理系统的基本模块电路，对它的了解是掌握开关电容(SC)电路的基础。

6.3.1 反相积分器

图 6.22(a)是由图 6.12 开关电容等效电阻构成的对寄生电容不敏感的 SC 反相积分器。电路中传输低电平的接地或接虚地开关 $S_{2\sim4}$ 用 nMOS 管实现，传输信号的开关 S_1 用 CMOS 开关实现，这种原则适用于一般 SC 电路。如果时钟频率远大于信号频率，用开关电容等效电阻近似分析，电容 C_1 的等效电阻为 $R=T/C_1$。根据连续时间等效电路分析知：

$$\frac{V_o(\omega)}{V_i(\omega)}=-\frac{1}{j\omega C_2 R} \tag{6.3-1}$$

实现反相积分运算，积分器时间常数为 $C_2R=TC_2/C_1$。由于时间常数取决于电容比 C_2/C_1 和时钟周期 T，芯片实现时可以准确控制，并可在很大范围内变化。

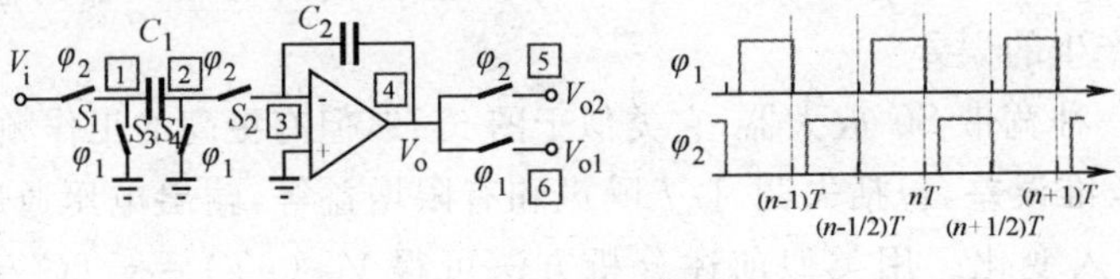

(a) 电路与时钟

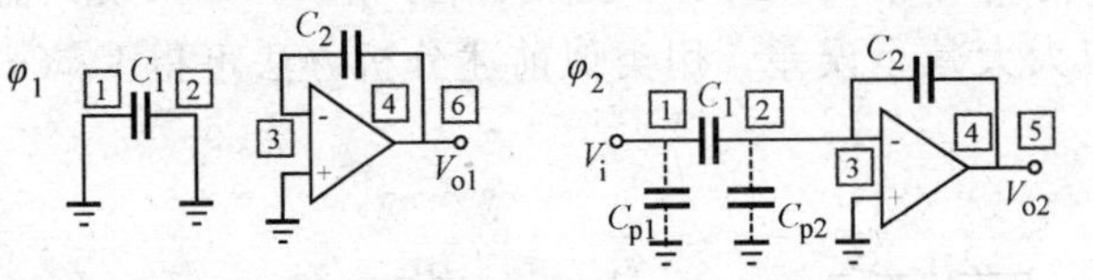

(b) 工作过程

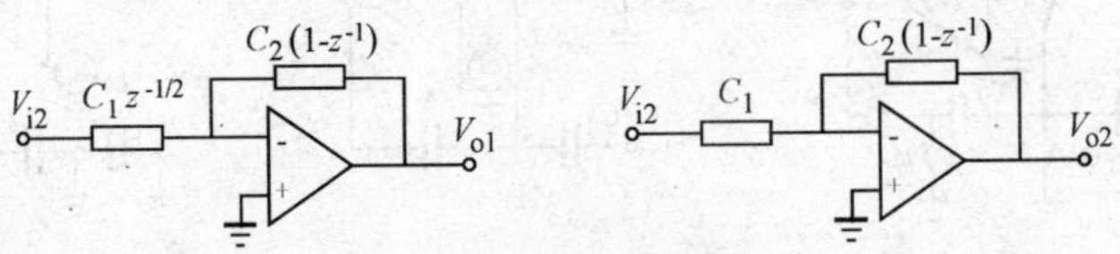

(c) 等效电路

图 6.22 反相积分器

当时钟不能满足远大于信号频率时，反相积分器在双相非重叠时钟 φ_1 和 φ_2 控制下的工作过程如图 6.22(b)所示。在 φ_1 为高电平期间，C_1 两极板接地，OPA 被隔离；C_1 电荷放电到零，C_2 保持原有电荷不变。在 φ_2 为高电平期间，C_1 两端分别与输入电压 V_i 和 OPA 负输入端相连，C_1 充电到输入电压 V_{i2}；C_2 从原来存储的电荷变化到 C_2V_{o2}。具体分析，电容 C_1 和 C_2 电荷在 $t=nT-T/2$ 时为：$q_1=C_1V_{i2}(nT-T/2)$，$q_2=C_2V_{o2}(nT-T/2)$；在 $t=nT$ 时为：$q_1=0$，$q_2=C_2V_{o1}(nT)$；在 $t=nT+T/2$ 时为：$q_1=C_1V_{i2}(nT+T/2)$，$q_2=C_2V_{o2}(nT+T/2)$。根据 φ_1 时钟相 C_2 电荷不变，可得：

$$V_{o1}(nT)=V_{o2}(nT-T/2) \tag{6.3-2}$$

其中：V_{o1} 表示 φ_1 相输出电压，V_{o2} 表示 φ_2 相输出电压。输出电压在 φ_1 时钟相保持前一个 φ_2 结束时的电压值不变。根据 φ_2 时钟相节点 3 电荷守恒可得：

$$C_1V_{i2}(nT+T/2)+C_2V_{o2}(nT+T/2)-C_2V_{o1}(nT)=0 \tag{6.3-3}$$

对(6.3-2)和(6.3-3)式进行 z 域变换得：

$$V_{o1}(z)=V_{o2}(z)z^{-1/2} \tag{6.3-4}$$

$$C_1V_{i2}(z)z^{1/2}+C_2V_{o2}(z)z^{1/2}-C_2V_{o1}(z)=0 \tag{6.3-5}$$

由两式解得：

$$\frac{V_{o2}(z)}{V_{i2}(z)}=-\frac{C_1}{C_2}\frac{1}{1-z^{-1}}\quad \text{BEI} \tag{6.3-6}$$

$$\frac{V_{o1}(z)}{V_{i2}(z)}=-\frac{C_1}{C_2}\frac{z^{-1/2}}{1-z^{-1}}\quad \text{LDI} \tag{6.3-7}$$

由此可见，φ_2 相输出对应于向后 Euler 积分变换，φ_1 相输出对应于无损离散积分变换。

如果 C_1 电容两端寄生电容分别为 C_{p1} 和 C_{p2}，在 φ_1 相它们接地，因而全部放电。在 φ_2 相，C_{p1} 充电为 V_{i2}，它只影响充电时间不影响 C_1 和 C_2 之间的转移电荷。C_{p2} 是虚地点，电荷不发生变化，所以这种电路是一种对寄生电容不敏感积分器结构、非常适合集成电路技术实现。由于寄生电容不影响开关电容积分器的积分，因此可以设计比较小的 C_1 和 C_2，得到大的电容比 C_1/C_2，从而减小电容的面积。

为了分析离散信号的频率(ω_D)响应，用 $e^{j\omega_D T}$ 代替上式 z，得：

$$\frac{V_{o2}}{V_{i2}}=-\frac{1}{j\omega_D(T/C_1)C_2}\left(\frac{\omega_D T}{2\sin(\omega_D T/2)}\right)e^{j\omega_D T/2} \tag{6.3-8}$$

$$\frac{V_{o1}}{V_{i2}}=-\frac{1}{j\omega_D(T/C_1)C_2}\left(\frac{\omega_D T}{2\sin(\omega_D T/2)}\right) \tag{6.3-9}$$

很明显，这两种传递函数形式都不是理想积分器。当 $\omega_D T\ll 1$ 时，即时钟频率($1/T$)远大于信号频率(ω_D)时，上两式括号项近似为 1，LDI 近似为理想积分器，BEI 要在理想积分器 $-\pi/2$ 的相移基础上产生 $\omega_D T/2$ 的附加相移，开关和电容 C_1 近似为阻值为 $R=T/C_1$ 的电阻。

在一些情况下，为方便可以将开关电容等效为导纳，用 6.22(c)图中等效电路分析不同时钟相输入输出电压之间的关系。不论何种开关连接形式控制电容电荷，只要两个时钟相的端电压如 6.22(b)图所示，都可以通过 6.22(c)图等效电路分析。

6.3.2 同相积分器

图 6.23(a)是对寄生电容不敏感的 SC 同相积分器，工作过程如图 6.23(b)所示。为保证采样精度、减小时钟馈通效应，开关 S_1 和 S_3 可用延迟时钟控制，使 S_2 和 S_4 提前关断，这种方法适用于一般 SC 电路。

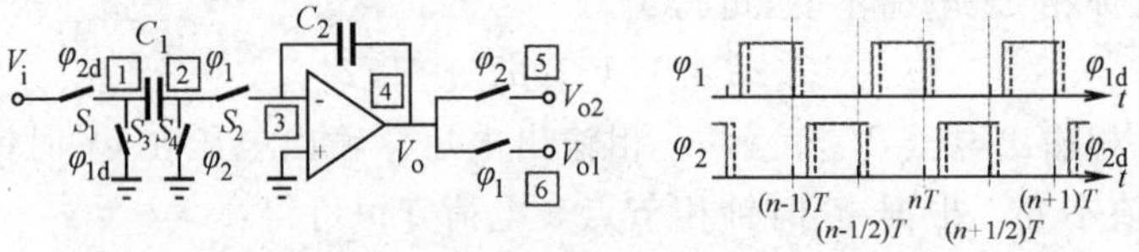

(a) 电路与控制时钟

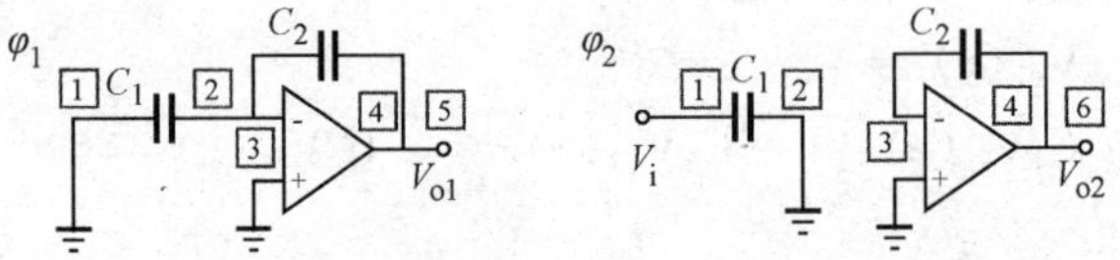

(b) 工作过程

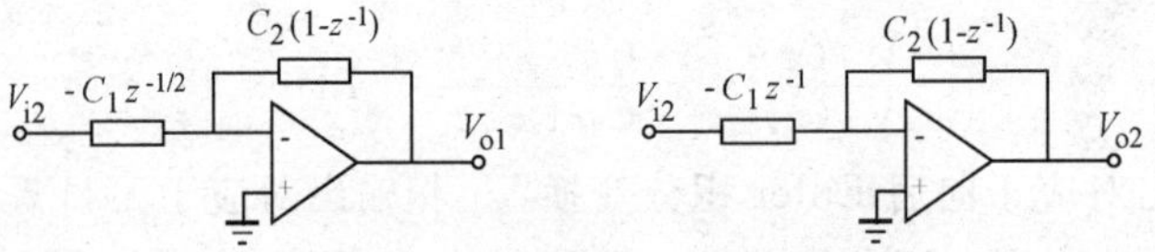

(c) 等效电路

图 6.23　同相积分器

具体分析，电容 C_1 和 C_2 的电荷在 $t=nT-T/2$ 时为：$q_1=C_1V_{i2}(nT-T/2)$，$q_2=C_2V_{o2}(nT-T/2)$；在 $t=nT$ 时为：$q_1=0$，$q_2=C_2V_{o1}(nT)$；在 $t=nT+T/2$ 时为：$q_1=C_1V_{i2}(nT+T/2)$，$q_2=C_2V_{o2}(nT+T/2)$。根据 φ_1 相节点 3 电荷净变化量为 0 可得：

$$0-C_1V_{i2}(nT-T/2)+C_2V_{o1}(nT)-C_2V_{o2}(nT-T/2)=0 \tag{6.3-10}$$

根据 φ_2 相 C_2 电荷不变有：

$$V_{o2}(nT+T/2)=V_{o1}(nT) \tag{6.3-11}$$

对(6.3-10)和(6.3-11)式进行 z 变换整理，可得传递函数：

$$\frac{V_{o2}(z)}{V_{i2}(z)}=\frac{C_1}{C_2}\frac{z^{-1}}{1-z^{-1}}\quad \text{FEI} \tag{6.3-12}$$

$$\frac{V_{o1}(z)}{V_{i2}(z)}=\frac{C_1}{C_2}\frac{z^{-1/2}}{1-z^{-1}}\quad \text{LDI} \tag{6.3-13}$$

其中：$V_{o2}(z)=V_{o1}(z)z^{-1/2}$。上述不同时钟相输入、输出电压之间的关系可以用 6.23(c)图中等效电路描述。

如果采样周期为 T，对于输入信号 $V_{\mathrm{i}}(t)=\cos(t\pi/2T)$，采样频率 $f_{\mathrm{s}}(=1/T)$ 是输入信号频率 f 的四倍（$f_{\mathrm{s}}=4f$），离散时间同相积分器的电压波形如图 6.24 所示。其中：$V_{\mathrm{o1}}=V_{\mathrm{o}}(nT)$，$V_{\mathrm{o2}}=V_{\mathrm{o}}(nT+T/2)$，$\omega_{\mathrm{D}}T=\pi/2$，$|V_{\mathrm{o1}}|=|V_{\mathrm{o2}}|=(C_1/C_2)(1/\sqrt{2})|V_{\mathrm{i2}}|$，$V_{\mathrm{o2}}$ 比 V_{o1} 相位落后 $\omega_{\mathrm{D}}T/2=\pi/4$。上述离散时间传递函数只表示连续电压信号在时间 nT 和 $nT+T/2$ 的值，不能说明其他时间点的电压值。

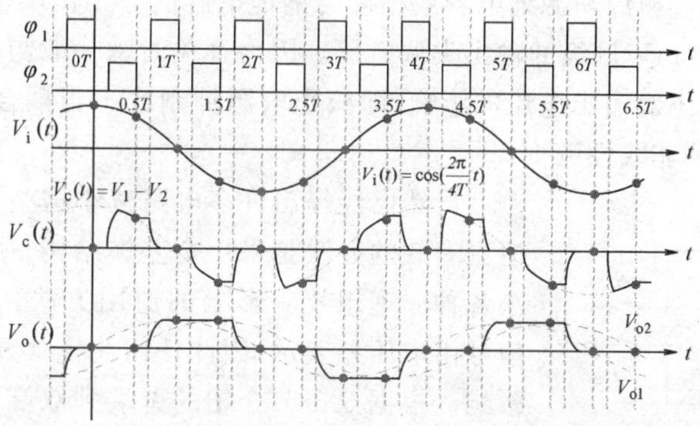

图 6.24 离散时间同相积分器电压波形

例题 5 设计一个同相 LDI 型无损积分器，已知积分器单位增益频率 20 MHz，采样频率 100 MHz。

解：由于 LDI 变换存在频率映射弯曲，要使离散信号实现单位增益频率为 20 MHz 的积分器，需要首先进行频率预变换，使连续时间积分器单位增益频率满足：

$$\omega_o=\frac{2}{T}\sin\frac{\omega_{\mathrm{D}}T}{2}=2\pi 18.709\,786\ \mathrm{MHz}$$

因此 s 域积分器传递函数为：$H(s)=\omega_0/s=117.557\,05\mathrm{E}6/s$。用 LDI 变换得 z 域传递函数为：$H(z)=\omega_0 T/(z^{1/2}-z^{-1/2})=1.175\,570\,56/(z^{1/2}-z^{-1/2})$。将此式与从电路中推导出的传递函数(6.3-13)式比较有：$C_1/C_2=1.175\,570\,56$。

对于实际运放存在的失调电压和 $1/f$ 噪声等多种非理想特性，可以采用上节介绍的双采样技术消除它们对积分器的影响。图 6.25 是一种相关双采样高精度积分器，在 φ_1 相 C_2' 采样运放输入误差电压（包括失调电压和低频噪声等），在 φ_2 相 C_2' 连到运放反相输入端，从而大大减这些小误差影响。当采用相关双采样技术时，运放应设计成热噪声小于 $1/f$ 噪声。这样差分对可以采用 n 沟管，而不一定要求 p 沟管，从而改善积分器的总体性能。当这一技术用于高阶 SC 电路时，一般只对于具有低频增益的放大级应用这一技术，而其他电路仍用简单电路实现。例如，过采样 A/D 转换器，只有第一级需要精确积分器，以减小失调电

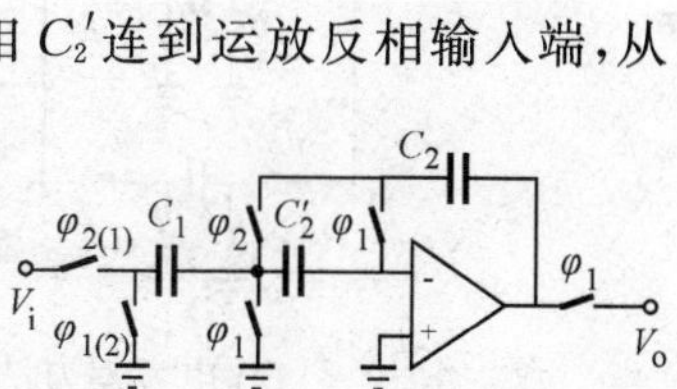

图 6.25 相关双采样 SC 积分器

压和 $1/f$ 噪声等影响。

6.3.3 差模积分器

在前述积分器中信号是单端的，即相对地变化。虽然这种单端电路可以节省电容，但实际应用中要受到非理想因素限制影响，主要有放大器失调电压和时钟馈通等。例如，当MOS开关关断时，通过栅源与源地电容或栅漏与漏地电容的分压作用在源或漏端引入耦合电荷，它能引起在100 mV量级的输出失调电压。因为开关时钟一般与电源电压有关，这种效应也将增加电源电压对输出电压的影响，即减小电源抑制比。当耦合电荷影响不可忽略时，将引起积分误差和非线性畸变。

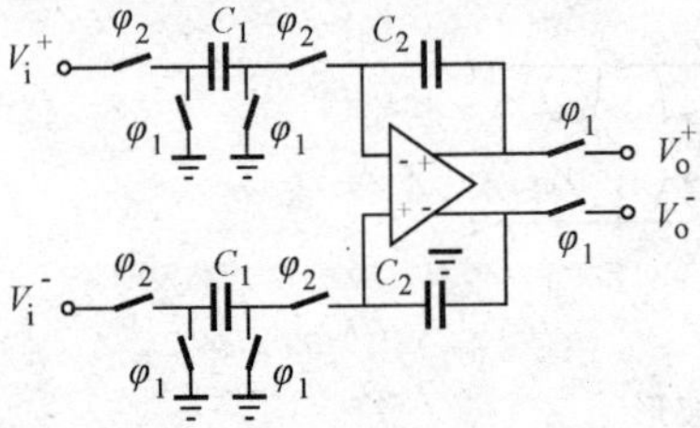

图 6.26 对称差模积分器

虽然已经提出许多电路减小这些非理想特性的影响，但更有效的办法是采用全差模结构。实际上，它已成为减小各种非理想效应影响的通用方法。在对称差模电路中信号由电压差表示，因此任何共模信号都不能对电路产生影响。根据5.1节介绍的单端到双端电路转换方法，可将图6.22单端反相积分转换成对称差模积分器，如图6.26所示。SC差模积分器采用对称差模放大器，$V_i^+=-V_i^-$，$V_o^+-V_o^-=A(V_i^+-V_i^-)$，A是开环增益。用前述开关电容积分器分析方法，可得传递函数为：

$$H(s)\equiv\frac{V_{o1}^+-V_{o1}^-}{V_{i2}^+-V_{i2}^-}=-\frac{C_1}{C_2}\frac{1}{z^{1/2}-z^{-1/2}} \tag{6.3-14}$$

它与单端电路相同，实现无损离散积分变换(LDI)型积分器。这种差模积分器实现正、反相积分器的变化更加容易，只要互换输入或输出端即可改变传递函数的符号。

6.3.4 大电容比积分器

对于一定的时间常数，为避免SC积分器时钟频率提高时电容面积迅速增大，需要采用大电容比积分器，图6.27(a)就是能满足这种要求的电路。

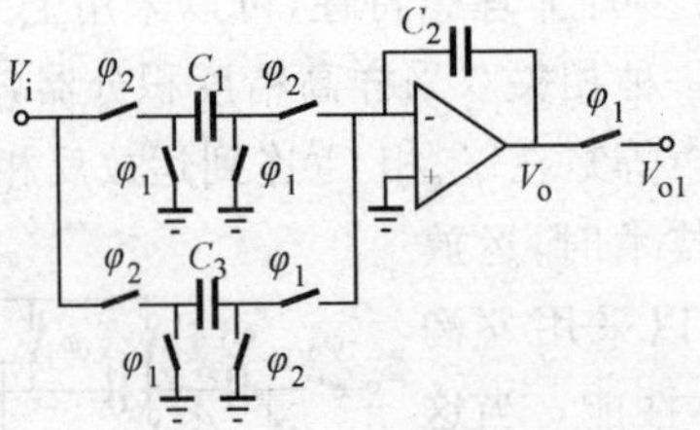

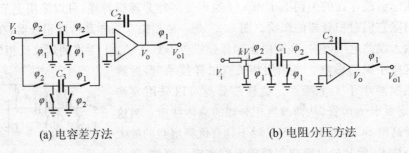

(a) 电容差方法

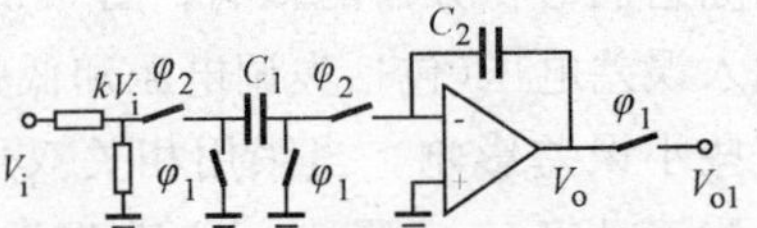

(b) 电阻分压方法

图 6.27 大电容比积分器

具体分析如下：电容 C_1、C_2 和 C_3 的电荷量在 $t=nT-T/2$ 时为：$q_1=C_1V_{i2}(nT-T/2)$，$q_2=C_2V_{o2}(nT-T/2)$，$q_3=C_3V_{i2}(nT-T/2)$；在 $t=nT$ 时为：$q_1=0$，$q_2=C_2V_{o1}(nT)$，$q_3=0$；在 $t=nT+T/2$ 时为：$q_1=C_1V_{i2}(nT+T/2)$，$q_2=C_2V_{o2}(nT+T/2)$，$q_3=C_3V_{i2}(nT+T/2)$。根据 φ_1 相 C_2 和 C_3 总电荷变化量为 0，有：

$$0-C_3V_{i2}(nT-T/2)+C_2V_{o1}(nT)-C_2V_{o2}(nT-T/2)=0 \tag{6.3-15}$$

根据 φ_2 相 C_1 和 C_2 总电荷变化量为 0，有：

$$C_1V_{i2}(nT+T/2)+C_2V_{o2}(nT+T/2)-C_2V_{o1}(nT)=0 \tag{6.3-16}$$

对上述两个方程进行 z 变换，整理可得传递函数：

$$\frac{V_{o1}(z)}{V_{i2}(z)}=\frac{C_3-C_1}{C_2}\frac{z^{-1/2}}{1-z^{-1}} \tag{6.3-17}$$

因此可以在不太扩大电容面积时取得大电容比，但这时时间常数对 C_1 和 C_3 的敏感度更高。

另一种实现大积分常数的技术是使用电阻分压器，如图 6.27(b)所示。这种电路不受寄生电容的影响，传递函数是：

$$\frac{V_{o1}(z)}{V_{i2}(z)}=-\frac{kC_1}{C_2}\frac{z^{-1/2}}{1-z^{-1}} \tag{6.3-18}$$

可见 k 可用来减小电容面积的增加。例如，当 $k=0.1$ 时，在电容比为 $C_2/C_1=10$ 情况下可得 100 倍的电容比。

6.3.5　双线性积分器

双线性变换积分器的传递函数可以分解为：

$$\frac{1}{s}\Rightarrow\frac{T}{2}\left(\frac{1+z^{-1}}{1-z^{-1}}\right)=\frac{T}{2}\left(\frac{1}{1-z^{-1}}\right)+\frac{T}{2}\left(\frac{z^{-1}}{1-z^{-1}}\right) \tag{6.3-19}$$

因此双线性积分器可以由 BEI 和 FEI 积分器构成。图 6.28(a)表示一种对寄生参数不敏感的反相双线性积分器，它由两个对寄生电容不敏感的反相积分器简化而成，其中一个电容开关电阻工作在 φ_1 相，另一个工作在 φ_2 相。如果用采样保持电路使 $V_{i1}=V_{i2}z^{-1/2}$，传递函数是：

$$\frac{V_{o2}(z)}{V_{i2}(z)}=-\frac{C_1}{C_2}\frac{1+z^{-1}}{1-z^{-1}} \tag{6.3-20}$$

这个积分器的输出在整个时钟周期内都随输入变化，没有得到保持不变的时间段。

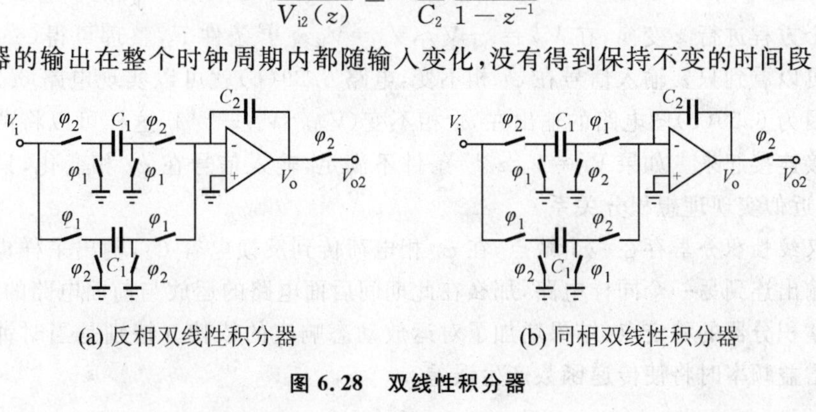
(a) 反相双线性积分器
(b) 同相双线性积分器

图 6.28　双线性积分器

图 6.28(b)结构是同相双线性积分器，当 $V_{i2}=V_{i1}z^{-1/2}$ 时，可以得到：

$$\frac{V_{o2}(z)}{V_{i2}(z)}=\frac{C_1}{C_2}\frac{1+z^{-1}}{1-z^{-1}} \tag{6.3-21}$$

图 6.29(a)表示全差模对称双线性积分电路，当 $C_1'=C_1$ 时传递函数为：

$$\frac{V_{o2}^{+}-V_{o2}^{-}}{V_{i2}^{+}-V_{i2}^{-}}=\frac{C_1}{C_2}\frac{1+z^{-1}}{1-z^{-1}} \tag{6.3-22}$$

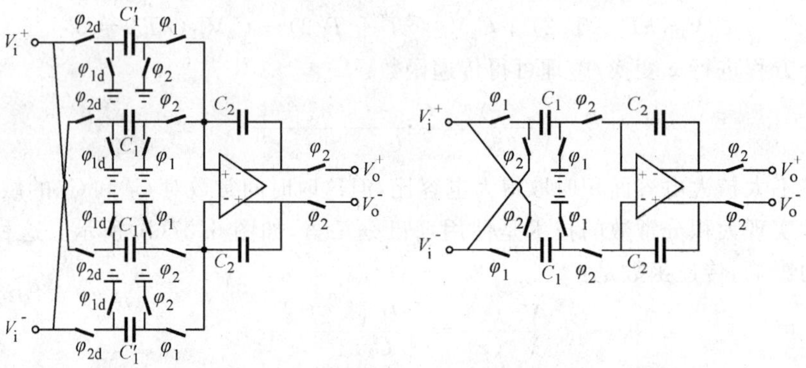

(a) 全差模对称　　　　(b) 简化结构

图 6.29　全差模对称双线性积分器

图 6.29(b)是图 6.29(a)电路的简化形式，它把原电路中的六个电容减少到 4 个电容，并避免了图 6.29(a)电路中对 C_1' 等于 C_1 的要求。电容 C_1 和 C_2 的电荷量在 $t=nT-T/2$ 时为：$q_1=C_1V_{i2}^{-}(nT-T/2)$，$q_2=C_2V_{o2}^{+}(nT-T/2)$；在 $t=nT$ 时为：$q_1=C_1V_{i1}^{+}(nT)$，$q_2=C_2V_{o1}^{+}(nT)$；在 $t=nT+T/2$ 时为：$q_1=C_1V_{i2}^{-}(nT+T/2)$，$q_2=C_2V_{o2}^{+}(nT+T/2)$。根据 φ_1 相 C_2 电荷不变可得：

$$V_{o1}^{+}(nT)=V_{o2}^{+}(nT-T/2) \tag{6.3-23}$$

根据 φ_2 相 C_1 和 C_2 电荷总变化量为 0，有：

$$C_1V_{i2}^{-}(nT+T/2)-C_1V_{i1}^{+}(nT)+C_2V_{o2}^{+}(nT+T/2)-C_2V_{o1}^{+}(nT)=0 \tag{6.3-24}$$

对上述两个方程进行 z 变换，在 $V_{i2}^{+}=-V_{i2}^{-}$，$V_{i1}=V_{i2}z^{-1/2}$ 条件下，整理可得(6.3-22)式传递函数。可以看到只要输入信号在 φ_1 相不变，电路 6.29(b)就可以实现电路 6.29(a)的传递函数。因为 6.29(b)图电路的输出在 φ_1 相不变($V_{o1}=V_{o2}z^{-1/2}$)，这样可以将两个同样的积分器直接连接起来。如果 $V_{i1}=V_{i2}z^{-1/2}$ 条件不满足，输入信号在 φ_1 相变化，只要采样率很高，也可近似实现理想积分关系。

这种双线性积分器存在一个缺点，在 φ_2 相电荷传到反馈电容 C_2，输出采样也在此时完成。如果输出连到另一个同样电路，那么在此期间后面电路的运放与前面电路的运放一样，不断地调整积分器的稳定点，结果增加了对运放动态响应的依赖。特别是当时钟频率接近运放单位增益频率时将使传递函数产生误差。

例题 6 设计一个同相双线性型积分器，单位增益频率 8 MHz，采样频率 50 MHz。

解：首先进行频率预变换，$\omega_0=(2/T)\mathrm{tg}(\omega_D T/2)=2\pi\times 8.749\,617\,0\mathrm{E}6$/秒。$s$ 域积分器传递函数为：$H(s)=\omega_0/\mathrm{s}=54\,975\,465/\mathrm{s}$。用 BL 变换得 z 域传递函数为：$H(z)=\omega_0 T(1+z^{-1})/2(1-z^{-1})=0.549\,754\,65(z^{1/2}+z^{-1/2})/(z^{1/2}-z^{-1/2})$。将此式与从电路中推导出的传递函数比较有 $C_1/C_2=0.549\,754\,65$。因为 $\theta=\omega_D T=2\pi 8\ \mathrm{M}/50\ \mathrm{M}$，如果采样频率改为25 MHz，该积分器的单位增益频率将为 4 MHz。

6.3.6 阻尼积分器

阻尼积分器对于滤波器设计非常重要，图 6.30(a)表示一种对寄生不敏感的阻尼 SC 积分器。如果把阻尼积分器看成两个输入端无阻尼积分器，一个是通过开关和 C_1 输入 V_i，另一个是通过开关和 C_3 输入 V_o，那么用图 6.22(c)和 6.23(c)所示等效电路可得：

$$V_{o2}(z)=\frac{C_1}{C_2}\frac{z^{-1}}{1-z^{-1}}V_{i2}(z)-\frac{C_3}{C_2}\frac{1}{1-z^{-1}}V_{o2}(z) \tag{6.3-25}$$

由此得到：

$$\frac{V_{o2}(z)}{V_{i2}(z)}=\frac{C_1 z^{-1/2}}{C_2(z^{1/2}-z^{-1/2})+C_3 z^{1/2}} \tag{6.3-26}$$

如果将相对应的 RC 连续时间阻尼积分器的 $H(s)$ 按 LDI 变换关系映射到 z 域，将所得 $H(z)$与上式比较可以看到：这种电路实现的积分是“非理想”的阻尼积分。如果把这种非理想积分器看作是实现 RC 阻尼积分器，那么等效积分电阻为：

$$R_1=(T/C_1)z^{1/2} \tag{6.3-27}$$

等效阻尼电阻为：

$$R_3=(T/C_3)z^{-1/2} \tag{6.3-28}$$

它们都是复数，因此在用这种非理想 LDI 阻尼积分器时应当考虑到这一点。其实，它相应于 RC 连续时间阻尼积分器的 $H(s)$按 FEI 变换关系映射到 z 域的传递函数 $H(z)$。

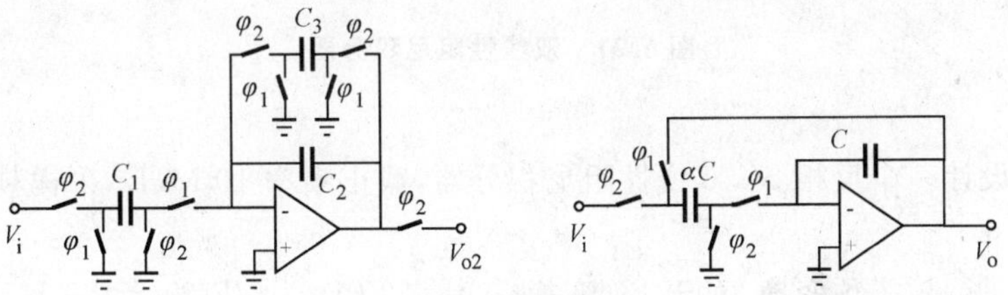

(a) 三电容　　(b) 两电容

图 6.30 阻尼积分器

将 $z=e^{j\omega T}$ 代入(6.3-26)式，可得离散域传递函数频率特性：

$$\frac{V_{o2}}{V_{i2}}(e^{j\omega T})=\frac{C_1 e^{-j\omega T/2}}{j2(C_2+C_3/2)\sin(\omega T/2)+C_3\cos(\omega T/2)} \tag{6.3-29}$$

可见这种SC积分器将改变时间常数，而且阻尼项与频率相关。当$\omega T \ll 1$时，

$$\frac{V_{o2}}{V_{i2}}(\omega) \approx \frac{C_1 e^{-j\omega T/2}}{j(C_2 + C_3/2)\omega T + C_3} \tag{6.3-30}$$

表明时间常数为$T(C_3/2+C_2)/C_1$。

图6.30(b)表示另一种由两个电容构成的对寄生不敏感的SC阻尼积分器。它的传递函数为：

$$\frac{V_{o2}}{V_{i2}} = \frac{\alpha}{(\alpha+1)z-1} \tag{6.3-31}$$

$$V_{o2} = V_{o1} z^{-1/2} \tag{6.3-32}$$

它的特点是直流增益为1，与电容比α无关，这也意味着直流增益是不可改变的。另外，由于在φ_1时钟相电荷只在电容αC与C之间转移，不需要运放对电容充电，所以这种电荷直接转移开关电容(direct charge transfer switched-capacitor，DCT-SC)技术可以减小电容尺寸对功耗的影响，提高功率效率，减小SR限制引起的畸变。

积分器是阻尼积分器的一种特殊情况，前面给出的双线性积分器也有与之相应的双线性阻尼积分器。图6.31是对应于图6.28(a)双线性积分器的阻尼积分结构。如果$V_{i1} = V_{i2} z^{-1/2}$，它的传递函数为：

$$\frac{V_{o2}(z)}{V_{i2}(z)} = -\frac{C_1(1+z^{-1})}{C_3 + C_2(1-z^{-1})} \tag{6.3-33}$$

输出在一个周期的两个时钟相内都不具有保持能力。

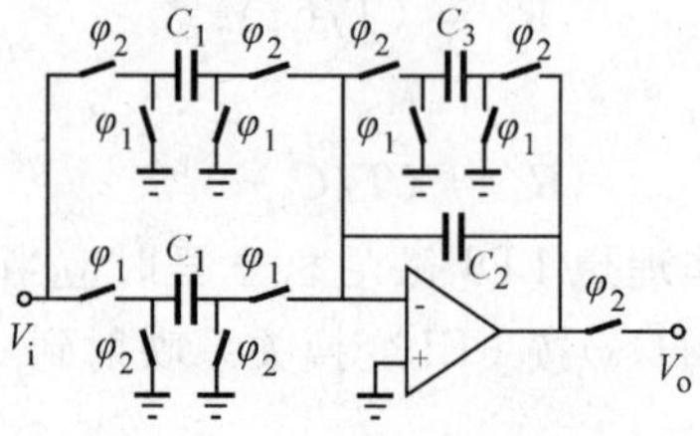

图6.31　双线性阻尼积分器

例题7　设计一个反相SC双线性阻尼积分器，截止频率10 MHz，采样频率100 MHz，低频增益1。

解：首先进行频率预变换，对于BL变换，$\omega_0 = (2/T)\mathrm{tg}(\omega_D T/2) = 2\pi(10.342\,515\,15E6/$秒。因此$s$域积分器传递函数分别为：$H(s) = \omega_0/(s+\omega_0) = 64\,983\,939/(s+64\,983\,939)$。用BL变换得$z$域传递函数为：$H(z) = 0.324\,919\,696(1+z^{-1})/(1.324\,919\,696 - 0.675\,080\,30z^{-1})$。将此式与从电路中推导出的传递函数(6.3-33)式比较有：$C_1/C_2 = 0.481\,305\,25$，$C_3/C_2 = 0.324\,919\,696$。

6.4　开关电容滤波器

实现有源集成 RC 和 G_m-C 滤波器需要高质量无源和有源器件。例如：范围在 0.1～100 pF 的线性、低损耗电容，范围在 100 kΩ～100 MΩ 的线性、一定精度电阻，跨导值范围在 0.1～1000 μS 的线性大带宽 OTA。集成电路技术在实现这种要求的器件时存在许多困难，因此人们常采用开关电容技术实现高质量有源滤波器。

对于集成电路技术，通过适当的版图设计可以得到精确的电容比，采用适当的开关一电容电路结构可以避免寄生电容对电路性能的影响，因此不用调谐就可以实现高精度的有源 SC 滤波器，并且容易与数字电路进行混合集成。一般对于较低频率信号处理，开关电容滤波器有较小的芯片面积和较低的功耗。它的缺点是具有采样数据效应，增加噪声、减小 PSRR、产生信号混叠、不能有效利用带宽、双极技术无法实现，并且需要附加数字时钟和抗混叠/重建滤波器等电路，为得到好的电源抑制比和动态范围需要采用全差模结构。

开关电容滤波器有多种设计方法，如与电路结构紧密相关的等效电阻设计法；计算机仿真设计方法，通过计算机优化频率特性，找出满足要求的传递函数。但是，比较常用和简单的设计方法是根据需求首先说明 s 域内希望的频率特性，用 s 域丰富的设计方法确定传递函数，然后将 s 域的传递函数转换为 z 域传递函数。这样得到的 SC 滤波器可以近似满足 s 域的技术要求。

6.4.1　一阶滤波器

将前一节介绍的零点电路和阻尼积分器结合起来，可以得到如图 6.32(a)所示一阶通用 SC 模块电路。它是以积分器为基础构成有源 SC 滤波器的核心模块。

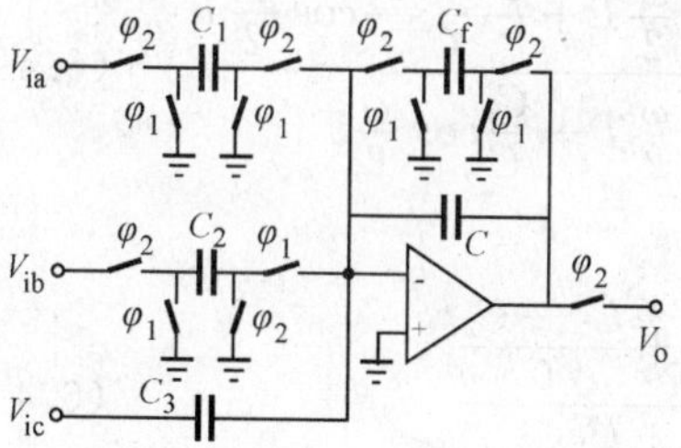

(a) 基本电路

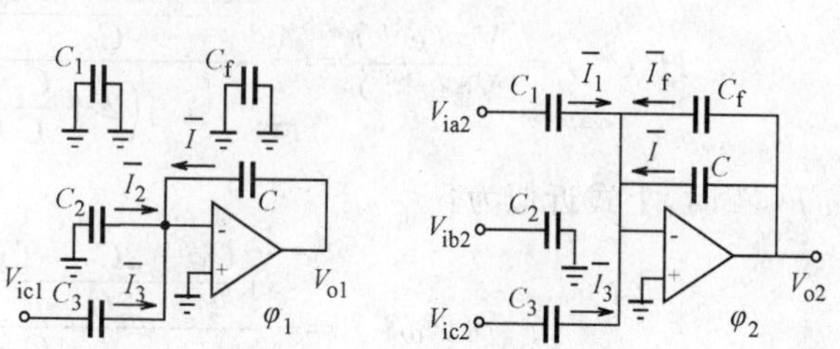

(b) 两个时钟相连接形式

图 6.32　通用一阶 SC 模块电路

电路在 φ_1 和 φ_2 时钟相的连接形式如图 6.32(b)所示。φ_1 时钟相当电容电荷转移达到平衡后，运放负输入端平均电流代数和为 0：$\bar{I}+\bar{I}_2+\bar{I}_3=(\Delta q_C+\Delta q_{C_2}+\Delta q_{C_3})/T_{\varphi_1}=0$，即：$\Delta q_C+\Delta q_{C_2}+\Delta q_{C_3}=0$；$\varphi_2$ 相 $\bar{I}+\bar{I}_1+\bar{I}_3+\bar{I}_f=(\Delta q_C+\Delta q_{C_1}+\Delta q_{C_3}+\Delta q_{C_f})/T_{\varphi_2}=0$，即：$\Delta q_C+$

$\Delta q_{C_1}+\Delta q_{C_3}+\Delta q_{C_f}=0$。由此可以得到：

$$V_{o2}(z)=-\frac{C_1}{C}\frac{1}{1-z^{-1}}V_{ia2}+\frac{C_2}{C}\frac{z^{-1}}{1-z^{-1}}V_{ib2}-\frac{C_3}{C}V_{ic2}-\frac{C_f}{C}\frac{1}{1-z^{-1}}V_{o2} \tag{6.4-1}$$

另一方面，将一阶 SC 滤波器看成三个输入和一个输出反馈到输入的求和积分器用等效电路可以得到同样的结果。这个模块电路可以演变成前一节介绍的许多基本模块电路。如果 $V_{ia}=V_{ib}=V_{ic}=V_i$，传递函数变为：

$$\frac{V_{o2}(z)}{V_{i2}(z)}=\frac{-(C_1+C_3)+(C_2+C_3)z^{-1}}{C_f+C-Cz^{-1}}=\frac{-\left(\frac{C_1+C_3}{C}\right)z+\left(\frac{C_2+C_3}{C}\right)}{\left(\frac{C_f+C}{C}\right)z-1} \tag{6.4-2}$$

取 $z=1(\theta=0)$，可以得到直流增益：

$$|H(z=1)|=(C_2-C_1)/C_f \tag{6.4-3}$$

分母为 0 时解得极点 z_p 为：

$$z_p=\frac{C}{C_f+C} \tag{6.4-4}$$

对于正电容值，这个极点位于 z 平面实轴 0 到 1 范围内，所以电路总是稳定的。分子为 0 时解得零点 z_z 为：

$$z_z=\frac{C_2+C_3}{C_1+C_3} \tag{6.4-5}$$

对于正电容值，零点位于 z 平面的实轴上。当 $C_2=0$ 时，零点位于 z 平面实轴 0～1。在时钟频率远大于零点和极点频率时，设计不必进行频率预变换，因此可以直接得到正实数零极点与电容比的近似关系，从而简化设计。

将 $z=e^{j\omega T}$ 代入(6.4-2)式，有：

$$H(e^{j\omega T})=\frac{V_{o2}(e^{j\omega T})}{V_{i2}(e^{j\omega T})}=-\frac{j\frac{C_1+2C_3+C_2}{C}\sin\frac{\omega}{2}T+\frac{C_1-C_2}{C}\cos\frac{\omega}{2}T}{j\left(2+\frac{C_f}{C}\right)\sin\frac{\omega}{2}T+\frac{C_f}{C}\cos\frac{\omega}{2}T} \tag{6.4-6}$$

当 $\omega T\ll 1$ 时，上式近似为：

$$H(\omega T)=-\frac{j\frac{C_1+2C_3+C_2}{2C}\omega T+\frac{C_1-C_2}{C}}{j\left(1+\frac{C_f}{2C}\right)\omega T+\frac{C_f}{C}} \tag{6.4-7}$$

当 $C_2=0$ 时，由分子可得零点频率：

$$\omega_z=\frac{C_1}{C_3+C_1/2}\frac{1}{T} \tag{6.4-8}$$

从分母可得极点频率：

$$\omega_p=\frac{C_f}{C+C_f/2}\frac{1}{T} \tag{6.4-9}$$

如果用对称全差模结构实现这个一般一阶模块电路，只要互换对称电容对的输入端，就可以得到等效负电容值 C_1、C_2、C_3 和 C_f。用这种方法，要取得值为 -1 的零点 z_z，(6.4-6)式可以取 $C_2=0$ 和 $C_3=-0.5C_1$，即将 C_3 的电容尺寸取为代表 C_1 电容的一半，并将两个 C_3 电容输入端 V_i^+ 和 V_i^- 互换，使 $-V_i(z)$ 加到 C_3 电容对。由(6.4-8)式可见，这时零点频率为无穷大。

例题 8　采用双线性变换设计一个一阶开关电容低通滤波电路。当时钟频率为 50 MHz时 -3 dB 点在 8 MHz，同时要求低频增益为 1，在频率为时钟频率一半时增益为 0。

解：在频率为时钟频率一半时，z 域频率为 $\theta=2\pi f/fs=\pi$，这时得到 0 增益要求零点为 -1。采用双线性变换，z 域 -1 零点对应于 s 域无穷大零点。将 z 域 -3 dB 频率 8 MHz 预变换到 s 域为：$\omega_p T/2=\mathrm{tg}(\omega_D T/2)=\mathrm{tg}(2\pi f/2f_s)$ 0.549 754 65。实现所要求滤波特性，需要 s 域传递函零点频率无穷大，极点频率 ω_p 为 $2\pi 8.749\ 617$ MHz，即 $H(s)=K'/(s+\omega_p)$。由此通过双线性变换得 z 域传递函数：$H(z)=K(z+1)/(z+(\omega_p T/2-1)/(\omega_p T/2+1))$ $=K(z+1)/(z-0.290\ 526\ 86)$。从低频增益值 $H(z=1)=1$ 条件，求出 $K=0.354\ 736\ 57$。$H(z)=(1.221\ 011\ 3z+1.221\ 011\ 3)\ /(3.442\ 022\ 5z-1)$。在 $C_2=0$ 情况下，与设计公式(6.4-2)比较得电容比：$C_3/C=1.221\ 011\ 3$，$C_1/C=-2.442\ 022\ 6$，$C_f/C=2.442\ 022\ 5$。如果 $C=0.1$ pF，那么 $C_3=0.122$ pF，$C_1=-0.244$ pF，$C_f=0.244$ pF。因为存在负电容值，需要用全差模结构电路实现或用上节介绍的双线性阻尼积分器实现。

6.4.2　二阶滤波器

与一阶 SC 滤波器相同，好的 SC 双二阶滤波器结构也是从模仿连续时间滤波器得到的。与连续时间滤波器相同，双积分器环型二阶滤波器是常用的 SC 双二阶滤波器结构。利用前面介绍的基本 SC 积分器可以构成各种双积分器环型二阶滤波器。

1. SC 双积分器环结构

SC 双积分器环可以由 SC 反相和同相积分器构成。图 6.33(a)表示用一个 BEI 型积分器和一个 FEI 型积分器构成的双积分器环。在 φ_1 相，运放 A_1 处于保持状态，C_3 电容放电；运放 A_2 随着 C_4 的电荷转移到 C_2 输出逐渐达到稳定值。在 φ_2 相，运放 A_2 处于保持状态，并将输出电压建立在 C_3 电容上；运放 A_1 随着 C_3 电荷向 C_1 转移不断调整输出，并为 C_4 充电。因此，对于这种积分器环要求运放 A_1 具有比 A_2 更好的动态特性。然而，从运放动态特性的角度来看，这种环是用单端积分器所能设计出的最好环。另外，单端 BEI 和 FEI 型积分器产生的附加相位在环内抵消，整个环路只有两个理想积分器产生的一个时钟延迟。由于在每个时钟相积分器环都处于开路，这种积分器环当使用有限带宽的低输出阻抗运放时可以有较好的特性。

图 6.33(b)是图 6.33(a)积分器环的对称全差模结构形式。由于对称全差模电路有更大的设计自由度，如通过简单互换运放的输出端即可完成信号反相，所以采用这种方法可以

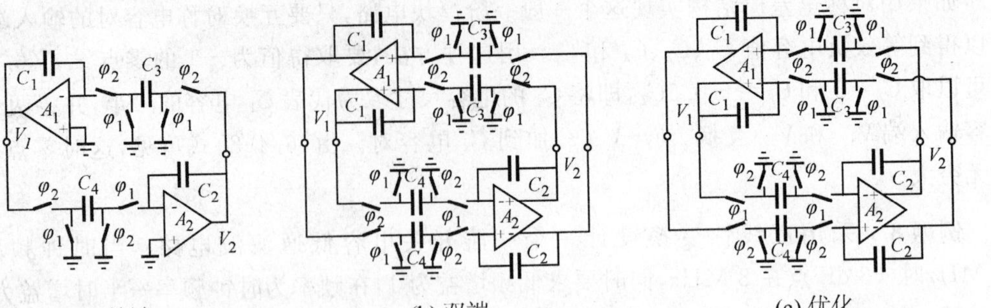

(a) 单端　　(b) 双端　　(c) 优化

图 6.33　SC 双积分器环结构

设计出不同结构的双积分器环。用两个反相积分器构成全差模双积分器环可以有更好的频率特性，如图 6.33(c)所示。在 φ_1 相，C_4 被充电并将电荷转移到 C_2，运放 A_2 始终处于建立状态。在 φ_2 相，C_3 被充电并将电荷传递到 C_1，运放 A_1 始终处于建立状态。可见在两个时钟相运放有类似的工作方式，因此这种双积分器环对于有限带宽的低输出阻抗运放有更好的特性。值得注意，具有这种特点的全差模双积分器环用单端结构是无法实现的。

2. 电阻阻尼双积分器环滤波器

一种基于图 6.33(b)双积分器环、采用电阻阻尼构成的通用对称全差模双二阶滤波模块的半电路如图 6.34 所示。它相当于用开关电容电阻替代图 5.19(a)所示有源 RC 滤波器中的电阻后，得到局部电阻阻尼双积分器环的 SC 双二阶滤波器。RC 电路中的反相器，由于采用电容开关等效负电阻而在 SC 电路中取消。输入信号通过开关电容电路送到双积分器环中，一个积分器在积分电容两端并联开关电容等效电阻产生阻尼。与有源 RC 滤波器相同，当 K_1 和 K_3 为零时，这个双二阶电路在 A_1 输出端实现低通滤波函数，在 A_2 输出端实现带通滤波函数，但是所实现的传递函数是近似的，只在开关控制信号周期 $T\to 0$ 时方可等于连续时间传递函数。如果用开关电容等效电阻 $R=T/C$ 代入(5.2-22)和(5.2-23)式可得谐振频率：

$$\omega_0=\frac{1}{T}\sqrt{\frac{C_A C_C}{C_B C_D}}=\frac{1}{T}\sqrt{K_4 K_5} \tag{6.4-10}$$

质量因子：

$$Q=\frac{C_C}{C_F}\sqrt{\frac{C_A C_D}{C_B C_C}}=\frac{1}{K_6}\sqrt{K_4 K_5} \tag{6.4-11}$$

这种双二阶电路的另一个重要特点是受运放建立时间影响小。这是因为当输入变化期间，每个积分器的输出都不与下一级积分器相连。对于 A_1，在 φ_2 相输出变化并对 C_C 充电，但要等到 φ_1 相才加到 A_2 的输入端。因此，在 A_2 把 A_1 的输出读出之前允许 A_1 输出有一个建立过程。同样，在 A_2 读出之前，允许 A_2 输出在 φ_1 相有一个建立过程。在设计 SC 滤波器时总应该消除前后级耦合的影响，这个电路自动满足这种要求。

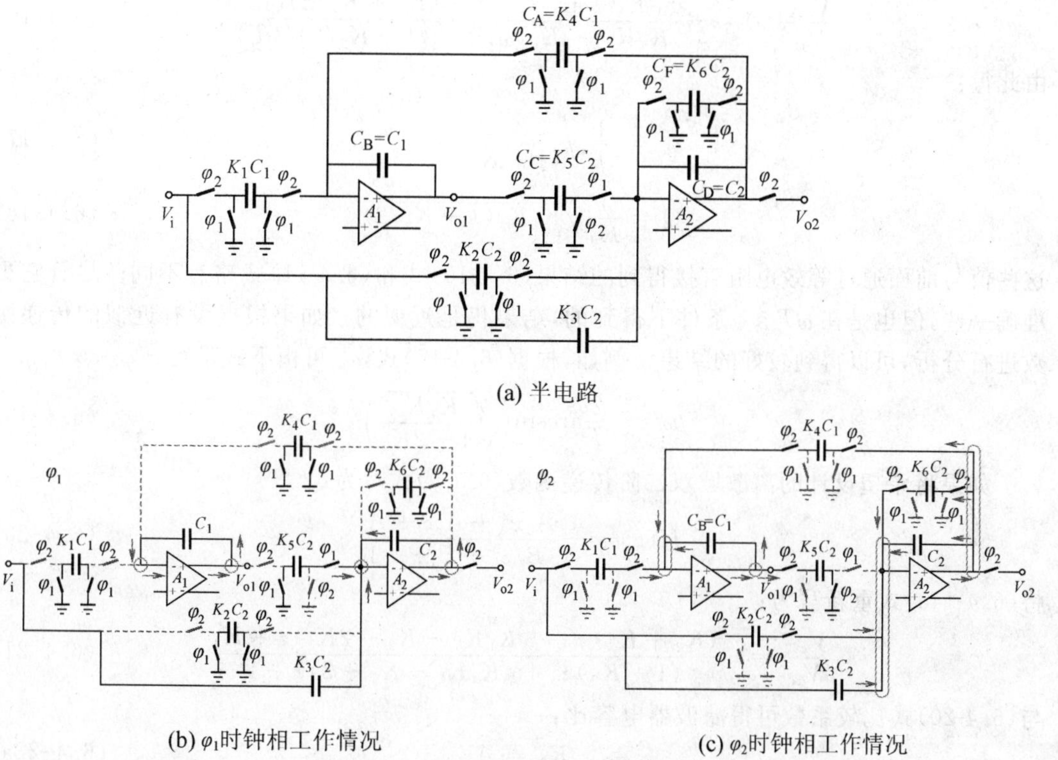

(a) 半电路

(b) φ_1时钟相工作情况　　(c) φ_2时钟相工作情况

图 6.34　一种电阻阻尼双积分器环构成的 SC 双二阶滤波模块的半电路

(6.4-10)和(6.4-11)式是用简单不精确的等效电阻法分析得到的频率特性，只适合时钟周期 $T\to 0$ 的情况。对于图 6.34 电路可以在 z 域直接推导出精确的传递函数。用类似前一节积分器的分析方法可以得到两个积分器的电压关系式：

$$C_1(1-z^{-1})V_{o12}=-K_1C_1V_{i2}-K_4C_1V_{o22} \tag{6.4-12}$$

$$C_2(1-z^{-1})V_{o22}=K_5C_2z^{-1}V_{o12}-K_6C_2V_{o22}-K_2C_2V_{i2}-K_3C_2(1-z^{-1})V_{i2} \tag{6.4-13}$$

从这两个方程中可以求出传递函数：

$$\frac{V_{o22}}{V_{i2}}=-\frac{K_3(z^{1/2}-z^{-1/2})^2+K_2z^{1/2}(z^{1/2}-z^{-1/2})+K_1K_5}{(z^{1/2}-z^{-1/2})^2+K_6z^{1/2}(z^{1/2}-z^{-1/2})+K_4K_5} \tag{6.4-14a}$$

$$\frac{V_{o12}}{V_{i2}}=-\frac{(K_1-K_3K_4)z^{1/2}(z^{1/2}-z^{-1/2})+(K_1K_6-K_2K_4)}{(z^{1/2}-z^{-1/2})^2+K_6z^{1/2}(z^{1/2}-z^{-1/2})+K_4K_5} \tag{6.4-14b}$$

将 $z=1$ 代入(6.4-14a)式可得直流增益为 $-K_1/K_4$。将 $z=e^{j\omega T}$ 代入(6.4-14a)式得：

$$\frac{V_{o22}}{V_{i2}}(\omega)=-\frac{-(4K_3-2K_2)\sin^2(\omega T/2)+jK_2\sin(\omega T)e^{j\omega T/2}+K_1K_5}{-(4+2K_6)\sin^2(\omega T/2)+jK_6\sin(\omega T)+K_4K_5} \tag{6.4-15}$$

如果 $\omega T\ll 1$，它可以简化为：

$$\frac{V_{o22}}{V_{i2}}(\omega) \approx -\frac{K_1K_5 + jK_2(\omega T) - (K_3 + K_2/2)(\omega T)^2}{K_4K_5 + jK_6(\omega T) - (1 + K_6/2)(\omega T)^2} \tag{6.4-16}$$

由此得：

$$\omega_0 = \frac{1}{T}\sqrt{\frac{K_4K_5}{(1+K_6/2)}} \tag{6.4-17}$$

$$Q = \frac{1}{K_6}\sqrt{K_4K_5(1+K_6/2)} \tag{6.4-18}$$

这些值与前面通过等效电阻直接得到的结果(6.4-10)式和(6.4-11)式略有不同。尽管它更准确一些，但也是在 $\omega T \ll 1$ 条件下得到的，结果仍是近似的。如果根据没有近似的传递函数进行分析，可以得到较好的结果。例如，根据(6.4-15)式，ω_0 可由下式求得：

$$\omega_0 = \frac{2}{T}\arcsin\left(\sqrt{\frac{K_4K_5}{4+2K_6}}\right) \tag{6.4-19}$$

如果将希望设计的离散域双二阶传递函数(6.1-9)式写为：

$$H(z) = -\frac{A_2z^2 + A_1z + A_0}{B_2z^2 + B_1z + 1} \tag{6.4-20}$$

将(6.4-14a)式重新写为：

$$\frac{V_{o22}}{V_{i2}} = -\frac{(K_2 + K_3)z^2 + (K_1K_5 - K_2 - 2K_3)z + K_3}{(1+K_6)z^2 + (K_4K_5 - K_6 - 2)z + 1} \tag{6.4-21}$$

与(6.4-20)式比较系数可得滤波器电容比：

$$K_3 = A_0 \tag{6.4-22a}$$

$$K_2 = A_2 - A_0 \tag{6.4-22b}$$

$$K_1K_5 = A_0 + A_1 + A_2 \tag{6.4-22c}$$

$$K_6 = B_2 - 1 \tag{6.4-22d}$$

$$K_4K_5 = 1 + B_1 + B_2 \tag{6.4-22e}$$

可见在满足传递函数的情况下，K_1、K_4 和 K_5 有一个参数可以自由选择。这个自由参数一般由内部节点电压 V_{o1} 范围决定。一种方法是首先初步选择适当的电容值使 $K_5=1$，并由此初步确定出其他电容的初始值；然后根据这组电容值求出节点 V_{o1} 和 V_{o2} 信号频率响应的最大值；最后在保证 V_{o1} 和 V_{o2} 最大值相同的情况下，根据信号量缩放比求出最后的电容值。另一种方法是选择 K_4 和 K_5 使两个离散积分器的时间常数相等，即：

$$K_4 = K_5 = \sqrt{K_4K_5} = \sqrt{1 + B_1 + B_2} \tag{6.4-23}$$

这种选择基本可以同时最大限度利用放大器的带宽，取得良好的频率特性。

由于滤波器的最小电容值是由噪声决定的，所以实现大电容比需要增大总面积。根据开关电容等效电阻近似，可以估计 SC 滤波器的最大与最小电容比。由(6.4-10)和(6.4-11)式可得积分器环电容比与滤波器特性的近似关系：

$$K_4 = K_5 = \omega_0 T \tag{6.4-24a}$$

$$K_6 = \omega_0 T/Q \tag{6.4-24b}$$

一般情况采样率$(1/T)$远大于ω_0，即$\omega_0 T \ll 1$，电容比小于1，因此积分器环的最大电容是积分电容C_B和C_D。如果$Q<1$，$K_4<K_6$，最小电容是$C_A=K_4C_1$和$C_C=K_5C_2$，最大比最小电容大$1/\omega_0 T$倍。如果$Q>1$，最小电容为$C_F=K_6C_2$，最大比最小电容大$Q/\omega_0 T$倍。因此，对于电阻阻尼高Q值滤波器要增大芯片面积。

3. 电容反馈阻尼积分器环滤波器

与连续时间双积分器环相同，阻尼也可以由电容来实现。虽然在传统的有源RC滤波器中较少采用电容反馈阻尼（因为要尽量用电阻，以减少电容数量），然而电容反馈阻尼在SC滤波器中可以被采用。对于SC电路，可以在多通路之间共用一组开关，减少所需开关的数量。虽然开关共用减少了开关数量和硅片面积，但要引起信号耦合问题，这将限制高频滤波器的性能。图6.35是一种电容反馈阻尼、开关共用的通用双二阶全差模电路的半电路。它的传递函数为：

$$\frac{V_{o22}}{V_{i2}}=-\frac{K_3z^2+(K_1K_5+K_2K_5-2K_3)z+(K_3-K_2K_5)}{z^2+(K_4K_5+K_5K_6-2)z+(1-K_5K_6)} \tag{6.4-25}$$

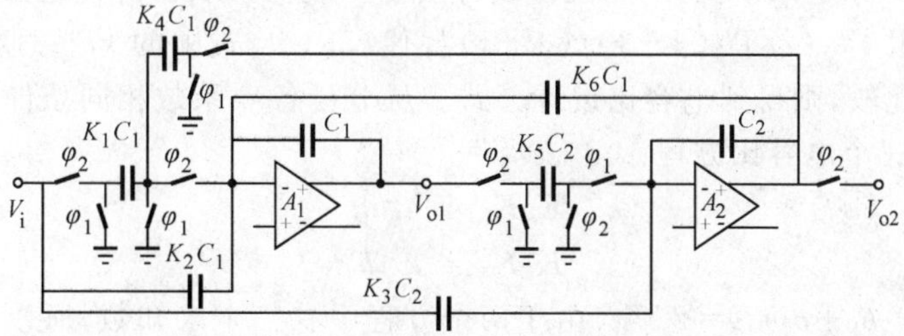

图 6.35 电容阻尼双积分器环 SC 双二阶滤波电路

如果所设计的离散时间传递函数为：

$$H(z)=-\frac{A_2z^2+A_1z+A_0}{z^2+B_1z+B_0} \tag{6.4-26}$$

将(6.4-25)式系数（电路参数）用(6.4-26)式系数（设计参数）表示，可以得到电容比设计公式：

$$K_3=A_2 \tag{6.4-27a}$$

$$K_2K_5=A_2-A_0 \tag{6.4-27b}$$

$$K_1K_5=A_0+A_1+A_2 \tag{6.4-27c}$$

$$K_5K_6=1-B_0 \tag{6.4-27d}$$

$$K_4K_5=1+B_0+B_1 \tag{6.4-27e}$$

由此可见，对于电容比K_4、K_5和K_6只有两个约束方程，其中有一个可以自由选取。与前面电阻反馈积分器环分析相同，经常用双二积分器环中两积分器时间常数相等作为选择电容比的条件。设计先取：

$$K_4=K_5=\sqrt{K_4K_5}=\sqrt{1+B_0+B_1} \tag{6.4-28}$$

然后确定其他电容比。对于高 Q 双二阶电路，当两时钟相环路的时间常数相同时，基本可以得到良好的动态特性。在电路设计好之后，分析电路，调整电容比使两个积分器的输出信号强度相等。

如果用开关电容等效电阻分析电路，将等效电阻值 $R=T/C$ 代入(5.2-26)和(5.2-27)式可以得到：

$$K_4 = K_5 = \omega_0 T \tag{6.4-29}$$

$$K_6 = 1/Q \tag{6.4-30}$$

在实现高 Q 滤波时 K_6 比图 6.35 电阻阻尼电路的 K_6 更接近 1，因此电容阻尼有利于高 Q 值电路降低总电容量，减小芯片面积。但对于低 Q 双积分器环设计，选择积分器时间常数相等作为动态范围优化条件不成立，需要先具体估算出 V_{o1}/V_i 和 V_{o2}/V_i 的最大值，然后根据最大动态范围要求调整电容值，最后评价总电容的大小。

z 域传递函数多项式的系数不能直接反映滤波特性，所以(6.4-27)式表示的电路参数也无法直接反映滤波特性。如果电路参数能用 s 域传递函数多项式系数表示，则可将电路参数与滤波特性联系起来。例如，滤波器设计要求实现 s 域双二阶传递函数(5.1-9)式，对于双线性变换，用 $s=(2/T)(z-1)/(z+1)$ 替代(5.1-9)式中的 s，整理后把它的系数与(6.4-25)式系数比较，则得到电容比设计公式。从分母各项系数相同条件可以得到决定双二阶电路极点的三个电容比方程：

$$K_4 K_5 = 4\zeta b_0 \tag{6.4-31a}$$

$$K_5 K_6 = 2\zeta\nu b_1 \tag{6.4-31b}$$

其中：$\zeta=1/(\nu\nu+\nu b_1+b_0)$，$\nu=2/T$。由于两个方程中有三个未知数，所以其中一个电容比可以任意选定。通常用得到最大双二阶电路动态范围作为选择电容的条件。对于高 Q 双二阶电路，当两相环路的时间常数相同时，近似得：$K_4=K_5$。

由分子各项系数相同的条件可以得到决定双二阶电路零点的三个电容比方程。对于一些特定情况，它们的结果是：

(a) 低通($a_1=a_2=0$)$K_2=0$，$K_1K_5=4\zeta a_0$，$K_3=\zeta a_0$。

(b) 带通($a_0=a_2=0$)$K_1=0$，$K_2K_5=2\zeta\nu a_1$，$K_3=\zeta\nu a_1$。

(c) 高通($a_0=a_1=0$)$K_1=K_2=0$，$K_3=\zeta\nu\nu a_2$。

(d) 带阻($a_1=0$)$K_2=0$，$K_1K_5=4\zeta a_0$，$K_3=\zeta(a_0+\nu\nu a_2)$。

由于输入与三个系数(K_1，K_2，K_3)有关，而且 $K_5=\omega_0 T<1$，可见输入电容 K_1C_1 是实现低通滤波的主要信号通道；电容 K_2C_1 是实现带通滤波的主要信号通道；K_3C_2 是实现高通滤波的信号通道。这个电路在 V_{o2} 输出可以获得负的带通传递函数，如果由 V_{o1} 输出可以得到正带通函数。对于 V_{o1} 输出，极点设计方程不变，而零点方程变为：$K_1=0$，$K_3K_4=2\zeta\nu a_1$，$K_2=\zeta\nu a_1(1+\nu b_1/b_0)$。这种采用双线性变换设计的低通和带通滤波器，其频率响应选择性比前面的电路更好，这是在 $\omega_D=\pi/T$ 设置零点的结果($\omega_D=\pi/T$ 是 $\omega=\infty$ 的映射)。

另外，如果频率预变换表示为 $\omega=(2/T)\mathrm{tg}(T\omega_D/2)=\nu\,\mathrm{tg}(T\omega_D/2)$，其中 ω_D 是滤波器设计要求的离散信号角频率，为设计方便可取 $\nu=1$，即采用归一化频率设计。

例题9 用6.36图所示SC双二阶电路设计一个带通滤波器。要求中心频率在1 k弧/秒，Q值为10(对应上、下−3 dB频率是950弧/秒和1050弧/秒)，中心频率增益为4，采样率为10 k弧/秒，采用双线性变换。

解：首先进行频率预变换，将设计要求的离散域频率ω_D根据双线性变换关系($\omega=(2/T)\tan(T\omega_D/2)$)转换为连续域频率$\omega$。

$\omega_D=950$弧/秒， $\omega_s=979.25$弧/秒$=0.307\,640\,17(2/T)$弧/秒。

$\omega_D=1000$弧/秒， $\omega_s=1034.19$弧/秒$=0.324\,919\,70(2/T)$弧/秒。

$\omega_D=1050$弧/秒， $\omega_s=1089.82$弧/秒$=0.342\,376\,53(2/T)$弧/秒。

对应s域的中心频率和带宽是$\omega_0=0.3249(2/T)$弧/秒，$\omega_0/Q=110.57$弧/秒$=0.034\,736\,36(2/T)$弧/秒，$Q=9.35$。可见在保证关键点频率变换关系情况下，Q值也发生变化。二阶带通滤波器s域的传递函数为：

$$H(s)=-\frac{4(\omega_0/Q)s}{s^2+(\omega_0/Q)s+\omega_0^2}=\frac{-4\times110.57s}{s^2+110.57s+1\,069\,548.956}$$

$$=\frac{-4\times0.034\,736\,36(2/T)s}{s^2+0.034\,736\,36(2/T)s+[0.324\,919\,7(2/T)]^2}$$

将双线性变换关系$s=(2/T)(z-1)/(z+1)$代入上式得：

$$H(z)=-\frac{4\times0.034\,736\,36(z^2-1)}{1.140\,309\,171z^2-1.788\,854\,377z+1.070\,836\,451}$$

$$=-\frac{4\times0.030\,462\,229\,7(z^2-1)}{z^2-1.568\,745\,057z+0.939\,075\,540\,4}$$

通过频率转换可以看到，如果采用归一化频率($\omega_s T/2$)设计，可以简化传递函数变换。根据上式(z域希望设计的传递函数)系数得电路参数(电容比)为：$K_3=A_2=0.138\,945\,44$，$K_2K_5=0.277\,890\,88$，$K_1K_5=0$，$K_4=K_5=0.608\,547\,847\,7$，$K_5K_6=0.060\,924\,459\,6$，$K_6=0.100\,114\,493\,5$，$K_2=0.456\,645\,900\,6$。最小电容比为$K_6$，最大电容是最小电容的10倍。

如果用6.4-3电阻阻尼双二阶滤波器，将z域传递函数重新写为：

$$H(z)=-\frac{4\times0.032\,438\,529\,5(z^2-1)}{1.064\,877\,059z^2-1.670\,520\,623z+1}$$

根据设计公式(6.4-22)得电路参数(电容比)为：$K_3=A_0=0.129\,754\,118$，$K_2=A_2-A_0=0.259\,508\,236$，$K_1K_5=A_0+A_1+A_2=0$，$K_4=K_5=\sqrt{1+B_1+B_2}=0.627\,978\,053\,7$，$K_6=0.064\,877\,059$。由最小电容比$K_6$知，最大电容约为最小电容的16倍。可见随$Q$值和频率比($f_s/f_0$)的增加最大电容与最小电容比将大大增加，导致面积增大。

与连续时间滤波器相同，可以用双二阶电路级联实现偶数阶高阶SC滤波器，或用双二阶电路加一阶电路级联实现奇数阶高阶SC滤波器。级联设计通过将$H(s)$分解为二阶和一阶函数的乘积进行。在分解通过中涉及到极/零对、级联顺序和增益分配等问题，处理方法与5.1节MOST−C滤波器相同，这里不再赘述。典型的现代商业用滤波器通常使用双线性设计方程和图6.34(c)、图6.36电路。

6.4.3 梯形滤波器

虽然梯形滤波器在设计方面比级联设计复杂，但是梯形结构由于引入更多的反馈，在参数敏感度和信噪比方面优于级联设计，特别对高阶、高 Q 滤波电路更为明显。用开关电容技术同样可以实现梯形滤波器，即开关电容梯形滤波器。简单设计方法是先设计一个有源 RC 滤波器（见 5.1 节），然后用图 6.33 开关电容模块电路替换积分器。这种方法只有当时钟频率远大于信号频率时才能保证滤波特性。

例题 10 采用开关电容等效电阻方法设计一个通带波纹小于 0.1 dB、通带边缘频率 10 kHz、低频增益 1 的开关电容梯形三阶低通 Chebyshev 滤波器，采样频率 1 MHz。如果采样频率降为 100 kHz，观察幅频特性曲线的变化。

解： RLC 原型电路和信号流图如图 6.36 所示，电路方程是：

$$V_1 = \frac{V_{in} - (R_S/R)\hat{V}_2}{1 + sC_1R_S}, \hat{V}_2 = \frac{V_1 - V_3}{sL_2/R}, V_3 = \frac{(R_L/R)\hat{V}_2}{1 + sC_3R_L}$$

其中：$\hat{V}_2 = I_2/R$，R 是任选电阻值，设计中选择为 1 Ω。满足滤波特性要求的归一化元件值为：$C_1 = C_3 = 1.0316$ F，$L_2 = 1.1474$ H，$R_S = R_L = 1$ Ω。实现 10 kHz 通带边缘频率的去归一化元件值为：$C_1 = C_3 = 1.0316$ F$/\omega_c/1$ 弧/秒 $= 16.4184$ μF，$L_2 = 1.1474$ H$/\omega_c/1$ 弧/秒 $= 18.2614$ μH，$R_S = R_L = 1$ Ω。

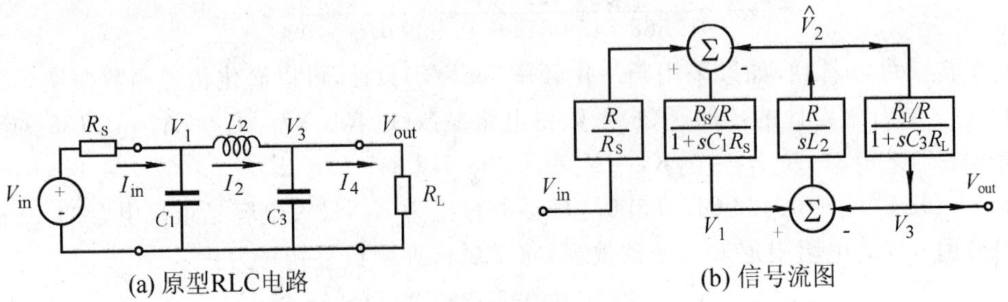

图 6.36 三阶低通滤波器

采用有源 RC 电路实现的滤波器如图 6.38(a)所示。电路方程是：

$$V_1 = \frac{(R_{Sg}/R)((R/R_{in})V_{in} - V_2)}{1 + sC_{11}R_{Sg}}, V_2 = \frac{V_1 - V_3}{sC_{22}R}, V_3 = \frac{(R_{Ld}/R)V_2}{1 + sC_{33}R_{Ld}}$$

其中：R 是任选电阻值，R_{in} 由低频增益值确定。如果选择 $R = R_{Sg} = R_{Ld} = 10$ MΩ，那么与 RLC 原型电路的去归一化电路方程比较可得 $C_{11} = C_{33} = 1.54184$ pF，$C_{22} = 1.82614$ pF，根据低频增益 1 要求可得 $R_{in} = 5$ MΩ。直接用开关电容等效电阻替换电阻后得到的开关电容滤波器如图 6.37(b)所示。等效电阻的电容值为 $C_{21} = C_{12} = C_{32} = C_{23} = C_{Sg} = C_{Ld} = T/R = 0.1$ pF，$C_{in} = 2C_{21} = 0.2$ pF。

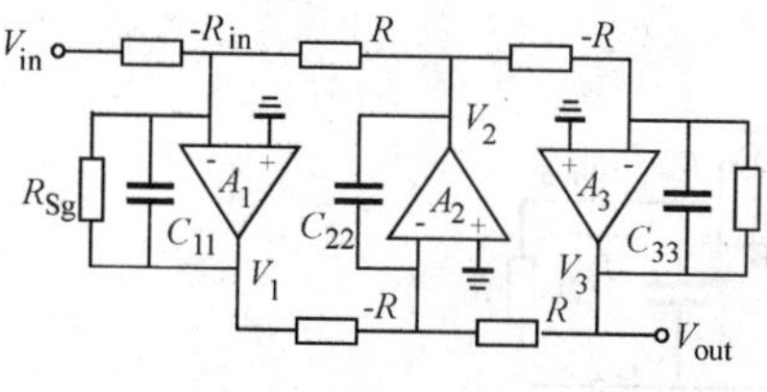

(a) 有源RC实现电路

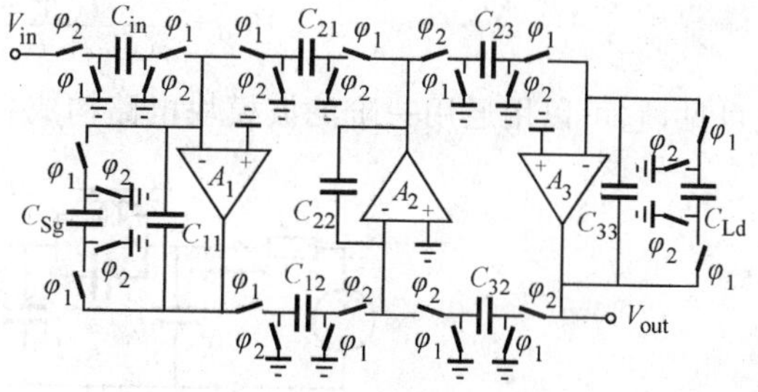

(b) 开关电容实现电路

图 6.37　滤波器实现电路

图 6.37(a)和(b)所示电路传递函数的幅频特性如图 6.38 所示。在 1 MHz 采样频率下，两者的频率响应基本相同。如果采样频率降低为 100 kHz，开关电容幅频特性的波纹和截止频率都与希望结果存在很大差距。这种情况下，需要精确设计，见习题 6.41。

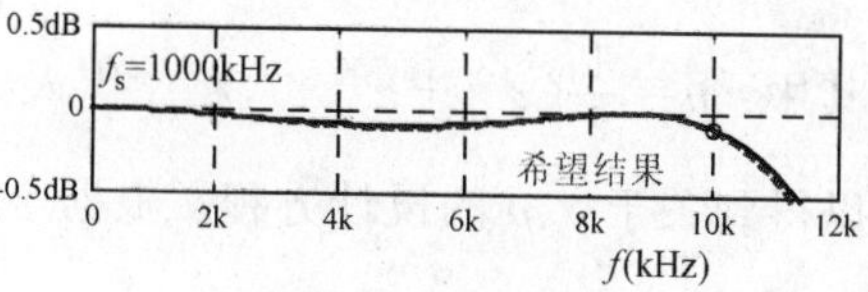

(a) 1MHz采样率

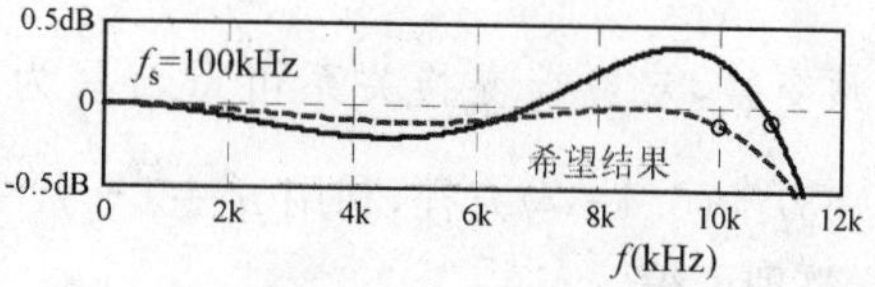

(b) 100kHz采样率

图 6.38　有源 RC 与开关电容实现电路的频率特性

在时钟频率不是远大于信号带宽的情况下为得到较准确的开关电容电路设计结果，不能简单地用开关电容的等效电阻值直接确定电容值。下面以五阶椭圆低通滤波器为例，推宗明本、介绍双线性变换开关电容梯形滤波器的设计方法。

图 6.39 是一个实现五阶椭圆滤波器的 LC 梯形网络。根据节点 V_1' 流入、流出电流相等的条件有：

$$(V_{in}' - V_1')/R_S = sC_1V_1' + sC_2(V_1' - V_3') + I_2 \tag{6.4-32}$$

整理得：

$$V_1' = \frac{V_{in}'/R_S - I_2 + sC_2V_3'}{s(C_1 + C_2) + 1/R_S} \tag{6.4-33}$$

用类似的方法可以得到：

$$I_2 = \frac{1}{sL_2}(V_1' - V_3') \tag{6.4-34}$$

$$V_3' = \frac{I_2 - I_4 + sC_2V_1' + sC_4V_5'}{s(C_3 + C_2 + C_4)} \tag{6.4-35}$$

$$I_4 = \frac{1}{sL_4}(V_3' - V_5') \tag{6.4-36}$$

$$V_5' = \frac{I_4 + sC_4V_3'}{s(C_5+C_4)+1/R_L} \tag{6.4-37}$$

由此可见，它可以用通用一阶滤波模块电路构成。

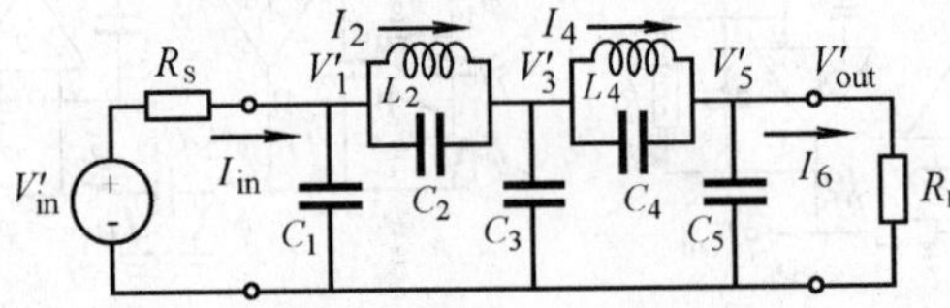

图 6.39　实现五阶椭圆滤波器的 LC 梯形网络

用双线性变换关系将上述方程从 s 域变换到 z 域，可以得到基于开关电容滤波模块的设计方程。为能用结构简单的 LDI 型积分器实现这个滤波电路，令：$I_2' = \dfrac{V_1'-V_3'}{L_2\gamma}$，$I_4' = \dfrac{V_3'-V_5'}{L_4\gamma}$，其中：$\gamma = \dfrac{1}{2}(z^{1/2}-z^{-1/2})$。如果采用采样频率归一化设计，用 $\omega T/2 = \tan(\omega_D T/2)$ 关系进行频率预变换，双线性变换关系可重新写为 $s=\dfrac{\gamma}{\mu}$，其中：$\mu = \dfrac{1}{2}(z^{1/2}+z^{-1/2})$，将 s 代入上述(6.4-33)－(6.4-37)方程，利用 $\mu^2 = 1+\gamma^2$ 关系，可以得到关于 γ、μ 的设计方程。根据 γ 和 μ 定义，整理可得：

$$V_1' = -\frac{-(1/2R_S)(1+z^{-1})z^{1/2}V_{in}' + I_2' - (C_2/2)(1-z^{-1})z^{1/2}V_3'}{(C_1'/2)(1-z^{-1})z^{1/2} + (1/2R_S)(1+z^{-1})z^{1/2}} \tag{6.4-38}$$

$$I_2' = \frac{z^{-1/2}V_1' - z^{-1/2}V_3'}{(L_2/2)(1-z^{-1})} \tag{6.4-39}$$

$$V_3' = -\frac{-I_2' + I_4' - (C_2'/2)(1-z^{-1})z^{1/2}V_1' - (C_4'/2)(1-z^{-1})z^{1/2}V_5'}{(C_3'/2)(1-z^{-1})z^{1/2}} \tag{6.4-40}$$

$$I_4' = \frac{z^{-1/2}V_3' - z^{-1/2}V_5'}{(L_4/2)(1-z^{-1})} \tag{6.4-41}$$

$$V_5' = -\frac{-I_4' - (C_4'/2)(1-z^{-1})z^{1/2}V_3'}{(C_5'/2-1/2R_L)(1-z^{-1})z^{1/2} + (1/R_L)z^{1/2}} \tag{6.4-42}$$

其中：$C_1' = C_1+C_2+1/L_2$，$C_2' = C_2+1/L_2$，$C_3' = C_2+C_3+C_4+1/L_2+1/L_4$，$C_4' = C_4+1/L_4$，$C_5' = C_4+C_5+1/L_4$。如果将 $z^{1/2}V_k'$ 看成是新的量 V_k'，$(k=in,1,3,5)$，比较(6.4-38)～(6.4-42)式与(6.4-1)式可见，这个电路可以用图 6.32 通用一阶开关电容模块电路实现。

一个采用通用一阶开关电容模块电路构成的梯形滤波器如图 6.40 所示，输入端设计一个采样保持电路使 $V_{in1}(z) = V_{in2}(z)z^{-1/2}$。对于运放 A_1 负输入端节点，根据电荷守恒可以得到：

$$\begin{aligned} &C_{in}V_{in1}(z)\,z^{-1/2} + C_{in}V_{in2}(z) + C_{21}V_{22}(z) + C_{31}(1-z^{-1})V_{32}(z) \\ &+ C_{11}(1-z^{-1})V_{12}(z) + C_{Sg}V_{12}(z) = 0 \end{aligned} \tag{6.4-43}$$

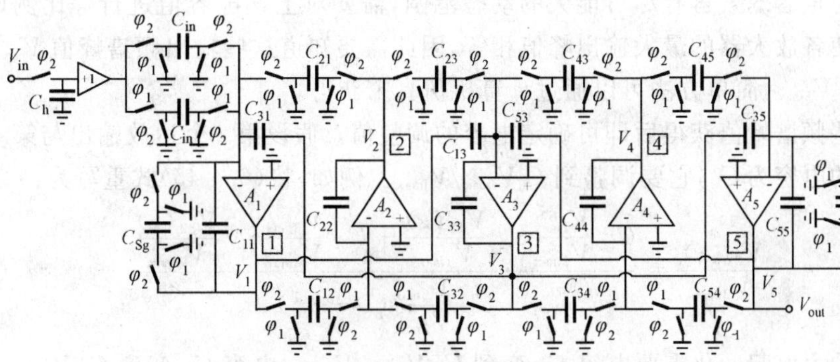

图 6.40　开关电容实现的 LC 梯形网络

整理得到：

$$V_{12}(z)=-\frac{C_{in}(1+z^{-1})V_{in2}(z)+C_{21}V_{22}(z)+C_{31}(1-z^{-1})V_{32}(z)}{C_{11}(1-z^{-1})+C_{Sg}} \tag{6.4-44}$$

用类似的方法可以分别得到其他四个一阶滤波器的输出：

$$V_{22}(z)=\frac{C_{12}z^{-1}V_{12}(z)+C_{32}z^{-1}V_{32}(z)}{C_{22}(1-z^{-1})} \tag{6.4-45}$$

$$V_{32}(z)=-\frac{C_{13}(1-z^{-1})V_{12}(z)+C_{23}V_{22}(z)+C_{43}V_{42}(z)+C_{53}(1-z^{-1})V_{52}(z)}{C_{33}(1-z^{-1})} \tag{6.4-46}$$

$$V_{42}(z)=\frac{C_{34}z^{-1}V_{32}(z)+C_{54}z^{-1}V_{52}(z)}{C_{44}(1-z^{-1})} \tag{6.4-47}$$

$$V_{52}(z)=-\frac{C_{45}V_{42}(z)+C_{35}(1-z^{-1})V_{32}(z)}{C_{55}(1-z^{-1})+C_{Ld}} \tag{6.4-48}$$

将上述方程(6.4-44)－(6.4-48)与方程(6.4-38)－(6.4-42) 比较可以得到 LC 梯形滤波器的电流、电压和运放输出电压的关系：

$$(-z^{-1/2}V_{in2})\Leftrightarrow V'_{in},(z^{-1/2}V_{12})\Leftrightarrow V'_1,(V_{22})\Leftrightarrow I'_2,$$
$$(-z^{-1/2}V_{32})\Leftrightarrow V'_3,(-V_{42})\Leftrightarrow I'_4,(z^{-1/2}V_{52})\Leftrightarrow V'_5,$$

通过上述对应关系看到图 6.40 开关电容电路可以精确地等效实现图 6.39 所示 LC 网络。

通过比较方程(6.4-44)～(6.4-48)与方程(6.4-38)～(6.4-42)的系数，可以得到开关电容电路的电容值：$C_{Sg}=1/R_S$，$C_{in}=1/2R_S$，$C_{11}=(C'_1-1/R_S)/2$，$C_{21}=C_{12}=1$，$C_{22}=L_2/2$，$C_{32}=C_{23}=1$，$C_{33}=C'_3/2$，$C_{43}=C_{34}=1$，$C_{44}=L_4/2$，$C_{54}=C_{45}=1$，$C_{55}=(C'_5-1/R_L)/2$，$C_{Ld}=1/R_L$，$C_{31}=C_{13}=C'_2/2$，$C_{35}=C_{53}=C'_4/2$。用这组电容值，开关电容滤波器的增益与 LC 梯形滤波器的低频增益相同。如果要使开关电容滤波器增益比 LC 滤波器大 K 倍，那么需要 C_{in} 增加到 KC_{in}。

为使开关电容滤波器有尽可能大的动态范围，需要对上述电容值进行等比例调整。这种调整需要使各放大器的最大输出峰值相等，因此需要知道这些输出频谱峰值 $V_{1\max}$、$V_{2\max}$、$V_{3\max}$、$V_{4\max}$ 和 $V_{5\max}$，简单方法可以通过计算机仿真来获得。

一旦这些频谱峰值获得后即可确定电容的调整值。假设第 i 个运放输出与第 j 个运放的输入之间的电容为 C_{ij}，它要调整到 $C_{ij}V_{i\max}/V_{j\max}$。例如，将(6.4-45)式重写为：

$$\frac{V_{22}(z)}{V_{2\max}}=\frac{C_{12}\dfrac{V_{1\max}}{V_{2\max}}z^{-1}\dfrac{V_{12}(z)}{V_{1\max}}+C_{32}\dfrac{V_{3\max}}{V_{2\max}}z^{-1}\dfrac{V_{32}(z)}{V_{3\max}}}{C_{22}\dfrac{V_{2\max}}{V_{2\max}}(1-z^{-1})}\tag{6.4-49}$$

节点电压用最大值归一化需要电容 C_{12} 变到 $C_{12}V_{1\max}/V_{2\max}$，电容 C_{32} 变到 $C_{32}V_{3\max}/V_{2\max}$，电容 C_{22} 变到 $C_{22}V_{2\max}/V_{2\max}$。在这种调整过程中，保证(6.4-49)式与(6.4-45)式基本关系不变，因此保证每个双积分器环的环路传输特性不变，从而保证滤波器的传递函数不变。保证总低频增益不变，需要 C_{in} 乘以 $V_{5\max}/V_{1\max}$。

在实际设计中，虽然使各放大器输出最大值有相同值可以减小最大信号产生的畸变，但是对于非最大信号要减小信噪比。例如，音频信号中大信号占整个信号的比例较小，能否通过这种调整提高整个信号处理质量，需要综合考虑大信号畸变和一般信号信噪比下降对信号质量的影响。

在动态范围最大化调整完成后，可以根据总电容最小原则确定具体电容值。这个过程需要同时考虑五个模块。假设第 i 个模块到运放负输入端的最小电容为 $C_{i\min}$，制造工艺或噪声特性决定的最小电容值为 $C_{\min}$（如 0.1 pF），由此可以定义一个因子 $k_i=C_{\min}/C_{i\min}$。第 i 个模块所有电容都乘以 k_i，使 $k_iC_{i\min}=C_{\min}$，并保持传递函数不变。图 6.37 开关电容滤波器经开关合并化简为图 6.41 所示结构，实际电路可以采用全差模结构。

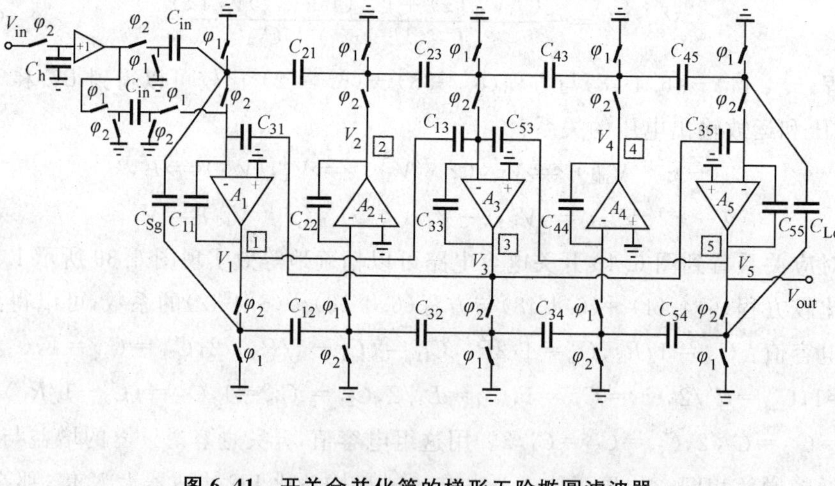

图 6.41　开关合并化简的梯形五阶椭圆滤波器

例题 11　用双线性变换设计一个五阶低通开关电容椭圆滤波器，要求通带边缘频率 1.5 kHz，阻带边缘 3.0 kHz，最大通带波纹不超过 0.5 dB，直流增益为 1，最小阻带衰减大于 100 dB，时钟频率 8 kHz，针对全差模结构对应的单端结构进行设计。

解： 首先进行频率预变换，将设计要求的离散域归一化频率 $\omega_D T/2$ 用双线性变换关系 $(\omega_s T/2=\mathrm{tg}(\omega_D T/2))$ 转换为连续域归一化频率 $\omega_s T/2$。转换后的通带边缘为 $\omega_s T/2=\mathrm{tg}(2\pi 1500/2/8000)=0.6682$，阻带边缘为 $\omega_s T/2=\mathrm{tg}(2\pi 3000/2/8000)=2.4142$。

根据这些 s 域频率特性设计 LC 梯形滤波网络，如图 6.39 所示。电路参数为：

$R_S=1.000$，$C_1=2.5238$，$C_2=0.033\,619$，$L_2=1.8124$，$C_3=3.7041$，$C_4=0.088\,493$，$L_4=1.7612$，$C_5=2.4707$，$R_L=1.000$。

根据上述参数可以得到双线性变换后离散域(6.4-38)～(6.4-42)式对应的参数：

$C_1'=C_1+C_2+1/L_2=3.1092$，$C_2'=C_2+1/L_2=0.5854$，$C_3'=C_2+C_3+C_4+1/L_2+1/L_4=4.9458$，$C_4'=C_4+1/L_4=0.6563$，$C_5'=C_4+C_5+1/L_4=3.1270$。连续阈和离散阈的频率特性如图 6.42 所示。

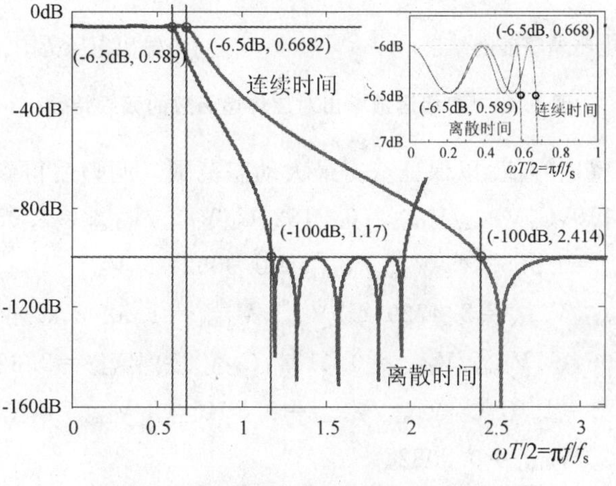

图 6.42　滤波器传递函数频率特性

根据上述参数可以得到图 6.40 开关电容电路参数：

$C_{Sg}=1/R_S=1.0$，$C_{in}=1/2R_S=0.5$，$C_{11}=(C_1'-1/R_S)/2=1.0546$，$C_{21}=C_{12}=1.0$，$C_{22}=L_2/2=0.9062$，$C_{32}=C_{23}=1.0$，$C_{33}=C_3'/2=2.4729$，$C_{43}=C_{34}=1.0$，$C_{44}=L_4/2=0.8806$，$C_{54}=C_{45}=1.0$，$C_{55}=(C_5'-1/R_L)/2=1.0635$，$C_{Ld}=1/R_L=1.0$，$C_{31}=C_{13}=C_2'/2=0.2927$，$C_{35}=C_{53}=C_4'/2=0.3281$。

根据上述参数对图 6.40 电路进行计算机辅助分析，结果如图 6.43(a)所示，各运放的输出频谱峰值为：$V_{1max}=0.793$，$V_{2max}=1.428$，$V_{3max}=0.788$，$V_{4max}=1.198$，$V_{5max}=0.5$。

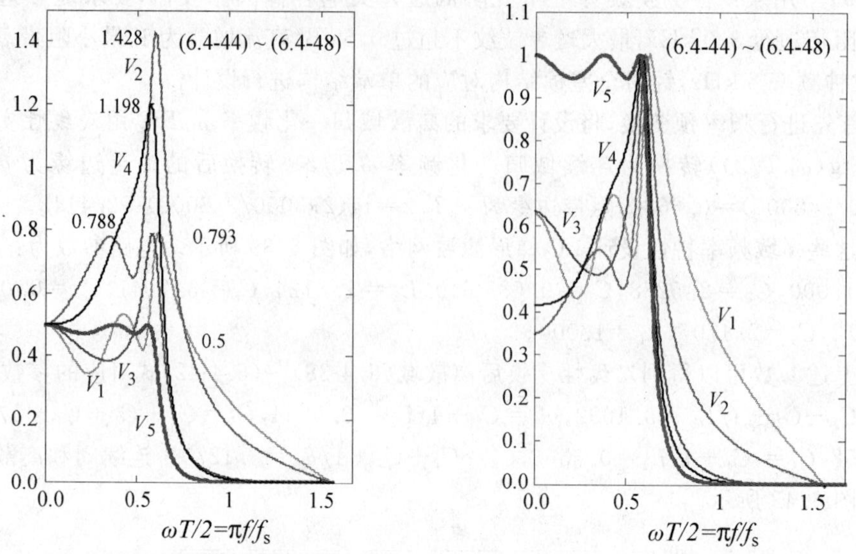

(a)输出电压调整前的结果　　(b)输出电压范围调整后的结果

图 6.43　各级运放输出对应传递函数的幅频特性

根据这些峰值调整电容值，以保证获得最大动态范围。调整后得到各电容值为：

$C_{Sg}V_{1max}/V_{1max}=1.0$，$C_{in}V_{5max}/V_{1max}=0.3152$，$C_{11}V_{1max}/V_{1max}=1.0546$，$C_{21}V_{2max}/V_{1max}=1.8008$，$C_{12}V_{1max}/V_{2max}=0.5553$，$C_{22}V_{2max}/V_{2max}=0.9062$，$C_{32}V_{3max}/V_{2max}=0.5518$，$C_{23}V_{2max}/V_{3max}=1.8122$，$C_{33}V_{3max}/V_{3max}=2.4729$，$C_{43}V_{4max}/V_{3max}=1.5203$，$C_{34}V_{3max}/V_{4max}=0.6578$，$C_{44}V_{4max}/V_{4max}=0.8806$，$C_{54}V_{5max}/V_{4max}=0.4174$，$C_{45}V_{4max}/V_{5max}=2.3960$，$C_{55}V_{5max}/V_{5max}=1.0635$，$C_{Ld}V_{5max}/V_{5max}=1.0$，$C_{13}V_{1max}/V_{3max}=0.2946$，$C_{31}V_{3max}/V_{1max}=0.2909$，$C_{35}V_{3max}/V_{5max}=0.5171$，$C_{53}V_{5max}/V_{3max}=0.2082$。

上述参数调整只保证各运放输出最大值相等，而 R_S 和 R_L 分压决定的通带增益 0.5 不变。要使低频增益值加倍，一个简单的方法是将输入电容 C_{in} 从 0.3152 增加到 0.6304。输出电压范围调整后各级运放输出对应传递函数的幅频特性如图 6.43(b)所示。

最后根据最小总电容原则确定电容值，假设最小单位电容 C_{min} 为 0.1 pF。对于运放 A_1，$k_1=C_{min}/C_{31}$，$C_{Sg}k_1=0.344$ pF，$C_{in}k_1=0.217$ pF，$C_{21}k_1=0.619$ pF，$C_{11}k_1=0.363$ pF，$C_{31}k_1=0.1$ pF。对于运放 A_2，$k_2=C_{min}/C_{32}$，$C_{12}k_2=0.101$ pF，$C_{32}k_2=0.1$ pF，$C_{22}k_2=0.164$ pF。对于运放 A_3，$k_3=C_{min}/C_{53}$，$C_{23}k_3=0.870$ pF，$C_{43}k_3=0.730$ pF，$C_{33}k_3=1.188$ pF，$C_{13}k_3=0.1415$ pF，$C_{53}k_3=0.1$ pF。对于运放 A_4，$k_4=C_{min}/C_{54}$，$C_{34}k_4=0.1576$ pF，$C_{54}k_4=0.1$ pF，$C_{44}\mathrm{k}_4=0.211$ pF。对于运放 A_5，$k_5=C_{min}/C_{35}$，$C_{45}k_5=0.463$ pF，$C_{55}k_5=0.206$ pF，$C_{Ld}k_5=0.193$ pF，$C_{35}k_5=0.1$ pF。

6.5　非线性开关电容电路及电压转换电路

在模拟信号处理中往往需要非线性电路和直流电压转换电路，本节将研究一些常用非线性信号处理开关电容电路，包括：调制器、峰值检测器、压控振荡器和正弦振荡器，以及直流电压转换电路。

6.5.1　调制电路

调制电路是一种重要的非线性电路，主要用于沿频率轴移动信号频谱。例如，当用载波频率 ω_{ca} 移动信号 $s(t)$ 时可以用频率为 ω_{ca} 的正弦信号乘以 $s(t)$，即：

$$y(t) = s(t) \times \cos(\omega_{ca} t) \tag{6.5-1}$$

由于 $\cos(\omega_{ca} t)$ 的傅立叶变换为 $\pi\delta(\omega-\omega_{ca})+\pi\delta(\omega+\omega_{ca})$、时域的乘积等于频域的卷积，如果信号 $s(t)$ 的频谱为 $S(\omega)$，$y(t)$ 的频谱为：

$$y(\omega) = \frac{1}{2}S(\omega+\omega_{ca}) + \frac{1}{2}S(\omega-\omega_{ca}) \tag{6.5-2}$$

输出信号 $y(t)$ 的频谱被搬移到 $\pm\omega_{ca}$ 频率处。

在许多情况下，实现正弦信号和乘法器的电路很复杂，所以许多调制器采用方波作为载波信号，这时输出信号可表示为：

$$y(t) = s(t) \times \varphi_{ca}(t) = \begin{cases} s(t) & \varphi_{ca} > 0 \\ -s(t) & \varphi_{ca} < 0 \end{cases} \tag{6.5-3}$$

其中：$\varphi_{ca}(t)$ 是幅值为 1、频率为 ω_{ca} 的方波。这种方法实现很简单，只需用载波频率 ω_{ca} 的方波控制输出 $y(t)$，使其成为 $s(t)$ 或 $-s(t)$。因为方波信号频谱的偶次项为 0，奇次 (n) 项随 $1/n$ 幅值减小，所以调制后的信号频谱 $Y(\omega)$ 不仅仅局限于 $\pm\omega_{ca}$ 附近，而是分布在 $\pm\omega_{ca}$ 奇数倍处。在实际应用中，对于这种调制可以通过附加滤波器选出所需要的信号。如果信号频率 ω 小于 $\omega_{ca}/2$、设计时钟频率为调制频率的整数倍，可以避免调制和采样产生的边带混叠、消除交叉调制畸变。

图 6.44 表示一种用开关电容技术实现的方波调制电路。它采用 6.2 节介绍的电容复位增益电路（见图 6.20），输出信号的极性由输入开关的控制信号 φ_A 和 φ_B 决定，φ_A 和 φ_B 由载波信号 φ_{ca} 控制。当 φ_{ca} 为高时，$\varphi_A=\varphi_1$，$\varphi_B=\varphi_2$。在 φ_2 时钟相，电容 C_1 的电荷变化量为 $C_1[0-V_{i1}(nT)]$，电容 C_2 的电荷变化量为 $C_2[V_{o2}(nT+T/2)-0]$。根据放大器负输入端总电荷变化量为零可以得到 $V_{o2}(nT+T/2)=(C_1/C_2)V_{i1}(nT)$，电路具有同相输出能力。当 φ_{ca} 为低时，φ_A 和 φ_B 使电路产生反相输出，即 $V_{o2}(nT+T/2)=-(C_1/C_2)V_{i2}(nT+T/2)$。这个方波调制电路的特点是不受运放输入失调电压影响，考虑运放失调电压后分析见 6.2 节。由于同相放大输入与输出之间存在半个周期延迟，输入端需要保持电路。

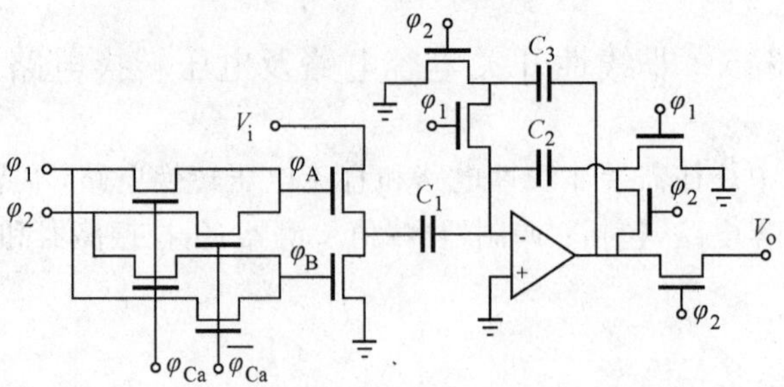

图 6.44　开关电容方波调制器

由于两个时钟系统(φ_1 和 φ_{ca})同时存在,图 6.44 电路会产生交叉调制畸变。消除这种畸变的一种方法是采用单时钟系统,如图 6.45 所示。即,将载波信号 φ_{ca}同时作为放大器的时钟信号。当 $\varphi_{ca}=1$ 时,输入信号直接送到输出缓冲放大器输出;当 $\varphi_{ca}=0$ 时,输入通过放大器 A 送到缓冲器 B。如果用连续时间模拟 RC 滤波衰减更高谐波的边带,从输出中可以直接获得中心在 ω_{ca}处的频谱。

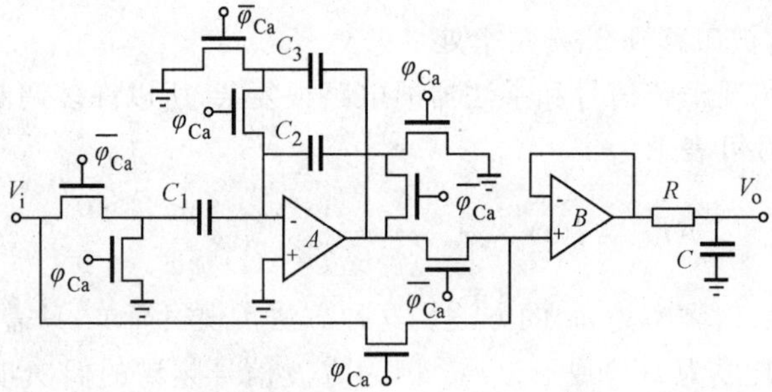

图 6.45　单时钟方波调制器

6.5.2　峰值检测电路

峰值检测电路产生的输出等于某一时间段内的输入最大值。图 6.46(a)是一个通过比较和锁存实现这种功能的电路。电容 C_h 存贮 V_{in}以前的最大值 V_{max},运放 A 作为比较器比较输入 V_{in}和 V_{max}。如果 $V_{in}>V_{out}$,比较器输出变为负值,并在 φ_1 时钟相锁存在 φ_2 时钟相将控制信号 V_C 设为高电平。随后,控制电压 V_C 使 T 管导通,输入信号 V_{in}对存贮电容 C_h 充电。如果 $V_{in}<V_{max}$,$V_C=0$,C_h 保持 V_{max}电压。

由于 V_{in}和 V_{max}比较结果锁存在 φ_1 相,C_h 充电在 φ_2 相,因此决定比较器输出的 φ_1 相输入与电容存贮的 φ_2 相输入电压存在误差。但随着时钟频率与信号 V_{in}频率比增加,比较与充电之间延迟引起的误差将变小。这类电路输入信号通过晶体管 T 直接驱动存贮电容 C_h,输入阻抗低、需要使用缓冲器。但这种电路速度快,只由晶体管 T 和 C_h 的 RC 时间常数决

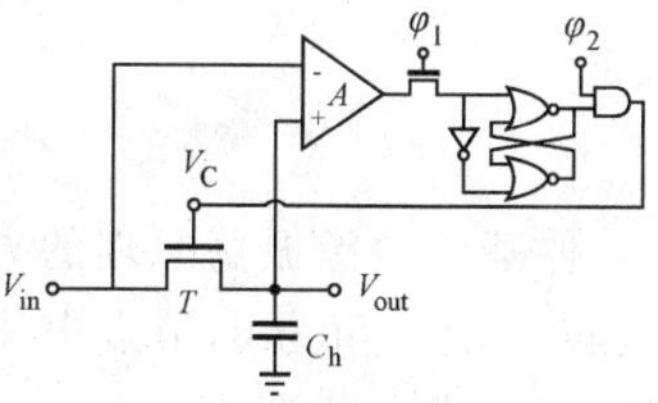

(a) 低输入阻抗

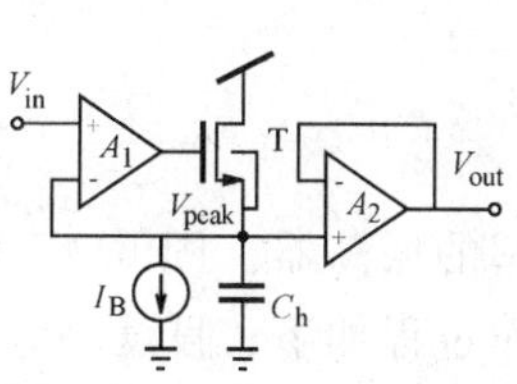

(b) 高输入阻抗

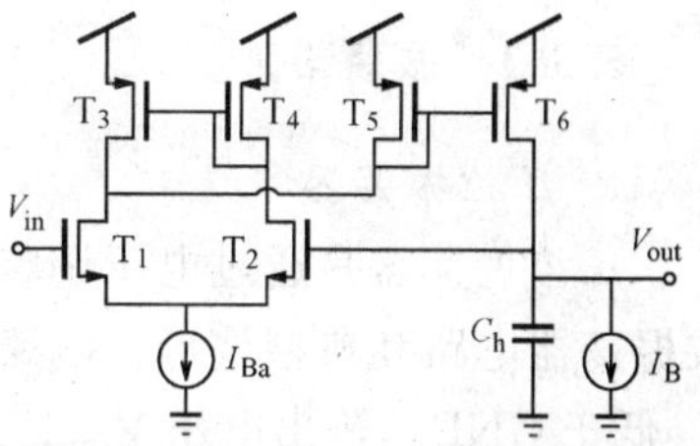

(c) 高速、高输入阻抗

图 6.46　峰值检测电路

定,因为比较器快速工作、不涉及建立时间。在一些应用中,经常希望 C_h 按时放电,使检测器复位。对于瞬态复位,可以用开关与电容 C_h 并联实现。对于慢复位,可以用一个小电容周期性地并联在 C_h 上实现。例如,φ_1 相与 C_h 并联,φ_2 相放电。如果将全波整流器(见习题6.43)与峰值检测器级联可以检测 $|V_{in}(t)|$ 的最大值。

一种具有高输入阻抗的峰值检测电路如图 6.46(b)所示。晶体管 T 起二极管整流作用,反馈环中的运放需要足够的带宽,I_B 是峰值电压寄存节点的小寄生电流源。当 $V_{in}>V_{out}$ 时运放输出上升,T 导通,高增益反馈环使 $V_{out}=V_{in}$。这种电路虽然具有高输入阻抗,但它的工作速度低,因为输出需等待运放通过反馈不断调整达到输入值。当 $V_{in}<V_{out}$ 时运放输出下降,导致晶体管 T 截止,输出保持电压不变。由于晶体管 T 截止后反馈环变成开环,放大器输出要达到最小值,因此将进一步限制工作速度。采用附加电路在晶体管 T 不导通时保证栅极电压不低于输出电压可以提高工作速度。如果输入信号峰值随时间下降,这就要求测量下一个峰值前 C_h 保持的前一个电压要下降到足够低的水平。保持阶段,电压的下降率为:

$$dV_{peak}/dt = I_B/C_h \tag{6.5-4}$$

如果输入信号峰值的下降率低于这个值,可以检测出峰值随时间的下降。如果输入信号的峰值下降率大于这个值,则无法检测出峰值随时间的变化情况。在这种情况下可以在电容两端并联一个开关,在峰值到来之前将电压复位。

用图 6.46(b)所示共漏管作为二极管实现峰值检测,在反馈环中存在高阻节点(放大器输出节点),因此反馈环的带宽有限,将影响高速应用。为增加反馈环的速度、提高峰值检测速度,可以采用电流镜作为二极管实现峰值检测,如图 6.46(c)所示。

这个峰值检测电路有放大器 $T_{1\sim4}$ 和电流镜 $T_{5,6}$ 构成。如果输入电压 V_{in} 大于输出电压 V_{out},T_5 管产生非零电流。这个电流通过电流镜镜像到 T_6 管并对保持电容 C_h 充电。一个小的电流源控制保持电容的放电。调整电容 C_h 和电流源 I_B 可以控制检测到的峰值电压下降率。在这个电路中,因为反馈环内部不存在高阻节点,所以可在高频下工作[72]。

6.5.3 振荡器

1. 压控振荡器

压控振荡器是通过电压调整频率的振荡器。图 6.47 表示一种基于弛豫振荡原理的方波振荡器电路和典型波形。电路工作过程如下：假设 $t=0$ 时电容 C 上电荷为 0，节点电压 V_x 低于 GND_A，输出电压 V_{out} 是 V_{DD}，φ_1 期间 K_2C 电容充电到 V_{DD}，充电电荷为：

$$Q_{K_2C} = K_2C(V_{DD} - GND_A) \tag{6.5-5}$$

K_1C 电容两端电压保持不变。在 φ_2 变高后，K_2C 上的电荷转移到电容 C 上，电容 K_1C 两端电压仍保持不变，运放输出电压上升：

$$\Delta V_X = \frac{\Delta Q_C}{C} = \frac{Q_{K_2C}}{C} = K_2(V_{DD} - GND_A) \tag{6.5-6}$$

这种过程不断进行直到 V_x 变为 GND_A。实际上，K_2C 和 C 构成同相离散时间积分器，而 K_1C 不影响积分器工作。一旦 V_x 大于 GND_A，比较器输出从 V_{DD} 变到 GND，电容 K_1C 端电压从 $V_{DD}-GND_A$ 变到 $GND-GND_A$，取 GND=0，电荷变化量为：

$$\Delta Q_{K_1C} = -K_1CV_{DD} \tag{6.5-7}$$

由于它等于电容 C 的电荷变化量，节点 V_x 上升：

$$\Delta V_X = \frac{\Delta Q_C}{C} = -\frac{\Delta Q_{K_1C}}{C} = K_1V_{DD} \tag{6.5-8}$$

如图 6.47 所示。在此以后，V_x 以 K_2GND_A 量阶跃下降，因为这时输出电压为 GND。直到 $V_x=GND_A$，发生大的负电压阶跃，电路重新进入开始分析的状态。这种过程不断重复形成弛豫振荡，产生方波输出。

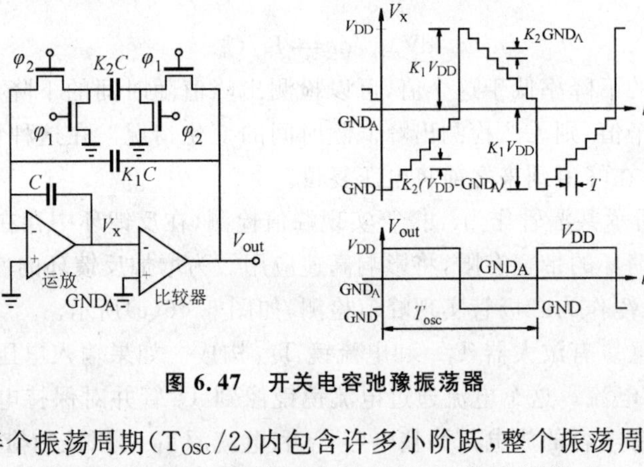

图 6.47 开关电容弛豫振荡器

假设 $K_1 \gg K_2$，在半个振荡周期($T_{OSC}/2$)内包含许多小阶跃，整个振荡周期内包含的总时钟数为 T_{OSC}/T，其中 T 是时钟周期。它等于负 V_x 期间的阶跃数加上正 V_x 期间的阶跃数，即：

$$\frac{T_{osc}}{T} = \frac{K_1V_{DD}}{K_2(V_{DD} - GND_A)} + \frac{K_1V_{DD}}{K_2GND_A} \tag{6.5-9}$$

假设 $V_{DD}=2GND_A$，则振荡周期和频率为：

$$T_{osc}=4\left(\frac{K_1}{K_2}\right)T \tag{6.5-10}$$

$$f_{osc}=\frac{1}{4}\left(\frac{K_2}{K_1}\right)f \tag{6.5-11}$$

这种弛豫振荡器的振荡频率可以通过外加电容由电压控制、构成如图 6.48 所示的压控振荡器。假设输出 V_{out} 处于 V_{DD} 对应的半个周期，当 $V_{in}-GND_A$ 为正时，外加 K_0C 电荷与 K_2C 电荷同号地转移到积分电容 C 中，电路达到 $V_x=0$ 的时间缩短。如果 $V_{in}-GND_A$ 为负，外加电荷与 K_2C 反号叠加在积分电容 C 中，电路达到 $V_x=0$ 的时间加长。在 GND 半个周期，K_2C 的输入电压由 $(V_{DD}-GND_A)$ 变为 $(GND-GND_A)$，K_0C 的输入电压由 V_{in} 变为 $-V_{in}$。假设 $K_1\gg K_2$ 而且 $V_{DD}=2GND_A$，可以得到：

$$f_{osc}=\frac{1}{4}\left(\frac{K_2}{K_1}+\frac{K_0}{K_1}\frac{V_{in}-GND_A}{V_{DD}/2}\right)f \tag{6.5-12}$$

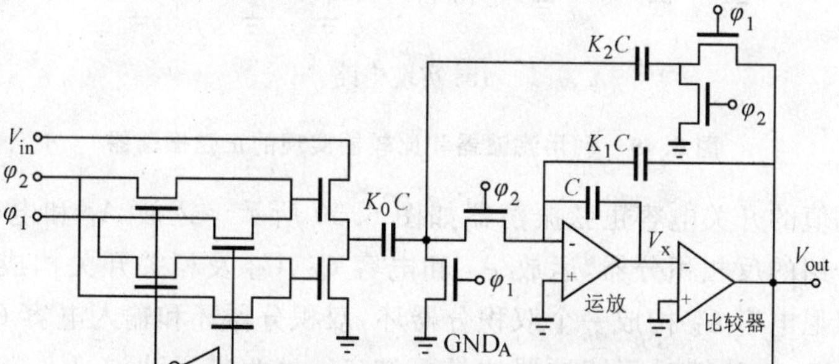

图 6.48 基于弛豫振荡器的压控振荡器

2. 正弦振荡器

产生正弦振荡的一种方法如图 6.49(a)所示，它由中心频率 f_0 的高 Q 值带通滤波器和硬限幅电路组成。由于反馈环路中 f_0 频率分量的增益最大，所以它将决定硬限幅电路的输出。假设启动电路已使环路振荡，滤波器输出电压 V_{out} 通过限幅电路将在 V_1 端产生基波频率分量是 f_0 的方波，V_1 信号通过带通滤波器滤波使输出 V_{out} 为正弦信号。振荡频率由滤波器的中心频率决定，正弦波的幅度由滤波器中心频率增益和方波信号幅值决定。用电容阻尼双积分器环开关电容带通滤波器和比较器构成的振荡器如图 6.49(b)所示。振荡频率由电容阻尼双积分器环的谐振频率 ω_0 决定。因为比较器的输出电压范围是固定的，所以这种实现电路产生的振荡信号幅值不能通过限幅电路调整。

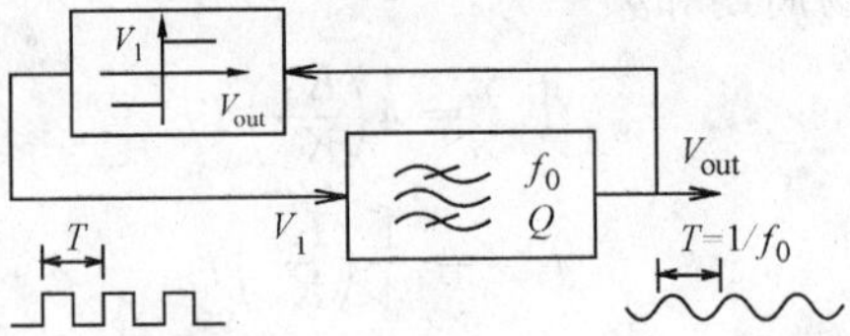

(a) 原理图

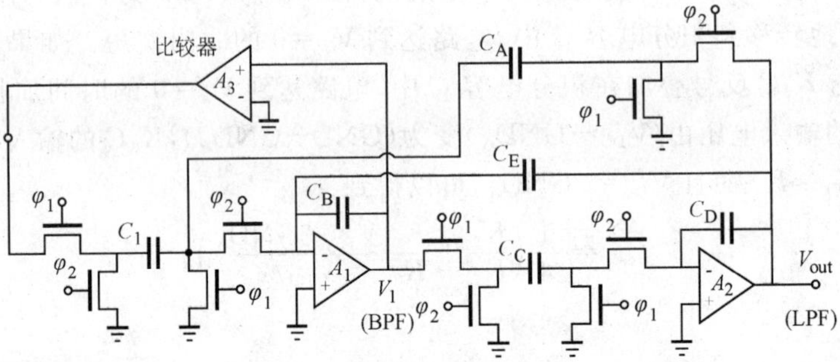

(b) 实现电路

图 6.49 利用滤波器和比较器实现的正弦振荡器

一种可变幅值的开关电容正弦振荡器如图 6.50 所示。运放 A_1 和电容 C_A、C_B 及相关开关构成前面介绍的反相积分器，运放 A_2 和电容 C_C、C_D 及相关开关构成同相积分器。这两个积分器和阻尼电容 C_E 构成一个双积分器环，双积分器环和输入电容 C_1 构成高 Q 值二阶滤波器。与图 5.19 连续时间滤波器比较可知，V_1 端为带通滤波，V_2 端是低通滤波。T_6 和 C_h 构成的采样保持电路，作为限幅电路的输入。比较器 A_3 实现限幅，并通过两个反相器产生互补输出。$T_{1\sim5}$ 管和 $C_{2\sim5}$ 电容构成启动电路。T_1 管初始处于截止状态，电容 C_2 和 C_3 串联构成正反馈通路，使电路启振。当振荡开始后，A_1 输出电压 V_1 通过比较器 A_3 成为方波，并由两个反相器转换成逻辑信号 X 和 X 非。C_4、C_5 和二极管连接的增强型 nMOS 管 $T_{2\sim5}$ 一起构成全波整流器，使 T_1 管栅极寄生电容充电。由于 T_1 管栅极电压迅速上升，T_1 导通，C_2 和 C_3 接地，正反馈环停止工作。但是，比较器产生硬限幅输出 X 和 X 非与 V_{ref} 正、负输入构成的反馈环开始工作。当 $V_1>0$ 时 X 为高电平，C_1 连接成负阻形式。对于 $V_{ref}>0$，每个时钟周期它向 C_B 传递 $-C_1V_{ref}$ 电荷，这将引起 V_1 进一步增加；当 $V_1<0$ 时 X 为低电平，C_1 连接成正阻形式。对于 $V_{ref}>0$，每个时钟周期它向 C_B 传递 C_1V_{ref} 电荷，这将引起 V_1 进一步降低，因此它们构成正反馈。C_C 形成的负反馈阻止振荡器幅值增加。T_6 和 C_h 构成的采样保持电路使正反馈环产生一个时钟周期的延迟，防止其他寄生振荡产生。

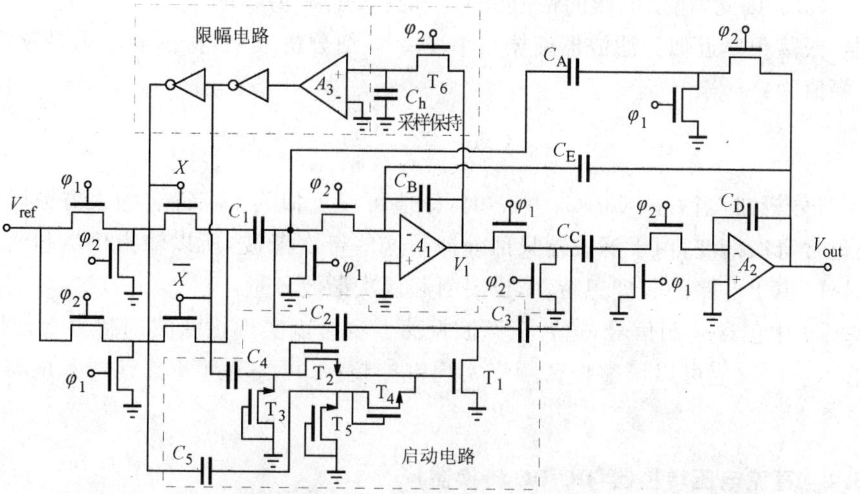

图 6.50　由比较器和双二阶滤波器构成的开关电容正弦波振荡器

在稳定振荡状态下，振荡器的等效电路如图 6.51(a)所示，输入 $V_{in}(t)$和输出 $V_{out}(t)$波形如图 6.51(b)所示。由于双二阶滤波器本身是稳定的，可以认为是具有滤波功能的放大

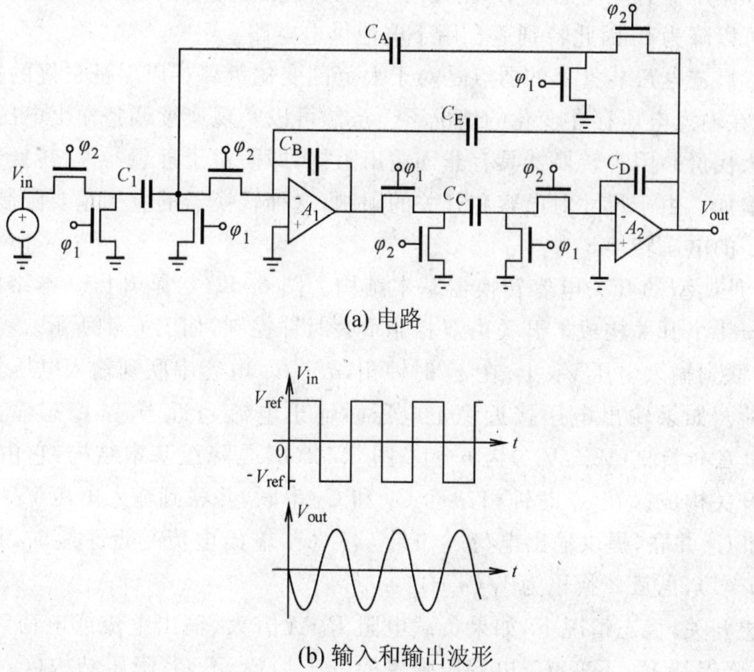

图 6.51　表示 6.50 图电路工作原理的等效电路

器处理 $V_{in}(t)$。因此，输出电压的幅值由 V_{ref} 和滤波器振荡频率 f_0 的增益决定。对于高 Q 值滤波器，振荡频率近似为滤波器谐振频率 f_0。详细分析表明，振荡器输出是频率为 f_0 的正弦波，幅值为：

$$V_p = \frac{4V_{ref}}{\pi}\frac{C_1}{C_A}Q \tag{6.5-13}$$

根据 6.4 节分析知，当 $C_B=C_D$，$C_A=C_C$ 时，Q 值可以近似为 C_B/C_E。输入方波除基本正弦波外，还包含奇次谐波，由于滤波器只部分抑制这些奇次谐波，所以输出仍然包含这些奇次谐波。另外，由于电路的非理想特性，也要引起偶次谐波分量。

如果 V_{ref} 中包含调制信号，这种正弦波振荡器也可以实现正弦波调制功能。此外，通过改变电容 $C_A \sim C_D$ 值可以调整振荡频率实现键控频移、可编程频率振荡器和电容到频率转换器等。

6.5.4 直流电压转换器(DC-DC 转换器)

直流电压转换器主要用于获得不同的直流电压或改变电压的极性。开关电容直流电压转换器是一种直接采用电容和 MOS 管开关实现直流电压或极性转换的电路，是一种无源开关电容电路。因为这种电路不需要电感元件，所以体积小而且便于单片集成。这种电路比传统的线性调压器有更高的效率，比磁场基开关调压器更容易控制。在无负载情况下转换器的功耗可以降为 0，因此特别适合用于电池供电电路。

开关电容直流电压转换器的弱点是对于大范围变化负载难以保证良好的输出电压调整能力，特别是在输入电压存在变化的情况下。虽然可以实现连续调整输出电压值，但要以牺牲转换效率为代价。因为转换器具有非零输出阻抗，即使对于理想器件，转换器功耗也会随负载增加而增加。由于尺寸对电容和开关的限制，这种转换器的应用主要限制在低、中功率(小于几十瓦)的电压转换。

图 6.52 是典型的开关电容转换器基本结构。图 6.52(a)是升压基本结构，它由 $n+1$ 个电容和 $3n+1$ 个开关构成。开关由双相非重叠时钟控制，如图 6.4 所示。在 φ_1 时钟相，n 个 C_1 电容并联到输入电压 V_{IN} 上；在 φ_2 时钟相，n 个 C_1 电容串联到输入电压 V_{IN} 上，为负载提供输出电荷。如果输出电压接近稳定电压时输出电流趋近于零，稳态输出电压 $V_{out}=(n+1)V_{IN}$，电压转换比(V_{out}/V_{IN})为 $n+1$。图 6.52(b)是降压基本结构，它由 $n+1$ 个电容和 $3n+1$ 个开关构成。在 φ_1 时钟相，n 个 C_1 和 C_2 串联，并联到输入电压 V_{IN} 上；在 φ_2 时钟相，n 个 C_1 和 C_2 并联，提供输出电荷。如果 $C_1=C_2$，输出电流趋近于零时，稳态输出电压 $V_{out}=V_{IN}/(n+1)$，电压转换比为 $1/(n+1)$。

对于理想开关，稳态情况下，如果负载电阻 R_L 无穷大、输出电流或电荷等于 0，升压结构 C_1 电容压降保持 V_{IN} 不变，C_2 电容压降保持 $(n+1)V_{IN}$ 不变；降压结构($C_1=C_2$)C_1 电容和 C_2 电容压降保持 $V_{IN}/(n+1)$ 不变。因此，稳态后转换器功耗是零。如果输出电荷不为零，转换器在 φ_1 时钟相从电源获得的电荷等于非 φ_1 时钟相的输出电荷，所以转换器效率为

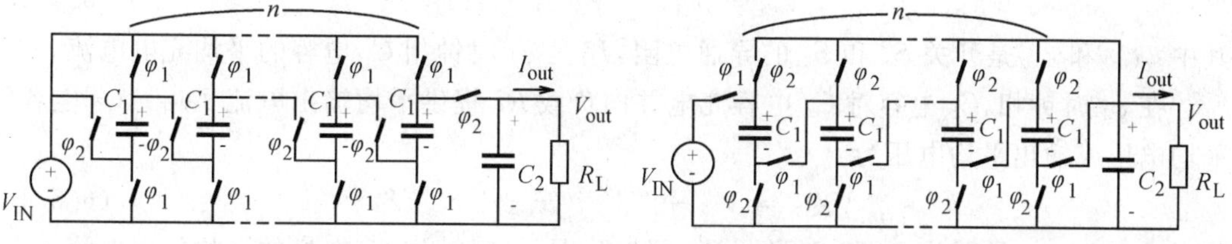

(a) 升压结构　　(b) 降压结构

图 6.52　开关电容转换器基本结构

100%。由于开关电容直流电压转换器是以电容提供输出电荷，当电容电荷变化时不可避免地产生电压波纹。

用 CMOS 技术实现转换器，开关由 MOS 管实现，开关具有非零导通电阻，这将严重限制转换器的特性。图 6.53 表示考虑开关导通电阻以后的倍压电路，相当于图 6.52(a)电路 $n=1$ 的情况。

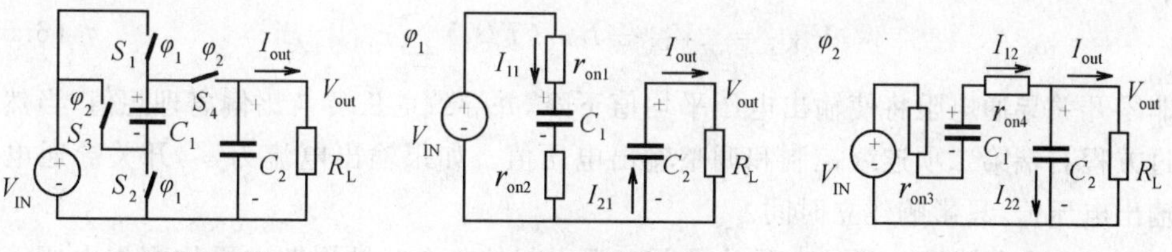

(a) 倍压电路　　(b) φ_2时钟相　　(c) φ_2时钟相

图 6.53　考虑开关导通电阻以后的倍压电路

如果开关电容系统经过多个时钟周期进入稳定状态，每个电容在一个时钟周期的两个时钟相内电荷变化代数和为零，因此可用一个时钟相内的平均电流代表电荷。电容 C_1 在 φ_1 和 φ_2 两个时钟相之间进行等量电荷充、放电转换；电容 C_2 在 φ_2 和非 φ_2 两个时钟相之间进行等量电荷充、放电转换。如果 $r_{on}C_1 \ll dT$，其中：d 是时钟占空比，T 是时钟周期，r_{on} 是开关导通电阻，C_1 电容充、放电电流很快降为零，r_{on} 压降随之降为零，所以开关导通电阻 r_{on} 对转换电压的影响可以忽略。但是，在非 φ_2 时钟相，C_2 电容放电电荷为 $I_{OUT}(1-d)T$，与开关导通电阻无关，其中：I_{OUT} 是输出平均电流，由此产生的输出电压变化量：

$$\Delta V_{out} = I_{OUT}(1-d)T/C_2 \tag{6.5-14}$$

例如：$C_2=60\ \text{pF}$，$T=0.1\ \mu\text{s}$，$d=0.4$，$I_{OUT}=0.5\ \text{mA}$，输出电压波纹至少 $\Delta V_{out}=I_{OUT}(1-d)T/C_2=0.5\ \text{V}$。可知对于一定的 r_{on}，虽然增加 T 可以减小 r_{on} 对 C_1 充放电的影响，但输出电压波纹会加大，因此实际实现中无法采用加大 T 减小 r_{on} 影响的方法。

如果 $r_{on}C_1 \gg T$，C_1 电容端电压随充、放电时间近似成线性变化关系，因此可以用电压线性叠加来表示。在 φ_1 时钟相，C_1 电容被输入电压 V_{IN} 充电，C_2 电容以平均输出电流 I_{OUT} 放电。C_1 电容的平均电压为：

$$V_{C1} = V_{IN} - (r_{on1} + r_{on2}) I_{11} \tag{6.5-15}$$

其中：r_{on1}和r_{on2}是开关S_1和S_2的导通电阻，I_{11}是φ_1时钟相C_1电容的平均充电电流。

在φ_2时钟相，C_1电容对C_2电容充电并向负载R_L提供平均输出电流I_{OUT}。C_2电容的平均电压或输出平均电压为

$$V_{OUT} = V_{IN} + V_{C_1} - (r_{on3} + r_{on4}) I_{12} \tag{6.5-16}$$

其中：r_{on3}和r_{on4}是开关S_3和S_4的导通电阻，I_{12}是φ_2时钟相C_1电容的平均放电电流。

在双相非重叠控制时钟的死区段，所有开关全部关断，C_1电容保持电压不变，C_2电容以平均输出电流I_{OUT}放电。稳态时C_1电容的电荷在φ_1时钟相变化量$|\Delta q_{11}|$等于在φ_2时钟相变化量$|\Delta q_{12}|$。如果两个时钟相的导通时间相等($t_1 = t_2$)，C_1电容两个时钟相的平均电流相等$I_{11} = I_{12}$。稳态时从电源获得的电荷等于输出给负载的电荷，所以有

$$I_{11} = I_{12} = I_{OUT} T / t_1 \tag{6.5-17}$$

其中：T是时钟周期，t_1是φ_1时钟相的时间长度，I_{OUT}是转换器平均输出电流。将(6.5-17)式和(6.5-15)代入(6.5-16)式，可得输出平均电压

$$V_{OUT} = 2V_{IN} - I_{OUT}(T/t_1) \sum_{i=1}^{4} r_{oni} \tag{6.5-18}$$

可见非零开关导通电阻将使输出电压平均值下降，并导致电压转换比偏离理想值；当然也可以通过方程右端第二项连续控制和调整输出电压值。如果输出电流为零，开关导通电阻不影响输出电压值，只影响建立时间。

(6.5-18)式右端第二项是由开关导通电阻引起的一个时钟周期内平均损失电压。因为平均输出电流为I_{OUT}，所以开关导通电阻引起的平均功耗为

$$P_R = I_{OUT} \times I_{OUT}(T/t_1) \sum_{i=1}^{4} r_{oni} \tag{6.5-19}$$

如果开关用相同尺寸的非饱和 nMOS 管实现，将导通电阻表达式(6.2-1)代入上式可得

$$P_R = I_{OUT}^2 \frac{T}{t_1} \frac{4L/W}{KP(V_{GS} - V_T)} \tag{6.5-20}$$

由此可知开关导通电阻引起的平均功耗反比于开关管沟道宽度，正比于沟道长度和输出电流平方。

一个具体实现的倍压电路如图 6.54 所示[86]。它由两个图 6.53 所示电路并联而成，其中开关管分别由 pMOS 和 nMOS 管构成，高压管 $T_{4a,b}$的衬底接到高压电压V_B。φ_1时钟相，T_{1a}和T_{2a}导通，T_{3a}和T_{4a}截止，C_{1a}充电到V_{IN}；T_{3b}和T_{4b}导通，T_{1b}和T_{2b}截止，C_{1b}向负载放电。φ_2时钟相，与φ_1时钟相工作过程相反。这个结构的问题是在节点$1a$和$1b$同时接近地时间段，节点$2a$和$2b$接近V_{DD}，此时T_{4a}和T_{4b}同时导通，因此导致C_2电容电荷泄漏。一种可能的解决方法是减小节点$1a$和$1b$同时接近地的时间，或使两个控制信号φ_1和φ_2稍微重叠避免T_{4a}和T_{4b}同时导通。但是，这又可能导致T_{2a}和T_{2b}同时导通，损失C_{1a}和C_{1b}电容的电荷。对于高时钟频率 (MHz) 设计，节点$1a$和$1b$电压的时序匹配控制非常重要。

减缓这一部分电荷损失，可以通过改进电路实现。

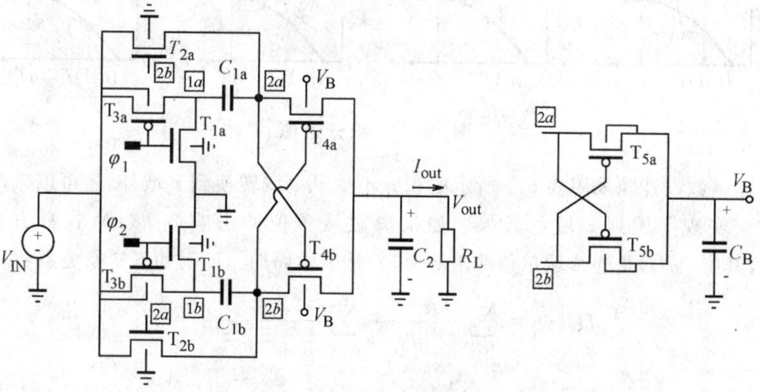

图 6.54　一种倍压转换实现电路

习　题　六

6.1　如果输入信号为 $x(t)=A_1\sin\omega t$，用理想采样脉冲 $s(t)=\sum_{k=-\infty}^{\infty}\delta(t-nT_s)$ 采样，① 分别画出 $\omega_s>2\omega$ 和 $\omega_s<2\omega$ 两种情况下采样后的频谱，其中：$\omega_s=2\pi_s$；② 画出 $\omega_s>2\omega$ 情况下采样后信号通过保持电路后的频谱。

6.2　求图 P6.1(a)所示 RC 电路的 s 域传递函数和图 P6.1(b)所示离散系统的 z 域传递函数，分析和比较它们的幅频特性和相频特性。

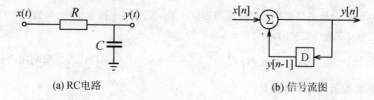

(a) RC电路　　　　(b) 信号流图

图 P6.1　一阶模块

6.3　画出例题 6.1 传递函数的幅频响应 $|H(z=e^{j2\pi f_D T_s})|$ 和 $|H(s=j2\pi f_D)|$ 曲线。

6.4　如果 $dy(t)/dt=x(t)$，$y(0^-)=0$，按 s 变换定义可得：$X(s)=sY(s)$，其中：$X(s)$ 和 $Y(s)$ 分别是 $x(t)$ 和 $y(t)$ 的 s 变换。对于定积分 $\int_{(n-1)T}^{nT}x(t)dt=y(nT)-y(nT-T)$，假设连续域 $x(t)$ 对 t 积分面积用图 P6.2 所示离散域面积近似，即：$y(nT)-y(nT-T)\approx\Delta S$，按 z 变换定义可得：$(1-z^{-1})Y(z)\approx T\cdot k(z)\cdot X(z)$，其中：$X(z)$ 和 $Y(z)$ 分别是 $x(nT)$ 和 $y(nT)$ 的 z 变换，$k(z)$ 与积分面积近似方法有关函数。与 s 变换比较可以看到，不同近似方法对应于不同的 s 域到 z 域的映射关系，即：$s\to(1-z^{-1})/Tk(z)$。证明：图 P6.2 所示四种近似方法，对应于表 6.1 所示 s 域到 z 域变换关系的向后 Euler 积分变换、向前 Euler 积分变换、无损离散积分变换、双线性变换。

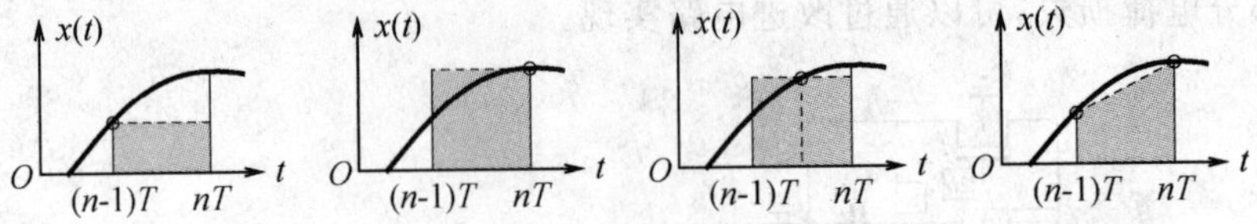

图 P6.2 积分近似

6.5 离散域传递函数设计除采用表 6.1 所示的积分不变从 s 域转换到 z 域外，还可以采用保持冲击响应不变的方法实现 s 域到 z 域的转换。如果离散域单位冲击响应 $h(n)$，这种方法要求 $h(n)=h(t)|_{t=nT}$，其中：$h(t)$是连续域单位冲击响应，T是采样周期。证明如下转换关系：

$$H_a(s)=\sum_{i=1}^{m}\frac{A_i}{s+p_i}\rightarrow\sum_{i=1}^{m}\frac{A_i}{1-e^{-p_iT}z^{-1}}=H_d(z)$$

提示：$H_d(z)=\sum_{n=0}^{\infty}h(nT)z^{-n}=\sum_{i=1}^{m}A_i\sum_{n=0}^{\infty}e^{-p_inT}z^{-n}=\sum_{i=1}^{m}\frac{A_i}{1-e^{-p_iT}z^{-1}}, h(t)=L^{-1}\left\{\sum_{i=1}^{m}\frac{A_i}{s+p_i}\right\}=$

$\sum_{i=1}^{m}A_ie^{-p_it}$

6.6 利用上题结果，采用冲击响应不变方法将连续域二阶低通 Butterworth 滤波器转换为离散域传递函数，已知连续域截止频率 1 kHz，采样频率为 10 kHz。

提示：$H(s)=\frac{\omega_0^2}{s^2+\sqrt{2}\omega_0s+\omega_0^2}=\frac{j\omega_0/\sqrt{2}}{s+\omega_0/\sqrt{2}+j\omega_0/\sqrt{2}}-\frac{j\omega_0/\sqrt{2}}{s+\omega_0/\sqrt{2}-j\omega_0/\sqrt{2}}$

6.7 以保持积分不变为条件推导出的 s 域到 z 域变换关系，如表 6.1 所示，如果 $s=j\omega$，$z=e^{j\theta}$，积分变换公式可以表示为：

$$\frac{1}{j\omega}\Rightarrow\frac{1}{j\omega}\{1-\varepsilon(\omega)\}e^{j\theta(\omega)}$$

其中：$\varepsilon(\omega)$和 $\theta(\omega)$分别是变换误差的模和相位。求向后 Euler 积分变换、向前 Euler 积分变换、无损离散积分变换、双线性变换的 $\varepsilon(\omega)$和 $\theta(\omega)$。

6.8 从连续时间低通二阶 Bessel 滤波器$\left[H_a(s)=\frac{Y_a(s)}{X_a(s)}=\frac{k}{s^2+3s+3}\right]$出发，证明利用向后 Eluler 近似设计离散时间滤波器的传递函数为：

$$H_d(z)=\frac{Y_d(z)}{X_d(z)}=\frac{kT^2}{z^{-2}-(2+3T)z^{-1}+(3T^2+3T+1)}。$$

提示：$\frac{d^2y(t)}{dt^2}+3\frac{dy(t)}{dt}+3y(t)=kx(t)$

$$\frac{y(nT)-2y(nT-T)+y(nT-2T)}{T^2}+3\frac{y(nT)-y(nT-T)}{T}+3y(nT)\approx kx(nT)$$

6.9 用双线性变换设计中心频率 1.6 kHz，$Q=16$，通带中心增益 10 dB 的离散时间带通滤波器，采样频率为 8 kHz。

6.10 用双线性变换设计陷波频率 $\omega_N=1$ kHz、谐振频率 $\omega_0=1$ kHz、$Q=10$ 的离散时间带阻滤波器，采样频率为 10 kHz。

提示：$Q=10$ 对应 -3 dB 的频率为：$\omega_{1,2}=\omega_0\sqrt{1+\frac{1}{2Q^2}\pm\sqrt{\frac{1}{4Q^4}+\frac{1}{Q^2}}}$

6.11　设计一个图 6.4 所示开关电容双相时钟控制信号产生电路，已知晶振产生 2.0048 MHz 频率的时钟，反相器的延迟时间 10 ns，或非门的延迟时间为 20 ns。如果产生控制信号频率 200 kHz，占空比 2.4 μs/(2.4+2.6) μs，求计数器的模 n 和反馈反相器的级数。用 SPICE 程序模拟观察双相时钟控制信号波形。

6.12　对于如图 6.9 所示 CMOS 开关，已知 $V_c=V_{DD}=3$ V，$W/L=10$ μm/1 μm，工艺参数如表 2.1 所示，通过 SPICE 程序模拟观察 R_{on} 随 V_{AB} 的变化关系。

6.13　对于图 6.10 所示开关电容电路，已知 $C=1$ pF，$W/L=10$ μm/1 μm，假设晶体管寄生 $C_1=C_2=0.01$ pF，通过 SPICE 程序模拟观察时钟馈通效应。采用图 6.11 所示陪衬开关技术后，通过 SPICE 程序模拟观察对时钟馈通效应的抑制效果。

6.14　开关电容除能等效实现正电阻外，还可以等效实现负电阻，求图 P6.3 所示开关电容电路的等效电阻，分析电容器对地寄生电容对电阻值的影响。如果电容为 1 pF，时钟频率为 100 kHz 时，求等效电阻值。

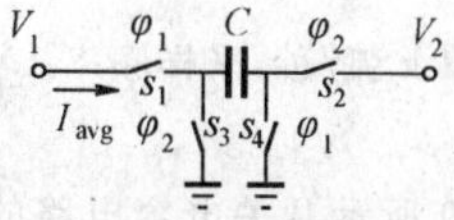

图 P6.3　开关电容等效负电阻

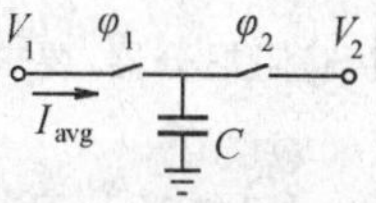

图 P6.4　对寄生敏感的开关电容等效电阻

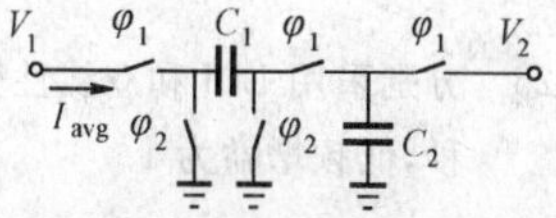

图 P6.5　开关电容等效 RC 低通滤波器

6.15　分析图 P6.4 所示开关电容等效电阻的电阻值和容器寄生电容对电阻值的影响。

6.16　对于双多晶硅 CMOS 工艺，采用开关电容近似电阻的方法设计一个截止频率为 25 kHz 的简单开关电容低通滤波器，如图 P6.5 所示。① 如果 $C_2=10$ pF，时钟频率 $f=256$ kHz，计算 C_1 电容值；② 估计电容 C_1 和 C_2 占据的面积，设单位面积多晶硅电容值为 1 fF/μm²。

6.17　图 P6.6 是一个同相半周期延迟电路，基于这个模块电路设计一个 z^{-1}（一个周期）延迟电路。

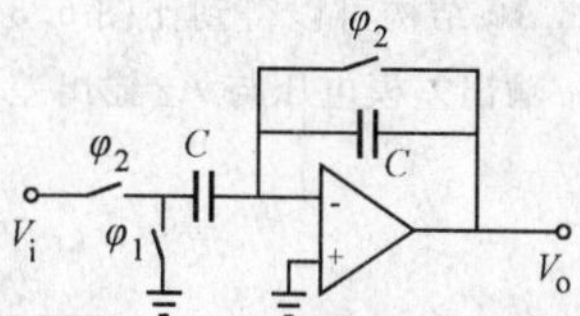

图 P6.6　半周期延迟电路

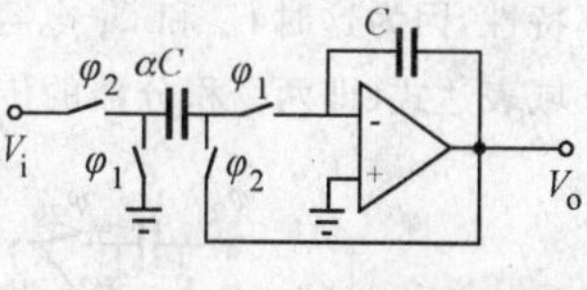

图 P6.7　可实现全周期延迟的电路

6.18　求证图 P6.7 所示开关电容电路的传递函数为：$\dfrac{V_{o2}(z)}{V_{i2}(z)}=\dfrac{\alpha z^{-1/2}}{(\alpha-1)z^{-1/2}+z^{1/2}}$；求实现同相全周期延迟时的 α 值。

6.19　将 $z=e^{j\theta}$ 代入(6.2-9)式分析频率特性。利用 $\theta=\omega T$ 关系，在 $\omega T<1$ 条件下，求图 6.17(a)电路对应于 6.16(a)的等效极点电阻 R_3。如果 $C_2=C_3=1$ pF，$C_1=2$ pF，$T=10$ μs，$f=5$ kHz，求等效极点电阻值。

6.20　求证图 6.18(a)和(b)所示零点模块电路的传递函数 V_{o1}/V_{i2} 分别为：(a) $\dfrac{V_{o1}(z)}{V_{i2}(z)}=\dfrac{(1+C_3/C_2-C_4/C_1)C_1z^{-1/2}}{C_3+C_2(1-z^{-1})}$，(b) $\dfrac{V_{o1}(z)}{V_{i2}(z)}=\dfrac{(C_3/C_2)C_1z^{-1/2}}{C_3+C_2(1-z^{-1})}$；说明这两个电路输出信号都不具有保持能力。

6.21 对于 $v_{in}(t)=\sin(\omega t)$ 输入信号，其中 $\omega=2\pi\times10$ kHz，设双相时钟频率为 40 kHz，忽略时钟的上升和下降时间，$C_1=C_2=2$ pF，用 SPICE 程序观察图 6.22 所示反相积分器的输出电压 V_o 波形。

6.22 证明当输入信号频率远小于采样频率的情况下，(6.3-13)式近似为理想连续时间积分器的传递函数，并写出积分器时间常数。

6.23 假设 6.24(a)图所示同相积分器的运放增益值为 A，求运放有限增益情况下的同相积分器传递函数，分析 A 对积分器增益和极点的影响[87]。

6.24 写出如图 P6.8 所示反相积分器的传递函数，分析集成电路工艺所制造电容的寄生电容对积分器的影响。

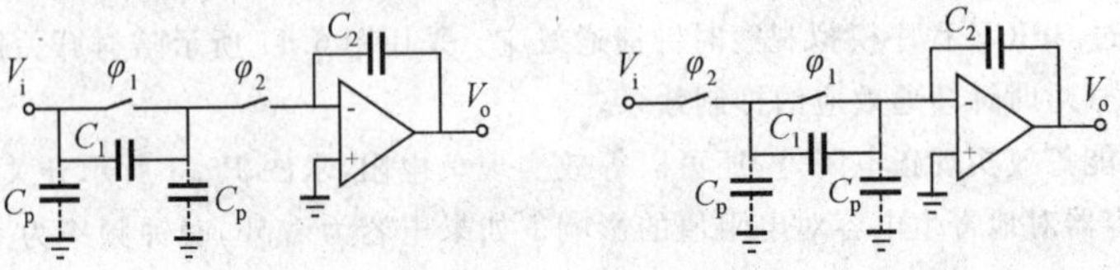

图 P6.8 对寄生敏感的积分器

6.25 分别采用 LDI 和双线性变换设计反相 SC 阻尼分器，要求截止频率 $\omega_0=1$ k 弧/秒，采样频率 10 k 弧/秒，低频增益为 1。

6.26 已知 $V_{i1}=V_{i2}z^{-1/2}$，求图 P6.9 所示开关电容电路的传递函数 $V_{o2}(z)/V_{i2}(z)$；将 $z=e^{j\omega T}$ 代入传递函数，分析频率特性；当 $\omega T\ll1$ 时，说明该电路所实现的运算功能。

6.27 ① 求图 6.31(b)所示电路在放大器增益为 A 时的 z 域传递函数 $V_{o2}(z)/V_{i2}(z)$；② 分析它的频率特性；③ 用 FEI 转换实现截止频率 ω_0、低频增益 1 的一阶低通滤波，如果采样频率 f_s，求 z 域传递函数；④ 用图 6.31(b)结构实现这个滤波器，求 α；⑤ 如果 $A=100$，求低频增益的相对误差。

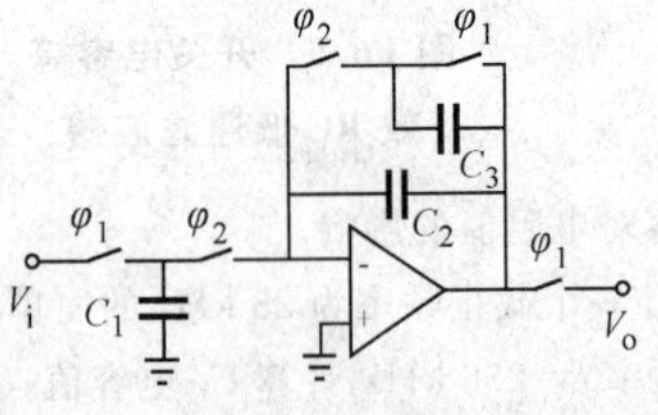

图 P6.9 一种开关电容模块电路

6.28 对于高输出阻抗 OTA 构成的全差模双积分器环，采用图 P6.10 结构可以得到比图 6.34(c)更好的频率特性，因为这时 C_3 和 C_4 电容值可以减小一半，写出 A_1 输出差模电压与 A_2 输出差模电压之比的 z 域表达式(即两个积分器的传递函数)。

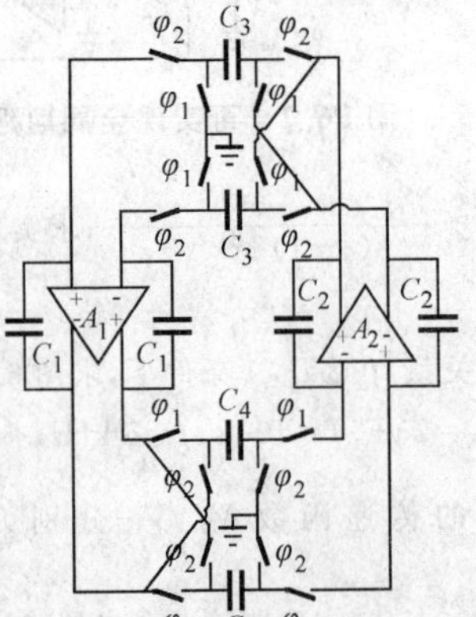

图 P6.10 适合高输出阻抗 OTA 构成的全差模双积分器环

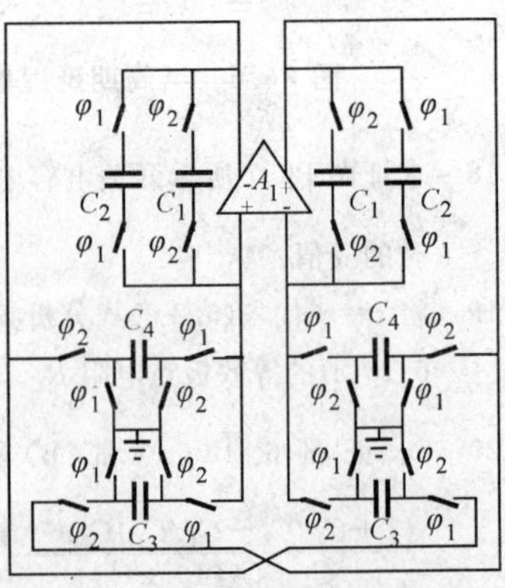

图 P6.11 复用运放的二阶电路

6.29　在图 6.34 所示差模双积分器环中，每个时钟相只有一个运放在工作，因此可以通过两个时钟相重复使用一个运放简化二阶滤波模块，如图 P6.11。虽然这个电路积分电容，通过开关控制将导致电荷注入，在 φ_1 和 φ_2 为 0 时处于开环状态的运放会导致状态转换之间的交叉耦合，但对于中等速度电路还是有用的。分别画出两个时钟相等效电路、分析工作过程并与图 6.34 所示差模双积分器环比较。

6.30　假设运放增益为 A，求有限增益 A 条件下图 6.35 所示二阶滤波模块电路的传递函数。

6.31　用双线性转换设计一个二阶 SC 低通 Butterworth 滤波器。要求满足：−3 dB 带宽频率 1 kHz，低频增益为一，采样率 10 kHz。

6.32　用双线性转换设计一个 SC 二阶带通滤波器。要求中心频率为 16 kHz，Q 值等于 16，通带中心频率处增益为 10 dB，采样频率是 8 kHz。

6.33　实际应用需要一个二阶带阻滤波器消除预放大输出中的 60 Hz 信号。如果采用图 6.36 电容阻尼双积分器环 SC 双二阶滤波器，确定电容值，阻带中心频率 60 Hz，Q 为 6，低、高频率增益为一，采样频率 8 kHz。

6.34　图 P6.12 是基于图 6.34(c)双积分器环构成的对称全差模滤波器半电路。求两个输出端差模信号的传递函数 V_{o2}/V_{i2} 和 V_{o1}/V_{i2}，分析所实现的滤波功能。

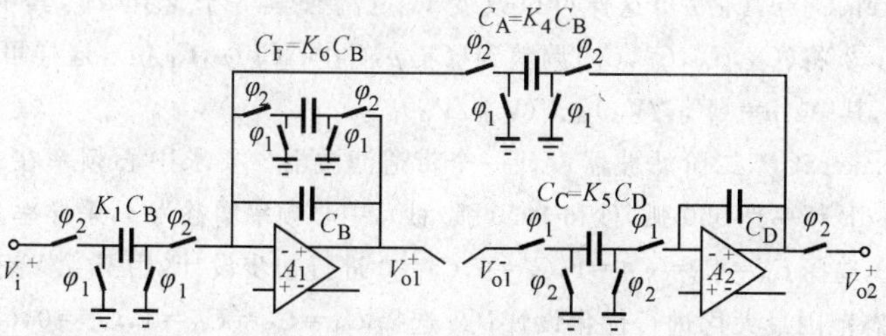

图 P6.12　开关电容双积分器环滤波模块半电路

6.35　假设离散域二阶传递函数由(6.1-9)式表示，用双线性变换将其转换成连续域传递函数(5.1-9)式，根据最大值确定条件(5.2-26)式，证明(6.1-9)式模的最大值为：

(1) $a_2=a_0=0$(带通滤波)，$|H|_{\max}=\dfrac{A_2-A_0}{1-B_0}$；

(2) $a_2=a_1=0$(低通滤波)，$|H|_{\max}=\dfrac{(A_2+A_1+A_0)(1-B_1+B_0)}{2(1-B_0)\sqrt{4B_0-B_1^2}}$；

(3) $a_1=a_0=0$(高通滤波)，$|H|_{\max}=\dfrac{(A_2-A_1+A_0)(1+B_1+B_0)}{2(1-B_0)\sqrt{4B_0-B_1^2}}$；

(4) $a_1=0$(带阻滤波)，$|H|_{\max}=\dfrac{2\sqrt{a_2a_0b_1^2+a_0^2+a_2^2b_0^2-2a_2a_0b_0}}{b_1\sqrt{4b_0-b_1^2}}$；

(5) $B_1=A_1/A_0$，$B_0=A_2/A_0$(全通滤波)，$|H|_{\max}=A_0$。

6.36　图 P6.13 是 Fleischer-Laker 开关电容二阶滤波器。如果 $V_{i1}=z^{-1/2}V_{i2}$，求传递函数 V_{o22}/V_{i2} 和 V_{o12}/V_{i2} 表达式，并将它简化成 12 个开关构成的二阶滤波器。

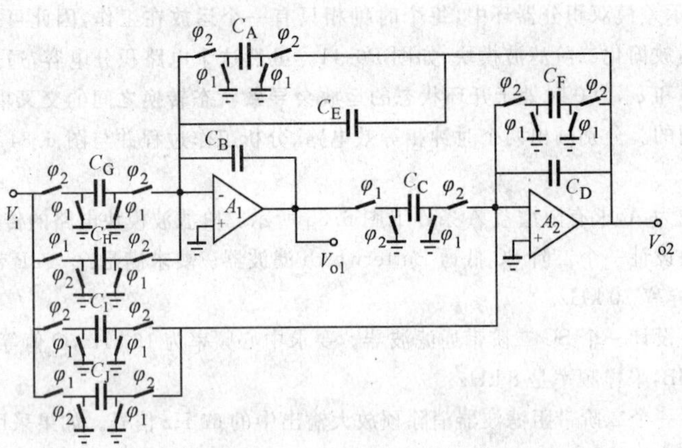

图 P6.13　Fleischer-Laker 开关电容二阶滤波器

6.37 对于图 P6.13 所示 Fleischer-Laker 开关电容二阶滤波器，如果选择 $C_C=C_D=C_B=1$，根据希望实现的传递函数确定出 C_F（或 C_E），C_G，C_H，C_I，C_J，C_A，证明使 V_{o22}/V_{i2} 和 V_{o12}/V_{i2} 最大值相等：① 将 (C_C, C_B) 调整到 $(C_C/\mu, C_B/\mu)$，这样可以改变 V_{o12}/V_{i2} 使其等于 V_{o22}/V_{i2}，其中：$\mu=(V_{o22}/V_{i2})_{max}/(V_{o12}/V_{i2})_{max}$；② 将 (C_D, C_A, C_E, C_F) 调整到 $(C_D/\mu, C_A/\mu, C_E/\mu, C_F/\mu)$，这样可以改变 V_{o22}/V_{i2} 使其等于 V_{o12}/V_{i2}，其中：$\mu=(V_{o12}/V_{i2})_{max}/(V_{o22}/V_{i2})_{max}$。

6.38 用 Fleischer-LakerSC 双二阶滤波器设计一个带通滤波器。要求中心频率在 1 k 弧/秒，Q 值为 10（对应上、下 3 dB 频率是 950 弧/秒和 1050 弧/秒），中心频率增益为 4，采样率为 10 k 弧/秒，采用双线性变换。① 选择 $C_B=C_C=C_D=1, C_J=0, C_E=0$ 进行初步设计，用 V_{o22}/V_{i2} 传递函数实现带通滤波，然后以动态范围最大化进行优化设计；② 选择 $C_B=C_C=C_D=1, C_G=0, C_E=0$ 进行初步设计，用 V_{o12}/V_{i2} 传递函数实现带通滤波，然后以动态范围最大化进行优化设计；③ 选择 $C_B=C_C=C_D=1, C_F=0$ 进行初步设计，分别用 V_{o22}/V_{i2} 和 V_{o12}/V_{i2} 传递函数实现带通滤波，然后以动态范围最大化分别进行优化设计；④ 比较前述设计的总电荷值。

6.39 图 P6.14 表示两种用于 DAC 重建滤波的四阶 Bessel 滤波器。① 由两个双积分器环级联构成，② 由具有梯形反馈网络的级联积分器构成。写出滤波器的传递函数，分析幅频特性与相频特性。[68]

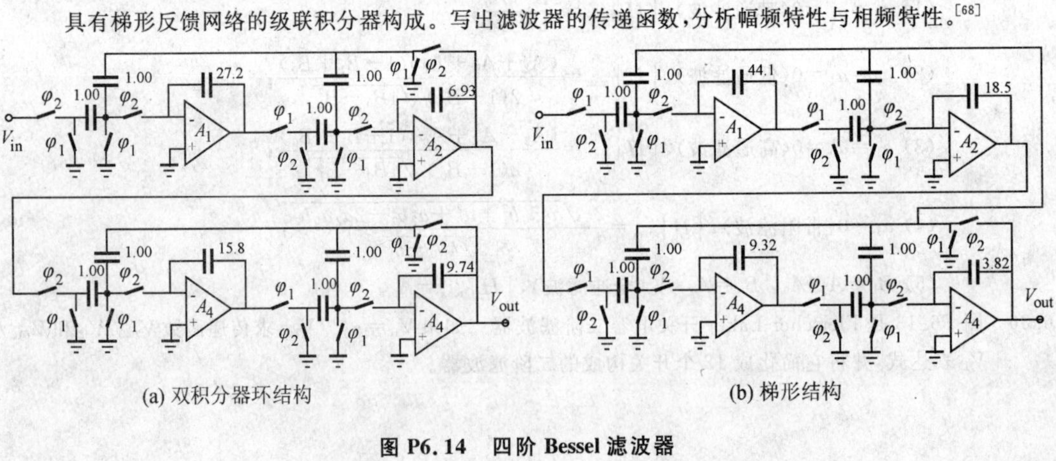

(a) 双积分器环结构　　　　(b) 梯形结构

图 P6.14　四阶 Bessel 滤波器

6.40　证明图 6.41 所示开关电容梯形滤波器，在节点电压变化范围一致化后，保持低频增益值不变需要 C_{in} 乘以 V_{5max}/V_{1max}。

6.41　设计一个通带波纹小于 0.1 dB 截止频率 10 kHz 的三阶低通 Chebyshev 滤波器，采样频率 100 kHz。归一化 RLC 原型电路的元件值为：$R_S = R_L = 1\ \Omega$，$C_1 = C_3 = 1.0316$，$L_2 = 1.1474$。用例题 6.3 的 LDI 变换方法确定例题 6.10 中图 6.38(b)所示电路的电容值，并合并开关、简化电路。

［提示：① 按 LDI 进行频率预变换；② RLC 原型电路到信号流图变换并求出极点；③ 将 s-域传递函数用 LDI 方式转换成 z 域传递函数(参见例题：6.3)；④ 将信号流图用开关电容电路实现(电阻直接用开关电容替代)并根据电路写电路方程；⑤ 比较设计方程和电路方程系数求电路参数；⑥ 调整电容使放大器输出电压范围相同。］

6.42　一种用于蓝牙接收电路的中频低通滤波器[88]，要求 −3 dB 频率 1.5 MHz，在频率 1.65 MHz 和 2.65 MHz处衰减大于 12 和 30 dB，低频增益 0 dB。用采样频率 10 MHz 的五阶 Chebyshev 低通开关电容梯形滤波器实，通带波纹 0.5 dB，截止频率 1.4 MHz，通带增益 0 dB。用全差模结构设计这个滤波器，并进行计算机仿真验证。

6.43　以图 P6.15(a)所示方式利用图 6.45 方波调制电路可以实现将输入信号 $V_i(t)$ 转换成绝对值 $|V_i(t)|$ 的全波整流器，即输入信号为正时输出等于同相输入，输入为负时输出等于反相输入。如果采用 P6.15(b)图所示自调零电容开关比较锁存电路实现输入信号比较，设计整个全波整流器并用 SPICE 程序仿真验证。

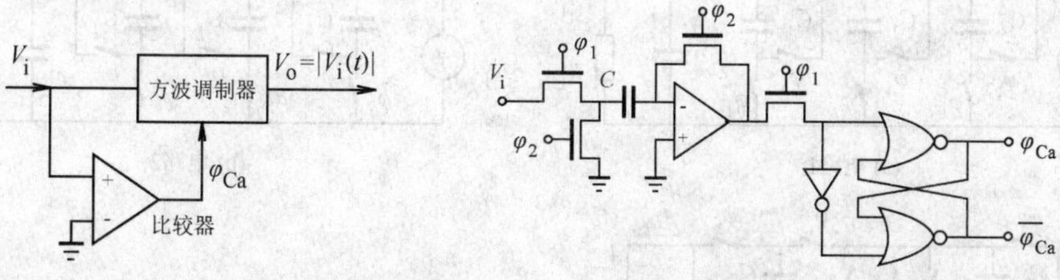

(a) 原理框图　　(b) 自调零电容开关比较锁存电路

图 P6.15　基于方波调制器的全波整流电路

6.44　一种用开关电容电路实现的全波整流电路如图 P6.16 所示。如果 $V_{i2} = z^{-1/2} V_{i1}$，求 $V_i > 0$ 和 $V_i < 0$ 的增益 V_{o2}/V_{i2}，并进一步简化电路。

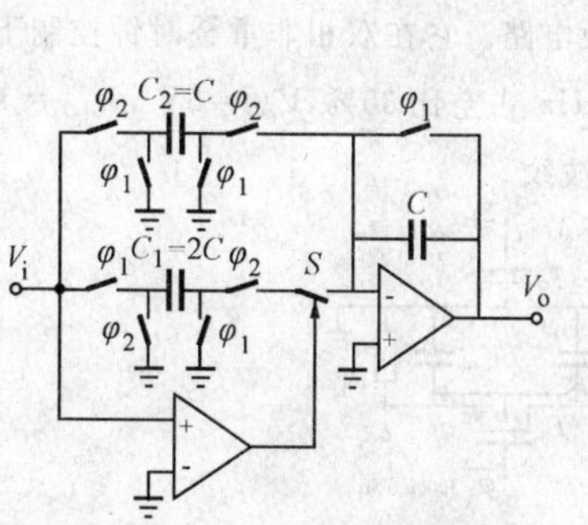

图 P6.16　同相全波整流电路

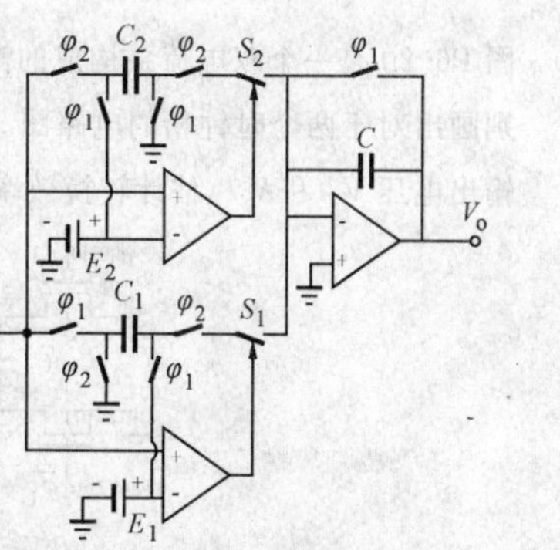

图 P6.17　分段线性放大电路

6.45　一种用开关电容实现的分段线性放大电路如图 P6.17 所示。如果 $V_{i2}=z^{-1/2}V_{i1}$，$E_1>0$，$E_2>E_1$，求增益 V_{o2}/V_{i2}，并画出输入到输出电压转换特性图。

6.46　证明图 6.44 开关电容方波调制器不受放大器失调电压影响，画出输出波形。

6.47　证明图 6.48 所示压控振荡器的振荡频率与输入电压满足(6.5-12)式关系。

6.48　图 P6.18 是一个双积分器环构成的电容开关正交振荡器，如果时钟周期为 T，证明振荡频率为：$\omega_0=\frac{2}{T}\arcsin\left(\sqrt{\frac{K_1K_2}{4}}\right)$。如果 $K_1=K_2=1$，求振荡频率。

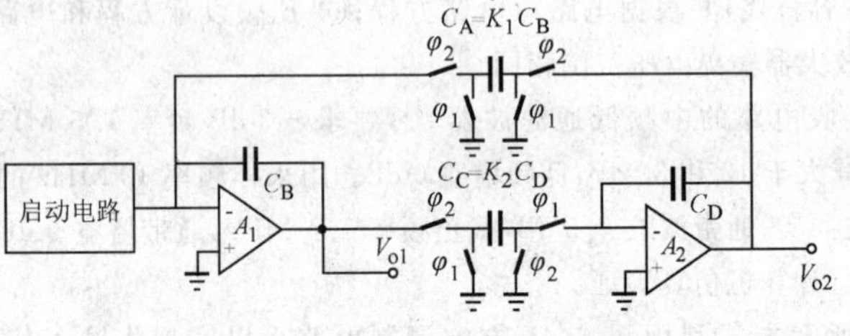

图 P6.18　双积分器环振荡器

6.49　对于图 P6.19 电路所示开关电容电压转换电路，求理想情况的电压转换比。

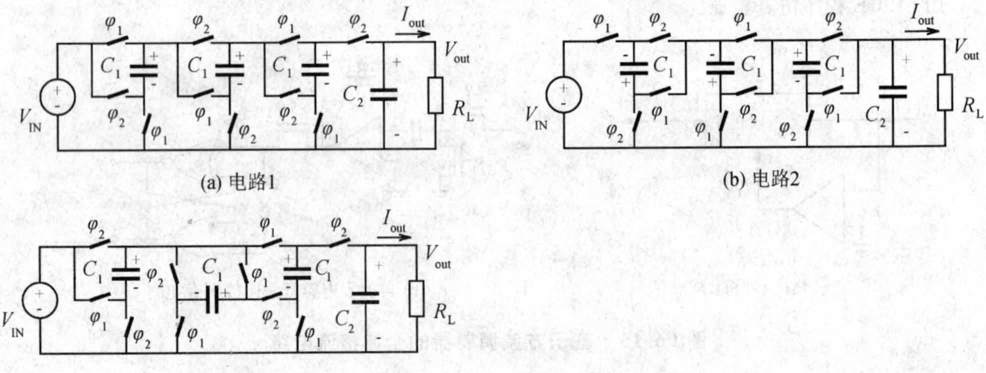

图 P6.19　开关电容直流电压转换电路

6.50　图 P6.20 是一个双电荷泵构成的高转换效率电压转换电路。它在双相非重叠时钟控制下工作，分别画出对于两个时钟相的电路图。如果时钟频率 25 kHz，占空比 35%，$V_{DD}=5V$，$I_{OUT}=10$ mA，求输出电压 V^+ 和 V^-，估计转换效率最大值和输出电压波纹。

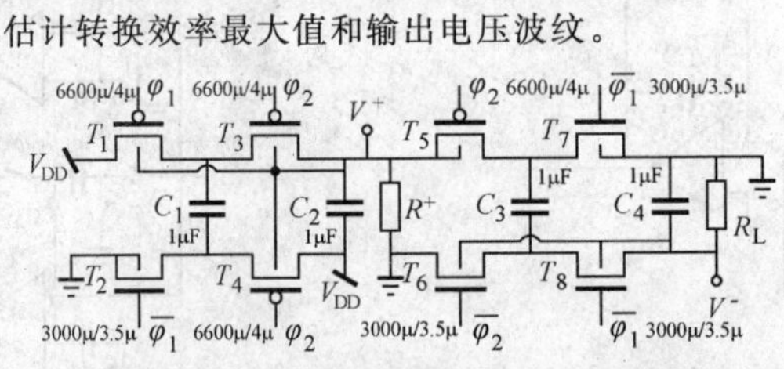

图 P6.20　双电荷泵高效电压转换电路

6.51　如果图 P6.21(a)所示开关电容模块电路采用图 P6.21(b)所示电路等效，其中 T 是双相非重叠时钟周期，将图 P6.21(c)所示电压转换电路用等效模块电路重新画出，证明电压转换器输出电压为：$V_{out}=nV_{IN}$，内阻为：$R_S=n(T/C)$。如果互换输入输出，证明电压转换器输出电压为：$V_{out}=V_{IN}/n$，内阻为：$R_S=(T/C)/n$。

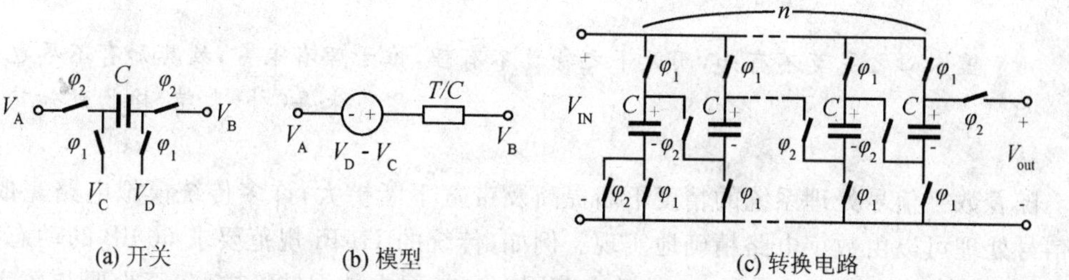

图 P6.21　电压转换电路

第七章　过采样数据转换器

盖人心之灵莫不有知，而天下之物莫不有理，惟于理有未穷，故其知有不尽也。

朱熹《补〈大学〉格物致知传》

随着数字信号处理系统的精度不断提高及带宽不断扩大，许多传统模拟电路完成的复杂信号处理可以由数字电路精确地实现。例如，传统的 Hi-Fi 规范要求 60 dB 的动态范围，现代数字音响设备至少有 100 dB 的动态范围。这就要求数据转换电路，至少要与数字信号处理系统精度相同。与此同时，随着集成电路特征尺寸和工作电压的下降，模拟器件的精度和电压信号变化范围减小，使得用传统方法设计高精度数据转换电路越加困难。信号处理系统的这种发展变化，已使模拟接口电路成为限制信号处理能力的瓶颈。

为了充分发挥数字信号处理系统速度、精度和抗干扰的优点，必须采用新方法设计大动态范围的高速接口电路。由于今天集成电路技术能够实现更高密度、速度的模拟和数字电路，因此可以用复杂度和时间分辨率换取模拟量转换精度。本章介绍的过采样数据转换器，就是以增加复杂度和减小速度为代价换取高精度的数据转换器。

传统 Nyquist 速率模数转换器(ADC)的输入信号采样率与输出数据率相同，输入采样模拟量与输出数据之间存在一一对应关系，可以对每一个采样值评价转换精度，并用积分非线性度(INL)等表示。除谐波畸变和最大工作频率外，很少用频谱分析。与此相比，过采样数据转换器的每个输出数据是许多模拟输入相继采样的加权平均值，采样输入值与输出数据之间不存在一一对应关系，因此只能通过在频域比较输入、输出频谱或在时域比较整个输入、输出波形来评价性能。通常在这些比较中，可以得到信号与噪声的有效值，计算出信噪比，并根据信噪比能估计出分辨率。过采样转换器的线性度也可以由信号功率与总谐波畸变功率之比反映出来。

本章首先介绍有关过采样数据转换器的基本原理和相关的统计学评估、设计转换器的方法。然后，研究实现过采样数据转换常用的增量-总和调制器。最后，分别介绍开关电容电路增量-总和模数和数模数据转换器的设计。

7.1　过采样数据转换原理

7.1.1　模拟与数字信号之间的转换

对于图 6.1 所示的离散时间信号处理系统。如果采用数字信号处理技术，模拟信号通过采样保持进行时间离散化后，还需要对信号幅值进行量化和编码处理，即输入的连续时间、连续幅值模拟信号需要转换为离散时间、离散幅值的数字信号，如图 7.1(a)所示。同样，数字信号处理器(DSP)的输出需要从离散时间、离散幅值的数字量转换成连续时间、连续幅值的模拟信号，如图 7.1(b)所示。在这种信号转换中涉及到如下一些基本问题：

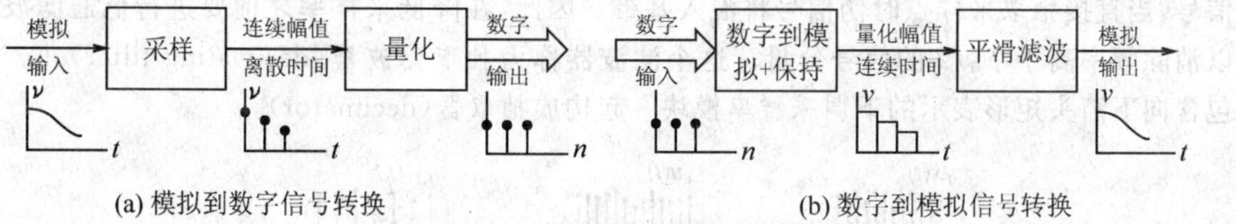

图 7.1 ADC 和 DAC 原理图

1. 采样

在数字化过程中，采样保持阶段的信号和频谱与图 6.2 相同。不破坏采样数据所代表信号(不发生信号混叠)的最小采样频率必须是信号带宽 f_0 的两倍，这个频率称为 Nyquist 频率 f_N。当采样频率 f_s 大于 Nyquist 频率时采样点数目增加，但采样数据所代表的信号不变，因此采样数据存在冗余。过采样率(oversampling ratio，OSR)定义为：

$$\mathrm{OSR} = f_s / f_N = \text{采样频率} / \text{Nyquist 频率} \tag{7.1-1}$$

它至少为 1。在过采样数据转换器设计中，为方便，过采样率通常选择为 2 的整数次方倍。

由于过采样率大于 1 时不增加信息量，因此对于一定的采样数据可以通过“内插(interpolation)”增加采样频率，也可以通过“抽取(decimation)”降低过采样频率，从而实现采样率的转换。

内插增加采样频率过程如图 7.2 所示。假如信号数据率要从低采样频率 f_{s0} 增加两倍到 f_s，第一步是加入幅值为 0 的虚采样点，以增加采样频率，这叫做上调采样率(upsampling)。这一步虽然得到了所需要的采样率，但频谱在 $f_s/2$ 处存在不需要的边带。第二步用截止频率为 $f_{s0}/2$ 的低通滤波器消除不需要的边带，得到最终的信号。内插的表示符号如图 7.2 所示，包含向上箭头矩形表示上调采样率。内插使用的截止频率 $f_{s0}/2$ 的低通滤波器称为内插滤波器(interpolating filter)。

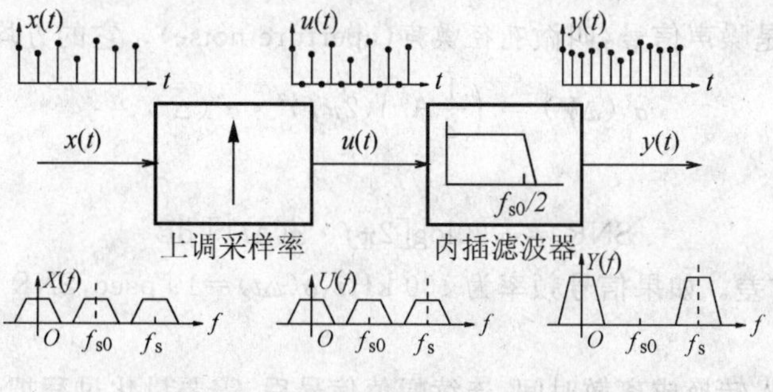

图 7.2 采样点内插过程和表示符号

当过采样率大于1时,通过抽取采样点可以降低频率,这一过程叫做下调采样率(downsampling),如图7.3所示。假如信号频率要从 f_s 减小两倍到 f_{s0},可以通过直接从每两个采样点中抽取一个点实现。但是,这样处理如果原始信号中包含频率大于 $f_{s0}/2$ 的伪信号,当直接抽取采样点时伪信号将混入基带。因此,在降低采样率之前要进行低通滤波,以消除频率高于 $f_{s0}/2$ 的信号分量。这个滤波器称为抽取滤波器(decimating filter),它与包含向下箭头矩形表示的下调采样率模块一起构成抽取器(decimator)。

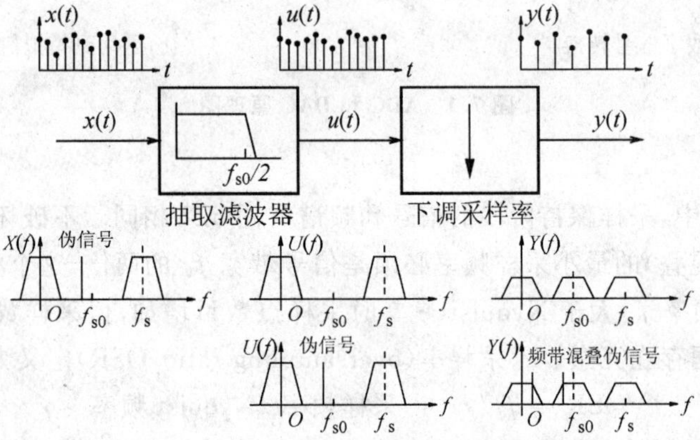

图7.3 采样点抽取过程

内插和抽取只能以整数倍改变采样率,如果要使采样率增加1.5倍必须先进行3倍的内插,再进行2倍的抽取。可见只要采样率大于Nyquist频率 f_N,采样率就可以根据需要通过内插或抽取采样点进行改变,并且保持采样数据所代表的信号不变。当采样频率 f_s 大于Nyquist频率时基带与边带距离增加,由于抗混叠低通滤波器的过渡带不是无限小,在实际采样过程中最小采样率一般都要略大于Nyquist频率。

另外,正如前一章分析,实际电路的有限斜率时钟信号将引起采样时间抖动,从而引起采样误差。例如,对于信号 $A\sin(2\pi ft)$,采样时间误差 Δt 引起的采样信号误差 ΔV 为:

$$\Delta V = A\cos(2\pi ft)2\pi f\Delta t \tag{7.1-2}$$

这个误差可以看作是噪声信号,叫做孔径噪声(aperture noise)。它的方均值是:

$$\sigma^2(\Delta V) = \left(\frac{1}{2}A^2\right)(2\pi f)^2 \cdot \sigma^2(\Delta t) \tag{7.1-3}$$

信噪比为:

$$\mathrm{SNR} = -20\log[2\pi f \cdot \sigma(\Delta t)]\ \mathrm{dB} \tag{7.1-4}$$

其中:σ 代表标准方差。如果信号频率为100 kHz,$\sigma(\Delta t)=10$ psec,SNR为104 dB。

2. 量化

采样将模拟输入转换成离散时间、连续幅值信号后,需要量化过程把连续幅值转换为可以用有限字长数字量表示的离散量。图7.4(a)表示双极性无真零输出两位字长量化器的转移特性和量化误差。输入是连续幅值电压 X,输出是量化电压 Y。

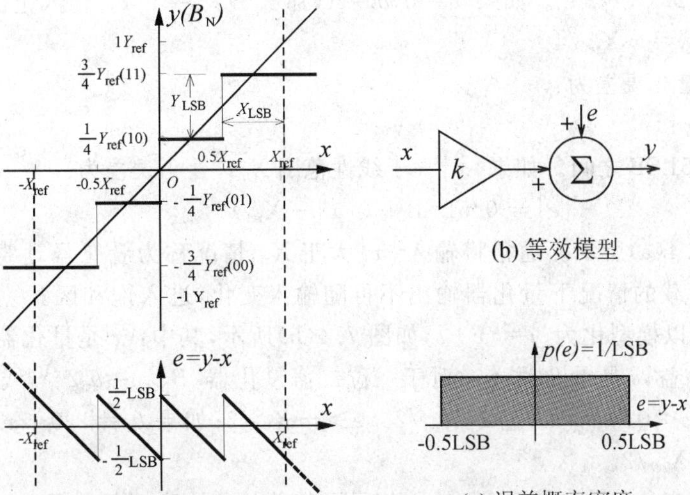

(a) 量化器传输特性和误差　(b) 等效模型　(c) 误差概率密度

图 7.4　双极性无真零输出两位字长量化器

定义 N 位字长二进制数字 $B_N=b_1 2^{-1}+b_2 2^{-2}+\cdots+b_N 2^{-N}$,其中:$b_i$ 是等于 1 或 0 的数字量,b_N 是最小有效位(LSB),b_1 是最大有效位(MSB),B_N 是最小变化量为 2^{-N} 的量化量。这种方式定义的 B_N 为无符号数字,$B_N\leqslant 0$ 表示无符号的单极性信号。如果 B_N 定义为带符号数字,B_N 表示具有正负号的双极性信号,b_1 是符号位。无真零双极性信号与单极性信号的关系是:

$$B_{N双极性}=2B_N-1+2^{-N} \tag{7.1-5}$$

如 $N=2$,$b_1b_2=\{00, 01, 10, 11\}$,$B_N=\{0, 1/4, 2/4, 3/4\}$,$B_{N双极性}=\{-3/4, -1/4, 1/4, 3/4\}$。

对于图 7.4 所示理想线性量化器,输出量化电压值的最小变化单位是 $Y_{LSB}=Y_{ref}/2^{N-1}$,其中:Y_{ref}是输出基准电压。输出对输入电压的最小分辨率为 $X_{LSB}=X_{ref}/2^{N-1}$,X_{LSB}是一个恒定输出电压对应的输入电压范围,即量化台阶宽度。$2X_{ref}=2^N X_{LSB}$是标称满量程(nominal full-scale),$2X_{ref}-X_{LSB}$是实际满量程(actual full-scale)。如果 LSB$=X_{LSB}$,根据标称满量程的定义知最小有效位的值为:LSB$=X_{LSB}=2X_{ref}/2^N$。量化器的增益为:

$$k=Y_{LSB}/X_{LSB} \tag{7.1-6}$$

当$|x|<X_{ref}$时,输入与输出之间实现增益为 k 的线性量化。范围$|x|<X_{ref}=2^{N-1}X_{LSB}$是量化器线性范围或量化器非过载范围。

如果 $Y_{LSB}=X_{LSB}=$LSB,量化器增益为 1,在线性范围内,量化输出电压为:

$$y=B_{N双极性}Y_{LSB}=[2B_N-1+2^{-N}]X_{ref}\quad (2B_N-1)X_{ref}<x<(2B_N-1+2^{1-N})X_{ref} \tag{7.1-7}$$

其中：$B_N=\{0, 1/2^N, 2/2^N, 3/2^N, \cdots, 1-2^{-N}\}$是无符号的单极信号。例如：对于两位量化器 $N=2$，$B_{N=2}=b_1 2^{-1}+b_2 2^{-2}$。如果 $b_1=0$，$b_2=1$，那么 $B_{N=2}=1/4$。输入范围 $-0.5X_{ref}<x<0$，量化器输出 $y=-X_{ref}/4$。

在线性范围内，量化误差为：

$$e=y-x \tag{7.1-8}$$

它在－0.5LSB 与 0.5LSB 之间。如果$|x|$大于线性范围 X_{ref}，量化误差为：

$$|e|=0.5\text{LSB}+(|x|-X_{ref}) \tag{7.1-9}$$

大于 0.5LSB，如图 7.4(a)所示。通常将输入$|x|$大于 X_{ref} 情况称为量化器过载（quantizer overload）。在输入过载的情况下量化器输出不再随输入变化，进入饱和区。一般情况下，线性范围内量化器可以模型化为 $y=kx+e$，如图 7.4(b)所示，其中：x 是量化器输入，y 是输出，k 是量化器的增益，e 是量化误差。对于一位二值量化器，$B_{N=1}=b_1 2^{-1}$，线性范围内，如果 $b_1=0$，$-X_{ref}<x<0$，$y=-X_{ref}/2$，$X_{ref}/2>e>-X_{ref}/2$；如果 $b_1=1$，$0<x<X_{ref}$，$y=X_{ref}/2$，$X_{ref}/2>e>-X_{ref}/2$。

当输入 x 随时间变化时，量化误差与输入信号是相关的。一定时间内量化误差值出现在－0.5LSB 与 0.5LSB 之间的几率分布是由输入信号决定的。例如，当输入信号是幅值为 LSB 整数倍的锯齿波时，在信号周期整数倍时间内，误差值出现在$|e|<=0.5$LSB 内的几率分布是均匀的；当输入信号为直流量时，误差值是常量，误差值几率分布是 Delta 函数，如图 7.5(a)所示。另外，对于 $t=T_s, 2T_s, \cdots$固定周期进行量化的信号，在线性范围内虽然可能存在$|e(t)|=|y(t)-x(t)|>0.5$LSB，但对于采样信号的量化误差可以保证$|e(n)|=|y(n)-x(n)|<0.5$LSB，如图 7.5(b)所示。

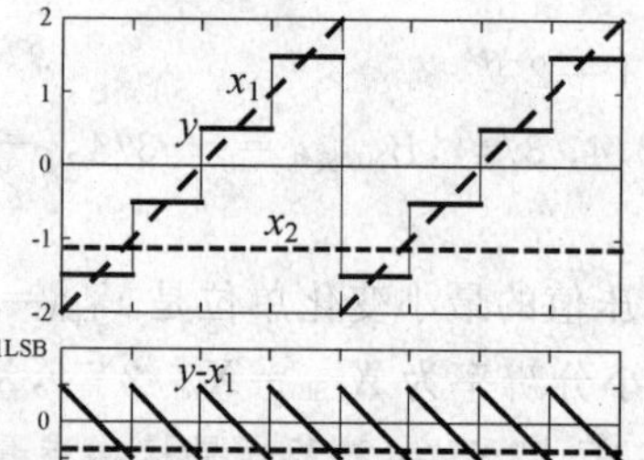

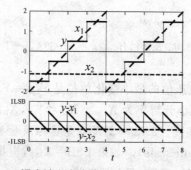

(a) 锯齿波和直流信号的两位量化误差

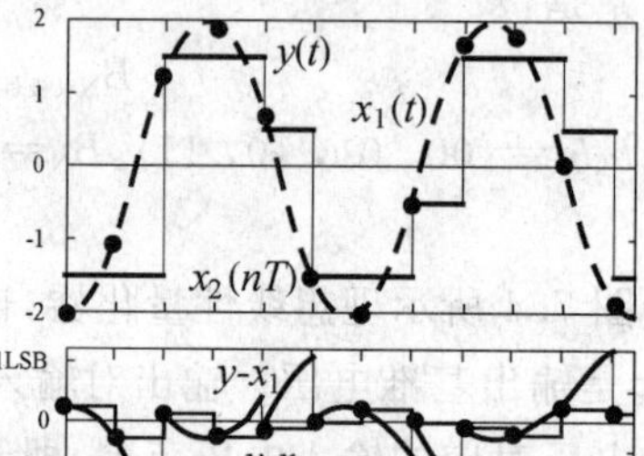

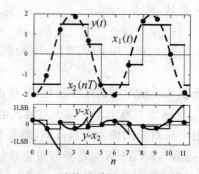

(b) 正弦信号采样两位量化误差

图 7.5　量化器量化误差

虽然量化误差 $e(t)$对于某一输入信号是完全确定的，但当输入信号是随机和迅速变化的时候，量化误差几乎是随机的，与输入信号不相关。因此，这时可以假设量化误差 e 是一个随机、可叠加的白噪声，幅值在－0.5LSB 到＋0.5LSB 之间具有均匀分布的几率密度 $p(e)$。根据分布密度函数积分为 1 的条件可得 $p(e)=1/\text{LSB}$，如图 7.4(c)所示。

根据统计学原理,这种量化噪声 e 的方均值(即噪声功率)为:

$$\sigma^2(e)=\int_{-0.5\mathrm{LSB}}^{0.5\mathrm{LSB}} e^2 p(e) de=\frac{1}{3}(0.5\mathrm{LSB})^2 \tag{7.1-10}$$

因为 LSB 代表输入模拟量分辨率,对于一定的量程 X_{ref},LSB 每减小一倍,输出字长增加一位,所以只要量化噪声功率减小 6 dB 就可增加一位输出字长。这样对于某一信号波形,可以推导出表示理想量化器有效字长的最大信噪比。例如,对于正弦输入信号,如果量化后的字长为 N,输入信号的最大幅度是 2^{N-1}LSB(标称量程),量化后的最大 SNR 为:

$$\mathrm{SNR}_{\max}=10\lg\frac{x_{\mathrm{rms}}^2}{\sigma^2(e)}=10\lg\frac{(2^{N-1}\mathrm{LSB})^2/2}{(1/3)(0.5\mathrm{LSB})^2}=1.76+6.02N \quad (\mathrm{dB}) \tag{7.1-11}$$

这个公式将量化器字长与 $\mathrm{SNR}_{\max}$ 联系起来,对量化器的精度研究可以转换成对量化器的信噪比研究。由此式明显可见,每增加一位精度近似需要 $\mathrm{SNR}_{\max}$ 提高 6 dB。例如,8 位量化器的 $\mathrm{SNR}_{\max}$ 等于 50 dB,而 16 位量化器的 $\mathrm{SNR}_{\max}$ 需要增加到 98 dB。如果已知一个转换器的信噪比,可将此式确定的 N 定义为转换器的有效位数(effective number of bits,ENOB)。

另一方面,这个关系反映出 N 位量化器可能得到的最好 SNR,因为随着输入信号减小信号量下降,随着输入信号 $|x|$ 大于 X_{ref}(输入过载)量化噪声增加,这都将导致 SNR 下降。例如只考虑量化对噪声影响,输入信号 $X_{\mathrm{p}}\mathrm{Sin}(\omega t)$ 的信噪比为:

$$\mathrm{SNR}=10\lg\frac{X_{\mathrm{p}}^2}{X_{\mathrm{ref}}^2}+10\lg\frac{(2^{N-1}\mathrm{LSB})^2/2}{(1/3)(0.5\mathrm{LSB})^2}=10\lg\frac{X_{\mathrm{p}}^2}{X_{\mathrm{ref}}^2}+1.76+6.02\mathrm{N} \quad (\mathrm{dB}) \tag{7.1-12}$$

SNR 与相对输入量 $X_{\mathrm{p}}/X_{\mathrm{ref}}$(dB)成正比。对于实际 ADC,可以通过测量 SNR 与 $X_{\mathrm{p}}/X_{\mathrm{ref}}$ 关系反映精度和动态范围等特性。由于存在其他噪声或畸变影响,实际 SNR 总要小于上式描述的理想情况。例如,对于输入 $X_{\mathrm{p}}/X_{\mathrm{ref}}=0.1$,如果测量输出信噪比 SNR=66 dB,根据(7.1-12)式知可得到 14 位字长。

对于实际量化器,由于器件精度的影响,量化台阶宽度不能保持完全相同,传输特性如图 7.6 所示。第 i 个台阶到第 $i+1$ 个台阶阶跃点的实际值与理想值之间的偏差 h_i 是第 i 个台阶的积分非线性度(integral nonlinearity,INL)。这种误差的标准方差 $\sigma(h_{\mathrm{i}})$ 可以定义为量化器的积分非线性度,也有人将积分非线性度直观地定义为 $\mathrm{INL}=\max\{|h_{\mathrm{i}}|\}$。考虑积分非线性度影响后,量化器的误差近似为:

$$\sigma^2(e)=\frac{1}{3}(0.5\mathrm{LSB})^2+\sigma^2(h_{\mathrm{i}}) \tag{7.1-13}$$

当 $\sigma(h_{\mathrm{i}})$ 为 $0.5\mathrm{LSB}/\sqrt{3}$ 时,积分非线性度使总误差增加一倍、信噪比减小 3 dB。如果量化台阶宽度的误差是完全随机的、具有均匀分布几率,类似于量化误差,那么 $\sigma(h_{\mathrm{i}})=0.5\mathrm{LSB}/\sqrt{3}$ 意味着 $|h_{\mathrm{i}}|_{\max}=0.5\mathrm{LSB}$。由此可见,量化器的噪声是字长和 INL 的函数。只有当转移特性中台阶位置可以准确控制($\mathrm{INL}\leqslant 0.5\mathrm{LSB}/\sqrt{3}$ 或 $|h_{\mathrm{i}}|_{\max}\leqslant 0.5\mathrm{LSB}$)时,通过增加字长提高信噪比才有意义。如果 INL 大于 $0.5\mathrm{LSB}/\sqrt{3}$,可能造成漏码或连码,最小有效位不再有意义。

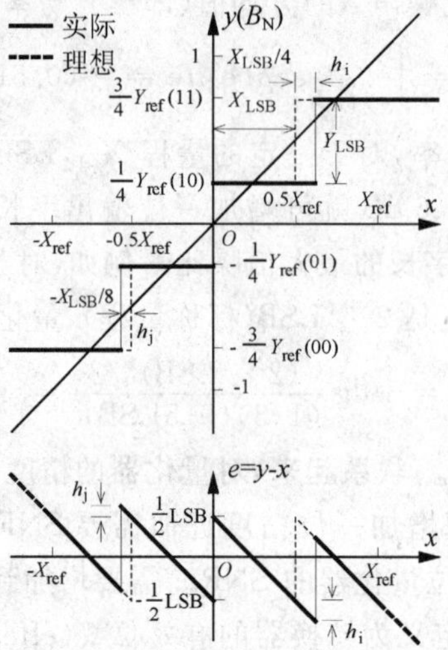

图 7.6　非理想情况下的量化器传输特性

3. 保持与平滑

为将离散数字信号转换成连续信号，DAC在将离散时间、离散幅值数字量转换成离散时间连续幅值采样数据后，要使采样时间间隔内模拟输出量为常数。这种保持过程的频谱函数由(6.1-4)式表示，如图6.2所示。为得到基带频谱，可以用低通滤波器消除高频边带，这个滤波器叫做平滑滤波器(smoothing filter)。由于 $\sin(\pi f/fs)/(\pi f/fs)$ 随频率增加小于1，在从离散信号到连续信号的变化过程中基带的幅值将发生衰减。对于最大信号频率 $f_s/2$，这一过程使幅值衰减0.63倍。如果要得到没有衰减的频谱，可以通过对输入数字信号进行预处理来获得。

当数模转换器(DAC)传输特性受非理想因素影响时，DAC还将产生附加噪声 $N=\sigma^2(h_i)$，其中 h_i 是第 i 个台阶的积分非线性度，它类似与ADC的INL。

总结上述分析，数据转换器的信号带宽由采样率决定。为避免信号混叠，要求采样率至少是处理信号最高频率的两倍；通过内差和抽取过程可以在保持信号不受损失的情况下改变采样率。信噪比由采样时钟抖动、字长和积分非线性度等决定。现代CMOS短沟技术可以使系统的采样率达到几百兆赫，时钟抖动产生的信噪比下降比较小，同时器件密度的增加可以使字长增加到32位以上，因此提高转换器精度的主要问题是如何控制积分非线性度，使它小于半个台阶宽度。

7.1.2　过采样数据转换器原理

传统结构的Nyquist数据转换电路，由于受到器件匹配度的影响积分非线性度较难满足字长大于14位的要求，因此以速度和复杂度为代价换取高精度的过采样数据转换器成为适合现代短沟CMOS集成电路技术的主要转换器类型。

根据量化误差的定义，量化器可以模型化为输出 $y(n)$ 等于输入 $x(n)$ 加上量化误差 $e(n)$。输出 $y(n)$ 等于最接近 $x(n)$ 的量化值，量化误差是输出与输入值之差。如果认为量化误差不是独立信号，而是由输入和输出信号直接决定的，模型是精确的。但是，当用统计学方法处理量化误差，假设量化误差是独立的白噪声信号时，这个线性模型只在统计学意义上成立。尽管如此，由于它可以大大简化对过采样数据转换过程的理解，除一些特殊情况外一般都可以给出合理的精度，所以被广泛采用。

当假设采样后的量化噪声为白噪声后，量化误差噪声具有均匀的频谱密度 $S_e(f)$。对于采样率 f_s，最大采样量化噪声宽为 $f_s/2$，单边量化噪声功率谱密度为：

$$S_e(f) = \frac{1}{f_s/2} \cdot \sigma^2(e) = \frac{LSB^2}{6f_s} \tag{7.1-14}$$

可见采样率越高，单位频率的量化噪声功率越低。如果信号带宽为 f_0，那么信带内的量化误差噪声功率为：

$$P_e = \int_0^{f_0} S_e(f)\mathrm{d}f = \frac{LSB^2}{6f_s}f_0 = \frac{1}{12}\frac{LSB^2}{OSR} \tag{7.1-15}$$

过采样率 $OSR = f_s/2f_0$ 越大，信带内噪声量越小。当量化信号经过带宽 f_0 的低通滤波器滤波后，量化噪声被低通滤波器衰减掉的越多。过采样数据转换器正是利用增加过采样率的方法提高转换精度的。

例如，分析用一个 10 位精度 100 kHz 采样率的 ADC，解决 11 位精度、12.5 kHz 带宽信号处理问题，虽然处理这个信号需要 11 位精度、采样率为 25 kHz 的 ADC，10 位精度 100 kHz采样率 ADC 不能直接使用，但可以对 10 位 ADC 的输出进行某些运算，降低输出数据率(降低时间分辨率)，得到更大的字长(增加幅值分辨率)。

图 7.7 表示实现上述思想的一种方法。以 100 kHz 采样率工作的 ADC 产生 10 位精度数据输出，这个输出作为 11 位数字滤波器输入的高 10 位，并取 0 作为最低输入位。如果滤波器的截止频率为 12.5 kHz，假设量化噪声为白噪声，根据(7.1-15)式可知 10 位 ADC 的量化噪声将有四分之三被低通滤波器衰减掉，余下 11 位 ADC 的量化噪声。由于 OSR 为 4，通过抽取过程可以将采样率降低四倍，得到 25 kHz 的数据输出率而不影响信号，最终得到 11 位精度的 25 kHz 数据率的数据输出。如果输入信号对应的量化噪声不是白噪声，不能保证 11 位精度。例如对于直流输入，量化噪声是恒定量，频谱只有零频率分量，抽取滤波器无法减小量化噪声，因此不会改变第 11 位的 0。图 7.7 所示系统有时称为零阶增量-总和调制器构成的过采样模数转换器。

这是一种简单的解决问题方案，在实际应用中它存在一些问题。第一，在速度换精度方面效率低，速度减小四倍精度仅改善一位。第二，假设量化噪声在 0 到 $f_s/2$ 范围内功率谱密度为常量，对于非随机变化的特殊输入信号不成立。例如，对于直流输入，量化噪声恒定不变，噪声频谱只有直流分量，低频滤波器无法削减量化噪声。这时虽然输出具有 11 位字长，但只有 10 位是有效的。因此，为使噪声削减技术更有效，需要保证：① 速度与精度之间

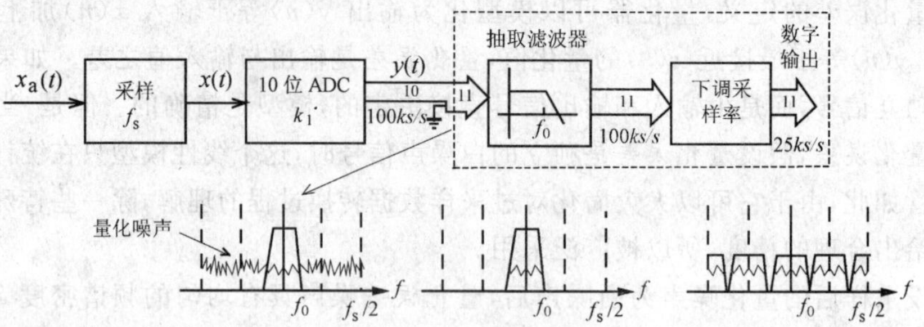

图 7.7 过采样 ADC

的转换效率;② 对于任何输入信号量化噪声都应只有很小一部分处于低频区。

7.1.3 噪声变形过采样数据转换原理

由于量化噪声近似为白噪声,噪声谱密度是常量,当过采样量化信号经抽取滤波后,消除的量化噪声与过采样率成正比,所以速度换精度效率很低。如果能够改变量化噪声谱形状,使信带内量化噪声减小,将能提高速度换精度的效率。增量-总和调制(或称 Δ-Σ 调制器)是过采样数据转换采用的主要噪声变形(noise shaping)方法。

基本增量-总和调制结构如图 7.8(a)所示。输入信号 $x(t)$与反馈信号 $w(t)$之差作为环路滤波器 $H(z)$的输入。ADC 以滤波器输出 $u(t)$作为输入,产生数字信号输出 $y(t)$,同时 $y(t)$经 DAC 转换成模拟量反馈信号 $w(t)$。对于线性量化器,如果 ADC 的增益为 k_1,当信号 $u(t)$在线性范围(满量程范围)内时,ADC 的输出为:

$$y(t) = k_1 u(t) + e(t) \tag{7.1-16}$$

其中:$e(t)$是量化误差。如果 DAC 的增益为 k_2,反馈信号为:

$$w(t) = k_2 y(t) \tag{7.1-17}$$

对(7.1-16)和 (7.1-17)式进行 z 变换,利用 $U(z)=H(z)[X(z)-W(z)]$关系,得 z 域输出函数表达式:

$$Y(z) = \frac{k_1 H(z)}{1+k_1 k_2 H(z)} X(z) + \frac{1}{1+k_1 k_2 H(z)} E(z) = H_s(z) X(z) + H_n(z) E(z) \tag{7.1-18}$$

其中:$X(z)$、$Y(z)$和 $E(z)$分别是 $x(t)$、$y(t)$和 $e(t)$的 z 变换。$H_s(z)$是信号传递函数,$H_n(z)$是噪声传递函数。可见量化噪声的频谱形状受传递函数 $H(z)$影响发生了变化。当在信号带宽内$|H(z)|$很大时,第二项 $H_n(z)$的分母很大,带内量化噪声由于反馈作用得到很大抑制。这种转换噪声频谱的技术通常称为噪声变形。噪声变形的具体情况由环路滤波器传递函数 $H(z)$决定。如果 $H(z)$是积分器或低通滤波器,$H_n(z)$在零频率处趋近零,这种调制器称为低通增量-总和调制器。如果 $H(z)$是带通滤波器,$H_n(z)$在中心频率 f_0 处趋近零,这种调制器称为带通增量-总和调制器,如图 7.8(b)所示。在一定条件下可以证明,

$2n$ 阶带通调制器与 n 阶低通调制器有相同的噪声变形特性,见习题 7.19。因为低通增量-总和调制器构成的转换器具有更广泛的应用领域,所以本章主要以这种调制器为例进行研究。

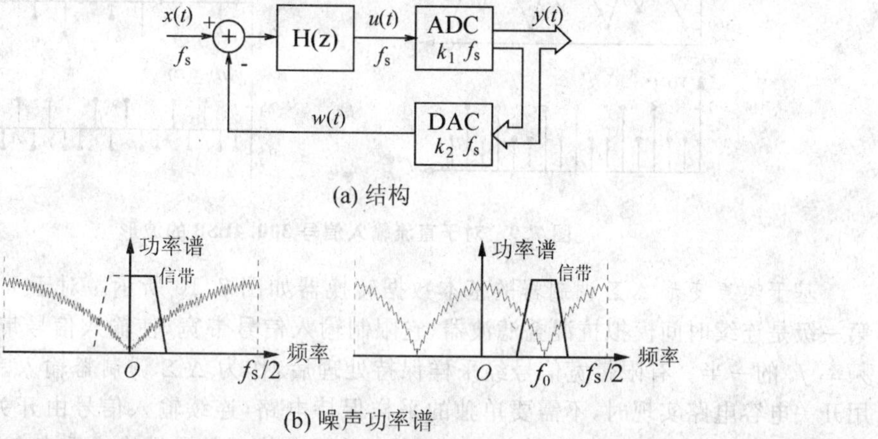

图 7.8 Δ-Σ 调制器

为更直观了解工作原理,通过如下例子分析具体工作过程。如果环路滤波器是离散时间积分器,传递函数为:$H(z)=z^{-1}/(1-z^{-1})$,用差分方程表示为:$u(n)-u(n-1)=x(n-1)-w(n-1)$。100 kHz 采样率的连续幅值输入信号 $x(t)$ 与反馈信号 $w(t)$ 之差经离散时间模拟积分器处理后,作为 100 kHz 采样率 10 位 ADC 输入,产生量化噪声变形的数字输出 $y(t)$,$y(t)$ 经 10 位 DAC 转换成模拟反馈信号 $w(t)$。假设 10 位 ADC 的输出范围是 0 到 1023,当输入直流信号为 300.4LSB 时,准确数字输出应为 300.4。如果直接用 10 位 ADC 转换输出数字量为 300,用 11 位精度 ADC 转换的结果应当为 300.5。用图 7.8 所示 Δ-Σ 调制器转换,假设 $k_1=k_2=1$,积分器输出 $u(n)$ 和 10 位 ADC 输出 $y(n)$ 分别为:

$$u(n)=u(n-1)+x(n-1)-w(n-1) \tag{7.1-19}$$

$$y(n-1)=\begin{cases}301 & u(n-1)\geqslant 300.5\\ 300 & u(n-1)<300.5\end{cases} \tag{7.1-20}$$

其中:$w(n-1)=y(n-1)$。当 $x(n)=300.4$ 时,$u(n)$ 和 $y(n)$ 在 300 到 301 之间振荡,如图 7.9 所示。$y(t)$ 为 300 的几率大于为 301 的几率,输出平均值为 300.4。10 位 ADC 的量化噪声 $y(n)-u(n)$ 在 ± 0.4 之间迅速变化,大部分量化噪声谱在高频段。可见即使对于直流输入,量化噪声也不是恒定量,减小了量化噪声与输入量的相关性,使量化噪声更接近于白噪声。Δ-Σ 调制器的量化噪声 $y(n)-x(n)$ 在 -0.4 到 0.6 之间变化,它包含的低频噪声比 ADC 小,高频噪声比 ADC 大,这是 Δ-Σ 调制器产生噪声变形的结果。如果 $y(n)$ 经抽取滤波器滤波,可以形成 11 位 25 kHz 数据率的数据输出。实际上,因为量化噪声是周期变化的,对应的频谱是离散谱而不是白噪声,如果低通抽取滤波的带宽足够低,可以完全消除量化噪声影响,获得精确输出 300.4。

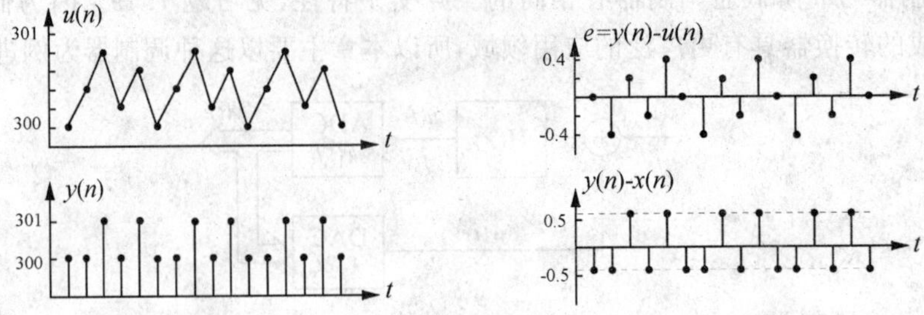

图 7.9　对于直流输入信号 300.4LSB 的波形

基于噪声变形 Δ-Σ 调制器的基本数据转换器如图 7.10 所示。对于 7.10(a)图 ADC，第一级是连续时间模拟抗混叠滤波器，它限制输入信号带宽，使输入信号带宽 f_0 小于采样频率 f_s 的一半。有限带宽信号经采样保持处理后，作为 Δ-Σ 调制器输入。当 Δ-Σ 调制器用开关电容电路实现时，不需要单独的采样保持电路，连续输入信号由开关电容 Δ-Σ 调制器的开关和输入电容自然采样。Δ-Σ 调制器将输入模拟信号转换成噪声变形的过采样低分辨率数字信号。这个信号经过数字抽取器处理，形成低采样率的高分辨率数字信号。

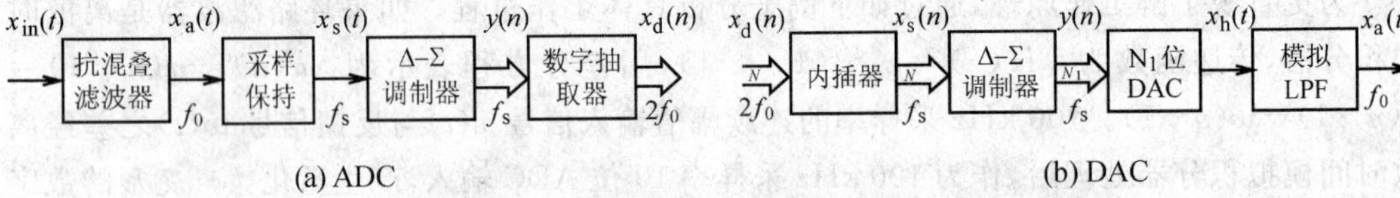

图 7.10　Δ-Σ 调制过采样数据转换器结构

图 7.10(b)表示以同样原理构成的 DAC。数字输入信号通过内插器使采样频率从 $2f_0$ 增加到 f_s。数字 Δ-Σ 调制器将 N 位字长数字信号转换成 $N_1(N_1<N)$位字长的数字信号，这个信号通过 N_1 位 DAC 转换成模拟信号，经低通模拟滤波后输出。可见过采样 DAC 借助 Δ-Σ 调制器产生噪声变形，通过低精度 N_1 位 DAC 实现高精度 N 位 DAC。

7.1.4　增量-总和调制与其他类型数据转换器比较

依据限制转换精度的主要因素，数据转换器可以分为两类：由器件匹配性限制精度的数据转换器和基于算法的数据转换器。

在第一类模拟转换器中，图 7.11(a)所示全并行(fully parallel)结构 ADC 是速度最快的，亦称闪速(flash)ADC。对于 N 位 ADC，输入信号同时与 2^N 个基准电压比较，通过逻辑电路将比较器输出编码成输出数字。采样率主要取决于比较器的建立时间，精度受到分压电阻匹配性和比较器失调电压限制。基于这种原理，用 CMOS 技术可以实现 8 位分辨率、100 MHz 以上采样率的 ADC。

由于比较器数目以 2^N 随字长 N 增加，当字长大于 6 位时全并行结构实现就要遇到比较器数目过多的困难。为得到更大的字长可以采用两个并行 ADC 分两步实现的方法，形

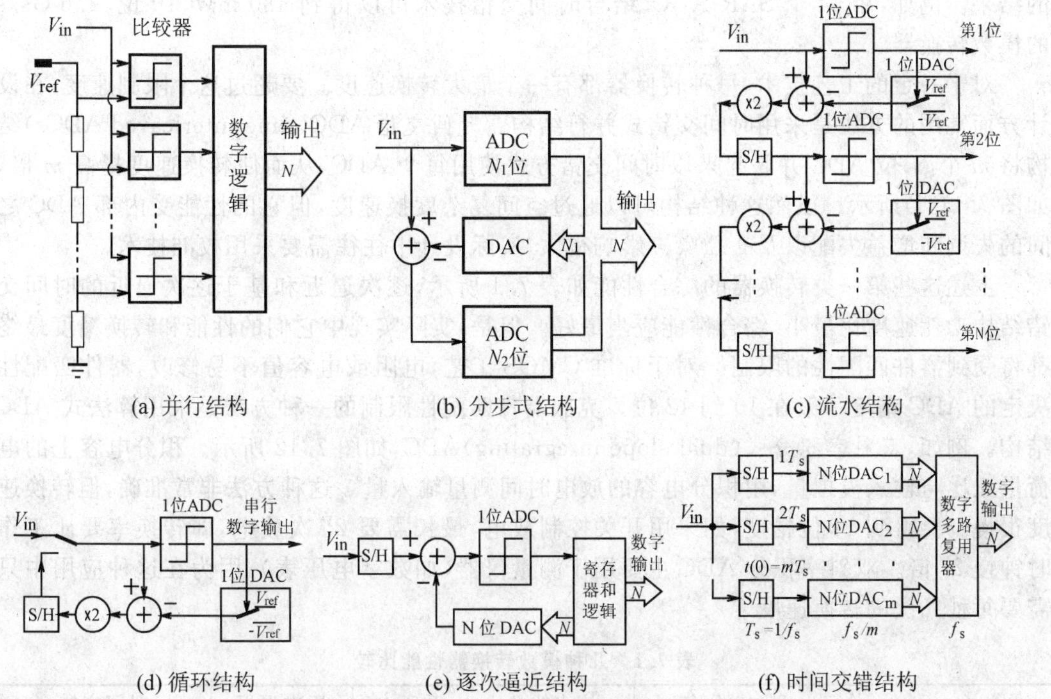

图 7.11　器件匹配性决定精度的基本 ADC 结构

成图 7.11(b)所示的分步式(subranging)结构 ADC。第一个并行 ADC 确定 N_1 个高位输出数据,第二个将剩余量转换成 N_2 个低位输出数据。比较器的数目为 $2^{N1}+2^{N2}$。它的精度由器件匹配性、比较器失调和减法精度决定。这种方法由于采用分步转换结构,将会造成速度损失。

为减小分步结构的速度损失,可以采用流水式分步结构。由 N 个一位 ADC 模块组成的流水式(pipelined)结构 ADC 如图 7.11(c)所示。虽然时钟延迟 N 个周期,但从始至终都是每个时钟周期产生一个输出。它的精度主要受到求和增益精度的限制。基于这种原理可以制作 1 MHz 采样率 12 位分辨率 ADC。

如果想简化电路结构,可以重复利用一位 ADC 模块构成更简单的循环式(recursive)ADC,如图 7.11(d)所示。它重复使用一个比较器顺序决定输出数据位。由于需要 N 个时钟周期产生一个 N 位字长数字输出,采样率比工作时钟小 N 倍。它是以牺牲速度为代价换取简单结构的。它可以实现 200 kHz 采样率 12 位 ADC。

用类似技术可以实现逐次逼近(successive approximation register, SAR)ADC,如图 7.11(e)所示。在每个时钟周期内,通过输入信号与 DAC 输出信号比较产生一位数字输出。这种结构的最大特点是简单,省略了所有增益器件(放大器)并对失调不敏感,可以大大降低功耗。但是,它需要 n 个时钟周期得到 N 位分辨率,同样是以牺牲速度为代价换取简单结构。为在低功耗和速度之间取得平衡,近来时间交错技术被用来解决速度问题,并取得良好的结果。例如，用 64 个 SAR-ADC、结合时间交错技术可以得到 480 mW、10 位、2.6 Gs/s 的模数转换器。

对于一定的工艺技术，每种转换器都有一个最大转换速度。要超过这个限制速度，在设计方面常用的方法是采用时间交错式并行结构。时间交错 ADC(time-interleaved ADCs)结构将 m 个 N 位 ADC 并联起来以时间交错方式使用每个 ADC，从而使转换速度提高 m 倍，如图 7.11(f)所示。虽然这种结构可以通过空间复杂度换速度，但它的性能受内部 ADC 之间的失调和增益失配以及孔径噪声影响很大，实际设计中往往需要采用校准技术。

上述这些第一类转换器的综合性能如表 7.1 所示，逐次逼近和基于逐次逼近的时间交错结构功耗速度比最小，综合性能应当最好。但是，实际实现中它们的性能和转换精度最终都将受到器件匹配性的限制。对于标准 CMOS 工艺，电阻或电容值不易修改，器件匹配性决定的 ADC 精度一般在 10 到 12 位。克服器件匹配性限制的一种方法是采用算法式 ADC 结构。例如，双斜率积分式(dual slope integrating)ADC，如图 7.12 所示。积分电容上的电荷量正比与输入模拟量，用积分电容的放电时间测量输入量。这种方法非常准确，但转换速度很慢。要得到 14 位精度，如果用开关控制放电，最长需要 2^{14} 次放电，即转换率要比工作时钟慢 2^{14} 倍。双斜率积分 ADC 主要用于测量仪器(如数字电压表)，因为在这种应用中只需要每秒几次的转换速度。

表 7.1　几种模数转换器性能比较

	并行	分布	流水线	循环	逐次逼近	时间交错
功耗	2^N	$2\times2^{N/2}$	$>N$	1	1	$m\times$(ADC*)
速度	1	$<1/2$	<1	$<1/N$	$1/N$	$m\times$(ADC*)
功耗/速度	2^N	$>2^{2+N/2}$	$>N$	$>N$	N	$1\times$(ADC*)

*：时间交错结构内部所采用某种 ADC 的相应性能。

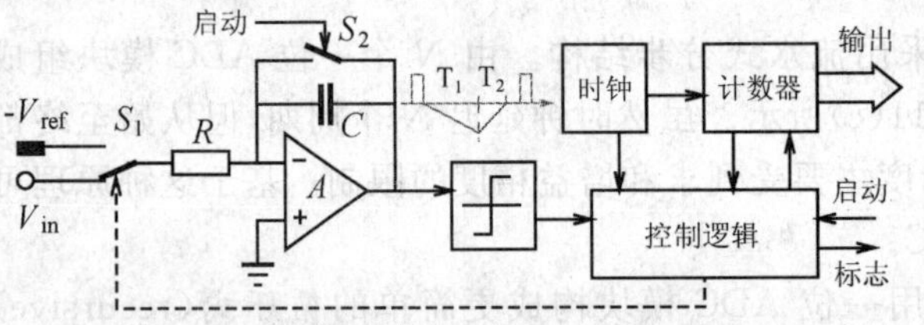

图 7.12　双斜率积分式算法 ADC 结构

增量-总和调制器是另一类基于算法的转换器。当模拟输入采样不相关(如数字电压表)时，增量-总和调制器不比双斜率积分 ADC 优越。但是，当模拟输入是有限带宽的采样信号(如音频信号)时，量化噪声功率大部分在信号带宽以外，对于一定的精度要求增量-总和 ADC 的工作时钟频率可以很小于双斜率积分 ADC。例如，对于 14 位精度，双斜率积分 ADC 的工作时钟频率要比采样频率大 2^{14} 倍，但是二阶增量-总和 ADC 过采样率 64 就足够了。由于计数算法效率高，综合考虑速度和精度增量-总和 ADC 更好。

增量-总和调制除比双斜率型计数效率高外，还有其他一些优点。如：① 由于增量-总和调制对输入信号进行过采样，所以对于抗混叠滤波器性能要求低。只要求低通滤波器的通带在信号带宽 f_0 内保持平整，过渡带可在 f_0 到 $f_s/2-f_0$ 之间。② 在 DAC 中保持过程引

起高频信号衰减小。如前分析，对于 Nyquist 转换器，信号频率为 $f_s/2$ 时传递函数 $|H(f_s/2)|$ 衰减到 0.63。但是，对于增量-总和 DAC，信号带宽 f_0 远小于 $f_s/2$，$|H(f_0)|$ 基本不衰减。如，过采样率为 100 时，$|H(f)|$ 衰减在 1 到 0.99984 之间。

从目前 ADC 发展看，并行 ADC 结构一般用于实现 6 到 8 位的高速 ADC。对于 10 到 12 位字长高速转换采用流水结构，低成本转换采用慢速循环结构。低功耗主要采用基于逐次逼近式转换器的并行结构。如果不采用器件修正技术，14 位以上字长一般采用计数算法结构。对于数字信号处理器 DSP 应用，增量-总和调制是比较好的选择。

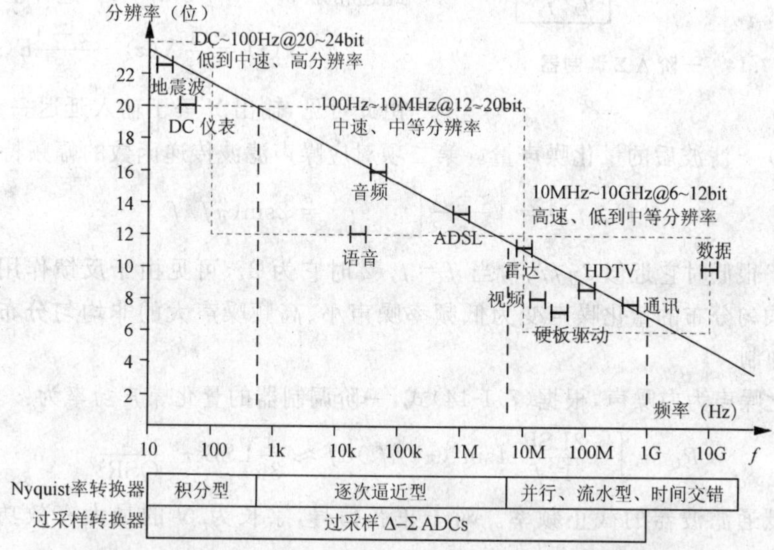

图 7.13　不同类型 ADC 的速度与分辨率范围

数字量到模拟量转换器也可以用类似的方法分类。基于器件匹配性的 DAC，如：二值权电流源，R-2R 电阻阶梯阵列，它们速度快，但转换精度限制在 12 位附近。基于计数的 DAC，如：算法 DAC，增量-总和 DAC，它们精度高，但速度慢。

7.2　增量-总和调制器

增量-总和（Δ-Σ）调制器是过采样数据转换器的基本模块。因为它的基本特性受器件参数变化影响小而广泛用于集成电路实现，本节将集中研究有关问题。

7.2.1　Δ-Σ 调制器的信噪比

对于图 7.14 所示基本 Δ-Σ 调制器结构，噪声变形能力主要取决于 $H(z)$。Δ-Σ 调制器的阶数由环路滤波器传递函数 $H(z)$ 的阶数决定。

当环路滤波器采用积分器时，构成单反馈环一阶 Δ-Σ 调制器，如图 7.14 所示。如果积分器传递函数表示为 $H(z)=a_1/(z-1)$，根据(7.18)式，调制器输出为：

$$Y(z)=\frac{k_1a_1}{z-1+k_1k_2a_1}X(z)+\frac{z-1}{z-1+k_1k_2a_1}E(z) \tag{7.2-1}$$

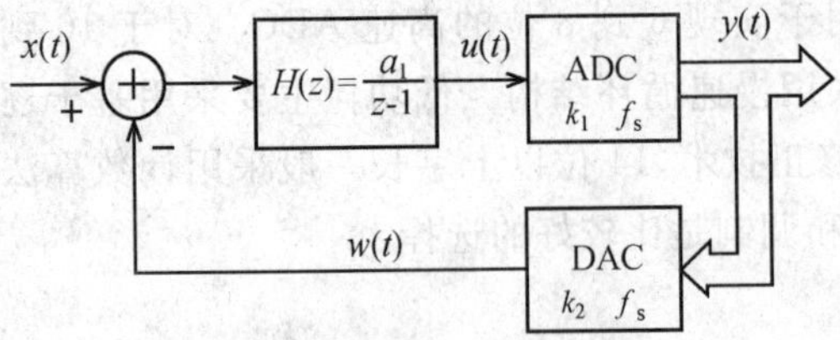

图 7.14 一阶 Δ-Σ 调制器

其中：k_1 是 ADC 增益，k_2 是 DAC 增益。为了保证稳定性，极点必须在 z 平面单位圆以内，即：$-1<k_1k_2a_1-1<1$，$k_1k_2a_1$ 必须在 0 到 2 之间。最优的稳定点是极点在 z 平面的原点，因此通常取 $k_1=k_2=1, a_1=1$。这样上式变为：

$$Y(z)=\frac{1}{z}X(z)+\frac{z-1}{z}E(z) \tag{7.2-2}$$

由此可见，输出 Y 等于输入延迟一个时钟周期加上经 $(z-1)/z$ 滤波后的量化噪声量。第二项对应噪声滤波传递函数的幅频特性为：

$$|H_n(f)|=\left|\frac{z-1}{z}\right|_{z=e^{j2\pi f/f_s}}=2\sin(\pi f/f_s) \tag{7.2-3}$$

当信号频率 f 很低时它近似 $2\pi f/f_s$，当 $f=f_s/2$ 时它为 2。可见由于反馈作用，使量化器(ADC)原来均匀分布的量化噪声变为低频率噪声小、高频噪声大的非均匀分布，低频量化噪声得到了抑制。

假设量化噪声为白噪声，根据(7.1-14)式，一阶调制器的量化噪声功率为：

$$P_Q=\int_0^{f_0}\frac{2\text{LSB}^2}{12f_s}4\sin^2(\pi f/f_s)\,df\approx\frac{1}{36}\text{LSB}^2\pi^2\frac{1}{\text{OSR}^3} \tag{7.2-4}$$

其中：f_0 为低通滤波器的截止频率。对于正弦信号，字长为 N 的最大有效功率是 $(2^{N-1}\text{LSB})^2/2$，因此最大信噪比近似为：

$$\text{SNR}_{\max}=20\lg(2^N\text{OSR}^{3/2}\sqrt{4.5}/\pi)=6\cdot N+9\cdot r-3.4\ (\text{dB}) \tag{7.2-5}$$

其中：$\text{OSR}=f_s/2f_0=2^r$，N 是调制器内部量化器(ADC)输出数字的位数。可见当内部采样时钟增加一倍时，调制器输出 SNR 增加 9 dB 或有效字长增加 1.5 位，从而有效地提高了速度与精度之间的转换效率。

因为量化噪声对输出的影响反比于 $H(z)$[见(7.1-18)式]，因此提高环路滤波器阶数可以进一步提高信噪比。当采用两个积分器作为环路滤波器时，可以得到双积分器环二阶 Δ-Σ调制器，如图 7.15 所示。它的输出为：

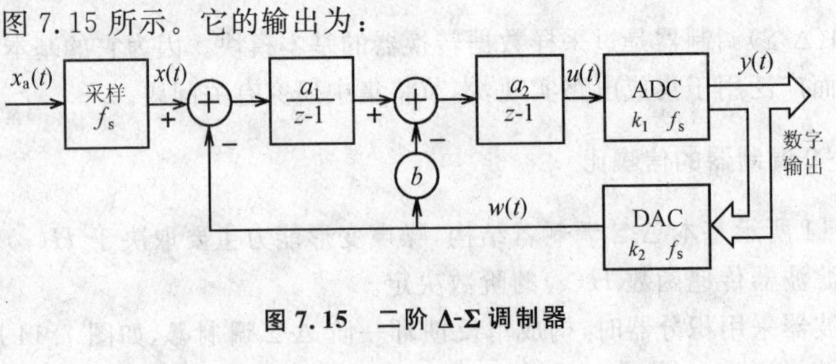

图 7.15 二阶 Δ-Σ 调制器

$$Y(z)=\frac{a_1a_2k_1}{(z-1)^2+a_2k_1k_2b(z-1)+a_1a_2k_1k_2}X(z)+\frac{(z-1)^2}{(z-1)^2+a_2k_1k_2b(z-1)+a_1a_2k_1k_2}E(z) \tag{7.2-6}$$

从稳定性考虑，可以取：$a_1=a_2=1,k_1=k_2=1,b=2$，使极点处于原点，这样可以得到：

$$Y(z)=\frac{1}{z^2}X(z)+\frac{(z-1)^2}{z^2}E(z) \tag{7.2-7}$$

由此可见输出等于输入延迟两个时钟周期加上经二阶滤波的量化噪声。量化噪声传递函数的幅频特性为：

$$|H_n(f)|=\left|\frac{z-1}{z}\right|^2=4\sin^2(\pi f/f_s) \tag{7.2-8}$$

当 $f \ll f_s$ 时近似为 $(2\pi f/f_s)^2$，当 f 接近 $f_s/2$ 时约为 4。与一阶调制器比较，进一步加大了量化噪声的非均匀分布。当假设量化噪声为白噪声时，这种二阶增量-总和调制环的最大信噪比近似为：

$$\mathrm{SNR_{max}}=20\lg(2^N\mathrm{OSR}^{5/2}\sqrt{7.5}/\pi^2)=6\cdot N+15\cdot r-11\ (\mathrm{dB}) \tag{7.2-9}$$

其中：$\mathrm{OSR}=f_s/2f_0=2^r$。当内部采样率增加一倍时，SNR 增加 15 dB，精度提高 2.5 位。

对于一般情况，如果采用 n 个积分器阶作为环滤波器，可以构成多积分器环 n 阶调制器，如图 7.16 所示，量化器工作在线性区的输出为：

$$Y(z)=\frac{a_1a_2\cdots a_nk_1X(z)+(z-1)^nE(z)}{(z-1)^n+k_1k_2b_na_n(z-1)^{n-1}+k_1k_2b_{n-1}a_na_{n-1}(z-1)^{n-2}+\cdots+k_1k_2a_na_{n-1}\cdots a_1} \tag{7.2-10}$$

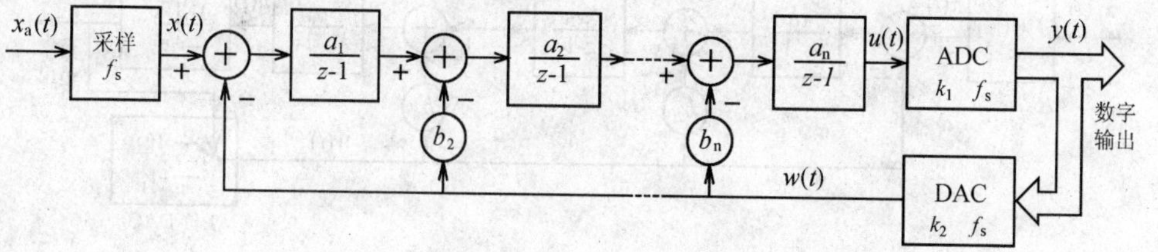

图 7.16　n 阶 Δ-Σ 调制器

如果 $k_1=k_2=1$，通过适当选择系数 a_i 和 b_i 可以使极点位于 z 平面的中心，这时输出为：

$$Y(z)=\frac{1}{z^n}X(z)+\frac{(z-1)^n}{z^n}E(z) \tag{7.2-11}$$

在这种情况下，量化噪声是 $\pi^{2n}\mathrm{LSB}^2/[12(2n+1)\mathrm{OSR}^{2n+1}]$，最大信噪比为：

$$\begin{aligned}\mathrm{SNR_{max}}&=20\lg(2^N\mathrm{OSR}^{(2n+1)/2}\sqrt{3n+1.5}/\pi^n)\\&=6N+6(n+0.5)r+20\log(\sqrt{3n+1.5}/\pi^n)\ (\mathrm{dB})\end{aligned} \tag{7.2-12}$$

过采样率增加一倍，有效字长增加 $n+0.5$ 位。对于一定的有效字长，阶数越高，所需的过采样率越低。

在上述分析中，始终假设线性量化器的增益为 k_1，量化误差在 -0.5LSB 到 0.5LSB 范围内。对于多位量化器，根据量化器的线性输入范围可以推出调制器的非过载输入范围。如果量化器输出为 N 位字长，保证量化器处于线性区，要求输入 $u(t)=y(t)-e(t)$ 在 $-2^{N-1}-0.5$ 到 $2^{N-1}+0.5$ 范围内。根据(7.2-11)式和 $y(t)=k_1u(t)+e(t)$ 关系，在 $k_1=1$ 时，可以得到 n 阶多位增量-总和调制器的输入电压：$x(t-nT)=u(t)-\{\nabla^n e(t)-e(t)\}$，其中：$\nabla^n$ 表示第 n 次向后差分。由于 $e(t)$ 在 -0.5LSB 到 $+0.5$LSB 范围内，所以 $\nabla e(t)=e(t)-e(t-T)$ 在 -1LSB 和 $+1$LSB 之间，$\nabla^2 e(t)=\nabla e(t)-\nabla e(t-T)$ 在 -2LSB 和 $+2$LSB 之间，$\nabla^n e(t)=\nabla^{n-1}e(t)-\nabla^{n-1}e(t-T)$ 在 -2^{n-1}LSB 和 $+2^{n-1}$LSB 之间。保证量化器不过载的条件是：$|x(t)|<\{2^{N-1}+0.5-(2^{n-1}-0.5)\}$LSB。例如 $n=4$，有 $|x(t)|<\{2^{N-1}-7\}$LSB。可见调制器的输入范围小于量化器的线性范围。

7.2.2　一位增量-总和调制器

虽然过采样技术可以提高信噪比，但是它不能改善线性度。例如，如果用高速 12 位精度转换器通过过采样技术实现低速 16 位精度转换，要求 12 位转换器第 i 个台阶的积分非线性度 hi 小于$(1/2^4)$LSB(LSB 是 12 位转换器的分辨率)，也就是 12 位转换器要具有 16 位转换器的积分非线性度 INL。由于调制器中 DAC 线性度不能受到反馈控制，因此它的精度将限制整个调制器的精度。为解决这个问题，可以采用一位的 ADC 和一位的 DAC 构成一位增量-总和调制，如图 7.17 所示。由于 1 位 DAC 只有两个输出电平，并由基准源直接决定，因而积分非线性度很小。

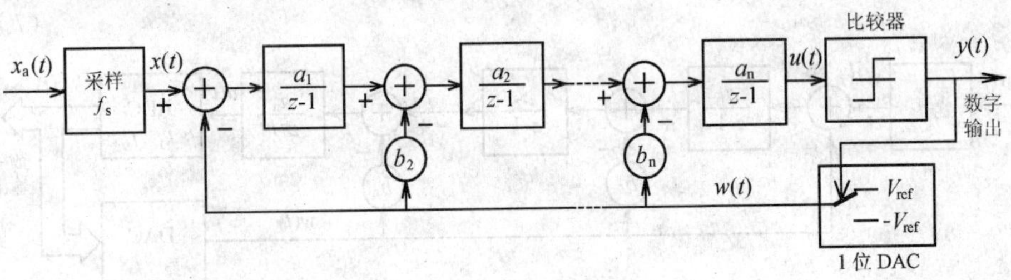

图 7.17　n 阶一位 Δ-Σ 调制器

根据(7.2-12)式，量化器 $N=1$ 时调制器输出信噪比为：

$$\mathrm{SNR_{max}} \approx 20\lg(2\cdot \mathrm{OSR}^{(2n+1)/2}\sqrt{3n+1.5}/\pi^n)\ (\mathrm{dB}) \tag{7.2-13}$$

对于二阶调制器，当 OSR=50 时 SNR=80 dB，根据(7.1-11)式可知可以获得约为 13 位精度。对于四阶调制器过采样率为 15 时即可得到同样的字长。图 7.17 量化器的输出在正负 1 之间变化，调制器输出是脉冲密度调制(PDM)信号。

图 7.18(a) 是一个基于一位增量-总和调制器构成的 ADC。输入模拟信号经过抗混叠滤波器消除频率大于采样频率一半的干扰信号，保证输入信号为有限带宽。环路滤波器 $H(z)$ 是一个电容开关低通滤波器，它完成采样和滤波。一位 ADC 是比较器，一位 DAC 是

受 $y(t)$ 控制、连接在输出与正负基准电压之间的开关。比较器的一位数字输出，通过数字抽取滤波器，在更低的数据率下取得更大的字长。在这种结构中，增量-总和调制主要完成从模拟信号到脉冲密度调制信号的转换，脉冲密度调制信号到输出数字的转变由抽取滤波器完成。

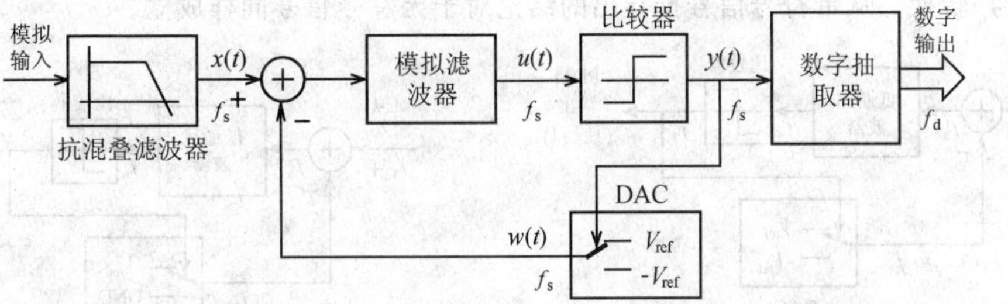

(a) ADC

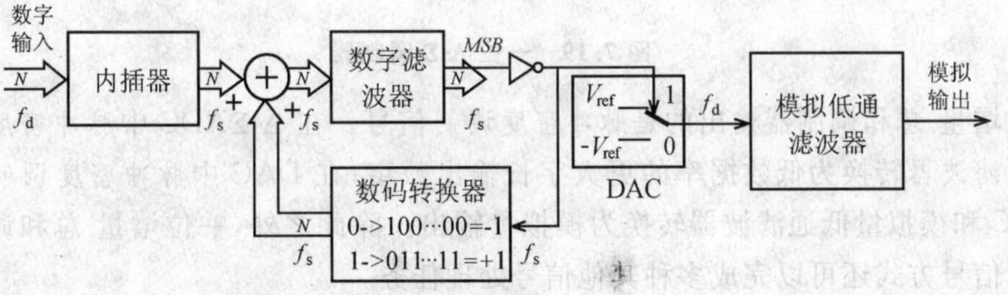

(b) DAC

图 7.18　一位 Δ-Σ 调制器 ADC 和 DAC 原理

图 7.18(b)表示以同样原理构成的 DAC。输入数字信号通过内插器使频率 f_d 从采样频率 Nyqust 频率 $2f_0$ 增加到过采样频率 $f_s=2f_0\mathrm{OSR}$。Δ-Σ 调制器是全数字化电路：环路滤波器是数字滤波器；如果数字用补码表示，比较器的输出是反相后的符号位；反馈 DAC 是一个数码转换器。比较器输出一位数字信号经 DAC 转换成模拟信号，再经平滑(或叫做重建)滤波使低频量通过，形成模拟量输出。在这种结构中，数字量输入的增量-总和调制器主要完成输入 N 位数字信号到 1 位输出信号的转变，一位数字信号到模拟信号的转换由一位 DAC 和模拟低通滤波器完成。

在上述两种情况中，由于只采用一位 ADC 与 DAC 并在过采样情况下工作，所以电路对工艺参数敏感度低，达到了高精度输出而不需要高精度模拟器件的目的。但是，在后面的分析中可以看到它也有一些缺点。例如，由于反馈量的高度非线性化，很容易产生不稳定；存在输出不随输入变化的无效调制，产生交跃失真；很大的基带外量化噪声需要更高阶低通滤波器(至少比调制器高一阶)消除，增加了滤波器复杂度；由于调制器环中滤波器的输入是信号与反馈的代数和，要求模拟滤波器比转换器有更大的动态范围。因此，如果能保证多位 DAC 的线性度，采样多位 DAC 可以在一定程度上弥补上述缺点。

在前面 Δ-Σ 调制器分析中始终假设信号是有符号信号，它们相对于模拟量地电平或正或负。例如，图 7.19(a)所示 ADC，输入信号范围在 V_{ref} 与 $-V_{ref}$ 之间，脉冲密度调制信号 PDM 在正负 1 之间变化。同样原理的调制器也可以用无符号信号电路实现，如图 7.19(b)所示。输入信号范围在 V_{ref} 与地之间，PDM 信号输出在 1 与 0 之间变化，从而实现无符号(正信号)转换。从带符号信号推导出的结论对于无符号信号同样成立。

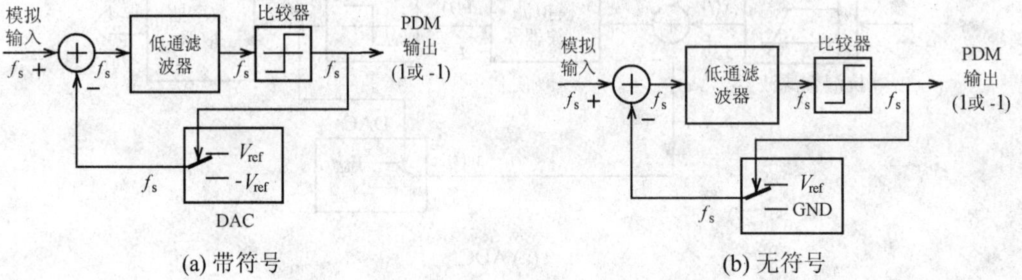

图 7.19　一位 Δ-Σ 调制器

一位增量-总和调制器输出的是脉冲密度调制信号。在 Δ-ΣADC 中脉冲密度调制信号通过抽取滤波器转换为低数据率的更大字长输出数字；在 DAC 中脉冲密度调制信号通过一位 DAC 和模拟量低通滤波器转换为模拟量输出。除此之外，一位增量-总和调制以脉冲密度调制信号方式还可以完成多种其他信号处理任务。

1. 数字信号到 PDM 信号转换

图 7.20(a)是一种实现数字信号到 PDM 信号转换的数字量 Δ-Σ 调制器。它是 N 位全加器和 N 位锁存器构成的累加器：输入是一个 N 位数字量 $x(n)$，输出是加法器进位位的一位信号 $y(n)$，电路的信号流图如 7.20(b)所示。当加法器输出小于 2^N 时进位位为 0，加法器输出由锁存器锁存，并在下一个时钟周期反馈到加法器。当加法器输出大于或等于 2^N 时，输出数据减去 2^N 后锁存到锁存器，并反馈到输入端。这个运算过程可以用一个比较器表示，整个电路的等效算法如图 7.20(c)所示。虚框内部分构成传递函数为 $1/(z-1)$ 的离散时间积分器，加法器和锁存器组成的反馈环构成数字量输入的一阶 Δ-Σ 调制器。输出 PDM 信号 $y(n)$ 等于输入数字信号 $x(n)$ 加上量化噪声，其中量化噪声被一阶 Δ-Σ 调制器进行噪声变形。输入数字信号 $x(n)$ 范围从 0 到 2^N-1，输出信号 $y(n)$ 是用 $x(n)/2^N$ 表示的 PDM 信号。一个输入 N 位字长数字信号被转换成 1 位 PDM 信号。

由图 7.20(a)知加法器、加法器进位位和锁存器输出分别为：

$$u(n)=x(n)+w(n-1) \tag{7.2-14}$$

$$y(n)=\begin{cases}1 & u(n)\geqslant 2^N\\ 0 & u(n)<2^N\end{cases} \tag{7.2-15}$$

$$w(n)=\begin{cases}u(n)-2^N & y(n)=1\\ u(n) & y(n)=0\end{cases} \tag{7.2-16}$$

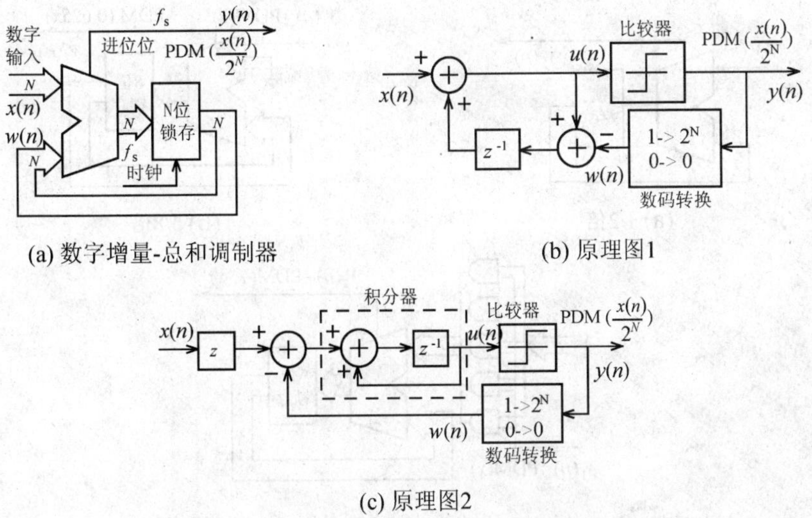

图 7.20　无符号数字输入一阶 Δ-Σ 调制器

当 $N=2$ 时，对于直流输入 $x=3$，数字 Δ-Σ 调制器的输出如图 7.21 所示。每输出三个 1 后跟一个 0，输出等于 $x/2^2=3/4$。

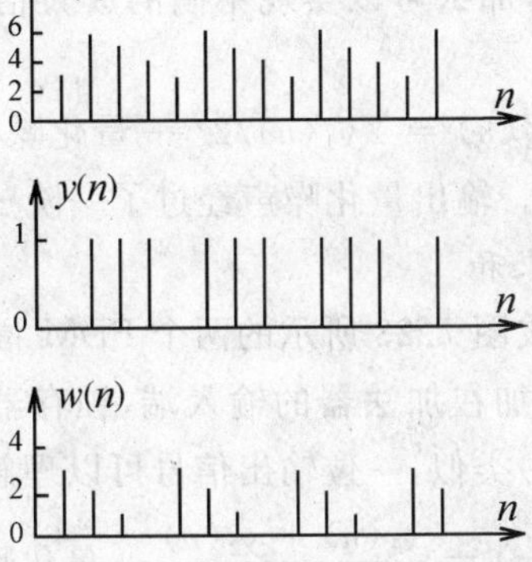

图 7.21　$N=2, x(t)=3$ 时，一位数字 Δ-Σ 调制器波形

2. PDM 信号低频分量的放大

利用图 7.22 所示一阶数字 Δ-Σ 调制器可以相当简单地实现 PDM 信号的低频量放大。它可以用于一位 CD 播放机的音量控制，使 CD 机输出模拟信号增益随控制量 Y 大小发生变化。当输入 $y_1(n)$ 为 1 位数字($N=1$)信号时，输出 $y_2(n)$ 是用 $y_1(n)/2$ 形式表示的 PDM 信号，如图 7.22(a)所示。如果 $y_1(n)$ 是对应于模拟信号 $x(n)$ 的 PDM 信号，$y_2(n)$ 等于信号 $x(n)/2$ 加上量化噪声，即 $y_1(n)$ 的低频分量缩小 1/2 倍。

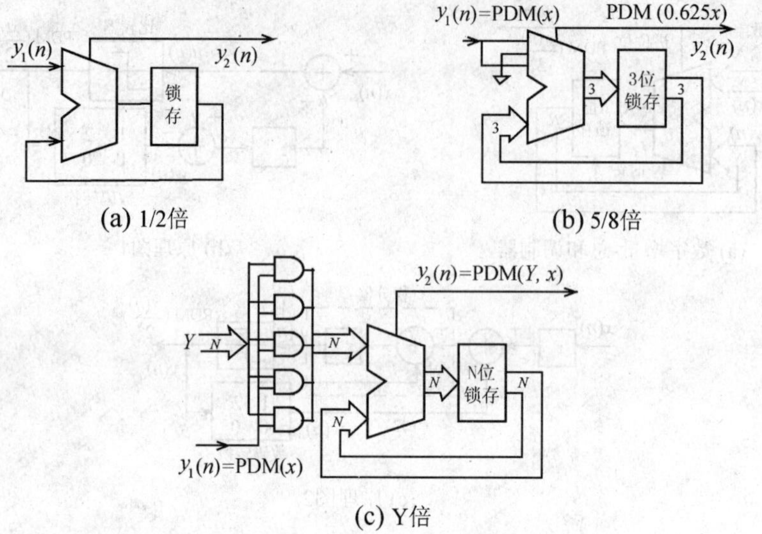

图 7.22　PDM 信号低频分量放大电路

根据这种原理可以实现其他放大倍数的 PDM 信号放大。例如，对于 7.22(b)所示电路，输入 PDM 信号 $y_1(n)$先乘以 5，输出信号为 $y_2(n)=5y_1(n)/2^3$＋量化噪声。如果 $y_1(n)$到加法器输入的连接可以改变，那么可以实现不同的放大倍数。利用图 7.20(c)电路可以实现编程放大因子。输出为：

$$Y_2(n)=Yy_1(n)/2^N+\text{量化噪声} \tag{7.2-17}$$

其中：Y 是 N 位可设置的常数。输出量化噪声经过了一阶 Δ-Σ 调制器噪声变形。

3. PDM 信号低频分量的求和

图 7.22(a)电路可以演变成图 7.23 所示的两个 PDM 信号求和电路。加法器是 1 位全加器，两个一位 PDM 输入信号加在加法器的输入端，锁存器的输出作为全加器的补充位。它的信号流图与图 7.20(b)、(c)类似，一位输出信号可以理解为：

$$y_3(n)=\frac{y_1(n)+y_2(n)}{2}+\text{量化噪声} \tag{7.2-18}$$

其中：$y_1(n)$和 $y_2(n)$分别是代表模拟输入 $x_1(n)$和 $x_2(n)$的 PDM 信号。输出 PDM 信号包含信号 $x_1(n)$、$x_2(n)$和量化噪声。

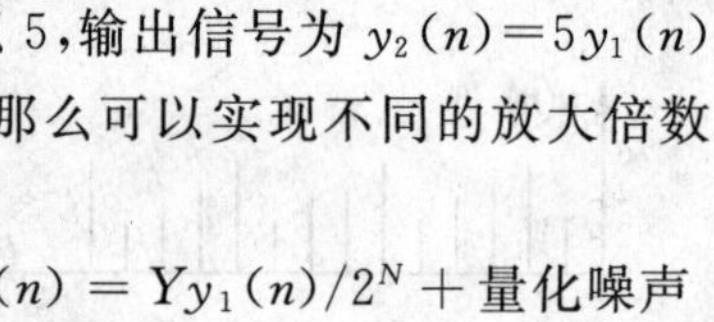

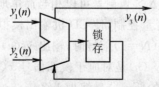

图 7.23　两个 PDM 信号 $y_1(t)$和 $y_2(t)$相加电路

7.2.3 量化噪声

上面信噪比分析是基于白噪声假设进行的，但实际量化误差是与输入有关的有色噪声(colored noise)，这种有色噪声特性在直流情况下表现尤为突出。对于直流输入信号，量化噪声谱由离散谱线组成，通常叫做模式化的噪声(pattern noise)，这种噪声会使信噪比低于前述分析值。

图 7.24 定性说明直流输入信号情况下的一阶 Δ-Σ 调制器量化噪声。对于图 7.24(a)所示一阶调制器，因为积分器直流增益无限大，反馈要迫使积分器的输入直流分量为 0。因此，输出 $y(t)$ 的直流分量等于输入 $x(t)$ 的直流分量，量化噪声不包含直流成分。如果比较器的输入失调电压使输入为 0 输出为 1，那么：

$$y(n)=\begin{cases}1 & u(n)\geqslant 0\\ -1 & u(n)<0\end{cases} \tag{7.2-19}$$

假设 $a_1=1, w(n)=y(n)$，积分器输出为：

$$u(n)=u(n-1)-y(n-1)+x(n-1) \tag{7.2-20}$$

其中：$x=V_{in}/V_{ref}$。

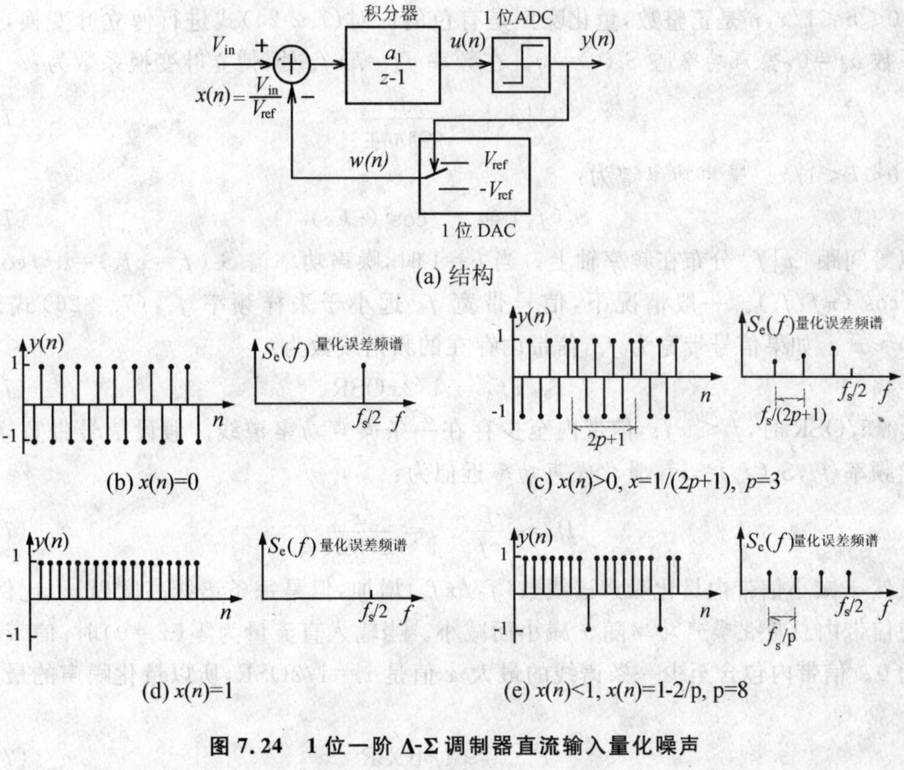

图 7.24 1 位一阶 Δ-Σ 调制器直流输入量化噪声

当输入为常量 0 时，输出在 −1 和 1 之间交替变化，如图 7.24(b)所示。稳定后时域输出为：

$$y(n) = (-1)^n = e^{j\frac{2\pi}{2}n} \tag{7.2-21}$$

其中：$n=1,2,\cdots$，它是周期为 2 的离散时间信号。离散时间级数的系数 $a_k(k=0,1)$ 为 $a_0=0$，$a_1=1$。频谱 $f_k=kf_s/2$ 只包含一个频率分量 $f_1=f_s/2$，输出平均值等于输入值。调制器的量化噪声：

$$e(n) = y(n) - x(n) = y(n) = e^{j\frac{2\pi}{2}n} \tag{7.2-22}$$

频谱与输出相同，是高度模式化的噪声，并且位于信带以外。这说明白噪声不在有效，而且量化噪声不影响带内信号。

对于小直流输入量情况：

$$x = 1/(2p+1) \tag{7.2-23}$$

其中：$x=V_{in}/V_{ref}$，p 是大的正整数。输出如图 7.24(c)所示($p=3$)，$y(n)$ 在正负 1 之间变化，并以 $2p+1$ 为周期不断重复。对于负 x 值，输出类似，只是符号相反，频谱不变。调制器的量化噪声以 $2p+1$ 为周期变化，一个周期内的量化噪声为：

$$e(n) = y(n) - x = (-1)^n - x \tag{7.2-24}$$

其中：$0 \leqslant n < 1/x$，n 是正整数，量化噪声是有色的。对(7.2-24)式进行傅立叶变换，傅立叶变换系数 $a_0=0$，噪声功率谱 $S_e(0)=0$。在频率 $f_k=kxf_s$ 处，傅立叶变换系数为：

$$|a_k| = \frac{x}{\cos\pi kx} \tag{7.2-25}$$

其中：$0<k<1/x$。噪声功率谱为：

$$S_e(f_k) = x^2/\cos^2(\pi kx) \tag{7.2-26}$$

谱线以等间距 $|x|f_s$ 分布在频率轴上。当 $k=1$ 时，噪声功率谱 $S_e(f=xf_s)=x^2/\cos^2(\pi x) = x^2/\cos^2(\pi f/f_s)$。一般情况下，信号带宽 f_0 远小于采样频率 f_s，(7.2-26)式近似为 $S_e(f_k)\approx x^2$。如果信号带宽为 f_0，信带内存在的频谱线数为：

$$f_0/xf_s = 1/2x\text{OSR} \tag{7.2-27}$$

当 $x \leqslant 0.5/\text{OSR}$ 时，$f_0 \leqslant xfs$，信带内至少存在一条噪声功率谱线。假设信号带宽 f_0 远小于采样频率 f_s，$S_e(f_k)\approx x^2$，量化噪声功率近似为：

$$P_e \approx \frac{f_0}{xf_s}x^2 = \frac{x}{2\text{OSR}} \tag{7.2-28}$$

可见虽然 x 减小信带内量化噪声谱线数(f_0/xf_s)增加，但是每条谱线高度以 x^2 比例减小，从而使信带内总量化噪声功率随 x 减小而减小。当输入直流量为零($x=0$)时，信带内量化噪声为 0。信带内包含至少一条谱线的最大 x 值是 $x=1/2\text{OSR}$，所以量化噪声的最大值近似为：

$$P_{emax} \approx 1/4\text{OSR}^2 \tag{7.2-29}$$

当输入等于 V_{ref}($x=1$)时，输出恒为 1，调制器量化误差为 0，如图 7.24(d)所示。对于

大的正整数 p，$x=1-2/p$ 比 1 略小，输出 $y(n)$ 每输出 p 个脉冲中有一个负脉冲。如果 $p=8$，输出 $y(n)$，如图 7.24(e)所示。在频率 $f_k=kf_s(1-x)/2$ 处，量化噪声功率谱为：

$$S_e(f_k)=(1-x)^2 \tag{7.2-30}$$

其中 $0<k<2/(1-x)$，k 是正整数。当 $f=0$ 时，$S_e(0)=0$。信带 f_0 内噪声谱线为：

$$f_0/[(1-x)f_s/2]=1/[\text{OSR}(1-x)] \tag{7.2-31}$$

当 $1-x\leqslant 1/\text{OSR}$ 时，信带内至少存在一条噪声谱线。信带内总量化噪声功率为：

$$P_e=\frac{2f_0}{(1-x)f_s}|E(f_k)|^2=\frac{1-x}{\text{OSR}} \tag{7.2-32}$$

随 x 增加，P_e 减小。当 $x=1$ 时，总噪声量为 0。最坏情况信带内仅包含一条谱线，$1-x=1/\text{OSR}$，带内最大量化噪声功率为：

$$P_{emax}=1/\text{OSR}^2 \tag{7.2-33}$$

由前面分析知道，假设量化噪声为白噪声，一阶调制器的量化噪声与 OSR^3 成反比，过采样率每增加一倍，分辨率增加 1.5 位。但是，由于输入直流量在 1 和 0 附近，量化噪声为有色噪声，量化噪声最大功率反比于 OSR^2，因此采样率每增加 1 倍，分辨率只增加 1 位，小于统计分析值。

对于特殊直流输入值，一阶调制器的量化噪声可能形成离散功率谱，限制这种噪声谱产生主要有两种方法：

① 故意在输入信号内加上高频噪声。如果所加高频噪声频率不在信号频带内，后续的低通滤波器可以把它们消除。由于加入高频噪声后输入信号不再是常量，量化噪声随输入幅值突变被减小，但信带内总量化噪声分量没有很大减小。

② 增加调制器阶数。通过模拟分析可以证明二阶调制器不易形成离散频谱量化噪声。当输入值小于 $0.9V_{ref}$ 时，量化噪声谱基本为常量。对于更大的输入信号，后一个积分器将过载，因而量化噪声增加。一般情况，增加调制器的阶数可以减小有色噪声的影响，这是高阶调制器的又一个好处。

7.2.4　稳定性

Δ-Σ 调制器利用反馈实现量化噪声变形，从而提高精度、减小器件匹配性的影响，很适合数字电路工艺制造。但是，Δ-Σ 调制器中的反馈结构使得实际设计中必须考虑稳定性问题。当实现二阶以上调制器时，稳定性是一个相当复杂的问题，特别是图 7.17 所示多积分环高阶调制器。

对于一位 Δ-Σ 调制器，输出 PDM 信号在正负 1 之间变化。当积分器输出理论分析趋近正或负无限大时，调制器的输出恒为正或负 1，达到 PDM 信号的最大或最小值。因此，可以将 Δ-Σ 调制器的稳定性定义为：当输入有界信号时，比较器输入是有界的，则调制器稳定。对于实际电路，由于电源电压的限制，量化器输入总是有界的，但不稳定情况下输出有界量是不受输入量控制的。

对于图7.24(a)所示一位1阶Δ-Σ调制器，当输入$V_{in}(n)$在$-V_{ref}$与V_{ref}之间时，积分器输出在$-2a_1V_{ref}$与$2a_1V_{ref}$之间。例如，$V_{in}=-V_{ref}$，$u(n)=0.01a_1V_{ref}$，$u(n+1)=-1.99a_1V_{ref}$。由于1位ADC的输出$y(n)$只由积分器输出信号$u(n)$的符号决定，所以a_1决定积分器输出电压范围，不影响调制器输出$y(n)$，整个反馈环的稳定与积分器增益a_1无关。当$a_1=1$时，调制器可由非线性差分方程表示：

$$u(n)=u(n-1)+V_{in}(n-1)-y(n-1)V_{ref} \tag{7.2-34}$$

其中：$V_{in}(n)$是输入信号，$u(n)$是积分器输出电压，$y(n)$是调制器输出的PDM信号、由(7.2-19)式确定。对于输入信号$V_{in}=0$，在不同初值条件下的信号波形如图7.25(a)所示，对应$u(n)$的初值为$u(0)=1.6V_{ref}$和$u(1)=0.6V_{ref}$。可见经过一定时间后，调制器输出开始以1/2时钟频率振荡，积分器输出始终限制在$\pm V_{ref}$之内，所以调制器是稳定的。

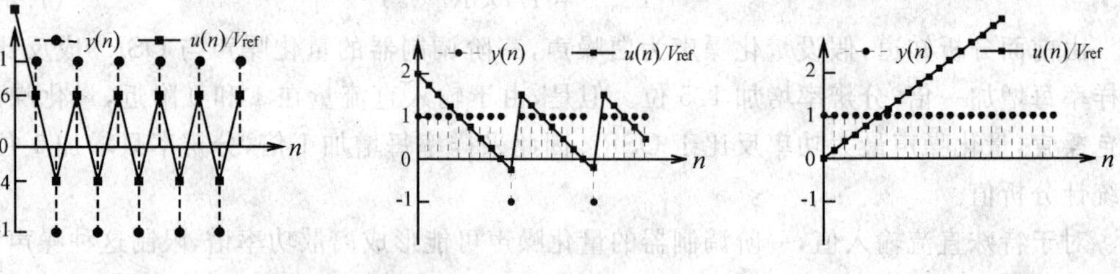

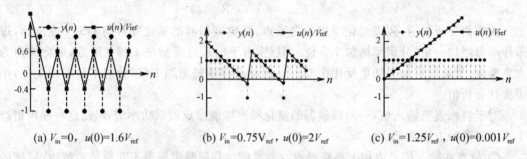

(a) $V_{in}=0$, $u(0)=1.6V_{ref}$　　(b) $V_{in}=0.75V_{ref}$, $u(0)=2V_{ref}$　　(c) $V_{in}=1.25V_{ref}$, $u(0)=0.001V_{ref}$

图7.25　不同输入值初始状态对稳定性的影响

对于输入$|V_{in}|<V_{ref}$情况，根据(7.2-34)式，当$u(n)\leqslant 0$时，$y(n)=1$，$u(n+1)=u(n)+V_{in}-V_{ref}$，可得：

$$-2V_{ref}<u(n+1)<u(n) \tag{7.2-35}$$

当$u(n)<0$时，$y(n)=-1$，$u(n+1)=u(n)+V_{in}+V_{ref}$，因此：

$$u(n)<u(n+1)=u(n)+V_{in}+V_{ref}<2V_{ref} \tag{7.2-36}$$

积分器不能变成无界值，所以反馈是稳定的。例如，对于输入$0.75V_{ref}$，采用初始信号$u(n)=2V_{ref}$，输出如图7.25(b)所示。在一定的建立时间后，输出开始以稳定周期振荡，振荡频率是输入直流量的函数。对于$0.75V_{ref}$输入，输出振荡周期是采样周期的8倍。

但是，当输入过载时，$|V_{in}|>V_{ref}$，调制器反馈信号无法改变输入信号的符号，所以随时间增长，积分器输出将不断增加，调制器不稳定，如图7.25(c)所示。如果消除输入过载电压，$|V_{in}|$返回到小于V_{ref}，积分器输出又返回到正负$2V_{ref}$之间，调制器从新进入稳定状态。

从上述几个例子中可以看到，除输入过载或初始态(电源刚接通瞬间)外，一阶调制器是稳定的。积分器输出(态变量)被限制在正负$2a_1V_{ref}$之间。在初始态变量大于V_{ref}时或输入过载消除后，态变量将演变回正负$2a_1V_{ref}$之间并开始稳定振荡，这种动力学行为对于调制器非常适合。

对于图7.26(a)所示双积分器环二阶Δ-Σ调制器，包含两个状态变量$u(n)$和$\nu(n)$。调制器特性由三个设计变量 a_1、a_2 和 b_2 决定。实际设计中，这些变量由电容或电阻值决定。图 7.26(b)所示信号流图与 7.26(a)相同，只是反馈增益和第二积分器增益变为 1，以及内部信号 $u(n)$ 和 $\nu(n)$ 变化范围发生变化。由于比较器的输出仅仅取决于输入信号的符号，与幅值无关，所以第二积分后的增益 a_2b_2 不影响反馈环的特性。这意味着 7.26(c)图结构不影响调制器的一般性。

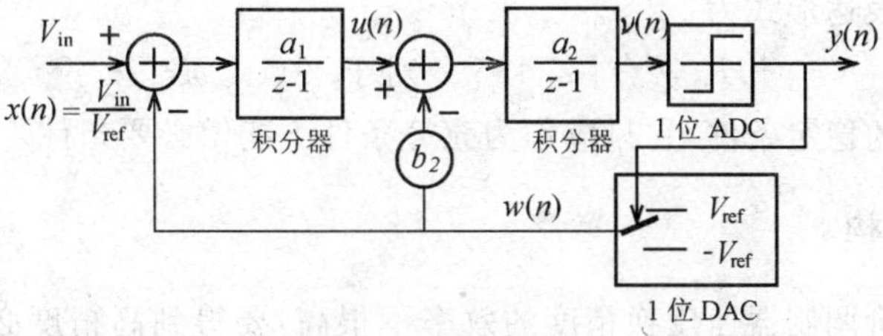

(a) 基本结构

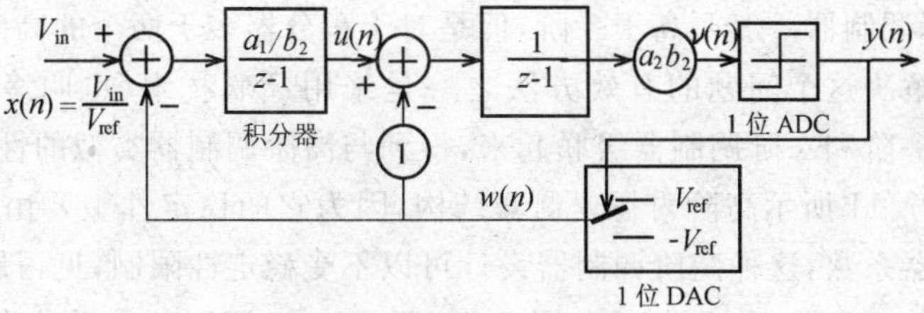

(b) 反馈系数和第二积分器增益简化为一

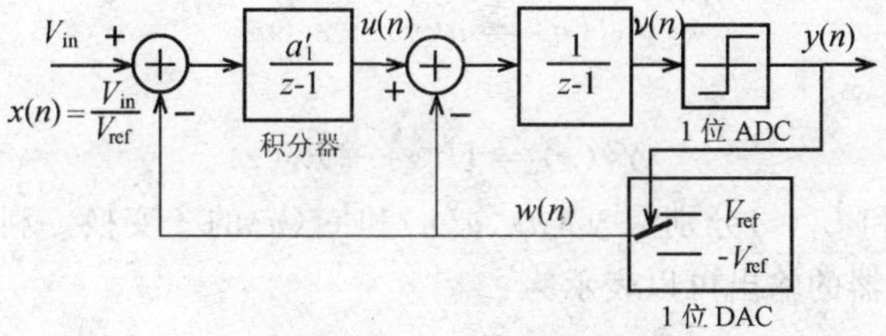

(c) 取消比较器前的增益

图 7.26 二阶 Δ-Σ 调制器

对于 7.26(c)图调制器结构，计算机模拟表明，如果输入信号近似在 $|x=V_{in}/V_{ref}|<0.9$ 范围内，只要积分器增益 a_1' 在 0 到 0.8 之间，比较器输入表现出稳定的周期变化，不受初始条件限制，调制器处于稳定状态。这个结果说明 7.26(a)图的反馈稳定性取决于参数比 b_2/a_1。当 b_2/a_1 大于 5/4，可以保证调制器的稳定性。对于实际电路设计，a_1、a_2 和 b_2 可以由内部节点的电压变化范围决定。

对于更高阶调制器，保证稳定需要的条件更苛刻，分析也越加困难。由于量化器的输入可以表示为 $U(z)=H_s(z)X(z)+(H_n(z)-1)E(z)$，当调制器输入 x 经信号传递函数 H_s

放大接近量化器非过载的最大值时，附加的滤波后量化噪声可以使量化器输入过载。过载的输入将增加量化误差，从而引起输入进一步过载，最终导致量化器严重过载和有源模块饱和。这种失控状态的消除需要一些外界干预，如复位调制器。由于 H_s 作用类似于预滤波，调制器的稳定输入范围主要由 H_n 和量化器位数决定。对于 1 位量化器，H_n 是决定稳定性的所有因素。作为一般经验规则，噪声传递函数的频率响应峰值小于 1.5 通常可以形成稳定的调制器。数学表达形式为：

$$|H_{np}(e^{j\omega})| \leqslant 1.5 \quad 对于 \quad 0 \leqslant \omega \leqslant \pi \tag{7.2-37}$$

这是一个较为保守的稳定条件，它只应作为充分条件不能做必要条件。

7.2.5 级联结构

由于一阶和二阶调制器速度换精度的效率不很高，要得到高精度必须采用很高的时钟频率，因此需要用高速、高精度模拟电路实现，这导致电路很难设计而且功耗也很大。为解决这个问题，实际调制器一般要高于二阶，但是对于积分器多于两个的高阶调制器通常都存在稳定性问题。解决这个问题的有效方法之一是采用级联技术（也叫多级技术或 MASH 技术），即将几个一阶和二阶调制器级联起来，得到与高阶调制器类似的性能，解决稳定性问题。另外，对图 P7.11 所示高阶内插调制器结构，因为它的稳定性主要由前馈系数决定，如果合理选择调制器系数，这种高阶调制器设计可以不受稳定性限制，见习题 7.24。

为说明级联技术的原理，首先考虑图 7.25 所示 Δ-Σ 调制器。量化器模型化为线性放大器加上量化噪声源：

$$y_1(n) = u(n) + e_1(n) \tag{7.2-38}$$

或 z 域表达式：

$$Y_1(z) = U(z) + E_1(z) \tag{7.2-39}$$

其中：$Y_1(z)$、$U(z)$和 $E_1(z)$分别是 $y_1(n)$、$u(n)$和 $e_1(n)$的 z 变换。利用 $U(z)=H_0[X(z)-Y_1(z)]$，Δ-Σ 调制器的输出可以表示为：

$$Y_1(z) = \frac{H_0(z)X(z)}{1+H_0(z)} + \frac{1}{1+H_0(z)}E_1(z) \tag{7.2-40}$$

其中：$H_0(z)=a_1/(z-1)$。这个输出 PDM 信号由两项组成：一个是与输入量成正比的信号项，一个是不希望存在的量化噪声项。如果能够知道 $E_1(z)$，就可以很容易通过后面抽取滤波器的数字量误差修正消除 $Y_1(Z)$中的量化噪声项。

一种获得 $e_1(n)$的方法是利用 $u(n)$和 $w(n)$，如图 7.27 所示。当用 DAC 输出 $w(n)$减去 $u(n)$时可以得到：

$$x_2(n) = y_1(n) - u(n) = e_1(n) \tag{7.2-41}$$

当 $x_2(n)$经过 ADC2 变化后可以得到数字输出信号 $y_2(n)$。借助后续数字信号处理电路，可以根据 $y_2(n)$消除 $y_1(n)$中的噪声项。

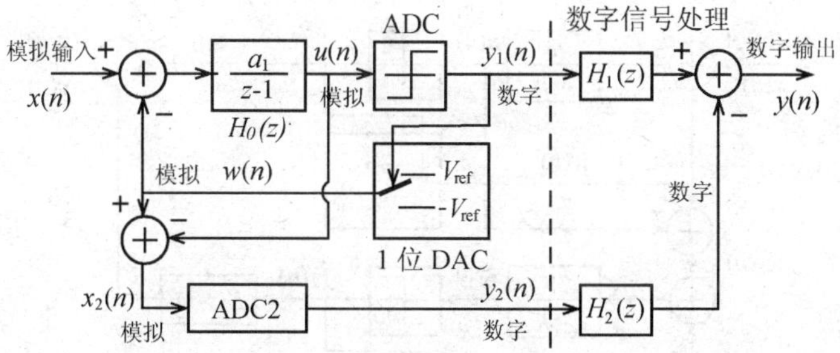

图 7.27　多级结构高阶 Δ-Σ 调制器

理论上讲，这种方法可以得到量化噪声为 0 的数字输出信号，但是实际上第二个 ADC 也存在量化噪声。如果将第二个 ADC2 输出表示为：

$$y_2(n) = x_2(n) + q_2(n) \tag{7.2-42}$$

在频域表示为：

$$Y_2(z) = X_2(z) + Q_2(z) \tag{7.2-43}$$

其中：$q_2(n)$是 ADC2 的量化噪声，$Q_2(z)$是相应的 z 变换。考虑第二个 ADC2 量化噪声后，输出 $y_1(n)$和 $y_2(n)$经 $H_1(z)$和 $H_2(z)$数字滤波相减得输出为：

$$\begin{aligned} Y(z) &= H_1(z)Y_1(z) - H_2(z)Y_2(z) \\ &= \frac{H_0(z)H_1(z)X(z)}{1+H_0(z)} + \frac{H_1(z) - H_2(z)(1+H_0(z))}{1+H_0(z)}E_1(z) - H_2(z)Q_2(z) \end{aligned} \tag{7.2-44}$$

可见当 $H_1(z)=H_2(z)(1+H_0(z))$时，上式第二项为 0，$e_1(n)$被完全消除，输出噪声由第三项决定。当 $H_1(z)=H_2(z)H_0(z)$时，第二项等于 H_2 乘以经 Δ-Σ 调制器变形的量化噪声$[1/(1+H_0)]E_1(z)$。如果 $H_2(z)$取为增益随频率增加的 m_2 阶高通形式，而且 $Q_2(z)$的噪声变形阶数大于或等于 $H_0(z)$的阶数 m_1，那么输出 $y(n)$的量化噪声等于 m_1+m_2 阶噪声形变。

例如，用两个一阶 Δ-Σ 调制器组成级联结构(1-1 结构)，如图 7.28 所示。对于一阶调制器，$H_0=a_1/(z-1)$。当 $H_1(z)=1$ 时，$H_2(z)$应取为一阶高通滤波：

$$H_2(z) = K(z-1) \tag{7.2-45}$$

第二个 ADC 的输出为：

$$Y_2(z) = z^{-1}X_2(z) + (1-z^{-1})E_2(z) \tag{7.2-46}$$

其中：$X_2(z)=E_1(z)$，$E_2(z)$是第二个 ADC 中比较器的量化噪声。经数字电路处理后的输出为：

$$Y(z) = Y_1(z) - K(z-1)Y_2(z) \tag{7.2-47}$$

$$\text{或：} z^{-1}Y(z) = z^{-1}Y_1(z) - K(1-z^{-1})Y_2(z) \tag{7.2-48}$$

这个 z 域表达式对应的逆变换为：

$$y(n-1) = y_1(n-1) - K[y_2(n) - y_2(n-1)] \tag{7.2-49}$$

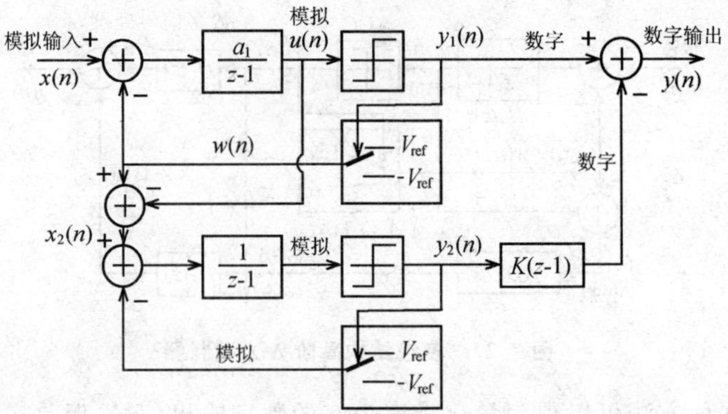

图 7.28　两级一阶调制构成的二阶 Δ-Σ 调制器(1-1 结构)

第 n 个时钟给出 $n-1$ 的输出结果,即输出有一个时钟周期的延迟。将(7.2-40)和(7.2-46)式代入(7.2-47)式得:

$$Y(z)=\frac{X(z)}{1+(z-1)/a_1}+\frac{(z-1)(1/a_1-K)+(1-K)(z-1)^2/a_1}{[1+(z-1)/a_1][1+(z-1)]}E_1(z)-\frac{K(z-1)^2}{1+(z-1)}E_2(z) \tag{7.2-50}$$

对于低频段的带内信号,上述表达式的分母近似为 1。当因子 $K=1/a_1$ 时,上式可以简化为:

$$Y(z)=X(z)+E_1(z)(1-K)(z-1)^2/a_1+E_2(z)K(z-1)^2 \tag{7.2-51}$$

量化噪声 $E_1(z)$ 和 $E_2(z)$ 都经过 $(z-1)^2$ 变形出现在输出端,因此输出噪声受到与二阶调制器相同的噪声变形。即:两个一阶调制器级联起来可以形成与一个二阶调制器相类似的变形量化噪声谱。

这种方法可以推广到由三个一阶调制器组成的级联结构(1-1-1 结构),如图 7.29 所示。三个输出 PDM 信号经过数字信号处理后,使输出满足:

$$Y(z)=Y_1(z)-K_1(z-1)Y_2(z)+K_2(z-1)^2Y_3(z) \tag{7.2-52}$$

根据(7.2-40)和(7.2-46)式,可得:

$$Y(z)=\frac{X(z)}{1+\dfrac{z-1}{a_1}}+\frac{\left(\dfrac{1}{a_1}-K_1\right)(z-1)+\dfrac{1}{a_1}\left(\dfrac{1}{a_2}-K_1\right)(z-1)^2}{\left(1+\dfrac{z-1}{a_1}\right)\left(1+\dfrac{z-1}{a_2}\right)}E_1(z)+\frac{\left(K_2-\dfrac{K_1}{a_1}\right)(z-1)^2+\dfrac{1}{a_2}(K_2-K_1)(z-1)^3}{\left(1+\dfrac{z-1}{a_2}\right)[1+(z-1)]}E_2(z)+\frac{K_2(z-1)^3}{1+(z-1)}E_3(z) \tag{7.2-53}$$

如果取 $K_1=1/a_1=1/a_2$,$K_2=1/a_1^2$,则有:

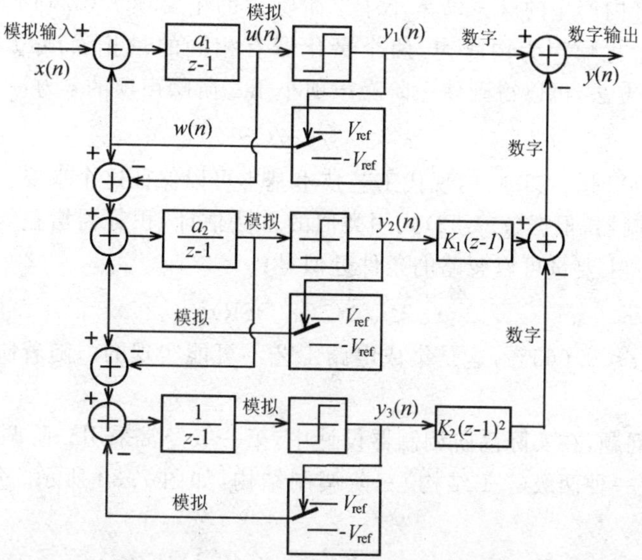

图 7.29　三级一阶调制器构成的三阶 Δ-Σ 调制器(1-1-1 结构)

$$Y(z)=\frac{X(z)}{1+(z-1)/a_1}+\frac{(K_2-K_1)(z-1)^3/a_2}{[1+(z-1)/a_2][1+(z-1)]}E_2(z)+\frac{K_2(z-1)^3}{1+(z-1)}E_3(z)$$
(7.2-54)

当过采样率很高时，对于信带内信号，上式分母项近似为1，因此简化为：

$$Y(z)=X(z)+K_2(z-1)^3[(1/a_2-1)E_2(z)+E_3(z)] \tag{7.2-55}$$

量化噪声 $E_1(z)$被完全消除，$E_2(z)$和 $E_3(z)$都乘以$(z-1)^3$ 因子包含在输出信号中，量化噪声受到与三阶调制器相同的噪声形变。当积分器增益 a_1 和 a_2 为 1 时，$E_2(z)$对输出的影响消失：

$$Y(z)=X(z)+(z-1)^3E_3(z) \tag{7.2-56}$$

因此，三个一阶级联调制器的行为与一个三阶调制器相同。在积分器增益 a_1 和 a_2 小于或等于 1 情况下，图 7.29 中第二级和第三级的输入电压都在$-V_{ref}$到 V_{ref}之间，因此这种三阶调制器结构是无条件稳定的。

理论上这种级联结构可以推广到更高阶，但实际中要受到器件失配和其他非理想特性的限制。例如对于二阶级联结构(图 7.28)，只有当 $K=1/a_1$ 时输出量化噪声才与二阶调制器相同。虽然数字求和因子 K 由数字电路决定，可以知道精确数值，但积分器增益由电容比决定，并受电容失配和运放非理想特性影响，也可导致(7.2-50)式一阶噪声项不能完全消失。假设(7.2-50)式分母近似为 1，可以得到一阶噪声项系数：

$$\varepsilon K(z-1)E_1(z) \tag{7.2-57}$$

其中：$\varepsilon=(a_1^{-1}-K)/K$ 是 a_1^{-1} 与理想值 K 的相对误差，由电容比相对误差决定。只有当这个附加噪声在信带内产生的噪声功率小于二阶噪声的主要项 $K(z-1)^2E_2(z)$时，ε 的影响才可忽略。假设量化噪声为白噪声，两个量化器有相同的量化噪声($E_1=E_2$)，采用类似(7.2-4)式的估计方法，可以得到使一阶噪声项小于二阶噪声项的 ε 为：

$$\varepsilon < \sqrt{3/5}\pi/\mathrm{OSR} \tag{7.2-58}$$

例如，当 OSR＝100 时，$\varepsilon<2.4\%$，现代工艺技术基本可以保证这个求要。但是，对于图 7.2-16 所示的三阶调制器，根据(7.2-53)式用类似的方法估计，积分器增益 a_1 误差引起一阶噪声相对于三阶噪声主要量可以忽略的条件近似是：

$$\varepsilon < \sqrt{3/7}(\pi/\mathrm{OSR})^2 \tag{7.2-59}$$

当 OSR＝100 时，$\varepsilon<0.065\%$，这是集成电路工艺不可能实现的。随着阶数增高，这种要求更加苛刻。

为解决上述问题，在实际高阶调制器设计中，第一级经常采用二阶调制环与第二级一阶调制环级联，构成一种两级(2-1 结构)三阶调制结构，如图 7.30 所示。第一级二阶调制器的输出为：

$$Y_1(z) = \frac{a_2a_1X(z)+(z-1)^2E_1(z)}{(z-1)^2+a_2b_2(z-1)+a_2a_1} \tag{7.2-60}$$

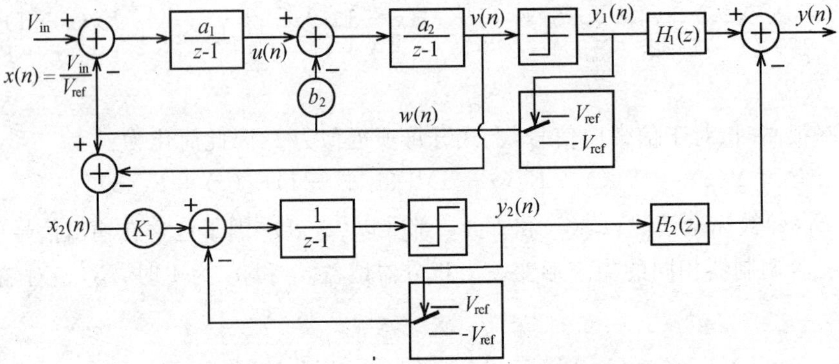

图 7.30　两级三阶 Δ-Σ 调制器(2-1 结构)

其中：$E_1(z)$是第一级量化噪声的 z 变换。第二级一阶调制器的输出为：

$$Y_2(z) = \frac{K_1}{z}E_1(z) + \frac{z-1}{z}E_2(z) \tag{7.2-61}$$

其中：$E_2(z)$是第二级量化噪声的 z 变换。三阶结构的输出($Y=H_1Y_1-H_2Y_2$)为：

$$Y(z) = \frac{a_2a_1H_1X(z)}{(z-1)^2+a_2b_2(z-1)+a_2a_1} + \left[\frac{(z-1)^2H_1}{(z-1)^2+a_2b_2(z-1)+a_2a_1} - \frac{K_1}{z}H_2\right]E_1(z) - \frac{z-1}{z}H_2E_2(z) \tag{7.2-62}$$

假设过采样率很大，$z\approx1$，上式近似为：

$$Y(z) \approx H_1 X(z) + \left[\frac{(z-1)^2}{a_1 a_2} H_1 - K_1 H_2\right] E_1(z) - (z-1) H_2 E_2(z) \quad (7.2\text{-}63)$$

如果 $H_1(z)=1, H_2(z)=K_2(z-1)^2$，根据(7.2-63)式可得：

$$Y(z) \approx X(z) + (z-1)^2\left(\frac{1}{a_1 a_2} - K_1 K_2\right) E_1(z) - K_2(z-1)^3 E_2(z) \quad (7.2\text{-}64)$$

在这个表达式中不存在一阶变形噪声量。当乘积因子 $K_1 K_2 a_1 a_2$ 为 1 时，上式可以简化为：

$$Y(z) = X(z) - K_2(z-1)^3 E_2(z) \quad (7.2\text{-}65)$$

由于 $E_2(z)$乘以$(z-1)^3$，所以这种二阶加一阶调制器的结构与三节调制器行为相同。在实际电路中，系数 a_1、a_2 和 K_1 由电容比决定。假设误差 $\varepsilon=(1/a_1 a_2 K_1 K_2 - 1)$，电容失配和非理想电荷转移要引起附加输出噪声：

$$\varepsilon K_1 K_2 E_1(z)(z-1)^2 \quad (7.2\text{-}66)$$

可见由失配等引起的噪声项和二阶调制器量化噪声一样发生了变形。对于这个三阶调制器只要：

$$\varepsilon < \sqrt{5/7}(\pi/\mathrm{OSR})/K_1 \quad (7.2\text{-}67)$$

ε 就不会对信噪比产生明显影响，因此可以降低对电容比失配性的要求。

由于第一级采用二阶 Δ-Σ 结构，如果积分器增益因子 a_1 和 a_2 选为 1，当输入信号 $|x|$ 接近 V_{ref} 时，第二积分器输出远大于 V_{ref}，致使第二级 $x_2(n)$Δ-Σ 环过载。因此，为扩大输入信号范围，必须减小 a_1 和 a_2 以及 K_1，缩小 $x_2(n)$幅值范围。

7.3 过采样增量总和模数转换器设计

前面分析了量化噪声、采样时钟抖动、模式噪声对数据转换精度的影响，但在实际电路中只考虑这些还远远不够。本节将研究器件非理想特性对精度的影响，然后以四阶 Δ-Σ 调制器为例介绍电容开关电路实现方法。

7.3.1 Δ-Σ 调制器电路设计考虑

实际电路中存在许多非理想特性，例如，噪声、非线性、积分器漏电、时钟馈通、数字电路与模拟电路之间的寄生耦合等，这些都将进一步影响 Δ-Σ 调制器数据转换的信噪比。特别是对于高精度模数转换器，它们的影响很大，设计中需要认真考虑。

1. *积分器增益误差*

积分器用差分方程可以表示为：

$$u_i(n+1) = u_i(n) + a_i \nu_i(n) \quad (7.3\text{-}1)$$

其中：$u_i(n)$和 $u_i(n+1)$是第 i 个积分器在 n 和 $n+1$ 个时钟时的输出，$\nu_i(n)$是第 i 个积分器的输入电压，a_i 是积分器的增益。一阶调制器只包含一个积分器，如图 7.24(a)所示。由于比较器只随符号变化，不受输入信号幅值影响，所以积分器只要求增益为正，其值可以任意。二阶调制器包含两个积分器，如图 7.26(a)所示，第二个积分器增益可以是任意的。根据7.2节给出的稳定条件 $b_2/a_1>5/4$，如果设计取 $b_2/a_1=2$，b_2/a_1 可以接受的相对误差是 38%。

总的来说，Δ-Σ 调制器对积分器的增益容差比一般开关电容电路大。当积分器用开关电容技术实现时，可以接受较大的电容失配或非理想的电荷转移。

2. 积分器线性度

为了研究积分器线性度对调制器谐波畸变的影响，首先分析图 7.17 所示一位调制器的直流非线性传输特性。在这个结构中，对调制器影响最大的是第一积分器的非线性增益。假设第一个积分器输出可用非线性差分方程表示为：

$$u_1(n+1) = u_1(n) + a_{11}\nu_1(n) + a_{12}\nu_1(n)^2 \tag{7.3-2}$$

其中：a_{11}是线性增益，a_{12}表示积分器的二阶非线性项系数。这个非线性项主要取决于放大器的压摆率、开关导通电阻非线性和电容非线性。积分器输入为：

$$\nu_1(n) = x(n) - V_{\text{ref}}y(n) \tag{7.3-3}$$

定义输出 $y(n)$为 1 的几率 p 为在 $y(n)$长时间输出序列中 1 的个数与总脉冲数之比。如果调制器输入直流信号 X，在稳定情况下由于第一积分器输出不能无限增长，所以积分器输出增量的长时间平均之必须为 0。这意味着积分器的输入 $p[a_{11}(X-V_{\text{ref}})+a_{12}(X-V_{\text{ref}})^2]+(1-p)[a_{11}(X+V_{\text{ref}})+a_{12}(X+V_{\text{ref}})^2]=0$，即：

$$p = \frac{a_{11}(X+V_{\text{ref}}) + a_{12}(X+V_{\text{ref}})^2}{2a_{11}V_{\text{ref}} + 4a_{12}XV_{\text{ref}}} \tag{7.3-4}$$

当 $X=-V_{\text{ref}}$时 $p=0$，当 $X=V_{\text{ref}}$时 $p=1$。输出 PDM 信号的直流量为$[y(n)]_{\text{DC}}=p\cdot 1+(1-p)(-1)$。利用上(7.3-4)式，对于输入 X 可得调制器输出 $y(n)$平均值：

$$\overline{y(n)} = p\cdot 1 + (1-p)(-1) = \frac{a_{12}}{a_{11}}V_{\text{ref}} + \frac{X}{V_{\text{ref}}} - \frac{a_{12}}{a_{11}}\frac{X^2}{V_{\text{ref}}} + \cdots \tag{7.3-5}$$

第一项表示输出失调，第二项是调制器线性增益，第三项表示二阶非线性增益。对于准静态正弦输入信号，根据(3.6-13)式，调制器二阶谐波畸变近似为：

$$\text{HD}_2 = (1/2)(a_{12}/a_{11})V_{\text{p}} \tag{7.3-6}$$

其中：V_{p} 是输入的幅值。例如，对于输入范围 1 V 的 14 位 ADC，最小分辨率要求 $\text{HD}_2<1/(2^{14})=0.0062\%$。这样要求积分器的线性度 a_{12}/a_{11}必须小于 0.01%/V。这说明第一积分器的线性度对于大动态范围的 ADC 是极为重要的。

对于 7.17 图中的第二个积分器，它的非线性误差可以用输入误差电压来表示。当计算第二积分器非线性误差的等效 ADC 输入误差时，需要除以第一积分器的增益，由于积分器在通信带内增益很大，输入端等效输入误差电压很小，因此第二或更后面积分器的线性度变得不太重要。

3. 积分器失调电压的影响

因为积分器对失调电压具有累加能力，如果没有外部反馈，积分器对直流输入信号是不稳定的。在 7.17 图调制器结构中，必须使用反馈以稳定工作点。例如，当第二个积分器的失调电压不为 0 时，反馈环将在第一积分器的输出端建立一个直流电压以补偿这个失调电压。因此，第二级以后的积分器失调电压不重要，它只影响输出动态范围。与此类似，比较器的失调电压对信号影响也不大，因为它可以得到建立在最后一个积分器输出端的直流电压补偿。但是，第一个积分器的失调电压将与输入信号串联，引起 ADC 的失调。

4. 开关电容与电阻电容积分器

Δ-Σ 调制器的求和积分器可以由开关电容或电阻电容电路实现，如图 7.31 所示，其中 V_{in} 和 V_f 分别是输入信号和反馈信号。当积分器采用电阻电容实现时，称为连续时间增量总和调制器。如前所述，由于调制器对积分器增益要求不严格，所以工艺变化对 RC 乘积影响不重要，但是积分器时间常数(RC)将限制最高采样率。

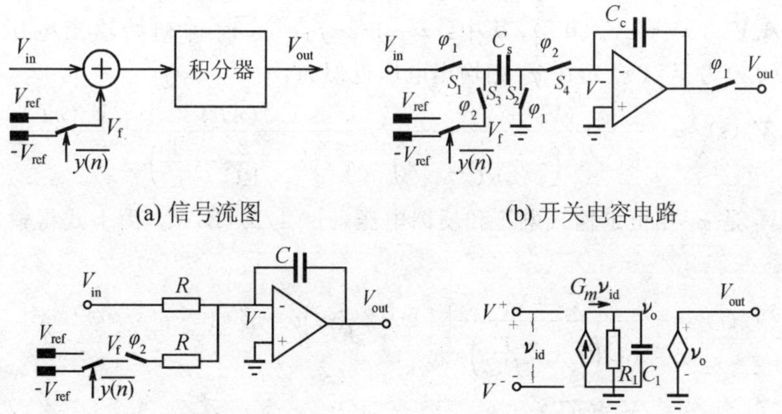

(a) 信号流图　(b) 开关电容电路

(c) RC电路　(d) 运放模型

图 7.31　求和积分器

如果运放采用图 7.31(d)所示模型，具有单极点 $f_d=1/2\pi R_1C_1$ 和低频增益 $A_0=G_mR_1$，$-G_mV^-=V_o/R_1+C_1\mathrm{d}V_o/\mathrm{d}t$，对此进行拉氏变换有 $(1+s\tau)V_o(s)=-A_0V^-(s)+\tau V_o(nT)$，其中：$\tau=1/2\pi f_d$。对于图 7.31(b)所示开关电容积分器，在第 n 个时钟周期的 φ_2 时钟相开始，电容上的初始电压 $V_{Cs}(0^-)=V_{in}(nT)$，$V_{Cc}(0^-)=V_o(nT)-V^-(nT)$；随后电容中电流的拉氏变换为 $I_{Cs}(s)=C_s[sV_{Cs}(s)-V_{Cs}(0^-)]$，$I_{Cc}(s)=C_c[sV_{Cc}(s)-V_{Cc}(0^-)]$，其中 $V_{Cs}(s)=V_f(s)-V^-(s)$，$V_{Cc}(s)=V_o(s)-V^-(s)$。由于 V_f 在 φ_2 相保持不变，$V_f(s)=V_f/s$。在忽略开关导通电阻和放大器压摆率限制后，在第 n 个时钟周期的 φ_2 时钟相，输出电压为：

$$V_o(s)=\frac{C_s[V_{in}(nT)-V_f]-C_cV^-(nT)-(C_c+C_s)V_o(nT)/A_0}{s[C_c+(C_c+C_s)/A_o+s(C_c+C_s)\tau/A_0]}+\frac{V_o(nT)}{s} \tag{7.3-7}$$

其中：$\tau=1/2\pi f_d$，$V_{in}(nT)$ 是 φ_1 相的输入电压，V_f 是 φ_2 相的反馈电压。由此式可得在 φ_2 时钟相，输出电压随时间的变化关系为：

$$V_o(t) = (1 - e^{-\frac{C_c+(C_c+C_s)/A_0}{(C_c+C_s)\tau'}t})\frac{C_s[V_{in}(nT) - V_f] - C_c V^-(nT) - \frac{C_c + C_s}{A_0}V_o(nT)}{C_c + (C_c + C_s)/A_0} + V_o(nT) \tag{7.3-8}$$

其中：$\tau' = 1/2\pi \text{GBW}$，$\text{GBW} = f_d A_0$ 是放大器的增益带宽积。在 φ_2 上升沿的输出电压是 $V_o(t=0) = V_o(nT)$，在 φ_2 下降沿的输出电压是 $V_o(t = T_{\varphi2}) = V_o(nT + T/2)$，$T_{\varphi2}$ 是 φ_2 脉冲宽度。

对于图 7.31(c)所示 RC 积分器，有 $C[\mathrm{d}(V_o - V^-)/\mathrm{d}t] = -(V_{in} - V_f)/R + 2V^-/R$。对此进行拉氏变换有 $sC[V_o(s) - V^-(s)] - C[V_o(0^-) - V^-(0^-)] = -(V_{in}/s + V_f/s)/R + 2V^-(s)/R$。如果运放采用图 7.31(d)所示模型，假设放大器增益近似为 $A \approx A_0/s\tau$，有 $s\tau V_o(s) = -A_o V^-(s) + \tau V_o(0^-)$，其中：$\tau = 1/2\pi f_d$。$\varphi_2$ 时钟初始输出电压 $V_o(0^-)$ 为 $V_o(nT)$、$V^-(0^-)$ 为 $V^-(nT)$，在 φ_2 相输出电压近似为：

$$V_o(s) \approx -\frac{(V_{in} + V_f)}{RC\tau' s^2\left(s + \frac{2}{RC} + \frac{1}{\tau'}\right)} - \frac{V^-(nT)}{\tau' s\left(s + \frac{2}{RC} + \frac{1}{\tau'}\right)} + \frac{V_o(nT)}{s} \tag{7.3-9}$$

其中：V_{in} 和 V_f 是 φ_2 相恒定输入电压和反馈电压，$\tau' = 1/2\pi \text{GBW}$。由上式得输出电压随时间的变化关系：

$$\begin{aligned} V_o(t) &= -\frac{V_{in} + V_f}{RC\left(1 + 2\frac{\tau'}{RC}\right)^2}\left[\left(1 + 2\frac{\tau'}{RC}\right)t - \tau'(1 - e^{-\left(1+2\frac{\tau'}{RC}\right)\frac{t}{\tau'}})\right] \\ &\quad - \frac{V^-(nT)}{1 + 2\frac{\tau'}{RC}}(1 - e^{-\left(1+2\frac{\tau'}{RC}\right)\frac{t}{\tau'}}) + V_o(nT) \\ &\approx -\frac{V_{in} + V_f}{RC}\left(1 - \frac{2\tau'}{RC}\right)t + V_o(nT) - V^-(nT) \end{aligned} \tag{7.3-10}$$

当放大器速度足够快，τ' 远小于 t 和 RC 时，近似关系成立。(7.3-8) 式和(7.3-10)近似表达式第一括号内的第二项表示放大器有限 GBW 引起的积分器增益误差。由此可见 RC 积分器增益对放大器增益带宽积更敏感。例如，假设放大器理想情况($\tau' = 0$)下积分器增益为 1，即：$C_s = C_c$(对于开关电容积分器)、$T_{\varphi2} = \text{RC}$(对于连续时间积分器)，其中 $T_{\varphi2}$ 是开关导通时间，考虑放大器延迟 τ' 影响后，要使积分误差小于 0.1%，RC 积分器需要 $T_{\varphi2} = \text{RC} = 2000\tau'$，而电容开关积分器只需要 $T_{\varphi2} = 14\tau'$。

连续时间 RC 积分器的另一个缺点是对时钟抖动(clock jitter)比开关电容积分器更敏感。由(7.3-10)知，RC 积分器输出与积分时间成正比，所以积分时间的变化直接影响输出。对于开关电容积分器，由(7.3-8)式知，当 $T_{\varphi2}/\tau'$ 足够大时，输出与积分时间无关，所以时钟抖动不影响输出结果。因此，作为增量-总和调制器的基本模块电路，虽然积分器可以由开关电容电路或连续时间电路实现，但连续积分器对于时钟的抖动非常敏感，而且积分器要求有线性度非常好的输入电阻，这是正常集成技术难以制造的。由于这些限制，高精度 Δ-Σ

调制器中的积分器主要采用开关电容电路，这样可以充分利用集成技术中高线性度的电容，减小积分器对时钟抖动的敏感度。

5. 积分器中运放有限直流增益影响

在以往的量化噪声和信噪比分析中假设积分器的传递函数是理想的，只有一个频率为0($s=0$ 或 $z=1$)的极点、在信带内有很大增益，因此信带内量化噪声谱得到大增益抑制。但在实际电路中，运放直流增益 A_{v0} 是有限的。对于图 7.31 开关电容积分器，由于在 φ_1 时钟相输出电压不变，因此 $V_{o1}(nT)=V_{o2}(nT-T/2)$。当 φ_2 相时间 $T_{\varphi 2}$ 足够长时，根据(7.3-8)式可得积分器传递函数为：

$$H(z)=\frac{V_{o1}(z)}{V_{i1}(z)}=\frac{C_s/C_c}{1+\dfrac{1+C_s/C_c}{A_0}}\left(\frac{1}{(z-1)+\dfrac{C_s/C_c}{1+A_0+C_s/C_c}}\right)=K\,\frac{1}{z-p} \tag{7.3-11}$$

可见有限增益将同时产生积分器传递函数的增益和极点误差。有限增益产生的积分器非0极点频率 f_d 为：

$$f_d=\frac{1}{2\pi}\,\frac{C_s/C_c}{1+A_0+C_s/C_c}f_s \tag{7.3-12}$$

它使积分器低频增益从无限大减小到 A_0，导致调制器低频量化噪声功率谱增加。但是，由于 Δ-Σ 调制器具有噪声变形能力，如果极点频率 f_d 远小于信号带宽 f_0，有限放大器增益引起的量化噪声增加可以忽略，即只要放大器增益满足：

$$A_0\gg(C_s/C_c)(\mathrm{OSR}/\pi-1)-1 \tag{7.3-13}$$

例如，对于 100 过采样率，$C_s/C_c=1$，放大器直流增益应当大于 30 dB，这对于一般放大器是容易满足的。

积分器有限低频增益引起的另一个问题是小信号畸变。如果放大器有限增益使积分器传递函数变为(7.3-11)式，对于一阶调制器，(7.2-34)式迭代关系变为：

$$u(n)=pu(n-1)+K[V_{in}(n-1)-y(n-1)V_{ref}] \tag{7.3-14}$$

其中：p 如(7.3-11)式所示，小于和接近 1。假设输入 V_{in} 是小的正直流信号和 $u(0)=0$，可以得到：

$$u(1)=u(0)+K[V_{in}-V_{ref}]=K[V_{in}-V_{ref}]<0$$
$$u(2)=pu(1)+K[V_{in}+V_{ref}]=K[(p+1)V_{in}+(1-p)V_{ref}]>0$$
$$u(3)=pu(2)+K[V_{in}-V_{ref}]=K[1+p+p^2]V_{in}-(1-p+p^2)V_{ref}]<0$$

…

一般表达式为：

$$u(n)=K\left[\sum_{i=0}^{n-1}p^iV_{in}+(-1)^n\sum_{i=0}^{n-1}(-p)^iV_{ref}\right] \tag{7.3-15}$$

为了使输入 V_{in} 对积分器输出 u 产生影响，$u(n)$ 的符号必须停止一正一负交替变化，因此需要足够大的输入值使(7.3-15)式第一项大于第二项。当 $n\to\infty$ 时，需要：

$$\frac{V_{\text{in}}}{1-p} > \frac{V_{\text{ref}}}{1+p} \tag{7.3-16}$$

即要求输入满足：

$$V_{\text{in}} > V_{\text{ref}}\,\frac{1-p}{1+p} = V_{\text{ref}}\,\frac{C_s/C_c}{2A_0+2+C_s/C_c} \approx V_{\text{ref}}\,\frac{1}{2A_0} \tag{7.3-17}$$

对于 V_{in} 小于 0 也用类似方法分析，可以得到 $|V_{\text{in}}|$ 需要满足类似要求。如果 7.24(a)图一阶调制器结构中积分器低频增益是有限的，信号幅值小于 $V_{\text{ref}}/2A_0$ 的直流输入信号无法传送到输出端，形成死区，输出将产生交跃失真。例如，如果 $A_0=1000$ 和 $V_{\text{ref}}=1\text{ V}$，输入信号小于 0.5 mV 时调制器输出不随输入变化。可以证明，对于所有有理数输入值 V_{in} 都存在类似的死区，而且除 $\pm V_{\text{ref}}$ 附近死区外，其他死区都小于 0 附近的死区。

6. 时钟馈通

对于图 7.31(b)所示开关电容求和积分器，采样电容上的电荷将受到时钟馈通效应产生的注入电荷影响。这种影响可以通过等效输入电压描述，它等于总注入电荷除以采样电容。虽然等效输入电压与采样电容成反比，但增加采样电容不能有效减小时钟馈通影响。因为对于一定的采样率，增加电容需要减小开关导通电阻，所以需要更大的晶体管尺寸，导致注入电荷相应增加。

在 φ_1 下降沿，开关 S_2 两端电压为地电平，因此这个开关的注入电荷每个时钟周期是相同的，可以等效为输入电压引起的积分器失调。在 φ_2 下降沿，S_4 端电压近似为地电平，注入电荷也是不变的。但是，开关 S_1 和 S_3 的端电压随输入信号和反馈信号变化，注入电荷是输入电压 V_{in} 和反馈电压 V_f 的非线性函数，因此引起信号畸变。解决这个问题的一种方法如图 7.32 所示。积分器采用四个时钟控制，其中 φ_{1d} 和 φ_{2d} 是 φ_1 和 φ_2 的延迟时钟，开关 $S_{2,4}$ 比 $S_{1,3}$ 先关断，避免 S_1 和 S_3 电荷注入影响。

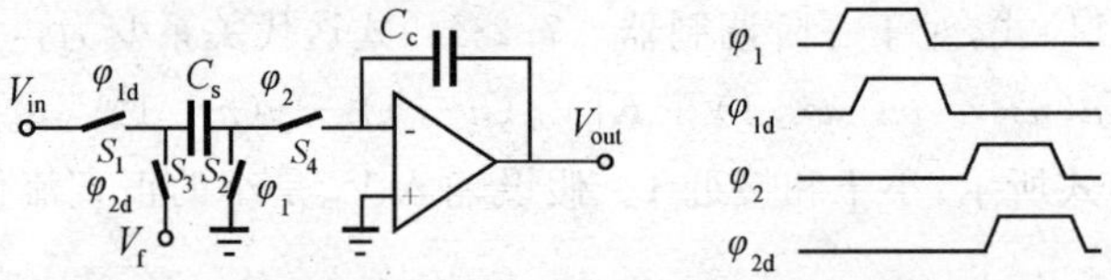

图 7.32 减小时钟馈通影响的四相控制求和积分器

7. 基准电压的建立时间

对于图 7.31(b)开关电容积分器，如果：

$$V_f = V_{\text{ref}}\,y(n) \tag{7.3-18}$$

理想情况，φ_2 期间加到 C_s 的电荷为：

$$Q = C_s(V_{\text{ref}} - V_{\text{in}}) \qquad y(n)=1 \tag{7.3-19a}$$

$$Q = C_s(-V_{\text{ref}} - V_{\text{in}}) \qquad y(n)=-1 \tag{7.3-19b}$$

但对于实际电路，由于运放和基准电压缓冲器的建立时间限制或开关导通电阻的限制或基准电压精度的限制，这种电荷转移是非理想的。考虑各种非理想因素影响后，C_s 的电荷表示为：

$$Q=(1-\varepsilon^{+})C_s(V_{ref}-V_{in}) \qquad y(n)=1 \tag{7.3-20a}$$

$$Q=(1-\varepsilon^{-})C_s(-V_{ref}-V_{in}) \qquad y(n)=-1 \tag{7.3-20b}$$

其中：ε^{+} 和 ε^{-} 是在 φ_2 期间电荷转移相对误差。因为基准电压缓冲器的建立时间不同或开关导通电阻的不同或基准电压的精度不同，可能导致 ε^{+} 和 ε^{-} 的不同。在标准开关电容滤波器中，只要电荷转移误差与信号无关，非理想电荷转移不能引起谐波畸变。但在 Δ-Σ 调制器中，只要 ε^{+} 和 ε^{-} 不相等，即使电荷转移误差为常量也将引起谐波畸变，因此需要高速、准确的基准电压输出缓冲器。具体分析如下：

由于稳定情况下积分器输出应当为有限值，所以长时间平均电荷必须为 0

$$p(1-\varepsilon^{+})C_s(V_{ref}-V_{in})+(1-p)(1-\varepsilon^{-})C_s(-V_{ref}-V_{in})=0 \tag{7.3-21}$$

其中：p 是 $y(n)$ 等于 1 的几率。对于 PDM 输出信号，直流量 $[y(n)]_{DC}$ 为：

$$[y(n)]_{DC}=p(1+(1-p)\times(-1) \tag{7.3-22}$$

根据(7.3-21)和(7.3-22)式可以求出：

$$[y(n)]_{DC}\approx\frac{1}{2}(\varepsilon^{+}-\varepsilon^{-})+\frac{V_{in}}{V_{REF}}-\frac{\varepsilon^{+}-\varepsilon^{-}}{2}\left(\frac{V_{in}}{V_{REF}}\right)^2 \tag{7.3-23}$$

二次谐波畸变系数近似为：

$$HD_2=\frac{1}{4}\,\frac{\varepsilon^{+}-\varepsilon^{-}}{V_{REF}}V_{inp} \tag{7.3-24}$$

可见只要 $\varepsilon^{+}-\varepsilon^{-}$ 不为 0，就要引起谐波畸变。例如，当 $\varepsilon^{+}-\varepsilon^{-}$ 为平均值 $(\varepsilon^{+}+\varepsilon^{-})/2$ 的 10% 时，在 $V_{inp}=V_{ref}$ 情况下，保证 16 位精度要求 $HD_2=0.1(\varepsilon^{+}+\varepsilon^{-})/2/4<1/(2^{16})=0.0015\%$，需要电荷转移相对误差均值 $(\varepsilon^{+}+\varepsilon^{-})/2$ 低于 0.061%。这说明第一积分器的线性度对于大动态范围的 ADC 是极为重要的。

避免这种畸变的一种方法如图 7.33 所示。这种结构在 φ_2 期间，基准电压建立时间引起采样电容 C_2 转移电荷误差与输入电压 V_{in} 无关，总采样电荷为：

$$Q=C_1V_{in}+C_2(1+\varepsilon)V_f \tag{7.3-25}$$

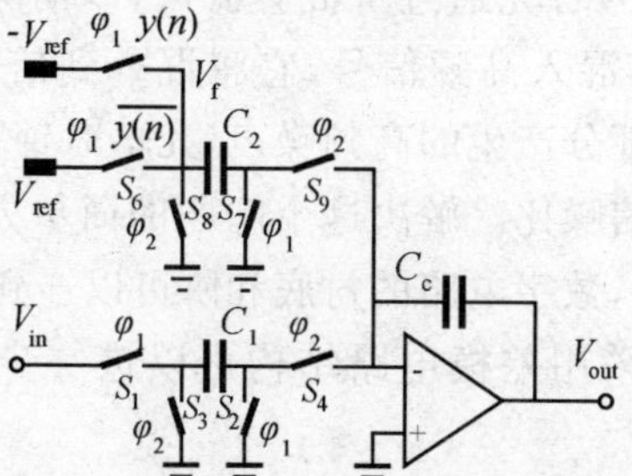

图 7.33 减小基准电压建立时间影响的求和积分器

用同样的方法可以证明，在这种情况下电荷转移误差 ε 不引起谐波畸变。

8. 器件噪声影响

除量化噪声和采样时钟抖动引起的采样噪声之外，器件噪声也是降低信噪比的重要因素之一。在图 7.18Δ-Σ 调制器结构中，积分器内部噪声可以用积分器等效输入噪声表示。由于第一积分器增益很大，其他积分器噪声对调制器的影响相对于第一积分器可以忽略。

图 7.34 表示基本开关电容积分器模块电路，C_s 是采样电容，C_i 是积分电容，C_p 是运放输入端寄生电容，C_l 输出端寄生电容，运放的传递函数是 $A(s)$。这种积分器主要有两个噪声源：MOS 开关导通电阻 R_{on} 的噪声和运放噪声。在采样 φ_1 相，C_s 采样 R_{on} 导通电阻的热噪声 N_{rs} 并等待下一相进行积分。在积分 φ_2 相，C_s 采样 R_{on} 热噪声 N_{ri} 和运放噪声 N_{oi} 并积分到输出端。根据 9.6 节分析，积分器总等效噪声为：

$$N_T = N_{rs} + N_{ri} + N_{oi} = (1 + R_{on} g_m + 2y/3) kT/(C_s \mathrm{OSR}) = \alpha kT/(C_s \mathrm{OSR}) \tag{7.3-26}$$

其中：g_m 是运放输入管跨导，y 是运放等效输入噪声与输入晶体管输入噪声之比，α 是由积分器结构决定的常系数。如果忽略开关噪声，α 约为 2.4。由此可见，过采样可以减小积分器噪声对带内信号的影响。对于同样的噪声要求，过采样率每增加一倍，采样电容值可以减小一倍。例如，对于 14 位精度（SNR>90 dB），当用 100 过采样率时，采样电容取 0.2 pF，噪声为 $N_T = 10\lg(2.4\times 0.026\times 1.6\times 10^{-19}/100/2\times 10^{-13}) = -93$ dB，可满足要求。但是，当过采样率为 1 时，得到同样的噪声需要 20 pF 采样电容。

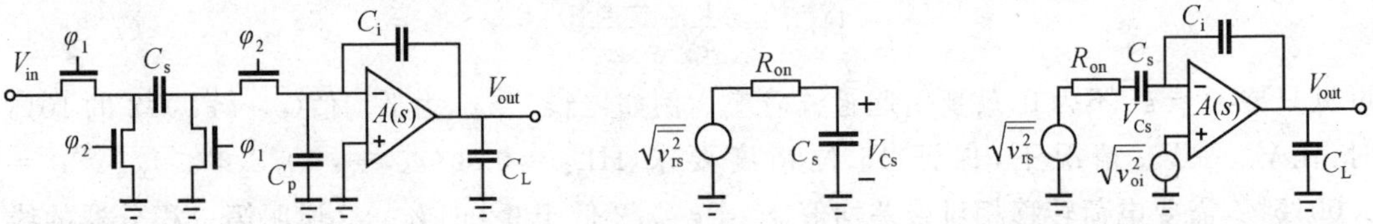

(a) 积分器　　(b) φ_1时钟相　　(c) φ_2时钟相

图 7.34　开关电容积分器噪声

9. 伪信号混叠的影响

如前所述，ADC 的输入信号首先通过抗混叠滤波，以消除高频信号影响。但在抗混叠滤波后，如果 ADC 输入信号再混入高频信号，它将混叠到信带内影响信噪比。例如，在模数混合集成电路中，数字电路部分产生的高频噪声（几倍时钟频率），很容易通过电源或衬底耦合到模拟电路中，因此影响信噪比。解决这个问题的简单方法是模拟和数字电路采用独立的电源线。为减小衬底耦合，数字电路的衬底和阱可以连到模拟电源上，数字电源线只提供数字电路输出电流。另外，采用差模电路结构可以进一步减小数字电路对模拟电路的影响。

7.3.2 Δ-Σ 调制器 ADC 设计

下面以 1 MHz 带宽 15 位分辨率 ADC 为例说明 Δ-Σ 调制器 ADC 设计[89]。

1. 系统设计

在理想情况下，根据(7.1-11)式，15 位分辨率要求量化器决定的信噪比大于 92 dB。采用 1 位 Δ-Σ 调制器，由(7.2-12)式可知：当过采样率 OSR 等于 24 时，三阶($n=3$)信噪比为 82 dB，四阶($n=4$)信噪比为 102 dB，所以要得到 15 位精度必须采用四阶以上调制器。如果选用四阶 Δ-Σ 调制器，从稳定性考虑，2-1-1 多级结构较好。因此，为得到 1 MHz 带宽需要系统采样率 48 MHz，具体框图结构如图 7.35 所示。

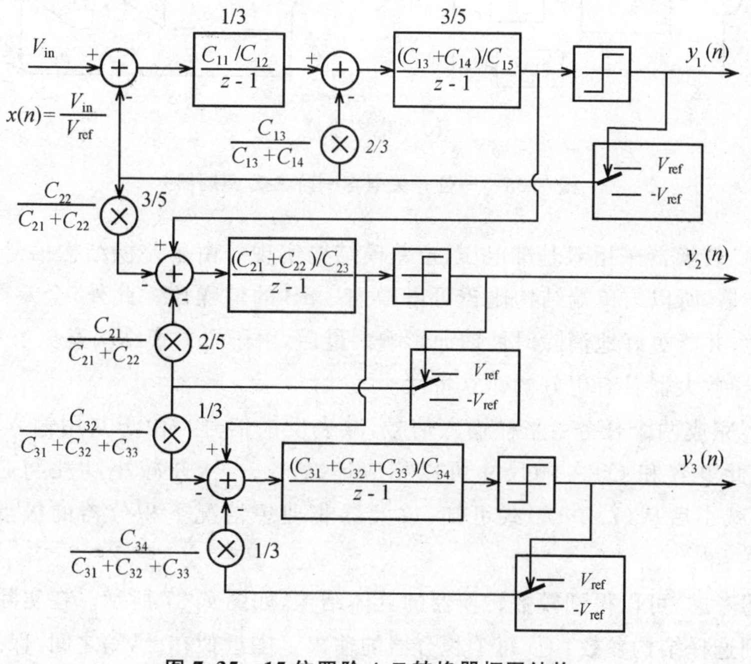

图 7.35 15 位四阶 Δ-Σ 转换器框图结构

2. 电路设计

开关电容技术是实现 Δ-Σ 调制器的常用方法。一种开关电容一阶 Δ-Σ 调制器如图 7.36(a)所示，它采用一位量化器，整个电路由模拟和数字两部分组成。模拟输入量和反馈量的采样由两个独立电容 C_{s1} 和 C_{s2} 完成，输入信号强度由 $C_{s1}/(C_{s1}+C_{s2})$ 决定，反馈信号强度由 $C_{s2}/(C_{s1}+C_{s2})$ 决定，积分器增益由 $(C_{s1}+C_{s2})/C_i$ 决定。这种结构虽然可以灵活调整信号强度和减小基准电压建立时间的影响，但是要增加采样噪声和芯片面积。为减小噪声和芯片面积，可以用一个采样电容，分时采样输入量和反馈量，如图 7.36(b)所示。但这种结构无法改变反馈信号相与输入信号的强度关系，受基准电压建立时间的影响大，因此多用于第一积分器。

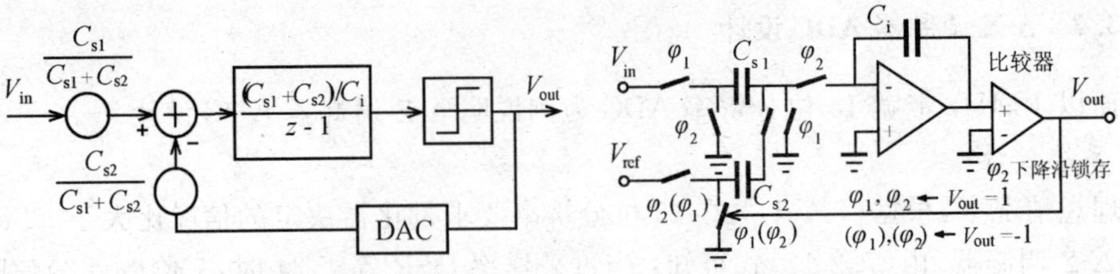

(a) 双电容采样

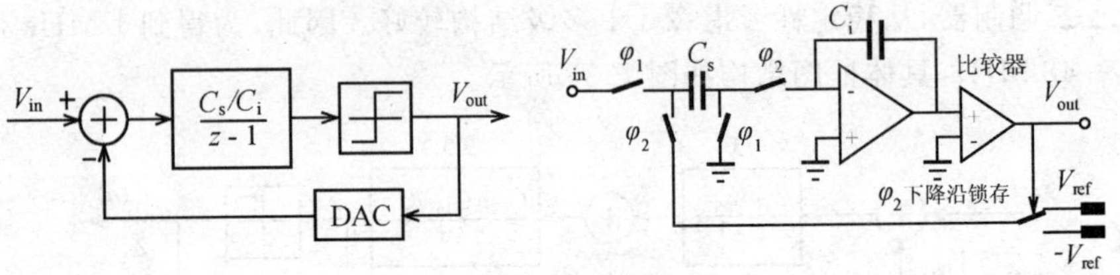

(b) 单电容采样

图 7.36　一位开关电容一阶 Δ-Σ 调制器

整个 ADC 转换器采用双基准电压、全差模结构实现。由于差模结构信号量增加 4 倍，噪声量增加 2 倍，所以与单端结构比较可以增加 3 dB 的信噪比。此外，全差模结构有更高的抗噪声能力，并能更好地消除时钟馈通影响。最后，由于全差模结构避免了双端到单端的转换，运算跨导放大器具有更好的建立特性。

采样电容完成两个任务：采样输入信号，减去反馈信号。由于共用输入采样电容，噪声源减少，因此电容和 OTA 的尺寸可以相应地减小一半，并减小功耗与芯片面积。另外，输入电容减小后从(7.3-12)式可知，放大器非理想情况下积分器的极点频率更靠近 0 点。

基于上述考虑，可以得到模数转换器的具体结构，如图 7.37 所示。在实际电路中，根据以下两个原则选择结构参数：① 每个积分器的输出范围近似在 $\pm V_{ref}$ 之间，保证下一级输入在线性范围之内；② 参数比便于整个系统实现，特别是两级间的耦合。

具体电容值取决于第一积分器的热噪声。与 15 位分辨率要求噪声比较，第一积分器采样电容对应的噪声应当足够小，以使其加上放大器和量化噪声后能够满足 15 位分辨率的需要。后面的积分器等比例减小负载，最后一个积分器的最小尺寸由器件匹配性决定。OTA 的相对减小比例是 1∶0.5∶0.4∶0.4，所用电容值如表 7.2 所示。为了减小开关噪声的影响，比较器的输入端加上 0.125pF 采样电容。

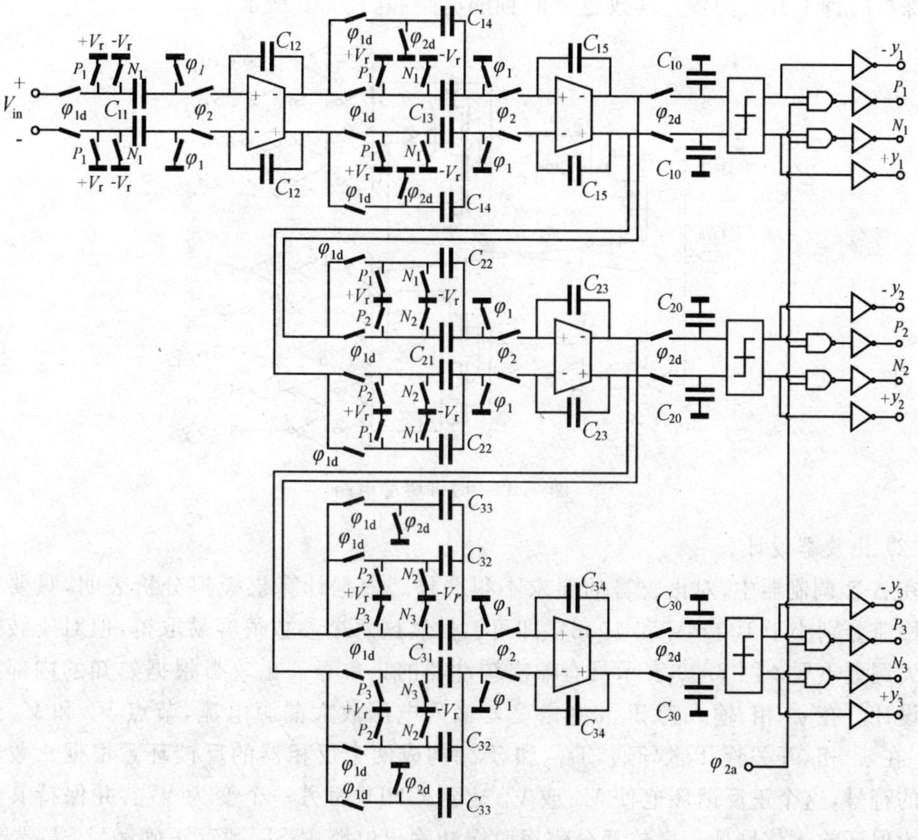

图 7.37　Δ-Σ 模数转换器结构

表 7.2　调制器电容值

	采样电容(pF)	积分电容(pF)
第一级	C_{11}=2.50　C_{13}=1.00　C_{14}=0.50	C_{12}=7.50　C_{15}=2.50
第二级	C_{21}=0.30　C_{22}=0.45	C_{23}=0.90
第三级	C_{31}=0.25　C_{32}=0.25　C_{33}=0.25	C_{34}=0.75

3. 模块电路

(1) 时钟驱动电路。

时钟电路产生两相非重叠时钟,以及相应的延迟时钟,以尽量减小信号受时钟影响。此外,每相时钟必须产生正、反相两种形式,以驱动 nMOS 和 pMOS 开关管。同时,还需要产生一个附加信号,以控制所有开关逻辑。

通常为产生延迟时钟需要同时延迟时钟的上升沿和下降沿,但这里为避免信号与电荷注入只需延迟时钟下降沿,因此为更有效利用开关的导通时间,设计中只延迟时钟下降沿,而仍保持时钟上升沿同步。实现这种时钟的电路如图 7.38 所示。

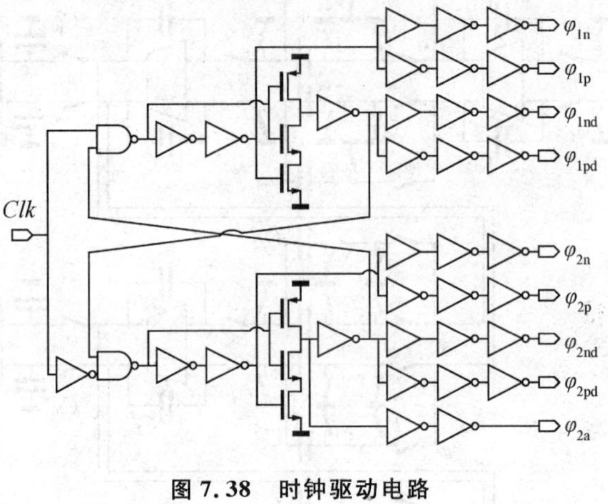

图 7.38　时钟驱动电路

(2) 比较器设计。

在 Δ-Σ 调制器中，对比较器的要求不很严格。根据计算机模拟分析表明，只要失调电压和回滞分别小于 100 mV 和 40 mV 即可。虽然这两个参数很容易取得，但对于转换器回滞比失调更重要。图 7.39 表示具有输出缓冲器的比较器。比较器根据熟知的内部正反馈原理设计。在 φ_2 相，输入管 $T_{1a,b}$ 将比较器输入电压放大漏源电流，节点 V_n 和 V_p 连接到 V_{DD}。在 φ_1 相，开关管 $T_{3a,b}$ 导通，$T_{2a,b}$ 和 $T_{4a,b}$ 构成两个反相器的反馈环。根据比较器输入电压的符号，这个正反馈环迫使 V_n 或 V_p 达到 GND，而另一个变为 V_{DD}，并保持其结果不变。为保证输入信号低于比较器分辨率时缓冲输出电路中 SR 锁存正确触发，需要选择 T_2 和 T_4 尺寸使 φ_1 相的 V_n 和 V_p 大于 SR 锁存器的阈值电压。

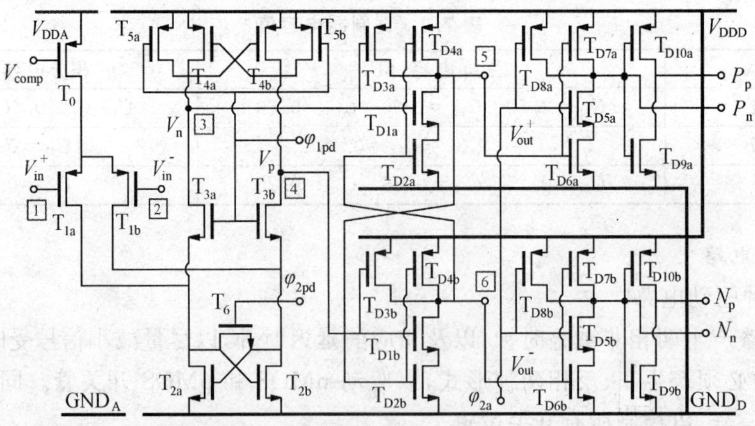

图 7.39　比较器和输出缓冲电路（pMOS 衬底接 V_{DDA}，nMOS 衬底接 GND_A）

(3) OTA 设计。

OTA 的非理想特性将影响积分器的特性,从而减小转换器的信噪比。为得到良好的频率特性,采用全差模折式级联 OTA 结构。为提高低频增益,输出采用增益提升级联结构。增益提升反相器采用共源单管设计,它不影响频率特性和建立时间。OTA 电路图和动态共模反馈控制电路如图 7.40 和图 7.41 所示。

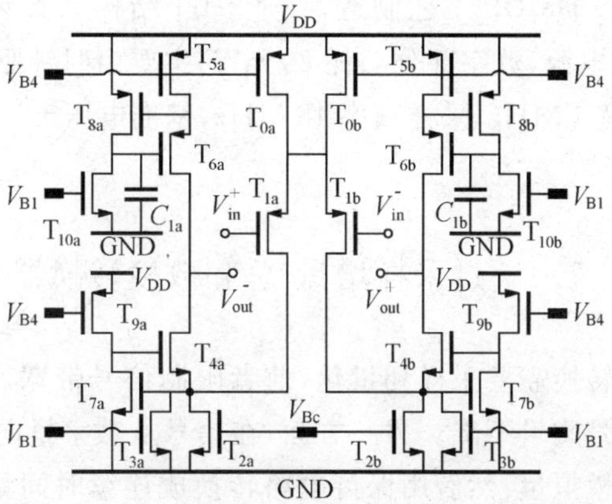

图 7.40 采用增益提升技术的全差模 OTA 电路

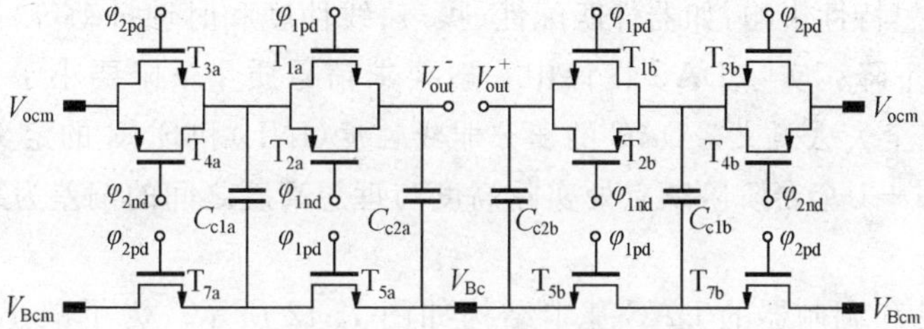

图 7.41 动态共模反馈电路

OTA 晶体管尺寸主要有以下两个因素限制:① 由于差模基准电压为 2 V,输出电压摆幅必须设计近似为 2.5 V;② 为保证稳定性,非主极点必须大于闭环主极点 3 倍以上。如果不考虑增益提升放大器,折式共源共栅级联 OTA 可以采用第四章的方法设计。在一般折式级联 OTA 设计中,增益带宽积等于输入跨导与输出电容的比值(见(4.4-34)式)。由于在开关电容积分器中 OTA 用于反馈结构形式,闭环中的有效负载电容还与输入晶体管尺寸有关,因此不易简单地用显函数关系优化最大闭环主极点。另外,OTA 压摆率和功耗也由偏置电流和晶体管尺寸决定。这样积分器实际上存在两个设计自由度:整个 OTA 的偏置电流和输入晶体管尺寸。通过计算机模拟分析可以得到闭环主极点频率、压摆率和功耗随偏置电流和输入管尺寸变化的情况。设计结果对于第一积分器,在积分相闭环主极点频率 320 MHz,压摆率 320 V/μs,功耗 90 mV。

在考虑增益提升放大器后，为最大化输出摆幅必须使 T_7 和 T_8 管的过驱动电压近可能小，设计中取为 0.15 V。这样，增益提升放大器只有一个设计变量，即增益提升管的偏置电流。OTA 中有一个复数极点，频率约 860 MHz，阻尼因子约为 0.7，一个实数零点 860 MHz，其他零点在更高频率处可以忽略。

4. 实验结果

用标准 1-μm CMOS DMDP 工艺制造，4 阶 2-1-1 结构 Δ-Σ 调制器 ADC，芯片面积为 $2.5\times2.1\ mm^2$。单 5 伏电源，数字部分功耗 20 mW，主要由时钟驱动电路消耗，模拟部分功耗为 210 mW。信号带宽 1 MHz，采样频率 48 MHz，基准电压±1 V，SNR 峰值 90 dB，15 位分辨率。

7.4 过采样增量-总和数模转换器

信号从模拟到数字转换需要采样和量化，前者限制信号带宽，后者引起量化噪声，所以转换不可避免地引起信号质量下降。另一方面，在信号从数字量向模拟量转换中，数字输入信号先被转换成量化的模拟量，然后用保持电路转换成连续时间量化幅值信号。如果从数字量到模拟量转换是完全线性的，采样时间是完全理想的，那么这种数模转换不会引起信号质量下降，输出模拟信号噪声完全由数字输入信号量化精度（字长）决定。但是，实际 DAC 要受到电路非理想特性影响，如器件匹配性、噪声、线性度和时钟抖动等，因此实际 DAC 也要引起信号质量下降。实际 DAC 设计中一般要求信号质量下降要小于 LSB/2，否则输入信号的 LSB 将完全失去意义。DAC 的积分非线性度（INL）和 SNR 的定义与 ADC 类似，即第 i 个台阶到第 $i+1$ 个台阶阶跃点处实际高度与理想高度之间的偏差为第 i 个台阶的积分非线性度（INL）。

基于增量-总和调制器的 DAC 基本结构如图 7.42 所示。为了减小器件失配等对数模信号转换 INL 的影响，首先通过数字 Δ-Σ 调制器将输入字长减小。因为数字信号运算失配误差较小，这一过程主要引入量化误差。然后，用短字长内部 DAC 转换成模拟信号。这一过程由于非理想因素的影响，产生失配误差。Δ-Σ DAC 四个系统级主要参数是过采样率、噪声变形阶数、量化器分辨率和模拟低通滤波器阶数。过采样率影响处理信号的带宽，调制器的阶数和量化器分辨率影响复杂度，模拟滤波器的阶数影响复杂度和信号处理质量。在这种 DAC 设计中，关键问题是需要综合考虑调制器量化误差和内部 DAC 失配误差的影响，以保证所需要的信噪比。如果采用一位 Δ-Σ 调制器设计，有利于减小器件失配误差的影响，但为使 Δ-Σ 调制器的量化噪声足够小，需要更高的过采样率和更高阶噪声变形。如果采用多位 Δ-Σ 调制器设计，有利于降低调制器的过采样率、提高处理信号带宽或保持采样率不变降低量化噪声，但需要用复杂的电路降低内部多位 DAC 的失配误差。

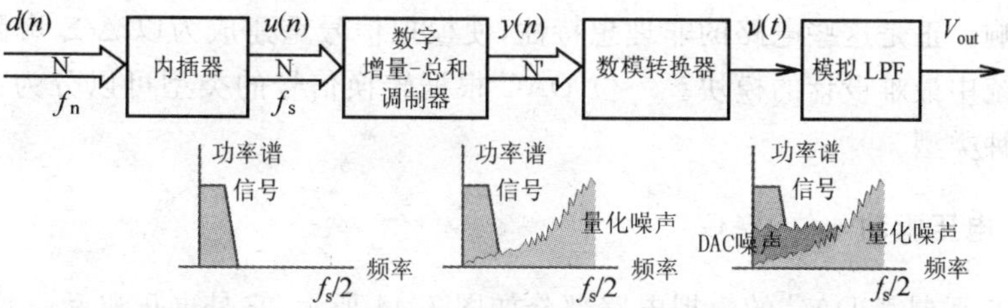

图 7.42　过采样 Δ-Σ 调制器 DAC 基本结构和信号处理各阶段的频谱

7.4.1　一位 Δ-Σ 调制器构成的 DAC

Δ-Σ DAC 的主要特点是对器件失配误差不敏感，适合集成电路工艺制作。从保持这个特点来看，如同 ADC 设计一样，采用一位 Δ-Σ 调制器更有利于减小器件失配误差对 INL 的影响。图 7.43 表示一位 Δ-Σ 调制器 DAC 的基本结构。首先，利用数字内插器使数字信号从 Nuquist 频率 f_n 增加到过采样频率 f_s，使信号过采样率大于 1。然后，利用数字 Δ-Σ 调制器使输入字长 N 减小到 1 位。这一步将引入很大的量化噪声，但是大部分量化噪声功率谱位于信带以外。再后，将调制器输出的一位 PDM 信号通过一位内部 DAC 转换成模拟信号。例如，可以用 PDM 信号控制连在两个基准源上的开关实现这种转换。最后，用模拟低通滤波器消除信带外的高频噪声，将信号重建成模拟输出信号。之所以采用这种较为复杂的转换机理，原因与 ADC 相同，目的是为了降低器件匹配性对数模转换器线性度的影响。

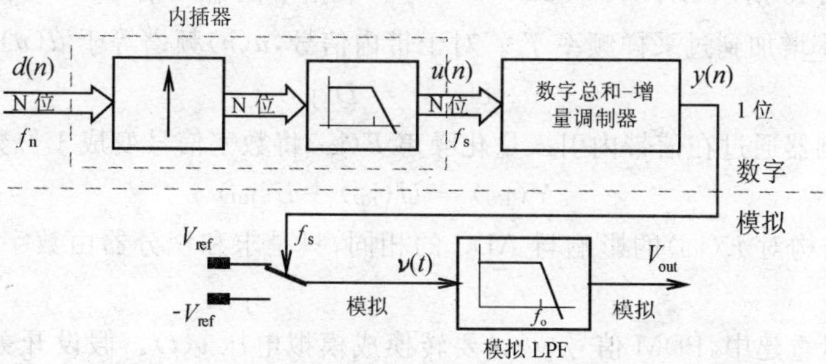

图 7.43　采用一位 Δ-Σ 调制器的 DAC 基本结构

虽然采用 Δ-Σ 方法的 DAC 主要优点是受器件匹配度的影响小，但缺点是更易受时钟抖动影响。对于大多数模拟电路，谐波畸变随信号幅值增大而增加，可是对于 Δ-ΣDAC，PDM 信号 $y(n)$在正负 1 之间变化，它的幅值与信号无关。由于输入信号 $d(n)$采用 $y(n)$的脉冲密度表示，因此电路线性度引起的谐波畸变不明显。

虽然这种转换器的模拟部分看起来非常简单，只有两个基准源、两个开关和一个无源低通滤波器，但实际实现并不像乍看起来那么简单，因为整个 DAC 转换精度主要由模拟电路决定。除 Δ-Σ 调制器带内噪声引起信号恶化外，DAC 还要受到器件噪声、时钟抖动和电路线性度的影响。正是这些电路的非理想特性，使模拟信号重建成为以Δ-Σ调制器为接口的信号处理系统中最难设计的模块。一位DAC根据转换信号的类型可以分为：电压驱动和电流驱动两种类型。

7.4.2 电压驱动一位DAC

一位Δ-Σ调制器DAC的模拟电路部分如图7.44所示，它是电压驱动一位DAC。通过这个电路可以说明电路具有不可避免的非线性并对时钟抖动非常敏感，因此用这种方法实现高精度DAC时需要认真考虑非理想因素的影响。

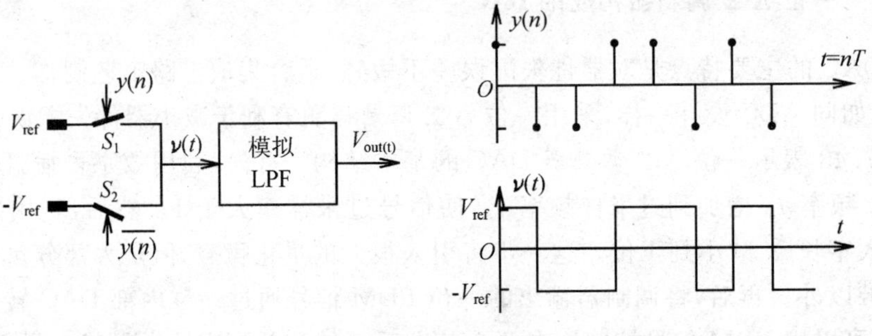

图7.44 电压驱动Δ-Σ DAC模拟电路部分

1. 信号转换

对于图7.43所示DAC，Nyquist频率(f_N)数据率的输入信号$d(n)$首先通过内插器使输出$u(n)$频率增加到过采样频率f_s。对于带内信号，$u(n)$频谱等于$d(n)$频谱：

$$U(j\omega) = D(j\omega) \tag{7.4-1}$$

然后Δ-Σ调制器通过在信带内引入量化噪声$E(j\omega)$将数字信号变成1位数字串$y(n)$：

$$Y(j\omega) = U(j\omega) + E(j\omega) \tag{7.4-2}$$

Δ-Σ调制器结构对$E(j\omega)$的影响与ADC的相同，只是求和积分器由数字累加器实现，参见图7.20(a)。

在模拟量重建中，PDM信号$y(n)$要转换成模拟电压$\nu(t)$。假设开关速度无限大并忽略时钟抖动，模拟信号$\nu(t)$在第n个周期内为常数，表达式为：

$$\nu(t) = y(n)V_{ref} \tag{7.4-3}$$

频域表达式：

$$V(j\omega) = Y(j\omega)V_{ref}T\frac{\sin(\omega T/2)}{(\omega T/2)}e^{-j\omega T/2} \tag{7.4-4}$$

其中：T是时钟周期。

用低通滤波器将带外量化噪声滤去，如果采样率较高，带内信号重建过程引起的信号衰减很小，即$\sin(\omega T/2)\approx\omega T/2$，从(7.4-2)和(7.4-4)知，输出模拟信号的频谱近似为：

$$V_{out}(j\omega) \approx [D(j\omega) + E(j\omega)]V_{ref}T \tag{7.4-5}$$

可见输出模拟电压包含数字输入信号对应的模拟量和小的带内量化噪声量。

考虑基准电压存在失配 $V_{ref}^{+}+\Delta V_{ref}^{+}$和$-V_{ref}^{-}+\Delta V_{ref}^{-}$后，第 n 个周期模拟信号 $\nu(t)$为：

$$\nu(t)=\frac{\Delta V_{ref}^{+}+\Delta V_{ref}^{-}}{2}+\left(V_{ref}+\frac{\Delta V_{ref}^{+}-\Delta V_{ref}^{-}}{2}\right)y(n) \tag{7.4-6}$$

可见失配量 ΔV_{ref}^{+}和 ΔV_{ref}^{-}只影响增益误差和失调。

与传统基于二进制权阵列的 DAC 比较，Δ-Σ 方法不要求模拟器件精确匹配。至于两个基准电压之间的匹配不是大问题，因为这个失配引起的增益误差和失调与失配成线性关系，这是许多应用可以接受的。另外，时钟馈通也不是主要问题。在图 7.44 中，开关 S_1 每次关断时，开关两端的电压都等于 V_{ref}，这个开关引起的电荷注入总是相同的。同理，S_2 产生的注入电荷也是不变的。如果将这部分注入电荷等效为基准电压 V_{ref}的 ΔV_{ref}产生注入电荷误差，可知这些注入电荷引起失调或增益误差，但不产生谐波畸变。

2. 谐波畸变

图 7.44 中，$\nu(t)$信号在两个基准电压之间变化，即使对于小的数字输入信号，$\nu(t)$也是一个很大信号。当开关过程无限快和模拟低通滤波器是理想线性时，只有这个信号的低频分量出现在输出端。但是，实际电路中由于 $\nu(t)$是大信号，即使模拟滤波器很小的非线性也可以引起相当大的谐波畸变。另外，$\nu(t)$还包含大量的高频量化噪声，电路的非线性还将引起这些高频量化噪声的交调。因为两个频率接近的高频分量交调可以在信带内产生大的噪声分量，所以模拟低通重建滤波将降低输出量的信噪比。

影响谐波畸变的另一个因素是，实际电路中驱动电容性负载的开关导通电阻和基准源内阻不为零。在这种情况下，$\nu(t)$从一个基准电压变化到另一个基准电压需要一定时间，如图 7.45(a)所示。由于 $\nu(t)$只有低频分量到输出端，所以这个信号可以用每个时钟周内的平均值 $V_{avg}(n)$近似表示，如图 7.45(b)所示。当 $y(n-1)$和 $y(n)$都为 1 或 -1 时，第 n 个时钟周期的平均值 $V_{avg}(n)$等于 V_{ref}或$-V_{ref}$。当 $y(n-1)=-1$ 和 $y(n)=1$ 时，平均值$V_{avg}(n)=(1-\alpha)V_{ref}$；当 $y(n-1)=1$ 和 $y(n)=-1$ 时，平均值 $V_{avg}(n)=-(1-\beta)V_{ref}$，其中：$\alpha$ 是 $y(n-1)=-1$，$y(n)=1$ 时 V_{ref}与平均值 $V_{avg}(n)$的相对误差，β 是 $y(n-1)=1$，$y(n)=-1$ 时 V_{ref}与平均值 $V_{avg}(n)$的相对误差。由此可见在这种情况下不能精确等于 V_{ref}，这意味着第 n 个周期的 $V_{avg}(n)$不仅是 $y(n)$的函数，而且与前一个状态有关，这也将引起畸变。

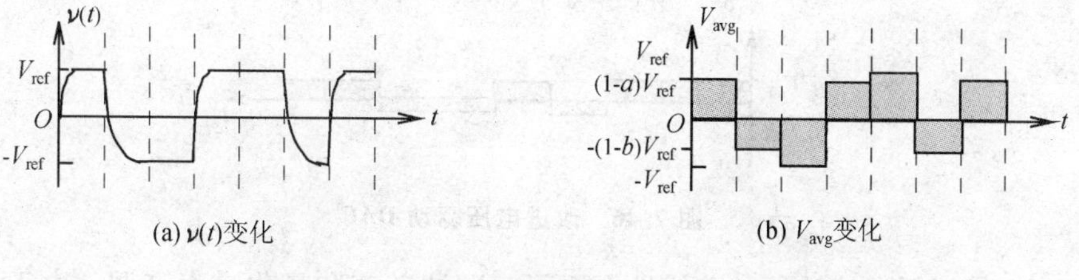

(a) $\nu(t)$变化　　(b) V_{avg}变化

图 7.45　有限开关速度与电容负载的影响

考虑 $y(n)$前一个状态影响后，第 n 个周期的平均值可以表示为：

$$V_{\text{avg}}(n)=\frac{1+y(n-1)}{2}\frac{1+y(n)}{2}V_{\text{ref}}-\frac{1-y(n-1)}{2}\frac{1-y(n)}{2}V_{\text{ref}}+\frac{1-y(n-1)}{2}\frac{1+y(n)}{2}(1-\alpha)V_{\text{ref}}-\frac{1+y(n-1)}{2}\frac{1-y(n)}{2}(1-\beta)V_{\text{ref}}$$
$$=[(\alpha-\beta)y(n)y(n-1)+(4-\alpha-\beta)y(n)+(\alpha+\beta)y(n-1)-(\alpha-\beta)]V_{\text{ref}}/4 \tag{7.4-7}$$

由于开关速度有限，电路可能在一定时间内保留前一个值。如果开关对于正负信号开关时间不同，将导致 α 与 β 不同，上式 $y(n)$与 $y(n-1)$乘积项不为 0，它将产生二次谐波畸变和交调低频噪声分量而影响输出信号的信噪比。因为 α 与 β 与基准源内阻开关和导通电阻以及开关导通时间有关，在基准源内阻不易设计很小的情况下，谐波畸变也难达到很小。

解决这个问题的一种办法是采用图 7.46 电路。通过增加第三个开关 S_3，使 $\nu(t)$在两个脉冲之间接地，避免前一个脉冲对后一个脉冲影响。这样第 n 个时钟周期平均值为：

$$V_{\text{avg}}(n)=[(\alpha'-\beta')+y(n)(\alpha'+\beta')]V_{\text{ref}}/2 \tag{7.4-8}$$

由于它不存在二阶项，所以电路不引起谐波畸变和量化噪声交调。但是，导通时间的缩短会加剧时钟抖动的影响。解决这个问题的另一种办法是采用抽取滤波器降低时钟频率，增加时钟周期长度，减小建立时间影响，见习题 7.48。

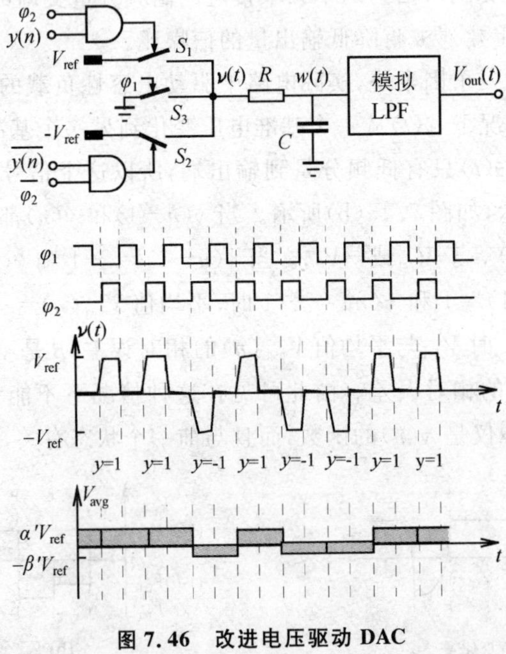

图 7.46 改进电压驱动 DAC

图 7.44 模拟低通滤波器的非线性也要引起谐波畸变和量化噪声交调。由于 $\nu(t)$在正

负 V_{ref} 之间变化，即使 DAC 输入小信号，滤波器输入信号也很大。如果低通滤波器用有源器件实现，大输入信号将引起非线性问题。因此实际电路设计中通常在开关之后加一级无源 RC 滤波器，然后再加有源滤波器，如图 7.46 所示。这样，无源 RC 低通滤波器可以消除大部分高频量化噪声，并降低有源滤波器的输入信号幅值。但无源 RC 低通滤波器将引起非线性问题。如果开关 S_1 具有非零导通电阻 R_{S1}，对于 $y(n)=1$ 输入，模拟电压 $\nu(t)$ 为：

$$\nu(t) = \frac{RV_{ref} + R_{S1}w(t)}{R+R_{S1}} \tag{7.4-9}$$

其中 $w(t)$ 是电容电压。因为电压 $\nu(t)$ 与电容电压 $w(t)$ 有关，而电容电压与前一个状态有关，所以在 R_{S1} 非零的情况下对于相同的 $y(n)$ 有不同的电压 $\nu(t)$，这可能导致非线性畸变。

开关非零电阻引起的非线性畸变可以通过 DAC 输入 $d(n)$ 到输出 $V_{out}(t)$ 的直流传输特性的非线性估计。假设 DAC 输入一个恒定数字量 D，通过数字增量-总和调制器转换成 PDM 信号 $y(n)$。因为量化噪声不包含直流分量，所以 $y(n)$ 的直流分量等于 $d(n)$ 的直流分量。如果 PDM 信号 $y(n)$ 的正脉冲密度为 p（即出现 $+1$ 的概率密度），$y(n)$ 的直流分量为：

$$p\cdot(+1)+(1-p)\cdot(-1) = D \tag{7.4-10}$$

当数字输入量为 1 时，$y(n)$ 输出都是 $+1(p=1)$。当输入数字量为 -1 时，$y(n)$ 输出都是 $-1(p=0)$。当输入数字量为 0 时，$y(n)$ 输出一半是 $+1$，一半是 $-1(p=0.5)$。

因为 RC 滤波器的带宽远小于采样频率，在采样周期内近似认为电容电压不变，那么在第 n 个时钟周期电容 C 的注入电荷近似为：

$$q(n) = \begin{cases} \dfrac{V_{ref}-w(t_0)}{R+R_{S1}}T_{on} & y(n)=+1 \\ \dfrac{-V_{ref}-w(t_0)}{R+R_{S1}}T_{on} & y(n)=-1 \end{cases} \tag{7.4-11}$$

其中：$w(t_0)$ 是第 n 个时钟周期开始时的电容电压。由于电容电压是一个有限值，长时间电容注入电荷的平均值应当为零，因此有：

$$p\,\frac{V_{ref}-W}{R+R_{S1}}T_{on} + (1-p)\,\frac{-V_{ref}-W}{R+R_{S2}}T_{on} = 0 \tag{7.4-12}$$

其中：R_{S1} 和 R_{S2} 是开关和的导通电阻，W 是 $w(t_0)$ 电压的平均值。根据(7.4-14)式可以求出：

$$\begin{aligned} W &= \frac{(R_{S2}-R_{S1})+(2R+R_{S2}+R_{S2})D}{(2R+R_{S1}+R_{S2})+(R_{S2}-R_{S1})D} \\ &\approx \frac{R_{S2}-R_{S1}}{2R+R_{S1}+R_{S2}}V_{ref} + V_{ref}D - \frac{R_{S2}-R_{S1}}{2R+R_{S1}+R_{S2}}V_{ref}D^2 + \cdots \end{aligned} \tag{7.4-13}$$

第一项是失调，第二项是线性增益，第三项是二阶非线性项。可见 RC 低通滤波器输出 $w(t)$ 的直流分量和 DAC 的输入 D 是非线性关系，开关导通电阻的失配只影响失调和非线性相。上述分析是在假设 $\nu(t)$ 节点寄生电容为零的情况下进行的，但实际情况开关导通阻抗还应考虑电容，这会使非线性项关系变得更加复杂。

虽然理论上讲增量-总和 DAC 与器件失配无关，但考虑开关导通阻抗后将产生非线性畸变。对于电压驱动增量-总和 DAC 导通电阻产生的畸变是最严重的，因为没有简单的解决方法。如果增加开关管的宽长比虽然可以减小 R_{S1}/R，但寄生非线性电容要增加，这也要产生额外畸变项。差模结构虽然可以抑制偶次方谐波畸变，但开关失配是随机的，因此也不能改善畸变特性。这是电压驱动增量-总和 DAC 的重要缺点。

3. 时钟抖动

除畸变以外，时钟抖动是影响信号质量的另一个因素。第 n 个时钟周期内的平均值 $V_{avg}(n)$ 近似为：

$$V_{avg}(n) = y(n)V_{ref}T_{on}/T \tag{7.4-14}$$

其中：T_{on} 是开关导通时间，T 是时钟周期。由于时钟抖动使 T_{on} 偏离正常值，从而产生误差信号。平均电压变化量为：

$$\Delta V_{avg}(n) = y(n)V_{ref}\Delta T_{on}/T \tag{7.4-15}$$

如果 ΔT_{on} 是具有白噪声谱的随机量，带内噪声为：

$$N = 20\log[(\sigma(\Delta T)/T)V_{ref}/(2\text{OSR})^{1/2}]\text{dB} \tag{7.4-16}$$

最大信噪比为：

$$\text{SNR}_{\text{MAX}} = -20\log[(\sigma(\Delta T)/T_{on})/\text{OSR}^{1/2}]\text{dB} \tag{7.4-17}$$

其中：$\sigma(\Delta T)$ 是 ΔT 的标准方差。例如，当 OSR＝100 时，时钟频率等于 20 MHz，$T_{on}=T/2$，$\sigma(\Delta T)=10\times10^{-12}$ 秒，那么 SNR＝88 dB，这个值对应于 14 位分辨率。

解决时钟抖动影响的一种方法是采用开关电容低通滤波器，如图 7.47 所示。由于在 φ_1 相采样电容 C_1 充电电荷为 $C_1V_{ref}y(n)$，与开关导通时间无关，因此它受时钟抖动影响小。但是，实际电路中放大器非线性增益和正负压摆率不对称将引起谐波畸变。因此，需要具有更大压摆率和更短建立时间的低噪声、高增益、高线性度的放大器，这种放大器将增加电路复杂度和功耗。

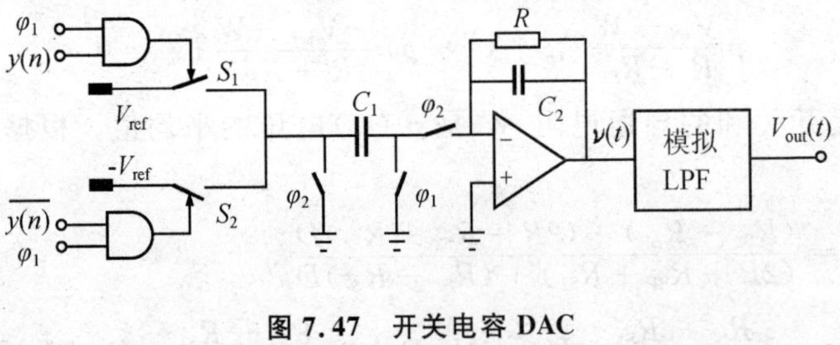

图 7.47 开关电容 DAC

总之，由于模拟电路非理想特性，简单的电压驱动 DAC 在实现过程中分辨率将受到线性度和时钟抖动的限制，但电压驱动开关电容 DAC 可以减小这些非理想因素的影响。

7.4.3　电流驱动一位 DAC

如果不用基准电压和开关重建模拟电压 $\nu(t)$，也可以用两个电流源间的开关重建模拟电压，如图 7.48 所示，这种 DAC 称为电流驱动一位 DAC。在 φ_1 相，开关断开，电流 $i(t)$ 为 0。在 φ_2 相，电流等于 I_{ref} 或 $-I_{ref}$，这取决于 $y(n)$。用无源 RC 滤波消除大部分高频量化噪声，以避免有源低通滤波器具有大的输入信号。用类似电压驱动 DAC 的分析方法，可以证明电流源失配只引起附加增益因子或失调电压。

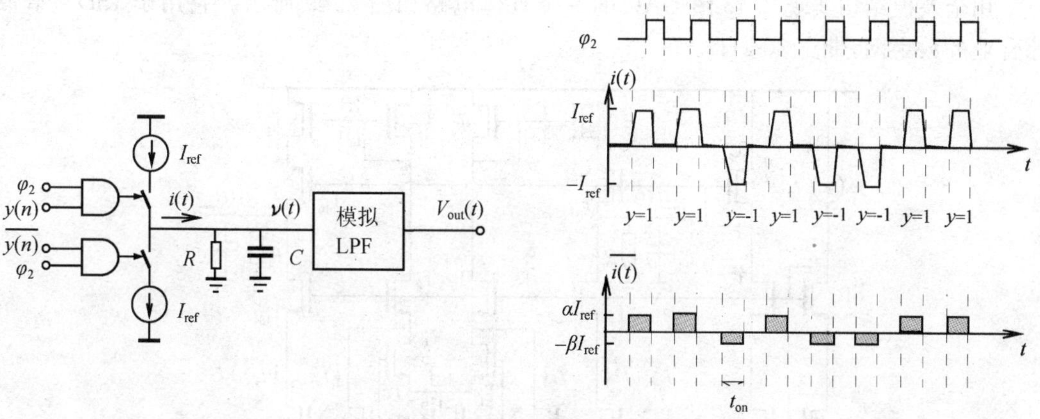

图 7.48　电流驱动 DAC 基本原理

与以往分析相同，可以从非线性直流传输特性计算出谐波畸变。当直流数字输入信号 $D(n)$ 加到 DAC 的输入端后，假设 $y(n)$ 出现 1 的几率为 p，根据 $y(n)$ 直流分量等于 D，可得：

$$p \times 1 + (1-p) \times (-1) = D \tag{7.4-18}$$

在第 n 个时钟周期从电流源流入电容 C 上的平均电荷为：

$$[Q(n)]_{avg} = (\alpha I_{ref} - Y_1 V_{DC}) T_{on} - V_{DC} T/R \qquad y(n) = 1 \tag{7.4-19}$$

$$[Q(n)]_{avg} = (-\beta I_{ref} - Y_2 V_{DC}) T_{on} - V_{DC} T/R \quad y(n) = -1 \tag{7.4-20}$$

其中：Y_1 和 Y_2 是两个电流源的输出电导，V_{DC} 是 $\nu(t)$ 的直流分量，T_{on} 是开关导通时间，T 是时钟周期，α 和 β 是代表有限开关速度的修正因子，开关速度无限大时它们为 1。

因为是直流输入，所以存贮在电容 C 上电荷的长时间平均值必须为 0，即：

$$p(\alpha I_{ref} - Y_1 V_{DC}) T_{on} + (1-p)(-\beta I_{ref} - Y_2 V_{DC}) T_{on} - V_{DC} T/R = 0 \tag{7.4-21}$$

由(7.4-18)和(7.4-21)式可以得到输出直流 V_{DC} 与输入直流量 D 的关系：

$$V_{DC} = \frac{(\alpha-\beta) I_{ref} + (\alpha+\beta) I_{ref} D}{A + D(Y_1 - Y_2)}$$

$$= \frac{(\alpha-\beta)}{A} I_{ref} + \frac{(\alpha+\beta)}{A} I_{ref} D + \frac{Y_1 - Y_2}{A^2} (\alpha+\beta) I_{ref} D^2 + \cdots \tag{7.4-22}$$

其中：$A = (2/R)(T/T_{on}) + Y_1 + Y_2$。上式第一项表示失调电压，第二项表示线性增益，第三项是二阶非线性项。与电压驱动 DAC 相同,电流源输出电导失配将引起二阶谐波畸变。但是,如果采用级连结构,电流源输出电导可以很小,所以谐波畸变特性远好于电压驱动 DAC。

时钟抖动也要引起附加噪声。第 n 个时钟周期内的平均电流如图 7.48 所示,近似为:

$$I(n) = y(n) I_{\text{ref}} T_{\text{on}} / T \tag{7.4-23}$$

由于时钟抖动,T_{on} 偏离正常值,产生的误差电流为:

$$\Delta I(n) = y(n) I_{\text{ref}} \Delta T_{\text{on}} / T \tag{7.4-24}$$

它与电压驱动 DAC 类似,所以时钟抖动引起的带内噪声与电压驱动 DAC 相同。

用全差模结构实现 7.48 图 DAC 的一个具体电路如图 7.49 所示。它用于 ISDN 窄带综合业务数字网,带宽 80 kHz。

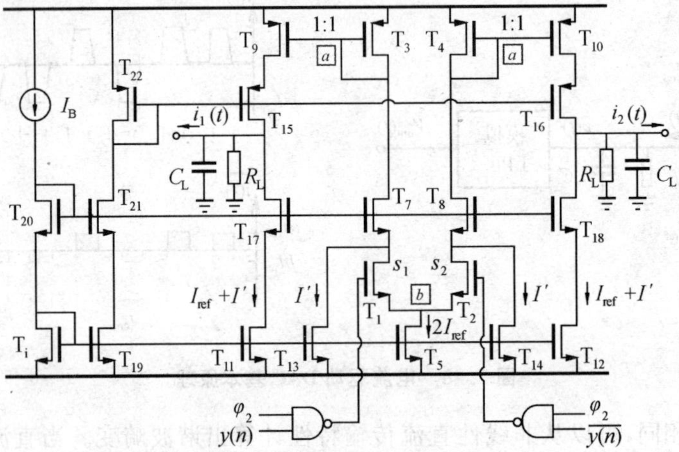

图 7.49　电流驱动 DAC 实现电路

电流源 T_5 为 $2I_{\text{ref}}$,T_{13}和 T_{14} 为 I',T_{11} 和 T_{12} 为 $I_{\text{ref}}+I'$。在 φ_1 相,T_1 和 T_2 管导通,通过电流为 I_{ref}。如果电流镜匹配,输出电流 $i_1(t)$和 $i_2(t)$为 0。在 φ_2 相,根据 $y(n)$值,T_1 和 T_2 管有一个导通。例如,当 $y(n)=1$ 时,T_2 管导通,T_2 管电流为 $2I_{\text{ref}}$。所以,输出电流 $i_2(t)$为 I_{ref},$i_1(t)$为$-I_{\text{ref}}$。当 $y(n)=-1$ 时,情况类似,只是输出电流符号相反。

电流源 T_{13}和 T_{14}管主要为解决转换速度问题。如果没有 T_{13}和 T_{14}管,当 T_1 和 T_2 管截止时,$T_{3,4}$、$T_{7,8}$、$T_{9,10}$和 $T_{15,16}$管电流为 0,处于截止状态,再返回到导通状态需要较大的恢复时间。增加 $T_{13,14}$管后,即使 $T_{1,2}$截止,所有管仍处于导通状态。当 $y(n)$变化时,输出电流可以迅速跟随变化。

如果 I_{ref}等于 30 μA,T_{on}是时钟周期的一半,对于 60 kΩ 电阻,根据(7.4-25)确定的平均电流可以得到输出电压范围近似为±1 V。

输出节点的电阻电容构成无源低通滤波器,电容为 30 pF 时截止频率为 88 kHz,带宽大于 ISDN 带宽。采用多晶电阻和双层多晶电容,无源滤波器线性度很好,滤波引起的畸变很小。除输出节点寄生非线性电容和输出电导外,电路的其他非线性不引起谐波畸变,因为这些非线性只影响输出电流的波形，对每个周期的平均电流影响相同。与此类似，时钟馈通也不产生非线性问题。

这个电路用 2 μm-CMOS DPDM 工艺实现，电流驱动 DAC 的晶体管所占芯片面积为 0.05 mm^2，滤波电阻电容所占面积为 0.3 mm^2。电源电压 V_{DD} 和 V_{SS} 是 ±2.5 V，电源总电流 255 μA，时钟频率为 16.4 MHz，信号带宽 80 kHz，差模输出的电压幅值 2 V，SNR 为 75 dB，HD_2 为 −79 dB，分辨率 12 位。

7.4.4　多位 Δ-Σ 调制器的 DAC

虽然一位 Δ-Σ 的 DAC 有利于减小 DAC 转换非线性度，但对于一定阶数一位 Δ-Σ 调制器转换精度低。对于高精度 DAC，为能提高 Δ-Σ 调制器转换精度，往往需要采用多位 Δ-Σ 调制器，这样内部需要多位 DAC。多位 Δ-Σ 调制器 DAC 设计的主要问题是如何降低内部多位 DAC 的失配噪声对 INL 影响。解决这个问题一般从两方面着手：一是减小失配噪声，二是采用噪声变形。

为减小内部多位 DAC 器件失配对 INL 的影响，通常采用编码器控制一位 DAC 构成的基本转换单元组实现多位数模转换，如图 7.50 所示。N' 位数字输入序列 $y(n)$ 是一系列小于或等于 $2^{N'}$ 的非负整数。数字编码器将输入数据映射成 $2^{N'}$ 个一位输出 $y_i(n)$，这些输出之和等于 $y(n)$：

$$y_1(n) + y_2(n) + y_3(n) + \cdots + y_M(n) = y(n) \tag{7.4-25}$$

其中 $M=2^{N'}$。对于有极性信号，第 i 个转换单元完成的运算是：

$$\nu_i(t) = \begin{cases} V_{ref} + e_i^+ & y_i(n) = 1 \\ -V_{ref} + e_i^- & y_i(n) = 0 \end{cases} \tag{7.4-26}$$

其中：$i = 1, 2, \cdots, M$，$\nu_i(t)$ 是第 i 个转换单元的输出，e_i^+ 和 e_i^- 是模拟输出高、低值的误差。内部 DAC 的模拟量输出 $\nu(t) = \sum_i \nu_i(t)$。对于最大输入值的输出为 $MV_{ref} + \sum_i e_i^+$，对于最小输入值输出为：$-MV_{ref} + \sum_i e_i^-$。

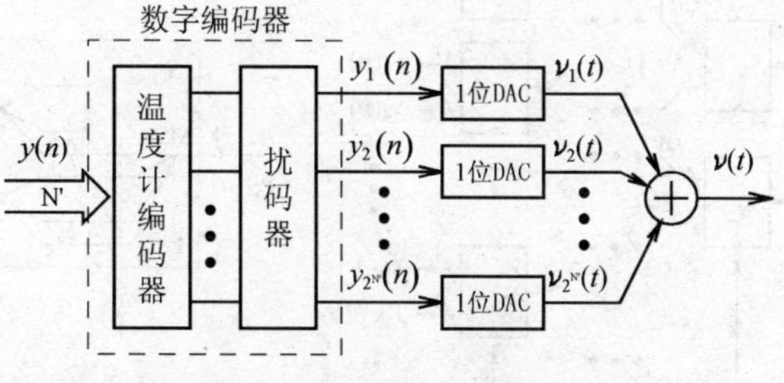

图 7.50　内部 DAC 典型实现方法

由于满足(7.4-25)式条件的编码方式有很多，所以数字编码器也多种多样。温度计码是数据转换系统中常用的基本形式，如全并行模拟数字转换器中比较器组输出就是温度计码，多位 ΔΣ 调制器中用到的 DAC 经常是温度计码作为输入。温度计码是用 1 的个数代表数值，如表 7.3 所示。它不同于二进制码用 N' 个输入表示 $2^{N'}$ 不同输入值，需用 $2^{N'}-1$ 输入表示 $2^{N'}$ 不同数字值。由于每个转换单元的失配度是由工艺决定的，失配误差不随时间变化。如果直接用温度计码进行数模转换，所形成的失配噪声与输入信号相关性强、模式化程度高、随机性不强。如对于直流输入，失配噪声是固定不变的。因此，要通过过采样技术减小这种失配噪声影响，需要设计数字编码器在满足(7.4-25)式条件下，具有将失配噪声转换成白噪声和进行噪声变形的能力。达到这种目的的基本方法是采用动态器件匹配(dynamic element matching，DEM)技术，也称为扰码技术(scrambling technology)。如，二值树 DEM、蝶形 DEM、数据权平均 DEM、CLA DEM、ILA DEM 等。

表 7.3　温度计码

十进制	二进制	温度计码
0	00	000
1	01	001
2	10	011
3	11	111

1. 二值树 DEM

简单的 DEM 方法是随机化基本转换单元的失配噪声，使每个转换单元失配噪声对整个数模转换输出的影响几率相同，因此使失配噪声扩展到整个频谱范围。随机码控制的全开关二值树结构是一种实现完全随机动态器件匹配(full randomization DEM，FRDEM)的方法[90]。一种结构简单 N' 字长 DAC 的全开关二值树如图 7.51(a)所示。整个开关二值树由如图 7.51(b)所示开关模块电路 $S_{i,j}$ 组成，其中 i 表示层数，j 表示开关模块在层中的位置。开关模块由随机控制位 $c_i(n)$ 控制的交叉开关构成。

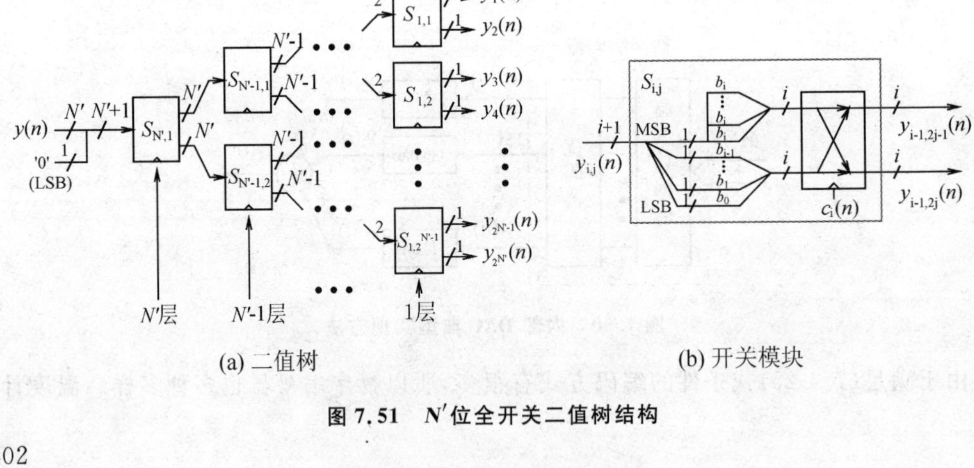

图 7.51　N'位全开关二值树结构

每个开关模块 $S_{i,j}$ 有一个 $i+1$ 位输入 $y_{i,j}(n)$ 和两个 i 位输出 $y_{i-1,2j-1}(n)$ 和 $y_{i-1,2j}(n)$ 以及一个随机控制位 $c_i(n)$。为简化结构，在第 i 层内的 $S_{i,j}$ 共用一个随机控制位 $c_i(n)$。每个 $c_i(n)$ 是一个随机的位码序列，各层之间的随机控制码是相互独立的。当 $c_i(n)$ 为高时，模块 $S_{i,j}$ 输入的最大有效位(MSB)映射为上部输出 $y_{i-1,2j-1}(n)$ 的所有位，输入剩余 i 位直接作为 i 位下部输出 $y_{i-1,2j}(n)$。当 $c_i(n)$ 为低时，在交叉开关的控制下互换输出。交叉开关是简单的两输入和两输出器件，它在随机控制位 $c_i(n)$ 的控制下，或是将信号直接从输入传送的输出，或是反相传送到输出。从 7.51(b) 图可知，开关模块 $S_{i,j}$ 的输出为：

$$y_{i-1,2j-1}(n) = (2^i - 1)\mathrm{MSB}_{i,j}(n) \tag{7.4-27}$$

$$y_{i-1,2j}(n) = y_{i,j}(n) - 2^i\,\mathrm{MSB}_{i,j}(n) \tag{7.4-28}$$

其中：$\mathrm{MSB}_{i,j}(n)$ 是 $y_{i,j}(n)$ 的最大有效位。输入与输出之间满足关系：

$$y_{i,j}(n) = y_{i-1,2j-1}(n) + y_{i-1,2j}(n) + \mathrm{MSB}_{i,j}(n) = y_{i-1,2j}(n) + y_{i-1,2j-1}(n) + \mathrm{MSB}_{i,j}(n) \tag{7.4-29}$$

可见这个关系不受 $c_i(n)$ 影响。对于 N' 字长 DAC 全开关二值树，一个 N' 位字长输入 $y_{N',1}(n)$ 与 $2^{N'}$ 个 1 位字长输出 $y_{0,j}(n)$ $(j=1,2,\cdots 2^{N'})$ 之间满足：

$$y_{N',1}(n) = \sum_{j=1}^{2^{N'}} y_{0,j}(n) + \sum_{i=1}^{N'}\sum_{j=1}^{2^{N'-i}} \mathrm{MSB}_{i,j}(n) \tag{7.4-30}$$

在这种编码过程中，输入 $y(n)$ 的第 i 位有 2^{i-1} 次作 MSB 的机会，所以有：

$$\sum_{i=1}^{N'}\sum_{j=1}^{2^{N'-i}} \mathrm{MSB}_{i,j}(n) = y(n) \tag{7.4-31}$$

利用 $y_{N',1}(n)=2y(n)$ 和 $y_j(n)=y_{0,j}(n)(j=1,2,\cdots,2^{N'-1})$ 关系，根据(7.4-30)式可得：

$$y(n) = \sum_{j=1}^{2^{N'}} y_j(n) \tag{7.4-32}$$

即，这种简单结构的全随机开关二值树可以保证输出 1 的个数等于输入值。

开关模块 $S_{i,j}$ 包含 i 个交叉开关，实现字长 N' 的全随机动态器件匹配开关二值树，需要的交叉开关数(NBS)为 $2^{N'+1}-N'-2$，随机控制码位数是 N'。由于交叉开关数随字长 N' 呈指数关系增加，随字长 N' 线性关系减小，所以交叉开关数会随字长迅速增加。如 $N'=6$，NBS＝120；$N'=8$，NBS＝502；$N'=12$，NBS＝8178。缓解这个问题可以限制随机码控制的开关层数，如从 R 到 N' 层($2\leqslant R< N'$)，即采用部分随机动态器件匹配(partial randomization DEM，PRDEM)结构[91]。

作为一个例子，图 7.52 表示一个四位($N'=4$)二层($R=3$)部分随机开关二值树结构。它只在 4,3 层采用随机码控制，开关模块 $S_{i,j}$ 与图 7.51(b)相同。DAC 组如图 7.52(b)所示，它有一个 3 位数字输入和一个模拟输出。输入数字的最小有效位控制 1 位内部 DAC，其余位控制通常结构的 DAC。输出是两个 DAC 输出模拟量之和。

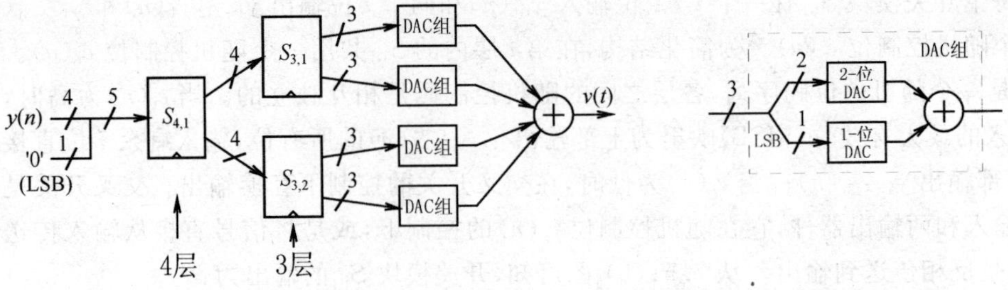

(a) 4位DAC　　　　(b) DAC组

图 7.52　部分随机动态器件匹配

对于 R 到 N' 层采用随机码控制的部分随机动态器件匹配二值树结构，数字编码器需要的交叉开关数是 $(R+1)2^{N'-R+1}-N'-2$。随机控制位数，即具有随机开关的层数，是 $N'-R+1$。例如，对于 6,7,8 层($R=6$)采用随机码控制的 8 位部分随机二值树，硬件实现需要的交叉开关数为 46，随机控制位的个数是 3。与全随机结构需要 502 个交叉开关和 8 个控制位比较大为减少。

由于采用独立随机控制位的二值树，上述 DEM 产生均匀分布失配噪声。如果将 $S_{i,j}$ 的控制位与它的输出联系起来、构成反馈环，可以实现失配噪声变形，从而更有效地减小失配噪声影响，即噪声变形动态器件匹配(noise shaping DEM, NSDEM)技术[92]。例如，对于 3 位 DAC，实现这种 NSDEM 的二值树结构如图 7.53(a)所示，其中 $y_{i,j}(n)$ 用温度计码表示。树状结构节点的开关模块 $S_{i,j}$ 如图 7.53(b)所示。

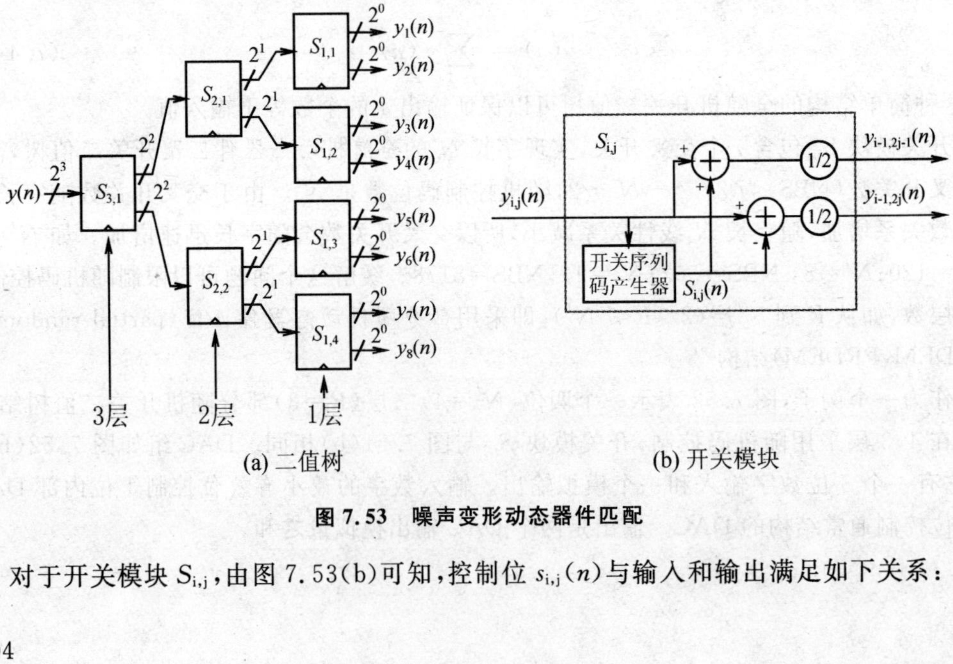

(a) 二值树　　　　(b) 开关模块

图 7.53　噪声变形动态器件匹配

对于开关模块 $S_{i,j}$，由图 7.53(b)可知，控制位 $s_{i,j}(n)$ 与输入和输出满足如下关系：

$$y_{i-1,2j-1}(n) = [y_{i,j}(n) + s_{i,j}(n)]/2 \tag{7.4-33}$$

$$y_{i-1,2j}(n) = [y_{i,j}(n) - s_{i,j}(n)]/2 \tag{7.4-34}$$

即：

$$y_{i,j}(n) = y_{i-1,2j-1}(n) + y_{i-1,2j}(n) \tag{7.4-35}$$

$$s_{i,j}(n) = y_{i-1,2j-1}(n) - y_{i-1,2j}(n) \tag{7.4-36}$$

可见保证输出之和等于输入，序列 $s_{i,j}(n)$ 需要满足(7.4-36)式。同时可见，输出通过(7.4-36)式确定序列 $s_{i,j}(n)$，输入和序列 $s_{i,j}(n)$ 又通过(7.4-33) 和(7.4-34)式决定输出，因此形成反馈环、实现噪声变形。如果 $y_{i,j}(n)$限制为 0 或 1，需要 $s_{i,j}(n)$满足：

$$s_{i,j}(n) = \begin{cases} 0 & \text{如果 } y_{i,j}(n) \text{ 为偶数} \\ \pm 1 & \text{如果 } y_{i,j}(n) \text{ 为奇数} \end{cases} \tag{7.4-37}$$

这样根据输入 $y_{i,j}(n)$可以生成 $s_{i,j}(n)$，同时根据 $y_{i,j}(n)$和 $s_{i,j}(n)$产生输出。

图 7.54(a)表示一种可以产生一阶噪声变形的高速开关模块电路[93]。PL 是输入为 $y_{i,j}(n)$、输出为 $o_{i,j}(n)$的奇偶判断逻辑，SL 是输入为 $o_{i,j}(n)$、输出为 $q_{i,j}(n)$的序列逻辑，SN 是输入为 $y_{i,j}(n)$、$o_{i,j}(n)$和 $q_{i,j}(n)$、输出为 $y_{i-1,2j-1}(n)$ 和 $y_{i-1,2j}(n)$的分离网。图 7.54(b)表示一种 SL 电路，其中：$o_{i,j}(n)$是奇偶判断逻辑输出，$r_i(n)$是一个控制符号选择的伪随机序列(产生电路未画出)。它由两个具有使能端的 D 触发器和一个 2:1 多路选择器组成。对于偶数输入 $o_{i,j}(n)=0$，$q_{i,j}(n)$保持不变；对于奇数输入 $o_{i,j}(n)=1$，$q_{i,j}(n)$随机取 0 或 1。对于分离网，$q_{i,j}(n)=1$ 时直接连接开管接通，$q_{i,j}(n)=0$ 时交叉连接开管接通。例如，对于开关模块 $S_{3,1}$，如果输入 $y_{3,1}(n)$是偶数 00001111，那么 $o_{3,1}(n)=0$，$q_{i,j}(n)$或是 1 或是 0，因此输出 $y_{2,1}(n)=0011$，$y_{2,2}(n)=0011$，等效 $s_{i,j}(n)=0$。如果输入 $y_{3,1}(n)$是奇数 00011111，那么 $o_{3,1}(n)=1$，$q_{i,j}(n)$随机取 1 或 0。如果 $q_{i,j}(n)=0$，输出 $y_{2,1}(n)=0111$，$y_{2,2}(n)=0011$，等效 $s_{i,j}(n)=1$；如果 $q_{i,j}(n)=1$，输出 $y_{2,1}(n)=0011$，$y_{2,2}(n)=0111$，等效 $s_{i,j}(n)=-1$。

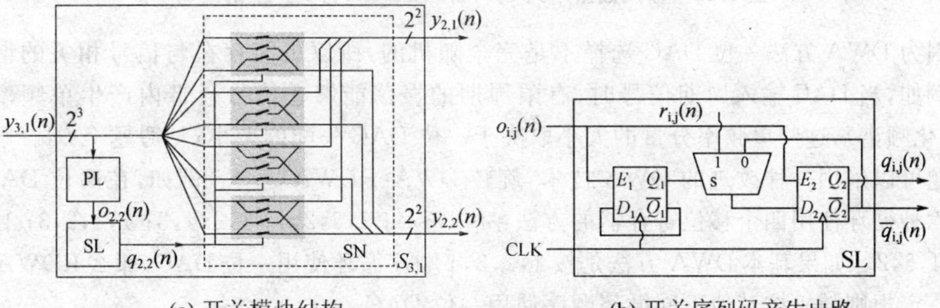

(a) 开关模块结构　　　　(b) 开关序列码产生电路

图 7.54　一种高速 NSDEM 开关模块

2. 数据权平均动态器件匹配

数据权平均(data weighted averaging, DWA)动态器件匹配[94]是一种实现简单的一阶噪声变形类 DEM 技术。数据权平均法的基本出发点是在保证同样使用次数的情况下以最大可能的速度利用每个一位 DAC。实现方法是根据数据输入，靠排使用每一个一位 DAC，因此便于用循环移位寄存器实现。

图 7.55 是说明 DWA 概念的一个八值 DAC(3 位 DAC)例子。用八个一位 DAC 实现一个八值 DAC，连续输入 2,5,4,3，根据输入数据包含 1 的数目，靠排循环选择使用一位 DAC。这样可以最大程度地使用每一位 DAC，保证八个一位 DAC 的误差快速累加求和达到平均值，将噪声移动到高频段。例如，对于三位字长恒定输入 001，没有采用 DWA 技术，输出是 $\nu(nT)=I_{ref}+e_1(n)$，其中 $e_1(n)$ 是第 1 个一位 DAC 的失配误差。输出包含的失配误差不随时间变化，噪声只有直流分量，后续低通重建滤波器无法消除。如果采用 DWA 技术，输出是 $\nu(nT)=I_{ref}+e_i(n)$，其中 $e_i(n)$ 是第 i 个一位 DAC 的失配误差。输出包含的失配误差随时间变化，噪声具有高频分量，可被后续低通重建滤波器消除。因为 DWA 所使用的一位 DAC 与输入和前一个状态有关、形成反馈结构，所以这种 DEM 算法能够产生一阶噪声变形。

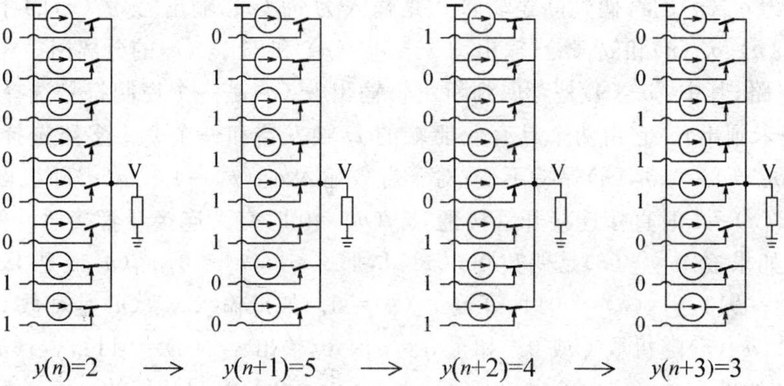

图 7.55　输入数据序列 2,5,4,3 以 DWA 方式产生的编码

因为 DWA 方法一位 DAC 选择不是完全随机的，所以可能存在与信号相关的谐波畸变。例如，当 DAC 输入周期信号时，有限周期的振荡能够在信号通带内产生单频率分量(模式化频谱)，这些单频率分量的大小取决于一位 DAC 失配的大小，见习题 7.54。解决这个问题可以采用一种改进的 DWA 技术，旋转 DWA(RDWA) [95]。例如，在两位 DAC 中，存在六种循环使用四个移位寄存器的方法：1,2,3,4；1,3,2,4；1,2,4,3；1,4,2,3；1,3,4,2；1,4,3,2。如果基本 DWA 方法是按 1,2,3,4 顺序循环使用一位 DAC，那么 RDWA 方法是以一定规则随机按其他不同循环顺序使用一位 DAC。

DWA 另一个不足是对于高分辨率 DAC 降低效率。这是因为对于更多一位 DAC，DWA 方法会使每个一位 DAC 的使用频率低，因此降低平均化效果。解决这个问题可以采用部分 DWA 技术[96]。图 7.56 是说明部分 DWA 概念的一个 8 值 DAC(3 位 DAC)例子。在 8 值温度计码中，只对下部 6 个一位 DAC 输入进行 DWA 处理。在控制相应的一位 DAC 之前。顶部 2 个值(7 和 8)直接送到一位 DAC。图 7.56(b)表示部分 DWA 方法的一位 DAC 循环使用过程。在 DWA 中，失配平均效率由循环速度决定。换言之，由每个一位 DAC 的使用频率决定。缩小 DWA 循环使用一位 DAC 的数量有利于提高使用频率，也有利于简化实现电路。

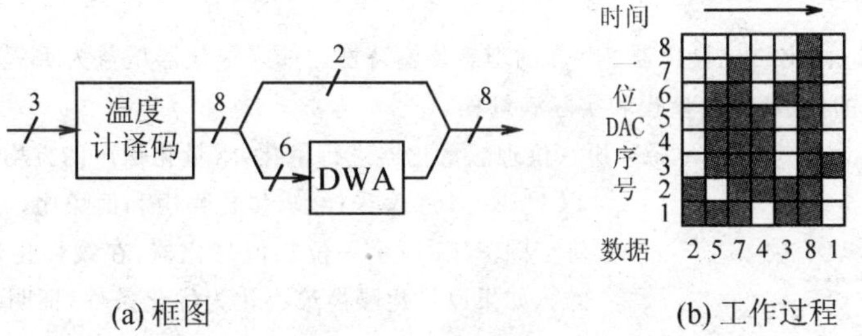

图 7.56　以 3 位 DAC 示意说明部分 DWA 方法

图 7.57 表示一个基于多位 Δ-Σ 调制器、用于 DVD 的 24 位立体声音频 DAC 结构框图。输入信号先经过前四个框图组成的内插器使采样频率最大提高 128 倍，最小提高 32 倍，然后经过三阶 5 位数字 Δ-Σ 调制器将 24 位字长降低为 5 位字长。调制器的 5 位字长（从－15 到＋15 共 31 值）输出作为编码器的输入，用部分 DWA 方法对下部 26 个值（－15 到＋10）进行 DWA 处理。编码器在控制相应的一位 DAC 之前，顶部 5 个值（＋11 到＋15）直接送到一位 DAC。编码器的输出用两个带重建滤波器的开关电容 DAC 实现 31 个一位 DAC 和求和。

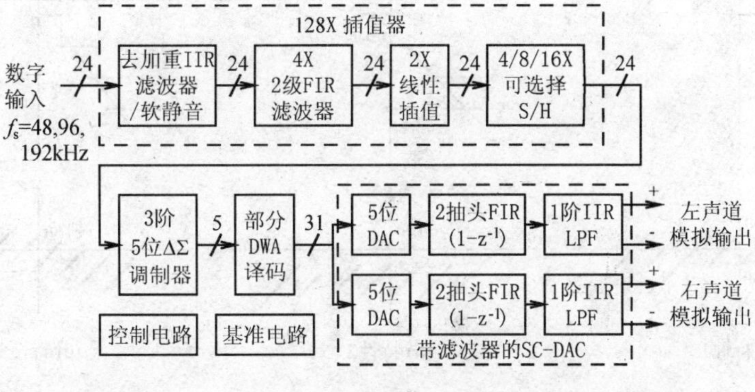

图 7.57　一种采用 5 位 Δ-Σ 调制的 24 位音频 DAC 框图

用 0.5 μm 双多晶三金属层 CMOS 技术实现这个 DAC，芯片面积 3.1×2.5 mm^2。对于 1 kHz 的－60 dBr[dBr＝20lg(V_{in}/V_{max})，V_{max}是 DAC 最大输出电压]输入正弦信号，外接连续时间二阶 sallen-key RC 低通滤波器测量得到：48 kHz 采样率下 20 kHz 带宽内动态范围 120 dB，96 kHz 采样率下 40 kHz 带宽内动态范围 113 dB，192 kHz 采样率下 80 kHz 带宽内动态范围 103 dB。对于 1 kHz 的－0 dBr 输入信号，48 kHz 采样率下 20 kHz 带宽内 SNDR 是 102 dB，96 kHz 采样率下 40 kHz 带宽内 SNDR 是 96 dB，192 kHz 采样率下80 kHz带宽

内 SNDR 是 93 dB。5 V 工作电压下差模输出信号摆幅±2.5 V_{pp}，功耗 310 mW，其中模拟电路占 290 mW[96]。

习 题 七

7.1 根据(7.1-7)式，画出三位量化器 $N=3$ 的理想传输特性。如果量化器增益为 1，基准电压 Y_{ref} 为 1 V，求最小有效位的值、标称满量程和实际满量程。

7.2 对于正弦信号 $x(t)=X_{ref}\sin(\omega t)$，用八位理想量化器进行量化，求量化噪声的方均值和信噪比。如果以 OSR＝4 频率采样，求量化噪声和信噪比。

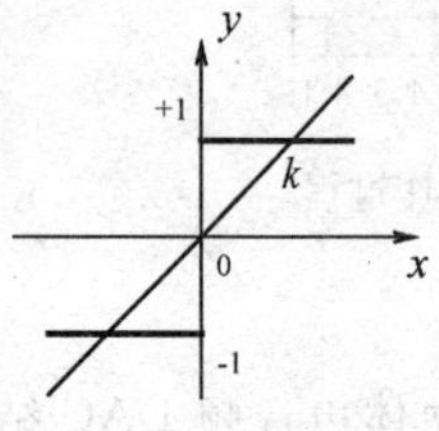

图 P7.1 一位二值量化器

7.3 对于图 P7.1 所示一位二值量化器，在线性化近似时增益是不定的。如果以量化噪声最小化为优化条件，证明增益 k 应当满足关系：$k=E[|x|]/E[x^2]$，其中：$E[x]=\lim\limits_{N\to\infty}\left[\dfrac{1}{N}\sum\limits_{n=0}^{N}x(n)\right]$。可见增益 k 的优值取决于输入信号的统计学特性，所以当二值量化器用线性关系模型化时，量化器的增益值需要用统计学方法进行估计[97]。

7.4 如果量化器的转移特性如图 P7.2 所示，求图(a)的 INL，图(b)的失调误差，图(c)的增益误差。

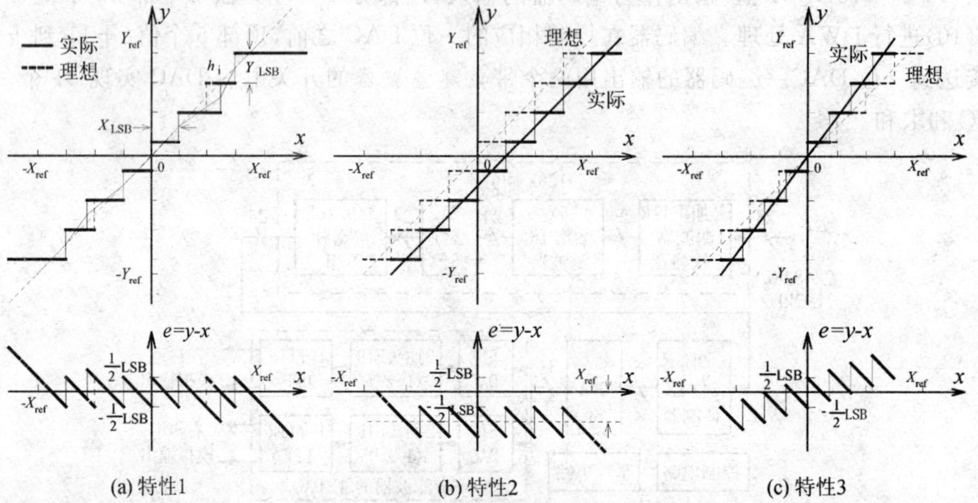

图 P7.2 量化器的转移特性

7.5 对于 1 MHz 的正弦信号，如果要获得 16 位采样精度，求采样时间抖动的方均值应当小于多少？

7.6 对于理想 12 位模数转换器，根据(7.1-12)式用对数坐标画出信噪比随输入信号 X_{in}/X_{ref} 的变化曲线。如果 $X_{ref}=2.5$ V，求 $X_{in}=0.1$ V 的信噪比。

7.7 通常模数转换器的动态范围(DR)定义为：满量程正弦输入对应的输出功率与 0 dB 信噪比输入对应的输出功率之比。假设增量-总和调制器中一位量化器的量化噪声为白噪声，对于 n 阶调制器证明一位量化器的动态范围是：$\mathrm{DR}=(3/2)[(2n+1)/\pi^{2n}]\mathrm{OSR}^{2n+1}$（实际满量程），$6[(2n+1)/\pi^{2n}]\mathrm{OSR}^{2n+1}$（标称满量程）。

7.8　采样时钟抖动将引起采样噪声，利用(7.1-4)式和(7.1-11)式证明实现 N 位精度的 ADC 要求时钟抖动噪声满足关系：

$$\sigma(\Delta t)\leqslant\frac{2^{-N}}{2\pi f}\sqrt{\frac{2}{3}}$$

其中：f 是信号频率。对于 6 GHz 信号，求实现 11 位转换精度要求的时钟误差。

7.9　根据保持过程频谱函数(6.1-4)式，求在数字到模拟转换过程中频率分量为 $f=f_s/8$ 信号的幅值衰减量。

7.10　如果 Δ-Σ 调制器环路滤波传递函数 $H(z)=-z^{-2}/(1+z^{-2})$，$k_1=k_2=1$，根据(7.1-18)式推导 $H_s(z)$ 和 $H_n(z)$ 表达式。如果采样频率为 f_s，分析 $H_s(z)$ 和 $H_n(z)$ 频率特性并给出调制器量化噪声的零点频率 f[98]。

7.11　假设 n 阶增量-总和调制器噪声变形得到的量化噪声传递函数为 $H(z)=a(z-1)^n/z^n$，量化器的量化噪声功率谱为 $E(f)=\mathrm{LSB}^2/(6f_s)$，① 画出调制器输出量化噪声功率频谱密度曲线，$n=1,2,3$；② 估算计通带 f_0 内量化噪声功率。

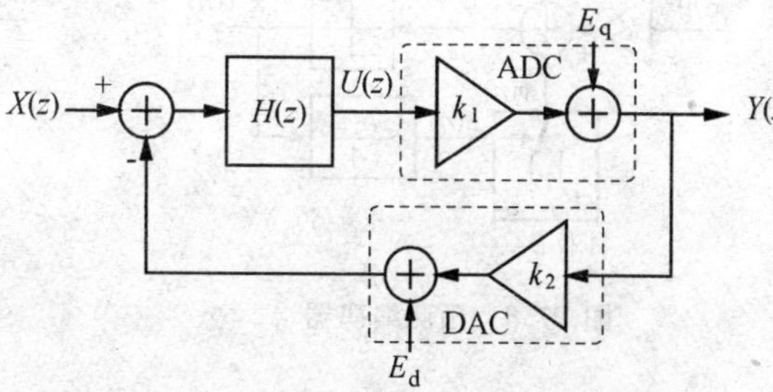

图 P7.3　调制器的 DAC 失配噪声影响

7.12　对于增量-总和调制器，同时考虑量化器量化误差 E_q 和 DAC 的失配误差 E_d，用线性模型近似，如图 P7.3 所示，求调制器的输出 $Y(z)$。说明调制器可以变形量化器噪声，但是不能对 DAC 的失配噪声产生变形。

7.13　证明在图 7.20(b)和(c)所示调制器中比较器输入为：$U(z)=\dfrac{1}{1-z^{-1}}X(z)-\dfrac{z^{-1}}{1-z^{-1}}W(z)$

其中：$W(z)$数码转换器输出，$X(z)$是输入信号。

7.14　采用数字一阶 Δ-Σ 调制器设计一个将 $N=4$ 字长输入转换成 1 位字长输出的字长转换器。如果输入 $x=7$，画出一位输出 $y(n)$，分析转换产生的噪声。

7.15　图 P7.4 是低通梳状滤波器，它由延迟器、加法器和存贮器构成。由于所有运算都是 1 位运算，所以可以对 PDM 信号进行低通滤波。求它的传递函数并分析频率特性。

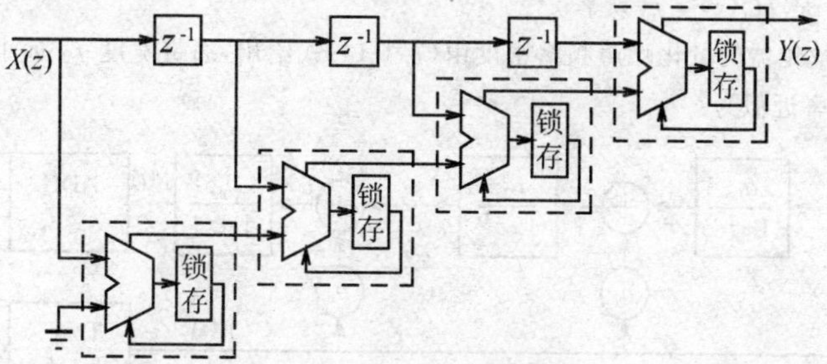

图 P7.4　梳状滤波器

7.16 对于图 7.24(a)所示 1 位一阶 Δ-Σ 调制器，如果恒定输入为 $x=1/9$，利用(7.2-19)和(7.2-20)式求量化噪声 $e(n)=y(n)-x(n)$。对于所得周期性量化误差序列，根据傅氏级数变换关系：$e(n)=\sum_{k=\langle N\rangle} a_k e^{jk\frac{2\pi}{N}n}$，$a_k=\frac{1}{N}\sum_{n=\langle N\rangle} e(n)e^{-jk\frac{2\pi}{N}n}$，求量化噪声的频谱。如果过采样率 OSR=4，求信带内的量化噪声。

7.17 减小量化噪声另一种方法是采用预测编码器（也称作 Δ 调制器）。图 P7.5 表示由一位模数和数模转换器构成的一阶预测编码器，① 写出时域输出信号 $y(n)$ 表达式，说明输出是基于输入采样值和预测采样值之差；② 求量化噪声传递函数和信号传递函数并与图 7.24(a)所示 1 位一阶噪声变形编码器（Δ-Σ 调制器）进行比较。

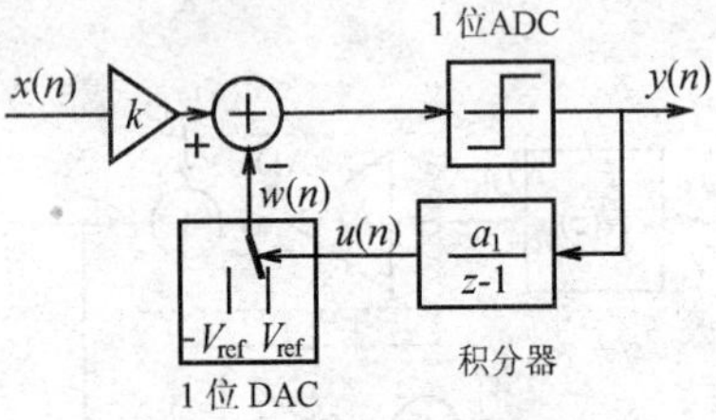

图 P7.5 预测编码器

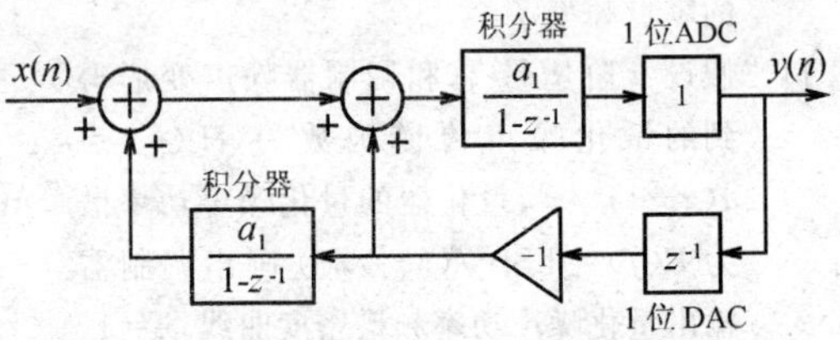

图 P7.6 噪声变形和预测构成的调制器

7.18 由一阶噪声变形和一阶预测构成的二阶过采样调制器如图 P7.6 所示。证明它的信号传递函数和量化噪声传递函数分别为 $H_s(z)=1-z^{-1}$，$H_n(z)=(1-z^{-1})^2$。假设量化噪声为白噪声，求量化噪声谱密度。如果用于实现采样频率 100 MHz 的 16 位过采样模数转换器，求最大信号带宽。

7.19 将图 7.16 所示 n 阶低通增量-总和调制器中的积分器 $z^{-1}/(1-z^{-1})$ 用 $z^{-1}\rightarrow -z^{-2}$ 的关系转换成谐振器 $-z^{-2}/(1+z^{-2})$，可以得到 $2n$ 阶带通增量-总和调制器，如图 P7.7 所示。适当选择参数，从(7.2-10)式可得输出：$Y(z)=(-z^{-2})^n X(z)+(1+z^{-2})^n E(z)$。例如，对于 $n=2$ 的四阶带通增量总和调制器，取 $a_1=a_2=1$，$b_2=2$。

(1) 证明：

$$|H_n(e^{j2\pi f/f_s})|=\left[2\sin\frac{2\pi(f-f_0)}{f_s}\right]^n$$

其中 $f_0=f_s/4$ 是 $H_n(z)$ 零点频率；

(2) 假设量化器的量化噪声频谱密度由(7.1-14)式给出，通带宽度 f_B 远小于 f_s，证明调制器带内量化噪声功率近似为：

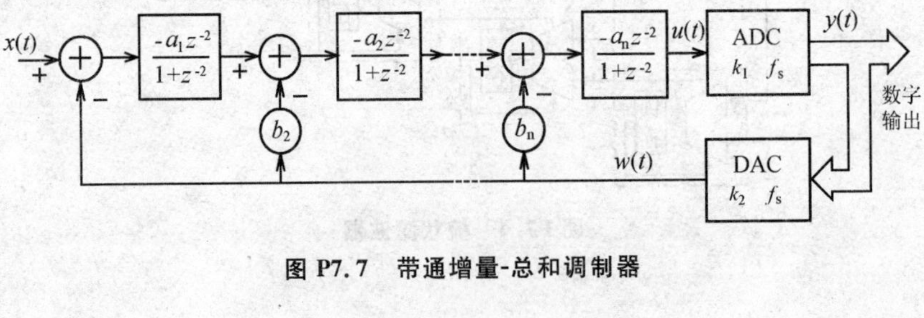

图 P7.7 带通增量-总和调制器

$$P_Q=\int_{f_0-f_B/2}^{f_0+f_B/2} S_e\,|H_n(f)|^2 \mathrm{d}f \approx \frac{\pi^{2n}\mathrm{LSB}^2}{12\cdot \mathrm{OSR}^{2n+1}}\frac{1}{(2n+1)}$$

其中：$f_0>f_B$，$2n$ 阶带通调制器与 n 阶低通调制器有相同的最大信噪比。

7.20　图 P7.8 是一个带通增量-总和调制器[98]。谐振器 $H(z)=z^{-2}/(1+z^{-2})$ 作为环路滤波器，它的极点为 $z=\pm j$，即谐振频率为 $\omega_0=\pm\pi/2$。① 假设量化器输出等于输入加量化噪声，求调制器的输出 $Y(z)$。② 假设量化器量化噪声为白噪声，求通带内 $f_0-0.5f_B$ 到 $f_0+0.5f_B$ 内调制器的量化噪声，用带宽 f_B 和过采样率 $\mathrm{OSR}=f_s/2f_B$ 表示。③ 对于 $f_s=40$ MHz 采样率，如果实现 12 位模数转换精度，求带宽 f_B。

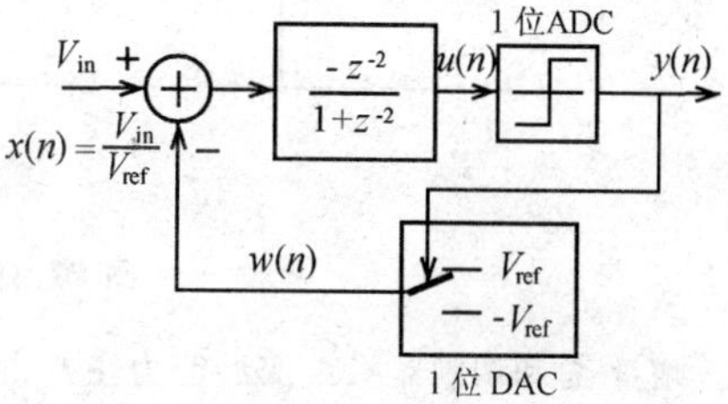

图 P7.8　一种单环带通增量-总和调制器

7.21　图 P7.9(a)是一个带通增量-总和调制器，假设量化器增益为 k，求的噪声传递函数和信号传递函数。如果 $k=5$，分析频率特性。如果采样频率 80 MHz，通带中心频率 20 MHz，通带带宽为 200 kHz，过采样率 $\mathrm{OSR}=f_s/2f_B=200$，求它所能实现的模数转换精度。图 P7.9(b)是一个双积分器环，求它的传递函数。如果采用这个双积分器环作为环路滤波器实现调制器，画出电路图[87]。

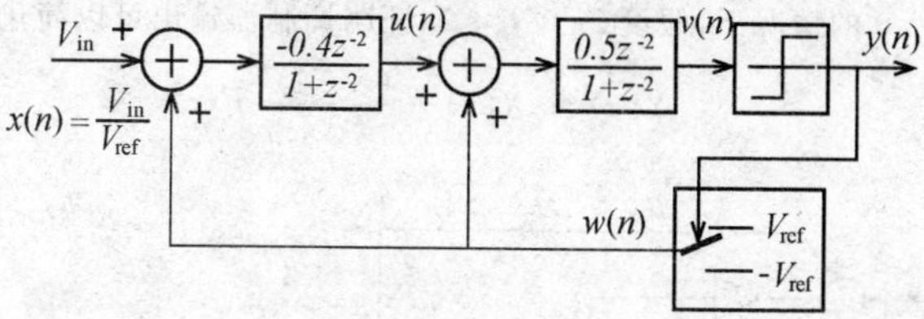

(a) 结构

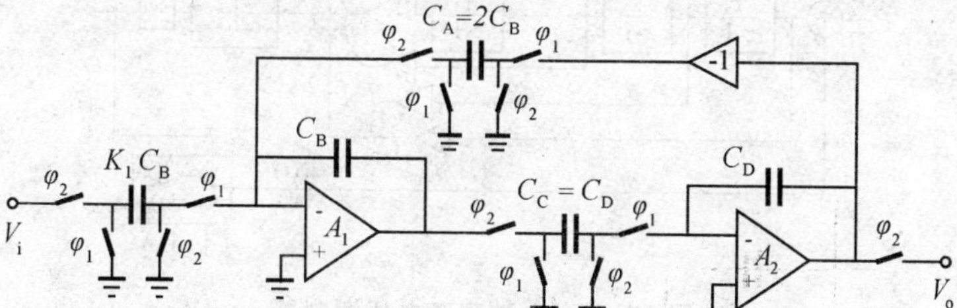

(b) 电路

图 P7.9　一种带通增量-总和调制器

7.22　图 P7.10 表示一个四阶调制器环，求调制器的信号传递函数和量化噪声传递函数。如果 $a_1=a_2=0.1$，$a_3=0.4$，$\mathrm{OSR}=64$，求最大信噪比。

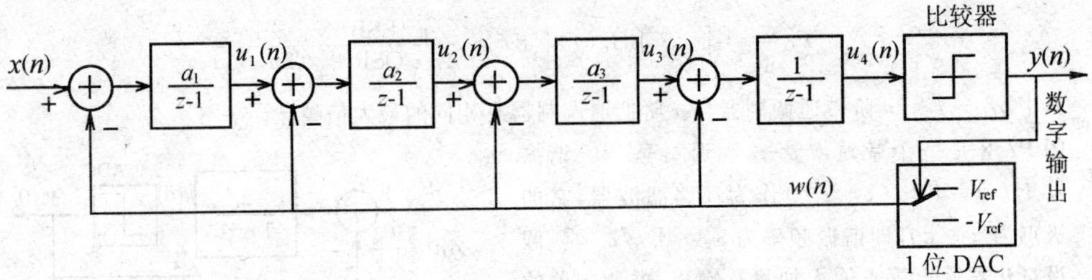

图 P7.10　一种四阶调制器环

7.23　增量-总和调制器噪声变形能力主要由环路滤波特性决定。一种高阶内插调制器如图 P7.11 所示[99]，它的稳定性主要由前馈系数决定。如果合理选择调制器系数，这种高阶调制器设计可以不受稳定性限制。① 证明调制器的信号和噪声传递函数分别为：

$$H_S(z)=\frac{\sum_{i=0}^{N}A_i(z-1)^{N-i}}{z[(z-1)^N-\sum_{i=1}^{N}B_i(z-1)^{N-i}]+\sum_{i=0}^{N}A_i(z-1)^{N-i}}$$

$$H_E(z)=\frac{(z-1)^N-\sum_{i=1}^{N}B_i(z-1)^{N-i}}{z[(z-1)^N-\sum_{i=1}^{N}B_i(z-1)^{N-i}]+\sum_{i=0}^{N}A_i(z-1)^{N-i}}$$

② 证明在 $B_i=0$ 的情况下，假设 $2\pi f/f_s\ll 1$，证明调制器输出可以简化为：

$$Y(z)\approx X(z)+\frac{(z-1)^N}{A_N}E(z)$$

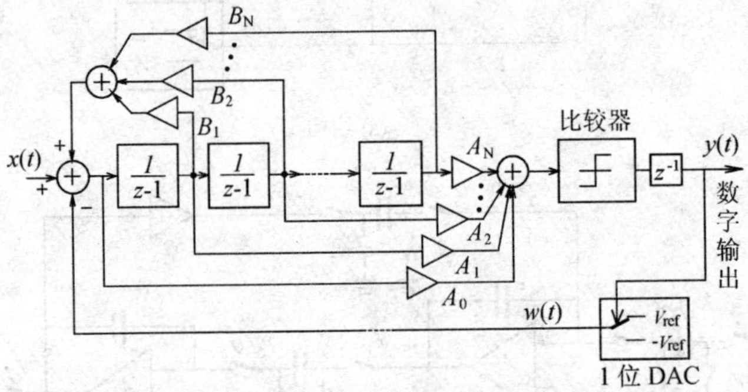

图 P7.11　一种高阶内插调制器

7.24　对于四阶内插调制器，如果系数 A_i 取：$A_0=0.8653$，$A_1=1.1920$，$A_2=0.3906$，$A_3=0.069\,26$，$A_4=0.005\,395$，系数 B_i 取：$B_1=-3.540\times10^{-3}$，$B_2=-3.542\times10^{-3}$，$B_3=-3.134\times10^{-6}$，$B_4=-1.567\times10^{-6}$，信号带宽 20 kHz，采样频率 $f_s=5$ MHz，画出量化噪声传递函数的幅频特性。

7.25　图 P7.12 表示一种分布式反馈和分布式输入环路滤波器构成四阶 Δ-Σ 调制器结构[97]。它采用级联谐振器作为环路滤波器。证明这种结构调制器的传递函数为：$H_n=(z-1)^4/D(z)$，$H_s=[b_1+b_2(z-1)+\cdots+b_5(z-1)^4]/D(z)$，其中 $D(z)=a_1+a_2(z-1)+a_3(z-1)^2+a_4(z-1)^3+(z-1)^4$。说明噪声传递函数的零点必须在 $z=1$ 处，系数 b_i 决定信号传递函数的零点，系数 a_i 决定两者的非零极点。

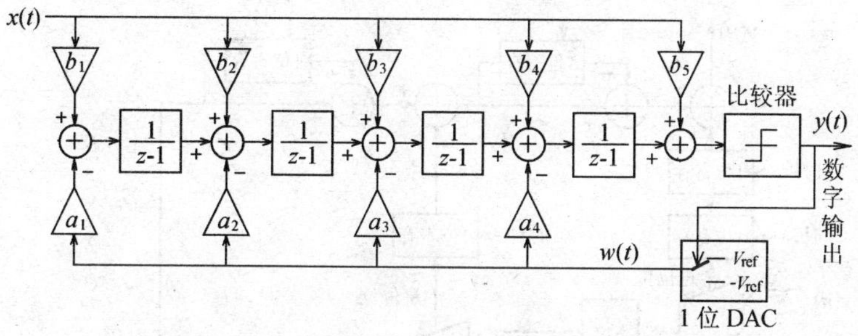

图 P7.12　一种分布式环路滤波器构成四阶 Δ-Σ 调制器

7.26　图 P7.13 表示一种分布式前馈环路滤波器构成四阶 Δ-Σ 调制器结构[97]，求它的传递函数表达式。证明当 $g_1=g_2=0$ 时 $H_n(z)=1/[1-L_1(z)]$，$H_s(z)=L_0(z)/[1-L_1(z)]$，其中：$L_0(z)=b_1(a_1 I+a_2 I^2+\cdots+a_N I^N)+b_2(a_2 I+\cdots+a_N I^{N-1})+b_3(a_3 I+\cdots+a_N I^{N-2})+\cdots+b_N(a_N I^1)+b_{N+1}$，$L_1(z)=-a_1 I(z)-a_2 I(z)^2-\cdots-a_N I(z)^N$，$I(z)=1/(z-1)$，$N=4$；说明在 $b_2=b_3=b_4=0$ 和 $b_1=b_5=1$ 情况下这个结构的明显特点是具有从输入到量化器的直接前馈通路和来自数字输出的单反馈通路，信号不需要经过环路滤波器滤波，因此可以降低对环滤波器的线性度要求。

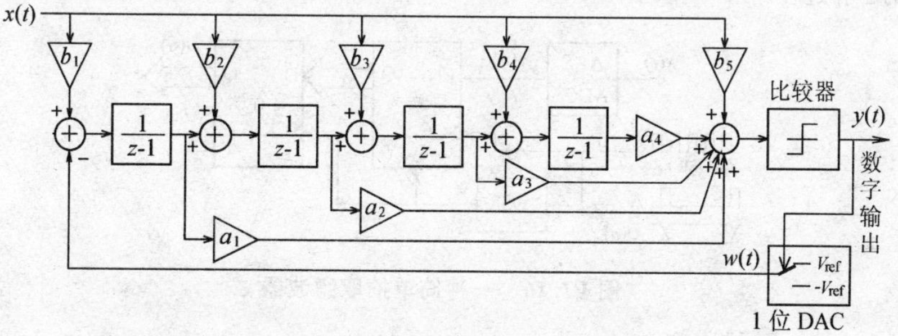

图 P7.13　一种分布式前馈环路滤波器构成四阶 Δ-Σ 调制器

7.27　图 P7.14 是具有分布式反馈积分器级联环路滤波器构成的三阶数字 Δ-Σ 调制器[97]，写出它的传递函数表达式。

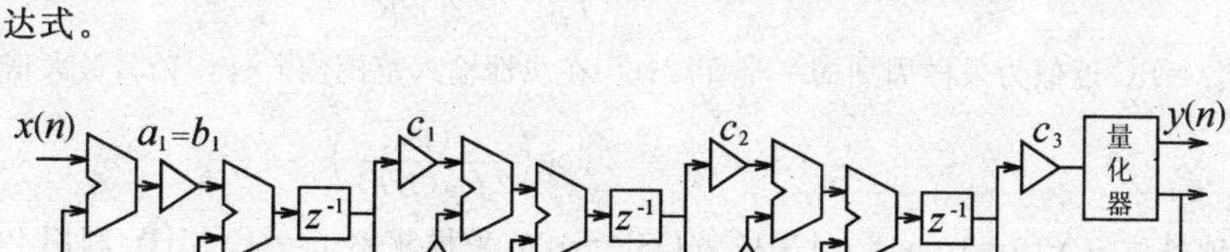

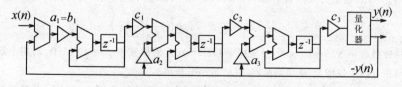

图 P7.14　三阶数字 Δ-Σ 调制器

7.28　图 P7.15 是一个由三个一阶调制器构成的数字三阶级联增量-总和调制器，① 画出信号流图，② 求调制器的传递函数。

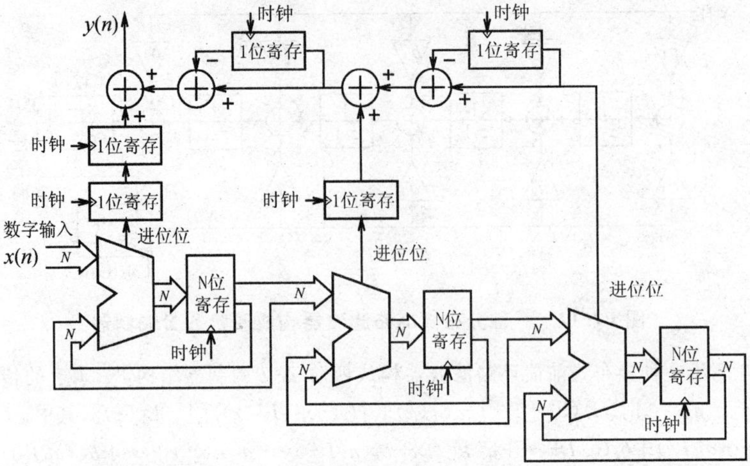

图 P7.15　三级一阶调制器构成的三阶数字 Δ-Σ 调制器(1-1-1 结构)

7.29　一种用计数器实现的简单抽取滤波如图 P7.16 所示[97]，它可以用于一位 Δ-Σ 调制器模数转换，分析它的工作过程。

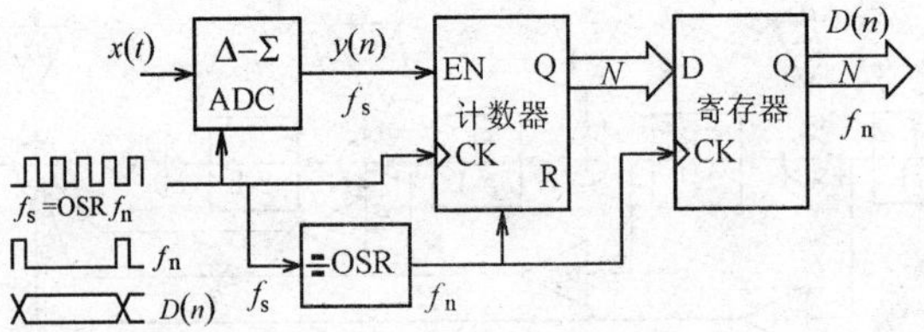

图 P7.16　一种简单抽取滤波器

7.30　根据(7.3-10)式可以得到时钟信号抖动 ΔT 引起的积分器输出误差 ΔV_o。假设 ΔT 是随机的白噪声，证明①通带内等效噪声功率为：

$$P_o = \left(\frac{\sigma(\Delta T)}{T_{\varphi 2}}\right)^2 \frac{V_{ref}^2}{2OSR}$$

其中：$T_{\varphi 2}$=RC 近似为采样周期的一半 $T/2$；② 在线性输入范围内 $|x| \leqslant V_{ref}$，最大信噪比为：

$$SNR_{max} = 20\log\left(\frac{\sqrt{OSR}}{2f_s\sigma(\Delta T)}\right)$$

7.31　如果时钟抖动 $\sigma(\Delta T)=10$ psec，过采样率 OSR=100，采样频率 $f_s=10$ MHz，利用上题结果分析连续时间积分器实现增量-总和调制器 ADC 最小分辨率。

7.32　图 P7.17 表示开关电容无源增量-总和调制器。由于环路滤波采用无源网络，消除运放建立时间的影响，可以在更高的频率下工作。图 P7.17(a)表示由两个极点无源低通滤波器和 1 位量化器组成的二阶无源增量总-和调制器的线性模型，其中：E_{H1} 和 E_{H2} 是热噪声，E_{COM} 是比较器等效输入噪声，E_Q 是量化噪声，G 是环路增益(定义为比较器输出均方根与输入均方根之比)。如果两个环路滤波器的传递函数为 H_1 和 H_2，求调制器的传递函数。图 P7.17(b)表示开关电容电路实现这个模型的全差模电路。如果电容 C_{R1} 远大于 C_{R2}，根据电路求环路滤波器传递函数 H_1 和 H_2[100]。

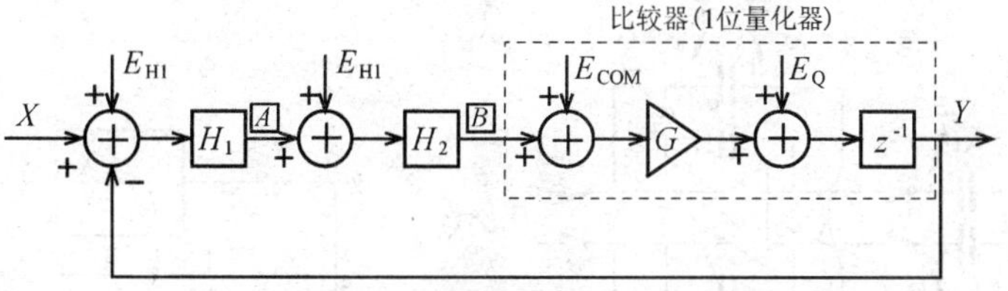

(a) 模型

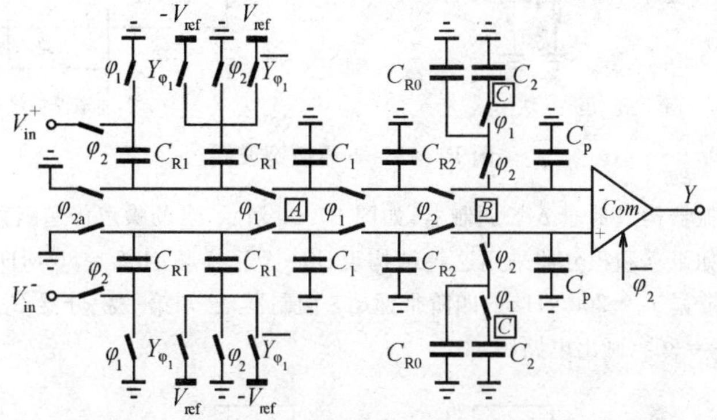

(b) 电路

图 P7.17　开关电容无源增量-总和调制器

7.33　一种连续时间积分器构成的一阶调制器电路如图 P7.18(a)所示。一位 ADC 由比较器和 D 触发器构成，DAC 功能由连接到 D 触发器输出端的电阻 RF 实现。由于 DAC 的基准电压是 D 触发器电源电压，所以精度较低。一种采用开关电容积分器构成的对称全差模一阶调制器如图 P7.18(b)所示。对于 0 输入量，用 SPICE 仿真输出波形。

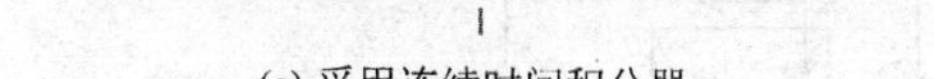

(a) 采用连续时间积分器

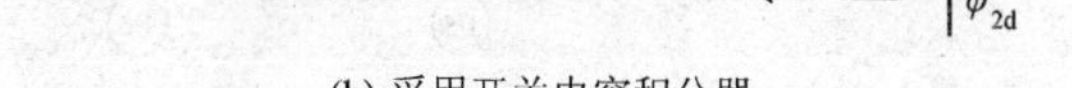

(b) 采用开关电容积分器

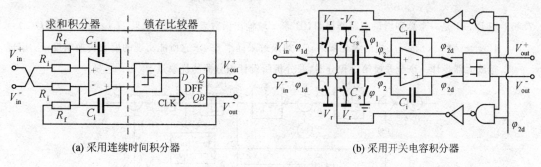

图 P7.18　一阶调制器

7.34　N-通道滤波器(N-path filter)是一种以并行度换速度的开关电容滤波器结构。如果一个开关电容高通滤波器用图 P7.19(a)所示电路实现，求证传递函数为：$V_{\text{out}}(z)=\dfrac{C_1}{C_3}\dfrac{z^{-1}}{1+\left(\dfrac{C_2}{C_3}-1\right)z^{-1}}V_{\text{in}}(z)$。分析两个这样高通滤波器($C_1=C_3$，$C_2=2C_3$)按图(b)方式并联后所构成 2-通道滤波器的滤波特性[87]。

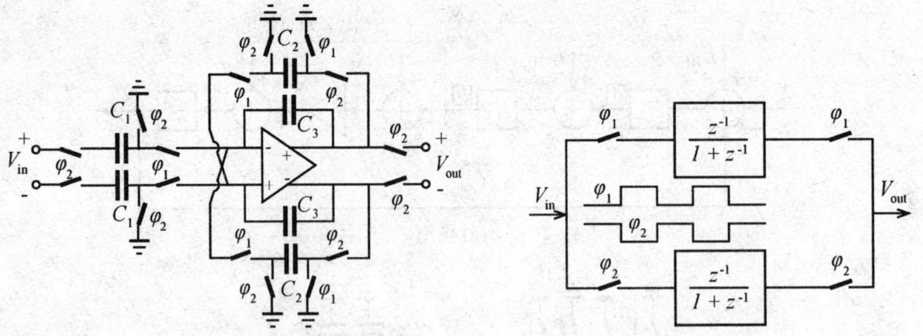

(a) 高通滤波模块　　　　(b) 2-通道滤波结构

图 P7.19　2-通道滤波器

7.35　如果用上题谐振器构成带通 Δ-Σ 调制器，如图 P7.20 所示，求的噪声传递函数和信号传递函数并分析频率特性。如果求和积分器采用这种结构设计一个采样频率 $f_s=80$ MHz，通带中心频率 $f_0=20$ MHz，通带带宽 $f_B=200$ kHz 的四阶带通 ΔΣ 调制器，已知第一积分器 $C_1=0.3$ pF，第二积分器 $C_1=0.2$ pF，$C_2=2C_3$，画出电路图。

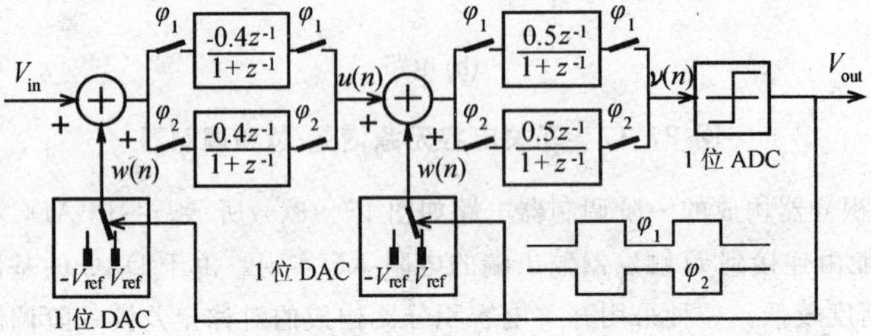

图 P7.20　一种四阶带通调制器

7.36　图 P7.21 是一个总和增量调制器框图，① 求 z 域输出函数表达式；② 如果 $H_1(z)=z^{-1}$ 和 $H_2(z)=4(1-z^{-1})^2$，求信带 f_0 内的量化噪声；③ 如果过采样率 80，求它所能实现的模数转换精度；④ 用理想放大器设计一个全差模第一积分器，并分析所设计积分器的优缺点[101]。

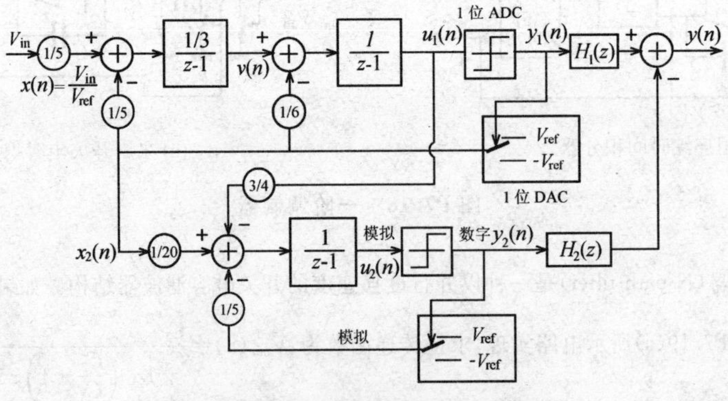

图 P7.21　一种级联结构三阶调制器

7.37　对于图 7.44(a)所示数模转换结构，如果正负基准电压存在失配 $V_{\text{ref}}+\Delta V_{\text{ref}}^{+}$ 和 $-V_{\text{ref}}+\Delta V_{\text{ref}}^{-}$，证明输出 $\nu(t)$ 满足(7.4-6)式。与(7.4-3)式比较可见，基准电压的失配只产生增益误差和失调，但不引起非线性畸变。提示：表达式 $[1+y(n)]/2$ 在 $y(n)=1$ 时为 1，在 $y(n)=-1$ 时为 0；表达式 $[1-y(n)]/2$ 在 $y(n)=-1$ 时为 1，在 $y(n)=1$ 时为 0。

7.38　对于图 7.46 所示改进电压驱动 DAC，如果开关 S_1 和 S_2 的导通电阻 R_{S1} 和 R_{S2} 存在失配，将引起 $w(t)$ 的非线性畸变。证明 R_{S1} 和 R_{S2} 失配引起的二次谐波畸变系数近似为：

$$\text{HD}_2 \approx \frac{1}{2}\,\frac{R_{S1}-R_{S2}}{2R+R_{S1}+R_{S2}}$$

提示：$y(n)=1$ 时滤波电容存贮电荷为 $Q(n)=(V_{\text{ref}}-W_{\text{avg}})\text{T}_{\text{on}}/(R+R_{S1})$，$y(n)=-1$ 时存贮电荷为 $Q(n)=(V_{\text{reg}}-W_{\text{avg}})\text{T}_{\text{on}}/(R+R_{S2})$。根据稳定性要求，电容电压不能无限增长，所以电容存贮电荷长时间平均值必需为零。

7.39　如果滤波电阻 $R=10R_S$，开关导通电阻 R_S 失配为 5%，利用上题结果计算二次谐波畸变系数，求等效最大有效字长是多少？

7.40　对于电压驱动 DAC，如果时钟抖动引起采样周期误差 ΔT 的标准方差 $\sigma(\Delta T)=10$ psec，已知过采样率 OSR=256，采样频率 $f_s=11.2896$ MHz，$\text{T}_s=\text{T}_{\text{on}}/2$，根据(7.4-17)式求最大信噪比和等效最大有效字长。

7.41　对于电流驱动一位 DAC，当输入准静态正弦数字信号时，根据(7.4-22)式推导二次谐波畸变系数表达式：

$$\text{HD}_2 \approx \frac{1}{4}\,\frac{T_{\text{on}}}{T}RV_{\text{D}}(Y_2-Y_1)=\frac{1}{4}V_{\text{p}}\left(\frac{Y_2}{I_{\text{ref}}}-\frac{Y_1}{I_{\text{ref}}}\right)$$

其中：V_{D} 是数字正弦输入信号的幅值，$V_{\text{p}}=RI_{\text{ref}}(\text{T}_{\text{on}}/T)V_{\text{D}}$ 是输入信号的幅值，$\text{I}_{\text{ref}}/Y_2$ 和 I_{ref}/Y_1 表示电流源的 Early 电压。

7.42　如果电流驱动一位 DAC 的输入信号幅值为 1 V，基准电流源 Early 电压 1000 V，两个基准电流源的 Early 电压失配为 20%，利用上题结果计算二次谐波畸变系数，求等效最大有效字长是多少?。

7.43　DAC 内部一位 DAC 输出要经过平滑滤波处理，设计中经常一位 DAC 和低通滤波器作为一个模块设计。几种具有低通滤波功能的电压驱动和电流驱动一位 DAC 转换电路如图 P7.22 所示，分析它们的特点。

7.44　在数字音频信号处理中限制信号精度主要因素是接口电路的精度，为得到足够精度的数模转换，经 DSP 处理后的音频信号用数字增量-总和调制器转换成脉冲密度流信号，再直接用一位数模转换器和低通滤波器变成模拟信号。如果数字增量-总和调制器噪声、畸变足够小，那么整个数模转换器的精度主要由低通滤波器决定。一种脉冲密度流信号到电荷的转换电路如图 P7.23 所示[102]，求脉冲密度流信号 $y(n)$ 到电荷转换的传递函数。如果输入电容 C 的噪声功率由(7.3-26)式决定，假设 OSR=256，求得到 20 位转换精度电容设计的最小值。

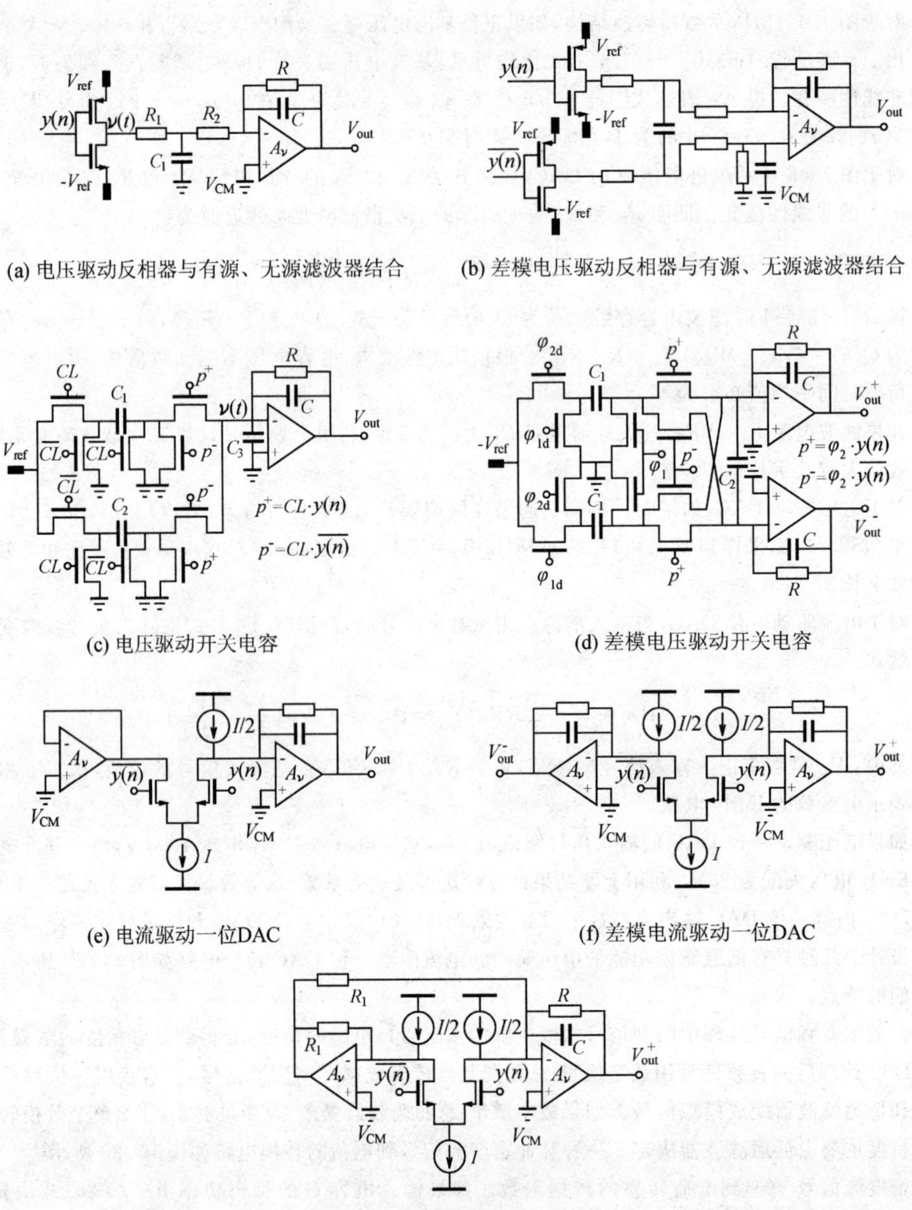

(a) 电压驱动反相器与有源、无源滤波器结合

(b) 差模电压驱动反相器与有源、无源滤波器结合

(c) 电压驱动开关电容

(d) 差模电压驱动开关电容

(e) 电流驱动一位DAC

(f) 差模电流驱动一位DAC

(g) 单端差模电流驱动一位DAC

图 P7.22　连续时间一位 DAC

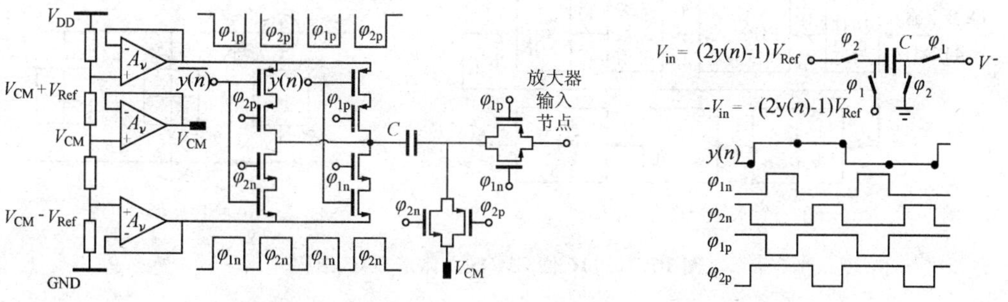

图 P7.23　一种脉冲密度流信号到电荷的转换电路

7.45　将上题转换的电荷信号经开关电容电路进行低通滤波，以减小增量-总和调制产生的噪声。如果脉冲密度流信号到电荷的转换系统如图 P7.23 所示，求图 P7.24 所示单端三阶开关电容低通滤波器的传递函数。如果 $C_A=0.4076$ pF，$C_B=4.364$ pF，$C_C=1.779$ pF，$C_D=42.99$ pF，$C_F=0.4$ pF，$C=1.779$ pF，$C_1=0.4$ pF，$C_2=7.021$ pF，采样率为 11.2896 MHz，求它的－3 dB 频率。

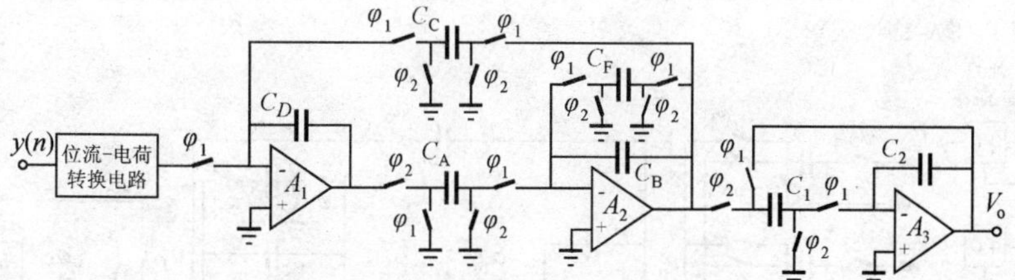

图 P7.24　低通滤波器

7.46　如果将上题的输出用 5.18 题模拟低通滤波器滤波，可得到约 16 位精度的连续时间模拟音频信号，如图 P7.25 所示，画出完整实现电路图。

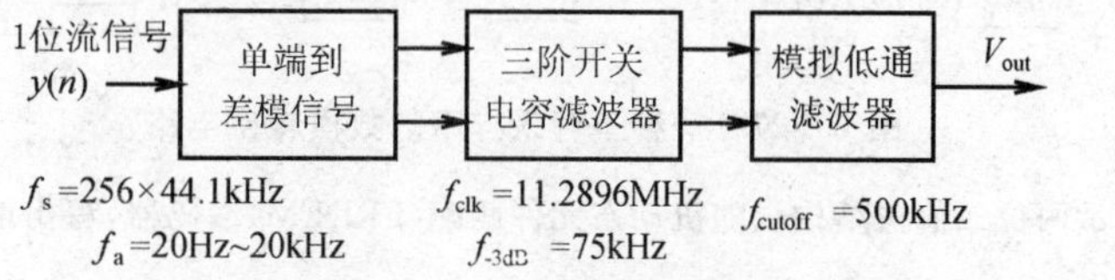

图 P7.25　DAC 结构框图

7.47　一个 16 位 CMOS 立体声 DAC 结构如图 P7.26(a)所示[103]，其中 1 位输出噪声变形器如图 P7.26(b)所示，1 位 SC-DAC 如图 P7.22(c)所示。另外，线性插值过程内部产生频带外抖动信号，以防止小信号噪声变形的带内模式化噪声。因为抖动信号增加幅值，所以需要增加一位输出。如果量化器增益为：$y=kx+e$ 环路滤波器为：$H(z)=z^{-1}(2-z^{-1})$，证明噪声变形器的传递函数为：$Y(z)=\dfrac{k}{1-H(z)+kH(z)}X(z)+\dfrac{1-H(z)}{1-H(z)+kH(z)}E(z)$ 噪声传递函数可以形成二阶变形。

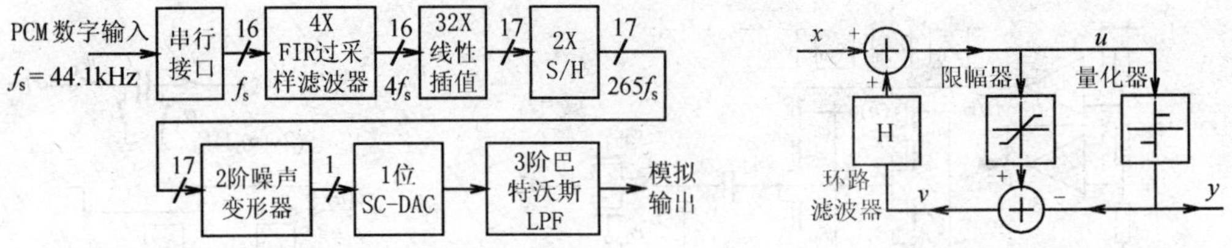

(a) 一个声道DAC结构框图　　(b) 噪声变形器框图

图 P7.26　16 位 CMOS 立体声 DAC 结构

7.48　对于高速 DAC 设计，Δ-Σ 调制型 DAC 需要很高的采样率，这会使低功耗和低信号畸变电路设计更加困难，下调开关电容滤波器输入信号的采样率可以降低对速度的要求。一种具有 sinc 型有限冲击响应(FIR)滤波器实现下调采样率的数模转换电路如图 P7.27 所示[104]。用 DSP 完成的 1 位 Δ-Σ 调制输出，通过移位寄存器和并行寄存器实现信号抽取，四个一位电压驱动 SC DAC 实现数模转换并完成 FIR 滤波，双积分器环和阻尼积分器实现低通滤波。由于阻尼积分器采用电荷直接转移设计技术，放大器 A_3 可以提供输出缓冲并可减小 SR 限制的畸变噪声。写出整个系统的传递函数。

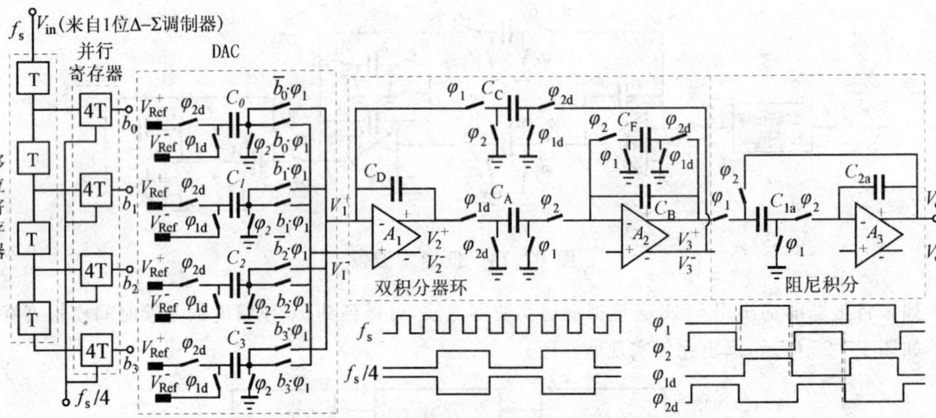

图 P7.27　一种下调采样率的数模转换电路

7.49　图 P7.28 表示两位二值树结构全随机动态元件匹配(FRDEM)编码器，写出两位数字输入对应的可能输出[90]。

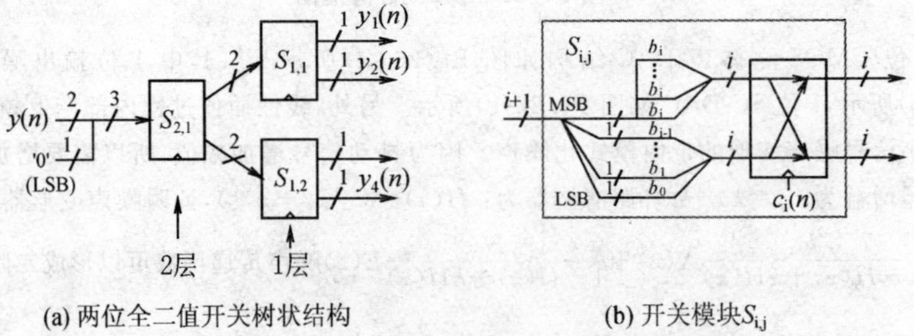

(a) 两位全二值开关树状结构　　(b) 开关模块$S_{i,j}$

图 P7.28　全随机 DEM 编码器

7.50 在图 7.52 所示四位($N'=4$)二层($R=3$)部分随机开关二值树结构中,如果 DAC 组采用图P7.29所示 R-$2R$ 梯形电阻网实现,求模拟量输出与数字输入之间的关系,画出整个 DAC 实现电路图[91]。

7.51 如果图 7.53(b)开关模块采用图 P7.30 所示结构[92],用它构成一个树状结构两位数字编码器。对于恒定输入数据 01,给出编码器的输出序列。

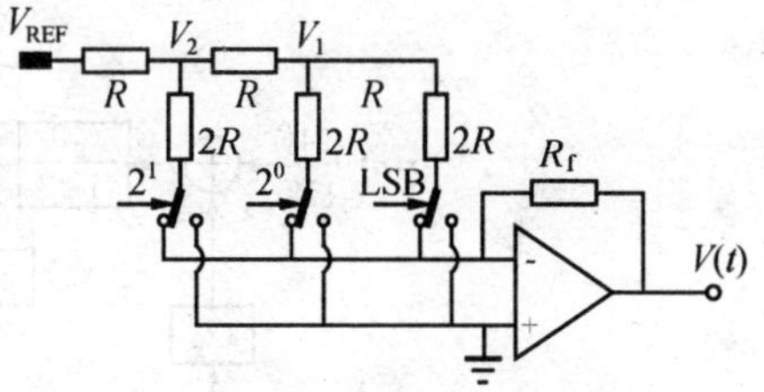

图 P7.29 DAC 电路

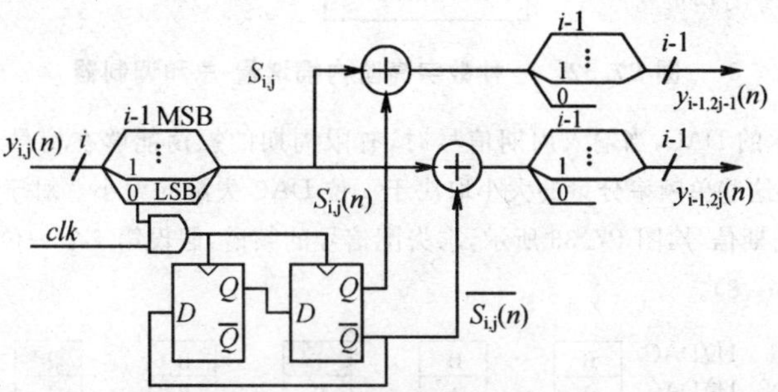

图 P7.30 开关模块实现电路

7.52 1 位 DAC 转换电路是构成 DAC 的基本模块电路。它既可以单独实现 1 位 DAC 转换,也可以组合起来实现多位 DAC 转换。几种连续时间电流驱动 1 位 DAC 组转换电路如图 P7.31 所示[95],分析它们各自的特点。

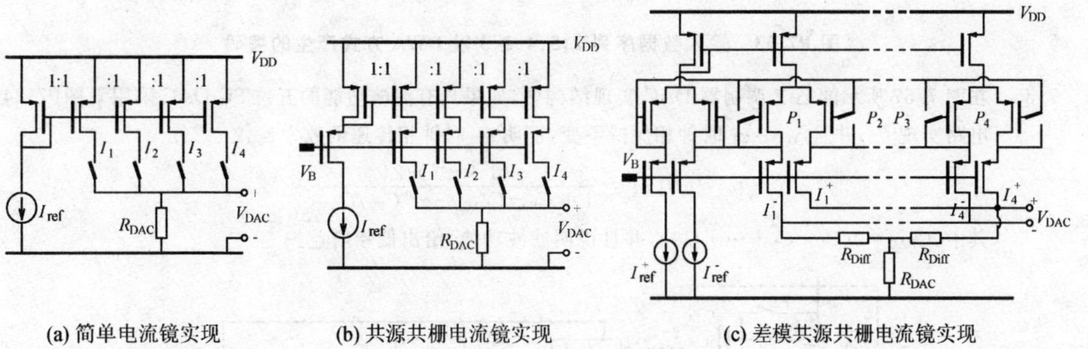

图 P7.31 2 位 DAC

7.53 图 P7.32 是用于多位 DAC 实现 24 位输入到 5 位输出转换的数字高阶内插增量-总和调制器[96](见习题 7.23),求调制器输出的 z 域表达式。

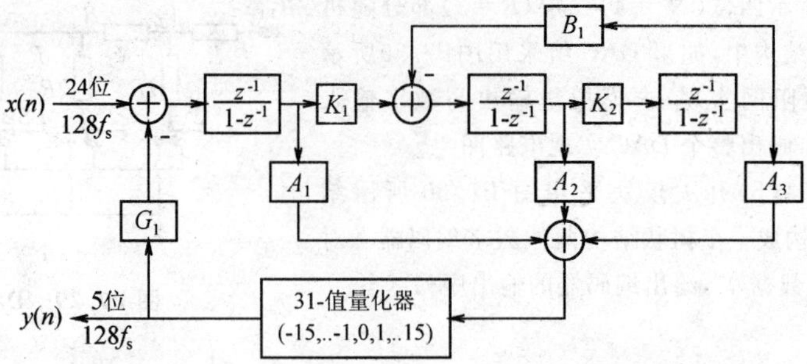

图 P7.32　一种数字高阶内插增量-总和调制器

7.54　采用DWA技术的DAC，当输入周期信号时，有限周期的振荡能够在信号通带内产生单频率分量(模式化频谱)，这些单频率分量的大小取决于一位DAC失配的大小。对于三位字长DAC，输入2，5，4，2，3序列周期信号，图P7.33所示，求失配信号的频谱，假设第 i 个一位DAC的失配误差是 e_i^+ 和 e_i^- $(i=1,2,\cdots,8)$。

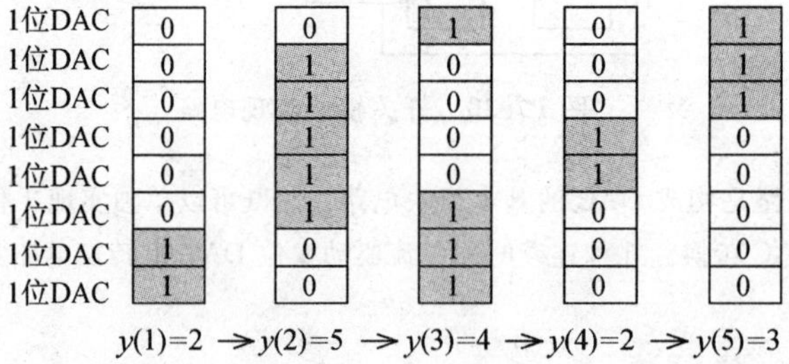

图 P7.33　输入数据序列 2,5,4,2,3 以 DWA 方式产生的编码

7.55　在图7.57所示的Δ-Σ调制器DAC实现结构中，如果具有滤波功能的五位SC DAC采用下图P7.34电路实现[96]，并且 y_i 在 φ_1 时钟相保持不变，证明 φ_2 时钟相传递函数为：

$$H(z)=\frac{(1+z^{-1})/2}{1+C_{FB}/C_{DAC}-z^{-1}C_{FB}/C_{DAC}}$$

其中：$C_{DAC}=2(C_1+C_2+\cdots+C_{31})$，并且说明滤波功能、给出低频增益。

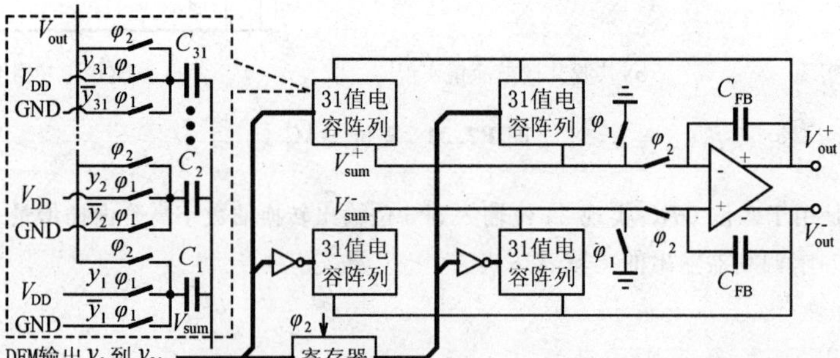

图 P7.34　具有滤波器的 5 位 SC DAC

本书主要参考书目

[1] Laker K R, Sansen W M C. Design of Analog Integrated Circuits and Systems. McGraw-Hill, 1994.

[2] Allen P E, Holberg D R. CMOS Analog Circuit Design. Second Edition, Oxford University Press, 2002.

[3] Franca J E, Tsividis Y. Design of Analog-Digital VLSI Circuits for Telecommunications and Signal Processing. Second Edition, Prentice-Hall, Inc. 1994.

[4] Ismail M, Fiez T. Analog VLSI: Signal and Information Processing. New York: McGraw-Hill, Inc. 1994.

[5] Mohan P. V. A, Ramachandran V, Swamy M N S. Switched-capacitor filters: theory, analysis, and design. Hemel Hempstead ; Englewood Cliffs, NJ: Prentice Hall, 1993.

[6] Eynde F O, Sansen W. Analog interfaces for digital signal processing systems. Boston: Kluwer Academic Pub., 1993.

[7] Gray P R, Hurst P J, Lewis S H, Meyer R G. Analysis and Design of Analog Integrated Circuits. 4th Edition, John Wiley & Sons, 2001.

[8] Johns D A, Martin K. Analog Integrated Circuit Design. John Wiley & Sons, Inc. 1997.

参 考 文 献

[1] Robertson D. 50 Years of Analog Development at ISSCC. IEEE International Solid-State Circuits Conference Digest of Technical Papers，2003：s16～s17.
[2] 王阳，王阳元. 从硅集成电路技术到微系统技术. 电子科技导报，1996，(9)：2～6.
[3] Murari B. Integrating Nonelectronic Components into Electronic Microsystems. IEEE Micro，May-June 2003：36～44.
[4] Claasen T A C M. An Industry Perspective on Current and Future State of the Art in System-on-Chip (SoC) Technology. Proceedings of the IEEE，2006，94(6)：1121～1137.
[5] Nguyen C T-C. Integrated Micromechanical Circuits for RF Front Ends. Solid-State Device Research Conference，2006，2006：7～16.
[6] Larson L E. Silicon Technology Tradeoffs for Radio-Frequency/Mixed-Signal "Systems-on-a-Chip". IEEE Trans. on Electron Devices，2003，50(3)：683～699.
[7] Shur M. Terahertz Technology：Devices and Applications. Proceedings of European Solid-State Circuits Conference，2005：13～22.
[8] ADuC702x Series Preliminary Technical Data. Analog Device Inc.，2005.
[9] Cowan G E R，Melville R C，Tsividis Y P. A VLSI Analog Computer/Digital Computer Accelerator. IEEE J. Solid-State Circuits，2006，41(1)：42～53.
[10] Georgiou J，Christopher Toumazou C. A 126-uW Cochlear Chip for a Totally Implantable System. IEEE J. Solid-State Circuits，2005，40(2)：430～443.
[11] Special Issue on Neural Engineering：Merging Engineering and Neuroscience. Proceedings of the IEEE，2001，89(7).
[12] Mahowald M A，Mead C. Silicon Retina. in Mead C，eds.，Analog VLSI and Neural Systems，Reading MA：Addison-Wesley Publishing Co.，1989：257～278.
[13] Zarandy A，Rekeczky C. Bi-i：A Standalone Ultra High Speed Cellular Vision System. IEEE Circuits and Systems Magazine，Second Quarter 2005：36～45.
[14] Gamal A E，Eltoukhy H. CMOS Image Sensors. IEEE Circuits & Devices Magazine，May/June 2005：6～20.
[15] Zbikowski R. Fly Like a Fly. IEEE Spectrum，2005，42(11)：46～51.
[16] Diorio C，David Hsu D，Figueroa M. Adaptive CMOS：From Biological Inspiration to Systems-on-a-Chip. Proceedings of the IEEE，2002，90(3)：345～357.
[17] Dario P，Carrozza M C，Guglielmelli E，et al. Robotics as a Future and Emerging Technology—Biomimetics，Cybernetics，and Neuro-Robotics in European Projects. IEEE Robotics & Automation Magazine，June 2005：29～45.
[18] Hierlemann A，Brand O，Hagleitner C，Baltes H. Microfabrication Techniques for Chemical/Biosensors.，Proceedings of the IEEE，2003，91(6)：839～863.
[19] Lemmerhirt D F，Wise K D. Chip-Scale Integration of Data-Gathering Microsystems. Proceedings of the IEEE，2006，94(6)：1138～1159.
[20] Simpson M L，Cox C D，Peterson G D，Sayler G S. Engineering in the Biological Substrate：Information Processing in Genetic Circuits. Proceedings of the IEEE，2004，92(5)：848～863.
[21] Churchland P S，Sejnowski T J. The Computational Brain. Cambridge，Mass.：MIT Press，1992.
[22] 王阳. 芯片技术发展若干规律墨新化分析. 首届全国科学技术学年会，杭州，2004 年 11 月. 会议综述见：王森，王海英. 科学技术学一个值得期待的新兴领域—全国科学技术学首届学术年会综述. 科学学研究，2005，23(4)：572～573.
[23] 王阳. 尽用元素 致强系统—关于传统思想在现代科学技术中的哲学思考. 内部交流，全文见：http://www.paper.edu.cn/index.php/default/selfs/downpaper/wangyang-self-200711-9.
[24] Li Y W，Shepard K L，Tsividis Y P. Continuous-Time Digital Signal Processors. Proceedings of the 11th IEEE International Symposium on Asynchronous Circuits and Systems，2005：138～143.
[25] Hastings A. The Art of Analog Layout. Prentice-Hall，Inc.，2001.
[26] Hasler P，Lande T S. Overview of Floating-Gate Devices，Circuits，and Systems. IEEE Trans. on Circuits and Systems—II Analog and Digital Signal Processing，2001，48(1)：1～3.

[27] Mukhanov O A, Gupta D, Kadin A M, Semenov V K. Superconductor Analog-to-Digital Converters. Proceedings of the IEEE, 2004, 92(10):1564～1584.

[28] 王阳.从集成电路迈向微系统.中国计算机用户,1998,(18):19.

[29] Diorio C, Mavoori J. Computer Electronics Meet Animal Brains. Computer, January 2003: 69～75.

[30] Tenbroek B M, Lee M S L, Redman-White W, et al. Impact of Self-Heating and Thermal Coupling on Analog Circuits in SOI CMOS. IEEE J. Solid-State Circuits, 1998, 33(7):1037～1046.

[31] Freeman G, et al. A 0.18um 90 GHz f_T SiGe HBT BiCMOS, ASIC-Compatible, Copper Interconnect Technology for RF and Microwave Applications. International Electron Devices Meeting, 1999:569～572.

[32] Contiero C, Galbiati P, Palmieri M, Vecchi L. Characteristics and Applications of a 0.6 um Bipolar-CMOS-DMOS Technology Combining VLSI non-Volatile Memories. International Electron Devices Meeting, 1996:465～468.

[33] Bult K, Geelen G J G M. An Inherently Linear and Compact MOST-Only Current Division Technique. IEEE J. Solid-State Circuits, 1992, 21(12):1730～1735.

[34] Vittoz E A. Micropower Techniques. in Franca J E, Tsividis Y, eds., Design of Analog-Digital VLSI Circuits for Telecommunications and Signal Processing, (Second Edition), Prentice-Hall, 1994:53～96.

[35] Sodini C, Ko P, Moll J. The Effect of High Fields on MOS Device and Circuit Performance. IEEE Trans. on Electron Devices, 1984, 31(10):1386～1393.

[36] http://www.mosis.org/cgi-bin/cgiwrap/umosis/swp/params/hp-amos14tb/n84a.prm.

[37] Celik-Butler Z. Low-Frequency Noise in Deep-Submicron Metal-Oxide-Semiconductor Field-Effect Transistors. IEE Proc.-Circuits Devices Syst., 2002, 149(1):23～31.

[38] Samavati H, et al. Fractal Capacitors. IEEE J. Solid-State Circuits, 1998, 33(12):2035～2041.

[39] Yoshizawa H, Huang Y, Ferguson P F, Jr., Temes G C. MOSFET-Only switched-capacitor circuits in Digital CMOS technology. IEEE J. Solid-State Circuits, 1999, 34(6):734～747.

[40] Lee T H. The Design of CMOS Radio-Frequency Integrated Circuits. Cambridge University Press, 1998.

[41] Patrick C, Wong S S. On-Chip Spiral Inductors with Patterned Ground Shields for Si-Based RF IC's. IEEE J. Solid-State Circuits, 1998, 33(5):743～752.

[42] Heydari P, Pedram M. Ground Bounce in Digital VLSI Circuits. IEEE Trans. on Very Large Scale Integration (VLSI) Systems, 2003, 11(2):180～193.

[43] Varona J, Hamoui A A, Martin K. A Low-Voltage Fully-Monolithic ΔΣ-Based Class-D Audio Amplifier. ESSCIRC'03, 2003:545～548

[44] Berkhout M. An Integrated 200-W Class-D Audio Amplifier. IEEE J. Solid-State Circuits, 2003, 38(7):1198～1206.

[45] Muggler P, et al. A Filter Free Class D Audio Amplifier with 86% Power Efficiency. Proceedings of the IEEE International Symposium on Circuits and Systems, 2004, 1:I-1036～1039.

[46] Leung K N, Mok P K T, Leung C Y. A 2-V 23-uA 5.3-ppm/(C Curvature-Compensated CMOS Bandgap Voltage Reference. IEEE J. Solid-State Circuits, 2003, 38(3):561～564.

[47] Tham Khong-Meng, Nagaraj K. A Low Supply Voltage High PSRR Voltage Reference in CMOS Process. IEEE J. Solid-State Circuits, 1995, 30(5):586～590.

[48] Liscidini A, Brandolini M, Sanzogni D, Castello R. A 0.13um CMOS Front-End, for DCS1800/UMTS/802.11b-g With Multiband Positive Feedback Low-Noise Amplifier. IEEE J. Solid-State Circuits, 2006,41(4):981～989.

[49] Ahmadi M M. A New Modeling and Optimization of Gain-Boosted Cascode Amplifier for High-Speed and Low-Voltage Applications. IEEE Trans. on Circuits and Systems—II: Express Briefs, 2006, 53(3):169～173.

[50] Zhang X, El-Masry E I. A Regulated Body-Driven CMOS Current Mirror for Low-Voltage Applications. IEEE Trans. on Circuits and Systems—II: Express Briefs, 2004, 51(10):571～577.

[51] Madihian M, et al. A 5-GHz-Band Multifunctional BiCMOS Transceiver Chip for GMSK Modulation Wireless Systems. IEEE J. Solid-State Circuits, 1999, 34(1):25～32.

[52] Huijsing J H, Hogervorst R, Langen K-J. Low-Power Low-Voltage VLSI Operational Amplifier Cells. IEEE Trans. on Circuits and Systems—I: Fundamental Theory and Applications, 1995, 42(11):841～852.

[53] Langen K - J, Huijsing J H. Compact Low-Voltage Power-Efficient Operational Amplifier Cells for VLSI. IEEE J. Solid-State Circuits, 1998, 33(10): 1482～1496.

[54] Hogervorst R, Tero J P, Huijsing J H. Compact CMOS Constant-g_m Rail-to-Rail Input Stage with g_m-Control by an Electronic Zener Diode. IEEE J. Solid-State Circuits, 1996, 31(7):1035～1040.

[55] Sakurai S, Ismail M. Low-Voltage CMOS Operational Amplifier: Theory Design and Implementation. Kluwer Academic Publisher, 1995.

[56] Burns M, Roberts G W. An Introduction to Mixed-Signal IC Test and Measurement. New York: Oxford University Press, 2001

[57] Pugliese A, Cappuccino G, Cocorullo G. Design Procedure for Settling Time Minimization in Three-Stage Nested-Miller Amplifiers. IEEE Trans. on Circuits and Systems—II: Express Briefs, 2008, 55(1):1～5.

[58] Hu J, Huijsing J H, Makinwa K A A. A Three-Stage Amplifier with Quenched Multipath Frequency Compensation for All Capacitive Loads. Proceedings of the IEEE International Symposium on Circuits and Systems, 2007:225～228.

[59] Pribytko M, Quinn P. A CMOS Single-Ended OTA With High CMRR. Proceedings of the 29th European Solid-State Circuits Conference, 2003:293～296.

[60] Fox R M, Seo I, Yeo H, Jeon O. Leveraged Current Mirror Op Amp. Analog Integrated Circuits and Signal Processing, 2003, 35:25～31.

[61] López-Martín A J, Baswa S, Ramirez-Angulo J, Carvajal R G. Low-Voltage Super Class AB CMOS OTA Cells With Very High Slew Rate and Power Efficiency. IEEE J. Solid-State Circuits, 2005, 40(5): 1068～1077.

[62] Steyaert M, Sansen W. Opamp Design towards Maximum Gain-Bandwidth. in Analog Circuit Design, Edited by Huijsing J H, Plassche R J Van der, Sansen W, Kluwer Academic Publishers, 1993.

[63] Bahmani F, Sanchez-Sinencio E. A Highly Linear Pseudo-Differential Transconductance. Proceeding of the 30th European Solid-State Circuits Conference, 2004:111～ 114.

[64] Quiquempoix V, Deval P, Barreto A, Bellini G, Márkus J, Silva J, Temes G C. A Low-Power 22-bit Incremental ADC. IEEE J. Solid-State Circuits, 2006, 41(7):1562～1571.

[65] Carvajal R G, Gahin J, Ramirez-Angulo J, Torralba A. New Low-Power Low-Voltage Differential Class-AB OTA for SC Circuits. Proceedings of the IEEE International Symposium on Circuits and Systems, 2003, 1:589～592.

[66] Jung Y, Jeong H, Song E, Lee J, et al. A 2. 4-GHz 0. 25-um CMOS Dual-Mode Direct-Conversion Transceiver for Bluetooth and 802. 11b. IEEE J. Solid-State Circuits, 2004, 39(7):1185～1190.

[67] Tao H, Khoury J M. A 400-Ms/s Frequency Translating Bandpass Sigma - Delta Modulator. IEEE J. Solid-State Circuits, 1999, 34(12):1741～1752.

[68] Delta-Sigma Data Converters : Theory, Design and Simulation. Edited by Norsworthy S R, Schreier R, Temes G C, New York : IEEE ; Hoboken, N. J. : John Wiley &Sons, 1997.

[69] Carrillo J M, Duque-Carrillo J F, Torelli G, Ausin J L. 1-V Quasi Constant-g_m Input/Output Rail-to-Rail CMOS Op-Amp. Integration, the VLSI Journal, 2003, 36(4):161～174.

[70] AD8591/9294 Data Sheet. Analog Devices, Inc. , 1999. http://www. analog. com.

[71] Williams A B, Taylor F J. Electronic Filter Design Handbook. Fourth Edition, The McGraw-Hill Companies, Inc, 2006.

[72] Park S, Wilson J E, Ismail M. Peak Detectors for Multistandard Wireless Receivers. IEEE Circuits and Devices Magazine, 2006, 22(6):6～9.

[73] Bollati G, Marchese S, Demicheli M, Castello Rinaldo. An Eighth-Order CMOS Low-Pass Filter with 30 - 120 MHz Tuning Range and Programmable Boost. IEEE J. Solid-State Circuits, 2001, 36(7):1056～1066.

[74] Pavan S, Tsividis Y P, Nagaraj K. Widely Programmable High-Frequency Continuous-Time Filters in Digital CMOS Technology. IEEE J. Solid-State Circuits, 2000,35(4):503～511.

[75] Massara R, E, Younis A T. An Efficient Design Method for Optimal MOS Integrated Circuit Switched-Capacitor LDI Ladder Filters. Proceedings of the 33rd Midwest Symposium on Circuits and Systems, 1990, 2:956～959.

[76] Yang S-H, et al. A Novel CMOS Operational Transconductance Amplifier Based on a Mobility Compensation Technique. IEEE Trans. on Circuits and Systems—II: Express Briefs, 2005, 52(1):37～42.

[77] Emira A A, Sánchez-Sinencio E. A Pseudo Differential Complex Filter for Bluetooth With Frequency Tuning. IEEE Trans. on Circuits and Systems—II: Analog and Digital Signal Processing, 2003, 50(10): 742～754.

[78] Schmid H. An 8. 25-MHz 7th-Order Bessel Filter Built with Single-Amplifier Biquadratic MOSFET - C Filters. Analog Integrated Circuits and Signal Processing, 2002, 30:69～81.

[79] Lee S-Y, Cheng C-J. Systematic Design and Modeling of a OTA-C Filter for Portable ECG Detection. IEEE Trans. on Biomedical Circuits and Systems, 2009, 3(1):53～64.

[80] Wang Z, Guggenbuhl W. A Voltage-Controllable Linear MOS Transconductor Using Bias Offset Technique. IEEE J. Solid-State Circuits, 1990, 25(1):315～317.

[81] Martinez-Heredia J, Torralba A, Carvajal R G, Ramirez-Angulo J. A New 1.5V Linear Transconductor with High Output Impedance in a Large Bandwidth. Proceedings of the IEEE International Symposium on Circuits and Systems, 2003, 1:157～160.

[82] Maeda T, et. al.. Low-Power-Consumption Direct-Conversion CMOS Transceiver for Multi-Standard 5-GHz Wireless LAN Systems With Channel Bandwidths of 5 - 20 MHz. IEEE J. Solid-State Circuits, 2006, 41(2):375～383.

[83] Rofougaran A, et. al.. A Single-Chip 900-MHz Spread-Spectrum Wireless Transceiver in 1-um CMOS—Part I: Architecture and Transmitter Design. IEEE J. Solid-State Circuits, 1998, 33(4):515～534.

[84] Stevenson J-M, Sanchez-Sinencio E. An Accurate Quality Factor Tuning Scheme for IF and High-Q Continuouse-Time Filters. IEEE J. Solid-State Circuits, 1998, 33(12):1970～1978.

[85] Silva-Martinez J, Steyaert M S J, Sansen W. A 10.7-MHz 68-dB SNR CMOS Continuous-Time Filter with On-Chip Automatic Tuning. IEEE J. Solid-State Circuits, 1992, 21(12):1843～1853.

[86] Maksimovic D, Dhar S. Switched-Capacitor DC-DC Converters for Low-Power on-Chip Applications. 30th Annual IEEE Power Electronics Specialists Conference, 1999, 1:54～59.

[87] Ong A K, Wooley B A. A Two-Path Bandpass ΣΔ Modulator for Digital IF Extraction at 20 MHz. IEEE J. Solid-State Circuits, 1997, 32(12):1920～1934.

[88] Cheung V S, Luong H C, Chan M, Ki W-H. A 1-V 3.5-mW CMOS Switched-Opamp Quadrature IF Circuitry for Bluetooth Receivers. IEEE J. Solid-State Circuits, 2003, 38(5):805～816.

[89] Marques A M, Peluso V, Steyaert M S J, Sansen Willy. A 15-b Resolution 2-MHz Nyquist Rate ΔΣ ADC in a 1-um CMOS Technology. IEEE J. Solid-State Circuits, 1998, 33(7):1065～1075.

[90] Jensen H T, Galton I. A Low-Complexity Dynamic Element Matching DAC for Direct Digital Synthesis. IEEE Trans. on Circuits and Systems II: Analog Digital Signal Processing, 1998, 45(1):13～27.

[91] Jensen H T, Galton I. An Analysis of the Partial Randomization Dynamic Element Matching Technique. IEEE Trans. on Circuits and Systems II: Analog Digital Signal Processing, 1998, 45(12):1538～1549.

[92] Galton I. Spectral Shaping of Circuit Errors in Digital-to-Analog Converters. IEEE Trans. on Circuits and Systems II: Analog Digital Signal Processing, 1997, 44(10):808～817.

[93] Welz J, Galton I, Fogleman Eric. Simplified Logic for First-Order and Second-Order Mismatch-Shaping Digital-to-Analog Converters. IEEE Trans. on Circuits and Systems II: Analog Digital Signal Processing, 2001, 48(11):1014～1027.

[94] Baird R T, Fiez T S. Linearity Enhancement of Multibit Delta - Sigma A/D and D/A Converters Using Data Weighted Averaging. IEEE Trans. on Circuits and Systems II: Analog Digital Signal Processing, 1995, 42(12):753～762.

[95] Radke R E, Eshraghi A, Fiez T S. A 14-Bit Current-Mode ΣΔ DAC Based Upon Rotated Data Weighted Averaging. IEEE J. Solid-State Circuits, 2000, 35(8):1074～1084.

[96] Fujimori I, Nogi A, Sugimoto T. A Multibit Delta - Sigma Audio DAC with 120-dB Dynamic Range. IEEE J. Solid-State Circuits, 2000, 35(8):1066～1073.

[97] Schreier R, Temes G C. Understanding Delta-Sigma Data Converters, A John Wiley & Sons, Inc., 2005.

[98] Rosa J M de la, et al, Systematic Design of CMOS Switched-Current Bandpass Sigma-Delta Modulators for Digital Communication Chips, Boston:Kluwer Academic Publishers, 2002.

[99] Chao K C.-H., Nadeem S, Lee W, Sodini C G. A Higher Order Topology for Interpolative Modulators for Oversampling A/D Converters. IEEE Trans. on Circuits and Systems, 1990, 37(3):309～318.

[100] Chen F, Leung B. A 0.25-mW Low-Pass Passive Sigma - Delta Modulator with Built-In Mixer for a 10-MHz IF Input. IEEE J. Solid-State Circuits, 1997, 32(6):774～782.

[101] Rabii S, Wooley B A. A 1.8-V Digital-Audio Sigma - Delta Modulator in 0.8-um CMOS. IEEE J. Solid-State Circuits, 1997, 32(6):783～796.

[102] Baschirotto A, Brasca G, Montecchi F, Stefani F. A Low-Power BiCMOS Switched-Capacitor Filter for Audio Codec Applications. IEEE J. Solid-State Circuits, 1997, 32(7):1127～1131.

[103] Naus P J A, et al. A CMOS Stereo 16-bit D/A Converter for Digital Audio. IEEE J. Solid-State Circuits, 1987, 22(3):390～395.

[104] Gustavsson M, Tan N. High Performance Switched-Capacitor Filter for Oversampling Sigma-Delta Digital to Analog Converter. US patent 6,268,815 B1 (Jul. 31, 2001).

关键词索引(拼音排序)

-3dB 频率 70
BCD 工艺 21
BiCMOS 2，21，118
BiCMOS 工艺 21
BiCMOS 推挽源跟随器输出级 118
Bode 图 66，70
CMOS 集成电路的基本物理结构 18
CMOS 基本工艺 18
CMOS 射频集成电路 13
Delta-Sigma(Δ-Σ)调制 122
DMOS 21
ESD 保护电路 50，53
G_m-C 积分器 253
G_m 求和电路 254
H 桥型差模输出 125
MASH 技术 374
Miller 电容补偿两级 OTA 161
Miller 电容 66，68
Miller 效应 65，161
Miller 因子 65
MLL 调谐 266，270
MOS 电容 27，43，44
MOS 管等效电路 35
MOS 管电阻 46 239，240
MOS 管工作区
  饱和区 15，30—32，37—40，58—62，86，87，90
  非饱和区 15，30—31，39，44，46，59，159
  截止区 15，30，31，60，127，197，293
  线性区 30
MOS 管基本结构 27
MOS 管开关 293
MOS 管小信号等效电路 38
Nyquist 频率 349，350，394
Nyquist 速率模数转换器 358，361
n 阱 CMOS 工艺 20
N-通道滤波器 415
OPA-基积分器 151
OPA-基模块 251
OTA-基电路 151，251
OTA-基积分器 151
PDM 信号求和 368
PLL 调谐 269
PN 结
  反向饱和电流 22
  反向击穿电压 23
  突变结 23—24
  线性缓变结 24
PN 结电容 23，44
PN 结二极管噪声 24
PN 结二极管温度特性 26
PN 结自建电势 24
p 阱 CMOS 工艺 19
Sallen-Key 滤波器 244
SC 差模积分器 308
SC 反相积分器 304
SC 双积分器环 315
SC 同相积分器 306
SC 微分器 299
SOI CMOS 工艺 21
V_{EB}基准电路 137
Wilson 电流镜 132，138
Δ-Σ 调制器 356—358，361—379，393—394
Δ-Σ 调制器 ADC 360，387
Δ-Σ 调制器的稳定性 371—374
半定制版图设计 12
半信号节点 156，164，182，185
饱和 MOS 管负载的反相放大级 95，96
本征导电因子 29
比较器 266，330—334，358，365，390
标称满量程 351
并行输入 CMOS 反相放大级 85—88，90—94
补偿电路 164，177—178，187
补偿电容 67，163—165，178—179，186—188

不受电源电压影响的基准电路 136

部分数据权平均(DWA)技术 406

部分随机动态器件匹配 403，404

采样保持电路 296—298

采样抖动 297

差分对 105—108，154，202，210，272

差分对放大级 104—110

  电流镜负载 108—111

  恒电流源负载 108，110

  电阻负载 104，105，111

  自偏置恒流源负载 108

差模等效电路 107，109

差模电压 104，193，258，260

差模放大单元(级)(器) 103，104,111，192—194

差模输入范围 153

差模信号等效半电路 194

差模增益 104

场氧 MOS 晶体管 52

超相位 153，252，256

弛豫振荡器 332，333

抽取滤波器 350，365，366，374，396

抽取(器) 349，350，355，358

初级芯片级系统 2

串扰 53

大电容比积分器 308

带宽 70，89，91，252

带通增量—总和调制器 356，410，411

单位冲激响应 228

单位沟长的 Early 电压 29

单位增益频率 70，253

单运放二阶低通滤波器 243

导电因子 29，106

等效半电路 194，196

低频增益 60，100，163，244，383

低通滤波器 124，229，236，250，322

低通增量—总和调制器 356

电感器

  方形螺旋线圈 47，48

  平面螺旋 47—49

  焊线 47，54

  质量因子 47—49

  自谐振频率 47，49，50

电荷直接转移开关电容技术 312

电流-电压特性 22，29，30，125

电流放大器 125，126

电流跟随器 81，82，84

电流镜 11，108，125—133，181

电流镜 OTA 181

电流镜噪声 133

电流驱动一位 DAC 399

电流效率 38

电流增益 15，82，126，127，208

电容的噪声 44，45

电容对频率特性的影响 66，83

电容复位增益电路 329，330

电容阻尼双积分器环 249，319，333

电学设计 9，18

电压跟随器 74，75

电压驱动一位 DAC 394

电压跳动 54

电压增益 59—64，154，181

电压转换比 336，338

电源电压灵敏度 135

电源抑制比 152，153，170，313

电阻的噪声 46，74

电阻分压器 62，134，309

丁类放大器 120—122，124—125

丁类输出级 120—121

动态功耗 93

动态器件匹配(DEM) 402—405

短沟效应 33，34

对称 OTA 180

对称差模输入输出 OTA 253

对称全差模放大器 192

对寄生电容不敏感积分器 305

多级技术 374

多晶硅电阻 45

多位 DAC 365，401

多位 Δ-Σ 调制器 DAC 401

二阶 Δ-Σ 调制器 362，372，373，376，7.2
二阶滤波器 229，243—249，255，315，334
二阶有源 G_m-C 滤波器 255
二值树 DEM 402
二极管
  MOS 二极管 60，61，163，181，205
  PN 结 21，2.2
  Zener 二极管 23，136
  寄生二极管 50

反馈电容 65—68，83，88，89，164，201，302
反馈控制的甲乙类偏置电路 209
反馈式甲乙类偏置输出级 210
反相阻尼积分器 245
方波调制电路 329
放大器
  单极点 153，154，197
  电阻负载共源 60，98
  丁类 120—122，124—125
  反馈甲乙类偏置控制 212
  共源电压 59，60
  开关 121
  跨导 58，252
  满摆幅 202
  有源负载 60
放大器带宽 70
放大器的失真 113
非饱和 MOS 管线性化 OTA 261
非饱和畸变 90
非典差分对放大级 181
非线性误差 90，198，228，380
非线性谐波畸变 228
非重叠双相时钟 292
非主极点 65—70，76—79，154—156，177—178，251—257
分步式 ADC 359
峰值检测电路(器) 266，270，330，331
浮置电容 10
浮置电压源 260
浮置电压源的线性化 OTA 260
幅频响应 228
复数极点 77—79，392

改进 Wilson 电流镜 132
高通滤波器 229
高线性度 OTA 设计 257
高增益共源共栅放大级 99
工匠性 8
功率带宽 163
功率开关 121—124
功率效率 38，272，273
共漏极方式 74，75
共模等效半电路 194
共模等效电路 107，196
共模电压 104—106，139—204，263
共模反馈(CMFB)控制电路 193—201
  独立误差放大器 197，198
  非饱和 MOS 管 195—197
  开关电容 201，202
共模求和点 194，200
共模输入(电压)范围 152，161，188，203
共模抑制比 104，152，158，169，
共模增益 104
共源放大器(电路) 62，71，81，102，212
共源方式 58
共源共栅电流镜 128—132，137，138
  自动调整栅极电压 146
  自偏置 131
共源共栅级联对称 OTA 184
共源共栅级联放大级 98，99
折式共源共栅级联结构 97
共源共栅级联技术 184
共源推挽输出级 116—119，207
共栅方式 81，208
共栅管自偏置技术 131
沟道长度调制 29
拐点电容 67
过采样率 149
过采样数据转换器 354，358
过度带 229
过驱动电压 29

耗尽层电容 27，35
恒定电容调谐 271，272

恒定电容可编程跨导器 273
恒定跨导调谐 271
恒定跨导满摆幅输入级 204
恒定跨导偏置电路 274
恒流源负载 CMOS 反相放大级 85，86，90，92
恒流源负载共源输出级 112，114
横向电容 43
横向双极型晶体管 51
互补差分对输入级 202—205，210—212
互补对管线性化 OTA 263
互补跟随器 119

积分非线性度(INL) 53，54，364，392
积分器 9，240，253，256，304，379
积分器单位增益频率 253，307
积分器时间常数 253，304
积分器线性度 380
基本反相放大级 85
基准电路 133
级联(设计)技术 184，374
级联顺序 235，321
极点分离 67，70
极点和零点的配对 235
极点质量因子 229，256
极零对 156，164，182，241
极零子 156
寄生可控硅器件 51
甲类输出级 112，113
甲乙类放大器 92，116，120
甲乙类输出级 112，115，207，212
间接调谐 265，268
减小跨导技术 176
简单电流镜 125—127，133
简单互补输入折式级联 OTA 210
简单全差模 OTA 194
简单运算跨导放大器 153
建立时间 152，166，384，385
渐近线关系图 66
鉴相器 269
交织结构电容 43
节点时间常数 66，83
节点时间常数近似法 66
截止频率 70，75，90，243
金属电阻 46
金属—绝缘体—金属电容 (MIMCAP) 43
晶体管尺寸等比例变化因子 122
晶体管输出电阻 38
阱区电阻 45
静态工作点 36—38，150
静态功耗 92，93，183
局部电阻阻尼双积分器环 255，316
局部反馈 245—247

开关电容等效电阻 295，296，316，322，341
开关电容滤波器 313，325，385
开关电容梯形滤波器 322，323
开关电容无源增量总和调制器 414
开关电容增益电路 301，303
开关电容直流电压转换器 336，337
开关放大器 120—122
抗混叠滤波(器) 244，265，287，360
科学性 8
可编程增益电路 302
可植入仿生芯片 5
跨导
    超相位 153，252，256
    跨导带宽 153
    跨导值 153
跨导对频率特性的影响 68
跨导放大器 58，252
宽带共源共栅级联放大级 98
宽输出电压范围放大器 183
宽线性范围 OTA 257—263，264
扩散电容 24

理想 OPA 151
理想 OTA 151
连线电容 43
连续时间增量总和调制器 381
两级对称 OTA 186，187
量化器非过载范围 351
量化器过载 352

量化器线性范围 351
量化台阶宽度 351，353
量化误差 351—353，355—356，392
量化噪声传递函数 356，363
量化噪声功率 353，355，362，370，371
灵敏度 35，133—135，137
零点 65—70，137，156，177，229，235，298
零点电路 298，300，313
零点质量因子 229
零极点抵消 67，69，78，79
零阶增量总和调制器 355
流水结构 ADC 359
漏源电导 37

脉冲宽度调制 120—122
满摆幅放大器 202—213
  反馈甲乙类偏置 212
  两级放大器 211，212
  稳压电路恒定 g_{mT} 211
满摆幅输出级 207
满电源电压范围 119，202，203，207,213
模拟标准单元 12
模拟单元编译器 12
模拟宏单元 12
模拟量调谐 271，274
模拟滤波器 227，231，239，365，392，395
模拟与数字混合系统 2，4
模数混合电路 11—14，192
模电路 7，15

内插调制器 374
内插滤波器 349
内插(器) 349，350，365，393，394，407
能带间隙电压 136，139
能带间隙基准源 139

陪衬开关 295，297
偏置点 37，263
偏置电路 62，108，150，207，209，274
频率比例变化因子 250
频率补偿 70，165，172,177，201,213
频率混叠 239，287
频率弯曲 290
频率预变换 290，307，314，320，324
平板电容 42，43
平衡式差模结构(放大器)192，232
平滑滤波(器) 243，244，249，286，354
平面螺旋电感器 47—49

启动电路 137，333，334
前馈偏置输出级 207
嵌套 Miller 补偿 216
强反型(沟道) 27—33，37，38，44，88，109,127
桥连负载低通滤波器 125
曲线补偿 140，149
全 MOS 电路 44
全并行结构 ADC 358
全波整流电路 345
全差模信号 156，182，185
全对称差模(结构)电路 232，234，246
全开关二值树结构 402
全随机动态器件匹配 402，403
全通滤波器 228，255，298，301
群延迟 228

扰码技术 402
热电压 22，138，139
热电压基准电路 138
弱反型沟道 27
弱反型区 32，33，37，38，87—90，100，155

三倍尾电补偿 204
闪速 ADC 358
栅跨导 37
上调采样率 349
深亚微米 13，33，35，47，54
生物启迪芯片 5
生物芯片 5
失调电压 152，158，169,179，298，301，380，399
失调电压消除技术 179
失配系数 107，158，170
时间常数 10，65，75，166，231，294，330，381

时间常数调谐 265
时间交错 ADC 360
时钟电路 389
时钟抖动 354，382，394，398，400
时钟馈通 295，297，306，384
实际满量程 351
势垒电容 23
输出电压摆幅 60，91，111，152，193
输出电阻(阻抗) 38，64，79，83，112，152，168
输出缓冲级 150，152，168，211
输出特性 30，207
输入阻抗 64，79，166—168，298，331
数据权平均 DEM 402，405
数字 Δ-Σ 调制器 358，367，392，407
数字编码器 401，402，404
数字抽取器 358
数字量调谐 273
数字与模拟混合系统 4
闩锁效应 21，51，52
双多晶硅层电容 42
双二阶滤波器(电路) 247，248，315，321，335
双积分器环 245—249，255，315—6，362，372
双阱 CMOS 工艺 20，21
双线性变换 289，309，320，324，327
双线性积分器 309，310，312
双斜率积分式 ADC 360
隧道击穿 23，26
琐幅环(MLL) 266，270
锁相环(PLL) 268，269

太赫缺口 4
态变量 245，372
态变量双积分器谐振环 245
特征频率 f_T 71
梯形滤波器 235—238，322—328
体跨导 37
体效应因子 29
跳地 54
跳蛙结构 235
调制电路 121，122，329
通带 229，234，247，322，327
推挽跟随器输出级 117

微功率电路 33
微系统 3—5，14
伪跟随器输出级 118
伪信号混叠 386
尾电流 105
温度特性
PN 结二极管 26
迁移率的相对温度系数 41
温度系数 26，41，44—47，134—140，275
相对温度系数 26，42，43，45，134—6，138
与绝对温度成正比(PTAT) 46，138
阈值电压温度系数 41
温度计码 402
稳定点 137，362
无符号数字 351，367
无损离散积分变换 289，305，308
无源开关电容电路 336
无源器件 41，45，151，231，252
物理设计 10

下调采样率 350
线性范围系数 30，159，160
线性化 MOS 管电阻结构 239
线性积分器 240
线性跨导电路 38
线性输入范围 159，160，365
线性压控电流源 36，257
相频响应 228
相位型滤波器 228
相位裕度 70，156，177，190，252
向后 Euler 积分变换 289
向前 Euler 积分变换 289
小信号等效电路 39，63，98，126，163，187，203
小信号模型 36
谐波畸变(系数) 113，115，160，272，380，385，395
谐振环 245，246
谐振频率 229，245—248，255，256，316
谐振特性方程 245，246，255
芯片级系统 2

芯片内自调谐 264

信号
PDM 信号 366—368
保持信号 286
采样保持信号 287
采样数据信号 9
采样信号 286
差模信号 103，105，156，193，232
单端信号 103，193，194
单极性信号 351
共模信号 104—107，154，193—202，308
连续时间数字信号 9
脉冲密度调制（PDM）364—366
模拟信号 3，4，7，9
糢信号 7，15
数字信号 4，7，9，15
双极性信号 351
无符号信号 366
有符号信号 366
信号传递函数 356
信号源 61，73，75，171，187
雪崩倍增因子 23
雪崩击穿 23，26
循环式 ADC 359

压摆率（转换速率）91，109，152，165，190
压焊线电感器 47
压控振荡器 332
亚阈值区 32
亚阈值斜率 32
亚阈值斜率因子 32
一阶 SC 滤波器 313
一阶 Δ-Σ 调制器 364
一阶有源 G_m-C 滤波器 254
一阶有源 RC 滤波器 242
一位增量总和调制 364
一位 Δ-Σ 调制器 DAC 393
乙类输出的转换效率 116
有限值零点电路 300
有效驱动电压 176
有效栅源电压 29
有效位数（ENOB）353
有源 G_m-C 滤波器 231，234，255
有源 MOST-C 滤波器 240
有源 RC 滤波器 231
有源 SC 滤波器 231，241
有源负载放大器 60
有源滤波器 228，231，234，241
有源区电阻 45
与绝对温度成正比（PTAT）46，138
阈值电压 29，32，34，41
阈值电压基准源 137
阈值电压失配 126
源极跟随器 75，114，158
源极跟随器输出级 112，114
运算放大器（OPA）150
运算跨导放大器（OTA）150

载流子饱和速度 33
噪声
1/f 噪声（闪烁噪声）25，39，173
ΔI 噪声 54
等效噪声带宽 25，45
共栅管噪声 84
沟道噪声系数 39
孔径噪声 350，360
模式化的噪声 369,370
热噪声 25，39,44，73，172，183，191
散粒噪声 25，40
栅极噪声系数 40
闪烁噪声 25，40
闪烁噪声系数 25，40,110
闪烁噪声指数 25，40
同步开关噪声 54
有色噪声 369，371
噪声变形 356—358，375，392，404—406
噪声变形动态器件匹配 404
噪声传递函数 356，363，374
噪声功率 24，25，39，73，172，183，353，378
噪声功率谱密度 24，25，40，172，370
噪声系数 73，80，81

噪声增加因子 73，74，80，160，183
增量—总和(Δ-Σ)调制器 361
增量—总和调制器数模转换器 392
增益 152
增益带宽积 70，152
增益提升技术 102，103
增益提升放大器 391，392
增益型滤波器 228
斩波稳定技术 179
斩波稳定运放 180
占空比 120，292，337
折式反相放大级 96
折式共源共栅级联 OTA 188，197，198，391
折式级联 OTA 210，211，391
正交振荡器 245
正零点补偿 177
正零点频率 66，164，174
正弦振荡器 329，333，334
直流电压移动 76
直流电压转换器 366
重建滤波 244，313，395，406—7
逐次逼近 ADC 359
主极点 65
主极点近似法 65，76，84
主极点频率 65
转换电流 32，33，38，59
转换速率 91
转换效率 112，116，336，356，362
转移特性曲线 30，31，33
自动调谐 231，264
自动置零技术 179
自举 V_T 基准源 137
自适应偏置线性化 OTA 258
总谐波畸变(THD) 113，160，272，273，348
纵向双极型晶体管 51
阻带 229
阻抗变换 74，81，97
阻抗转换电路 82，127
阻尼 245—247
阻尼积分器 237，247，311
最大有效位 351，403
最小输出电压 60，127，129，162，175
最小有效位 351，353，403